深智數位
股份有限公司

深智數位
股份有限公司

前言

Preface

感謝

首先感謝大家的信任。

作者僅是在學習應用資料科學和機器學習演算法時，多讀了幾本數學書，多做了一些思考和知識整理而已。知者不言，言者不知。知者不博，博者不知。由於作者水準有限，斗膽把自己所學所思與大家分享，作者權當無知者無畏。希望大家在 Github 多提意見，讓這套書成為作者和 讀者共同參與創作的作品。

特別感謝北京清華大學出版社的欒大成老師。從選題策劃、內容創作到裝幀設計，欒老師事無巨細、一路陪伴。每次與欒老師交流，都能感受到他對優質作品的追求、對知識分享的熱情。

出來混總是要還的

曾經，考試是我們學習數學的唯一動力。考試是頭懸樑的繩，是錐刺股的錐。我們中的大多數人從小到大為各種考試埋頭題海，數學味同嚼蠟，甚至讓人恨之入骨。

數學所帶來了無盡的「折磨」。我們甚至恐懼數學，憎恨數學，恨不得一走出校門就把數學拋之腦後，老死不相往來。

可悲可笑的是，我們很多人可能會在畢業的五年或十年以後，因為工作需要，不得不重新學習微積分、線性代數、機率統計，悔恨當初沒有學好數學，甚至遷怒於教材和老師。

這一切不能都怪數學，值得反思的是我們學習數學的方法和目的。

再給自己一個學數學的理由

為考試而學數學，是被逼無奈的舉動。而為數學而數學，則又太過高尚而遙不可及。

相信對絕大部分的我們來說，數學是工具、是謀生手段，而非目的。我們主動學數學，是想用數學工具解決具體問題。

現在，這套書給大家一個「學數學、用數學」的全新動力—資料科學、機器學習。

資料科學和機器學習已經深度融合到我們生活的各方面，而數學正是開啟未來大門的鑰匙。不是所有人生來都握有一副好牌，但是掌握「數學 + 程式設計 + 機器學習」的知識絕對是王牌。這次，學習數學不再是為了考試、分數、升學，而是投資時間、自我實現、面向未來。

未來已來，你來不來？

本套書系如何幫到你

為了讓大家學數學、用數學，甚至愛上數學，作者可謂頗費心機。在創作這套書時，作者儘量克服傳統數學教材的各種弊端，讓大家學習時有興趣、看得懂、有思考、更自信、用得著。

為此，叢書在內容創作上突出以下幾個特點。

- **數學 + 藝術**——全圖解，極致視覺化，讓數學思想躍然紙上、生動有趣、一看就懂，同時提高大家的資料思維、幾何想像力、藝術感。
- **零基礎**——從零開始學習 Python 程式設計，從寫第一行程式到架設資料科學和機器學習應用，儘量將陡峭學習曲線拉平。
- **知識網路**——打破數學板塊之間的門檻，讓大家看到數學代數、幾何、線性代數、微積分、機率統計等板塊之間的聯繫，編織一張綿密的數學知識網路。
- **動手**——授人以魚不如授人以漁，和大家一起寫程式、創作數學動畫、互動 App。
- **學習生態**——構造自主探究式學習生態環境「紙質圖書 + 程式檔案 + 視覺化工具 + 思維導圖」，提供各種優質學習資源。
- **理論 + 實踐**——從加減乘除到機器學習，叢書內容安排由淺入深、螺旋上升，兼顧理論和實踐；在程式設計中學習數學，學習數學時解決實際問題。

雖然本書標榜「從加減乘除到機器學習」，但是建議讀者朋友們至少具備高中數學知識。如果讀者正在學習或曾經學過大學數學（微積分、線性代數、機率統計），這套書就更容易讀懂了。

聊聊數學

數學是工具。錘子是工具，剪刀是工具，數學也是工具。

數學是思想。數學是人類思想高度抽象的結晶體。在其冷酷的外表之下，數學的核心實際上就是人類樸素的思想。學習數學時，知其然，更要知其所以然。不要死記硬背公式定理，理解背後的數學思想才是關鍵。如果你能畫一幅圖、用簡單的語言描述清楚一個公式、一則定理，這就說明你真正理解了它。

數學是語言。就好比世界各地不同種族有自己的語言，數學則是人類共同的語言和邏輯。數學這門語言極其精準、高度抽象，放之四海而皆準。雖然我們中大多數人沒有被數學「女神」選中，不能為人類對數學認知開疆擴土；但是，這絲毫不妨礙我們使用數學這門語言。就好比，我們不會成為語言學家，我們完全可以使用母語和外語交流。

數學是系統。代數、幾何、線性代數、微積分、機率統計、最佳化方法等，看似一個個孤島，實際上都是數學網路的一條條織線。建議大家學習時，特別關注不同數學板塊之間的聯繫，見樹，更要見林。

數學是基石。拿破崙曾說「數學的日臻完善和國強民富息息相關。」數學是科學進步的根基，是經濟繁榮的支柱，是保家衛國的武器，是探索星辰大海的航船。

數學是藝術。數學和音樂、繪畫、建築一樣，都是人類藝術體驗。透過視覺化工具，我們會在看似枯燥的公式、定理、資料背後，發現數學之美。

數學是歷史，是人類共同記憶體。「歷史是過去，又屬於現在，同時在指引未來。」數學是人類的集體學習思考，它把人的思維符號化、形式化，進而記錄、累積、傳播、創新、發展。從甲骨、泥板、石板、竹簡、木牘、紙草、羊皮卷、活字印刷、紙質書，到數位媒介，這一過程持續了數千年，至今綿延不息。

數學是無窮無盡的**想像力**，是人類的**好奇心**，是自我挑戰的**毅力**，是一個接著一個的**問題**，是看似荒誕不經的**猜想**，是一次次膽大包天的**批判性思考**，是敢於站在前人臂膀之上的**勇氣**，是孜孜不倦地延展人類認知邊界的**不懈努力**。

家園、詩、遠方

諾瓦利斯曾說：「哲學就是懷著一種鄉愁的衝動到處去尋找家園。」

在紛繁複雜的塵世，數學純粹得就像精神的世外桃源。數學是，一束光，一條巷，一團不滅的希望，一股磅礡的力量，一個值得寄託的避風港。

打破陳腐的鎖鏈，把功利心暫放一邊，我們一道懷揣一份鄉愁，心存些許詩意，踩著藝術維度，投入數學張開的臂膀，駛入它色彩斑斕、變幻無窮的深港，感受久違的歸屬，一睹更美、更好的遠方。

致謝

Acknowledgement

To my parents.

謹以此書獻給我的母親父親。

使用本書

How to Use the Book

叢書資源

本書系提供的搭配資源如下：

- 紙質圖書。
- 每章提供思維導圖，全書圖解海報。
- Python 程式檔案，直接下載運行，或者複製、貼上到 Jupyter 運行。
- Python 程式中包含專門用 Streamlit 開發數學動畫和互動 App 的檔案。

本書約定

書中為了方便閱讀以及查詢搭配資源，特別安排了以下段落。

- 數學家、科學家、藝術家等名家語錄
- 搭配 Python 程式完成核心計算和製圖
- 引出本書或本系列其他圖書相關內容
- 相關數學家生平貢獻介紹
- 程式中核心 Python 函式庫函式和講解
- 用 Streamlit 開發制作 App 應用

- 提醒讀者需要格外注意的基礎知識
- 每章總結或昇華本章內容
- 思維導圖總結本章脈絡和核心內容
- 介紹數學工具與機器學習之間的聯繫
- 核心參考和推薦閱讀文獻

App 開發

本書搭配多個用 Streamlit 開發的 App，用來展示數學動畫、資料分析、機器學習演算法。

Streamlit 是個開放原始碼的 Python 函式庫，能夠方便快捷地架設、部署互動型網頁 App。Streamlit 簡單易用，很受歡迎。Streamlit 相容目前主流的 Python 資料分析庫，比如 NumPy、Pandas、Scikit-learn、PyTorch、TensorFlow 等等。Streamlit 還支援 Plotly、Bokeh、Altair 等互動視覺化函式庫。

本書中很多 App 設計都採用 Streamlit + Plotly 方案。

大家可以參考以下頁面，更多了解 Streamlit：

- https://streamlit.io/gallery
- https://docs.streamlit.io/library/api-reference

實踐平臺

本書作者撰寫程式時採用的 IDE（Integrated Development Environment）是 Spyder，目的是給大家提供簡潔的 Python 程式檔案。

但是，建議大家採用 JupyterLab 或 Jupyter Notebook 作為本書系搭配學習工具。

簡單來說，Jupyter 集合「瀏覽器 + 程式設計 + 檔案 + 繪圖 + 多媒體 + 發佈」眾多功能於一身，非常適合探究式學習。

運行 Jupyter 無須 IDE，只需要瀏覽器。Jupyter 容易分塊執行程式。Jupyter 支援 inline 列印結果，直接將結果圖片列印在分塊程式下方。Jupyter 還支援很多其他語言，如 R 和 Julia。

使用 Markdown 檔案編輯功能，可以程式設計同時寫筆記，不需要額外建立檔案。在 Jupyter 中插入圖片和視訊連結都很方便，此外還可以插入 Latex 公式。對於長檔案，可以用邊專欄錄查詢特定內容。

Jupyter 發佈功能很友善，方便列印成 HTML、PDF 等格式檔案。

Jupyter 也並不完美，目前尚待解決的問題有幾個：Jupyter 中程式偵錯不是特別方便。Jupyter 沒有 variable explorer，可以 inline 列印資料，也可以將資料寫到 CSV 或 Excel 檔案中再打開。Matplotlib 影像結果不具有互動性，如不能查看某個點的值或旋轉 3D 圖形，此時可以考慮安裝（jupyter matplotlib）。注意，利用 Altair 或 Plotly 繪製的影像支援互動功能。對於自訂函式，目前沒有快速鍵直接跳躍到其定義。但是，很多開發者針對這些問題正在開發或已經發佈相應外掛程式，請大家留意。

大家可以下載安裝 Anaconda。JupyterLab、Spyder、PyCharm 等常用工具，都整合在 Anaconda 中。下載 Anaconda 的網址為：

- https://www.anaconda.com/

程式檔案

本書系的 Python 程式檔案下載網址為：

- https://github.com/Visualize-ML

Python 程式檔案會不定期修改，請大家注意更新。圖書原始創作版本 PDF（未經審校和修訂，內容和紙質版略有差異，方便行動終端碎片化學習以及對照程式）和紙質版本勘誤也會上傳到這個 GitHub 帳戶。因此，建議大家註冊 GitHub 帳戶，給書稿資料夾標星（Star）或分支複製（Fork）。

考慮再三，作者還是決定不把程式全文印在紙質書中，以便減少篇幅，節約用紙。

本書程式設計實踐例子中主要使用「鳶尾花資料集」，資料來源是 Scikit-learn 函式庫、Seaborn 函式庫。

學習指南

大家可以根據自己的偏好制定學習步驟，本書推薦以下步驟。

1. 瀏覽本章思維導圖，把握核心脈絡
2. 下載本章搭配 Python 程式檔案
3. 閱讀本章正文內容
4. 用 Jupyter 建立筆記，程式設計實踐
5. 嘗試開發數學動畫、機器學習 App
6. 翻閱本書推薦參考文獻

學完每章後，大家可以在社交媒體、技術討論區上發佈自己的 Jupyter 筆記，進一步聽取朋友們的意見，共同進步。這樣做還可以提高自己學習的動力。

另外，建議大家採用紙質書和電子書配合閱讀學習，學習主陣地在紙質書上，學習基礎課程最重要的是沉下心來，認真閱讀並記錄筆記，電子書可以配合查看程式，相關實操性內容可以直接在電腦上開發、運行、感受，Jupyter 筆記同步記錄起來。

強調一點：學習過程中遇到困難，要嘗試自行研究解決，不要第一時間就去尋求他人幫助。

意見建議

歡迎大家對本書系提意見和建議，叢書專屬電子郵件為：

- jiang.visualize.ml@gmail.com

目錄

Contents

第 1 篇 向量

Chapter 1 不止向量

Chapter 2 向量運算

Chapter 3 向量範數

第 2 篇 矩陣

Chapter 4 矩陣

Chapter 5 矩陣乘法

Chapter 6 分塊矩陣

第 3 篇 向量空間

Chapter 7 向量空間

Chapter 8 幾何變換

Chapter 9 正交投影

Chapter 10 資料投影

第 4 篇 矩陣分解

Chapter 11 矩陣分解

Chapter 12 Cholesky 分解

Chapter 13 特徵值分解

Chapter 14 深入特徵值分解

Chapter 15 奇異值分解

Chapter 16 深入奇異值分解

第 5 篇 微積分

Chapter 17 多元函式微分

Chapter 18 拉格朗日乘子法

第 6 篇 空間幾何

Chapter 19 直線到超平面

Chapter 20 再談圓錐曲線

Chapter 21 曲面和正定性

第 7 篇 資料

Chapter 22 資料與統計

Chapter 23 資料空間

Chapter 24 資料分解

Chapter 25 資料應用

緒論

Introduction

1 結構：七大板塊

本書可以歸納為七大板塊——向量、矩陣、向量空間、矩陣分解、微積分、空間幾何、資料，如 圖 0.1 所示。

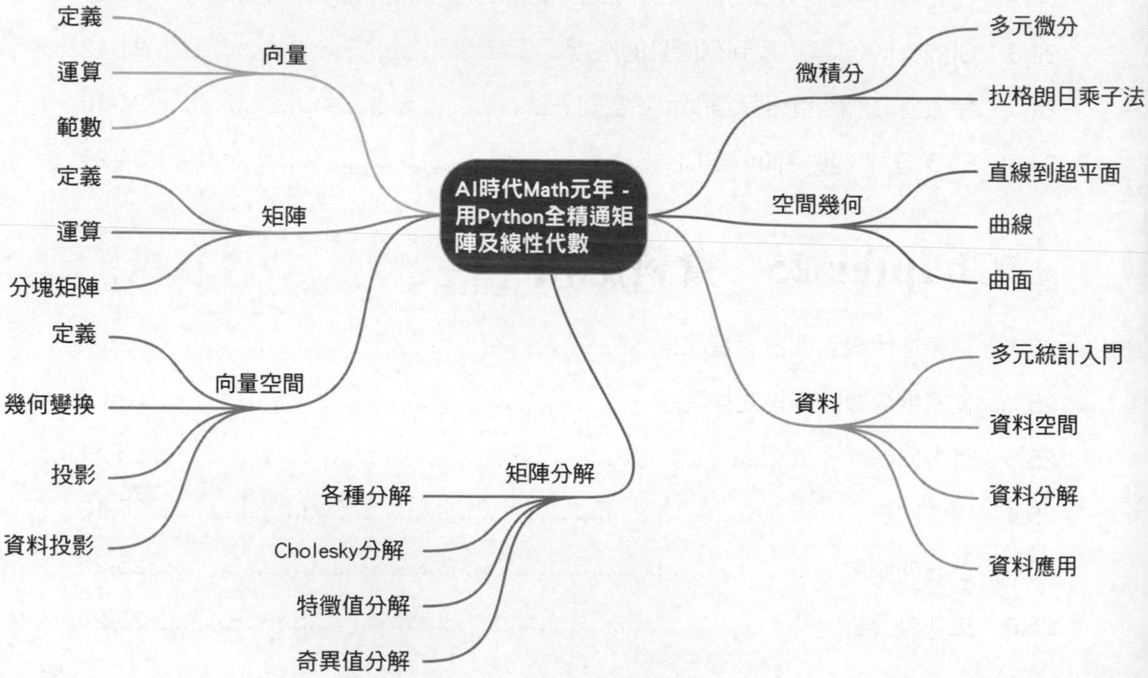

▲ 圖 0.1 《AI 時代 Math 元年 - 用 Python 全精通矩陣及線性代數》板塊布局

向量

「向量」部分首先介紹向量這個多面手在資料、矩陣、幾何、統計、空間等領域中扮演的角色，第 2 章講解各種與向量相關的運演算法則。

第 3 章專門講解向量範數，向量範數無非就是一種描述向量「大小」的尺度。請大家格外注意 L^p 範數與「距離度量」「超橢圓」等數學概念的聯繫。

矩陣

矩陣有兩大功能：表格、映射。「矩陣 」這個版塊首先介紹了關於矩陣的各種計算。各種計算中，矩陣乘法居於核心位置。請大家務必掌握矩陣乘法的兩個角度。

此外，第 5 章介紹了大量矩陣乘法形態，以及它們的應用場合。希望大家一邊學習本書後續內容，一邊回顧第 5 章的矩陣乘法形態。第 6 章介紹了分塊矩陣，請大家格外留意分塊矩陣的乘法規則。

向量空間

「向量空間」這個版塊主要有三大主題一空間、幾何轉換、正交投影。

第 7 章中我們用 RGB 給向量空間「塗顏色」，幫助大家理解向量空間的相關概念。第 8 章講解以線性變換為主的幾何變換，大家務必掌握平移、投影、旋轉、縮放這四類幾何變換。鑑於其重要性，接下來用兩章內容講解正交投影。第 9 章主要從幾何角度介紹正交投影，第 10 章從資料角度講解正交投影。

第 10 章是本書的分水嶺，這一章使用了前九章大部分線性代數工具，並開啟了「矩陣分解」這個版塊。因此，如果大家閱讀第 10 章感到吃力，請務必重溫前九章內容。

矩陣分解

「矩陣分解」好比代數中的「因式分解」，矩陣分解也可以視為特殊的矩陣乘法。矩陣分解是很多資料科學、機器學習演算法的基礎，因此本書分配了六章的篇幅講解矩陣分解。大家務必要掌握特徵值分解（第 13、14 章）和奇異值分解（第 15、16 章）相關知識。

學習這六章的「訣竅」就是幾何角度！大家要從幾何角度理解不同矩陣的分解。本書之後還會介紹理解矩陣分解的其他角度，如最佳化角度、空間角度、資料角度等。

微積分

有了線性代數工具，我們可以輕鬆地把微積分從一元推廣到多元。本書第 17 章主要講解多元微分，請大家務必掌握梯度向量、方向性導數、多元泰勒展開這三個工具。

第 18 章則接力《AI 時代 Math 元年 - 用 Python 全精通數學要素》第 19 章，繼續探討如何用拉格朗日乘子法解決「有約束最佳化問題」。此外，第 18 章還介紹了觀察特徵值分解、奇異值分解、正交投影的「最佳化角度」等。

空間幾何

第 19、20、21 三章主要介紹如何用線性代數工具解決空間幾何問題。第 19 章將直線擴展到了超平面。第 20 章用線性代數工具重新分析圓錐曲線，請大家格外注意「縮放→旋轉→平移」這一連串幾何操作，以及它們和多元高斯分佈機率密度函式的關係。第 21 章將曲面和正定性聯繫起來，並介紹正定性在最佳化問題求解中扮演的角色。

資料

本書最後四章以資料收尾。第 22 章用線性代數工具再次解釋了統計中的重要概念。

第 23、24、25 三章是「資料三部曲」。 第 23 章從奇異值分解引出四個空間。第 24 章從資料、幾何、空間、最佳化等角度總結了本書前文介紹的矩陣分解內容。第 25 章展望了資料及線性代數工具在資料科學和機器學習領域的幾個應用場景。

這部分內容既是本書所有核心內容的總結，也為《AI 時代 Math 元年 - 用 Python 全精通統計及機率》一書做了內容預告和鋪陳。

2 特點：多重角度

本書《AI 時代 Math 元年 - 用 Python 全精通矩陣及線性代數》的最大特點就是，跳出傳統線性「代數」的框架，從第 1 章開始就引入「多重角度」的思維方式。

本書中常用的角度有資料角度、幾何角度、空間角度、最佳化角度、統計角度等。「多重角度」把代數、線性代數、幾何、解析幾何、機率統計、微積分、最佳化方法等編織成一張綿密的網路。作者認為「多重角度」是掌握線性代數各種工具的最佳途徑，沒有之一。

本書在內容安排上會顯得「瞻前顧後」「左顧右盼」，因為線性代數雖然是「代數」，但是她的手卻緊緊牽著資料、幾何、微積分、最佳化、機率統計。因此，為了讓大家看到線性代數的「偉大力量」，本書不厭其煩地介紹各種應用場景，在內容上讀起來可能有點「囉嗦」， 希望大家理解。

「圖解 + 程式設計 + 機器學習應用 」是本書系的核心特點，《AI 時代 Math 元年 - 用 Python 全精通矩陣及線性代數》一書也當然不例外。本 書在講解線性代數工具時，會穿插介紹其在資料科學和機器學習領域的應用場景，讓大家學以致用。

希望大家在學習《AI 時代 Math 元年 - 用 Python 全精通矩陣及線性代數》一書時，能夠體會到下面這幾句話的意義。

有資料的地方，必有矩陣！

有矩陣的地方，更有向量！

有向量的地方，就有幾何！

有幾何的地方，皆有空間！

有資料的地方，定有統計！

下面我們一起開始本書學習吧。

Section 01
向量

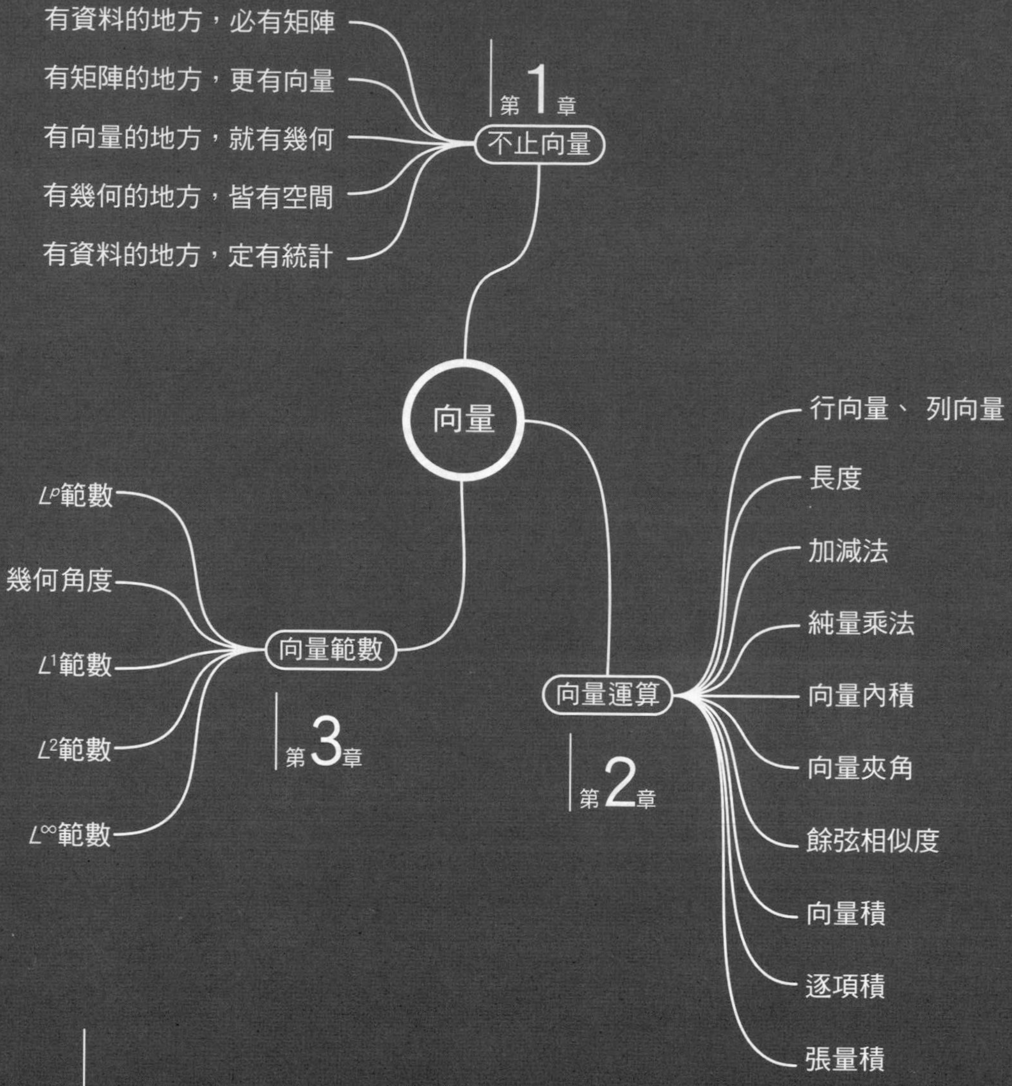

有資料的地方，必有矩陣
有矩陣的地方，更有向量
有向量的地方，就有幾何
有幾何的地方，皆有空間
有資料的地方，定有統計
第1章
不止向量
向量
行向量、 列向量
長度
加減法
純量乘法
向量內積
向量夾角
餘弦相似度
向量積
逐項積
張量積
向量運算
第2章
L^p範數
幾何角度
L^1範數
L^2範數
L^∞範數
向量範數
第3章

學習地圖 | 第1版塊

Vector and More

1 不止向量

一個有關向量的故事，從鳶尾花資料講起

科學的每一次巨大進步，都源於顛覆性的大膽想像。

Every great advance in science has issued from a new audacity of imagination.

—— 約翰・杜威（*John Dewey*）| 美國著名哲學家、教育家、心理學家 | *1859 —1952*

- sklearn.datasets.load_iris() 載入鳶尾花資料
- seaborn.heatmap() 繪製熱圖

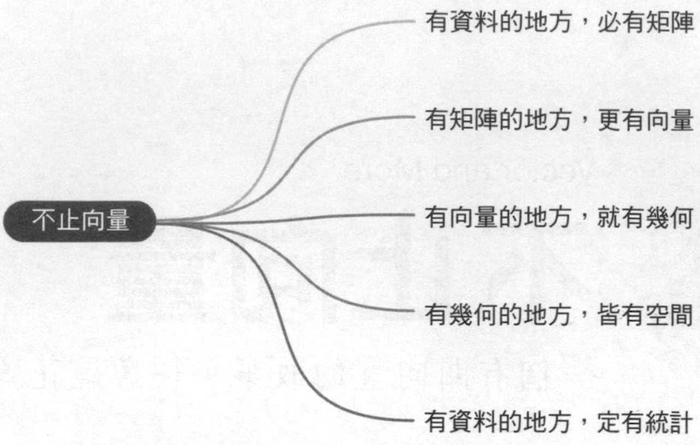
不止向量
有資料的地方，必有矩陣
有矩陣的地方，更有向量
有向量的地方，就有幾何
有幾何的地方，皆有空間
有資料的地方，定有統計

1.1 有資料的地方，必有矩陣

本章主角雖然是**向量** (vector)，但是這個有關向量的故事要先從**矩陣** (matrix) 講起。

簡單來說，矩陣是由若干行或若干列元素排列得到的**陣列** (array)。矩陣內的元素可以是實數、虛數、符號，甚至是代數式。

從資料角度來看，矩陣就是表格！

鳶尾花資料集

資料科學、機器學習演算法和模型都是「資料驅動」。沒有資料，任何的演算法都無從談起，資料是各種演算法的絕對核心。優質資料本身就極具價值，甚至不需要借助任何模型；反之，則是**垃圾進，垃圾出** (Garbage in, garbage out, GIGO)。

本書使用頻率最高的資料是鳶尾花卉資料集。資料集的全稱為**安德森鳶尾花卉資料集** (Anderson's Iris data set)，是植物學家**愛德格·安德森** (Edgar Anderson) 在加拿大魁北克加斯帕半島上擷取的鳶尾花樣本資料。圖 1.1 所示為鳶尾花資料集部分資料。

圖 1.1 列出的這些樣本都歸類於鳶尾屬下的三個亞屬，分別是**山鳶尾** (setosa)、**變色鳶尾** (versicolor) 和**維吉尼亞鳶尾** (virginica)。每一類鳶尾花收集了 50 條樣本記錄，共計 150 條。

鳶尾花的四個特徵被用作樣本的定量分析，它們分別是**花萼長度** (sepal length)、**花萼寬度** (sepal width)、**花瓣長度** (petal length) 和**花瓣寬度** (petal width)。

如圖 1.2 所示，本書常用**熱圖** (heatmap) 視覺化矩陣。不考慮鳶尾花分類標籤，鳶尾花資料矩陣 $\boldsymbol{X}$ 有 150 行、4 列，因此 $\boldsymbol{X}$ 也常記作 $\boldsymbol{X}_{150\times 4}$。

> ⚠ 注意：本書用大寫、粗體、斜體字母代表矩陣，如 $\boldsymbol{X}$、$\boldsymbol{A}$、$\boldsymbol{\Sigma}$、$\boldsymbol{\Lambda}$。特別地，本書用 $\boldsymbol{X}$ 代表樣本數據矩陣，用 $\boldsymbol{\Sigma}$ 代表方差協方差矩陣 (variance covariance matrix)。
>
> 本書用小寫、粗體、斜體字母代表向量，如 $\boldsymbol{x}$、$\boldsymbol{x}_1$、$\boldsymbol{x}^{(1)}$、$\boldsymbol{v}$。

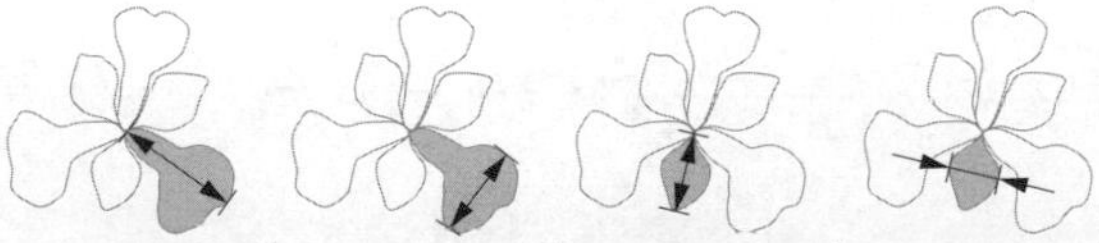

Index	Sepal length X_1	Sepal width X_2	Petal length X_3	Petal width X_4	Species C
1	5.1	3.5	1.4	0.2	Setosa C_1
2	4.9	3	1.4	0.2	
3	4.7	3.2	1.3	0.2	
...	...	...	...	...	
49	5.3	3.7	1.5	0.2	
50	5	3.3	1.4	0.2	
51	7	3.2	4.7	1.4	Versicolor C_2
52	6.4	3.2	4.5	1.5	
53	6.9	3.1	4.9	1.5	
...	...	...	...	...	
99	5.1	2.5	3	1.1	
100	5.7	2.8	4.1	1.3	
101	6.3	3.3	6	2.5	Virginica C_3
102	5.8	2.7	5.1	1.9	
103	7.1	3	5.9	2.1	
...	...	...	...	...	
149	6.2	3.4	5.4	2.3	
150	5.9	3	5.1	1.8	

▲ 圖 1.1　鳶尾花資料，數值資料 (單位：cm)

行向量、列向量

前文提到，矩陣可以視作由一系列行向量、列向量建構而成。

反向來看，矩陣切絲、切片可以得到行向量、列向量。如圖 1.2 所示，$\boldsymbol{X}$ 任一行向量 ($\boldsymbol{x}^{(1)}$、$\boldsymbol{x}^{(2)}$、⋯、$\boldsymbol{x}^{(150)}$) 代表一朵鳶尾花樣本花萼長度、花萼寬度、花瓣長度和花瓣寬度測量結果；而 $\boldsymbol{X}$ 某一列向量 ($\boldsymbol{x}_1$、$\boldsymbol{x}_2$、$\boldsymbol{x}_3$、$\boldsymbol{x}_4$) 為鳶尾花某個特徵的樣本資料。注意，圖中三維直角座標系僅為示意。

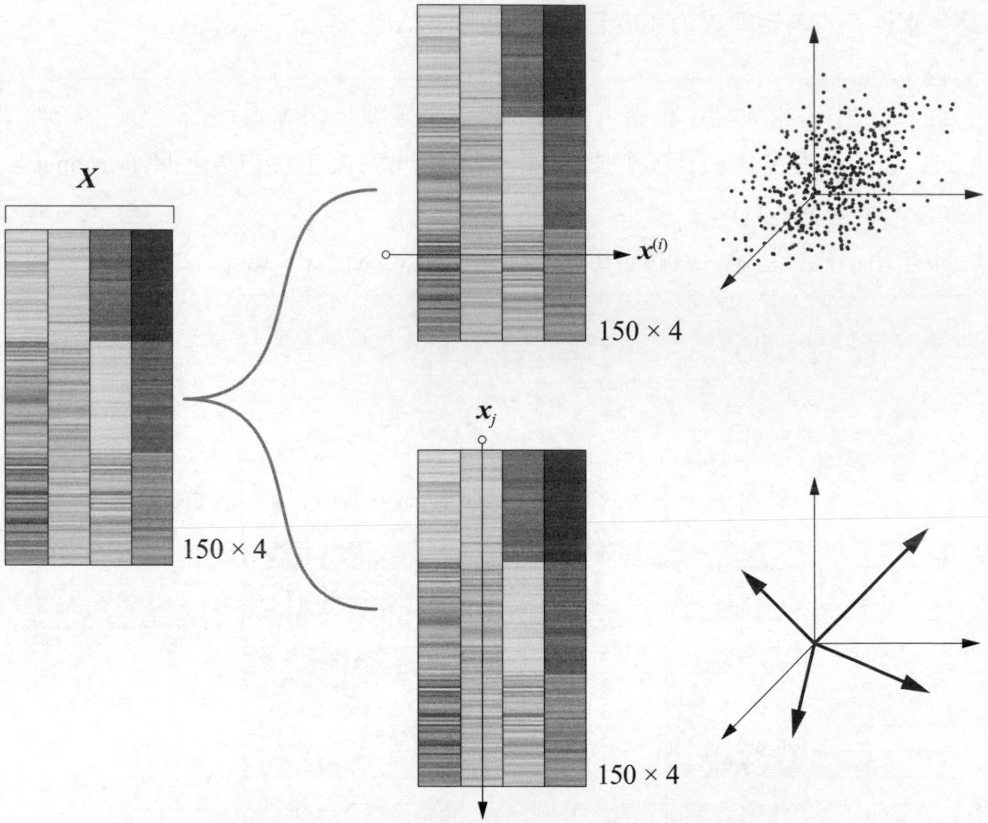

▲ 圖 1.2　矩陣可以分割成一系列行向量或列向量

圖片

資料矩陣其實無處不在。

再舉個例子，大家日常隨手拍攝的照片實際上就是資料矩陣。圖 1.3 所示為作者拍攝的一張鳶尾花照片。把這張照片做黑白處理後，它變成了形狀為 2990×2714 的矩陣，即 2990 行、2714 列。

圖 1.3 所示照片顯然不是向量圖。不斷放大後，我們會發現照片的局部變得越來越模糊。繼續放大，我們發現這張照片竟然是由一系列灰度熱圖組成的。再進一步，提取其中圖片的 4 個像素點，也就是矩陣的 4 個元素，我們可以得到一個 2×2 實數矩陣。

對於大部分機器學習應用，如辨識人臉、判斷障礙物等，並不需要輸入彩色照片，黑白照片的資料矩陣含有的資訊就足夠用。

> 本書系《AI 時代 Math 元件 - 用 Python 全精通資料及視覺化》將採用主成分分析 (Principal Component Analysis, PCA) 繼續深入分析圖 1.3 這幅鳶尾花黑白照片。

0.6692	0.6364
0.6165	0.5476

▲ 圖 1.3　照片也是資料矩陣

1.2 有矩陣的地方，更有向量

行向量

首先，矩陣 $\boldsymbol{X}$ 可以看作是由一系列**行向量** (row vector) 上下疊加而成的。

如圖 1.4 所示，矩陣 $\boldsymbol{X}$ 的第 i 行可以寫成行向量 $\boldsymbol{x}^{(i)}$。上標圓括號中的 i 代表序號，對於鳶尾花資料集，$i = 1 \sim 150$。

舉個例子，$\boldsymbol{X}$ 的第 1 行行向量記作 $\boldsymbol{x}^{(1)}$，具體為

$$\boldsymbol{x}^{(1)} = \begin{bmatrix} 5.1 & 3.5 & 1.4 & 0.2 \end{bmatrix}_{1\times 4} \tag{1.1}$$

行向量 $\boldsymbol{x}^{(1)}$ 代表鳶尾花資料集編號為 1 的樣本。行向量 $\boldsymbol{x}^{(1)}$ 的四個元素依次代表**花萼長度** (sepal length)、**花萼寬度** (sepal width)、**花瓣長度** (petal length) 和**花瓣寬度** (petal width)。長、寬的單位均為公分 (cm)。

行向量 $\boldsymbol{x}^{(1)}$ 也可以視為 1 行、4 列的矩陣，即形狀為 1×4。

雖然 Python 是**基於 0 編號** (zero-based indexing)，但是本書對矩陣行、列編號時，還是延續線性代數傳統，採用**基於 1 編號** (one-based indexing)。本書系《AI 時代 Math 元年 - 用 Python 全精通程式設計》專門介紹過兩種不同的編號方式。

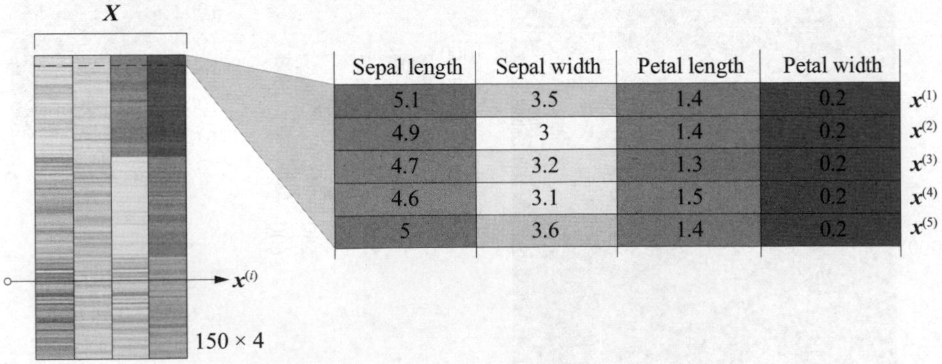

Sepal length	Sepal width	Petal length	Petal width
5.1	3.5	1.4	0.2
4.9	3	1.4	0.2
4.7	3.2	1.3	0.2
4.6	3.1	1.5	0.2
5	3.6	1.4	0.2

▲ 圖 1.4　鳶尾花資料，行向量代表樣本資料點

列向量

矩陣 $\boldsymbol{X}$ 也可以視為是由一系列**列向量** (column vector) 左右排列而成的。

如圖 1.2 所示，矩陣 $\boldsymbol{X}$ 的第 j 列可以寫成列向量 $\boldsymbol{x}_j$，下標 j 代表列序號。對於鳶尾花資料集，若不考慮分類標籤，則 $j = 1 \sim 4$。

比如，$\boldsymbol{X}$ 的第 1 列向量記作 $\boldsymbol{x}_1$，具體為

$$\boldsymbol{x}_1 = \begin{bmatrix} 5.1 \\ 4.9 \\ \vdots \\ 5.9 \end{bmatrix}_{150\times 1} \tag{1.2}$$

列向量 $\boldsymbol{x}_1$ 代表鳶尾花 150 個樣本資料花萼長度數值。列向量 $\boldsymbol{x}_1$ 可以視為 150 行、1 列的矩陣，即形狀為 150×1。整個資料矩陣 $\boldsymbol{X}$ 可以寫成四個列向量，即 $\boldsymbol{X} = [\boldsymbol{x}_1, \boldsymbol{x}_2, \boldsymbol{x}_3, \boldsymbol{x}_4]$。

再次強調：為了區分資料矩陣中的行向量和列向量，在編號時，本書中行向量採用上標加圓括號，如 $\boldsymbol{x}^{(1)}$；而列向量編號採用下標，如 $\boldsymbol{x}_1$。

此外，大家熟悉的**三原色光模式** (RGB color mode) 中的每種顏色實際上也可以寫成列向量，如圖 1.5 所示的 7 種顏色。在本書第 7 章中，我們將用 RGB 解釋向量空間等概念。

大家可能會問，元素數量均為 150 的 $\boldsymbol{x}_1$、$\boldsymbol{x}_2$、$\boldsymbol{x}_3$、$\boldsymbol{x}_4$ 這四個向量到底意味著什麼？有沒有什麼辦法可視化這四個列向量？怎麼量化它們之間的關係？答案會在本書第 12 章揭曉。

$$\begin{bmatrix} 0.8 \\ 0.8 \\ 0.8 \end{bmatrix} \quad \begin{bmatrix} 1 \\ 0.8 \\ 0 \end{bmatrix} \quad \begin{bmatrix} 0.6 \\ 0.8 \\ 0.3 \end{bmatrix} \quad \begin{bmatrix} 0 \\ 0.7 \\ 0.9 \end{bmatrix} \quad \begin{bmatrix} 1 \\ 0.8 \\ 1 \end{bmatrix} \quad \begin{bmatrix} 1 \\ 0.3 \\ 0.3 \end{bmatrix} \quad \begin{bmatrix} 0 \\ 0 \\ 0 \end{bmatrix}$$

▲ 圖 1.5　7 種顏色對應的 RGB 顏色向量

當然，我們不要被向量、矩陣這些名詞嚇到。矩陣就是一個表格，而這個表格可以劃分成若干行、若干列，它們分別叫行向量、列向量。

1.3 有向量的地方，就有幾何

資料雲、投影

取出鳶尾花前兩個特徵，即花萼長度和花萼寬度所對應的資料，把它們以座標的形式畫在平面直角座標系 (記作 $\mathbb{R}^2$) 中，我們便得到平面散點圖。如圖 1.6 所示。這幅散點圖好比樣本「資料雲」。

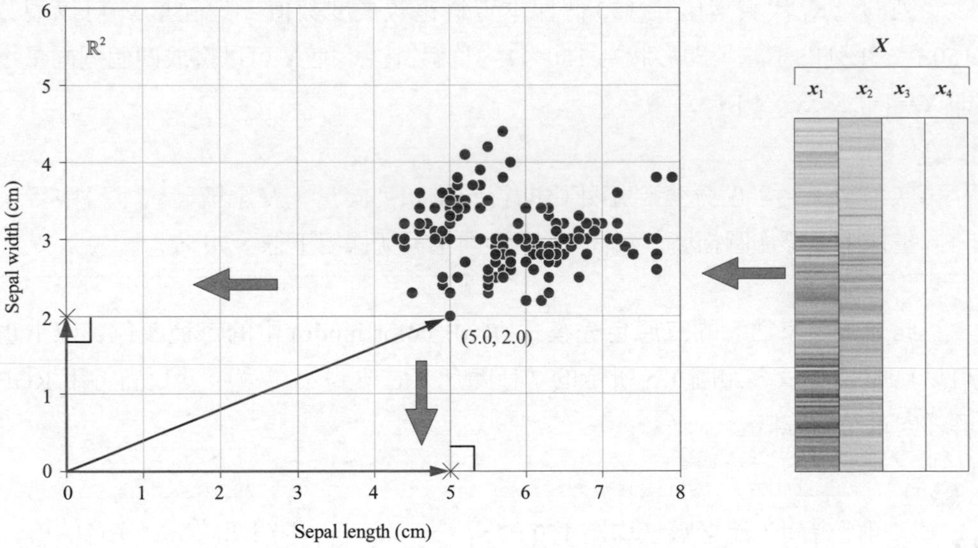

▲ 圖 1.6 鳶尾花前兩個特徵資料散點圖

圖 1.6 中資料點 (5.0, 2.0) 可以寫成行向量 [5.0, 2.0]。(5.0, 2.0) 是序號為 61 的樣本點，對應的行向量可以寫成 $\boldsymbol{x}^{(61)}$。

從幾何角度來看，[5.0, 2.0] 在橫軸的**正交投影** (orthogonal projection) 結果為 5.0，代表該點的橫坐標為 5.0。[5.0, 2.0] 在縱軸的正交投影結果為 2.0，代表其垂直座標為 2.0。

正交 (orthogonality) 是線性代數的概念，是垂直的推廣。正交投影很好理解，即原資料點和投影點連線垂直於投影點所在直線或平面。舉例來說，頭頂正上方陽光將物體的影子投影在地面，而陽光光線垂直於地面。如無特別強調，本書的投影均指正交投影。

從集合角度來看，(5.0, 2.0) 屬於平面 $\mathbb{R}^2$，即 (5.0, 2.0) $\in \mathbb{R}^2$。圖 1.6 中整團資料雲都屬於 $\mathbb{R}^2$。再者，如圖 1.6 所示，從向量角度來看，行向量 [5.0, 2.0] 在橫軸上投影的向量為 [5.0, 0]，在縱軸上投影的向量為 [0, 2.0]。而 [5.0, 0] 和 [0, 2.0] 兩個向量合成就是 [5.0, 2.0] = [5.0, 0]+[0, 2.0]。

再進一步，將圖 1.6 整團資料雲全部正交投影到橫軸，得到圖 1.7。圖 1.7 中 × 代表的資料實際上就是鳶尾花資料集第一列的花萼長度資料。圖 1.7 中的橫軸相當於一個一維空間，即數軸 $\mathbb{R}$。

我們也可以把整團資料雲全部投影在縱軸，得到圖 1.8。圖中的 × 是鳶尾花資料第二列的花萼寬度資料。

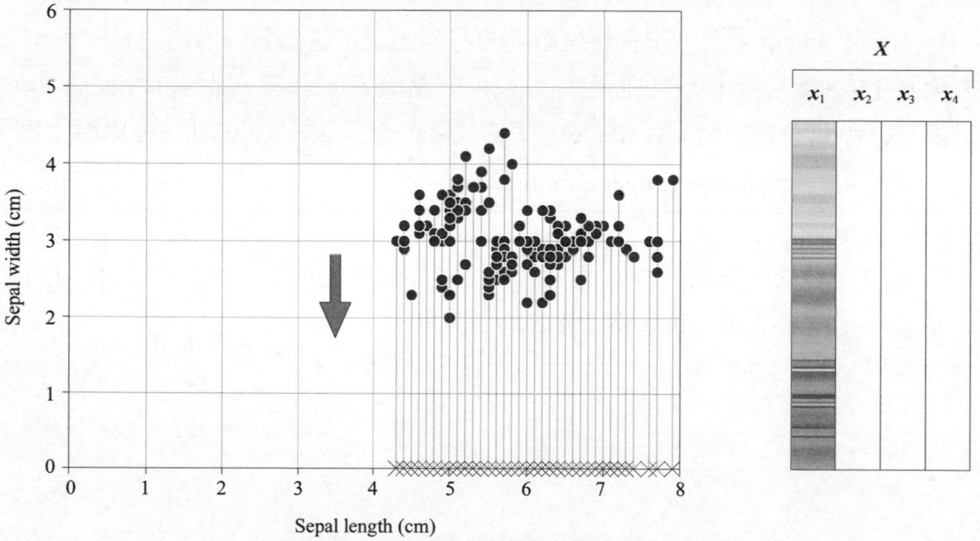

▲ 圖 1.7　二維散點正交投影到橫軸

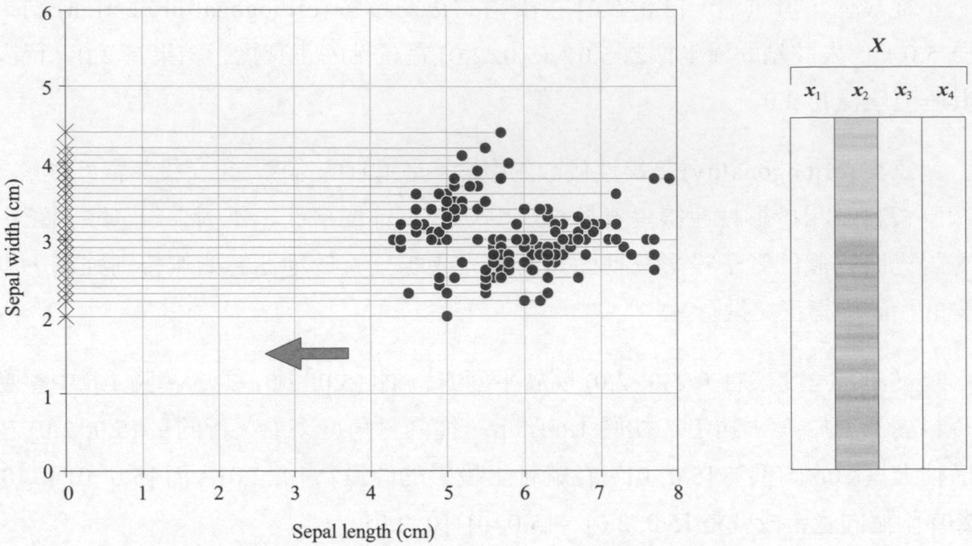

▲ 圖 1.8　二維散點正交投影到縱軸

投影到一條過原點的斜線

你可能會問，是否可以將圖 1.7 中所有點投影在一條斜線上？

答案是肯定的。

如圖 1.9 所示，鳶尾花資料投影到一條斜線上，這條斜線通過原點，與橫軸夾角為 15°。觀察圖 1.9，我們已經發現投影點似乎是 $\boldsymbol{x}_1$ 與 $\boldsymbol{x}_2$ 的某種組合。也就是說，$\boldsymbol{x}_1$ 和 $\boldsymbol{x}_2$ 分別貢獻 $v_1\boldsymbol{x}_1$ 和 $v_2\boldsymbol{x}_2$，兩種成分的合成 $v_1\boldsymbol{x}_1 + v_2\boldsymbol{x}_2$ 就是投影點座標。$v_1\boldsymbol{x}_1 + v_2\boldsymbol{x}_2$ 也叫**線性組合** (linear combination)。

> 大家可能會問，怎麼計算圖 1.9 中的投影點座標呢？這種幾何變換有何用途？這是本書第 9、10 章要探究的問題。

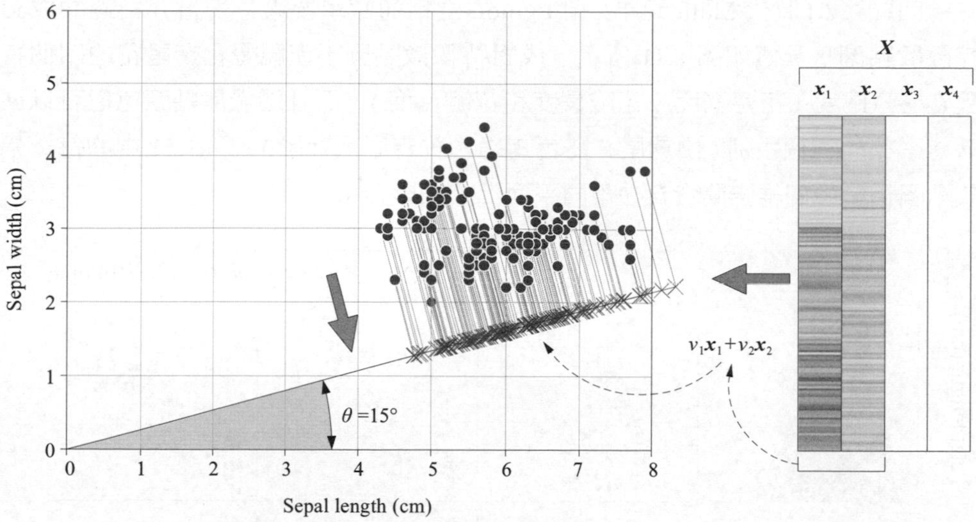

▲ 圖 1.9　二維散點正交投影到一條斜線

三維散點圖、成對特徵散點圖

取出鳶尾花前三個特徵 (花萼長度、花萼寬度、花瓣長度) 對應的資料，並在三維空間 $\mathbb{R}^3$ 繪製散點圖，得到圖 1.10 所示的散點圖。而圖 1.6 相當於圖 1.10 在水平面 (標色背景) 的正交投影結果。

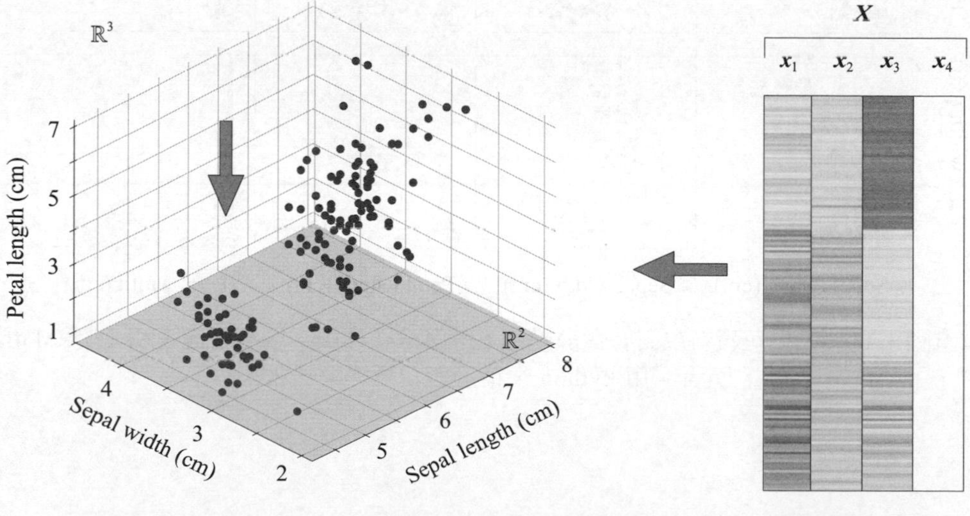

▲ 圖 1.10　鳶尾花前三個特徵資料散點圖

回顧《AI 時代 Math 元年 - 用 Python 全精通數學要素》一書介紹過的成對特徵散點圖，具體如圖 1.11 所示。成對特徵散點圖不僅視覺化鳶尾花的四個特徵 (花萼長度、花萼寬度、花瓣長度和花瓣寬度)，而且透過散點顏色還可以展示鳶尾花的三個類別 (山鳶尾、變色鳶尾、維吉尼亞鳶尾)。圖 1.11 中的每一幅散點圖相當於四維空間資料在不同平面上的投影結果。

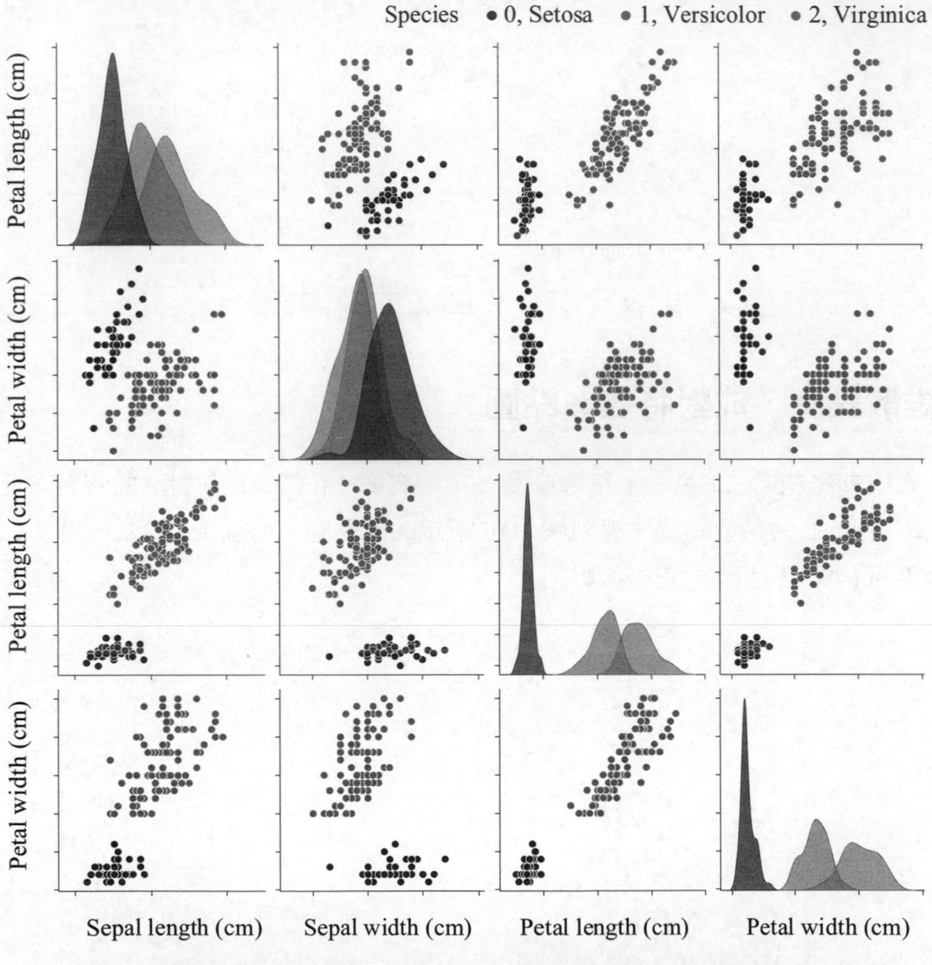

▲ 圖 1.11　鳶尾花資料成對特徵散點圖 (考慮分類標籤，圖片來自《AI 時代 Math 元年 - 用 Python 全精通數學要素》一書)

統計角度：移動向量起點

如圖 1.12 所示，本節前文行向量的起點都是原點，即零向量 $\boldsymbol{0}$。而平 $\mathbb{R}^2$ 這個二維空間則「裝下」了這 150 個行向量。

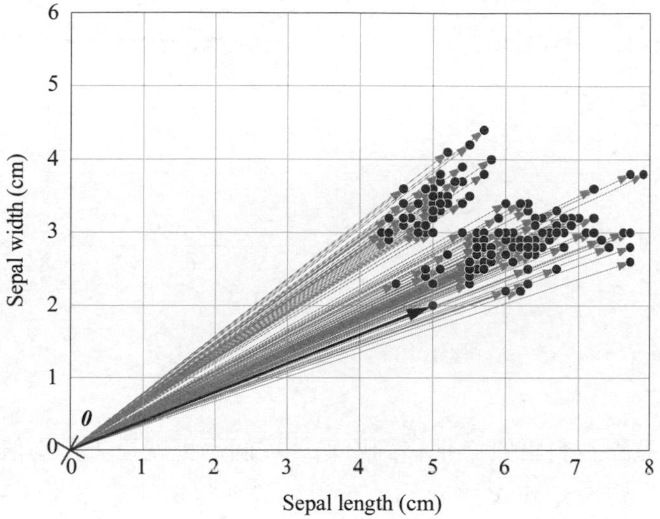

▲ 圖 1.12　向量起點為原點

但是，統計角度下，向量的起點移動到了資料**質心** (centroid)。所謂資料質心就是資料每一特徵平均值組成的向量。

這一點也不難理解，大家回想一下，我們在計算方差、均方差、協方差、相關性係數等統計度量時，都會去平均值。從向量角度來看，這相當於移動了向量起點。

如圖 1.13 所示，將向量的起點移動到質心後，向量的長度、絕對角度 (如與座標系橫軸夾角)、相對角度 (向量兩兩之間的夾角) 都發生了顯著變化。

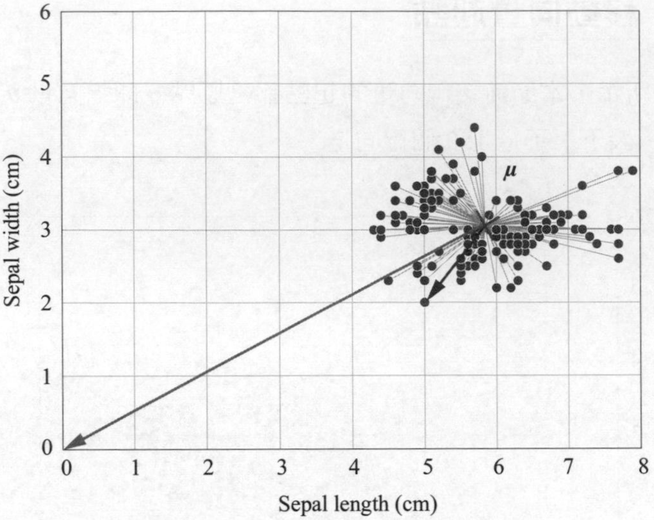

▲ 圖 1.13　向量起點為質心

將圖 1.13 整團資料雲質心平移到原點，這個過程就是去平均值過程，結果如圖 1.14 所示。資料矩陣 $\boldsymbol{X}$ 去平均值化得到的資料矩陣記作 $\boldsymbol{X}_c$，顯然 $\boldsymbol{X}_c$ 的質心位於原點 (0，0)。去平均值並不影響資料的單位，圖 1.14 橫軸、縱軸的單位都是公分。

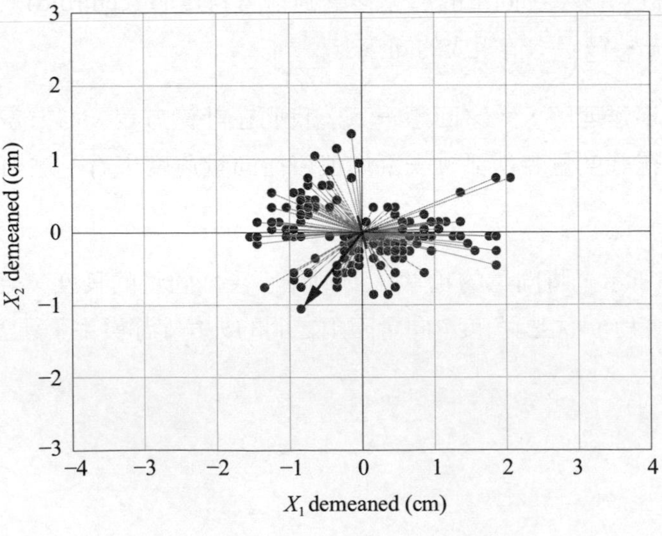

▲ 圖 1.14　資料去平均值化

觀察圖 1.11，我們發現，如果考慮資料標籤的話，每一類標籤樣本資料都有自己質心，叫做分類質心，這是本書第 22 章要討論的話題。此外，本書最後三章的「資料三部曲」會把資料、矩陣、向量、矩陣分解、空間、最佳化、統計等板塊聯結起來。

1.4 有幾何的地方，皆有空間

從線性方程式組說起

從代數角度來看，**矩陣乘法** (matrix multiplication) 代表**線性映射** (linear mapping)。比如，在 $\boldsymbol{A}_{m\times n}\boldsymbol{x}_{n\times}1 = \boldsymbol{b}_{m\times}1$ 中，矩陣 $\boldsymbol{A}_{m\times n}$ 扮演的角色就是完成 $\boldsymbol{x} \to \boldsymbol{b}$ 的線性映射。列向量 $\boldsymbol{x}_{n\times 1}$ 在 $\mathbb{R}^n$ 中，列向量 $\boldsymbol{b}_{m\times 1}$ 在 $\mathbb{R}^m$ 中。

$\boldsymbol{A}_{m\times n}\boldsymbol{x}_{n\times 1} = \boldsymbol{b}_{m\times 1}$ 也叫做**線性方程式組** (system of linear equations)。在《AI 時代 Math 元年 - 用 Python 全精通數學要素》「雞兔同籠三部曲」中，我們用線性方程式組解決過雞兔同籠問題。下面我們簡單回顧一下。

《孫子算經》這樣引出雞兔同籠問題：「今有雉兔同籠，上有三十五頭，下有九十四足，問雉兔各幾何？」

將這個問題寫成線性方程式組為

$$\begin{cases} 1\cdot x_1 + 1\cdot x_2 = 35 \\ 2\cdot x_1 + 4\cdot x_2 = 94 \end{cases} \Rightarrow \underbrace{\begin{bmatrix} 1 & 1 \\ 2 & 4 \end{bmatrix}}_{A} \underbrace{\begin{bmatrix} x_1 \\ x_2 \end{bmatrix}}_{x} = \underbrace{\begin{bmatrix} 35 \\ 94 \end{bmatrix}}_{b} \tag{1.3}$$

即

$$\boldsymbol{A}\boldsymbol{x} = \boldsymbol{b} \tag{1.4}$$

未知變陣列成的列向量 $\boldsymbol{x}$ 可以利用下式求解，即

$$\boldsymbol{x} = \boldsymbol{A}^{-1}\boldsymbol{b} = \begin{bmatrix} 1 & 1 \\ 2 & 4 \end{bmatrix}^{-1} \begin{bmatrix} 35 \\ 94 \end{bmatrix} = \begin{bmatrix} 2 & -0.5 \\ -1 & 0.5 \end{bmatrix} \begin{bmatrix} 35 \\ 94 \end{bmatrix} = \begin{bmatrix} 23 \\ 12 \end{bmatrix} \tag{1.5}$$

式中：反矩陣 $\boldsymbol{A}^{-1}$ 完成 $\boldsymbol{b} \rightarrow \boldsymbol{x}$ 的線性映射。

這裡用到了矩陣乘法 (matrix multiplication)、矩陣逆 (matrix inverse) 相關知識。本書第 4、5、6 三章將介紹矩陣相關運算，居於核心的運算當然是矩陣乘法。

幾何角度

從幾何角度來看，式 (1.3) 中矩陣 $\boldsymbol{A}$ 完成的是**線性變換** (linear transformation)。如圖 1.15 所示，矩陣 $\boldsymbol{A}$ 把方方正正的方格變成平行四邊形網格，對應的計算為

$$\underbrace{\begin{bmatrix} 1 & 1 \\ 2 & 4 \end{bmatrix}}_{A} \underbrace{\begin{bmatrix} 1 \\ 0 \end{bmatrix}}_{e_1} = \underbrace{\begin{bmatrix} 1 \\ 2 \end{bmatrix}}_{a_1}, \quad \underbrace{\begin{bmatrix} 1 & 1 \\ 2 & 4 \end{bmatrix}}_{A} \underbrace{\begin{bmatrix} 0 \\ 1 \end{bmatrix}}_{e_2} = \underbrace{\begin{bmatrix} 1 \\ 4 \end{bmatrix}}_{a_2} \tag{1.6}$$

而式 (1.6) 的結果恰好是矩陣 $\boldsymbol{A} = [\boldsymbol{a}_1, \boldsymbol{a}_2]$ 的兩個列向量 $\boldsymbol{a}_1$ 和 $\boldsymbol{a}_2$。

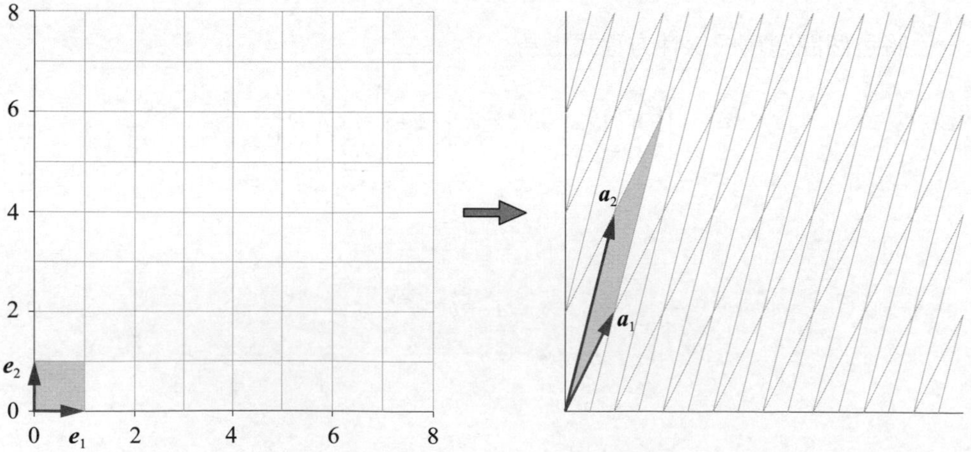

▲ 圖 1.15 矩陣 $\boldsymbol{A}$ 完成的線性變換

觀察圖 1.15 中的左圖，整個直角座標系整個方方正正的網格由 $[\boldsymbol{e}_1, \boldsymbol{e}_2]$ 張成，就好比 $\boldsymbol{e}_1$ 和 $\boldsymbol{e}_2$ 是撐起這個二維空間的「骨架」。再看圖 1.15 中的右圖，$[\boldsymbol{a}_1, \boldsymbol{a}_2]$ 同樣張成了整個直角座標系，不同的是網格為平行四邊形。$[\boldsymbol{e}_1, \boldsymbol{e}_2]$ 和 $[\boldsymbol{a}_1, \boldsymbol{a}_2]$ 都叫做空間 $\mathbb{R}^2$ 的**基底** (base)。

將 $\boldsymbol{A}$ 寫成 $[\boldsymbol{a}_1, \boldsymbol{a}_2]$，展開得到

$$\begin{bmatrix} \boldsymbol{a}_1 & \boldsymbol{a}_2 \end{bmatrix} \begin{bmatrix} x_1 \\ x_2 \end{bmatrix} = x_1\boldsymbol{a}_1 + x_2\boldsymbol{a}_2 = \boldsymbol{b} \tag{1.7}$$

式 (1.7) 代表基底 $[\boldsymbol{a}_1, \boldsymbol{a}_2]$ 中兩個基底向量的線性組合。

本書將在第 7 章專門講解基底、線性組合等向量空間概念。

從正圓到旋轉橢圓

圓錐曲線，特別是橢圓，在本書系中扮演重要角色，這一切都源於多元高斯分佈機率密度函數，而線性變換和橢圓又有著千絲萬縷的聯繫。

如圖 1.16 所示，同樣利用矩陣 $\boldsymbol{A}$，我們可以把一個單位圓轉化為旋轉橢圓。圖 1.16 中，任意向量 $\boldsymbol{x}$ 起點為原點，終點落在單位圓上，經過 $\boldsymbol{A}$ 的線性變換變成 $\boldsymbol{y} = \boldsymbol{A}\boldsymbol{x}$。

圖 1.16 旋轉橢圓的半長軸長度約為 4.67，半短軸長度約為 0.43，半短軸和橫軸夾角約為 -16.85°。要獲得這些橢圓資訊，我們需要一個線性代數利器——**特徵值分解** (eigen decomposition)。

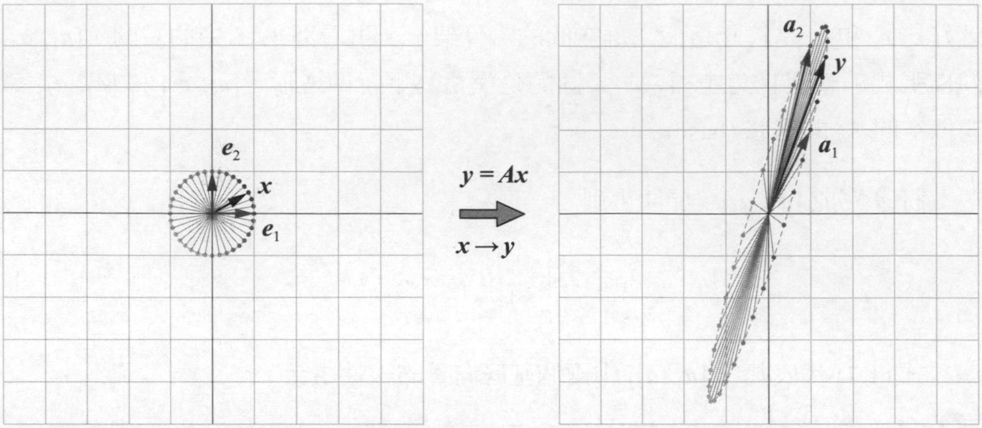

▲ 圖 1.16 矩陣 A 將單位圓轉化為旋轉橢圓

特徵值分解

相信讀者對特徵值分解並不陌生。如圖 1.17 所示，我們在《AI 時代 Math 元年 - 用 Python 全精通數學要素》雞兔同籠三部曲的「雞兔互變」中簡單介紹過特徵值分解，大家如果忘記了，建議回顧一下。

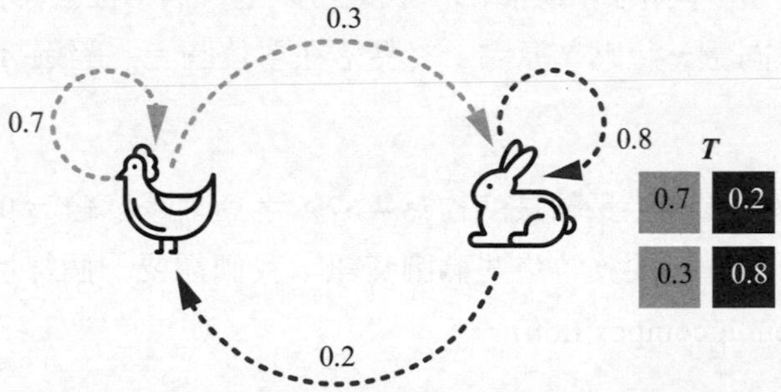

▲ 圖 1.17 雞兔同籠三部曲中「雞兔互變」(圖片來自《AI 時代 Math 元年 - 用 Python 全精通數學要素》第 25 章)

劇透一下，鳶尾花資料矩陣 $\boldsymbol{X}$ 本身並不能完成特徵值分解。但是圖 1.18 中的格拉姆矩陣 $\boldsymbol{G} = \boldsymbol{X}^{\mathrm{T}}\boldsymbol{X}$ 可以完成特徵值分解，分解過程如圖 1.18 所示。請大家特別注意圖 1.18 中的矩陣 $\boldsymbol{V}$。正如圖 1.15 右圖中的 $\boldsymbol{A} = [\boldsymbol{a}_1, \boldsymbol{a}_2]$ 張成了一個平面，矩陣 $\boldsymbol{V} = [\boldsymbol{v}_1, \boldsymbol{v}_2, \boldsymbol{v}_3, \boldsymbol{v}_4]$ 則張成了一個四維空間 $\mathbb{R}^4$ ！

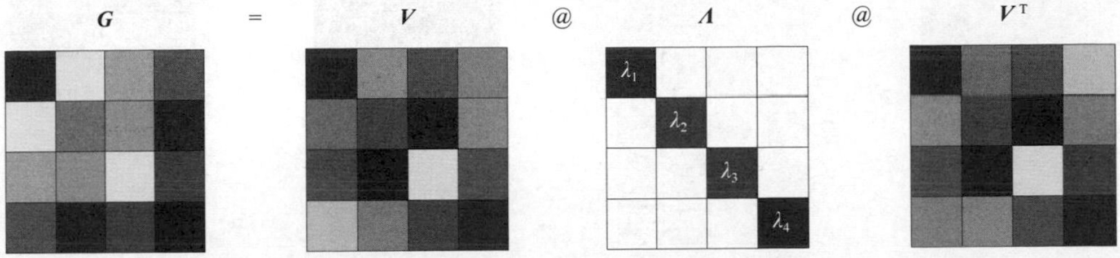

▲ 圖 1.18　矩陣 $\boldsymbol{X}$ 的格拉姆矩陣的特徵值分解

本書第 13、14 章專門探討特徵值分解。此外，本書將在第 20、21 章利用線性代數工具分析圓錐曲線和二次曲面。

奇異值分解

在**矩陣分解** (matrix decomposition) 這個工具庫中，最全能的工具叫**奇異值分解** (Singular Value Decomposition, SVD)。因為不管形狀如何，任何實數矩陣都可以完成奇異值分解。

圖 1.19 所示為對鳶尾花資料矩陣的 SVD 分解，其中的 $\boldsymbol{U}$ 和 $\boldsymbol{V}$ 都各自張成不同的空間。

本書第 15、16 章專門講解奇異值分解，第 23 章則利用 SVD 分解引出四個空間。

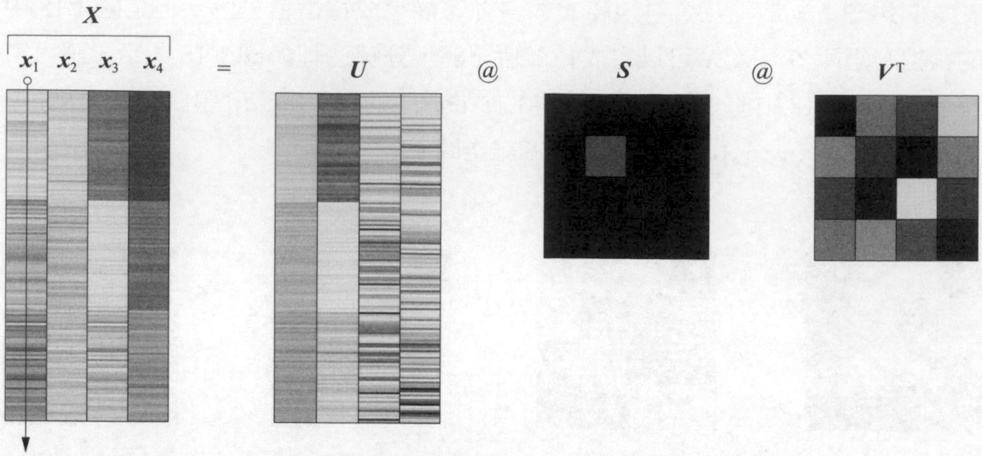

▲ 圖 1.19 對矩陣 X 進行 SVD 分解

1.5 有資料的地方，定有統計

前文提到，圖 1.20 所示鳶尾花資料每一列代表鳶尾花的特徵，如花萼長度 (第 1 列，列向量 x_1)、花萼寬度 (第 2 列，列向量 x_2)、花瓣長度 (第 3 列，列向量 x_3) 和花瓣寬度 (第 4 列，列向量 x_4)。這些列向量可以看成是 X_1、X_2、X_3、X_4 四個隨機變數的樣本值集合。

從統計角度來看，我們可以計算樣本資料各個特徵的平均值 (μ_j) 和不同特徵上樣本資料的均方差 (σ_j)。圖 1.20 中四幅子圖中的曲線代表各個特徵樣本資料的**機率密度估計** (probability density estimation) 曲線。有必要的話，我們還可以在圖中標出 μ_j、$\mu_j \pm \sigma_j$、$\mu_j \pm 2\sigma_j$ 對應的位置。

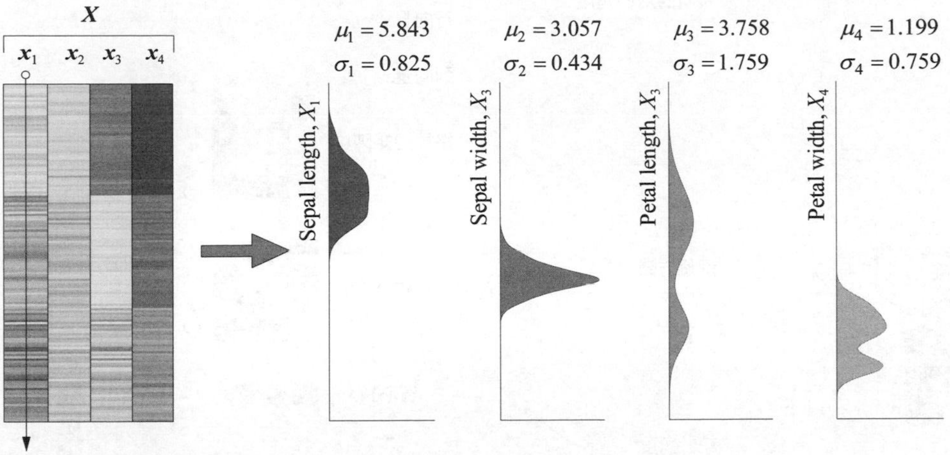

▲ 圖 1.20　鳶尾花資料每個特徵的基本統計描述

實際應用時，我們還會對原始資料進行處理，常見的操作有**去平均值** (demean)、**標準化** (standardization) 等。

多個特徵之間的關係，我們可以採用**格拉姆矩陣** (Gram matrix)、**協方差矩陣** (covariance matrix)、**相關性係數矩陣** (correlation matrix) 等矩陣來描述。

圖 1.21 所示為本書後續要用到的鳶尾花資料矩陣 $\boldsymbol{X}$ 衍生得到的幾種矩陣。注意，圖 1.2 和圖 1.21 中矩陣 $\boldsymbol{X}$ 的熱圖採用不同的色譜值。

> 本書第 22 章將介紹如何獲得圖 1.21 所示的矩陣，本書第 24 章將探討圖 1.21 中主要矩陣和各種矩陣分解 (matrix decomposition) 之間的有趣關係。

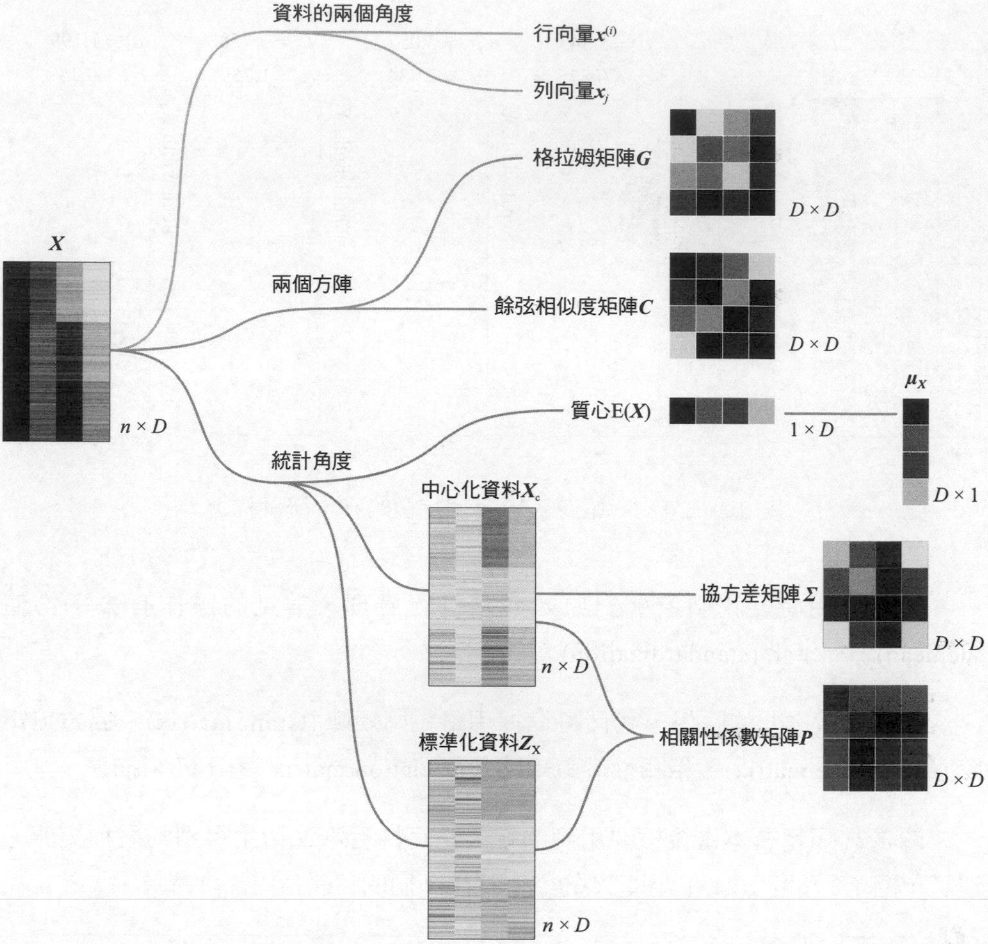

▲ 圖 1.21　鳶尾花資料衍生得到的幾個矩陣（圖片來自本書第 24 章）

本章只搭配一個程式檔案 Streamlit_Bk4_Ch1_01.py。這段程式中，我們用 Streamlit 和 Plotly 分別繪製了鳶尾花資料集的熱圖、平面散點圖、三維散點圖、成對特徵散點圖。這四幅圖都是可互動影像。

本章以向量為主線，回顧了《AI時代Math元年 - 用Python全精通數學要素》「雞兔同籠三部曲」的主要內容，預告了本書的核心內容。目前不需要大家理解本章提到的所有術語，只希望大家記住以下幾句話：

有資料的地方，必有矩陣！

有矩陣的地方，更有向量！

有向量的地方，就有幾何！

有幾何的地方，皆有空間！

有資料的地方，定有統計！

對線性代數概念感到困惑的讀者，推薦大家看看 3Blue1Brown 製作的視訊。很多視訊網站上都可以找到譯製視訊。以下為 3Blue1Brown 線性代數部分網頁入口：

◀ https://www.3blue1brown.com/topics/linear-algebra

Vector Calculations

2 向量運算

從幾何和資料角度解釋

幾何一指向真理之鄉，創造哲學之魂。

Geometry will draw the soul toward truth and create the spirit of philosophy.

——柏拉圖（*Plato*）| 古希臘哲學家 | *424/423 B.C. — 348/347 B.C.*

- matplotlib.pyplot.quiver() 繪製箭頭圖
- numpy.add() 向量 / 矩陣加法
- numpy.arccos() 計算反餘弦
- numpy.array([[4,3]]) 建構行向量，注意雙重中括號
- numpy.array([[4,3]]).T 行向量轉置得到列向量，注意雙重中括號
- numpy.array([[4], [3]]) 建構列向量，注意雙重中括號
- numpy.array([4, 3])[:, None] 建構列向量
- numpy.array([4, 3])[:, numpy.newaxis] 建構列向量
- numpy.array([4, 3])[None, :] 建構行向量
- numpy.array([4, 3])[numpy.newaxis, :] 建構行向量
- numpy.array([4,3]) 建構一維陣列， 嚴格來說不是行向量
- numpy.array([4,3]).reshape((-1, 1)) 建構列向量
- numpy.array([4,3]).reshape((1, -1)) 建構行向量
- numpy.array([4,3], ndmin=2) 建構行向量
- numpy.cross() 計算列向量或行向量的向量積
- numpy.dot() 計算向量內積。值得注意的是，如果輸入為一維陣列，則 numpy.dot() 輸出結果為向量內積；如果輸入為矩陣，則 numpy.dot() 輸出結果為矩陣乘積，相當於矩陣運算元 @
- numpy.linalg.norm() 預設計算 L^2 範數
- numpy.multiply() 計算向量逐項積
- numpy.ones() 生成全 1 向量 / 矩陣
- numpy.r_ [] 將一系列陣列合併；'r' 設定結果以行向量 (預設) 展示，如 numpy.r_ [numpy.array([1,2]), 0, 0, numpy.array([4,5])] 預設產生行向量
- numpy.r_ ['c', [4,3]] 建構列向量
- numpy.subtract() 向量 / 矩陣減法
- numpy.vdot() 計算兩個向量的向量內積。如果輸入是矩陣，則矩陣會按照先行、後列的順序展開成向量之後，再計算向量內積
- numpy.zeros() 生成全 0 向量 / 矩陣
- scipy.spatial.distance.cosine() 計算餘弦距離
- zip(*) 將可迭代的物件作為參數，將物件中對應的元素打包成一個個元組，然後傳回由這些元組組成的列表。
- * 代表解壓縮，傳回的每一個都是元祖類型，而並非是原來的資料型態

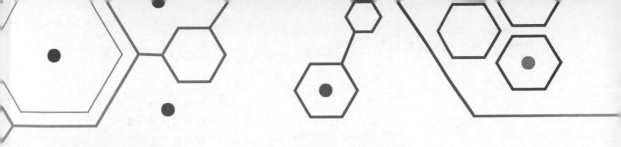

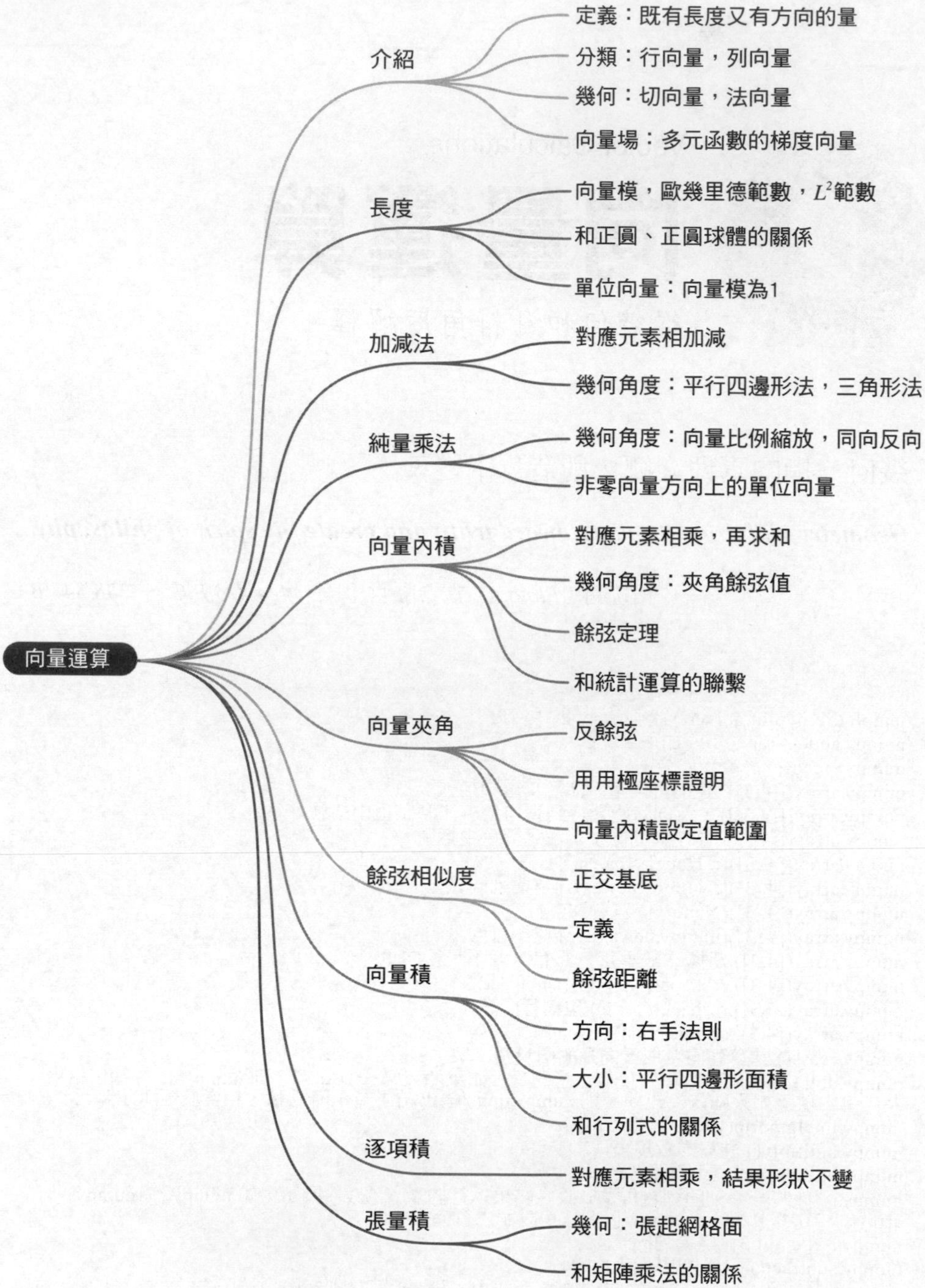
向量運算
介紹
定義：既有長度又有方向的量
分類：行向量，列向量
幾何：切向量，法向量
向量場：多元函數的梯度向量
長度
向量模，歐幾里德範數，L^2範數
和正圓、正圓球體的關係
單位向量：向量模為1
加減法
對應元素相加減
幾何角度：平行四邊形法，三角形法
純量乘法
幾何角度：向量比例縮放，同向反向
非零向量方向上的單位向量
向量內積
對應元素相乘，再求和
幾何角度：夾角餘弦值
餘弦定理
和統計運算的聯繫
向量夾角
反餘弦
用用極座標證明
向量內積設定值範圍
正交基底
餘弦相似度
定義
餘弦距離
向量積
方向：右手法則
大小：平行四邊形面積
和行列式的關係
逐項積
對應元素相乘，結果形狀不變
張量積
幾何：張起網格面
和矩陣乘法的關係

2.1 向量：多面手

幾何角度

如圖 2.1 所示，平面上，向量是**有方向的線段** (directed line segment)。**線段的長度代表向量的大小** (the length of the line segment represents the magnitude of the vector)。**箭頭代表向量的方向** (the direction of the arrowhead indicates the direction of the vector)。

圖 2.1 中，向量 $\boldsymbol{a}$ 的**起點** (initial point) 是原點 O，向量的**終點** (terminal point) 是 A。如果向量的起點和終點相同，向量則為**零向量** (zero vector)，可以表示為 $\boldsymbol{0}$。

⚠ 再次強調，本書中向量符號採用加粗、斜體、小寫字母，比如 $\boldsymbol{a}$；矩陣符號則採用加粗、斜體、大寫字母，比如 $\boldsymbol{A}$。

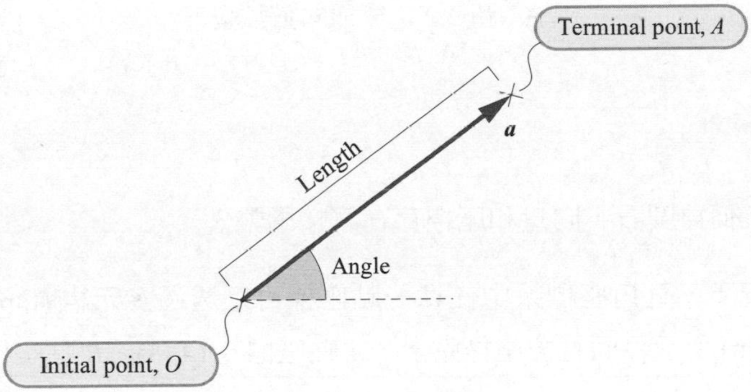

▲ 圖 2.1　向量起點、終點、大小和方向

圖 2.2 給出的是幾種向量的類型。

和起點無關的向量叫做**自由向量** (free vector)，如圖 2.2(a)。和起點有關的向量被稱作**固定向量** (fixed vector)，如圖 2.2(b) 和 (c)。方向上沿著某一個特定直線的向量為**滑動向量** (sliding vector)，如圖 2.2(d)。

⚠

沒有特別說明時，本書的向量一般是固定向量，且起點一般都在原點，除非特別說明。

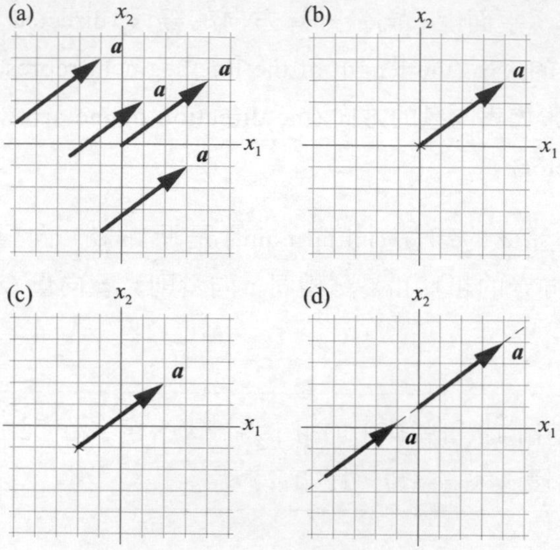

▲ 圖 2.2 幾種向量類型

座標點

從解析幾何角度看，向量和座標存在直接聯繫。

一般情況下，直角座標系中任意一點座標可以透過**多元組** (tuple) 來表達。比如，圖 2.3(a) 所示平面直角座標系上，A 點座標為 (4, 3)，B 點座標為 (-3, 4)。

如圖 2.3(b) 所示，以原點 O 作為向量起點、A 為終點的向量 $\overline{OA}$ 對應向量 $\boldsymbol{a}$，而 $\overline{OB}$ 對應向量 $\boldsymbol{b}$。

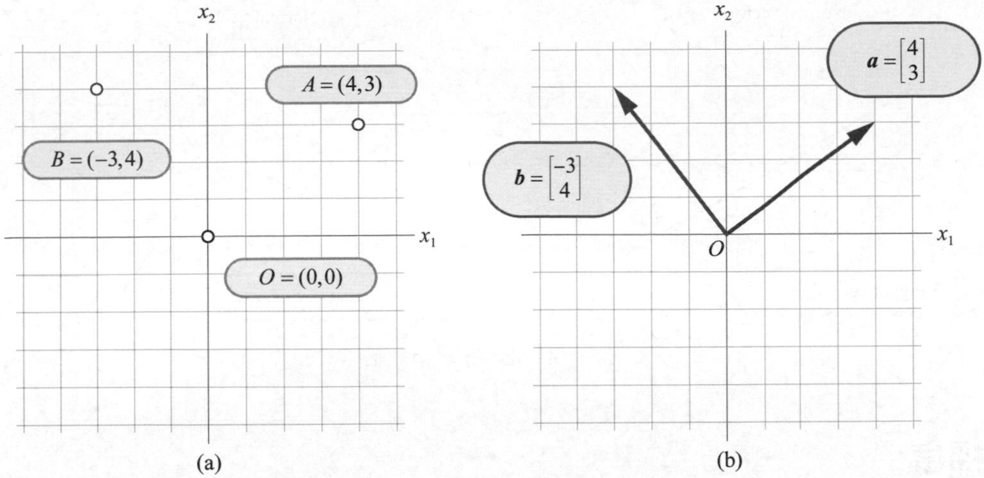

▲ 圖 2.3　平面座標和向量關係

向量的元素也可以是未知量，如 $\boldsymbol{x} = [x_1, x_2]^{\mathrm{T}}$、$\boldsymbol{x} = [x_1, x_2, \cdots, x_D]^{\mathrm{T}}$。

Bk4_Ch2_01.py 繪製圖 2.3(b) 所示向量。matplotlib.pyplot.quiver() 繪製箭頭圖。

繼續豐富向量幾何內涵

在幾何上，切線指的是一條剛好觸碰到曲線上某一點的直線。曲線的法線則是垂直於曲線上一點的切線的直線。將向量引入切線、法線可以得到**切向量** (tangent vector) 和**法向量** (normal vector)。圖 2.4 所示為直線和曲線某一點處的切向量和法向量，兩個向量的起點都是**切點** (point of tangency)。

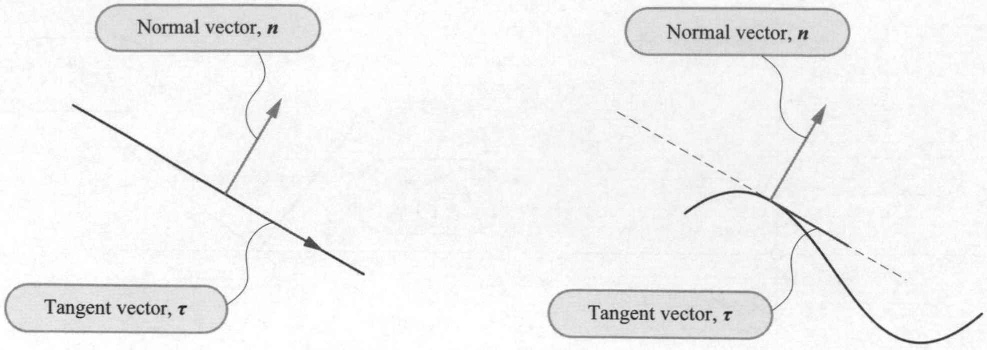

▲ 圖 2.4　切向量和法向量

梯度

自然界的風、水流、電磁場，在各自空間的每一個點上對應的物理量既有強度、也有方向。將這些既有大小又有方向的場抽象出來便可以得到**向量場** (vector field)。本書中，我們會使用向量場來描述函式在一系列排列整齊點的梯度向量。

圖 2.5(a) 所示為某個二元函式 $f(x_1, x_2)$ 對應的曲面。把圖 2.5(a) 比作一座山峰的話，在坡面上放置一個小球，鬆手瞬間小球運動的方向在 x_1x_2 平面上的投影就是梯度下降方向，也叫做下山方向；而它的反方向叫做**梯度向量** (gradient vector) 方向，也叫上山方向。

圖 2.5(b) 所示為在 x_1x_2 平面上，二元函式 $f(x_1, x_2)$ 在不同點處的平面等高線和梯度向量。坡面越陡峭，梯度向量長度越大。仔細觀察，可以發現任意一點處梯度向量垂直於該點處的等高線。

二元函式 $f(x_1, x_2)$ 梯度向量定義為

$$\operatorname{grad} f(x_1, x_2) = \nabla f(x_1, x_2) = \begin{bmatrix} \dfrac{\partial f}{\partial x_1} \\ \dfrac{\partial f}{\partial x_2} \end{bmatrix} \tag{2.1}$$

在 $f(x_1, x_2)$ 梯度向量中，我們看到了兩個偏導數。

> 在求解最佳化問題中，梯度向量扮演著重要角色。本書將在第 17 章回顧偏導數，並講解梯度向量。

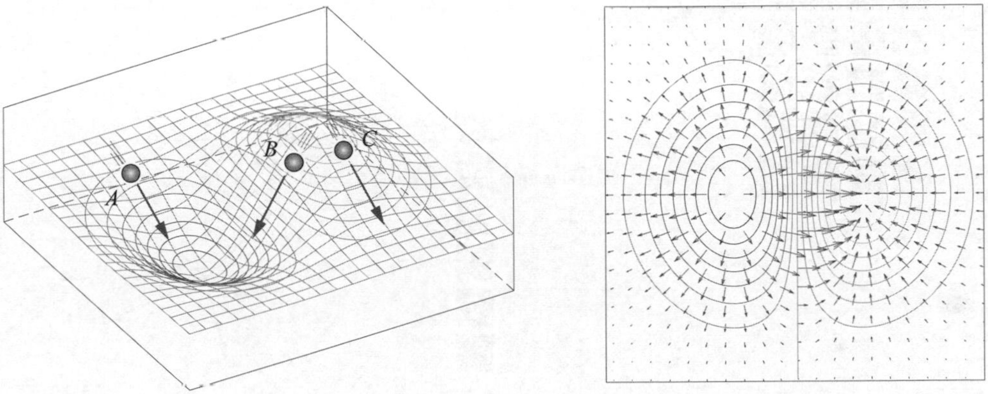

(a) (b)

▲ 圖 2.5　梯度向量

2.2 行向量、列向量

上一章提到，向量不是一行多列，就是一列多行，因此向量可以看作是特殊的矩陣——**一維矩陣** (one-dimensional matrix)。一行多列的向量叫**行向量** (row vector)，一列多行的向量叫**列向量** (column vector)。

一個矩陣可以視作是由若干行向量或列向量整齊排列而成的。如圖 2.6 所示，資料矩陣 $\boldsymbol{X}$ 的每一行是一個行向量，代表一個樣本點；$\boldsymbol{X}$ 的每一列為一個列向量，代表某個特徵上的所有樣本資料。

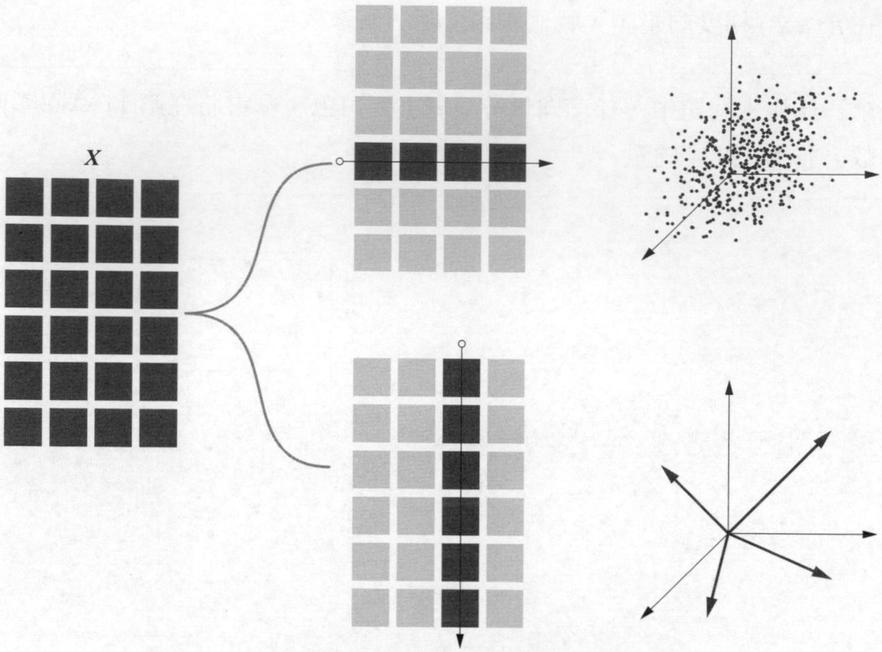

▲ 圖 2.6 觀察資料矩陣的兩個角度

行向量：一行多列，一個樣本資料點

行向量將 n 個元素排成一行，形狀為 $1 \times n$(代表 1 行、n 列)。下式行向量 a 為 1 行 4 列，即

$$\boldsymbol{a} = \begin{bmatrix} 1 & 2 & 3 & 4 \end{bmatrix} \tag{2.2}$$

如圖 2.7 所示，行向量**轉置** (transpose) 便可以得到列向量，反之亦然。轉置運算元號為正體上標 ^{T}。

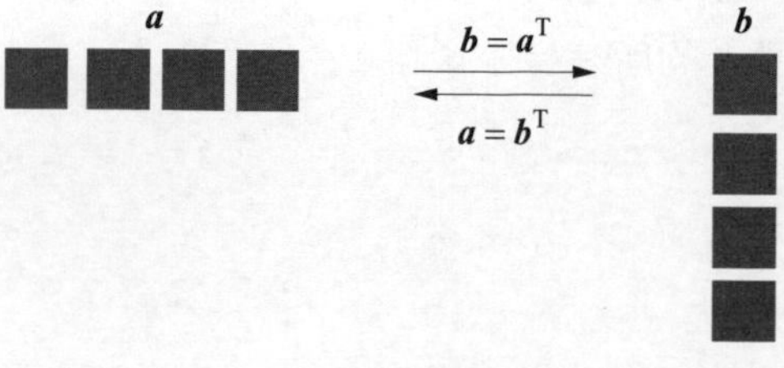

▲ 圖 2.7 行向量的轉置是列向量

表 2.1 所示為利用 **Numpy** 建構行向量的幾種常見方法。可以用 **len(a)** 計算向量元素個數。

➔ 表 2.1　用 Numpy 建構行向量

程式	注意事項
a = numpy.array([4,3])	嚴格地說，這種方法產生的並不是行向量；運行 a.ndim 發現 a 只有一個 維度。因此，轉置 numpy.array([4,3]).T 得到的仍然是一維陣列，只不過預設展示方式看起來像行向量
a = numpy.array([[4,3]])	運行 a.ndim 發現 a 有兩個維度，這個行向量轉置 a.T 可以獲得列向量。 a.T 求 a 轉置，等值於 a.transpose()。 請大家注意雙重中括號
a = numpy.array([4,3],ndmin=2)	ndmin=2 設定資料有兩個維度，轉置 a.T 可以獲得列向量
a = numpy.r_['r', [4,3]]	numpy.r_[] 將一系列陣列合併；'r' 設定結果以行向量 (預設) 展示，如 numpy.r_[numpy.array([1,2]), 0, 0, numpy.array([4,5])] 預設產生行向量
a = numpy.array([4,3]).reshape((1, -1))	reshape() 按某種形式重新排列資料，-1 自動獲取陣列元素個數 n
a = numpy.array([4, 3])[None, :]	按照 [None, :] 形式廣播陣列，None 代表 numpy.newaxis ，增加新維度
a = numpy.array([4, 3])[numpy.newaxis, :]	等於上一例

前文提過，$\boldsymbol{X}$ 的行向量序號採用「上標加括號」方式，如 $\boldsymbol{x}^{(1)}$ 代表 $\boldsymbol{X}$ 的第一行行向量。

如圖 2.8 所示，矩陣 $\boldsymbol{X}$ 可以寫成一組行向量上下疊放，即

$$\boldsymbol{X}=\begin{bmatrix}\boldsymbol{x}^{(1)}\\ \boldsymbol{x}^{(2)}\\ \vdots\\ \boldsymbol{x}^{(6)}\end{bmatrix} \tag{2.3}$$

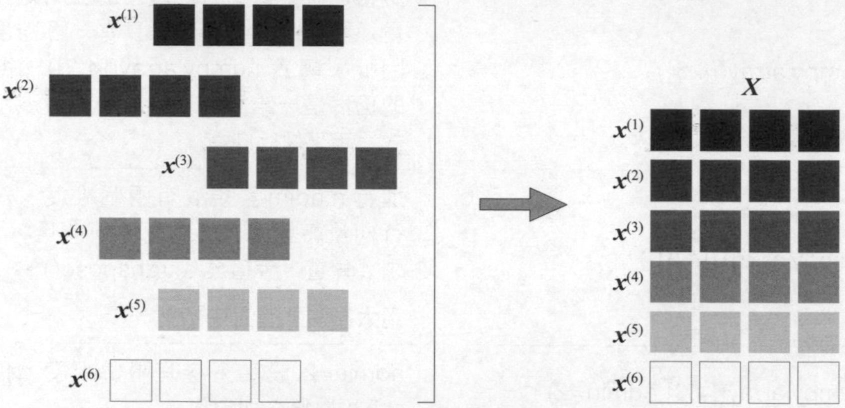

▲ 圖 2.8　矩陣由一系列行向量建構

> ⚠ 再次強調：資料分析偏愛用行向量表達樣本點。

列向量：一列多行，一個特徵樣本資料

列向量將 n 個元素排成一列，形狀為 $n\times 1$(即 n 行、1 列)。舉個例子，下式中列向量 $\boldsymbol{b}$ 為 4 行 1 列，即

$$\boldsymbol{b}=\begin{bmatrix}1\\2\\3\\4\end{bmatrix} \tag{2.4}$$

構造 $\boldsymbol{X}$ 的列向量序號則採用下標表示，如 x_1。如圖 2.9 所示，矩陣 $\boldsymbol{X}$ 可以看做是 4 個等行數列向量整齊排列得到的，即

$$\boldsymbol{X} = [\boldsymbol{x}_1 \quad \boldsymbol{x}_2 \quad \boldsymbol{x}_3 \quad \boldsymbol{x}_4] \tag{2.5}$$

注意：不加說明時，本書中向量一般指的是列向量。

資料分析時通常偏愛用列向量表達特徵，如 $\boldsymbol{x}_j$ 代表第 j 個特徵上的樣本資料組成的列向量。因此，列向量又常稱做**特徵向量** (feature vector)。$\boldsymbol{x}_j$ 對應機率統計的隨機變數 X_j，或代數中的變量 x_j。

注意：此處特徵向量不同於特徵值分解 (eigen decomposition) 中的**特徵向量** (eigenvector)。

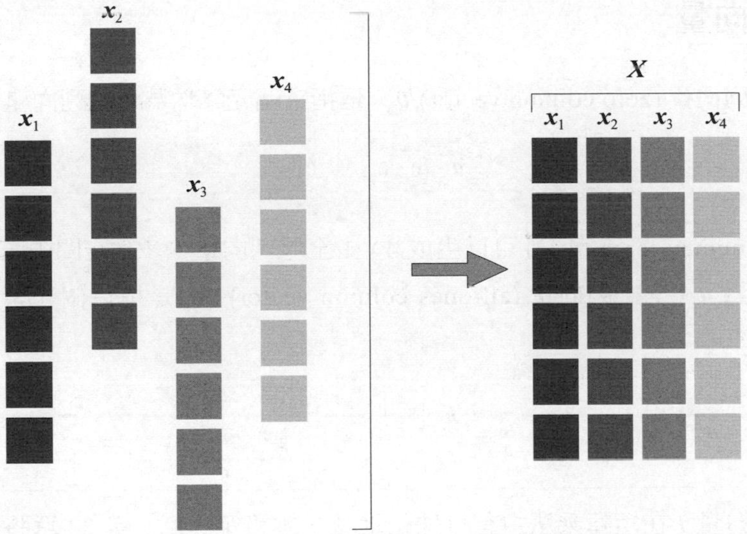

▲ 圖 2.9 矩陣由一排列向量建構

表 2.2 總結了 Numpy 建構列向量的幾種常見方法。

➔ 表 2.2 用 Numpy 建構列向量

程式	注意事項
a = numpy.array([[4], [3]])	運行 a.ndim 發現 a 有兩個維度。numpy.array([[4], [3]]).T 獲得行向量。請大家注意兩層中括號
a = numpy.r_['c', [4,3]]	numpy.r_[] 將一系列的陣列合併。'c' 設定結果以列向量展示
a = numpy.array([4,3]).reshape((-1, 1))	reshape() 按某種形式重新排列資料；-1 自動獲取陣列元素個數 n
a = numpy.array([4, 3])[:, None]	按照 [:, None] 形式廣播陣列；None 代表 numpy.newaxis，增加新維度
a = numpy.array([4, 3])[:, numpy.newaxis]	等於上一例

特殊列向量

全零列向量 (zero column vector) $\boldsymbol{0}$，是指每個元素均為 0 的列向量，即

$$\boldsymbol{0} = [0 \quad 0 \quad \cdots \quad 0]^{\mathrm{T}} \tag{2.6}$$

程式 numpy.zeros((4,1)) 可以生成 4×1 全零列向量。多維空間中，原點也常記作零向量 $\boldsymbol{0}$。**全 1 列向量** (all-ones column vector) $\boldsymbol{1}$，是指每個元素均為 1 的列向量，即

$$\boldsymbol{1} = [1 \quad 1 \quad \cdots \quad 1]^{\mathrm{T}} \tag{2.7}$$

全 1 列向量 $\boldsymbol{1}$ 在矩陣乘法中有特殊的地位，本書第 5 章、第 22 章將分別從矩陣乘法和統計兩個角度進行講解。

程式 numpy.ones((4,1)) 可以生成 4×1 全 1 列向量。

2.3 向量長度：模，歐氏距離，L^2 範數

向量長度 (length of a vector) 又叫做**向量模** (vector norm)、**歐幾里德距離** (Euclidean distance)、**歐幾里德範數** (Euclidean norm) 或 $\boldsymbol{L}^2$ **範數** (L2-norm)。

給定向量 a 為

$$\boldsymbol{a} = \begin{bmatrix} a_1 & a_2 & \cdots & a_n \end{bmatrix}^{\mathrm{T}} \tag{2.8}$$

向量 $\boldsymbol{a}$ 的模為

$$\|\boldsymbol{a}\| = \|\boldsymbol{a}\|_2 = \sqrt{a_1^2 + a_2^2 + \cdots + a_n^2} = \left(\sum_{i=1}^{n} a_i^2\right)^{\frac{1}{2}} \tag{2.9}$$

注意：$\|a\|_2$ 的下角標 2 代表 L^2 範數。沒有特殊說明，$\|a\|$ 預設代表 L^2 範數。

L^2 範數是 L^p 範數的一種，本書第 3 章將介紹其他範數。

觀察式 (2.9)，容易知道向量模非負，即 $\|\boldsymbol{a}\| \geq 0$。請大家注意以下有關 L^2 範數的性質，即

$$\begin{gathered} \|-\boldsymbol{a}\| = \|\boldsymbol{a}\| \\ \|k\boldsymbol{a}\| = |k|\|\boldsymbol{a}\| \end{gathered} \tag{2.10}$$

其中：k 為任意實數。

二維向量的模

特別地，對於以下二維向量 $\boldsymbol{a}$，即

$$\boldsymbol{a} = \begin{bmatrix} a_1 & a_2 \end{bmatrix}^{\mathrm{T}} \tag{2.11}$$

二維向量指的是有兩個元素的向量。

二維向量 $\boldsymbol{a}$ 的 L^2 範數為

$$\|\boldsymbol{a}\| = \sqrt{a_1^2 + a_2^2} \tag{2.12}$$

圖 2.3(b) 中向量 $\boldsymbol{a}$ 和 $\boldsymbol{b}$ 的模可以透過計算得到，即有

$$\begin{aligned} \|\boldsymbol{a}\| &= \sqrt{4^2 + 3^2} = \sqrt{25} = 5 \\ \|\boldsymbol{b}\| &= \sqrt{(-3)^2 + 4^2} = \sqrt{25} = 5 \end{aligned} \tag{2.13}$$

二維向量 $\boldsymbol{a}$ 和橫軸夾角可以透過反正切求解，即

$$\theta_a = \arctan\left(\frac{a_2}{a_1}\right) \tag{2.14}$$

上述角度和直角座標系直接連結，因此可以視為「絕對角度」。本章後續將介紹如何用向量內積求兩個向量之間的「相對角度」。

Bk4_Ch2_02.py 計算圖 2.3(b) 中向量 $\boldsymbol{a}$ 和 $\boldsymbol{b}$ 的模。函式 numpy.linalg.norm() 預設計算 L^2 範數，也可以用 numpy.sqrt(np.sum(a**2)) 計算向量 $\boldsymbol{a}$ 的 L^2 範數。

等距線

值得一提的是，如果起點重合，與 ||a|| 長度（模）相等的二維向量的終點位於同一個圓上，如圖 2.10(a) 所示。看到這裡大家是否想到了《AI 時代 Math 元年 - 用 Python 全精通數學要素》第 7 章講過的「等距線」？

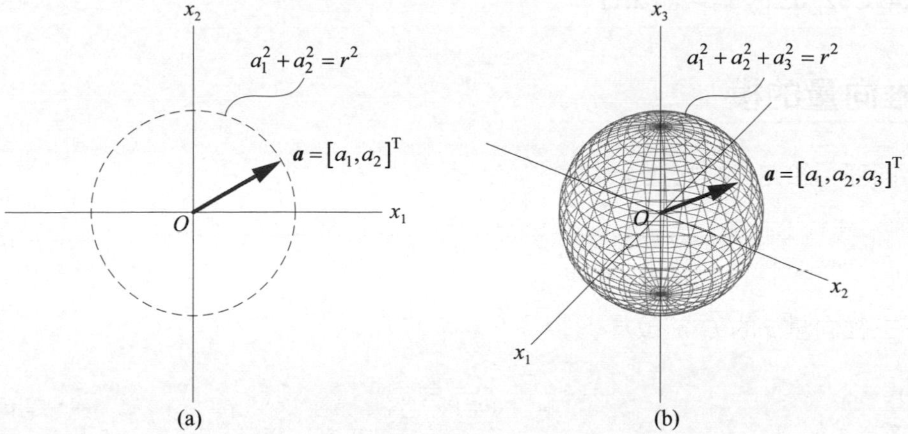

▲ 圖 2.10　等 L^2 範數向量

如圖 2.11 所示，起點位於原點的二維向量 $\boldsymbol{x}$ 的模 $\|\boldsymbol{x}\|$ 取不同數值 c 時，我們可以得到一系列同心圓，對應的解析式為

$$\|\boldsymbol{x}\| = \sqrt{x_1^2 + x_2^2} = c \tag{2.15}$$

強調一點，$\boldsymbol{x}$ 是向量，既有大小、又有方向；而 $\|\boldsymbol{x}\|$ 是純量，代表「距離」。$\|\cdot\|$ 這個運算元是一種「向量 → 純量」的運算規則。

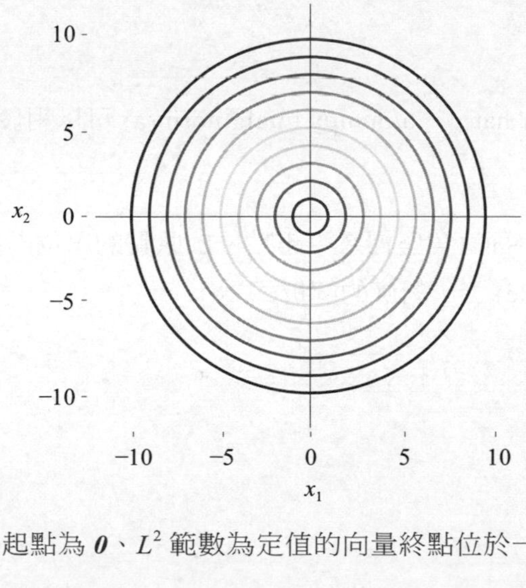

▲ 圖 2.11　起點為 $\boldsymbol{0}$、L^2 範數為定值的向量終點位於一系列同心圓上

Bk4_Ch2_03.py 繪製圖 2.11。

三維向量的模

同理，給定三維向量 $\boldsymbol{a}$ 為

$$\boldsymbol{a}=\begin{bmatrix}a_1 & a_2 & a_3\end{bmatrix}^{\mathrm{T}} \tag{2.16}$$

三維向量 $\boldsymbol{a}$ 的 L^2 範數為

$$\|\boldsymbol{a}\|=\sqrt{a_1^2+a_2^2+a_3^2} \tag{2.17}$$

如圖 2.10(b) 所示，起點為原點、長度（模）相等的三維列向量終點落在同一正圓球面上。

單位向量

長度為 1 的向量叫做**單位向量** (unit vector)。

非 $\boldsymbol{0}$ 向量 $\boldsymbol{a}$ 除以自身的模得到 $\boldsymbol{a}$ **方向上的單位向量** (unit vector in the direction of vector $\boldsymbol{a}$)，即

$$\hat{\boldsymbol{a}}=\frac{\boldsymbol{a}}{\|\boldsymbol{a}\|} \tag{2.18}$$

$\hat{a}$ 讀作「vector a hat」。a/numpy.linalg.norm(a) 可以用於計算非 0 向量 $\boldsymbol{a}$ 方向上的單位向量。

圖 2.12(a) 所示平面直角座標系，起點位於原點的單位向量 $\boldsymbol{x}=[x_1, x_2]^{\mathrm{T}}$ 終點位於**單位圓** (unit circle) 上，對應的解析式為

$$\|\boldsymbol{x}\|=\sqrt{x_1^2+x_2^2}=1 \quad \Rightarrow \quad x_1^2+x_2^2=1 \tag{2.19}$$

這無數個單位向量 $\boldsymbol{x}$ 中，有兩個單位向量最為特殊—$\boldsymbol{e}_1(\boldsymbol{i})$ 和 $\boldsymbol{e}_2(\boldsymbol{j})$。如圖 2.12(b) 所示的平面直角座標系中，$\boldsymbol{e}_1$ 和 $\boldsymbol{e}_2$ 分別為沿著 x_1 (水平) 和 x_2 (垂直) 方向的單位向量，即

$$\boldsymbol{e}_1 = \boldsymbol{i} = \begin{bmatrix} 1 \\ 0 \end{bmatrix}, \quad \boldsymbol{e}_2 = \boldsymbol{j} = \begin{bmatrix} 0 \\ 1 \end{bmatrix} \tag{2.20}$$

顯然，$\boldsymbol{e}_1$ 與 $\boldsymbol{e}_2$ 相互垂直。

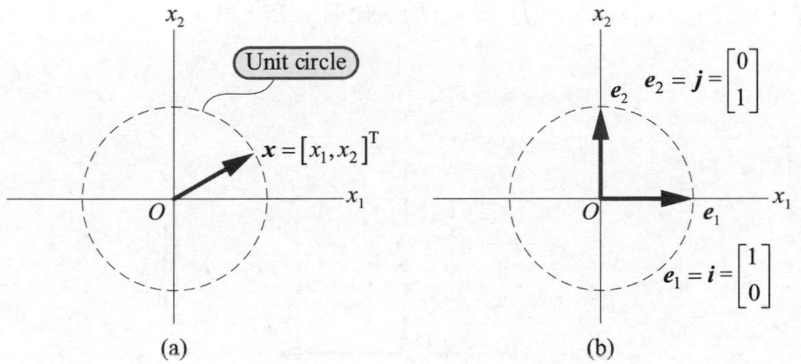

▲ 圖 2.12　單位向量

張成

圖 2.3(b) 列出的向量 $\boldsymbol{a}$ 和 $\boldsymbol{b}$ 可以用 $\boldsymbol{e}_1$ 和 $\boldsymbol{e}_2$ 合成得到，有

$$\begin{aligned} \boldsymbol{a} &= 4\boldsymbol{e}_1 + 3\boldsymbol{e}_2 \\ \boldsymbol{b} &= -3\boldsymbol{e}_1 + 4\boldsymbol{e}_2 \end{aligned} \tag{2.21}$$

式 (2.21) 用到的便是向量加減法，這是下一節要介紹的內容。

$\boldsymbol{e}_1$ 和 $\boldsymbol{e}_2$ **張成** (span) 圖 2.3(b) 整個平面。通俗地講，$\boldsymbol{e}_1$ 和 $\boldsymbol{e}_2$ 就好比經緯度，可以定位 $\mathbb{R}^2$ 平面任意一點。比如，$\mathbb{R}^2$ 平面上的任意一點 $\boldsymbol{x}$ 都可以寫成

$$\boldsymbol{x} = x_1\boldsymbol{e}_1 + x_2\boldsymbol{e}_2 \tag{2.22}$$

從集合角度來看，$\boldsymbol{x} \in \mathbb{R}^2$。

> 本書第 7 章將講解張成、向量空間等概念。

三維直角座標系

三維直角座標系中，$\boldsymbol{e}_1\,(\boldsymbol{i})$、$\boldsymbol{e}_2\,(\boldsymbol{j})$ 和 $\boldsymbol{e}_3\,(\boldsymbol{k})$ 代表沿著橫軸、縱軸、豎軸的單位向量，即

$$\boldsymbol{e}_1 = \boldsymbol{i} = \begin{bmatrix} 1 \\ 0 \\ 0 \end{bmatrix},\quad \boldsymbol{e}_2 = \boldsymbol{j} = \begin{bmatrix} 0 \\ 1 \\ 0 \end{bmatrix},\quad \boldsymbol{e}_3 = \boldsymbol{k} = \begin{bmatrix} 0 \\ 0 \\ 1 \end{bmatrix} \tag{2.23}$$

如圖 2.13 所示，$\boldsymbol{e}_1\,(\boldsymbol{i})$、$\boldsymbol{e}_2\,(\boldsymbol{j})$ 和 $\boldsymbol{e}_3\,(\boldsymbol{k})$ 兩兩相互垂直。

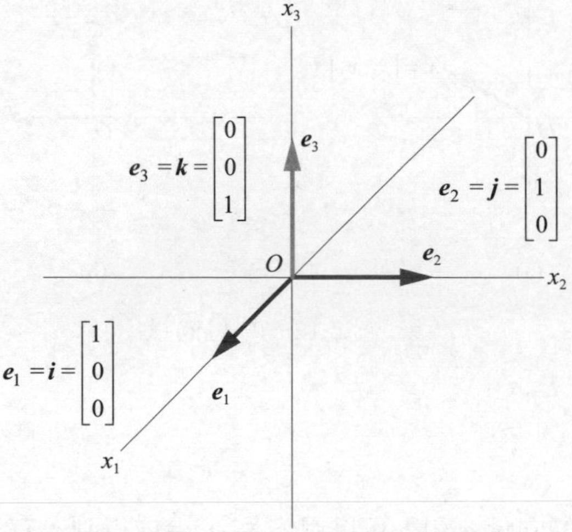

▲ 圖 2.13　三維空間單位向量

同理，圖 2.13 這個三維空間是用 $\boldsymbol{e}_1$、$\boldsymbol{e}_2$、$\boldsymbol{e}_3$ 張成的。通俗地講，$\boldsymbol{e}_1$、$\boldsymbol{e}_2$、$\boldsymbol{e}_3$ 相當於經度、維度、海拔，定位能力從地表擴展到整個地球空間。

$\mathbb{R}^3$ 空間任意一點 $\boldsymbol{x}$ 可以寫成

$$\boldsymbol{x} = x_1\boldsymbol{e}_1 + x_2\boldsymbol{e}_2 + x_3\boldsymbol{e}_3 \tag{2.24}$$

此外，大家可能已經注意到，$\boldsymbol{e}_1$ 可以用不同的形式表達，比如

$$\boldsymbol{e}_1=\begin{bmatrix}1\\0\end{bmatrix},\quad \boldsymbol{e}_1=\begin{bmatrix}1\\0\\0\end{bmatrix},\quad \boldsymbol{e}_1=\begin{bmatrix}1\\0\\0\\0\end{bmatrix},\quad \boldsymbol{e}_1=\begin{bmatrix}1\\0\\\vdots\\0\end{bmatrix} \tag{2.25}$$

式 (2.25) 中幾個 $\boldsymbol{e}_1$ 雖然維度不同，但是本質上等值，它們代表不同維度空間中的 $\boldsymbol{e}_1$。這些 $\boldsymbol{e}_1$ 之間的關係是，從低維到高維或從高維到低維投影。

> 本書將在第 8、9、10 三章由淺入深地 介紹投影這一重要線性代數工具。

2.4 加減法：對應位置元素分別相加減

從資料角度看，兩個等行數列向量相加，結果為對應位置的元素分別相加，得到元素個數相同的列向量，比如

$$\boldsymbol{a}+\boldsymbol{b}=\begin{bmatrix}-2\\5\end{bmatrix}+\begin{bmatrix}5\\-1\end{bmatrix}=\begin{bmatrix}-2+5\\5-1\end{bmatrix}=\begin{bmatrix}3\\4\end{bmatrix} \tag{2.26}$$

同理，兩個等行數列向量相減，則是對應元素分別相減，得到等行數列向量，比如

$$\boldsymbol{a}-\boldsymbol{b}=\begin{bmatrix}-2\\5\end{bmatrix}-\begin{bmatrix}5\\-1\end{bmatrix}=\begin{bmatrix}-2-5\\5-(-1)\end{bmatrix}=\begin{bmatrix}-7\\6\end{bmatrix} \tag{2.27}$$

以上法則也適用於行向量。

幾何角度

從幾何角度看，**向量加法** (vector addition) 的結果可以用**平行四邊形法則** (parallelogram method) 或**三角形法則** (triangle method) 獲得，具體如圖 2.14 所示。

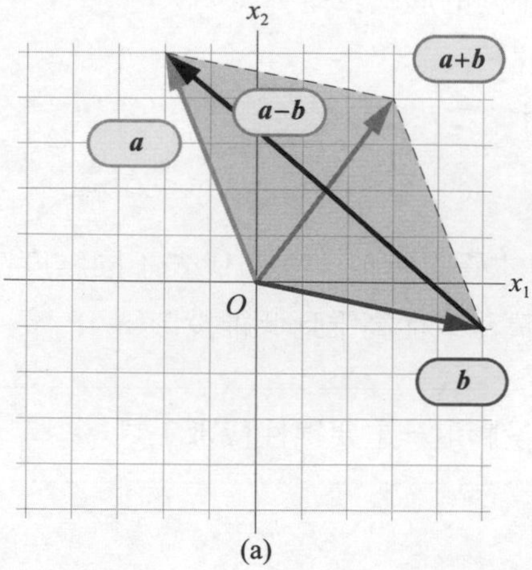

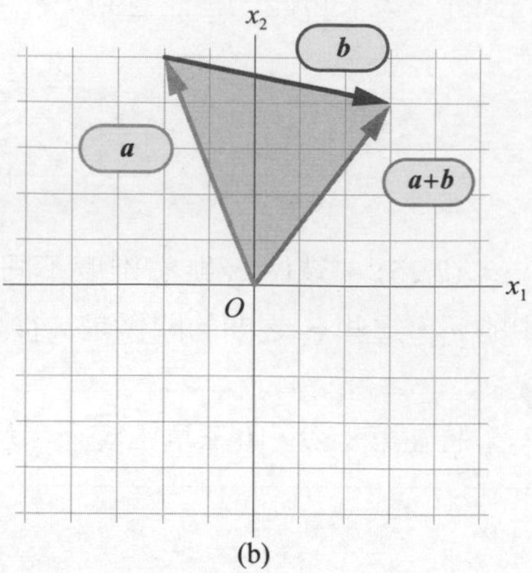

▲ 圖 2.14　幾何角度看向量加法

向量減法 (vector subtraction) 可以寫成向量加法。比如，向量 $\boldsymbol{a}$ 減去向量 $\boldsymbol{b}$，可以將向量 $\boldsymbol{b}$ 換向得到 -$\boldsymbol{b}$；然後再計算向量 $\boldsymbol{a}$ 與向量 -$\boldsymbol{b}$ 之和，即

$$\boldsymbol{a}-\boldsymbol{b}=\boldsymbol{a}+(-\boldsymbol{b})=\begin{bmatrix}-2\\5\end{bmatrix}+\underbrace{\begin{bmatrix}-5\\1\end{bmatrix}}_{-\boldsymbol{b}}=\begin{bmatrix}-7\\6\end{bmatrix} \tag{2.28}$$

⚠

注意：向量 $\boldsymbol{a}$ 減去向量 $\boldsymbol{b}$，結果 $\boldsymbol{a}$-$\boldsymbol{b}$ 對應向量箭頭，起點為 $\boldsymbol{b}$ 的終點，指向 $\boldsymbol{a}$ 的終點；相反，向量 $\boldsymbol{b}$ 減去向量 $\boldsymbol{a}$ 得到 $\boldsymbol{b}$-$\boldsymbol{a}$，起點為 $\boldsymbol{a}$ 的終點，指向 $\boldsymbol{b}$ 的終點。

兩個向量相同，即兩者大小方向均相同。如果兩個向量的模 (長度) 相同但是方向相反，則兩者互為反向量。若兩個向量方向相同或相反，則稱向量平行。

請大家注意以下向量加減法性質：

$$\begin{aligned}&\boldsymbol{a}+\boldsymbol{b}=\boldsymbol{b}+\boldsymbol{a}\\&(\boldsymbol{a}+\boldsymbol{b})+\boldsymbol{c}=\boldsymbol{a}+(\boldsymbol{b}+\boldsymbol{c})\\&\boldsymbol{a}+(-\boldsymbol{a})=\boldsymbol{0}\end{aligned} \tag{2.29}$$

兩點距離

向量差 $\boldsymbol{a} - \boldsymbol{b}$ 的模 (L^2 範數) $\|\boldsymbol{a} - \mathrm{b}\|$ 就是圖 2.14(a) 中 $\boldsymbol{a}$ 和 $\boldsymbol{b}$ 兩點的歐氏距離，即

$$\|\boldsymbol{a}-\boldsymbol{b}\| = \|\boldsymbol{a}-\boldsymbol{b}\|_2 = \sqrt{(-7)^2 + 6^2} = \sqrt{49+36} = \sqrt{85} \tag{2.30}$$

$\boldsymbol{a}$ 和 $\boldsymbol{b}$ 兩點歐氏距離的平方為

$$\|\boldsymbol{a}-\boldsymbol{b}\|^2 = \|\boldsymbol{a}-\boldsymbol{b}\|_2^2 = (-7)^2 + 6^2 = 85 \tag{2.31}$$

Bk4_Ch2_04.py 計算本節向量加減法範例。

2.5 純量乘法：向量縮放

向量純量乘法 (scalar multiplication of vectors) 指的是純量和向量每個元素分別相乘，結果仍為向量。從幾何角度來看，純量乘法將原向量按純量比例縮放，結果中向量方向為同向或反向，如圖 2.15 所示。

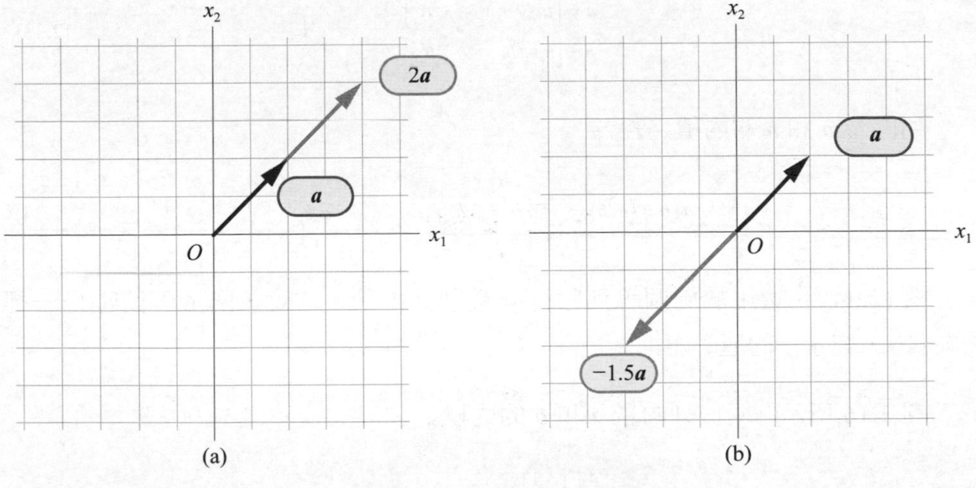

▲ 圖 2.15　向量純量乘法

Bk4_Ch2_05.py 完成圖 2.15 中的運算。

請大家注意以下向量純量乘法性質：

$$
\begin{aligned}
&(t+k)\boldsymbol{a} = t\boldsymbol{a} + k\boldsymbol{a} \\
&t(\boldsymbol{a}+\boldsymbol{b}) = t\boldsymbol{a} + t\boldsymbol{b} \\
&t(k\boldsymbol{a}) = tk\boldsymbol{a} \\
&1\boldsymbol{a} = \boldsymbol{a} \\
&-1\boldsymbol{a} = -\boldsymbol{a} \\
&0\boldsymbol{a} = \boldsymbol{0}
\end{aligned}
\tag{2.32}
$$

其中：t 和 k 為純量。請大家特別注意，0 乘向量 $\boldsymbol{a}$ 的結果不是 0，而是零向量 $\boldsymbol{0}$，這個零向量的形狀取決於向量 $\boldsymbol{a}$。

2.6 向量內積：結果為純量

向量內積 (inner product)，又叫**純量積** (scalar product)、**點積** (dot product)、點乘。注意，向量內積的運算結果為純量，而非向量。

給定 $\boldsymbol{a}$ 和 $\boldsymbol{b}$ 兩個等行數列向量，即

$$
\begin{aligned}
\boldsymbol{a} &= \begin{bmatrix} a_1 & a_2 & \cdots & a_n \end{bmatrix}^{\mathrm{T}} \\
\boldsymbol{b} &= \begin{bmatrix} b_1 & b_2 & \cdots & b_n \end{bmatrix}^{\mathrm{T}}
\end{aligned}
\tag{2.33}
$$

列向量 $\boldsymbol{a}$ 和 $\boldsymbol{b}$ 的內積定義為

$$
\boldsymbol{a} \cdot \boldsymbol{b} = \langle \boldsymbol{a}, \boldsymbol{b} \rangle = \sum_{i=1}^{n} a_i b_i = a_1 b_1 + a_2 b_2 + \cdots + a_n b_n \tag{2.34}
$$

式 (2.34) 也適用於兩個等列數行向量計算內積。注意，向量內積也是一種「向量 → 純量」的運算規則。

圖 2.16 所示的兩個列向量 $\boldsymbol{a}$ 和 $\boldsymbol{b}$ 的內積為

$$
\boldsymbol{a} \cdot \boldsymbol{b} = \begin{bmatrix} 4 \\ 3 \end{bmatrix} \cdot \begin{bmatrix} 5 \\ -2 \end{bmatrix} = 4 \times 5 + 3 \times (-2) = 14 \tag{2.35}
$$

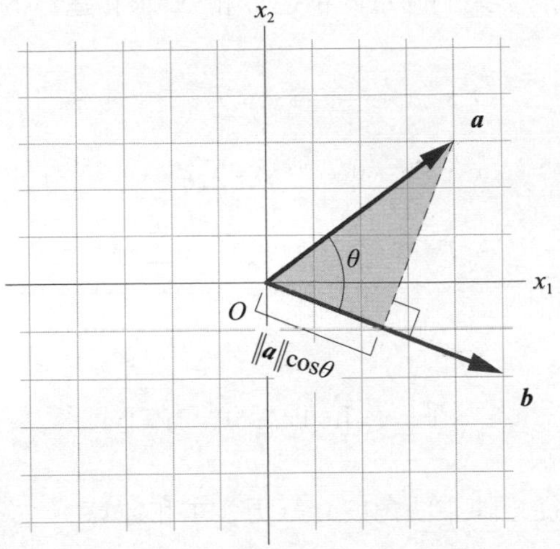

▲ 圖 2.16　a 和 b 兩個平面向量

Bk4_Ch2_06.py 計算上述向量內積。此外，還可以用 numpy.dot() 計算向量內積。值得注意的是，如果輸入為一維陣列，則 numpy.dot() 輸出結果為內積。

如果輸入為矩陣，則 numpy.dot() 輸出結果為矩陣乘積，相當於矩陣運算元 @，如 Bk4_Ch2_07.py 列出的例子。

numpy.vdot() 函式也可以計算兩個向量內積。如果輸入是矩陣，則矩陣會按照先行後列順序展開成向量之後，再計算向量內積。Bk4_Ch2_08.py 列出相關範例。

常用的向量內積性質如下：

$$\begin{aligned} & a \cdot b = b \cdot a \\ & a \cdot (b + c) = a \cdot b + a \cdot c \\ & (ka) \cdot (tb) = kt(a \cdot b) \end{aligned} \tag{2.36}$$

請讀者格外注意以下幾個向量內積運算和 Σ 求和運算的關係：

$$\begin{gathered} \boldsymbol{1}\cdot\boldsymbol{x}=x_1+x_2+\cdots+x_n=\sum_{i=1}^{n}x_i \\ \boldsymbol{x}\cdot\boldsymbol{x}=x_1^2+x_2^2+\cdots+x_n^2=\sum_{i=1}^{n}x_i^2 \\ \boldsymbol{x}\cdot\boldsymbol{y}=x_1y_1+x_2y_2+\cdots+x_ny_n=\sum_{i=1}^{n}x_iy_i \end{gathered} \tag{2.37}$$

其中

$$\boldsymbol{x}=\begin{bmatrix}x_1 & x_2 & \cdots & x_n\end{bmatrix}^{\mathrm{T}},\ \boldsymbol{1}=\begin{bmatrix}1 & 1 & \cdots & 1\end{bmatrix}^{\mathrm{T}},\ \boldsymbol{y}=\begin{bmatrix}y_1 & y_2 & \cdots & y_n\end{bmatrix}^{\mathrm{T}} \tag{2.38}$$

本書第 5 章還會從矩陣乘法角度介紹更多求和運算。

幾何角度

如圖 2.16 所示，從幾何角度看，向量內積相當於兩個向量的模 (L^2 範數) 與它們之間夾角餘弦值三者之積，即

$$\boldsymbol{a}\cdot\boldsymbol{b}=\|\boldsymbol{a}\|\|\boldsymbol{b}\|\cos\theta \tag{2.39}$$

注意：式 (2.39) 中 θ 代表向量 $\boldsymbol{a}$ 和 $\boldsymbol{b}$ 的「相對夾角」。

此外，向量內積還可以從投影 (projection) 角度來解釋，這是本書第 9 章要介紹的內容 。

$\boldsymbol{a}$ 的 L^2 範數也可以透過向量內積求得，即有

$$\|\boldsymbol{a}\|_2=\|\boldsymbol{a}\|=\sqrt{\boldsymbol{a}\cdot\boldsymbol{a}}=\sqrt{\langle\boldsymbol{a},\boldsymbol{a}\rangle} \tag{2.40}$$

上式各項平方得到

$$\|\boldsymbol{a}\|_2^2=\|\boldsymbol{a}\|^2=\boldsymbol{a}\cdot\boldsymbol{a}=\langle\boldsymbol{a},\boldsymbol{a}\rangle \tag{2.41}$$

式 (2.41) 相當於「距離的平方」。

柯西 - 施瓦茨不等式

觀察，我們可以發現 $\cos\theta$ 的設定值範圍為 [-1, 1]，因此 ***a*** 和 ***b*** 內積的設定值範圍為

$$-\|\boldsymbol{a}\|\|\boldsymbol{b}\| \leqslant \boldsymbol{a}\cdot\boldsymbol{b} \leqslant \|\boldsymbol{a}\|\|\boldsymbol{b}\| \tag{2.42}$$

圖 2.17 所示為 7 個不同向量的夾角狀態。

$\theta = 0°$ 時，$\cos\theta = 1$，***a*** 和 ***b*** 同向，此時向量內積最大；$\theta = 180°$ 時，$\cos\theta = -1$，***a*** 和 ***b*** 反向，此時向量內積最小。

平面上，非零向量 ***a*** 與 ***b*** 垂直，***a*** 與 ***b*** 夾角為 90°, 兩者向量內積為 0，即

$$\boldsymbol{a}\cdot\boldsymbol{b} = \|\boldsymbol{a}\|\|\boldsymbol{b}\|\cos 90° = 0 \tag{2.43}$$

多維向量 ***a*** 與 ***b*** 向量內積為 0，我們稱 ***a*** 與 ***b*** **正交** (orthogonal)。本書上一章提到，正交是線性代數的概念，是垂直的推廣。

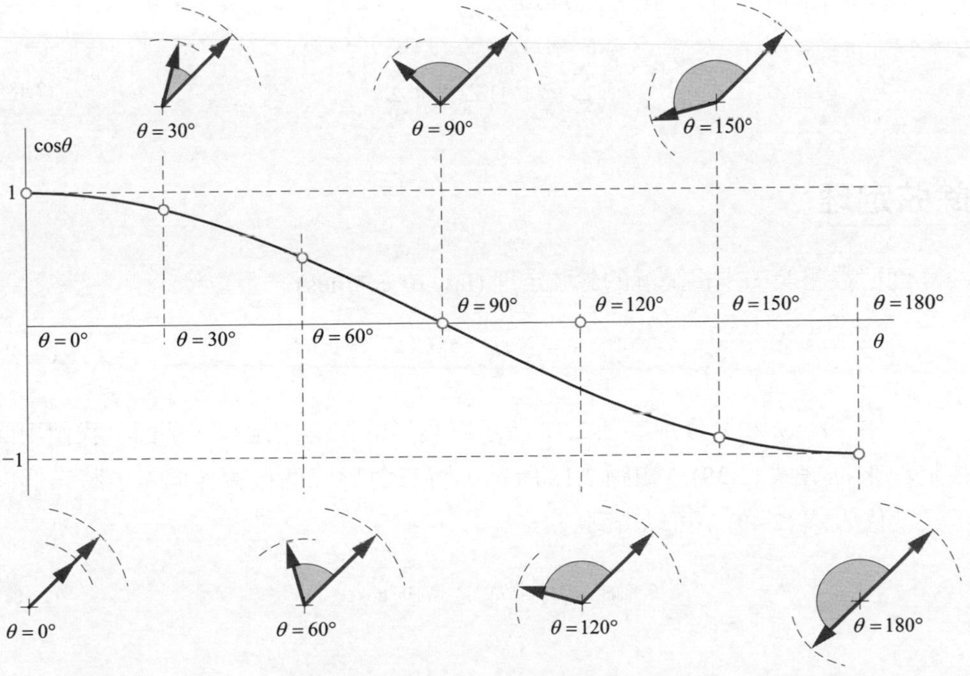

▲ 圖 2.17　向量夾角

有了以上分析，我們就可以引入一個重要的不等式—**柯西 - 施瓦茨不等式** (Cauchy–Schwarz inequality)

$$(\boldsymbol{a}\cdot\boldsymbol{b})^2 \leqslant \|\boldsymbol{a}\|^2 \|\boldsymbol{b}\|^2 \tag{2.44}$$

即

$$|\boldsymbol{a}\cdot\boldsymbol{b}| \leqslant \|\boldsymbol{a}\|\|\boldsymbol{b}\| \tag{2.45}$$

$|\boldsymbol{a}\cdot\boldsymbol{b}|$ 為 $\boldsymbol{a}$ 與 $\boldsymbol{b}$ 向量內積的絕對值。

用尖括號來表達向量內積，可以寫成

$$\langle \boldsymbol{a},\boldsymbol{b}\rangle^2 \leqslant \langle \boldsymbol{a},\boldsymbol{a}\rangle\langle \boldsymbol{b},\boldsymbol{b}\rangle \tag{2.46}$$

即

$$|\langle \boldsymbol{a},\boldsymbol{b}\rangle| \leqslant \|\boldsymbol{a}\|\|\boldsymbol{b}\| \tag{2.47}$$

在 $\mathbb{R}^n$ 空間中，上述不等式等值於

$$\left(\sum_{i=1}^{n} a_i b_i\right)^2 \leqslant \left(\sum_{i=1}^{n} a_i^2\right)\left(\sum_{i=1}^{n} b_i^2\right) \tag{2.48}$$

餘弦定理

回憶叢書第一本書講解的**餘弦定理** (law of cosines)

$$c^2 = a^2 + b^2 - 2ab\cos\theta \tag{2.49}$$

其中：a、b 和 c 分別為圖 2.18 所示三角形的三邊的邊長。下面，我們用餘弦定理來推導式 (2.39)。如圖 2.18 所示，將三角形三個邊視作向量，將三個向量長度代入式 (2.49)，可以得到

$$\|\boldsymbol{c}\|^2 = \|\boldsymbol{a}\|^2 + \|\boldsymbol{b}\|^2 - 2\|\boldsymbol{a}\|\|\boldsymbol{b}\|\cos\theta \tag{2.50}$$

向量 $\boldsymbol{a}$ 和 $\boldsymbol{b}$ 之差為向量 $\boldsymbol{c}$，即

$$\boldsymbol{c} = \boldsymbol{a} - \boldsymbol{b} \tag{2.51}$$

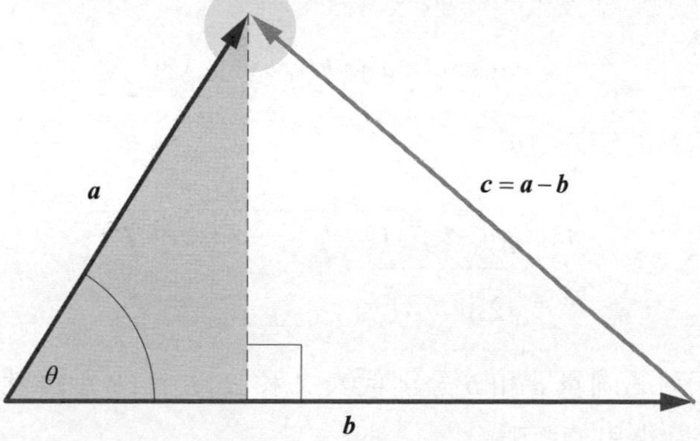

▲ 圖 2.18　餘弦定理

式 (2.51) 等式左右分別和自身計算向量內積，得到等式

$$\boldsymbol{c} \cdot \boldsymbol{c} = (\boldsymbol{a} - \boldsymbol{b}) \cdot (\boldsymbol{a} - \boldsymbol{b}) \tag{2.52}$$

整理得到

$$\begin{aligned} \boldsymbol{c} \cdot \boldsymbol{c} &= (\boldsymbol{a} - \boldsymbol{b}) \cdot (\boldsymbol{a} - \boldsymbol{b}) = \boldsymbol{a} \cdot \boldsymbol{a} + \boldsymbol{b} \cdot \boldsymbol{b} - \boldsymbol{a} \cdot \boldsymbol{b} - \boldsymbol{b} \cdot \boldsymbol{a} \\ &= \boldsymbol{a} \cdot \boldsymbol{a} + \boldsymbol{b} \cdot \boldsymbol{b} - 2\boldsymbol{a} \cdot \boldsymbol{b} \end{aligned} \tag{2.53}$$

利用式 (2.41)，式 (2.53) 可以寫作

$$\|\boldsymbol{c}\|^2 = \|\boldsymbol{a}\|^2 + \|\boldsymbol{b}\|^2 - 2\boldsymbol{a} \cdot \boldsymbol{b} \tag{2.54}$$

比較式 (2.50) 和式 (2.54)，可以得到

$$\boldsymbol{a} \cdot \boldsymbol{b} = \|\boldsymbol{a}\| \|\boldsymbol{b}\| \cos\theta \tag{2.55}$$

在機率統計、資料分析、機器學習等領域，向量內積無處不在。下面舉幾個例子。

在多維空間中，給定 A 和 B 座標為

$$A(a_1,a_2,...,a_n),\ B(b_1,b_2,...,b_n) \tag{2.56}$$

計算 A 和 B 兩點的距離 AB 為

$$\begin{aligned}AB &= \sqrt{(a_1-b_1)^2+(a_2-b_2)^2+\cdots+(a_n-b_n)^2} \\ &= \sqrt{\sum_{i=1}^{n}(a_i-b_i)^2}\end{aligned} \tag{2.57}$$

用起點位於原點的向量 $\boldsymbol{a}$ 和 $\boldsymbol{b}$ 分別代表 A 和 B 點，AB 距離就是 $\boldsymbol{a}$ - $\boldsymbol{b}$ 的 L^2 範數，也就是歐幾里德距離

$$AB = \|\boldsymbol{a}-\boldsymbol{b}\| = \sqrt{(\boldsymbol{a}-\boldsymbol{b})\cdot(\boldsymbol{a}-\boldsymbol{b})} = \sqrt{\boldsymbol{a}\cdot\boldsymbol{a}+\boldsymbol{b}\cdot\boldsymbol{b}-2\boldsymbol{a}\cdot\boldsymbol{b}} \tag{2.58}$$

回憶《AI 時代 Math 元年 - 用 Python 全精通數學要素》一書中介紹的樣本方差公式，具體為

$$\operatorname{var}(X) = \frac{1}{n-1}\sum_{i=1}^{n}(x_i-\mu)^2 \tag{2.59}$$

注意：對於整體方差，式 (2.59) 分母中的 n–1 應改為 n。還預設 X 為有 n 個相等機率值的平均分佈。

令 $\boldsymbol{x}$ 為

$$\boldsymbol{x} = \begin{bmatrix} x_1 & x_2 & \cdots & x_n \end{bmatrix}^{\mathrm{T}} \tag{2.60}$$

式 (2.59) 可以寫成

$$\operatorname{var}(X) = \frac{(\boldsymbol{x}-\mu)\cdot(\boldsymbol{x}-\mu)}{n-1} \tag{2.61}$$

根據廣播原則，$\boldsymbol{x}$-μ 相當於向量 $\boldsymbol{x}$ 的每一個元素分別減去 μ。

回憶樣本協方差公式

$$\operatorname{cov}(X,Y) = \frac{1}{n-1}\sum_{i=1}^{n}(x_i-\mu_X)(y_i-\mu_Y) \tag{2.62}$$

同樣，對於總體協方差，式 (2.62) 分母中的 $n-1$ 改為 n 即可。

同樣利用向量內積運演算法則，式 (2.62) 可以寫成

$$\operatorname{cov}(X,Y) = \frac{(\boldsymbol{x}-\mu_X)\cdot(\boldsymbol{y}-\mu_Y)}{n-1} \tag{2.63}$$

本書第 22 章將從線性代數角度再和大家探討機率統計的相關內容。

2.7 向量夾角：反餘弦

根據式 (2.39)，可以得到非零向量 $\boldsymbol{a}$ 和 $\boldsymbol{b}$ 夾角的餘弦值為

$$\cos\theta = \frac{\boldsymbol{a}\cdot\boldsymbol{b}}{\|\boldsymbol{a}\|\|\boldsymbol{b}\|} \tag{2.64}$$

透過反餘弦，可以得到向量 $\boldsymbol{a}$ 和 $\boldsymbol{b}$ 夾角為

$$\theta = \arccos\left(\frac{\boldsymbol{a}\cdot\boldsymbol{b}}{\|\boldsymbol{a}\|\|\boldsymbol{b}\|}\right) \tag{2.65}$$

其中：arccos() 為反餘弦函式，即從餘弦值獲得弧度。需要時，可以進一步將弧度轉化為角度。再次強調，這裡的 θ 代表向量 $\boldsymbol{a}$ 和 $\boldsymbol{b}$ 之間的「相對角度」；而 $\boldsymbol{a}$ 和 $\boldsymbol{e}_1$、$\boldsymbol{b}$ 和 $\boldsymbol{e}_1$ 的夾角可以視為「絕對夾角」。

圖 2.16 中向量 $\boldsymbol{a}$ 和 $\boldsymbol{b}$ 夾角弧度值和角度值可以透過 Bk4_Ch2_09.py 計算。

極座標

下面，我們將向量放在極座標中解釋向量夾角餘弦值。給定向量 $\boldsymbol{a}$ 和 $\boldsymbol{b}$ 座標為

$$\boldsymbol{a} = \begin{bmatrix} a_1 \\ a_2 \end{bmatrix},\quad \boldsymbol{b} = \begin{bmatrix} b_1 \\ b_2 \end{bmatrix} \tag{2.66}$$

向量 $\boldsymbol{a}$ 和 $\boldsymbol{b}$ 在極座標中各自的角度為 θ_a 和 θ_b，角度 θ_a 和 θ_b 的正弦和餘弦可以透過下式計算得到，即

$$\begin{cases} \cos\theta_a = \dfrac{a_1}{\|\boldsymbol{a}\|}, \quad \sin\theta_a = \dfrac{a_2}{\|\boldsymbol{a}\|} \\ \cos\theta_b = \dfrac{b_1}{\|\boldsymbol{b}\|}, \quad \sin\theta_b = \dfrac{b_2}{\|\boldsymbol{b}\|} \end{cases} \tag{2.67}$$

其中：θ_a 和 θ_b 就相當於絕對角度，如圖 2.19 所示。

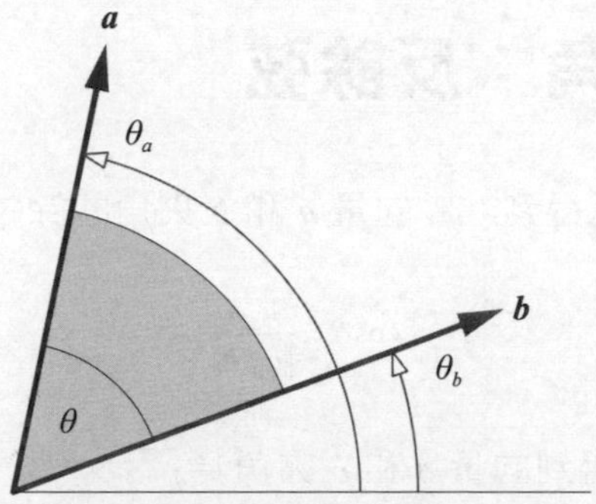

▲ 圖 2.19　極座標中解釋向量夾角

根據角的餘弦和差恒等式，$\cos\theta$ 可以由 θ_a 和 θ_b 正、餘弦建構，有

$$\cos\theta = \cos\left(\theta_b - \theta_a\right) = \cos\theta_b \cos\theta_a + \sin\theta_b \sin\theta_a \tag{2.68}$$

將式 (2.67) 代入式 (2.68) 得到

$$\cos\theta = \frac{a_1}{\|\boldsymbol{a}\|}\frac{b_1}{\|\boldsymbol{b}\|} + \frac{a_2}{\|\boldsymbol{a}\|}\frac{b_2}{\|\boldsymbol{b}\|} = \frac{\overbrace{a_1 b_1 + a_2 b_2}^{\boldsymbol{a}\cdot\boldsymbol{b}}}{\|\boldsymbol{a}\|\|\boldsymbol{b}\|} \tag{2.69}$$

大家已經在式 (2.69) 分子中看到了向量內積。

單位向量

本章前文介紹過某一向量方向上的單位向量這個概念，單位向量為我們提供了觀察向量夾角餘弦值的另外一個角度。

給定兩個非 $\boldsymbol{0}$ 向量 $\boldsymbol{a}$ 和 $\boldsymbol{b}$，首先計算它們各自方向上的單位向量，有

$$\hat{\boldsymbol{a}}=\frac{\boldsymbol{a}}{\|\boldsymbol{a}\|},\quad \hat{\boldsymbol{b}}=\frac{\boldsymbol{b}}{\|\boldsymbol{b}\|} \tag{2.70}$$

兩個單位向量的內積就是夾角的餘弦值，即

$$\hat{\boldsymbol{a}}\cdot\hat{\boldsymbol{b}}=\frac{\boldsymbol{a}}{\|\boldsymbol{a}\|}\cdot\frac{\boldsymbol{b}}{\|\boldsymbol{b}\|}=\cos\theta \tag{2.71}$$

正交單位向量

本章前文介紹的平面直角座標系中 $\boldsymbol{e}_1$ 和 $\boldsymbol{e}_2$ 分別代表沿著橫軸和縱軸的單位向量。它們相互正交，也就是向量內積為 0，即

$$\boldsymbol{e}_1\cdot\boldsymbol{e}_2=\langle\boldsymbol{e}_1,\boldsymbol{e}_2\rangle=\begin{bmatrix}1\\0\end{bmatrix}\cdot\begin{bmatrix}0\\1\end{bmatrix}=0 \tag{2.72}$$

在一個平面上，單位向量 $\boldsymbol{e}_1$、$\boldsymbol{e}_2$ 相互垂直，它們「張起」的方方正正的網格，就是標準直角座標系，具體如圖 2.20(a) 所示。

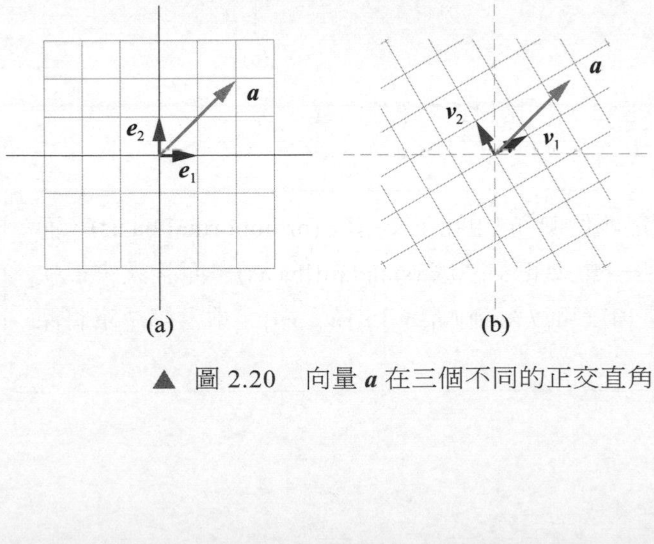

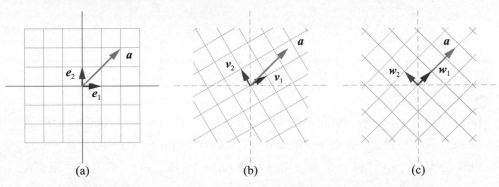

▲ 圖 2.20　向量 $\boldsymbol{a}$ 在三個不同的正交直角座標系中的位置

而平面上，成對正交單位向量有無陣列，比如圖 2.21 所示平面中的兩組正交單位向量，有

$$\boldsymbol{v}_1 \cdot \boldsymbol{v}_2 = \begin{bmatrix} \frac{\sqrt{3}}{2} \\ \frac{1}{2} \end{bmatrix} \cdot \begin{bmatrix} -\frac{1}{2} \\ \frac{\sqrt{3}}{2} \end{bmatrix} = 0, \quad \boldsymbol{w}_1 \cdot \boldsymbol{w}_2 = \begin{bmatrix} \frac{\sqrt{2}}{2} \\ \frac{\sqrt{2}}{2} \end{bmatrix} \cdot \begin{bmatrix} -\frac{\sqrt{2}}{2} \\ \frac{\sqrt{2}}{2} \end{bmatrix} = 0 \tag{2.73}$$

$\boldsymbol{v}_1$、$\boldsymbol{v}_2$ 建構如圖 2.20(b) 所示的直角座標系。同理，$\boldsymbol{w}_1$、$\boldsymbol{w}_2$ 也可以建構如圖 2.20(c) 所示的直角座標系。也就是一個 $\mathbb{R}^2$ 平面上可以存在無數個直角座標系。

比較圖 2.20 的三幅子圖，同一個向量 $\boldsymbol{a}$ 在三個直角座標系中有不同的座標值。向量 $\boldsymbol{a}$ 在圖 2.20(a) 所示直角座標系的座標值很容易確定為 (2, 2)。目前我們還沒有掌握足夠的數學工具來計算向量 $\boldsymbol{a}$ 在圖 2.20(b) 和圖 2.20(c) 兩個直角座標系中的座標值。這個問題要留到本書第 7 章來解決。

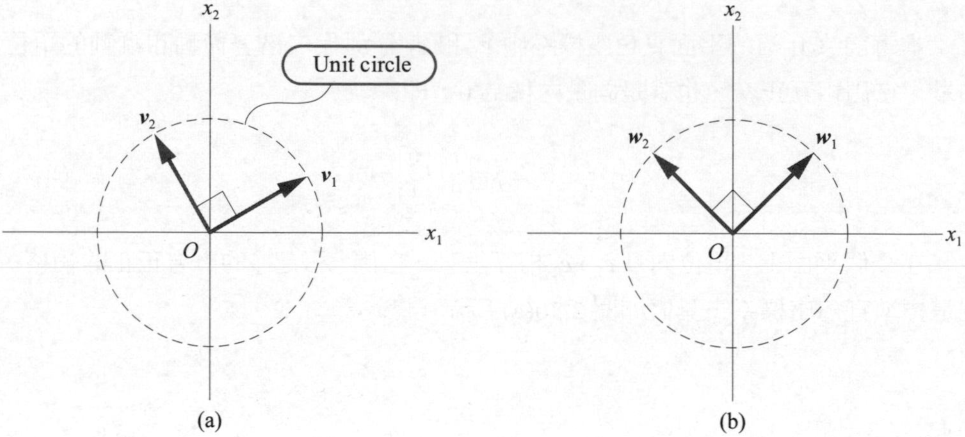

▲ 圖 2.21　兩組正交單位向量

> $[\boldsymbol{e}_1, \boldsymbol{e}_2]$、$[\boldsymbol{v}_1, \boldsymbol{v}_2]$、$[\boldsymbol{w}_1, \boldsymbol{w}_2]$ 都叫做 $\mathbb{R}^2$ 的規範正交基底 (orthonormal basis)，而 $[\boldsymbol{e}_1, \boldsymbol{e}_2]$ 有自己特別的名字一標 準正交基底 (standard basis)。而且大家很快就會發現 $[\boldsymbol{e}_1, \boldsymbol{e}_2]$ 旋轉一定角度可以得到 $[\boldsymbol{v}_1, \boldsymbol{v}_2]$、$[\boldsymbol{w}_1, \boldsymbol{w}_2]$。本書第 7 章將深入介紹相關概念。

2.8 餘弦相似度和餘弦距離

餘弦相似度

機器學習中有一個重要的概念，叫做**餘弦相似度** (cosine similarity)。餘弦相似度用向量夾角的餘弦值度量樣本資料的相似性。

用 $k(\boldsymbol{x}, \boldsymbol{q})$ 來表達 $\boldsymbol{x}$ 和 $\boldsymbol{q}$ 兩個列向量的餘弦相似度，定義為

$$k(\boldsymbol{x},\boldsymbol{q}) = \frac{\boldsymbol{x}\cdot\boldsymbol{q}}{\|\boldsymbol{x}\|\|\boldsymbol{q}\|} = \frac{\boldsymbol{x}^{\mathrm{T}}\boldsymbol{q}}{\|\boldsymbol{x}\|\|\boldsymbol{q}\|} \tag{2.74}$$

上一節我們介紹過，如果兩個向量方向相同，則夾角 θ 的餘弦值 $\cos\theta = 1$。若兩個向量方向完全相反，則夾角 θ 餘弦值 $\cos\theta = -1$。

因此，餘弦相似度設定值範圍在區間 [-1, +1] 之間。此外，大家是否在餘弦相似度中看到了相關性係數的影子？

餘弦距離

下面再介紹**餘弦距離** (cosine distance)。餘弦距離定義基於餘弦的相似度，用 $d(\boldsymbol{x}, \boldsymbol{q})$ 來表達 $\boldsymbol{x}$ 和 $\boldsymbol{q}$ 兩個列向量的餘弦距離，具體定義為

$$d(\boldsymbol{x},\boldsymbol{q}) = 1 - k(\boldsymbol{x},\boldsymbol{q}) = 1 - \frac{\boldsymbol{x}\cdot\boldsymbol{q}}{\|\boldsymbol{x}\|\|\boldsymbol{q}\|} \tag{2.75}$$

> 本書下一章，以及《AI 時代 Math 元年 - 用 Python 全精通統計及機率》《AI 時代 Math 元年 - 用 Python 全精通機器學習》兩本書將逐步介紹常見距離度量，「距離」的內涵會不斷豐富。

本章前文介紹的歐幾里德距離，即 L^2 範數，是一種最常見的距離度量。本節介紹的餘弦距離也是一種常見的距離度量。L^2 範數的設定值範圍為 $[0,+\infty)$，而餘弦距離的設定值範圍為 [0,2]。

鳶尾花例子

圖 2.22 所示列出鳶尾花四個樣本資料。$\boldsymbol{x}^{(1)}$ 和 $\boldsymbol{x}^{(2)}$ 兩個樣本對應的鳶尾花都是 setosa 這一亞屬。$\boldsymbol{x}^{(51)}$ 樣本對應的鳶尾花為 versicolor 這一亞屬；$\boldsymbol{x}^{(101)}$ 樣本對應的鳶尾花為 virginica 這一亞屬。

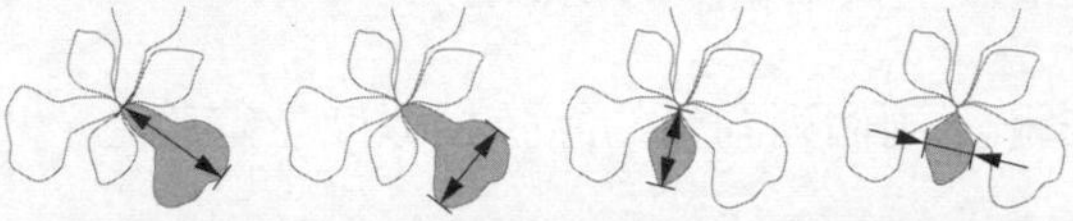

	Sepal length	Sepal width	Petal length	Petal width	
$x^{(1)}$,1	5.1	3.5	1.4	0.2	setosa
$x^{(2)}$,2	4.9	3	1.4	0.2	setosa
$x^{(51)}$,51	7	3.2	4.7	1.4	versicolor
$x^{(101)}$,101	6.3	3.3	6	2.5	virginica

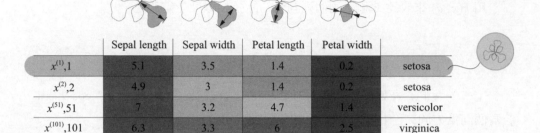

▲ 圖 2.22　鳶尾花的四個樣本資料

計算 $\boldsymbol{x}^{(1)}$ 和 $\boldsymbol{x}^{(2)}$ 兩個向量餘弦距離為

$$\begin{aligned} d\left(\boldsymbol{x}^{(1)},\boldsymbol{x}^{(2)}\right) &= 1-k\left(\boldsymbol{x}^{(1)},\boldsymbol{x}^{(2)}\right) \\ &= 1-\frac{5.1\times4.9+3.5\times3\ +\ 1.4\times1.4\ +\ 0.2\times0.2}{\sqrt{5.1^2+3.5^2\ +\ 1.4^2\ +\ 0.2^2}\times\sqrt{4.9^2+3^2\ +\ 1.4^2\ +\ 0.2^2}} \\ &= 1-\frac{37.49}{6.34507\times5.9169} \\ &= 1-0.99857=0.00142 \end{aligned} \tag{2.76}$$

同理，可以計算得到 $\boldsymbol{x}^{(1)}$ 和 $\boldsymbol{x}^{(51)}$，$\boldsymbol{x}^{(1)}$ 和 $\boldsymbol{x}^{(101)}$ 兩個餘弦距離為

$$\begin{aligned} d\left(\boldsymbol{x}^{(1)},\boldsymbol{x}^{(51)}\right) &= 0.07161 \\ d\left(\boldsymbol{x}^{(1)},\boldsymbol{x}^{(101)}\right) &= 0.13991 \end{aligned} \tag{2.77}$$

可以發現，$\boldsymbol{x}^{(1)}$ 和 $\boldsymbol{x}^{(2)}$ 兩朵同屬於 setosa 亞屬的鳶尾花，餘弦距離較近，也就是較為相似。$\boldsymbol{x}^{(1)}$ 和 $\boldsymbol{x}^{(101)}$ 分別屬於 setota 和 virginica 亞屬，餘弦距離較遠，也就是不相似。

大家思考一下下面的問題，鳶尾花資料有 150 個資料點，任意兩個資料點可以計算得到一個餘弦相似度。因此成對餘弦相似度有 11175 個，大家想想該怎麼便捷計算、儲存這些資料呢？

此外，大家可以試著先給資料去平均值，如圖 2.23 所示，相當於將向量起點移動到質心，然後再計算餘弦距離，並比較結果差異。和之前相比，去平均值是否有利於區分不同類別鳶尾花呢？

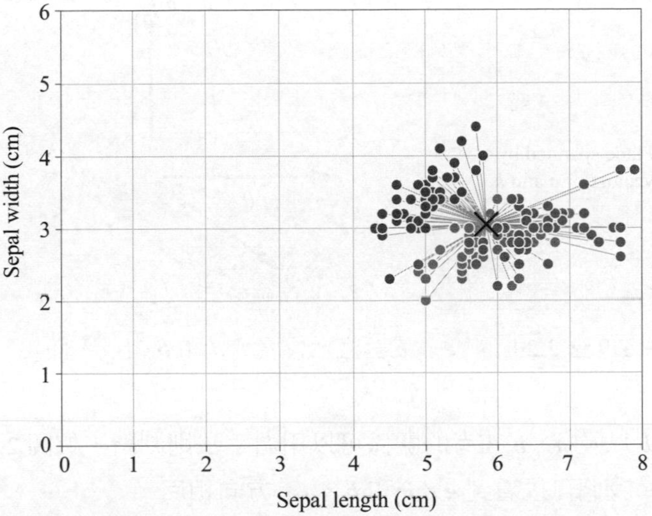

▲ 圖 2.23　向量起點移到鳶尾花資料質心

Bk4_Ch2_10.py 可以完成上述計算。感興趣的讀者可以修改程式計算 $\boldsymbol{x}^{(51)}$ 和 $\boldsymbol{x}^{(101)}$ 的餘弦距離，並結合樣本標籤分析結果。

2.9 向量積：結果為向量

向量積 (vector product) 也叫**叉乘** (cross product) 或外積，向量積結果為向量。也就是說，向量積是一種「向量 → 向量」的運算規則。

a 和 ***b*** 向量積，記作 ***a***×***b***。***a***×***b*** 作為一個向量，我們需要了解它的方向和大小兩個成分。

方向

如圖 2.24 所示，***a***×***b*** 方向分別垂直於向量 ***a*** 和 ***b***，即 ***a***×***b*** 垂直於向量 ***a*** 和 ***b*** 組成的平面。

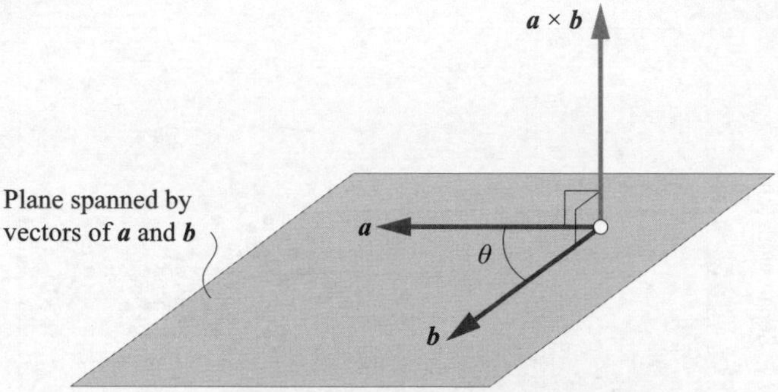

▲ 圖 2.24 「***a***× ***b*** 垂直於向量「***a*** 和 ***b*** 組成平面

向量 ***a*** 和 ***b*** 以及 ***a***×***b*** 三者的關係可以用右手法則判斷，如圖 2.25 所示。圖 2.25 這幅圖中，我們可以看到 ***a***×***b*** 和 ***b***×***a***「方向相反。

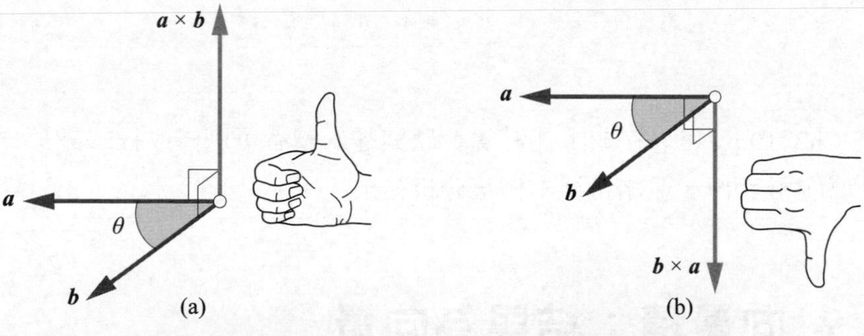

▲ 圖 2.25 向量叉乘右手定則

$\boldsymbol{a}\times\boldsymbol{b}$ 的模，也就是 $\boldsymbol{a}\times\boldsymbol{b}$ 向量積的大小，透過下式獲得，即

$$\|\boldsymbol{a}\times\boldsymbol{b}\| = \|\boldsymbol{a}\|\|\boldsymbol{b}\|\sin\theta \tag{2.78}$$

其中：θ 為向量 $\boldsymbol{a}$ 和 $\boldsymbol{b}$ 夾角。如圖 2.26 所示，從幾何角度，向量積的模 $\|\boldsymbol{a}\times\boldsymbol{b}\|$ 相當於圖中平行四邊形的面積。

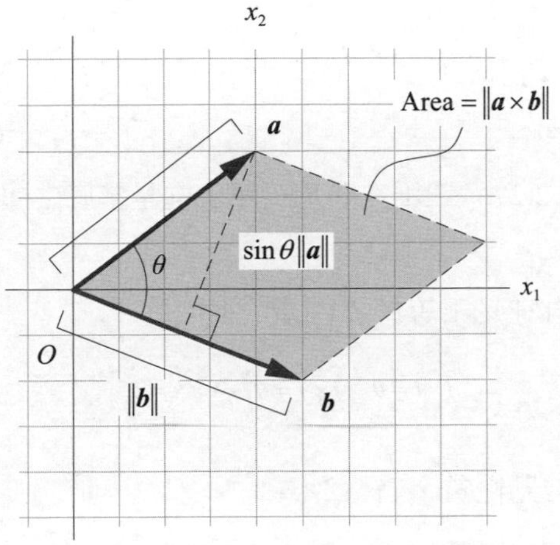

▲ 圖 2.26　$\boldsymbol{a}\times\boldsymbol{b}$ 向量積模的幾何含義

正交向量之間的叉乘

如圖 2.27(a) 所示，空間直角座標系中三個正交向量 $\boldsymbol{e}_1\,(\boldsymbol{i})$（橫軸正方向）、$\boldsymbol{e}_2\,(\boldsymbol{j})$（縱軸正方向）和 $\boldsymbol{e}_3\,(\boldsymbol{k})$（豎軸正方向）向量叉乘關係存在關係

$$\boldsymbol{i}\times\boldsymbol{j}=\boldsymbol{k},\quad \boldsymbol{j}\times\boldsymbol{k}=\boldsymbol{i},\quad \boldsymbol{k}\times\boldsymbol{i}=\boldsymbol{j} \tag{2.79}$$

圖 2.27(b) 展示了以上三個等式中 $\boldsymbol{i}$、$\boldsymbol{j}$ 和 $\boldsymbol{k}$ 前後順序關係。若調換叉乘元素順序，結果反向，對應以下三個運算式，即

$$\boldsymbol{j}\times\boldsymbol{i}=-\boldsymbol{k},\quad \boldsymbol{k}\times\boldsymbol{j}=-\boldsymbol{i},\quad \boldsymbol{i}\times\boldsymbol{k}=-\boldsymbol{j} \tag{2.80}$$

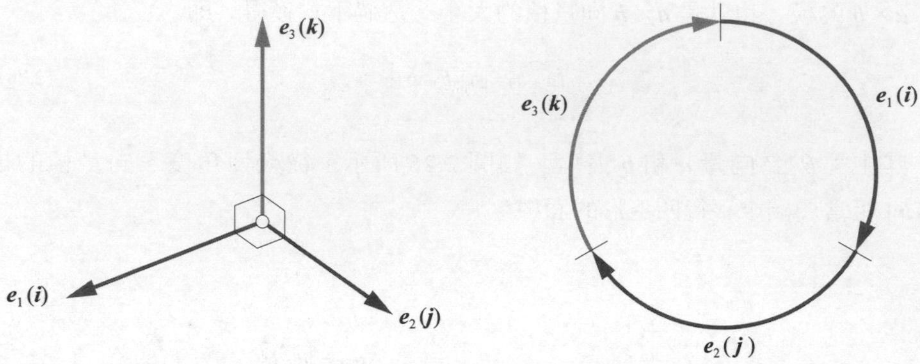

(a) (b)

▲ 圖 2.27 三維空間正交單位向量基底之間關係

特別地，向量與自身叉乘等於 $\boldsymbol{0}$ 向量，比如

$$\boldsymbol{i}\times\boldsymbol{i}=\boldsymbol{0},\quad \boldsymbol{j}\times\boldsymbol{j}=\boldsymbol{0},\quad \boldsymbol{k}\times\boldsymbol{k}=\boldsymbol{0} \tag{2.81}$$

下列為叉乘運算常見性質，有

$$\begin{aligned}&\boldsymbol{a}\times\boldsymbol{a}=\boldsymbol{0}\\&\boldsymbol{a}\times(\boldsymbol{b}+\boldsymbol{c})=\boldsymbol{a}\times\boldsymbol{b}+\boldsymbol{a}\times\boldsymbol{c}\\&(\boldsymbol{a}+\boldsymbol{b})\times\boldsymbol{c}=\boldsymbol{a}\times\boldsymbol{c}+\boldsymbol{b}\times\boldsymbol{c}\\&\boldsymbol{a}\times(\boldsymbol{b}\times\boldsymbol{c})\neq(\boldsymbol{a}\times\boldsymbol{b})\times\boldsymbol{c}\\&k(\boldsymbol{a}\times\boldsymbol{b})=k(\boldsymbol{a})\times\boldsymbol{b}=\boldsymbol{a}\times(k\boldsymbol{b})\\&\boldsymbol{a}\cdot(\boldsymbol{b}\times\boldsymbol{c})=(\boldsymbol{a}\times\boldsymbol{b})\cdot\boldsymbol{c}\end{aligned} \tag{2.82}$$

任意兩個向量的叉乘

在三維直角座標系中，用 $\boldsymbol{i}$、$\boldsymbol{j}$ 和 $\boldsymbol{k}$ 表達向量 $\boldsymbol{a}$ 和 $\boldsymbol{b}$，有

$$\begin{aligned}\boldsymbol{a}&=a_1\boldsymbol{i}+a_2\boldsymbol{j}+a_3\boldsymbol{k}\\\boldsymbol{b}&=b_1\boldsymbol{i}+b_2\boldsymbol{j}+b_3\boldsymbol{k}\end{aligned} \tag{2.83}$$

整理向量 $\boldsymbol{a}$ 和 $\boldsymbol{b}$ 叉乘，有

$\boldsymbol{a}$ 和 $\boldsymbol{b}$ 叉乘還可以透過行列式求解，我們將在本書第 4 章進行講解。

$$
\begin{aligned}
\boldsymbol{a}\times\boldsymbol{b} &= \left(a_1\boldsymbol{i}+a_2\boldsymbol{j}+a_3\boldsymbol{k}\right)\times\left(b_1\boldsymbol{i}+b_2\boldsymbol{j}+b_3\boldsymbol{k}\right)\\
&= a_1b_1\left(\boldsymbol{i}\times\boldsymbol{i}\right)+a_1b_2\left(\boldsymbol{i}\times\boldsymbol{j}\right)+a_1b_3\left(\boldsymbol{i}\times\boldsymbol{k}\right)\\
&\quad +a_2b_1\left(\boldsymbol{j}\times\boldsymbol{i}\right)+a_2b_2\left(\boldsymbol{j}\times\boldsymbol{j}\right)+a_2b_3\left(\boldsymbol{j}\times\boldsymbol{k}\right)\\
&\quad +a_3b_1\left(\boldsymbol{k}\times\boldsymbol{i}\right)+a_3b_2\left(\boldsymbol{k}\times\boldsymbol{j}\right)+a_3b_3\left(\boldsymbol{k}\times\boldsymbol{k}\right)\\
&= \left(a_2b_3-a_3b_2\right)\boldsymbol{i}+\left(a_3b_1-a_1b_3\right)\boldsymbol{j}+\left(a_1b_2-a_2b_1\right)\boldsymbol{k}
\end{aligned}
\tag{2.84}
$$

舉個例子

下面結合程式計算 $\boldsymbol{a}$ 和 $\boldsymbol{b}$ 兩個向量叉乘，令

$$
\boldsymbol{a}=\begin{bmatrix}-2\\1\\1\end{bmatrix},\quad \boldsymbol{b}=\begin{bmatrix}1\\-2\\-1\end{bmatrix}
\tag{2.85}
$$

$\boldsymbol{a}\times\boldsymbol{b}$ 結果為

$$
\boldsymbol{a}\times\boldsymbol{b}=\begin{bmatrix}1\\-1\\3\end{bmatrix}
\tag{2.86}
$$

Bk4_Ch2_11.py 計算得到。其中，numpy.cross() 函式可以用於計算列向量和行向量的向量積。

2.10 逐項積：對應元素分別相乘

元素乘積 (element-wise multiplication)，也稱為**阿達瑪乘積** (Hadamard product) 或**逐項積** (piecewise product)。逐項積指的是兩個形狀相同的矩陣，對應元素相乘得到同樣形狀的矩陣。向量是一種特殊矩陣，阿達瑪乘積也適用於向量。圖 2.28 所示列出的是從資料角度看向量逐項積運算。

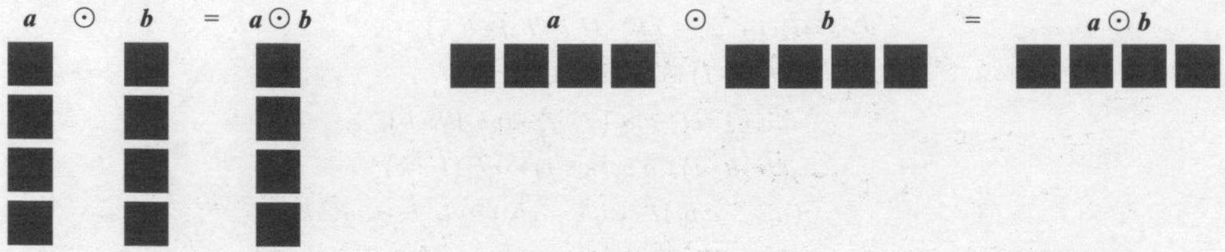

▲ 圖 2.28 向量逐項積運算

給定 $\boldsymbol{a}$ 和 $\boldsymbol{b}$ 兩個等行數列向量為

$$\begin{aligned}\boldsymbol{a} &= \begin{bmatrix} a_1 & a_2 & \cdots & a_n \end{bmatrix}^{\mathrm{T}} \\ \boldsymbol{b} &= \begin{bmatrix} b_1 & b_2 & \cdots & b_n \end{bmatrix}^{\mathrm{T}}\end{aligned} \tag{2.87}$$

列向量 $\boldsymbol{a}$ 和 $\boldsymbol{b}$ 的逐項積定義為

$$\boldsymbol{a} \odot \boldsymbol{b} = \begin{bmatrix} a_1 b_1 & a_2 b_2 & \cdots & a_n b_n \end{bmatrix}^{\mathrm{T}} \tag{2.88}$$

逐項積是一種「向量→向量」的運算規則。

Bk4_Ch2_12.py 計算行向量逐項積。

2.11 張量積：張起網格面

張量積 (tensor product) 又叫**克羅內克積** (Kronecker product)，兩個列向量 $\boldsymbol{a}$ 和 $\boldsymbol{b}$ 的張量積 $\boldsymbol{a} \otimes \boldsymbol{b}$ 定義為

$$\boldsymbol{a} \otimes \boldsymbol{b} = \begin{bmatrix} a_1 \\ a_2 \\ \vdots \\ a_n \end{bmatrix}_{n\times 1} \otimes \begin{bmatrix} b_1 \\ b_2 \\ \vdots \\ b_m \end{bmatrix}_{m\times 1} = \boldsymbol{a}\boldsymbol{b}^{\mathrm{T}} = \begin{bmatrix} a_1 \\ a_2 \\ \vdots \\ a_n \end{bmatrix} \begin{bmatrix} b_1 \\ b_2 \\ \vdots \\ b_m \end{bmatrix}^{\mathrm{T}} = \begin{bmatrix} a_1 b_1 & a_1 b_2 & \cdots & a_1 b_m \\ a_2 b_1 & a_2 b_2 & \cdots & a_2 b_m \\ \vdots & \vdots & \ddots & \vdots \\ a_n b_1 & a_n b_2 & \cdots & a_n b_m \end{bmatrix}_{n\times m} \tag{2.89}$$

向量張量積是一種「向量→矩陣」的運算規則。有些教材也管張量積叫「外積」；而外積也指向量積 (叉乘)。請大家注意區分。

> ⚠
> 注意：上式中 $\boldsymbol{a}\boldsymbol{b}^{\mathrm{T}}$ 為向量 $\boldsymbol{a}$ 和 $\boldsymbol{b}^{\mathrm{T}}$ 的矩陣乘法。本書第 4、5、6 三章要從不同角度講解矩陣乘法。

向量 $\boldsymbol{a}$ 和其自身的張量積 $\boldsymbol{a}\otimes\boldsymbol{a}$ 的結果為方陣，即

$$\boldsymbol{a}\otimes\boldsymbol{a}=\begin{bmatrix}a_1\\a_2\\\vdots\\a_n\end{bmatrix}_{n\times1}\otimes\begin{bmatrix}a_1\\a_2\\\vdots\\a_n\end{bmatrix}_{n\times1}=\boldsymbol{a}\boldsymbol{a}^{\mathrm{T}}=\begin{bmatrix}a_1\\a_2\\\vdots\\a_n\end{bmatrix}\begin{bmatrix}a_1\\a_2\\\vdots\\a_n\end{bmatrix}^{\mathrm{T}}=\begin{bmatrix}a_1a_1&a_1a_2&\cdots&a_1a_n\\a_2a_1&a_2a_2&\cdots&a_2a_n\\\vdots&\vdots&\ddots&\vdots\\a_na_1&a_na_2&\cdots&a_na_n\end{bmatrix}\tag{2.90}$$

請大家注意張量積的一些常見性質，即

$$\begin{aligned}&(\boldsymbol{a}\otimes\boldsymbol{a})^{\mathrm{T}}=\boldsymbol{a}\otimes\boldsymbol{a}\\&(\boldsymbol{a}\otimes\boldsymbol{b})^{\mathrm{T}}=\boldsymbol{b}\otimes\boldsymbol{a}\\&(\boldsymbol{a}+\boldsymbol{b})\otimes\boldsymbol{v}=\boldsymbol{a}\otimes\boldsymbol{v}+\boldsymbol{b}\otimes\boldsymbol{v}\\&\boldsymbol{v}\otimes(\boldsymbol{a}+\boldsymbol{b})=\boldsymbol{v}\otimes\boldsymbol{a}+\boldsymbol{v}\otimes\boldsymbol{b}\\&t(\boldsymbol{a}\otimes\boldsymbol{b})=(t\boldsymbol{a})\otimes\boldsymbol{b}=\boldsymbol{a}\otimes(t\boldsymbol{b})\\&(\boldsymbol{a}\otimes\boldsymbol{b})\otimes\boldsymbol{v}=\boldsymbol{a}\otimes(\boldsymbol{b}\otimes\boldsymbol{v})\end{aligned}\tag{2.91}$$

幾何角度

圖 2.29 所示為從幾何影像角度解釋向量的張量積。向量 $\boldsymbol{a}$ 和 $\boldsymbol{b}$ 相當於兩個維度上的支撐框架，兩者的張量積則「張起」一個網格面 $\boldsymbol{a}\otimes\boldsymbol{b}$。

當我們關注 $\boldsymbol{b}$ 方向時，網格面沿同一方向的每一條曲線都類似於 $\boldsymbol{b}$，唯一的差別是高度上存在一定比例的縮放，這個縮放比例就是 a_i。a_i 是向量 $\boldsymbol{a}$ 中的某一個元素。

同理，觀察 $\boldsymbol{a}$ 方向的網格面，每一條曲線都類似於 $\boldsymbol{a}$。向量 $\boldsymbol{b}$ 的某一元素 b_j 提供曲線高度的縮放係數。

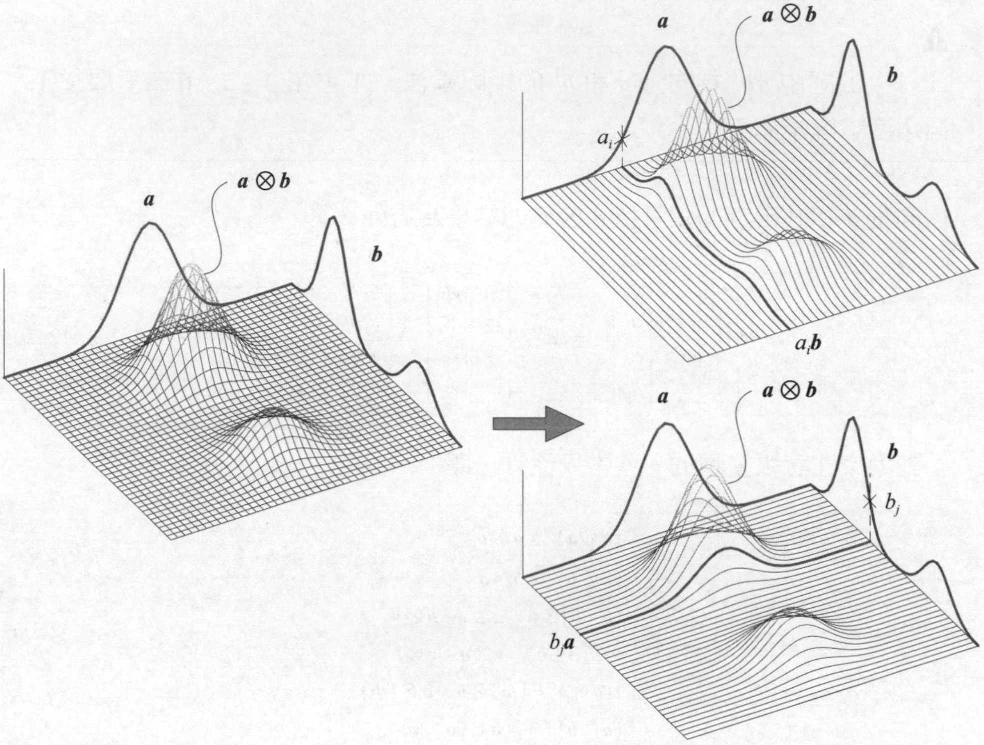

▲ 圖 2.29 從幾何角度解釋向量張量積

舉個例子

給定列向量 $\boldsymbol{a}$ 和 $\boldsymbol{b}$ 分別為

$$\begin{aligned}\boldsymbol{a}&=\begin{bmatrix}0.5 & -0.7 & 1 & 0.25 & -0.6 & -1\end{bmatrix}^{\mathrm{T}}\\ \boldsymbol{b}&=\begin{bmatrix}-0.8 & 0.5 & -0.6 & 0.9\end{bmatrix}^{\mathrm{T}}\end{aligned} \tag{2.92}$$

圖 2.30 所示為張量積「$\boldsymbol{a} \otimes \boldsymbol{b}$ 結果熱圖，形狀為 6×4 矩陣。

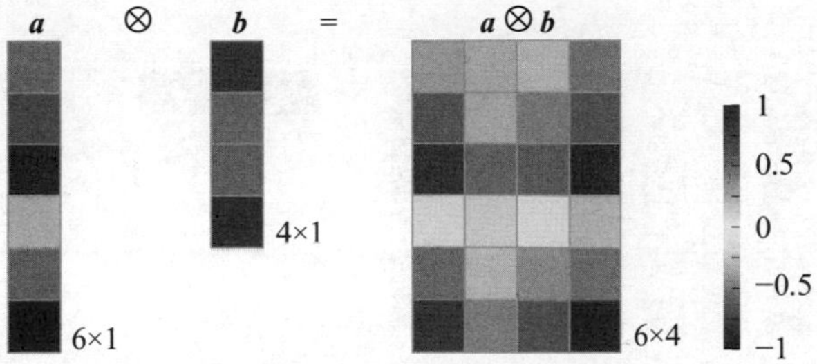

▲ 圖 2.30　張量積「$\boldsymbol{a} \otimes \boldsymbol{b}$ 熱圖

觀察式 (2.89)，利用矩陣乘法展開，發現 $\boldsymbol{a} \otimes \boldsymbol{b}$ 可以寫成兩種形式，即

$$
\begin{aligned}
\boldsymbol{a} \otimes \boldsymbol{b} &= \begin{bmatrix} b_1\boldsymbol{a} & b_2\boldsymbol{a} & \cdots & b_m\boldsymbol{a} \end{bmatrix} \\
\boldsymbol{a} \otimes \boldsymbol{b} &= \begin{bmatrix} a_1\boldsymbol{b}^{\mathrm{T}} \\ a_2\boldsymbol{b}^{\mathrm{T}} \\ \vdots \\ a_n\boldsymbol{b}^{\mathrm{T}} \end{bmatrix}_{n\times 1}
\end{aligned}
\tag{2.93}
$$

式 (2.93) 中，第一種形式相當於，$\boldsymbol{a}$ 先按不同比例 (b_j) 縮放得到 $b_j\boldsymbol{a}$，再左右排列。第二種形式相當於，$\boldsymbol{b}^{\mathrm{T}}$ 先按不同比例 (a_i) 縮放得到 $a_i\boldsymbol{b}^{\mathrm{T}}$，再上下疊加。如果讀者對式 (2.93) 這種矩陣乘法展開方式感到陌生，可以在讀完第 4 ~ 6 章後再回頭看這部分內容。

如圖 2.31(a) 所示，$\boldsymbol{a} \otimes \boldsymbol{b}$ 的每一列都與 $\boldsymbol{a}$ 相似，也就是說它們之間呈現倍數關係。同理，如圖 2.31(b) 所示，$\boldsymbol{a} \otimes \boldsymbol{b}$ 等值於 $\boldsymbol{a}$ @ $\boldsymbol{b}^{\mathrm{T}}$，因此 $\boldsymbol{a} \otimes \boldsymbol{b}$ 的每一行都與 $\boldsymbol{b}^{\mathrm{T}}$ 相似，也呈現倍數關係。

本書第 7 章會講到向量的秩 (rank)，大家就會知道 $\boldsymbol{a} \otimes \boldsymbol{b}$ 的秩為 1，就是因為行、列的這種「相似」。

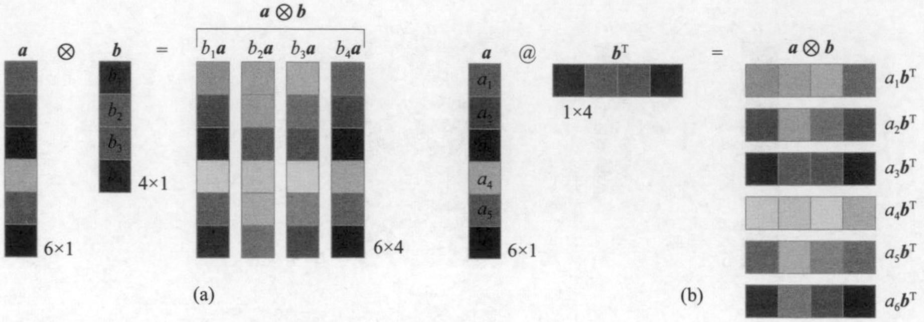

▲ 圖 2.31　$\boldsymbol{a} \otimes \boldsymbol{b}$ 的列、行存在的相似

圖 2.32(a) 所示為張量積 $\boldsymbol{a} \otimes \boldsymbol{a}$ 結果熱圖，形狀為 6×6 方陣。圖 2.32(b) 所示為張量積 $\boldsymbol{b} \otimes \boldsymbol{b}$ 結果熱圖，形狀為 4×4 對稱方陣。顯然，$\boldsymbol{a} \otimes \boldsymbol{a}$ 和 $\boldsymbol{b} \otimes \boldsymbol{b}$ 都是對稱矩陣。

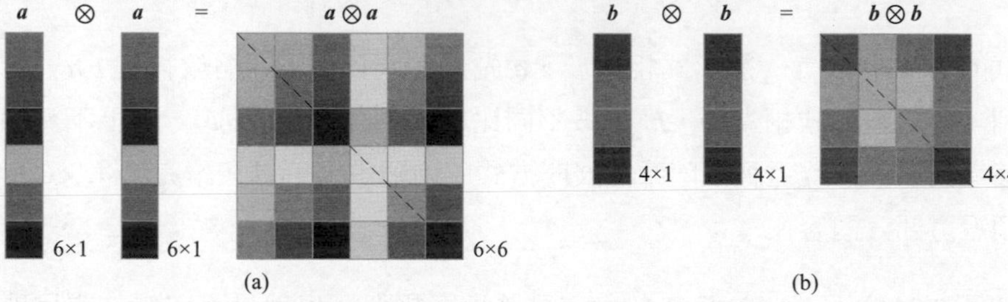

▲ 圖 2.32　$\boldsymbol{a} \otimes \boldsymbol{a}$ 和 $\boldsymbol{b} \otimes \boldsymbol{b}$ 向量張量積

Bk4_Ch2_13.py 繪製圖 2.30、圖 2.31、圖 2.32。

在 Bk4_Ch2_13.py 的基礎上，我們用 Streamlit 和 Plotly 製作了一個 App，用來展示向量張量積。在 App 中，大家可以改變向量元素個數。向量是由隨機數發生器產生的，保留小數點後一位。請大家參考 Streamlit_Bk4_Ch2_13.py。

《AI 時代 Math 元年 - 用 Python 全精通統計及機率》一書中將介紹，如果兩個離散隨機變數 X 和 Y 獨立，則聯合機率 $p_{X,Y}(x,y)$ 等於 $p_X(x)$ 和 $p_Y(y)$ 這兩個邊緣機率質量函式的 PMF 乘積，即

$$\underbrace{p_{X,Y}(x,y)}_{\text{Joint}} = \underbrace{p_X(x)}_{\text{Marginal}} \cdot \underbrace{p_Y(y)}_{\text{Marginal}} \tag{2.94}$$

如圖 2.33 所示，$p_X(x)$ 和 $p_Y(y)$ 可以分別用火柴棒圖型視覺化，而 $p_{X,Y}(x,y)$ 用二維火柴棒圖展示。

從線性代數角度，當 x 和 y 分別取不同值時，$p_X(x)$ 和 $p_Y(y)$ 相當於兩個向量，而 $p_{X,Y}(x,y)$ 相當於矩陣。X 和 Y 獨立時，$p_{X,Y}(x,y)$ 值的矩陣就是 $p_Y(y)$ 和 $p_X(x)$ 兩個向量的張量積。

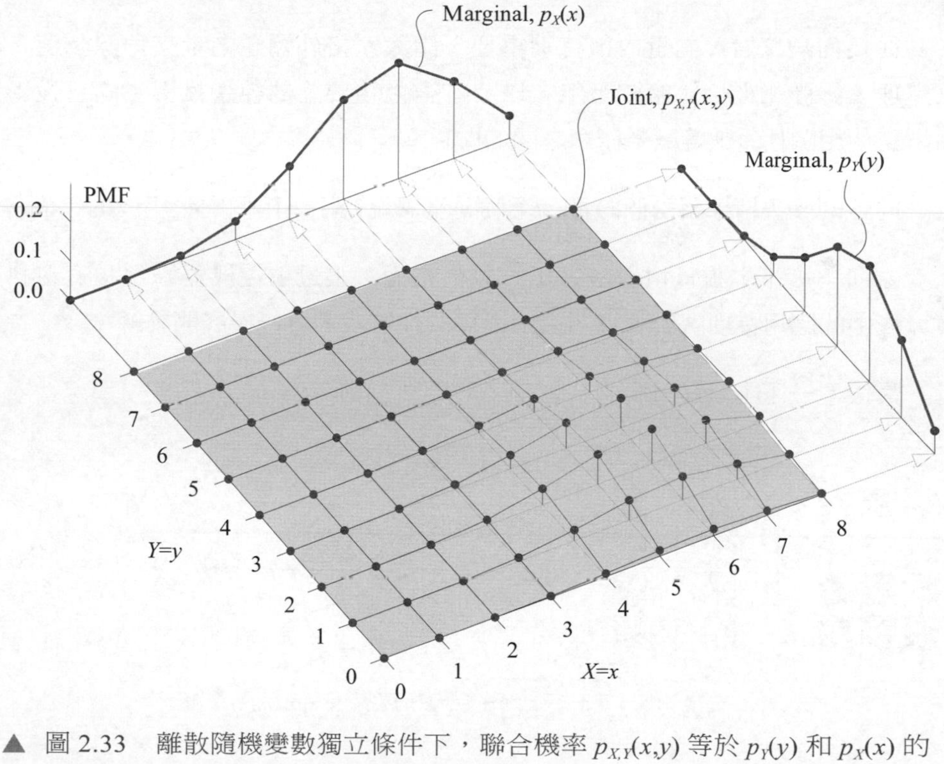

▲ 圖 2.33　離散隨機變數獨立條件下，聯合機率 $p_{X,Y}(x,y)$ 等於 $p_Y(y)$ 和 $p_X(x)$ 的 PMF 乘積

本章介紹了向量常見的運算。學完本章，希望大家看到任何向量和向量運算，都可以試著從幾何、資料兩個角度來思考。

從幾何角度看，向量是既有大小又有方向的量。從資料角度看，表格資料就是矩陣，而矩陣的每一行向量是一個樣本點，每一列向量代表一個特徵。

向量有兩個元素一長度和方向。向量的長度就是向量的模，向量之間的相對角度可以用向量內積來求解。

提到向量模、L^2 範數、歐幾里德距離，希望大家能夠聯想到正圓、正圓球。本書第 3 章還要介紹更多範數以及它們對應的幾何影像。

向量內積的結果是個純量，請大家格外注意向量內積和矩陣乘法的聯繫，以及向量內積和 Σ 求和運算之間的關係。

從幾何角度看，向量內積特別重要，請大家格外關注向量夾角餘弦值、餘弦定理、餘弦相似度、餘弦距離，以及本書後續要講的純量投影、向量投影、協方差、相關性係數等數學概念之間的關係。

向量的叉乘結果還是個向量，這個向量垂直於原來兩個向量組成的平面。

幾何角度下，張量積像是張起一個網格面。張量積在機器學習和資料科學演算法中的應用特別廣泛，有關這個運算的性質我們會慢慢展開講解。

最後看一下本章最重要的四幅圖，如圖 2.34 所示。

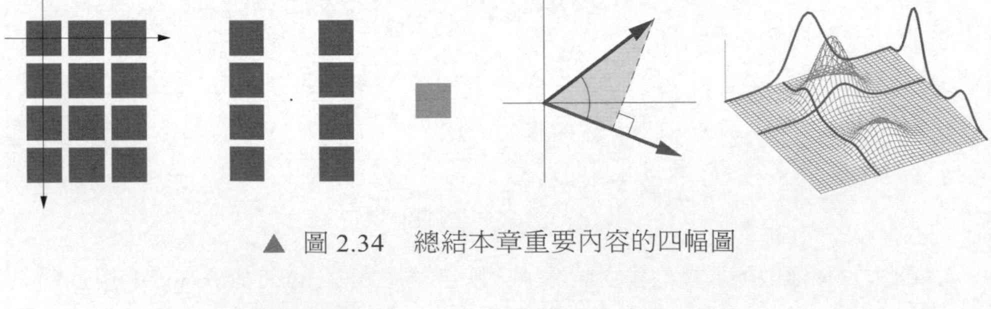

▲ 圖 2.34　總結本章重要內容的四幅圖

對於習慣 MATLAB 或 R 語言的讀者，如果轉用 Python 感到不適應的話，推薦大家參考：

http://mathesaurus.sourceforge.net/

網站整理了常用 MATLAB—R—Python 命令、函式之間的關係。

Vector Norm

3 向量範數

歐幾里德距離的延伸

在數學領域，遇到理解不了的概念別怕，用習慣就好了。

In mathematics, you don't understand things. You just get used to them.

——約翰．馮．紐曼（*Johann von Neumann*）|
理論電腦科學與博弈論奠基者 | *1903—1957*

- matplotlib.pyplot.axhline() 繪製水平線
- matplotlib.pyplot.axvline() 繪製垂直線
- matplotlib.pyplot.contour() 繪製等高線圖
- matplotlib.pyplot.contourf() 繪製填充等高線圖
- numpy.abs() 計算絕對值
- numpy.linalg.norm() 計算 L^p 範數，預設計算 L^2 範數
- numpy.linsapce() 指定的間隔內傳回均勻間隔陣列
- numpy.maximum() 計算最大值
- numpy.meshgrid() 生成網格化資料

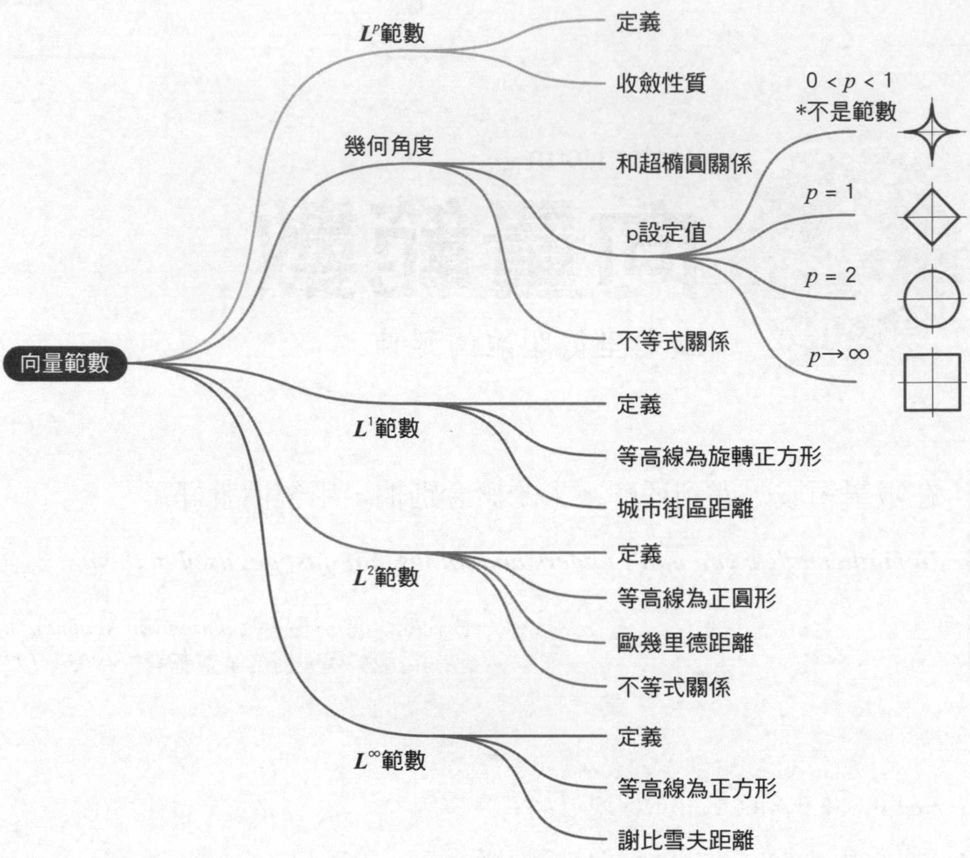

3.1 L^p 範數：L^2 範數的推廣

上一章我們介紹了 L^2 範數，L^2 範數代表向量的長度，也叫向量的模，等值於歐幾里德距離。本章我們將 L^2 範數推廣到 L^p 範數。

給定列向量 $\boldsymbol{x}$ 為

$$\boldsymbol{x} = \begin{bmatrix} x_1 & x_2 & \cdots & x_D \end{bmatrix}^{\mathrm{T}} \tag{3.1}$$

向量 $\boldsymbol{x}$ 的 L^p 範數定義為

$$\|\boldsymbol{x}\|_p = \left(|x_1|^p + |x_2|^p + \cdots + |x_D|^p\right)^{1/p} = \left(\sum_{j=1}^{D} |x_j|^p\right)^{1/p} \tag{3.2}$$

式 (3.2) 中 $|x_j|$ 計算 x_j 的絕對值。另外，很多教材將 L^p 範數寫成 Lp 範數或 p-範數。

對於 L^p 範數，$p \geq 1$。$p < 1$ 時，雖然上式有定義，但是不能稱之為範數。容易判斷出，L^p 範數非負，即 $\|\boldsymbol{x}\|_P \geq 0$。$L^p$ 範數代表「距離」，也是一種「向量 → 純量」的運算規則。

兩個特殊範數

當 $p = 2$ 時，向量 $\boldsymbol{x}$ 的 L^p 範數便是 $\boldsymbol{L^2}$ **範數** (L2-norm)，也叫 2- 範數，具體定義為

$$\|\boldsymbol{x}\|_2 = \sqrt{x_1^2 + x_2^2 + \cdots + x_D^2} = \left(\sum_{j=1}^{D} x_j^2\right)^{\frac{1}{2}} \tag{3.3}$$

式 (3.3) 中 $\|\boldsymbol{x}\|_2$ 的下角標常被省略，也就是說預設 $\|\mathrm{x}\|$ 為 L^2 範數。

特別地，當 p 趨向於 $+\infty$ 時，對應的範數記成 L^∞。L^∞ 範數定義為

$$\|\boldsymbol{x}\|_\infty = \max\left(|x_1|, |x_2|, \ldots, |x_D|\right) \tag{3.4}$$

即 $\|\mathrm{x}\|_\infty$ 為 $|x_j|$ 中的最大值。

大小關係

舉個例子，如圖 3.1 所示，給定向量 $\boldsymbol{x}$ 為

$$\boldsymbol{x} = \begin{bmatrix} 1 & 2 & 3 \end{bmatrix}^{\mathrm{T}} \tag{3.5}$$

向量 $\boldsymbol{x}$ 的 L^1 範數是圖 3.1 中三個座標值的絕對值之和，也就是圖 3.1 所示長方體三條臨邊邊長之和，即

$$\|\boldsymbol{x}\|_1 = |1| + |2| + |3| = 6 \tag{3.6}$$

L^2 範數是圖 3.1 向量 $\boldsymbol{x}$ 的長度，即

$$\|\boldsymbol{x}\|_2 = \left(|1|^2 + |2|^2 + |3|^2\right)^{1/2} = (14)^{1/2} \approx 3.742 \tag{3.7}$$

向量 $\boldsymbol{x}$ 的 L^3 範數可以透過下式求得，即

$$\|\boldsymbol{x}\|_3 = \left(|1|^3 + |2|^3 + |3|^3\right)^{1/3} = 36^{1/3} \approx 3.302 \tag{3.8}$$

同理，計算向量 $\boldsymbol{x}$ 的 L^4 範數為

$$\|\boldsymbol{x}\|_4 = \left(|1|^4 + |2|^4 + |3|^4\right)^{1/4} = 98^{1/4} \approx 3.1463 \tag{3.9}$$

向量 $\boldsymbol{x}$ 的 L^∞ 範數是圖 3.1 中 x_1、x_2、x_3 者絕對值中的最大值，即

$$\|\boldsymbol{x}\|_\infty = \max\left(|1|, |2|, |3|\right) = 3 \tag{3.10}$$

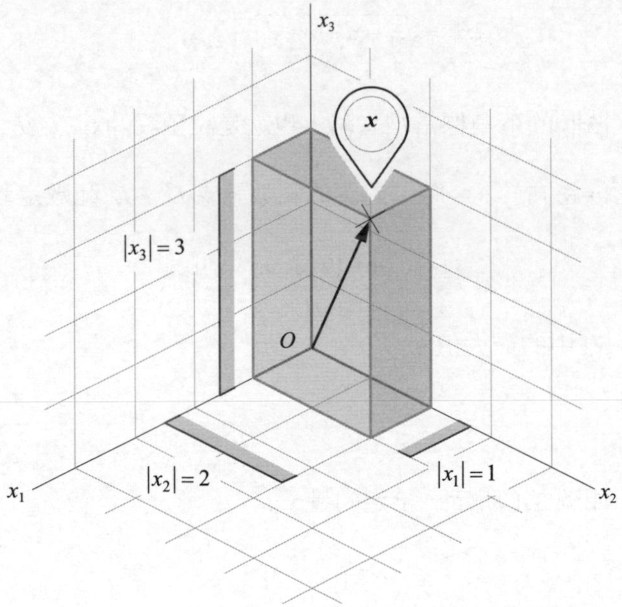

▲ 圖 3.1　向量 $\boldsymbol{x}$ 在三維直角座標系的位置

圖 3.2 所示影像為 L^p 範數隨 p 的變化。對於 $\boldsymbol{x} = [1, 2, 3]^{\mathrm{T}}$，$L^p$ 範數隨 p 的增大而減小，最後收斂於 3。

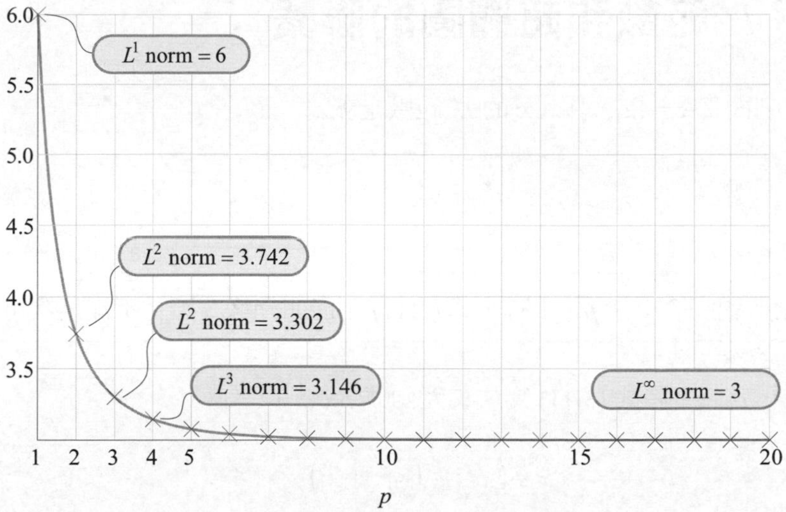

▲ 圖 3.2 L^p 範數隨 p 變化

通俗地講，L^p 範數丈量一個向量的「大小」。p 設定值不同時，丈量的方式略有差別。比如，$p = 1$ 時，我們用向量各個元素絕對值之和代表向量「大小」。$p = 2$ 時，我們用歐氏距離代表向量「大小」。當 p 趨向 $+\infty$ 時，我們僅用向量各個元素絕對值中的最大值代表向量「大小」。

在資料科學、機器學習演算法中，L^p 範數扮演著重要角色，如距離度量、**正規化** (regularization)。下一節開始，我們就從幾何影像入手，深入分析 L^p 範數的性質。

3.2 L^p 範數和超橢圓的聯繫

給定列向量 $\boldsymbol{x} = [x_1, x_2]^{\mathrm{T}}$，$\boldsymbol{x}$ 的 L^p 範數定義為

$$\|\boldsymbol{x}\|_p = \left(|x_1|^p + |x_2|^p\right)^{1/p} \tag{3.11}$$

⚠ 再次請大家注意，$0 < p < 1$ 時，式 (3.11) 不能叫範數，因為不滿足次可加。

當 p 一定時，將式 (3.11) 寫成二元函式 $f(x_1,x_2)$，有

$$f(x_1, x_2) = \left(|x_1|^p + |x_2|^p\right)^{1/p} \tag{3.12}$$

大家可能早已發現上式和《AI 時代 Math 元年 - 用 Python 全精通數學要素》一書講過的超橢圓有著千絲萬縷的聯繫。圖 3.3 所示為 p 取不同值時，$f(x_1, x_2)$ 函式對應曲面的等高線變化。圖 3.3 中在周圍的圖形分布代表函式 $f(x_1, x_2)$ 的較大數值，越靠近中間的分布對應 $f(x_1, x_2)$ 較小數值。

$p = 1$ 時，$f(x_1, x_2)$ 函式的等高線為旋轉 45 度正方形，有

$$f(x_1, x_2) = |x_1| + |x_2| \tag{3.13}$$

$p = 2$ 時，$f(x_1, x_2)$ 函式的等高線為正圓，有

$$f(x_1, x_2) = \sqrt{x_1^2 + x_2^2} \tag{3.14}$$

$p = +\infty$時，$f(x_1, x_2)$ 函式的等高線為正方形，有

$$f(x_1, x_2) = \max\left(|x_1|, |x_2|\right) \tag{3.15}$$

Bk4_Ch3_01.py 繪製圖 3.3 所示等高線。

如圖 3.4 所示，L^p 範數取定值 c，即 $L^p = c$ 時，隨著 p 增大，等高線一層層包裹。

從相反角度，對於同一向量，p 增大，L^p 範數減小。請大家注意以下不等式關係，即

$$\|\boldsymbol{x}\|_\infty \leqslant \|\boldsymbol{x}\|_2 \leqslant \|\boldsymbol{x}\|_1 \tag{3.16}$$

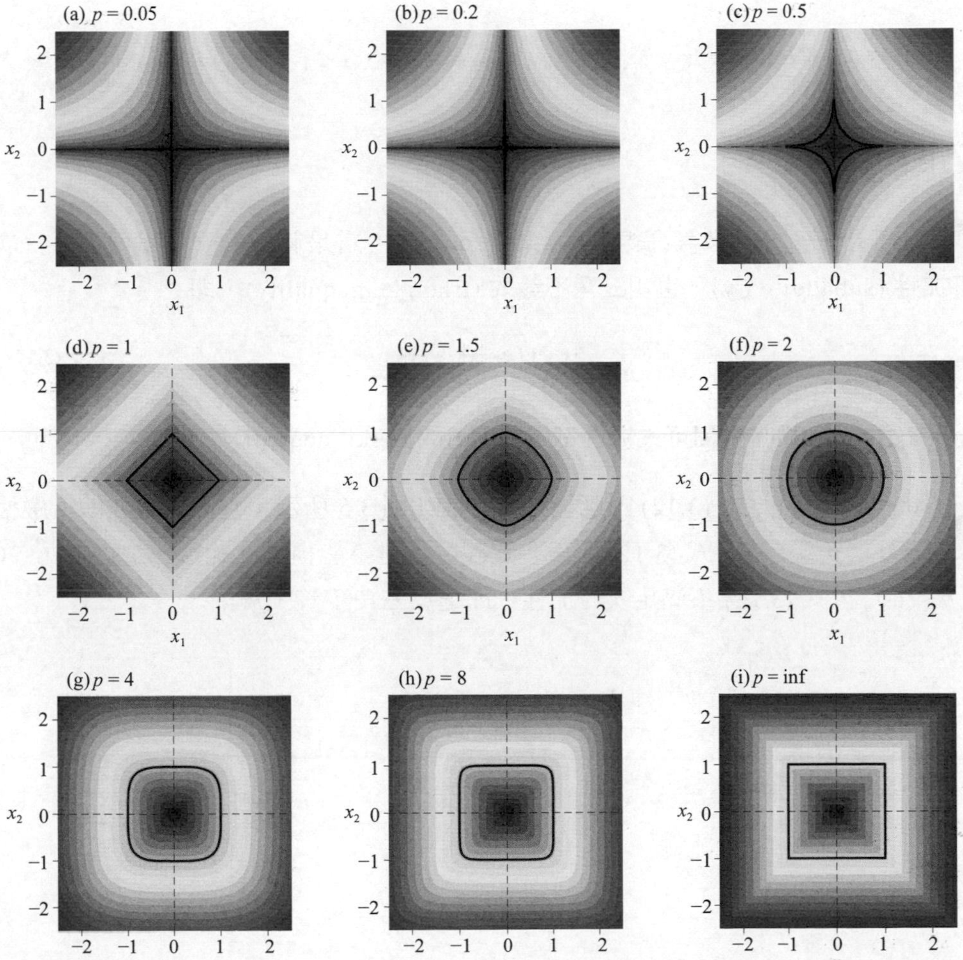

▲ 圖 3.3　p 取不同正數時，二元函式等高線。圖中 $p < 1$ 對應的等高線不是範數

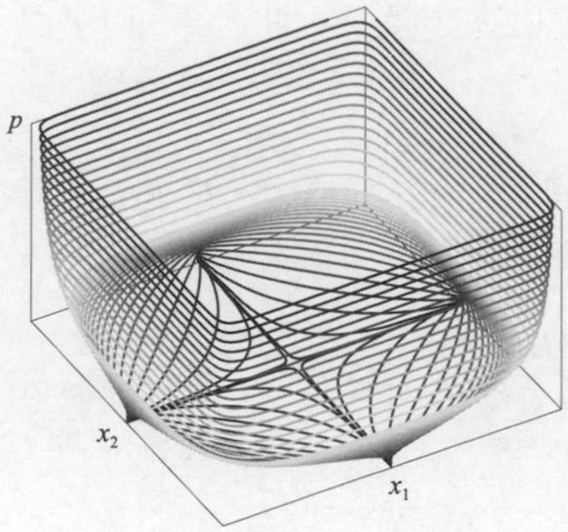

▲ 圖 3.4　隨著 p 增大，等高線一層層包裹 (圖中 $p < 1$ 對應的等高線不是範數)

凸凹性

$p \geq 1$ 時，L^p 範數等高線形狀為**凸** (convex)。這是範數的一個重要性質—**次可加性** (subadditivity)，也叫**三角不等式** (triangle inequality)，即

$$\|x + y\|_p \leq \|x\|_p + \|y\|_p \tag{3.17}$$

式 (3.17) 又叫做**閔可夫斯基不等式** (Minkowski inequality)。

$0 < p < 1$ 時，式 (3.12) 對應等高線形狀如圖 3.5 所示，它非凸也非凹。嚴格來說，$0 < p < 1$ 時，式 (3.12) 雖然有定義，但是不能稱之為範數。這是因為，$0 < p < 1$ 時，式 (3.12) 不滿足次可加性，即違反三角不等式規則。

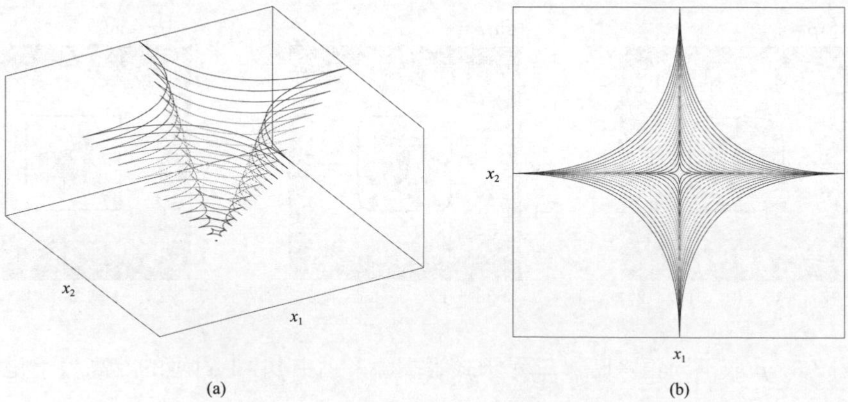

▲ 圖 3.5　$p = 0.5$ ，式 (3.12) 等高線影像

p 為負數

p 取負數時，式 (3.12) 也有定義，但是我們不能稱之為範數。圖 3.6 所示為 p 取不同負數時，式 (3.12) 中函式等高線的形狀變化。

> 在 Bk4_Ch3_01.py 基礎上，我們用 Streamlit 製作了一個應用，用 Plotly 繪製可互動平面等高線、三維曲面，展示 L^p 範數對應函式隨 p 的變化。請大家參考 Streamlit_Bk4_Ch3_01.py。

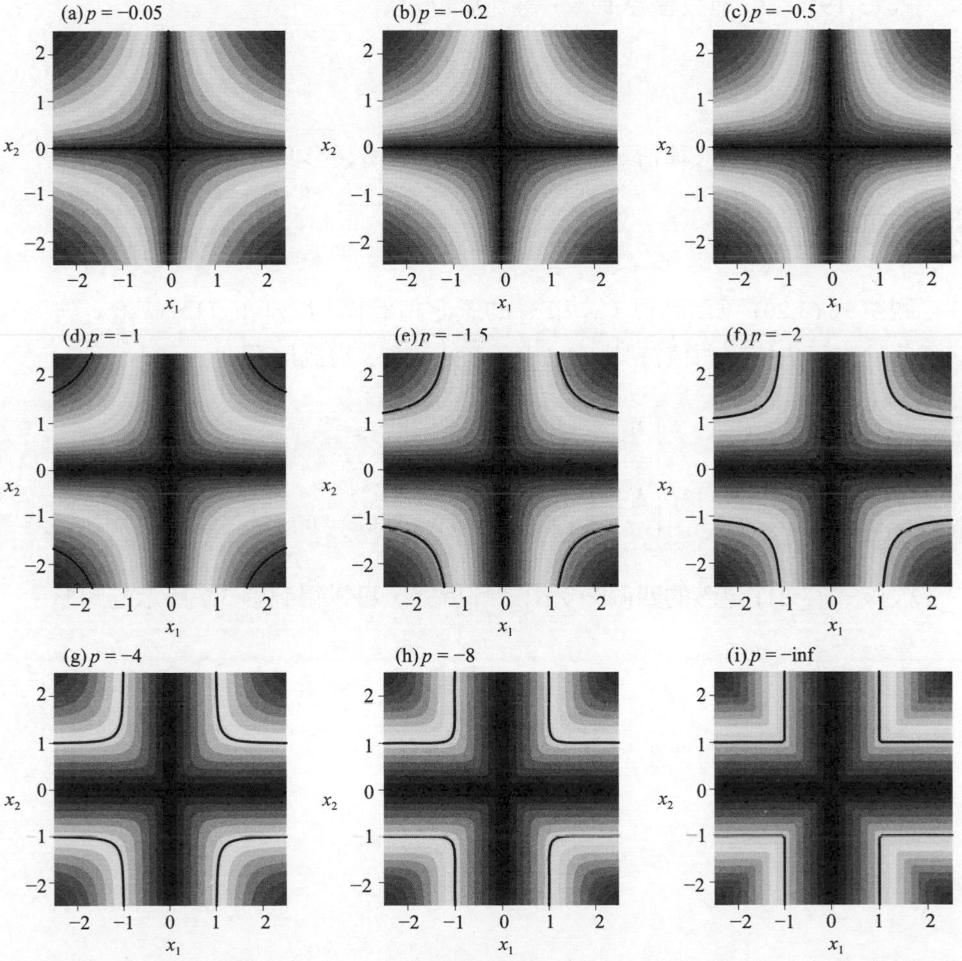

▲ 圖 3.6　p 取不同負數時，函式等高線變化

3.3 L^1 範數：旋轉正方形

本節探討 L^1 範數幾何特徵。向量 $\boldsymbol{x}$ 的 L^1 範數定義為

$$\|\boldsymbol{x}\|_1 = |x_1| + |x_2| + \cdots + |x_D| = \sum_{j=1}^{D} |x_j| \tag{3.18}$$

當 $D = 2$ 時，向量 $\boldsymbol{x}$ 的 L^1 範數為

$$\|\boldsymbol{x}\|_1 = |x_1| + |x_2| \tag{3.19}$$

式 (3.19) 中 L^1 範數等於 1 時，得到解析式

$$|x_1| + |x_2| = 1 \tag{3.20}$$

下面，本節分成幾種情況展開式 (3.20)，並繪製影像。

幾何圖形

觀察式 (3.20) 可以發現，x_1 和 x_2 的設定值範圍均為 [-1, 1]，x_1 和 x_2 符號可正可負。為了去掉絕對值符號，分四種情況考慮，得到展開式

$$\begin{cases} x_1 + x_2 = 1 & 0 \leqslant x_1 \leqslant 1,\ 0 \leqslant x_2 \leqslant 1 \\ -x_1 + x_2 = 1 & -1 \leqslant x_1 \leqslant 0,\ 0 \leqslant x_2 \leqslant 1 \\ x_1 - x_2 = 1 & 0 \leqslant x_1 \leqslant 1,\ -1 \leqslant x_2 \leqslant 0 \\ -x_1 - x_2 = 1 & -1 \leqslant x_1 \leqslant 0,\ -1 \leqslant x_2 \leqslant 0 \end{cases} \tag{3.21}$$

根據式 (3.21) 定義的四個一次函式解析式，可以得到圖 3.7 所示的圖形。

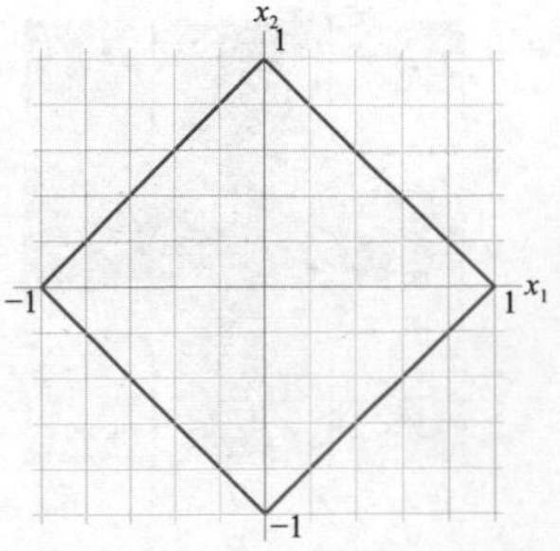

▲ 圖 3.7 $|x_1| + |x_2| = 1$ 解析式影像

圖 3.8 所示為以下函式的等高線影像，即

$$f(x_1, x_2) = |x_1| + |x_2| \tag{3.22}$$

圖 3.8(b) 中每一條等高線上的點距離原點有相同的 L^1 範數。

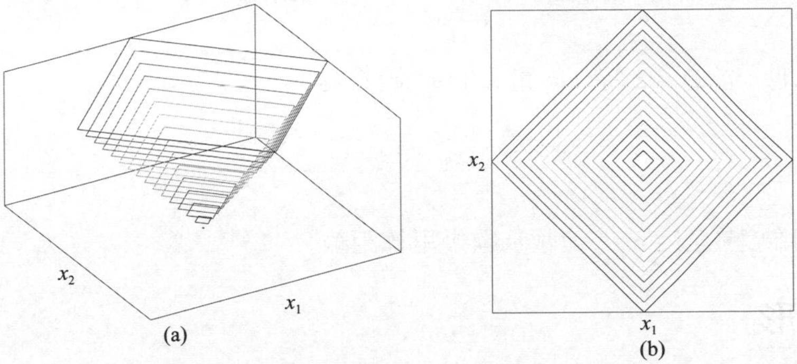

▲ 圖 3.8　$p = 1$ 時，L^p 範數等高線影像

L^1 範數也叫**城市街區距離** (city block distance)，也稱**曼哈頓距離** (Manhattan distance)。

如圖 3.9 所示，一個城市街區布局方方正正，從 A 點到 B 點的行走距離不可能是兩點的直線距離，即歐氏距離。圖 3.9 中列出的行走路徑類似 L^1 範數。

此外，L^1 範數等高線存在「尖點」，這個尖點將在**套索回歸** (LASSO regression) 的 L^1 正規項中造成重要作用。

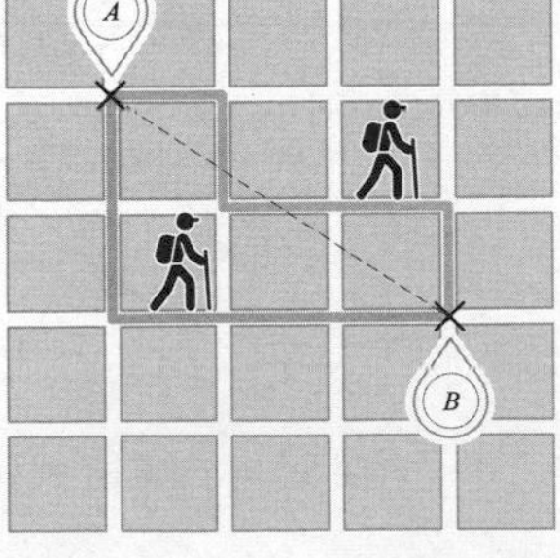

▲ 圖 3.9　城市街區距離

3.4 L^2 範數：正圓

本節探討 L^2 範數形狀。向量 $\boldsymbol{x}$ 的 L^2 範數定義為

$$\|\boldsymbol{x}\|_2 = \left(x_1^2 + x_2^2 + \cdots + x_D^2\right)^{1/2} = \left(\sum_{j=1}^{D} \left|x_j\right|^2\right)^{1/2} \tag{3.23}$$

特別地，當 $D = 2$ 時，向量 $\boldsymbol{x}$ 的 L^2 範數為

$$\|\boldsymbol{x}\|_2 = \sqrt{x_1^2 + x_2^2} \tag{3.24}$$

從距離度量角度，L^2 範數為歐幾里德距離。

幾何圖形

式 (3.24) 中 L^2 範數等於 1 時，對應影像為單位圓，解析式為

$$x_1^2 + x_2^2 = 1 \tag{3.25}$$

圖 3.10 所示為式 (3.25) 對應的影像。

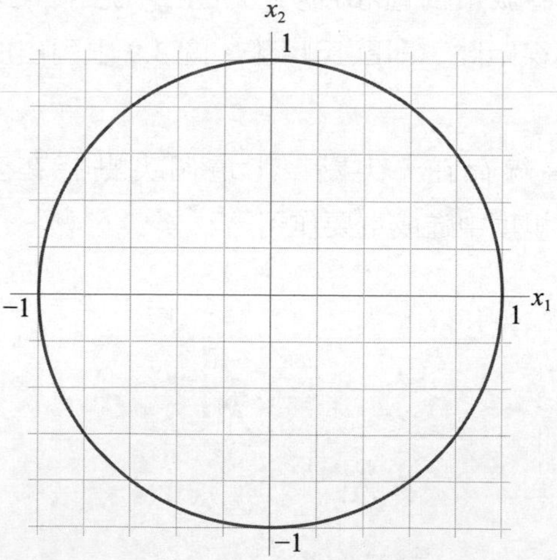

▲ 圖 3.10 $x_1^2 + x_2^2 = 1$ 解析式影像

另外，實踐中也經常使用 L^2 範數的平方，比如

$$\|\boldsymbol{x}\|_2^2 = x_1^2 + x_2^2 \tag{3.26}$$

再次強調範數、向量內積、矩陣乘法關係，對於列向量 $\boldsymbol{x}$，以下運算等值，結果都是純量，即有

$$\|\boldsymbol{x}\|_2^2 = \|\boldsymbol{x}\|^2 = \langle \boldsymbol{x}, \boldsymbol{x} \rangle = \boldsymbol{x} \cdot \boldsymbol{x} = \boldsymbol{x}^{\mathrm{T}} \boldsymbol{x} \tag{3.27}$$

圖 3.11 所示為當 $D = 3$ 時，p 分別取 1 和 2 時，L^p 範數對應的幾何體。

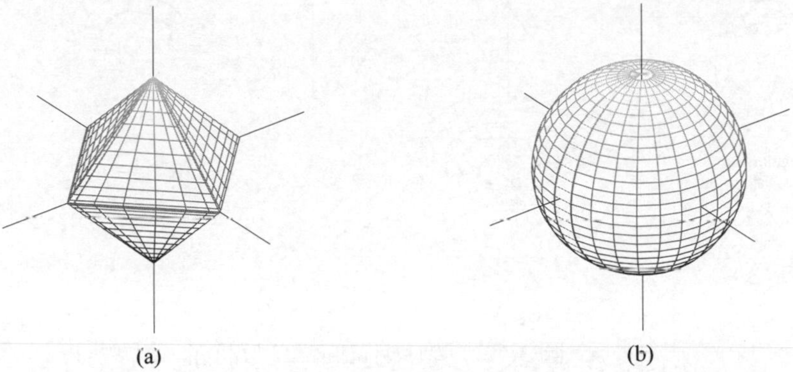

▲ 圖 3.11　$p = 1$、2，$D = 3$ 時，L^p 範數對應的幾何體

(a)$p = 1$；(b)$p = 2$

《AI 時代 Math 元年 - 用 Python 全精通數學要素》中簡單討論過向量範數在嶺回歸和套索回歸的應用。嶺回歸引入的是 L^2 正規項，套索回歸引入的是 L^1 正規項。

我們這裡在介紹另外一種正規化回歸—**彈性網路回歸** (elastic net regression)。彈性網路回歸以不同比例同時引入 L^1 和 L^2 正規項。如圖 3.12 所示，正規化曲面是 L^1 和 L^2 範數曲面按不同比例疊加形成的。圖 3.12 中正規化部分既有 L^1 的「尖點」，也有 L^2 的凸曲面。

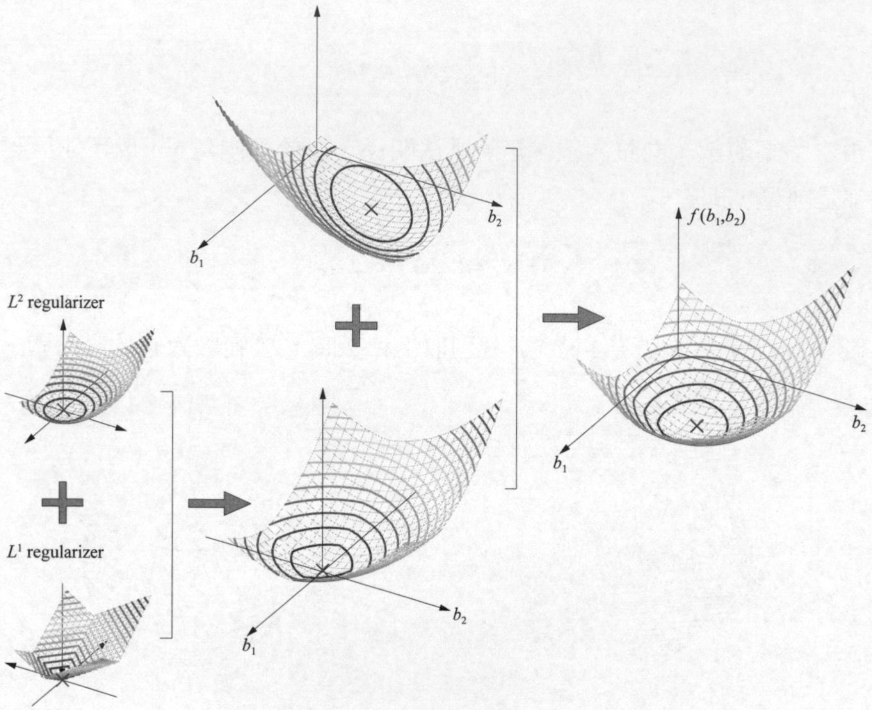

▲ 圖 3.12 彈性網路回歸參數曲面

不等式

相信大家都知道，三角形兩邊之和大於第三邊。應用到向量 L^2 範數，對應不等式為

$$\|\boldsymbol{u}\|_2 + \|\boldsymbol{v}\|_2 \geq \|\boldsymbol{u}+\boldsymbol{v}\|_2 \tag{3.28}$$

舉個例子，給定向量 $\boldsymbol{u}$ 和 $\boldsymbol{v}$ 為

$$\boldsymbol{u} = \begin{bmatrix} 4 & 3 \end{bmatrix}^{\mathrm{T}}, \quad \boldsymbol{v} = \begin{bmatrix} -2 & 4 \end{bmatrix}^{\mathrm{T}} \tag{3.29}$$

向量 $\boldsymbol{u}$ 和 $\boldsymbol{v}$ 兩者之和為

$$\boldsymbol{u}+\boldsymbol{v}=\begin{bmatrix}4 & 3\end{bmatrix}^{\mathrm{T}}+\begin{bmatrix}-2 & 4\end{bmatrix}^{\mathrm{T}}=\begin{bmatrix}2 & 7\end{bmatrix}^{\mathrm{T}} \tag{3.30}$$

圖 3.13 所示為向量 $\boldsymbol{u}$ 和 $\boldsymbol{v}$ 以及 $\boldsymbol{u}+\boldsymbol{v}$ 在平面上的關係。

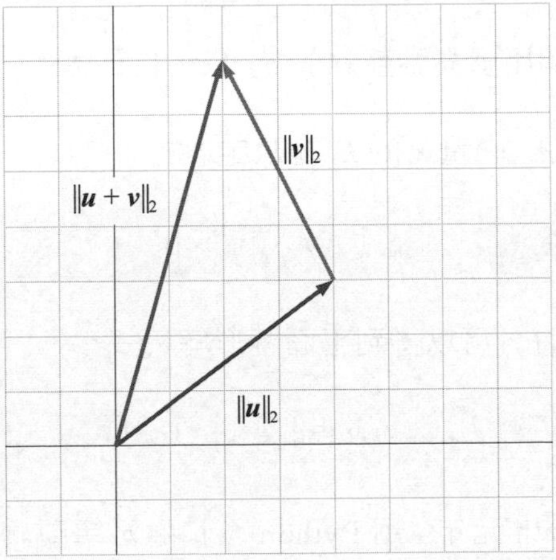

▲ 圖 3.13　向量 $\boldsymbol{u}$ 和 $\boldsymbol{v}$ 以及兩者之和

$\boldsymbol{u}$ 和 $\boldsymbol{v}$ 的 L^2 範數分別為

$$\|\boldsymbol{u}\|_2=\sqrt{4^2+3^2}=5,\quad \|\boldsymbol{v}\|_2=\sqrt{(-2)^2+4^2}=\sqrt{20}\approx 4.4721 \tag{3.31}$$

$\boldsymbol{u}$ 和 $\boldsymbol{v}$ 的 L^2 範數和為

$$\|\boldsymbol{u}\|_2+\|\boldsymbol{v}\|_2\approx 9.4721 \tag{3.32}$$

$\boldsymbol{u}+\boldsymbol{v}$ 的 L^2 範數為

$$\|\boldsymbol{u}+\boldsymbol{v}\|_2=\sqrt{2^2+7^2}=\sqrt{53}\approx 7.2801 \tag{3.33}$$

顯然，式 (3.28) 成立。請大家自行驗證，滿足 $p\geq 1$ 時，當 p 取不同值時，L^p 範數都滿足這種三角不等式關係。

Bk4_Ch3_02.py 繪製圖 3.13 和圖 3.11。

3.5 L^∞範數：正方形

向量 $\boldsymbol{x}$ 的 L^∞範數定義為

$$\|\boldsymbol{x}\|_\infty = \max\left(|x_1|,|x_2|,\cdots,|x_D|\right) \tag{3.34}$$

式 (3.34) 也叫做**謝比雪夫距離** (Chebyshev distance)。

當特徵數 $D = 2$ 時，向量 $\boldsymbol{x}$ 的 L^∞範數定義為

$$\|\boldsymbol{x}\|_\infty = \max\left(|x_1|,|x_2|\right) \tag{3.35}$$

當 L^∞範數等於 1 時，可以得到平面圖形解析式

$$\max\left\{|x_1|,\ \ |x_2|\right\} = 1 \tag{3.36}$$

借助《AI 時代 Math 元年 - 用 Python 全精通數學要素》第 8、9 章講解的圓錐曲線知識，我們一起推導解析式對應的影像。

幾何圖形

觀察式 (3.36) 可以發現，x_1 和 x_2 的設定值範圍均為 [-1, 1]，x_1 和 x_2 符號可正、可負。分情況討論，得到解析式

$$\begin{cases} |x_1| = 1 & |x_1| \geqslant |x_2| \\ |x_2| = 1 & |x_2| > |x_1| \end{cases} \tag{3.37}$$

為了進一步展開式 (3.37)，需要分析 $|x_1|$ 和 $|x_2|$ 大小關係。如果 $|x_1| > |x_2|$，則不等式兩邊平方，並整理可以得到

$$x_1^2 - x_2^2 > 0 \tag{3.38}$$

當把大於號換成等號時，得到

$$x_1^2 - x_2^2 = 0 \tag{3.39}$$

可以很容易發現，式 (3.39) 為退化雙曲線，圖形為圖 3.14 所示深色線。式 (3.38) 所示的不等式區域對應的是圖 3.14 所示陰影區域。

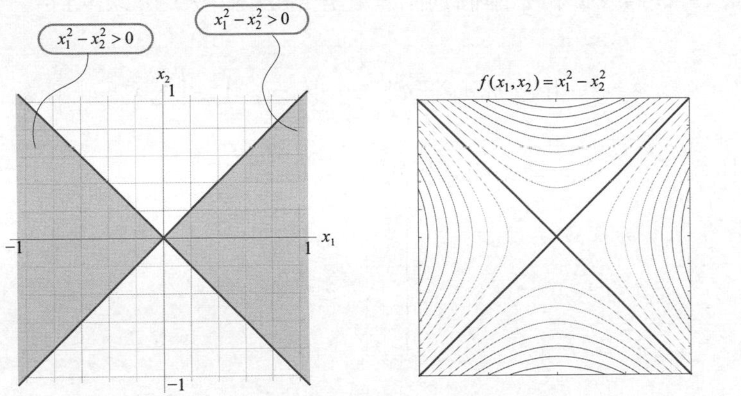

▲ 圖 3.14　退化雙曲線及不等式區域

根據以上區域劃分，改寫式 (3.37) 得到

$$\begin{cases} x_1 = \pm 1 & x_1^2 - x_2^2 > 0 \\ x_2 = \pm 1 & x_1^2 - x_2^2 < 0 \end{cases} \tag{3.40}$$

由於 x_1 和 x_2 的設定值範圍均為 [-1, 1]，所以在圖 3.14 所示的陰影區域中，影像為兩條垂直線段 ($x_1 = \pm 1$)；同理，在 $x_1^2 - x_2^2 < 0$ 對應區域中，影像為兩條水平線段 ($x_2 = \pm 1$)。

綜合以上分析，可以得到式 (3.36) 對應的影像，具體如圖 3.15 所示。

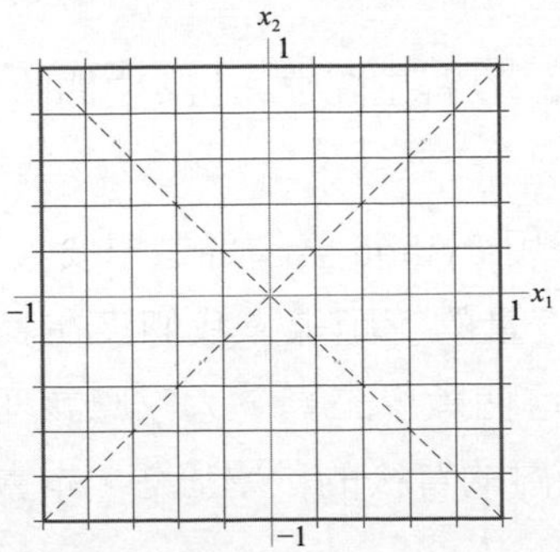

▲ 圖 3.15　$\max\{|x_1|, |x_2|\} = 1$ 解析式影像

3.6 再談距離度量

把式 (3.2) 寫成 $\boldsymbol{x}$ 和 $\boldsymbol{q}$ 兩個列向量之差的 L^p 範數，可以得到

$$\|\boldsymbol{x}-\boldsymbol{q}\|_p = \left(|x_1-q_1|^p + |x_2-q_2|^p + \cdots + |x_D-q_D|^p\right)^{1/p} = \left(\sum_{j=1}^{D}|x_j-q_j|^p\right)^{1/p} \tag{3.41}$$

其中：$p \geq 1$。列向量 $\boldsymbol{x}$ 和 $\boldsymbol{q}$ 分別為

$$\boldsymbol{x} = \begin{bmatrix} x_1 \\ x_2 \\ \vdots \\ x_D \end{bmatrix}, \quad \boldsymbol{q} = \begin{bmatrix} q_1 \\ q_2 \\ \vdots \\ q_D \end{bmatrix} \tag{3.42}$$

其中：$\boldsymbol{q}$ 常被稱做**查詢點** (query point)。

如圖 3.16 所示，式 (3.41) 相當於 D 維空間中，$\boldsymbol{x}$ 和 $\boldsymbol{q}$ 兩點的「距離」。距離 $\|\boldsymbol{x} - \boldsymbol{q}\|_p$ 的設定值為 $[0, +\infty)$。L^p 範數的 p 取不同值時，我們得到不同的距離度量。

通俗地說，L^p 範數這個數學工具把向量變成了非負純量，這個純量代表「距離」遠近。

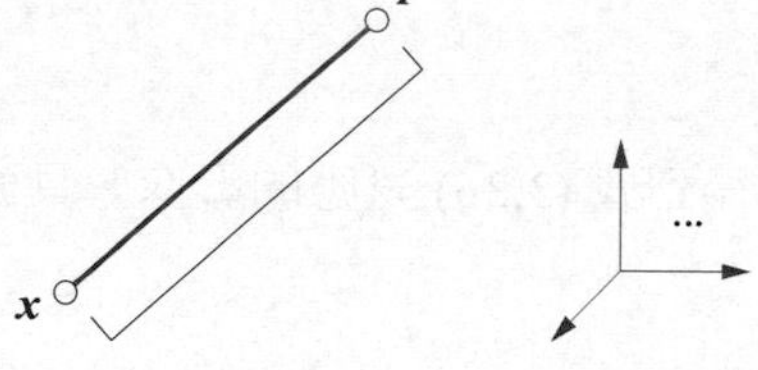

▲ 圖 3.16 D 維空間中 $\boldsymbol{x}$ 和 $\boldsymbol{q}$ 之間的「距離」

《AI 時代 Math 元年 - 用 Python 全精通數學要素》一書第 7 章列出表 3.1，表格總結了常見距離能夠度量的等距線。我們又在表中加入了不同距離度量的計算式。有了本章 L^p 範數這個數學工具，大家應該理解歐氏距離、城市街區距離、謝比雪夫距離、閔氏距離的背後的數學思想。本書第 20 章將簡介馬氏距離，

本書系《AI 時代 Math 元年 - 用 Python 全精通統計及機率》一書中有一章專門講解馬氏距離及其應用。標準化歐式距離可以看成是特殊的馬氏距離。

➔ 表 3.1　常見距離定義及等距線形狀
(改編自《AI 時代 Math 元年 - 用 Python 全精通數學要素》)

距離度量	定義	平面直角座標系中等距線
歐氏距離 (Euclidean distance)	$\sqrt{(\boldsymbol{x}-\boldsymbol{q})^{\mathrm{T}}(\boldsymbol{x}-\boldsymbol{q})}$	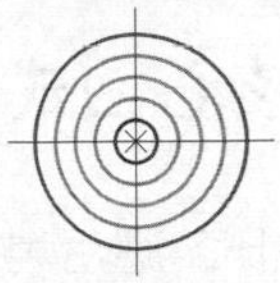
標準化歐氏距離 (standardized Euclidean distance)	$\sqrt{(\boldsymbol{x}-\boldsymbol{q})^{\mathrm{T}}\boldsymbol{D}^{-1}(\boldsymbol{x}-\boldsymbol{q})}$ $\boldsymbol{D}$ 為對角方陣，對角線上元素為每個特徵的方差，即 $\boldsymbol{D} = \mathrm{diag}(\mathrm{diag}(\Sigma))$	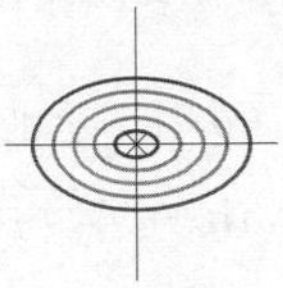
馬氏距離 (Mahalanobis distance)	$\sqrt{(\boldsymbol{x}-\boldsymbol{q})^{\mathrm{T}}\boldsymbol{\Sigma}^{-1}(\boldsymbol{x}-\boldsymbol{q})}$ (Σ 為協方差矩陣)	
城市街區距離 (city block distance)	$\lVert\boldsymbol{x} - \boldsymbol{q}\rVert_1$	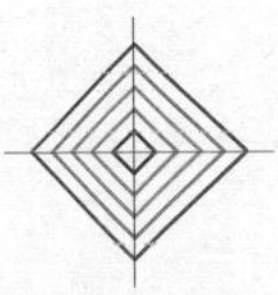
謝比雪夫距離 (Chebyshev distance)	$\lVert\boldsymbol{x} - \boldsymbol{q}\rVert_\infty$	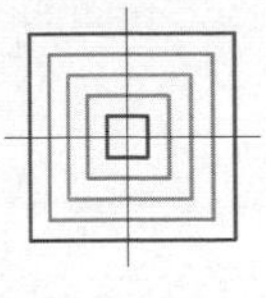
閔氏距離 (Minkowski distance)	$\lVert\boldsymbol{x} - \boldsymbol{q}\rVert_p$	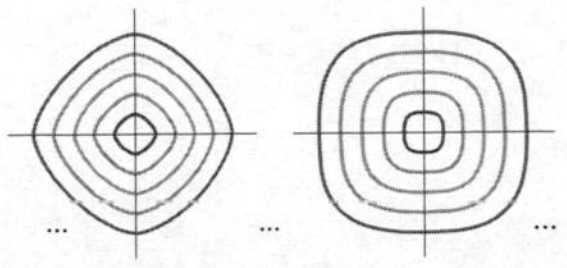

我們用 Streamlit 和 Plotly 製作了一個 App，計算並視覺化平面上不同點距離鳶尾花資料質心的距離。App 包含表 3.1 中的各種距離度量。請參考 Streamlit_Bk4_Ch3_03.py。大家需要特別注意馬氏距離的等高線，本書第 20 章將介紹馬氏距離的原理。

高斯核心函式：從距離到親近度

在很多應用場合，我們需要把「距離」轉化為「親近度」，就好比上一章餘弦距離和餘弦相似度之間的關係。

為了把距離 $\|\boldsymbol{x}\text{-}\boldsymbol{q}\|_p$ 轉化成親近度，我們需要借助複合函式這個工具。《AI 時代 Math 元年 - 用 Python 全精通數學要素》一書介紹過**高斯函式** (Gaussian function)。二元高斯函式的基本形式為

$$f\left(x_1, x_2\right) = \exp\left(-\gamma\left(x_1^2 + x_2^2\right)\right) \tag{3.43}$$

圖 3.17 所示為 γ 對二元高斯核心函式形狀的影響。γ 越大，坡面越陡峭。

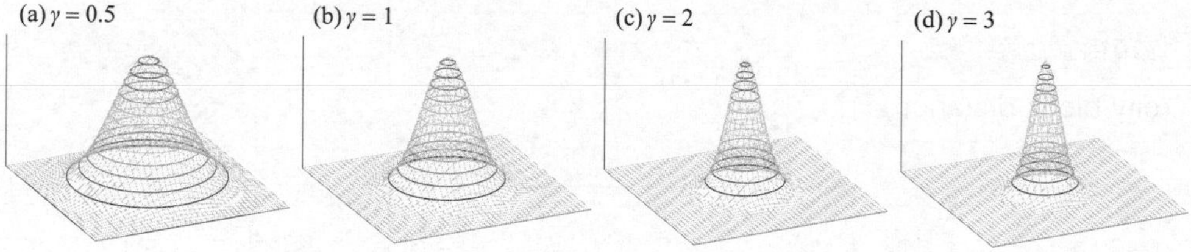

▲ 圖 3.17 高斯核心曲面隨 γ 變化

有了 L^2 範數，我們就可以定義機器學習中一個重要的函式——高斯核心函式，即

$$\kappa_{\text{RBF}}\left(\boldsymbol{x}, \boldsymbol{q}\right) = \exp\left(-\gamma\|\boldsymbol{x}-\boldsymbol{q}\|_2^2\right) = \exp\left(-\gamma\|\boldsymbol{x}-\boldsymbol{q}\|^2\right) \tag{3.44}$$

其中：$\gamma > 0$。

式 (3.44) 也可以寫成

$$\kappa_{\text{RBF}}(\boldsymbol{x},\boldsymbol{q}) = \exp\left(-\frac{\|\boldsymbol{x}-\boldsymbol{q}\|^2}{2\sigma^2}\right) \tag{3.45}$$

高斯核心函式也叫**徑向基核心函式** (radial basis function kernel 或 RBF kernel)。不難發現，式 (3.45) 函數的設定值範圍為 (0, 1]。當 $\boldsymbol{x} = \boldsymbol{q}$ 時函式值為 1；函式值無限接近 0，卻不能取到 0。

式 (3.44) 中 $\|\boldsymbol{x} - \boldsymbol{q}\|_2^2$ 是 L^2 範數平方，即 $\boldsymbol{x}$ 和 $\boldsymbol{q}$，當 $\boldsymbol{x}$ 和 $\boldsymbol{q}$ 距離無窮遠時，兩點歐幾里德距離的平方。

徑向基函式把代表距離的 $\|\boldsymbol{x} - \boldsymbol{q}\|_2^2$ 變成親近度。也就是說，距離平方值 $\|\boldsymbol{x} - \boldsymbol{q}\|_2^2$ 越大，徑向基函式越小，代表 $\boldsymbol{x}$ 和 $\boldsymbol{q}$ 越疏遠。相反地，距離平方值 $\|\boldsymbol{x} - \boldsymbol{q}\|_2^2$ 越小，徑向基函式越大，代表 $\boldsymbol{x}$ 和 $\boldsymbol{q}$ 越靠近。

從 $(\boldsymbol{x} - \boldsymbol{q})$ 到 $\|\boldsymbol{x} - \boldsymbol{q}\|_2$，再到 $\exp(-\gamma\|\boldsymbol{x} - \boldsymbol{q}\|_2^2)$ 是「向量→距離 (純量) →親近度 (純量)」的轉化過程。大家將在多元高斯分佈機率密度函式中看到類似的轉化。

本章從幾何角度同大家說明瞭 L^p 範數，向量範數從不同角度度量了向量的「大小」。以圖 3.18 所示的四幅影像總結本章的主要內容。L^p 範數在本書系的應用主要有兩大方面：①距離度量；②正規化。請大家格外注意，只有當 $p \geq 1$ 時，才叫範數。

此外，請大家注意本章內容與《AI 時代 Math 元年 - 用 Python 全精通數學要素》一書第 7 章的「等距線」和第 9 章的「超橢圓」這兩個數學概念的聯繫。

矩陣也有範數，這是本書第 18 章要討論的話題之一。

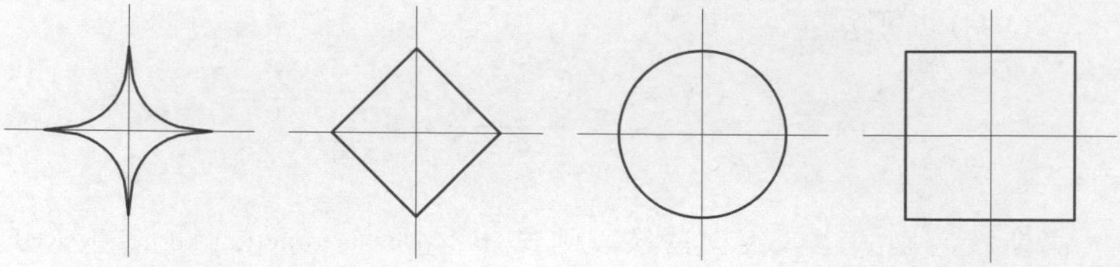

▲ 圖 3.18　總結本章重要內容的四幅圖 (第一幅子圖並非範數)

Section 02
矩陣

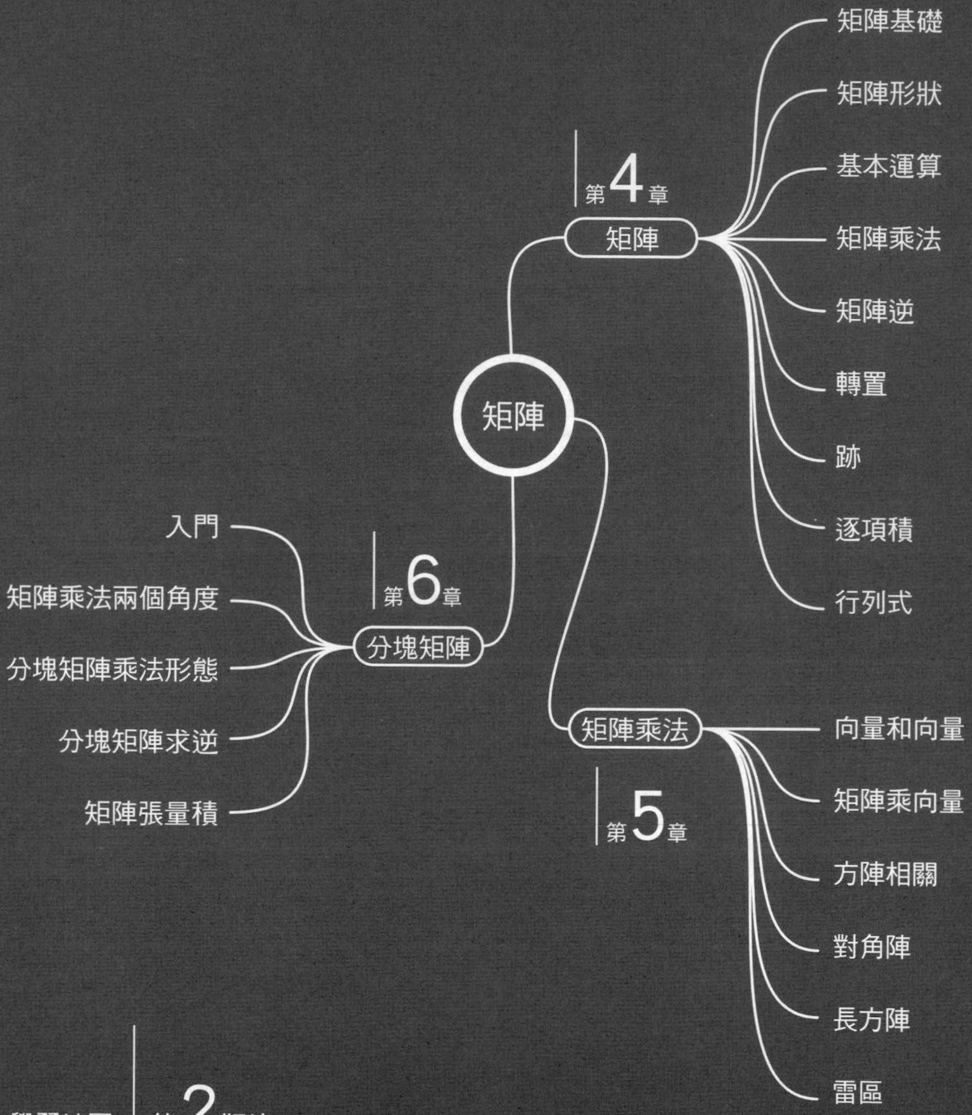
矩陣
第4章
矩陣
矩陣基礎
矩陣形狀
基本運算
矩陣乘法
矩陣逆
轉置
跡
逐項積
行列式
第5章
矩陣乘法
向量和向量
矩陣乘向量
方陣相關
對角陣
長方陣
雷區
第6章
分塊矩陣
入門
矩陣乘法兩個角度
分塊矩陣乘法形態
分塊矩陣求逆
矩陣張量積

學習地圖 | 第2版塊

Matrix

4 矩陣

所有矩陣運算都是重要數學工具，都有應用場景

數字統治萬物。

Number rules the universe.

——畢達哥拉斯（*Pythagoras*）| 古希臘哲學家、數學家 | *570 B.C.— 495 B.C*

- numpy.add() 矩陣加法運算，等於 +
- numpy.array() 建構多維矩陣 / 陣列
- numpy.linalg.det() 計算行列式值
- numpy.linalg.inv() 計算矩陣逆
- numpy.linalg.matrix_power() 計算矩陣冪
- numpy.matrix() 建構二維矩陣，有別於 numpy.array()
- numpy.multiply() 矩陣逐項積
- numpy.ones() 生成全 1 矩陣，輸入為矩陣形狀
- numpy.ones_like() 用來生成和輸入矩陣形狀相同的全 1 矩陣
- numpy.subtract() 矩陣減法運算，等於 -
- numpy.trace() 計算矩陣跡
- numpy.zeros() 生成零矩陣，輸入為矩陣形狀
- numpy.zeros_like() 用來生成和輸入矩陣形狀相同的零矩陣
- tranpose() 矩陣轉置，比如 A.transpose()，等於 A.T

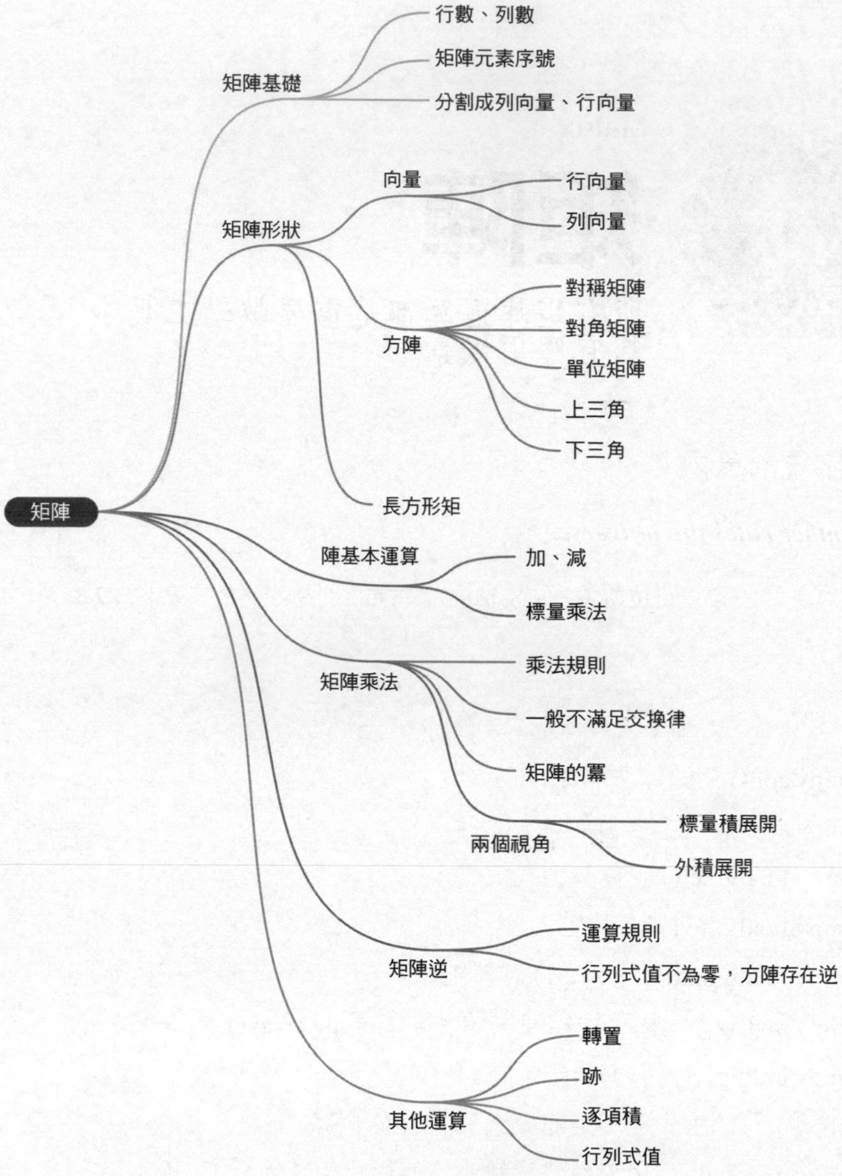
矩陣
矩陣基礎
行數、列數
矩陣元素序號
分割成列向量、行向量
矩陣形狀
向量
行向量
列向量
方陣
對稱矩陣
對角矩陣
單位矩陣
上三角
下三角
長方形矩
陣基本運算
加、減
標量乘法
矩陣乘法
乘法規則
一般不滿足交換律
矩陣的冪
兩個視角
標量積展開
外積展開
矩陣逆
運算規則
行列式值不為零，方陣存在逆
其他運算
轉置
跡
逐項積
行列式值

4.1 矩陣：一個不平凡的表格

別怕，矩陣無非就是一個表格！

一般來說，矩陣是由純量組成的矩形**陣列** (array)。但是，矩陣內的元素不侷限於純量，也可以是虛數、符號，乃至代數式、偏導數等。

在有些語境下，更高維度的陣列叫**張量** (tensor)，因此向量和矩陣可以分別視為是一維和二維的張量。嚴格來講，張量是不同參考系間特定的變換法則。從這個角度來看，矩陣完成特定的**線性映射** (linear mapping)，矩陣的不平凡之處就在於此。

本書矩陣通常由粗體、斜體、大寫字母表示，如 $\boldsymbol{X}$、$\boldsymbol{V}$、$\boldsymbol{A}$、$\boldsymbol{B}$ 等。特別地，我們用 $\boldsymbol{X}$ 表達樣本資料矩陣。

⚠ 注意：如果是隨機變數 X_j 組成的列向量，本書系會用希臘字母 χ 表示，如 D 維隨機變數 $\chi=[X_1,X_2,\cdots,X_D]^{\mathrm{T}}$。

如圖 4.1 所示，一個 $n\times D$(n by capital D) 矩陣 $\boldsymbol{X}$，具體為

$$\boldsymbol{X}_{n\times D}=\begin{bmatrix} x_{1,1} & x_{1,2} & \cdots & x_{1,D} \\ x_{2,1} & x_{2,2} & \cdots & x_{2,D} \\ \vdots & \vdots & \ddots & \vdots \\ x_{n,1} & x_{n,2} & \cdots & x_{n,D} \end{bmatrix} \tag{4.1}$$

其中：n 為**矩陣行數** (number of rows in the matrix)；D 為**矩陣列數** (number of columns in the matrix)。

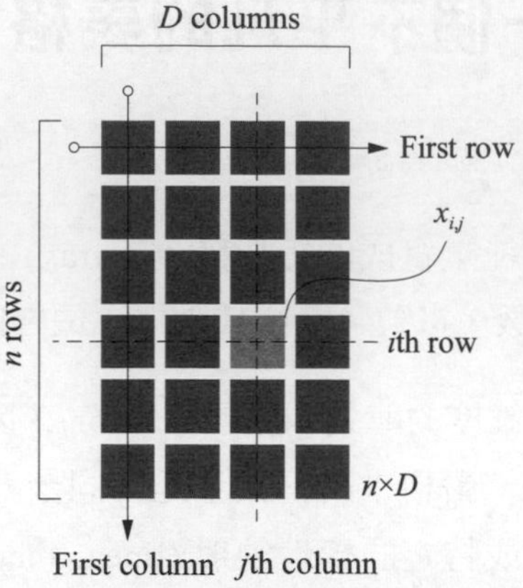

▲ 圖 4.1　$n \times D$ 矩陣 $\boldsymbol{X}$

從資料角度，n 是樣本個數，D 是樣本資料特徵數。比如，

鳶尾花資料集，不考慮標籤 (即鳶尾花三大類 setosa、versicolor、virginica)，資料集本身 $n = 150$，$D = 4$。

《AI 時代 Math 元年 - 用 Python 全精通數學要素》第 1 章專門介紹過為什麼會選擇 n 和 D 這兩個字母，這裡不再重複。

矩陣建構

矩陣 $\boldsymbol{X}$ 中，**元素** (element)$x_{i,j}$ 被稱做 (i,j) 元素 (i j entry 或 i j element)。$x_{i,j}$ 出現在 i 行、j 列 (appears in row i and column j)。

注意：i 和 j 的先後次序，先說行，再說列。

重要的事情說幾遍都不嫌多！如圖 4.2 所示，矩陣 $\boldsymbol{X}$ 可以看作是由一組行向量或列向量按照一定規則建構而成的。比如，矩陣 $\boldsymbol{X}$ 可以寫成一組上下疊放的行向量，即

$$X_{n\times D} = \begin{bmatrix} x^{(1)} \\ x^{(2)} \\ \vdots \\ x^{(n)} \end{bmatrix} = \begin{bmatrix} x_{1,1} & x_{1,2} & \cdots & x_{1,D} \\ x_{2,1} & x_{2,2} & \cdots & x_{2,D} \\ \vdots & \vdots & \ddots & \vdots \\ x_{n,1} & x_{n,2} & \cdots & x_{n,D} \end{bmatrix} \tag{4.2}$$

其中：行向量 $\boldsymbol{x}^{(i)}$ 為矩陣 $\boldsymbol{X}$ 第 i 行，具體為

$$x^{(i)} = \begin{bmatrix} x_{i,1} & x_{i,2} & \cdots & x_{i,D} \end{bmatrix} \tag{4.3}$$

以鳶尾花資料集為例，它的每一行代表一朵花。

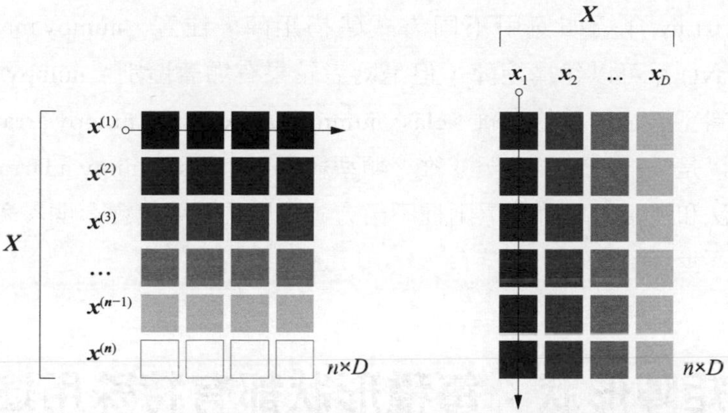

▲ 圖 4.2　矩陣可以看作是由行向量或列向量建構

矩陣 $\boldsymbol{X}$ 也可以寫成一組左右放置的列向量，即

$$X_{n\times D} = \begin{bmatrix} x_1 & x_2 & \cdots & x_D \end{bmatrix} = \begin{bmatrix} x_{1,1} & x_{1,2} & \cdots & x_{1,D} \\ x_{2,1} & x_{2,2} & \cdots & x_{2,D} \\ \vdots & \vdots & \ddots & \vdots \\ x_{n,1} & x_{n,2} & \cdots & x_{n,D} \end{bmatrix} \tag{4.4}$$

其中：列向量 $\boldsymbol{X}_j$ 為矩陣 $\boldsymbol{X}$ 第 j 列，具體為

$$x_j = \begin{bmatrix} x_{1,j} \\ x_{2,j} \\ \vdots \\ x_{n,j} \end{bmatrix} \tag{4.5}$$

還是以鳶尾花資料集為例，它的每一列代表一個特徵，如花萼長度。再次強調，一般情況，本書單獨列出一個向量時預設其為列向量，除非具體說明。而在資料矩陣中，每一行行向量代表一個資料點。

實際上，圖 4.2 所示的想法是用縱線或橫線將矩陣劃分成分塊矩陣 (block matrix)。

分塊矩陣有助簡化矩陣運算，本書第 6 章將深入介紹分塊矩陣的相關內容。

Bk4_Ch4_01.py 介紹如何用不同方式建構矩陣。注意，numpy.matrix() 和 numpy.array() 都可以建構矩陣，但是兩者結果有顯著區別。numpy.matrix() 產生的資料型態是嚴格的二維 <class'numpy.matrix'>；而 numpy.array() 產生的資料可以是一維、二維乃至 *n* 維，類型統稱為 <class'numpy.ndarray'>。此外，在乘法和乘冪運算時，這兩種不同方式建構的矩陣也會有明顯差別，本章後續將逐步介紹。

4.2 矩陣形狀：每種形狀都有特殊用途

矩陣形狀對於矩陣的運算至關重要。本書之前介紹的**行向量** (row vector) 和**列向量** (column vector) 也是特殊形狀的矩陣。稍作回顧，行向量可以視為一行多列的矩陣，列向量可以視為一列多行的矩陣。

圖 4.3 所示總結了幾種常見矩陣的形狀，本節逐一進行講解。

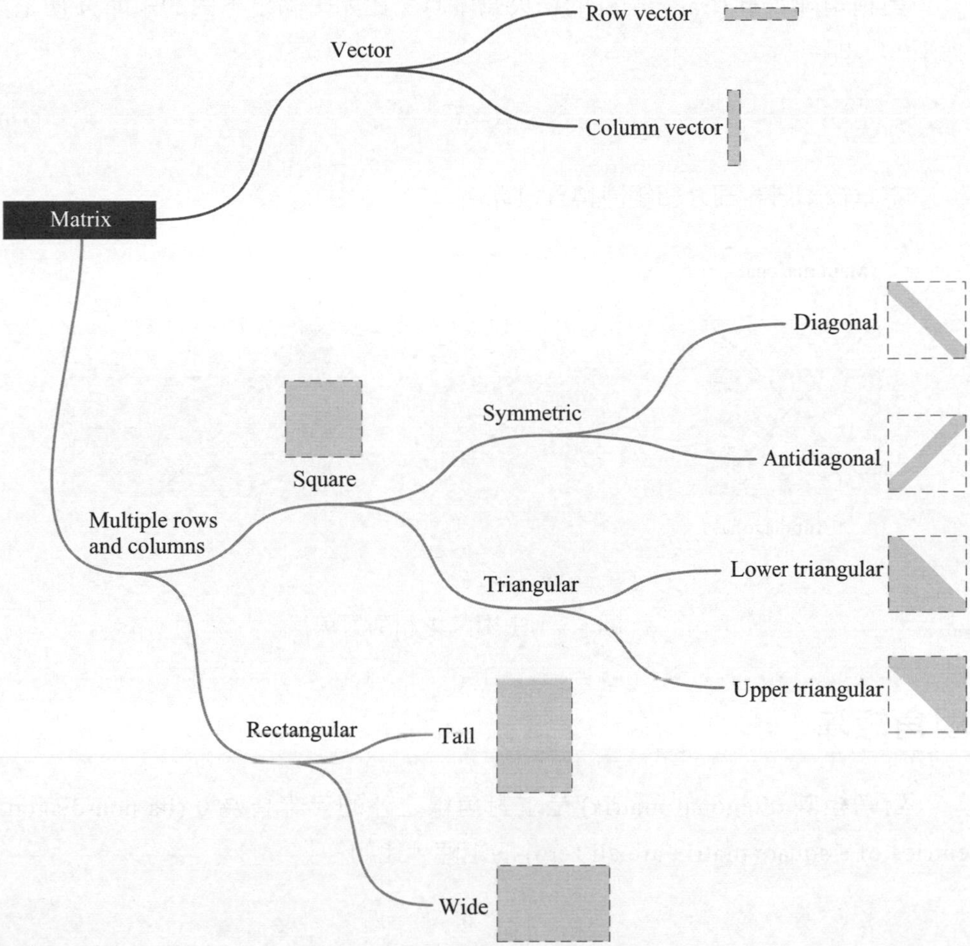

▲ 圖 4.3　幾種常見矩陣形狀

方陣

方陣 (square matrix) 指的是行、列數相等的矩陣。$n \times n$ 矩陣叫做 ***n* 階方陣** (n-square matrix)。

對稱矩陣 (symmetric matrix) 是一種特殊方陣。對稱矩陣的右上方和左下方元素以**主對角線** (main diagonal) 鏡像對稱。主對角線和**副對角線** (antidiagonal, secondary diagonal, minor diagonal) 的位置如圖 4.4 所示。

對稱矩陣**轉置** (transpose) 的結果為本身。比如，滿足下式的矩陣 ***A*** 便是對稱矩陣，即

$$\boldsymbol{A} = \boldsymbol{A}^{\mathrm{T}} \tag{4.6}$$

本章後續將詳細介紹矩陣轉置運算。

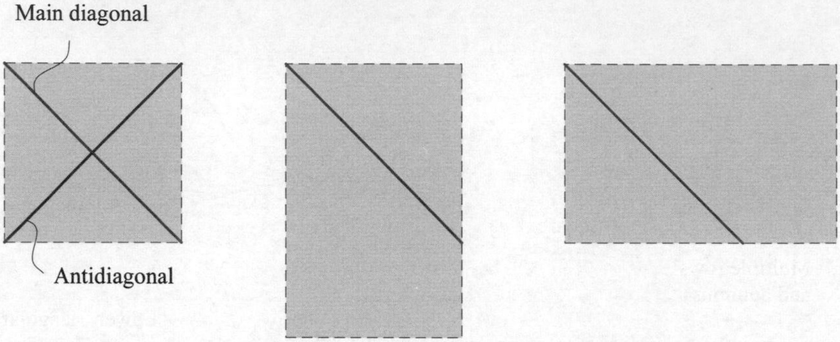

▲ 圖 4.4 主對角線和副對角線

對角矩陣

對角矩陣 (diagonal matrix) 是主對角線之外的元素皆為 0 (its non-diagonal entries of a square matrix are all zero) 的矩陣，比如

$$\boldsymbol{\Lambda}_{n\times n} = \begin{bmatrix} \lambda_1 & 0 & \cdots & 0 \\ 0 & \lambda_2 & \cdots & 0 \\ \vdots & \vdots & \ddots & \vdots \\ 0 & 0 & \cdots & \lambda_n \end{bmatrix} \tag{4.7}$$

圖 4.5 所示比較了對稱矩陣和對角矩陣。

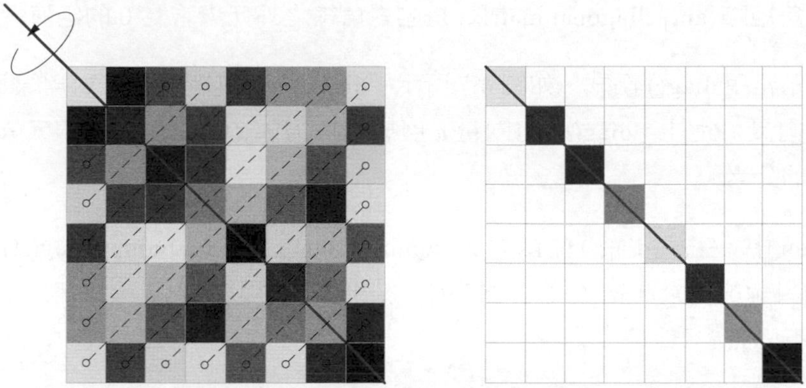

▲ 圖 4.5　對稱矩陣和對角矩陣之間關係

但是，對角矩陣也可以是長方形矩陣，如圖 4.6 所示。圖 4.6 右側兩種對角矩陣可以叫作**長方形對角矩陣** (rectangular diagonal matrix)。我們將在**奇異值分解** (Singular Value Decomposition, SVD) 中看到它們的應用。

> ⚠ 注意：不加說明時，本書中的對角矩陣都是方陣。但是為了方便區分，本書一般稱形狀為方陣的對角矩陣為「對角方陣」。

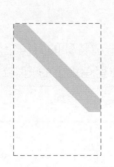

▲ 圖 4.6　三種對角矩陣

副對角矩陣 (anti-diagonal matrix) 是副對角線之外元素皆為 0 的矩陣。

本書還常用 diag() 函式。如圖 4.7 所示，diag(***A***) 提取矩陣 ***A*** 主對角線元素，結果為列向量。此外，diag(***a***) 將向量 ***a*** 展成對角方陣 ***D***，***D*** 主對角線元素依次為向量 ***a*** 的元素。

Python 中，完成 diag() 的函式為 numpy.diag()。注意，numpy.diag(*A*) 提取矩陣 ***A*** 的對角線元素，結果為一維陣列。結果雖然形似行向量，但是嚴格來說它並不是行向量。

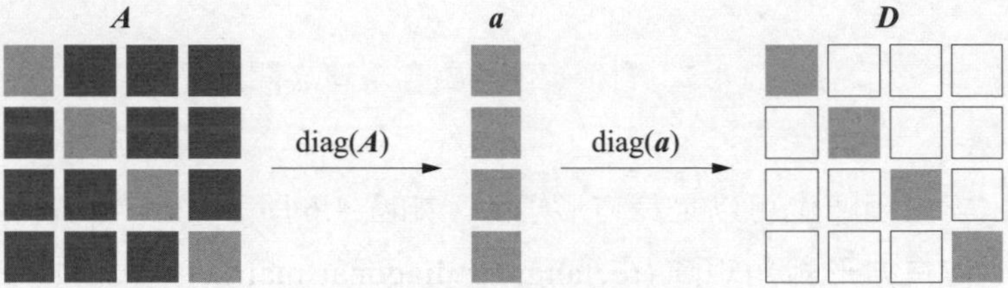

▲ 圖 4.7 diag() 函式

Bk4_Ch4_02.py 展示如何使用 numpy.diag()。

單位矩陣

單位矩陣 (identity matrix) 是一種特殊的對角矩陣。***n* 階單位矩陣** (*n*-square identity matrix) 的特點是 $n \times n$ 方陣對角線上的元素為 1，其他為 0。本書中，單位矩陣用 ***I*** 來表達，即

$$\boldsymbol{I}_{n\times n} = \begin{bmatrix} 1 & 0 & \cdots & 0 \\ 0 & 1 & \cdots & 0 \\ \vdots & \vdots & \ddots & \vdots \\ 0 & 0 & \cdots & 1 \end{bmatrix} \tag{4.8}$$

也有很多文獻中用 ***E*** 代表單位矩陣。本書的 ***E*** 專門用來代表**標準正交基底** (standard orthonormal basis)。本書第 7 章內容會講解標準正交基底和其他類型基底。

三角矩陣

三角矩陣 (triangular matrix) 也是特殊的方陣。如果方陣對角線以下元素均為零，則這個矩陣叫做**上三角矩陣** (upper triangular matrix)，即

$$\boldsymbol{U}_{n\times n} = \begin{bmatrix} u_{1,1} & u_{1,2} & \dots & u_{1,n} \\ 0 & u_{2,2} & \dots & u_{2,n} \\ \vdots & \vdots & \ddots & \vdots \\ 0 & 0 & \dots & u_{n,n} \end{bmatrix} \tag{4.9}$$

如果方陣對角線以上元素均為零，則這個矩陣叫做**下三角矩陣** (lower triangular matrix)：

$$\boldsymbol{L}_{n\times n} = \begin{bmatrix} l_{1,1} & 0 & \dots & 0 \\ l_{2,1} & l_{2,2} & \dots & 0 \\ \vdots & \vdots & \ddots & \vdots \\ l_{n,1} & l_{n,2} & \dots & l_{n,n} \end{bmatrix} \tag{4.10}$$

> 本書第 11 ~ 16 章將介紹包括 LU 分解在內的各種常見矩陣分解。

特別地，如果矩陣 $\boldsymbol{A}$ 為**可反矩陣** (invertible matrix, non- singular matrix)，則 $\boldsymbol{A}$ 可以透過 LU 分解變成一個下三角矩陣 $\boldsymbol{L}$ 與一個上三角矩陣 $\boldsymbol{U}$ 的乘積。

長方形矩陣

長方形矩陣 (rectangular matrix) 是指行數和列數不相等的矩陣，可以是「細高」或「寬矮」。常見的資料矩陣幾乎都是「細高」長方形矩陣，形狀類似於圖 4.1。

計算時，長方形矩陣的形狀並不「友善」。比如，很多矩陣分解都是針對方陣的。圖 4.8 所示為將細高資料矩陣 $\boldsymbol{X}$ 變成兩個不同方陣的矩陣乘法運算過程。圖 4.8 所示的結果叫**格拉姆矩陣** (Gram matrix)，$\boldsymbol{X}^{\mathrm{T}}\boldsymbol{X}$ 可以視為 $\boldsymbol{X}$ 的「平方」。$\boldsymbol{X}^{\mathrm{T}}\boldsymbol{X}$ 還是對稱矩陣，即滿足 $\boldsymbol{X}^{\mathrm{T}}\boldsymbol{X} = (\boldsymbol{X}^{\mathrm{T}}\boldsymbol{X})^{\mathrm{T}}$。本書後文將在 Cholesky 分解、特徵值分解、空間等話題中見到格拉姆矩陣。

其實，處理長方形矩陣有一個利器，這就是宇宙無敵的**奇異值分解** (Singular Value Decomposition)，即 SVD。SVD 分解可以說是最重要的矩陣分解，沒有之一。請大家格外關注本書第 15、16 章相關內容。此外，本書最後三章「資料三部曲」，也離不開 SVD 分解。

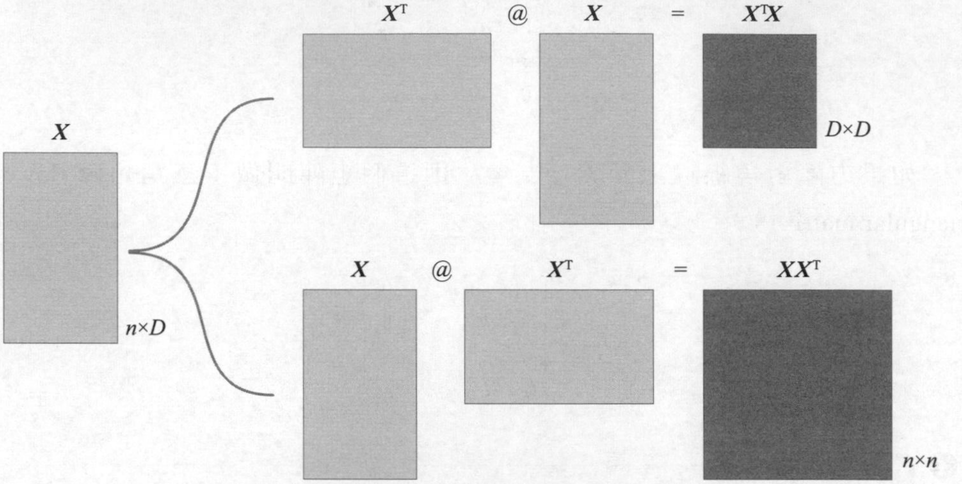

▲ 圖 4.8　將長方形矩陣變成方陣

4.3 基本運算：加減和純量乘法

矩陣加減

兩個相同大小的矩陣 $\boldsymbol{A}$ 和 $\boldsymbol{B}$ 相加，指的是把這兩個矩陣對應位置的元素分別相加，具體為

$$\boldsymbol{A}_{m\times n}+\boldsymbol{B}_{m\times n}=\begin{bmatrix} a_{1,1}+b_{1,1} & a_{1,2}+b_{1,2} & \cdots & a_{1,n}+b_{1,n} \\ a_{2,1}+b_{2,1} & a_{2,2}+b_{2,2} & \cdots & a_{2,n}+b_{2,n} \\ \vdots & \vdots & \ddots & \vdots \\ a_{m,1}+b_{m,1} & a_{m,2}+b_{m,2} & \cdots & a_{m,n}+b_{m,n} \end{bmatrix}_{m\times n} \tag{4.11}$$

矩陣**加法交換律** (commutative property) 指的是

$$\boldsymbol{A}+\boldsymbol{B}=\boldsymbol{B}+\boldsymbol{A} \tag{4.12}$$

矩陣**加法結合律** (associative property) 指的是

$$\boldsymbol{A}+\boldsymbol{B}+\boldsymbol{C}=\boldsymbol{A}+\left(\boldsymbol{B}+\boldsymbol{C}\right)=\left(\boldsymbol{A}+\boldsymbol{B}\right)+\boldsymbol{C} \tag{4.13}$$

矩陣減法的運算規則與加法一致。

零矩陣

叢書用 $\boldsymbol{O}$ 表示元素全為 0 的矩陣，即**零矩陣** (zero matrix)。

零矩陣具有以下性質，即

$$\begin{aligned}\boldsymbol{A}+\boldsymbol{O}=\boldsymbol{O}+\boldsymbol{A}=\boldsymbol{A}\\ \boldsymbol{A}-\boldsymbol{A}=\boldsymbol{O}\end{aligned} \tag{4.14}$$

其中：$\boldsymbol{A}$ 和 $\boldsymbol{O}$ 形狀相同。

numpy.zeros() 用來生成零矩陣，輸入為矩陣形狀。numpy.zeros_like() 用於生成和輸入矩陣形狀相同的零矩陣。

類似地，numpy.ones() 可以生成全 1 矩陣，輸入為矩陣形狀。numpy.ones_like() 用於生成和輸入矩陣形狀相同的全 1 矩陣。

⚠ 注意：零矩陣 $\boldsymbol{O}$ 參與任何矩陣運算時，請格外考慮 $\boldsymbol{O}$ 的形狀。

Bk4_Ch4_03.py 介紹如何完成矩陣加減法運算。

矩陣純量乘法

當矩陣乘以某一純量時，矩陣的每一個元素均乘以該純量，這種運算叫做**純量乘法** (scalar multiplication)。

純量 k 和矩陣 $\boldsymbol{X}$ 的乘積 (the product of the matrix $\boldsymbol{X}$ by a scalar k) 記作 $k\boldsymbol{X}$，有

$$k\boldsymbol{X} = \begin{bmatrix} k \cdot x_{1,1} & k \cdot x_{1,2} & \cdots & k \cdot x_{1,D} \\ k \cdot x_{2,1} & k \cdot x_{2,2} & \cdots & k \cdot x_{2,D} \\ \vdots & \vdots & \ddots & \vdots \\ k \cdot x_{n,1} & k \cdot x_{n,2} & \cdots & k \cdot x_{n,D} \end{bmatrix} \tag{4.15}$$

⚠ 注意：純量 k 字母為小寫、斜體 當 $k = 0$ 時，上式的結果為零矩陣 $\boldsymbol{O}$，形狀為 $n \times D$。

Bk4_Ch4_04.py 展示如何完成矩陣純量乘法。

4.4 廣播原則

NumPy 中的矩陣加減運算常使用**廣播原則** (broadcasting)。當兩個陣列的形狀並不相同的時候，可以透過廣播原則擴展陣列來實現相加、相減等操作。本書系《AI 時代 Math 元年 - 用 Python 全精通程式設計》一書已經從程式設計角度詳細介紹過廣播原則，本節從數學角度回顧廣播原則。

矩陣和純量之和

圖 4.9 所示為，一個矩陣 $\boldsymbol{A}$ 和純量 k 之和，相當於矩陣 $\boldsymbol{A}$ 的每一個元素加 k。比如

$$\begin{bmatrix} 1 & 2 \\ 3 & 4 \\ 5 & 6 \end{bmatrix} + 2 = \begin{bmatrix} 1 & 2 \\ 3 & 4 \\ 5 & 6 \end{bmatrix} + \begin{bmatrix} 2 & 2 \\ 2 & 2 \\ 2 & 2 \end{bmatrix} = \begin{bmatrix} 1+2 & 2+2 \\ 3+2 & 4+2 \\ 5+2 & 6+2 \end{bmatrix} = \begin{bmatrix} 3 & 4 \\ 5 & 6 \\ 7 & 8 \end{bmatrix} \tag{4.16}$$

上述運算規則也適用於減法。

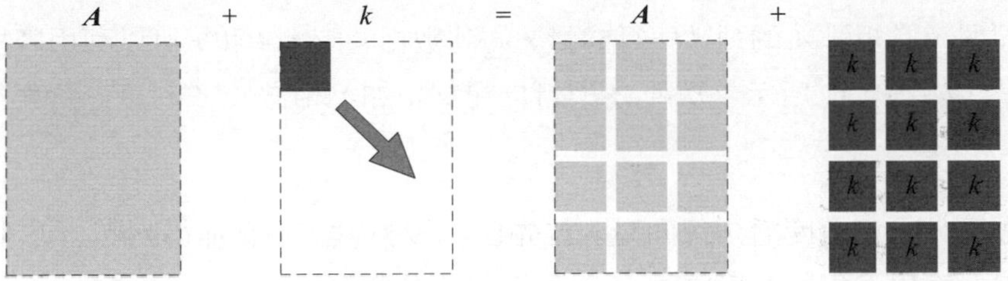

▲ 圖 4.9　廣播原則，矩陣加純量

矩陣和列向量之和

當矩陣 $\boldsymbol{A}$ 的行數與列向量 $\boldsymbol{c}$ 行數相同時，$\boldsymbol{A}$ 和 $\boldsymbol{c}$ 可以相加。

如圖 4.10 所示，矩陣 $\boldsymbol{A}$ 與列向量 $\boldsymbol{c}$ 相加，相當於 $\boldsymbol{A}$ 的每一列與 $\boldsymbol{c}$ 相加。從另外一個角度看，列向量 $\boldsymbol{c}$ 首先自我複製，左右排列得到與 $\boldsymbol{A}$ 形狀相同的矩陣，再和 $\boldsymbol{A}$ 相加。例如

$$\begin{bmatrix} 1 & 2 \\ 3 & 4 \\ 5 & 6 \end{bmatrix} + \begin{bmatrix} 3 \\ 2 \\ 1 \end{bmatrix} = \begin{bmatrix} 1 & 2 \\ 3 & 4 \\ 5 & 6 \end{bmatrix} + \begin{bmatrix} 3 & 3 \\ 2 & 2 \\ 1 & 1 \end{bmatrix} = \begin{bmatrix} 1+3 & 2+3 \\ 3+2 & 4+2 \\ 5+1 & 6+1 \end{bmatrix} = \begin{bmatrix} 4 & 5 \\ 5 & 6 \\ 6 & 7 \end{bmatrix} \tag{4.17}$$

上述規則同樣也適用於減法。

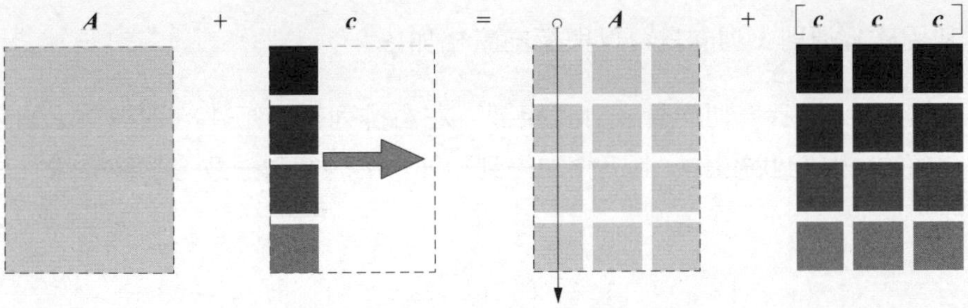

▲ 圖 4.10　廣播原則，矩陣加列向量

矩陣和行向量之和

同理，當矩陣 $\boldsymbol{A}$ 的列數與行向量 $\boldsymbol{r}$ 的列數相同時，$\boldsymbol{A}$ 和 $\boldsymbol{r}$ 可以利用廣播原則相加減。如圖 4.11 所示，矩陣 $\boldsymbol{A}$ 與行向量 $\boldsymbol{r}$ 相加，相當於 $\boldsymbol{A}$ 的每一行與 $\boldsymbol{r}$ 分別相加。

從另外一個角度看，行向量 $\boldsymbol{r}$ 首先自我複製，上下疊加得到與 $\boldsymbol{A}$ 形狀相同的矩陣，再和 $\boldsymbol{A}$ 相加。例如

$$\begin{bmatrix} 1 & 2 \\ 3 & 4 \\ 5 & 6 \end{bmatrix} + \begin{bmatrix} 2 & 1 \end{bmatrix} = \begin{bmatrix} 1 & 2 \\ 3 & 4 \\ 5 & 6 \end{bmatrix} + \begin{bmatrix} 2 & 1 \\ 2 & 1 \\ 2 & 1 \end{bmatrix} = \begin{bmatrix} 1+2 & 2+1 \\ 3+2 & 4+1 \\ 5+2 & 6+1 \end{bmatrix} = \begin{bmatrix} 3 & 3 \\ 5 & 5 \\ 7 & 7 \end{bmatrix} \tag{4.18}$$

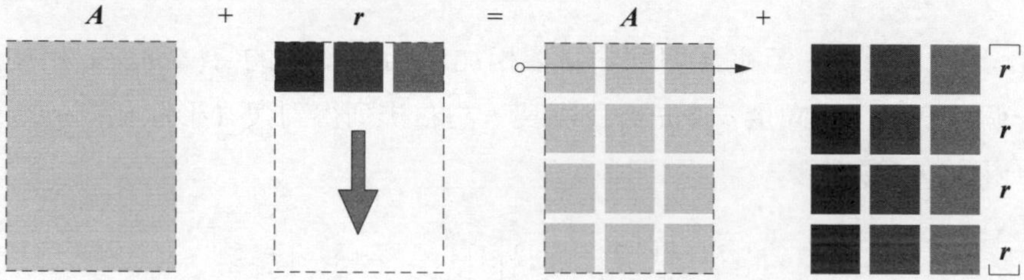

▲ 圖 4.11　廣播原則，矩陣加行向量

列向量和行向量之和

利用廣播原則，列向量可以與行向量相加。

如圖 4.12 所示，列向量 $\boldsymbol{c}$ 自我複製，左右排列得到矩陣的列數與 $\boldsymbol{r}$ 的列數一致。行向量 $\boldsymbol{r}$ 自我複製，上下疊加得到矩陣與 $\boldsymbol{c}$ 的行數一致。然後完成加法運算，比如

$$\begin{bmatrix} 3 \\ 2 \\ 1 \end{bmatrix} + \begin{bmatrix} 2 & 1 \end{bmatrix} = \begin{bmatrix} 3 & 3 \\ 2 & 2 \\ 1 & 1 \end{bmatrix} + \begin{bmatrix} 2 & 1 \\ 2 & 1 \\ 2 & 1 \end{bmatrix} = \begin{bmatrix} 3+2 & 3+1 \\ 2+2 & 2+1 \\ 1+2 & 1+1 \end{bmatrix} = \begin{bmatrix} 5 & 4 \\ 4 & 3 \\ 3 & 2 \end{bmatrix} \tag{4.19}$$

式 (4.19) 中，調轉行、列向量順序，不影響結果。

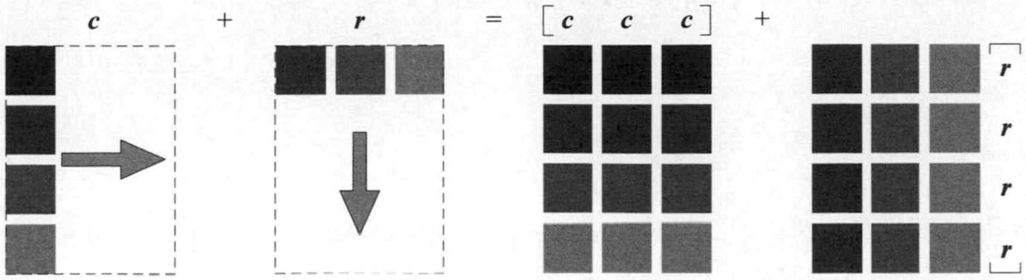

▲ 圖 4.12　廣播原則，列向量加行向量

Bk4_Ch4_05.py 完成上述所示廣播原則計算。此外，請大家把加號改成減號，驗證廣播原則在減法中的運算。

4.5 矩陣乘法：線性代數的運算核心

法國數學家，**雅克·菲力浦·瑪麗·比奈** (Jacques Philippe Marie Binet) 在 1812 年首先提出矩陣乘法運算規則。毫不誇張地說，**矩陣乘法** (matrix multiplication) 在各種矩陣運算中居於核心地位，其規則本身就是人類一項偉大創造！

大家記住，矩陣兩大主要功能：① 表格；② 線性映射。

線性映射就表現在矩陣乘法中。比如，$\boldsymbol{A}\boldsymbol{x} = \boldsymbol{b}$ 完成 $\boldsymbol{x} \rightarrow \boldsymbol{b}$ 的線性映射；反之，如果 $\boldsymbol{A}$ 可逆，則 $\boldsymbol{A}^{-1}$ 完成 $\boldsymbol{b} \rightarrow \boldsymbol{x}$ 的線性映射，即有

$$\boldsymbol{x} \underset{\boldsymbol{x}=\boldsymbol{A}^{-1}\boldsymbol{b}}{\overset{\boldsymbol{A}\boldsymbol{x}=\boldsymbol{b}}{\rightleftarrows}} \boldsymbol{b} \tag{4.20}$$

規則

當矩陣 $\boldsymbol{A}$ 的列數等於矩陣 $\boldsymbol{B}$ 的行數時，$\boldsymbol{A}$ 和 $\boldsymbol{B}$ 兩個矩陣可以相乘。如果，矩陣 $\boldsymbol{A}$ 的形狀是 $n \times D$，矩陣 $\boldsymbol{B}$ 的形狀是 $D \times m$，則兩個矩陣的乘積結果 $\boldsymbol{C} = \boldsymbol{A}\boldsymbol{B}$ 的形狀是 $n \times m$，即

$$C_{n\times m} = A_{n\times D} B_{D\times m} = A_{n\times D} @ B_{D\times m} = \begin{bmatrix} c_{1,1} & c_{1,2} & \cdots & c_{1,m} \\ c_{2,1} & c_{2,2} & \cdots & c_{2,m} \\ \vdots & \vdots & \ddots & \vdots \\ c_{n,1} & c_{n,2} & \cdots & c_{n,m} \end{bmatrix} \quad (4.21)$$

其中

$$A_{n\times D} = \begin{bmatrix} a_{1,1} & a_{1,2} & \cdots & a_{1,D} \\ a_{2,1} & a_{2,2} & \cdots & a_{2,D} \\ \vdots & \vdots & \ddots & \vdots \\ a_{n,1} & a_{n,2} & \cdots & a_{n,D} \end{bmatrix}, \quad B_{D\times m} = \begin{bmatrix} b_{1,1} & b_{1,2} & \cdots & b_{1,m} \\ b_{2,1} & b_{2,2} & \cdots & b_{2,m} \\ \vdots & \vdots & \ddots & \vdots \\ b_{D,1} & b_{D,2} & \cdots & b_{D,m} \end{bmatrix} \quad (4.22)$$

矩陣乘法是一種「矩陣 → 矩陣」的運算規則。注意，向量也是特殊的矩陣。為了配合 NumPy 計算，本書系也用 @ 代表矩陣乘法運算元。

矩陣乘法規則

圖 4.13 所示為矩陣乘法規則示意圖。$\boldsymbol{A}$ 的第 i 行元素分別與 $\boldsymbol{B}$ 的第 j 列元素相乘，再求和，得到 $\boldsymbol{C}$ 的 (i, j) 元素，有

$$c_{i,j} = a_{i,1}b_{1,j} + a_{i,2}b_{2,j} + \ldots + a_{i,D}b_{D,j} \quad (4.23)$$

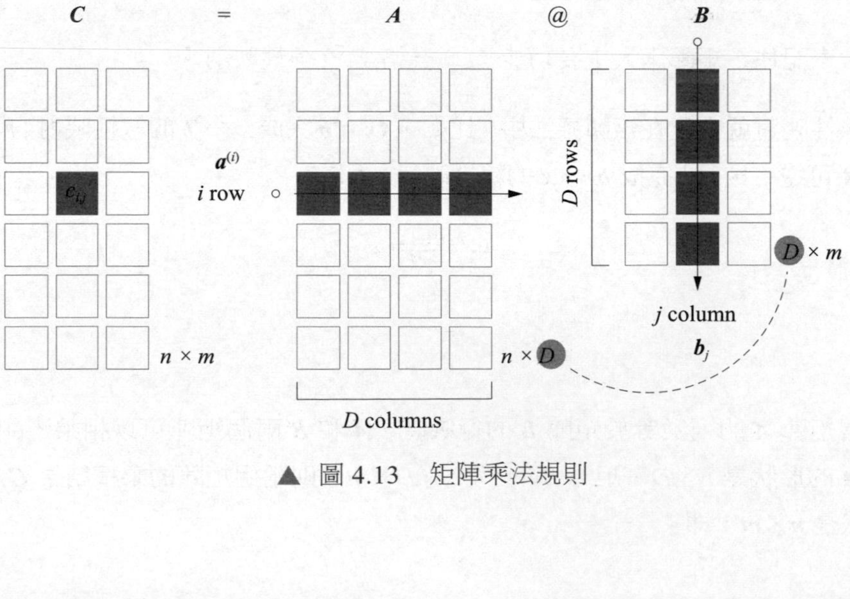

▲ 圖 4.13　矩陣乘法規則

用矩陣乘法來運算式 (4.23)，即

$$c_{i,j} = \boldsymbol{a}^{(i)}\boldsymbol{b}_j \tag{4.24}$$

其中：$\boldsymbol{a}^{(i)}$ 為 $\boldsymbol{A}$ 第 i 行元素組成的行向量；$\boldsymbol{b}_j$ 為 $\boldsymbol{B}$ 的第 j 列元素組成的列向量。$\boldsymbol{a}^{(i)}$ 和 $\boldsymbol{b}_j$ 的元素個數都是 D。式 (4.24) 也可以寫成兩個列向量的向量內積，即

$$c_{i,j} = \boldsymbol{a}^{(i)\mathrm{T}} \cdot \boldsymbol{b}_j = \left\langle \boldsymbol{a}^{(i)\mathrm{T}}, \boldsymbol{b}_j \right\rangle \tag{4.25}$$

其中：$\boldsymbol{a}^{(i)}$ 為行向量，轉置後 $\boldsymbol{a}^{(i)\mathrm{T}}$ 為列向量。

這是理解矩陣乘法的「第一角度」，下一節我們會從兩個不同角度來看矩陣乘法。

此外，本書在第 6 章講解分塊矩陣時會介紹更多矩陣乘法角度。

Bk4_Ch4_06.py 介紹如何借助 NumPy 完成矩陣乘法運算。值得注意的是，對於兩個由 numpy.array() 產生的資料，使用 * 相乘，得到的乘積是對應元素分別相乘，廣播法則有效；而兩個由 numpy.matrix() 產生的二維矩陣，使用 * 相乘，則得到結果等於 @。如果分別由 numpy.array() 和 numpy.matrix() 產生的資料，使用 * 相乘，則等於 @。請大家運行 Bk4_Ch4_07.py 列出的三個乘法例子，自行比較結果。

規則

一般情況下，矩陣乘法不滿足交換律，即

$$\boldsymbol{AB} \neq \boldsymbol{BA} \tag{4.26}$$

另外，請大家注意以下矩陣乘法規則，即

$$
\begin{aligned}
\boldsymbol{AO} &= \boldsymbol{O} \\
\boldsymbol{ABC} &= \boldsymbol{A}(\boldsymbol{BC}) = (\boldsymbol{AB})\boldsymbol{C} \\
k(\boldsymbol{AB}) &= (k\boldsymbol{A})\boldsymbol{B} = \boldsymbol{A}(k\boldsymbol{B}) = (\boldsymbol{AB})k \\
\boldsymbol{A}(\boldsymbol{B}+\boldsymbol{C}) &= \boldsymbol{AB} + \boldsymbol{AC}
\end{aligned}
\tag{4.27}
$$

矩陣和單位矩陣的乘法規則為

$$
\begin{aligned}
\boldsymbol{A}_{m\times n}\boldsymbol{I}_{n\times n} &= \boldsymbol{A}_{m\times n} \\
\boldsymbol{I}_{m\times m}\boldsymbol{A}_{m\times n} &= \boldsymbol{A}_{m\times n}
\end{aligned}
\tag{4.28}
$$

注意：式 (4.28) 中兩個單位矩陣的形狀不同。

下一章最後部分將探討矩陣乘法常見的「雷區」，請大家留意。

矩陣的冪

n 階方陣 (n-square matrix)$\boldsymbol{A}$ 的**矩陣的冪** (powers of matrices) 為

$$
\begin{aligned}
\boldsymbol{A}^0 &= \boldsymbol{I} \\
\boldsymbol{A}^1 &= \boldsymbol{A} \\
\boldsymbol{A}^2 &= \boldsymbol{AA} \\
\boldsymbol{A}^{n+1} &= \boldsymbol{A}^n\boldsymbol{A}
\end{aligned}
\tag{4.29}
$$

Bk4_Ch4_08.py 展示如何計算矩陣冪。乘冪運算元 ** 對 numpy.array() 和 numpy.matrix() 生成的數據有不同的運算規則。numpy.matrix() 生成矩陣 $\boldsymbol{A}$，A**2 是矩陣乘冪；numpy.array() 生成的矩陣 $\boldsymbol{B}$，B**2 是對矩陣 $\boldsymbol{B}$ 元素分別平方。請大家比較 Bk4_Ch4_09.py 列出的兩個例子。

4.6 兩個角度解剖矩陣乘法

為了更好理解矩陣乘法，我們用兩個 2×2 矩陣相乘來講解，具體為

$$
\begin{aligned}
\boldsymbol{AB} &= \boldsymbol{A} @ \boldsymbol{B} \\
&= \begin{bmatrix} a_{1,1} & a_{1,2} \\ a_{2,1} & a_{2,2} \end{bmatrix} \begin{bmatrix} b_{1,1} & b_{1,2} \\ b_{2,1} & b_{2,2} \end{bmatrix} \\
&= \begin{bmatrix} a_{1,1}b_{1,1} + a_{1,2}b_{2,1} & a_{1,1}b_{1,2} + a_{1,2}b_{2,2} \\ a_{2,1}b_{1,1} + a_{2,2}b_{2,1} & a_{2,1}b_{1,2} + a_{2,2}b_{2,2} \end{bmatrix}
\end{aligned}
\tag{4.30}
$$

圖 4.14 所示為兩個 2×2 矩陣相乘如何得到結果的每一個元素。這部分內容雖然在本書系《AI時代Math元年 - 用Python全晴通數學要素》一書中已經講過，但為了加強大家對矩陣乘法的理解，請學習過的讀者也耐心把本節內容掃讀一遍。

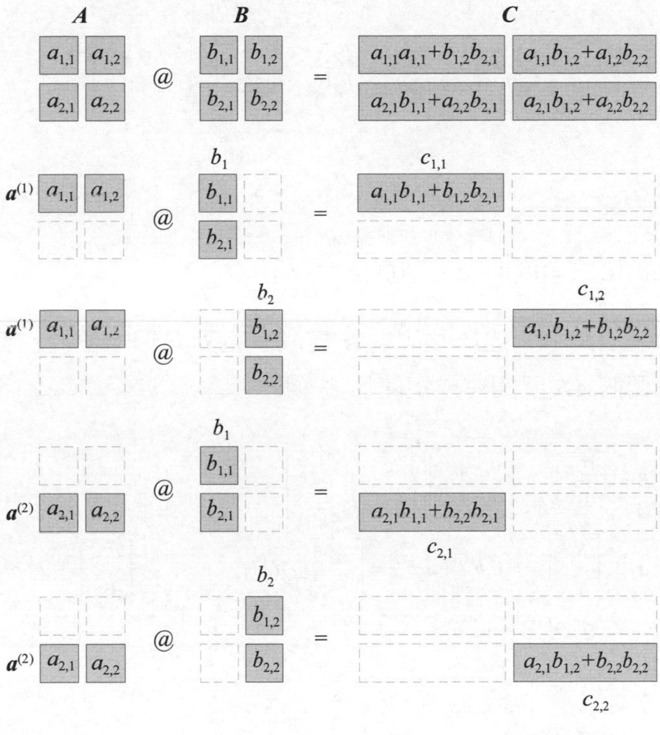

▲ 圖 4.14　矩陣乘法規則 (兩個 2×2 矩陣相乘為例)

下面我們從兩個角度來剖析矩陣乘法。

第一角度

第一角度是矩陣運算的常規角度，也叫做純量積展開。

如圖 4.14 所示，矩陣乘法 $\boldsymbol{AB}$ 中，位於左側的 $\boldsymbol{A}$ 寫成一組行向量；位於右側的 $\boldsymbol{B}$ 寫成一組列向量。$\boldsymbol{A}$ 的第 i 行 $\boldsymbol{a}^{(i)}$ 乘以 $\boldsymbol{B}$ 的第 j 列 $\boldsymbol{b}_j$，得到乘積 $\boldsymbol{C}$ 的 (i,j) 元素 $c_{i,j}$，即

$$\begin{aligned}\boldsymbol{AB} = \boldsymbol{A}@\boldsymbol{B} &= \begin{bmatrix}\begin{bmatrix}a_{1,1} & a_{1,2}\end{bmatrix}_{1\times2} \\ \begin{bmatrix}a_{2,1} & a_{2,2}\end{bmatrix}_{1\times2}\end{bmatrix}\begin{bmatrix}\begin{bmatrix}b_{1,1} \\ b_{2,1}\end{bmatrix}_{2\times1} & \begin{bmatrix}b_{1,2} \\ b_{2,2}\end{bmatrix}_{2\times1}\end{bmatrix} \\ &= \begin{bmatrix}\boldsymbol{a}^{(1)} \\ \boldsymbol{a}^{(2)}\end{bmatrix}_{2\times1}\begin{bmatrix}\boldsymbol{b}_1 & \boldsymbol{b}_2\end{bmatrix}_{1\times2} = \begin{bmatrix}\boldsymbol{a}^{(1)}\boldsymbol{b}_1 & \boldsymbol{a}^{(1)}\boldsymbol{b}_2 \\ \boldsymbol{a}^{(2)}\boldsymbol{b}_1 & \boldsymbol{a}^{(2)}\boldsymbol{b}_2\end{bmatrix}_{2\times2} \\ &= \begin{bmatrix}a_{1,1}b_{1,1}+a_{1,2}b_{2,1} & a_{1,1}b_{1,2}+a_{1,2}b_{2,2} \\ a_{2,1}b_{1,1}+a_{2,2}b_{2,1} & a_{2,1}b_{1,2}+a_{2,2}b_{2,2}\end{bmatrix} = \begin{bmatrix}c_{1,1} & c_{1,2} \\ c_{2,1} & c_{2,2}\end{bmatrix}\end{aligned} \tag{4.31}$$

第二角度

矩陣乘法的第二角度叫做外積展開。

將矩陣乘法 $\boldsymbol{AB}$ 中，位於左側的 $\boldsymbol{A}$ 寫成一組列向量；位於右側的 $\boldsymbol{B}$ 寫成一組行向量。我們把 $\boldsymbol{AB}$ 展開寫成矩陣加法，即

$$\begin{aligned}\boldsymbol{AB} = \boldsymbol{A}@\boldsymbol{B} &= \begin{bmatrix}\begin{bmatrix}a_{1,1} \\ a_{2,1}\end{bmatrix}_{2\times1} & \begin{bmatrix}a_{1,2} \\ a_{2,2}\end{bmatrix}_{2\times1}\end{bmatrix}\begin{bmatrix}\begin{bmatrix}b_{1,1} & b_{1,2}\end{bmatrix}_{1\times2} \\ \begin{bmatrix}b_{2,1} & b_{2,2}\end{bmatrix}_{1\times2}\end{bmatrix} \\ &= \begin{bmatrix}\boldsymbol{a}_1 & \boldsymbol{a}_2\end{bmatrix}_{1\times2}\begin{bmatrix}\boldsymbol{b}^{(1)} \\ \boldsymbol{b}^{(2)}\end{bmatrix}_{2\times1} = \boldsymbol{a}_1\boldsymbol{b}^{(1)} + \boldsymbol{a}_2\boldsymbol{b}^{(2)} = \begin{bmatrix}a_{1,1} \\ a_{2,1}\end{bmatrix}_{2\times1}@\begin{bmatrix}b_{1,1} & b_{1,2}\end{bmatrix}_{1\times2} + \begin{bmatrix}a_{1,2} \\ a_{2,2}\end{bmatrix}_{2\times1}@\begin{bmatrix}b_{2,1} & b_{2,2}\end{bmatrix}_{1\times2} \\ &= \begin{bmatrix}a_{1,1}b_{1,1} & a_{1,1}b_{1,2} \\ a_{2,1}b_{1,1} & a_{2,1}b_{1,2}\end{bmatrix}_{2\times2} + \begin{bmatrix}a_{1,2}b_{2,1} & a_{1,2}b_{2,2} \\ a_{2,2}b_{2,1} & a_{2,2}b_{2,2}\end{bmatrix}_{2\times2} \\ &= \begin{bmatrix}a_{1,1}b_{1,1}+a_{1,2}b_{2,1} & a_{1,1}b_{1,2}+a_{1,2}b_{2,2} \\ a_{2,1}b_{1,1}+a_{2,2}b_{2,1} & a_{2,1}b_{1,2}+a_{2,2}b_{2,2}\end{bmatrix} = \begin{bmatrix}c_{1,1} & c_{1,2} \\ c_{2,1} & c_{2,2}\end{bmatrix}\end{aligned} \tag{4.32}$$

矩陣乘法極其重要，本書第 5、6 章還將深入探討矩陣乘法，並介紹更多角度。

4.7 轉置：繞主對角線鏡像

將矩陣的行列互換，得到新矩陣的操作叫做**矩陣轉置** (matrix transpose)。轉置是一種「矩陣 → 矩陣」的運算。

如圖 4.15 所示，一個 $n \times D$ 矩陣 $\boldsymbol{A}$ 轉置得到 $D \times n$ 矩陣 $\boldsymbol{B}$，整個過程相當於矩陣 $\boldsymbol{A}$ 繞主對角線鏡像。矩陣 $\boldsymbol{A}$ 的轉置 (the transpose of a matrix $\boldsymbol{A}$) 記作 $\boldsymbol{A}^{\mathrm{T}}$ 或 $\boldsymbol{A}'$。為了與求導記號區分，本書僅採用 $\boldsymbol{A}^{\mathrm{T}}$ 記法。

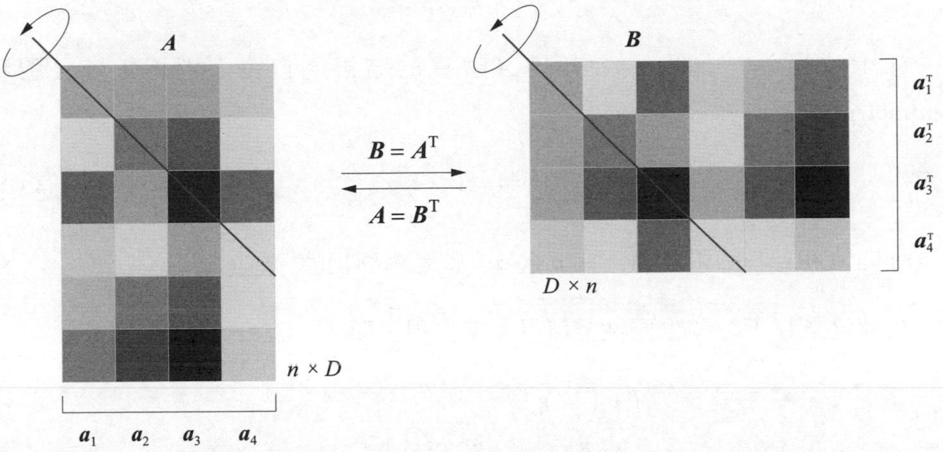

▲ 圖 4.15　矩陣轉置

如圖 4.15 所示，將矩陣 $\boldsymbol{A}$ 寫成一組列向量，有

$$\boldsymbol{A} = \begin{bmatrix} \boldsymbol{a}_1 & \boldsymbol{a}_2 & \boldsymbol{a}_3 & \boldsymbol{a}_4 \end{bmatrix} \tag{4.33}$$

矩陣 $\boldsymbol{A}$ 轉置 $\boldsymbol{A}^{\mathrm{T}}$ 可以展開寫成

$$\boldsymbol{A}^{\mathrm{T}} = \begin{bmatrix} \boldsymbol{a}_1^{\mathrm{T}} \\ \boldsymbol{a}_2^{\mathrm{T}} \\ \boldsymbol{a}_3^{\mathrm{T}} \\ \boldsymbol{a}_4^{\mathrm{T}} \end{bmatrix} \tag{4.34}$$

反之，將圖 4.15 中的矩陣 $\boldsymbol{A}$ 寫成一組行向量，有

$$\boldsymbol{A} = \begin{bmatrix} \boldsymbol{a}^{(1)} \\ \boldsymbol{a}^{(2)} \\ \vdots \\ \boldsymbol{a}^{(6)} \end{bmatrix} \tag{4.35}$$

$\boldsymbol{A}^{\mathrm{T}}$ 可以寫成

$$\boldsymbol{A}^{\mathrm{T}} = \begin{bmatrix} \boldsymbol{a}^{(1)\mathrm{T}} & \boldsymbol{a}^{(2)\mathrm{T}} & \cdots & \boldsymbol{a}^{(6)\mathrm{T}} \end{bmatrix} \tag{4.36}$$

如上文所述，一個 $n \times D$ 矩陣 $\boldsymbol{A}$ 轉置的結果為自身，則稱矩陣 $\boldsymbol{A}$ **對稱** (symmetric)，即有

$$\boldsymbol{A} = \boldsymbol{A}^{\mathrm{T}} \tag{4.37}$$

列向量和自身的張量積，如 $\boldsymbol{a} \otimes \boldsymbol{a}$，就是對稱矩陣。

矩陣轉置以下幾個重要性質值得大家重視，即

$$\begin{aligned} \left(\boldsymbol{A}^{\mathrm{T}}\right)^{\mathrm{T}} &= \boldsymbol{A} \\ \left(\boldsymbol{A}+\boldsymbol{B}\right)^{\mathrm{T}} &= \boldsymbol{A}^{\mathrm{T}} + \boldsymbol{B}^{\mathrm{T}} \\ \left(k\boldsymbol{A}\right)^{\mathrm{T}} &= k\boldsymbol{A}^{\mathrm{T}} \\ \left(\boldsymbol{A}\boldsymbol{B}\right)^{\mathrm{T}} &= \boldsymbol{B}^{\mathrm{T}}\boldsymbol{A}^{\mathrm{T}} \\ \left(\boldsymbol{A}\boldsymbol{B}\boldsymbol{C}\right)^{\mathrm{T}} &= \boldsymbol{C}^{\mathrm{T}}\boldsymbol{B}^{\mathrm{T}}\boldsymbol{A}^{\mathrm{T}} \\ \left(\boldsymbol{A}_1\boldsymbol{A}_2\boldsymbol{A}_3\cdots\boldsymbol{A}_k\right)^{\mathrm{T}} &= \boldsymbol{A}_k^{\mathrm{T}}\cdots\boldsymbol{A}_3^{\mathrm{T}}\boldsymbol{A}_2^{\mathrm{T}}\boldsymbol{A}_1^{\mathrm{T}} \end{aligned} \tag{4.38}$$

等長列向量 $\boldsymbol{a}$ 和 $\boldsymbol{b}$ 的純量積等值於 $\boldsymbol{a}$ 的轉置乘 $\boldsymbol{b}$，或 $\boldsymbol{b}$ 的轉置乘 $\boldsymbol{a}$，即

$$\boldsymbol{a}\cdot\boldsymbol{b} = \boldsymbol{b}\cdot\boldsymbol{a} = \langle \boldsymbol{a},\boldsymbol{b} \rangle = \boldsymbol{a}^{\mathrm{T}}\boldsymbol{b} = \boldsymbol{b}^{\mathrm{T}}\boldsymbol{a} = a_1b_1 + a_2b_2 + \cdots + a_nb_n \tag{4.39}$$

$\boldsymbol{a}$ 的模 (L^2 範數) 也可以寫成 $\boldsymbol{a}$ 的轉置先乘自身，再開方，即

$$\|\boldsymbol{a}\|_2^2 = \boldsymbol{a}\cdot\boldsymbol{a} = \langle \boldsymbol{a},\boldsymbol{a} \rangle = \boldsymbol{a}^{\mathrm{T}}\boldsymbol{a} \quad \Rightarrow \quad \|\boldsymbol{a}\| = \sqrt{\boldsymbol{a}\cdot\boldsymbol{a}} = \sqrt{\langle \boldsymbol{a},\boldsymbol{a} \rangle} = \sqrt{\boldsymbol{a}^{\mathrm{T}}\boldsymbol{a}} \tag{4.40}$$

如果 A 和 B 不是方陣，但是形狀相同，則下面兩式「相當於」A、B 和的平方，即

$$\begin{aligned}(A+B)^{\mathrm{T}}(A+B)&=\left(A^{\mathrm{T}}+B^{\mathrm{T}}\right)(A+B)=A^{\mathrm{T}}A+A^{\mathrm{T}}B+B^{\mathrm{T}}A+B^{\mathrm{T}}B\\(A+B)(A+B)^{\mathrm{T}}&=(A+B)\left(A^{\mathrm{T}}+B^{\mathrm{T}}\right)=AA^{\mathrm{T}}+AB^{\mathrm{T}}+BA^{\mathrm{T}}+BB^{\mathrm{T}}\end{aligned} \tag{4.41}$$

Bk4_Ch4_10.py 計算矩陣轉置。

4.8 矩陣逆：「相當於」除法運算

如果方陣 A **可逆** (invertible)，則僅當存在矩陣 B 使得

$$AB=BA=I \tag{4.42}$$

本書的 8 章將從幾何角度介紹如何理解矩陣求逆。

成立時，B 叫做矩陣 A 的**逆** (inverse)，一般記作 A^{-1}。

矩陣**可逆** (invertible) 也稱**非奇異** (non-singular)；否則就稱矩陣**不可逆** (non-invertible)，或稱**奇異** (singular)。如果 A 的逆存在，則 A 的逆唯一。矩陣求逆是一種「矩陣 → 矩陣」的運算。

強調一下，矩陣求逆「相當於」除法運算，但是兩者有本質上的區別。矩陣的逆本質上還是矩陣乘法。

請大家注意以下和矩陣逆有關的運算規則，即

$$\begin{aligned}\left(A^{\mathrm{T}}\right)^{-1}&=\left(A^{-1}\right)^{\mathrm{T}}\\(AB)^{-1}&=B^{-1}A^{-1}\\(ABC)^{-1}&=C^{-1}B^{-1}A^{-1}\\(kA)^{-1}&=\frac{1}{k}A^{-1}\end{aligned} \tag{4.43}$$

其中：假設 $\boldsymbol{A}$、$\boldsymbol{B}$、$\boldsymbol{C}$、$\boldsymbol{AB}$ 和 $\boldsymbol{ABC}$ 的逆存在，且 $k \neq 0$。下一章最後我們會介紹幾種矩陣乘法的雷區，其中就包括使用矩陣逆這個數學工具時要注意的事項。

如果 $\boldsymbol{A}$ 的逆存在，則下面等式成立，即

$$\begin{gathered} \left(\boldsymbol{A}^{-1}\right)^{-1} = \boldsymbol{A} \\ \boldsymbol{A}^{-n} = \left(\boldsymbol{A}^{-1}\right)^{n} = \underbrace{\boldsymbol{A}^{-1}\boldsymbol{A}^{-1}\cdots\boldsymbol{A}^{-1}}_{n} \\ \left(\boldsymbol{A}^{n}\right)^{-1} = \boldsymbol{A}^{-n} = \left(\boldsymbol{A}^{-1}\right)^{n} \end{gathered} \tag{4.44}$$

一般情況下

$$\left(\boldsymbol{A}+\boldsymbol{B}\right)^{-1} \neq \boldsymbol{A}^{-1} + \boldsymbol{B}^{-1} \tag{4.45}$$

特別地，對於給定 2×2 矩陣 $\boldsymbol{A}$，有

$$\boldsymbol{A} = \begin{bmatrix} a & b \\ c & d \end{bmatrix} \tag{4.46}$$

矩陣 $\boldsymbol{A}$ 的逆 $\boldsymbol{A}^{-1}$ 可以透過下式獲得，即

$$\boldsymbol{A}^{-1} = \begin{bmatrix} a & b \\ c & d \end{bmatrix}^{-1} = \frac{1}{|\boldsymbol{A}|}\begin{bmatrix} d & -b \\ -c & a \end{bmatrix} \tag{4.47}$$

其中

$$|\boldsymbol{A}| = ad - bc \tag{4.48}$$

其中：$|\boldsymbol{A}|$ 叫做矩陣 $\boldsymbol{A}$ 的**行列式** (determinant)。

若下式成立，則方陣 $\boldsymbol{A}$ 是正交矩陣 (orthogonal matrix)，即

注意：觀察式 (4.47)，我們容易發現行列式值 $|\boldsymbol{A}|$ 不為 0 時，矩陣 $\boldsymbol{A}$ 才存在逆。本章後續將詳細講解行列式值的計算。

$$A^{\mathrm{T}} = A^{-1} \quad \Rightarrow \quad A^{\mathrm{T}}A = AA^{\mathrm{T}} = I \tag{4.49}$$

正交矩陣在本書有很重的戲份。本書第 9、10 章將深入探討正交矩陣的性質和應用，本節不做展開。

Bk4_Ch4_11.py 展示了用 Numpy 函式庫函式 numpy.linalg.inv() 計算矩陣逆。注意，對於 numpy.matrix() 產生的矩陣 $\boldsymbol{A}$，可以透過 $\boldsymbol{A}$.I 計算矩陣 $\boldsymbol{A}$ 的逆，如 Bk4_Ch4_12.py 列出的例子。但是，這一方法不能使用在 numpy.array() 生成的矩陣。numpy.array() 生成的矩陣求逆，一般用 numpy.linalg.inv()。

4.9 跡：主對角元素之和

$n \times n$ 矩陣 $\boldsymbol{A}$ 的**跡** (trace) 為其主對角線元素之和，即

$$\operatorname{tr}(A) = \sum_{i=1}^{n} a_{i,i} = a_{1,1} + a_{2,2} + \cdots + a_{n,n} \tag{4.50}$$

矩陣跡是一種「矩陣 → 純量」的運算。

注意：「跡」這個運算是針對「方陣」定義的。

例如

$$\operatorname{tr}(A) = \operatorname{tr}\left(\begin{bmatrix} 1 & -1 & 0 \\ 3 & 2 & 4 \\ -2 & 0 & 3 \end{bmatrix}\right) = 1 + 2 + 3 = 6 \tag{4.51}$$

Bk4_Ch4_13.py 介紹如何計算矩陣的跡。

請大家注意以下有關矩陣跡的性質，即

$$\begin{aligned}&\operatorname{tr}(\boldsymbol{A}+\boldsymbol{B})=\operatorname{tr}(\boldsymbol{A})+\operatorname{tr}(\boldsymbol{B})\\&\operatorname{tr}(k\boldsymbol{A})=k\cdot\operatorname{tr}(\boldsymbol{A})\\&\operatorname{tr}(\boldsymbol{A}^{\mathrm{T}})=\operatorname{tr}(\boldsymbol{A})\\&\operatorname{tr}(\boldsymbol{AB})=\operatorname{tr}(\boldsymbol{BA})\end{aligned} \tag{4.52}$$

注意：式 (4.52) 假設 $\boldsymbol{AB}$ 和 $\boldsymbol{BA}$ 兩個乘法都存在。如果 $\boldsymbol{x}$ 和 $\boldsymbol{y}$ 這兩個列向量行數相同，則以下幾個運算等值，即

$$\boldsymbol{x}^{\mathrm{T}}\boldsymbol{y}=\boldsymbol{y}^{\mathrm{T}}\boldsymbol{x}=\boldsymbol{x}\cdot\boldsymbol{y}=\boldsymbol{y}\cdot\boldsymbol{x}=\langle\boldsymbol{x},\boldsymbol{y}\rangle=\operatorname{tr}(\boldsymbol{x}\boldsymbol{y}^{\mathrm{T}})=\operatorname{tr}(\boldsymbol{y}\boldsymbol{x}^{\mathrm{T}})=\operatorname{tr}(\boldsymbol{x}\otimes\boldsymbol{y}) \tag{4.53}$$

本書後續會介紹，橢圓可以用於表達**協方差矩陣** (covariance matrix)。舉個例子，給定一個協方差矩陣為

$$\boldsymbol{\Sigma}=\begin{bmatrix}2.5 & 1.5\\1.5 & 2.5\end{bmatrix} \tag{4.54}$$

圖 4.16 中的左圖就是代表上述協方差矩陣的旋轉橢圓。

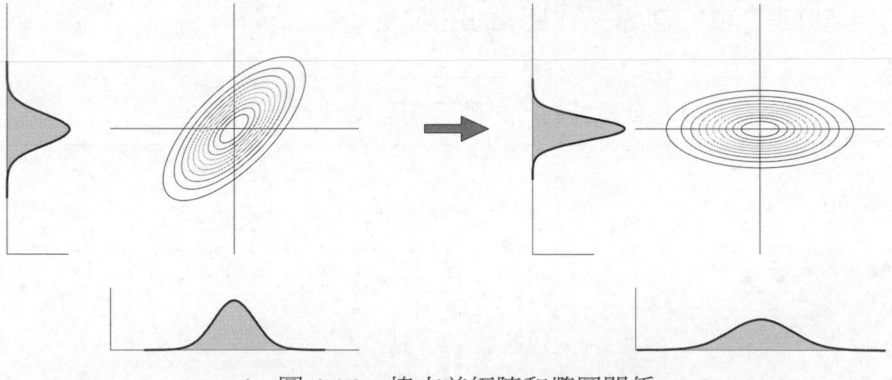

▲ 圖 4.16　協方差矩陣和橢圓關係

經過旋轉操作，橢圓的長軸和橫軸重合，得到圖 4.16 右圖所示的正橢圓，對應的協方差矩陣為

$$\boldsymbol{\Sigma}_{\text{rotated}} = \begin{bmatrix} 4 & 0 \\ 0 & 1 \end{bmatrix} \tag{4.55}$$

相信大家已經注意到，兩個協方差矩陣的跡相同，都是 5，即

$$\text{tr}(\boldsymbol{\Sigma}) = 2.5 + 2.5 = \text{tr}(\boldsymbol{\Sigma}_{\text{rotated}}) = 4 + 1 = 5 \tag{4.56}$$

這一點非常重要，本書系後續會在不同板塊中進行探討。

大家可能會問，式 (4.54) 和式 (4.55) 兩個協方差矩陣之間有怎樣的聯繫？或說，如何從式 (4.54) 計算得到式 (4.55)？橢圓之間的旋轉角度怎麼確定？本書第 13、14 章介紹的特徵值分解將回答這些疑問。

4.10 逐項積：對應元素相乘

在講解向量運算時，我們介紹過**元素乘積** (element-wise multiplication)，也稱為**阿達瑪乘積** (Hadamard product) 或**逐項積** (piecewise product)。

逐項積也可以用在矩陣上。兩個形狀相同的矩陣的逐項積是矩陣對應元素分別相乘，結果形狀不變，即

$$\boldsymbol{A}_{n\times D} \odot \boldsymbol{B}_{n\times D} = \begin{bmatrix} a_{1,1}b_{1,1} & a_{1,2}b_{1,2} & \cdots & a_{1,D}b_{1,D} \\ a_{2,1}b_{2,1} & a_{2,2}b_{2,2} & \cdots & a_{2,D}b_{2,D} \\ \vdots & \vdots & \ddots & \vdots \\ a_{n,1}b_{n,1} & a_{n,2}b_{n,2} & \cdots & a_{n,D}b_{n,D} \end{bmatrix}_{n\times D} \tag{4.57}$$

圖 4.17 所示為矩陣逐項積運演算法則示意圖。逐項積是一種「矩陣 → 矩陣」的運算。

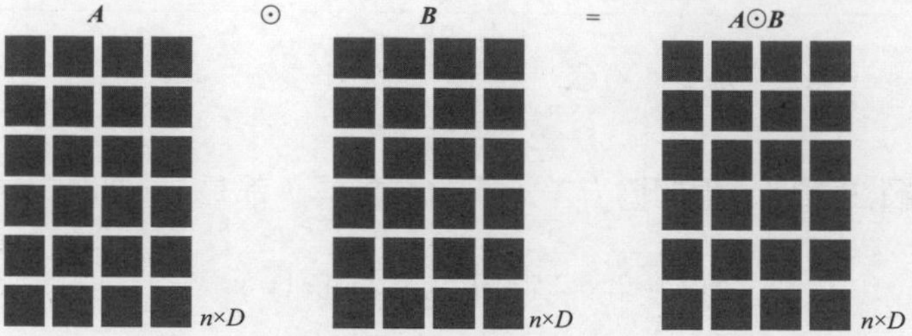

▲ 圖 4.17 矩陣逐項積

Bk4_Ch4_ 14.py 介紹如何計算逐項積。

4.11 行列式：將矩陣映射到純量值

每個「方陣」都有自己的**行列式** (determinant)，方陣 $\boldsymbol{A}$ 的行列式值可以表達為 $|\boldsymbol{A}|$ 或 $\det(\boldsymbol{A})$。如果方陣的行列式值非零，則稱方陣可逆或非奇異。

簡單來說，行列式是將一個方陣 $\boldsymbol{A}$ 根據一定的規則映射到一個標量。因此，行列式是一種「矩陣→純量」的運算。

一階方陣的行列式值為

> 注意，矩陣的行列式值可正可負，也可以為 0。

$$|a_{11}| = a_{11} \tag{4.58}$$

二階方陣的行列式值為

$$\begin{vmatrix} a_{11} & a_{12} \\ a_{21} & a_{22} \end{vmatrix} = a_{11}a_{22} - a_{12}a_{21} \tag{4.59}$$

三階方陣的行列式值為

$$\begin{vmatrix} a_{11} & a_{12} & a_{13} \\ a_{21} & a_{22} & a_{23} \\ a_{31} & a_{32} & a_{33} \end{vmatrix} = \begin{vmatrix} a_{11} & 0 & 0 \\ a_{21} & a_{22} & a_{23} \\ a_{31} & a_{32} & a_{33} \end{vmatrix} + \begin{vmatrix} 0 & a_{12} & 0 \\ a_{21} & a_{22} & a_{23} \\ a_{31} & a_{32} & a_{33} \end{vmatrix} + \begin{vmatrix} 0 & 0 & a_{13} \\ a_{21} & a_{22} & a_{23} \\ a_{31} & a_{32} & a_{33} \end{vmatrix}$$
$$= a_{11}\begin{vmatrix} a_{22} & a_{23} \\ a_{32} & a_{33} \end{vmatrix} - a_{12}\begin{vmatrix} a_{21} & a_{23} \\ a_{31} & a_{33} \end{vmatrix} + a_{13}\begin{vmatrix} a_{21} & a_{22} \\ a_{31} & a_{32} \end{vmatrix} \tag{4.60}$$

根據以上規律可以發現，$n \times n$ 矩陣 $\boldsymbol{A}$ 的行列式值可以透過遞迴計算得到。

更多性質

特別地，對角陣的行列式值為

$$\begin{vmatrix} a_{11} & 0 & 0 \\ 0 & a_{22} & 0 \\ 0 & 0 & a_{33} \end{vmatrix} = a_{11}a_{22}a_{33} \tag{4.61}$$

三角陣的行列式值為

$$\begin{vmatrix} a_{11} & a_{12} & a_{13} \\ 0 & a_{22} & a_{23} \\ 0 & 0 & a_{33} \end{vmatrix} = a_{11}a_{22}a_{33} \tag{4.62}$$

上述規則也適用於計算下三角矩陣的行列式值。

請大家注意以下行列式性質，即

$$\begin{aligned} \det(\boldsymbol{AB}) &= \det(\boldsymbol{A}) \cdot \det(\boldsymbol{B}) \\ \det(c\boldsymbol{A}_{n\times n}) &= c^n \det(\boldsymbol{A}) \\ \det(\boldsymbol{A}^{\mathrm{T}}) &= \det(\boldsymbol{A}) \\ \det(\boldsymbol{A}^n) &= \det(\boldsymbol{A})^n \\ \det(\boldsymbol{A}^{-1}) &= \frac{1}{\det(\boldsymbol{A})} \end{aligned} \tag{4.63}$$

一般情況下

$$\det(\boldsymbol{A}+\boldsymbol{B}) \neq \det(\boldsymbol{A}) + \det(\boldsymbol{B}) \tag{4.64}$$

向量積

本書前文介紹的向量積也可以透過行列式計算得到，比如

$$\begin{aligned} \boldsymbol{a}\times\boldsymbol{b} &= \begin{vmatrix} \boldsymbol{i} & \boldsymbol{j} & \boldsymbol{k} \\ a_1 & a_2 & a_3 \\ b_1 & b_2 & b_3 \end{vmatrix} \\ &= \begin{vmatrix} a_2 & a_3 \\ b_2 & b_3 \end{vmatrix}\boldsymbol{i} - \begin{vmatrix} a_1 & a_3 \\ b_1 & b_3 \end{vmatrix}\boldsymbol{j} + \begin{vmatrix} a_1 & a_2 \\ b_1 & b_2 \end{vmatrix}\boldsymbol{k} \\ &= (a_2b_3 - a_3b_2)\boldsymbol{i} + (a_3b_1 - a_1b_3)\boldsymbol{j} + (a_1b_2 - a_2b_1)\boldsymbol{k} \end{aligned} \tag{4.65}$$

還用上一章的例子，給定 $\boldsymbol{a}$ 和 $\boldsymbol{b}$ 向量為

$$\begin{aligned} \boldsymbol{a} &= -2\boldsymbol{i} + \boldsymbol{j} + \boldsymbol{k} \\ \boldsymbol{b} &= \boldsymbol{i} - 2\boldsymbol{j} - \boldsymbol{k} \end{aligned} \tag{4.66}$$

$\boldsymbol{a}\times\boldsymbol{b}$ 結果為

$$\begin{aligned} \boldsymbol{a}\times\boldsymbol{b} &= \begin{vmatrix} \boldsymbol{i} & \boldsymbol{j} & \boldsymbol{k} \\ -2 & 1 & 1 \\ 1 & -2 & -1 \end{vmatrix} \\ &= \begin{vmatrix} 1 & 1 \\ -2 & -1 \end{vmatrix}\boldsymbol{i} - \begin{vmatrix} -2 & 1 \\ 1 & -1 \end{vmatrix}\boldsymbol{j} + \begin{vmatrix} -2 & 1 \\ 1 & -2 \end{vmatrix}\boldsymbol{k} \\ &= \boldsymbol{i} - \boldsymbol{j} + 3\boldsymbol{k} \end{aligned} \tag{4.67}$$

幾何角度

給定 2×2 方陣 $\boldsymbol{A}$，具體為

$$\boldsymbol{A} = \begin{bmatrix} a_{11} & a_{12} \\ a_{21} & a_{22} \end{bmatrix} \tag{4.68}$$

圖 4.18 所示列出的是二階矩陣行列式的幾何意義。

將 $\boldsymbol{A}$ 寫成左右排列的兩個列向量，有

$$\boldsymbol{A} = \begin{bmatrix} \boldsymbol{a}_1 & \boldsymbol{a}_2 \end{bmatrix} \tag{4.69}$$

即

$$a_1 = \begin{bmatrix} a_{11} \\ a_{21} \end{bmatrix}, \quad a_2 = \begin{bmatrix} a_{12} \\ a_{22} \end{bmatrix} \tag{4.70}$$

如圖 4.18 所示，以 $\boldsymbol{a}_1$ 和 $\boldsymbol{a}_2$ 為兩條邊建構得到一個平行四邊形。這個平行四邊形的面積就是 $\boldsymbol{A}$ 的行列式值。下面我們推導一下。

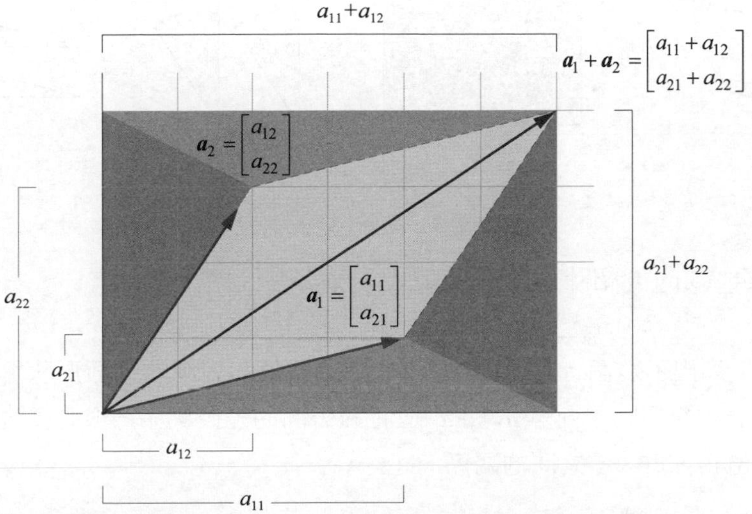

▲ 圖 4.18　二階矩陣的行列式的幾何意義

如圖 4.19 所示，矩形和三角形的面積很容易計算。

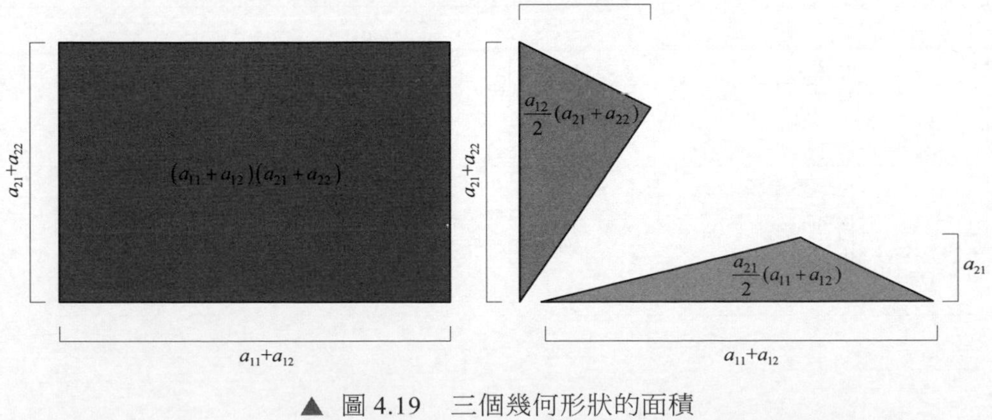

▲ 圖 4.19　三個幾何形狀的面積

如圖 4.20 所示，平行四邊形的面積就是矩形面積減去兩倍的綠色三角形面積，再減去兩倍的橙色三角形面積，即

$$\begin{aligned} Area &= (a_{11}+a_{12})(a_{21}+a_{22}) - a_{12}(a_{21}+a_{22}) - a_{21}(a_{11}+a_{12}) \\ &= a_{11}a_{22} - a_{12}a_{21} \end{aligned} \tag{4.71}$$

這與式 (4.59) 行列式的結果一致。

▲ 圖 4.20　求平行四邊形面積

Bk4_Ch4_15.py 介紹計算行列式值。

表 4.1 列出了幾個特殊 2×2 方陣的行列式值和對應的平面形狀。希望大家仔細對比表中幾幅圖中向量 $\boldsymbol{a}_1$ 和 $\boldsymbol{a}_2$ 逆時鐘方向的先後次序，很容發現這種次序與行列式值正、負、零之間的關係。

➔ 表 4.1　幾個特殊 2×2 方陣的行列式值

行列式值	向量	圖形
$\begin{vmatrix} 2 & 0 \\ 0 & 3 \end{vmatrix} = 6$	$\boldsymbol{a}_1 = \begin{bmatrix} 2 \\ 0 \end{bmatrix},\ \boldsymbol{a}_2 = \begin{bmatrix} 0 \\ 3 \end{bmatrix}$	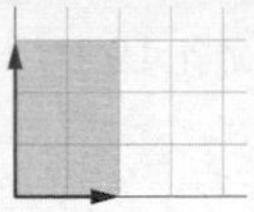
$\begin{vmatrix} 0 & 2 \\ 3 & 0 \end{vmatrix} = -6$	$\boldsymbol{a}_1 = \begin{bmatrix} 0 \\ 3 \end{bmatrix},\ \boldsymbol{a}_2 = \begin{bmatrix} 2 \\ 0 \end{bmatrix}$	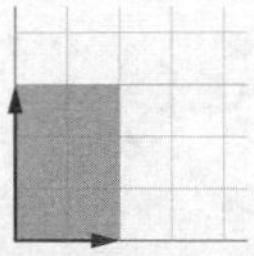
$\begin{vmatrix} 2 & 0 \\ 1 & 3 \end{vmatrix} = 6$	$\boldsymbol{a}_1 = \begin{bmatrix} 2 \\ 1 \end{bmatrix},\ \boldsymbol{a}_2 = \begin{bmatrix} 0 \\ 3 \end{bmatrix}$	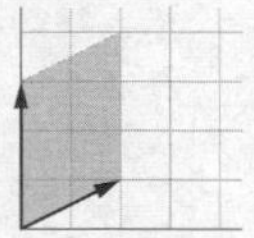

行列式值	向量	圖形
$\begin{vmatrix} 0 & 2 \\ 3 & 1 \end{vmatrix} = -6$	$\boldsymbol{a}_1 = \begin{bmatrix} 0 \\ 3 \end{bmatrix},\ \boldsymbol{a}_2 = \begin{bmatrix} 2 \\ 1 \end{bmatrix}$	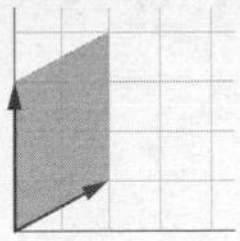
$\begin{vmatrix} 2 & 1 \\ 0 & 3 \end{vmatrix} = 6$	$\boldsymbol{a}_1 = \begin{bmatrix} 2 \\ 0 \end{bmatrix},\ \boldsymbol{a}_2 = \begin{bmatrix} 1 \\ 3 \end{bmatrix}$	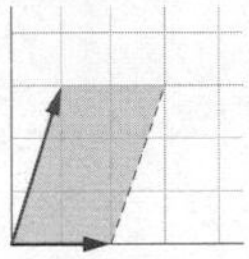
$\begin{vmatrix} 1 & 2 \\ 3 & 0 \end{vmatrix} = -6$	$\boldsymbol{a}_1 = \begin{bmatrix} 1 \\ 3 \end{bmatrix},\ \boldsymbol{a}_2 = \begin{bmatrix} 2 \\ 0 \end{bmatrix}$	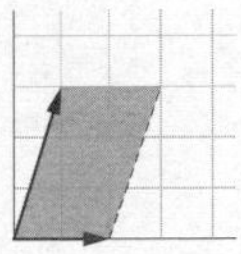
$\begin{vmatrix} 2 & 4 \\ 1 & 2 \end{vmatrix} = 0$	$\boldsymbol{a}_1 = \begin{bmatrix} 2 \\ 1 \end{bmatrix},\ \boldsymbol{a}_2 = \begin{bmatrix} 4 \\ 2 \end{bmatrix}$	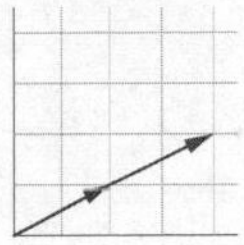

我們用 Streamlit 製作了一個應用，繪製表 4.1 中不同平行四邊形。大家可以改變矩陣 $\boldsymbol{A}$ 的元素值，並讓 $\boldsymbol{A}$ 作用於 $\boldsymbol{e}_1$、$\boldsymbol{e}_2$，即 $\boldsymbol{A}\boldsymbol{e}_1 = \boldsymbol{a}_1$、$\boldsymbol{A}\boldsymbol{e}_2 = \boldsymbol{a}_2$。$\boldsymbol{e}_1$ 和 $\boldsymbol{e}_2$ 建構的是「方格」，而 $\boldsymbol{a}_1$ 和 $\boldsymbol{a}_2$ 建構的就是「平行且等距網格」。請大家參考 Streamlit_Bk4_Ch4_16.py。此外，本書第 7、8 章會介紹「平行且等距網格」代表的含義。

從面積到體積

本節前文講解行列式值用的舉例中矩陣都是 2×2 方陣，現在介紹 3×3 方陣的行列式值的幾何意義。我們先看一個最簡單例子，給定以下 3×3 對角方陣，即

$$\begin{bmatrix} 1 & & \\ & 2 & \\ & & 3 \end{bmatrix} \tag{4.72}$$

如圖 4.21 所示，式 (4.72) 代表三維空間中邊長分別為 1、2、3 的立方體，而行列式值為 6 則說明立方體的體積為 6。

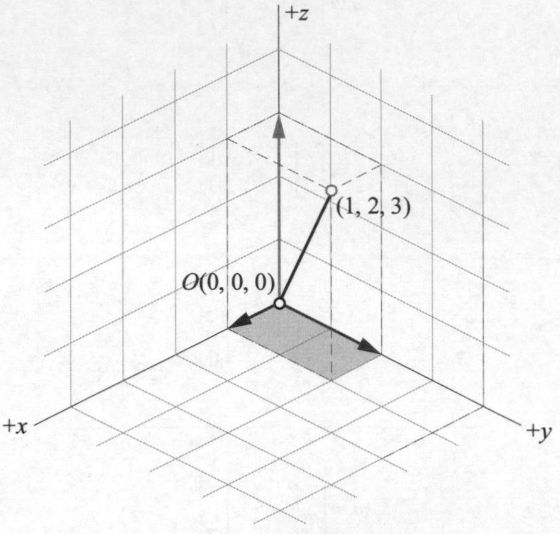

▲ 圖 4.21 立方體的體積為 6

對式 (4.72) 稍作修改，將第三個對角元素值改為 0，得到矩陣

$$\begin{bmatrix} 1 & & \\ & 2 & \\ & & 0 \end{bmatrix} \tag{4.73}$$

這時，矩陣的行列式值為 0。從圖 4.21 上來看，這個立方體「趴」在 *xy* 平面上，對應標色陰影，顯然它的體積為 0。

如圖 4.22(a) 所示，對於任意 3×3 方陣 $\boldsymbol{A}$，它的行列式值的幾何含義就是由其三個列向量 $\boldsymbol{a}_1$、$\boldsymbol{a}_2$、$\boldsymbol{a}_3$ 建構的平行六面體的體積。注意，這個體積值也有正負。特別地，如果 $\boldsymbol{a}_3$ 在 $\boldsymbol{a}_1$、$\boldsymbol{a}_2$ 建構的平面中，也就是 $\boldsymbol{a}_3$ 躺在圖 4.22(b) 中的標色平面上，則平行六面體體積為 0，即方陣 $\boldsymbol{A}$ 行列式值為 0。

行列式中某行或某列全為 0，則行列式值為 0。從幾何角度很容易理解，因為這個平行體的某條邊長為 0，因此它的體積就是 0。再看到單位矩陣 $\boldsymbol{I}$，大家就可以把 $\boldsymbol{I}$ 看成單位正方形 (unit square)、單位正方體 (unit cube)、單位超立方

體 (unit hypercube)。單位矩陣行列式 $|\boldsymbol{I}| = 1$，可以理解成單位正方形的面積為 1，或單位正方體的體積為 1。

> 圖 4.22(b) 這種情況下，$\boldsymbol{a}_1$、$\boldsymbol{a}_2$、$\boldsymbol{a}_3$ 線性相關，$\boldsymbol{A}$ 的秩為 2，這是本書第 7 章要介紹的內容。此外，在線性變換中，變換矩陣的行列式值代表面積或體積縮放比例。本書第 8 章將展開講解。

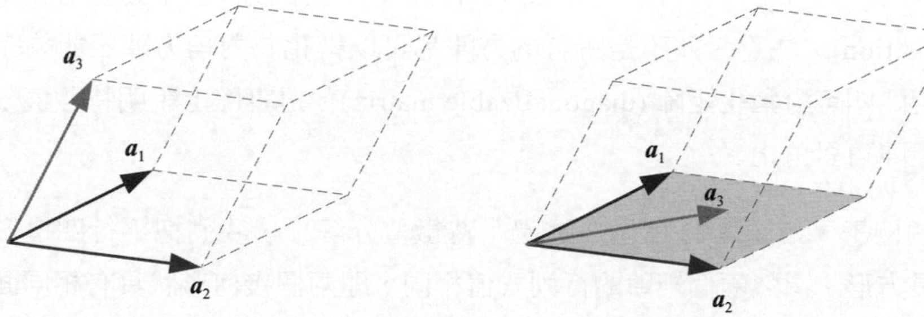

▲ 圖 4.22　3×3 方陣 $\boldsymbol{A}$ 行列式值的幾何含義

多維

再進一步，給定以下 $D\times D$ 對角方陣，即

$$\begin{bmatrix} \lambda_1 & & & \\ & \lambda_2 & & \\ & & \ddots & \\ & & & \lambda_D \end{bmatrix}_{D\times D} \tag{4.74}$$

式 (4.74) 說明，在 D 維空間中，這個「長方體」的邊長分別為 λ_1、λ_2、⋯、λ_D。而這個長方體的體積就是這些值連乘。

舉個例子，在多元高斯分佈的機率密度函式中，我們可以在分母上看到矩陣的行列式值 $|\Sigma|^{\frac{1}{2}}$，$|\Sigma|^{\frac{1}{2}}$ 造成的作用就是體積縮放，即有

$$f_{\chi}(\boldsymbol{x}) = \frac{\exp\left(-\frac{1}{2}(\boldsymbol{x}-\boldsymbol{\mu})^{\mathrm{T}}\boldsymbol{\Sigma}^{-1}(\boldsymbol{x}-\boldsymbol{\mu})\right)}{(2\pi)^{\frac{D}{2}}|\boldsymbol{\Sigma}|^{\frac{1}{2}}} \tag{4.75}$$

本書第 20 章會使用各種線性代數工具解剖多元高斯分佈機率密度函式。

幾何變換：平行四邊形 → 矩形

大家會逐漸發現，我們遇到的方陣大部分都不是對角方陣，計算其面積或體積顯然不容易。那麼有沒有一種辦法能夠將這些方陣轉化成對角方陣呢？也就是說，能否把平行四邊形轉化成矩形，把平行六面體轉化為立方體呢？

答案是肯定的，用到的方法就是本書後續要講解的**特徵值分解** (eigen decomposition)。注意，並不是所有的方陣都可以轉化為對角方陣，能夠完成對角化的矩陣叫**可對角化矩陣** (diagonalizable matrix)。這實際上說明特徵值分解的前提─矩陣可對角化。

舉個例子，如圖 4.23 所示，透過「特徵值分解」，我們把平行四邊形變成了一個長方形。顯然兩個矩陣的行列式值相同，即兩個幾何形狀具有相同面積。大家很快就會發現，長方形的邊長——2 和 5——叫做**特徵值** (eigen value)。2 和 5 是對角方陣的對角線元素。此外，值得大家注意的是圖 4.23 中兩個矩陣的跡相同，即 $3 + 4 = 2 + 5$。

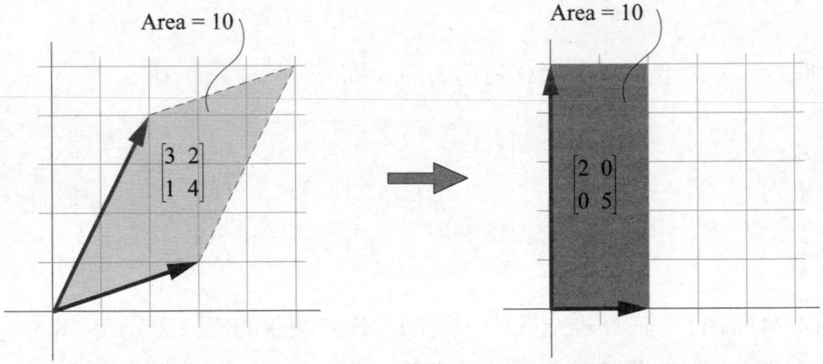

▲ 圖 4.23 把平行四邊形變成長方形

同理，如圖 4.24 所示，透過神奇的「特徵值分解」，我們可以把平行六面體變成長方體。特徵值的奇妙用途還不止這些，請大家關注本書第 13、14 章相關內容。

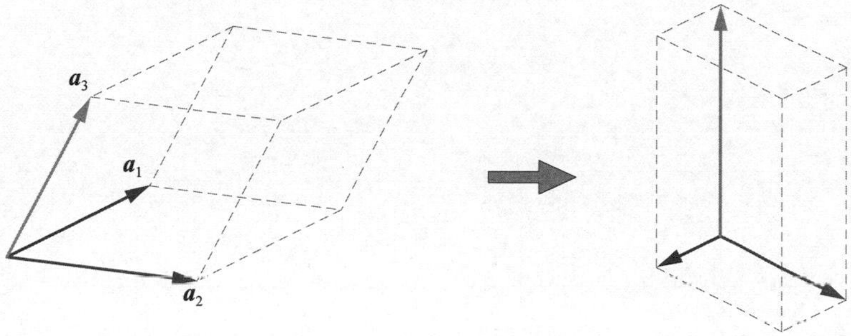

▲ 圖 4.24　把平行六面體變成長方體

本章走馬觀花地介紹了幾種常見矩陣運算。必須強調的是，每一種矩陣運算規則都是重要的數學工具，都有自己的應用場景。而在所有線性代數的運演算法則中，矩陣乘法居於核心地位。

就像兒時背誦九九乘法口訣表一樣，矩陣乘法規則就是我們的「成人乘法表」一必須要熟練掌握！隨著本書對線性代數知識抽絲剝繭，大家會由淺入深地意識到矩陣乘法的偉大力量。

強烈推薦大家參考 Immersive Linear Algebra。這本書搭配了大量可互動動畫展示線性代數概念。全冊免費閱讀，網址如下：

http://immersivemath.com/ila/index.html

Dive into Matrix Multiplication

5 矩陣乘法

代數、幾何、統計、資料交融的盛宴

只要持續進步，千萬別潑冷水，哪怕蝸行牛步。

Never discourage anyone who continually makes progress, no matter how slow.

——柏拉圖（*Plato*）| 古希臘哲學家 | *424/423 B.C.—348/347 B.C.*

- numpy.array() 建構多維矩陣 / 陣列
- numpy.einsum() 愛因斯坦求和約定
- numpy.linalg.inv() 求矩陣逆
- numpy.matrix() 建構二維矩陣
- numpy.multiply() 矩陣逐項積
- numpy.random.random_integers() 生成隨機整數
- seaborn.heatmap() 繪製資料熱圖

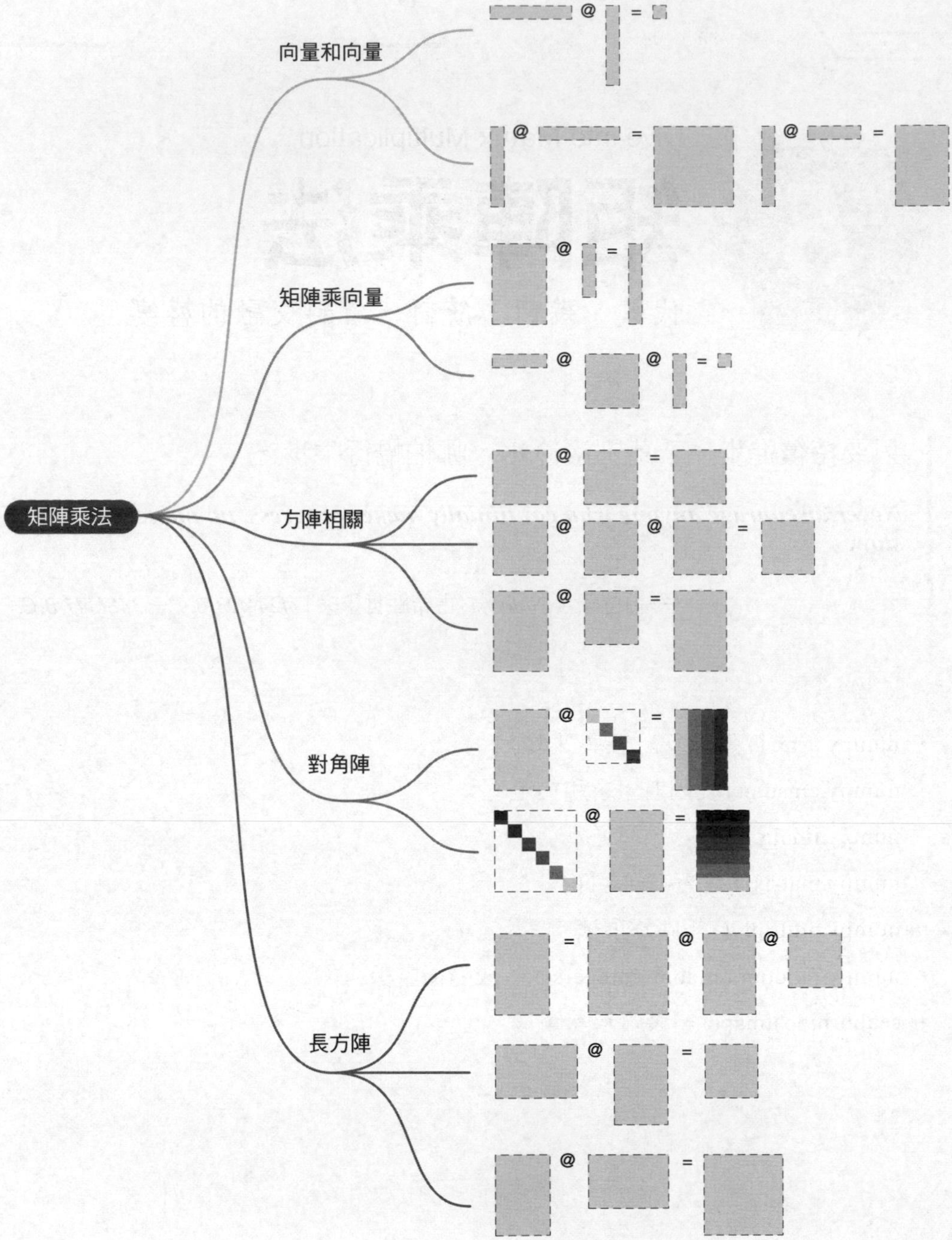
矩陣乘法
向量和向量
矩陣乘向量
方陣相關
對角陣
長方陣

5.1 矩陣乘法：形態豐富多樣

矩陣乘法是線性映射的靈魂。因此，矩陣乘法是矩陣運算中最重要的規則，沒有之一！

矩陣乘法的規則本身並不難理解；但是，擺在我們面前最大的困難是一矩陣乘法的靈活性。這種靈活性主要表現在矩陣乘法的不同角度、矩陣乘法形態的多樣性這兩方面。

本書前文和大家討論了矩陣乘法的兩個角度，本書後續還將在分塊矩陣中繼續探討矩陣乘法的更多角度。而本章將介紹常見的矩陣乘法形態。

本章的作用就是鳥瞰全景，讓大家開開眼界，不需要大家關注運算細節。如果你之前曾經系統學過線性代數，這一章會讓你有尋他千百度、驀然回首的感覺！作者在學習線性代數的時候，就特別希望能找到一本書，能夠把常見的矩陣乘法形態和應用場景都娓娓道來。

如果你剛剛接觸線性代數的相關內容，千萬不要被本章大量術語嚇到，大家現在不需要記住它們。本章可以視為全書重要基礎知識的總結。希望大家在本書不同學習階段時，能夠不斷回頭翻閱本章，讓自己對矩陣乘法的認識一步步加深。

下面，我們就開始「鳥瞰」各種形態的矩陣乘法。

> 注意：學習本章時，請大家多從代數、幾何、資料、統計幾個角度理解不同矩陣乘法形態，特別是幾何和資料這兩個角度。

5.2 向量和向量

給定兩個等行數列向量 $\boldsymbol{x}$ 和 $\boldsymbol{y}$，令

$$\boldsymbol{x} = \begin{bmatrix} x_1 \\ x_2 \\ \vdots \\ x_n \end{bmatrix}, \quad \boldsymbol{y} = \begin{bmatrix} y_1 \\ y_2 \\ \vdots \\ y_n \end{bmatrix} \tag{5.1}$$

$\boldsymbol{x}$ 和 $\boldsymbol{y}$ 向量內積可以寫成 $\boldsymbol{x}$ 轉置乘 $\boldsymbol{y}$，或 $\boldsymbol{y}$ 轉置乘 $\boldsymbol{x}$，即

$$\boldsymbol{x} \cdot \boldsymbol{y} = \boldsymbol{y} \cdot \boldsymbol{x} = \langle \boldsymbol{x}, \boldsymbol{y} \rangle = \boldsymbol{x}^{\mathrm{T}} \boldsymbol{y} = \left(\boldsymbol{x}^{\mathrm{T}} \boldsymbol{y} \right)^{\mathrm{T}} = \boldsymbol{y}^{\mathrm{T}} \boldsymbol{x} = x_1 y_1 + x_2 y_2 + \cdots + x_n y_n = \sum_{i=1}^{n} x_i y_i \tag{5.2}$$

式 (5.2) 告訴我們，$\boldsymbol{x}^{\mathrm{T}}\boldsymbol{y}$ 和 $\boldsymbol{y}^{\mathrm{T}}\boldsymbol{x}$ 相當於向量元素分別相乘再求和，結果為純量。這與向量內積的運算結果完全一致，因此我們常用矩陣乘法替代向量內積運算。

觀察圖 5.1，$\boldsymbol{x}^{\mathrm{T}}\boldsymbol{y}$ 和 $\boldsymbol{y}^{\mathrm{T}}\boldsymbol{x}$ 的結果均為純量，相當於 1×1 矩陣，這就是 $\boldsymbol{x}^{\mathrm{T}}\boldsymbol{y} = (\boldsymbol{x}^{\mathrm{T}}\boldsymbol{y})^{\mathrm{T}}$ 的原因。

如果 $\boldsymbol{x}$ 和 $\boldsymbol{y}$ **正交** (orthogonal)，則兩者向量內積為 0，即

$$\boldsymbol{x} \cdot \boldsymbol{y} = \boldsymbol{y} \cdot \boldsymbol{x} = \langle \boldsymbol{x}, \boldsymbol{y} \rangle = \boldsymbol{x}^{\mathrm{T}} \boldsymbol{y} = \left(\boldsymbol{x}^{\mathrm{T}} \boldsymbol{y} \right)^{\mathrm{T}} = \boldsymbol{y}^{\mathrm{T}} \boldsymbol{x} = 0 \tag{5.3}$$

> 正交相當於「垂直」的推廣。本書中出現「正交」最多的場合就是「正交投影 (orthogonal projection)」。本書第 9、10 章兩章專門講解「正交投影」。

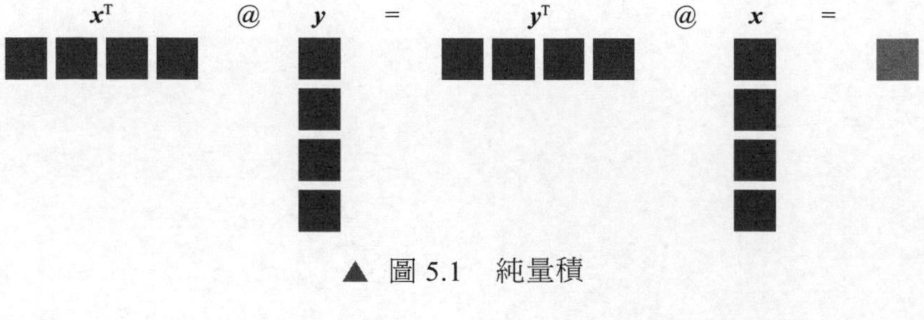

▲ 圖 5.1 純量積

全 1 列向量

全 1 列向量 $\boldsymbol{1}$ 是非常神奇的存在，多元統計離不開全 1 列向量。下面舉幾個例子。

如圖 5.2 所示，全 1 列向量 $\boldsymbol{1}$ 乘行向量 $\boldsymbol{a}$，相當於對行向量 $\boldsymbol{a}$ 進行複製、向下疊放。$\boldsymbol{1}$@$\boldsymbol{a}$ 結果為

$$\boldsymbol{1} @ \boldsymbol{a} = \begin{bmatrix} 1 \\ 1 \\ \vdots \\ 1 \end{bmatrix}_{n \times 1} @ \boldsymbol{a}_{1 \times m} = \begin{bmatrix} \boldsymbol{a} \\ \boldsymbol{a} \\ \vdots \\ \boldsymbol{a} \end{bmatrix}_{n \times m} \tag{5.4}$$

式 (5.4) 的結果為矩陣。複製的份數取決於全 1 列向量 $\boldsymbol{1}$ 中的元素個數。再次強調，式 (5.4) 中 $\boldsymbol{a}$ 為行向量。

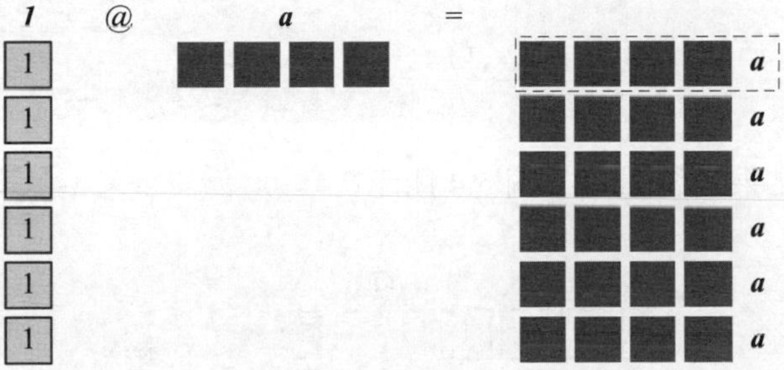

▲ 圖 5.2　複製行向量 $\boldsymbol{a}$

同理，如圖 5.3 所示，列向量 $\boldsymbol{b}$ 乘全 1 列向量 $\boldsymbol{1}$ 轉置，相當於對列向量 $\boldsymbol{b}$ 複製、左右排列，即

$$\boldsymbol{b} @ \boldsymbol{1}^{\mathrm{T}} = \boldsymbol{b} @ \begin{bmatrix} 1 \\ 1 \\ \vdots \\ 1 \end{bmatrix}^{\mathrm{T}} = \begin{bmatrix} \boldsymbol{b} & \boldsymbol{b} & \cdots & \boldsymbol{b} \end{bmatrix} \tag{5.5}$$

式 (5.5) 的結果為矩陣。

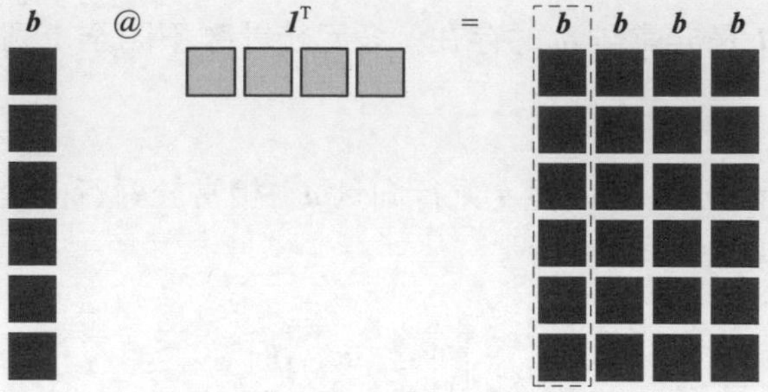

▲ 圖 5.3 複製列向量 $\boldsymbol{b}$

統計角度

利用 $\boldsymbol{1}$ 對列向量 $\boldsymbol{x}$ 的元素求和的計算方法為

$$\boldsymbol{1} \cdot \boldsymbol{x} = \boldsymbol{1}^{\mathrm{T}} \boldsymbol{x} = \boldsymbol{x}^{\mathrm{T}} \boldsymbol{1} = x_1 + x_2 + \cdots + x_n = \sum_{i=1}^{n} x_i \tag{5.6}$$

式 (5.6) 的結果為純量。如圖 5.4 所示。

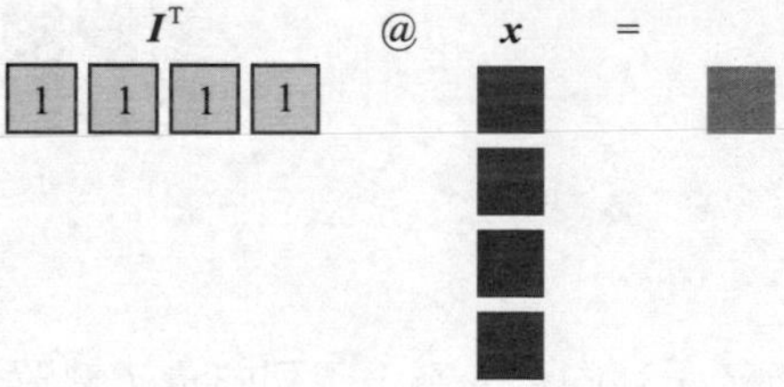

▲ 圖 5.4 求和運算

式 (5.6) 除以 n 便是向量 $\boldsymbol{x}$ 元素的平均值，即

$$E(\boldsymbol{x}) = \frac{x_1 + x_2 + \cdots + x_n}{n} = \frac{1}{n} \sum_{i=1}^{n} x_i = \frac{\boldsymbol{1} \cdot \boldsymbol{x}}{n} = \frac{\boldsymbol{1}^{\mathrm{T}} \boldsymbol{x}}{n} = \frac{\boldsymbol{x}^{\mathrm{T}} \boldsymbol{1}}{n} \tag{5.7}$$

式 (5.7) 的假設前提是，X 為有 n 個等機率值 $1/n$ 的平均分佈。不然我們要把 $1/n$ 替換成具體的機率值 p_i。不做特殊說明時，本章預設整體或樣本都為等機率。

向量 $\boldsymbol{x}$ 元素各自平方後再求和的計算方法為

$$\boldsymbol{x} \cdot \boldsymbol{x} = \boldsymbol{x}^{\mathrm{T}} \boldsymbol{x} = x_1^2 + x_2^2 + \cdots + x_n^2 = \sum_{i=1}^{n} x_i^2 \tag{5.8}$$

式 (5.8) 的結果為純量。如圖 5.5 所示。

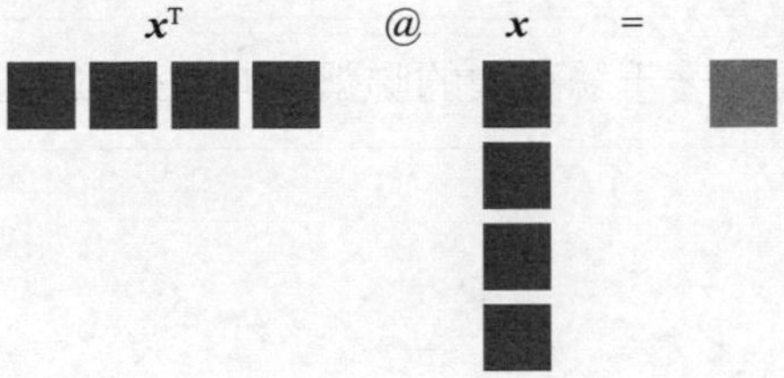

▲ 圖 5.5　平方和運算

計算樣本方差時也用到類似於式 (5.8) 的計算，即

$$\operatorname{var}(X) = \frac{1}{n-1} \sum_{i=1}^{n} (x_i - \mu)^2 \tag{5.9}$$

式 (5.9) 中，隨機數 X 的樣本點組成列向量 $\boldsymbol{x}$，$\boldsymbol{x}$ 方差則為

$$\operatorname{var}(\boldsymbol{x}) = \frac{1}{n-1} \left(\boldsymbol{x} - \frac{\boldsymbol{I}^{\mathrm{T}} \boldsymbol{x}}{n} \right) \cdot \left(\boldsymbol{x} - \frac{\boldsymbol{I}^{\mathrm{T}} \boldsymbol{x}}{n} \right) = \frac{1}{n-1} \left(\boldsymbol{x} - \frac{\boldsymbol{I}^{\mathrm{T}} \boldsymbol{x}}{n} \right)^{\mathrm{T}} \left(\boldsymbol{x} - \frac{\boldsymbol{I}^{\mathrm{T}} \boldsymbol{x}}{n} \right) \tag{5.10}$$

本書第 22 章將講解如何展開式 (5.10)。

前文介紹過，在計算樣本協方差時，我們用過類似於 (5.2) 運算，即

$$\operatorname{cov}(X,Y) = \frac{1}{n-1} \sum_{i=1}^{n} \left(x_i - \mathrm{E}(X) \right) \left(y_i - \mathrm{E}(Y) \right) \tag{5.11}$$

注意：如果計算整體方差、協方差的話，式 (5.9) 和式 (5.11) 分母的 $n-1$ 則應該改為 n。當 n 足夠大時，可以不區分 $n-1$ 或 n。

上式中，隨機數 X 和 Y 的樣本點寫成列向量 $\boldsymbol{x}$ 和 $\boldsymbol{y}$，也就是說，式 (5.11) 可以寫成

$$\operatorname{cov}(\boldsymbol{x},\boldsymbol{y})=\frac{1}{n-1}\left(\boldsymbol{x}-\frac{\boldsymbol{1}^{\mathrm{T}}\boldsymbol{x}}{n}\right)\cdot\left(\boldsymbol{y}-\frac{\boldsymbol{1}^{\mathrm{T}}\boldsymbol{y}}{n}\right)=\frac{1}{n-1}\left(\boldsymbol{x}-\frac{\boldsymbol{1}^{\mathrm{T}}\boldsymbol{x}}{n}\right)^{\mathrm{T}}\left(\boldsymbol{y}-\frac{\boldsymbol{1}^{\mathrm{T}}\boldsymbol{y}}{n}\right) \tag{5.12}$$

統計和線性代數之間有著千絲萬縷的聯繫，本書第 22 章還會繼續這一話題。

幾何角度

如果 $\boldsymbol{x}$ 為 n 維單位列向量，則下列兩式成立，即

$$\boldsymbol{x}\cdot\boldsymbol{x}=\langle\boldsymbol{x},\boldsymbol{x}\rangle=\boldsymbol{x}^{\mathrm{T}}\boldsymbol{x}=\|\boldsymbol{x}\|_2^2=1,\quad \sqrt{\boldsymbol{x}\cdot\boldsymbol{x}}=\sqrt{\langle\boldsymbol{x},\boldsymbol{x}\rangle}=\sqrt{\boldsymbol{x}^{\mathrm{T}}\boldsymbol{x}}=\|\boldsymbol{x}\|_2=1 \tag{5.13}$$

整理以上不同等式都得到同一等式

$$x_1^2+x_2^2+\cdots+x_n^2=1 \tag{5.14}$$

提醒大家注意，但凡遇到矩陣乘積結果為純量的情況，請考慮是否能從「距離」角度理解這個矩陣乘積。

幾何角度，如圖 5.6(a) 所示，若 $n=2$，則式 (5.13) 代表平面上的**單位圓** (unit circle)。如圖 5.6(b) 所示，若 $n=3$，則式 (5.13) 代表三維空間的**單位球體** (unit sphere)。當 $n>3$ 時，在多維空間中，式 (5.13) 代表 ***n* 維單位球面** (unit n-sphere) 或**單位超球面** (unit hyper-sphere)。

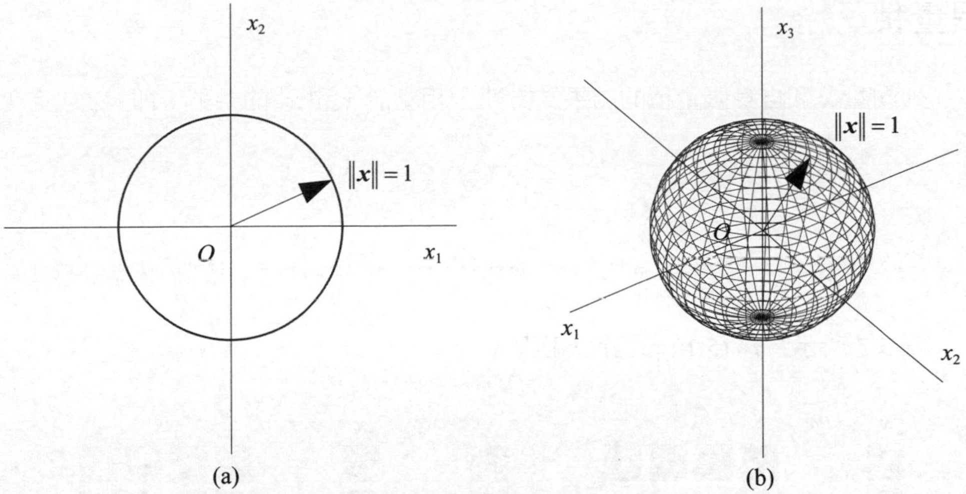

▲ 圖 5.6　單位圓和單位球體

單位圓、單位球、單位超球面內部的點滿足

$$\boldsymbol{x}\cdot\boldsymbol{x}=\langle\boldsymbol{x},\boldsymbol{x}\rangle=\boldsymbol{x}^{\mathrm{T}}\boldsymbol{x}=\|\boldsymbol{x}\|_2^2<1,\quad \sqrt{\boldsymbol{x}\cdot\boldsymbol{x}}=\sqrt{\langle\boldsymbol{x},\boldsymbol{x}\rangle}=\sqrt{\boldsymbol{x}^{\mathrm{T}}\boldsymbol{x}}=\|\boldsymbol{x}\|_2<1 \tag{5.15}$$

即

$$x_1^2+x_2^2+\cdots+x_n^2<1 \tag{5.16}$$

單位圓、單位球、單位超球面外部的點滿足

$$\boldsymbol{x}\cdot\boldsymbol{x}=\langle\boldsymbol{x},\boldsymbol{x}\rangle=\boldsymbol{x}^{\mathrm{T}}\boldsymbol{x}=\|\boldsymbol{x}\|_2^2>1,\quad \sqrt{\boldsymbol{x}\cdot\boldsymbol{x}}=\sqrt{\langle\boldsymbol{x},\boldsymbol{x}\rangle}=\sqrt{\boldsymbol{x}^{\mathrm{T}}\boldsymbol{x}}=\|\boldsymbol{x}\|_2>1 \tag{5.17}$$

即，

$$x_1^2+x_2^2+\cdots+x_n^2>1 \tag{5.18}$$

張量積

列向量 $\boldsymbol{x}$ 和自身張量積的結果為方陣，相當於 $\boldsymbol{x}$ 和 $\boldsymbol{x}^{\mathrm{T}}$ 的乘積，即

$$\boldsymbol{x}\otimes\boldsymbol{x}=\boldsymbol{x}@\boldsymbol{x}^{\mathrm{T}}=\begin{bmatrix} x_1x_1 & x_1x_2 & \cdots & x_1x_n \\ x_2x_1 & x_2x_2 & \cdots & x_2x_n \\ \vdots & \vdots & \ddots & \vdots \\ x_nx_1 & x_nx_2 & \cdots & x_nx_n \end{bmatrix} \tag{5.19}$$

圖 5.7 所示為式 (5.19) 的計算過程。

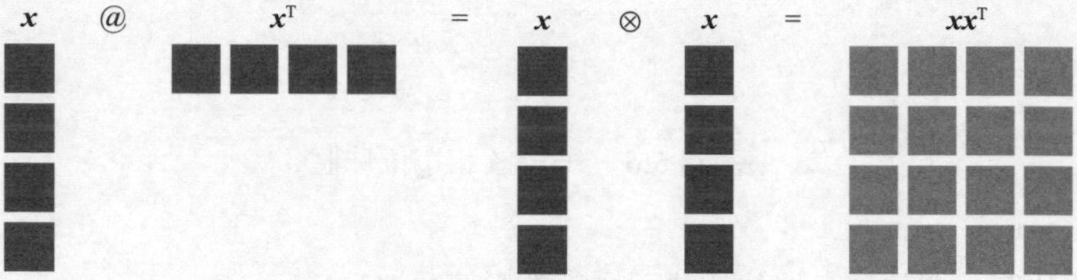

▲ 圖 5.7　張量積運算

用兩種方式展開式 (5.19)，可以得到

$$\begin{aligned}\boldsymbol{x}\otimes\boldsymbol{x}=\boldsymbol{x}\boldsymbol{x}^{\mathrm{T}}&=\begin{bmatrix} x_1 \\ x_2 \\ \vdots \\ x_n \end{bmatrix}\boldsymbol{x}^{\mathrm{T}}=\begin{bmatrix} x_1\boldsymbol{x}^{\mathrm{T}} \\ x_2\boldsymbol{x}^{\mathrm{T}} \\ \vdots \\ x_n\boldsymbol{x}^{\mathrm{T}} \end{bmatrix} \\ &=\boldsymbol{x}\begin{bmatrix} x_1 & x_2 & \cdots & x_n \end{bmatrix}=\begin{bmatrix} x_1\boldsymbol{x} & x_2\boldsymbol{x} & \cdots & x_n\boldsymbol{x} \end{bmatrix}\end{aligned} \tag{5.20}$$

本書前文提過，向量張量積的行向量、列向量都存在「倍數關係」。這實際上解釋了為什麼非 $\boldsymbol{0}$ 向量張量積的**秩** (rank) 為 1。本書第 7 章將介紹「秩」這個概念。另外，請大家注意如圖 5.8 所示的兩種形狀的張量積與矩陣乘法的關係，並注意區分結果的形狀。

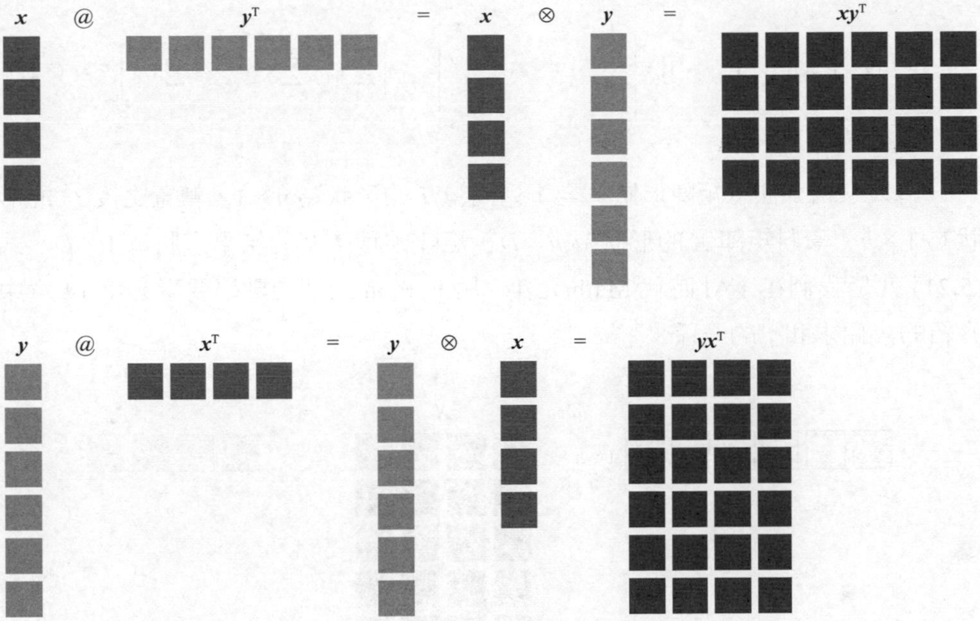

▲ 圖 5.8　另外兩種形狀的張量積

5.3 再聊全 1 列向量

本節主要介紹全 1 列向量 ***1*** 在求和方面的用途。

> ⚠ 有關 Σ 求和，《AI 時代 Math 元年 - 用 Python 全精通數學要素》第 14 章中講過。本節主要從矩陣乘法的角度再進行深入探討。

每列元素求和

如圖 5.9 所示，全 1 列向量 ***1*** 轉置左乘資料矩陣 ***X***，相當於對 ***X*** 的每一列元素求和，計算結果為行向量，行向量的每個元素是 ***X*** 對應列元素之和，即

$$(\boldsymbol{1}_{n\times 1})^{\mathrm{T}} \boldsymbol{X} = \begin{bmatrix} 1 & 1 & \cdots & 1 \end{bmatrix}_{1\times n} \begin{bmatrix} x_{1,1} & x_{1,2} & \cdots & x_{1,D} \\ x_{2,1} & x_{2,2} & \cdots & x_{2,D} \\ \vdots & \vdots & \ddots & \vdots \\ x_{n,1} & x_{n,2} & \cdots & x_{n,D} \end{bmatrix}_{n\times D} = \begin{bmatrix} \sum_{i=1}^{n} x_{i,1} & \sum_{i=1}^{n} x_{i,2} & \cdots & \sum_{i=1}^{n} x_{i,D} \end{bmatrix}_{1\times D} \tag{5.21}$$

請大家格外注意矩陣形狀。全 1 列向量 $\boldsymbol{1}$ 的形狀為 $n\times 1$，轉置之後 $\boldsymbol{1}^{\mathrm{T}}$ 的形狀為 $1\times n$。資料矩陣 $\boldsymbol{X}$ 的形狀為 $n\times D$。矩陣乘積 $\boldsymbol{1}^{\mathrm{T}}\boldsymbol{X}$ 的結果形狀為 $1\times D$。式 (5.21) 就是我們在《AI 時代 Math 元年 - 用 Python 全精通數學要素》第 14 章中介紹的「偏求和」的一種。

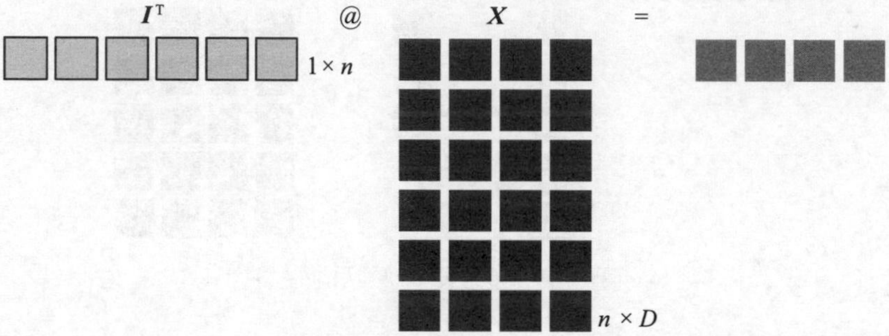

▲ 圖 5.9　列方向求和

式 (5.21) 左右除以 n，便得到每一列元素平均值組成的行向量 E($\boldsymbol{X}$)，有

$$\mathrm{E}(\boldsymbol{X}) = \frac{\boldsymbol{1}^{\mathrm{T}}\boldsymbol{X}}{n} = \begin{bmatrix} \frac{\sum_{i=1}^{n} x_{i,1}}{n} & \frac{\sum_{i=1}^{n} x_{i,2}}{n} & \cdots & \frac{\sum_{i=1}^{n} x_{i,D}}{n} \end{bmatrix} = \begin{bmatrix} \mu_1 & \mu_2 & \cdots & \mu_D \end{bmatrix} \tag{5.22}$$

E($\boldsymbol{X}$) 常被稱做資料矩陣 $\boldsymbol{X}$ 的**質心** (centroid)。我們也常用 μ_X 表達質心。μ_X 為列向量，是行向量 E($\boldsymbol{X}$) 的轉置，有

$$\boldsymbol{\mu}_X = \mathrm{E}(\boldsymbol{X})^{\mathrm{T}} = \begin{bmatrix} \mu_1 \\ \mu_2 \\ \vdots \\ \mu_D \end{bmatrix} = \frac{\boldsymbol{X}^{\mathrm{T}}\boldsymbol{1}}{n} \tag{5.23}$$

> ⚠ 注意：本書系定義 E($\boldsymbol{X}$) 為行向量。而 μ_X 為列向量，μ_X 和 E($\boldsymbol{X}$) 就差在轉置上。E($\boldsymbol{X}$) 一般常配合原始資料矩陣 $\boldsymbol{X}$ 一起出現，如利用廣播原則去平均值；而 μ_X 多用在分佈相關的運算中，如多元高斯分佈。

去平均值

上一節提到，全 1 列向量有複製的功能。很多應用場合需要將式 (5.22) 複製 n 份，得到一個與原矩陣形狀相同的矩陣。下式可以完成這個計算，即

$$\boldsymbol{1}_{n\times 1} @ \mathrm{E}(\boldsymbol{X})_{1\times D} = \frac{\boldsymbol{1}_{n\times 1}\boldsymbol{1}_{n\times 1}^{\mathrm{T}}\boldsymbol{X}}{n} = \begin{bmatrix} \mu_1 & \mu_2 & \cdots & \mu_D \\ \mu_1 & \mu_2 & \cdots & \mu_D \\ \vdots & \vdots & \ddots & \vdots \\ \mu_1 & \mu_2 & \cdots & \mu_D \end{bmatrix}_{n\times D} \tag{5.24}$$

式 (5.24) 的結果和資料矩陣 $\boldsymbol{X}$ 形狀一致，都是 $n\times D$。其中：$\boldsymbol{1}_{n\times 1}\boldsymbol{1}_{n\times 1}^{\mathrm{T}}$ 相當於向量張量積 $\boldsymbol{1}_{n\times 1} \otimes \boldsymbol{1}_{n\times 1}$，結果為 $n\times n$ 全 1 方陣。利用向量張量積，式 (5.24) 可以寫成

$$\boldsymbol{1}_{n\times 1} @ \mathrm{E}(\boldsymbol{X})_{1\times D} = \frac{\boldsymbol{1}_{n\times 1} \otimes \boldsymbol{1}_{n\times 1}}{n}\boldsymbol{X} \tag{5.25}$$

式 (5.25) 相當於是 $\boldsymbol{X}$ 向 $\boldsymbol{1}$ 正交投影，這是本書第 10 章要探討的內容。

對 $\boldsymbol{X}$ **去平均值** (demean 或 centralize) 就是 $\boldsymbol{X}$ 的每個元素減去 $\boldsymbol{X}$ 對應列方向資料平均值，即 $\boldsymbol{X}$ 減去式 (5.24) 得到去平均值資料矩陣 $\boldsymbol{X}_{\mathrm{c}}$，有

$$\boldsymbol{X}_{\mathrm{c}} = \boldsymbol{X} - \frac{\boldsymbol{1}\boldsymbol{1}^{\mathrm{T}}\boldsymbol{X}}{n} = \begin{bmatrix} x_{1,1}-\mu_1 & x_{1,2}-\mu_2 & \cdots & x_{1,D}-\mu_D \\ x_{2,1}-\mu_1 & x_{2,2}-\mu_2 & \cdots & x_{2,D}-\mu_D \\ \vdots & \vdots & \ddots & \vdots \\ x_{n,1}-\mu_1 & x_{n,2}-\mu_2 & \cdots & x_{n,D}-\mu_D \end{bmatrix}_{n\times D} \tag{5.26}$$

式 (5.26) 可以整理為

$$\boldsymbol{X} - \frac{\boldsymbol{1}\boldsymbol{1}^{\mathrm{T}}\boldsymbol{X}}{n} = \boldsymbol{I}\boldsymbol{X} - \frac{\boldsymbol{1}\boldsymbol{1}^{\mathrm{T}}\boldsymbol{X}}{n} = \left(\boldsymbol{I} - \frac{\boldsymbol{1}\boldsymbol{1}^{\mathrm{T}}}{n}\right)\boldsymbol{X} \tag{5.27}$$

其中：$\boldsymbol{I}$ 為單位矩陣，對角線元素都是 1，其餘為 0。式 (5.27) 中 $\boldsymbol{I}$ 的形狀為 $n \times n$。

如圖 5.10 所示，從幾何角度來看，去平均值相當於將資料的質心平移到原點。為了方便，我們一般利用廣播原則計算去平均值矩陣 $\boldsymbol{X}_c$，即 $\boldsymbol{X}_c = \boldsymbol{X} - \mathrm{E}(\boldsymbol{X})$。

有關去均值運算，本書第 22 章 還要深入講解這一話題。

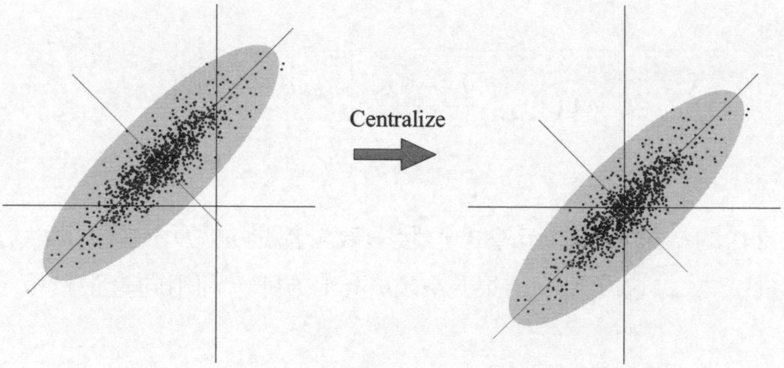

▲ 圖 5.10　去平均值的幾何角度

用張量積 $\boldsymbol{1} \otimes \boldsymbol{1}$，式 (5.26) 可以寫成

$$\boldsymbol{X}_c = \boldsymbol{X} - \frac{\boldsymbol{1} \otimes \boldsymbol{1}}{n} \boldsymbol{X} \tag{5.28}$$

前文提到，張量積 $\boldsymbol{1} \otimes \boldsymbol{1}$ 是個 $n \times n$ 方陣，矩陣的元素都是 1。張量積 $\boldsymbol{1} \otimes \boldsymbol{1}$ 再除以 n 得到的方陣中每個元素都是 $1/n$。

每行元素求和

如圖 5.11 所示，矩陣 $\boldsymbol{X}$ 乘全 1 列向量 $\boldsymbol{1}$，相當於對 $\boldsymbol{X}$ 每一行元素求和，結果為列向量，即

注意：式 (5.21) 和式 (5.29) 兩式中的全 ***1*** 向量長度不同。式 (5.29) 中全 1 列向量 ***1*** 的形狀為 $\boldsymbol{D}\times 1$。

$$\boldsymbol{X}_{n\times D}\boldsymbol{1}_{D\times 1}=\begin{bmatrix} x_{1,1} & x_{1,2} & \cdots & x_{1,D} \\ x_{2,1} & x_{2,2} & \cdots & x_{2,D} \\ \vdots & \vdots & \ddots & \vdots \\ x_{n,1} & x_{n,2} & \cdots & x_{n,D} \end{bmatrix}_{n\times D}\begin{bmatrix} 1 \\ 1 \\ \vdots \\ 1 \end{bmatrix}_{D\times 1}=\begin{bmatrix} \sum_{j=1}^{D} x_{1,j} \\ \sum_{j=1}^{D} x_{2,j} \\ \vdots \\ \sum_{j=1}^{D} x_{n,j} \end{bmatrix}_{n\times 1} \tag{5.29}$$

而式 (5.29) 除以 D 結果是 $\boldsymbol{X}$ 每行元素平均值，即

$$\frac{\boldsymbol{X}_{n\times D}\boldsymbol{1}_{D\times 1}}{D}=\begin{bmatrix} \sum_{j=1}^{D} x_{1,j} \Big/ D \\ \sum_{j=1}^{D} x_{2,j} \Big/ D \\ \vdots \\ \sum_{j=1}^{D} x_{n,j} \Big/ D \end{bmatrix}_{n\times 1} \tag{5.30}$$

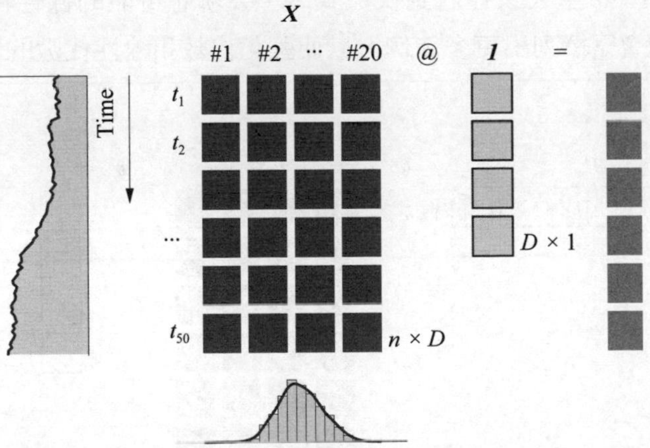

▲ 圖 5.11　行方向求和

大家可能會好奇，資料矩陣的列平均值、行平均值有怎樣的應用場景呢？

舉個例子，假設圖 5.11 中資料矩陣 $\boldsymbol{X}$ 為某個班級 20 名學生一個學期不同時間 t 的連續 50 次數學測驗的成績。每一列的平均值代表的是某個學生的平均成績，每一行的平均值則代表一個班級在某次數學測驗的整體表現。採用長條圖型分析列平均值，我們可以得到該學期學生平均成績的分佈。採用線圖型分析行均值，我們可以得到班級學生平均成績隨時間變化的趨勢。

所有元素的和

如圖 5.12 所示，資料矩陣 $\boldsymbol{X}$ 分別左乘 $\boldsymbol{1}^{\mathrm{T}}$、右乘全 1 向量，結果為對 $\boldsymbol{X}$ 的所有元素求和，即

$$\boldsymbol{1}^{\mathrm{T}}\boldsymbol{X}\boldsymbol{1}=\begin{bmatrix}\sum_{i=1}^{n}x_{i,1} & \sum_{i=1}^{n}x_{i,2} & \cdots & \sum_{i=1}^{n}x_{i,D}\end{bmatrix}\begin{bmatrix}1\\1\\\vdots\\1\end{bmatrix}=\sum_{j=1}^{D}\sum_{i=1}^{n}x_{i,j} \tag{5.31}$$

式 (5.31) 的結果除以 nD，得到的便是整個資料矩陣 $\boldsymbol{X}$ 所有元素的平均值。

注意：式 (5.31) 中兩個全 1 列向量長度也不同，具體形狀如圖 5.12 所示。再強調一點，希望大家在看到代數式時，要聯想可能的線性代數運算式。本章後續還會繼續列出更多範例，以便強化代數和線性代數的聯繫。

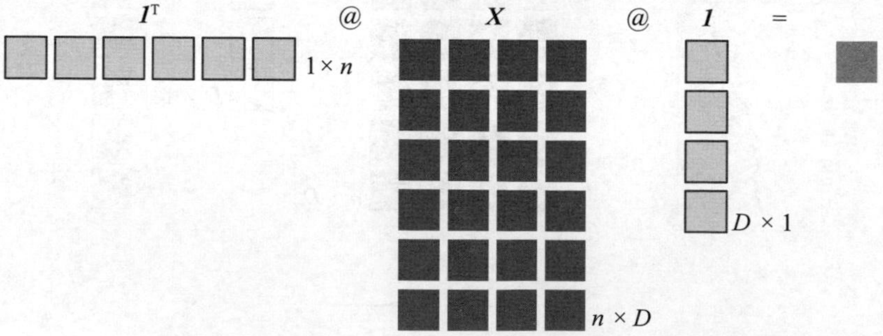

▲ 圖 5.12　矩陣所有元素求和

5.4 矩陣乘向量：線性方程式組

設矩陣 $\boldsymbol{A}$ 為 n 行、D 列，即有

$$\boldsymbol{A}_{n\times D}=\begin{bmatrix} a_{1,1} & a_{1,2} & \cdots & a_{1,D} \\ a_{2,1} & a_{2,2} & \cdots & a_{2,D} \\ \vdots & \vdots & \ddots & \vdots \\ a_{n,1} & a_{n,2} & \cdots & a_{n,D} \end{bmatrix} \tag{5.32}$$

$\boldsymbol{x}$ 為 D 個未知量 x_1、x_2、⋯、x_D 組成的列向量，$\boldsymbol{b}$ 為 n 個常數 b_1、b_2、⋯、b_n 組成的列向量，即

$$\boldsymbol{x}_{D\times 1}=\begin{bmatrix} x_1 \\ x_2 \\ \vdots \\ x_D \end{bmatrix},\quad \boldsymbol{b}_{n\times 1}=\begin{bmatrix} b_1 \\ b_2 \\ \vdots \\ b_n \end{bmatrix} \tag{5.33}$$

如圖 5.13 所示，$\boldsymbol{Ax}=\boldsymbol{b}$ 可以寫成

$$\underbrace{\begin{bmatrix} a_{1,1} & a_{1,2} & \cdots & a_{1,D} \\ a_{2,1} & a_{2,2} & \cdots & a_{2,D} \\ \vdots & \vdots & \ddots & \vdots \\ a_{n,1} & a_{n,2} & \cdots & a_{n,D} \end{bmatrix}}_{\boldsymbol{A}_{n\times D}}\underbrace{\begin{bmatrix} x_1 \\ x_2 \\ \vdots \\ x_D \end{bmatrix}}_{\boldsymbol{x}_{D\times 1}}=\underbrace{\begin{bmatrix} b_1 \\ b_2 \\ \vdots \\ b_n \end{bmatrix}}_{\boldsymbol{b}_{n\times 1}} \tag{5.34}$$

式 (5.34) 展開得到**線性方程式組** (system of linear equations)

$$\begin{cases} a_{1,1}x_1+a_{1,2}x_2+\cdots+a_{1,D}x_D=b_1 \\ a_{2,1}x_1+a_{2,2}x_2+\cdots+a_{2,D}x_D=b_2 \\ \qquad\qquad\qquad\qquad\vdots \\ a_{n,1}x_1+a_{n,2}x_2+\cdots+a_{n,D}x_D=b_n \end{cases} \tag{5.35}$$

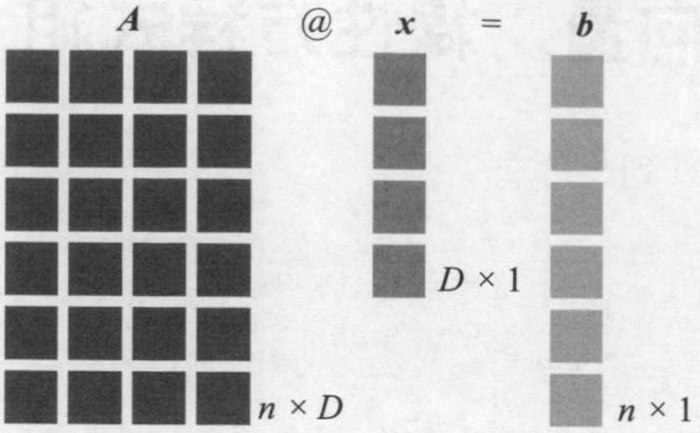

▲ 圖 5.13 長方陣乘列向量

解的個數

若式 (5.34) 有唯一一組解，矩陣 $\boldsymbol{A}$ 可逆，即

$$\boldsymbol{Ax} = \boldsymbol{b} \quad \Rightarrow \quad \boldsymbol{x} = \boldsymbol{A}^{-1}\boldsymbol{b} \tag{5.36}$$

此時稱 $\boldsymbol{Ax} = \boldsymbol{b}$ 為恰定方程式組。

有無窮多解的方程式組叫做**欠定方程式組** (underdetermined system)。

解不存在的方程式組叫做**超定方程式組** (overdetermined system)。

特別地，如果 $\boldsymbol{A}^{\mathrm{T}}\boldsymbol{A}$ 可逆，則 $\boldsymbol{x}$ 可以透過下式求解，即

$$\boldsymbol{Ax} = \boldsymbol{b} \quad \Rightarrow \quad \boldsymbol{A}^{\mathrm{T}}\boldsymbol{Ax} = \boldsymbol{A}^{\mathrm{T}}\boldsymbol{b} \quad \Rightarrow \quad \boldsymbol{x} = \underbrace{\left(\boldsymbol{A}^{\mathrm{T}}\boldsymbol{A}\right)^{-1}\boldsymbol{A}^{\mathrm{T}}}_{\boldsymbol{A}^{+}}\boldsymbol{b} \tag{5.37}$$

$(\boldsymbol{A}^{\mathrm{T}}\boldsymbol{A})^{-1}\boldsymbol{A}^{\mathrm{T}}$ 常被稱為**廣義逆** (generalized inverse)，或**偽逆** (pseudoinverse)。如果 $\boldsymbol{A}^{\mathrm{T}}\boldsymbol{A}$ 非滿秩，則 $\boldsymbol{A}^{\mathrm{T}}\boldsymbol{A}$ 不可逆。這種情況，我們就需要莫爾 - 彭羅斯廣義逆 (Moore-Penrose inverse)。函式 numpy.linalg. pinv( ) 計算莫爾 - 彭羅斯廣義逆。這個函式用的實際上是奇異值分解獲得的莫爾 - 彭羅斯廣義逆。

《AI 時代 Math 元年 - 用 Python 全精通數學要素》一書介紹過最小平方法 (ordinary least squares,OLS) 和廣義逆之間的關係。本書系《AI 時代 Math 元年 - 用 Python 全精通統計及機率》和《AI 時代 Math 元年 - 用 Python 全精通資料處理》兩本書還會深入講解最小平方法回歸。

線性代數本身具有「代數」屬性，這也就是為什麼很多教材以求解 $\boldsymbol{Ax} = \boldsymbol{b}$ 為起點講解線性代數。而本書則試圖跳出「代數」的桎梏，從向量、幾何、空間、資料等角度理解 $\boldsymbol{Ax} = \boldsymbol{b}$。

線性組合角度

下面用另外一個角度看 $\boldsymbol{Ax} = \boldsymbol{b}$。

本書前文反覆提到，矩陣 $\boldsymbol{A}$ 可以視為由一組列向量建構而成，即

$$\boldsymbol{A}_{n\times D} = \begin{bmatrix} \boldsymbol{a}_1 & \boldsymbol{a}_2 & \cdots & \boldsymbol{a}_D \end{bmatrix} \tag{5.38}$$

如圖 5.14 所示，式 (5.34) 可以寫成

$$\begin{bmatrix} \boldsymbol{a}_1 & \boldsymbol{a}_2 & \cdots & \boldsymbol{a}_D \end{bmatrix}_{1\times D} \begin{bmatrix} x_1 \\ x_2 \\ \vdots \\ x_D \end{bmatrix}_{D\times 1} = \boldsymbol{b}_{n\times 1} \tag{5.39}$$

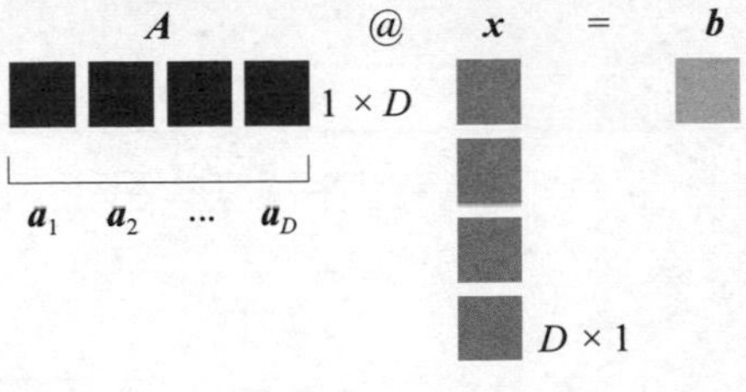

▲ 圖 5.14　線性組合角度看線性方程式組

展開式 (5.39) 得到

$$x_1\boldsymbol{a}_1 + x_2\boldsymbol{a}_2 + \cdots + x_D\boldsymbol{a}_D = \boldsymbol{b}_{n\times 1} \tag{5.40}$$

即

$$x_1 \underbrace{\begin{bmatrix} a_{1,1} \\ a_{2,1} \\ \vdots \\ a_{n,1} \end{bmatrix}}_{a_1} + x_2 \underbrace{\begin{bmatrix} a_{1,2} \\ a_{2,2} \\ \vdots \\ a_{n,2} \end{bmatrix}}_{a_2} + \cdots + x_D \underbrace{\begin{bmatrix} a_{1,D} \\ a_{2,D} \\ \vdots \\ a_{n,D} \end{bmatrix}}_{a_D} = \begin{bmatrix} b_1 \\ b_2 \\ \vdots \\ b_n \end{bmatrix} \tag{5.41}$$

線性組合這個概念非常重要，本書第 7 章將專門介紹。

當 x_1、x_2、⋯、x_D 取具體值時，上式代表**線性組合** (linear combination)。用臘八粥舉個例子，上式相當於不同比例的原料混合，x_i 就是比例，$\boldsymbol{a}_i$ 就是不同的原料，而 $\boldsymbol{b}$ 就是混合得到的八寶粥。

映射角度

如圖 5.15 所示，從**線性映射** (linear mapping) 角度來看，式 (5.34) 代表從 $\mathbb{R}^n$ 空間到 $\mathbb{R}^D$ 空間的某種特定映射。列向量 $\boldsymbol{x}_{D\times 1}$ 在 $\mathbb{R}^D$ 中，而列向量 $\boldsymbol{b}_{n\times 1}$ 在 $\mathbb{R}^n$ 中。當且僅當矩陣 $\boldsymbol{A}$ 可逆時，可以完成從 $\mathbb{R}^n$ 空間到 $\mathbb{R}^D$ 空間的映射。這種情況下，$n = D$ 且 $\boldsymbol{A}$ 滿秩，也就是兩個空間相同，我們管這種線性映射叫**線性變換** (linear transformation)。

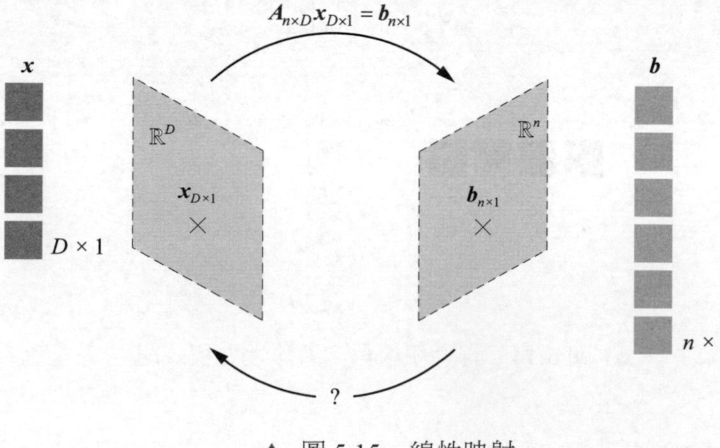

▲ 圖 5.15　線性映射

幾何角度

如果二維向量 $\boldsymbol{x} = [x_1, x_2]^{\mathrm{T}}$ 的模為 1，$\boldsymbol{x}$ 的起點位於原點，則終點位於單位圓上。給定以下矩陣 $\boldsymbol{S}$ 和 $\boldsymbol{R}$，即

$$\boldsymbol{S} = \begin{bmatrix} 2 & \\ & 1 \end{bmatrix}, \quad \boldsymbol{R} = \begin{bmatrix} \sqrt{2}/2 & -\sqrt{2}/2 \\ \sqrt{2}/2 & \sqrt{2}/2 \end{bmatrix} \tag{5.42}$$

利用矩陣乘法，$\boldsymbol{x}$ 分別經過 $\boldsymbol{S}$ 和 $\boldsymbol{R}(\boldsymbol{A} = \boldsymbol{RS})$ 映射得到 $\boldsymbol{y}$，有

$$\boldsymbol{y} = \boldsymbol{Ax} = \boldsymbol{RSx} = \underbrace{\begin{bmatrix} \sqrt{2}/2 & -\sqrt{2}/2 \\ \sqrt{2}/2 & \sqrt{2}/2 \end{bmatrix}}_{\boldsymbol{R}} \underbrace{\begin{bmatrix} 2 & \\ & 1 \end{bmatrix}}_{\boldsymbol{S}} \boldsymbol{x} \tag{5.43}$$

如圖 5.16 所示，式 (5.43) 代表「縮放 → 旋轉」。請大家注意幾何變換的先後順序，縮放 ($\boldsymbol{S}$) 先作用於 $\boldsymbol{x}$，對應矩陣乘法 $\boldsymbol{Sx}$；然後，旋轉 ($\boldsymbol{R}$) 再作用於 $\boldsymbol{Sx}$，得到 $\boldsymbol{RSx}$。準確來說，圖 5.16 中的這兩種幾何變換叫做線性變換，這是本書第 8 章要探討的問題。

也就是說，矩陣連乘代表一系列有先後順序的幾何變換。此外，以上分析還告訴我們矩陣 $\boldsymbol{A}$ 可以分解為 $\boldsymbol{S}$ 和 $\boldsymbol{R}$ 相乘，用到的數學工具就是第 11 章要講的矩陣分解。

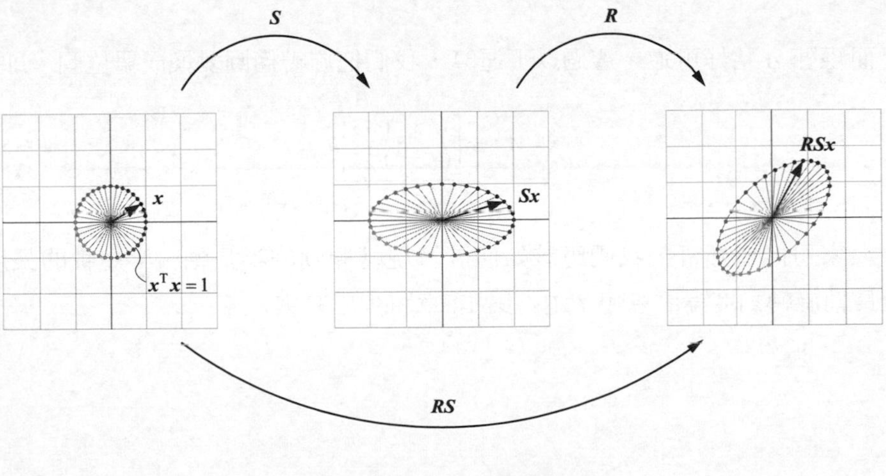

▲ 圖 5.16　幾何變換角度

向量模

凡是向量就有自己的長度，即向量模、L^2 範數。$\boldsymbol{b}_{n\times 1}$ 的向量模、L^2 範數為

$$\|\boldsymbol{b}\| = \|\boldsymbol{A}\boldsymbol{x}\| \tag{5.44}$$

注意：$\boldsymbol{b}$ 的模是純量。

利用矩陣乘法，式 (5.44) 可以寫成

$$\|\boldsymbol{b}\| = \sqrt{\boldsymbol{b}^{\mathrm{T}}\boldsymbol{b}} = \sqrt{\boldsymbol{x}^{\mathrm{T}}\boldsymbol{A}^{\mathrm{T}}\boldsymbol{A}\boldsymbol{x}} \tag{5.45}$$

$\boldsymbol{b}$ 的模的平方則為

$$\|\boldsymbol{b}\|_2^2 = \boldsymbol{b}^{\mathrm{T}}\boldsymbol{b} = \boldsymbol{x}^{\mathrm{T}}\boldsymbol{A}^{\mathrm{T}}\boldsymbol{A}\boldsymbol{x} \tag{5.46}$$

$\boldsymbol{x}^{\mathrm{T}}\boldsymbol{A}^{\mathrm{T}}\boldsymbol{A}\boldsymbol{x}$ 這種矩陣乘法的結果為非負純量，其中 $\boldsymbol{A}^{\mathrm{T}}\boldsymbol{A}$ 叫做 $\boldsymbol{A}$ 的格拉姆矩陣。$\boldsymbol{x}^{\mathrm{T}}\boldsymbol{A}^{\mathrm{T}}\boldsymbol{A}\boldsymbol{x}$ 就是下一節要介紹的二次型。

舉個例子，如果向量 $\boldsymbol{x}$ 的模為 1，則平面上向量 $\boldsymbol{x}$ 的終點在單位圓上。如圖 5.17 所示，經過 $\boldsymbol{A}\boldsymbol{x} = \boldsymbol{b}$ 的線性映射得到的向量 $\boldsymbol{b}$ 終點在旋轉橢圓上，即

$$\boldsymbol{b} = \boldsymbol{A}\boldsymbol{x} = \underbrace{\begin{bmatrix} 1.25 & -0.75 \\ -0.75 & 1.25 \end{bmatrix}}_{\boldsymbol{A}}\boldsymbol{x} \tag{5.47}$$

而矩陣 $\boldsymbol{A}$ 恰好可逆，透過以下運算，我們把旋轉橢圓變換成單位圓，即

$$\boldsymbol{x} = \boldsymbol{A}^{-1}\boldsymbol{b} = \underbrace{\begin{bmatrix} 1.25 & 0.75 \\ 0.75 & 1.25 \end{bmatrix}}_{\boldsymbol{A}^{-1}}\boldsymbol{b} \tag{5.48}$$

大家可能會好奇，我們應該如何計算旋轉橢圓的半長軸、半短軸的長度，以及長軸旋轉角度等信息呢？本書第 14 章將列出答案。

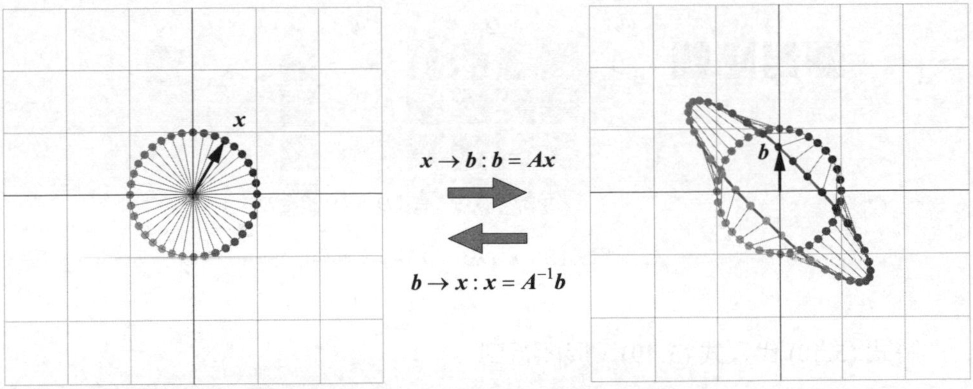

▲ 圖 5.17　單位圓到旋轉橢圓

5.5 向量乘矩陣乘向量：二次型

二次型 (quadratic form) 的矩陣算式為

$$x^{T}Qx = q \tag{5.49}$$

其中：Q 為對稱陣，q 為實數。Q 和 x 分別為

$$x = \begin{bmatrix} x_1 \\ x_2 \\ \vdots \\ x_D \end{bmatrix}, \quad Q = \begin{bmatrix} q_{1,1} & q_{1,2} & \cdots & q_{1,D} \\ q_{2,1} & q_{2,2} & \cdots & q_{2,D} \\ \vdots & \vdots & \ddots & \vdots \\ q_{D,1} & q_{D,2} & \cdots & q_{D,D} \end{bmatrix} \tag{5.50}$$

式 (5.49) 對應的矩陣運算過程如圖 5.18 所示。

$x^{T}Qx$ 像極了 $x^{T}x$，也就是說 $x^{T}Qx$ 類似於 $\|x\|_2^2$，結果都是「純量」。從幾何角度看，$\|x\|_2^2$ 代表向量 x 長度的平方，$x^{T}Qx$ 似乎也代表著某種「距離的平方」，本書後續將專門介紹。

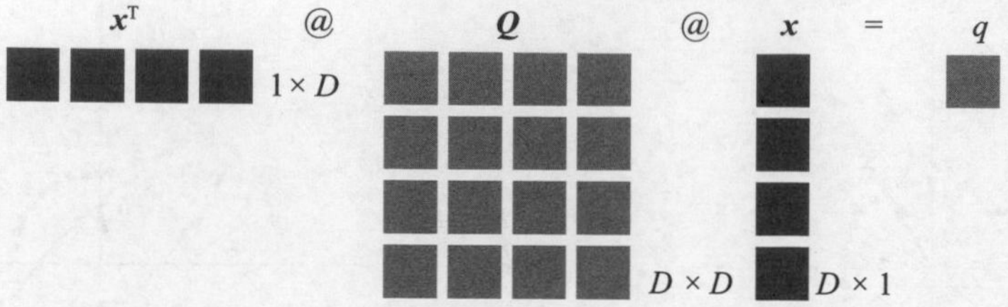

▲ 圖 5.18 $x^TQx = q$ 矩陣運算

將式 (5.50) 代入式 (5.49)，展開得到

$$x^TQx = \sum_{i=1}^{D} q_{i,i}x_i^2 + \sum_{i=1}^{D}\sum_{j=1}^{D} q_{i,j}x_ix_j = q \tag{5.51}$$

其中，i 不等於 j。觀察式 (5.51)，發現單項式變數的最高次數為 2，這就是稱 x^TQx 為二次型的原因。

舉個例子

比如 x 和 Q 分別為

$$x = \begin{bmatrix} x_1 \\ x_2 \end{bmatrix}, \quad Q = \begin{bmatrix} a & b \\ c & d \end{bmatrix} \tag{5.52}$$

代入式 (5.49) 得到

$$\begin{bmatrix} x_1 & x_2 \end{bmatrix} \begin{bmatrix} a & b \\ c & d \end{bmatrix} \begin{bmatrix} x_1 \\ x_2 \end{bmatrix} = ax_1^2 + (b+c)x_1x_2 + dx_2^2 = q \tag{5.53}$$

可以發現，式 (5.53) 對應本書系中《AI 時代 Math 元年 - 用 Python 全精通數學要素》一書中介紹過的各種二次曲線，如正圓、橢圓、拋物線或雙曲線等，具體如圖 5.19 所示。

本書第 20 章還要用線性代數工具深入探討這些圓錐曲線。

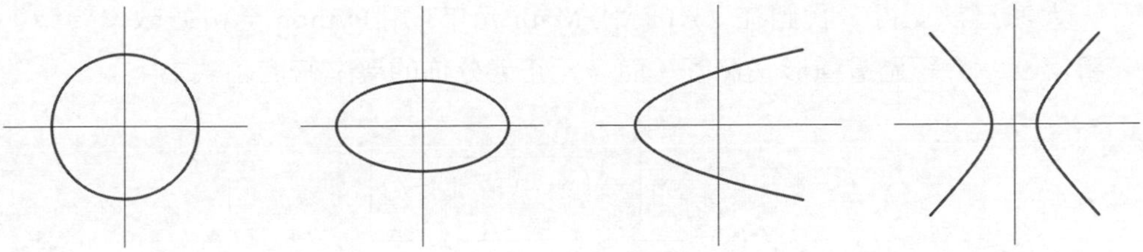

▲ 圖 5.19　四種二次曲線

將式 (5.53) 寫成二元函式形式 $f(x_1, x_2)$，有

$$f(x_1,x_2)=\begin{bmatrix} x_1 & x_2 \end{bmatrix}\begin{bmatrix} a & b \\ c & d \end{bmatrix}\begin{bmatrix} x_1 \\ x_2 \end{bmatrix}=ax_1^2+(b+c)x_1x_2+dx_2^2 \tag{5.54}$$

式 (5.54) 對應著如圖 5.20 所示的幾種曲面。而 $f(x_1, x_2)= q$，相當於曲面某個高度的等高線。

本書第 21 章將探討圖 5.20 這些曲面和正定性、極值之間的聯繫。

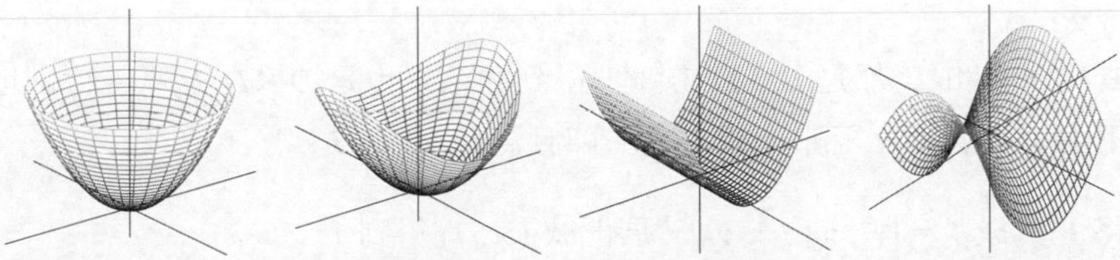

▲ 圖 5.20　常見二次型曲面

高斯分佈

二次型的應用無處不在。舉個例子，二元正態分佈的機率密度函式解析式為

$$f_{X1,X2}(x_1,x_2)=\frac{1}{2\pi\sigma_1\sigma_2\sqrt{1-\rho_{1,2}^2}}\times\exp\left(\frac{-1}{2}\left(\overbrace{\frac{1}{(1-\rho_{1,2}^2)}\left(\left(\frac{x_1-\mu_1}{\sigma_1}\right)^2-2\rho_{1,2}\left(\frac{x_1-\mu_1}{\sigma_1}\right)\left(\frac{x_2-\mu_2}{\sigma_2}\right)+\left(\frac{x_2-\mu_2}{\sigma_2}\right)^2\right)}^{\text{Ellipse}}\right)\right) \tag{5.55}$$

大家應該記得，我們在《AI 時代 Math 元年 - 用 Python 全精通數學要素》一書第 9 章介紹過這種形式橢圓。而多元正態分佈的機率密度函式為

$$f_{\chi}(x) = \frac{\exp\left(-\frac{1}{2}\overbrace{(x-\mu)^{\mathrm{T}} \Sigma^{-1} (x-\mu)}^{\text{Ellipse}}\right)}{(2\pi)^{\frac{D}{2}} |\Sigma|^{\frac{1}{2}}} \tag{5.56}$$

式 (5.56) 分子中已經明顯看到類似於式 (5.49) 的矩陣乘法。本書第 20 章會繼續這一話題。

比較上式 (5.55) 和式 (5.56)，大家也應該清楚，為什麼進入多元領域，如多元微積分、多元機率統計，我們便離不開線性代數。二元正態分佈的機率密度函式的解析式已經如此複雜，更不用說三元、四元，乃至 D 元。

三個方陣連乘

我們再看另外矩陣乘法一種形式，具體為

$$V^{\mathrm{T}} \Sigma V \tag{5.57}$$

其中：V 和 Σ 都是 $D \times D$ 方陣，得到的結果也是 $D \times D$ 方陣。特別地，實際應用中 V 多為正交矩陣，即 V 為方陣且滿足 $VV^{\mathrm{T}} = I$。

將 V 寫成 $V = [v_1, v_2, \cdots, v_D]$，展開式 (5.57) 得到

$$\begin{bmatrix} v_1^{\mathrm{T}} \\ v_2^{\mathrm{T}} \\ \vdots \\ v_D^{\mathrm{T}} \end{bmatrix} \Sigma \begin{bmatrix} v_1 & v_2 & \cdots & v_D \end{bmatrix} = \begin{bmatrix} v_1^{\mathrm{T}}\Sigma v_1 & v_1^{\mathrm{T}}\Sigma v_2 & \cdots & v_1^{\mathrm{T}}\Sigma v_D \\ v_2^{\mathrm{T}}\Sigma v_1 & v_2^{\mathrm{T}}\Sigma v_2 & \cdots & v_2^{\mathrm{T}}\Sigma v_D \\ \vdots & \vdots & \ddots & \vdots \\ v_D^{\mathrm{T}}\Sigma v_1 & v_D^{\mathrm{T}}\Sigma v_2 & \cdots & v_D^{\mathrm{T}}\Sigma v_D \end{bmatrix} \tag{5.58}$$

結果中，矩陣 (i, j) 元素 $v_i^{\mathrm{T}} \Sigma v_j$ 便是一個二次型，$v_i^{\mathrm{T}} \Sigma v_j$ 對應的運算示意圖如圖 5.21 所示。這說明，式 (5.58) 包含了 $D \times D$ 個二次型。

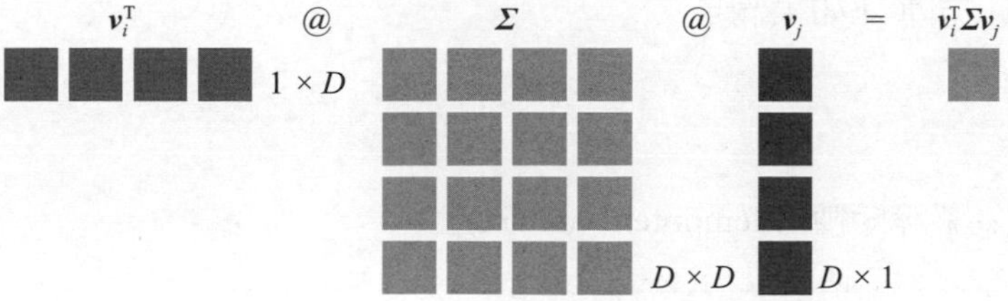

▲ 圖 5.21 $v_i^T \Sigma v_j$ 矩陣運算

> 二次型在多元微積分、正定性、多元正態分佈、協方差矩陣、資料映射和最佳化方法中都有舉足輕重的分量。本書後續將深入探討。

5.6 方陣次方陣：矩陣分解

和方陣有關的矩陣乘法中，方陣次方陣最為簡單。圖 5.22 所示的兩種方陣乘法常見於 LU 分解、Cholesky 分解、特徵值分解等場合。

> 本節不展開講解矩陣分解，本書第 11~16 章將專門介紹不同類別矩陣分解。

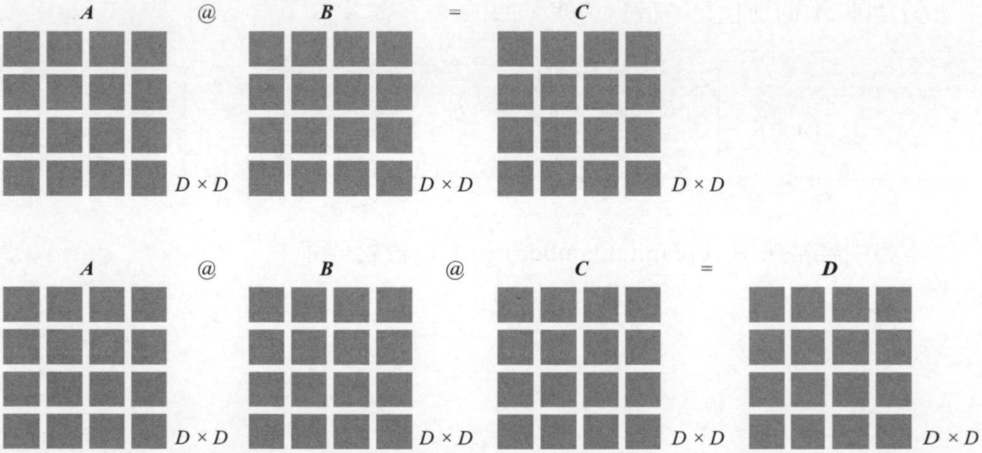

▲ 圖 5.22 方陣次方陣

特別地，方陣 $\boldsymbol{A}$ 如果滿足

$$\boldsymbol{A}^2 = \boldsymbol{A} \tag{5.59}$$

則稱 $\boldsymbol{A}$ 為**冪等矩陣** (idempotent matrix)。

我們會在本書統計部分和最小平方法線性回歸中再次提及冪等矩陣。此外，叢書每冊均有涉及線性回歸這個話題，本書採用的是線性代數和向量幾何角度，《AI 時代 Math 元年 - 用 Python 全精通統計及機率》則利用統計角度理解線性回歸，而《AI 時代 Math 元年 - 用 Python 全精通資料處理》則是從資料分析角度介紹如何應用這個模型。

5.7 對角陣：批次縮放

如果形狀相同的方陣 $\boldsymbol{A}$ 和 $\boldsymbol{B}$ 都為對角陣，則兩者乘積還是一個對角陣，即

$$\boldsymbol{A}_{D\times D}\boldsymbol{B}_{D\times D} = \begin{bmatrix} a_1 & & & \\ & a_2 & & \\ & & \ddots & \\ & & & a_D \end{bmatrix}\begin{bmatrix} b_1 & & & \\ & b_2 & & \\ & & \ddots & \\ & & & b_D \end{bmatrix} = \begin{bmatrix} a_1 b_1 & & & \\ & a_2 b_2 & & \\ & & \ddots & \\ & & & a_D b_D \end{bmatrix} \tag{5.60}$$

對角陣 $\boldsymbol{\Lambda}$ 的逆也是一個對角陣，即

$$\boldsymbol{\Lambda}_{D\times D}\left(\boldsymbol{\Lambda}_{D\times D}\right)^{-1} = \begin{bmatrix} \lambda_1 & & & \\ & \lambda_2 & & \\ & & \ddots & \\ & & & \lambda_D \end{bmatrix}\begin{bmatrix} 1/\lambda_1 & & & \\ & 1/\lambda_2 & & \\ & & \ddots & \\ & & & 1/\lambda_D \end{bmatrix} = \begin{bmatrix} 1 & & & \\ & 1 & & \\ & & \ddots & \\ & & & 1 \end{bmatrix} = \boldsymbol{I}_{D\times D} \tag{5.61}$$

本書中經常採用 $\boldsymbol{\Lambda}$ (capital lambda) 和 $\boldsymbol{S}$ 代表對角陣。

右乘

矩陣 $\boldsymbol{X}$ 乘 $D \times D$ 對角方陣 $\boldsymbol{\Lambda}$，有

$$\begin{aligned} \boldsymbol{X}_{n\times D}\boldsymbol{\Lambda}_{D\times D} &= \begin{bmatrix} \boldsymbol{x}_1 & \boldsymbol{x}_2 & \cdots & \boldsymbol{x}_D \end{bmatrix} \begin{bmatrix} \lambda_1 & 0 & \cdots & 0 \\ 0 & \lambda_2 & \cdots & 0 \\ \vdots & \vdots & \ddots & \vdots \\ 0 & 0 & \cdots & \lambda_D \end{bmatrix} \\ &= \begin{bmatrix} \lambda_1\boldsymbol{x}_1 & \lambda_2\boldsymbol{x}_2 & \cdots & \lambda_D\boldsymbol{x}_D \end{bmatrix} \end{aligned} \tag{5.62}$$

觀察式 (5.62) 發現，$\boldsymbol{\Lambda}$ 的對角線元素相當於縮放係數，分別對矩陣 $\boldsymbol{X}$ 的每一列數值進行不同比例的縮放。如圖 5.23 所示。

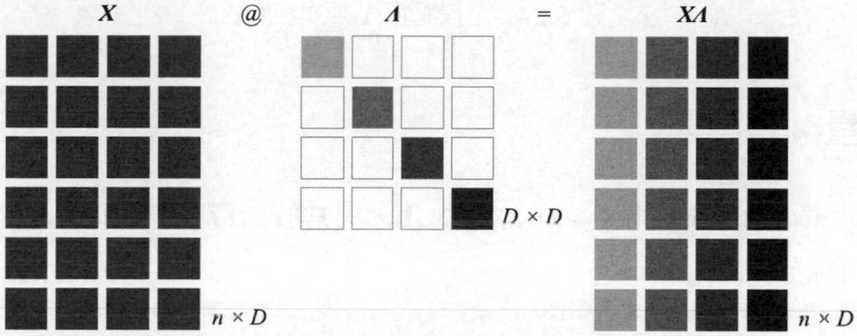

▲ 圖 5.23 $\boldsymbol{X}$ 乘對角方陣 $\boldsymbol{\Lambda}$

左乘

$n \times n$ 對角陣 $\boldsymbol{\Lambda}$ 左乘矩陣 $\boldsymbol{X}$，有

$$\boldsymbol{\Lambda}_{n\times n}\boldsymbol{X}_{n\times D} = \begin{bmatrix} \lambda_1 & 0 & \cdots & 0 \\ 0 & \lambda_2 & \cdots & 0 \\ \vdots & \vdots & \ddots & \vdots \\ 0 & 0 & \cdots & \lambda_n \end{bmatrix}_{n\times n} \begin{bmatrix} \boldsymbol{x}^{(1)} \\ \boldsymbol{x}^{(2)} \\ \vdots \\ \boldsymbol{x}^{(n)} \end{bmatrix}_{n\times 1} = \begin{bmatrix} \lambda_1\boldsymbol{x}^{(1)} \\ \lambda_2\boldsymbol{x}^{(2)} \\ \vdots \\ \lambda_n\boldsymbol{x}^{(n)} \end{bmatrix}_{n\times 1} \tag{5.63}$$

觀察式 (5.63)，可以發現 $\boldsymbol{\Lambda}$ 的對角線元素分別對矩陣 $\boldsymbol{X}$ 的每一行數值進行批次縮放。如圖 5.24 所示。

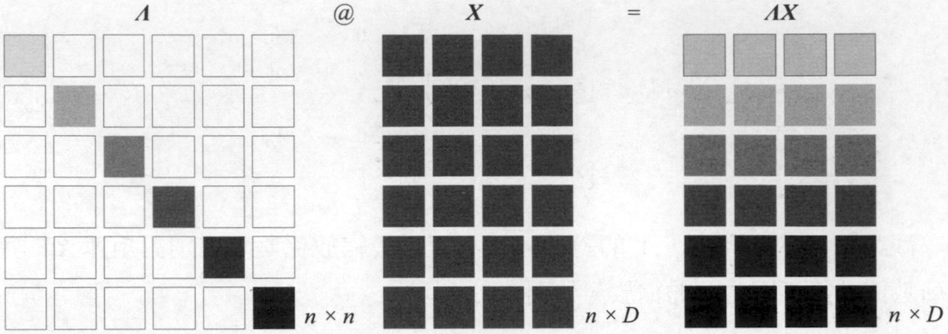

▲ 圖 5.24 對角陣 $\boldsymbol{\Lambda}$ 乘矩陣 $\boldsymbol{X}$

乘行向量

特別地，行向量 $\boldsymbol{x}^{(1)}$ 乘 $D \times D$ 對角陣 $\boldsymbol{\Lambda}$，相當於對行向量每個元素以不同比例分別進行縮放，即

$$\boldsymbol{x}^{(1)} \boldsymbol{\Lambda}_{D\times D} = \begin{bmatrix} x_{1,1} & x_{1,2} & \cdots & x_{1,D} \end{bmatrix} \begin{bmatrix} \lambda_1 & 0 & \cdots & 0 \\ 0 & \lambda_2 & \cdots & 0 \\ \vdots & \vdots & \ddots & \vdots \\ 0 & 0 & \cdots & \lambda_D \end{bmatrix}_{D\times D} = \begin{bmatrix} \lambda_1 x_{1,1} & \lambda_2 x_{1,2} & \cdots & \lambda_D x_{1,D} \end{bmatrix} \tag{5.64}$$

乘列向量

同理，$n \times n$ 對角陣 $\boldsymbol{\Lambda}$ 乘列向量 $\boldsymbol{x}$，相當於對列向量每個元素以不同比例分別縮放，即

$$\boldsymbol{\Lambda}_{n\times n} \boldsymbol{x}_{n\times 1} = \begin{bmatrix} \lambda_1 & 0 & \cdots & 0 \\ 0 & \lambda_2 & \cdots & 0 \\ \vdots & \vdots & \ddots & \vdots \\ 0 & 0 & \cdots & \lambda_n \end{bmatrix}_{n\times n} \begin{bmatrix} x_1 \\ x_2 \\ \vdots \\ x_n \end{bmatrix}_{n\times 1} = \begin{bmatrix} \lambda_1 x_1 \\ \lambda_2 x_2 \\ \vdots \\ \lambda_n x_n \end{bmatrix}_{n\times 1} \tag{5.65}$$

左右都乘

再看下例，$D \times D$ 對角方陣 $\boldsymbol{\Lambda}$ 分別左乘、右乘 $D \times D$ 方陣 $\boldsymbol{B}$，有

$$\begin{aligned}\boldsymbol{\Lambda B \Lambda} &= \begin{bmatrix} \lambda_1 & 0 & \cdots & 0 \\ 0 & \lambda_2 & \cdots & 0 \\ \vdots & \vdots & \ddots & \vdots \\ 0 & 0 & \cdots & \lambda_D \end{bmatrix} \begin{bmatrix} b_{1,1} & b_{1,2} & \cdots & b_{1,D} \\ b_{2,1} & b_{2,2} & \cdots & b_{2,D} \\ \vdots & \vdots & \ddots & \vdots \\ b_{D,1} & b_{D,2} & \cdots & b_{D,D} \end{bmatrix} \begin{bmatrix} \lambda_1 & 0 & \cdots & 0 \\ 0 & \lambda_2 & \cdots & 0 \\ \vdots & \vdots & \ddots & \vdots \\ 0 & 0 & \cdots & \lambda_D \end{bmatrix} \\ &= \begin{bmatrix} \lambda_1\lambda_1 b_{1,1} & \lambda_1\lambda_2 b_{1,2} & \cdots & \lambda_1\lambda_D b_{1,D} \\ \lambda_2\lambda_1 b_{2,1} & \lambda_2\lambda_2 b_{2,2} & \cdots & \lambda_2\lambda_D b_{2,D} \\ \vdots & \vdots & \ddots & \vdots \\ \lambda_D\lambda_1 b_{D,1} & \lambda_D\lambda_2 b_{D,2} & \cdots & \lambda_D\lambda_D b_{D,D} \end{bmatrix}\end{aligned} \tag{5.66}$$

看到式 (5.66) 結果的形式，大家是否想到了協方差矩陣。λ_i 相當於均方差，$b_{i,j}$ 相當於相關性係數。如圖 5.25 所示。

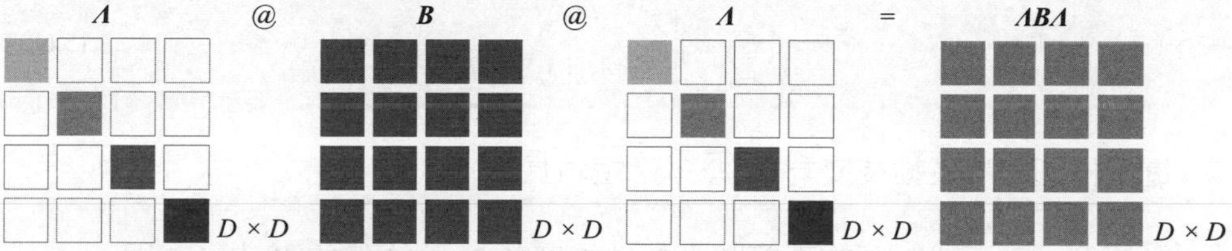

▲ 圖 5.25　對角陣 $\boldsymbol{\Lambda}$ 分別左乘、右次方陣 $\boldsymbol{B}$

二次型特例

我們再看一個二次型的特例，即

$$\boldsymbol{x}^{\mathrm{T}} \boldsymbol{\Lambda}_{D\times D} \boldsymbol{x} = \begin{bmatrix} x_1 \\ x_2 \\ \vdots \\ x_D \end{bmatrix}^{\mathrm{T}} \begin{bmatrix} \lambda_1 & 0 & \cdots & 0 \\ 0 & \lambda_2 & \cdots & 0 \\ \vdots & \vdots & \ddots & \vdots \\ 0 & 0 & \cdots & \lambda_D \end{bmatrix} \begin{bmatrix} x_1 \\ x_2 \\ \vdots \\ x_D \end{bmatrix} = \lambda_1 x_1^2 + \lambda_2 x_2^2 + \cdots + \lambda_D x_D^2 = \sum_{j=1}^{D} \lambda_j x_j^2 \tag{5.67}$$

圖 5.26 所示為上述運算的示意圖。

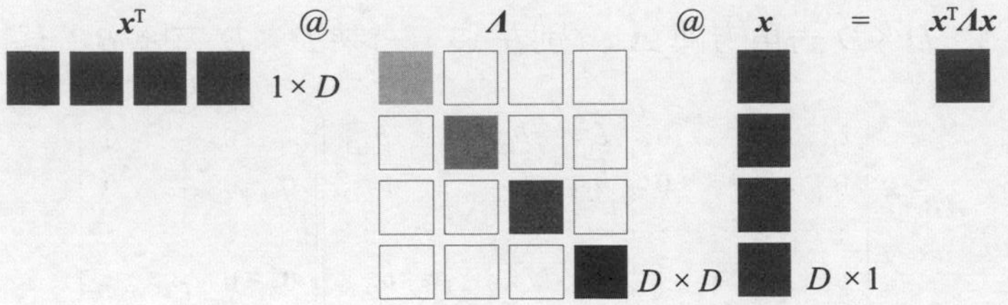

▲ 圖 5.26 $\boldsymbol{x}^{\mathrm{T}}\boldsymbol{\Lambda}\boldsymbol{x}$ 對應的矩陣運算

幾何角度

看到類似式 (5.67) 形式的運算，希望大家能聯想到正橢圓、正橢球、正橢圓拋物面。比如，如果 $\lambda_1 > \lambda_2 > 0$，且 $k > 0$，則下式對應正橢圓，即

$$\begin{bmatrix} x_1 & x_2 \end{bmatrix} \begin{bmatrix} \lambda_1 & 0 \\ 0 & \lambda_2 \end{bmatrix} \begin{bmatrix} x_1 \\ x_2 \end{bmatrix} = k \tag{5.68}$$

這個橢圓的半長軸長度為 $\sqrt{k/\lambda_2}$，半短軸長度為 $\sqrt{k/\lambda_1}$。

舉個例子，下式對應的正橢圓半長軸長度為 2，半短軸長度為 1，即

$$\begin{bmatrix} x_1 \\ x_2 \end{bmatrix}^{\mathrm{T}} \begin{bmatrix} 1/4 & \\ & 1 \end{bmatrix} \begin{bmatrix} x_1 \\ x_2 \end{bmatrix} = \frac{1}{4}x_1^2 + x_2^2 = 1 \tag{5.69}$$

再次強調，如果在矩陣運算時遇到對角陣，請試著從幾何體縮放角度來看待。

5.8 置換矩陣：調換元素順序

行向量 $\boldsymbol{a}$ 乘副對角矩陣，如果副對角線上元素都為 1，則可以得到左右翻轉的行向量，即

$$\begin{bmatrix} a_1 & a_2 & \cdots & a_D \end{bmatrix}_{1\times D} \begin{bmatrix} & & & 1 \\ & & 1 & \\ & \iddots & & \\ 1 & & & \end{bmatrix}_{D\times D} = \begin{bmatrix} a_D & a_{D-1} & \cdots & a_1 \end{bmatrix} \tag{5.70}$$

實際上，式 (5.70) 中完成左右翻轉的方陣是**置換矩陣** (permutation matrix) 的一種特殊形式。

置換矩陣是由 0 和 1 組成的方陣。置換矩陣的每一行、每一列都恰好只有一個 1，其餘元素均為 0。置換矩陣的作用是調換元素順序。

舉個例子：

$$\begin{bmatrix} a_1 & a_2 & a_3 & a_4 \end{bmatrix} \begin{bmatrix} & 1 & & \\ & & & 1 \\ 1 & & & \\ & & 1 & \end{bmatrix} = \begin{bmatrix} a_3 & a_1 & a_4 & a_2 \end{bmatrix} \tag{5.71}$$

調整列向量順序

置換矩陣同樣可以作用於矩陣，將式 (5.71) 中的行向量元素替換成列向量，即

$$\boldsymbol{a}_1 = \begin{bmatrix} a_{1,1} \\ a_{2,1} \\ a_{3,1} \\ a_{4,1} \end{bmatrix}, \quad \boldsymbol{a}_2 = \begin{bmatrix} a_{1,2} \\ a_{2,2} \\ a_{3,2} \\ a_{4,2} \end{bmatrix}, \quad \boldsymbol{a}_3 = \begin{bmatrix} a_{1,3} \\ a_{2,3} \\ a_{3,3} \\ a_{4,3} \end{bmatrix}, \quad \boldsymbol{a}_4 = \begin{bmatrix} a_{1,4} \\ a_{2,4} \\ a_{3,4} \\ a_{4,4} \end{bmatrix} \tag{5.72}$$

可以得到

$$\begin{bmatrix} \begin{bmatrix} a_{1,1} \\ a_{2,1} \\ a_{3,1} \\ a_{4,1} \end{bmatrix} & \begin{bmatrix} a_{1,2} \\ a_{2,2} \\ a_{3,2} \\ a_{4,2} \end{bmatrix} & \begin{bmatrix} a_{1,3} \\ a_{2,3} \\ a_{3,3} \\ a_{4,3} \end{bmatrix} & \begin{bmatrix} a_{1,4} \\ a_{2,4} \\ a_{3,4} \\ a_{4,4} \end{bmatrix} \end{bmatrix} \begin{bmatrix} & 1 & & \\ & & & 1 \\ 1 & & & \\ & & 1 & \end{bmatrix} = \begin{bmatrix} \begin{bmatrix} a_{1,3} \\ a_{2,3} \\ a_{3,3} \\ a_{4,3} \end{bmatrix} & \begin{bmatrix} a_{1,1} \\ a_{2,1} \\ a_{3,1} \\ a_{4,1} \end{bmatrix} & \begin{bmatrix} a_{1,4} \\ a_{2,4} \\ a_{3,4} \\ a_{4,4} \end{bmatrix} & \begin{bmatrix} a_{1,2} \\ a_{2,2} \\ a_{3,2} \\ a_{4,2} \end{bmatrix} \end{bmatrix} \tag{5.73}$$

大家看到置換矩陣右乘矩陣 $\boldsymbol{A}$，讓 $\boldsymbol{A}$ 的列向量順序發生了改變。

調整行向量順序

這個置換矩陣左乘矩陣 $\boldsymbol{A}$，可以改變 $\boldsymbol{A}$ 的行向量的排序，即

$$\begin{bmatrix} & 1 & & \\ & & & 1 \\ 1 & & & \\ & & 1 & \end{bmatrix}\begin{bmatrix} \boldsymbol{a}^{(1)} \\ \boldsymbol{a}^{(2)} \\ \boldsymbol{a}^{(3)} \\ \boldsymbol{a}^{(4)} \end{bmatrix} = \begin{bmatrix} \boldsymbol{a}^{(2)} \\ \boldsymbol{a}^{(4)} \\ \boldsymbol{a}^{(1)} \\ \boldsymbol{a}^{(3)} \end{bmatrix} \tag{5.74}$$

置換矩陣可以用於簡化一些矩陣運算。

5.9 矩陣乘向量：映射到一維

前文提到過，任何矩陣乘法都可以從**線性映射** (linear mapping) 的角度進行理解。本節和下一節專門從幾何角度聊聊線性映射。

形狀為 $n \times D$ 的矩陣 $\boldsymbol{X}$ 乘 $D \times 1$ 列向量 $\boldsymbol{v}$ 得到 $n \times 1$ 列向量 $\boldsymbol{z}$，即

$$\boldsymbol{X}_{n\times D}\boldsymbol{v}_{D\times 1} = \boldsymbol{z}_{n\times 1} \tag{5.75}$$

如圖 5.27 所示，矩陣 $\boldsymbol{X}$ 有 D 列，對應 D 個特徵。而結果 $\boldsymbol{z}$ 只有一列，也就是一個特徵。類似式 (5.41)，式 (5.75) 也可以寫成「線性組合」，有

$$\underbrace{\begin{bmatrix} \boldsymbol{x}_1 & \boldsymbol{x}_2 & \cdots & \boldsymbol{x}_D \end{bmatrix}}_{X}\underbrace{\begin{bmatrix} v_1 \\ v_2 \\ \vdots \\ v_D \end{bmatrix}}_{v} = v_1\boldsymbol{x}_1 + v_2\boldsymbol{x}_2 + \cdots + v_D\boldsymbol{x}_D = \boldsymbol{z} \tag{5.76}$$

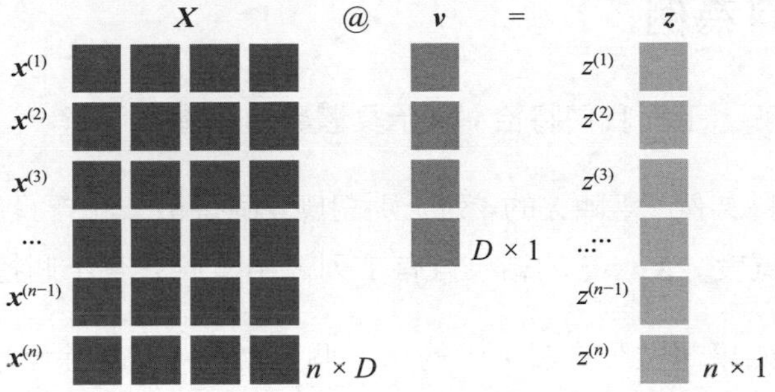

▲ 圖 5.27　矩陣乘法 $\boldsymbol{Xv} = \boldsymbol{z}$

此外，$\boldsymbol{Xv} = \boldsymbol{z}$ 可以展開寫成

$$\boldsymbol{Xv} = \begin{bmatrix} \boldsymbol{x}^{(1)} \\ \boldsymbol{x}^{(2)} \\ \vdots \\ \boldsymbol{x}^{(n)} \end{bmatrix} \boldsymbol{v} = \begin{bmatrix} \boldsymbol{x}^{(1)}\boldsymbol{v} \\ \boldsymbol{x}^{(2)}\boldsymbol{v} \\ \vdots \\ \boldsymbol{x}^{(n)}\boldsymbol{v} \end{bmatrix} = \begin{bmatrix} z^{(1)} \\ z^{(2)} \\ \vdots \\ z^{(n)} \end{bmatrix} \tag{5.77}$$

從幾何角度來看，矩陣 $\boldsymbol{X}$ 中任意一行 $\boldsymbol{x}^{(i)}$ 可以看作是多維座標系的點，運算 $\boldsymbol{x}^{(i)}\boldsymbol{v}$ 則是點 $\boldsymbol{x}^{(i)}$ 在單位列向量 $\boldsymbol{v}$ 方向上的映射，$z^{(i)}$ 則是結果在 $\boldsymbol{v}$ 上的座標。如圖 5.28 所示，式 (5.75) 這個矩陣乘法運算過程相當於降維。如圖 5.28 所示。

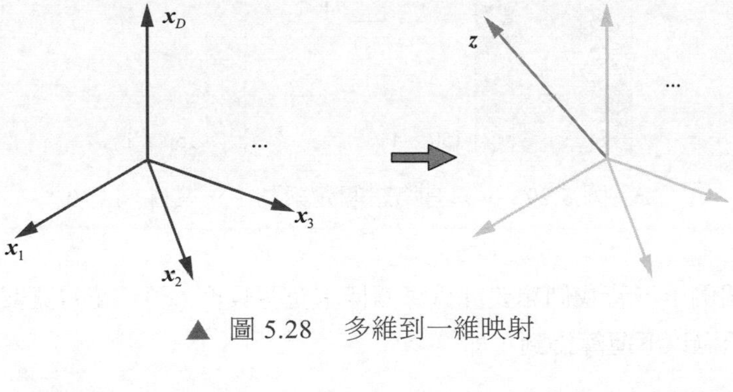

▲ 圖 5.28　多維到一維映射

以鳶尾花資料為例

為了方便理解，下面我們將給 $\boldsymbol{v}$ 賦予具體數值來進行講解。

以鳶尾花資料為例，矩陣 $\boldsymbol{X}$ 的 4 列分別對應 4 個特徵—花萼長度、花萼寬度、花瓣長度、花瓣寬度。$\boldsymbol{Xv} = \boldsymbol{z}$ 的結果只有 1 列，相當於只有 1 個特徵。

舉個例子，如果單位列向量 $\boldsymbol{v}$ 中的第三個元素為 1，其餘元素均為 0，如圖 5.29 所示。向量乘積 $\boldsymbol{Xv}$ 的結果是從 $\boldsymbol{X}$ 中提取第三列 $\boldsymbol{x}_3$，即

$$\boldsymbol{Xv} = \begin{bmatrix} \boldsymbol{x}_1 & \boldsymbol{x}_2 & \boldsymbol{x}_3 & \boldsymbol{x}_4 \end{bmatrix} \begin{bmatrix} 0 \\ 0 \\ 1 \\ 0 \end{bmatrix} = \boldsymbol{x}_3 \tag{5.78}$$

也就是說，運算結果只保留第三列花瓣長度的相關資料。

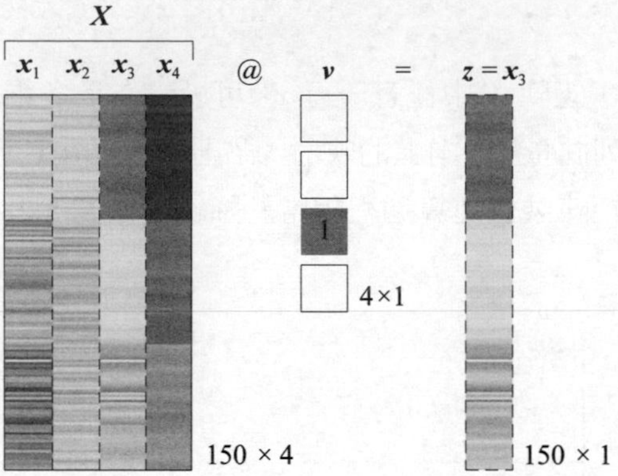

▲ 圖 5.29 $\boldsymbol{v}$ 只有第三個元素為 1，其餘均為 0

再舉個例子，若我們想要計算每個樣本花萼長度 ($\boldsymbol{x}_1$)、花萼寬度 ($\boldsymbol{x}_2$) 的平均值，可以透過以下運算得到，即

$$\boldsymbol{Xv} = \begin{bmatrix} \boldsymbol{x}_1 & \boldsymbol{x}_2 & \boldsymbol{x}_3 & \boldsymbol{x}_4 \end{bmatrix} \begin{bmatrix} 1/2 \\ 1/2 \\ 0 \\ 0 \end{bmatrix} = \frac{\boldsymbol{x}_1 + \boldsymbol{x}_2}{2} \tag{5.79}$$

同理，每個樣本花萼長度 ($\boldsymbol{x}_1$)、花萼寬度 ($\boldsymbol{x}_2$)、花瓣長度 ($\boldsymbol{x}_3$)、花瓣寬度 ($\boldsymbol{x}_4$) 四個特徵平均值的計算方法為

$$\boldsymbol{X}\boldsymbol{v} = \begin{bmatrix} \boldsymbol{x}_1 & \boldsymbol{x}_2 & \boldsymbol{x}_3 & \boldsymbol{x}_4 \end{bmatrix} \begin{bmatrix} 1/4 \\ 1/4 \\ 1/4 \\ 1/4 \end{bmatrix} = \frac{\boldsymbol{x}_1 + \boldsymbol{x}_2 + \boldsymbol{x}_3 + \boldsymbol{x}_4}{4} \tag{5.80}$$

幾何角度來看式 (5.80)，式 (5.80) 相當於四維空間的散點，被壓縮到了一條軸上，具體如圖 5.30 所示。圖 5.30 中四維空間的散點僅是示意圖而已。

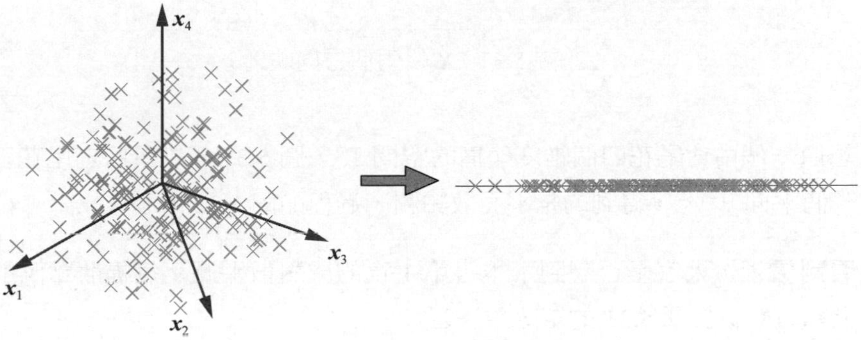

▲ 圖 5.30　四維空間散點壓縮到一維

5.10 矩陣乘矩陣：映射到多維

有了上一節內容做基礎，這一節我們介紹矩陣乘法在多維映射中扮演的角色。

兩個方向映射

還是以鳶尾花資料矩陣 $\boldsymbol{X}$ 為例，矩陣乘法 $\boldsymbol{X}[\boldsymbol{v}_1, \boldsymbol{v}_2]$ 代表 $\boldsymbol{X}$ 將朝著 $[\boldsymbol{v}_1, \boldsymbol{v}_2]$ 兩個方向映射。如果 $[\boldsymbol{v}_1, \boldsymbol{v}_2]$ 的設定值如圖 5.31 所示，矩陣乘法 $\boldsymbol{X}[\boldsymbol{v}_1, \boldsymbol{v}_2]$ 提取 $\boldsymbol{X}$ 的第 1、3 兩列，並將兩者順序調換。

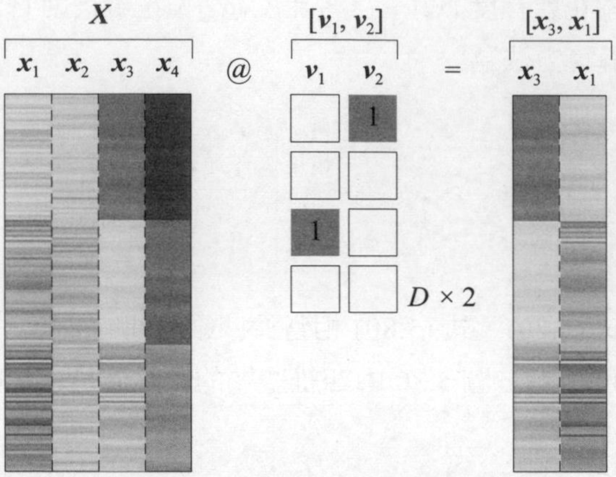

▲ 圖 5.31 ***X*** 朝兩個方向映射

想像一個由鳶尾花四個維度建構的空間 $\mathbb{R}^4$，圖 5.31 相當於將鳶尾花資料映射在一個平面 $\mathbb{R}^2$ 上，得到的是平面散點圖，過程如圖 5.32 所示。

看到這裡，大家是否想到了本書第 1 章的成對散點圖？每幅散點圖的背後實際上都有類似於圖 5.31 的矩陣乘法運算。

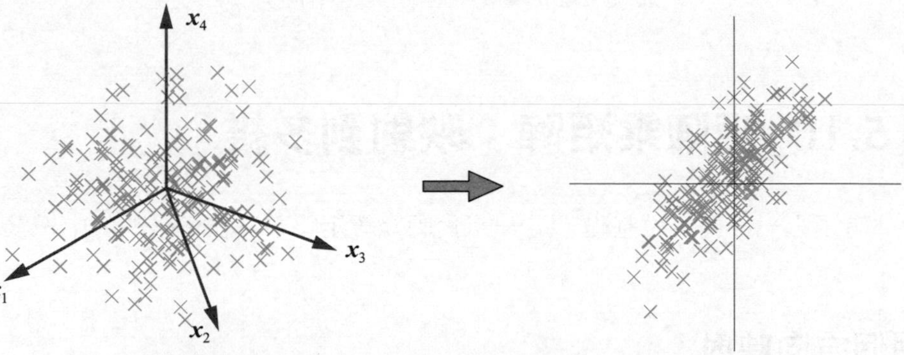

▲ 圖 5.32 四維空間散點壓縮到平面上

多個方向映射

矩陣 $\boldsymbol{X}$ 有 D 個維度，可以透過矩陣乘法，將 $\boldsymbol{X}$ 映射到另外一個 D 維度的空間中。

下例中，$\boldsymbol{V} = [\boldsymbol{v}_1, \boldsymbol{v}_2, \cdots, \boldsymbol{v}_D]$，$\boldsymbol{Z}$ 對應的每一行元素則是新座標系的座標值，即

$$\boldsymbol{XV} = \begin{bmatrix} \boldsymbol{x}^{(1)} \\ \boldsymbol{x}^{(2)} \\ \vdots \\ \boldsymbol{x}^{(n)} \end{bmatrix} \begin{bmatrix} \boldsymbol{v}_1 & \boldsymbol{v}_2 & \cdots & \boldsymbol{v}_D \end{bmatrix} = \begin{bmatrix} \begin{bmatrix} \boldsymbol{x}^{(1)}\boldsymbol{v}_1 \\ \boldsymbol{x}^{(2)}\boldsymbol{v}_1 \\ \vdots \\ \boldsymbol{x}^{(n)}\boldsymbol{v}_1 \end{bmatrix} & \begin{bmatrix} \boldsymbol{x}^{(1)}\boldsymbol{v}_2 \\ \boldsymbol{x}^{(2)}\boldsymbol{v}_2 \\ \vdots \\ \boldsymbol{x}^{(n)}\boldsymbol{v}_2 \end{bmatrix} & \cdots & \begin{bmatrix} \boldsymbol{x}^{(1)}\boldsymbol{v}_D \\ \boldsymbol{x}^{(2)}\boldsymbol{v}_D \\ \vdots \\ \boldsymbol{x}^{(n)}\boldsymbol{v}_D \end{bmatrix} \end{bmatrix} = \boldsymbol{Z} = \begin{bmatrix} \boldsymbol{z}^{(1)} \\ \boldsymbol{z}^{(2)} \\ \vdots \\ \boldsymbol{z}^{(n)} \end{bmatrix} \tag{5.81}$$

其中：矩陣 $\boldsymbol{V}$ 為方陣。

如果 $\boldsymbol{V}$ 可逆，則 $\boldsymbol{V}$ 就是 $\boldsymbol{X}$ 和 $\boldsymbol{Z}$ 相互轉化的橋樑，有

$$\boldsymbol{X} = \begin{bmatrix} \boldsymbol{x}^{(1)} \\ \boldsymbol{x}^{(2)} \\ \vdots \\ \boldsymbol{x}^{(n)} \end{bmatrix} \underset{\boldsymbol{V}^{-1}}{\overset{\boldsymbol{V}}{\rightleftharpoons}} \boldsymbol{Z} = \begin{bmatrix} \boldsymbol{z}^{(1)} \\ \boldsymbol{z}^{(2)} \\ \vdots \\ \boldsymbol{z}^{(n)} \end{bmatrix} \tag{5.82}$$

如圖 5.33 所示。本書第 10 章還會深入討論式 (5.82)。

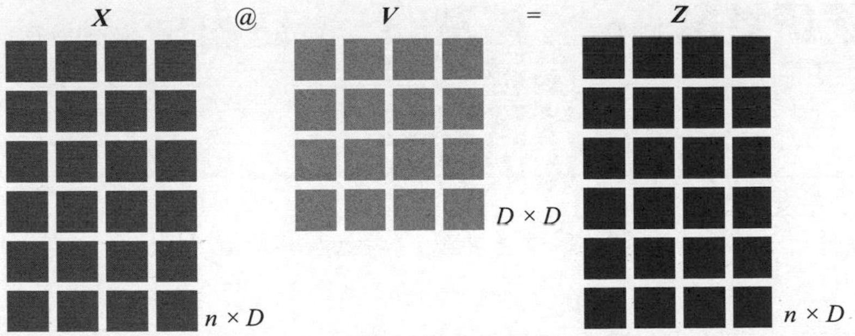

▲ 圖 5.33　一個 D 維度空間 $\boldsymbol{X}$ 資料映射到另一個 D 維度空間

列向量形式

大家見到下面的形式時，也不用慌張。如圖 5.34 所示，這也是上文介紹的映射，只不過 $\boldsymbol{x}$ 為列向量，即

$$\boldsymbol{V}^{\mathrm{T}}\boldsymbol{x} = \boldsymbol{z} \tag{5.83}$$

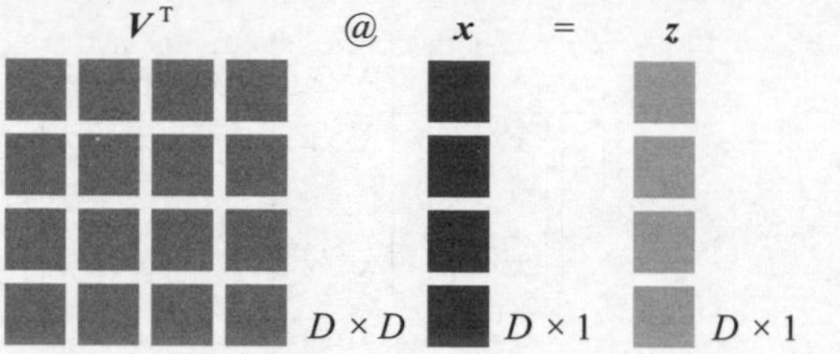

▲ 圖 5.34　$\boldsymbol{V}^{\mathrm{T}}\boldsymbol{x} = \boldsymbol{z}$ 運算示意圖

如圖 5.35 所示，式 (5.83) 左右轉置，便得到類似式 (5.81) 的結構，即

$$\boldsymbol{x}^{\mathrm{T}}\boldsymbol{V} = \boldsymbol{z}^{\mathrm{T}} \tag{5.84}$$

約定俗成，各種線性代數工具定義偏好列向量；但是，在實際應用中，更常用行向量代表資料點。兩者之間的橋樑就是一轉置。

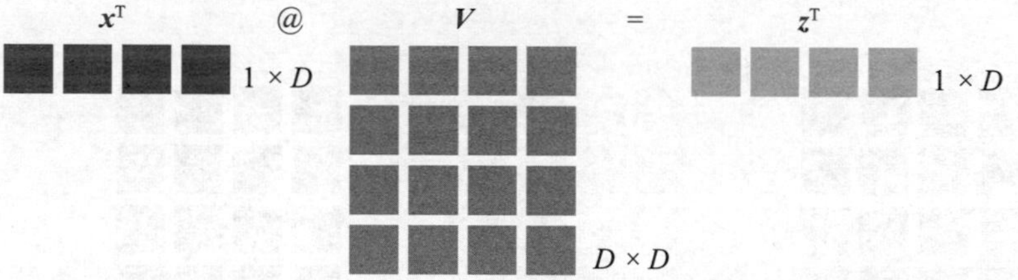

▲ 圖 5.35　等式 $\boldsymbol{V}^{\mathrm{T}}\boldsymbol{x} = \boldsymbol{z}$ 左右轉置

可以說，本書後續介紹的內容幾乎都離不開映射，如幾何變換、正交投影、特徵值分解、奇異值分解等。

5.11 長方陣：奇異值分解、格拉姆矩陣、張量積

本節介紹與長方形矩陣有關的重要矩陣乘法。

奇異值分解

請讀者格外注意圖 5.36 所示的矩陣乘法結構。這兩種形式經常出現在**奇異值分解** (singular vector decomposition, SVD) 和**主成分分析** (principal component analysis, PCA) 中。

> ⚠
> 請大家注意圖 5.36 中，D 和 p 的大小關係；不同大小關係對應著不同類型的奇異值分解。本書第 16 章將深入講解。

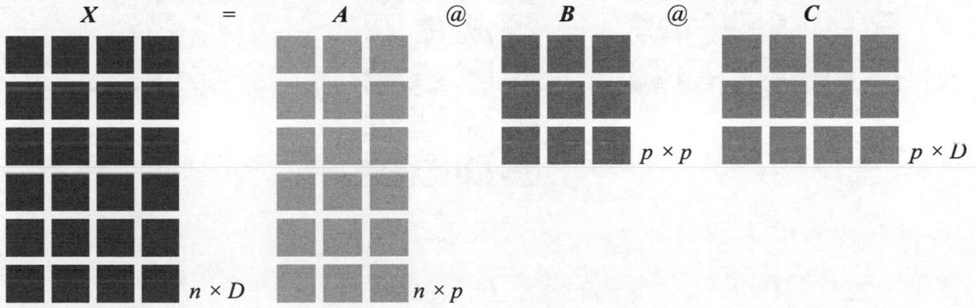

▲ 圖 5.36　三個矩陣相乘

格拉姆矩陣

將矩陣 $\boldsymbol{X}$ 寫成一組列向量，有

$$\boldsymbol{X}_{n\times D}=\begin{bmatrix} x_{1,1} & x_{1,2} & \cdots & x_{1,D} \\ x_{2,1} & x_{2,2} & \cdots & x_{2,D} \\ \vdots & \vdots & \ddots & \vdots \\ x_{n,1} & x_{n,2} & \cdots & x_{n,D} \end{bmatrix}=\begin{bmatrix} \boldsymbol{x}_1 & \boldsymbol{x}_2 & \cdots & \boldsymbol{x}_D \end{bmatrix} \tag{5.85}$$

如圖 5.37 所示，利用式 (5.85)，轉置 $\boldsymbol{X}^{\mathrm{T}}(D\times n)$ 乘矩陣 $\boldsymbol{X}(n\times D)$，得到一個 $D\times D$ 的方陣 $\boldsymbol{X}^{\mathrm{T}}\boldsymbol{X}$，可以寫成

$$\boldsymbol{G}=\boldsymbol{X}^{\mathrm{T}}\boldsymbol{X}=\begin{bmatrix}\boldsymbol{x}_1^{\mathrm{T}}\\ \boldsymbol{x}_2^{\mathrm{T}}\\ \vdots\\ \boldsymbol{x}_D^{\mathrm{T}}\end{bmatrix}\begin{bmatrix}\boldsymbol{x}_1 & \boldsymbol{x}_2 & \cdots & \boldsymbol{x}_D\end{bmatrix}=\begin{bmatrix}\boldsymbol{x}_1^{\mathrm{T}}\boldsymbol{x}_1 & \boldsymbol{x}_1^{\mathrm{T}}\boldsymbol{x}_2 & \cdots & \boldsymbol{x}_1^{\mathrm{T}}\boldsymbol{x}_D\\ \boldsymbol{x}_2^{\mathrm{T}}\boldsymbol{x}_1 & \boldsymbol{x}_2^{\mathrm{T}}\boldsymbol{x}_2 & \cdots & \boldsymbol{x}_2^{\mathrm{T}}\boldsymbol{x}_D\\ \vdots & \vdots & \ddots & \vdots\\ \boldsymbol{x}_D^{\mathrm{T}}\boldsymbol{x}_1 & \boldsymbol{x}_D^{\mathrm{T}}\boldsymbol{x}_2 & \cdots & \boldsymbol{x}_D^{\mathrm{T}}\boldsymbol{x}_D\end{bmatrix} \tag{5.86}$$

式 (5.86) 是矩陣乘法的第一角度。

式 (5.86) 中的 $\boldsymbol{G}$ 有自己的名字—**格拉姆矩陣** (Gram matrix)。格拉姆矩陣在資料分析、機器學習演算法中有著重要作用。

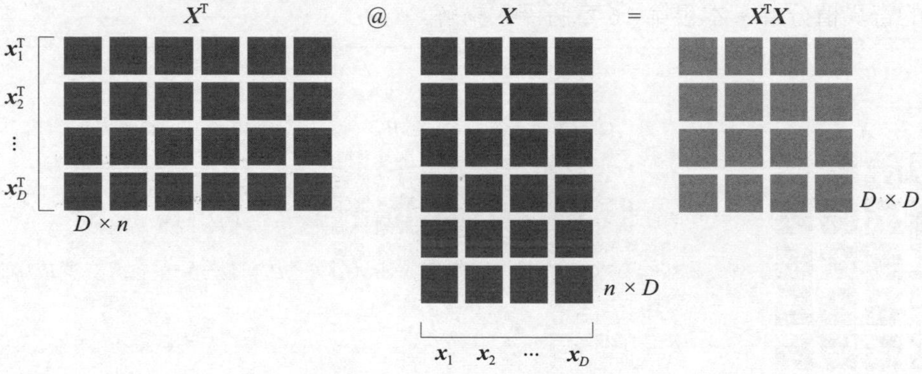

▲ 圖 5.37 $\boldsymbol{X}^{\mathrm{T}}\boldsymbol{X}$ 運算過程

如圖 5.38 所示，$\boldsymbol{X}^{\mathrm{T}}\boldsymbol{X}$ 的 (i,j) 元素是 $\boldsymbol{X}$ 中第 i 列向量轉置乘以 $\boldsymbol{X}$ 的第 j 列向量，即

$$\left(\boldsymbol{X}^{\mathrm{T}}\boldsymbol{X}\right)_{i,j}=\boldsymbol{x}_i^{\mathrm{T}}\boldsymbol{x}_j \tag{5.87}$$

當 $i=j$ 時，$\boldsymbol{x}_i^{\mathrm{T}}\boldsymbol{x}_i$ 對應的是格拉姆矩陣 $\boldsymbol{G}$ 的對角線元素，也可以寫成 L^2 範數形式 $\|\boldsymbol{x}_i\|_2^2$。

再次強調，凡是看到矩陣乘積為純量的情況，要停下來思考一下，能夠將矩陣乘積寫成 L^2 範數的形式。原因很簡單，L^2 範數代表歐氏距離，這給我們提供了一個幾何角度。

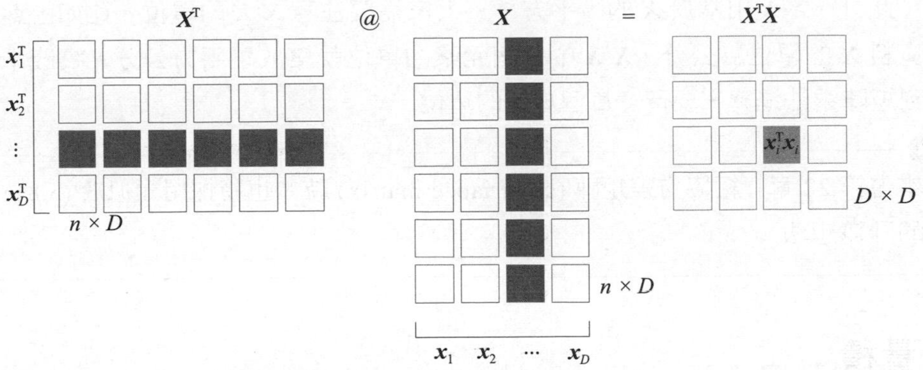

▲ 圖 5.38 X^TX 的 (i,i) 元素

純量積

G 還可以寫成純量積，即

$$G = \begin{bmatrix} x_1 \cdot x_1 & x_1 \cdot x_2 & \cdots & x_1 \cdot x_D \\ x_2 \cdot x_1 & x_2 \cdot x_2 & \cdots & x_2 \cdot x_D \\ \vdots & \vdots & \ddots & \vdots \\ x_D \cdot x_1 & x_D \cdot x_2 & \cdots & x_D \cdot x_D \end{bmatrix} = \begin{bmatrix} \langle x_1, x_1 \rangle & \langle x_1, x_2 \rangle & \cdots & \langle x_1, x_D \rangle \\ \langle x_2, x_1 \rangle & \langle x_2, x_2 \rangle & \cdots & \langle x_2, x_D \rangle \\ \vdots & \vdots & \ddots & \vdots \\ \langle x_D, x_1 \rangle & \langle x_D, x_2 \rangle & \cdots & \langle x_D, x_D \rangle \end{bmatrix} \tag{5.88}$$

任何一個單獨向量，它的 L^p 範數，特別是 L^2 範數，代表它的「長度」；而幾個向量之間的相對關系，則可以透過向量內積來呈現。再進一步，為了方便比較，我們可以用向量夾角的餘弦值作為度量向量之間相對夾角的數學工具。

格拉姆矩陣之所以重要，一方面是因為它整合了向量長度 (L^2 範數) 和相對夾角 (夾角餘弦值) 兩部分重要資訊。另一方面，格拉姆矩陣 G 為對稱矩陣，即有

$$G^T = \left(X^T X\right)^T = X^T X = G \tag{5.89}$$

一般情況，資料矩陣 X 都是「細高」的長方形矩陣，矩陣運算時這種形狀不夠友善。比如，細高的 X 顯然不存在反矩陣，也不能進行特徵值分解。而把 X 轉化為方陣 $G(=X^TX)$ 之後，很多運算都能變得更加容易。

此外，$\boldsymbol{X}^{\mathrm{T}}\boldsymbol{X}$ 相當於 $\boldsymbol{X}$ 的「平方」。大家需要注意 $\boldsymbol{X}^{\mathrm{T}}\boldsymbol{X}$ 的單位。比如，鳶尾花資料 $\boldsymbol{X}$ 的單位為公分，$\boldsymbol{X}^{\mathrm{T}}\boldsymbol{X}$ 中每個元素的單位就變成了平方公分。實踐中，碰到矩陣乘法運算，要留意每個矩陣的單位。

> 本書第 22 章介紹協方差矩陣 (covariance matrix) 時，也將採用類似於 (5.86) 的計算想法。

張量積

將矩陣 $\boldsymbol{X}$ 寫成一系列行向量，有

$$\boldsymbol{X}_{n\times D} = \begin{bmatrix} x_{1,1} & x_{1,2} & \cdots & x_{1,D} \\ x_{2,1} & x_{2,2} & \cdots & x_{2,D} \\ \vdots & \vdots & \ddots & \vdots \\ x_{n,1} & x_{n,2} & \cdots & x_{n,D} \end{bmatrix} = \begin{bmatrix} \boldsymbol{x}^{(1)} \\ \boldsymbol{x}^{(2)} \\ \vdots \\ \boldsymbol{x}^{(n)} \end{bmatrix} \tag{5.90}$$

利用式 (5.90)，格拉姆矩陣 $\boldsymbol{X}^{\mathrm{T}}\boldsymbol{X}$ 可以寫成一系列張量積的和，即

$$\boldsymbol{G} = \boldsymbol{X}^{\mathrm{T}}\boldsymbol{X} = \begin{bmatrix} \boldsymbol{x}^{(1)\mathrm{T}} & \boldsymbol{x}^{(2)\mathrm{T}} & \cdots & \boldsymbol{x}^{(n)\mathrm{T}} \end{bmatrix} \begin{bmatrix} \boldsymbol{x}^{(1)} \\ \boldsymbol{x}^{(2)} \\ \vdots \\ \boldsymbol{x}^{(n)} \end{bmatrix} = \sum_{i=1}^{n} \boldsymbol{x}^{(i)\mathrm{T}} \boldsymbol{x}^{(i)} = \sum_{i=1}^{n} \boldsymbol{x}^{(i)} \otimes \boldsymbol{x}^{(i)} \tag{5.91}$$

式 (5.91) 是矩陣乘法的第二角度。

另一個格拉姆矩陣

本節前文的資料矩陣 $\boldsymbol{X}$ 是細高的，它轉置之後得到寬矮的矩陣 $\boldsymbol{X}^{\mathrm{T}}$。而 $\boldsymbol{X}^{\mathrm{T}}$ 也有自己的格拉姆矩陣，即矩陣 $\boldsymbol{X}(n\times D)$ 乘以其轉置矩陣 $\boldsymbol{X}^{\mathrm{T}}(D\times n)$，得到一個 $n\times n$ 格拉姆矩陣，即

$$
\begin{aligned}
XX^{\mathrm{T}} &= \begin{bmatrix} x_1 & x_2 & \cdots & x_D \end{bmatrix} \begin{bmatrix} x_1^{\mathrm{T}} \\ x_2^{\mathrm{T}} \\ \vdots \\ x_D^{\mathrm{T}} \end{bmatrix} \\
&= x_1 x_1^{\mathrm{T}} + x_2 x_2^{\mathrm{T}} + \cdots + x_D x_D^{\mathrm{T}} \\
&= \sum_{i=1}^{D} x_i x_i^{\mathrm{T}}
\end{aligned}
\tag{5.92}
$$

觀察式 (5.92)，大家是否也發現了張量積的影子？如圖 5.39 所示。

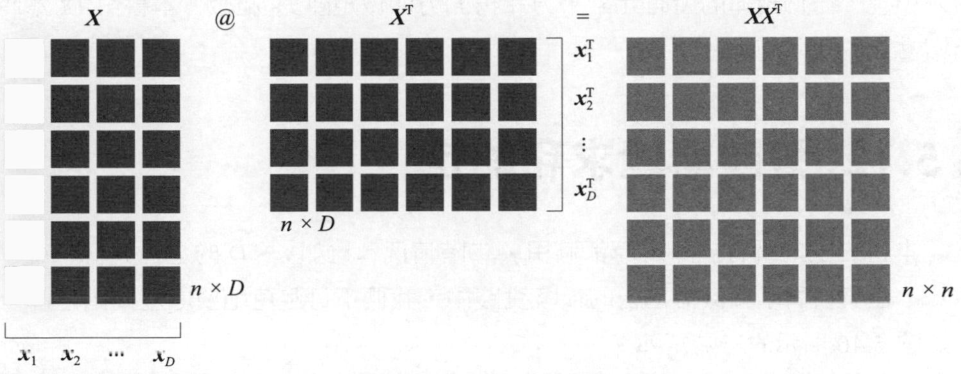

▲ 圖 5.39　XX^{T} 運算過程

元素平方和

此外，下式可以計算得到矩陣 X 的所有元素的平方和，即

$$
\begin{aligned}
\operatorname{trace}\left(X^{\mathrm{T}} X\right) &= \operatorname{trace}\begin{bmatrix} x_1 \cdot x_1 & x_1 \cdot x_2 & \cdots & x_1 \cdot x_D \\ x_2 \cdot x_1 & x_2 \cdot x_2 & \cdots & x_2 \cdot x_D \\ \vdots & \vdots & \ddots & \vdots \\ x_D \cdot x_1 & x_D \cdot x_2 & \cdots & x_D \cdot x_D \end{bmatrix} \\
&= x_1 \cdot x_1 + x_2 \cdot x_2 + \cdots + x_D \cdot x_D \\
&= \sum_{i=1}^{n} x_{i,1}^2 + \sum_{i=1}^{n} x_{i,2}^2 + \cdots + \sum_{i=1}^{n} x_{i,D}^2 = \sum_{j=1}^{D} \sum_{i=1}^{n} x_{i,j}^2
\end{aligned}
\tag{5.93}
$$

上一章講解矩陣跡 (trace) 時提到，如果 $\boldsymbol{AB}$ 和 $\boldsymbol{BA}$ 都存在，則 $\mathrm{tr}(\boldsymbol{AB}) = \mathrm{tr}(\boldsymbol{BA})$。也就是說，對於式 (5.93)，有

$$\mathrm{trace}\left(\boldsymbol{X}^{\mathrm{T}}\boldsymbol{X}\right) = \mathrm{trace}\left(\boldsymbol{X}\boldsymbol{X}^{\mathrm{T}}\right) = \sum_{j=1}^{D}\sum_{i=1}^{n} x_{i,j}^{2} \tag{5.94}$$

本書後文還會在不同位置用到 $\mathrm{tr}(\boldsymbol{AB}) = \mathrm{tr}(\boldsymbol{BA})$，請大家格外注意。

此外，向量的範數度量了向量的大小。任意向量 L^2 範數的平方值，就是向量每個元素平方之和。而矩陣 $\boldsymbol{X}$ 的所有元素的平方和實際上也度量了某種矩陣「大小」。一個矩陣的所有元素平方和再開方叫做矩陣 F- 範數。本書第 18 章將介紹常見的矩陣範數。

5.12 愛因斯坦求和約定

本書之前的所有矩陣運算都適用於二階情況，比如 $n \times D$ 的這種 n 行、D 列形式。在資料科學和機器學習的很多實踐中，我們不可避免地要處理高階矩陣，比如圖 5.40 所示的三階矩陣。

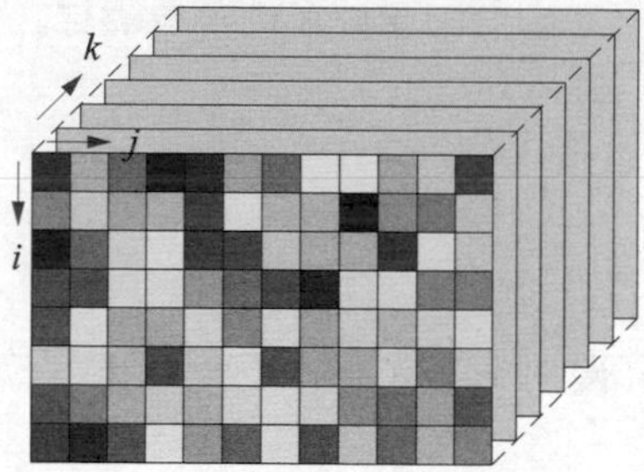

▲ 圖 5.40 三維陣列，三階矩陣

Python 中 Xarray 專門用於儲存和運算高階矩陣。

本節則要引出一種可以簡潔表達高階矩陣運算的數學工具—**愛因斯坦求和約定** (Einstein summation convention 或 Einstein notation)。《AI 時代 Math 元年 - 用 Python 全精通程式設計》專門介紹過愛因斯坦求和約定，本節僅總結如何用

numpy.einsum() 函式完成本書前文介紹的主要線性代數運算。此外，PyTorch 中 torch.einsum() 的函式原理與 numpy.einsum() 基本相同，本書不特別介紹。

使用 numpy.einsum() 時，大家記住一個要點一對於絕大部分線性代數相關運算，輸入中重複的索引代表元素相乘，輸出中消去的索引表示相加。本書系《AI 時代 Math 元年 - 用 Python 全精通程式設計》列出過幾個特例。

舉個例子，矩陣 ***A*** 和 ***B*** 相乘用 numpy.einsum() 函式可以寫成

```
np.einsum('ij,jk->ik', A, B)
```

「->」之前分別為矩陣 ***A*** 和 ***B*** 的索引，它們用逗點隔開。矩陣 ***A*** 行索引為 i，列索引為 j。矩陣 ***B*** 行索引為 j，列索引為 k。j 為重複索引，因此在這個方向上元素相乘。

「->」之後為輸出結果的索引。輸出結果索引為 ik，沒有 j，因此在 j 索引方向上存在求和運算。

使用 numpy.einsum() 完成常見線性代數運算的方法詳見表 5.1。現在不需要大家掌握 numpy. einsum()。希望大家在日後用到愛因斯坦求和約定時，再回過頭來深入學習。

➔ 表 5.1　使用 numpy.einsum() 完成常見線性代數運算

運算	使用 numpy.einsum() 完成運算
向量 ***a*** 所有元素求和 (結果為純量)	np.einsum('ij->',a) np.einsum('i->',a_ 1D)
等行數列向量 ***a*** 和 ***b*** 的逐項積	np.einsum('ij,ij->ij',a,b) np.einsum('i,i->i',a_ 1D,b_ 1D)
等行數列向量 ***a*** 和 ***b*** 的向量內積 (結果為純量)	np.einsum('ij,ij->',a,b) np.einsum('i,i->',a_ 1D,b_ 1D)
向量 ***a*** 和自身的張量積	np.einsum('ij,ji->ij',a,a) np.einsum('i,j->ij',a_ 1D,a_ 1D)

運算	使用 numpy.einsum() 完成運算
向量 $\boldsymbol{a}$ 和 $\boldsymbol{b}$ 的張量積	np.einsum('ij,ji->ij',a,b) np.einsum('i,j->ij',a_ 1D,b_ 1D)
矩陣 $\boldsymbol{A}$ 的轉置	np.einsum('ji',A) np.einsum('ij->ji',A)
矩陣 $\boldsymbol{A}$ 所有元素求和（結果為純量）	np.einsum('ij->',A)
矩陣 $\boldsymbol{A}$ 對每一列元素求和	np.einsum('ij->j',A)
矩陣 $\boldsymbol{A}$ 對每一行元素求和	np.einsum('ij->i',A)
提取方陣 $\boldsymbol{A}$ 的對角元素（結果為向量）	np.einsum('ii->i',A)
計算方陣 $\boldsymbol{A}$ 的跡 trace($\boldsymbol{A}$)（結果為純量）	np.einsum('ii->',A)
計算矩陣 $\boldsymbol{A}$ 和 $\boldsymbol{B}$ 乘積	np.einsum('ij,jk->ik',A, B)
乘積 $\boldsymbol{AB}$ 結果所有元素求和（結果為純量）	np.einsum('ij,jk->',A, B)
矩陣 $\boldsymbol{A}$ 和 $\boldsymbol{B}$ 相乘後再轉置，即 $(\boldsymbol{AB})^{\mathrm{T}}$	np.einsum('ij,jk->ki',A, B)
形狀相同矩陣 $\boldsymbol{A}$ 和 $\boldsymbol{B}$ 逐項積	np.einsum('ij,ij->ij',A, B)

表 5.1 中的變數定義和運算都在 Bk4_Ch5_01.py 中。

5.13 矩陣乘法的幾個雷區

本章最後介紹運用矩陣乘法時幾個潛伏的雷區。

不滿足交換律

代數中，乘法滿足交換律，比如 $ab = ba$。但是，一般情況，矩陣乘法不滿足交換律，即

$$\boldsymbol{AB} \neq \boldsymbol{BA} \tag{5.95}$$

本書在第 8 章將透過幾何變換角度解釋為什麼矩陣乘法一般不滿足交換律。

平方

如果方陣 $\boldsymbol{A}$ 和 $\boldsymbol{B}$ 滿足

$$\boldsymbol{A}^2 = \boldsymbol{B}^2 \tag{5.96}$$

不能得到

$$\boldsymbol{A} = \pm\boldsymbol{B} \tag{5.97}$$

對於非方陣 $\boldsymbol{A}$，$\boldsymbol{A}^{\mathrm{T}}\boldsymbol{A}$ 或 $\boldsymbol{A}\boldsymbol{A}^{\mathrm{T}}$ 相當於 $\boldsymbol{A}$ 的「平方」。

如果 $\boldsymbol{A}$ 和 $\boldsymbol{B}$ 為非方陣，且滿足

$$\boldsymbol{A}^{\mathrm{T}}\boldsymbol{A} = \boldsymbol{B}^{\mathrm{T}}\boldsymbol{B} \tag{5.98}$$

則式 (5.98) 也無法推導得到式 (5.97)。

同理，下式也無法推導得到式 (5.97)，即

$$\boldsymbol{A}\boldsymbol{A}^{\mathrm{T}} = \boldsymbol{B}\boldsymbol{B}^{\mathrm{T}} \tag{5.99}$$

和的平方

代數中，$(a + b)^2 = a^2 + 2ab + b^2$。

如果 $\boldsymbol{A}$ 和 $\boldsymbol{B}$ 為方陣，則兩者和的平方展開得到

$$(\boldsymbol{A}+\boldsymbol{B})^2 = (\boldsymbol{A}+\boldsymbol{B})(\boldsymbol{A}+\boldsymbol{B}) = \boldsymbol{A}^2 + \boldsymbol{A}\boldsymbol{B} + \boldsymbol{B}\boldsymbol{A} + \boldsymbol{B}^2 \tag{5.100}$$

其中：$\boldsymbol{A}\boldsymbol{B}$ 和 $\boldsymbol{B}\boldsymbol{A}$ 不能隨意合併。

如果 $\boldsymbol{A}$ 和 $\boldsymbol{B}$ 為非方陣，則下式相當於兩者和的平方，即

$$(\boldsymbol{A}+\boldsymbol{B})^{\mathrm{T}}(\boldsymbol{A}+\boldsymbol{B})=\left(\boldsymbol{A}^{\mathrm{T}}+\boldsymbol{B}^{\mathrm{T}}\right)(\boldsymbol{A}+\boldsymbol{B})=\boldsymbol{A}^{\mathrm{T}}\boldsymbol{A}+\boldsymbol{A}^{\mathrm{T}}\boldsymbol{B}+\boldsymbol{B}^{\mathrm{T}}\boldsymbol{A}+\boldsymbol{B}^{\mathrm{T}}\boldsymbol{B} \tag{5.101}$$

式 (5.101) 顯然不同於

$$(\boldsymbol{A}+\boldsymbol{B})(\boldsymbol{A}+\boldsymbol{B})^{\mathrm{T}}=(\boldsymbol{A}+\boldsymbol{B})\left(\boldsymbol{A}^{\mathrm{T}}+\boldsymbol{B}^{\mathrm{T}}\right)=\boldsymbol{A}\boldsymbol{A}^{\mathrm{T}}+\boldsymbol{A}\boldsymbol{B}^{\mathrm{T}}+\boldsymbol{B}\boldsymbol{A}^{\mathrm{T}}+\boldsymbol{B}\boldsymbol{B}^{\mathrm{T}} \tag{5.102}$$

矩陣相等

代數運算中，如果 $a \neq 0$，$ab = ac$ 可以推導出 $a(b-c)= 0$，繼而得到 $b = c$。但是矩陣乘法中，如果 $\boldsymbol{A}$ 不是零矩陣，即 $\boldsymbol{A} \neq \boldsymbol{O}$，並且

$$\boldsymbol{A}\boldsymbol{B}=\boldsymbol{A}\boldsymbol{C} \tag{5.103}$$

可以推導得到

$$\boldsymbol{A}(\boldsymbol{B}-\boldsymbol{C})=\boldsymbol{O} \tag{5.104}$$

但是，不能直接得出 $\boldsymbol{B} = \boldsymbol{C}$。

舉個例子，給定

$$\boldsymbol{A}=\begin{bmatrix}1 & 2\\ 2 & 4\end{bmatrix},\quad \boldsymbol{B}=\begin{bmatrix}2 & 2\\ 0 & 1\end{bmatrix},\quad \boldsymbol{C}=\begin{bmatrix}4 & 2\\ -1 & 1\end{bmatrix} \tag{5.105}$$

以下等式成立，即

$$\underbrace{\begin{bmatrix}1 & 2\\ 2 & 4\end{bmatrix}}_{\boldsymbol{A}}@\underbrace{\begin{bmatrix}2 & 2\\ 0 & 1\end{bmatrix}}_{\boldsymbol{B}}=\underbrace{\begin{bmatrix}1 & 2\\ 2 & 4\end{bmatrix}}_{\boldsymbol{A}}@\underbrace{\begin{bmatrix}4 & 2\\ -1 & 1\end{bmatrix}}_{\boldsymbol{C}}=\begin{bmatrix}2 & 4\\ 4 & 8\end{bmatrix} \tag{5.106}$$

顯然 $\boldsymbol{B} \neq \boldsymbol{C}$。這是因為式 (5.105) 列出的矩陣 $\boldsymbol{A}$ 不可逆。

如果 $\boldsymbol{A}$ 可逆，我們需要「老老實實」地在等式 (5.103) 左右分別左乘 $\boldsymbol{A}^{-1}$，一步步推導得到

$$\boldsymbol{A}^{-1}(\boldsymbol{A}\boldsymbol{B})=\boldsymbol{A}^{-1}(\boldsymbol{A}\boldsymbol{C}) \quad\Rightarrow\quad \left(\boldsymbol{A}^{-1}\boldsymbol{A}\right)\boldsymbol{B}=\left(\boldsymbol{A}^{-1}\boldsymbol{A}\right)\boldsymbol{C} \quad\Rightarrow\quad \boldsymbol{I}\boldsymbol{B}=\boldsymbol{I}\boldsymbol{C} \quad\Rightarrow\quad \boldsymbol{B}=\boldsymbol{C} \tag{5.107}$$

如果下式對於 $\mathbb{R}^n$ 中任意 $\boldsymbol{x}$ 都成立，則 $\boldsymbol{A}=\boldsymbol{B}$，即

$$\boldsymbol{A}_{m\times n}\boldsymbol{x}_{n\times 1}=\boldsymbol{B}_{m\times n}\boldsymbol{x}_{n\times 1} \tag{5.108}$$

零矩陣

代數運算中，如果 $ab=0$，可以得知 $a=0$ 或 $b=0$。但是，矩陣運算中如果 $\boldsymbol{AB}=\boldsymbol{O}$，則無法得到 $\boldsymbol{A}=\boldsymbol{O}$ 或 $\boldsymbol{B}=\boldsymbol{O}$。

舉個例子，下面矩陣 $\boldsymbol{A}$ 和 $\boldsymbol{B}$ 的乘積為零矩陣，但是顯然它們都不是零矩陣。

$$\underbrace{\begin{bmatrix}0&1\\0&2\end{bmatrix}}_{\boldsymbol{A}}@\underbrace{\begin{bmatrix}3&4\\0&0\end{bmatrix}}_{\boldsymbol{B}}=\underbrace{\begin{bmatrix}0&0\\0&0\end{bmatrix}}_{\boldsymbol{O}} \tag{5.109}$$

如果 $k\boldsymbol{A}=\boldsymbol{O}$，則純量 $k=0$ 或矩陣 $\boldsymbol{A}=\boldsymbol{O}$。

注意：$\boldsymbol{AO}=\boldsymbol{O}$ 中，兩個零矩陣的形狀很可能不一致。

注意順序

在多個矩陣連乘展開遇到求逆或置換時，大家需要格外注意調換順序，比如

$$\begin{aligned}&(\boldsymbol{ABC})^{-1}=\boldsymbol{C}^{-1}\boldsymbol{B}^{-1}\boldsymbol{A}^{-1}\\&(\boldsymbol{ABC})^{\mathrm{T}}=\boldsymbol{C}^{\mathrm{T}}\boldsymbol{B}^{\mathrm{T}}\boldsymbol{A}^{\mathrm{T}}\\&\left((\boldsymbol{ABC})^{-1}\right)^{\mathrm{T}}=\left(\boldsymbol{C}^{-1}\boldsymbol{B}^{-1}\boldsymbol{A}^{-1}\right)^{\mathrm{T}}=\left(\boldsymbol{A}^{-1}\right)^{\mathrm{T}}\left(\boldsymbol{B}^{-1}\right)^{\mathrm{T}}\left(\boldsymbol{C}^{-1}\right)^{\mathrm{T}}=\left(\boldsymbol{A}^{\mathrm{T}}\right)^{-1}\left(\boldsymbol{B}^{\mathrm{T}}\right)^{-1}\left(\boldsymbol{C}^{\mathrm{T}}\right)^{-1}\end{aligned} \tag{5.110}$$

其中：$\boldsymbol{A}$、$\boldsymbol{B}$、$\boldsymbol{C}$ 均可逆。需要注意的是，$(\boldsymbol{A}\mathrm{T})^{-1}=(\boldsymbol{A}^{-1})\mathrm{T}$。

純量乘法

遇到純量乘法時應注意

$$\begin{aligned}&(k\boldsymbol{A})^{-1}=\frac{1}{k}\boldsymbol{A}^{-1}\\&(k\boldsymbol{A})^{\mathrm{T}}=k\boldsymbol{A}^{\mathrm{T}}\end{aligned} \tag{5.111}$$

其中：k 非零。此外，$\boldsymbol{A}^{-1}$ 代表矩陣的逆，不能類比成代數中的「倒數」。因此，$\boldsymbol{A}^{-1}$ 不能寫成 $1/\boldsymbol{A}$ 或 $\frac{1}{\boldsymbol{A}}$，它們在線性代數中沒有定義。幾何角度來看，矩陣的逆運算相當於幾何變換 (旋轉、縮放等) 逆操作，這是本書後續要介紹的內容。

結果可能是純量

矩陣的乘積結果可能是個純量。本章前文列出過幾個例子，總結為

$$\begin{aligned}
&\boldsymbol{x}\cdot\boldsymbol{y}=\boldsymbol{y}\cdot\boldsymbol{x}=\langle\boldsymbol{x},\boldsymbol{y}\rangle=\boldsymbol{x}^{\mathrm{T}}\boldsymbol{y}=\left(\boldsymbol{x}^{\mathrm{T}}\boldsymbol{y}\right)^{\mathrm{T}}=\boldsymbol{y}^{\mathrm{T}}\boldsymbol{x}\\
&\boldsymbol{1}\cdot\boldsymbol{x}=\boldsymbol{1}^{\mathrm{T}}\boldsymbol{x}=\boldsymbol{x}^{\mathrm{T}}\boldsymbol{1}\\
&\boldsymbol{x}\cdot\boldsymbol{x}=\langle\boldsymbol{x},\boldsymbol{x}\rangle=\boldsymbol{x}^{\mathrm{T}}\boldsymbol{x}=\|\boldsymbol{x}\|_2^2\\
&\sqrt{\boldsymbol{x}\cdot\boldsymbol{x}}=\sqrt{\langle\boldsymbol{x},\boldsymbol{x}\rangle}=\sqrt{\boldsymbol{x}^{\mathrm{T}}\boldsymbol{x}}=\|\boldsymbol{x}\|_2\\
&\boldsymbol{1}^{\mathrm{T}}\boldsymbol{X}\boldsymbol{1},\quad \boldsymbol{x}^{\mathrm{T}}\boldsymbol{Q}\boldsymbol{x},\quad \boldsymbol{v}_i^{\mathrm{T}}\boldsymbol{\Sigma}\boldsymbol{v}_j
\end{aligned}\tag{5.112}$$

上述結果相當於是 1×1 矩陣。1×1 矩陣的轉置為其本身。反覆強調，遇到矩陣乘積為純量的情況，請大家考慮矩陣乘積能否看作是某種「距離」。

不能消去

當矩陣乘積為純量時，寫在算式分母上就不足為奇了，比如

$$\frac{\boldsymbol{x}^{\mathrm{T}}\boldsymbol{y}}{\boldsymbol{x}^{\mathrm{T}}\boldsymbol{x}},\quad \frac{\boldsymbol{x}^{\mathrm{T}}\boldsymbol{A}\boldsymbol{x}}{\boldsymbol{x}^{\mathrm{T}}\boldsymbol{x}},\quad \frac{\boldsymbol{x}^{\mathrm{T}}\boldsymbol{A}\boldsymbol{x}}{\boldsymbol{x}^{\mathrm{T}}\boldsymbol{B}\boldsymbol{x}},\quad \frac{\boldsymbol{x}^{\mathrm{T}}\boldsymbol{A}^{\mathrm{T}}\boldsymbol{Q}\boldsymbol{A}\boldsymbol{x}}{\boldsymbol{x}^{\mathrm{T}}\boldsymbol{A}^{\mathrm{T}}\boldsymbol{A}\boldsymbol{x}}\tag{5.113}$$

如果分子、分母上都出現同一個矩陣，則絕不能消去。顯然，式 (5.113) 中 $\boldsymbol{x}^{\mathrm{T}}$ 和 $\boldsymbol{x}$ 都不能消去！最後一個分式中 $\boldsymbol{A}^{\mathrm{T}}$ 和 $\boldsymbol{A}$ 也不能消去。

本章全景展示了常見的矩陣乘法形態。每種形態的矩陣乘法都很重要，因此也不能用四幅圖來總結本章主要內容。

大家想要活用線性代數這個寶庫中的各種數學工具，那麼熟練掌握矩陣乘法規則是繞不過去的一道門檻。再強調一次，大家在學習不同的矩陣運算時，要試圖從幾何和資料這兩個角度去理解。這也是本書要特別強化的一點。

此外，本章針對矩陣乘法運算也沒有列出任何程式，因為在 **NumPy** 中矩陣乘法常用運算元就是 @。本章還介紹了愛因斯坦求和約定，不要求大家掌握。本章最後介紹矩陣乘法運算的常見雷區，希望大家格外小心。

矩陣乘法規則像是枷鎖，它條條框框、冷酷無情、不容妥協；但是，在枷鎖下，我們看到了矩陣乘法的另一面一無拘無束、血脈僨張、海納百川。

希望大家一邊學習本書的剩餘內容，一邊不斷回頭看這一章內容，相信大家一定會和我一樣，歎服於矩陣乘法展現出來的自由、包容，以及純粹的美。

Block Matrix

6 分塊矩陣

將大矩陣切成小塊，簡化運算

> 數學的精髓在於自由。
>
> ***The essence of mathematics is in its freedom.***
>
> ——格奧爾格·康托爾（*Georg Cantor*）| 德國數學家 | *1845—1918*

- numpy.kron() 計算矩陣張量積
- numpy.random.random_integers() 生成隨機整數
- numpy.zeros_like() 用於生成和輸入矩陣形狀相同的零矩陣
- seaborn.heatmap() 繪製熱圖

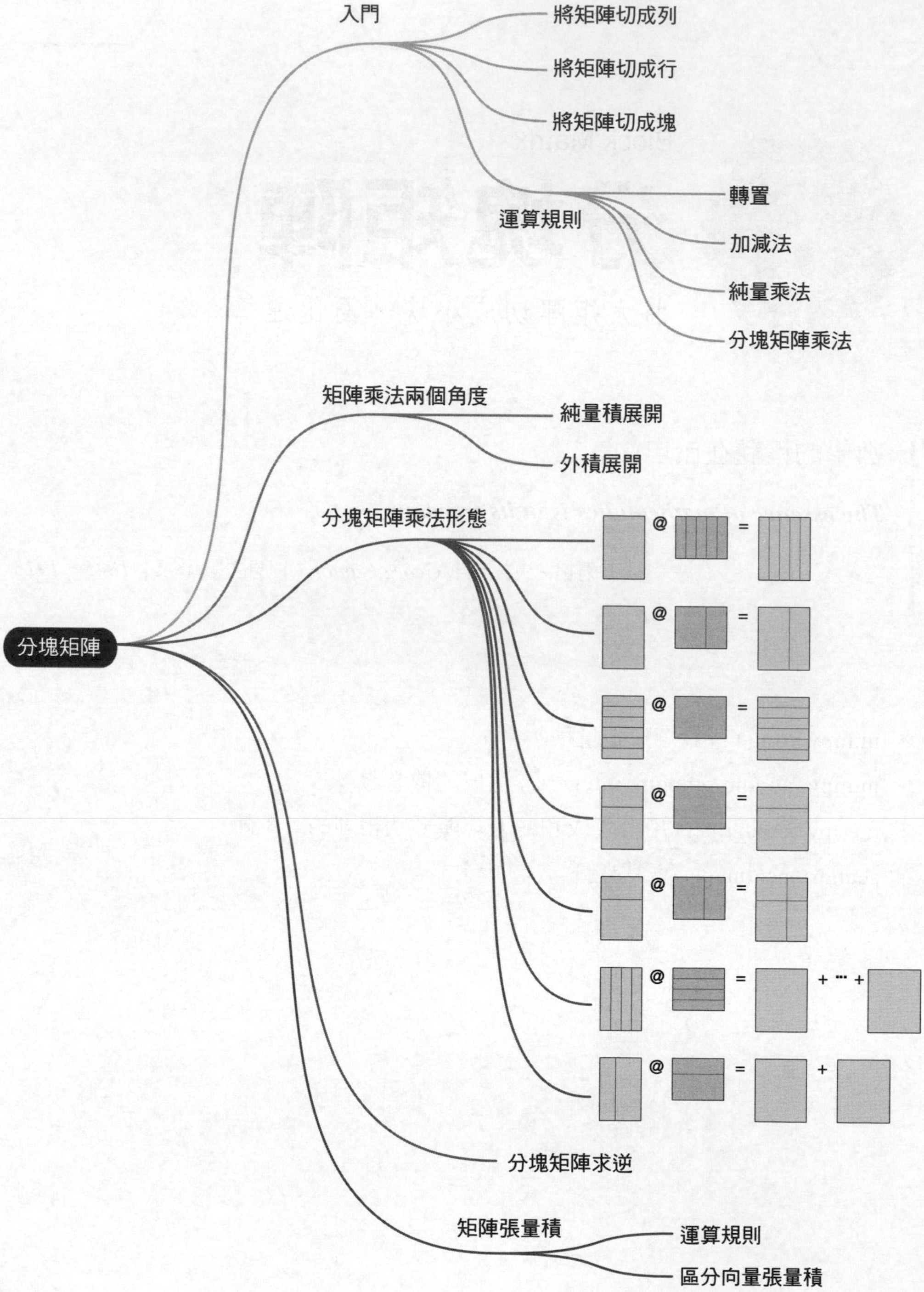
分塊矩陣
入門
將矩陣切成列
將矩陣切成行
將矩陣切成塊
運算規則
轉置
加減法
純量乘法
分塊矩陣乘法
矩陣乘法兩個角度
純量積展開
外積展開
分塊矩陣乘法形態
分塊矩陣求逆
矩陣張量積
運算規則
區分向量張量積

6.1 分塊矩陣：橫平垂直切豆腐

分塊矩陣 (block matrix 或 partitioned matrix) 是指將一個矩陣用若干條橫線和分隔號分割成多個**子塊矩陣** (submatrices)。矩陣分塊後可以簡化運算，同時讓運算過程變得更加清晰。

通俗地講，矩陣分塊好比橫平垂直切豆腐；但是下刀的手法很有講究，這是本章後文要著重探討的內容。

切絲、切條

實際上，本書一開始就已經不知不覺地使用了分塊矩陣這一重要工具。

大家已經清楚知道，如圖 6.1 所示，矩陣 $\boldsymbol{X}$ 可以看作是由一系列行向量或列向量按照一定規則建構而成的。這實際上表現的就是分塊矩陣的思想。

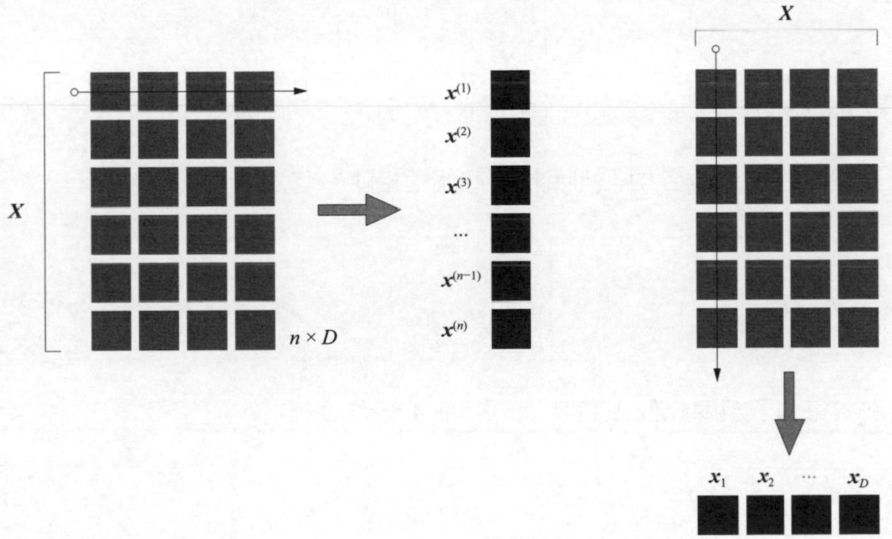

▲ 圖 6.1　矩陣可以寫成一系列行向量或列向量

矩陣 $\boldsymbol{X}$ 每行之間切一刀，便得到一組行向量，如

$$\boldsymbol{X}_{n\times D}=\begin{bmatrix}\boldsymbol{x}^{(1)}\\ \boldsymbol{x}^{(2)}\\ \vdots\\ \boldsymbol{x}^{(n)}\end{bmatrix}=\begin{bmatrix}x_{1,1} & x_{1,2} & \cdots & x_{1,D}\\ x_{2,1} & x_{2,2} & \cdots & x_{2,D}\\ \vdots & \vdots & \ddots & \vdots\\ x_{n,1} & x_{n,2} & \cdots & x_{n,D}\end{bmatrix} \tag{6.1}$$

矩陣 $\boldsymbol{X}$ 在每列之間切一刀，可將 $\boldsymbol{X}$ 切成一組列向量，如

$$\boldsymbol{X}_{n\times D}=\begin{bmatrix}\boldsymbol{x}_1 & \boldsymbol{x}_2 & \cdots & \boldsymbol{x}_D\end{bmatrix}=\begin{bmatrix}x_{1,1} & x_{1,2} & \cdots & x_{1,D}\\ x_{2,1} & x_{2,2} & \cdots & x_{2,D}\\ \vdots & \vdots & \ddots & \vdots\\ x_{n,1} & x_{n,2} & \cdots & x_{n,D}\end{bmatrix} \tag{6.2}$$

切塊

下面介紹分塊矩陣的其他切法。列出以下矩陣 $\boldsymbol{A}$，即

$$\boldsymbol{A}=\begin{bmatrix}1 & 2 & 3 & 0 & 0\\ 4 & 5 & 6 & 0 & 0\\ 0 & 0 & 0 & -1 & 0\\ 0 & 0 & 0 & 0 & 1\end{bmatrix} \tag{6.3}$$

我們把矩陣 $\boldsymbol{A}$ 橫豎各切一刀，得到四個子矩陣，有

$$\boldsymbol{A}=\left[\begin{array}{ccc|cc}1 & 2 & 3 & 0 & 0\\ 4 & 5 & 6 & 0 & 0\\ \hline 0 & 0 & 0 & -1 & 0\\ 0 & 0 & 0 & 0 & 1\end{array}\right] \tag{6.4}$$

分別給每個子矩陣起個「名字」，矩陣 $\boldsymbol{A}$ 記作

$$\boldsymbol{A}=\begin{bmatrix}\boldsymbol{A}_{1,1} & \boldsymbol{A}_{1,2}\\ \boldsymbol{A}_{2,1} & \boldsymbol{A}_{2,2}\end{bmatrix} \tag{6.5}$$

也就是

$$\begin{aligned}\boldsymbol{A}_{1,1}&=\begin{bmatrix}1 & 2 & 3\\ 4 & 5 & 6\end{bmatrix}, \quad \boldsymbol{A}_{1,2}=\begin{bmatrix}0 & 0\\ 0 & 0\end{bmatrix}\\ \boldsymbol{A}_{2,1}&=\begin{bmatrix}0 & 0 & 0\\ 0 & 0 & 0\end{bmatrix}, \quad \boldsymbol{A}_{2,2}=\begin{bmatrix}-1 & 0\\ 0 & 1\end{bmatrix}\end{aligned} \tag{6.6}$$

本書後文也會用行、列數來命名分塊矩陣，比如

$$X_{n\times D}=\begin{bmatrix} X_{r\times q} & X_{r\times(D-q)} \\ X_{(n-r)\times q} & X_{(n-r)\times(D-q)} \end{bmatrix} \tag{6.7}$$

Numpy 中矩陣分塊可以用指定行、列序數做到。numpy.block() 函式可以用於將子塊矩陣結合得到原矩陣。請大家參考 Bk4_Ch6_01.py。

鳶尾花資料為例

如圖 6.2 所示，將鳶尾花資料矩陣 X 上下切兩刀，均勻分成三塊。這三個分塊矩陣的大小都是 50×4。本書第 1 章提到，鳶尾花資料有三個亞屬，即三類標籤—**山鳶尾** (setosa)、**變色鳶尾** (versicolor) 和**維吉尼亞鳶尾** (virginica)。圖 6.2 右側的每個分塊代表一類鳶尾花的樣本資料子集，每個子集各有 50 筆記錄。利用圖 6.2 右側的分塊矩陣，我們可以分析某一類鳶尾花樣本子集的平均值、質心 (列平均值組成的向量)、方差、均方差、協方差、協方差矩陣、相關性係數、相關性係數矩陣等。

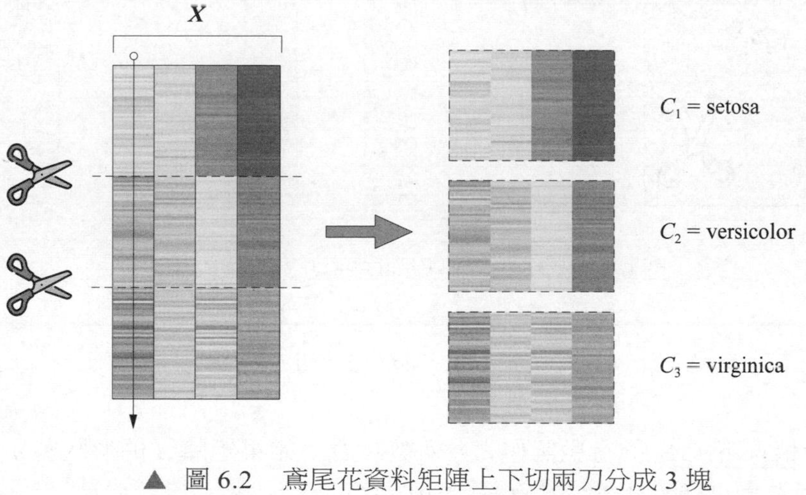

▲ 圖 6.2　鳶尾花資料矩陣上下切兩刀分成 3 塊

大家將在本書第 22 章，以及本書系《AI 時代 Math 元年 - 用 Python 全精通統計及機率》和《AI 時代 Math 元年 - 用 Python 全精通資料處理》兩本書中看到圖 6.2 這種分塊方式的用途。

如圖 6.3 所示，將鳶尾花資料矩陣 $\boldsymbol{X}$ 左右切三刀，得到 4 個分塊矩陣，即 4 個列向量，形狀都為 150×1。這 4 個分塊矩陣分別代表**花萼長度** (sepal length)、**花萼寬度** (sepal width)、**花瓣長度** (petal length) 和**花瓣寬度** (petal width) 四個特徵的樣本資料。

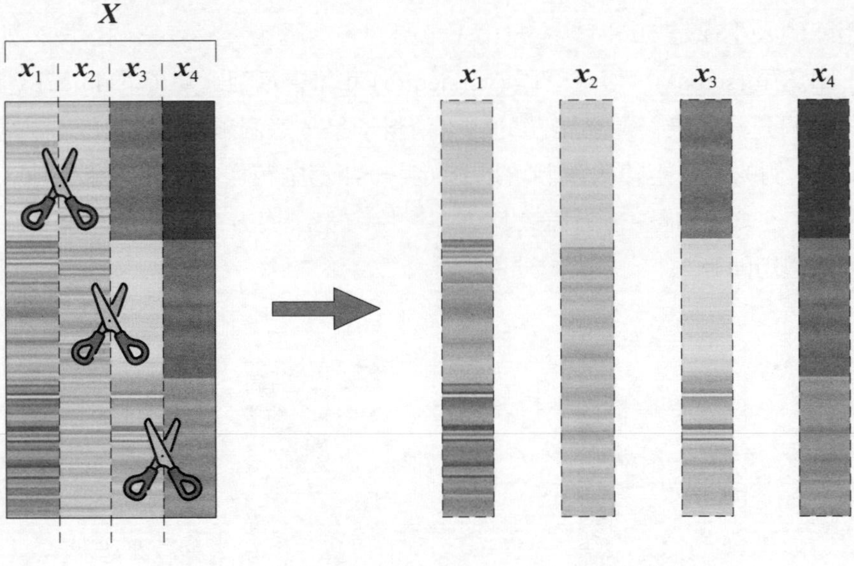

▲ 圖 6.3 鳶尾花資料矩陣左右切 3 刀分成 4 塊

轉置

一般情況下，$\boldsymbol{A}_{i,j}$ 的行數記作 n_i，列數為 D_j；如果矩陣 $\boldsymbol{A}$ 的形狀為 $n \times D$，按式 (6.5) 分割得到的子塊矩陣的行、列數滿足

$$n_1 + n_2 = n, \quad D_1 + D_2 = D \tag{6.8}$$

對式 (6.5) 中的 $\boldsymbol{A}$ 求轉置，得到

$$\boldsymbol{A}^{\mathrm{T}} = \begin{bmatrix} \boldsymbol{A}_{1,1}{}^{\mathrm{T}} & \boldsymbol{A}_{2,1}{}^{\mathrm{T}} \\ \boldsymbol{A}_{1,2}{}^{\mathrm{T}} & \boldsymbol{A}_{2,2}{}^{\mathrm{T}} \end{bmatrix} \tag{6.9}$$

式 (6.9) 相當於由兩層轉置運算組成。第一層把子塊當成元素，進行轉置；第二層是子塊矩陣的轉置運算。代入具體值，得到

$$\boldsymbol{A}^{\mathrm{T}} = \left[\begin{array}{cc|cc} 1 & 4 & 0 & 0 \\ 2 & 5 & 0 & 0 \\ 3 & 6 & 0 & 0 \\ \hline 0 & 0 & -1 & 0 \\ 0 & 0 & 0 & 0 \end{array}\right] \tag{6.10}$$

請大家仔細對比式 (6.4) 和式 (6.10)，分析轉置前後子塊矩陣的變化。

純量乘法

式 (6.5) 中分塊矩陣純量乘法的規則為

$$k\boldsymbol{A} = \begin{bmatrix} k\boldsymbol{A}_{1,1} & k\boldsymbol{A}_{1,2} \\ k\boldsymbol{A}_{2,1} & k\boldsymbol{A}_{2,2} \end{bmatrix} \tag{6.11}$$

加減法

給定矩陣 $\boldsymbol{B}$，它的形狀和式 (6.5) 中的 $\boldsymbol{A}$ 相同，採用相同的分塊法分割 $\boldsymbol{B}$，得到

$$\boldsymbol{B} = \begin{bmatrix} \boldsymbol{B}_{1,1} & \boldsymbol{B}_{1,2} \\ \boldsymbol{B}_{2,1} & \boldsymbol{B}_{2,2} \end{bmatrix} \tag{6.12}$$

矩陣 $\boldsymbol{A}$ 和 $\boldsymbol{B}$ 的相同位置的子塊矩陣形狀相同，$\boldsymbol{A}$ 和 $\boldsymbol{B}$ 相加為對應位置的子塊分別相加，有

$$\boldsymbol{A}+\boldsymbol{B} = \begin{bmatrix} \boldsymbol{A}_{1,1} & \boldsymbol{A}_{1,2} \\ \boldsymbol{A}_{2,1} & \boldsymbol{A}_{2,2} \end{bmatrix} + \begin{bmatrix} \boldsymbol{B}_{1,1} & \boldsymbol{B}_{1,2} \\ \boldsymbol{B}_{2,1} & \boldsymbol{B}_{2,2} \end{bmatrix} = \begin{bmatrix} \boldsymbol{A}_{1,1}+\boldsymbol{B}_{1,1} & \boldsymbol{A}_{1,2}+\boldsymbol{B}_{1,2} \\ \boldsymbol{A}_{2,1}+\boldsymbol{B}_{2,1} & \boldsymbol{A}_{2,2}+\boldsymbol{B}_{2,2} \end{bmatrix} \tag{6.13}$$

上述規則也適用於減法。

矩陣乘法

分塊矩陣乘法也基於矩陣乘法規則。$\boldsymbol{A}$ 和 $\boldsymbol{B}$ 相乘時，首先保證 $\boldsymbol{A}$ 的列數等於 $\boldsymbol{B}$ 的行數。$\boldsymbol{A}$ 和 $\boldsymbol{B}$ 分塊時，保證 $\boldsymbol{A}$ 的每一個子塊矩陣的列數分別等於對應位置 $\boldsymbol{B}$ 的每個子塊的行數。這樣 $\boldsymbol{A}$ 和 $\boldsymbol{B}$ 相乘可以展開寫成

$$\boldsymbol{AB} = \begin{bmatrix} \boldsymbol{A}_{1,1} & \boldsymbol{A}_{1,2} \\ \boldsymbol{A}_{2,1} & \boldsymbol{A}_{2,2} \end{bmatrix} \begin{bmatrix} \boldsymbol{B}_{1,1} & \boldsymbol{B}_{1,2} \\ \boldsymbol{B}_{2,1} & \boldsymbol{B}_{2,2} \end{bmatrix} = \begin{bmatrix} \boldsymbol{A}_{1,1}\boldsymbol{B}_{1,1} + \boldsymbol{A}_{1,2}\boldsymbol{B}_{2,1} & \boldsymbol{A}_{1,1}\boldsymbol{B}_{1,2} + \boldsymbol{A}_{1,2}\boldsymbol{B}_{2,2} \\ \boldsymbol{A}_{2,1}\boldsymbol{B}_{1,1} + \boldsymbol{A}_{2,2}\boldsymbol{B}_{2,1} & \boldsymbol{A}_{2,1}\boldsymbol{B}_{1,2} + \boldsymbol{A}_{2,2}\boldsymbol{B}_{2,2} \end{bmatrix} \tag{6.14}$$

式 (6.14) 中分塊矩陣的乘法有兩層運算。第一層矩陣乘法將子塊視為元素來完成矩陣乘法，第二層是子塊矩陣之間的矩陣乘法。本章後文會深入講解不同形態的分塊矩陣乘法。

6.2 矩陣乘法第一角度：純量積展開

本書前文以兩個 2×2 矩陣相乘為例講解過觀察矩陣乘法的兩個角度。本節和下一節內容在回顧這兩個角度的同時，進一步從分塊矩陣角度理解矩陣乘法規則。

本節討論矩陣乘法的常規角度—**純量積展開** (scalar product expansion)。

首先回顧矩陣乘法規則。

當矩陣 $\boldsymbol{A}$ 的列數等於矩陣 $\boldsymbol{B}$ 的行數時，$\boldsymbol{A}$ 與 $\boldsymbol{B}$ 可以相乘。比以下例中，

矩陣 $\boldsymbol{A}$ 的形狀為 n 行 D 列，矩陣 $\boldsymbol{B}$ 的形狀為 D 行 m 列。$\boldsymbol{A}$ 與 $\boldsymbol{B}$ 相乘時，相當於 D 被消去。

⚠ 再次強調，一般情況，矩陣乘法不滿足交換律，即 $\boldsymbol{AB} \neq \boldsymbol{BA}$。

A 與 ***B*** 相乘得到的矩陣 ***C*** 的行數等於矩陣 ***A*** 的行數，矩陣 ***C*** 的列數等於矩陣 ***B*** 的列數，即 ***AB*** 結果的形狀為 *n* 行 *m* 列，即

$$C_{n\times m} = A_{n\times D} B_{D\times m} = A_{n\times D} @ B_{D\times m} = \begin{bmatrix} c_{1,1} & c_{1,2} & \cdots & c_{1,m} \\ c_{2,1} & c_{2,2} & \cdots & c_{2,m} \\ \vdots & \vdots & \ddots & \vdots \\ c_{n,1} & c_{n,2} & \cdots & c_{n,m} \end{bmatrix} \tag{6.15}$$

其中

$$A_{n\times D} = \begin{bmatrix} a_{1,1} & a_{1,2} & \cdots & a_{1,D} \\ a_{2,1} & a_{2,2} & \cdots & a_{2,D} \\ \vdots & \vdots & \ddots & \vdots \\ a_{n,1} & a_{n,2} & \cdots & a_{n,D} \end{bmatrix}, \quad B_{D\times m} = \begin{bmatrix} b_{1,1} & b_{1,2} & \cdots & b_{1,m} \\ b_{2,1} & b_{2,2} & \cdots & b_{2,m} \\ \vdots & \vdots & \ddots & \vdots \\ b_{D,1} & b_{D,2} & \cdots & b_{D,m} \end{bmatrix} \tag{6.16}$$

將矩陣 ***A*** 寫成一組行向量，有

$$A_{n\times D} = \begin{bmatrix} a_{1,1} & a_{1,2} & \cdots & a_{1,D} \\ a_{2,1} & a_{2,2} & \cdots & a_{2,D} \\ \vdots & \vdots & \ddots & \vdots \\ a_{n,1} & a_{n,2} & \cdots & a_{n,D} \end{bmatrix}_{n\times D} = \begin{bmatrix} \boldsymbol{a}^{(1)} \\ \boldsymbol{a}^{(2)} \\ \vdots \\ \boldsymbol{a}^{(n)} \end{bmatrix}_{n\times 1} \tag{6.17}$$

將矩陣 ***B*** 寫成一組列向量，有

$$B_{D\times m} = \begin{bmatrix} b_{1,1} & b_{1,2} & \cdots & b_{1,m} \\ b_{2,1} & b_{2,2} & \cdots & b_{2,m} \\ \vdots & \vdots & \ddots & \vdots \\ b_{D,1} & b_{D,2} & \cdots & b_{D,m} \end{bmatrix}_{D\times m} = \begin{bmatrix} \boldsymbol{b}_1 & \boldsymbol{b}_2 & \cdots & \boldsymbol{b}_m \end{bmatrix}_{1\times m} \tag{6.18}$$

利用式 (6.17) 和式 (6.18)，矩陣乘積 ***AB*** 可以寫作

$$C = AB = \begin{bmatrix} \boldsymbol{a}^{(1)} \\ \boldsymbol{a}^{(2)} \\ \vdots \\ \boldsymbol{a}^{(n)} \end{bmatrix}_{n\times 1} \begin{bmatrix} \boldsymbol{b}_1 & \boldsymbol{b}_2 & \cdots & \boldsymbol{b}_m \end{bmatrix}_{1\times m} = \begin{bmatrix} \boldsymbol{a}^{(1)}\boldsymbol{b}_1 & \boldsymbol{a}^{(1)}\boldsymbol{b}_2 & \cdots & \boldsymbol{a}^{(1)}\boldsymbol{b}_m \\ \boldsymbol{a}^{(2)}\boldsymbol{b}_1 & \boldsymbol{a}^{(2)}\boldsymbol{b}_2 & \cdots & \boldsymbol{a}^{(2)}\boldsymbol{b}_m \\ \vdots & \vdots & \ddots & \vdots \\ \boldsymbol{a}^{(n)}\boldsymbol{b}_1 & \boldsymbol{a}^{(n)}\boldsymbol{b}_2 & \cdots & \boldsymbol{a}^{(n)}\boldsymbol{b}_m \end{bmatrix}_{n\times m} \tag{6.19}$$

式 (6.19) 便是矩陣乘法的常規角度，即第一角度，規則如圖 6.4 所示。

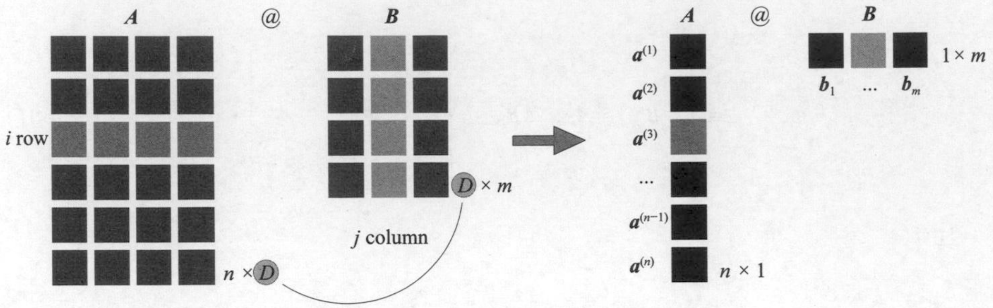

▲ 圖 6.4　矩陣乘法的常規角度

如圖 6.5 所示，矩陣乘積 $\boldsymbol{C}$ 的 (i,j) 元素 $c_{i,j}$ 為矩陣 $\boldsymbol{A}$ 的第 i 行行向量 $\boldsymbol{a}^{(i)}$ 和矩陣 $\boldsymbol{B}$ 的第 j 列列向量 $\boldsymbol{b}_j$ 的乘積，即

$$c_{i,j} = \boldsymbol{a}^{(i)}\boldsymbol{b}_j \tag{6.20}$$

通俗地說，矩陣乘法的常規角度是：左側矩陣的每個行向量，按規則分別乘右側矩陣每個列向量。

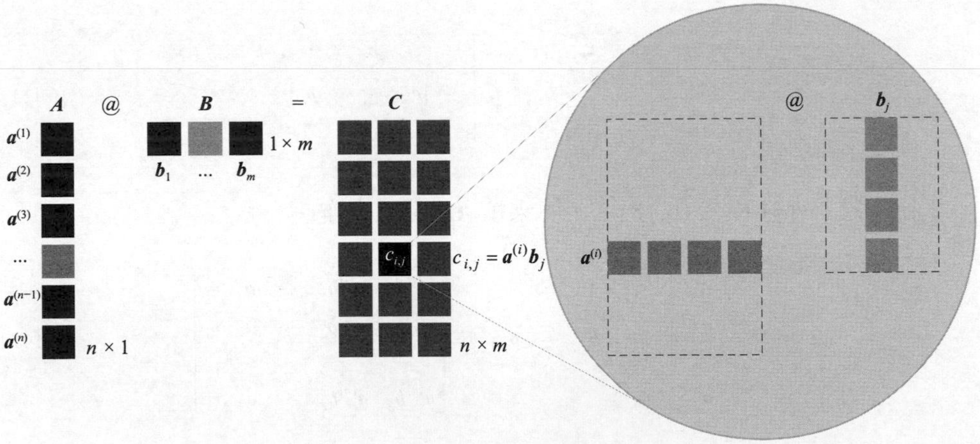

▲ 圖 6.5　矩陣乘法的常規角度中，矩陣乘積 $\boldsymbol{C}$ 的 (i,j) 元素

6.3 矩陣乘法第二角度：外積展開

本節回顧矩陣乘法規則的第二角度—**外積展開** (outer product expansion)。與上一節介紹的矩陣乘法常規角度不同，我們將矩陣 $\boldsymbol{A}$ 寫成一組列向量，有

$$\boldsymbol{A} = \begin{bmatrix} a_{1,1} & a_{1,2} & \cdots & a_{1,D} \\ a_{2,1} & a_{2,2} & \cdots & a_{2,D} \\ \vdots & \vdots & \ddots & \vdots \\ a_{n,1} & a_{n,2} & \cdots & a_{n,D} \end{bmatrix} = \begin{bmatrix} \boldsymbol{a}_1 & \boldsymbol{a}_2 & \cdots & \boldsymbol{a}_D \end{bmatrix} \tag{6.21}$$

矩陣 $\boldsymbol{B}$ 則寫成一組行向量，有

$$\boldsymbol{B} = \begin{bmatrix} b_{1,1} & b_{1,2} & \cdots & b_{1,m} \\ b_{2,1} & b_{2,2} & \cdots & b_{2,m} \\ \vdots & \vdots & \ddots & \vdots \\ b_{D,1} & b_{D,2} & \cdots & b_{D,m} \end{bmatrix} = \begin{bmatrix} \boldsymbol{b}^{(1)} \\ \boldsymbol{b}^{(2)} \\ \vdots \\ \boldsymbol{b}^{(D)} \end{bmatrix} \tag{6.22}$$

這樣，在計算矩陣乘積 $\boldsymbol{AB}$ 時，我們便得到如圖 6.6 所示的全新角度。

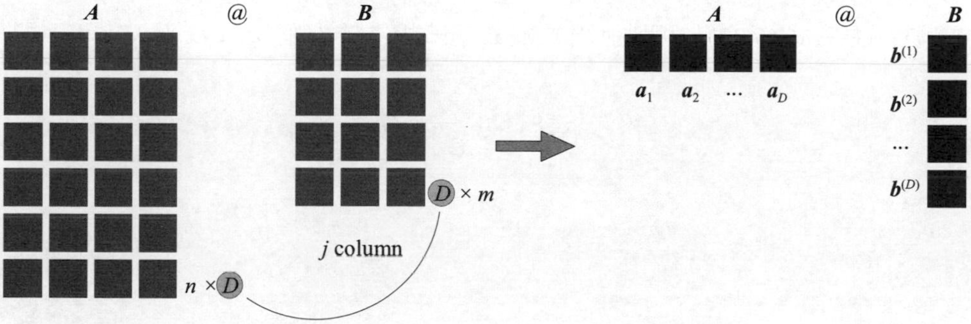

▲ 圖 6.6　矩陣乘法的第二角度

利用式 (6.21) 和式 (6.22)，矩陣乘積 $\boldsymbol{AB}$ 展開寫成

$$\boldsymbol{C} = \boldsymbol{AB} = \begin{bmatrix} \boldsymbol{a}_1 & \boldsymbol{a}_2 & \cdots & \boldsymbol{a}_D \end{bmatrix}_{1\times D} \begin{bmatrix} \boldsymbol{b}^{(1)} \\ \boldsymbol{b}^{(2)} \\ \vdots \\ \boldsymbol{b}^{(D)} \end{bmatrix}_{D\times 1} = \boldsymbol{a}_1\boldsymbol{b}^{(1)} + \boldsymbol{a}_2\boldsymbol{b}^{(2)} + \cdots + \boldsymbol{a}_D\boldsymbol{b}^{(D)} = \sum_{i=1}^{D} \boldsymbol{a}_i\boldsymbol{b}^{(i)} \tag{6.23}$$

利用第二角度，矩陣乘法運算轉化成求和運算。如圖 6.7 所示，列向量 $\boldsymbol{a}_i$ 和行向量 $\boldsymbol{b}^{(i)}$ 乘積結果的形狀為 $n \times m$，即乘積 $\boldsymbol{C}$ 矩陣的形狀。

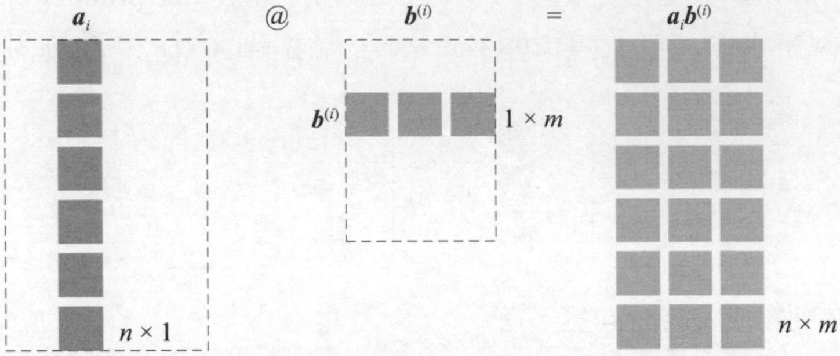

▲ 圖 6.7　列向量 $\boldsymbol{ai}$ 和行向量 $\boldsymbol{b}^{(i)}$ 乘積的結果

令，

$$\boldsymbol{C}_i = \boldsymbol{a}_i\boldsymbol{b}^{(i)} \tag{6.24}$$

透過觀察式 (6.23)，可以發現乘積 $\boldsymbol{C}$ 矩陣相當於 D 個矩陣 $\boldsymbol{C}_i$ 疊加之和，即

$$\boldsymbol{C} = \boldsymbol{C}_1 + \boldsymbol{C}_2 + \cdots + \boldsymbol{C}_D = \sum_{i=1}^{D} \boldsymbol{C}_i \tag{6.25}$$

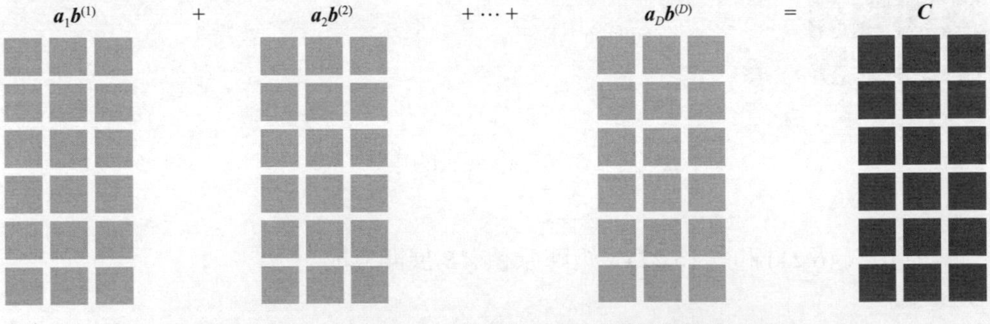

▲ 圖 6.8　乘積 $\boldsymbol{C}$ 矩陣相當於 D 個矩陣疊加之和

張量積

用向量張量積運算規則，把式 (6.23) 中的矩陣 $\boldsymbol{C}$ 寫成一組向量張量積之和，有

$$\begin{aligned}\boldsymbol{C} &= \boldsymbol{a}_1 \otimes \left(\boldsymbol{b}^{(1)}\right)^{\mathrm{T}} + \boldsymbol{a}_2 \otimes \left(\boldsymbol{b}^{(2)}\right)^{\mathrm{T}} + \cdots + \boldsymbol{a}_D \otimes \left(\boldsymbol{b}^{(D)}\right)^{\mathrm{T}} \\ &= \sum_{i=1}^{D} \boldsymbol{a}_i \otimes \left(\boldsymbol{b}^{(i)}\right)^{\mathrm{T}}\end{aligned} \tag{6.26}$$

矩陣乘法的第二角度不僅是常規角度的補充。在很多資料科學和機器學習演算法中，矩陣乘法的第二角度扮演至關重要的角色。

請大家格外注意式 (6.26) 中的轉置運算。

熱圖範例

下面我們用具體數字和熱圖型視覺化矩陣乘法外積展開。

圖 6.9 所示為 $\boldsymbol{A}$ 和 $\boldsymbol{B}$ 的矩陣乘法熱圖。將矩陣 $\boldsymbol{A}$ 拆解為一組列向量，矩陣 $\boldsymbol{B}$ 拆解為一組行向量。按照式 (6.23)，得到如圖 6.10 所示的四幅熱圖。

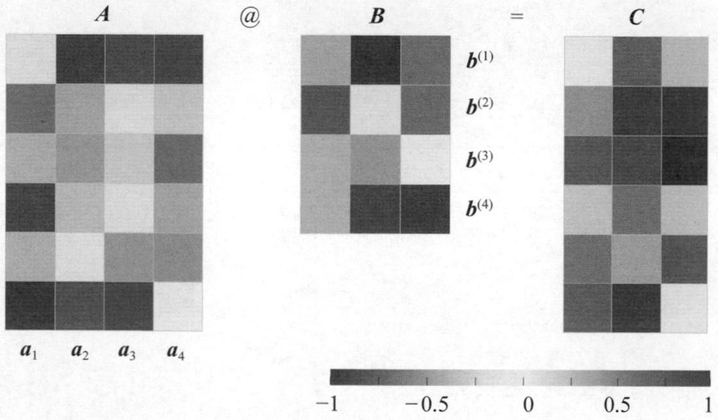

▲ 圖 6.9 矩陣乘法熱圖

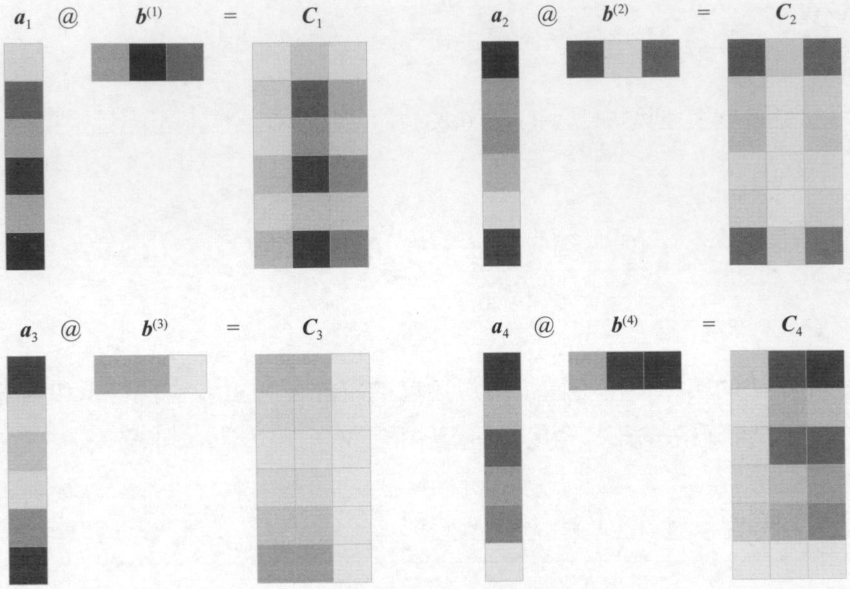

▲ 圖 6.10　四幅列向量乘行向量結果熱圖

同樣，也可以用張量積來計算得到這四幅熱圖，如圖 6.11 所示。

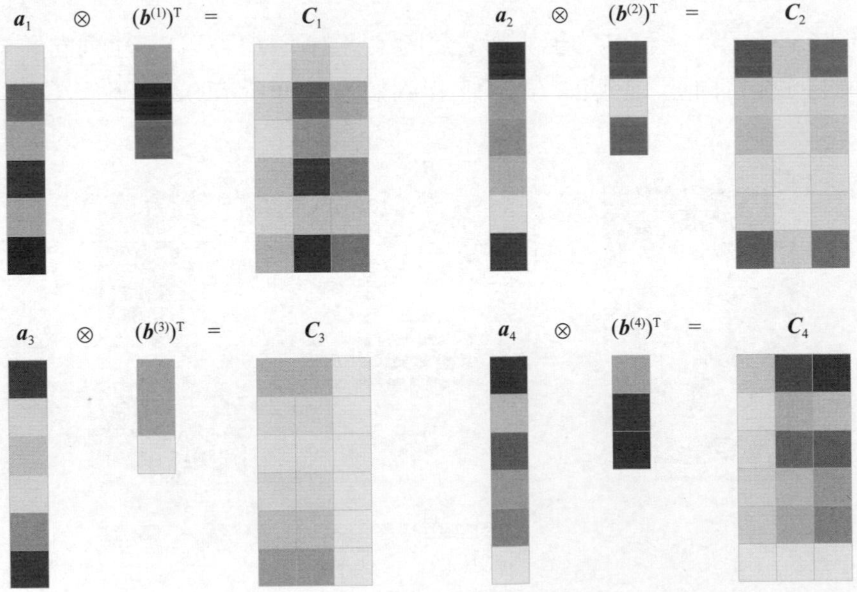

▲ 圖 6.11　四幅張量積熱圖

如圖 6.12 所示，將這四幅熱圖疊加，我們可以得到乘積結果矩陣 $\boldsymbol{C}$。

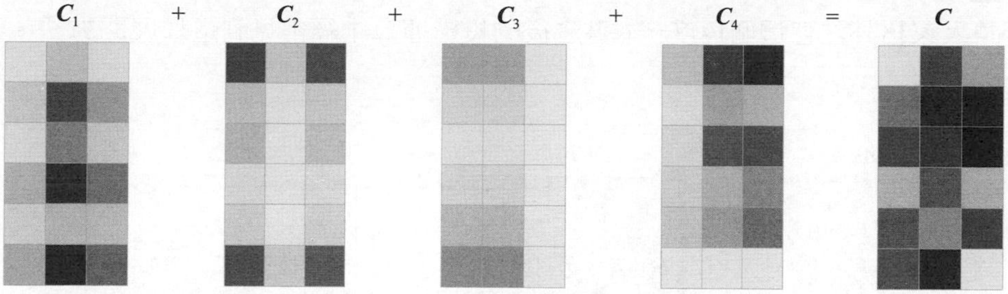

▲ 圖 6.12　四幅熱圖疊加

圖 6.12 這個想法對於**特徵值分解** (Eigen Decomposition)、**奇異值分解** (Singular Value Decomposition, SVD)、**主成分分析** (Principal Component Analysis, PCA) 非常重要。本書第 13、14 章將專門講解特徵值分解的原理和應用，第 15、16 章專門介紹奇異值分解的原理和應用。學好特徵值分解、奇異值分解的關鍵就是「多角度」一資料角度、向量角度、幾何角度、空間角度、統計角度等。本書第 18 章專門介紹理解特徵值分解、奇異值分解的最佳化角度。本書第 23 章則用奇異值分解介紹「四個空間」。

Bk4_Ch6_02.py 繪製圖 6.12 的每幅熱圖。

6.4 矩陣乘法更多角度：分塊多樣化

本節介紹常見幾種分塊矩陣乘法形態，它們都可以視為觀察矩陣乘法的不同角度。

B 切成列向量

$\boldsymbol{A}$ 和 $\boldsymbol{B}$ 矩陣相乘時，將 $\boldsymbol{B}$ 分割成列向量，這樣 $\boldsymbol{AB}$ 的結果為

$$\boldsymbol{C} = \boldsymbol{AB} = \boldsymbol{A}\begin{bmatrix} \boldsymbol{b}_1 & \boldsymbol{b}_2 & \cdots & \boldsymbol{b}_m \end{bmatrix} = \begin{bmatrix} \boldsymbol{Ab}_1 & \boldsymbol{Ab}_2 & \cdots & \boldsymbol{Ab}_m \end{bmatrix} \tag{6.27}$$

圖 6.13 所示為上述運算的示意圖。

請大家格外注意這個角度，本書之後的投影運算中經常見到這種展開方法。

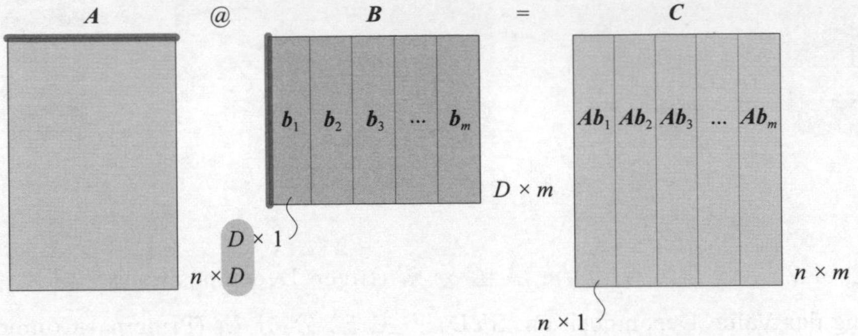

▲ 圖 6.13 **A** 和 **B** 矩陣相乘時，將 **B** 寫成一組列向量

反向來看，如果存在以下一組矩陣乘法運算，即

$$\boldsymbol{A}\boldsymbol{b}_1 = \boldsymbol{c}_1,\quad \boldsymbol{A}\boldsymbol{b}_2 = \boldsymbol{c}_2,\quad \cdots\ ,\quad \boldsymbol{A}\boldsymbol{b}_m = \boldsymbol{c}_m \tag{6.28}$$

其中：列向量 $\boldsymbol{b}_1$、$\boldsymbol{b}_2$、⋯、$\boldsymbol{b}_m$ 的形狀相同。式 (6.28) 中 m 個等式可以合成得到

$$\boldsymbol{A}\underbrace{\begin{bmatrix}\boldsymbol{b}_1 & \boldsymbol{b}_2 & \cdots & \boldsymbol{b}_m\end{bmatrix}}_{\boldsymbol{B}} = \underbrace{\begin{bmatrix}\boldsymbol{c}_1 & \boldsymbol{c}_2 & \cdots & \boldsymbol{c}_m\end{bmatrix}}_{\boldsymbol{C}} \tag{6.29}$$

B 左右切一刀

B 先左右切一刀後，矩陣 **A** 再左乘 **B**，乘積 **AB** 展開寫成

$$\boldsymbol{A}\boldsymbol{B} = \boldsymbol{A}\begin{bmatrix}\boldsymbol{B}_1 & \boldsymbol{B}_2\end{bmatrix} = \begin{bmatrix}\boldsymbol{A}\boldsymbol{B}_1 & \boldsymbol{A}\boldsymbol{B}_2\end{bmatrix} \tag{6.30}$$

圖 6.14 所示為上述運算的示意圖。

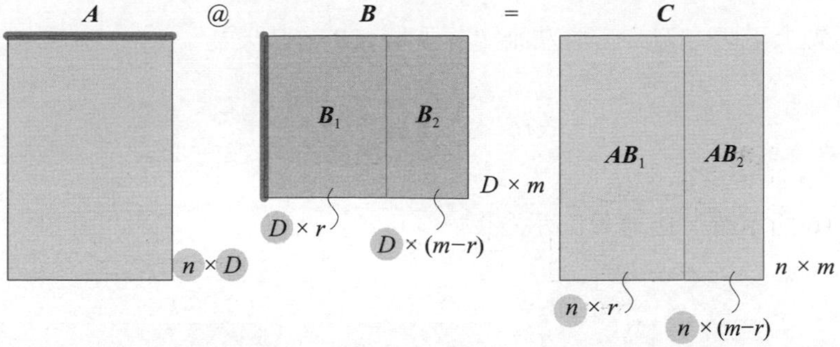

▲ 圖 6.14 將 ***B*** 左右切一刀再右乘 ***A***

A 切成一組行向量

A 和 ***B*** 矩陣相乘，將 ***A*** 分割成一組行向量，乘積 ***AB*** 的結果為

$$\boldsymbol{C}=\boldsymbol{AB}=\begin{bmatrix}\boldsymbol{a}^{(1)}\\\boldsymbol{a}^{(2)}\\\vdots\\\boldsymbol{a}^{(n)}\end{bmatrix}_{n\times 1}@\boldsymbol{B}=\begin{bmatrix}\boldsymbol{a}^{(1)}\boldsymbol{B}\\\boldsymbol{a}^{(2)}\boldsymbol{B}\\\vdots\\\boldsymbol{a}^{(n)}\boldsymbol{B}\end{bmatrix}_{n\times 1} \tag{6.31}$$

圖 6.15 所示為上述運算的示意圖。此外，請大家也試著從「合成」角度，逆向來看待上述運算。

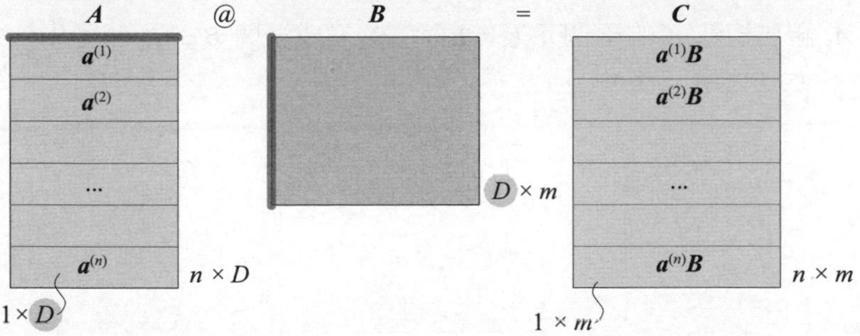

▲ 圖 6.15 ***A*** 和 ***B*** 矩陣相乘，將 ***A*** 分割成一組行向量

A 上下切一刀

將 A 先上下切一刀，A 再左乘 B，乘積 AB 的結果為

$$AB = \begin{bmatrix} A_1 \\ A_2 \end{bmatrix} B = \begin{bmatrix} A_1 B \\ A_2 B \end{bmatrix} \tag{6.32}$$

圖 6.16 所示為上述運算的示意圖。

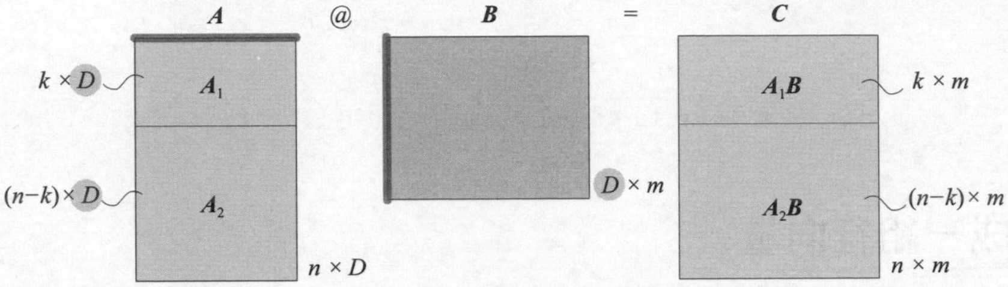

▲ 圖 6.16　A 上下切一刀，再左乘 B

A 上下切，B 左右切

上下分塊的 A 乘左右分塊的 B，乘積 AB 的結果展開為

$$AB = \begin{bmatrix} A_1 \\ A_2 \end{bmatrix} \begin{bmatrix} B_1 & B_2 \end{bmatrix} = \begin{bmatrix} A_1 B_1 & A_1 B_2 \\ A_2 B_1 & A_2 B_2 \end{bmatrix} \tag{6.33}$$

如圖 6.17 所示，A_1 和 A_2 的列數還是 D，B_1 和 B_2 的行數也是 D。我們可以把 A_1 和 A_2 視為矩陣 A 的兩個元素，B_1 和 B_2 看成矩陣 B 的兩個元素。這個角度類似於矩陣乘法的第一角度。

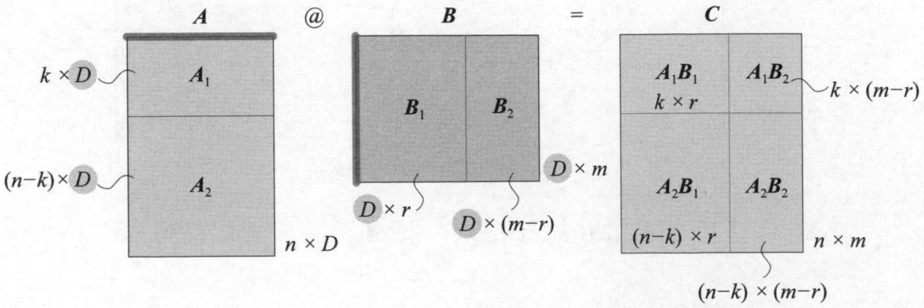

▲ 圖 6.17　上下分塊的 A 乘左右分塊的 B

A 左右切，B 上下切

左右分塊的 A 乘上下分塊的 B，乘積 AB 的結果展開為

$$AB = \begin{bmatrix} A_1 & A_2 \end{bmatrix} \begin{bmatrix} B_1 \\ B_2 \end{bmatrix} = A_1 B_1 + A_2 B_2 \tag{6.34}$$

如圖 6.18 所示，A_1 的列數等於 B_1 的行數，A_2 的列數等於 B_2 的行數。這類似於前面講到的矩陣乘法的第二角度。

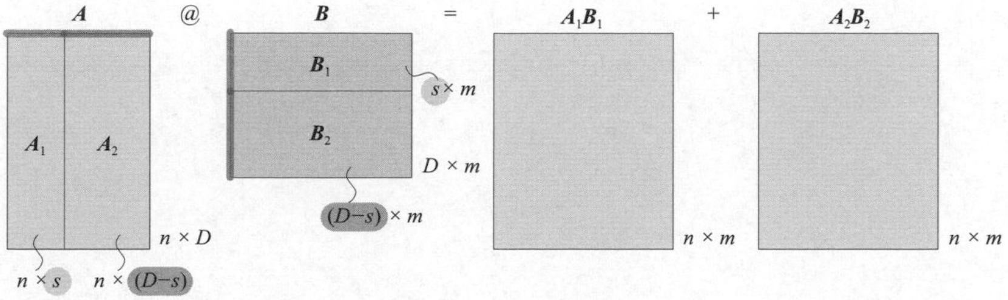

▲ 圖 6.18　左右分塊的 A 乘以上下分塊的 B

A 和 B 都「大卸四塊」

A 和 B 都上下左右分塊，乘積 AB 的結果為

$$AB = \begin{bmatrix} A_{1,1} & A_{1,2} \\ A_{2,1} & A_{2,2} \end{bmatrix} \begin{bmatrix} B_{1,1} & B_{1,2} \\ B_{2,1} & B_{2,2} \end{bmatrix} = \begin{bmatrix} A_{1,1}B_{1,1} + A_{1,2}B_{2,1} & A_{1,1}B_{1,2} + A_{1,2}B_{2,2} \\ A_{2,1}B_{1,1} + A_{2,2}B_{2,1} & A_{2,1}B_{1,2} + A_{2,2}B_{2,2} \end{bmatrix} \tag{6.35}$$

如圖 6.19 所示，$A_{1,1}$、$A_{1,2}$、$A_{2,1}$、$A_{2,2}$ 的列數分別等於 $B_{1,1}$、$B_{2,1}$、$B_{1,2}$、$B_{2,2}$ 的行數。圖 6.19 中列出的分塊矩陣乘法相當於兩個 2×2 矩陣相乘，結果 C 還是 2×2 矩陣。這也相當於矩陣乘法的第一角度。

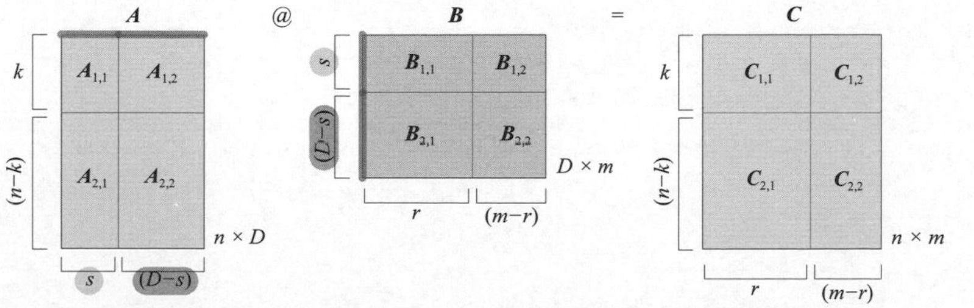

▲ 圖 6.19　A 和 B 都上下左右分塊

矩陣 $\boldsymbol{C}$ 的四個元素分別為 $\boldsymbol{C}_{1,1}$、$\boldsymbol{C}_{1,2}$、$\boldsymbol{C}_{2,1}$、$\boldsymbol{C}_{2,2}$。圖 6.20 ～圖 6.23 分別展示了如何計算 $\boldsymbol{C}_{1,1}$、$\boldsymbol{C}_{1,2}$、$\boldsymbol{C}_{2,1}$、$\boldsymbol{C}_{2,2}$。以 $\boldsymbol{C}_{1,1}$ 為例，$\boldsymbol{C}_{1,1}$ 的行數等於 $\boldsymbol{A}_{1,1}$ 的行數，$\boldsymbol{C}_{1,1}$ 的列數等於 $\boldsymbol{B}_{1,1}$ 的列數。

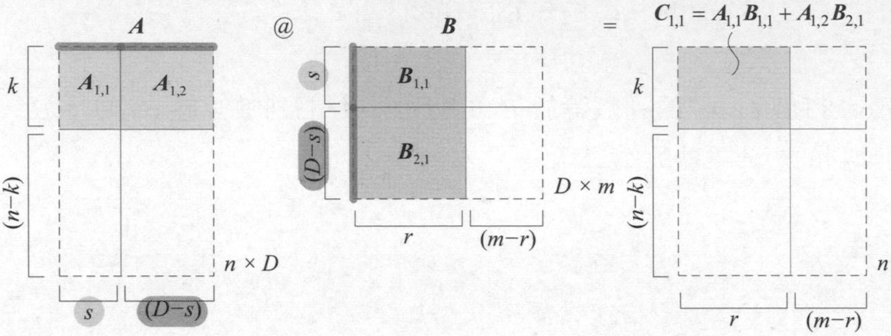

▲ 圖 6.20　計算 $\boldsymbol{C}_{1,1}$

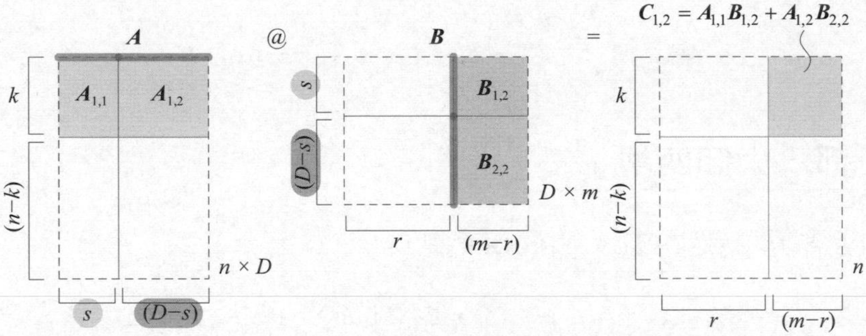

▲ 圖 6.21　計算 $\boldsymbol{C}_{1,2}$

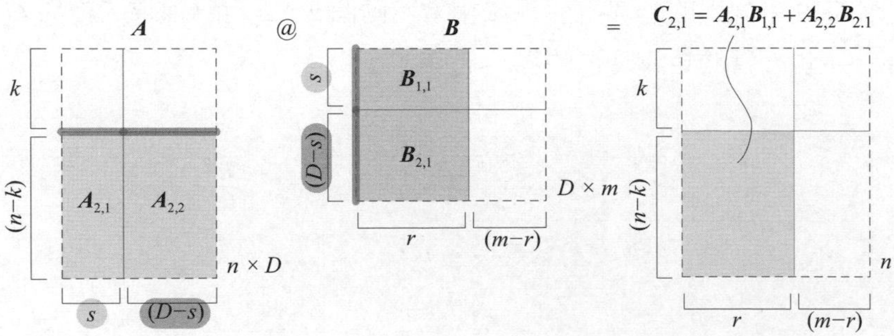

▲ 圖 6.22　計算 $\boldsymbol{C}_{2,1}$

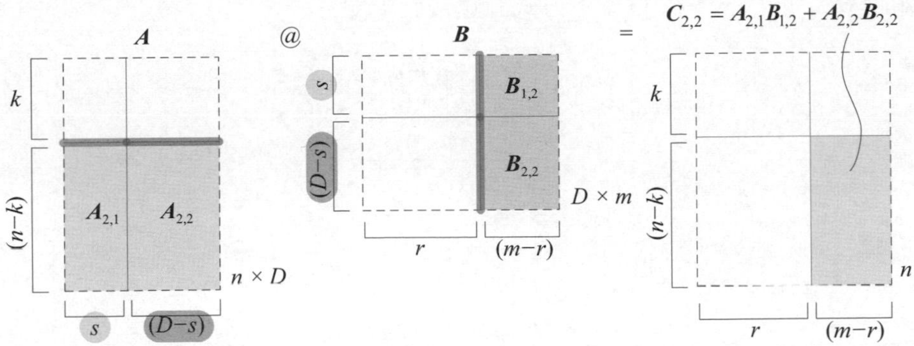

▲ 圖 6.23　計算 $C_{2,2}$

逐步分塊

還有一個辦法解釋圖 6.19 所示的分塊矩陣乘法—逐步分塊。

首先將 $\boldsymbol{A}$ 左右分塊，$\boldsymbol{B}$ 上下分塊，$\boldsymbol{AB}$ 乘積的結果如式 (6.34)，乘積 $\boldsymbol{AB}$ 的結果寫成 $\boldsymbol{A}_1\boldsymbol{B}_1$ 和 $\boldsymbol{A}_2\boldsymbol{B}_2$ 相加，具體如圖 6.24 所示。

然後再對 $\boldsymbol{A}_1$ 和 $\boldsymbol{A}_2$ 上下分塊，$\boldsymbol{B}_1$ 和 $\boldsymbol{B}_2$ 左右分塊，有

$$\boldsymbol{A}_1 = \begin{bmatrix} \boldsymbol{A}_{1,1} \\ \boldsymbol{A}_{2,1} \end{bmatrix}, \quad \boldsymbol{A}_2 = \begin{bmatrix} \boldsymbol{A}_{1,2} \\ \boldsymbol{A}_{2,2} \end{bmatrix}, \quad \boldsymbol{B}_1 = \begin{bmatrix} \boldsymbol{B}_{1,1} & \boldsymbol{B}_{1,2} \end{bmatrix}, \quad \boldsymbol{B}_2 = \begin{bmatrix} \boldsymbol{B}_{2,1} & \boldsymbol{B}_{2,2} \end{bmatrix} \tag{6.36}$$

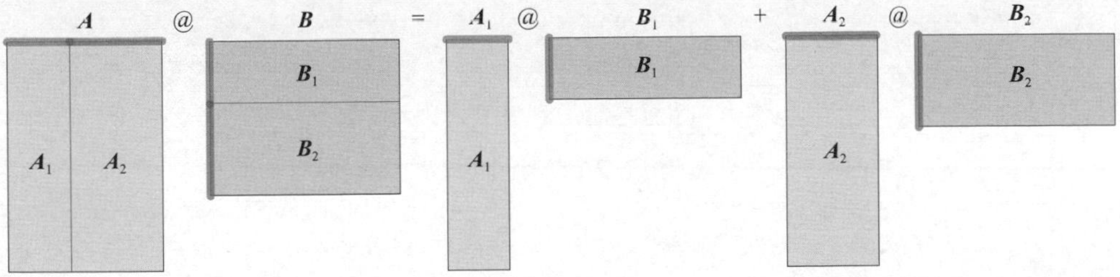

▲ 圖 6.24　首先將 $\boldsymbol{A}$ 左右分塊，$\boldsymbol{B}$ 上下分塊

如圖 6.25 所示，A_1B_1 按以下方式計算得到，即

$$A_1B_1 = \begin{bmatrix} A_{1,1} \\ A_{2,1} \end{bmatrix} \begin{bmatrix} B_{1,1} & B_{1,2} \end{bmatrix} = \begin{bmatrix} A_{1,1}B_{1,1} & A_{1,1}B_{1,2} \\ A_{2,1}B_{1,1} & A_{2,1}B_{1,2} \end{bmatrix} \tag{6.37}$$

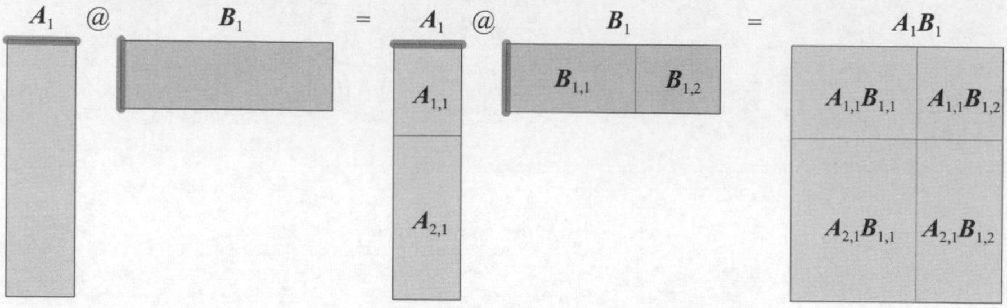

▲ 6.25 計算 A_1B_1

同理，如圖 6.26 所示，計算 A_2B_2 得

$$A_2B_2 = \begin{bmatrix} A_{1,2} \\ A_{2,2} \end{bmatrix} \begin{bmatrix} B_{2,1} & B_{2,2} \end{bmatrix} = \begin{bmatrix} A_{1,2}B_{2,1} & A_{1,2}B_{2,2} \\ A_{2,2}B_{2,1} & A_{2,2}B_{2,2} \end{bmatrix} \tag{6.38}$$

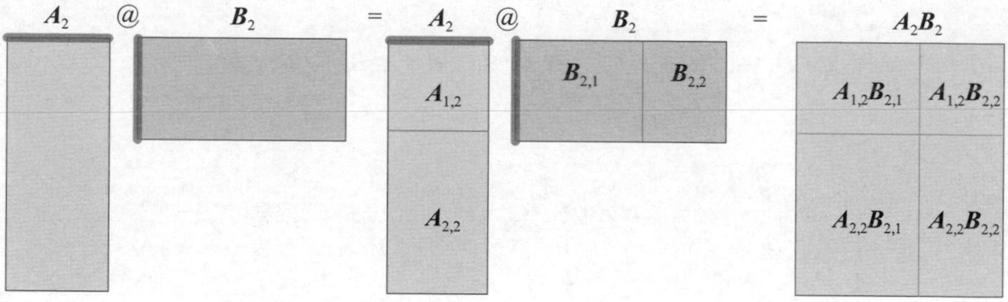

▲ 圖 6.26 計算 A2B2

式 (6.37) 和式 (6.38) 相加就可以獲得式 (6.35) 的結果，即

$$\begin{bmatrix} A_{1,1}B_{1,1} & A_{1,1}B_{1,2} \\ A_{2,1}B_{1,1} & A_{2,1}B_{1,2} \end{bmatrix} + \begin{bmatrix} A_{1,2}B_{2,1} & A_{1,2}B_{2,2} \\ A_{2,2}B_{2,1} & A_{2,2}B_{2,2} \end{bmatrix} = \begin{bmatrix} A_{1,1}B_{1,1} + A_{1,2}B_{2,1} & A_{1,1}B_{1,2} + A_{1,2}B_{2,2} \\ A_{2,1}B_{1,1} + A_{2,2}B_{2,1} & A_{2,1}B_{1,2} + A_{2,2}B_{2,2} \end{bmatrix} \tag{6.39}$$

實際上，這個想法便是矩陣乘法第二角度。

本節內容足見矩陣乘法的靈活性，以及矩陣乘法兩個角度的重要性。本書第 11 章講解 QR 分解、第 16 章講解四種奇異值分解類型時都會用到分塊矩陣乘法。

6.5 分塊矩陣的逆

如圖 6.27 所示，將一個方陣分割成四個子塊矩陣 $\boldsymbol{A}$、$\boldsymbol{B}$、$\boldsymbol{C}$ 和 $\boldsymbol{D}$，其中 $\boldsymbol{A}$ 和 $\boldsymbol{D}$ 為方陣。當原矩陣可逆時，原矩陣的逆可以透過子塊矩陣運算得到，即

$$\begin{bmatrix} \boldsymbol{A} & \boldsymbol{B} \\ \boldsymbol{C} & \boldsymbol{D} \end{bmatrix}^{-1} = \begin{bmatrix} \left(\boldsymbol{A}-\boldsymbol{B}\boldsymbol{D}^{-1}\boldsymbol{C}\right)^{-1} & -\left(\boldsymbol{A}-\boldsymbol{B}\boldsymbol{D}^{-1}\boldsymbol{C}\right)^{-1}\boldsymbol{B}\boldsymbol{D}^{-1} \\ -\boldsymbol{D}^{-1}\boldsymbol{C}\left(\boldsymbol{A}-\boldsymbol{B}\boldsymbol{D}^{-1}\boldsymbol{C}\right)^{-1} & \boldsymbol{D}^{-1}+\boldsymbol{D}^{-1}\boldsymbol{C}\left(\boldsymbol{A}-\boldsymbol{B}\boldsymbol{D}^{-1}\boldsymbol{C}\right)^{-1}\boldsymbol{B}\boldsymbol{D}^{-1} \end{bmatrix} \tag{6.40}$$

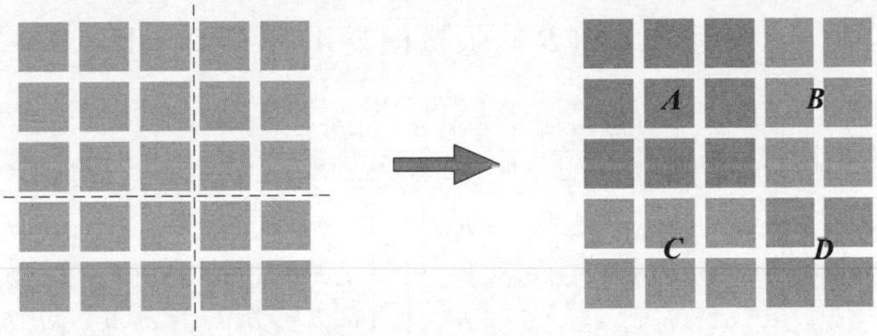

▲ 圖 6.27　分塊矩陣求逆

令

$$\boldsymbol{H} = \left(\boldsymbol{A}-\boldsymbol{B}\boldsymbol{D}^{-1}\boldsymbol{C}\right)^{-1} \tag{6.41}$$

式 (6.40) 分塊矩陣的逆可以寫成

$$\begin{bmatrix} \boldsymbol{A} & \boldsymbol{B} \\ \boldsymbol{C} & \boldsymbol{D} \end{bmatrix}^{-1} = \begin{bmatrix} \boldsymbol{H} & -\boldsymbol{H}\boldsymbol{B}\boldsymbol{D}^{-1} \\ -\boldsymbol{D}^{-1}\boldsymbol{C}\boldsymbol{H} & \boldsymbol{D}^{-1}+\boldsymbol{D}^{-1}\boldsymbol{C}\boldsymbol{H}\boldsymbol{B}\boldsymbol{D}^{-1} \end{bmatrix} \tag{6.42}$$

當然，這個分塊矩陣的逆還有其他表達方式，本節不一一贅述。

分塊矩陣的逆將用在協方差矩陣上，特別是在求解條件機率、多元線性回歸時。本書系《AI 時代 Math 元年 - 用 Python 全精通統計及機率》一書會深入探討這一話題。

6.6 克羅內克積：矩陣張量積

克羅內克積 (Kronecker product)，也叫矩陣張量積，是兩個任意大小矩陣之間的運算，運算元為 $\otimes$。

矩陣 $\boldsymbol{A}$ 的形狀為 $n \times D$，矩陣 $\boldsymbol{B}$ 的形狀為 $p \times q$，那麼 $\boldsymbol{A} \otimes \boldsymbol{B}$ 的形狀為 $np \times Dq$，結果為

$$\boldsymbol{A} \otimes \boldsymbol{B} = \begin{bmatrix} a_{1,1} & a_{1,2} & \cdots & a_{1,D} \\ a_{2,1} & a_{2,2} & \cdots & a_{2,D} \\ \vdots & \vdots & \ddots & \vdots \\ a_{n,1} & a_{n,2} & \cdots & a_{n,D} \end{bmatrix} \otimes \boldsymbol{B} = \begin{bmatrix} a_{1,1}\boldsymbol{B} & a_{1,2}\boldsymbol{B} & \cdots & a_{1,D}\boldsymbol{B} \\ a_{2,1}\boldsymbol{B} & a_{2,2}\boldsymbol{B} & \cdots & a_{2,D}\boldsymbol{B} \\ \vdots & \vdots & \ddots & \vdots \\ a_{n,1}\boldsymbol{B} & a_{n,2}\boldsymbol{B} & \cdots & a_{n,D}\boldsymbol{B} \end{bmatrix} \tag{6.43}$$

其中：每個 $a_{i,j}$ 可以看成縮放係數。

比如，兩個 2×2 矩陣 $\boldsymbol{A}$ 和 $\boldsymbol{B}$ 的張量積為 4×4 矩陣，即

$$\begin{aligned} \boldsymbol{A} \otimes \boldsymbol{B} &= \begin{bmatrix} a_{1,1} & a_{1,2} \\ a_{2,1} & a_{2,2} \end{bmatrix} \otimes \begin{bmatrix} b_{1,1} & b_{1,2} \\ b_{2,1} & b_{2,2} \end{bmatrix} = \begin{bmatrix} a_{1,1}\boldsymbol{B} & a_{1,2}\boldsymbol{B} \\ a_{2,1}\boldsymbol{B} & a_{2,2}\boldsymbol{B} \end{bmatrix} \\ &= \begin{bmatrix} a_{1,1}\begin{bmatrix} b_{1,1} & b_{1,2} \\ b_{2,1} & b_{2,2} \end{bmatrix} & a_{1,2}\begin{bmatrix} b_{1,1} & b_{1,2} \\ b_{2,1} & b_{2,2} \end{bmatrix} \\ a_{2,1}\begin{bmatrix} b_{1,1} & b_{1,2} \\ b_{2,1} & b_{2,2} \end{bmatrix} & a_{2,2}\begin{bmatrix} b_{1,1} & b_{1,2} \\ b_{2,1} & b_{2,2} \end{bmatrix} \end{bmatrix} = \begin{bmatrix} a_{1,1}b_{1,1} & a_{1,1}b_{1,2} & a_{1,2}b_{1,1} & a_{1,2}b_{1,2} \\ a_{1,1}b_{2,1} & a_{1,1}b_{2,2} & a_{1,2}b_{2,1} & a_{1,2}b_{2,2} \\ a_{2,1}b_{1,1} & a_{2,1}b_{1,2} & a_{2,2}b_{1,1} & a_{2,2}b_{1,2} \\ a_{2,1}b_{2,1} & a_{2,1}b_{2,2} & a_{2,2}b_{2,1} & a_{2,2}b_{2,2} \end{bmatrix} \end{aligned} \tag{6.44}$$

numpy.kron() 可以用於計算矩陣張量積。

克羅內克積講究順序，一般情況下 $\boldsymbol{A} \otimes \boldsymbol{B} \neq \boldsymbol{B} \otimes \boldsymbol{A}$。

請大家注意以下有關克羅內克積性質，即

$$\begin{aligned} \boldsymbol{A} \otimes (\boldsymbol{B} + \boldsymbol{C}) &= \boldsymbol{A} \otimes \boldsymbol{B} + \boldsymbol{A} \otimes \boldsymbol{C} \\ (\boldsymbol{B} + \boldsymbol{C}) \otimes \boldsymbol{A} &= \boldsymbol{B} \otimes \boldsymbol{A} + \boldsymbol{C} \otimes \boldsymbol{A} \\ (k\boldsymbol{A}) \otimes \boldsymbol{B} &= \boldsymbol{A} \otimes (k\boldsymbol{B}) = k(\boldsymbol{A} \otimes \boldsymbol{B}) \\ (\boldsymbol{A} \otimes \boldsymbol{B}) \otimes \boldsymbol{C} &= \boldsymbol{A} \otimes (\boldsymbol{B} \otimes \boldsymbol{C}) \\ \boldsymbol{A} \otimes \boldsymbol{0} &= \boldsymbol{0} \otimes \boldsymbol{A} = \boldsymbol{0} \end{aligned} \tag{6.45}$$

與向量張量積的關係

克羅內克積相當於向量張量積的推廣；反過來，向量張量積也可以視為克羅內克積的特例。但兩者稍有不同，為了方便計算，兩個 2×1 列向量的張量積定義為 $\boldsymbol{a} \otimes \boldsymbol{b} = \boldsymbol{a}\boldsymbol{b}^{\mathrm{T}}$，也就是

$$\boldsymbol{a} \otimes \boldsymbol{b} = \begin{bmatrix} a_1 \\ a_2 \end{bmatrix} \otimes \boldsymbol{b} = \begin{bmatrix} a_1\boldsymbol{b}^{\mathrm{T}} \\ a_2\boldsymbol{b}^{\mathrm{T}} \end{bmatrix} \tag{6.46}$$

請大家注意式 (6.46) 中的轉置運算。而式 (6.43) 中不存在轉置。

舉個例子

矩陣 $\boldsymbol{A}$ 和 $\boldsymbol{B}$ 分別為

$$\boldsymbol{A} = \begin{bmatrix} -1 & 1 \\ 0.7 & -0.4 \end{bmatrix}, \quad \boldsymbol{B} = \begin{bmatrix} 0.5 & -0.6 \\ -0.8 & 0.3 \end{bmatrix} \tag{6.47}$$

$\boldsymbol{A}$ 和 $\boldsymbol{B}$ 的張量積 $\boldsymbol{A} \otimes \boldsymbol{B}$ 為

$$\begin{aligned} \boldsymbol{A} \otimes \boldsymbol{B} &= \begin{bmatrix} -1 & 1 \\ 0.7 & -0.4 \end{bmatrix} \otimes \begin{bmatrix} 0.5 & -0.6 \\ -0.8 & 0.3 \end{bmatrix} \\ &= \begin{bmatrix} -1 \times \begin{bmatrix} 0.5 & -0.6 \\ -0.8 & 0.3 \end{bmatrix} & 1 \times \begin{bmatrix} 0.5 & -0.6 \\ -0.8 & 0.3 \end{bmatrix} \\ 0.7 \times \begin{bmatrix} 0.5 & -0.6 \\ -0.8 & 0.3 \end{bmatrix} & -0.4 \times \begin{bmatrix} 0.5 & -0.6 \\ -0.8 & 0.3 \end{bmatrix} \end{bmatrix} \end{aligned} \tag{6.48}$$

圖 6.28 所示為上述計算的熱圖。

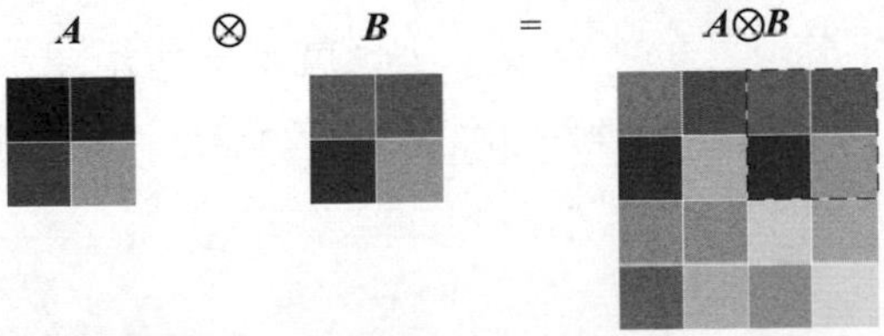

▲ 圖 6.28　$\boldsymbol{A}$ 和 $\boldsymbol{B}$ 的張量積 $\boldsymbol{A} \otimes \boldsymbol{B}$

再列出第三個 2×2 矩陣 $\boldsymbol{C}$ 為

$$\boldsymbol{C} = \begin{bmatrix} 0.9 & 0.5 \\ 0.2 & -0.3 \end{bmatrix} \tag{6.49}$$

$\boldsymbol{A}\otimes\boldsymbol{B}\otimes\boldsymbol{C}$ 的張量積的運算如圖 6.29 所示。也請大家嘗試先計算 $\boldsymbol{B}\otimes\boldsymbol{C}$，再計算 $\boldsymbol{A}\otimes\boldsymbol{B}\otimes\boldsymbol{C}$。

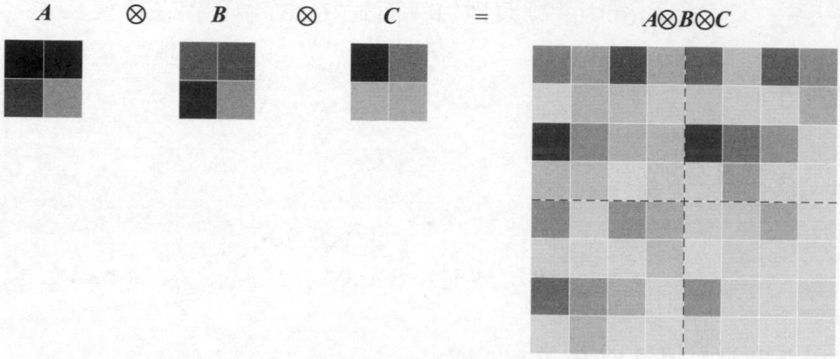

▲ 圖 6.29 $\boldsymbol{A}$、$\boldsymbol{B}$、$\boldsymbol{C}$ 的張量積 $\boldsymbol{A}\otimes\boldsymbol{B}\otimes\boldsymbol{C}$

Bk4_Ch6_03.py 計算張量積並繪製圖 6.28。請大家自行繪製圖 6.29。

雖然分塊矩陣乘法運算讓人看得眼花繚亂；但是，萬變不離其宗，大家關鍵要把握的是矩陣乘法 規則，這是根本。其次，同等重要的就是，我們在本書中反覆強調的—矩陣乘法的兩個角度。

此外，大家注意矩陣乘法的「合成」，也就是分塊矩陣乘法的逆向運算。掌握這個逆向思維方式 有助理解和簡化很多運算，大家將在本書後文資料投影中看到大量實例。

Section 03
向量空間

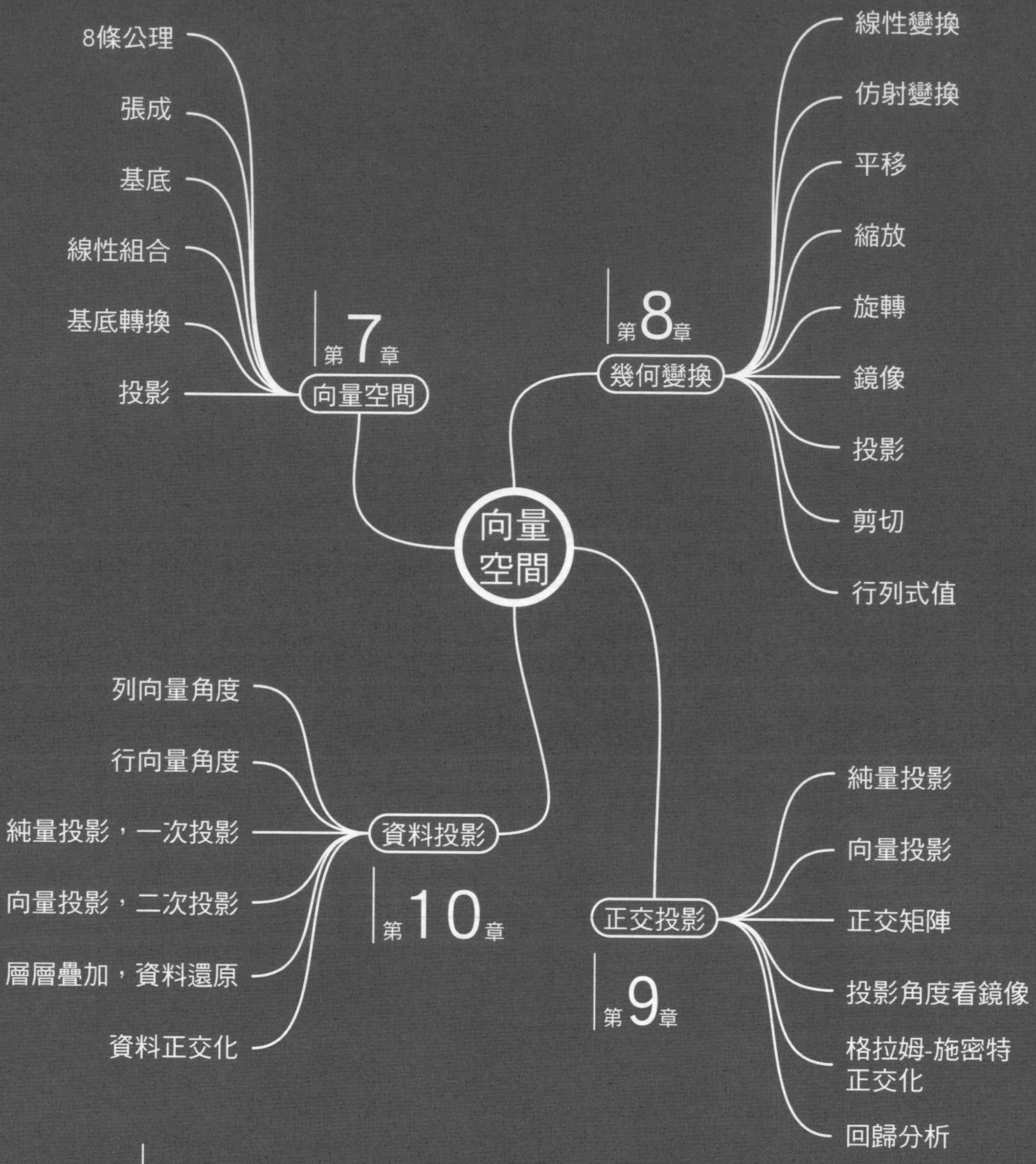

向量空間
第7章
向量空間
8條公理
張成
基底
線性組合
基底轉換
投影
第8章
幾何變換
線性變換
仿射變換
平移
縮放
旋轉
鏡像
投影
剪切
行列式值
第9章
正交投影
純量投影
向量投影
正交矩陣
投影角度看鏡像
格拉姆-施密特
正交化
回歸分析
第10章
資料投影
列向量角度
行向量角度
純量投影，一次投影
向量投影，二次投影
層層疊加，資料還原
資料正交化

學習地圖 | 第3版塊

Vector Space

7 向量空間

用三原色給向量空間塗顏色

> 數學，是神靈創造宇宙的語言。
>
> ***Mathematics is the language in which God has written the universe.***
>
> —— 伽利略 · 伽利萊（*Galilei Galileo*）|
> 義大利物理學家、數學家及哲學家 | *1564—1642*

- numpy.linalg.matrix_rank() 計算矩陣的秩

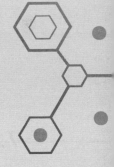

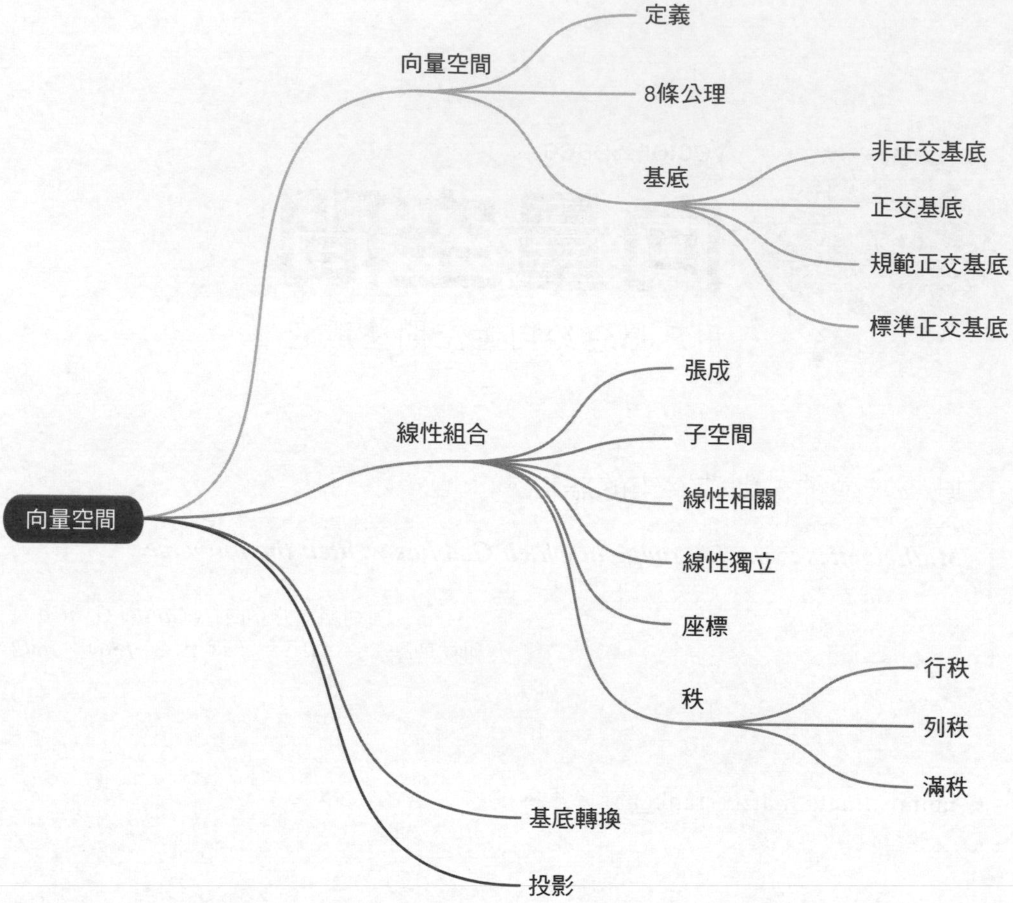

7.1 向量空間：從直角座標系說起

從笛卡爾座標系說起

向量空間 (vector space) 是笛卡爾座標系的自然延伸。圖 7.1 所示給出了二維和三維直角坐標系，在向量空間中，它們就是最基本的歐幾里德向量空間 $\mathbb{R}^n$ ($n = 2, 3$)。

在這兩個向量空間中，我們可以完成向量加減、純量乘法等一系列運算。

> ⚠ 注意：本節很長，可能有點枯燥！但是，請堅持看完這一節，色彩斑斕的內容在本節之後。

在平面 $\mathbb{R}^2$ 上，座標點 (x_1, x_2) 無盲角全面覆蓋平面上的所有點。這就是說，從向量角度來講，$x_1\boldsymbol{e}_1 + x_2\boldsymbol{e}_2$ 代表平面 $\mathbb{R}^2$ 上所有的向量。

同理，在三維空間 $\mathbb{R}^3$ 中，$x_1\boldsymbol{e}_1 + x_2\boldsymbol{e}_2 + x_3\boldsymbol{e}_3$ 代表三維空間中所有的向量。

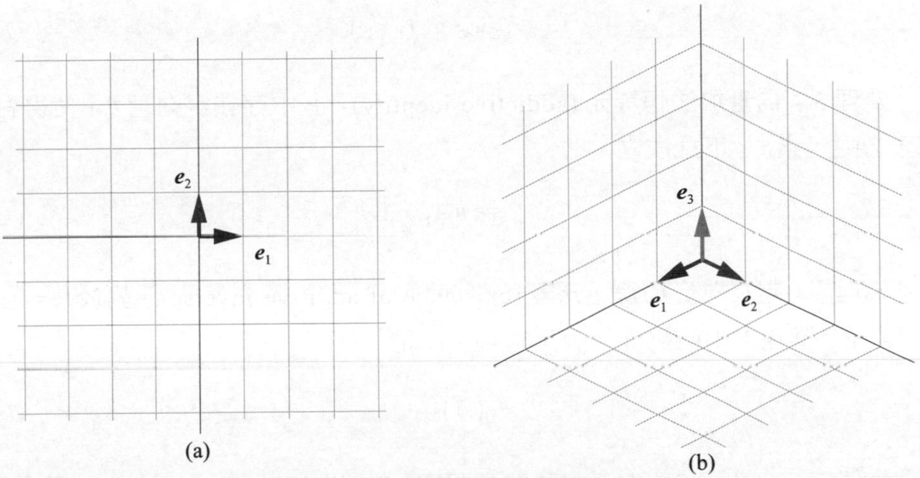

▲ 圖 7.1　二維和三維直角座標系

向量空間

我們下面看一下向量空間的確切定義。

給定域 F，F 上的向量空間 V 是一個集合。集合 V 不可為空，且對於加法和純量乘法運算封閉。這意味著，對於 V 中的每一對元素 $\boldsymbol{u}$ 和 $\boldsymbol{v}$，可以唯一對應 V 中的元素 $\boldsymbol{u} + \boldsymbol{v}$；而且，對於 V 中的每一個元素 $\boldsymbol{v}$ 和任意一個純量 k，可以唯一對應 V 中的元素 $k\boldsymbol{v}$。

如果 V 連同上述加法運算和純量乘法運算滿足以下公理，則稱 V 為向量空間。

公理 1：**向量加法交換律** (commutativity of vector addition)。對於 V 中任何 $\boldsymbol{u}$ 和 $\boldsymbol{v}$，滿足

$$\boldsymbol{u}+\boldsymbol{v}=\boldsymbol{v}+\boldsymbol{u} \tag{7.1}$$

公理 2：**向量加法結合律** (associativity of vector addition)。對於 V 中任何 $\boldsymbol{u}$、$\boldsymbol{v}$ 和 $\boldsymbol{w}$，滿足

$$(\boldsymbol{u}+\boldsymbol{v})+\boldsymbol{w}=\boldsymbol{u}+(\boldsymbol{v}+\boldsymbol{w}) \tag{7.2}$$

公理 3：**向量加法恒等元** (addictive identity)。V 中存在零向量 $\boldsymbol{0}$，使得對於任意 V 中元素 $\boldsymbol{v}$，下式成立，即

$$\boldsymbol{v}+\boldsymbol{0}=\boldsymbol{v} \tag{7.3}$$

公理 4：**存在向量加法逆元素** (existence of additive inverse)。對於每一個 V 中元素 $\boldsymbol{v}$，選在 V 中的另外一個元素 -$\boldsymbol{v}$，滿足

$$\boldsymbol{v}+(-\boldsymbol{v})=\boldsymbol{0} \tag{7.4}$$

公理 5：**純量乘法對向量加法的分配率** (distributivityofvectorsums)。對於任意純量 k，V 中元素 $\boldsymbol{u}$ 和 $\boldsymbol{v}$ 滿足

$$k(\boldsymbol{u}+\boldsymbol{v})=k\boldsymbol{u}+k\boldsymbol{v} \tag{7.5}$$

公理 6：**純量乘法對域加法的分配律** (distributivity of scalar sum)。對於任意純量 k 和 t，以及 V 中任意元素 $\boldsymbol{v}$，滿足

$$(k+t)\boldsymbol{v}=k\boldsymbol{v}+t\boldsymbol{v} \tag{7.6}$$

公理 7：**純量乘法與純量的域乘法相容** (associativity of scalar multiplication)。對於任意純量 k 和 t，以及 V 中任意元素 $\boldsymbol{v}$，滿足

$$(kt)\boldsymbol{v}=k(t\boldsymbol{v}) \tag{7.7}$$

公理 8：**純量乘法的單位** (scalar multiplication identity)。V 中任意元素 $\boldsymbol{v}$，滿足

$$1 \cdot \boldsymbol{v} = \boldsymbol{v} \tag{7.8}$$

⚠ 注意：以上公理不需要大家格外記憶！

線性組合

令 $\boldsymbol{v}_1$、$\boldsymbol{v}_2$、⋯、$\boldsymbol{v}_D$ 為向量空間 V 中的向量。向量 $\boldsymbol{v}_1$、$\boldsymbol{v}_2$、⋯、$\boldsymbol{v}_D$ 的**線性組合** (linear combination) 為

$$\alpha_1 \boldsymbol{v}_1 + \alpha_2 \boldsymbol{v}_2 + \cdots + \alpha_D \boldsymbol{v}_D \tag{7.9}$$

其中：a_1、a_2、⋯、a_D 均為實數。圖 7.2 所示為視覺化 (7.9) 對應線性組合的過程。

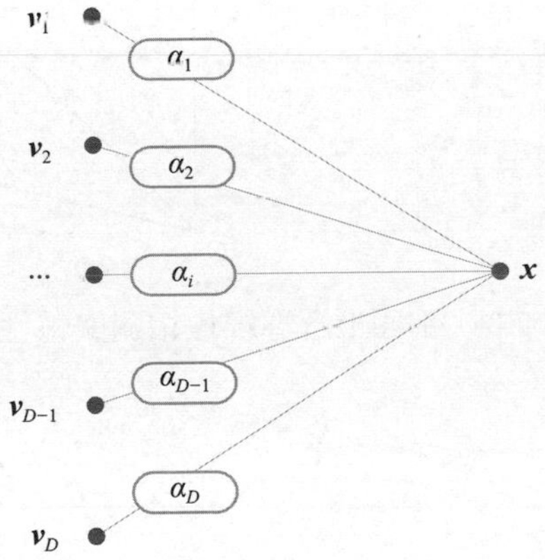

▲ 圖 7.2 線性組合

張成

$\boldsymbol{v}_1$、$\boldsymbol{v}_2$⋯$\boldsymbol{v}_D$ 所有線性組合的集合叫做 $\boldsymbol{v}_1$、$\boldsymbol{v}_2$、⋯、$\boldsymbol{v}_D$ 的**張成** (span)，記作 span($\boldsymbol{v}_1$, $\boldsymbol{v}_2$、⋯、$\boldsymbol{v}_D$)。

線性相關和線性獨立

給定向量組 $\boldsymbol{V} = [\boldsymbol{v}_1, \boldsymbol{v}_2, \cdots, \boldsymbol{v}_D]$，如果存在不全為零的 $a1$、$a2$、⋯、a_D 使得下式成立

$$\alpha_1\boldsymbol{v}_1 + \alpha_2\boldsymbol{v}_2 + \alpha_3\boldsymbol{v}_3 + \cdots + \alpha_D\boldsymbol{v}_D = \boldsymbol{0} \tag{7.10}$$

則稱向量組 $\boldsymbol{V}$ **線性相關** (linear dependence，形容詞組為 linearly dependent)；不然稱 $\boldsymbol{V}$ **線性獨立** (linear independence，形容詞為 linearly independent)。

圖 7.3 所示在平面上解釋了線性相關和線性獨立。

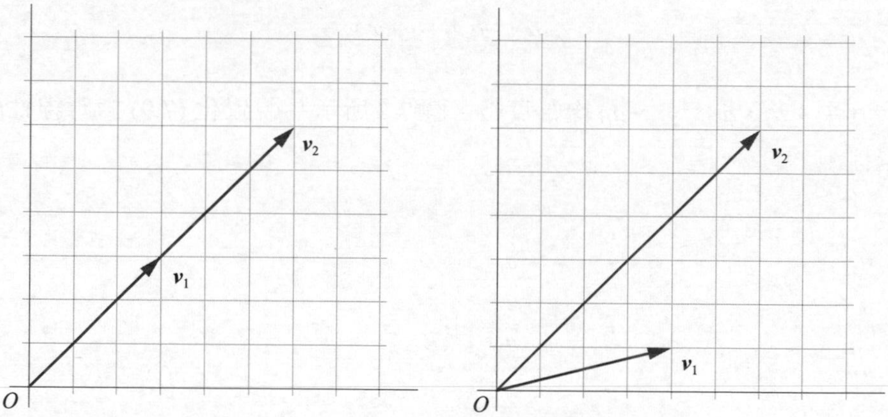

▲ 圖 7.3 平面上解釋線性相關與線性獨立

極大無關組、秩

一個矩陣 $\boldsymbol{X}$ 的**列秩** (column rank) 是 $\boldsymbol{X}$ 的線性獨立的列向量數量最大值。同理，**行秩** (row rank) 是 $\boldsymbol{X}$ 的線性獨立的行向量數量最大值。

以列秩為例，矩陣 $\boldsymbol{X}$ 可以寫成一組列向量，如

$$\boldsymbol{X}_{n\times D} = [\boldsymbol{x}_1 \quad \boldsymbol{x}_2 \quad \cdots \quad \boldsymbol{x}_D] \tag{7.11}$$

注意：極大線性獨立組不唯一。

對於 $\boldsymbol{V} = \{\boldsymbol{x}_1, \boldsymbol{x}_2, \cdots, \boldsymbol{x}_D\}$，如果這些列向量線性相關，總可以找出一個冗余向量，把它剔除。如此往復，不斷剔除容錯向量，直到不再有容錯向量為止，得到 $\boldsymbol{S} = \{\boldsymbol{x}_1, \boldsymbol{x}_2, \cdots, \boldsymbol{x}_r\}$ 線性獨立。則稱 $\boldsymbol{S} = \{\boldsymbol{x}_1, \boldsymbol{x}_2, \cdots, \boldsymbol{x}_r\}$ 為 $\boldsymbol{F} = \{\boldsymbol{x}_1, \boldsymbol{x}_2, \cdots, \boldsymbol{x}_D\}$ 的極大線性獨立組 (maximal linearly independent subset)。

極大線性獨立組的元素數量 $\boldsymbol{r}$ 為 $\boldsymbol{V} = \{\boldsymbol{x}_1, \boldsymbol{x}_2, \cdots, \boldsymbol{x}_D\}$ 的秩，也稱為 $\boldsymbol{V}$ 的維數或維度。

矩陣的列秩和行秩總是相等的，因此就稱它們為矩陣 $\boldsymbol{X}$ 的秩 (rank)，記作 rank($\boldsymbol{X}$)。rank($\boldsymbol{X}$) 小於等於 min(D, n)，即 rank($\boldsymbol{X}$) ≤ min(D, n)；對於「細高型」資料矩陣，rank($\boldsymbol{X}$) ≤ D。

圖 7.4 所示為當 rank($\boldsymbol{X}$) 的秩取不同值時，span($\boldsymbol{X}$) 所代表的空間。當然，向量空間沿著子圖中給定的直線、平面、空間無限延伸。

特別地，若矩陣 $\boldsymbol{X}$ 的列數為 D，當 rank($\boldsymbol{X}$) = D 時，矩陣 $\boldsymbol{X}$ 列滿秩，列向量 $\boldsymbol{x}_1, \boldsymbol{x}_2, \cdots$，$\boldsymbol{x}_D$ 線性獨立。

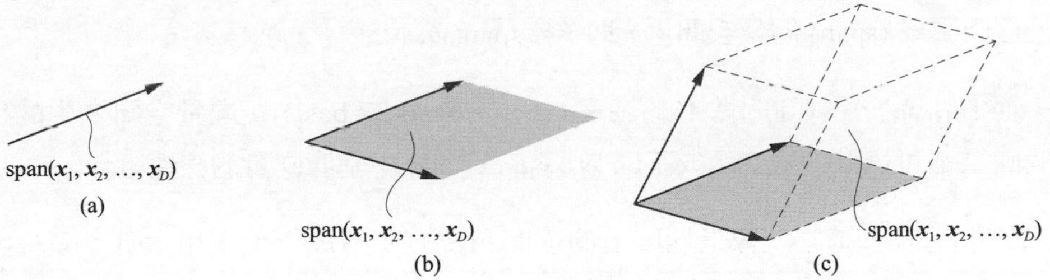

▲ 圖 7.4　rank($\boldsymbol{X}$) 的秩和 span($\boldsymbol{X}$) 的空間

(a) rank($\boldsymbol{X}$) = 1；(b) rank($\boldsymbol{X}$) = 2；(c) rank($\boldsymbol{X}$) = 3

此外，不要被矩陣的形狀迷惑，以下四個矩陣的秩都是 1，即

$$\begin{bmatrix}1\\1\\1\end{bmatrix}, \quad \begin{bmatrix}1\\1\\\vdots\\1\end{bmatrix}_{10\times1}, \quad \begin{bmatrix}1&2&3&4\\1&2&3&4\\\vdots&\vdots&\vdots&\vdots\\1&2&3&4\end{bmatrix}_{10\times4}, \quad \begin{bmatrix}1&2&3&4\end{bmatrix} \tag{7.12}$$

numpy.linalg.matrix_rank() 用於計算矩陣的秩。

如果乘積 $\boldsymbol{AB}$ 存在，則 $\boldsymbol{AB}$ 的秩滿足

$$\operatorname{rank}(\boldsymbol{AB}) \leqslant \min\left(\operatorname{rank}(\boldsymbol{A}), \operatorname{rank}(\boldsymbol{B})\right) \tag{7.13}$$

⚠ 請大家注意：僅當方陣 $\boldsymbol{A}_{D\times D}$ 滿秩，即 $\operatorname{rank}(\boldsymbol{A}) = D$，$\boldsymbol{A}$ 可逆。

對於實數矩陣 $\boldsymbol{X}$，以下幾個矩陣的秩相等，即有

$$\operatorname{rank}\left(\boldsymbol{X}^T\boldsymbol{X}\right) = \operatorname{rank}\left(\boldsymbol{X}\boldsymbol{X}^T\right) = \operatorname{rank}(\boldsymbol{X}) = \operatorname{rank}\left(\boldsymbol{X}^T\right) \tag{7.14}$$

基底、基底向量

一個向量空間 V 的**基底向量** (basis vector) 指 V 中線性獨立的 $\boldsymbol{v}_1$、$\boldsymbol{v}_2$、⋯、$\boldsymbol{v}_D$，它們**張成** (span) 向量空間 V，即 $V = \operatorname{span}(\boldsymbol{v}_1, \boldsymbol{v}_2, \cdots, \boldsymbol{v}_D)$。

而 $[\boldsymbol{v}_1, \boldsymbol{v}_2, \cdots, \boldsymbol{v}_D]$ 叫做 V 的**基底** (vector basis 或 basis)。向量空間 V 中的每一個向量都可以唯一地表示成基底 $[\boldsymbol{v}_1, \boldsymbol{v}_2, \cdots, \boldsymbol{v}_D]$ 中基底向量的線性組合。

通俗地說，基底就像是地圖上的經度和緯度，造成定位作用。有了經緯度之後，地面上的任意一點都有唯一座標。

這就是本節最開始說的，$\{\boldsymbol{e}_1, \boldsymbol{e}_2\}$ 就是平面 $\mathbb{R}^2$ 的一組基底，平面 $\mathbb{R}^2$ 上每一個向量都可以唯一地表達成 $x_1\boldsymbol{e}_1 + x_2\boldsymbol{e}_2$。而 (x_1, x_2) 就是在基底 $[\boldsymbol{e}_1, \boldsymbol{e}_2]$ 下的座標。

> ⚠ 注意區別 $\{\boldsymbol{e}_1, \boldsymbol{e}_2\}$ 和 $[\boldsymbol{e}_1, \boldsymbol{e}_2]$。本書會用 $[\boldsymbol{e}_1, \boldsymbol{e}_2]$ 表達有序基，也就是向量基底元素按「先 $\boldsymbol{e}_1$ 後 $\boldsymbol{e}_2$」的順序排列。而 $\{\boldsymbol{e}_1, \boldsymbol{e}_2\}$ 代表集合，集合中基底向量不存在順序。此外，有序基 $[\boldsymbol{e}_1, \boldsymbol{e}_2]$ 建構得到矩陣 $\boldsymbol{E}$。除非特殊說明，否則本書中基底都預設是有序基。

維數

向量空間的**維數** (dimension) 是基底中基底向量的個數，本書採用的維數記號為 dim()。顯然，零向量 $\boldsymbol{0}$ 的張成空間 span($\boldsymbol{0}$) 維數為 0。

圖 7.1(a) 中 $\mathbb{R}^2 = \text{span}(\boldsymbol{e}_1, \boldsymbol{e}_2)$，即 $\mathbb{R}^2$ 維數 $\dim(\mathbb{R}^2) = 2$，而 $[\boldsymbol{e}_1, \boldsymbol{e}_2]$ 的秩也是 2。圖 7.1(b) 中 $\mathbb{R}^3 = \text{span}(\boldsymbol{e}_1, \boldsymbol{e}_2, \boldsymbol{e}_3)$，即 $\mathbb{R}^3$ 維數 $\dim(\mathbb{R}^3) = 3$，$[\boldsymbol{e}_1, \boldsymbol{e}_2, \boldsymbol{e}_3]$ 的秩為 3。下面，為了理解維數這個概念，我們多看幾組例子。

圖 7.5 所示為 6 個維數為 1 的向量空間。從幾何角度來看，這些向量空間都是直線。請大家特別注意，這些直線都經過原點 $\boldsymbol{0}$。也就是說 $\boldsymbol{0}$ 分別在這些向量空間中。

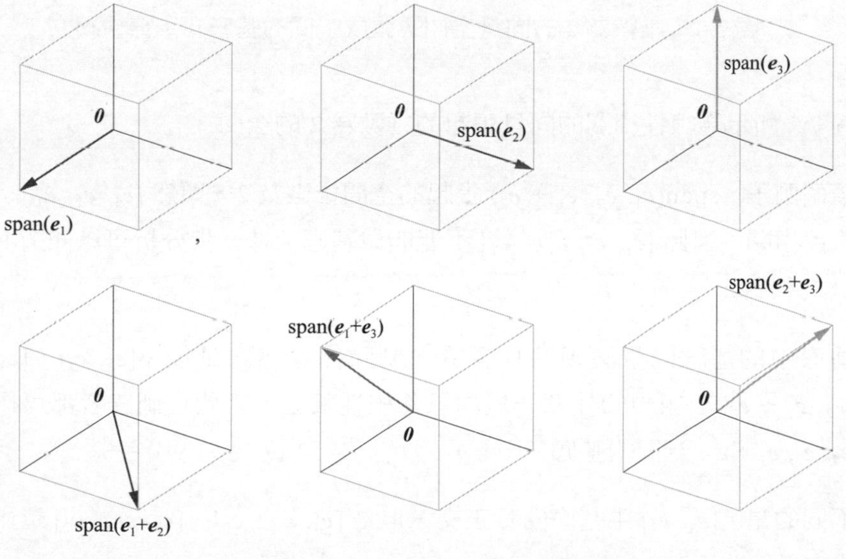

▲ 圖 7.5　維數為 1 的向量空間

圖 7.6 所示為線性獨立的向量張起的維數為 2 的向量空間。也就是說，圖 7.6 所示每幅子圖中的兩個向量分別是該空間的基底向量。再次強調，基底中的基底向量必須線性獨立。

從集合角度來看，span($\boldsymbol{e}_1$)⊂span($\boldsymbol{e}_1$, $\boldsymbol{e}_2$)，span($\boldsymbol{e}_2$)⊂span($\boldsymbol{e}_1$, $\boldsymbol{e}_2$)。

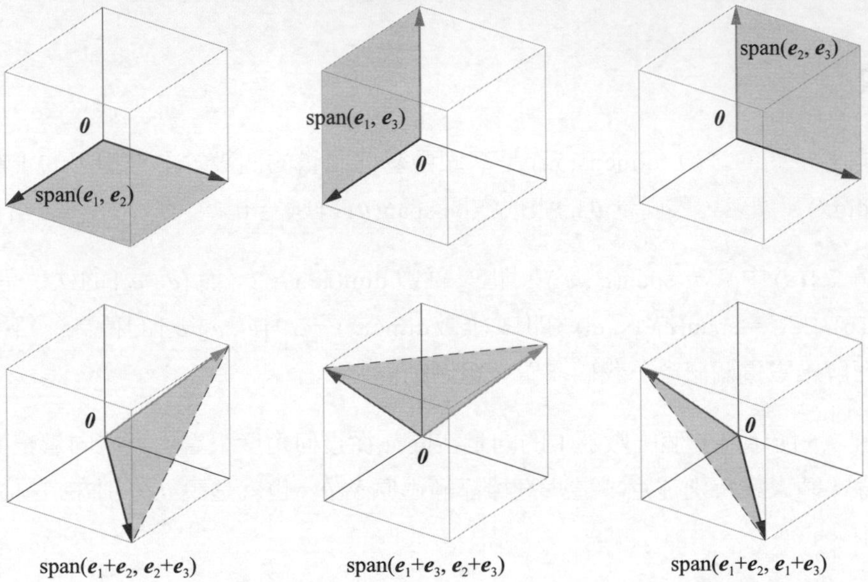

▲ 圖 7.6　維數為 2 的向量空間，張成空間的基底向量線性獨立

圖 7.7 所示為線性相關的向量張起的維數為 2 的空間。

舉個例子，span($\boldsymbol{e}_1$, $\boldsymbol{e}_2$, $\boldsymbol{e}_1 + \boldsymbol{e}_2$) 張起的空間維數為 2，顯然 [$\boldsymbol{e}_1$, $\boldsymbol{e}_2$, $\boldsymbol{e}_1 + \boldsymbol{e}_2$] 中向量線性相關，因此 [$\boldsymbol{e}_1$, $\boldsymbol{e}_2$, $\boldsymbol{e}_1 + \boldsymbol{e}_2$] 不能叫做基底。進一步分析可以知道 [$\boldsymbol{e}_1$, $\boldsymbol{e}_2$, $\boldsymbol{e}_1 + \boldsymbol{e}_2$] 的秩為 2。

基底中的基底向量必須線性獨立。剔除掉容錯向量後，[$\boldsymbol{e}_1$, $\boldsymbol{e}_2$]、[$\boldsymbol{e}_1$, $\boldsymbol{e}_1 + \boldsymbol{e}_2$]、[$\boldsymbol{e}_2$, $\boldsymbol{e}_1 + \boldsymbol{e}_2$] 三組中的任意一組向量都線性獨立，因此它們三者都可以選做 span($\boldsymbol{e}_1$, $\boldsymbol{e}_2$, $\boldsymbol{e}_1 + \boldsymbol{e}_2$) 空間的基底。

不同的是，[$\boldsymbol{e}_1$, $\boldsymbol{e}_2$] 中基底向量正交，但是 [$\boldsymbol{e}_1$, $\boldsymbol{e}_1 + \boldsymbol{e}_2$]、[$\boldsymbol{e}_2$, $\boldsymbol{e}_1 + \boldsymbol{e}_2$] 這兩個基底中的向量並非正交。

也就是組成向量空間的基底向量可以正交，也可以非正交，這是下文馬上要探討的內容。

相信大家已經很清楚，基底中的向量之間必須線性獨立，而用 span() 張成空間的向量可以線性相關，如 span($\boldsymbol{e}_1$, $\boldsymbol{e}_2$) = span($\boldsymbol{e}_1$, $\boldsymbol{e}_2$, $\boldsymbol{e}_1 + \boldsymbol{e}_2$) = span($\boldsymbol{e}_1$, $\boldsymbol{e}_2$, $\boldsymbol{e}_1 + 2\boldsymbol{e}_2$, $2\boldsymbol{e}_1 + \boldsymbol{e}_2$)。在基底 [$\boldsymbol{e}_1$, $\boldsymbol{e}_2$] 中，任意一點的坐標唯一。但是，在 span($\boldsymbol{e}_1$, $\boldsymbol{e}_2$, $\boldsymbol{e}_1 + \boldsymbol{e}_2$) 中，任意一點的座標不定。

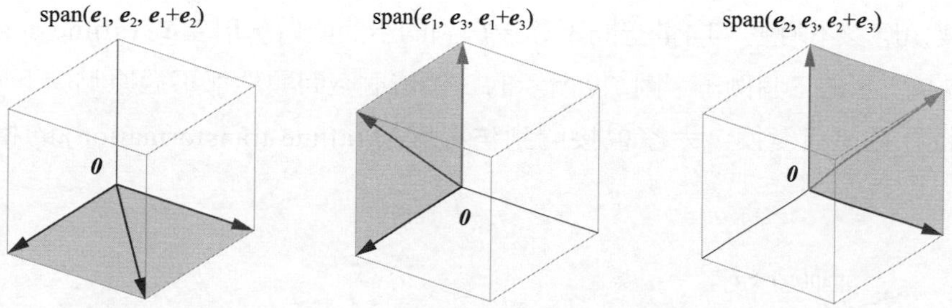

▲ 圖 7.7　維數為 2 的向量空間，張成空間的向量線性相關

圖 7.8 所示為線性獨立的向量張起維數為 3 的空間。注意這些空間都與 $\mathbb{R}^3$ 等值。

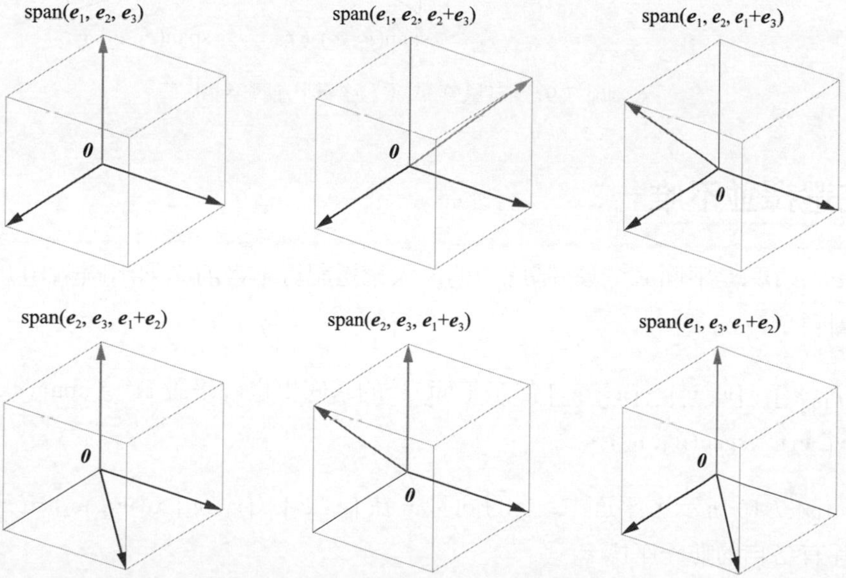

▲ 圖 7.8　維數為 3 的向量空間

過原點、仿射空間

「過原點」這一點對於向量空間極為重要。圖 7.5 所示的幾個一維空間 (直線) 顯然過原點；也就是說，原點在向量空間中。從幾何角度來看，圖 7.6、圖 7.7 所示的維數為 2 的空間是平面，這些平面都過原點。原點也在圖 7.8 所示的維數為 3 的空間中。

讀過本書系《AI 時代 Math 元年 - 用 Python 全精通資料可視化》的讀者對仿射變換應該不陌生。向量空間平移後得到的空間叫做**仿射空間** (affine space)，如圖 7.9 所示的三個例子。圖 7.9 所示的三個仿射空間顯然都不過原點。下一章，我們將介紹幾何變換，大家會接觸到**仿射變換** (affine transformation) 的相關內容。

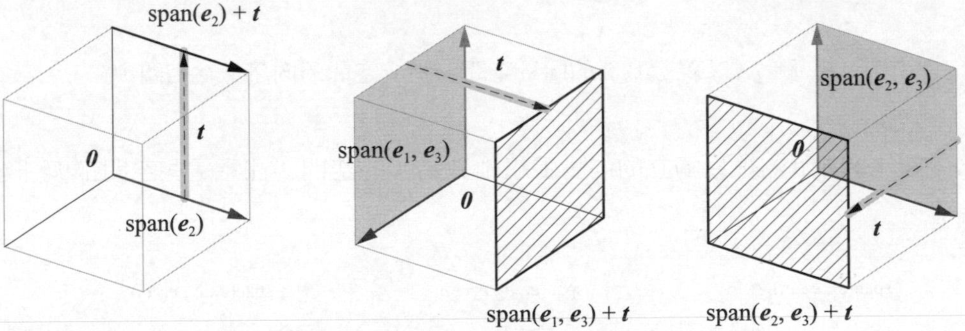

▲ 圖 7.9　向量空間平移得到仿射空間

基底選擇並不唯一

$[e_1, e_2]$ 只是平面 $\mathbb{R}^2$ 無數基底中的。大家還記得本書前文列出圖 7.10 所示的這幅圖嗎？

$[e_1, e_2]$、$[v_1, v_2]$、$[w_1, w_2]$ 都是平面 $\mathbb{R}^2$ 的基底！也就是說 $\mathbb{R}^2 = \text{span}(e_1, e_2) = \text{span}(v_1, v_2) = \text{span}(w_1, w_2)$。

如圖 7.10 所示，平面 $\mathbb{R}^2$ 上的向量 x 在 $[e_1, e_2]$、$[v_1, v_2]$、$[w_1, w_2]$ 這三組基底中都有各自的唯一座標。

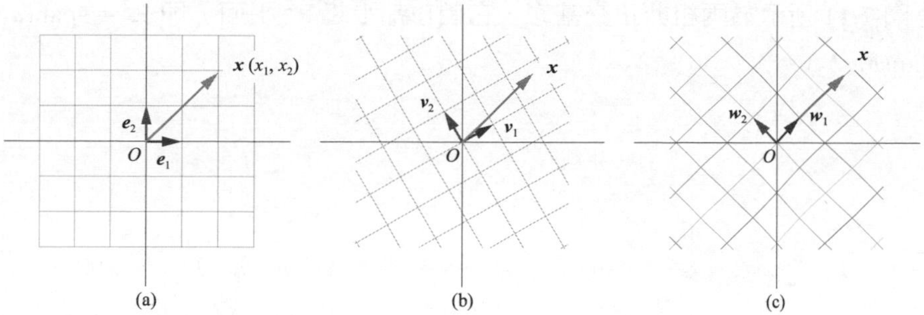

▲ 圖 7.10 向量 x 在三個不同的正交直角座標系中位置

正交基底、規範正交基底、標準正交基底

大家可能早已注意到圖 7.10 中，$[e_1, e_2]$、$[v_1, v_2]$、$[w_1, w_2]$ 的每個基底向量都是單位向量，即 $\|e_1\| = \|e_2\| = \|v_1\| = \|v_2\| = \|w_1\| = \|w_2\| = 1$，且每組基底內基底向量相互正交，即 e_1 垂直於 e_2，v_1 垂直於 v_2，w_1 垂直於 w_2。本書中，基底中若基底向量兩兩正交，則該基底叫**正交基底** (orthogonal basis)。

如果正交基底中每個基底向量的模都為 1，則稱該基底為**規範正交基底** (orthonormal basis)。圖 7.10 中 $[e_1, e_2]$、$[v_1, v_2]$、$[w_1, w_2]$ 三組基底都是規範正交基底。

張成平面 $\mathbb{R}^2$ 的規範正交基底有無陣列。它們之間存在旋轉關係，也就是說 $[e_1, e_2]$ 繞原點旋轉一定角度就可以得到 $[v_1, v_2]$ 或 $[w_1, w_2]$。

更特殊的是，$[e_1, e_2]$ 叫做平面 $\mathbb{R}^2$ 的**標準正交基底** (standard orthonormal basis)，或稱**標準基** (standard basis)。「標準」這個字眼給了 $[e_1, e_2]$，是因為用這個基底表示平面 $\mathbb{R}^2$ 最為自然。$[e_1, e_2]$ 也是平面直角座標系最普遍的參考系。

顯然，$[e_1, e_2, e_3]$ 是 $\mathbb{R}^3$ 的標準正交基底，$[e_1, e_2, \cdots, e_D]$ 是 $\mathbb{R}^D$ 的標準正交基底。

非正交基底

平面 $\mathbb{R}^2$ 上，任何兩個不平行的非零向量都可以組成平面上的基底。如果基底中的基底向量之間並非兩兩都正交，則這樣的基底叫做**非正交基底** (non - orthogonal basis)。

圖 7.11 所示為兩組非正交基底，它們也都張起 $\mathbb{R}^2$ 平面，即 $\mathbb{R}^2 = \text{span}(\boldsymbol{a}_1, \boldsymbol{a}_2) = \text{span}(\boldsymbol{b}_1, \boldsymbol{b}_2)$。

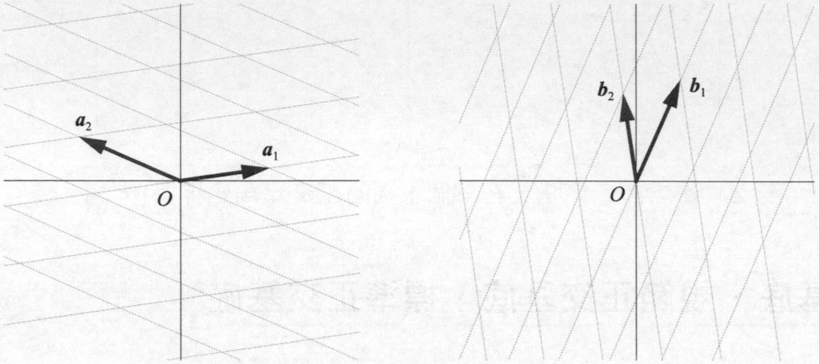

▲ 圖 7.11 二維平面的兩個基底 (非正交)

圖 7.12 所示總結了幾種基底之間的關係。

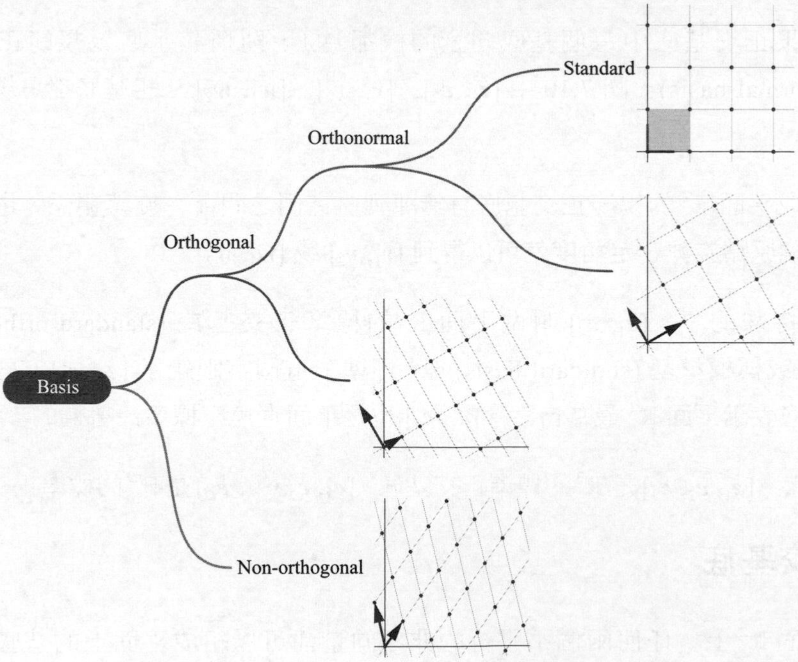

▲ 圖 7.12 幾種基底之間的關係

基底轉換

基底轉換 (change of basis) 完成不同基底之間的變換，而標準正交基底是常用的橋樑。

舉個例子，如圖 7.13 所示，給定平面直角座標系中的向量 $\boldsymbol{a}$，將其寫成 $\boldsymbol{e}_1$ 和 $\boldsymbol{e}_2$ 的線性組合，有

$$\boldsymbol{a} = \begin{bmatrix} 2 \\ 2 \end{bmatrix} = 2\boldsymbol{e}_1 + 2\boldsymbol{e}_2 \tag{7.15}$$

(2, 2) 就是向量 $\boldsymbol{a}$ 在基底 $[\boldsymbol{e}_1, \boldsymbol{e}_2]$ 中的座標。

圖 7.14 所示列出的是不同基底中表達的同一個向量 $\boldsymbol{a}$。

換句話說，在平面上向量 $\boldsymbol{a}$ 是固定的，但是由於「定位」方式不同，在不同座標系中描述 $\boldsymbol{a}$ 的座標可以完全不同。而且，透過合適的線性代數工具這些座標之間可以相互轉化。

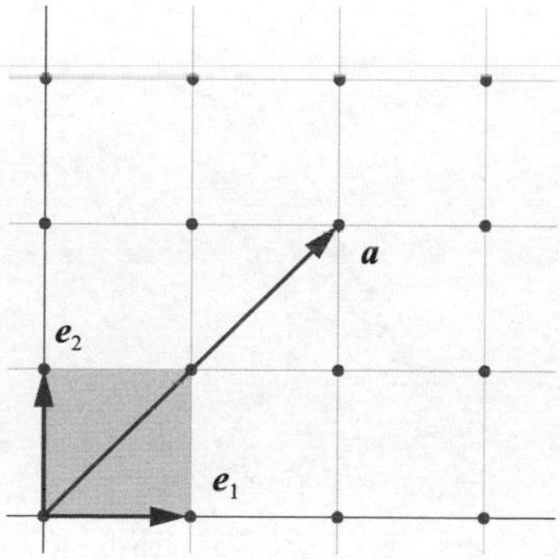

▲ 圖 7.13　平面直角座標系中的向量 $\boldsymbol{a}$

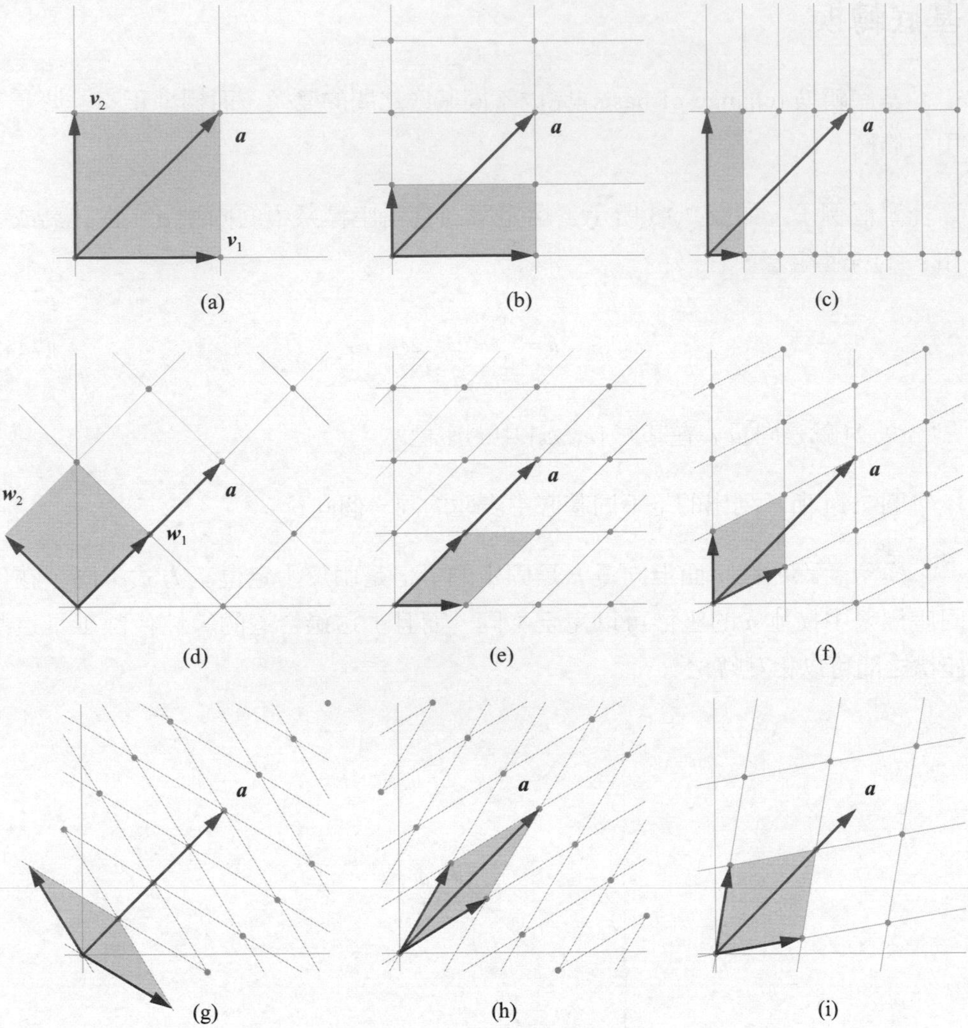

▲ 圖 7.14 不同基底表達同一個向量 $\boldsymbol{a}$

在圖 7.13 這個正交標準座標系中，任意一個向量 $\boldsymbol{x}$ 可以寫成

$$\boldsymbol{x} = [\boldsymbol{e}_1 \quad \boldsymbol{e}_2] \underbrace{\begin{bmatrix} x_1 \\ x_2 \end{bmatrix}}_{\boldsymbol{x}} = \boldsymbol{E}\boldsymbol{x} \tag{7.16}$$

其中：(x_1, x_2) 代表向量 $\boldsymbol{x}$ 在基底 $[\boldsymbol{e}_1, \boldsymbol{e}_2]$ 中的座標值。

假設在平面上，另外一組基底為 $[\boldsymbol{v}_1, \boldsymbol{v}_2]$，而在這個基底中向量 $\boldsymbol{x}$ 的座標為 (z_1, z_2)，則 $\boldsymbol{x}$ 可以寫成 $\boldsymbol{v}_1$ 和 $\boldsymbol{v}_2$ 的線性組合，有

$$\boldsymbol{x} = z_1\boldsymbol{v}_1 + z_2\boldsymbol{v}_2 = \begin{bmatrix}\boldsymbol{v}_1 & \boldsymbol{v}_2\end{bmatrix}\begin{bmatrix}z_1 \\ z_2\end{bmatrix} \tag{7.17}$$

令

$$\boldsymbol{V} = \begin{bmatrix}\boldsymbol{v}_1 & \boldsymbol{v}_2\end{bmatrix}, \quad \boldsymbol{z} = \begin{bmatrix}z_1 \\ z_2\end{bmatrix} \tag{7.18}$$

式 (7.17) 可以寫成

$$\boldsymbol{x} = \boldsymbol{V}\boldsymbol{z} \tag{7.19}$$

$\boldsymbol{z} = [z_1, z_2]^{\mathrm{T}}$ 可以寫成

$$\boldsymbol{z} = \boldsymbol{V}^{-1}\boldsymbol{x} \tag{7.20}$$

上式中，2×2 矩陣 $\boldsymbol{V}$ 滿秩，因此 $\boldsymbol{V}$ 可逆。

以圖 7.14(a) 為例，$\boldsymbol{V}$ 為

$$\boldsymbol{V} = \begin{bmatrix}\boldsymbol{v}_1 & \boldsymbol{v}_2\end{bmatrix} = \begin{bmatrix}2 & 0 \\ 0 & 2\end{bmatrix} \tag{7.21}$$

向量 $\boldsymbol{a}$ 在圖 7.14(a) 中 $[\boldsymbol{v}_1, \boldsymbol{v}_2]$ 這個基底下的座標為

$$\boldsymbol{z} = \boldsymbol{V}^{-1}\boldsymbol{x} = \begin{bmatrix}2 & 0 \\ 0 & 2\end{bmatrix}^{-1}\begin{bmatrix}2 \\ 2\end{bmatrix} = \begin{bmatrix}1 \\ 1\end{bmatrix} \tag{7.22}$$

再舉個例子，圖 7.14(d) 中 $\boldsymbol{W} = [\boldsymbol{w}_1, \boldsymbol{w}_2]$ 的具體數值為

$$\boldsymbol{W} = \begin{bmatrix}\boldsymbol{w}_1 & \boldsymbol{w}_2\end{bmatrix} = \begin{bmatrix}1 & -1 \\ 1 & 1\end{bmatrix} \tag{7.23}$$

向量 $\boldsymbol{x}$ 在基底 $[\boldsymbol{w}_1, \boldsymbol{w}_2]$ 可以寫成

$$\boldsymbol{x} = \boldsymbol{W}\boldsymbol{y} \tag{7.24}$$

其中：$\boldsymbol{y}$ 為向量 $\boldsymbol{x}$ 在 $[\boldsymbol{w}_1, \boldsymbol{w}_2]$ 中座標。

矩陣 $\boldsymbol{W}$ 也可逆，透過下式計算得到向量 $\boldsymbol{x}$ 在圖 7.14(d)$[\boldsymbol{w}_1, \boldsymbol{w}_2]$ 基底中的座標，即

$$\boldsymbol{y} = \boldsymbol{W}^{-1}\boldsymbol{x} = \begin{bmatrix} 1 & -1 \\ 1 & 1 \end{bmatrix}^{-1} \begin{bmatrix} 2 \\ 2 \end{bmatrix} = \begin{bmatrix} 2 \\ 0 \end{bmatrix} \tag{7.25}$$

聯立式 (7.19) 和式 (7.24)，得到

$$\boldsymbol{V}\boldsymbol{z} = \boldsymbol{W}\boldsymbol{y} \tag{7.26}$$

因此，從座標 $\boldsymbol{z}$ 到座標 $\boldsymbol{y}$ 的轉換，可以透過下式完成，即

$$\boldsymbol{y} = \boldsymbol{W}^{-1}\boldsymbol{V}\boldsymbol{z} \tag{7.27}$$

代入具體值，得到

$$\begin{bmatrix} 1 & -1 \\ 1 & 1 \end{bmatrix}^{-1} \begin{bmatrix} 2 & 0 \\ 0 & 2 \end{bmatrix} \underbrace{\begin{bmatrix} 1 \\ 1 \end{bmatrix}}_{\boldsymbol{z}} = \begin{bmatrix} 0.5 & 0.5 \\ -0.5 & 0.5 \end{bmatrix} \begin{bmatrix} 2 & 0 \\ 0 & 2 \end{bmatrix} \begin{bmatrix} 1 \\ 1 \end{bmatrix} = \underbrace{\begin{bmatrix} 2 \\ 0 \end{bmatrix}}_{\boldsymbol{y}} \tag{7.28}$$

我們用 Streamlit 製作了一個應用，繪製圖 7.14 中的不同「平行且等距網格」。大家可以改變矩陣 $\boldsymbol{A}$ 的元素值，並讓 $\boldsymbol{A}$ 作用於 $\boldsymbol{e}_1$、$\boldsymbol{e}_2$，即 $\boldsymbol{A}\boldsymbol{e}_1 = \boldsymbol{a}_1$、$\boldsymbol{A}\boldsymbol{e}_2 = \boldsymbol{a}_2$。$\boldsymbol{e}_1$ 和 $\boldsymbol{e}_2$ 建構的是「方格」，而 $\boldsymbol{a}_1$ 和 $\boldsymbol{a}_2$ 建構的就是「平行且等距網格」。請大家參考 Streamlit_Bk4_Ch7_01.py。

回顧「豬引發的投影問題」

《AI 時代 Math 元年 - 用 Python 全精通數學要素》雞兔同籠三部曲的相關內容講過向量向一個平面投影的例子。

如圖 7.15 所示，農夫的需求 $\boldsymbol{y}$ 是 10 隻兔、10 隻雞、5 頭豬。$\boldsymbol{w}_1$ 代表套餐 A—3 雞 1 兔；$\boldsymbol{w}_2$ 代表套餐 B—1 雞 2 兔。$\boldsymbol{w}_1$ 和 $\boldsymbol{w}_2$ 張起「A - B 套餐」平面為 H

$= \text{span}(\boldsymbol{w}_1, \boldsymbol{w}_2)$。而 $[\boldsymbol{w}_1, \boldsymbol{w}_2]$ 便是 H 的基底。請大家自行驗證基底 $[\boldsymbol{w}_1, \boldsymbol{w}_2]$ 為非正交基底。

圖 7.15 中，$\boldsymbol{y}$ 向 H 投影的結果為向量 $\boldsymbol{a}$。

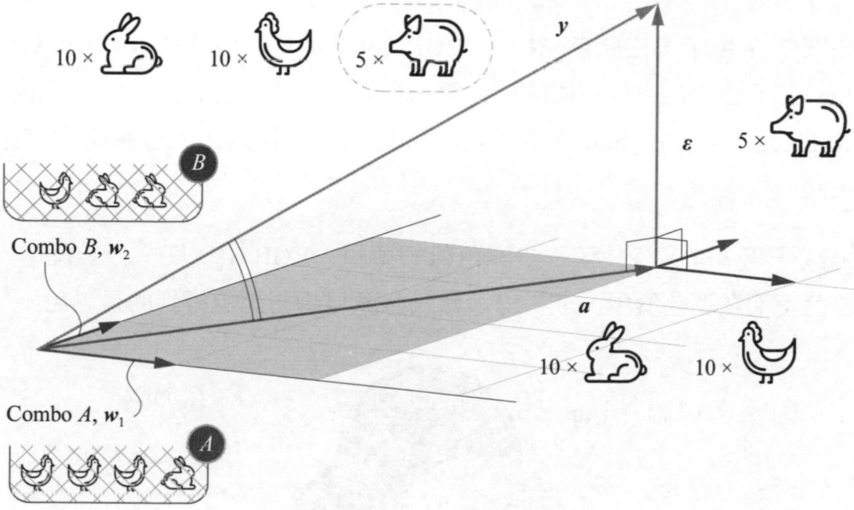

▲ 圖 7.15　農夫的需求和小販提供的「A-B 套餐」平面存在 5 頭豬的距離 (來自《AI 時代 Math 元年 - 用 Python 全精通數學要素》一書)

在二維平面 H 內，$\boldsymbol{a}$ 可以寫成 $\boldsymbol{w}_1$ 和 $\boldsymbol{w}_2$ 的線性組合，即

$$\boldsymbol{a} = \alpha_1 \boldsymbol{w}_1 + \alpha_2 \boldsymbol{w}_2 \tag{7.29}$$

其中：$(\boldsymbol{a}_1, \boldsymbol{a}_2)$ 則是 $\boldsymbol{a}$ 在基底 $[\boldsymbol{w}_1, \boldsymbol{w}_2]$ 中的座標。顯然，$\boldsymbol{a}$、$\boldsymbol{w}_1$、$\boldsymbol{w}_2$ 線性相關。

$\boldsymbol{y}$ 明顯在平面 H 之外，不能用 $\boldsymbol{w}_1$、$\boldsymbol{w}_2$ 的線性組合表達，從而 $\boldsymbol{y}$、$\boldsymbol{w}_1$、$\boldsymbol{w}_2$ 線性獨立。

$\boldsymbol{y}$ 中不能被 $\boldsymbol{w}_1$ 和 $\boldsymbol{w}_2$ 表達的成分為 $\boldsymbol{y} - \boldsymbol{a}$，$\boldsymbol{y} - \boldsymbol{a}$ 垂直於 H 平面。這一想法可以用於解釋線性回歸**最小平方法** (ordinary least square, OLS)。

讀完這個「巨長無比」的一節後，如果大家對於向量空間的相關概念還是雲裡霧裡。不要怕，下面我們給這個空間塗個顏色，來進一步幫助大家理解！

7.2 給向量空間塗顏色：RGB 色卡

向量空間的「空間」二字賦予了這個線性代數概念更多的視覺化潛力。本節開始就試圖給向量空間塗「顏色」，讓大家從色彩角度來理解向量空間。

如圖 7.16 所示，**三原色光模式** (RGB color mode) 將**紅** (Red)、**綠** (Green)、**藍** (Blue) 三原色的色光以不同的比例疊加合成產生各種色彩光。「本書系」《AI 時代 Math 元年 - 用 Python 全精通資料可視化》一書列出更多視覺化方案展示 RGB，請大家參考。

強調一下，紅、綠、藍不是調色盤的塗料。RGB 中，紅、綠、藍均勻調色得到白色；而在調色盤中，紅、綠、藍三色顏料均勻調色得到的是黑色。

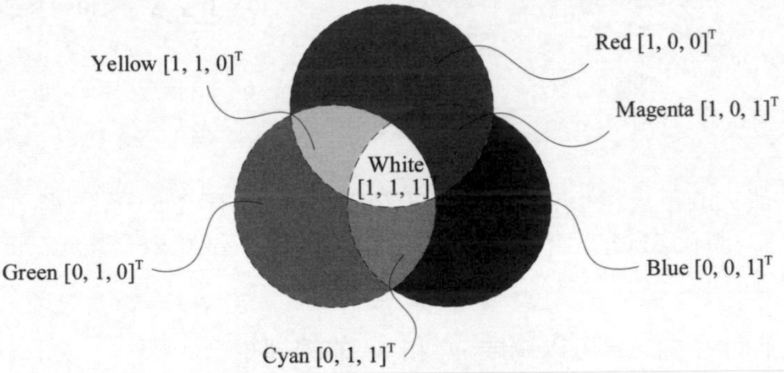

▲ 圖 7.16　三原色模型

如圖 7.17 所示，在三原色模型這個空間中，任意一個顏色可以視作基底 [$\boldsymbol{e}_1$, $\boldsymbol{e}_2$, $\boldsymbol{e}_3$] 中三個基底向量組成的線性組合

$$\alpha_1\boldsymbol{e}_1+\alpha_2\boldsymbol{e}_2+\alpha_3\boldsymbol{e}_3 \tag{7.30}$$

其中：a_1、a_2、a_3 設定值範圍都是 [0, 1]；$\boldsymbol{e}_1$ 為紅色；$\boldsymbol{e}_2$ 為綠色；$\boldsymbol{e}_3$ 為藍色。則有

$$\boldsymbol{e}_1=\begin{bmatrix}1\\0\\0\end{bmatrix},\quad \boldsymbol{e}_2=\begin{bmatrix}0\\1\\0\end{bmatrix},\quad \boldsymbol{e}_3=\begin{bmatrix}0\\0\\1\end{bmatrix} \tag{7.31}$$

注意：RGB 三原色可以用八進位表示，每個顏色分量為 0 ～ 255 的整數。此外，RGB 也可以以十六進位數來表達。比如，如上公式背景顏色用的淺藍色對應的十六進位數為 #DEEAF6。有關色號，請大家參考《AI 時代 Math 元年 - 用 Python 全精通資料可視化》一書。

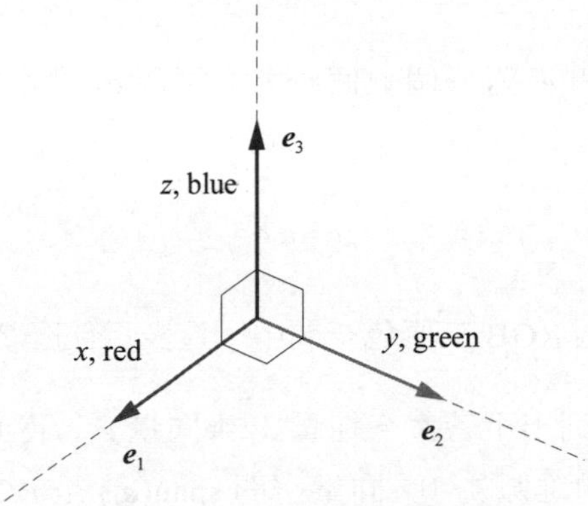

▲ 圖 7.17　三原色空間

$\boldsymbol{e}_1$、$\boldsymbol{e}_2$ 和 $\boldsymbol{e}_3$ 這三個基底向量兩兩正交，因此它們兩兩內積為 0，即

$$\boldsymbol{e}_1 \cdot \boldsymbol{e}_2 = \begin{bmatrix} 1 \\ 0 \\ 0 \end{bmatrix} \cdot \begin{bmatrix} 0 \\ 1 \\ 0 \end{bmatrix} = 0, \quad \boldsymbol{e}_1 \cdot \boldsymbol{e}_3 = \begin{bmatrix} 1 \\ 0 \\ 0 \end{bmatrix} \cdot \begin{bmatrix} 0 \\ 0 \\ 1 \end{bmatrix} = 0, \quad \boldsymbol{e}_2 \cdot \boldsymbol{e}_3 = \begin{bmatrix} 0 \\ 1 \\ 0 \end{bmatrix} \cdot \begin{bmatrix} 0 \\ 0 \\ 1 \end{bmatrix} = 0 \tag{7.32}$$

而且，$\boldsymbol{e}_1$、$\boldsymbol{e}_2$ 和 $\boldsymbol{e}_3$ 均為單位向量，有

$$\|\boldsymbol{e}_1\|_2 = 1, \quad \|\boldsymbol{e}_2\|_2 = 1, \quad \|\boldsymbol{e}_3\|_2 = 1 \tag{7.33}$$

因此，在三原色模型這個向量空間 V 中，$[\boldsymbol{e}_1, \boldsymbol{e}_2, \boldsymbol{e}_3]$ 是 V 的標準正交基底。

特別強調一點，準確來說，RGB 三原色空間並不是本書前文所述的向量空間，原因就是 a_1、a_2、a_3 有設定值範圍限制。而向量空間不存在這樣的設定值限制。除了零向量 $\boldsymbol{0}$ 以外，真正的向量空間都是無限延伸。

利用 $\boldsymbol{e}_1([1, 0, 0]^{\mathrm{T}}\text{red})$、$\boldsymbol{e}_2([0, 1, 0]^{\mathrm{T}}\text{green})$ 和 $\boldsymbol{e}_3([0, 0, 1]^{\mathrm{T}}\text{blue})$ 這三個基底向量，我們可以張成一個色彩斑斕的空間。下面我們就帶大家揭秘這個彩色空間。

7.3 張成空間：線性組合紅、綠、藍三原色

本節把「張成」這個概念用到 RGB 三原色上。

單色

首先，對 $\boldsymbol{e}_1$、$\boldsymbol{e}_2$ 和 $\boldsymbol{e}_3$ 對一個一個研究。實數 $\boldsymbol{a}_1$ 設定值範圍為 [0, 1]，a_1 乘 $\boldsymbol{e}_1$ 得到向量 $\boldsymbol{a}$，有

$$\boldsymbol{a} = \alpha_1 \boldsymbol{e}_1 \tag{7.34}$$

大家試想，在這個 RGB 三原色空間中，這表示什麼？

圖 7.18 所示已經列出了答案。純量 a_1 乘向量 $\boldsymbol{e}_1$，得到不同深度的紅色。$\boldsymbol{e}_1$ 張成的空間 span($\boldsymbol{e}_1$) 的維數為 1。向量空間 span($\boldsymbol{e}_1$) 是 RGB 三原色空間 V 的子空間。

同理，純量 a_2 乘向量 $\boldsymbol{e}_2$，得到不同深淺的綠色；純量 a_3 乘向量 $\boldsymbol{e}_3$，得到不同深淺的藍色。圖 7.18 所示三個空間的維數都是 1。

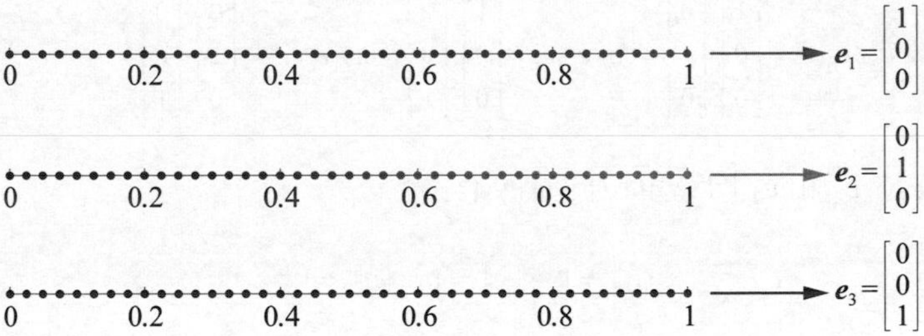

▲ 圖 7.18　三個基底向量和純量乘積

雙色合成

再進一步，圖 7.19 所示為 $\boldsymbol{e}_1$ 和 $\boldsymbol{e}_2$ 的張成空間 span($\boldsymbol{e}_1$, $\boldsymbol{e}_2$)。圖 7.19 平面上的顏色可以寫成以下線性組合，即

$$\boldsymbol{a} = \alpha_1 \boldsymbol{e}_1 + \alpha_2 \boldsymbol{e}_2 \tag{7.35}$$

span($\boldsymbol{e}_1$, $\boldsymbol{e}_2$) 的維數為 2。基底 [$\boldsymbol{e}_1$, $\boldsymbol{e}_2$] 的秩為 2。

如圖 7.19 所示，這個 span($\boldsymbol{e}_1$, $\boldsymbol{e}_2$) 平面上，顏色在綠色與紅色之間漸變。特別地，$\boldsymbol{e}_1 + \boldsymbol{e}_2$ 為黃色，$\boldsymbol{e}_1 + \boldsymbol{e}_2$ 在空間 span($\boldsymbol{e}_1$, $\boldsymbol{e}_2$) 中。span($\boldsymbol{e}_1$, $\boldsymbol{e}_2$) 也是 RGB 三原色空間 V 的子空間。

雖然 $\boldsymbol{e}_1$、$\boldsymbol{e}_2$、$\boldsymbol{e}_1 + \boldsymbol{e}_2$ 這三個線性相關，但這三個向量也可張成圖 7.19 所示的這個二維空間。也就是說，span($\boldsymbol{e}_1$, $\boldsymbol{e}_2$) = span($\boldsymbol{e}_1$, $\boldsymbol{e}_2$, $\boldsymbol{e}_1 + \boldsymbol{e}_2$)。

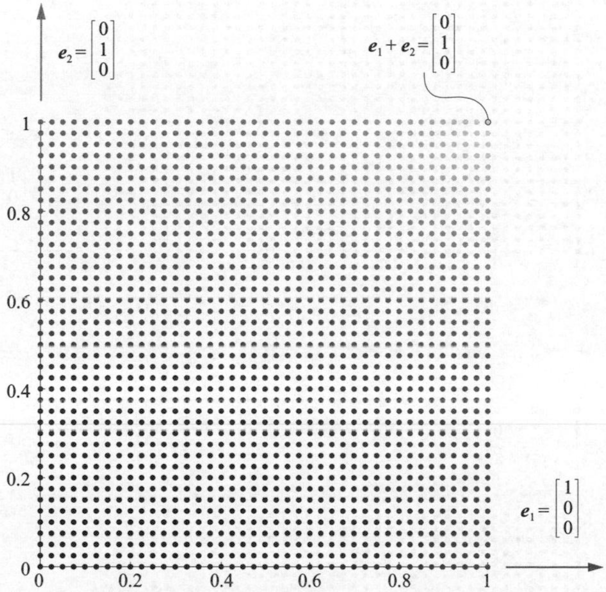

▲ 圖 7.19 基底向量 $\boldsymbol{e}_1$ 和 $\boldsymbol{e}_2$ 張成的空間

集合 {$\boldsymbol{e}_1$, $\boldsymbol{e}_2$, $\boldsymbol{e}_1 + \boldsymbol{e}_2$} 中剔除 $\boldsymbol{e}_2$ 後，[$\boldsymbol{e}_1$, $\boldsymbol{e}_1 + \boldsymbol{e}_2$] 線性獨立。因此，[$\boldsymbol{e}_1$, $\boldsymbol{e}_1 + \boldsymbol{e}_2$] 也可以選做圖 7.19 這個空間的基底。也就是說，圖 7.19 中任意顏色可以寫成綠色 ($\boldsymbol{e}_1$) 和黃色 ($\boldsymbol{e}_1 + \boldsymbol{e}_2$) 唯一的線性組合。

圖 7.20 所示為 $\boldsymbol{e}_1$ 和 $\boldsymbol{e}_3$ 的張成 span($\boldsymbol{e}_1$, $\boldsymbol{e}_3$)，顏色在藍色與紅色之間漸變。[$\boldsymbol{e}_1$, $\boldsymbol{e}_3$] 是 span($\boldsymbol{e}_1$, $\boldsymbol{e}_3$) 這個「紅藍」空間的基底。特別地，$\boldsymbol{e}_1 + \boldsymbol{e}_3$ 為品紅。

圖 7.21 所示為 $\boldsymbol{e}_2$ 和 $\boldsymbol{e}_3$ 的張成 span($\boldsymbol{e}_2$, $\boldsymbol{e}_3$)，顏色在綠色與藍色之間漸變。[$\boldsymbol{e}_2$, $\boldsymbol{e}_3$] 是 span($\boldsymbol{e}_2$, $\boldsymbol{e}_3$) 這個「藍綠」空間的基底。注意 $\boldsymbol{e}_2 + \boldsymbol{e}_3$ 為青色。

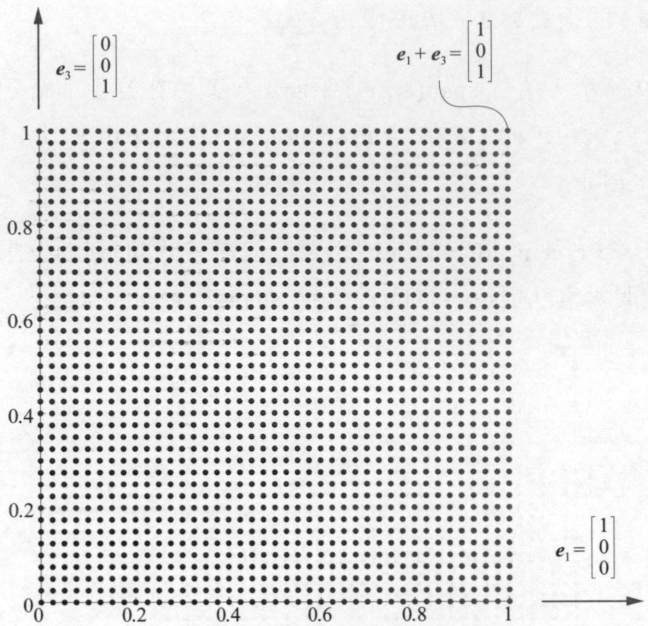

▲ 圖 7.20 基底向量 e_1 和 e_3 張成的空間

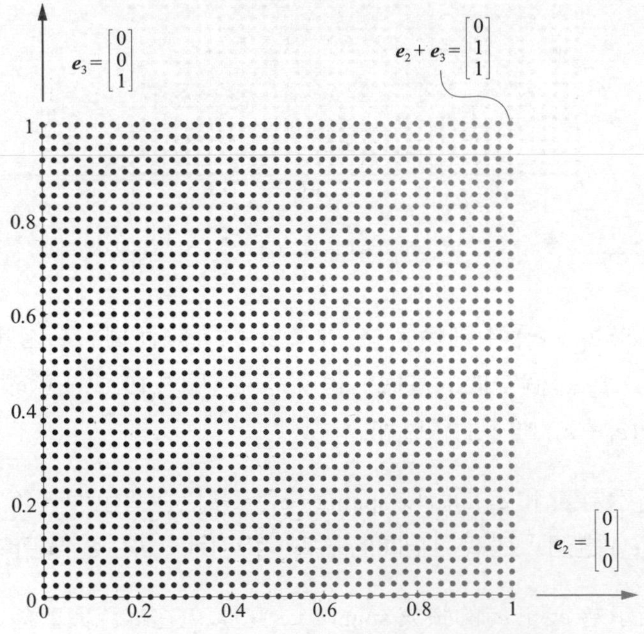

▲ 圖 7.21 基底向量 e_2 和 e_3 張成的空間

三色合成

e_1([1, 0, 0]^{T}red)、e_2([0, 1, 0]^{T}green) 和 e_3([0, 0, 1]^{T}blue) 這三個基底向量張成的空間 span(e_1, e_2, e_3) 如圖 7.22 所示。span(e_1, e_2, e_3) 這個空間的維數為 3。基底 [e_1, e_2, e_3] 中每個向量都是單位向量，且兩兩正交，因此基底 [e_1, e_2, e_3] 是標準正交基底。

一種特殊情況，e_1、e_2 和 e_3 這三個基底向量以均勻方式混合，得到的便是灰度，即有

$$\alpha(e_1 + e_2 + e_3) \tag{7.36}$$

注意：為了方便視覺化，圖 7.22 僅僅繪製了空間邊緣上色彩最鮮豔的散點。實際上，空間內部還有無數散點，代表相對較深的顏色。

在圖 7.22 中，這些灰度顏色在原點 (0, 0, 0) 和 (1, 1, 1) 兩點組成的線段上。

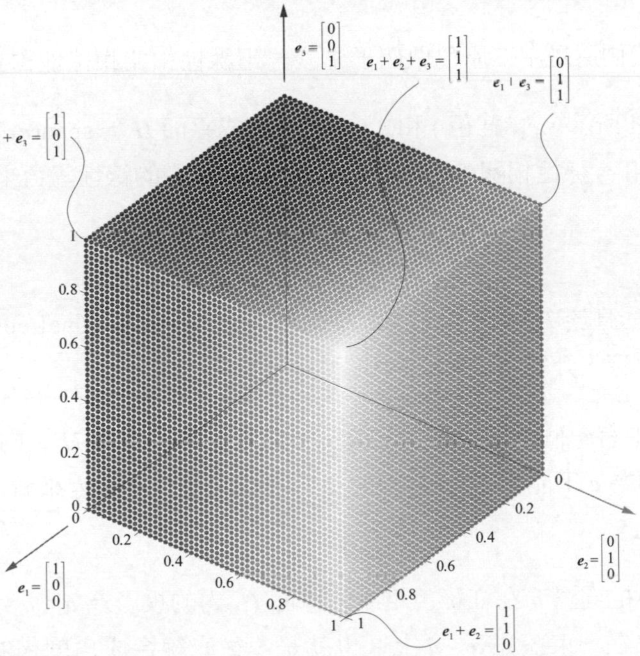

▲ 圖 7.22　三原色張成的彩色空間

如圖 7.23 所示，白色和黑色分別對應向量

$$1\times(\boldsymbol{e}_1+\boldsymbol{e}_2+\boldsymbol{e}_3)=\begin{bmatrix}1\\1\\1\end{bmatrix},\quad 0\times(\boldsymbol{e}_1+\boldsymbol{e}_2+\boldsymbol{e}_3)=\begin{bmatrix}0\\0\\0\end{bmatrix} \tag{7.37}$$

▲ 圖 7.23　灰度

我們用 Streamlit 製作了一個應用，其中用 Plotly 繪製類似圖 7.22 的可互動三維散點圖。請大家參考 Streamlit_Bk4_Ch7_02.py。

7.4 線性獨立：紅色和綠色，調不出青色

下面，我們還是用三原色做例子來談一下線性相關和線性獨立。

如圖 7.24 所示，$\boldsymbol{e}_1$(紅色) 和 $\boldsymbol{e}_2$(綠色) 張成平面 $H_1 = \text{span}(\boldsymbol{e}_1, \boldsymbol{e}_2)$。在 H_1 中，向量 $\hat{\boldsymbol{a}}$ 與 $\boldsymbol{e}_1$ 和 $\boldsymbol{e}_2$ 線性相關；因為，$\hat{\boldsymbol{a}}$ 可以用 $\boldsymbol{e}_1$ 和 $\boldsymbol{e}_2$ 的線性組合來表達，即

$$\hat{\boldsymbol{a}}=\alpha_1\boldsymbol{e}_1+\alpha_2\boldsymbol{e}_2 \tag{7.38}$$

顯然 $\boldsymbol{e}_3$ 垂直於 H_1，因此 $\boldsymbol{e}_3$ 和 H_1 互為**正交補** (orthogonal complement)。本書第 9 章還會深入介紹正交補這個概念。

圖 7.24 中有一個不速之客─向量 $\boldsymbol{a}$。向量 $\boldsymbol{a}$ 跳出平面 H_1。向量 $\boldsymbol{a}$ 與 $\boldsymbol{e}_1$ 和 $\boldsymbol{e}_2$ 線性獨立，因為 $\boldsymbol{a}$ 不能用 $\boldsymbol{e}_1$ 和 $\boldsymbol{e}_2$ 線性組合建構。從色彩角度來看，紅光和綠光，調不出青色光。

代表青色的向量 $\boldsymbol{a}$ 在紅綠色組成的平面 H_1 內的投影為 $\hat{\boldsymbol{a}}$。$\boldsymbol{a}$ - $\hat{\boldsymbol{a}}$ 垂直於 H_1。向量 $\boldsymbol{a}$ 和 $\hat{\boldsymbol{a}}$ 差在一束藍光 $\boldsymbol{a}$ - $\hat{\boldsymbol{a}}$ 上。也就是，從光線合成角度來看，$\boldsymbol{a}$ 比 $\hat{\boldsymbol{a}}$ 多了一束藍光。

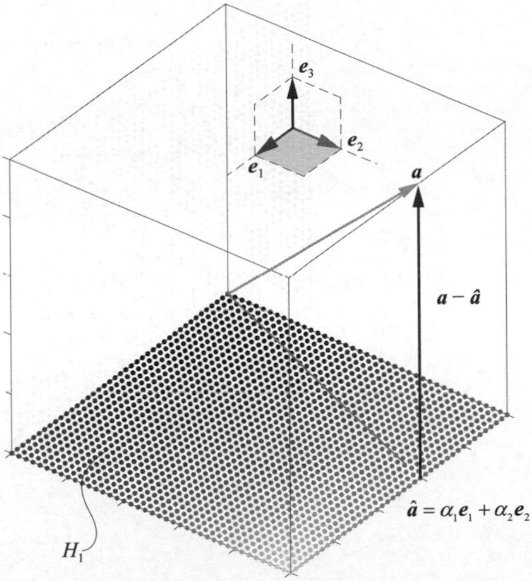

▲ 圖 7.24　基底向量 e_1 和 e_2 張成平面 H_1，向量 a 向 H_1 投影

圖 7.25 所示為基底向量 e_1 和 e_3 張成平面 H_2，向量 b 向 H_2 投影得到 $\hat{b}$。圖 7.26 所示為基底向量 e_2 和 e_3 張成平面 H_3，向量 c 向 H_3 投影結果為 $\hat{c}$。請大家自行分析這兩幅圖。

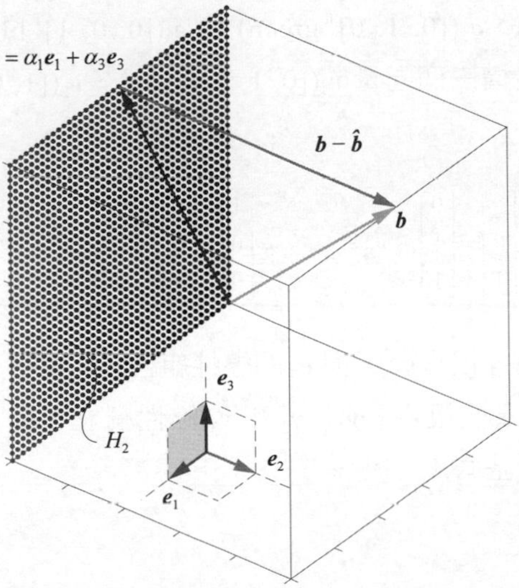

▲ 圖 7.25　基底向量 e_1 和 e_3 張成平面 H_2

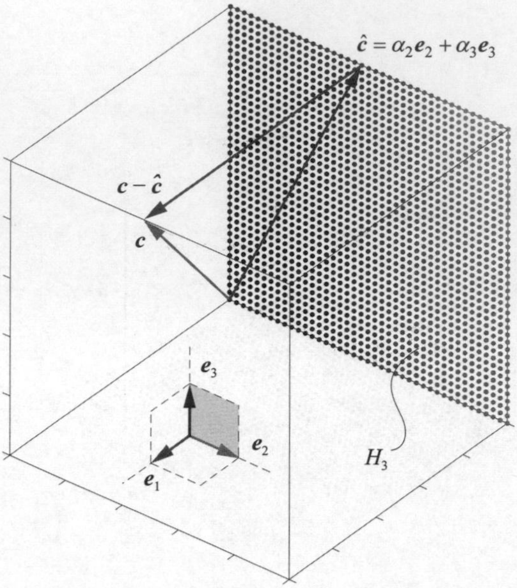

▲ 圖 7.26 基底向量 $\boldsymbol{e}_2$ 和 $\boldsymbol{e}_3$ 張成平面 H_3

7.5 非正交基底：青色、品紅、黃色

$\boldsymbol{e}_1$([1, 0, 0]^T red)、$\boldsymbol{e}_2$([0, 1, 0]^T green) 和 $\boldsymbol{e}_3$([0, 0, 1]^T blue) 這三個基底向量任意兩兩組合，可以建構三個向量 $\boldsymbol{v}_1$([0, 1, 1]^T cyan)、$\boldsymbol{v}_2$([1, 0, 1]^T magenta) 和 $\boldsymbol{v}_3$([1, 1, 0]^T yellow)，即

$$\boldsymbol{v}_1 = \boldsymbol{e}_2 + \boldsymbol{e}_3 = \begin{bmatrix} 0 \\ 1 \\ 0 \end{bmatrix} + \begin{bmatrix} 0 \\ 0 \\ 1 \end{bmatrix} = \begin{bmatrix} 0 \\ 1 \\ 1 \end{bmatrix}, \quad \boldsymbol{v}_2 = \boldsymbol{e}_1 + \boldsymbol{e}_3 = \begin{bmatrix} 1 \\ 0 \\ 0 \end{bmatrix} + \begin{bmatrix} 0 \\ 0 \\ 1 \end{bmatrix} = \begin{bmatrix} 1 \\ 0 \\ 1 \end{bmatrix}, \quad \boldsymbol{v}_3 = \boldsymbol{e}_1 + \boldsymbol{e}_2 = \begin{bmatrix} 1 \\ 0 \\ 0 \end{bmatrix} + \begin{bmatrix} 0 \\ 1 \\ 0 \end{bmatrix} = \begin{bmatrix} 1 \\ 1 \\ 0 \end{bmatrix} \quad (7.39)$$

如圖 7.27 所示，$\boldsymbol{v}_1$ 相當於 $\boldsymbol{e}_2$ 與 $\boldsymbol{e}_3$ 的線性組合，$\boldsymbol{v}_2$ 相當於 $\boldsymbol{e}_1$ 與 $\boldsymbol{e}_3$ 的線性組合，$\boldsymbol{v}_3$ 相當於 $\boldsymbol{e}_1$ 與 $\boldsymbol{e}_2$ 的線性組合。$\boldsymbol{v}_1$、$\boldsymbol{v}_2$ 和 $\boldsymbol{v}_3$ 線性獨立，因此 [$\boldsymbol{v}_1$, $\boldsymbol{v}_2$, $\boldsymbol{v}_3$] 也可以是建構三維彩色空間的基底！

印刷四分色模式 (CMYK colormodel) 就是基於基底 [$\boldsymbol{v}_1, \boldsymbol{v}_2, \boldsymbol{v}_3$]。CMYK 四個字母分別指的是**青色** (cyan)、**品紅** (magenta)、**黃色** (yellow) 和**黑色** (black)。本節，我們只考慮三個彩色，即青色、品紅和黃色。

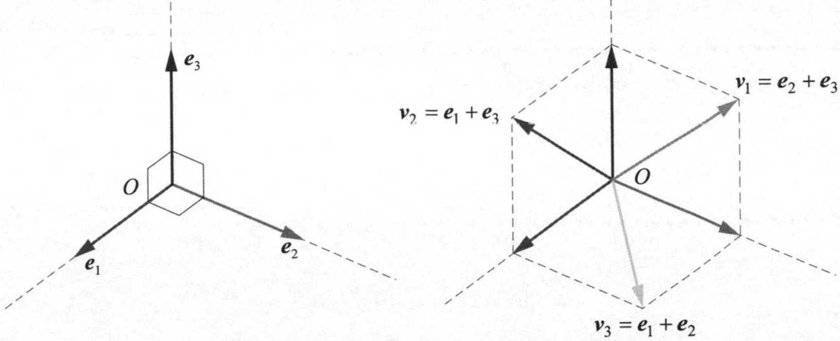

▲ 圖 7.27　正交基底到非正交基底

非正交基底

$\boldsymbol{v}_1$、$\boldsymbol{v}_2$ 和 $\boldsymbol{v}_3$ 並非兩兩正交。經過計算可以發現 $\boldsymbol{v}_1$、$\boldsymbol{v}_2$ 和 $\boldsymbol{v}_3$ 兩兩夾角均為 60°, 即

$$\begin{aligned}\cos\theta_{\boldsymbol{v}_1,\boldsymbol{v}_2} &= \frac{\boldsymbol{v}_1 \cdot \boldsymbol{v}_2}{\|\boldsymbol{v}_1\|\|\boldsymbol{v}_2\|} = \frac{1}{\sqrt{2}\times\sqrt{2}} = \frac{1}{2} \\ \cos\theta_{\boldsymbol{v}_1,\boldsymbol{v}_3} &= \frac{\boldsymbol{v}_1 \cdot \boldsymbol{v}_3}{\|\boldsymbol{v}_1\|\|\boldsymbol{v}_3\|} = \frac{1}{\sqrt{2}\times\sqrt{2}} = \frac{1}{2} \\ \cos\theta_{\boldsymbol{v}_2,\boldsymbol{v}_3} &= \frac{\boldsymbol{v}_2 \cdot \boldsymbol{v}_3}{\|\boldsymbol{v}_2\|\|\boldsymbol{v}_3\|} = \frac{1}{\sqrt{2}\times\sqrt{2}} = \frac{1}{2}\end{aligned} \tag{7.40}$$

也就是說，[$\boldsymbol{v}1, \boldsymbol{v}2, \boldsymbol{v}3$] 為非正交基底。

單色

圖 7.28 所示為 $\boldsymbol{v}_1$、$\boldsymbol{v}_2$ 和 $\boldsymbol{v}_3$ 各自張成的空間 span($\boldsymbol{v}_1$)、span($\boldsymbol{v}_2$)、span($\boldsymbol{v}_3$)。這三個空間的維數均為 1。

觀察圖 7.28 所示的顏色變化，可以發現 span($\boldsymbol{v}_1$)、span($\boldsymbol{v}_2$)、span($\boldsymbol{v}_3$) 分別代表著青色、品紅和黃色的顏色深淺變化。

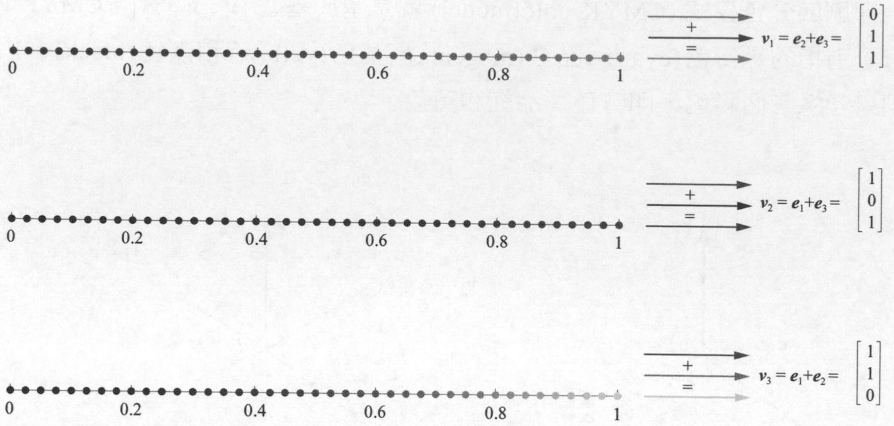

▲ 圖 7.28 單色子空間

雙色合成

圖 7.29 ～圖 7.31 所示分別為 $\boldsymbol{v}_1$、$\boldsymbol{v}_2$ 和 $\boldsymbol{v}_3$ 兩兩張成的三個空間 span($\boldsymbol{v}_1$, $\boldsymbol{v}_2$)、span($\boldsymbol{v}_1$, $\boldsymbol{v}_3$)、span($\boldsymbol{v}_2$, $\boldsymbol{v}_3$)。這三個空間的維數都是 2，它們也都是三色空間的子空間。

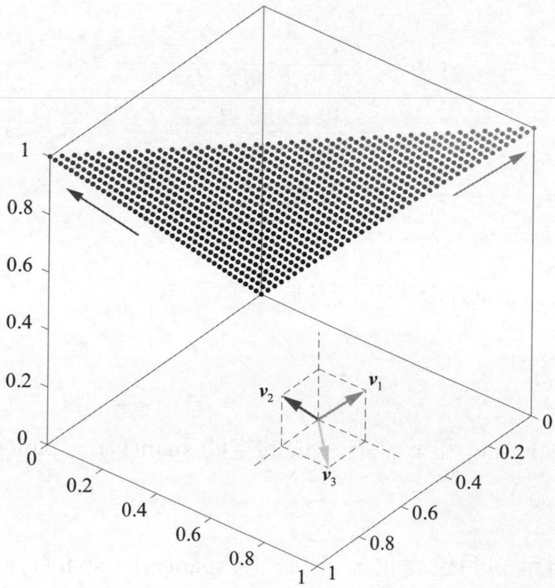

▲ 圖 7.29 基底向量 $\boldsymbol{v}_1$ 和 $\boldsymbol{v}_2$ 張成的子空間

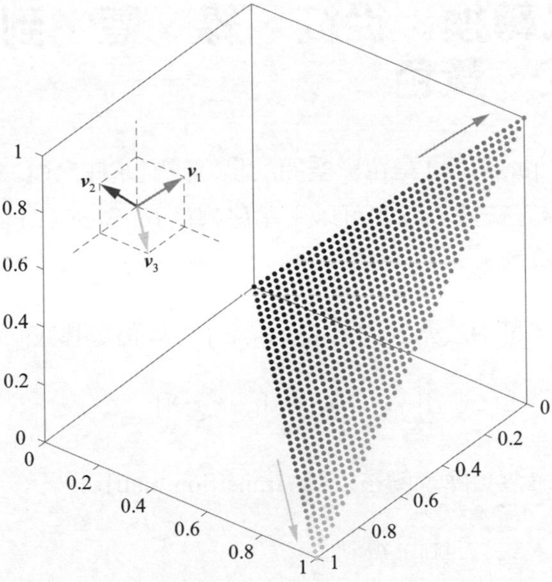

▲ 圖 7.30　基底向量 $\boldsymbol{v}_1$ 和 $\boldsymbol{v}_3$ 張成的子空間

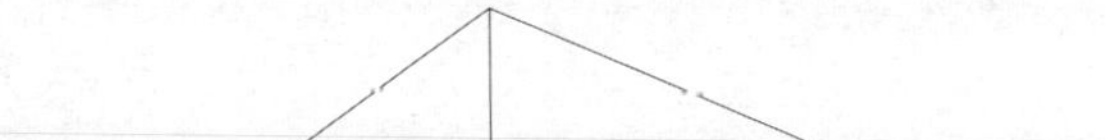

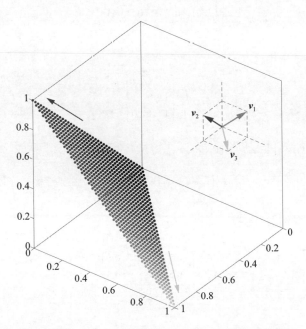

▲ 圖 7.31　基底向量 $\boldsymbol{v}_2$ 和 $\boldsymbol{v}_3$ 張成的子空間

7.6 基底轉換：從紅、綠、藍，到青色、品紅、黃色

RGB 色卡中，$[\boldsymbol{e}_1, \boldsymbol{e}_2, \boldsymbol{e}_3]$ 是色彩空間的標準正交基底。CMY 色卡中，$[\boldsymbol{v}_1, \boldsymbol{v}_2, \boldsymbol{v}_3]$ 是色彩空間的非正交基。我們可以用**基底轉換** (change of basis) 完成 RGB 模式向 CMY 模式的轉換。

下式中，透過矩陣 $\boldsymbol{A}$，基底向量 $[\boldsymbol{e}_1, \boldsymbol{e}_2, \boldsymbol{e}_3]$ 可轉化為基底向量 $[\boldsymbol{v}_1, \boldsymbol{v}_2, \boldsymbol{v}_3]$，即

$$\begin{bmatrix} \boldsymbol{v}_1 & \boldsymbol{v}_2 & \boldsymbol{v}_3 \end{bmatrix} = \boldsymbol{A} \begin{bmatrix} \boldsymbol{e}_1 & \boldsymbol{e}_2 & \boldsymbol{e}_3 \end{bmatrix} \tag{7.41}$$

其中：$\boldsymbol{A}$ 叫做過渡矩陣或**轉移矩陣** (transition matrix)。

將具體數值代入式 (7.41)，得到

$$\begin{bmatrix} 0 & 1 & 1 \\ 1 & 0 & 1 \\ 1 & 1 & 0 \end{bmatrix} = \boldsymbol{A} \begin{bmatrix} 1 & 0 & 0 \\ 0 & 1 & 0 \\ 0 & 0 & 1 \end{bmatrix} \tag{7.42}$$

即矩陣 $\boldsymbol{A}$ 為

$$\boldsymbol{A} = \begin{bmatrix} 0 & 1 & 1 \\ 1 & 0 & 1 \\ 1 & 1 & 0 \end{bmatrix} \tag{7.43}$$

從基底 $[\boldsymbol{v}_1, \boldsymbol{v}_2, \boldsymbol{v}_3]$ 向基底 $[\boldsymbol{e}_1, \boldsymbol{e}_2, \boldsymbol{e}_3]$ 轉換，可以透過 $\boldsymbol{A}^{-1}$ 完成，即

$$\boldsymbol{A}^{-1} \begin{bmatrix} \boldsymbol{v}_1 & \boldsymbol{v}_2 & \boldsymbol{v}_3 \end{bmatrix} = \begin{bmatrix} \boldsymbol{e}_1 & \boldsymbol{e}_2 & \boldsymbol{e}_3 \end{bmatrix} \tag{7.44}$$

透過計算可得到 $\boldsymbol{A}^{-1}$，有

$$\boldsymbol{A}^{-1} = \begin{bmatrix} -0.5 & 0.5 & 0.5 \\ 0.5 & -0.5 & 0.5 \\ 0.5 & 0.5 & -0.5 \end{bmatrix} \tag{7.45}$$

圖 7.32 所示為基底 $[\boldsymbol{e}_1, \boldsymbol{e}_2, \boldsymbol{e}_3]$ 和基底 $[\boldsymbol{v}_1, \boldsymbol{v}_2, \boldsymbol{v}_3]$ 之間的相互轉換關係。在印刷上，RGB 和 CMYK 之間轉換更為複雜。

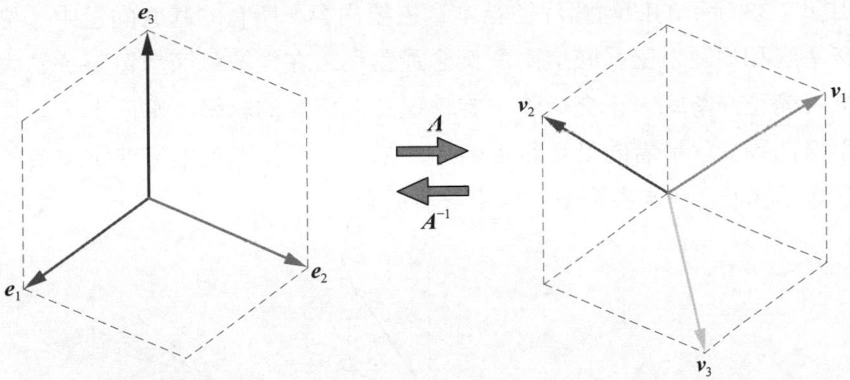

▲ 圖 7.32　基底 $[\boldsymbol{e}_1, \boldsymbol{e}_2, \boldsymbol{e}_3]$ 和基底 $[\boldsymbol{v}_1, \boldsymbol{v}_2, \boldsymbol{v}_3]$ 的相互轉換

線性方程式組

「純紅色」在基底 $[\boldsymbol{v}_1, \boldsymbol{v}_2, \boldsymbol{v}_3]$ 的座標可以透過求解下列線性方程式組得到，即

$$\boldsymbol{A}\boldsymbol{x} = \boldsymbol{b} \quad \Rightarrow \quad \begin{bmatrix} 0 & 1 & 1 \\ 1 & 0 & 1 \\ 1 & 1 & 0 \end{bmatrix} \begin{bmatrix} x_1 \\ x_2 \\ x_3 \end{bmatrix} = \begin{bmatrix} 1 \\ 0 \\ 0 \end{bmatrix} \tag{7.46}$$

而這個線性方程式組本身就是一個線性組合，即

$$\begin{bmatrix} \boldsymbol{v}_1 & \boldsymbol{v}_2 & \boldsymbol{v}_3 \end{bmatrix} \begin{bmatrix} x_1 \\ x_2 \\ x_3 \end{bmatrix} = x_1\boldsymbol{v}_1 + x_2\boldsymbol{v}_2 + x_3\boldsymbol{v}_3 = \boldsymbol{b} \tag{7.47}$$

請大家自己計算「純綠色」「純藍色」在基底 $[\boldsymbol{v}_1, \boldsymbol{v}_2, \boldsymbol{v}_3]$ 中的座標。

本章講解的線性代數概念有很多，必須承認它們都很難理解。為了幫助大家理清想法，我們用 RGB 三原色作例子，給向量空間塗顏色！

選出圖 7.33 所示的四幅圖片總結本章主要內容。所有的基底向量中，標準正交基底和規範正交基底這兩個概念最常用。在後續章節學習時，請大家注意規範正交基底、正交矩陣、旋轉這三個概念的聯繫。平面上，線性相關和線性獨立就是看向量是否重合。此外，正交投影是本書非常重要的幾何概念，我們會在本書後續內容中反覆用到。

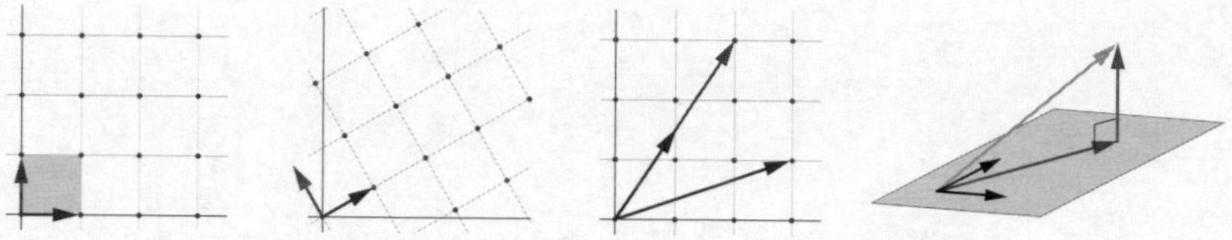

▲ 圖 7.33 總結本章重要內容的四幅圖

Geometric Transformations

8 幾何變換

線性變換的特徵是原點不變、平行且等距的網格

矩陣向來大有所為，它們從不遊手好閒。

Matrices act. They don't just sit there.

——吉伯特・斯特朗（*Gilbert Strang*）| *MIT* 數學教授 | *1934*—.

- numpy.array() 建構多維矩陣 / 陣列
- numpy.linalg.inv() 矩陣逆運算
- numpy.matrix() 建構二維矩陣
- numpy.multiply() 矩陣逐項積
- tranpose() 矩陣轉置， 比如 A.transpose()，等於 A.T

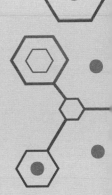

第 8 章 幾何變換

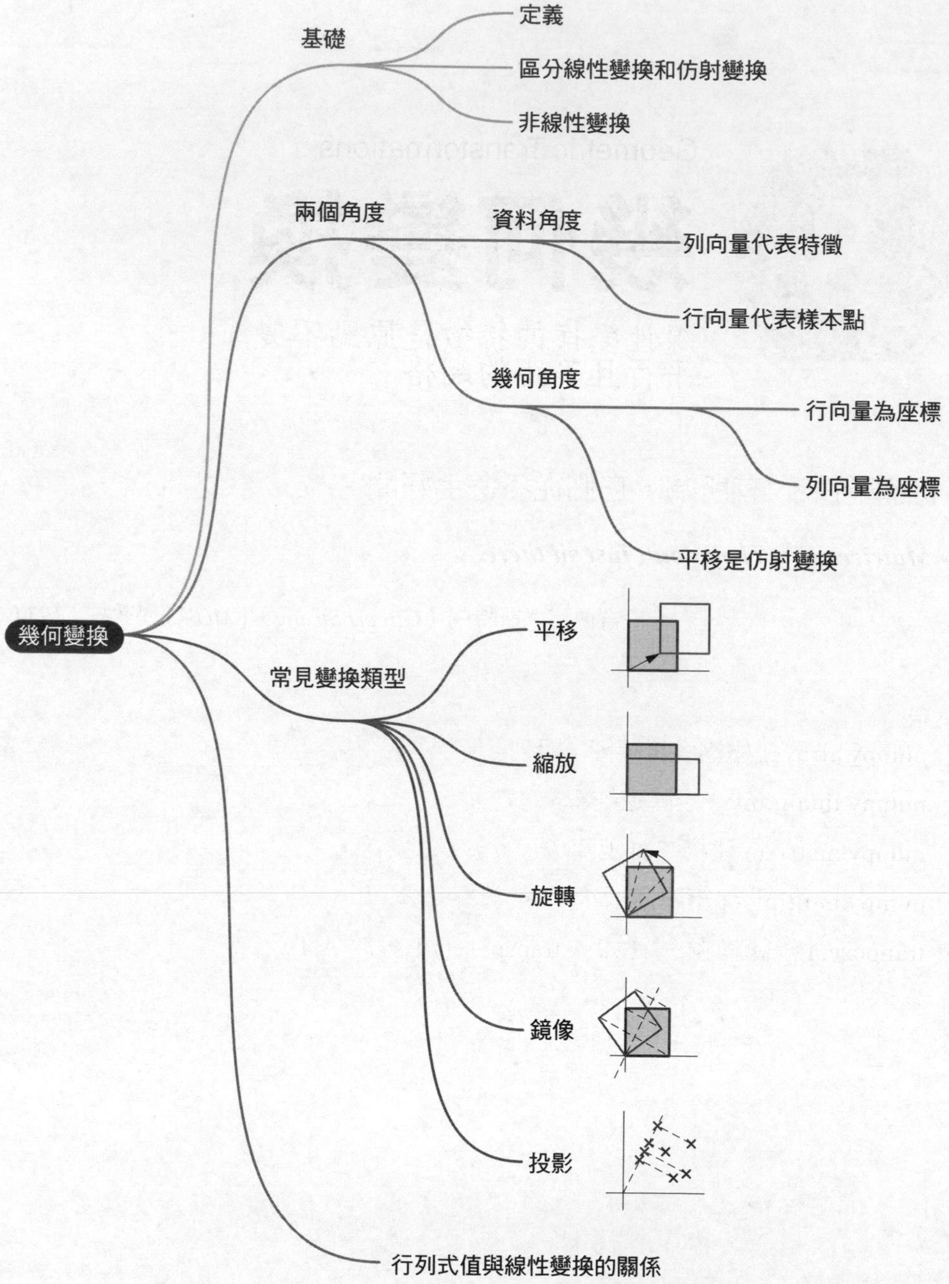

幾何變換
基礎
定義
區分線性變換和仿射變換
非線性變換
兩個角度
資料角度
列向量代表特徵
行向量代表樣本點
幾何角度
行向量為座標
列向量為座標
平移是仿射變換
常見變換類型
平移
縮放
旋轉
鏡像
投影
行列式值與線性變換的關係

8.1 線性變換：線性空間到自身的線性映射

本章開始之前，我們先區分兩個概念：**線性映射** (linear mapping) 和**線性變換** (linear transformation)。

線性映射是指從一個空間到另外一個空間的映射，且保持加法和數量乘法運算。比如，映射 L 將向量空間 V 映射到向量空間 W，對於所有的 $\boldsymbol{v}_1$、$\boldsymbol{v}_2 \in V$ 及所有的純量 α 和 β，滿足

$$L(\alpha \boldsymbol{v}_1 + \beta \boldsymbol{v}_2) = \alpha L(\boldsymbol{v}_1) + \beta L(\boldsymbol{v}_2) \tag{8.1}$$

通俗地講，線性映射把一個空間的點或幾何形體映射到另外一個空間。比如，圖 8.1 所示的三維物體投影到一個平面上，得到這個杯子在平面上的映射。

圖 8.1 所示的「降維」過程顯然不可逆，降維過程中資訊被壓縮了。也就是說，不能透過杯子在平面的「映射」獲得杯子在三維空間形狀的所有資訊。

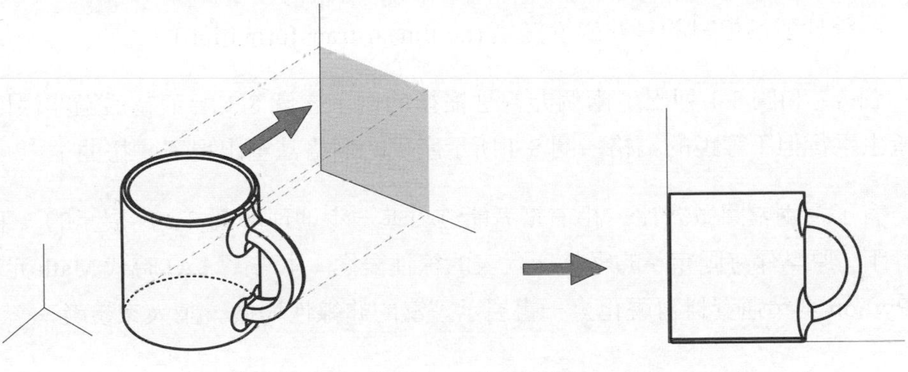

▲ 圖 8.1　線性映射

線性變換是線性空間到自身的線性映射，是一種特殊的線性映射。也就是說，線性變換是在同一個座標系中完成的圖形變換。從幾何角度來看，線性變換產生「平行且等距」的網格，並且原點保持固定，如圖 8.2 所示。原點保持固定，這一性質很重要，因為大家馬上就會看到「平移」不屬於線性變換。

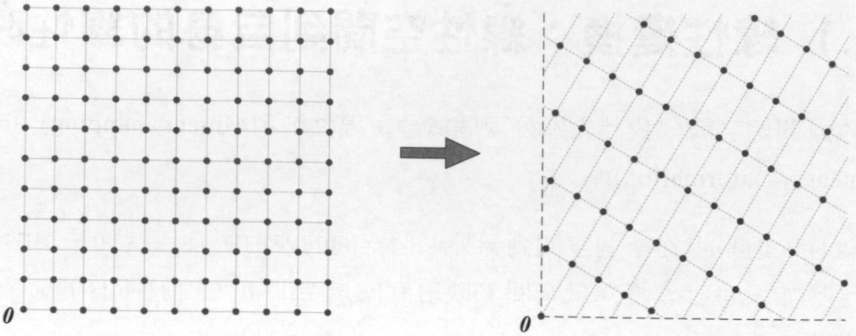

▲ 圖 8.2 線性變換產生平行且等距的網格

> 請大家注意：很多參考資料混用線性映射和線性變換。此外，本書把正交投影也算作線性變換，雖然正交投影後維度降低，但空間發生了「壓縮」。

非線性變換

與線性變換相對的是**非線性變換** (nonlinear transformation)。

圖 8.3 和圖 8.4 列出了兩個非線性變換的例子。圖 8.3 所示為透過非線性變換產生平行但不等距的網格。圖 8.4 所示產生的網格甚至出現了「扭曲」。

有了這兩幅圖做對比，相信讀者能夠更進一步地理解圖 8.2 所展示的「平行且等距、原點保持固定」的網格所代表的線性變換。本書系《AI 時代 Math 元年 - 用 Python 全精通資料可視化》一書展示豐富的非線性變換，請大家參考。

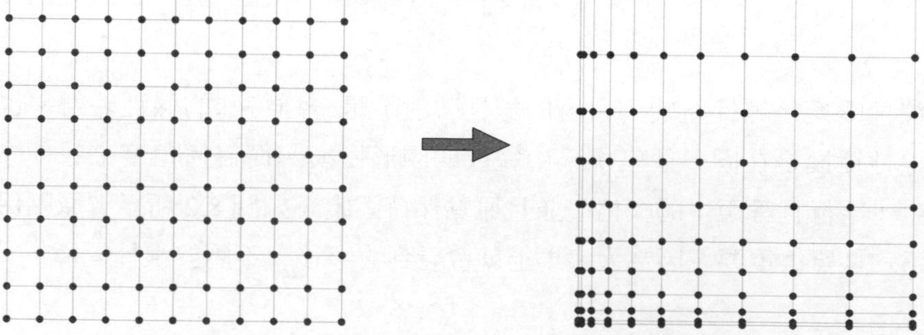

▲ 圖 8.3 非線性變換產生平行但不等距網格

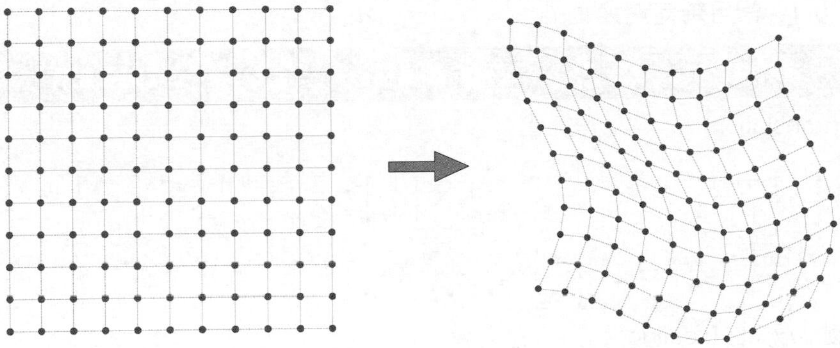

▲ 圖 8.4　非線性變換產生「扭曲」網格

常見平面幾何變換

本章下一節開始就是要從線性代數運算角度討論幾何變換。表 8.1 總結了本章將要介紹的常用二維幾何變換。表 8.1 中第二列以列向量形式表達座標點，第三列以行向量形式表達座標點。表 8.1 的第二列和第三列矩陣乘法互為轉置關係。

除了平移以外，表 8.1 中的幾何變換都是從 $\mathbb{R}^2$ 到自身。準確來說，正交投影相當於降維，結果在 $\mathbb{R}^2$ 的子空間中。本章後續將展開講解這些幾何變換。

表 8.1 中所有操作統稱幾何變換，以便於將這些線性代數概念與《AI 時代 Math 元年 - 用 Python 全精通數學要素》中介紹的幾何變換聯繫起來。這也正是本章題目叫「幾何變換」的原因。本書系《AI 時代 Math 元年 - 用 Python 全精通資料可視化》一書還專門介紹常見三維空間幾何變換，請大家對照學習。

⚠

請大家注意：平移並不是線性變換，平移是一種仿射變換 (affine transformation)，對應的運算為 $\boldsymbol{y} = \boldsymbol{A}\boldsymbol{x} + \boldsymbol{b}$。從幾何角度來看，仿射變換是一個向量空間的線性映射 ($\boldsymbol{A}\boldsymbol{x}$) 疊加平移 ($\boldsymbol{b}$)，變換結果在另外一個仿射空間。$\boldsymbol{b} \neq \boldsymbol{0}$，平移導致原點位置發生變化。因此，線性變換可以看作是特殊的仿射變換。

➔ 表 8.1 常用幾何變換總結

幾何變換	列向量座標	行向量座標
平移 (translation) 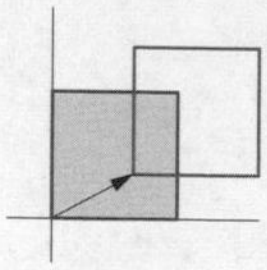	$\begin{bmatrix} z_1 \\ z_2 \end{bmatrix} = \begin{bmatrix} x_1 \\ x_2 \end{bmatrix} + \begin{bmatrix} t_1 \\ t_2 \end{bmatrix}$	$\begin{bmatrix} z_1 & z_2 \end{bmatrix} = \begin{bmatrix} x_1 & x_2 \end{bmatrix} + \begin{bmatrix} t_1 & t_2 \end{bmatrix}$ $\boldsymbol{Z}_{n\times 2} = \boldsymbol{X}_{n\times 2} + \begin{bmatrix} t_1 & t_2 \end{bmatrix}$
等比例縮放 s 倍 (scaling) 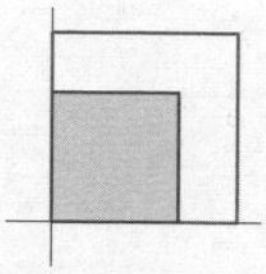	$\begin{bmatrix} z_1 \\ z_2 \end{bmatrix} = s\begin{bmatrix} x_1 \\ x_2 \end{bmatrix} = \begin{bmatrix} s & 0 \\ 0 & s \end{bmatrix}\begin{bmatrix} x_1 \\ x_2 \end{bmatrix}$	$\begin{bmatrix} z_1 & z_2 \end{bmatrix} = s\begin{bmatrix} x_1 & x_2 \end{bmatrix} = \begin{bmatrix} x_1 & x_2 \end{bmatrix}\begin{bmatrix} s & 0 \\ 0 & s \end{bmatrix}$ $\boldsymbol{Z}_{n\times 2} = \boldsymbol{X}_{n\times 2}\begin{bmatrix} s & 0 \\ 0 & s \end{bmatrix}$
非等比例縮放 (unequal scaling) 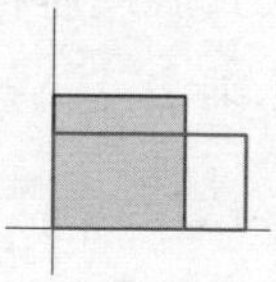	$\begin{bmatrix} z_1 \\ z_2 \end{bmatrix} = \begin{bmatrix} s_1 & 0 \\ 0 & s_2 \end{bmatrix}\begin{bmatrix} x_1 \\ x_2 \end{bmatrix}$	$\begin{bmatrix} z_1 & z_2 \end{bmatrix} = \begin{bmatrix} x_1 & x_2 \end{bmatrix}\begin{bmatrix} s_1 & 0 \\ 0 & s_2 \end{bmatrix}$ $\boldsymbol{Z}_{n\times 2} = \boldsymbol{X}_{n\times 2}\begin{bmatrix} s_1 & 0 \\ 0 & s_2 \end{bmatrix}$
擠壓 s 倍 (squeeze) 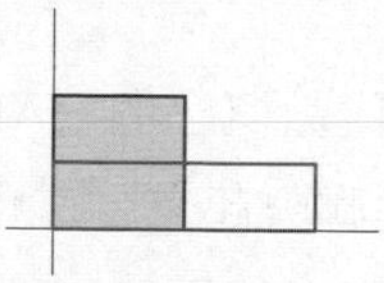	$\begin{bmatrix} z_1 \\ z_2 \end{bmatrix} = \begin{bmatrix} s & 0 \\ 0 & 1/s \end{bmatrix}\begin{bmatrix} x_1 \\ x_2 \end{bmatrix}$	$\begin{bmatrix} z_1 & z_2 \end{bmatrix} = \begin{bmatrix} x_1 & x_2 \end{bmatrix}\begin{bmatrix} s & 0 \\ 0 & 1/s \end{bmatrix}$ $\boldsymbol{Z}_{n\times 2} = \boldsymbol{X}_{n\times 2}\begin{bmatrix} s & 0 \\ 0 & 1/s \end{bmatrix}$
逆時鐘旋轉 θ (counterclockwise rotation) 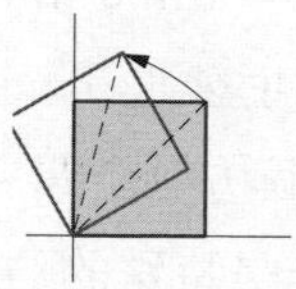	$\begin{bmatrix} z_1 \\ z_2 \end{bmatrix} = \begin{bmatrix} \cos(\theta) & -\sin(\theta) \\ \sin(\theta) & \cos(\theta) \end{bmatrix}\begin{bmatrix} x_1 \\ x_2 \end{bmatrix}$	$\begin{bmatrix} z_1 & z_2 \end{bmatrix} = \begin{bmatrix} x_1 & x_2 \end{bmatrix}\begin{bmatrix} \cos(\theta) & \sin(\theta) \\ -\sin(\theta) & \cos(\theta) \end{bmatrix}$ $\boldsymbol{Z}_{n\times 2} = \boldsymbol{X}_{n\times 2}\begin{bmatrix} \cos(\theta) & \sin(\theta) \\ -\sin(\theta) & \cos(\theta) \end{bmatrix}$

幾何變換	列向量座標	行向量座標
順時鐘旋轉 θ (clockwise rotation) 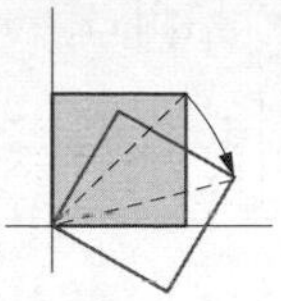	$\begin{bmatrix}z_1\\z_2\end{bmatrix}=\begin{bmatrix}\cos(\theta)&\sin(\theta)\\-\sin(\theta)&\cos(\theta)\end{bmatrix}\begin{bmatrix}x_1\\x_2\end{bmatrix}$	$\begin{bmatrix}z_1&z_2\end{bmatrix}=\begin{bmatrix}x_1&x_2\end{bmatrix}\begin{bmatrix}\cos(\theta)&-\sin(\theta)\\\sin(\theta)&\cos(\theta)\end{bmatrix}$ $\boldsymbol{Z}_{n\times 2}=\boldsymbol{X}_{n\times 2}\begin{bmatrix}\cos(\theta)&-\sin(\theta)\\\sin(\theta)&\cos(\theta)\end{bmatrix}$
關於通過原點、切向量為 $\tau\ [\tau_1, \tau_2]^{T}$ 直線鏡像 (reflection) 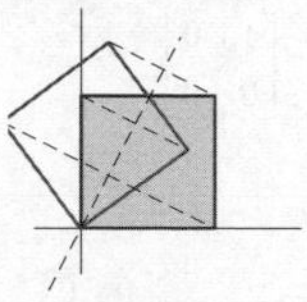	$\begin{bmatrix}z_1\\z_2\end{bmatrix}=\frac{1}{\lVert\boldsymbol{\tau}\rVert^2}\begin{bmatrix}\tau_1^2-\tau_2^2&2\tau_1\tau_2\\2\tau_1\tau_2&\tau_2^2-\tau_1^2\end{bmatrix}\begin{bmatrix}x_1\\x_2\end{bmatrix}$	$\begin{bmatrix}z_1&z_2\end{bmatrix}=\begin{bmatrix}x_1&x_2\end{bmatrix}\frac{1}{\lVert\boldsymbol{\tau}\rVert^2}\begin{bmatrix}\tau_1^2-\tau_2^2&2\tau_1\tau_2\\2\tau_1\tau_2&\tau_2^2-\tau_1^2\end{bmatrix}$ $\boldsymbol{Z}_{n\times 2}=\boldsymbol{X}_{n\times 2}\frac{1}{\lVert\boldsymbol{\tau}\rVert^2}\begin{bmatrix}\tau_1^2-\tau_2^2&2\tau_1\tau_2\\2\tau_1\tau_2&\tau_2^2-\tau_1^2\end{bmatrix}$
關於通過原點、方向和水平軸夾角為 θ 直線鏡像；等於上例，切向量相當 於 $(\cos\theta, \sin\theta)$ 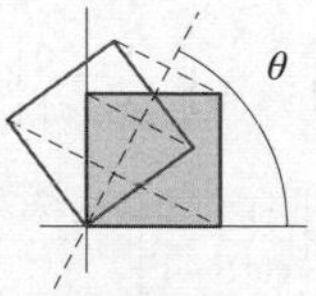 	$\begin{bmatrix}z_1\\z_2\end{bmatrix}=\begin{bmatrix}\cos 2\theta&\sin 2\theta\\\sin 2\theta&-\cos 2\theta\end{bmatrix}\begin{bmatrix}x_1\\x_2\end{bmatrix}$	$\begin{bmatrix}z_1&z_2\end{bmatrix}=\begin{bmatrix}x_1&x_2\end{bmatrix}\begin{bmatrix}\cos 2\theta&\sin 2\theta\\\sin 2\theta&-\cos 2\theta\end{bmatrix}$ $\boldsymbol{Z}_{n\times 2}=\boldsymbol{X}_{n\times 2}\begin{bmatrix}\cos 2\theta&\sin 2\theta\\\sin 2\theta&-\cos 2\theta\end{bmatrix}$
關於橫軸鏡像對稱 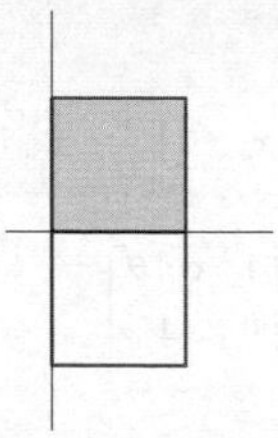	$\begin{bmatrix}z_1\\z_2\end{bmatrix}=\begin{bmatrix}1&0\\0&-1\end{bmatrix}\begin{bmatrix}x_1\\x_2\end{bmatrix}$	$\begin{bmatrix}z_1&z_2\end{bmatrix}=\begin{bmatrix}x_1&x_2\end{bmatrix}\begin{bmatrix}1&0\\0&-1\end{bmatrix}$ $\boldsymbol{Z}_{n\times 2}=\boldsymbol{X}_{n\times 2}\begin{bmatrix}1&0\\0&-1\end{bmatrix}$
關於縱軸鏡像對稱 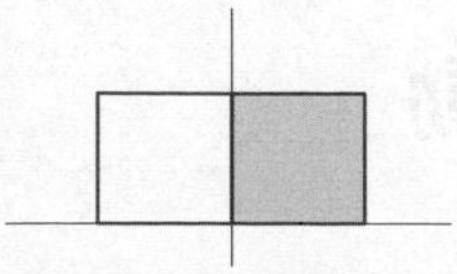	$\begin{bmatrix}z_1\\z_2\end{bmatrix}=\begin{bmatrix}-1&0\\0&1\end{bmatrix}\begin{bmatrix}x_1\\x_2\end{bmatrix}$	$\begin{bmatrix}z_1&z_2\end{bmatrix}=\begin{bmatrix}x_1&x_2\end{bmatrix}\begin{bmatrix}-1&0\\0&1\end{bmatrix}$ $\boldsymbol{Z}_{n\times 2}=\boldsymbol{X}_{n\times 2}\begin{bmatrix}-1&0\\0&1\end{bmatrix}$

幾何變換	列向量座標	行向量座標
向通過原點、切向量為 $\tau[\tau_1, \tau_2]^T$ 直線投影 (projection) 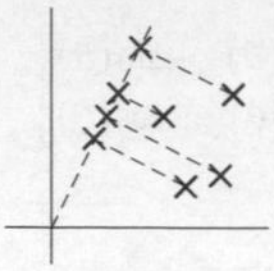	$\begin{bmatrix} z_1 \\ z_2 \end{bmatrix} = \frac{1}{\lVert\tau\rVert^2}\begin{bmatrix} \tau_1^2 & \tau_1\tau_2 \\ \tau_1\tau_2 & \tau_2^2 \end{bmatrix}\begin{bmatrix} x_1 \\ x_2 \end{bmatrix}$	$\begin{bmatrix} z_1 & z_2 \end{bmatrix} = \begin{bmatrix} x_1 & x_2 \end{bmatrix}\frac{1}{\lVert\tau\rVert^2}\begin{bmatrix} \tau_1^2 & \tau_1\tau_2 \\ \tau_1\tau_2 & \tau_2^2 \end{bmatrix}$ $Z_{n\times 2} = X_{n\times 2}\frac{1}{\lVert\tau\rVert^2}\begin{bmatrix} \tau_1^2 & \tau_1\tau_2 \\ \tau_1\tau_2 & \tau_2^2 \end{bmatrix}$
向橫軸投影 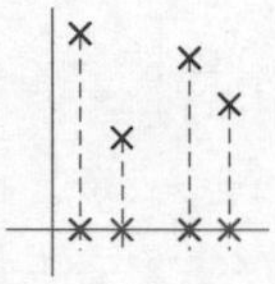	$\begin{bmatrix} z_1 \\ z_2 \end{bmatrix} = \begin{bmatrix} 1 & 0 \\ 0 & 0 \end{bmatrix}\begin{bmatrix} x_1 \\ x_2 \end{bmatrix}$	$\begin{bmatrix} z_1 & z_2 \end{bmatrix} = \begin{bmatrix} x_1 & x_2 \end{bmatrix}\begin{bmatrix} 1 & 0 \\ 0 & 0 \end{bmatrix}$ $Z_{n\times 2} = X_{n\times 2}\begin{bmatrix} 1 & 0 \\ 0 & 0 \end{bmatrix}$
向縱軸投影 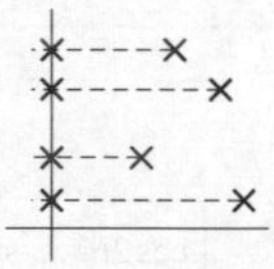	$\begin{bmatrix} z_1 \\ z_2 \end{bmatrix} = \begin{bmatrix} 0 & 0 \\ 0 & 1 \end{bmatrix}\begin{bmatrix} x_1 \\ x_2 \end{bmatrix}$	$\begin{bmatrix} z_1 & z_2 \end{bmatrix} = \begin{bmatrix} x_1 & x_2 \end{bmatrix}\begin{bmatrix} 0 & 0 \\ 0 & 1 \end{bmatrix}$ $Z_{n\times 2} = X_{n\times 2}\begin{bmatrix} 0 & 0 \\ 0 & 1 \end{bmatrix}$
沿水平方向剪切 (shear), θ 為剪切角 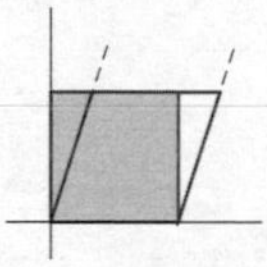	$\begin{bmatrix} z_1 \\ z_2 \end{bmatrix} = \begin{bmatrix} 1 & \cot\theta \\ 0 & 1 \end{bmatrix}\begin{bmatrix} x_1 \\ x_2 \end{bmatrix}$	$\begin{bmatrix} z_1 & z_2 \end{bmatrix} = \begin{bmatrix} x_1 & x_2 \end{bmatrix}\begin{bmatrix} 1 & 0 \\ \cot\theta & 1 \end{bmatrix}$ $Z_{n\times 2} = X_{n\times 2}\begin{bmatrix} 1 & 0 \\ \cot\theta & 1 \end{bmatrix}$
沿垂直方向剪切 , θ 為剪切角 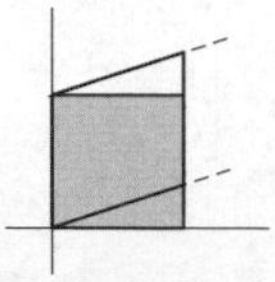	$\begin{bmatrix} z_1 \\ z_2 \end{bmatrix} = \begin{bmatrix} 1 & 0 \\ \cot\theta & 1 \end{bmatrix}\begin{bmatrix} x_1 \\ x_2 \end{bmatrix}$	$\begin{bmatrix} z_1 & z_2 \end{bmatrix} = \begin{bmatrix} x_1 & x_2 \end{bmatrix}\begin{bmatrix} 1 & \cot\theta \\ 0 & 1 \end{bmatrix}$ $Z_{n\times 2} = X_{n\times 2}\begin{bmatrix} 1 & \cot\theta \\ 0 & 1 \end{bmatrix}$

8.2 平移：仿射變換，原點變動

用列向量表達座標時，平移可以寫成

$$\begin{bmatrix} z_1 \\ z_2 \end{bmatrix} = \begin{bmatrix} x_1 \\ x_2 \end{bmatrix} + \boldsymbol{t} \tag{8.2}$$

其中：$\boldsymbol{t}$ 為平移向量，且

$$\boldsymbol{t} = \begin{bmatrix} t_1 \\ t_2 \end{bmatrix} \tag{8.3}$$

將式 (8.3) 代入式 (8.2) 得到

$$\begin{bmatrix} z_1 \\ z_2 \end{bmatrix} = \begin{bmatrix} x_1 \\ x_2 \end{bmatrix} + \begin{bmatrix} t_1 \\ t_2 \end{bmatrix} = \begin{bmatrix} x_1 + t_1 \\ x_2 + t_2 \end{bmatrix} \tag{8.4}$$

再次強調：平移並不是線性變換，平移是一種仿射變換，因為原點發生了改變。

圖 8.5 所示為幾個平移的例子。

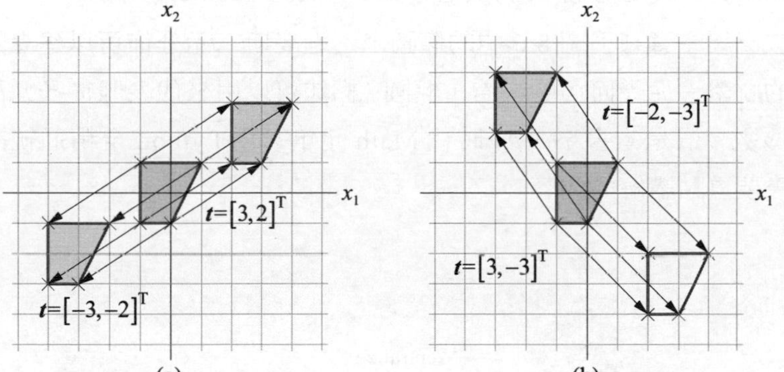

▲ 圖 8.5　平移

Bk4_Ch8_01.py 繪製圖 8.5。

如圖 8.6 所示，資料**中心化** (centralize)，也叫**去平均值** (demean)，實際上就是一種平移。對資料矩陣 $\boldsymbol{X}$ 去平均值處理得到 $\boldsymbol{Y}$，有

$$\boldsymbol{Y}_{n\times 2} = \boldsymbol{X}_{n\times 2} - \mathrm{E}\left(\boldsymbol{X}_{n\times 2}\right) \tag{8.5}$$

資料矩陣中一般用行向量表達座標點，上式用到了廣播原則。行向量 $\mathrm{E}(\boldsymbol{X})$ 叫做 $\boldsymbol{X}$ 的**質心** (centroid)，它的每個元素是資料矩陣 $\boldsymbol{X}$ 每一列資料的平均值。去平均值後，$\boldsymbol{Y}$ 的質心位於原點，也就是說 $\mathrm{E}(\boldsymbol{Y}) = [0, 0]$。

將 $\boldsymbol{Y}$ 寫成 $[\boldsymbol{y}_1, \boldsymbol{y}_2]$，展開式 (8.5) 得到

$$\begin{bmatrix}\boldsymbol{y}_1 & \boldsymbol{y}_2\end{bmatrix} = \begin{bmatrix}\boldsymbol{x}_1 & \boldsymbol{x}_2\end{bmatrix} - \begin{bmatrix}\mathrm{E}(\boldsymbol{x}_1) & \mathrm{E}(\boldsymbol{x}_2)\end{bmatrix} \tag{8.6}$$

式 (8.6) 對應的統計運算表達為

$$\begin{cases} Y_1 = X_1 - \mathrm{E}(X_1) \\ Y_2 = X_2 - \mathrm{E}(X_2) \end{cases} \tag{8.7}$$

其中：X_1、X_2、Y_1、Y_2 為隨機變數。注意，隨機變數字母大寫、斜體。從幾何角度來看，平移運算將 資料質心移動到原點，如圖 8.6 所示。

大家應該已經注意到了圖 8.6 中的橢圓，透過高斯二元分佈可以建立隨機數與橢圓的聯繫。從幾何角度來看，橢圓 / 橢球可以用來代表服從多元高斯分佈的隨機數。這是本書系《AI 時代 Math 元年 - 用 Python 全精通統計及機率》一書要重點講解的內容。

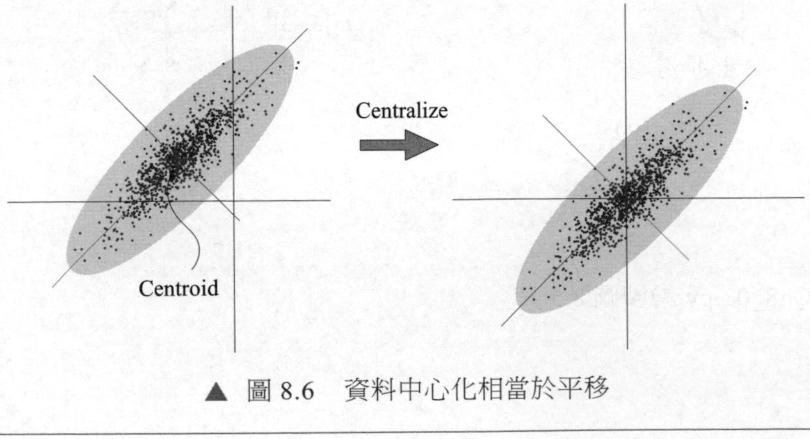

▲ 圖 8.6　資料中心化相當於平移

8.3 縮放：對角陣

等比例縮放 (equal scaling) 是指在縮放時各個維度採用相同的縮放比例。舉個例子，如圖 8.7 所示，橫、垂直座標等比例放大 2 倍，等比例縮放得到的圖形與原圖形相似。

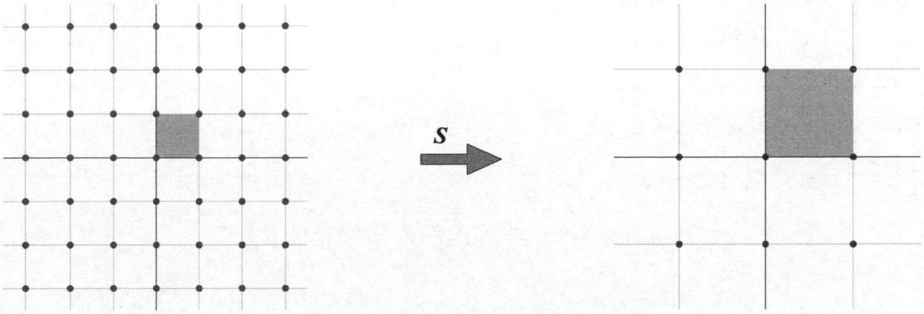

▲ 圖 8.7　等比例擴大 2 倍網格變化

等比例縮放對應的矩陣運算為

$$\begin{bmatrix} z_1 \\ z_2 \end{bmatrix} = \underbrace{\begin{bmatrix} s & 0 \\ 0 & s \end{bmatrix}}_{S} \begin{bmatrix} x_1 \\ x_2 \end{bmatrix} \tag{8.8}$$

式 (8.8) 中，等比例縮放矩陣 $\boldsymbol{S}$ 為對角方陣，對角線元素相同。式 (8.8) 整理得到

$$\begin{bmatrix} z_1 \\ z_2 \end{bmatrix} = \begin{bmatrix} sx_1 \\ sx_2 \end{bmatrix} = s \begin{bmatrix} x_1 \\ x_2 \end{bmatrix} \tag{8.9}$$

行列式值

計算式 (8.8) 中轉化矩陣 $\boldsymbol{S}$ 的行列式值為

$$\det \begin{bmatrix} s & 0 \\ 0 & s \end{bmatrix} = s^2 \tag{8.10}$$

可以發現對於二維空間，等比例縮放對應圖形的面積變化了 s^2 倍。

非等比例縮放

圖 8.8 所示為**非等比例縮放** (unequal scaling) 的例子。

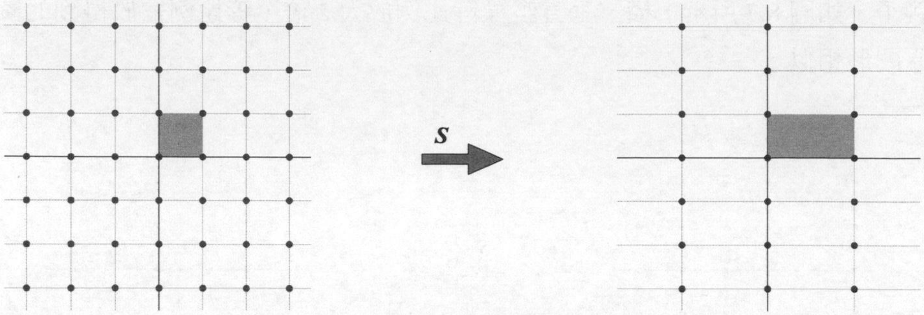

▲ 圖 8.8 非等比例縮放網格變化

非等比例縮放矩陣為

$$S = S^{\mathrm{T}} = \begin{bmatrix} s_1 & 0 \\ 0 & s_2 \end{bmatrix} \tag{8.11}$$

資料點為列向量時，非等比例縮放運算為

$$\begin{bmatrix} z_1 \\ z_2 \end{bmatrix} = S \begin{bmatrix} x_1 \\ x_2 \end{bmatrix} = \begin{bmatrix} s_1 & 0 \\ 0 & s_2 \end{bmatrix} \begin{bmatrix} x_1 \\ x_2 \end{bmatrix} \tag{8.12}$$

資料點為行向量時，對式 (8.12) 等式左右轉置得到

$$\begin{bmatrix} z_1 & z_2 \end{bmatrix} = \begin{bmatrix} x_1 & x_2 \end{bmatrix} S = \begin{bmatrix} x_1 & x_2 \end{bmatrix} \begin{bmatrix} s_1 & 0 \\ 0 & s_2 \end{bmatrix} \tag{8.13}$$

請大家根據圖 8.9 所示兩幅子圖中圖形縮放前後橫、縱軸座標比例變化，來推斷矩陣 $\boldsymbol{S}$ 的值分別是多少。

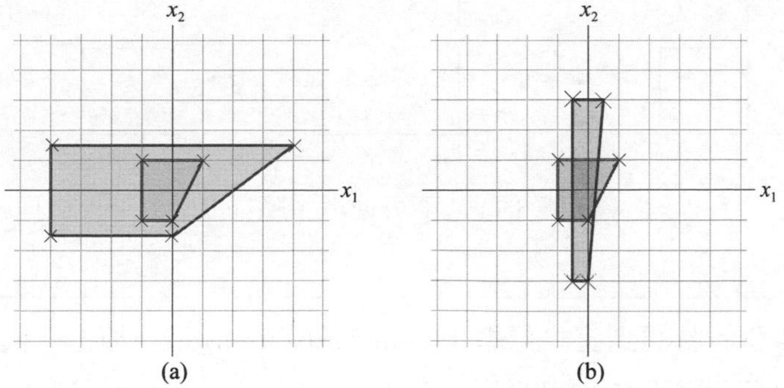

▲ 圖 8.9　非等比例縮放

反矩陣

現在回過頭來從幾何變換角度再思考什麼是矩陣的逆。

從線性變換角度，縮放矩陣 $\boldsymbol{S}$ 的逆 $\boldsymbol{S}^{-1}$ 無非就是 $\boldsymbol{S}$ 對應的幾何變換「逆操作」。如圖 8.10 所示，縮放操作的逆運算就是將縮放後圖形再還原成原圖形。

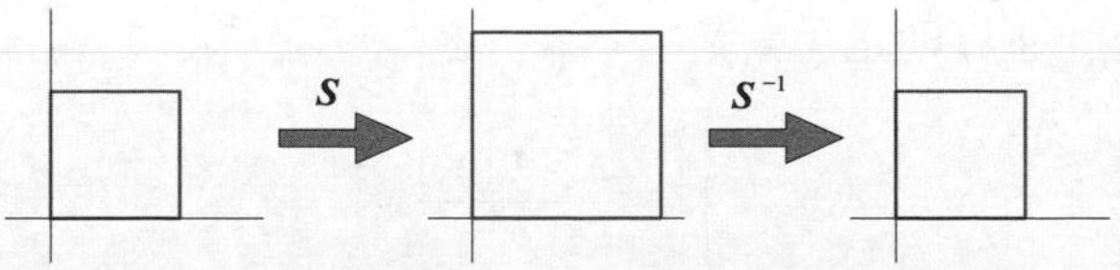

▲ 圖 8.10　縮放的逆運算

特別地，如果縮放時將圖形「完全壓扁」，如

$$\begin{bmatrix} z_1 \\ z_2 \end{bmatrix} = \underbrace{\begin{bmatrix} 2 & 0 \\ 0 & 0 \end{bmatrix}}_{S} \begin{bmatrix} x_1 \\ x_2 \end{bmatrix} \tag{8.14}$$

式 (8.14) 中矩陣 $\boldsymbol{S}$ 的行列式值為 0，也就是說變換矩陣不可逆。如圖 8.11 所示，式 (8.14) 造成的形變也是不可逆的。

這樣，我們從幾何圖形變換角度，解釋為什麼只有行列式值不為 0 的方陣才存在反矩陣。本章後文還會繼續介紹哪些幾何操作「可逆」。

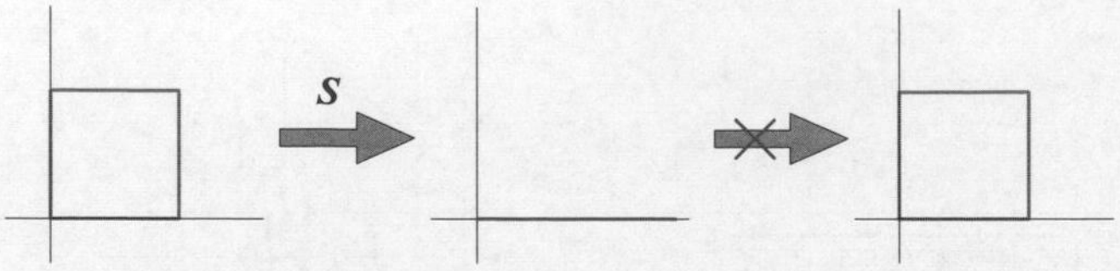

▲ 圖 8.11　不可逆地「壓扁」

本節內容讓我們聯想到資料**標準化** (standardization) 這一概念。資料矩陣 $\boldsymbol{X}$ 標準化得到資料矩陣 $\boldsymbol{Z}$，對應運算為

$$\boldsymbol{Z}_{n\times 2} = \left(\boldsymbol{X}_{n\times 2} - \mathrm{E}\left(\boldsymbol{X}_{n\times 2}\right)\right)\begin{bmatrix} 1/\sigma_1 & 0 \\ 0 & 1/\sigma_2 \end{bmatrix} \tag{8.15}$$

實際上，資料標準化就相當於先平移，然後再用標準差進行比例縮放。每個特徵採用的縮放係數為標準差的倒數。

將 $\boldsymbol{Z}$ 寫成 $[\boldsymbol{z}_1, \boldsymbol{z}_2]$，展開式 (8.15) 得到

$$\begin{bmatrix} \boldsymbol{z}_1 & \boldsymbol{z}_2 \end{bmatrix} = \begin{bmatrix} \dfrac{\boldsymbol{x}_1 - \mathrm{E}\left(\boldsymbol{x}_1\right)}{\sigma_1} & \dfrac{\boldsymbol{x}_2 - \mathrm{E}\left(\boldsymbol{x}_2\right)}{\sigma_2} \end{bmatrix} \tag{8.16}$$

上式對應的統計運算則是

$$\begin{cases} Z_1 = \dfrac{X_1 - \mathrm{E}\left(X_1\right)}{\sigma_1} \\ Z_2 = \dfrac{X_2 - \mathrm{E}\left(X_2\right)}{\sigma_2} \end{cases} \tag{8.17}$$

圖 8.12 所示為資料標準化過程。資料標準化並不改變相關性係數的大小。

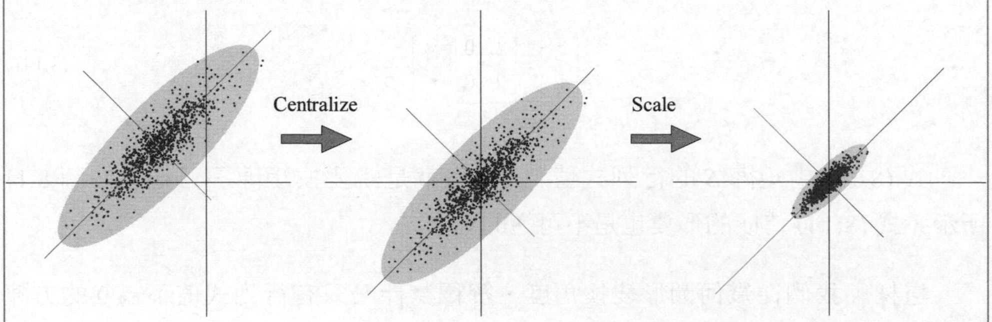

▲ 圖 8.12　資料標準化

擠壓

還有一種特殊的縮放叫做**擠壓** (squeeze)，如垂直方向或水平方向壓扁，但是面積保持不變。圖 8.13 所示為擠壓對應的網格變化。

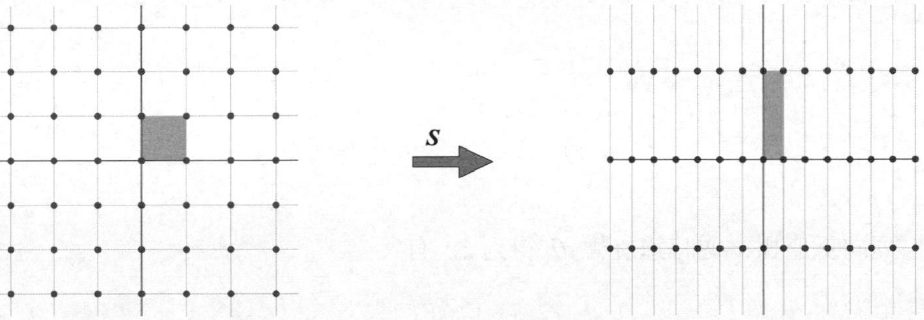

▲ 圖 8.13　擠壓所對應的網格圖變化

座標為列向量時，擠壓對應的矩陣運算為

$$\begin{bmatrix} z_1 \\ z_2 \end{bmatrix} = \underbrace{\begin{bmatrix} s & 0 \\ 0 & 1/s \end{bmatrix}}_{S} \begin{bmatrix} x_1 \\ x_2 \end{bmatrix} \tag{8.18}$$

其中：s 不為 0。計算上式方陣 $\boldsymbol{S}$ 行列式值，發現結果為 1，這說明擠壓前後面積沒有變化，即有

$$\det\begin{bmatrix} s & 0 \\ 0 & 1/s \end{bmatrix} = 1 \tag{8.19}$$

8.4 旋轉：行列式值為 1

本節介紹旋轉相關內容，如圖 8.14 所示。旋轉是非常重要的幾何變換，我們會在本書後續特徵值分解、奇異值分解等內容中看到旋轉。

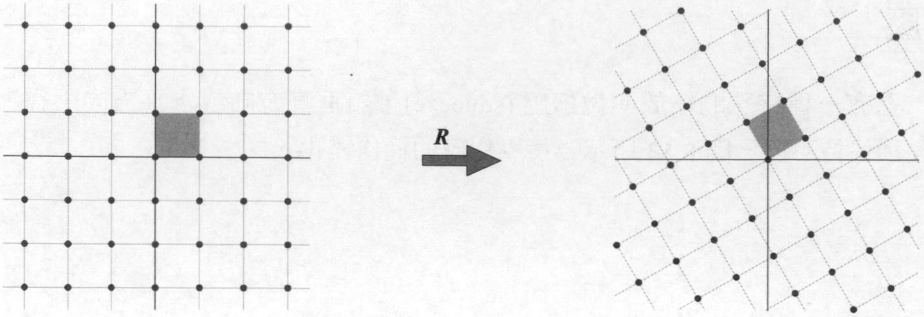

▲ 圖 8.14 旋轉變換的網格

列向量座標 $\boldsymbol{x}$ 逆時鐘旋轉 θ 得到 $\boldsymbol{z}$，有

$$\begin{bmatrix} z_1 \\ z_2 \end{bmatrix} = \boldsymbol{R} \begin{bmatrix} x_1 \\ x_2 \end{bmatrix} \tag{8.20}$$

其中 $\boldsymbol{R}$ 為

$$\boldsymbol{R} = \begin{bmatrix} \cos\theta & -\sin\theta \\ \sin\theta & \cos\theta \end{bmatrix} \tag{8.21}$$

將式 (8.21) 代入式 (8.20)，得到

$$\begin{bmatrix} z_1 \\ z_2 \end{bmatrix} = \begin{bmatrix} \cos\theta & -\sin\theta \\ \sin\theta & \cos\theta \end{bmatrix} \begin{bmatrix} x_1 \\ x_2 \end{bmatrix} \tag{8.22}$$

記住上式並不難，下面介紹一個小技巧。用 $\boldsymbol{R} = [\boldsymbol{r}_1, \boldsymbol{r}_2]$ 分別乘 $\boldsymbol{e}_1$ 和 $\boldsymbol{e}_2$ 得到 $\boldsymbol{r}_1$ 和 $\boldsymbol{r}_2$，有

$$\begin{aligned} \boldsymbol{r}_1 = \boldsymbol{R}\boldsymbol{e}_1 = \begin{bmatrix} \cos\theta & -\sin\theta \\ \sin\theta & \cos\theta \end{bmatrix} \begin{bmatrix} 1 \\ 0 \end{bmatrix} = \begin{bmatrix} \cos\theta \\ \sin\theta \end{bmatrix} \\ \boldsymbol{r}_2 = \boldsymbol{R}\boldsymbol{e}_2 = \begin{bmatrix} \cos\theta & -\sin\theta \\ \sin\theta & \cos\theta \end{bmatrix} \begin{bmatrix} 0 \\ 1 \end{bmatrix} = \begin{bmatrix} -\sin\theta \\ \cos\theta \end{bmatrix} \end{aligned} \tag{8.23}$$

幾何變換過程如圖 8.15 所示，$\boldsymbol{e}_1$ 和 $\boldsymbol{e}_2$ 逆時鐘旋轉 θ 分別得到 $\boldsymbol{r}_1$ 和 $\boldsymbol{r}_2$。圖 8.15 告訴了我們 $\boldsymbol{R}$ 中哪些元素是 $\cos\theta$、還是 $\sin\theta$。此外，$\boldsymbol{R}$ 中唯一一個帶負號的元素就是 $\boldsymbol{r}_2$ 的第一個元素，對應 $\boldsymbol{r}_2$ 橫軸座標。

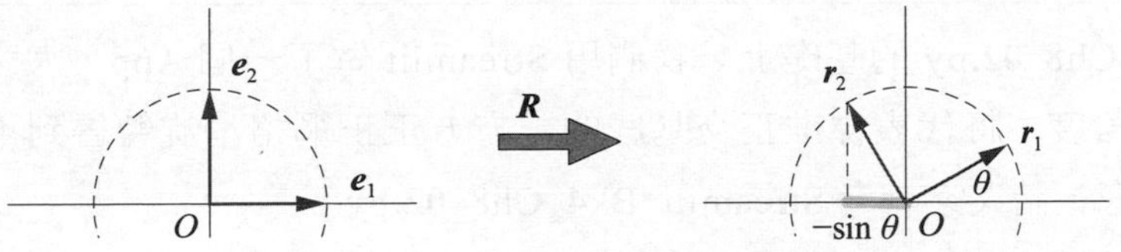

▲ 圖 8.15　$\boldsymbol{R}$ 作用於 $\boldsymbol{e}_1$ 和 $\boldsymbol{e}_2$

$\boldsymbol{R}$ 的行列式值為 1，也就是說旋轉前後面積不變，即

$$\det\begin{bmatrix}\cos\theta & -\sin\theta \\ \sin\theta & \cos\theta\end{bmatrix} = \cos^2\theta + \sin^2\theta = 1 \tag{8.24}$$

對於資料矩陣情況，逆時鐘旋轉 θ 的矩陣乘法為

$$\boldsymbol{Z}_{n\times 2} = \boldsymbol{X}_{n\times 2}\boldsymbol{R}^{\mathrm{T}} = \boldsymbol{X}_{n\times 2}\begin{bmatrix}\cos\theta & \sin\theta \\ -\sin\theta & \cos\theta\end{bmatrix} \tag{8.25}$$

式 (8.22) 和式 (8.25) 兩個等式的聯繫就是轉置運算。圖 8.16 所示為幾何形狀旋轉操作的幾個例子。

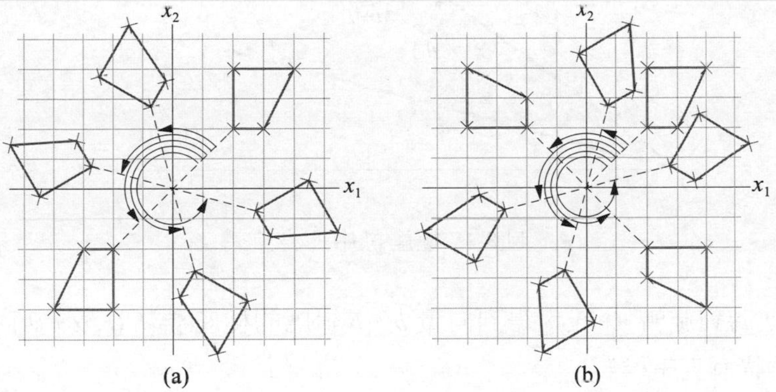

▲ 圖 8.16　旋轉的兩個例子

Bk4_Ch8_02.py 繪製圖 8.16。

在 Bk4_Ch8_02.py 的基礎上，我們用 Streamlit 做了一個 App，大家可以輸入不同角度，將代表標准正交基底的「方方正正網格」旋轉得到不同規範正交基底。請大家參考 Streamlit_Bk4_Ch8_02.py。

下面採用《AI 時代 Math 元年 - 用 Python 全精通數學要素》一書介紹的極座標推導本節列出的旋轉變換矩陣 $\boldsymbol{R}$。

圖 8.17 列出的是向量 $\boldsymbol{a}$ 在極座標系下的座標為 (r, α)，在正交系中向量 $\boldsymbol{a}$ 的橫垂直座標為

$$\boldsymbol{a} = \begin{bmatrix} x_1 \\ x_2 \end{bmatrix} = \begin{bmatrix} r\cos\alpha \\ r\sin\alpha \end{bmatrix} \tag{8.26}$$

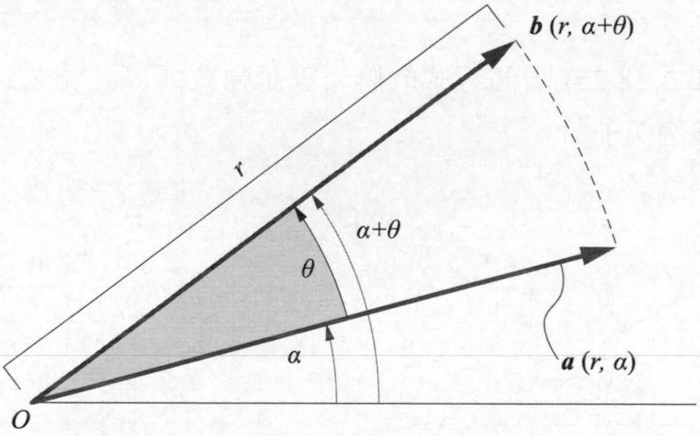

▲ 圖 8.17 極座標中解釋旋轉

向量 $\boldsymbol{a}$ 逆時鐘旋轉 θ 後，得到向量 $\boldsymbol{b}$。$\boldsymbol{b}$ 對應的極座標為 $(r, \alpha+\theta)$。向量 $\boldsymbol{b}$ 對應的橫垂直座標為

$$\boldsymbol{b} = \begin{bmatrix} z_1 \\ z_2 \end{bmatrix} = \begin{bmatrix} r\cos(\alpha+\theta) \\ r\sin(\alpha+\theta) \end{bmatrix} \tag{8.27}$$

式 (8.27) 展開得到

$$b = \begin{bmatrix} z_1 \\ z_2 \end{bmatrix} = \begin{bmatrix} r\cos(\alpha+\theta) \\ r\sin(\alpha+\theta) \end{bmatrix} = \begin{bmatrix} \underbrace{r\cos\alpha}_{x_1}\cos\theta - \underbrace{r\sin\alpha}_{x_2}\sin\theta \\ \underbrace{r\sin\alpha}_{x_2}\cos\theta + \underbrace{r\cos\alpha}_{x_1}\sin\theta \end{bmatrix} \tag{8.28}$$

將式 (8.26) 中的 x_1 和 x_2 代入式 (8.28)，得到

$$b = \begin{bmatrix} z_1 \\ z_2 \end{bmatrix} = \begin{bmatrix} x_1\cos\theta - x_2\sin\theta \\ x_1\sin\theta + x_2\cos\theta \end{bmatrix} = \begin{bmatrix} \cos\theta & -\sin\theta \\ \sin\theta & \cos\theta \end{bmatrix} \begin{bmatrix} x_1 \\ x_2 \end{bmatrix} \tag{8.29}$$

反矩陣

旋轉矩陣 $\boldsymbol{R}$ 求逆得到 $\boldsymbol{R}^{-1}$，有

$$\boldsymbol{R}^{-1} = \begin{bmatrix} \cos\theta & -\sin\theta \\ \sin\theta & \cos\theta \end{bmatrix}^{-1} = \frac{1}{\cos^2\theta + \sin^2\theta} \begin{bmatrix} \cos\theta & \sin\theta \\ -\sin\theta & \cos\theta \end{bmatrix} = \begin{bmatrix} \cos(-\theta) & -\sin(-\theta) \\ \sin(-\theta) & \cos(-\theta) \end{bmatrix} \tag{8.30}$$

如圖 8.18 所示，從幾何角度來看，$\boldsymbol{R}^{-1}$ 代表朝著相反方向旋轉。

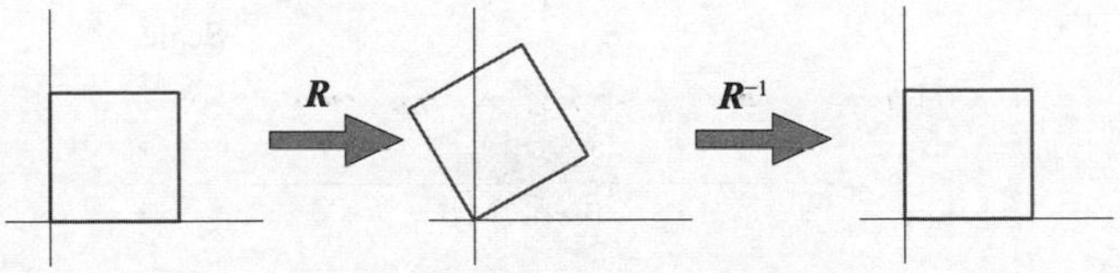

▲ 圖 8.18　旋轉的逆運算

圖 8.19 所示為從資料角度看旋轉操作。資料完成中心化 (平移) 後，質心位於原點，即橢圓中心位於原點。然後，中心化資料按照特定的角度繞原點旋轉後，讓橢圓的長軸位於橫軸。也就是說，旋轉橢圓變成正橢圓。圖 8.19 中正橢圓經過縮放後可以得到單位圓。單位圓表示隨機變數滿足二元高斯分佈 $N(\boldsymbol{0}, \boldsymbol{I}_{2\times 2})$。

圖 8.19 中，「旋轉→縮放」的過程是**主成分分析** (principal component analysis,PCA) 的想法。反向來看，「縮放→旋轉」將單位圓變成旋轉橢圓的過程，代表利用滿足 IID $N(\boldsymbol{0}, \boldsymbol{I}_{2\times2})$ 二元隨機數產生具有指定相關性係數、指定均方差的隨機數。IID 指的是**獨立同分佈** (Independent and Identically Distributed)。簡單來說，IID 是指一組隨機變數相互獨立且具有相同的機率分佈。

這些內容，我們會在《AI 時代 Math 元年 - 用 Python 全精通統計及機率》和《AI 時代 Math 元年 - 用 Python 全精通資料處理》兩本書中深入講解。

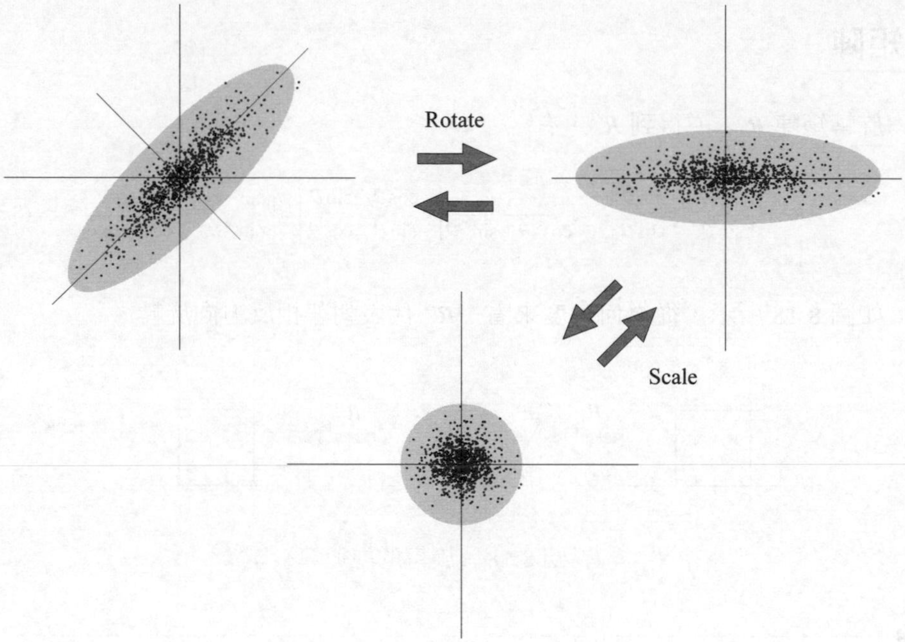

▲ 圖 8.19 資料角度下的旋轉和縮放

矩陣乘法不滿足交換律

本書第 4 章講過，一般來說，矩陣乘法不滿足交換律，即

$$\boldsymbol{AB} \neq \boldsymbol{BA} \tag{8.31}$$

現在我們用圖形的幾何變換來說明這一點。

圖 8.20 所示左側方格，先經過 $\boldsymbol{S}$ 縮放，再透過 $\boldsymbol{R}$ 旋轉得到右側紅色網格。圖 8.20 中紅色網格顯然不同於圖 8.21。因為圖 8.21 中紅色網格是先透過 $\boldsymbol{R}$ 旋轉、再經過 $\boldsymbol{S}$ 縮放得到的。

再次強調，如果用列向量 $\boldsymbol{x} = [x_1, x_2]^{\mathrm{T}}$ 代表座標點時，矩陣乘法 $\boldsymbol{RSx}$ 代表先縮放 ($\boldsymbol{S}$)、後旋轉 ($\boldsymbol{R}$)；而矩陣乘法 $\boldsymbol{SRx}$ 代表先旋轉 ($\boldsymbol{R}$)、後縮放 ($\boldsymbol{S}$)。

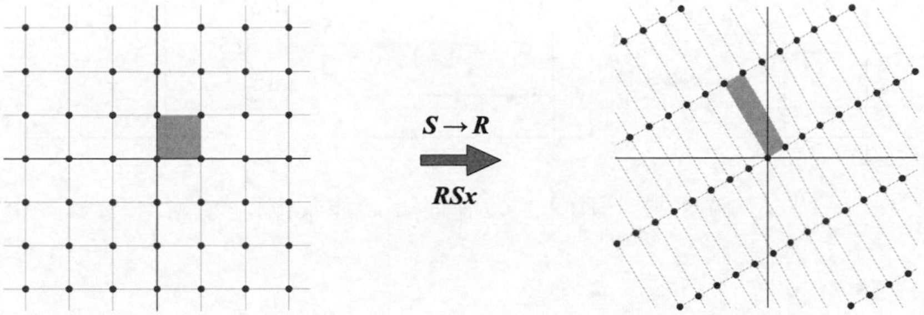

▲ 圖 8.20　先縮放再旋轉

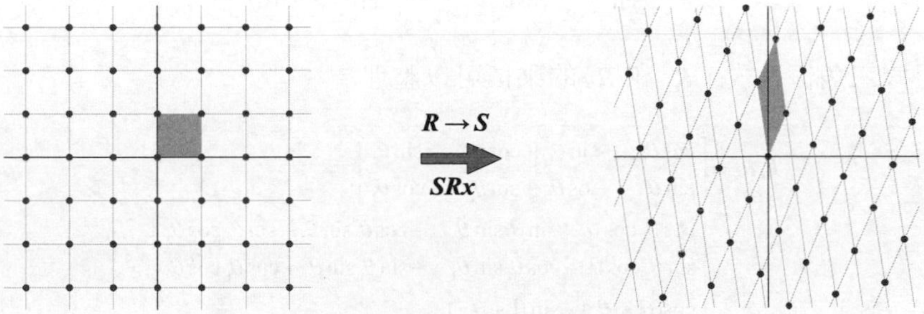

▲ 圖 8.21　先旋轉再縮放

兩個 2×2 縮放矩陣相乘滿足交換律，因為它們都是對角陣。下式的 $\boldsymbol{S}_1$ 和 $\boldsymbol{S}_2$ 均為縮放矩陣，相乘時交換順序不影響結果，即

$$\boldsymbol{S}_1\boldsymbol{S}_2 = \boldsymbol{S}_2\boldsymbol{S}_1 \tag{8.32}$$

其中：縮放比例都不為 0。圖 8.22 所示為按不同順序先後縮放，最終結果相同。

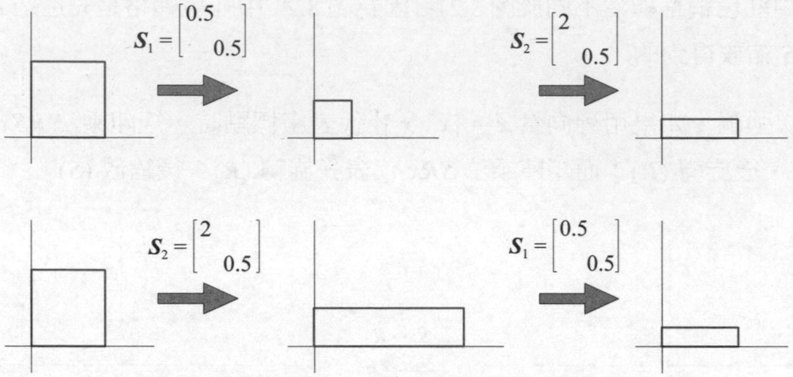

▲ 圖 8.22　兩個 2×2 縮放矩陣連乘滿足交換律

此外，兩個形狀相同的旋轉矩陣相乘也滿足交換律。令 $\boldsymbol{R}_1$ 和 $\boldsymbol{R}_2$ 分別為

$$\boldsymbol{R}_1 = \begin{bmatrix} \cos\theta_1 & -\sin\theta_1 \\ \sin\theta_1 & \cos\theta_1 \end{bmatrix},\quad \boldsymbol{R}_2 = \begin{bmatrix} \cos\theta_2 & -\sin\theta_2 \\ \sin\theta_2 & \cos\theta_2 \end{bmatrix} \tag{8.33}$$

根據三角恒等式，$\boldsymbol{R}_1$ 和 $\boldsymbol{R}_2$ 的乘積可以整理為

$$\begin{aligned} \boldsymbol{R}_1\boldsymbol{R}_2 &= \begin{bmatrix} \cos\theta_1 & -\sin\theta_1 \\ \sin\theta_1 & \cos\theta_1 \end{bmatrix}\begin{bmatrix} \cos\theta_2 & -\sin\theta_2 \\ \sin\theta_2 & \cos\theta_2 \end{bmatrix} \\ &= \begin{bmatrix} \cos\theta_1\cos\theta_2 - \sin\theta_1\sin\theta_2 & -\cos\theta_1\sin\theta_2 - \sin\theta_1\cos\theta_2 \\ \sin\theta_1\cos\theta_2 + \cos\theta_1\sin\theta_2 & -\sin\theta_1\sin\theta_2 + \cos\theta_1\cos\theta_2 \end{bmatrix} \\ &= \begin{bmatrix} \cos(\theta_1+\theta_2) & -\sin\theta_1+\theta_2 \\ \sin(\theta_1+\theta_2) & \cos\theta_1+\theta_2 \end{bmatrix} \end{aligned} \tag{8.34}$$

同理，$\boldsymbol{R}_2$ 和 $\boldsymbol{R}_1$ 的乘積也可以整理為

$$\boldsymbol{R}_2\boldsymbol{R}_1 = \begin{bmatrix} \cos(\theta_1+\theta_2) & -\sin(\theta_1+\theta_2) \\ \sin(\theta_1+\theta_2) & \cos(\theta_1+\theta_2) \end{bmatrix} \tag{8.35}$$

圖 8.23 列出的例子從幾何角度說明瞭上述規律。此外，請大家注意圖中原點位置不變。

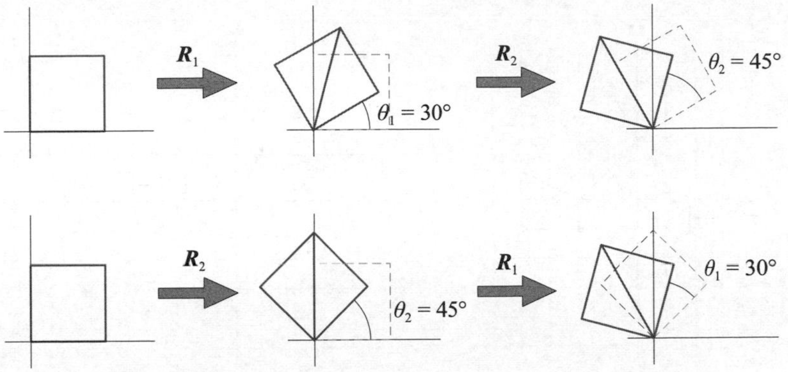

▲ 圖 8.23　兩個 2×2 旋轉矩陣連乘滿足交換律

8.5 鏡像：行列式值為負

本節介紹兩種方式完成鏡像計算的方法。

切向量

第一種鏡像用切向量來完成。切向量 τ 具體為

$$\boldsymbol{\tau} = \begin{bmatrix} \tau_1 \\ \tau_2 \end{bmatrix} \tag{8.36}$$

關於通過原點、切向量為 τ 直線**鏡像** (reflection) 的線性變換操作為

$$\begin{bmatrix} z_1 \\ z_2 \end{bmatrix} = \underbrace{\frac{1}{\|\boldsymbol{\tau}\|^2}\begin{bmatrix} \tau_1^2 - \tau_2^2 & 2\tau_1\tau_2 \\ 2\tau_1\tau_2 & \tau_2^2 - \tau_1^2 \end{bmatrix}}_{\boldsymbol{T}}\begin{bmatrix} x_1 \\ x_2 \end{bmatrix} \tag{8.37}$$

對 $\boldsymbol{T}$ 求行列式值，有

$$\det\left(\frac{1}{\|\boldsymbol{\tau}\|^2}\begin{bmatrix} \tau_1^2 - \tau_2^2 & 2\tau_1\tau_2 \\ 2\tau_1\tau_2 & \tau_2^2 - \tau_1^2 \end{bmatrix}\right) = \frac{-\left(\tau_1^2 - \tau_2^2\right)^2 - 4\tau_1^2\tau_2^2}{\|\boldsymbol{\tau}\|^4} = \frac{-\left(\tau_1^2 + \tau_2^2\right)^2}{\left(\tau_1^2 + \tau_2^2\right)^2} = -1 \tag{8.38}$$

T 的行列式值為負數，這說明線性變換前後圖形發生了翻轉。圖 8.24 所示列出兩個鏡像的例子。

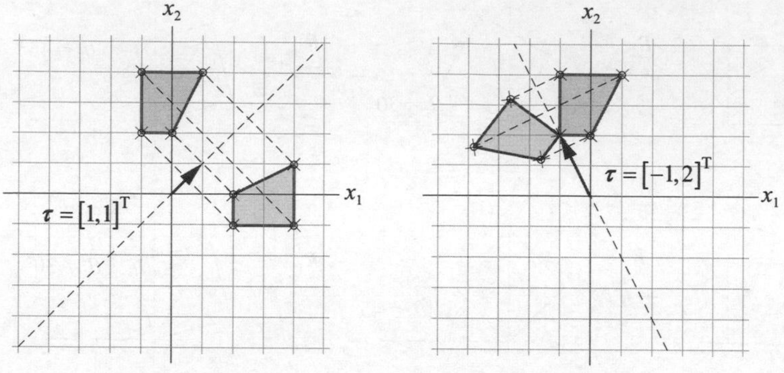

▲ 圖 8.24　兩個鏡像變換的例子

角度

第二種鏡像透過角度定義。關於通過原點、方向與水平軸夾角為 θ 的直線鏡像，類比式 (8.36)，直線的切向量相當於 $[\cos\theta, \sin\theta]^T$，完成鏡像的運算為

$$\begin{bmatrix} z_1 \\ z_2 \end{bmatrix} = \underbrace{\begin{bmatrix} \cos 2\theta & \sin 2\theta \\ \sin 2\theta & -\cos 2\theta \end{bmatrix}}_{T} \begin{bmatrix} x_1 \\ x_2 \end{bmatrix} \tag{8.39}$$

實質上，式 (8.38) 和式 (8.39) 完 全等價。下一章將利用正交投影這個工具進行推導。

關於橫縱軸鏡像

關於橫軸鏡像對稱的矩陣運算為

$$\begin{bmatrix} z_1 \\ z_2 \end{bmatrix} = \begin{bmatrix} 1 & 0 \\ 0 & -1 \end{bmatrix} \begin{bmatrix} x_1 \\ x_2 \end{bmatrix} \tag{8.40}$$

關於縱軸鏡像對稱的矩陣運算為

$$\begin{bmatrix} z_1 \\ z_2 \end{bmatrix} = \begin{bmatrix} -1 & 0 \\ 0 & 1 \end{bmatrix} \begin{bmatrix} x_1 \\ x_2 \end{bmatrix} \tag{8.41}$$

請大家自行計算以上兩個轉化矩陣 $\boldsymbol{T}$ 的行列式值。

8.6 投影：降維操作

本節從幾何角度簡單介紹投影。不做特殊說明的話，本書中提到的投影都是**正交投影** (orthogonal projection)。

切向量

給定某點的座標為 (x_1, x_2)，向通過原點、切向量為 $\tau\ [\tau_1,\ \tau_2]^{\mathrm{T}}$ 的直線方向**投影** (projection)，投影點座標 (z_1, z_2) 為

$$\begin{bmatrix} z_1 \\ z_2 \end{bmatrix} = \underbrace{\frac{1}{\|\boldsymbol{\tau}\|^2} \begin{bmatrix} \tau_1^2 & \tau_1\tau_2 \\ \tau_1\tau_2 & \tau_2^2 \end{bmatrix}}_{P} \begin{bmatrix} x_1 \\ x_2 \end{bmatrix} \tag{8.42}$$

正交投影的特點是，(x_1, x_2) 和 (z_1, z_2) 兩點的連線垂直於 τ。如圖 8.25 所示，投影是一個降維的過程，使平面網格「坍塌」成一條直線。

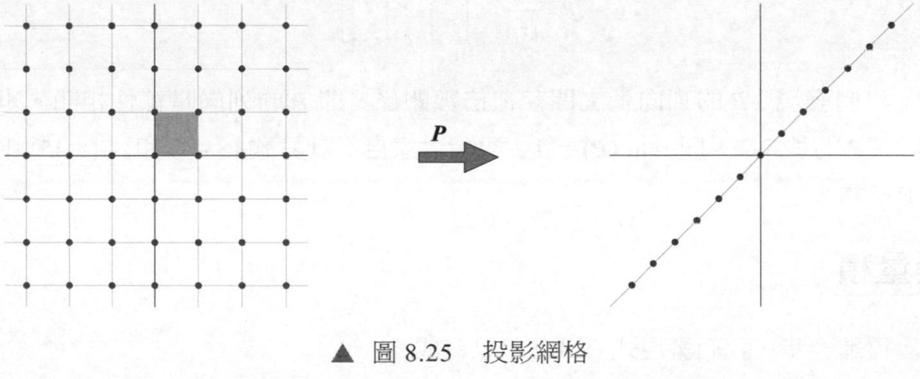

▲ 圖 8.25　投影網格

式 (8.42) 中矩陣 $\boldsymbol{r}$ 的行列式值為 0，有

$$\det\left(\frac{1}{\|\boldsymbol{\tau}\|^2}\begin{bmatrix}\tau_1^2 & \tau_1\tau_2 \\ \tau_1\tau_2 & \tau_2^2\end{bmatrix}\right)=0 \tag{8.43}$$

橫、縱軸

向橫軸投影，相當於將圖形壓扁到橫軸，有

$$\begin{bmatrix}z_1 \\ z_2\end{bmatrix}=\underbrace{\begin{bmatrix}1 & 0 \\ 0 & 0\end{bmatrix}}_{P}\begin{bmatrix}x_1 \\ x_2\end{bmatrix} \tag{8.44}$$

向縱軸投影對應的矩陣運算為

$$\begin{bmatrix}z_1 \\ z_2\end{bmatrix}=\underbrace{\begin{bmatrix}0 & 0 \\ 0 & 1\end{bmatrix}}_{P}\begin{bmatrix}x_1 \\ x_2\end{bmatrix} \tag{8.45}$$

顯然式 (8.44) 和式 (8.45) 中兩個不同矩陣 $\boldsymbol{P}$ 的行列式值都為 0。

秩

簡單整理 $\boldsymbol{P}$ 得到

$$\boldsymbol{P}=\frac{1}{\|\boldsymbol{\tau}\|^2}\begin{bmatrix}\tau_1\begin{bmatrix}\tau_1 \\ \tau_2\end{bmatrix} & \tau_2\begin{bmatrix}\tau_1 \\ \tau_2\end{bmatrix}\end{bmatrix} \tag{8.46}$$

我們發現，$\boldsymbol{P}$ 的列向量之間存在倍數關係，即 $\boldsymbol{P}$ 的列向量線性相關。也就是說，$\boldsymbol{P}$ 的秩為 1，即 $\operatorname{rank}(\boldsymbol{P}) = 1$。也請大家自行計算式 (8.44) 和式 (8.45) 中矩陣 $\boldsymbol{P}$ 的秩。

張量積

再進一步，我們發現式 (8.46) 可以寫成

$$\boldsymbol{P}=\frac{1}{\|\boldsymbol{\tau}\|^2}\begin{bmatrix}\tau_1\begin{bmatrix}\tau_1 \\ \tau_2\end{bmatrix} & \tau_2\begin{bmatrix}\tau_1 \\ \tau_2\end{bmatrix}\end{bmatrix}=\frac{1}{\|\boldsymbol{\tau}\|^2}\begin{bmatrix}\tau_1 \\ \tau_2\end{bmatrix}@\begin{bmatrix}\tau_1 & \tau_2\end{bmatrix}=\left(\frac{1}{\|\boldsymbol{\tau}\|}\begin{bmatrix}\tau_1 \\ \tau_2\end{bmatrix}\right)@\left(\frac{1}{\|\boldsymbol{\tau}\|}\begin{bmatrix}\tau_1 \\ \tau_2\end{bmatrix}\right)^{\mathrm{T}} \tag{8.47}$$

容易發現，上式中存在本書第 2 章講過的向量**單位化** (vector normalization)。τ 單位化得到**單位向量** (unit vector) $\hat{\boldsymbol{\tau}}$，有

$$\hat{\boldsymbol{\tau}} = \frac{1}{\|\boldsymbol{\tau}\|}\begin{bmatrix} \tau_1 \\ \tau_2 \end{bmatrix} \tag{8.48}$$

式 (8.47) 可以進一步寫成張量積的形式，具體為

$$\boldsymbol{P} = \hat{\boldsymbol{\tau}}\hat{\boldsymbol{\tau}}^{\mathrm{T}} = \hat{\boldsymbol{\tau}} \otimes \hat{\boldsymbol{\tau}} \tag{8.49}$$

> 大家可能已經疑惑了，正交投影怎麼與張量積聯繫起來了？賣個關子，我們把這個問題留給下面兩章回答。

8.7 再談行列式值：幾何角度

有了本章之前的內容，本節總結行列式值的幾何意義。

對於一個 2×2 矩陣 $\boldsymbol{A}$，$\boldsymbol{Ax} = \boldsymbol{b}$ 代表某種幾何變換，而 $\boldsymbol{A}$ 的行列式值決定了變換前後的面積縮放比例。

2×2 矩陣 $\boldsymbol{A}$ 寫成 $[\boldsymbol{a}_1, \boldsymbol{a}_2]$。在 $\boldsymbol{A}$ 的作用下，單位向量 $\boldsymbol{e}_1$ 和 $\boldsymbol{e}_2$ 變成 $\boldsymbol{a}_1$ 和 $\boldsymbol{a}_2$，有

$$\underbrace{\begin{bmatrix} \boldsymbol{a}_1 & \boldsymbol{a}_2 \end{bmatrix}}_{\boldsymbol{A}}\underbrace{\begin{bmatrix} 1 \\ 0 \end{bmatrix}}_{\boldsymbol{e}_1} = \boldsymbol{a}_1, \quad \underbrace{\begin{bmatrix} \boldsymbol{a}_1 & \boldsymbol{a}_2 \end{bmatrix}}_{\boldsymbol{A}}\underbrace{\begin{bmatrix} 0 \\ 1 \end{bmatrix}}_{\boldsymbol{e}_2} = \boldsymbol{a}_2 \tag{8.50}$$

本節前文提過以 $\boldsymbol{e}_1$ 和 $\boldsymbol{e}_2$ 為邊組成的平行四邊形為正方形，對應的面積為 1。以 $\boldsymbol{a}_1$ 和 $\boldsymbol{a}_2$ 為邊組成的一個平行四邊形對應的面積就是矩陣 $\boldsymbol{A}$ 的行列式值。

行列值為正

舉個例子，給定矩陣 $\boldsymbol{A}$ 為

$$A = \begin{bmatrix} 3 & 1 \\ 1 & 4 \end{bmatrix} \tag{8.51}$$

把 $\boldsymbol{A}$ 寫成 $[\boldsymbol{a}_1, \boldsymbol{a}_2]$，其中

$$\boldsymbol{a}_1 = \begin{bmatrix} 3 \\ 1 \end{bmatrix}, \quad \boldsymbol{a}_2 = \begin{bmatrix} 1 \\ 4 \end{bmatrix} \tag{8.52}$$

$\boldsymbol{e}_1$ 和 $\boldsymbol{e}_2$ 向量經過矩陣 $\boldsymbol{A}$ 線性變換分別得到 $\boldsymbol{a}_1$ 和 $\boldsymbol{a}_2$，有

$$\begin{bmatrix} 3 & 1 \\ 1 & 4 \end{bmatrix}\underbrace{\begin{bmatrix} 1 \\ 0 \end{bmatrix}}_{\boldsymbol{e}_1} = \underbrace{\begin{bmatrix} 3 \\ 1 \end{bmatrix}}_{\boldsymbol{a}_1}, \quad \begin{bmatrix} 3 & 1 \\ 1 & 4 \end{bmatrix}\underbrace{\begin{bmatrix} 0 \\ 1 \end{bmatrix}}_{\boldsymbol{e}_2} = \underbrace{\begin{bmatrix} 1 \\ 4 \end{bmatrix}}_{\boldsymbol{a}_2} \tag{8.53}$$

如圖 8.26 所示，$\boldsymbol{e}_1$ 和 $\boldsymbol{e}_2$ 向量組成的正方形面積為 1。而 $\boldsymbol{a}_1$ 和 $\boldsymbol{a}_2$ 向量組成的平行四邊形面積為 11，即對應 $|\boldsymbol{A}| = 11$，平面幾何形狀放大 11 倍。

反之，如果 $0 < |\boldsymbol{A}| < 1$，則變換之後平面幾何形狀面積縮小。當然，行列式值可以為 0，也可以為負數。

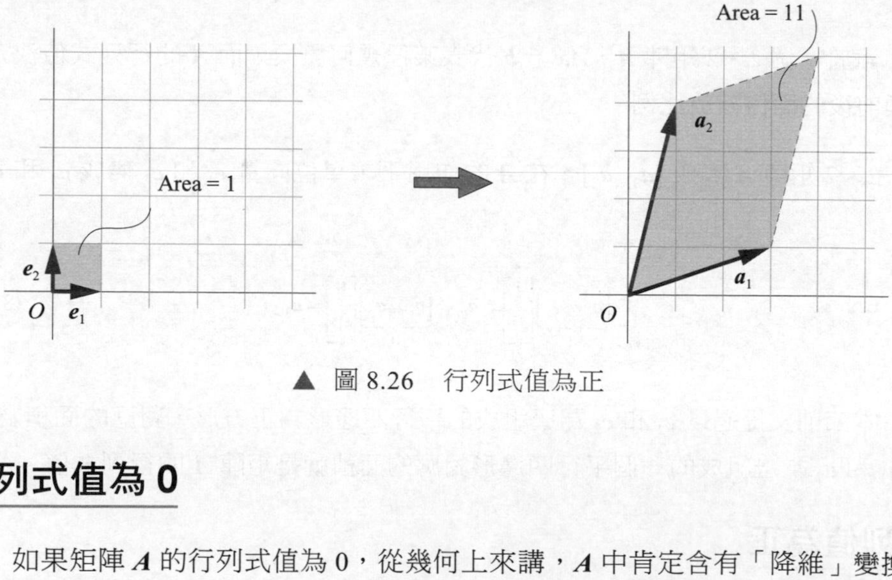

▲ 圖 8.26　行列式值為正

行列式值為 0

如果矩陣 $\boldsymbol{A}$ 的行列式值為 0，從幾何上來講，$\boldsymbol{A}$ 中肯定含有「降維」變換成分。我們看下面這個例子，$\boldsymbol{e}_1$ 和 $\boldsymbol{e}_2$ 向量經過矩陣線性變換得到 $\boldsymbol{a}_1$ 和 $\boldsymbol{a}_2$，有

$$\begin{bmatrix} 2 & 4 \\ 2 & 4 \end{bmatrix} \underbrace{\begin{bmatrix} 1 \\ 0 \end{bmatrix}}_{e_1} = \underbrace{\begin{bmatrix} 2 \\ 2 \end{bmatrix}}_{a_1}, \quad \begin{bmatrix} 2 & 4 \\ 2 & 4 \end{bmatrix} \underbrace{\begin{bmatrix} 0 \\ 1 \end{bmatrix}}_{e_2} = \underbrace{\begin{bmatrix} 4 \\ 4 \end{bmatrix}}_{a_2} \tag{8.54}$$

如圖 8.27 所示，$\boldsymbol{a}_1$ 和 $\boldsymbol{a}_2$ 向量共線，夾角為 0°。$\boldsymbol{a}_1$ 和 $\boldsymbol{a}_2$ 組成圖形的面積為 0，對應 $|\boldsymbol{A}| = 0$。

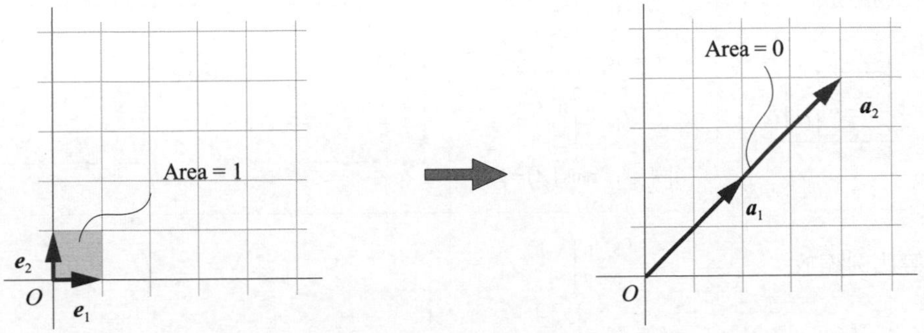

▲ 圖 8.27　行列式值為零

行列式值為負

如果矩陣 $\boldsymbol{A}$ 的行列式值為負，從幾何上來看，圖形翻轉。如圖 8.28 所示，幾何變換前後，逆時鐘來看，藍色箭頭和紅色箭頭的「先後次序」發生了調轉。

圖 8.28 中圖形幾何變換後面積放大了 10 倍 (行列式值的絕對值為 10)。請大家根據圖 8.28 中 $\boldsymbol{a}_1$ 和 $\boldsymbol{a}_2$ 兩個向量確定 $\boldsymbol{A}$ 的具體值。

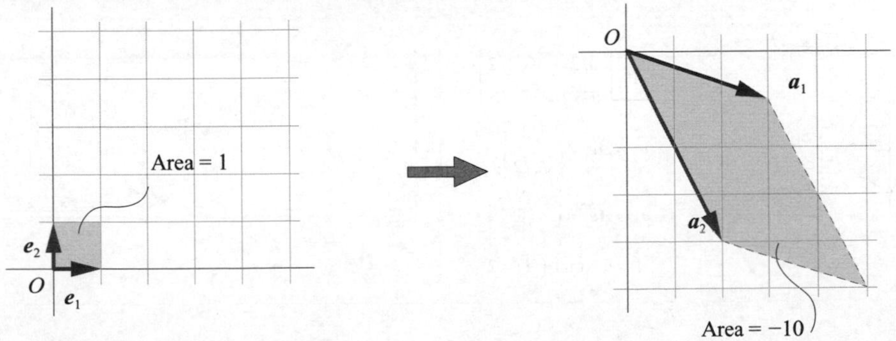

▲ 圖 8.28　行列式值為負

本章主要幾何變換詳見表 8.2。表 8.2 中還列出了具體範例、行列式值、秩，並比較幾何變換前後的圖形變化。

➔ 表 8.2 本章主要幾何變換範例

幾何變換	範例、行列式值、秩	圖形變化
等比例縮放 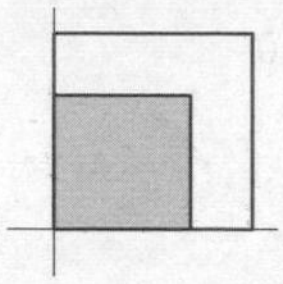	$A=\begin{bmatrix}2&0\\0&2\end{bmatrix}$ $a_1=Ae_1=\begin{bmatrix}2\\0\end{bmatrix}$ $a_2=Ae_2=\begin{bmatrix}0\\2\end{bmatrix}$ $\lvert A\rvert=4,\ \text{rank}(A)=2$	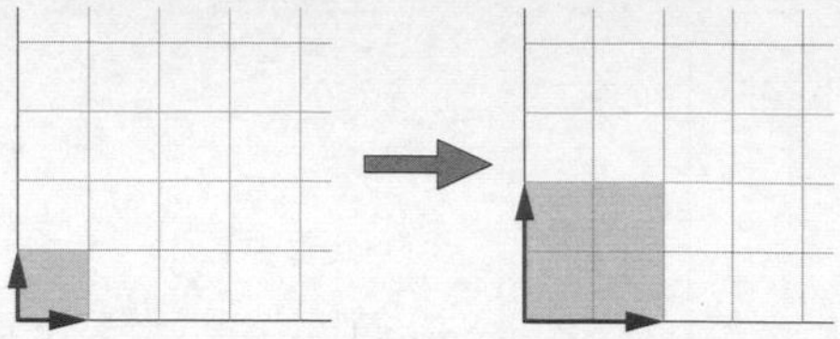
非等比例縮放 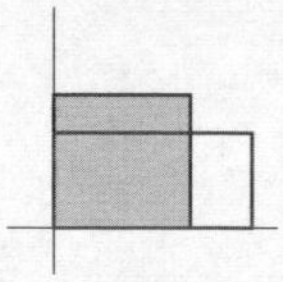	$A=\begin{bmatrix}3&0\\0&2\end{bmatrix}$ $a_1=Ae_1=\begin{bmatrix}3\\0\end{bmatrix}$ $a_2=Ae_2=\begin{bmatrix}0\\2\end{bmatrix}$ $\lvert A\rvert=6,\ \text{rank}(A)=2$	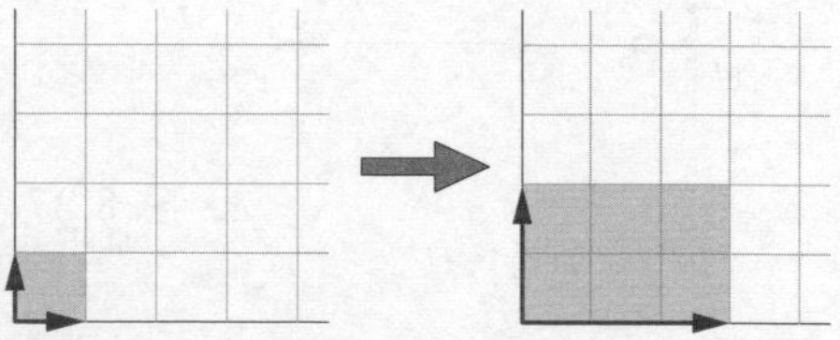
擠壓 s 倍 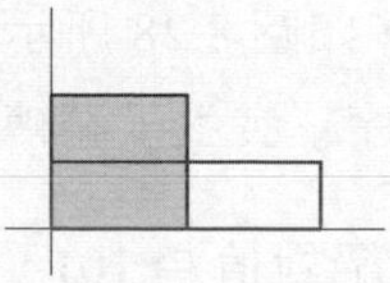	$A=\begin{bmatrix}2&0\\0&0.5\end{bmatrix}$ $a_1=Ae_1=\begin{bmatrix}2\\0\end{bmatrix}$ $a_2=Ae_2=\begin{bmatrix}0\\0.5\end{bmatrix}$ $\lvert A\rvert=1,\ \text{rank}(A)=2$	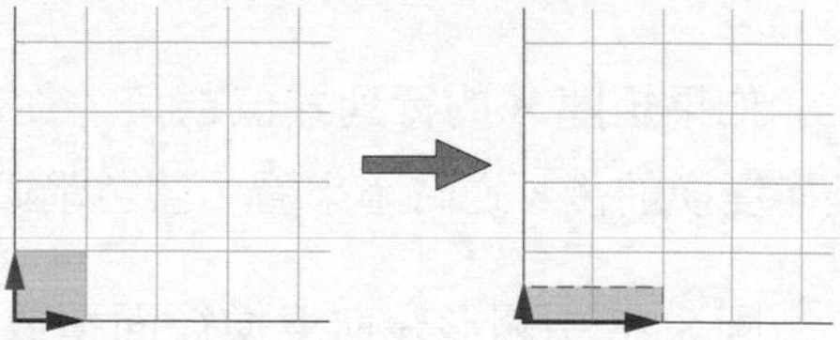
逆時鐘旋轉 θ 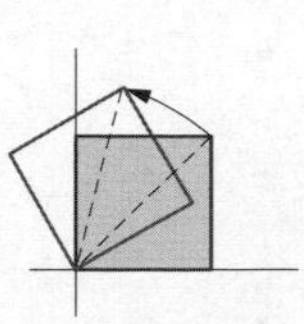	逆時鐘旋轉 60。 $A=\begin{bmatrix}1/2&-\sqrt{3}/2\\\sqrt{3}/2&1/2\end{bmatrix}$ $a_1=Ae_1=\begin{bmatrix}1/2\\\sqrt{3}/2\end{bmatrix}$ $a_2=Ae_2=\begin{bmatrix}-\sqrt{3}/2\\1/2\end{bmatrix}$ $\lvert A\rvert=1,\ \text{rank}(A)=2$	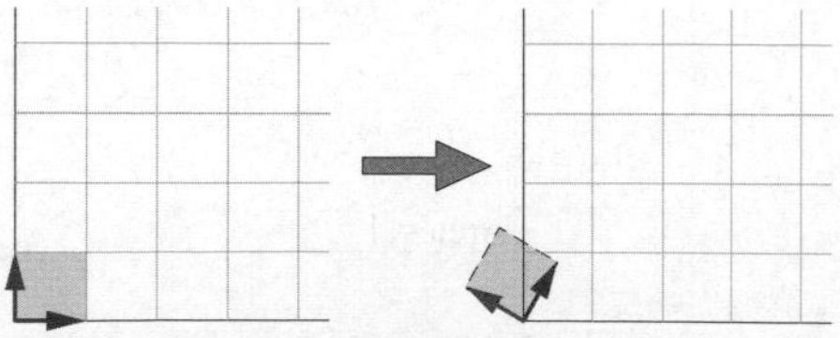

幾何變換	範例、行列式值、秩	圖形變化
關於通過原點、方向與水平軸夾角為 θ 的直線鏡像 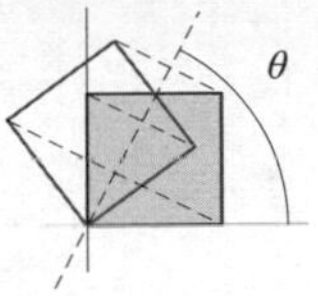 	$A=\begin{bmatrix}0&1\\1&0\end{bmatrix}$ $a_1=Ae_1=\begin{bmatrix}0\\1\end{bmatrix}$ $a_2=Ae_2=\begin{bmatrix}1\\0\end{bmatrix}$ $\lvert A\rvert=-1,\quad \operatorname{rank}(A)=2$	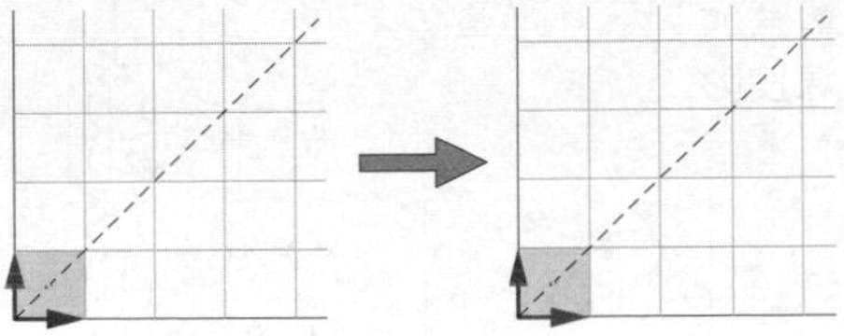
關於橫軸鏡像對稱 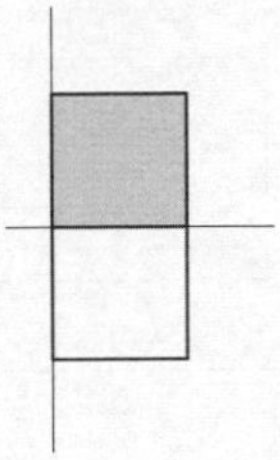	$A=\begin{bmatrix}1&0\\0&-1\end{bmatrix}$ $a_1=Ae_1=\begin{bmatrix}1\\0\end{bmatrix}$ $a_2=Ae_2=\begin{bmatrix}0\\-1\end{bmatrix}$ $\lvert A\rvert=-1,\quad \operatorname{rank}(A)=2$	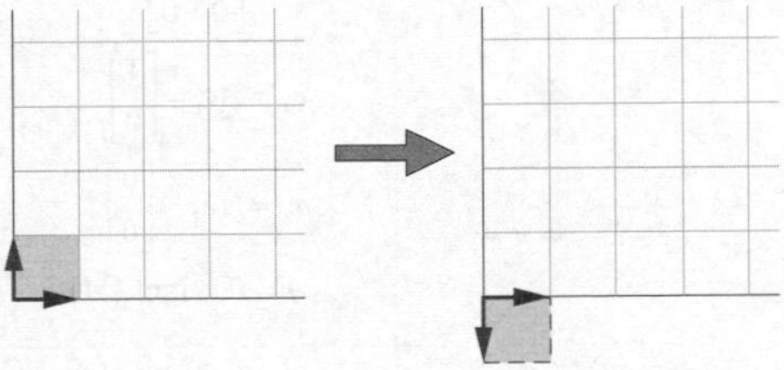
關於縱軸鏡像對稱 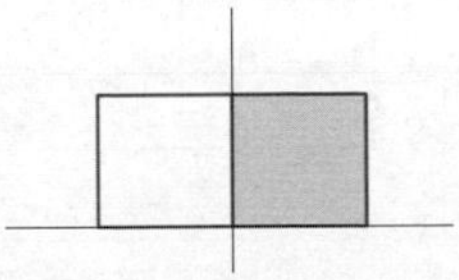	$A=\begin{bmatrix}-1&0\\0&1\end{bmatrix}$ $a_1=Ae_1=\begin{bmatrix}-1\\0\end{bmatrix}$ $a_2=Ae_2=\begin{bmatrix}0\\1\end{bmatrix}$ $\lvert A\rvert=-1,\quad \operatorname{rank}(A)=2$	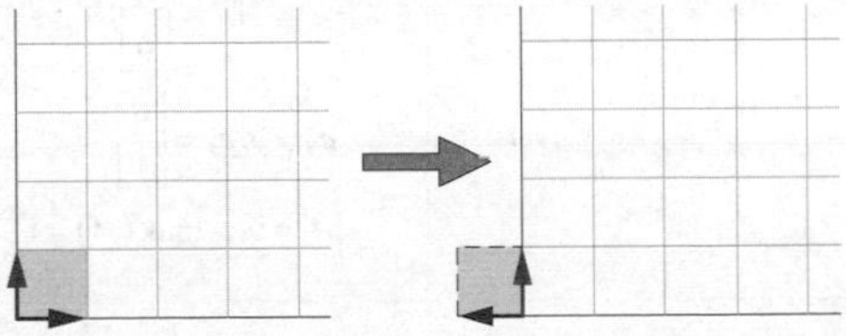
關於原點對稱 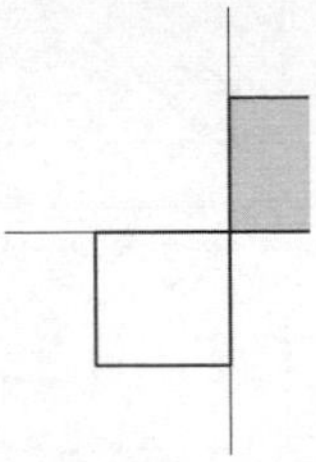	$A=\begin{bmatrix}-1&0\\0&-1\end{bmatrix}$ $A=\begin{bmatrix}1&0\\0&-1\end{bmatrix}\begin{bmatrix}-1&0\\0&1\end{bmatrix}$ $a_1=Ae_1=\begin{bmatrix}-1\\0\end{bmatrix}$ $a_2=Ae_2=\begin{bmatrix}0\\-1\end{bmatrix}$ $\lvert A\rvert=1,\quad \operatorname{rank}(A)=2$	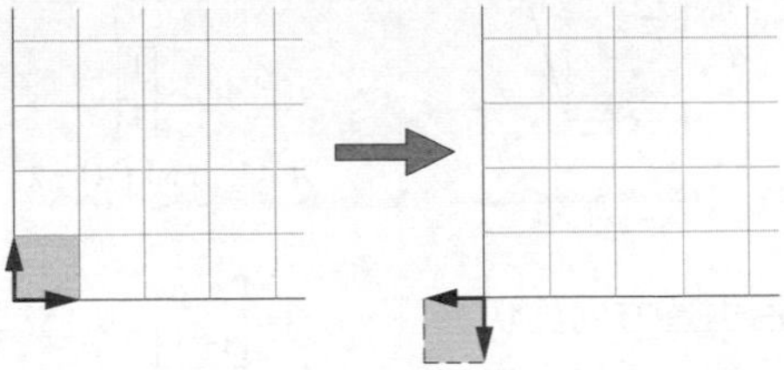

幾何變換	範例、行列式值、秩	圖形變化
向通過原點、切向量為 $\tau\,[\tau_1,\ \tau_2]^{\mathrm{T}}$ 直線投影 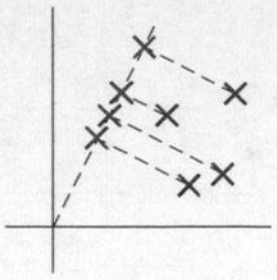	$A=\frac{1}{\sqrt{2}}\begin{bmatrix}1&1\\1&1\end{bmatrix}$ $a_1=Ae_1=\frac{1}{\sqrt{2}}\begin{bmatrix}1\\1\end{bmatrix}$ $a_2=Ae_2=\frac{1}{\sqrt{2}}\begin{bmatrix}1\\1\end{bmatrix}$ $\lvert A\rvert=0,\quad \mathrm{rank}(A)=1$	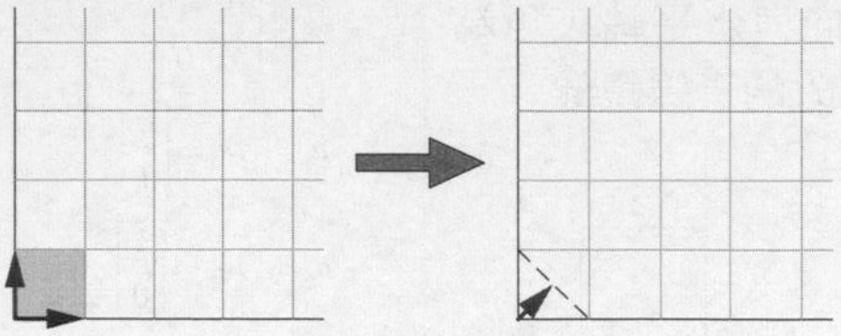
向橫軸投影 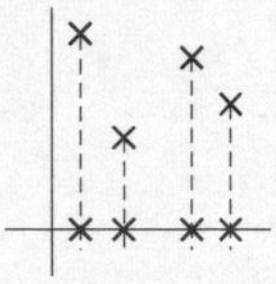	$A=\begin{bmatrix}1&0\\0&0\end{bmatrix}$ $a_1=Ae_1=\begin{bmatrix}1\\0\end{bmatrix}$ $a_2=Ae_2=\begin{bmatrix}0\\0\end{bmatrix}$ $\lvert A\rvert=0,\quad \mathrm{rank}(A)=1$	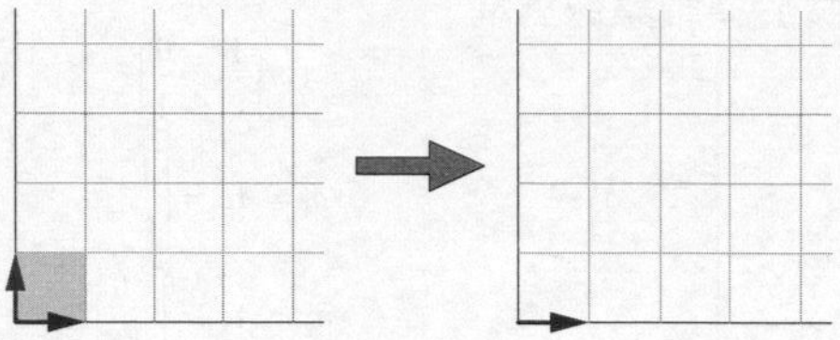
向縱軸投影 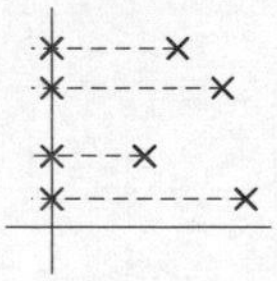	$A=\begin{bmatrix}0&0\\0&1\end{bmatrix}$ $a_1=Ae_1=\begin{bmatrix}0\\0\end{bmatrix}$ $a_2=Ae_2=\begin{bmatrix}0\\1\end{bmatrix}$ $\lvert A\rvert=0,\quad \mathrm{rank}(A)=1$	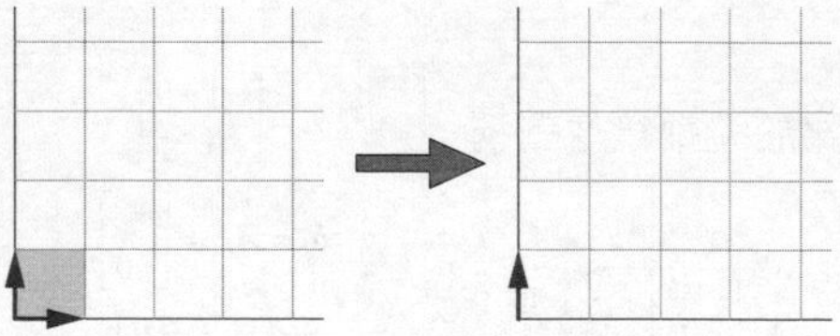
沿水平方向剪切 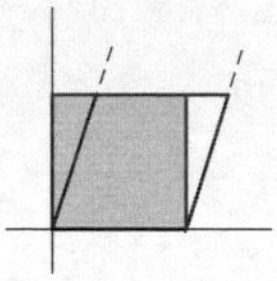	$A=\begin{bmatrix}1&1\\0&1\end{bmatrix}$ $a_1=Ae_1=\begin{bmatrix}1\\0\end{bmatrix}$ $a_2=Ae_2=\begin{bmatrix}1\\1\end{bmatrix}$ $\lvert A\rvert=1,\quad \mathrm{rank}(A)=2$	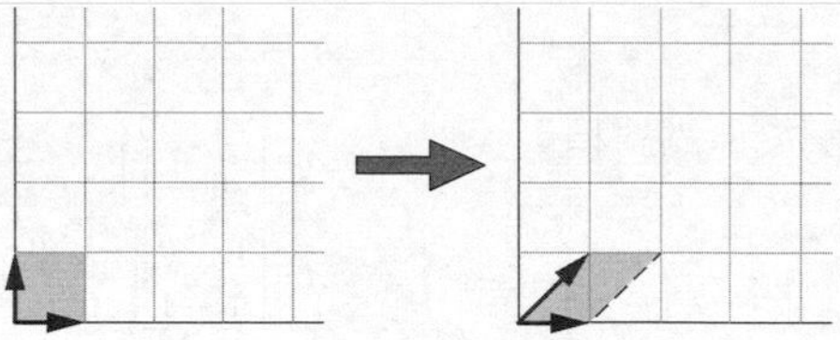
沿垂直方向剪切 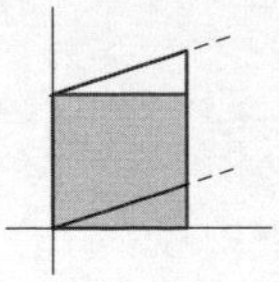	$A=\begin{bmatrix}1&0\\1&1\end{bmatrix}$ $a_1=Ae_1=\begin{bmatrix}1\\1\end{bmatrix}$ $a_2=Ae_2=\begin{bmatrix}0\\1\end{bmatrix}$ $\lvert A\rvert=1,\quad \mathrm{rank}(A)=2$	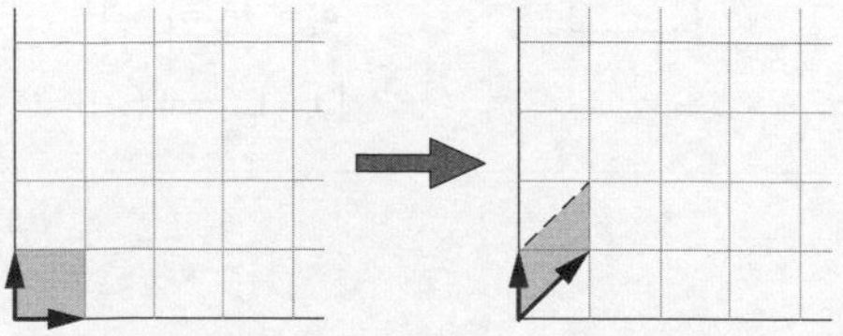

在上一章第一個 Streamlit 應用中，我們看到如何產生不同「平行且等距網格」。在此基礎上，本章 Streamlit 應用增加了矩陣 ***A*** 對單位圓的線性變換。請大家參考 Streamlit_Bk4_Ch8_03.py。

➔

本章講了很多種幾何變換，請大家格外關注平移、縮放、旋轉和投影。我們將在接下來的內容中反覆使用這四種幾何變換。

此外，本章在講解幾何變換的同時，還從幾何角度和大家回顧並探討了矩陣可逆性、矩陣乘法不滿足交換律、秩、行列式值等線性代數概念。請大家特別注意行列式值的幾何角度，我們將在特徵值分解中再進一步探討。

用幾何角度理解線性代數概念，是學習線性代數的唯一「捷徑」。此外，資料角度會讓大家看到線性代數的實用性，並直接與程式設計聯結起來。

特別建議大家學習本章內容時，翻看《AI 時代 Math 元年 - 用 Python 全精通資料可視化》一書中介紹的三維空間幾何變換。

希望大家記住：

有矩陣的地方，更有向量！

有向量的地方，就有幾何！

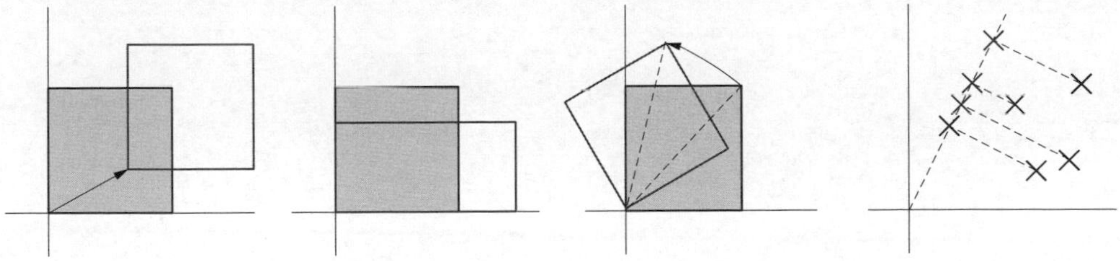

▲ 圖 8.29　總結本章重要內容的四幅圖

Orthogonal Projection

9 正交投影

應用幾乎無處不在

數學好比給了人類第六感。

Mathematics seems to endow one with something like a new sense.

——查理斯・達爾文（*Charles Darwin*）| 進化論之父 | *1809—1882*

- numpy.random.randn() 生成滿足正態分佈的隨機數
- numpy.linalg.qr() QR 分解
- seaborn.heatmap() 繪製熱圖

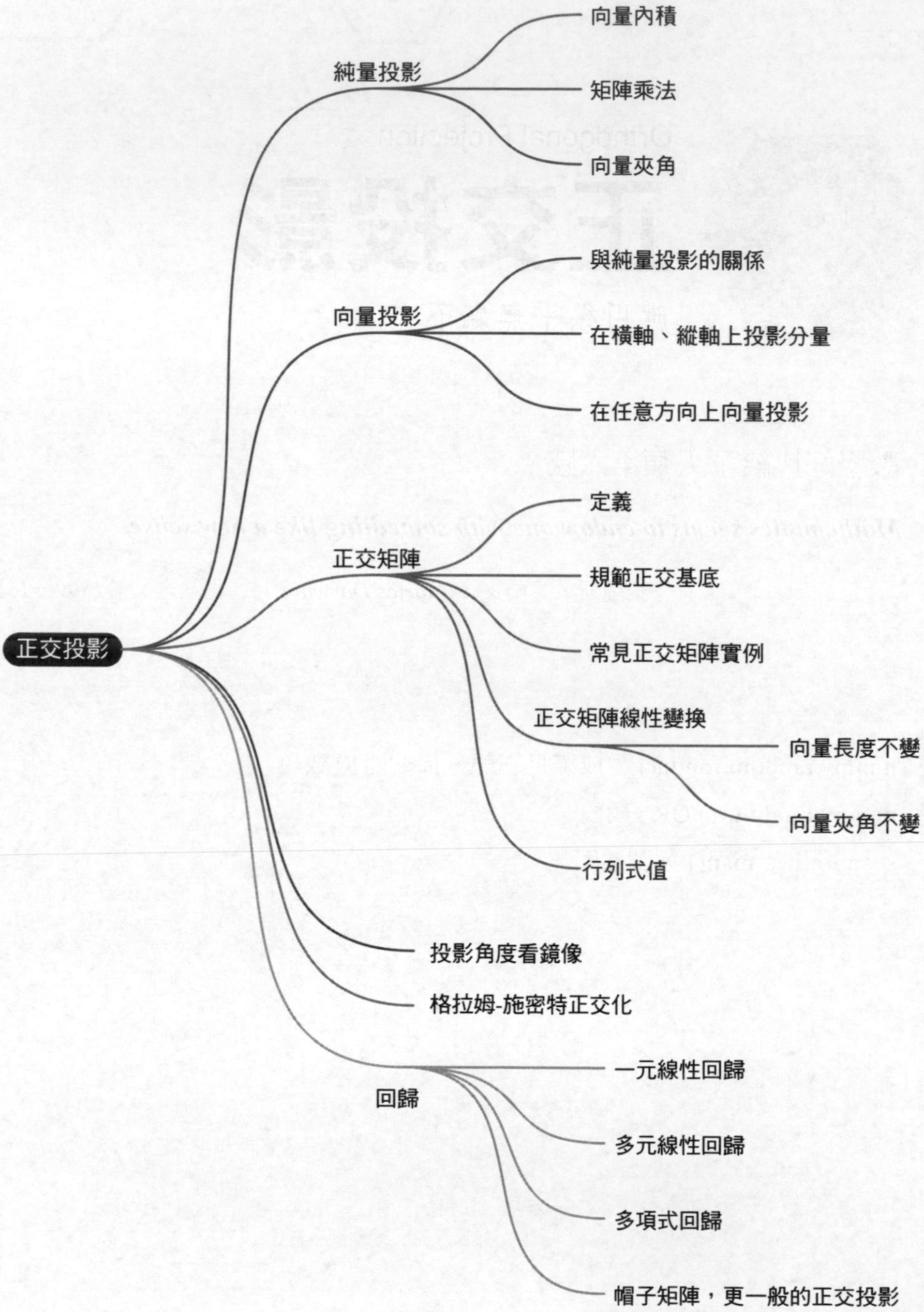
向量內積
純量投影
矩陣乘法
向量夾角
與純量投影的關係
向量投影
在橫軸、縱軸上投影分量
在任意方向上向量投影
定義
正交矩陣
規範正交基底
正交投影
常見正交矩陣實例
正交矩陣線性變換
向量長度不變
向量夾角不變
行列式值
投影角度看鏡像
格拉姆-施密特正交化
一元線性回歸
回歸
多元線性回歸
多項式回歸
帽子矩陣，更一般的正交投影

9.1 純量投影：結果為純量

正交

舉例來說，**正交投影** (orthogonal projection) 類似於正午頭頂陽光將物體投影到地面上，如圖 9.1 所示。此時，假設光線之間相互平行並與地面垂直。

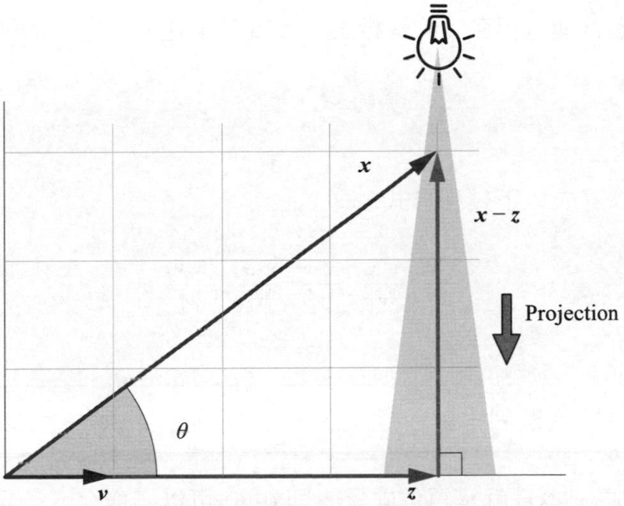

▲ 圖 9.1　正交投影的意義

把列向量 $\boldsymbol{x}$ 看成是一根木桿，而列向量 $\boldsymbol{v}$ 方向代表地面水平方向。$\boldsymbol{x}$ 在 $\boldsymbol{v}$ 方向上的投影結果為 $\boldsymbol{z}$。向量 $\boldsymbol{z}$ 的長度(向量模)就是 $\boldsymbol{x}$ 在 $\boldsymbol{v}$ 方向上的**純量投影** (scalar projection)。

令純量 s 為向量 $\boldsymbol{z}$ 的模。由於 $\boldsymbol{z}$ 和非零向量 $\boldsymbol{v}$ 共線，因此 $\boldsymbol{z}$ 與 $\boldsymbol{v}$ 的單位向量共線，它們之間的關係為

$$\boldsymbol{z} = s\frac{\boldsymbol{v}}{\|\boldsymbol{v}\|} \tag{9.1}$$

很明顯，如圖 9.1 所示，$\boldsymbol{x}-\boldsymbol{z}$ 垂直於 $\boldsymbol{v}$，因此兩者向量內積為 0，即

$$(\boldsymbol{x}-\boldsymbol{z})\cdot\boldsymbol{v} = 0 \tag{9.2}$$

用矩陣乘法，式 (9.2) 可以寫成

$$(\boldsymbol{x}-\boldsymbol{z})^{\mathrm{T}}\boldsymbol{v}=0 \tag{9.3}$$

將式 (9.1) 代入式 (9.3) 得到

$$\left(\boldsymbol{x}-s\frac{\boldsymbol{v}}{\|\boldsymbol{v}\|}\right)^{\mathrm{T}}\boldsymbol{v}=0 \tag{9.4}$$

式 (9.4) 經過整理，得到 s 的解析式，也就是 $\boldsymbol{x}$ 在 $\boldsymbol{v}$ 方向上的純量投影為

$$s=\frac{\boldsymbol{x}^{\mathrm{T}}\boldsymbol{v}}{\|\boldsymbol{v}\|} \tag{9.5}$$

式 (9.5) 可以寫成以下幾種形式，即

$$s=\frac{\boldsymbol{x}^{\mathrm{T}}\boldsymbol{v}}{\|\boldsymbol{v}\|}=\frac{\boldsymbol{v}^{\mathrm{T}}\boldsymbol{x}}{\|\boldsymbol{v}\|}=\frac{\boldsymbol{x}\cdot\boldsymbol{v}}{\|\boldsymbol{v}\|}=\frac{\boldsymbol{v}\cdot\boldsymbol{x}}{\|\boldsymbol{v}\|}=\frac{\langle\boldsymbol{x},\boldsymbol{v}\rangle}{\|\boldsymbol{v}\|} \tag{9.6}$$

注意：$\boldsymbol{x}$ 和 $\boldsymbol{v}$ 為等行數列向量。

特別地，如果 $\boldsymbol{v}$ 本身就是單位向量，則 (9.6) 可以寫作

$$s=\boldsymbol{x}^{\mathrm{T}}\boldsymbol{v}=\boldsymbol{v}^{\mathrm{T}}\boldsymbol{x}=\boldsymbol{x}\cdot\boldsymbol{v}=\boldsymbol{v}\cdot\boldsymbol{x}=\langle\boldsymbol{x},\boldsymbol{v}\rangle \tag{9.7}$$

本書系中，一般會用 $\boldsymbol{e}$、$\boldsymbol{v}$、$\boldsymbol{u}$ 等表示單位向量。

向量夾角

下面介紹如何從向量夾角入手推導純量投影。

如圖 9.1 所示，向量 $\boldsymbol{x}$ 和 $\boldsymbol{v}$ 的相對夾角為 θ，這個夾角的餘弦值 $\cos\theta$ 可以透過下式求解，即

$$\cos\theta=\frac{\boldsymbol{x}^{\mathrm{T}}\boldsymbol{v}}{\|\boldsymbol{x}\|\|\boldsymbol{v}\|}=\frac{\boldsymbol{v}^{\mathrm{T}}\boldsymbol{x}}{\|\boldsymbol{x}\|\|\boldsymbol{v}\|}=\frac{\boldsymbol{x}\cdot\boldsymbol{v}}{\|\boldsymbol{x}\|\|\boldsymbol{v}\|}=\frac{\boldsymbol{v}\cdot\boldsymbol{x}}{\|\boldsymbol{x}\|\|\boldsymbol{v}\|}=\frac{\langle\boldsymbol{x},\boldsymbol{v}\rangle}{\|\boldsymbol{x}\|\|\boldsymbol{v}\|} \tag{9.8}$$

而 $\boldsymbol{x}$ 在 $\boldsymbol{v}$ 方向上的純量投影 s 便是向量 $\boldsymbol{x}$ 的模乘以 $\cos\theta$ ，即有

$$s = \|\boldsymbol{x}\|\cos\theta = \frac{\boldsymbol{x}^{\mathrm{T}}\boldsymbol{v}}{\|\boldsymbol{v}\|} = \frac{\boldsymbol{v}^{\mathrm{T}}\boldsymbol{x}}{\|\boldsymbol{v}\|} = \frac{\boldsymbol{x}\cdot\boldsymbol{v}}{\|\boldsymbol{v}\|} = \frac{\boldsymbol{v}\cdot\boldsymbol{x}}{\|\boldsymbol{v}\|} = \frac{\langle\boldsymbol{x},\boldsymbol{v}\rangle}{\|\boldsymbol{v}\|} \tag{9.9}$$

這樣，我們便得到與式 (9.6) 一致的結果。

9.2 向量投影：結果為向量

相對於純量投影，我們更經常使用**向量投影** (vector projection)。

顧名思義，向量投影就是純量投影結果再乘上 $\boldsymbol{v}$ 的方向，即 s 乘以 $\boldsymbol{v}$ 的單位向量。因此，$\boldsymbol{x}$ 在 $\boldsymbol{v}$ 方向上的向量投影實際上就是式 (9.1)，即

$$\operatorname{proj}_{\boldsymbol{v}}(\boldsymbol{x}) = s\frac{\boldsymbol{v}}{\|\boldsymbol{v}\|} = \frac{\boldsymbol{x}\cdot\boldsymbol{v}}{\boldsymbol{v}\cdot\boldsymbol{v}}\boldsymbol{v} = \frac{\boldsymbol{v}\cdot\boldsymbol{x}}{\boldsymbol{v}\cdot\boldsymbol{v}}\boldsymbol{v} = \frac{\boldsymbol{x}\cdot\boldsymbol{v}}{\|\boldsymbol{v}\|^2}\boldsymbol{v} = \frac{\boldsymbol{x}^{\mathrm{T}}\boldsymbol{v}}{\boldsymbol{v}^{\mathrm{T}}\boldsymbol{v}}\boldsymbol{v} = \frac{\boldsymbol{v}^{\mathrm{T}}\boldsymbol{x}}{\boldsymbol{v}^{\mathrm{T}}\boldsymbol{v}}\boldsymbol{v} \tag{9.10}$$

用尖括號 <> 表達純量積，$\boldsymbol{x}$ 在 $\boldsymbol{v}$ 方向上的向量投影可以記作

$$\operatorname{proj}_{\boldsymbol{v}}(\boldsymbol{x}) = \frac{\langle\boldsymbol{x},\boldsymbol{v}\rangle}{\langle\boldsymbol{v},\boldsymbol{v}\rangle}\boldsymbol{v} \tag{9.11}$$

特別地，如果 $\boldsymbol{v}$ 為單位向量，$\boldsymbol{x}$ 在 $\boldsymbol{v}$ 方向上的向量投影則可以寫成

$$\operatorname{proj}_{\boldsymbol{v}}(\boldsymbol{x}) = \langle\boldsymbol{x},\boldsymbol{v}\rangle\boldsymbol{v} = (\boldsymbol{x}\cdot\boldsymbol{v})\boldsymbol{v} = (\boldsymbol{v}\cdot\boldsymbol{x})\boldsymbol{v} = (\boldsymbol{x}^{\mathrm{T}}\boldsymbol{v})\boldsymbol{v} = (\boldsymbol{v}^{\mathrm{T}}\boldsymbol{x})\boldsymbol{v} \tag{9.12}$$

舉個例子

實際上，獲得平面上某一個向量的橫、縱軸座標，或計算橫、縱軸的向量分量，也是一個投影過程。

下面看一個實例。給定列向量 $\boldsymbol{x}$ 為

$$\boldsymbol{x} = \begin{bmatrix} 4 \\ 3 \end{bmatrix} \tag{9.13}$$

如圖 9.2 所示，列向量 $\boldsymbol{x}$ 既可以代表平面直角座標系上的一點，也可以代表一個起點為原點 (0, 0)、終點為 (4, 3) 的向量。

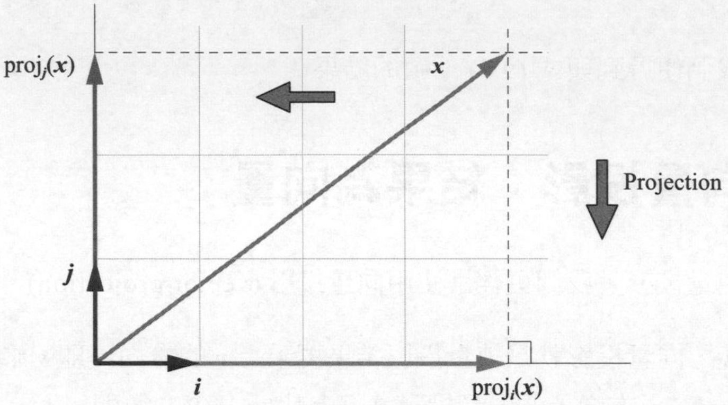

▲ 圖 9.2 $\boldsymbol{x}$ 向 $\boldsymbol{i}$ 和 $\boldsymbol{j}$ 投影

$\boldsymbol{x}$ 向單位向量 $\boldsymbol{i} = [1, 0]^{\mathrm{T}}$ 方向上投影得到的純量投影為 $\boldsymbol{x}$ 橫軸座標，有

$$\boldsymbol{i}^{\mathrm{T}}\boldsymbol{x} = \boldsymbol{x}^{\mathrm{T}}\boldsymbol{i} = \begin{bmatrix} 4 \\ 3 \end{bmatrix}^{\mathrm{T}} \begin{bmatrix} 1 \\ 0 \end{bmatrix} = 4 \tag{9.14}$$

$\boldsymbol{x}$ 向單位向量 $\boldsymbol{j} = [0, 1]^{\mathrm{T}}$ 方向上投影得到的純量投影就是 $\boldsymbol{x}$ 縱軸座標，有

$$\boldsymbol{j}^{\mathrm{T}}\boldsymbol{x} = \boldsymbol{x}^{\mathrm{T}}\boldsymbol{j} = \begin{bmatrix} 4 \\ 3 \end{bmatrix}^{\mathrm{T}} \begin{bmatrix} 0 \\ 1 \end{bmatrix} = 3 \tag{9.15}$$

$\boldsymbol{x}$ 在單位向量 $\boldsymbol{i} = [1, 0]^{\mathrm{T}}$ 方向上的向量投影就是 $\boldsymbol{x}$ 在橫軸上的分量，有

$$\text{proj}_i(\boldsymbol{x}) = (\boldsymbol{x}^{\mathrm{T}}\boldsymbol{i})\boldsymbol{i} = \begin{bmatrix} 4 \\ 3 \end{bmatrix}^{\mathrm{T}} \begin{bmatrix} 1 \\ 0 \end{bmatrix} \boldsymbol{i} = 4\boldsymbol{i} \tag{9.16}$$

$\boldsymbol{x}$ 在單位向量 $\boldsymbol{j} = [0, 1]^{\mathrm{T}}$ 方向上向量投影就是 $\boldsymbol{x}$ 在縱軸上的分量，有

$$\text{proj}_j(\boldsymbol{x}) = (\boldsymbol{x}^{\mathrm{T}}\boldsymbol{j})\boldsymbol{j} = \begin{bmatrix} 4 \\ 3 \end{bmatrix}^{\mathrm{T}} \begin{bmatrix} 0 \\ 1 \end{bmatrix} \boldsymbol{j} = 3\boldsymbol{j} \tag{9.17}$$

如果單位向量 $\boldsymbol{v}$ 為

$$\boldsymbol{v} = \begin{bmatrix} 4/5 \\ 3/5 \end{bmatrix} \tag{9.18}$$

$\boldsymbol{x}$ 在 $\boldsymbol{v}$ 方向上投影得到的純量投影為

$$\boldsymbol{x}^{\mathrm{T}}\boldsymbol{v} = \begin{bmatrix} 4 \\ 3 \end{bmatrix}^{\mathrm{T}} \begin{bmatrix} 4/5 \\ 3/5 \end{bmatrix} = 5 = \|\boldsymbol{x}\| \tag{9.19}$$

如圖 9.3 所示，可以發現，實際上 $\boldsymbol{x}$ 和 $\boldsymbol{v}$ 共線，也就是夾角為 0°。這顯然是個特例。

從向量空間角度來看，向量 $\boldsymbol{v}$ 張起的空間為 span($\boldsymbol{v}$)，這個向量空間維度為 1。由於 $\boldsymbol{x} = 5\boldsymbol{v}$，因此 $\boldsymbol{x}$ 在 span($\boldsymbol{v}$) 座標為 5。

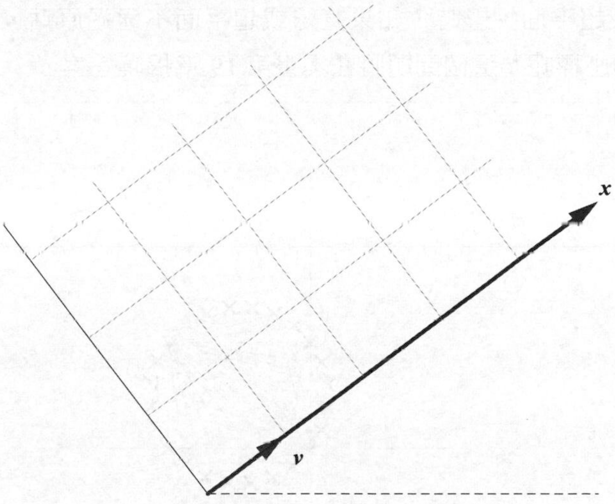

▲ 圖 9.3 $\boldsymbol{x}$ 向 $\boldsymbol{v}$ 的投影

推導投影座標

上一章在講解線性變換時介紹過，點 (x_1, x_2) 在通過原點、切向量為 τ $[\tau_1, \tau_2]^{\mathrm{T}}$ 的直線方向上正交投影，得到點的座標 (z_1, z_2) 為

$$\begin{bmatrix} z_1 \\ z_2 \end{bmatrix} = \frac{1}{\|\boldsymbol{\tau}\|^2} \begin{bmatrix} \tau_1^2 & \tau_1\tau_2 \\ \tau_1\tau_2 & \tau_2^2 \end{bmatrix} \begin{bmatrix} x_1 \\ x_2 \end{bmatrix} \tag{9.20}$$

下面利用本節知識簡單推導。$\boldsymbol{x}$ 在 τ 方向上的向量投影為

注意：不做特殊說明的話，本書中「投影」都是正交投影。

$$
\begin{aligned}
z &= \frac{\boldsymbol{x}\cdot\boldsymbol{\tau}}{\|\boldsymbol{\tau}\|^2}\boldsymbol{\tau} = \frac{x_1\tau_1 + x_2\tau_2}{\|\boldsymbol{\tau}\|^2}\begin{bmatrix}\tau_1\\ \tau_2\end{bmatrix} \\
&= \frac{1}{\|\boldsymbol{\tau}\|^2}\begin{bmatrix}(x_1\tau_1 + x_2\tau_2)\tau_1\\ (x_1\tau_1 + x_2\tau_2)\tau_2\end{bmatrix} = \frac{1}{\|\boldsymbol{\tau}\|^2}\begin{bmatrix}\tau_1^2 x_1 + \tau_1\tau_2 x_2\\ \tau_1\tau_2 x_1 + \tau_2^2 x_2\end{bmatrix} = \frac{1}{\|\boldsymbol{\tau}\|^2}\begin{bmatrix}\tau_1^2 & \tau_1\tau_2\\ \tau_1\tau_2 & \tau_2^2\end{bmatrix}\begin{bmatrix}x_1\\ x_2\end{bmatrix}
\end{aligned} \tag{9.21}
$$

圖 9.4 所示為點 A 向一系列通過原點、方向不同的直線的投影座標。

本書第 7 章強調過，向量空間一定都通過原點。大家可能會問，空間某點朝任意直線或超平面投影時，如果直線或超平面不通過原點，那麼該如何計算投影點的座標呢？這個問題將在本書第 19 章揭曉答案。

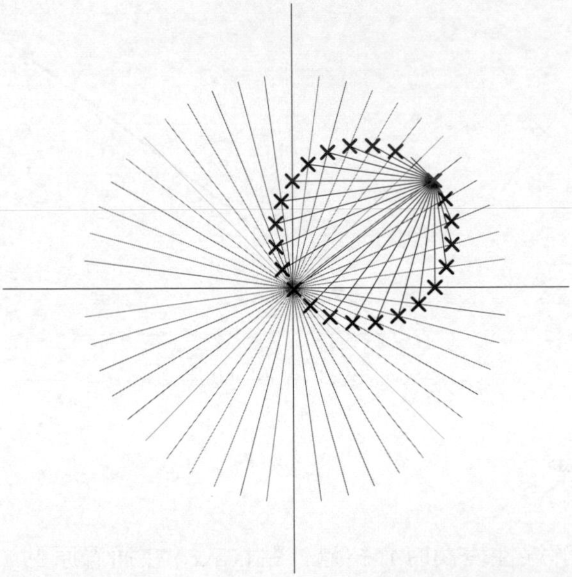

▲ 圖 9.4　點 A 向一系列通過原點的直線投影

Bk4_Ch9_01.py 繪製圖 9.4。

向量張量積：無處不在

回過頭再看式 (9.12)，假設 $\boldsymbol{v}$ 為單位列向量，式 (9.12) 可以寫成以下含有向量張量積的形式，即

$$\text{proj}_{v}\left(\boldsymbol{x}\right)=\underbrace{\left(\boldsymbol{v}^{\mathrm{T}}\boldsymbol{x}\right)}_{\text{Scaler}}\boldsymbol{v}=\boldsymbol{v}\underbrace{\left(\boldsymbol{v}^{\mathrm{T}}\boldsymbol{x}\right)}_{\text{Scaler}}=\boldsymbol{v}\boldsymbol{v}^{\mathrm{T}}\boldsymbol{x}=\left(\boldsymbol{v}\otimes\boldsymbol{v}\right)_{2\times2}\boldsymbol{x} \tag{9.22}$$

我們稱 $\boldsymbol{v}\otimes\boldsymbol{v}$ 為**投影矩陣** (projection matrix)。

利用向量張量積，式 (9.21) 可以寫成

$$\boldsymbol{z}=\frac{1}{\left\|\boldsymbol{\tau}\right\|^{2}}\left(\boldsymbol{\tau}\otimes\boldsymbol{\tau}\right)_{2\times2}\boldsymbol{x}=\left(\frac{\boldsymbol{\tau}}{\left\|\boldsymbol{\tau}\right\|}\otimes\frac{\boldsymbol{\tau}}{\left\|\boldsymbol{\tau}\right\|}\right)_{2\times2}\boldsymbol{x}=\left(\hat{\boldsymbol{\tau}}\otimes\hat{\boldsymbol{\tau}}\right)_{2\times2}\boldsymbol{x} \tag{9.23}$$

其中：$\hat{\tau}$ 為 τ 的單位向量。

一般情況，資料矩陣 $\boldsymbol{X}$ 中樣本點的座標值以行向量表達，$\boldsymbol{X}$ 向單位向量 $\boldsymbol{v}$ 方向投影得到的純量投影，即 $\boldsymbol{X}$ 在 span($\boldsymbol{v}$) 的座標，即

$$\boldsymbol{Z}=\boldsymbol{X}\boldsymbol{v} \tag{9.24}$$

$\boldsymbol{X}$ 向單位向量 $\boldsymbol{v}$ 方向投影得到的向量投影座標則為

$$\boldsymbol{Z}=\boldsymbol{X}\boldsymbol{v}\boldsymbol{v}^{\mathrm{T}}=\boldsymbol{X}\left(\boldsymbol{v}\otimes\boldsymbol{v}\right) \tag{9.25}$$

請大家格外注意，我們下一章還要繼續這個話題。此外，這也是下一章要討論的核心運算。

9.3 正交矩陣：一個規範正交基底

本章前文介紹的是朝一個向量方向投影，如向量 $\boldsymbol{x}$ 向 $\boldsymbol{v}$ 方向投影，這可以視為 $\boldsymbol{x}$ 向 $\boldsymbol{v}$ 張起的向量空間 span($\boldsymbol{v}$) 投影。同理，向量 $\boldsymbol{x}$ 也可以向一個有序基建構的平面 / 超平面投影。這個有序基可以是正交基底，可以是非正交基底。

資料科學和機器學習實踐中，最常用的基底是規範正交基底。正交矩陣的本身就是規範正交基底。本節主要介紹正交矩陣的性質。

正交矩陣

滿足下式的方陣 $\boldsymbol{V}$ 為**正交矩陣** (orthogonal matrix)，即

$$\boldsymbol{V}^{\mathrm{T}}\boldsymbol{V} = \boldsymbol{I} \tag{9.26}$$

強調一下，$\boldsymbol{V}$ 為方陣是其為正交矩陣的前提；否則即使滿足式 (9.26) 也不能稱之為正交矩陣。比如，以下長方形矩陣 $\boldsymbol{A}$ 也滿足上式，但 $\boldsymbol{A}$ 不是正交矩陣，即

$$\underbrace{\begin{bmatrix} \sqrt{2}/2 & \sqrt{2}/2 & 0 \\ -\sqrt{2}/2 & \sqrt{2}/2 & 0 \end{bmatrix}}_{\boldsymbol{A}^{\mathrm{T}}} \underbrace{\begin{bmatrix} \sqrt{2}/2 & -\sqrt{2}/2 \\ \sqrt{2}/2 & \sqrt{2}/2 \\ 0 & 0 \end{bmatrix}}_{\boldsymbol{A}} = \underbrace{\begin{bmatrix} 1 & \\ & 1 \end{bmatrix}}_{\boldsymbol{I}} \tag{9.27}$$

但是，$\boldsymbol{A}$ 的列向量為單位向量且兩兩正交，所以 $\boldsymbol{A} = [\boldsymbol{a}_1, \boldsymbol{a}_2]$ 是規範正交基底。正交矩陣基本性質有

$$\begin{aligned} \boldsymbol{V}\boldsymbol{V}^{\mathrm{T}} &= \boldsymbol{V}^{\mathrm{T}}\boldsymbol{V} = \boldsymbol{I} \\ \boldsymbol{V}^{\mathrm{T}} &= \boldsymbol{V}^{-1} \end{aligned} \tag{9.28}$$

舉個實例，圖 9.5 所示熱圖為一個 4×4 正交矩陣 $\boldsymbol{V}$ 與自己轉置矩陣 $\boldsymbol{V}^{\mathrm{T}}$ 的乘積為單位陣 $\boldsymbol{I}$。

⚠ 式 (9.28) 中的兩式經常使用，必須爛熟於心。

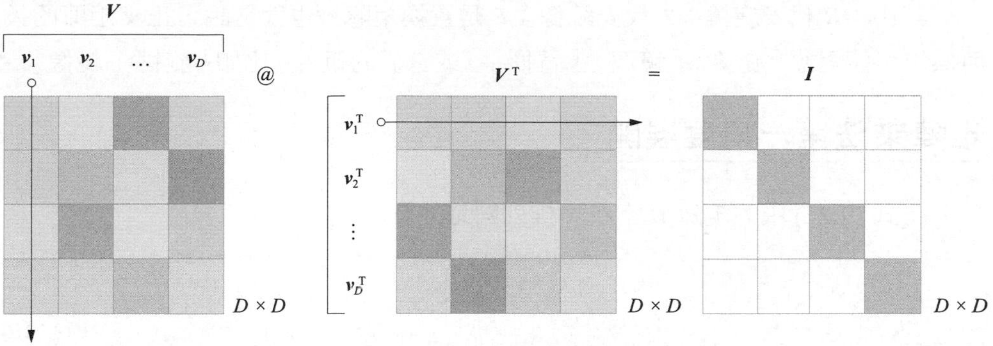

▲ 圖 9.5　正交陣 $\boldsymbol{V}$ 與自己轉置矩陣 $\boldsymbol{V}^{\mathrm{T}}$ 的乘積為單位陣 $\boldsymbol{I}$

前文的例子

其實我們已經接觸過幾種正交矩陣。本書前文提到的以下兩個矩陣都是正交矩陣，即

$$\boldsymbol{V} = \begin{bmatrix} \boldsymbol{v}_1 & \boldsymbol{v}_2 \end{bmatrix} = \begin{bmatrix} \frac{\sqrt{3}}{2} & -\frac{1}{2} \\ \frac{1}{2} & \frac{\sqrt{3}}{2} \end{bmatrix}, \quad \boldsymbol{W} = \begin{bmatrix} \boldsymbol{w}_1 & \boldsymbol{w}_2 \end{bmatrix} = \begin{bmatrix} \frac{\sqrt{2}}{2} & -\frac{\sqrt{2}}{2} \\ \frac{\sqrt{2}}{2} & \frac{\sqrt{2}}{2} \end{bmatrix} \tag{9.29}$$

式 (9.29) 中 $\boldsymbol{V}$ 和 $\boldsymbol{W}$ 都滿足方陣與自身轉置矩陣的乘積為單位陣，即

$$\begin{aligned} \boldsymbol{V}^{\mathrm{T}}\boldsymbol{V} &= \begin{bmatrix} \frac{\sqrt{3}}{2} & \frac{1}{2} \\ -\frac{1}{2} & \frac{\sqrt{3}}{2} \end{bmatrix} \begin{bmatrix} \frac{\sqrt{3}}{2} & -\frac{1}{2} \\ \frac{1}{2} & \frac{\sqrt{3}}{2} \end{bmatrix} = \begin{bmatrix} 1 & 0 \\ 0 & 1 \end{bmatrix} \\ \boldsymbol{W}^{\mathrm{T}}\boldsymbol{W} &= \begin{bmatrix} \frac{\sqrt{2}}{2} & \frac{\sqrt{2}}{2} \\ -\frac{\sqrt{2}}{2} & \frac{\sqrt{2}}{2} \end{bmatrix} \begin{bmatrix} \frac{\sqrt{2}}{2} & -\frac{\sqrt{2}}{2} \\ \frac{\sqrt{2}}{2} & \frac{\sqrt{2}}{2} \end{bmatrix} = \begin{bmatrix} 1 & 0 \\ 0 & 1 \end{bmatrix} \end{aligned} \tag{9.30}$$

本書上一章講過的矩陣 $\boldsymbol{R}$、$\boldsymbol{T}$ 和 $\boldsymbol{P}$ 都是正交矩陣，即

$$\boldsymbol{R} = \begin{bmatrix} \cos\theta & -\sin\theta \\ \sin\theta & \cos\theta \end{bmatrix}, \quad \boldsymbol{T} = \begin{bmatrix} \cos 2\theta & \sin 2\theta \\ \sin 2\theta & -\cos 2\theta \end{bmatrix}, \quad \boldsymbol{P} = \begin{bmatrix} & & 1 \\ 1 & & \\ & 1 & \\ & & \end{bmatrix} \tag{9.31}$$

其中：$\boldsymbol{R}$ 代表旋轉；$\boldsymbol{T}$ 代表鏡像；$\boldsymbol{P}$ 是置換矩陣。也就是說，正交矩陣的幾何操作可能對應「旋轉」「鏡像」「置換」，或它們的組合，比如「旋轉 + 鏡像」。

矩陣乘法第一角度展開

將式 (9.26) 中的矩陣 $\boldsymbol{V}$ 寫成一排列向量，有

$$\boldsymbol{V}_{D\times D} = \begin{bmatrix} v_{1,1} & v_{1,2} & \cdots & v_{1,D} \\ v_{2,1} & v_{2,2} & \cdots & v_{2,D} \\ \vdots & \vdots & \ddots & \vdots \\ v_{D,1} & v_{D,2} & \cdots & v_{D,D} \end{bmatrix} = \begin{bmatrix} \boldsymbol{v}_1 & \boldsymbol{v}_2 & \cdots & \boldsymbol{v}_D \end{bmatrix} \tag{9.32}$$

式 (9.26) 左側可以寫成

$$\boldsymbol{V}^{\mathrm{T}}\boldsymbol{V} = \begin{bmatrix} \boldsymbol{v}_1^{\mathrm{T}} \\ \boldsymbol{v}_2^{\mathrm{T}} \\ \vdots \\ \boldsymbol{v}_D^{\mathrm{T}} \end{bmatrix} \begin{bmatrix} \boldsymbol{v}_1 & \boldsymbol{v}_2 & \cdots & \boldsymbol{v}_D \end{bmatrix} \tag{9.33}$$

式 (9.33) 展開得到

$$\boldsymbol{V}^{\mathrm{T}}\boldsymbol{V} = \begin{bmatrix} \boldsymbol{v}_1^{\mathrm{T}}\boldsymbol{v}_1 & \boldsymbol{v}_1^{\mathrm{T}}\boldsymbol{v}_2 & \cdots & \boldsymbol{v}_1^{\mathrm{T}}\boldsymbol{v}_D \\ \boldsymbol{v}_2^{\mathrm{T}}\boldsymbol{v}_1 & \boldsymbol{v}_2^{\mathrm{T}}\boldsymbol{v}_2 & \cdots & \boldsymbol{v}_2^{\mathrm{T}}\boldsymbol{v}_D \\ \vdots & \vdots & \ddots & \vdots \\ \boldsymbol{v}_D^{\mathrm{T}}\boldsymbol{v}_1 & \boldsymbol{v}_D^{\mathrm{T}}\boldsymbol{v}_2 & \cdots & \boldsymbol{v}_D^{\mathrm{T}}\boldsymbol{v}_D \end{bmatrix} = \begin{bmatrix} 1 & 0 & \cdots & 0 \\ 0 & 1 & \cdots & 0 \\ \vdots & \vdots & \ddots & \vdots \\ 0 & 0 & \cdots & 1 \end{bmatrix} \tag{9.34}$$

大家應該已經意識到，式 (9.34) 就是 $\boldsymbol{V}^{\mathrm{T}}\boldsymbol{V}$ 矩陣乘法的第一角度。

$\boldsymbol{V}^{\mathrm{T}}\boldsymbol{V}$ 主對角線結果為 1，即

$$\boldsymbol{v}_j^{\mathrm{T}}\boldsymbol{v}_j = \boldsymbol{v}_j \cdot \boldsymbol{v}_j = \|\boldsymbol{v}_j\|^2 = 1 \quad j = 1,2,\dots,D \tag{9.35}$$

也就是說，矩陣 $\boldsymbol{V}$ 的每個列向量 $\boldsymbol{v}_j$ 為單位向量。

式 (9.34) 主對角線以外的元素均為 0，即

$$\boldsymbol{v}_i^{\mathrm{T}}\boldsymbol{v}_j = 0, \quad i \neq j \tag{9.36}$$

即 $\boldsymbol{V}$ 中任意兩個列向量兩兩正交，亦即垂直。

至此，可以判定 $\{\boldsymbol{v}_1, \boldsymbol{v}_2, \cdots, \boldsymbol{v}_D\}$ 為規範正交基底。寫成有序基形式，就是矩陣 $\boldsymbol{V} = [\boldsymbol{v}_1, \boldsymbol{v}_2, \cdots, \boldsymbol{v}_D]$。$\boldsymbol{V}$ 張起一個 D 維向量空間 $\text{span}(\boldsymbol{v}_1, \boldsymbol{v}_2, \cdots, \boldsymbol{v}_D)$，$\mathbb{R}^D = \text{span}(\boldsymbol{v}_1, \boldsymbol{v}_2, \cdots, \boldsymbol{v}_D)$。也就是說，$[\boldsymbol{v}_1, \boldsymbol{v}_2, \cdots, \boldsymbol{v}_D]$ 是張起 $\mathbb{R}^D$ 無數規範正交基底的一組。

順便一提，由於 $\boldsymbol{V}^{\mathrm{T}}\boldsymbol{V} = \boldsymbol{V}\boldsymbol{V}^{\mathrm{T}} = \boldsymbol{I}$，因此 $\boldsymbol{V}^{\mathrm{T}}$ 本身也是一個規範正交基底。$\boldsymbol{V}^{\mathrm{T}}$ 可以展開寫成 $\boldsymbol{V}^{\mathrm{T}} = [\boldsymbol{v}^{(1)\mathrm{T}}, \boldsymbol{v}^{(2)\mathrm{T}}, \cdots, \boldsymbol{v}^{(j)\mathrm{T}}]$。

批次化計算向量模和夾角

此外，式 (9.34) 告訴我們「批次」計算一系列向量模和兩兩夾角的方式——**格拉姆矩陣** (Gram matrix)！

$\boldsymbol{V}^{\mathrm{T}}\boldsymbol{V}$ 相當於 $\boldsymbol{V}$ 的格拉姆矩陣，透過對式 (9.34) 的分析，我們知道格拉姆矩陣包含原矩陣的所有向量模、向量兩兩夾角這兩類資訊。

再舉個例子，給定矩陣 $\boldsymbol{X}$，將其寫成一組列向量 $\boldsymbol{X} = [\boldsymbol{x}_1, \boldsymbol{x}_2, \cdots, \boldsymbol{x}_D]$。$\boldsymbol{X}$ 的格拉姆矩陣為

$$\boldsymbol{G} = \begin{bmatrix} \boldsymbol{x}_1 \cdot \boldsymbol{x}_1 & \boldsymbol{x}_1 \cdot \boldsymbol{x}_2 & \cdots & \boldsymbol{x}_1 \cdot \boldsymbol{x}_D \\ \boldsymbol{x}_2 \cdot \boldsymbol{x}_1 & \boldsymbol{x}_2 \cdot \boldsymbol{x}_2 & \cdots & \boldsymbol{x}_2 \cdot \boldsymbol{x}_D \\ \vdots & \vdots & \ddots & \vdots \\ \boldsymbol{x}_D \cdot \boldsymbol{x}_1 & \boldsymbol{x}_D \cdot \boldsymbol{x}_2 & \cdots & \boldsymbol{x}_D \cdot \boldsymbol{x}_D \end{bmatrix} = \begin{bmatrix} \langle \boldsymbol{x}_1, \boldsymbol{x}_1 \rangle & \langle \boldsymbol{x}_1, \boldsymbol{x}_2 \rangle & \cdots & \langle \boldsymbol{x}_1, \boldsymbol{x}_D \rangle \\ \langle \boldsymbol{x}_2, \boldsymbol{x}_1 \rangle & \langle \boldsymbol{x}_2, \boldsymbol{x}_2 \rangle & \cdots & \langle \boldsymbol{x}_2, \boldsymbol{x}_D \rangle \\ \vdots & \vdots & \ddots & \vdots \\ \langle \boldsymbol{x}_D, \boldsymbol{x}_1 \rangle & \langle \boldsymbol{x}_D, \boldsymbol{x}_2 \rangle & \cdots & \langle \boldsymbol{x}_D, \boldsymbol{x}_D \rangle \end{bmatrix} \tag{9.37}$$

借助向量夾角餘弦展開 $\boldsymbol{G}$ 中的向量積，有

$$\boldsymbol{G} = \begin{bmatrix} \|\boldsymbol{x}_1\|\|\boldsymbol{x}_1\|\cos\theta_{1,1} & \|\boldsymbol{x}_1\|\|\boldsymbol{x}_2\|\cos\theta_{1,2} & \cdots & \|\boldsymbol{x}_1\|\|\boldsymbol{x}_D\|\cos\theta_{1,D} \\ \|\boldsymbol{x}_2\|\|\boldsymbol{x}_1\|\cos\theta_{2,1} & \|\boldsymbol{x}_2\|\|\boldsymbol{x}_2\|\cos\theta_{2,2} & \cdots & \|\boldsymbol{x}_2\|\|\boldsymbol{x}_D\|\cos\theta_{2,D} \\ \vdots & \vdots & \ddots & \vdots \\ \|\boldsymbol{x}_D\|\|\boldsymbol{x}_1\|\cos\theta_{D,1} & \|\boldsymbol{x}_D\|\|\boldsymbol{x}_2\|\cos\theta_{D,2} & \cdots & \|\boldsymbol{x}_D\|\|\boldsymbol{x}_D\|\cos\theta_{D,D} \end{bmatrix} \tag{9.38}$$

> 我們將在本書第 12 章講解 Cholesky 分解時繼續深入探討這一話題。

觀察矩陣 $\boldsymbol{G}$，它包含了資料矩陣 $\boldsymbol{X}$ 中列向量的兩個重要信息—模 $\|\boldsymbol{x}_i\|$、方向 (向量兩兩夾角 $\cos\theta_{i,j}$)。再次強調，$\theta_{i,j}$ 為相對角度。

矩陣乘法第二角度展開

有了第一角度，大家自然會想到矩陣乘法的第二角度。

還是將 $\boldsymbol{V}$ 寫成 $[\boldsymbol{v}_1, \boldsymbol{v}_2, \cdots, \boldsymbol{v}_D]$，$\boldsymbol{V}\boldsymbol{V}^{\mathrm{T}}$ 則可以按以下方式展開，即

$$\boldsymbol{V}\boldsymbol{V}^{\mathrm{T}} = \begin{bmatrix} \boldsymbol{v}_1 & \boldsymbol{v}_2 & \cdots & \boldsymbol{v}_D \end{bmatrix} \begin{bmatrix} \boldsymbol{v}_1^{\mathrm{T}} \\ \boldsymbol{v}_2^{\mathrm{T}} \\ \vdots \\ \boldsymbol{v}_D^{\mathrm{T}} \end{bmatrix} = \boldsymbol{v}_1\boldsymbol{v}_1^{\mathrm{T}} + \boldsymbol{v}_2\boldsymbol{v}_2^{\mathrm{T}} + \cdots + \boldsymbol{v}_D\boldsymbol{v}_D^{\mathrm{T}} = \boldsymbol{I}_{D\times D} \tag{9.39}$$

式 (9.39) 可以寫成一系列張量積之和，即

$$\boldsymbol{V}\boldsymbol{V}^{\mathrm{T}} = \boldsymbol{v}_1 \otimes \boldsymbol{v}_1 + \boldsymbol{v}_2 \otimes \boldsymbol{v}_2 + \cdots + \boldsymbol{v}_D \otimes \boldsymbol{v}_D = \boldsymbol{I}_{D\times D} \tag{9.40}$$

上一節式 (9.25) 對應資料矩陣 $\boldsymbol{X}$ 向單位向量 $\boldsymbol{v}$ 進行向量投影。如果 $\boldsymbol{X}$ 向規範正交基底 $\boldsymbol{V} = [\boldsymbol{v}_1, \boldsymbol{v}_2, \cdots, \boldsymbol{v}_D]$ 張起的 D 維空間投影，得到的純量投影就是 $\boldsymbol{Z} = \boldsymbol{X}\boldsymbol{V}$，而向量投影結果為

$$\begin{aligned} \boldsymbol{X}_{n\times D}\boldsymbol{V}\boldsymbol{V}^{\mathrm{T}} &= \boldsymbol{X}\left(\boldsymbol{v}_1 \otimes \boldsymbol{v}_1 + \boldsymbol{v}_2 \otimes \boldsymbol{v}_2 + \cdots + \boldsymbol{v}_D \otimes \boldsymbol{v}_D\right) \\ &= \underbrace{\boldsymbol{X}\boldsymbol{v}_1}_{\boldsymbol{z}_1} \otimes \boldsymbol{v}_1 + \underbrace{\boldsymbol{X}\boldsymbol{v}_2}_{\boldsymbol{z}_2} \otimes \boldsymbol{v}_2 + \cdots + \underbrace{\boldsymbol{X}\boldsymbol{v}_D}_{\boldsymbol{z}_D} \otimes \boldsymbol{v}_D \\ &= \boldsymbol{X}_{n\times D}\boldsymbol{I}_{D\times D} \\ &= \boldsymbol{X}_{n\times D} \end{aligned} \tag{9.41}$$

大家可能已經糊塗了，式 (9.41) 折騰了半天，最後得到的還是原資料矩陣 $\boldsymbol{X}$ 本身！

式 (9.41) 已經非常接近本書第 15、16 章要講解的奇異值分解的想法。下一章我們一起搞清楚式 (9.41) 背後的數學思想。

再進一步，如圖 9.6 所示，式 (9.42) 代表一個規範正交基底對單位矩陣的分解，即

$$\boldsymbol{I}_{D\times D} = \boldsymbol{v}_1 \otimes \boldsymbol{v}_1 + \boldsymbol{v}_2 \otimes \boldsymbol{v}_2 + \cdots + \boldsymbol{v}_D \otimes \boldsymbol{v}_D = \sum_{j=1}^{D} \boldsymbol{v}_j \otimes \boldsymbol{v}_j \tag{9.42}$$

其中：每個 $\boldsymbol{v}_j \otimes \boldsymbol{v}_j$ 都是一個特定方向的**投影矩陣** (projection matrix)。這個角度同樣重要，本章和下一章還將繼續深入討論。

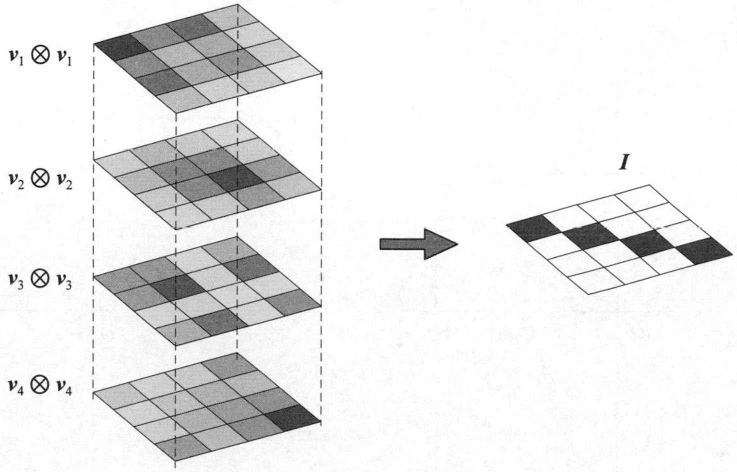

▲ 圖 9.6　對單位矩陣的分解

9.4 規範正交基底性質

本節以式 (9.29) 中的矩陣 $\boldsymbol{V}$ 為例介紹更多規範正交基底的性質。

座標

將 $\boldsymbol{V}$ 分解成兩個列向量，有

$$\boldsymbol{v}_1 = \begin{bmatrix} \frac{\sqrt{3}}{2} \\ \frac{1}{2} \end{bmatrix}, \quad \boldsymbol{v}_2 = \begin{bmatrix} -\frac{1}{2} \\ \frac{\sqrt{3}}{2} \end{bmatrix} \tag{9.43}$$

這兩個向量長度為 1，都是單位向量。

顯然，$\boldsymbol{V}$ 的轉置與 $\boldsymbol{V}$ 本身的乘積是一個 2×2 單位矩陣。用矩陣乘法第一角度展開 $\boldsymbol{V}^{\mathrm{T}}\boldsymbol{V}$ 得到

$$V^{\mathrm{T}}V = \begin{bmatrix} v_1^{\mathrm{T}} \\ v_2^{\mathrm{T}} \end{bmatrix} \begin{bmatrix} v_1 & v_2 \end{bmatrix} = \begin{bmatrix} v_1^{\mathrm{T}}v_1 & v_1^{\mathrm{T}}v_2 \\ v_2^{\mathrm{T}}v_1 & v_2^{\mathrm{T}}v_2 \end{bmatrix} = \begin{bmatrix} 1 & 0 \\ 0 & 1 \end{bmatrix} = I \tag{9.44}$$

給定列向量 $x = [4, 3]^{\mathrm{T}}$。如圖 9.7(a) 所示，x 在標準正交基底 $[e_1, e_2]$ 中的座標為 (4, 3)。

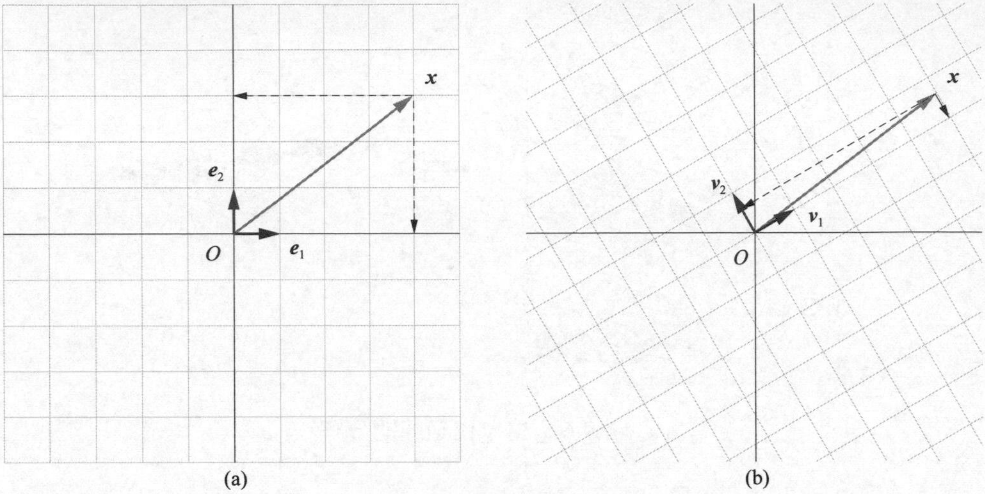

▲ 圖 9.7 x 在不同規範正交系中的座標

如圖 9.7(b) 所示，將 x 投影到 V 這個規範正交系中，得到的結果就是在 $[v_1, v_2]$ 這個規範正交系的座標，有

$$V^{\mathrm{T}}x = \begin{bmatrix} v_1^{\mathrm{T}} \\ v_2^{\mathrm{T}} \end{bmatrix} x = \begin{bmatrix} v_1^{\mathrm{T}}x \\ v_2^{\mathrm{T}}x \end{bmatrix} = \begin{bmatrix} \mathrm{proj}_{v_1}(x) \\ \mathrm{proj}_{v_2}(x) \end{bmatrix} = \begin{bmatrix} \frac{\sqrt{3}}{2} & \frac{1}{2} \\ -\frac{1}{2} & \frac{\sqrt{3}}{2} \end{bmatrix} \begin{bmatrix} 4 \\ 3 \end{bmatrix} = \begin{bmatrix} 4.964 \\ 0.598 \end{bmatrix} \tag{9.45}$$

這說明，向量 x 在規範正交系 $[v_1, v_2]$ 中的座標為 (4.964, 0.598)。

向量長度不變

經過正交矩陣 V 線性變換後，向量 x 的 L^2 範數，即向量模沒有變化，有

$$\begin{aligned} \left\| V^{\mathrm{T}}x \right\|_2^2 &= V^{\mathrm{T}}x \cdot V^{\mathrm{T}}x = \left(V^{\mathrm{T}}x\right)^{\mathrm{T}}\left(V^{\mathrm{T}}x\right) = x^{\mathrm{T}}V^{\mathrm{T}}Vx \\ &= x^{\mathrm{T}}Ix = x^{\mathrm{T}}x = x \cdot x = \|x\|_2^2 \end{aligned} \tag{9.46}$$

比較圖 9.7(a) 和 9.7(b) 可以發現，不同規範正交系中 $\boldsymbol{x}$ 的長度確實沒有變化。向量 $\boldsymbol{x}$ 在 $[\boldsymbol{v}_1, \boldsymbol{v}_2]$ 中的座標為 (4.964, 0.598)，計算其向量模為

$$\sqrt{4.964^2 + 0.598^2} = \sqrt{4^2 + 3^2} = 5 \tag{9.47}$$

圖 9.8 所示為平面上給定向量在不同規範正交基底中的投影結果。

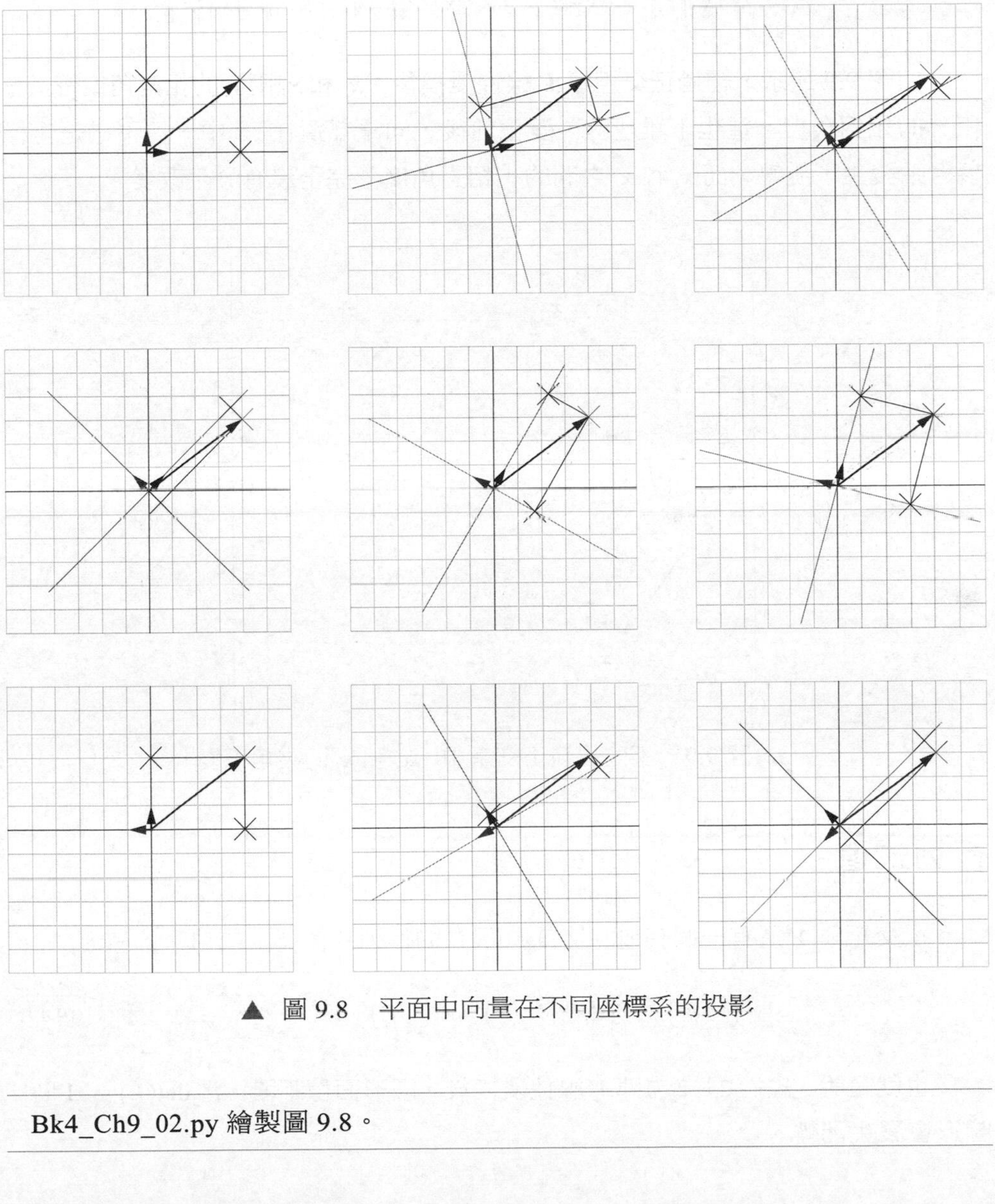

▲ 圖 9.8　平面中向量在不同座標系的投影

Bk4_Ch9_02.py 繪製圖 9.8。

夾角不變

$\boldsymbol{x}_i$ 和 $\boldsymbol{x}_j$ 經過正交矩陣 $\boldsymbol{V}$ 線性轉化得到 $\boldsymbol{z}_i$ 和 $\boldsymbol{z}_j$。$\boldsymbol{z}_i$ 和 $\boldsymbol{z}_j$ 的夾角等於 $\boldsymbol{x}_i$ 和 $\boldsymbol{x}_j$ 夾角，有

$$\frac{\boldsymbol{z}_i \cdot \boldsymbol{z}_j}{\|\boldsymbol{z}_i\|\|\boldsymbol{z}_j\|} = \frac{\boldsymbol{z}_i \cdot \boldsymbol{z}_j}{\|\boldsymbol{x}_i\|\|\boldsymbol{x}_j\|} = \frac{\boldsymbol{V}^{\mathrm{T}}\boldsymbol{x}_i \cdot \boldsymbol{V}^{\mathrm{T}}\boldsymbol{x}_j}{\|\boldsymbol{x}_i\|\|\boldsymbol{x}_j\|} = \frac{\left(\boldsymbol{V}^{\mathrm{T}}\boldsymbol{x}_i\right)^{\mathrm{T}}\boldsymbol{V}^{\mathrm{T}}\boldsymbol{x}_j}{\|\boldsymbol{x}_i\|\|\boldsymbol{x}_j\|} = \frac{\boldsymbol{x}_i^{\mathrm{T}}\boldsymbol{x}_j}{\|\boldsymbol{x}_i\|\|\boldsymbol{x}_j\|} = \frac{\boldsymbol{x}_i \cdot \boldsymbol{x}_j}{\|\boldsymbol{x}_i\|\|\boldsymbol{x}_j\|} \tag{9.48}$$

如圖 9.9 所示，經過正交矩陣 $\boldsymbol{V}$ 線性變換後，$\boldsymbol{x}_i$ 和 $\boldsymbol{x}_j$ 兩者的相對角度等於 $\boldsymbol{z}_i$ 和 $\boldsymbol{z}_j$ 的相對角度。這也不難理解，變化前後，向量都還在 $\mathbb{R}^2$ 中，只不過是座標參考系發生了旋轉，而 $\boldsymbol{x}_i$ 和 $\boldsymbol{x}_j$ 之間的「相對角度」完全沒有發生改變。

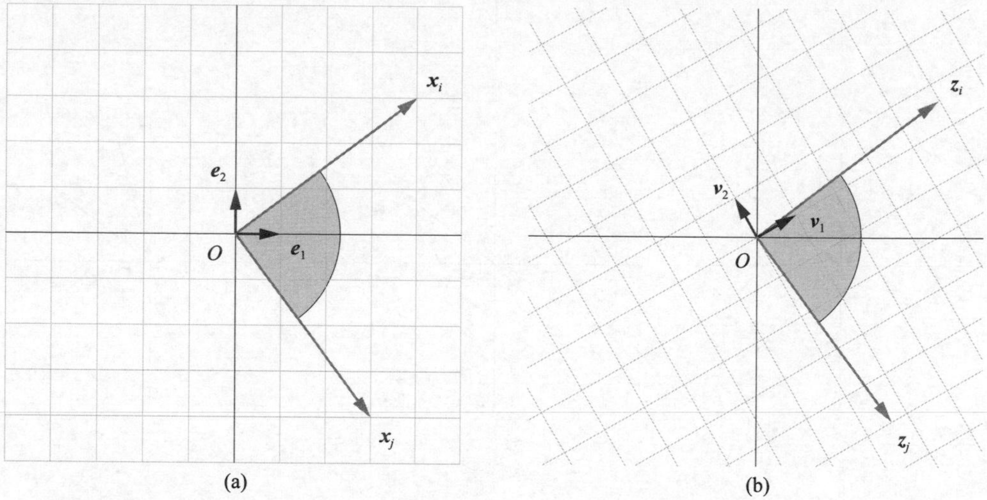

▲ 圖 9.9　不同規範正交系中，$\boldsymbol{x}_i$ 和 $\boldsymbol{x}_j$ 的夾角不變

行列式值

正交矩陣 $\boldsymbol{V}$ 還有一個有趣的性質，即 $\boldsymbol{V}$ 的行列式值為 1 或 -1，即有

$$\left(\det(\boldsymbol{V})\right)^2 = \det\left(\boldsymbol{V}^{\mathrm{T}}\right)\det(\boldsymbol{V}) = \det\left(\boldsymbol{V}^{\mathrm{T}}\boldsymbol{V}\right) = \det(\boldsymbol{I}) = 1 \tag{9.49}$$

也就是說，經過 2×2 方陣 $\boldsymbol{V}$ 線性變換後，圖形面積不變。當 $\det(\boldsymbol{V}) = -1$ 時，圖形會發生翻轉。

9.5 再談鏡像：從投影角度

上一章介紹幾何變換時，我們介紹了鏡像，並且直接列出了完成鏡像操作的轉換矩陣 $\boldsymbol{T}$ 的一種形式，具體為

$$\boldsymbol{T}=\begin{bmatrix}\cos 2\theta & \sin 2\theta \\ \sin 2\theta & -\cos 2\theta\end{bmatrix} \tag{9.50}$$

本節用正交投影推導式 (9.50)。

如圖 9.10 所示，鏡像對稱軸 l 這條直線通過原點，直線切向量 τ 為

$$\boldsymbol{\tau}=\begin{bmatrix}\cos\theta \\ \sin\theta\end{bmatrix} \tag{9.51}$$

向量 $\boldsymbol{x}$ 關於對稱軸 l 鏡像得到 $\boldsymbol{z}$。

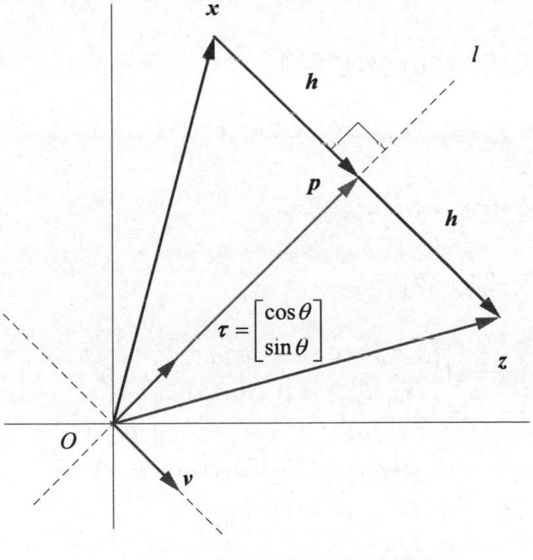

▲ 圖 9.10　投影角度看鏡像

從投影角度來看，向量 $\boldsymbol{x}$ 在 τ 方向投影為向量 $\boldsymbol{p}$。利用張量積 (投影矩陣) 形式，向量 $\boldsymbol{p}$ 可以寫成

$$\boldsymbol{p}=(\boldsymbol{\tau}\otimes\boldsymbol{\tau})\boldsymbol{x} \tag{9.52}$$

將式 (9.51) 代入式 (9.52)，整理得到

$$\boldsymbol{p}=(\boldsymbol{\tau}\otimes\boldsymbol{\tau})\boldsymbol{x}=\begin{bmatrix}\cos\theta\cos\theta & \cos\theta\sin\theta\\ \cos\theta\sin\theta & \sin\theta\sin\theta\end{bmatrix}\boldsymbol{x} \tag{9.53}$$

利用三角恒等式，上式可以整理為

$$\boldsymbol{p}=\begin{bmatrix}(\cos 2\theta+1)/2 & \sin 2\theta/2\\ \sin 2\theta/2 & (1-\cos 2\theta)/2\end{bmatrix}\boldsymbol{x} \tag{9.54}$$

令向量 $\boldsymbol{h}$ 為 $\boldsymbol{p}$、$\boldsymbol{x}$ 之差，即

$$\boldsymbol{h}=\boldsymbol{p}-\boldsymbol{x} \tag{9.55}$$

根據正交投影，顯然 $\boldsymbol{h}$ 垂直於 $\boldsymbol{p}$。觀察圖 9.10，由於 $\boldsymbol{z}$ 和 $\boldsymbol{x}$ 為鏡像關係，因此兩者之差為 $2\boldsymbol{h}$，也就是下式成立，即

$$\boldsymbol{z}=\boldsymbol{x}+2\boldsymbol{h} \tag{9.56}$$

將式 (9.55) 代入式 (9.56) 整理得到

$$\boldsymbol{z}=2\boldsymbol{p}-\boldsymbol{x} \tag{9.57}$$

從另外一個角度來看，$\boldsymbol{x}+\boldsymbol{z}=2\boldsymbol{p}$。

將式 (9.54) 代入式 (9.57) 得到

$$\begin{aligned}\boldsymbol{z}&=2\begin{bmatrix}(\cos 2\theta+1)/2 & \sin 2\theta/2\\ \sin 2\theta/2 & (1-\cos 2\theta)/2\end{bmatrix}\boldsymbol{x}-\boldsymbol{I}\boldsymbol{x}\\ &=\begin{bmatrix}2\times(\cos 2\theta+1)/2-1 & 2\times\sin 2\theta/2\\ 2\times\sin 2\theta/2 & 2\times(1-\cos 2\theta)/2-1\end{bmatrix}\boldsymbol{x}\\ &=\begin{bmatrix}\cos 2\theta & \sin 2\theta\\ \sin 2\theta & -\cos 2\theta\end{bmatrix}\boldsymbol{x}\end{aligned} \tag{9.58}$$

這樣，我們便用投影角度推導得到式 (9.50) 的結果。

豪斯霍爾德矩陣

此外，將式 (9.52) 代入式 (9.57)，整理得到

$$z = 2(\boldsymbol{\tau} \otimes \boldsymbol{\tau})\boldsymbol{x} - \boldsymbol{x} = (2\boldsymbol{\tau} \otimes \boldsymbol{\tau} - \boldsymbol{I})\boldsymbol{x} \tag{9.59}$$

在圖 9.10 中，定義單位向量 $\boldsymbol{v}$ 垂直於切向量 τ，$[\tau, \boldsymbol{v}]$ 為規範正交基底，滿足

$$\boldsymbol{\tau} \otimes \boldsymbol{\tau} + \boldsymbol{v} \otimes \boldsymbol{v} = \boldsymbol{I} \tag{9.60}$$

$\tau \otimes \tau$ 可以寫成

$$\boldsymbol{\tau} \otimes \boldsymbol{\tau} = \boldsymbol{I} - \boldsymbol{v} \otimes \boldsymbol{v} \tag{9.61}$$

將式 (9.61) 代入式 (9.59) 得到

$$z = \underbrace{(\boldsymbol{I} - 2\boldsymbol{v} \otimes \boldsymbol{v})}_{H}\boldsymbol{x} \tag{9.62}$$

令 $\boldsymbol{H}$ 為

$$\boldsymbol{H} = \boldsymbol{I} - 2\boldsymbol{v} \otimes \boldsymbol{v} \tag{9.63}$$

矩陣 $\boldsymbol{H}$ 有自己的名字—**豪斯霍爾德矩陣** (Householder matrix)。矩陣 $\boldsymbol{H}$ 完成的轉換叫做**豪斯霍爾德反射** (Householder reflection)，也叫初等反射。圖 9.10 中向量 $\boldsymbol{v}$ 的方向就是反射面所在方向。

9.6 格拉姆 - 施密特正交化

格拉姆 - 施密特正交化 (Gram-Schmidt orthogonalization) 是求解規範正交基底的一種方法。整個過程用到的核心數學工具就是正交投影。

給定非正交的 D 個線性不相關的向量 $[\boldsymbol{x}_1, \boldsymbol{x}_2, \boldsymbol{x}_3, \cdots, \boldsymbol{x}_D]$，透過格拉姆 - 施密特正交化，可以得到 D 個單位正交向量 $\{\boldsymbol{q}_1, \boldsymbol{q}_2, \boldsymbol{q}_3, \cdots, \boldsymbol{q}_D\}$，它們可以建構一個規範正交基底 $[\boldsymbol{q}_1, \boldsymbol{q}_2, \boldsymbol{q}_3, \cdots, \boldsymbol{q}_D]$。

正交化過程

格拉姆 - 施密特正交化過程如下，即

$$\begin{aligned}
&\boldsymbol{\eta}_1 = \boldsymbol{x}_1 \\
&\boldsymbol{\eta}_2 = \boldsymbol{x}_2 - \text{proj}_{\boldsymbol{\eta}_1}(\boldsymbol{x}_2) \\
&\boldsymbol{\eta}_3 = \boldsymbol{x}_3 - \text{proj}_{\boldsymbol{\eta}_1}(\boldsymbol{x}_3) - \text{proj}_{\boldsymbol{\eta}_2}(\boldsymbol{x}_3) \\
&\cdots \\
&\boldsymbol{\eta}_D = \boldsymbol{x}_D - \sum_{j=1}^{D-1} \text{proj}_{\boldsymbol{\eta}_j}(\boldsymbol{x}_D)
\end{aligned} \tag{9.64}$$

前兩步

圖 9.11 所示為格拉姆 - 施密特正交化前兩步。

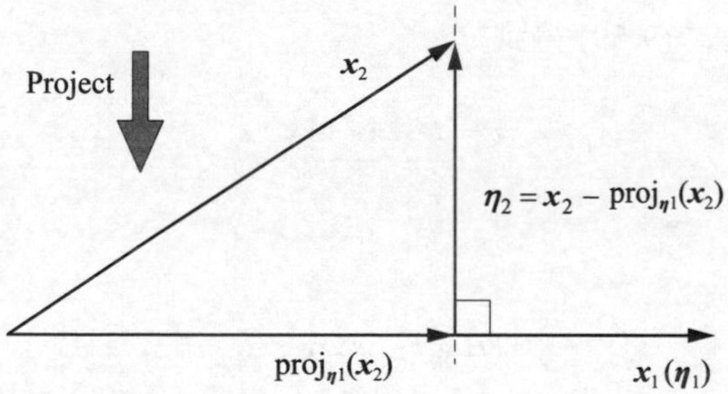

▲ 圖 9.11　格拉姆 - 施密特正交化前兩步

獲得 η_1 很容易，只需要 $\eta_1 = \boldsymbol{x}_1$。

求解 η_2 需要利用 η_2 垂直於 η_1 這一條件，即

$$(\boldsymbol{\eta}_1)^{\mathrm{T}} \boldsymbol{\eta}_2 = 0 \tag{9.65}$$

如圖 9.11 所示，$\boldsymbol{x}_2$ 在 η_1 方向上的向量投影為 proj $\eta_1(\boldsymbol{x}_2)$，剩餘的向量分量垂直於 $\boldsymbol{x}_1(\eta_1)$，這個分量就是 η_2，則有

$$\boldsymbol{\eta}_2 = \boldsymbol{x}_2 - \text{proj}_{\boldsymbol{\eta}_1}(\boldsymbol{x}_2) = \boldsymbol{x}_2 - \frac{\boldsymbol{x}_2^{\mathrm{T}} \boldsymbol{\eta}_1}{\boldsymbol{\eta}_1^{\mathrm{T}} \boldsymbol{\eta}_1} \boldsymbol{\eta}_1 \tag{9.66}$$

η_2 也有自己的名稱，叫做 η_1 的**正交補** (orthogonal complement)。也可以說，η_1 和 η_2 互為正交補。下面驗證 η_1 和 η_2 相互垂直，有

$$\begin{aligned}(\boldsymbol{\eta}_1)^{\mathrm{T}}\boldsymbol{\eta}_2 &= (\boldsymbol{x}_1)^{\mathrm{T}}\left(\boldsymbol{x}_2 - \frac{\boldsymbol{x}_2^{\mathrm{T}}\boldsymbol{\eta}_1}{\boldsymbol{\eta}_1^{\mathrm{T}}\boldsymbol{\eta}_1}\boldsymbol{\eta}_1\right) \\ &= \boldsymbol{x}_1^{\mathrm{T}}\boldsymbol{x}_2 - \frac{\overbrace{\boldsymbol{x}_1^{\mathrm{T}}\boldsymbol{x}_1}^{\text{Scalar}}\boldsymbol{x}_2^{\mathrm{T}}\boldsymbol{x}_1}{\underbrace{\boldsymbol{x}_1^{\mathrm{T}}\boldsymbol{x}_1}_{\text{Scalar}}} = \boldsymbol{x}_1^{\mathrm{T}}\boldsymbol{x}_2 - \boldsymbol{x}_2^{\mathrm{T}}\boldsymbol{x}_1 = 0\end{aligned} \tag{9.67}$$

第三步

如圖 9.12 所示，第三步是 $\boldsymbol{x}_3$ 向 $[\eta_1, \eta_2]$ 張成的平面投影。令 η_3 為 $\boldsymbol{x}_3$ 中不在 $[\eta_1, \eta_2]$ 平面上的向量分量，即

$$\boldsymbol{\eta}_3 = \boldsymbol{x}_3 - \text{proj}_{\boldsymbol{\eta}_1}(\boldsymbol{x}_3) - \text{proj}_{\boldsymbol{\eta}_2}(\boldsymbol{x}_3) \tag{9.68}$$

顯然，η_3 垂直於 span(η_1, η_2)，也就是說 η_3 分別垂直於 η_1 和 η_2。η_3 與 span(η_1, η_2) 互為正交補。按此想法，不斷反覆投影直至得到所有正交向量 $\{\eta_1, \eta_2, \eta_3, \cdots, \eta_D\}$。

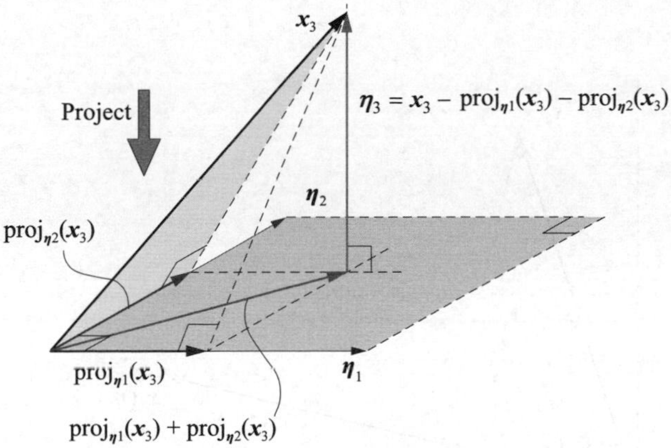

▲ 圖 9.12　格拉姆 - 施密特正交化第三步

單位化

最後單位化，獲得單位正交向量 $\{\boldsymbol{q}_1, \boldsymbol{q}_2, \boldsymbol{q}_3, \cdots, \boldsymbol{q}_D\}$，有

$$\boldsymbol{q}_1 = \frac{\boldsymbol{\eta}_1}{\|\boldsymbol{\eta}_1\|},\quad \boldsymbol{q}_2 = \frac{\boldsymbol{\eta}_2}{\|\boldsymbol{\eta}_2\|},\quad \boldsymbol{q}_3 = \frac{\boldsymbol{\eta}_3}{\|\boldsymbol{\eta}_3\|},\quad \cdots,\quad \boldsymbol{q}_D = \frac{\boldsymbol{\eta}_D}{\|\boldsymbol{\eta}_D\|} \tag{9.69}$$

值得強調的是，規範正交基底 $[\boldsymbol{q}_1, \boldsymbol{q}_2, \boldsymbol{q}_3, \cdots, \boldsymbol{q}_D]$ 的特別之處在於 $\boldsymbol{q}_1$ 平行於 $\boldsymbol{x}_1$。本書後續還會介紹其他獲得規範正交基底的演算法，請大家注意比對。

舉個實例

給定 $\boldsymbol{x}_1$ 和 $\boldsymbol{x}_2$ 兩個向量如下，利用格拉姆 - 施密特正交化獲得兩個正交向量。$\boldsymbol{x}_1$ 和 $\boldsymbol{x}_2$ 分別為

$$\boldsymbol{x}_1 = \begin{bmatrix} 4 \\ 1 \end{bmatrix},\quad \boldsymbol{x}_2 = \begin{bmatrix} 1 \\ 3 \end{bmatrix} \tag{9.70}$$

η_1 就是 $\boldsymbol{x}_1$，即

$$\boldsymbol{\eta}_1 = \boldsymbol{x}_1 = \begin{bmatrix} 4 \\ 1 \end{bmatrix} \tag{9.71}$$

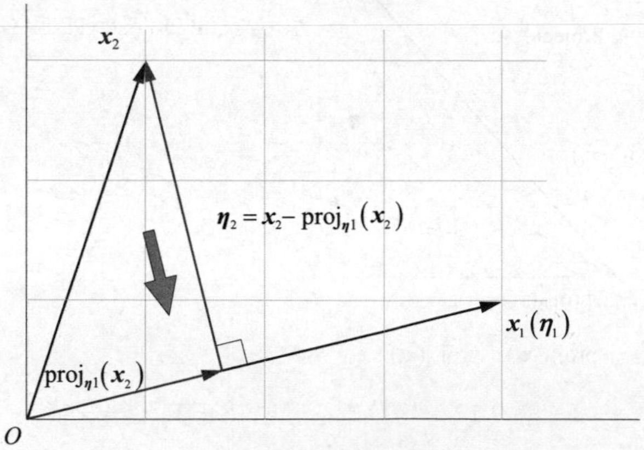

▲ 圖 9.13 格拉姆 - 施密特正交化第二步

$\boldsymbol{x}_2$ 在 $\eta_1(\boldsymbol{x}_1)$ 方向上投影，得到向量投影為

$$\mathrm{proj}_{\eta_1}(\boldsymbol{x}_2)=\frac{\boldsymbol{x}_2\cdot\boldsymbol{\eta}_1}{\boldsymbol{\eta}_1\cdot\boldsymbol{\eta}_1}\boldsymbol{\eta}_1=\frac{4\times1+1\times3}{4\times4+1\times1}\times\begin{bmatrix}4\\1\end{bmatrix}=\frac{7}{17}\times\begin{bmatrix}4\\1\end{bmatrix} \tag{9.72}$$

計算 η_2 為

$$\begin{aligned}\boldsymbol{\eta}_2&=\boldsymbol{x}_2-\mathrm{proj}_{\eta_1}(\boldsymbol{x}_2)\\&=\begin{bmatrix}1\\3\end{bmatrix}-\frac{7}{17}\times\begin{bmatrix}4\\1\end{bmatrix}=\frac{1}{17}\times\begin{bmatrix}-11\\44\end{bmatrix}\end{aligned} \tag{9.73}$$

最後對 η_1 和 η_2 單位化，得到 $\boldsymbol{q}_1$ 和 $\boldsymbol{q}_2$ 為

$$\begin{cases}\boldsymbol{q}_1=\dfrac{\boldsymbol{\eta}_1}{\|\boldsymbol{\eta}_1\|}=\dfrac{1}{\sqrt{17}}\begin{bmatrix}4\\1\end{bmatrix}\\\boldsymbol{q}_2=\dfrac{\boldsymbol{\eta}_2}{\|\boldsymbol{\eta}_2\|}=\dfrac{1}{\sqrt{17}}\begin{bmatrix}-1\\4\end{bmatrix}\end{cases} \tag{9.74}$$

格拉姆 - 施密特正交化可以透過 QR 分解完成，這是第 11 章矩陣分解要講解的內容之一。

9.7 投影角度看回歸

《AI 時代 Math 元年 - 用 Python 全精通數學要素》雞兔同籠三部曲中簡單介紹過如何透過投影角度理解線性回歸。本節在此基礎上展開講解。

一元線性回歸

如圖 9.14 所示，列向量 $\boldsymbol{y}$ 在 $\boldsymbol{x}$ 方向上正交投影得到向量 $\hat{\boldsymbol{y}}$。向量差 $\boldsymbol{y}-\hat{\boldsymbol{y}}$ 垂直於 $\boldsymbol{x}$。據此建構等式

$$\boldsymbol{x}^{\mathrm{T}}(\boldsymbol{y}-\hat{\boldsymbol{y}})=0 \tag{9.75}$$

顯然 $\hat{\boldsymbol{y}}$ 和 $\boldsymbol{x}$ 共線，因此下式成立，即

$$\hat{\boldsymbol{y}} = b\boldsymbol{x} \tag{9.76}$$

其中：b 為實數係數。大家在式 (9.76) 中是否已經看到了線性回歸的影子？

從向量空間角度來看，span($\boldsymbol{x}$) 張起的向量空間維度為 1。$\hat{\boldsymbol{y}}$ 在 span($\boldsymbol{x}$) 中，$\hat{\boldsymbol{y}}$ 和 $\boldsymbol{x}$ 線性相關。

從資料角度思考，$\boldsymbol{x}$ 為引數，$\boldsymbol{y}$ 為因變數。資料 $\boldsymbol{x}$ 方向能夠解釋 $\boldsymbol{y}$ 的一部分，即 $\hat{\boldsymbol{y}}$。不能解釋的部分就是**殘差** (residuals)，即 $\boldsymbol{\varepsilon} = \boldsymbol{y} - \hat{\boldsymbol{y}}$。$\boldsymbol{\varepsilon}$ 和 $\boldsymbol{x}$ 互為正交補。

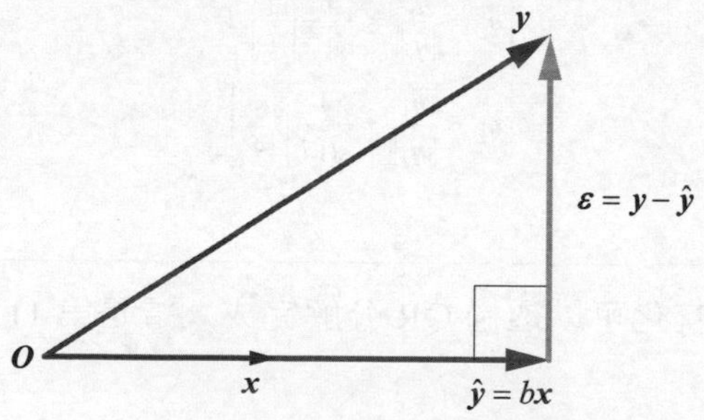

▲ 圖 9.14　向量 $\boldsymbol{y}$ 向 $\boldsymbol{x}$ 正交投影得到向量投影

將式 (9.76) 代入式 (9.75)，得到

$$\boldsymbol{x}^{\mathrm{T}}\left(\boldsymbol{y} - b\boldsymbol{x}\right) = 0 \tag{9.77}$$

容易求得係數 b 為

$$b = \left(\boldsymbol{x}^{\mathrm{T}}\boldsymbol{x}\right)^{-1}\boldsymbol{x}^{\mathrm{T}}\boldsymbol{y} \tag{9.78}$$

從而，$\hat{\boldsymbol{y}}$ 為

$$\hat{\boldsymbol{y}} = \boldsymbol{x}\left(\boldsymbol{x}^{\mathrm{T}}\boldsymbol{x}\right)^{-1}\boldsymbol{x}^{\mathrm{T}}\boldsymbol{y} \tag{9.79}$$

這樣，利用向量投影這個數學工具，我們解釋了一元線性回歸。

⚠

注意：在上述分析中，我們沒有考慮常數項。也就是說，上述線性回歸模型為比例函式，截距為 0。從圖像上來看，比例函式過原點。

二元線性回歸

下面我們介紹一下二元線性回歸。

如圖 9.15 所示，兩個線性獨立向量 $\boldsymbol{x}_1$ 和 $\boldsymbol{x}_2$ 張成一個平面 span($\boldsymbol{x}_1$, $\boldsymbol{x}_2$)。向量 $\boldsymbol{y}$ 向該平面投影得到向量 $\hat{\boldsymbol{y}}$。向量 $\hat{\boldsymbol{y}}$ 是 $\boldsymbol{x}_1$ 與 $\boldsymbol{x}_2$ 的線性組合，即

$$\hat{\boldsymbol{y}} = b_1\boldsymbol{x}_1 + b_2\boldsymbol{x}_2 = \underbrace{\begin{bmatrix} \boldsymbol{x}_1 & \boldsymbol{x}_2 \end{bmatrix}}_{\boldsymbol{X}} \underbrace{\begin{bmatrix} b_1 \\ b_2 \end{bmatrix}}_{\boldsymbol{b}} = \boldsymbol{X}\boldsymbol{b} \tag{9.80}$$

其中：b_1 和 b_2 為係數。span($\boldsymbol{x}1$, $\boldsymbol{x}2$) 與 $\varepsilon = \boldsymbol{y} - \hat{\boldsymbol{y}}$ 互為正交補。

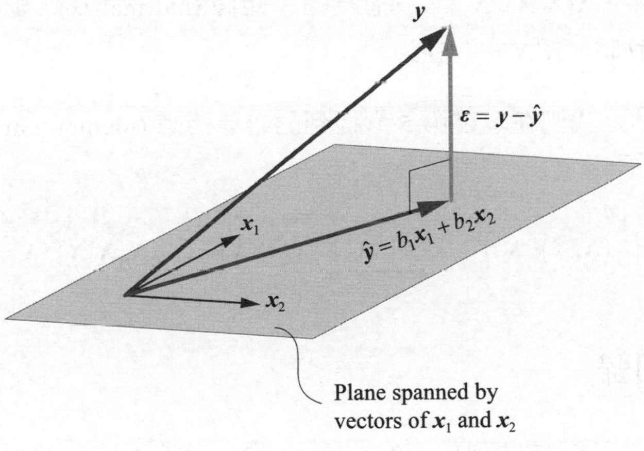

▲ 圖 9.15　向量 $\boldsymbol{y}$ 向平面 span($\boldsymbol{x}_1$, $\boldsymbol{x}_2$) 投影

$\boldsymbol{y}$ - $\hat{\boldsymbol{y}}$ 垂直於 $\boldsymbol{X}$ = [$\boldsymbol{x}_1$, $\boldsymbol{x}_2$]，也就是說 $\boldsymbol{y}$ - $\hat{\boldsymbol{y}}$ 分別垂直於 $\boldsymbol{x}_1$ 和 $\boldsymbol{x}_2$，據此建構以下兩個等式，即

$$\begin{cases} \boldsymbol{x}_1^{\mathrm{T}}(\boldsymbol{y} - \hat{\boldsymbol{y}}) = 0 \\ \boldsymbol{x}_2^{\mathrm{T}}(\boldsymbol{y} - \hat{\boldsymbol{y}}) = 0 \end{cases} \Rightarrow \begin{bmatrix} \boldsymbol{x}_1^{\mathrm{T}} \\ \boldsymbol{x}_2^{\mathrm{T}} \end{bmatrix} (\boldsymbol{y} - \hat{\boldsymbol{y}}) = \begin{bmatrix} 0 \\ 0 \end{bmatrix} \tag{9.81}$$

注意：並不要求 $\boldsymbol{x}_1$ 和 $\boldsymbol{x}_2$ 相互正交。

整理式 (9.81) 得到

$$\boldsymbol{X}^{\mathrm{T}}\left(\boldsymbol{y}-\hat{\boldsymbol{y}}\right)=\boldsymbol{0} \tag{9.82}$$

將式 (9.80) 代入式 (9.82) 得到

$$\boldsymbol{X}^{\mathrm{T}}\left(\boldsymbol{y}-\boldsymbol{X}\boldsymbol{b}\right)=\boldsymbol{0} \tag{9.83}$$

從而推導得到 $\boldsymbol{b}$ 的解析式為

$$\boldsymbol{b}=\left(\boldsymbol{X}^{\mathrm{T}}\boldsymbol{X}\right)^{-1}\boldsymbol{X}^{\mathrm{T}}\boldsymbol{y} \tag{9.84}$$

將式 (9.84) 代入式 (9.80)，可以得到

$$\hat{\boldsymbol{y}}=\boldsymbol{X}\left(\boldsymbol{X}^{\mathrm{T}}\boldsymbol{X}\right)^{-1}\boldsymbol{X}^{\mathrm{T}}\boldsymbol{y} \tag{9.85}$$

式 (9.85) 中，$\boldsymbol{X}(\boldsymbol{X}^{\mathrm{T}}\boldsymbol{X})^{-1}\boldsymbol{X}^{\mathrm{T}}$ 常被稱為**帽子矩陣** (hat matrix)。必須強調一點，只有 $\boldsymbol{X}$ 為列滿秩時，$\boldsymbol{X}^{\mathrm{T}}\boldsymbol{X}$ 才存在逆。

$\boldsymbol{X}(\boldsymbol{X}^{\mathrm{T}}\boldsymbol{X})^{-1}\boldsymbol{X}^{\mathrm{T}}$ 是我們在本書第 5 章提到的**冪等矩陣** (idempotent matrix)，即下式成立，有

$$\left(\boldsymbol{X}\left(\boldsymbol{X}^{\mathrm{T}}\boldsymbol{X}\right)^{-1}\boldsymbol{X}^{\mathrm{T}}\right)^{2}=\boldsymbol{X}\underbrace{\left(\boldsymbol{X}^{\mathrm{T}}\boldsymbol{X}\right)^{-1}\boldsymbol{X}^{\mathrm{T}}\boldsymbol{X}}_{\boldsymbol{I}}\left(\boldsymbol{X}^{\mathrm{T}}\boldsymbol{X}\right)^{-1}\boldsymbol{X}^{\mathrm{T}}=\boldsymbol{X}\left(\boldsymbol{X}^{\mathrm{T}}\boldsymbol{X}\right)^{-1}\boldsymbol{X}^{\mathrm{T}} \tag{9.86}$$

多元線性回歸

以上結論也可以推廣到如圖 9.16 所示的多元線性回歸情形中。D 個向量 $\boldsymbol{x}_1$、$\boldsymbol{x}_2$、⋯、$\boldsymbol{x}_D$ 張成超平面 H = span($\boldsymbol{x}_1$, $\boldsymbol{x}_2$, ⋯, $\boldsymbol{x}_D$)，向量 $\boldsymbol{y}$ 在超平面 H 上投影結果為 $\hat{\boldsymbol{y}}$，即

$$\hat{\boldsymbol{y}}=b_1\boldsymbol{x}_1+b_2\boldsymbol{x}_2+\cdots+b_D\boldsymbol{x}_D \tag{9.87}$$

誤差 $\boldsymbol{y} - \hat{\boldsymbol{y}}$ 垂直於 $H = \text{span}(\boldsymbol{x}_1, \boldsymbol{x}_2, \cdots, \boldsymbol{x}_D)$，也就是說 $\boldsymbol{y} - \hat{\boldsymbol{y}}$ 分別垂直於 $\boldsymbol{x}_1, \boldsymbol{x}_2, \cdots, \boldsymbol{x}_D$，即

$$\begin{cases} \boldsymbol{x}_1^{\mathrm{T}}(\boldsymbol{y}-\hat{\boldsymbol{y}})=0 \\ \boldsymbol{x}_2^{\mathrm{T}}(\boldsymbol{y}-\hat{\boldsymbol{y}})=0 \\ \quad\vdots \\ \boldsymbol{x}_D^{\mathrm{T}}(\boldsymbol{y}-\hat{\boldsymbol{y}})=0 \end{cases} \Rightarrow \underbrace{\begin{bmatrix} \boldsymbol{x}_1^{\mathrm{T}} \\ \boldsymbol{x}_2^{\mathrm{T}} \\ \vdots \\ \boldsymbol{x}_D^{\mathrm{T}} \end{bmatrix}}_{\boldsymbol{X}^{\mathrm{T}}}(\boldsymbol{y}-\hat{\boldsymbol{y}}) = \begin{bmatrix} 0 \\ 0 \\ \vdots \\ 0 \end{bmatrix} \tag{9.88}$$

$\text{span}(\boldsymbol{x}_1, \boldsymbol{x}_2, \cdots, \boldsymbol{x}_D)$ 與 $\varepsilon = \boldsymbol{y} - \hat{\boldsymbol{y}}$ 互為正交補。

用之前的推導想法，我們也可以得到式 (9.85)。

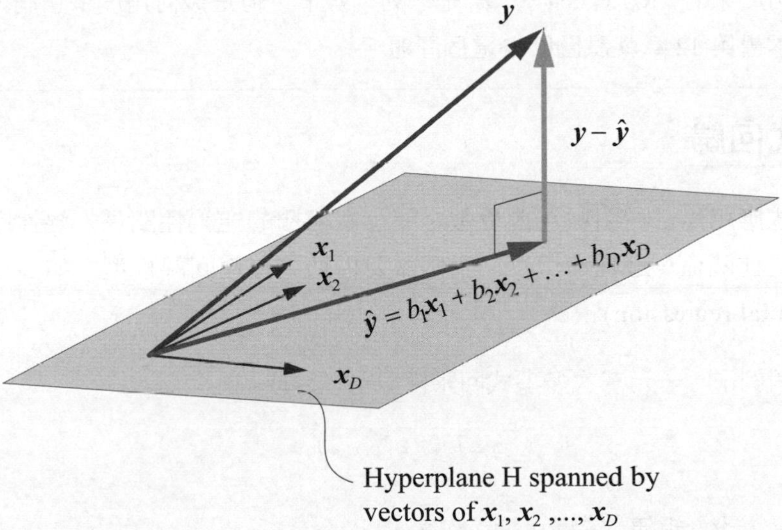

▲ 圖 9.16　向量 $\boldsymbol{y}$ 向超平面 $\text{span}(\boldsymbol{x}_1, \boldsymbol{x}_2, \cdots, \boldsymbol{x}_D)$ 投影

考慮常數項

而考慮常數項 b_0，無非就是在式 (9.87) 中加入一個全 1 列向量 $\boldsymbol{1}$，即

$$\hat{\boldsymbol{y}} = b_0\boldsymbol{1} + b_1\boldsymbol{x}_1 + b_2\boldsymbol{x}_2 + \cdots + b_D\boldsymbol{x}_D \tag{9.89}$$

而 $D + 1$ 個向量 $\boldsymbol{1}$、$\boldsymbol{x}_1$、$\boldsymbol{x}_2$、⋯、$\boldsymbol{x}_D$ 張成一個全新超平面 span($\boldsymbol{1}$, $\boldsymbol{x}_1$, $\boldsymbol{x}_2$, ⋯, $\boldsymbol{x}_D$)。而 $\boldsymbol{1}$ 經常寫成 $\boldsymbol{x}_0$，新的 $\boldsymbol{X}$ 則為 $[\boldsymbol{x}_0, \boldsymbol{x}_1, \boldsymbol{x}_2, \cdots, \boldsymbol{x}_D]$。按照本節前文想法，我們同樣可以得到式 (9.85)。

在多元線性回歸中，$\boldsymbol{X}$ 也叫**設計矩陣** (design matrix)。

> 資料角度來看，$\boldsymbol{x}_0, \boldsymbol{x}_1, \boldsymbol{x}_2, \cdots, \boldsymbol{x}_D$ 是一列列數值，但是幾何角度下它們又是什麼？本書第 12 章就試圖回答這個問題。

多項式回歸

有些應用場合，引數和因變數之間存在明顯的非線性關係，線性回歸不足以描述這種關係。這種情況下，我們需要借助非線性回歸模型，如**多項式回歸** (polynomial regression)。

舉個例子，一元三次多項式回歸模型可以寫成

$$\hat{y} = b_0 + b_1x + b_2x^2 + b_3x^3 \tag{9.90}$$

這時，設計矩陣 $\boldsymbol{X}$ 為

$$\boldsymbol{X} = \begin{bmatrix} 1 & x_1 & x_1^2 & x_1^3 \\ 1 & x_2 & x_2^2 & x_2^3 \\ \vdots & \vdots & \vdots & \vdots \\ 1 & x_n & x_n^2 & x_n^3 \end{bmatrix}_{n\times 4} \tag{9.91}$$

舉個例子，$\boldsymbol{x}$ 和 $\boldsymbol{y}$ 設定值如圖 9.17 所示。

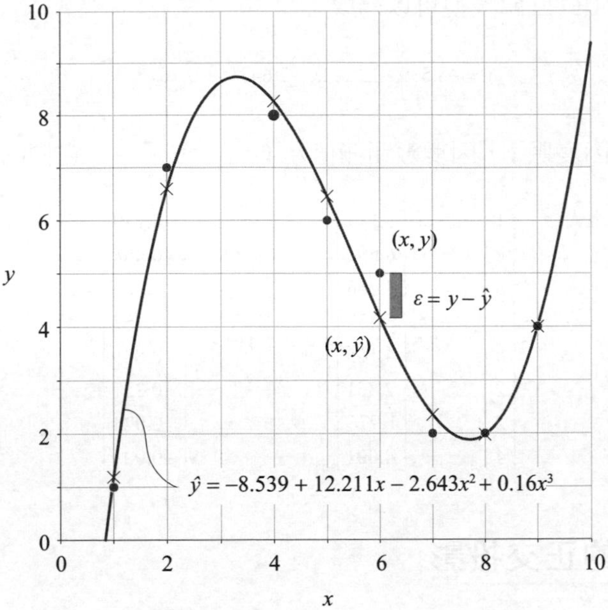

▲ 圖 9.17　一元三次多項式回歸

一元三次多項式回歸模型的引數 $\boldsymbol{x}$、因變數 $\boldsymbol{y}$、設計矩陣 $\boldsymbol{X}$ 分別為

$$\boldsymbol{x}=\begin{bmatrix}1\\2\\4\\5\\6\\7\\8\\9\end{bmatrix}_{8\times1},\quad \boldsymbol{y}=\begin{bmatrix}1\\7\\8\\6\\5\\2\\2\\4\end{bmatrix}_{8\times1},\quad \boldsymbol{X}=\begin{bmatrix}1&1&1&1\\1&2&4&8\\1&4&16&64\\1&5&25&125\\1&6&36&216\\1&7&49&343\\1&8&64&512\\1&9&81&729\end{bmatrix}_{8\times4} \tag{9.92}$$

利用式 (9.84) 計算得到係數向量 $\boldsymbol{b}$，有

$$\boldsymbol{b}=\begin{bmatrix}b_0\\b_1\\b_2\\b_3\end{bmatrix}=\left(\underbrace{\begin{bmatrix}8&42&276&1998\\42&276&1998&15252\\276&1998&15252&120582\\1998&15252&120582&977676\end{bmatrix}}_{\boldsymbol{X}^{\mathrm{T}}\boldsymbol{X}}\right)^{-1}\boldsymbol{X}^{\mathrm{T}}\boldsymbol{y}\approx\begin{bmatrix}-8.539\\12.211\\-2.643\\0.160\end{bmatrix} \tag{9.93}$$

三次一元多項式回歸模型可以寫成：

$$\hat{y} = -8.539 + 12.211x - 2.643x^2 + 0.16x^3 \tag{9.94}$$

對於給定的因變數 $\boldsymbol{y}$，因變數預測值為 $\hat{\boldsymbol{y}}$，誤差為 ε，它們的具體值為

$$\boldsymbol{y} = \begin{bmatrix} 1 \\ 7 \\ 8 \\ 6 \\ 5 \\ 2 \\ 2 \\ 4 \end{bmatrix}_{8\times 1}, \quad \hat{\boldsymbol{y}} = \begin{bmatrix} 1.189 \\ 6.592 \\ 8.266 \\ 6.457 \\ 4.165 \\ 2.351 \\ 1.976 \\ 4.001 \end{bmatrix}_{8\times 1}, \quad \boldsymbol{\varepsilon} = \boldsymbol{y} - \hat{\boldsymbol{y}} = \begin{bmatrix} -0.189 \\ 0.408 \\ -0.266 \\ -0.457 \\ 0.835 \\ -0.351 \\ 0.024 \\ -0.001 \end{bmatrix}_{8\times 1} \tag{9.95}$$

更具一般性的正交投影

最後再回過頭來看式 (9.85)，我們可以發現這個式子實際上代表了更具一般性的正交投影。

資料矩陣 $\boldsymbol{X}_{n\times D}$ 的列向量 $[\boldsymbol{x}_1, \boldsymbol{x}_2, \cdots, \boldsymbol{x}_D]$ 張成超平面 $H = \text{span}(\boldsymbol{x}_1, \boldsymbol{x}_2, \cdots, \boldsymbol{x}_D)$。即使 $[\boldsymbol{x}_1, \boldsymbol{x}_2, \cdots, \boldsymbol{x}_D]$ 之間並非兩兩正交，向量 $\boldsymbol{y}$ 依然可以在超平面 H 上正交投影，得到 $\hat{\boldsymbol{y}}$。

特殊地，如果假設 $\boldsymbol{X}$ 的列向量 $[\boldsymbol{x}_1, \boldsymbol{x}_2, \cdots, \boldsymbol{x}_D]$ 兩兩正交，且列向量本身都是單位向量，則可以得到

$$\underbrace{\begin{bmatrix} \boldsymbol{x}_1^{\mathrm{T}} \\ \boldsymbol{x}_2^{\mathrm{T}} \\ \vdots \\ \boldsymbol{x}_D^{\mathrm{T}} \end{bmatrix}}_{\boldsymbol{X}^{\mathrm{T}}} \underbrace{\begin{bmatrix} \boldsymbol{x}_1 & \boldsymbol{x}_2 & \cdots & \boldsymbol{x}_D \end{bmatrix}}_{\boldsymbol{X}} = \begin{bmatrix} \boldsymbol{x}_1^{\mathrm{T}}\boldsymbol{x}_1 & \boldsymbol{x}_1^{\mathrm{T}}\boldsymbol{x}_2 & \cdots & \boldsymbol{x}_1^{\mathrm{T}}\boldsymbol{x}_D \\ \boldsymbol{x}_2^{\mathrm{T}}\boldsymbol{x}_1 & \boldsymbol{x}_2^{\mathrm{T}}\boldsymbol{x}_2 & \cdots & \boldsymbol{x}_2^{\mathrm{T}}\boldsymbol{x}_D \\ \vdots & \vdots & \ddots & \vdots \\ \boldsymbol{x}_D^{\mathrm{T}}\boldsymbol{x}_1 & \boldsymbol{x}_D^{\mathrm{T}}\boldsymbol{x}_2 & \cdots & \boldsymbol{x}_D^{\mathrm{T}}\boldsymbol{x}_D \end{bmatrix} = \begin{bmatrix} 1 & 0 & \cdots & 0 \\ 0 & 1 & \cdots & 0 \\ \vdots & \vdots & \ddots & \vdots \\ 0 & 0 & \cdots & 1 \end{bmatrix} \tag{9.96}$$

即

$$\boldsymbol{X}^{\mathrm{T}}\boldsymbol{X} = \boldsymbol{I} \tag{9.97}$$

顯然，$X_{n\times D}$ 不能叫做正交矩陣，這是因為 $X_{n\times D}$ 的形狀為 $n\times D$，不是方陣。將式 (9.97) 代入式 (9.85) 得到

$$\hat{\boldsymbol{y}} = \boldsymbol{X}\boldsymbol{X}^{\mathrm{T}}\boldsymbol{y} \tag{9.98}$$

將 $\boldsymbol{X}$ 寫成 $[\boldsymbol{x}_1, \boldsymbol{x}_2, \cdots, \boldsymbol{x}_D]$，並展開式 (9.98) 得到

$$\hat{\boldsymbol{y}} = \underbrace{\begin{bmatrix} \boldsymbol{x}_1 & \boldsymbol{x}_2 & \cdots & \boldsymbol{x}_D \end{bmatrix}}_{\boldsymbol{X}} \underbrace{\begin{bmatrix} \boldsymbol{x}_1^{\mathrm{T}} \\ \boldsymbol{x}_2^{\mathrm{T}} \\ \vdots \\ \boldsymbol{x}_D^{\mathrm{T}} \end{bmatrix}}_{\boldsymbol{X}^{\mathrm{T}}} \boldsymbol{y} = \left(\boldsymbol{x}_1\boldsymbol{x}_1^{\mathrm{T}} + \boldsymbol{x}_2\boldsymbol{x}_2^{\mathrm{T}} + \cdots \boldsymbol{x}_D\boldsymbol{x}_D^{\mathrm{T}}\right)\boldsymbol{y} \tag{9.99}$$

進一步，使用向量張量積將式 (9.99) 寫成

$$\hat{\boldsymbol{y}} = \left(\boldsymbol{x}_1 \otimes \boldsymbol{x}_1 + \boldsymbol{x}_2 \otimes \boldsymbol{x}_2 + \cdots \boldsymbol{x}_D \otimes \boldsymbol{x}_D\right)\boldsymbol{y} \tag{9.100}$$

再次強調：式 (9.100) 成立的前提是—$\boldsymbol{X}$ 的列向量 $[\boldsymbol{x}_1, \boldsymbol{x}_2, ..., \boldsymbol{x}_D]$ 兩兩正交，且列向量本身都是單位向量。

這從另外一個側面解釋了我們為什麼需要格拉姆 - 施密特正交化！也就是說，透過格拉姆 - 施密特正交化，$\boldsymbol{X} = [\boldsymbol{x}_1, \boldsymbol{x}_2, \cdots, \boldsymbol{x}_D]$ 變成了 $\boldsymbol{Q} = [\boldsymbol{q}_1, \boldsymbol{q}_2, \cdots, \boldsymbol{q}_D]$。而 $[\boldsymbol{q}_1, \boldsymbol{q}_2, \cdots, \boldsymbol{q}_D]$ 兩兩正交，且列向量都是單位向量，即滿足

$$\boldsymbol{Q}^{\mathrm{T}}\boldsymbol{Q} = \underbrace{\begin{bmatrix} \boldsymbol{q}_1^{\mathrm{T}} \\ \boldsymbol{q}_2^{\mathrm{T}} \\ \vdots \\ \boldsymbol{q}_D^{\mathrm{T}} \end{bmatrix}}_{\boldsymbol{Q}^{\mathrm{T}}} \underbrace{\begin{bmatrix} \boldsymbol{q}_1 & \boldsymbol{q}_2 & \cdots & \boldsymbol{q}_D \end{bmatrix}}_{\boldsymbol{Q}} = \begin{bmatrix} 1 & 0 & \cdots & 0 \\ 0 & 1 & \cdots & 0 \\ \vdots & \vdots & \ddots & \vdots \\ 0 & 0 & \cdots & 1 \end{bmatrix} \tag{9.101}$$

從 $\boldsymbol{X}$ 到 $\boldsymbol{Q}$，本章利用的是格拉姆 - 施密特正交化，而本書第 11 章將用 QR 分解。此外，本書最後一章將介紹如何用矩陣分解的結果計算線性回歸係數。

到目前為止，相信大家已經領略到了矩陣乘法的偉大力量所在！本章前前後後用的無非就是矩陣乘法的各種變形、各種角度。強烈建議大家回過頭來再讀一遍本書第 5 章，相信你會有一番新的收穫。

本章從幾何角度講解了正交投影及其應用，圖 9.18 所示的四幅圖總結了本章的重要內容。

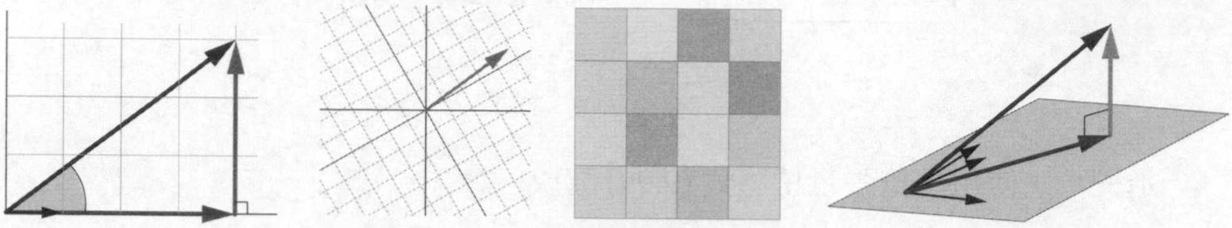

▲ 圖 9.18 總結本章重要內容的四幅圖

本書後續內容離不開投影這個線性代數工具！大家務必熟練掌握純量 / 向量投影，不管是用向量內積、矩陣乘法，還是張量積。

正交矩陣本身就是規範正交基底。我們將在資料投影、矩陣分解、資料空間等一系列話題中，反重複使用到正交矩陣。請大家務必注意正交矩陣的性質，以及兩個展開角度。

手算格拉姆 - 施密特正交化沒有意義，大家理解這個正交化思想就好。本書後續還會介紹其他正交化方法，重要的是大家能從幾何、空間、資料角度區分不同正交化方法得到結果的差異。

重要的事情，強調多少遍都不為過。有向量的地方，就有幾何！幾何角度是理解線性回歸的最佳途徑，本書系《AI 時代 Math 元年 - 用 Python 全精通統計及機率》《AI 時代 Math 元年 - 用 Python 全精通資料處理》還會從不同角度展開講解線性回歸。

下一章以資料為角度，與大家聊聊正交投影如何幫助我們解密資料。

Data Projection

10 資料投影

以鳶尾花資料集為例，二次投影 + 層層疊加

人生就像騎自行車。為了保持平衡，你必須不斷移動。

Life is like riding a bicycle. To keep your balance, you must keep moving .

——阿爾伯特 · 愛因斯坦（*Albert Einstein*）| 理論物理學家 | *1879—1955*

- numpy.linalg.eig() 特徵值分解
- seaborn.heatmap() 繪製熱圖

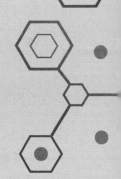

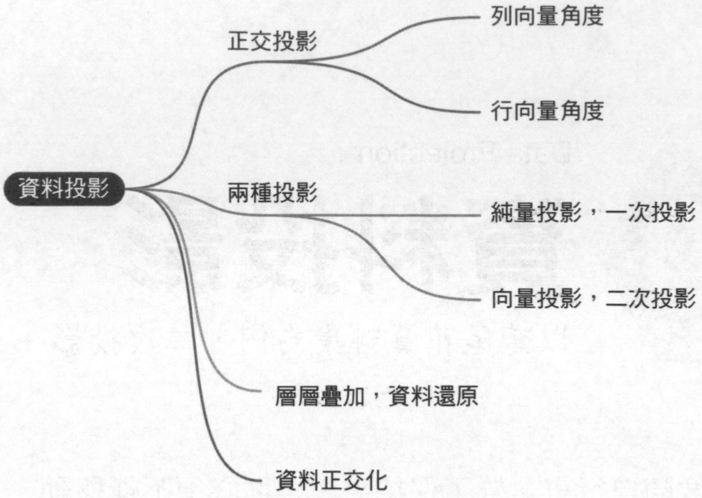

10.1 從一個矩陣乘法運算說起

有資料的地方，必有矩陣！

有矩陣的地方，更有向量！

有向量的地方，就有幾何！

本章承前啟後，結合資料、矩陣、向量、幾何四個元素總結本書前九章主要內容，並開啟本書下一個重要板塊一矩陣分解。

本節和下一節內容會稍微枯燥，請大家耐心讀完。之後，本章會用鳶尾花資料集作為例子，給大家展開講解這兩節內容。

正交投影

本章從一個矩陣乘法運算說起，即

$$Z = XV \tag{10.1}$$

其中：X 為資料矩陣，形狀為 $n \times D$，即 n 行、D 列。大家很清楚，以鳶尾花資料集為例，X 每一行代表一個資料點，每一列代表一個特徵。

$\boldsymbol{V}$ 是正交矩陣，即滿足 $\boldsymbol{V}^{\mathrm{T}}\boldsymbol{V} = \boldsymbol{V}\boldsymbol{V}^{\mathrm{T}} = \boldsymbol{I}$。這表示 $\boldsymbol{V} = [\boldsymbol{v}_1, \boldsymbol{v}_2, \cdots, \boldsymbol{v}_D]$ 是 $\mathbb{R}^D$ 空間的一組規範正交基。

如圖 10.1 所示，幾何角度下，矩陣乘積 $\boldsymbol{XV}$ 完成的是 $\boldsymbol{X}$ 向規範正交基底 $\boldsymbol{V} = [\boldsymbol{v}_1, \boldsymbol{v}_2, \cdots, \boldsymbol{v}_D]$ 的投影，乘積 $\boldsymbol{Z} = \boldsymbol{XV}$ 代表 $\boldsymbol{X}$ 在新的規範正交基底下的座標。矩陣乘法 $\boldsymbol{Z} = \boldsymbol{XV}$ 也是一個線性映射過程。

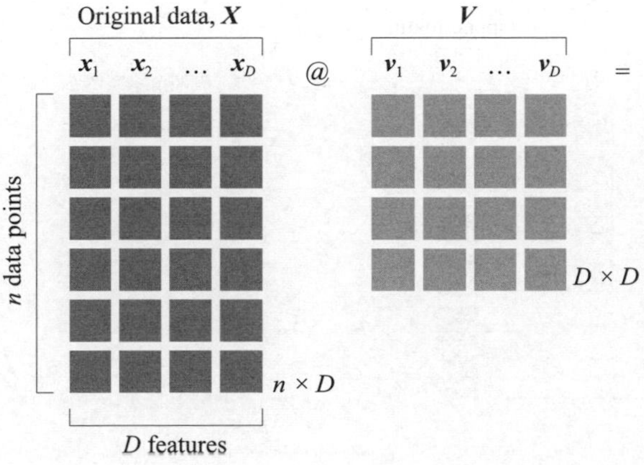

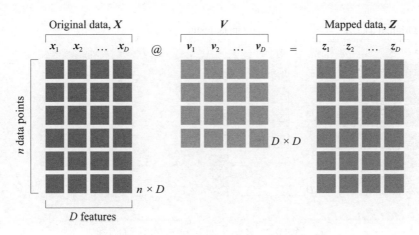

▲ 圖 10.1　資料矩陣 $\boldsymbol{X}$ 到 $\boldsymbol{Z}$ 線性變換

本書前文反覆提到，一個矩陣可以看成由一系列行向量或列向量建構得到的。下面，我們分別從這兩個角度來分析式 (10.1)。

列向量

將 $\boldsymbol{Z}$ 和 $\boldsymbol{V}$ 分別寫成各自的列向量，式 (10.1) 可以展開寫成

$$
\begin{aligned}
\begin{bmatrix} \boldsymbol{z}_1 & \boldsymbol{z}_2 & \cdots & \boldsymbol{z}_D \end{bmatrix} &= \boldsymbol{X}\begin{bmatrix} \boldsymbol{v}_1 & \boldsymbol{v}_2 & \cdots & \boldsymbol{v}_D \end{bmatrix} \\
&= \begin{bmatrix} \boldsymbol{X}\boldsymbol{v}_1 & \boldsymbol{X}\boldsymbol{v}_2 & \cdots & \boldsymbol{X}\boldsymbol{v}_D \end{bmatrix}
\end{aligned} \tag{10.2}
$$

式 (10.2) 這個角度是資料列向量 (即特徵) 之間的轉換。式 (10.2) 採用的工具是本書第 6 章介紹的分塊矩陣乘法。

提取式 (10.2) 等式左右第 j 列，得到 $\boldsymbol{Z}$ 矩陣的第 j 列向量 $\boldsymbol{z}_j$ 的計算式為

$$
\boldsymbol{z}_j = \boldsymbol{X}\boldsymbol{v}_j \tag{10.3}
$$

如圖 10.2 所示，式 (10.3) 相當於 $\boldsymbol{x}_1$、$\boldsymbol{x}_2$、⋯、$\boldsymbol{x}_D$ 透過線性組合得到 $\boldsymbol{z}_j$，即

$$\boldsymbol{z}_j = \underbrace{\begin{bmatrix} \boldsymbol{x}_1 & \boldsymbol{x}_2 & \cdots & \boldsymbol{x}_D \end{bmatrix}}_{X} \underbrace{\begin{bmatrix} v_{1,j} \\ v_{2,j} \\ \vdots \\ v_{D,j} \end{bmatrix}}_{v_j} = v_{1,j}\boldsymbol{x}_1 + v_{2,j}\boldsymbol{x}_2 + \cdots + v_{D,j}\boldsymbol{x}_D \tag{10.4}$$

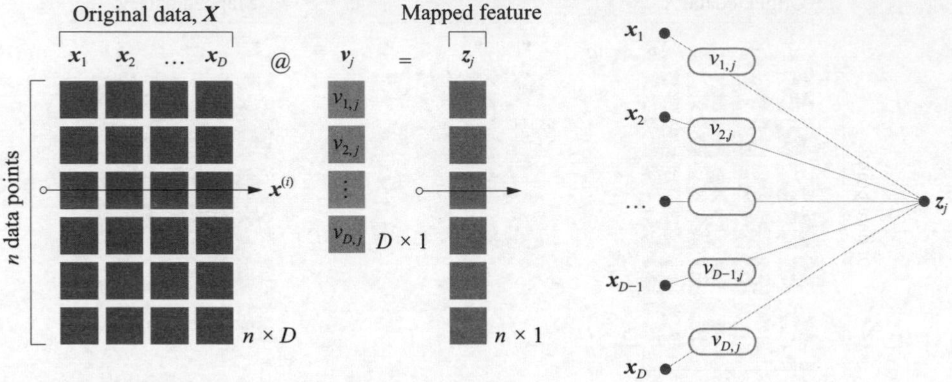

▲ 圖 10.2 $\boldsymbol{Z}$ 第 j 列向量 $\boldsymbol{z}_j$ 的計算過程

行向量：點座標

資料矩陣 $\boldsymbol{X}$ 的任意行向量 $\boldsymbol{x}^{(i)}$ 代表一個樣本點在 $\mathbb{R}^D$ 標準正交基底中的座標。將 $\boldsymbol{X}$ 和 $\boldsymbol{Z}$ 寫成行向量形式，式 (10.1) 可以寫作

$$\begin{bmatrix} \boldsymbol{z}^{(1)} \\ \boldsymbol{z}^{(2)} \\ \vdots \\ \boldsymbol{z}^{(n)} \end{bmatrix} = \begin{bmatrix} \boldsymbol{x}^{(1)}\boldsymbol{V} \\ \boldsymbol{x}^{(2)}\boldsymbol{V} \\ \vdots \\ \boldsymbol{x}^{(n)}\boldsymbol{V} \end{bmatrix} \tag{10.5}$$

如圖 10.3 所示，式 (10.5) 代表每一行樣本點之間的轉換關係，即 $\boldsymbol{x}^{(i)}$ 投影得到 $\boldsymbol{Z}$ 的第 i 行向量 $\boldsymbol{z}^{(i)}$，有

$$\boldsymbol{z}^{(i)} = \boldsymbol{x}^{(i)}\boldsymbol{V} \tag{10.6}$$

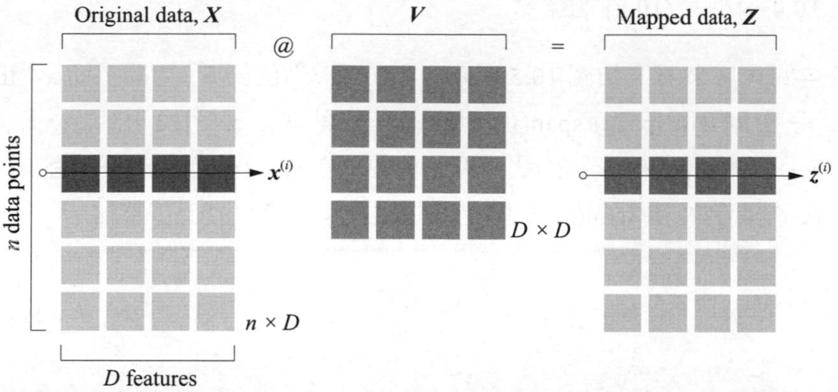

▲ 圖 10.3　每一行資料點之間的轉換關係

進一步將式 (10.6) 中的 $\boldsymbol{V}$ 寫成 $[\boldsymbol{v}_1, \boldsymbol{v}_2, \cdots, \boldsymbol{v}_D]$，式 (10.6) 可以展開得到

$$\begin{aligned}\begin{bmatrix} z_{i,1} & z_{i,2} & \cdots & z_{i,D} \end{bmatrix} &= \boldsymbol{x}^{(i)} \begin{bmatrix} \boldsymbol{v}_1 & \boldsymbol{v}_2 & \cdots & \boldsymbol{v}_D \end{bmatrix} \\ &= \begin{bmatrix} \boldsymbol{x}^{(i)}\boldsymbol{v}_1 & \boldsymbol{x}^{(i)}\boldsymbol{v}_2 & \cdots & \boldsymbol{x}^{(i)}\boldsymbol{v}_D \end{bmatrix}\end{aligned} \tag{10.7}$$

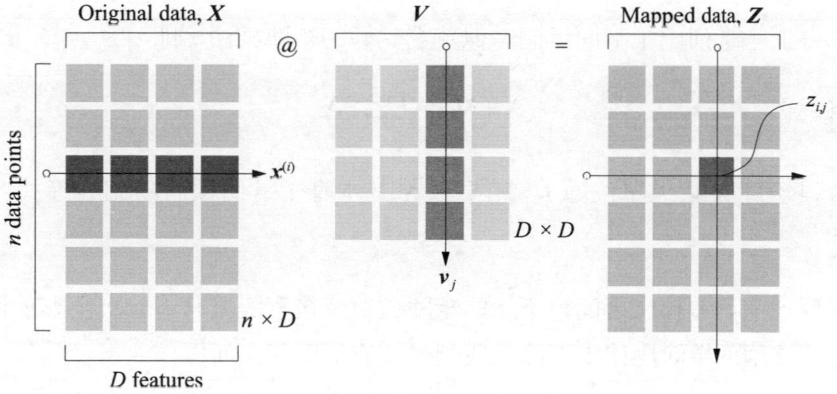

▲ 圖 10.4　每一行資料點向 $\boldsymbol{v}_j$ 投影

取出式 (10.7) 中向量 $\boldsymbol{z}^{(i)}$ 的第 j 列元素 $z_{i,j}$，對應的運算為

$$z_{i,j} = \boldsymbol{x}^{(i)}\boldsymbol{v}_j \tag{10.8}$$

圖 10.4 對應式 (10.8) 的運算。

從空間角度來看，如圖 10.5 所示，行向量 $\boldsymbol{x}^{(i)}$ 位於 $\mathbb{R}^D$ 空間，而 $\boldsymbol{x}^{(i)}$ 正交投影到 $\mathbb{R}^D$ **子空間** (subspace) span($\boldsymbol{v}_j$) 對應的座標點就是 $z_{i,j}$。換句話說，$z_{i,j}$ 是 $\boldsymbol{x}^{(i)}$ 在 span($\boldsymbol{v}_j$) 的**像** (image)。$\boldsymbol{x}^{(i)}$ 在 $\mathbb{R}^D$ 空間是 D 維，在 span($\boldsymbol{v}_j$) 僅是一維。圖 10.5 中，從左邊 $\mathbb{R}^D$ 空間到右側 span($\boldsymbol{v}_j$) 投影是個降維過程，資料發生了壓縮。

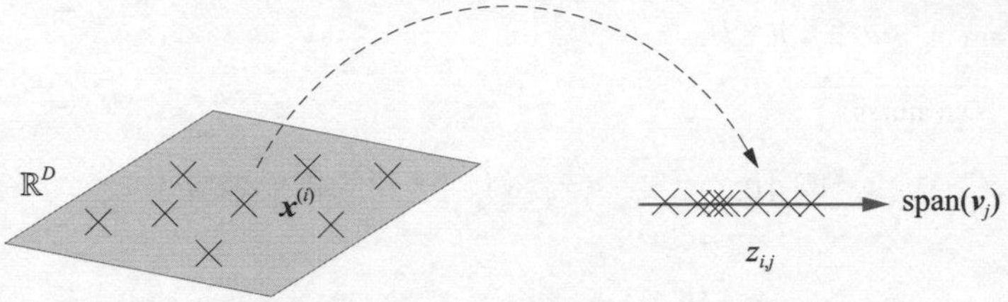

▲ 圖 10.5　$\mathbb{R}^D$ 空間資料點投影到 span($\boldsymbol{v}_j$)

10.2 二次投影 + 層層疊加

本書上一章列出了下面這個看似莫名其妙的矩陣乘法，即

$$\boldsymbol{X} = \boldsymbol{X}\boldsymbol{I} = \boldsymbol{X}\underbrace{\boldsymbol{V}\boldsymbol{V}^{\mathrm{T}}}_{\boldsymbol{I}} = \boldsymbol{X} \tag{10.9}$$

資料矩陣 $\boldsymbol{X}$ 乘以單位陣 $\boldsymbol{I}$，結果為 $\boldsymbol{X}$ 其本身！這個顯而易見的等式，有何意義？

其實，這個看起來再簡單不過的矩陣運算背後實際藏著「二次投影」和「層層疊加」這兩個幾何操作！下面，我們就解密這兩個幾何操作。

層層疊加

將 $\boldsymbol{V}$ 寫成 $[\boldsymbol{v}_1, \boldsymbol{v}_2, \cdots, \boldsymbol{v}_D]$，代入 (10.9) 得到

$$\boldsymbol{X} = \boldsymbol{X}\boldsymbol{V}\boldsymbol{V}^{\mathrm{T}} = \boldsymbol{X}\begin{bmatrix}\boldsymbol{v}_1 & \boldsymbol{v}_2 & \cdots & \boldsymbol{v}_D\end{bmatrix}\begin{bmatrix}\boldsymbol{v}_1^{\mathrm{T}} \\ \boldsymbol{v}_2^{\mathrm{T}} \\ \vdots \\ \boldsymbol{v}_D^{\mathrm{T}}\end{bmatrix} = \underbrace{\boldsymbol{X}\boldsymbol{v}_1\boldsymbol{v}_1^{\mathrm{T}}}_{\boldsymbol{X}_1} + \underbrace{\boldsymbol{X}\boldsymbol{v}_2\boldsymbol{v}_2^{\mathrm{T}}}_{\boldsymbol{X}_2} + \cdots + \underbrace{\boldsymbol{X}\boldsymbol{v}_D\boldsymbol{v}_D^{\mathrm{T}}}_{\boldsymbol{X}_D} \tag{10.10}$$

令

$$X_j = X v_j v_j^{\mathrm{T}} \tag{10.11}$$

圖 10.6 所示為上述運算的過程，X_j 的形狀與原資料矩陣 X 完全相同。我們稱圖 10.6 為二次投影，稍後我們再解釋原因。

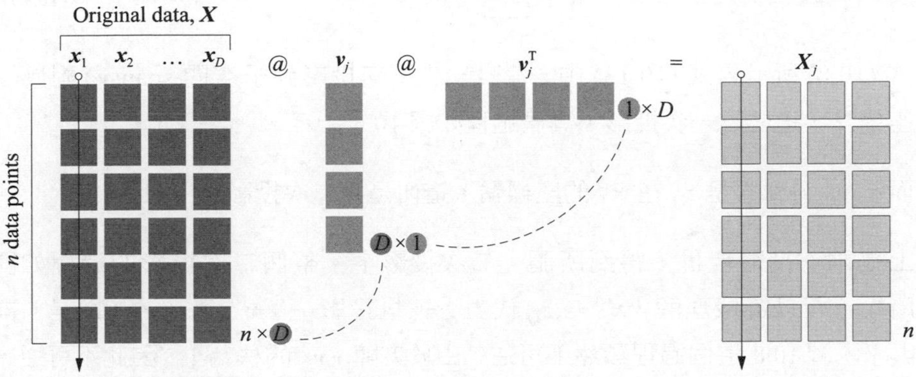

▲ 圖 10.6　二次投影

式 (10.10) 可以寫成

$$X = X_1 + X_2 + \cdots + X_D \tag{10.12}$$

式 (10.12) 就是「層層疊加」。如圖 10.7 所示，D 個形狀完全相同的資料，層層疊加還原原始資料 X。這本質上是矩陣乘法的第二角度。

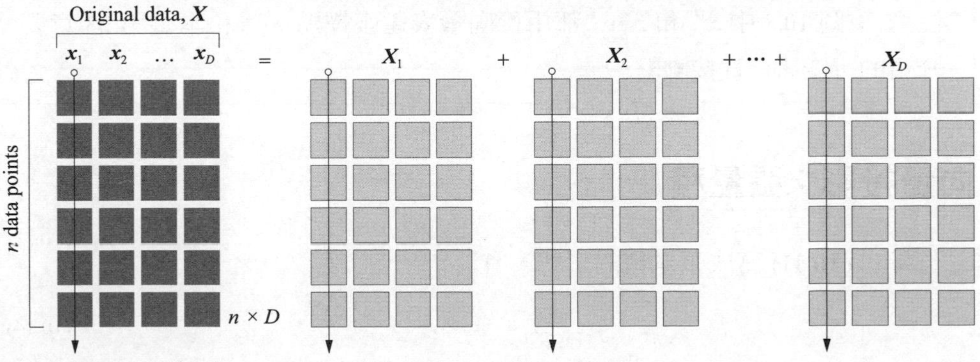

▲ 圖 10.7　層層疊加

二次投影

下面，我們專門聊聊「二次投影」。

取出式 (10.11)$\boldsymbol{X}_j$ 中第 i 行行向量 $\boldsymbol{x}_j^{(i)}$，$\boldsymbol{x}_j^{(i)}$ 對應的運算為

$$\boldsymbol{x}_j^{(i)} = \underbrace{\boldsymbol{x}^{(i)}\boldsymbol{v}_j}_{z_{i,j}}\boldsymbol{v}_j^{\mathrm{T}} = z_{i,j}\boldsymbol{v}_j^{\mathrm{T}} \quad (10.13)$$

如式 (10.8) 所示，式 (10.13) 中 $z_{i,j}$ 就是 $\boldsymbol{x}^{(i)}$ 正交投影到子空間 span($\boldsymbol{v}_j$) 對應的座標點，這是第一次投影，具體過程如圖 10.5 所示。

而 $z_{i,j}\boldsymbol{v}_j^{\mathrm{T}}$ 得到的是 $z_{i,j}$ 在 $\mathbb{R}^D$ 的座標點，這便是第二次投影。

上述兩次投影合併，得到所謂「二次投影」。整個二次投影的過程如圖 10.8 所示。可以這樣理解，$\boldsymbol{x}^{(i)} \rightarrow z_{i,j}$ 代表「純量投影」；$\boldsymbol{x}^{(i)} \rightarrow \boldsymbol{x}^{(i)}\boldsymbol{v}_j\boldsymbol{v}_j^{\mathrm{T}}$ 則是「向量投影」。圖 10.8 這個過程顯然不可逆，由於方陣 $\boldsymbol{v}_j\boldsymbol{v}_j^{\mathrm{T}}$ 的秩為 1，因此不可逆。

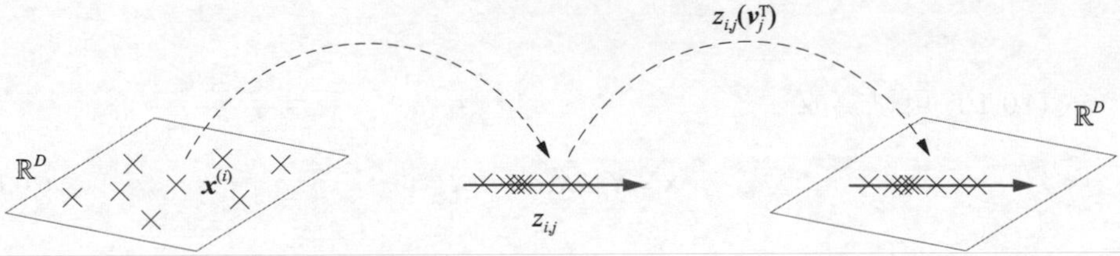

▲ 圖 10.8　$\mathbb{R}^D$ 空間資料點先投影到 span(v_j)，再投影回到 $\mathbb{R}^D$

注意：圖 10.8 中 $\boldsymbol{x}^{(i)}$ 和 $z_{i,j}\boldsymbol{v}_j^{\mathrm{T}}$ 都用行向量表達座標點。這和本書第 23 章要介紹的行空間有直接聯繫。

向量投影：張量積

將式 (10.11) 寫成張量積的形式，有

$$\boldsymbol{X}_j = \boldsymbol{X}\boldsymbol{v}_j \otimes \boldsymbol{v}_j \quad (10.14)$$

X_j 就是 X 經過「降維」到子空間 span(v_j) 後，再投影到 $\mathbb{R}^D$ 中得到的「像」。X_j 也是 X 在 v_j 上的向量投影。張量積 $v_j \otimes v_j$ 就是我們上一章提到的**投影矩陣** (projection matrix)。

張量積 $v_j \otimes v_j$ 本身完成「多維→一維」+「一維→多維」這兩步映射。很顯然，對非零矩陣 X 來說，有

$$\text{rank}\left(v_j \otimes v_j\right) = 1 \quad \Rightarrow \quad \text{rank}\left(X_j\right) = 1 \tag{10.15}$$

所以，在 $\mathbb{R}^D$ 空間中，X_j 所有資料點在一條通過原點的直線上，直線與 v_j 平行。也就是說，雖然 X_j 表面上來看在 D 維空間 $\mathbb{R}^D$ 中，但 X_j 實際上只有一個維度，rank(X_j) = 1。

利用張量積，式 (10.10) 可以寫成

$$X = \underbrace{Xv_1 \otimes v_1}_{X_1} + \underbrace{Xv_2 \otimes v_2}_{X_2} + \cdots + \underbrace{Xv_D \otimes v_D}_{X_D} \tag{10.16}$$

可以這樣理解式 (10.16)，X 分別二次投影（向量投影）到規範正交基底 [v_1, v_2, ⋯, v_D] 每個列向量 v_j 所代表的子空間 span(v_j) 中，獲得 X_1、X_2、⋯、X_D。而 X_1、X_2、⋯、X_D 層層疊加還原原始資料 X。

再進一步，根據 $V^{\mathrm{T}}V = I$，我們知道

$$I = v_1 \otimes v_1 + v_2 \otimes v_2 + \cdots + v_D \otimes v_D \tag{10.17}$$

也就是說，$v_j \otimes v_j$ 層層疊加得到單位陣 I。

此外，$i \neq j$ 時，$v_i \otimes v_i$ 和 $v_j \otimes v_j$ 這兩個張量積的矩陣乘積為零矩陣 O，即

$$\left(v_i \otimes v_i\right) @ \left(v_j \otimes v_j\right) = v_i \underbrace{v_i^{\mathrm{T}} v_j}_{0} v_j^{\mathrm{T}} = 0 v_i v_j^{\mathrm{T}} = O \tag{10.18}$$

標準正交基底：便於理解

標準正交基底是特殊的規範正交基底。為了方便理解，我們用標準正交基底 [e_1, e_2, ⋯, e_D] 替換式 (10.16) 中的 [v_1, v_2, ⋯, v_D]，得到

$$X = Xe_1 \otimes e_1 + Xe_2 \otimes e_2 + \cdots + Xe_D \otimes e_D \tag{10.19}$$

展開式 (10.19) 中等式右側第一項得到

$$X_1 = Xe_1 \otimes e_1 = X \begin{bmatrix} 1 \\ 0 \\ \vdots \\ 0 \end{bmatrix} \otimes \begin{bmatrix} 1 \\ 0 \\ \vdots \\ 0 \end{bmatrix} = \underbrace{\begin{bmatrix} x_1 & x_2 & \cdots & x_D \end{bmatrix}}_{X} \begin{bmatrix} 1 & & & \\ & 0 & & \\ & & 0 & \\ & & & 0 \end{bmatrix} = \begin{bmatrix} x_1 & 0 & \cdots & 0 \end{bmatrix} \tag{10.20}$$

Xe_1 得到的是 X 的每一行在 span(e_1) 這個子空間的座標，即 x_1。而 $Xe_1 \otimes e_1$ 告訴我們的是 Xe_1 在 D 維空間 $\mathbb{R}^D$ 中的座標值。

因此式 (10.19) 右側每一項 X_j 可以寫成

$$\begin{aligned} X_1 &= Xe_1 \otimes e_1 = \begin{bmatrix} x_1 & 0 & \cdots & 0 \end{bmatrix} \\ X_2 &= Xe_2 \otimes e_2 = \begin{bmatrix} 0 & x_2 & \cdots & 0 \end{bmatrix} \\ &\vdots \\ X_D &= Xe_D \otimes e_D = \begin{bmatrix} 0 & 0 & \cdots & x_D \end{bmatrix} \end{aligned} \tag{10.21}$$

也就是說，$Xe_j \otimes e_j$ 僅保留 X 的第 j 列 x_j，其他位置元素置 0。

因此，式 (10.19) 可以寫成

$$X = \underbrace{\begin{bmatrix} x_1 & 0 & \cdots & 0 \end{bmatrix}}_{X_1} + \underbrace{\begin{bmatrix} 0 & x_2 & \cdots & 0 \end{bmatrix}}_{X_2} + \cdots + \underbrace{\begin{bmatrix} 0 & 0 & \cdots & x_D \end{bmatrix}}_{X_D} \tag{10.22}$$

圖 10.9 所示為式 (10.22) 所示的「二次投影」與「層層疊加」過程。

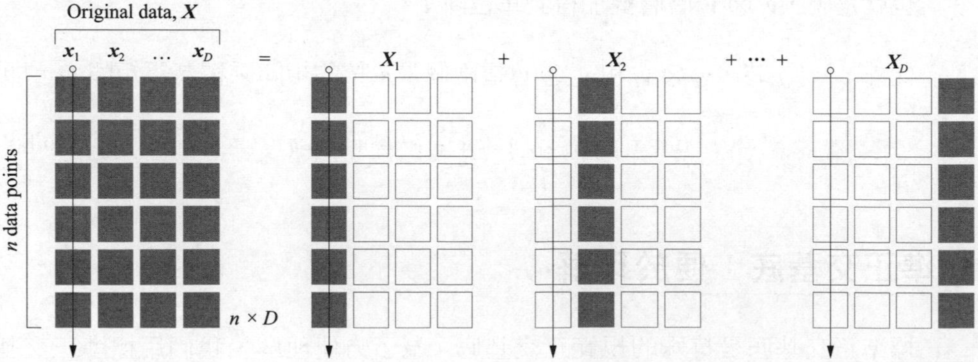

▲ 圖 10.9 標準正交基底 [e_1, e_2, ⋯, e_D] 中二次投影與疊加

回過頭再看式 (10.9)，我們知道這個運算過程代表先從標準正交基底 $[\boldsymbol{e}_1, \boldsymbol{e}_2, \cdots, \boldsymbol{e}_D]$ 到規範正交基底 $[\boldsymbol{v}_1, \boldsymbol{v}_2, \cdots, \boldsymbol{v}_D]$ 的投影，然後再投影回到標準正交基底 $[\boldsymbol{e}_1, \boldsymbol{e}_2, \cdots, \boldsymbol{e}_D]$，即

$$\boldsymbol{X} \underset{\boldsymbol{V}}{\rightarrow} \underbrace{\boldsymbol{Z}}_{\boldsymbol{XV}} \underset{\boldsymbol{V}^{\mathrm{T}}}{\rightarrow} \underbrace{\boldsymbol{X}}_{\boldsymbol{XVV}^{\mathrm{T}}} \tag{10.23}$$

其中：$\boldsymbol{V}$ 為正交矩陣，因此 $\boldsymbol{V}^{\mathrm{T}} = \boldsymbol{V}^{-1}$。式 (10.23) 還告訴我們，$\boldsymbol{V}$ 是個規範正交基底，$\boldsymbol{V}^{\mathrm{T}}$ 也是個規範正交基。從幾何角度來看，$\boldsymbol{V}$ 代表在 D 維空間的旋轉。透過 $\boldsymbol{V}$，$\boldsymbol{X}$ 旋轉得到 $\boldsymbol{Z}$；利用 $\boldsymbol{V}^{\mathrm{T}}$，$\boldsymbol{Z}$ 逆向旋轉得到 $\boldsymbol{X}$。

看到這裡，有些讀者估計已經暈頭轉向。下面利用鳶尾花資料集做例子，幫大家更直觀地理解本節內容。

10.3 二特徵資料投影：標準正交基底

本節以二特徵矩陣為例講解何謂「二次投影」和「層層疊加」。資料矩陣 $\boldsymbol{X}_{150\times2}$ 選取鳶尾花資料集前兩列一花萼長度、花萼寬度，這樣資料矩陣 $\boldsymbol{X}_{150\times2}$ 的形狀為 150×2。投影的方向為標準正交基底 $[\boldsymbol{e}_1, \boldsymbol{e}_2]$。

朝水平方向投影

如圖 10.10 所示，$\boldsymbol{X}_{150\times2}$ 向水平方向純量投影，即 $\boldsymbol{X}_{150\times2}$ 向 $\boldsymbol{e}_1$ 投影。以圖 10.10 中的紅點 A 為例，A 的座標為 (5, 2)，它在 $\boldsymbol{e}_1$ 方向上的純量投影對應 A 在橫軸的座標

$$\begin{bmatrix} 5 & 2 \end{bmatrix} \underbrace{\begin{bmatrix} 1 \\ 0 \end{bmatrix}}_{\boldsymbol{e}_1} = 5 \tag{10.24}$$

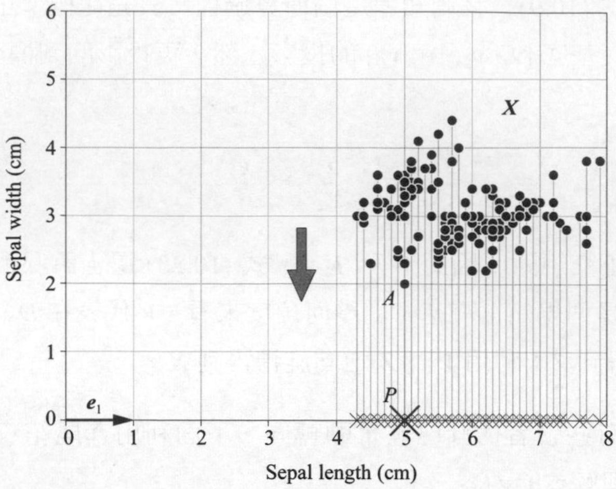

▲ 圖 10.10 二特徵資料矩陣 $X_{150\times 2}$ 向 e_1 投影，一次投影

注意：5 代表的是 A 在 span(e_1) 空間中的座標值，而 span(e_1) 顯然為一維空間。

如圖 10.11 熱圖所示，$X_{150\times 2}$ 向 e_1 投影結果為列向量 x_1，相當於保留了 $X_{150\times 2}$ 的第一列資料，即

$$z_1 = Xe_1 = x_1 \tag{10.25}$$

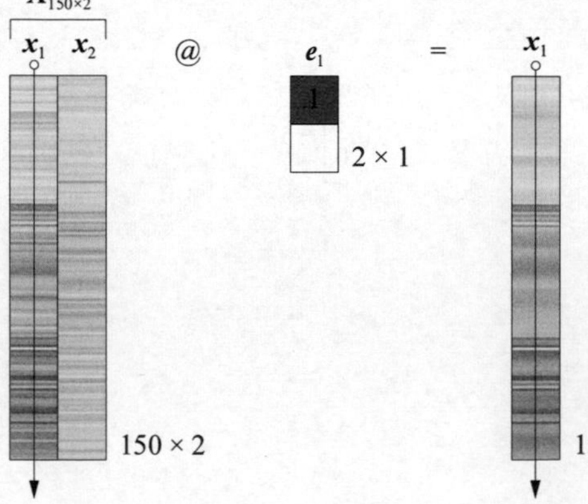

▲ 圖 10.11 資料熱圖，二特徵資料矩陣 $X_{150\times 2}$ 向 e_1 投影，一次投影 (純量投影)

大家可能會好奇，既然圖 10.10 中 $\boldsymbol{X}_{150\times 2}$ 向水平方向的投影結果都可以畫在圖 10.10 的直角座標系中，那麼在二維空間 $\mathbb{R}^2 = \text{span}(\boldsymbol{e}_1, \boldsymbol{e}_2)$ 中，這些投影點一定有其二維座標值。

很明顯，以 A 為例，A 在橫軸投影點 P 在 $\mathbb{R}^2 = \text{span}(\boldsymbol{e}_1, \boldsymbol{e}_2)$ 的座標值為 (5, 0)。這個結果是怎麼得到的？

這就用到了本章前文講到的「二次投影」，相當於在純量投影的基礎上再次投影。第二次投影相當於「升維」，從一維升到二維。

以點 A 為例，「二次投影」對應的計算為

$$\begin{bmatrix} 5 & 2 \end{bmatrix} \boldsymbol{e}_1 \otimes \boldsymbol{e}_1 = \begin{bmatrix} 5 & 2 \end{bmatrix} \boldsymbol{e}_1 \boldsymbol{e}_1^{\mathrm{T}} = \begin{bmatrix} 5 & 2 \end{bmatrix} \begin{bmatrix} 1 & 0 \\ 0 & 0 \end{bmatrix} = \begin{bmatrix} 5 & 0 \end{bmatrix} \tag{10.26}$$

上式對應的計算如圖 10.12 所示。

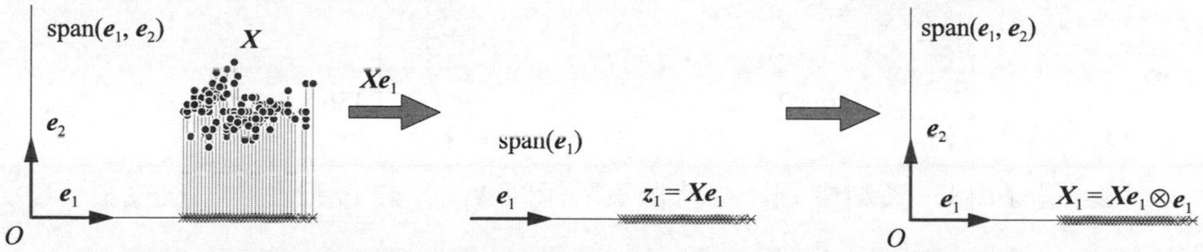

▲ 圖 10.12　二特徵資料矩陣 $\boldsymbol{X}$ 向 $\boldsymbol{e}_1$ 投影，二次投影

$\boldsymbol{X}$ 在 $\boldsymbol{e}_1$ 二次投影對應 $\mathbb{R}^2 = \text{span}(\boldsymbol{e}_1, \boldsymbol{e}_2)$ 座標值為 $\boldsymbol{X}_1$，有

$$\boldsymbol{X}_1 = \boldsymbol{X}\boldsymbol{e}_1 \otimes \boldsymbol{e}_1 = \boldsymbol{X}\boldsymbol{e}_1 \boldsymbol{e}_1^{\mathrm{T}} = \boldsymbol{X} \begin{bmatrix} 1 & 0 \\ 0 & 0 \end{bmatrix} = \begin{bmatrix} \boldsymbol{x}_1 & \boldsymbol{0} \end{bmatrix} \tag{10.27}$$

圖 10.13 所示為上述運算對應的熱圖。

很容易判斷，式 (10.27) 中 $\boldsymbol{e}_1 \otimes \boldsymbol{e}_1$ 的行列式值為 0，即 $\det(\boldsymbol{e}_1 \otimes \boldsymbol{e}_1) = 0$。也就是說這個映射過程存在降維，映射矩陣 $\boldsymbol{e}_1 \otimes \boldsymbol{e}_1$ 不存在逆，即幾何操作不可逆。

⚠

值得注意的是：從 $\boldsymbol{x}_1$ 到 $\boldsymbol{X}_1 = [\boldsymbol{x}_1, \boldsymbol{0}]$ 這種「升維」只是名義上的維度提高，不代表資料資訊增多。顯然，上式中 $\boldsymbol{X}_1$ 的秩仍為 1，即 $\text{rank}(\boldsymbol{X}_1) = 1$。舉個形象點的例子，我們給桌面上馬克杯拍了張照片，再把照片平放在桌面上。馬克杯本身就是 $\boldsymbol{X}$，桌面上的照片就是 $\boldsymbol{X}_1$。桌面上馬克杯的照片顯然不能還原真實世界中馬克杯的所有資訊。

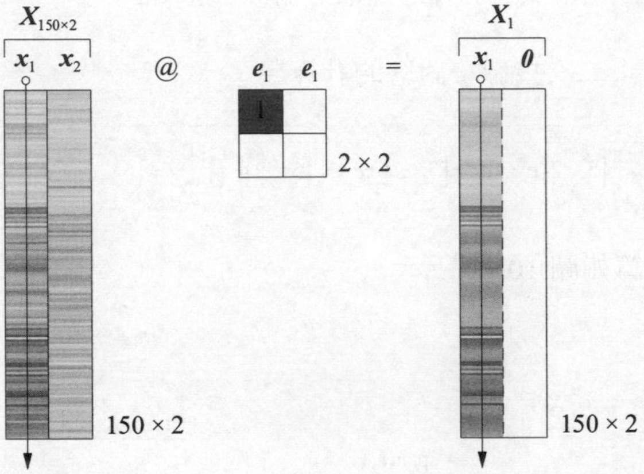

▲ 圖 10.13　資料熱圖，二特徵資料矩陣 $\boldsymbol{X}_{150\times2}$ 向 $\boldsymbol{e}_1$ 投影，二次投影

朝垂直方向投影

如圖 10.14 所示，$\boldsymbol{X}_{150\times2}$ 向垂直方向投影，即 $\boldsymbol{X}_{150\times2}$ 向 $\boldsymbol{e}_2$ 投影。還是以 A 點為例，$A(5, 2)$ 在 $\boldsymbol{e}_2$ 方向上的純量投影為

$$[5 \quad 2]\underbrace{\begin{bmatrix}0\\1\end{bmatrix}}_{\boldsymbol{e}_2} = 2 \tag{10.28}$$

「2」代表的是 A 在 $\text{span}(\boldsymbol{e}_2)$ 空間中的座標值，$\text{span}(\boldsymbol{e}_2)$ 同樣為一維空間。圖 10.15 所示為上述運算的熱圖。

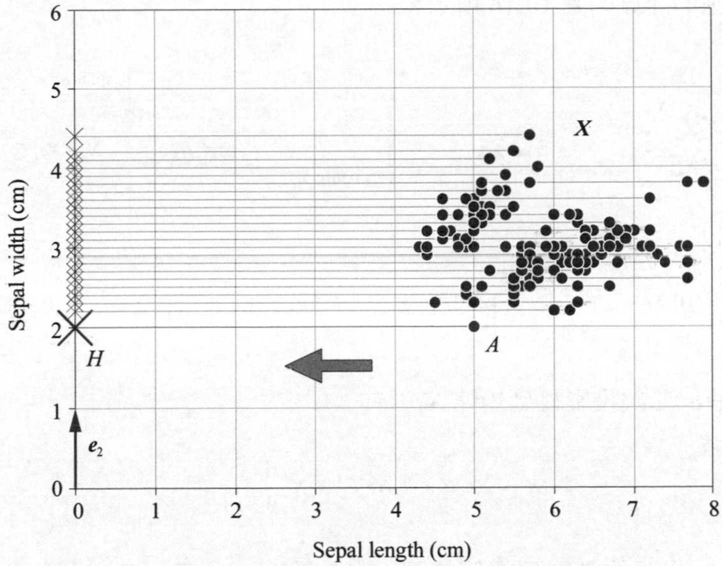

▲ 圖 10.14　二特徵資料矩陣 $\boldsymbol{X}_{150\times 2}$ 向 $\boldsymbol{e}_2$ 方向純量投影，一次投影

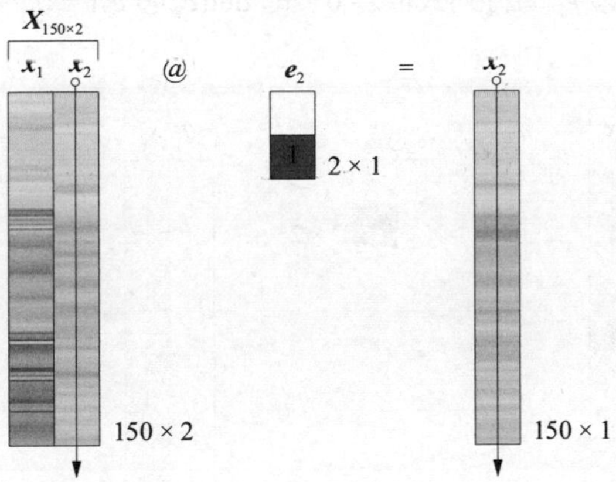

▲ 圖 10.15　資料熱圖，二特徵資料矩陣 $\boldsymbol{X}_{150\times 2}$ 向 $\boldsymbol{e}_2$ 投影，一次投影

同樣利用「二次投影」，得到 A 在垂直方向投影點 H 在 span($\boldsymbol{e}_1$, $\boldsymbol{e}_2$) 的座標值為 (0, 2)，即

$$\begin{bmatrix}5 & 2\end{bmatrix}\boldsymbol{e}_2 \otimes \boldsymbol{e}_2 = \begin{bmatrix}5 & 2\end{bmatrix}\boldsymbol{e}_2\boldsymbol{e}_2^{\mathrm{T}} = \begin{bmatrix}5 & 2\end{bmatrix}\begin{bmatrix}0 & 0\\ 0 & 1\end{bmatrix} = \begin{bmatrix}0 & 2\end{bmatrix} \tag{10.29}$$

上式對應的計算如圖 10.16 所示。

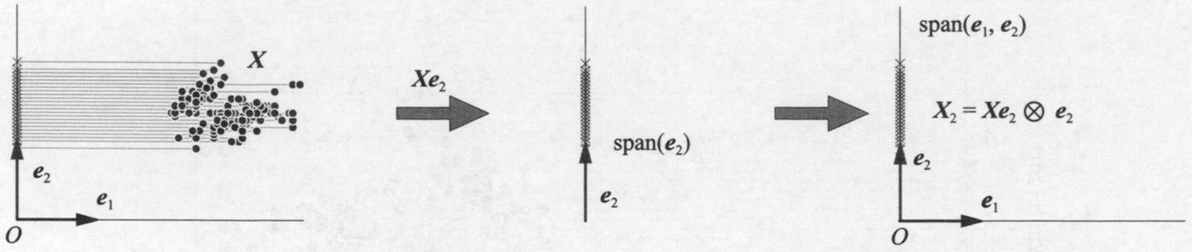

▲ 圖 10.16 二特徵資料矩陣 $\boldsymbol{X}_{150\times2}$ 向 $\boldsymbol{e}_2$ 方向純量投影，二次投影

$\boldsymbol{X}_{150\times2}$ 在 $\boldsymbol{e}_2$ 二次投影得到矩陣 $\boldsymbol{X}_2$，有

$$\boldsymbol{X}_2 = \boldsymbol{X}\boldsymbol{e}_2 \otimes \boldsymbol{e}_2 = \boldsymbol{X}\boldsymbol{e}_2\boldsymbol{e}_2^{\mathrm{T}} = \boldsymbol{X}\begin{bmatrix} 0 & 0 \\ 0 & 1 \end{bmatrix} \tag{10.30}$$

式 (10.30) 對應的熱圖型運算如圖 10.17 所示。$\boldsymbol{X}_2$ 第一列向量為 $\boldsymbol{0}$，第二列向量為 $\boldsymbol{x}_2$。

式 (10.30) 中 $\boldsymbol{e}_2 \otimes \boldsymbol{e}_2$ 的行列式值為 0，即 $\det(\boldsymbol{e}_2 \otimes \boldsymbol{e}_2) = 0$。

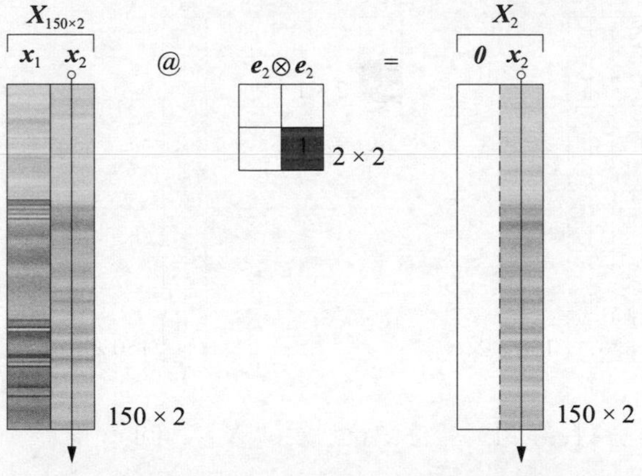

▲ 圖 10.17 資料熱圖，二特徵資料矩陣 $\boldsymbol{X}_{150\times2}$ 向 $\boldsymbol{e}_2$ 投影，二次投影

疊加

如圖 10.18 所示，以 A 為例，$P(5, 0)$ 和 $H(0, 2)$ 疊加得到點 A 的座標 (5, 2)。這相當於兩個向量合成，即

$$\begin{bmatrix} 5 \\ 0 \end{bmatrix} + \begin{bmatrix} 0 \\ 2 \end{bmatrix} = \begin{bmatrix} 5 \\ 2 \end{bmatrix} \tag{10.31}$$

或以行向量來表示，有

$$\begin{bmatrix} 5 & 0 \end{bmatrix} + \begin{bmatrix} 0 & 2 \end{bmatrix} = \begin{bmatrix} 5 & 2 \end{bmatrix} \tag{10.32}$$

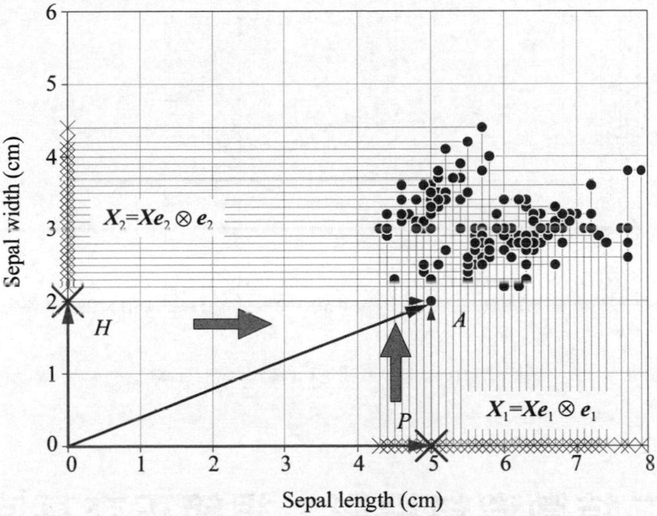

▲ 圖 10.18　資料疊加還原散點圖

如圖 10.19 所示，$\boldsymbol{X}_1$ 和 $\boldsymbol{X}_2$ 疊加還原 $\boldsymbol{X}_{150\times 2}$，有

$$\begin{aligned} \boldsymbol{X}_{150\times 2} &= \boldsymbol{X}_1 + \boldsymbol{X}_2 \\ &= \boldsymbol{X}\left(\boldsymbol{e}_1 \otimes \boldsymbol{e}_1 + \boldsymbol{e}_2 \otimes \boldsymbol{e}_2\right) \\ &= \boldsymbol{X}\left(\boldsymbol{e}_1\boldsymbol{e}_1^{\mathrm{T}} + \boldsymbol{e}_2\boldsymbol{e}_2^{\mathrm{T}}\right) \\ &= \boldsymbol{X}\left(\begin{bmatrix} 1 & 0 \\ 0 & 0 \end{bmatrix} + \begin{bmatrix} 0 & 0 \\ 0 & 1 \end{bmatrix}\right) = \boldsymbol{X}\boldsymbol{I} \end{aligned} \tag{10.33}$$

圖 10.20 所示為上述運算對應的熱圖。

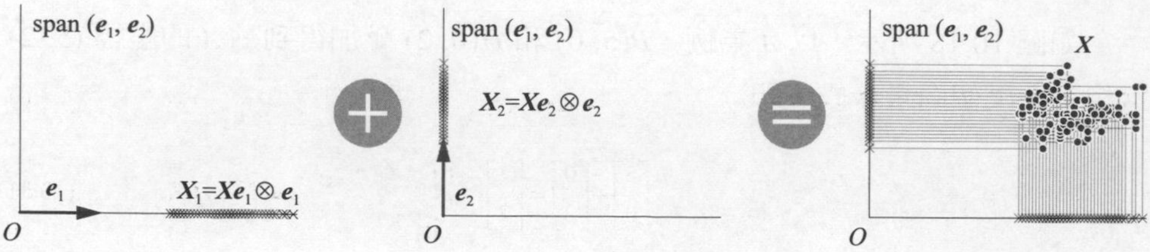

▲ 圖 10.19 資料疊加還原 $X_{150\times2}$

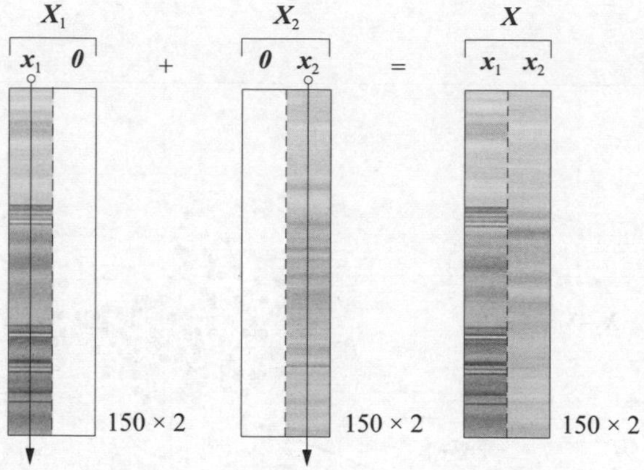

▲ 圖 10.20 資料熱圖，疊加還原 $X_{150\times2}$

10.4 二特徵資料投影：規範正交基底

本節分析 $X_{150\times2}$ 在三個不同規範正交基底的投影情況。

第一個規範正交基底

給定以下規範正交基底 $V = [v_1, v_2]$，即

$$V = \begin{bmatrix} v_1 & v_2 \end{bmatrix} = \begin{bmatrix} \sqrt{3}/2 & -1/2 \\ 1/2 & \sqrt{3}/2 \end{bmatrix} \tag{10.34}$$

從幾何變換角度來看，V 可以視作一個旋轉矩陣。請大家自行驗證 $V^T V = I$。此外，很容易計算得到 V 的行列式值為 1，即 $\det(V) = 1$。也就是說，旋轉不改變面積。

v_1 和 v_2 也相當於是 e_1 和 e_2 的線性組合，即

$$\begin{aligned} v_1 &= \sqrt{3}/2\, e_1 + 1/2\, e_2 \\ v_2 &= -1/2\, e_1 + \sqrt{3}/2\, e_2 \end{aligned} \tag{10.35}$$

如圖 10.21 所示，同樣以點 $A(5, 2)$ 為例，A 在 v_1 方向的純量投影為

$$\begin{bmatrix} 5 & 2 \end{bmatrix} \underbrace{\begin{bmatrix} \sqrt{3}/2 \\ 1/2 \end{bmatrix}}_{v_1} \approx 5.33 \tag{10.36}$$

也就是說，A 在 $\text{span}(v_1)$ 投影點 H 的座標值為 5.33，對應向量可以寫成 $5.33v_1$。

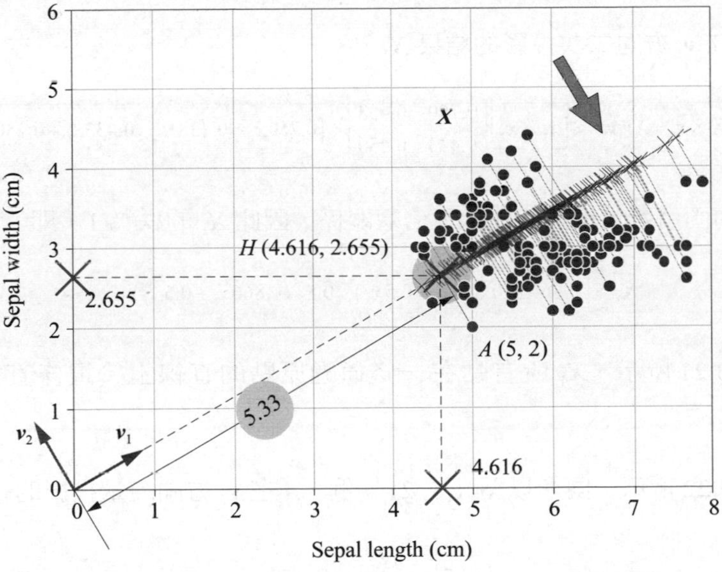

▲ 圖 10.21　二特徵資料矩陣 $X_{150\times 2}$ 向 v_1 投影

透過二次投影獲得 H 在 span($\boldsymbol{e}_1$, $\boldsymbol{e}_2$) 的座標值，有

$$[5 \quad 2]\boldsymbol{v}_1 \otimes \boldsymbol{v}_1 = [5 \quad 2]\boldsymbol{v}_1\boldsymbol{v}_1^{\mathrm{T}} = [5 \quad 2]\begin{bmatrix} 3/4 & \sqrt{3}/4 \\ \sqrt{3}/4 & 1/4 \end{bmatrix} \approx [4.616 \quad 2.665] \tag{10.37}$$

這就是 H 在圖 10.21 中的座標值。很容易計算，式 (10.37) 中 $\boldsymbol{v}_1 \otimes \boldsymbol{v}_1$ 的行列式值為 0，即 $\det(\boldsymbol{v}_1 \otimes \boldsymbol{v}_1) = 0$。資料矩陣 $\boldsymbol{X}_{150\times 2}$ 在 $\boldsymbol{v}_1$ 方向的投影 $\boldsymbol{z}_1$ 為

$$\boldsymbol{z}_1 = \boldsymbol{X}\boldsymbol{v}_1 = \underbrace{[\boldsymbol{x}_1 \quad \boldsymbol{x}_2]}_{\boldsymbol{X}}\underbrace{\begin{bmatrix} \sqrt{3}/2 \\ 1/2 \end{bmatrix}}_{\boldsymbol{v}_1} \approx 0.866\boldsymbol{x}_1 + 0.5\boldsymbol{x}_2 \tag{10.38}$$

觀察式 (10.38) 發現，$\boldsymbol{z}_1$ 相當於 $\boldsymbol{x}_1$ 和 $\boldsymbol{x}_2$ 的線性組合。請大家關注一下單位，$\boldsymbol{x}_1$ 和 $\boldsymbol{x}_2$ 的單位均為公分，因此上式線性組合結果的單位還是公分。

如果，$\boldsymbol{x}_1$ 和 $\boldsymbol{x}_2$ 分別代表身高、體重資料，單位為公尺、公斤。這種情況下，$\boldsymbol{x}_1$ 和 $\boldsymbol{x}_2$ 線性組合結果的單位就顯得「尷尬」。因此，對於單位不統一的矩陣，可以考慮先透過標準化「去單位」。

$\boldsymbol{X}_{150\times 2}$ 在 $\boldsymbol{v}_1$ 方向二次投影的結果 $\boldsymbol{X}_1$ 為

$$\boldsymbol{X}_1 = \boldsymbol{X}\boldsymbol{v}_1 \otimes \boldsymbol{v}_1 = \boldsymbol{X}\boldsymbol{v}_1\boldsymbol{v}_1^{\mathrm{T}} \approx \underbrace{[\boldsymbol{x}_1 \quad \boldsymbol{x}_2]}_{\boldsymbol{X}}\begin{bmatrix} 0.750 & 0.433 \\ 0.433 & 0.250 \end{bmatrix} = [0.750\boldsymbol{x}_1 + 0.433\boldsymbol{x}_2 \quad 0.433\boldsymbol{x}_1 + 0.250\boldsymbol{x}_2] \tag{10.39}$$

而 $\boldsymbol{X}_1$ 的兩個列向量都存在以下倍數關係，因此 $\boldsymbol{X}_1$ 的秩為 1，即

$$\boldsymbol{X}_1 \approx [0.866\times(0.866\boldsymbol{x}_1 + 0.5\boldsymbol{x}_2) \quad 0.5\times(0.866\boldsymbol{x}_1 + 0.5\boldsymbol{x}_2)] \tag{10.40}$$

如圖 10.21 所示，$\boldsymbol{X}_1$ 所有點在一條通過原點的直線上。這條直線等值於 span($\boldsymbol{v}_1$)。

如圖 10.22 所示，同樣以點 $A(5, 2)$ 為例，A 在 $\boldsymbol{v}_2$ 方向純量投影的結果為

$$[5 \quad 2]\underbrace{\begin{bmatrix} -1/2 \\ \sqrt{3}/2 \end{bmatrix}}_{\boldsymbol{v}_2} \approx -0.7679 \tag{10.41}$$

即 A 在 span($\boldsymbol{v}_2$) 投影點的座標值為 -0.7679，對應向量可以寫成 -0.7679$\boldsymbol{v}_2$。透過二次投影獲得投影點坐標值 (圖 10.22 中 ×)，有

$$[5\quad 2]\boldsymbol{v}_2 \otimes \boldsymbol{v}_2 = [5\quad 2]\boldsymbol{v}_2\boldsymbol{v}_2^{\mathrm{T}} = [5\quad 2]\begin{bmatrix} 1/4 & -\sqrt{3}/4 \\ -\sqrt{3}/4 & 3/4 \end{bmatrix} \approx [0.384\quad -0.665] \tag{10.42}$$

式 (10.42) 中 $\boldsymbol{v}_2 \otimes \boldsymbol{v}_2$ 的行列式值為 0，即 $\det(\boldsymbol{v}_2 \otimes \boldsymbol{v}_2) = 0$。

式 (10.37) 和式 (10.42) 之和還原 A 座標值 (5, 2)，有

$$[5\quad 2](\boldsymbol{v}_1 \otimes \boldsymbol{v}_1 + \boldsymbol{v}_2 \otimes \boldsymbol{v}_2) = [5\quad 2]\left\{\begin{bmatrix} 3/4 & \sqrt{3}/4 \\ \sqrt{3}/4 & 1/4 \end{bmatrix} + \begin{bmatrix} 1/4 & -\sqrt{3}/4 \\ -\sqrt{3}/4 & 3/4 \end{bmatrix}\right\} = [5\quad 2] \tag{10.43}$$

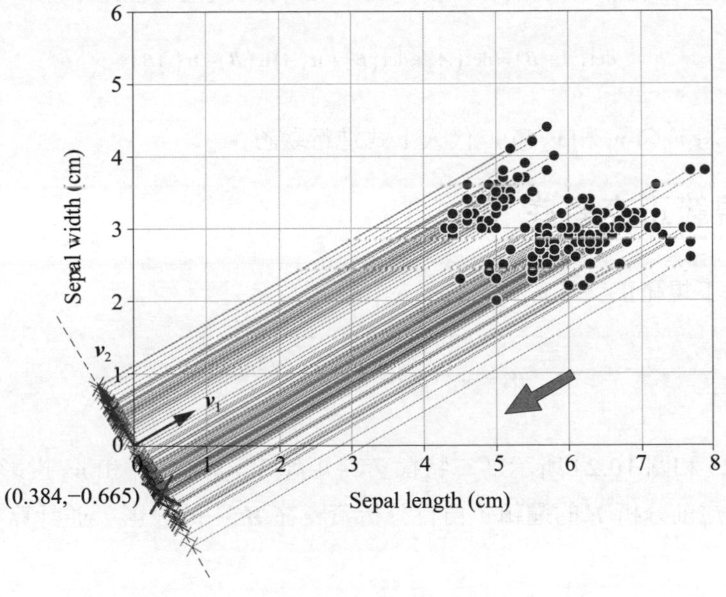

▲ 圖 10.22　二特徵資料矩陣 $\boldsymbol{X}_{150\times 2}$ 向 $\boldsymbol{v}_2$ 投影

$\boldsymbol{X}_{150\times 2}$ 在 $\boldsymbol{v}_2$ 方向的投影 $\boldsymbol{z}_2$ 為

$$\boldsymbol{z}_2 = \boldsymbol{X}\boldsymbol{v}_2 = \underbrace{[\boldsymbol{x}_1\quad \boldsymbol{x}_2]}_{\boldsymbol{X}}\underbrace{\begin{bmatrix} -1/2 \\ \sqrt{3}/2 \end{bmatrix}}_{\boldsymbol{v}_2} \approx -0.5\boldsymbol{x}_1 + 0.866\boldsymbol{x}_2 \tag{10.44}$$

z_2 也是 x_1 和 x_2 的線性組合。

$X_{150\times 2}$ 在 v_2 二次投影 X_2 為

$$X_2 = Xv_2 \otimes v_2 = Xv_2 v_2^{\mathrm{T}} \approx \underbrace{\begin{bmatrix} x_1 & x_2 \end{bmatrix}}_{X} \begin{bmatrix} 0.250 & -0.433 \\ -0.433 & 0.750 \end{bmatrix} = \begin{bmatrix} 0.250x_1 - 0.433x_2 & -0.433x_1 + 0.750x_2 \end{bmatrix} \quad (10.45)$$

X_2 的秩也為 1。如圖 10.22 所示，X_2 對應的座標也在一條通過原點的直線上。

式 (10.39) 和式 (10.45) 疊加還原 X，有

$$X_1 + X_2 = Xv_1 \otimes v_1 + Xv_2 \otimes v_2 = X\left\{\begin{bmatrix} 0.750 & 0.433 \\ 0.433 & 0.250 \end{bmatrix} + \begin{bmatrix} 0.250 & -0.433 \\ -0.433 & 0.750 \end{bmatrix}\right\} = XI = X \quad (10.46)$$

順便一提，對於 2×2 方陣 A 和 B，$A + B$ 行列式值存在以下關係，即

$$\det(A+B) = \det(A) + \det(B) + \mathrm{tr}(A)\mathrm{tr}(B) - \mathrm{tr}(AB) \quad (10.47)$$

請大家將 $v_1 \otimes v_1$ 和 $v_2 \otimes v_2$ 代入上式進行驗證。

第二個規範正交基底

給定以下規範正交基底 $W = [w_1, w_2]$ 為

$$W = \begin{bmatrix} w_1 & w_2 \end{bmatrix} = \begin{bmatrix} \sqrt{2}/2 & -\sqrt{2}/2 \\ \sqrt{2}/2 & \sqrt{2}/2 \end{bmatrix} \quad (10.48)$$

圖 10.23 和圖 10.24 所示為二特徵資料矩陣 $X_{150\times 2}$ 向 w_1 和 w_2 投影的結果。請按照本節之前分析 V 的邏輯，自行分析資料在 W 中的投影，並計算 W 的行列式值。

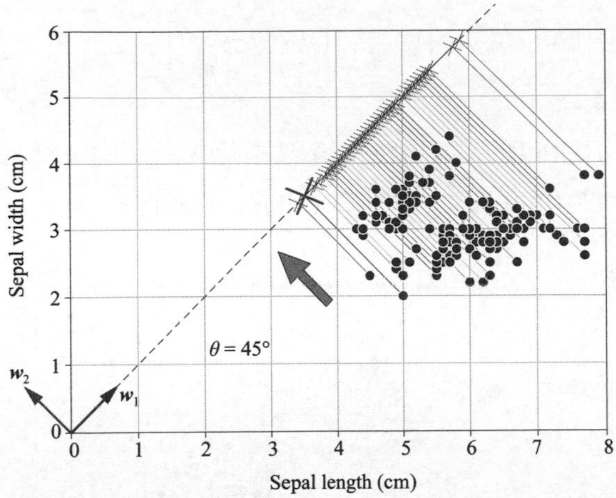

▲ 圖 10.23 二特徵資料矩陣 $\boldsymbol{X}_{150\times 2}$ 向 $\boldsymbol{w}_1$ 投影

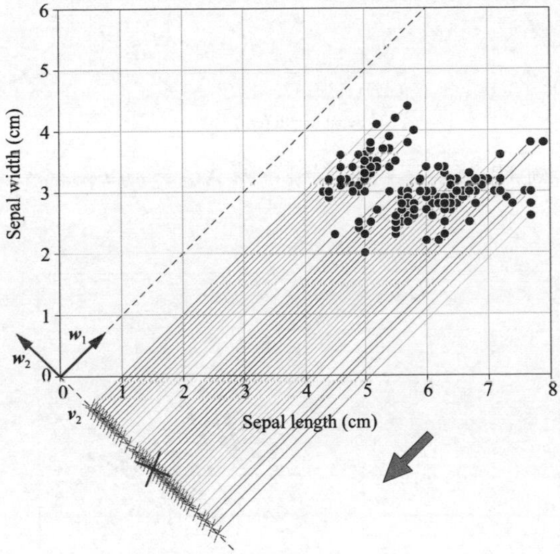

▲ 圖 10.24 二特徵資料矩陣 $\boldsymbol{X}_{150\times 2}$ 向 $\boldsymbol{w}_2$ 投影

第三個規範正交基底

給定以下規範正交基底 $\boldsymbol{U} = [\boldsymbol{u}_1, \boldsymbol{u}_2]$ 為

$$U = \begin{bmatrix} u_1 & u_2 \end{bmatrix} = \begin{bmatrix} 1/2 & -\sqrt{3}/2 \\ \sqrt{3}/2 & 1/2 \end{bmatrix} \tag{10.49}$$

圖 10.25 和圖 10.26 所示為二特徵資料矩陣 $X_{150\times 2}$ 向 u_1 和 u_2 投影的結果。請大家分析資料在 U 中的投影，並計算 U 的行列式值。

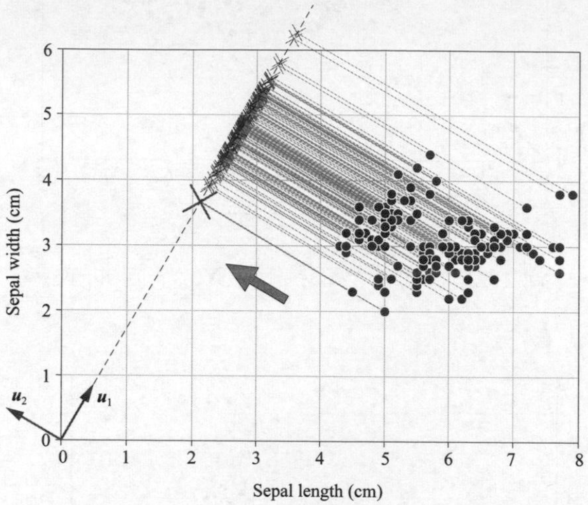

▲ 圖 10.25　二特徵資料矩陣 $X_{150\times 2}$ 向 u_1 投影

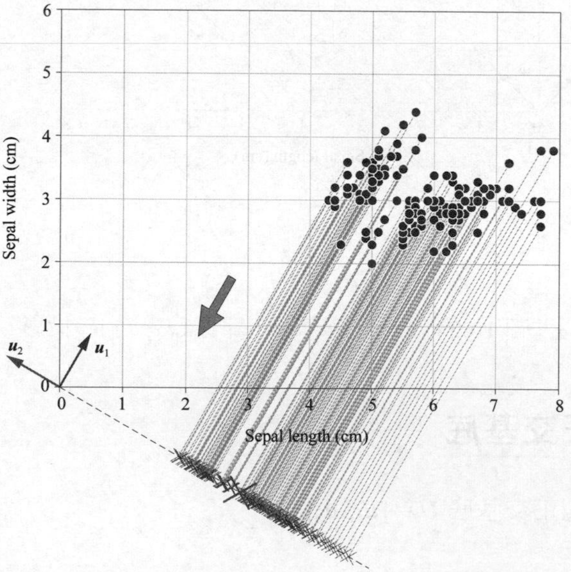

▲ 圖 10.26　二特徵資料矩陣 $X_{150\times 2}$ 向 u_2 投影

旋轉角度連續變化

前文提過，在 $\mathbb{R}^2$ 中不同規範正交基底之間僅差在旋轉角度上。比較圖 10.21~ 圖 10.26 這六幅圖，當旋轉角度連續變化時，投影結果 z_1 和 z_2 也會連續變化。列出以下更具一般性的矩陣 V 為

$$V = \begin{bmatrix} \cos\theta & \sin\theta \\ -\sin\theta & \cos\theta \end{bmatrix} \tag{10.50}$$

其中：θ 為逆時鐘旋轉角度。$Z = XV$ 可以展開寫成

$$\underbrace{\begin{bmatrix} z_1 & z_2 \end{bmatrix}}_{Z} = \underbrace{\begin{bmatrix} x_1 & x_2 \end{bmatrix}}_{X} \underbrace{\begin{bmatrix} \cos\theta & \sin\theta \\ -\sin\theta & \cos\theta \end{bmatrix}}_{V} = \begin{bmatrix} \cos\theta x_1 - \sin\theta x_2 & \sin\theta x_1 + \cos\theta x_2 \end{bmatrix} \tag{10.51}$$

對於式 (10.51) 中的 z_1 和 z_2，我們可以分析它們各自的向量模，也可以計算 z_1 和 z_2 之間的向量夾角餘弦值、夾角弧度、角度等。

從統計角度來看，z_1 和 z_2 代表兩列數值，我們可以分析它們各自的平均值、方差、標準差，也可以計算 z_1 和 z_2 的協方差、相關性係數。

而上述這些量值都隨著 θ 的變化而連續變化。有變化就有最大值、最小值，就有最佳化問題。本書後續介紹的特徵值分解和奇異值分解背後都離不開最佳化角度。這是本書第 18 章要討論的話題。

10.5 四特徵資料投影：標準正交基底

本章最後兩節以四特徵資料矩陣為例，擴展前文分析案例。本節先從最簡單的標準正交基底 $[e_1, e_2, \cdots, e_D]$ 入手。

一次投影：純量投影

前文提到過，一次投影實際上就是「純量投影」。圖 10.27(a) 所示為鳶尾花資料集矩陣 X 在 e_1 方向上純量投影的運算熱圖。

從行向量角度來看，$x^{(i)}e_1 \to x_{i,1}$ 代表 $\mathbb{R}^D$ 空間座標值 $x^{(i)}$ 投影到 span(e_1) 這個子空間後，座標值為 $x_{i,1}$。

> 再次強調：向量空間 span(e_1) 維度為 1。x_i,1 是 $x^{(i)}$ 在 span(e_1) 的座標值。

從列向量角度來看，$[x_1, x_2, x_3, x_4]e_1 \to x_1$ 是一個線性組合過程。而 $e_1 = [1, 0, 0, 0]^T$，線性組合結果只保留了鳶尾花資料集的第一列 x_1，即花萼長度。

請大家按照這個想法分析圖 10.27(b) ～圖 10.27(d) 三幅熱圖型運算。請大家思考，要是想計算鳶尾花花萼長度和花萼寬度之和，用矩陣乘法怎樣完成呢？

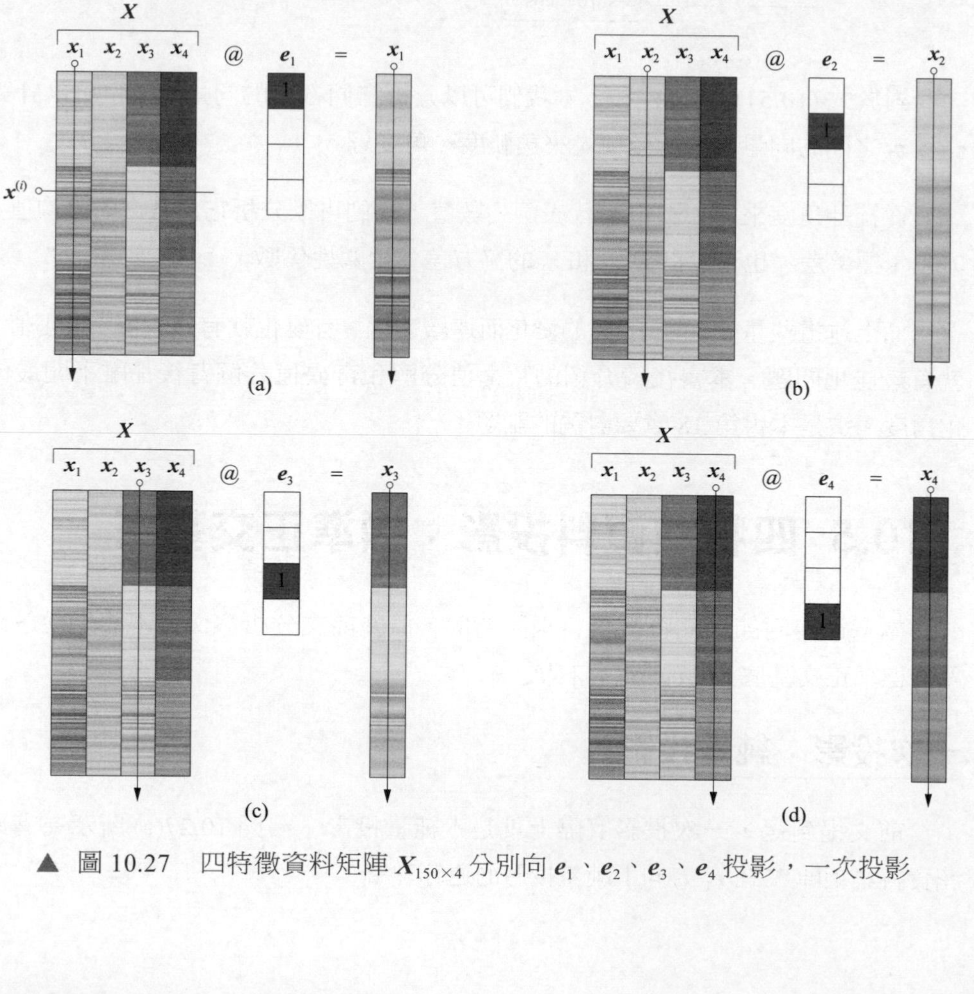

▲ 圖 10.27 四特徵資料矩陣 $X_{150\times4}$ 分別向 e_1、e_2、e_3、e_4 投影，一次投影

二次投影

如前文所述，本章所謂的「二次投影」實際上就是向量投影。如圖 10.28 所示，$\boldsymbol{X}$ 向 $\boldsymbol{e}_1$ 方向向量投影的結果就是 $\boldsymbol{X}$ 與 $\boldsymbol{e}_1 \otimes \boldsymbol{e}_1$ 的矩陣乘積。乘積結果是，只保留鳶尾花資料集第一列—花萼長度，其他資料均置 0。請大家按照這個想法自行分析圖 10.29 ～圖 10.31。此外，容易計算得到 $\boldsymbol{e}_1 \otimes \boldsymbol{e}_1$、$\boldsymbol{e}_2 \otimes \boldsymbol{e}_2$、$\boldsymbol{e}_3 \otimes \boldsymbol{e}_3$、$\boldsymbol{e}_4 \otimes \boldsymbol{e}_4$ 的行列式值都為 0。

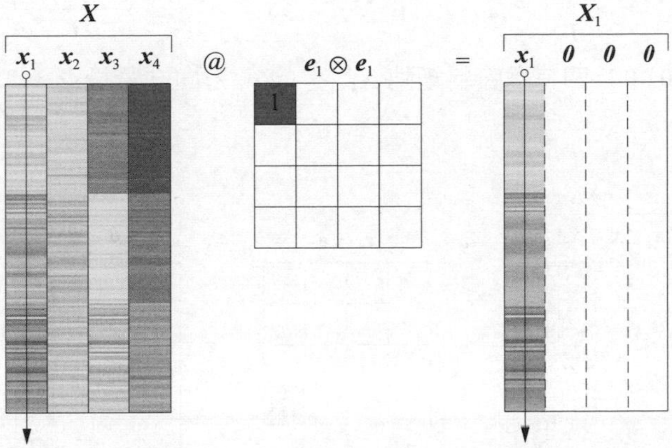

▲ 圖 10.28　四特徵資料矩陣 $\boldsymbol{X}_{150\times4}$ 向 $\boldsymbol{e}_1$ 方向向量投影，二次投影

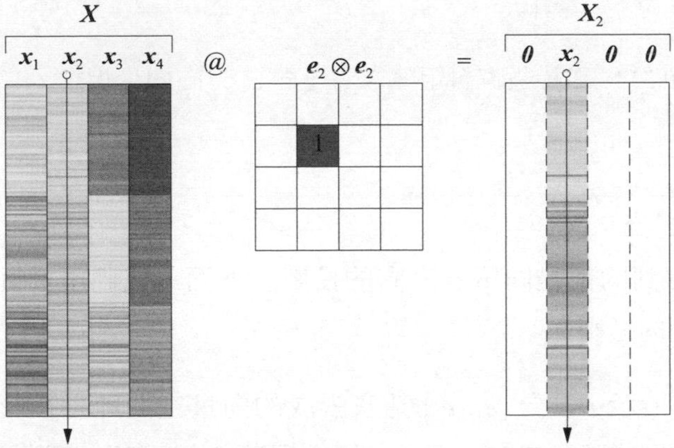

▲ 圖 10.29　四特徵資料矩陣 $\boldsymbol{X}_{150\times4}$ 向 $\boldsymbol{e}_2$ 方向向量投影，二次投影

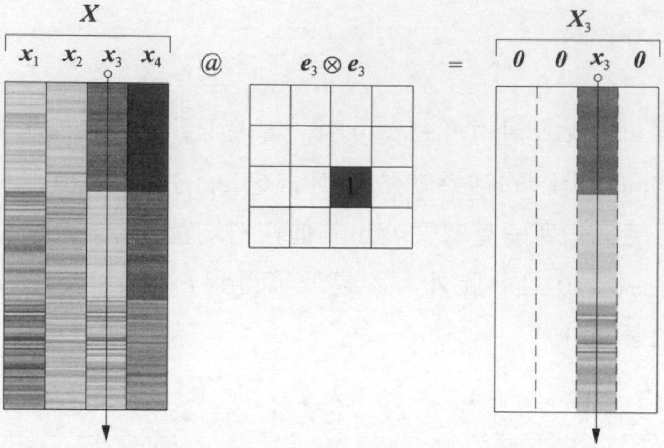

▲ 圖 10.30　四特徵資料矩陣 $\boldsymbol{X}_{150\times4}$ 向 $\boldsymbol{e}_3$ 方向向量投影，二次投影

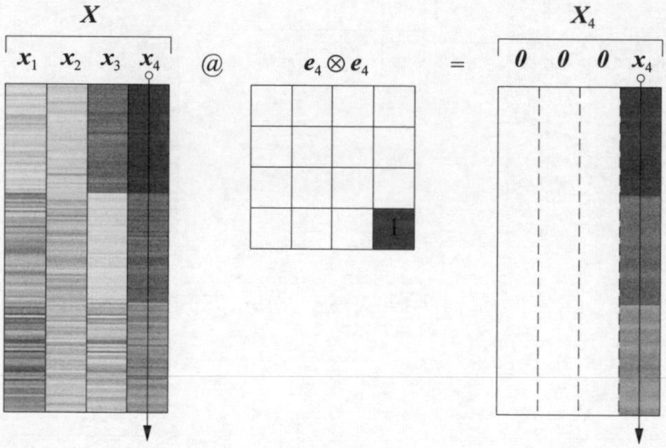

▲ 圖 10.31　四特徵資料矩陣 $\boldsymbol{X}_{150\times4}$ 向 $\boldsymbol{e}_4$ 方向向量投影，二次投影

朝平面投影

本節之前提到的都是向單一方向的投影。下面，我們用一個例子說明向某個二維向量空間的投影。

如圖 10.32 所示，$\boldsymbol{X}$ 向 $[\boldsymbol{e}_1, \boldsymbol{e}_2]$ 基底張成的向量空間純量投影，這個過程也相當於降維，從四維降到二維，只保留了鳶尾花花萼長度、花萼寬度兩個特徵。

本書第 1 章介紹過成對特徵散點圖，請大家思考如何用矩陣乘法運算獲得每幅散點圖的資料矩陣。

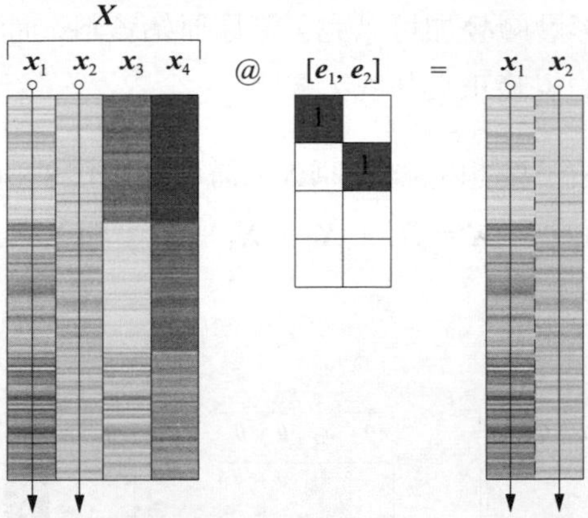

▲ 圖 10.32　四特徵資料矩陣 $\boldsymbol{X}_{150\times 4}$ 向 $[\boldsymbol{e}_1,\boldsymbol{e}_2]$ 方向純量投影

圖 10.33 所示為 $\boldsymbol{X}$ 向 $[\boldsymbol{e}_1, \boldsymbol{e}_2]$ 基底張成的向量空間向量投影，結果相當於將圖 10.28 和圖 10.29 的結果「疊加」，即 $\boldsymbol{X}_1 + \boldsymbol{X}_2$。很明顯，$\boldsymbol{X}_1 + \boldsymbol{X}_2$ 並沒有還原 $\boldsymbol{X}$。

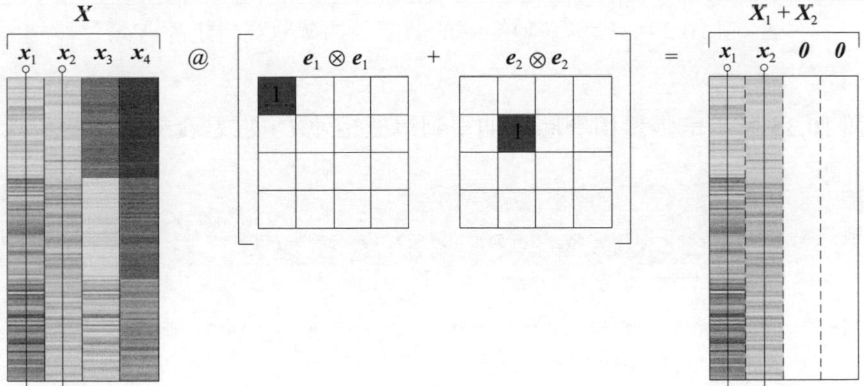

▲ 圖 10.33　四特徵資料矩陣 $\boldsymbol{X}_{150\times 4}$ 向 $[\boldsymbol{e}_1,\boldsymbol{e}_2]$ 方向向量投影

層層疊加：還原原始矩陣

本章前文式 (10.12) 告訴我們，資料矩陣 $\boldsymbol{X}$ 在規範正交基底 $[\boldsymbol{v}_1, \boldsymbol{v}_2, \cdots, \boldsymbol{v}_D]$ 中每個方向上的向量投影層層疊加可以完全還原原始資料。而標準正交基底 $[\boldsymbol{e}_1, \boldsymbol{e}_2, \cdots, \boldsymbol{e}_D]$ 可以視作特殊的規範正交基底。

觀察圖 10.34 得知，要想完整還原 $\boldsymbol{X}$，需要圖 10.28、圖 10.29、圖 10.30、圖 10.31 四幅熱圖疊加，即 $\boldsymbol{X} = \boldsymbol{X}_1 + \boldsymbol{X}_2 + \boldsymbol{X}_3 + \boldsymbol{X}_4$。顯然，$\boldsymbol{X}_1$、$\boldsymbol{X}_2$、$\boldsymbol{X}_3$、$\boldsymbol{X}_4$ 這四個矩陣的秩都是 1。

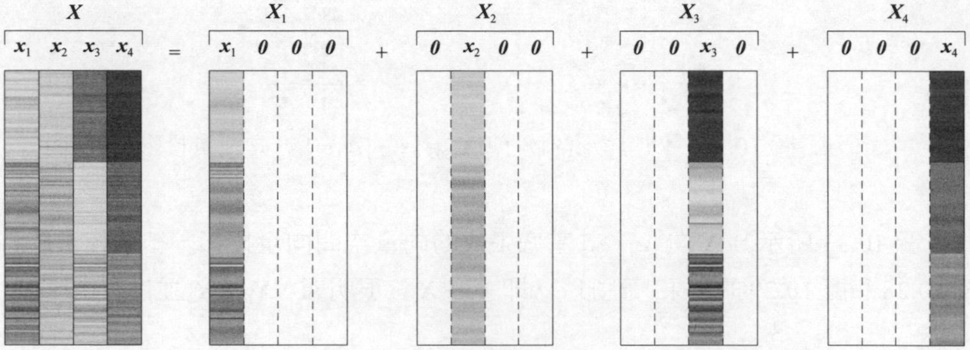

▲ 圖 10.34　投影資料矩陣的層層疊加還原資料矩陣 $\boldsymbol{X}_{150\times4}$

圖 10.35 所示是張量積層層疊加得到單位矩陣 $\boldsymbol{I}$，它是資料還原的另外一個角度，即

$$\boldsymbol{e}_1 \otimes \boldsymbol{e}_1 + \boldsymbol{e}_2 \otimes \boldsymbol{e}_2 + \boldsymbol{e}_3 \otimes \boldsymbol{e}_3 + \boldsymbol{e}_4 \otimes \boldsymbol{e}_4 = \boldsymbol{I} \tag{10.52}$$

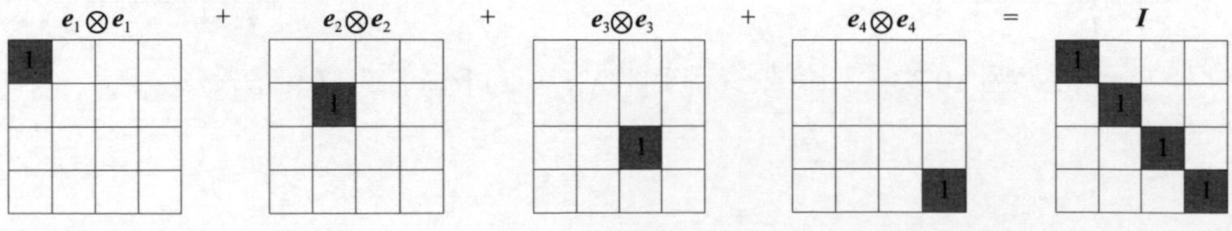

▲ 圖 10.35　張量積的層層疊加還原 4×4 單位矩陣

10.6 四特徵資料投影：規範正交基底

有了上一節內容作為基礎，這一節提高難度，我們用一個規範正交基底重複上一節的所有計算。大家閱讀這一節時，請對比上一節內容。

某個「萬中挑一」的規範正交基底

我們恰好找到了一個 4×4 規範正交基底 $\boldsymbol{V}$，具體為

$$\boldsymbol{V} = \begin{bmatrix} \boldsymbol{v}_1 & \boldsymbol{v}_2 & \boldsymbol{v}_3 & \boldsymbol{v}_4 \end{bmatrix} = \begin{bmatrix} 0.751 & 0.284 & 0.502 & 0.321 \\ 0.380 & 0.547 & -0.675 & -0.317 \\ 0.513 & -0.709 & -0.059 & -0.481 \\ 0.168 & -0.344 & -0.537 & 0.752 \end{bmatrix} \tag{10.53}$$

大家可能好奇我們怎麼找到這個 $\boldsymbol{V}$，本章後面會揭曉答案。

圖 10.36 所示為規範正交基底 $\boldsymbol{V}$ 乘其轉置 $\boldsymbol{V}^{\mathrm{T}}$ 得到單位矩陣。大家可以自己試著驗算上式是否滿足 $\boldsymbol{V}\boldsymbol{V}^{\mathrm{T}} = \boldsymbol{I}$，即方陣 $\boldsymbol{V}$ 每一列列向量都是單位向量，且 $\boldsymbol{V}$ 的列向量兩兩正交。式 (10.53) 中，$\boldsymbol{V}$ 的資料僅保留小數點後 3 位，$\boldsymbol{V}\boldsymbol{V}^{\mathrm{T}}$ 的結果非常接近單位矩陣 $\boldsymbol{I}$。

從幾何角度來看，規範正交基底 $\boldsymbol{V}$ 對應的幾何操作是四維空間旋轉。

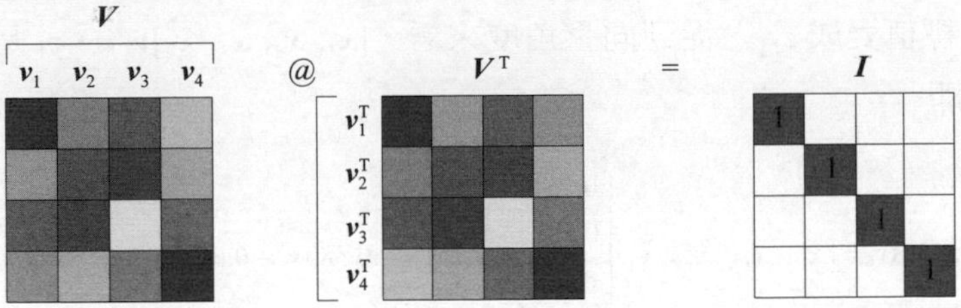

▲ 圖 10.36　規範正交基底 $\boldsymbol{V}$ 乘其轉置得到 4×4 單位矩陣

V 中的像

如圖 10.37 所示，以規範正交基底 V 為橋樑，矩陣乘法 $Z = XV$ 完成 X 到 Z 的映射。Z 就是 X 在 V 中的像，根據 $Xv_j = z_j$，下面逐一分析矩陣 Z 的列向量。

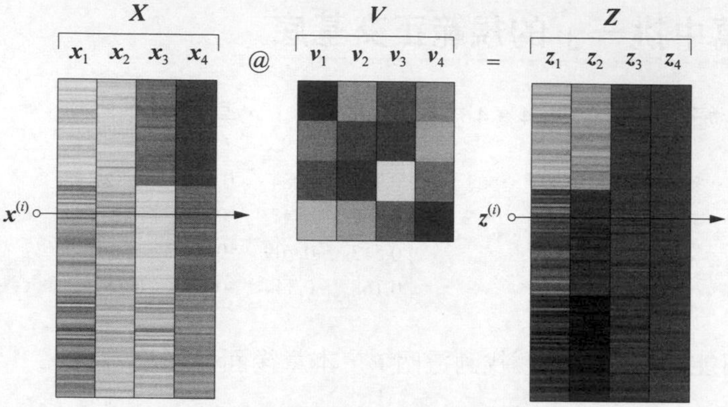

▲ 圖 10.37　四特徵資料矩陣 $X_{150\times4}$ 投影到規範正交基底 V 得到 Z

第 1 列向量 v_1

圖 10.38 所示為鳶尾花資料集矩陣 X 在 v_1 方向上純量投影的運算熱圖。

從行向量角度來看，$x^{(i)}v_1 \to z_{i,1}$ 代表 $\mathbb{R}^D$ 空間座標值 $x^{(i)}$ 投影到 span(v_1) 這個子空間後座標值變成 $z_{i,1}$。從列向量角度來看，$[x_1, x_2, x_3, x_4]v_1 \to z_1$ 是一個線性組合過程，即

$$z_1 = Xv_1 = \begin{bmatrix} x_1 & x_2 & x_3 & x_4 \end{bmatrix} \begin{bmatrix} 0.751 \\ 0.380 \\ 0.513 \\ 0.168 \end{bmatrix} = 0.751x_1 + 0.380x_2 + 0.513x_3 + 0.168x_4 \tag{10.54}$$

式 (10.54) 說明，0.7512 倍 x_1、0.380 倍 x_2、0.513 倍 x_3、0.168 倍 x_4 合成獲得了向量 z_1。

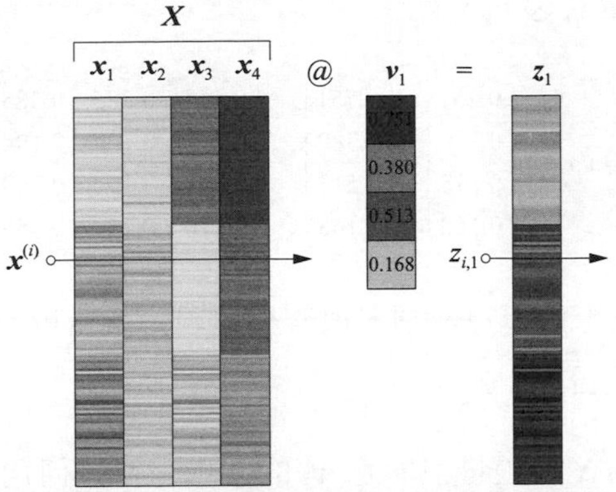

▲ 圖 10.38　四特徵資料矩陣 $\boldsymbol{X}_{150\times4}$ 向 $\boldsymbol{v}_1$ 方向純量投影，一次投影

如圖 10.39 所示，$\boldsymbol{z}_1$ 再乘 $\boldsymbol{v}_1^{\mathrm{T}}$，便得到 $\boldsymbol{X}_1$。不難理解，$\boldsymbol{X}_1$ 的每一列都是 $\boldsymbol{z}_1$ 乘一個純量係數。也就是說，$\boldsymbol{X}_1$ 的四個列向量之間存在倍數關係，即

$$\boldsymbol{X}_1 = \boldsymbol{z}_1\boldsymbol{v}_1^{\mathrm{T}} = \boldsymbol{z}_1\begin{bmatrix}0.751 & 0.380 & 0.513 & 0.168\end{bmatrix} = \begin{bmatrix}0.751\boldsymbol{z}_1 & 0.380\boldsymbol{z}_1 & 0.513\boldsymbol{z}_1 & 0.168\boldsymbol{z}_1\end{bmatrix} \tag{10.55}$$

顯然，$\boldsymbol{X}_1$ 的秩為 1，即 $\text{rank}(\boldsymbol{X}_1) = 1$。

總結來說，圖 10.38 和圖 10.39 用了兩步完成了「二次投影」，即向量投影。

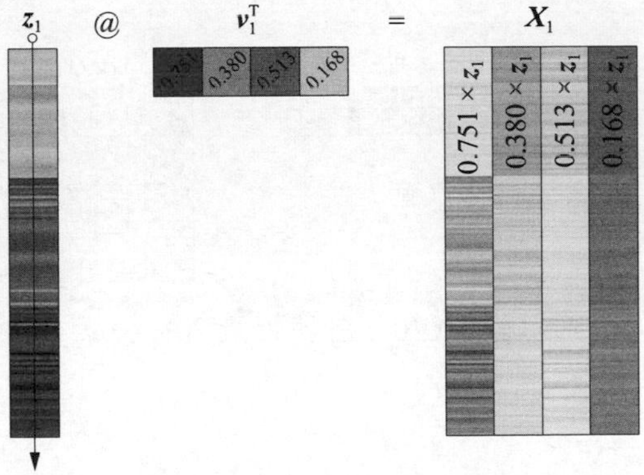

▲ 圖 10.39　$\boldsymbol{z}_1$ 乘 $\boldsymbol{v}_1^{\mathrm{T}}$ 得到 $\boldsymbol{X}_1$

下面，我們用向量張量積方法完成同樣的計算。

首先計算張量積 $\boldsymbol{v}_1 \otimes \boldsymbol{v}_1$，有

$$\boldsymbol{v}_1 \otimes \boldsymbol{v}_1 = \boldsymbol{v}_1 \boldsymbol{v}_1^{\mathrm{T}} = \begin{bmatrix} 0.751 \\ 0.380 \\ 0.513 \\ 0.168 \end{bmatrix} @ \begin{bmatrix} 0.751 \\ 0.380 \\ 0.513 \\ 0.168 \end{bmatrix}^{\mathrm{T}} = \begin{bmatrix} 0.564 & 0.285 & 0.385 & 0.126 \\ 0.285 & 0.144 & 0.194 & 0.063 \\ 0.385 & 0.194 & 0.263 & 0.086 \\ 0.126 & 0.063 & 0.086 & 0.028 \end{bmatrix} \tag{10.56}$$

圖 10.40 所示為上述運算熱圖。很容易發現，張量積為對稱矩陣。請大家自行計算張量積的秩是否為 1。

圖 10.41 所示為 $\boldsymbol{X}$ 與張量積 $\boldsymbol{v}_1 \otimes \boldsymbol{v}_1$ 的乘積。從幾何角度來看，$\boldsymbol{X}$ 朝 $\boldsymbol{v}_1$ 向量二次投影得到 $\boldsymbol{X}_1$，即所謂「二次投影」。

請大家特別注意一點，$\boldsymbol{X}$ 和 $\boldsymbol{X}_1$ 在熱圖上已經非常接近。我們在選取 $\boldsymbol{v}_1$ 時，有特殊的「講究」，這就是為什麼在本節開頭說 $\boldsymbol{V}$ 是「萬中挑一」的原因。我們將在本書下一個板塊—矩陣分解中，和大家深入探討如何獲得這個特殊的 $\boldsymbol{V}$。

> 注意：式 (10.56) 僅保留小數點後 3 位數值。

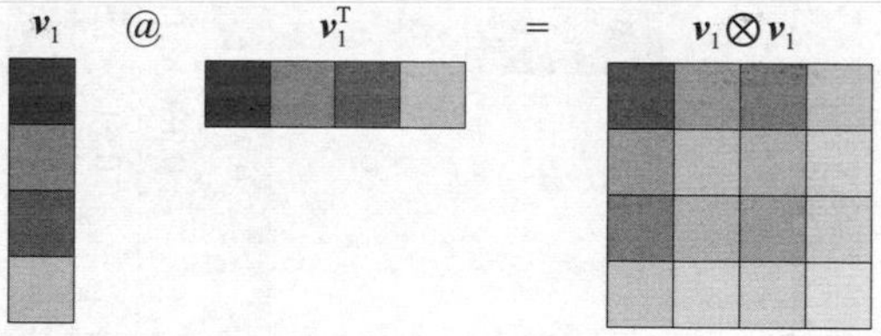

▲ 圖 10.40 計算張量積 $\boldsymbol{v}_1 \otimes \boldsymbol{v}_1$

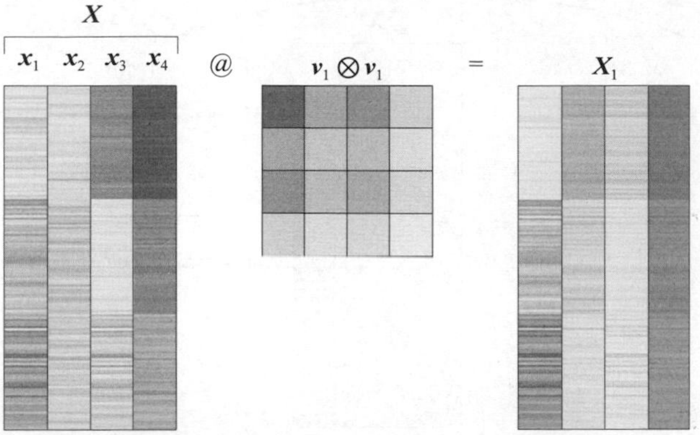

▲ 圖 10.41　四特徵資料矩陣 $X_{150\times4}$ 向 v_1 方向向量投影，二次投影

第 2 列向量 v_2

圖 10.42 所示展示了獲得 z_2 和 X_2 的過程。請大家根據之前分析 v_1 的想法自行分析這兩圖。

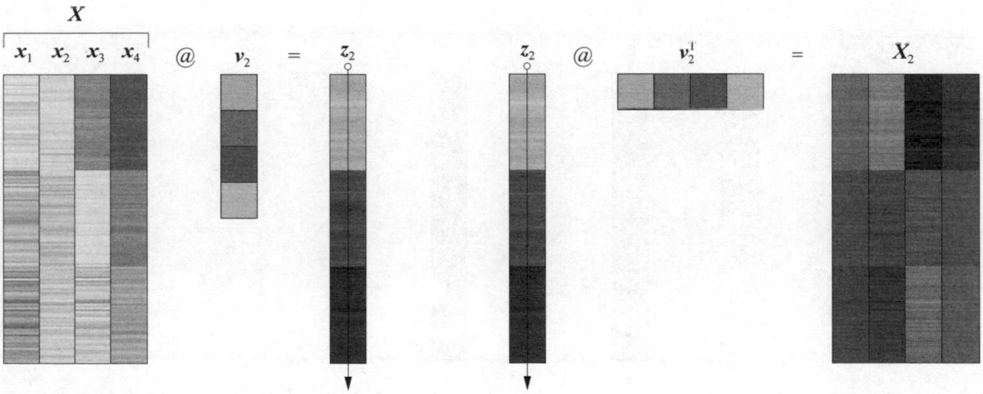

▲ 圖 10.42　四特徵資料矩陣 $X_{150\times4}$ 向 v_2 投影，一次投影，二次投影

同樣，利用張量積完成 $X_{150\times4}$ 向 v_2 的二次投影。大家自行計算張量積 $v_2 \otimes v_2$ 具體值，按照前文想法分析圖 10.43。有必要指出一點，對比 X_1，X_2 的熱圖與 X 相差很大。

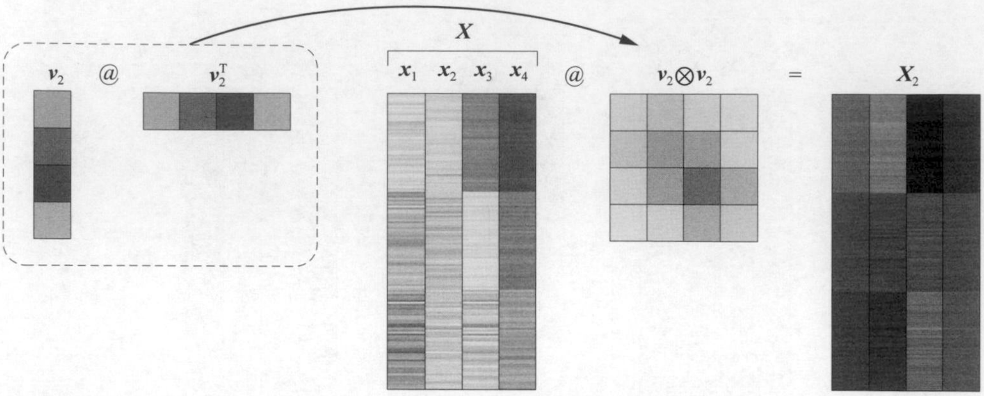

▲ 圖 10.43　四特徵資料矩陣 $X_{150\times4}$ 向 v_2 投影，二次投影

第 3 列向量 v_3

大家自行分析圖 10.44 和圖 10.45。再次強調，一次投影就是純量投影；二次投影相當於向量投影。

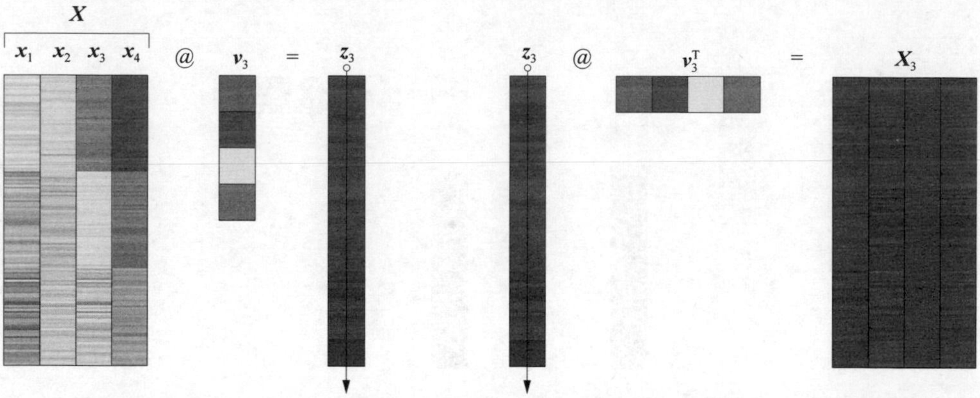

▲ 圖 10.44　四特徵資料矩陣 $X_{150\times4}$ 向 v_3 投影，一次投影，二次投影

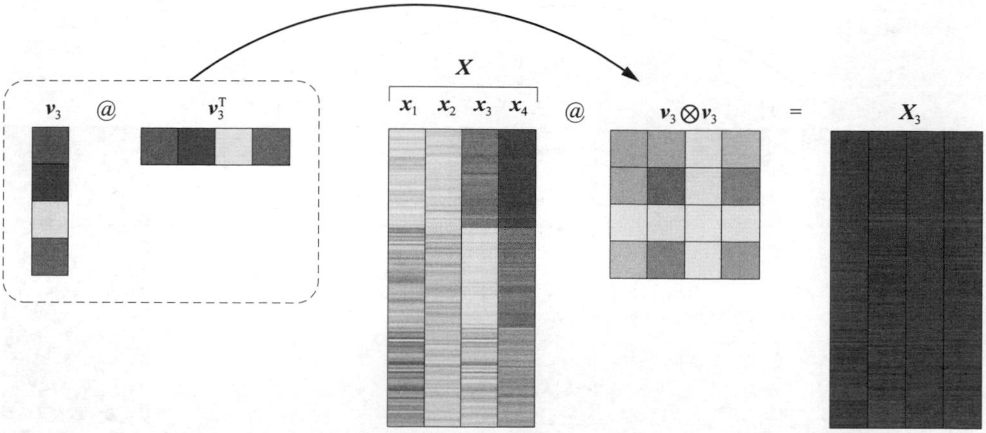

▲ 圖 10.45　四特徵資料矩陣 $_{X150\times4}$ 向 $\boldsymbol{v}_3$ 投影，二次投影

第 4 列向量 v_4

大家自行分析圖 10.46 和圖 10.47。特別注意比較 X_1、X_2、X_3、X_4 的四幅熱圖的差異。

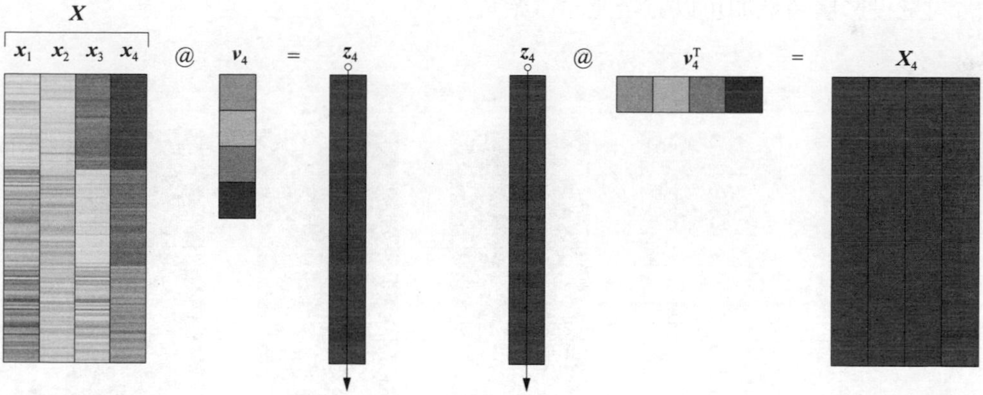

▲ 圖 10.46　四特徵資料矩陣 $X_{150\times4}$ 向 $\boldsymbol{v}_4$ 投影，一次投影和二次投影

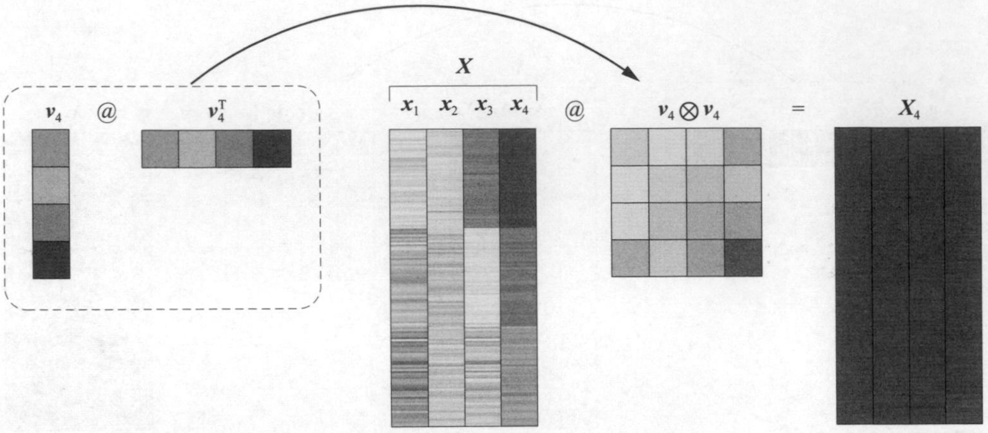

▲ 圖 10.47 四特徵資料矩陣 $X_{150\times4}$ 向 v_4 投影，二次投影

層層疊加

類似前文所述，我們也從兩個角度討論層層疊加還原原矩陣。

如圖 10.48 所示，資料矩陣 X 在規範正交基底 $[v_1, v_2, \cdots, v_D]$ 中每個方向上的向量投影層層疊加可以完全還原原始資料。

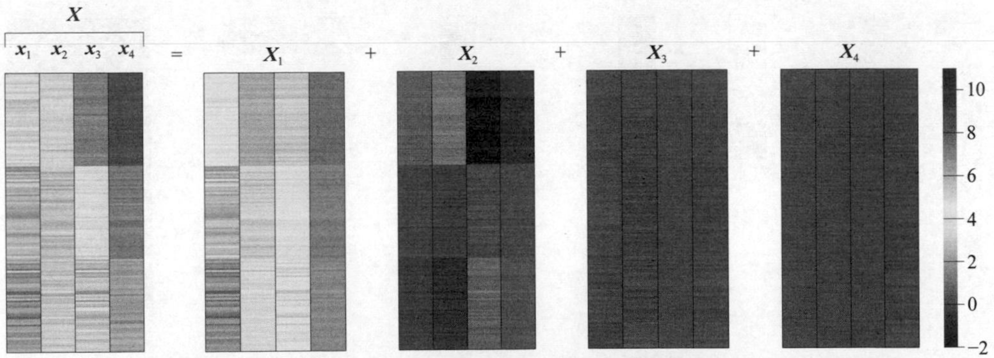

▲ 圖 10.48 層層疊加還原四特徵資料矩陣 $X_{150\times4}$

圖 10.48 告訴我們，要想完整還原 $\boldsymbol{X}$，需要四幅熱圖疊加，即 $\boldsymbol{X} = \boldsymbol{X}_1 + \boldsymbol{X}_2 + \boldsymbol{X}_3 + \boldsymbol{X}_4$。我們已經很清楚 $\boldsymbol{X}_1$、$\boldsymbol{X}_2$、$\boldsymbol{X}_3$、$\boldsymbol{X}_4$ 這四個矩陣的秩都是 1。而 $\boldsymbol{X}$ 本身的秩為 4，即 $\text{rank}(\boldsymbol{X}) = 4$。

建議大家仔細對比圖 10.48 中 $\boldsymbol{X}$、$\boldsymbol{X}_1$、$\boldsymbol{X}_2$、$\boldsymbol{X}_3$、$\boldsymbol{X}_4$ 這五幅熱圖的色差，它們採用完全相同的色譜。前文已經提到 $\boldsymbol{X}_1$ 已經非常接近 $\boldsymbol{X}$。也就是說，我們可以用秩為 1 的 $\boldsymbol{X}_1$ 近似秩為 4 的 $\boldsymbol{X}$。

如圖 10.49 所示，這四個張量積層層疊加得到單位矩陣，即

$$\boldsymbol{v}_1 \otimes \boldsymbol{v}_1 + \boldsymbol{v}_2 \otimes \boldsymbol{v}_2 + \boldsymbol{v}_3 \otimes \boldsymbol{v}_3 + \boldsymbol{v}_4 \otimes \boldsymbol{v}_4 = \boldsymbol{I} \tag{10.57}$$

如前文所述，式 (10.57) 是資料還原的另外一個角度。本章前文提到式 (10.9)，矩陣乘單位矩陣的結果為其本身，即 $\boldsymbol{XI} = \boldsymbol{X}$。而單位矩陣 $\boldsymbol{I}$ 可以按式 (10.57) 分解。這也就是說，張量積層層疊加獲得了單位矩陣 $\boldsymbol{I}$，等值於還原原始資料。

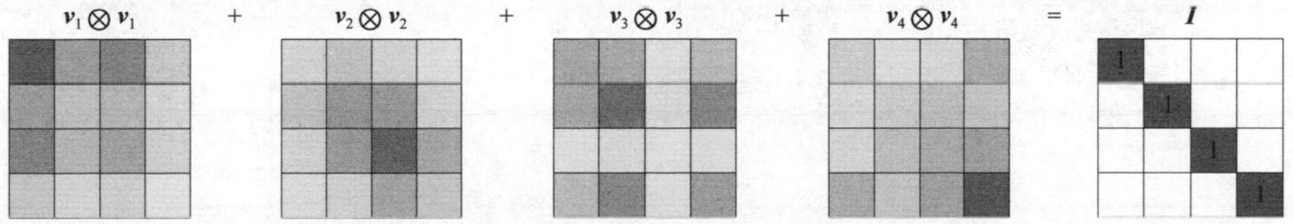

▲ 圖 10.49　張量積層層累加獲得 4×4 單位矩陣

Bk4_Ch10_01.py 繪製本章前文大部分熱圖。

10.7 資料正交化

成對特徵散點圖

本節再回過頭來分析圖 10.37 中的資料矩陣 $\boldsymbol{Z}$。本書第 1 章提到，對於多特徵 ($D > 3$) 資料矩陣，成對特徵散點圖可以幫助我們視覺化資料分佈。圖 10.50

所示為矩陣 $\boldsymbol{Z}$ 的成對特徵散點圖。這幅圖中，對角線上的四幅圖是每個特徵資料分佈的長條圖，左下角六幅圖是二元機率密度估計等高線圖。

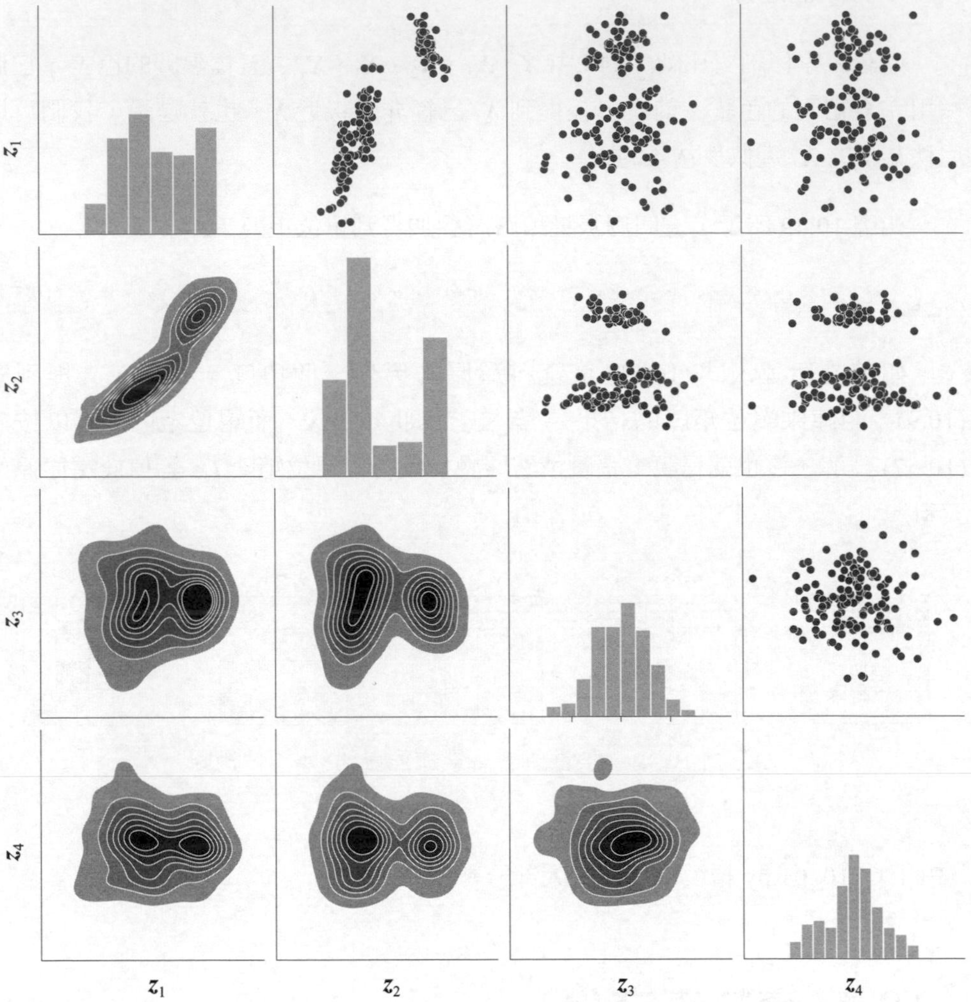

▲ 圖 10.50 $\boldsymbol{Z}$ 成對特徵分析圖

兩個格拉姆矩陣

如圖 10.51 所示，$\boldsymbol{Z}^{\mathrm{T}}$ 乘 $\boldsymbol{Z}$ 得到 $\boldsymbol{Z}$ 的格拉姆矩陣為

$$\boldsymbol{Z}^{\mathrm{T}}\boldsymbol{Z}=\begin{bmatrix} z_1^{\mathrm{T}} \\ z_2^{\mathrm{T}} \\ \vdots \\ z_D^{\mathrm{T}} \end{bmatrix}\begin{bmatrix} z_1 & z_2 & \cdots & z_D \end{bmatrix}=\begin{bmatrix} z_1^{\mathrm{T}}z_1 & z_1^{\mathrm{T}}z_2 & \cdots & z_1^{\mathrm{T}}z_D \\ z_2^{\mathrm{T}}z_1 & z_2^{\mathrm{T}}z_2 & \cdots & z_2^{\mathrm{T}}z_D \\ \vdots & \vdots & \ddots & \vdots \\ z_D^{\mathrm{T}}z_1 & z_D^{\mathrm{T}}z_2 & \cdots & z_D^{\mathrm{T}}z_D \end{bmatrix} \tag{10.58}$$

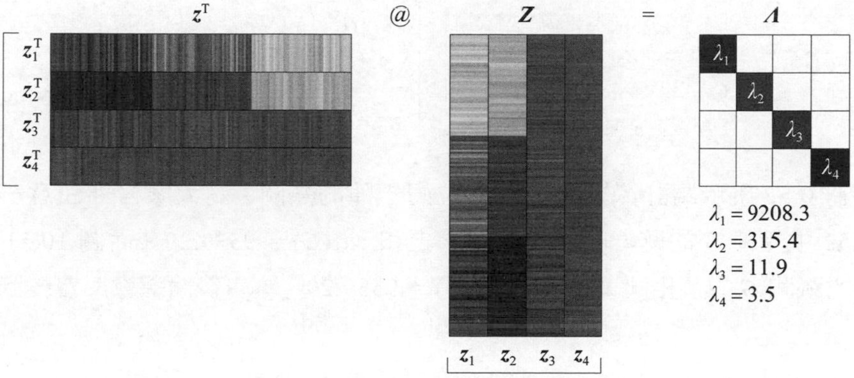

▲ 圖 10.51　矩陣 $\boldsymbol{Z}$ 的格拉姆矩陣

式 (10.58) 寫成向量內積形式為

$$\boldsymbol{Z}^{\mathrm{T}}\boldsymbol{Z}=\begin{bmatrix} z_1\cdot z_1 & z_1\cdot z_2 & \cdots & z_1\cdot z_D \\ z_2\cdot z_1 & z_2\cdot z_2 & \cdots & z_2\cdot z_D \\ \vdots & \vdots & \ddots & \vdots \\ z_D\cdot z_1 & z_D\cdot z_2 & \cdots & z_D\cdot z_D \end{bmatrix}=\begin{bmatrix} \langle z_1,z_1\rangle & \langle z_1,z_2\rangle & \cdots & \langle z_1,z_D\rangle \\ \langle z_2,z_1\rangle & \langle z_2,z_2\rangle & \cdots & \langle z_2,z_D\rangle \\ \vdots & \vdots & \ddots & \vdots \\ \langle z_D,z_1\rangle & \langle z_D,z_2\rangle & \cdots & \langle z_D,z_D\rangle \end{bmatrix} \tag{10.59}$$

觀察圖 10.51，發現 $\boldsymbol{Z}^{\mathrm{T}}\boldsymbol{Z}$ 恰好是對角方陣，即

$$\boldsymbol{Z}^{\mathrm{T}}\boldsymbol{Z}=\begin{bmatrix} \lambda_1 & 0 & \cdots & 0 \\ 0 & \lambda_2 & \cdots & 0 \\ \vdots & \vdots & \ddots & \vdots \\ 0 & 0 & \cdots & \lambda_D \end{bmatrix}=\boldsymbol{\Lambda} \tag{10.60}$$

這說明，$\boldsymbol{Z}$ 的列向量兩兩正交，即

$$z_i^{\mathrm{T}} z_j = z_j^{\mathrm{T}} z_i = z_i \cdot z_j = z_j \cdot z_i = \langle z_i, z_j \rangle = \langle z_j, z_i \rangle = 0, \quad i \neq j \tag{10.61}$$

對比 $\boldsymbol{X}$ 的格拉姆矩陣，有

$$\begin{aligned} \boldsymbol{G} = \boldsymbol{X}^{\mathrm{T}} \boldsymbol{X} &= \begin{bmatrix} \boldsymbol{x}_1^{\mathrm{T}} \\ \boldsymbol{x}_2^{\mathrm{T}} \\ \vdots \\ \boldsymbol{x}_D^{\mathrm{T}} \end{bmatrix} \begin{bmatrix} \boldsymbol{x}_1 & \boldsymbol{x}_2 & \cdots & \boldsymbol{x}_D \end{bmatrix} = \begin{bmatrix} \boldsymbol{x}_1^{\mathrm{T}} \boldsymbol{x}_1 & \boldsymbol{x}_1^{\mathrm{T}} \boldsymbol{x}_2 & \cdots & \boldsymbol{x}_1^{\mathrm{T}} \boldsymbol{x}_D \\ \boldsymbol{x}_2^{\mathrm{T}} \boldsymbol{x}_1 & \boldsymbol{x}_2^{\mathrm{T}} \boldsymbol{x}_2 & \cdots & \boldsymbol{x}_2^{\mathrm{T}} \boldsymbol{x}_D \\ \vdots & \vdots & \ddots & \vdots \\ \boldsymbol{x}_D^{\mathrm{T}} \boldsymbol{x}_1 & \boldsymbol{x}_D^{\mathrm{T}} \boldsymbol{x}_2 & \cdots & \boldsymbol{x}_D^{\mathrm{T}} \boldsymbol{x}_D \end{bmatrix} \\ &= \begin{bmatrix} \boldsymbol{x}_1 \cdot \boldsymbol{x}_1 & \boldsymbol{x}_1 \cdot \boldsymbol{x}_2 & \cdots & \boldsymbol{x}_1 \cdot \boldsymbol{x}_D \\ \boldsymbol{x}_2 \cdot \boldsymbol{x}_1 & \boldsymbol{x}_2 \cdot \boldsymbol{x}_2 & \cdots & \boldsymbol{x}_2 \cdot \boldsymbol{x}_D \\ \vdots & \vdots & \ddots & \vdots \\ \boldsymbol{x}_D \cdot \boldsymbol{x}_1 & \boldsymbol{x}_D \cdot \boldsymbol{x}_2 & \cdots & \boldsymbol{x}_D \cdot \boldsymbol{x}_D \end{bmatrix} = \begin{bmatrix} \langle \boldsymbol{x}_1, \boldsymbol{x}_1 \rangle & \langle \boldsymbol{x}_1, \boldsymbol{x}_2 \rangle & \cdots & \langle \boldsymbol{x}_1, \boldsymbol{x}_D \rangle \\ \langle \boldsymbol{x}_2, \boldsymbol{x}_1 \rangle & \langle \boldsymbol{x}_2, \boldsymbol{x}_2 \rangle & \cdots & \langle \boldsymbol{x}_2, \boldsymbol{x}_D \rangle \\ \vdots & \vdots & \ddots & \vdots \\ \langle \boldsymbol{x}_D, \boldsymbol{x}_1 \rangle & \langle \boldsymbol{x}_D, \boldsymbol{x}_2 \rangle & \cdots & \langle \boldsymbol{x}_D, \boldsymbol{x}_D \rangle \end{bmatrix} \end{aligned} \tag{10.62}$$

圖 10.52 所示為計算矩陣 $\boldsymbol{X}$ 的格拉姆矩陣的熱圖。請大家格外注意一點，圖 10.52 中矩陣 $\boldsymbol{G}$ 的跡，即對角線元素之和，$\mathrm{tr}(\boldsymbol{G}) = 9539.29$。而圖 10.51 中矩陣 Λ 的跡和 $\boldsymbol{G}$ 的跡相同，$\mathrm{tr}(\boldsymbol{G}) = \mathrm{tr}(\Lambda) = 9539.29$。本書後面還會反覆提到這一點。

$\boldsymbol{V}$ 因 $\boldsymbol{X}$ 而生

細細想來，上一節介紹的 $\boldsymbol{Z} = \boldsymbol{XV}$ 的資料轉換很神奇！

還是以鳶尾花資料為例，如圖 10.52 所示，$\boldsymbol{G}$ 中沒有一個元素為 0 ！ $\boldsymbol{G}$ 主對角線元素代表 $\boldsymbol{X}$ 的列向量模的平方，$\boldsymbol{G}$ 主對角線以外的元素代表 $\boldsymbol{X}$ 兩個特定列向量的內積。

如圖 10.51 所示，經過資料轉換 $\boldsymbol{Z} = \boldsymbol{XV}$，矩陣 $\boldsymbol{Z}$ 的格拉姆矩陣為對角方陣 Λ。Λ 主對角線以外的元素都為 0。也就是說，$i \neq j$ 時，$\boldsymbol{z}_i$ 和 $\boldsymbol{z}_j$ 都是行數為 150 的列向量，$\boldsymbol{z}_i$ 和 $\boldsymbol{z}_j$ 的向量內積竟然為 0。也就是說 150 個成對元素乘積之和為 0 ！這種情況在圖 10.51 中竟然發生了 12 次，本質上發生了 6 次。

對鳶尾花資料矩陣 $\boldsymbol{X}$ 來說，式 (10.53) 中列出的這個 $\boldsymbol{V}$ 真可謂「萬中挑一」！

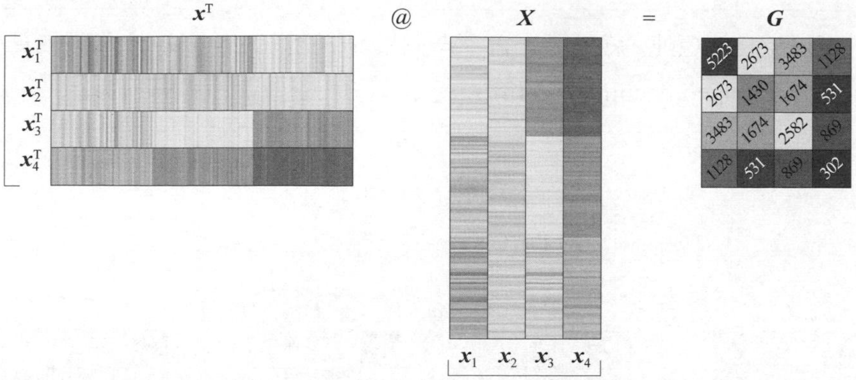

▲ 圖 10.52　矩陣 $\boldsymbol{X}$ 的格拉姆矩陣

> 注意：統計角度下，矩陣 $\boldsymbol{Z}$ 的列向量兩兩內積為 0，不代表兩兩相關性係數為 0。鳶尾花書《AI 時代 Math 元年 - 用 Python 全精通統計及機率》一書將介紹如何透過正交投影獲得兩兩相關性係數為 0 的資料矩陣。

對角化

將 $\boldsymbol{Z} = \boldsymbol{XV}$ 其代入式 (10.60) 得到

$$\boldsymbol{Z}^{\mathrm{T}}\boldsymbol{Z} = (\boldsymbol{XV})^{\mathrm{T}}\boldsymbol{XV} = \boldsymbol{V}^{\mathrm{T}}\underbrace{\boldsymbol{X}^{\mathrm{T}}\boldsymbol{X}}_{\boldsymbol{G}}\boldsymbol{V} = \boldsymbol{V}^{\mathrm{T}}\boldsymbol{GV} = \boldsymbol{\Lambda} \tag{10.63}$$

再進一步，由於 $\boldsymbol{V}$ 為規範正交基底，因此 $\boldsymbol{V}^{\mathrm{T}}\boldsymbol{V} = \boldsymbol{I}$，根據式 (10.63) 的等式關係，$\boldsymbol{G}$ 可以寫成

$$\boldsymbol{G} = \boldsymbol{V\Lambda V}^{\mathrm{T}} \tag{10.64}$$

這就是說，如圖 10.53 所示，$\boldsymbol{X}$ 的格拉姆矩陣 $\boldsymbol{G}$ 可以透過某種矩陣分解得到三個矩陣的乘積。其中，$\boldsymbol{V}$ 為正交矩陣，$\boldsymbol{\Lambda}$ 為對角方陣。從 $\boldsymbol{G}$ 到 $\boldsymbol{\Lambda}$ 也是一個方陣**對角化** (diagonalization) 的過程。

為了獲得拉格姆矩陣，就需要本書下一個板塊要介紹的重要線性代數工具—特徵值分解 (eigen decomposition)。

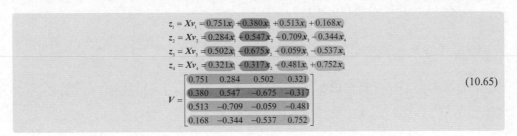

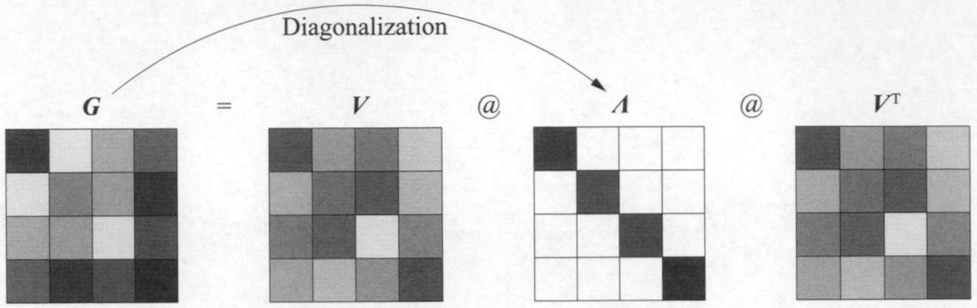

▲ 圖 10.53 對 $\boldsymbol{G}$ 矩陣分解

回看規範正交基底 $\boldsymbol{V}$：雙標圖

像 $\boldsymbol{Z}$ 這樣具有這種**正交性** (orthogonality) 的資料應用場合有很多，因此我們再深究一步。類似式 (10.54)，我們可以把 z_1、z_2、z_3、z_4 寫成以下線性組合，即

$$
\begin{aligned}
z_1 &= \boldsymbol{X}\boldsymbol{v}_1 = 0.751\boldsymbol{x}_1 + 0.380\boldsymbol{x}_2 + 0.513\boldsymbol{x}_3 + 0.168\boldsymbol{x}_4 \\
z_2 &= \boldsymbol{X}\boldsymbol{v}_2 = 0.284\boldsymbol{x}_1 + 0.547\boldsymbol{x}_2 - 0.709\boldsymbol{x}_3 - 0.344\boldsymbol{x}_4 \\
z_3 &= \boldsymbol{X}\boldsymbol{v}_3 = 0.502\boldsymbol{x}_1 - 0.675\boldsymbol{x}_2 - 0.059\boldsymbol{x}_3 - 0.537\boldsymbol{x}_4 \\
z_4 &= \boldsymbol{X}\boldsymbol{v}_4 = 0.321\boldsymbol{x}_1 - 0.317\boldsymbol{x}_2 - 0.481\boldsymbol{x}_3 + 0.752\boldsymbol{x}_4 \\
\boldsymbol{V} &= \begin{bmatrix} 0.751 & 0.284 & 0.502 & 0.321 \\ 0.380 & 0.547 & -0.675 & -0.317 \\ 0.513 & -0.709 & -0.059 & -0.481 \\ 0.168 & -0.344 & -0.537 & 0.752 \end{bmatrix}
\end{aligned}
\tag{10.65}
$$

請大家格外注意式 (10.65) 各個元素顏色的對應關係。

我們給 z_1、z_2、z_3、z_4 取一個新的名字—**主成分** (Principal Component, PC)。z_1、z_2、z_3、z_4 分別對應 PC_1、PC_2、PC_3、PC_4。顯然 PC_1、PC_2、PC_3、PC_4 相互垂直。

有了 PC_1、PC_2、PC_3、PC_4，我們可以繪製圖 10.54 這幅圖，圖中有六幅子圖，每幅子圖都是一個**雙標圖** (biplot)。

我們以圖 10.54 中淺色陰影背景子圖為例介紹如何理解雙標圖。

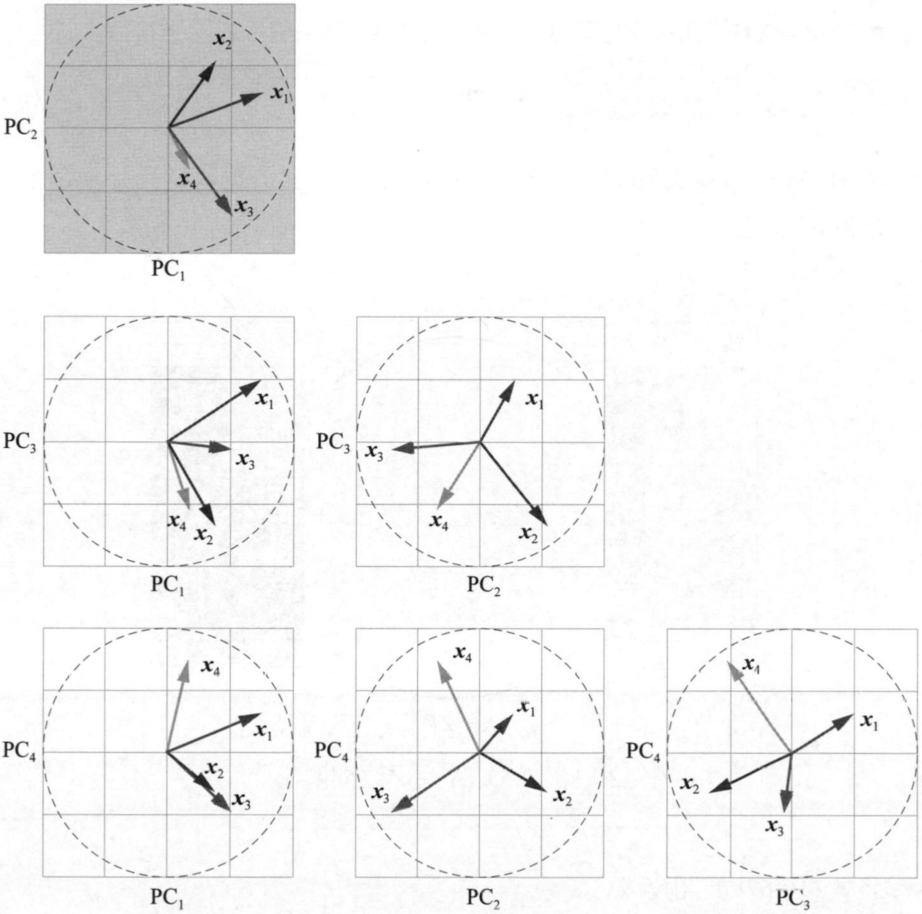

▲ 圖 10.54　分解主成分

在 PC_1-PC_2 平面上，$\boldsymbol{x}_1$ 對應的座標點為 (0.751, 0.284)，這表示 $\boldsymbol{x}_1$ 分別給 $\boldsymbol{z}_1$ 和 $\boldsymbol{z}_2$ 貢獻了 $0.751\boldsymbol{x}_1$ 和 $0.284\boldsymbol{x}_1$。同理，我們可以發現 $\boldsymbol{x}_2$ 分別給 $\boldsymbol{z}_1$ 和 $\boldsymbol{z}_2$ 貢獻了 $0.380\boldsymbol{x}_2$ 和 $0.547\boldsymbol{x}_2$。依此類推。

反向來看，$\boldsymbol{x}_1$ 在 PC_1、PC_2、PC_3、PC_4 方向上的分量分別為 $0.751\boldsymbol{x}_1$、$0.284\boldsymbol{x}_1$、$0.502\boldsymbol{x}_1$、$0.321\boldsymbol{x}_1$，這四個成分滿足

$$0.751^2 + 0.284^2 + 0.502^2 + 0.321^2 = 1 \tag{10.66}$$

反向正交投影

由於 $\boldsymbol{Z}=\boldsymbol{X}\boldsymbol{V}$，且正交矩陣 $\boldsymbol{V}$ 可逆，因此 $\boldsymbol{X}$ 可以透過 $\boldsymbol{Z}$ 反推得到，即

$$\boldsymbol{X}=\boldsymbol{Z}\boldsymbol{V}^{-1}=\boldsymbol{Z}\boldsymbol{V}^{\mathrm{T}} \tag{10.67}$$

圖 10.55 所示為 $\boldsymbol{X}$ 和 $\boldsymbol{Z}$ 相互轉化的關係。這幅圖告訴我們另外一個重要性質一$\boldsymbol{V}$ 和 $\boldsymbol{V}^{\mathrm{T}}$ 都是規範正交基底！

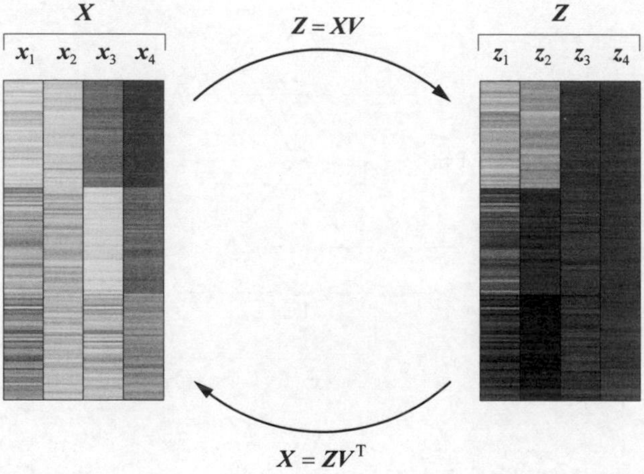

▲ 圖 10.55 $\boldsymbol{X}$ 和 $\boldsymbol{Z}$ 之間關係

將式 (10.67) 展開寫成

$$\boldsymbol{X}=\boldsymbol{Z}\boldsymbol{V}^{\mathrm{T}}=\boldsymbol{Z}\begin{bmatrix}\boldsymbol{v}^{(1)}\\ \boldsymbol{v}^{(2)}\\ \vdots\\ \boldsymbol{v}^{(D)}\end{bmatrix}^{\mathrm{T}}=\boldsymbol{Z}\begin{bmatrix}\boldsymbol{v}^{(1)\mathrm{T}} & \boldsymbol{v}^{(2)\mathrm{T}} & \cdots & \boldsymbol{v}^{(D)\mathrm{T}}\end{bmatrix}=\begin{bmatrix}\boldsymbol{Z}\boldsymbol{v}^{(1)\mathrm{T}} & \boldsymbol{Z}\boldsymbol{v}^{(2)\mathrm{T}} & \cdots & \boldsymbol{Z}\boldsymbol{v}^{(D)\mathrm{T}}\end{bmatrix} \tag{10.68}$$

$\boldsymbol{V}$T = $[\boldsymbol{v}^{(1)\mathrm{T}}, \boldsymbol{v}^{(2)\mathrm{T}}, \cdots, \boldsymbol{v}^{(j)\mathrm{T}}]$ 也是一個規範正交基底。式 (10.68) 代表「反向」正交投影的過程。取出式 (10.68) 矩陣 $\boldsymbol{X}$ 第 j 列對應的等式

$$\boldsymbol{x}_j=\boldsymbol{Z}\boldsymbol{v}^{(j)\mathrm{T}}=\begin{bmatrix}z_1 & z_2 & \cdots & z_D\end{bmatrix}\begin{bmatrix}v_{j,1}\\ v_{j,2}\\ \vdots\\ v_{j,D}\end{bmatrix}=v_{j,1}z_1+v_{j,2}z_2+\cdots+v_{j,D}z_D \tag{10.69}$$

式 (10.69) 這一角度在主成分分析中非常重要，我們將在本書系《AI 時代 Math 元年 - 用 Python 全精通資料處理》一書中進行深入探討。

本書第 1 章用 Streamlit 製作了一個 App，我們利用 Plotly 視覺化鳶尾花資料集的熱圖、平面散點圖、三維散點圖、成對特徵散點圖。本章「照葫蘆畫瓢」照搬這個 App，採用完全一致的影像視覺化轉換得到資料矩陣 $\boldsymbol{Z}$。請大家參考 Streamlit_Bk4_Ch10_01.py。

➔

本章是個分水嶺。如果本章前兩節內容，你讀起來毫無壓力，恭喜你，你可以順利進入本書下一個板塊—矩陣分解的學習。閱讀本章時，如果感覺很吃力，請回頭重讀前 9 章內容。

大家可能會好奇，本章中神奇的 $\boldsymbol{V}$ 是怎麼算出來的？其實本章程式檔案已經列出了答案—特徵值分解。這是本書下一個板塊要講的重要內容之一。

有資料的地方，必有矩陣！有矩陣的地方，更有向量！有向量的地方，就有幾何！

再加一句，**有幾何的地方，皆有空間！**

請大家帶著這四句話，進入本書下一階段的學習。

Section 04

矩陣分解

學習地圖 第4版塊

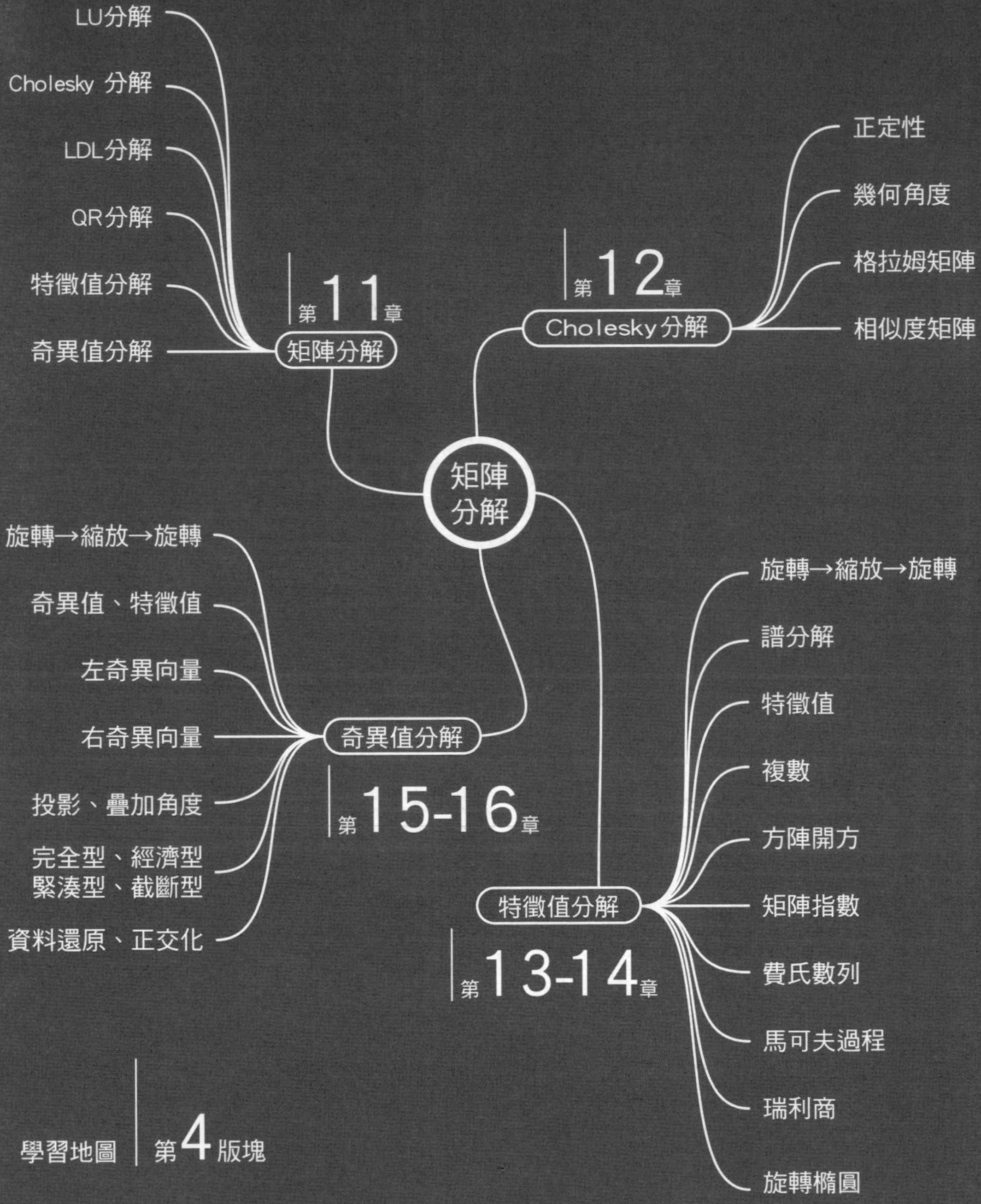
矩陣分解
矩陣分解
第11章
LU分解
Cholesky 分解
LDL分解
QR分解
特徵值分解
奇異值分解
Cholesky分解
第12章
正定性
幾何角度
格拉姆矩陣
相似度矩陣
奇異值分解
第15-16章
旋轉→縮放→旋轉
奇異值、特徵值
左奇異向量
右奇異向量
投影、疊加角度
完全型、經濟型
緊湊型、截斷型
資料還原、正交化
特徵值分解
第13-14章
旋轉→縮放→旋轉
譜分解
特徵值
複數
方陣開方
矩陣指數
費氏數列
馬可夫過程
瑞利商
旋轉橢圓

Matrix Decompositions

11 矩陣分解

類似代數中的因式分解

宇宙是一部鴻篇巨制，只有掌握它的文字和語言的人才能讀懂宇宙；而數學便是解密宇宙的語言。

The universe is a grand book which cannot be read until one first learns to comprehend the language and become familiar with the characters in which it is composed. It is written in the language of mathematics.

——伽利略．伽利萊（*Galilei Galileo*）| 義大利物理學家、數學家及哲學家 | *1564—1642*

- matplotlib.pyplot.contour() 繪製等高線圖
- matplotlib.pyplot.contourf() 繪製填充等高線圖
- numpy.linalg.cholesky() Cholesky 分解
- numpy.linalg.eig() 特徵值分解
- numpy.linalg.qr() QR 分解
- numpy.linalg.svd() 奇異值分解
- numpy.meshgrid() 生成網格化資料
- scipy.linalg.ldl() LDL 分解
- scipy.linalg.lu() LU 分解
- seaborn.heatmap() 繪製熱圖

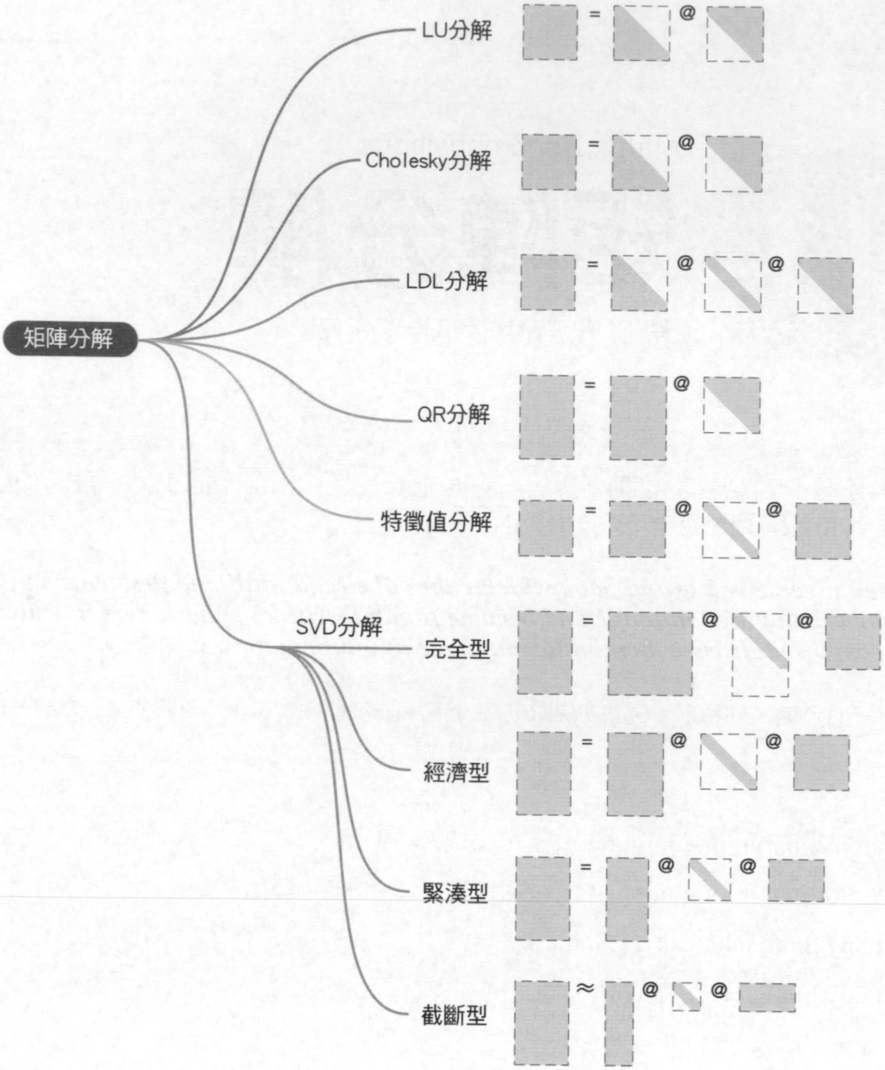

11.1 矩陣分解：類似因式分解

矩陣分解 (matrix decomposition) 是指將矩陣解構得到其組成部分，類似代數中的因式分解。

從矩陣乘法角度看，矩陣分解將矩陣拆解為若干矩陣的乘積。

從幾何角度看，矩陣分解的結果可能對應縮放、旋轉、投影、剪切等各種幾何變換，而原矩陣的映射作用就是這些幾何變換按特定次序的疊加。

資料科學和機器學習中的很多演算法都直接依賴矩陣分解。本章全景介紹以下幾種矩陣分解。

- **LU 分解** (lower–upper decomposition, LU decomposition)
- **Cholesky 分解** (Cholesky decomposition, Cholesky factorization)
- **LDL 分解** (lower-diagonal-lower transposed decomposition, LDL/LDLT decomposition)
- **QR 分解** (QR decomposition, QR factorization) 本質上就是本書前文介紹的 Gram-Schmidt 正交化；
- **特徵值分解** (eigendecomposition)
- **SVD 分解** (Singular Value Decomposition)

本章偶爾會出現「手算」矩陣分解的情況，這僅是為了演示在沒有電腦輔助的情況下如何進行特定矩陣的分解。注意，本書完全不要求大家掌握矩陣分解的「手算」技巧！

此外，僅會呼叫 Numpy 函式庫中的函式完成矩陣分解也是遠遠不夠的。

我們需要掌握的是各種不同分解背後的數學思想，更要掌握如何從資料、空間、幾何、最佳化、統計等角度理解這些矩陣分解，並且清楚它們之間的關係、局限性和應用場合。

> 在資料分析和機器學習很多演算法中，Cholesky 分解、特徵值分解和 SVD 分解的應用較多，本書此後第 12~16 章將專門講解這三種矩陣分解。

11.2 LU 分解：上下三角

一說，**LU 分解** (lower – upper decomposition, LU decomposition) 由圖靈 (Alan Turing) 於 1948 年發明；另一種說法是，波蘭數學家 Tadeusz Banachiewicz 於 1938 年發明瞭 LU 分解。

LU 分解將一個方陣 $\boldsymbol{A}$，分解為一個**下三角矩陣** (lower triangular matrix)$\boldsymbol{L}$ 和一個**上三角矩陣** (upper triangular matrix)$\boldsymbol{U}$ 的乘積，即

$$\boldsymbol{A} = \boldsymbol{L}\boldsymbol{U} \tag{11.1}$$

式 (11.1) 展開可以寫成

$$\begin{bmatrix} a_{1,1} & a_{1,2} & \cdots & a_{1,m} \\ a_{2,1} & a_{2,2} & \cdots & a_{2,m} \\ \vdots & \vdots & \ddots & \vdots \\ a_{m,1} & a_{m,2} & \cdots & a_{m,m} \end{bmatrix}_{m\times m} = \begin{bmatrix} l_{1,1} & 0 & \cdots & 0 \\ l_{2,1} & l_{2,2} & \cdots & 0 \\ \vdots & \vdots & \ddots & \vdots \\ l_{m,1} & l_{m,2} & \cdots & l_{m,m} \end{bmatrix}_{m\times m} \begin{bmatrix} u_{1,1} & u_{1,2} & \cdots & u_{1,m} \\ 0 & u_{2,2} & \cdots & u_{2,m} \\ \vdots & \vdots & \ddots & \vdots \\ 0 & 0 & \cdots & u_{m,m} \end{bmatrix}_{m\times m} \tag{11.2}$$

圖 11.1 所示為 LU 分解對應的矩陣運算示意圖。LU 分解可以視為**高斯消去法** (Gaussian elimination) 的矩陣乘法形式。

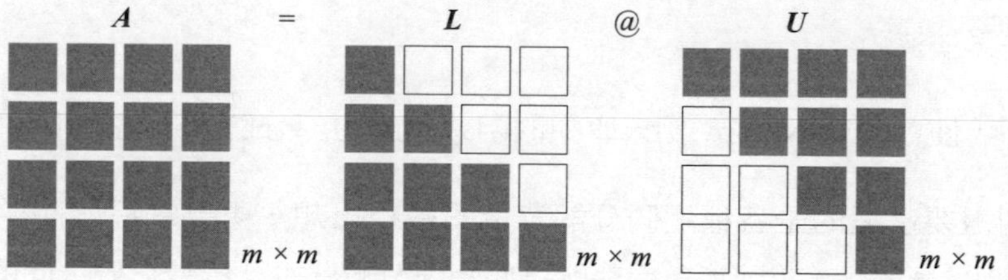

▲ 圖 11.1 LU 分解

本書常用 scipy.linalg.lu() 函式進行 LU 分解。注意，scipy.linalg.lu() 預設進行 PLU 分解，即

$$\boldsymbol{A} = \boldsymbol{P}\boldsymbol{L}\boldsymbol{U} \tag{11.3}$$

⚠ 注意：本書中預設置換矩陣為方陣。置換矩陣的逆還是置換矩陣，置換矩陣必定是正交矩陣。

其中：***P*** 為**置換矩陣** (permutation matrix)。scipy.linalg.lu() 函式得到矩陣 ***L*** 的主對角線均為 1。

前文介紹過，置換矩陣的任意一行或列只有一個 1，剩餘均為 0。置換矩陣的作用是交換矩陣的行、列。

圖 11.2 所示為對方陣 ***A*** 進行 PLU 分解的運算熱圖。注意，所有的方陣都可以進行 PLU 分解。

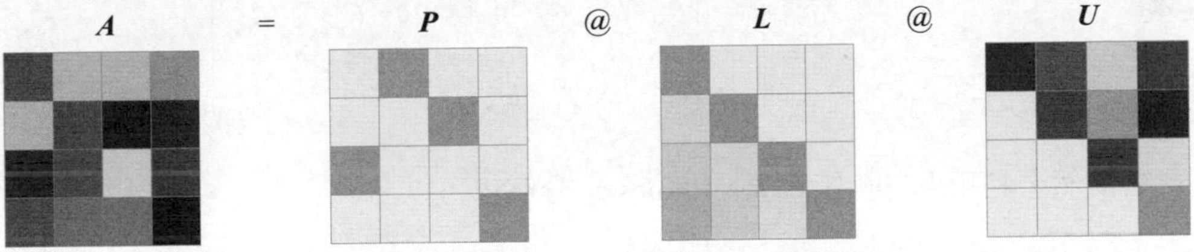

▲ 圖 11.2　對矩陣 ***A*** 的 PLU 分解熱圖

PLU 分解有很高的數值穩定性。舉個例子，如果式 (11.1) 中矩陣 ***A*** 中有一個元素的數值特別小，則 LU 分解後，得到的矩陣 ***L*** 和 ***U*** 會出現數值很大的數。為了避免這種情況，如式 (11.3) 所示，透過一個置換矩陣 ***P***，先對矩陣 ***A*** 進行變換，然後再進行 LU 分解。

Bk4_Ch11_01.py 繪製圖 11.2。

11.3 Cholesky 分解：適用於正定矩陣

Cholesky **分解** (Cholesky decomposition) 是 LU 分解的特例。本書系在講解**協方差矩陣** (covariance matrix)、資料轉換、蒙地卡羅模擬等內容時都會使用 Cholesky 分解。

Cholesky 分解把矩陣分解為一個下三角矩陣以及它的轉置矩陣的乘積，即有

$$\boldsymbol{A} = \boldsymbol{L}\boldsymbol{L}^{\mathrm{T}} \tag{11.4}$$

也就是說

$$\begin{bmatrix} a_{1,1} & a_{1,2} & \cdots & a_{1,m} \\ a_{2,1} & a_{2,2} & \cdots & a_{2,m} \\ \vdots & \vdots & \ddots & \vdots \\ a_{m,1} & a_{m,2} & \cdots & a_{m,m} \end{bmatrix}_{m\times m} = \begin{bmatrix} l_{1,1} & 0 & \cdots & 0 \\ l_{2,1} & l_{2,2} & \cdots & 0 \\ \vdots & \vdots & \ddots & \vdots \\ l_{m,1} & l_{m,2} & \cdots & l_{m,m} \end{bmatrix}_{m\times m} \begin{bmatrix} l_{1,1} & l_{2,1} & \cdots & l_{m,1} \\ 0 & l_{2,2} & \cdots & l_{m,2} \\ \vdots & \vdots & \ddots & \vdots \\ 0 & 0 & \cdots & l_{m,m} \end{bmatrix}_{m\times m} \tag{11.5}$$

當然，利用上三角矩陣 $\boldsymbol{R}$，Cholesky 分解也可以寫成

$$\boldsymbol{A} = \boldsymbol{R}^{\mathrm{T}}\boldsymbol{R} \tag{11.6}$$

其中：$\boldsymbol{R} = \boldsymbol{L}^{\mathrm{T}}$。

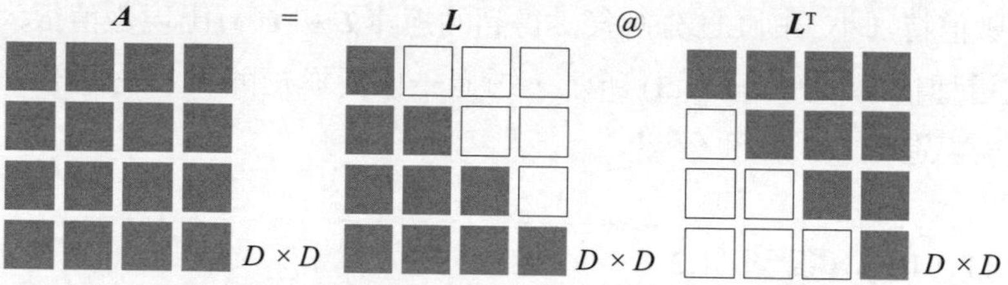

▲ 圖 11.3 Cholesky 分解矩陣運算

NumPy 中進行 Cholesky 分解的函式為 numpy.linalg.cholesky()。請讀者自行撰寫程式並繪製圖 11.4。

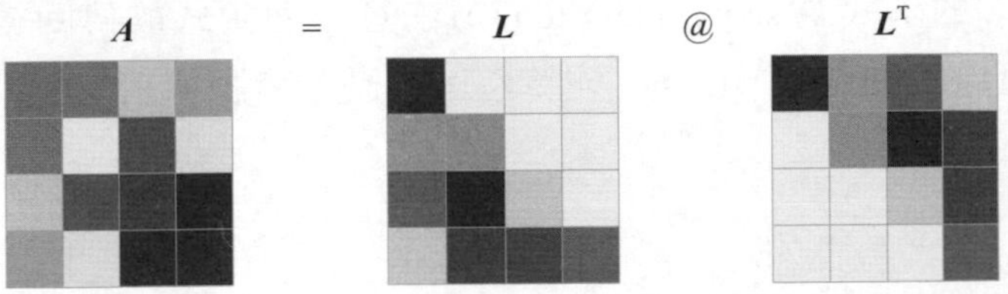

▲ 圖 11.4　Cholesky 分解範例

> ⚠ 注意：只有正定矩陣 (positive definite matrix) 才能 Cholesky 分解。下一章將簡單地介紹正定性及其幾何內涵。本書第 21 章將專門講解正定性。

LDL 分解：Cholesky 分解的擴展

Cholesky 分解可以進一步擴展為 LDL **分解** (LDL decomposition)，即有

$$\boldsymbol{A}=\boldsymbol{L}\boldsymbol{D}\boldsymbol{L}^{\mathrm{T}}=\boldsymbol{L}\boldsymbol{D}^{1/2}\left(\boldsymbol{D}^{1/2}\right)^{\mathrm{T}}\boldsymbol{L}^{\mathrm{T}}=\boldsymbol{L}\boldsymbol{D}^{1/2}\left(\boldsymbol{L}\boldsymbol{D}^{1/2}\right)^{\mathrm{T}} \tag{11.7}$$

其中：$\boldsymbol{L}$ 為下三角矩陣，但是對角線元素均為 1；$\boldsymbol{D}$ 為對角矩陣，造成縮放作用；從幾何角度來看，$\boldsymbol{L}$ 的作用就是「剪切」。也就是說，矩陣 $\boldsymbol{A}$ 被分解成「剪切 → 縮放 → 剪切」。

式 (11.7) 展開可以寫成

$$\begin{bmatrix} a_{1,1} & a_{1,2} & \cdots & a_{1,m} \\ a_{2,1} & a_{2,2} & \cdots & a_{2,m} \\ \vdots & \vdots & \ddots & \vdots \\ a_{m,1} & a_{m,2} & \cdots & a_{m,m} \end{bmatrix}_{m\times m} = \begin{bmatrix} 1 & 0 & \cdots & 0 \\ l_{2,1} & 1 & \cdots & 0 \\ \vdots & \vdots & \ddots & \vdots \\ l_{m,1} & l_{m,2} & \cdots & 1 \end{bmatrix}_{m\times m} \begin{bmatrix} d_{1,1} & 0 & \cdots & 0 \\ 0 & d_{2,2} & \cdots & 0 \\ \vdots & \vdots & \ddots & \vdots \\ 0 & 0 & \cdots & d_{m,m} \end{bmatrix}_{m\times m} \begin{bmatrix} 1 & l_{2,1} & \cdots & l_{m,1} \\ 0 & 1 & \cdots & l_{m,2} \\ \vdots & \vdots & \ddots & \vdots \\ 0 & 0 & \cdots & 1 \end{bmatrix}_{m\times m} \tag{11.8}$$

圖 11.5 所示為 LDL 分解矩陣運算示意圖。

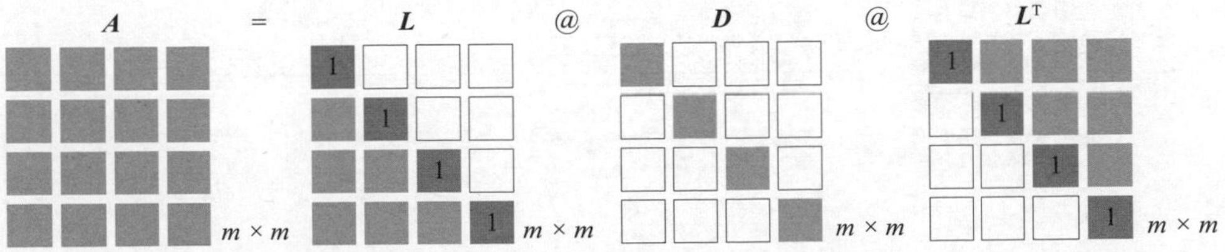

▲ 圖 11.5　LDL 分解矩陣運算示意圖

LDL 分解的函式為 scipy.linalg.ldl()，注意這個函式的傳回結果也包括置換矩陣。圖 11.6 所示為 LDL 分解運算熱圖。請讀者根據前文程式自行繪製圖 11.6。

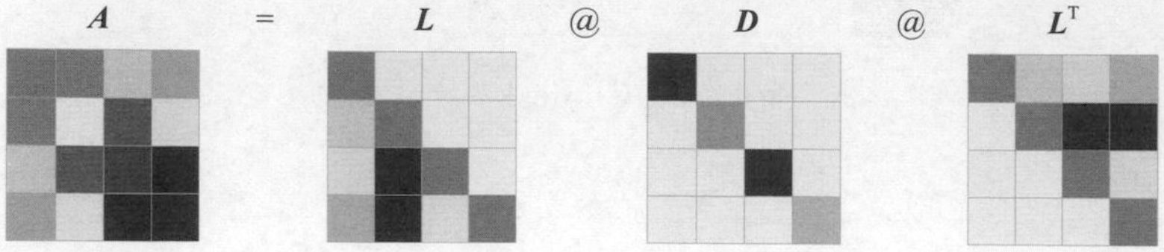

▲ 圖 11.6　LDL 分解範例熱圖

11.4 QR 分解：正交化

QR 分解 (QR decomposition, QR factorization) 和本書第 9 章介紹的格拉姆 - 斯密特正交化聯繫緊密。QR 分解有以下兩種常見形式：

- **完全型** (complete)，$\boldsymbol{Q}$ 為方陣；
- **縮略型** (reduced)，$\boldsymbol{Q}$ 和原矩陣形狀相同。

圖 11.7 所示為對 $n \times D$ 資料矩陣 $\boldsymbol{X}$ 進行完全型 QR 分解的示意圖，對應的等式為

$$\boldsymbol{X}_{n \times D} = \boldsymbol{Q}_{n \times n} \boldsymbol{R}_{n \times D} \tag{11.9}$$

其中：$\boldsymbol{Q}$ 為方陣，形狀為 $n \times n$；$\boldsymbol{R}$ 和 $\boldsymbol{X}$ 形狀一致，形狀為 $n \times D$。

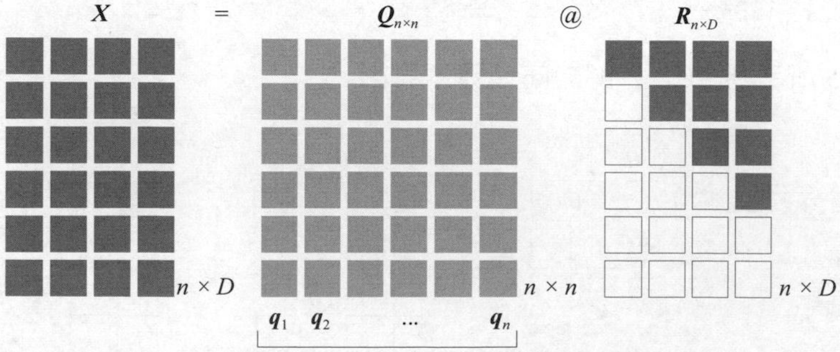

▲ 圖 11.7　完全型 QR 分解示意圖

注意：任何實數矩陣都可以進行 QR 分解。

圖 11.8 所示為對某個細高資料矩陣 $\boldsymbol{X}$ 進行完全型 QR 分解的運算熱圖。

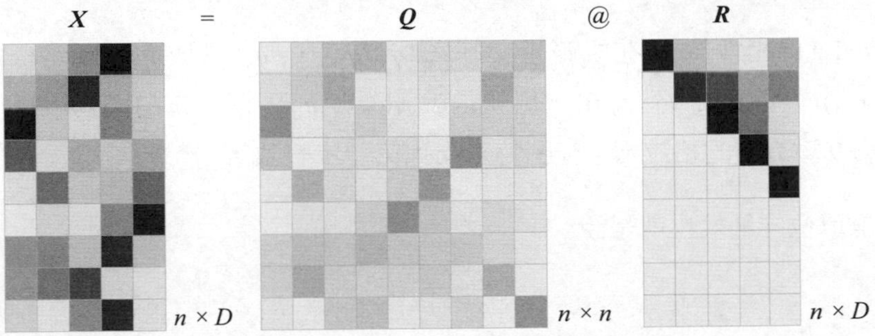

▲ 圖 11.8 完全型 QR 分解熱圖

方陣 $\boldsymbol{Q}$ 為正交矩陣，也就是說

$$\boldsymbol{Q}_{n\times n}\boldsymbol{Q}_{n\times n}^{\mathrm{T}} = \boldsymbol{Q}_{n\times n}^{\mathrm{T}}\boldsymbol{Q}_{n\times n} = \boldsymbol{I}_{n\times n} \tag{11.10}$$

圖 11.9 所示為式 (11.10) 運算對應的熱圖。根據本書前文介紹的有關正交矩陣的性質，$\boldsymbol{Q} = [\boldsymbol{q}_1, \boldsymbol{q}_2, \cdots, \boldsymbol{q}_n]$ 是一個規範正交基底，張起的向量空間為 $\mathbb{R}^n$。

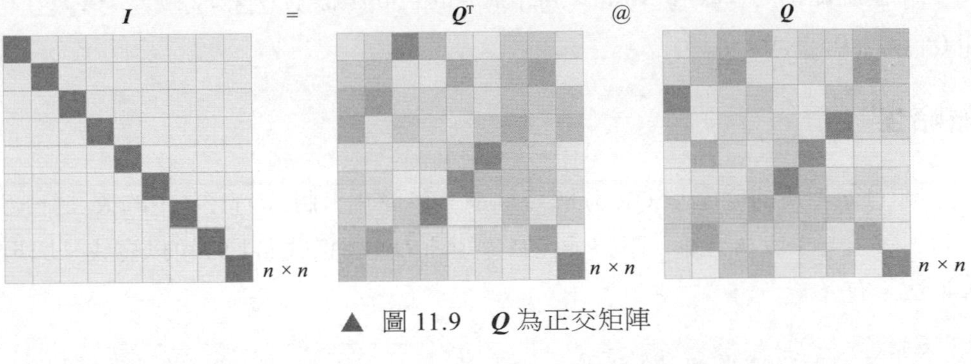

▲ 圖 11.9 $\boldsymbol{Q}$ 為正交矩陣

把 $\boldsymbol{Q}$ 展開寫成 $[\boldsymbol{q}_1, \boldsymbol{q}_2, \cdots, \boldsymbol{q}_n]$，$\boldsymbol{X}$ 的第一列向量 $\boldsymbol{x}_1$ 可以透過下式得到，即

$$\boldsymbol{x}_1 = \begin{bmatrix} \boldsymbol{q}_1 & \boldsymbol{q}_2 & \cdots & \boldsymbol{q}_n \end{bmatrix} \begin{bmatrix} r_{1,1} \\ r_{2,1} \\ \vdots \\ r_{n,1} \end{bmatrix} = r_{1,1}\boldsymbol{q}_1 + \underbrace{r_{2,1}}_{=0}\boldsymbol{q}_2 + \cdots + \underbrace{r_{n,1}}_{=0}\boldsymbol{q}_n = r_{1,1}\boldsymbol{q}_1 \tag{11.11}$$

式 (11.11) 相當於 $\boldsymbol{x}_1$ 在規範正交基底 $[\boldsymbol{q}_1, \boldsymbol{q}_2, \cdots, \boldsymbol{q}_n]$ 張成的空間座標為 $(r_{1,1}, r_{2,1}, \cdots, r_{n,1})$，即 $(r_{1,1}, 0, \cdots, 0)$。也就是說，$\boldsymbol{x}_1$ 與 $\boldsymbol{q}_1$ 平行，方向同向或反向。這與本書第 9 章介紹的格拉姆 - 施密特正交化第一步一致。

$\boldsymbol{q}_1$ 是單位向量，也就是說

$$r_{1,1} = \pm\|\boldsymbol{x}_1\| \tag{11.12}$$

這一點已經說明 QR 分解的結果不唯一。但是，如果 $\boldsymbol{X}$ 列滿秩，且 $\boldsymbol{R}$ 的對角元素為正實數的情況下 QR 分解唯一。

同理，$\boldsymbol{X}$ 的第二列向量 $\boldsymbol{x}_2$ 寫成

$$\boldsymbol{x}_2 = \begin{bmatrix} \boldsymbol{q}_1 & \boldsymbol{q}_2 & \cdots & \boldsymbol{q}_n \end{bmatrix} \begin{bmatrix} r_{1,2} \\ r_{2,2} \\ \vdots \\ r_{n,2} \end{bmatrix} = r_{1,2}\boldsymbol{q}_1 + r_{2,2}\boldsymbol{q}_2 + \underbrace{r_{3,2}}_{=0}\boldsymbol{q}_3 + \cdots + \underbrace{r_{n,2}}_{=0}\boldsymbol{q}_n = r_{1,2}\boldsymbol{q}_1 + r_{2,2}\boldsymbol{q}_2 \tag{11.13}$$

$\boldsymbol{x}_2$ 在規範正交基底 $[\boldsymbol{q}_1, \boldsymbol{q}_2, \cdots, \boldsymbol{q}_n]$ 張成的空間座標為 $(r_{1,2}, r_{2,2}, r_{3,2}, \cdots, r_{n,2})$，即 $(r_{1,2}, r_{2,2}, 0, \cdots, 0)$。

縮略型

圖 11.7 對應的完全型 QR 分解可以進一步簡化。將式 (11.9) 中的 $\boldsymbol{R}$ 上下切一刀，讓上方子塊為方陣，下方子塊為零矩陣 $\boldsymbol{O}$。這樣式 (11.9) 可以寫成分塊矩陣乘法，有

$$\boldsymbol{X} = \begin{bmatrix} \boldsymbol{Q}_{n\times D} & \boldsymbol{Q}_{n\times(n-D)} \end{bmatrix} \begin{bmatrix} \boldsymbol{R}_{D\times D} \\ \boldsymbol{O}_{(n-D)\times D} \end{bmatrix} = \boldsymbol{Q}_{n\times D}\boldsymbol{R}_{D\times D} + \boldsymbol{Q}_{n\times(n-D)}\boldsymbol{O}_{(n-D)\times D} = \boldsymbol{Q}_{n\times D}\boldsymbol{R}_{D\times D} \tag{11.14}$$

其中：$\boldsymbol{Q}_{n\times D}$ 與矩陣 $\boldsymbol{X}$ 形狀相同；$\boldsymbol{R}_{D\times D}$ 為上三角方陣。注意，式 (11.14) 中零矩陣 $\boldsymbol{O}$ 的形狀為 $(n-D)\times D$，其所有元素均為 0。

圖 11.10 所示為 QR 分解從完全型到縮略型的簡化過程。

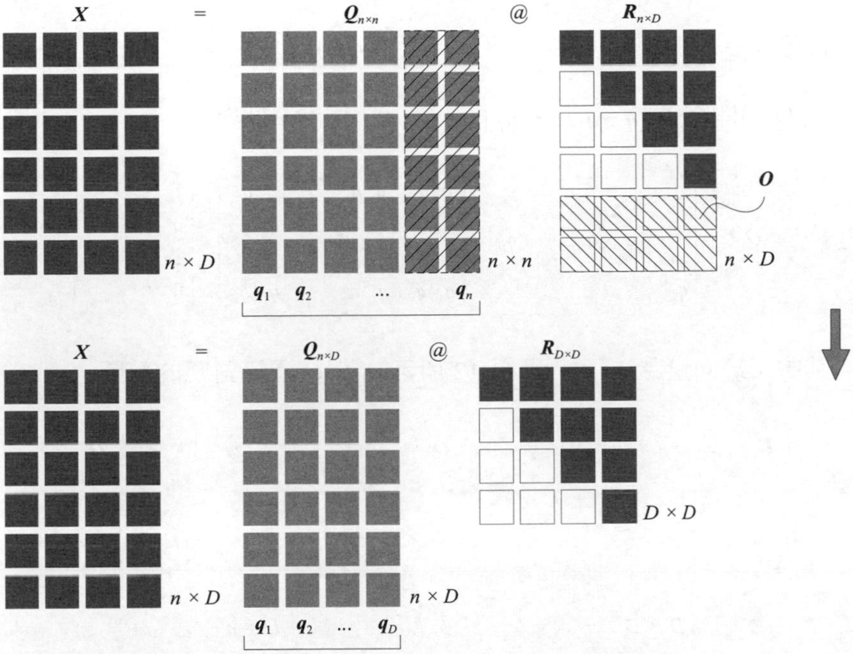

▲ 圖 11.10　QR 分解從完全型到縮略型簡化過程

圖 11.11 所示為對矩陣 $\boldsymbol{X}$ 進行縮略型 QR 分解的運算熱圖。

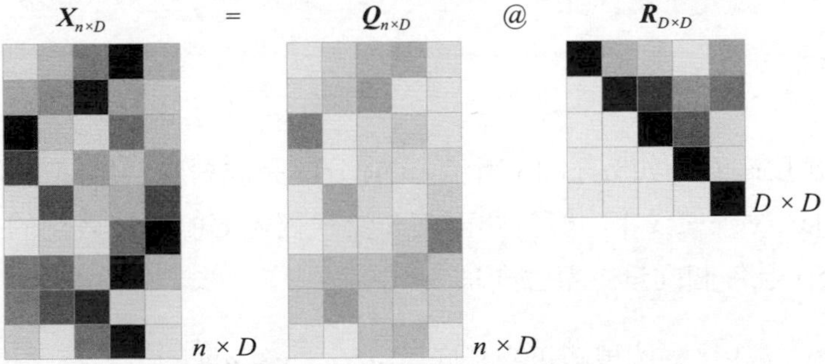

▲ 圖 11.11　縮略型 QR 分解熱圖

列向量兩兩正交

雖然式 (11.14) 中矩陣 $Q_{n\times D}$ 不是一個方陣，但列向量也兩兩正交，因為

$$(Q_{n\times D})^{\mathrm{T}} Q_{n\times D} = I_{D\times D} \tag{11.15}$$

注意：$Q_{n\times D}$ 不再是正交矩陣。正交矩陣的前提是矩陣為方陣。

把 Q 展開寫成 $[q_1, q_2, \cdots, q_D]$，代入式 (11.15) 得到

$$Q^{\mathrm{T}}Q = \begin{bmatrix} q_1^{\mathrm{T}} \\ q_2^{\mathrm{T}} \\ \vdots \\ q_D^{\mathrm{T}} \end{bmatrix} \begin{bmatrix} q_1 & q_2 & \cdots & q_D \end{bmatrix} = \begin{bmatrix} q_1^{\mathrm{T}}q_1 & q_1^{\mathrm{T}}q_2 & \cdots & q_1^{\mathrm{T}}q_D \\ q_2^{\mathrm{T}}q_1 & q_2^{\mathrm{T}}q_2 & \cdots & q_2^{\mathrm{T}}q_D \\ \vdots & \vdots & \ddots & \vdots \\ q_D^{\mathrm{T}}q_1 & q_D^{\mathrm{T}}q_2 & \cdots & q_D^{\mathrm{T}}q_D \end{bmatrix} = \begin{bmatrix} 1 & 0 & \cdots & 0 \\ 0 & 1 & \cdots & 0 \\ \vdots & \vdots & \ddots & \vdots \\ 0 & 0 & \cdots & 1 \end{bmatrix}_{D\times D} \tag{11.16}$$

其中：q_j 向量為 n 行。圖 11.12 所示為 $Q^{\mathrm{T}}Q$ 運算對應的熱圖。

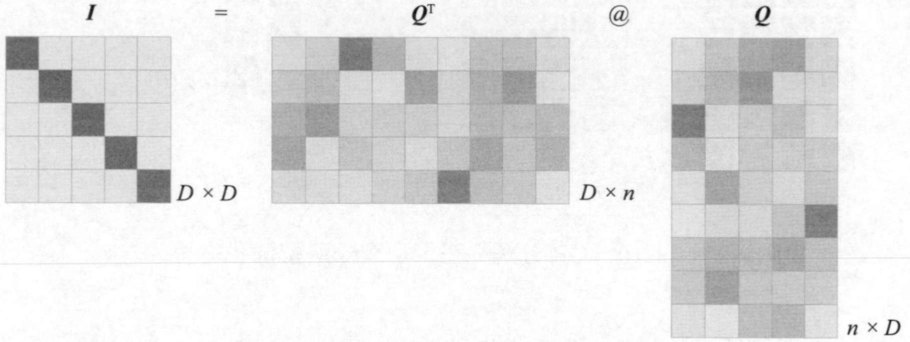

▲ 圖 11.12　$Q^{\mathrm{T}}Q$ 運算對應的熱圖

幾何角度

從幾何角度來看，如圖 11.13 所示，QR 分解完成對資料矩陣 X 的正交化。X 的列向量 $[x_1, x_2, \cdots, x_D]$ 可能並非兩兩正交，經過 QR 分解得到的 $[q_1, q_2, \cdots, q_D]$ 兩兩正交，且每個向量為單位向量。

$[q_1, q_2, \cdots, q_D]$ 是一個規範正交基底。$[q_1, q_2, \cdots, q_D]$ 的重要特點是 q_1 平行於 x_1，透過逐步正交投影得到 $q_j (j = 2, 3, \cdots, D)$。

當然，對資料矩陣 $\boldsymbol{X}$ 的正交化方法並不唯一，不同正交化方法得到的規範正交基底也不同。本書後面還會介紹其他正交化方法，請大家注意區分結果的差異以及應用場合。

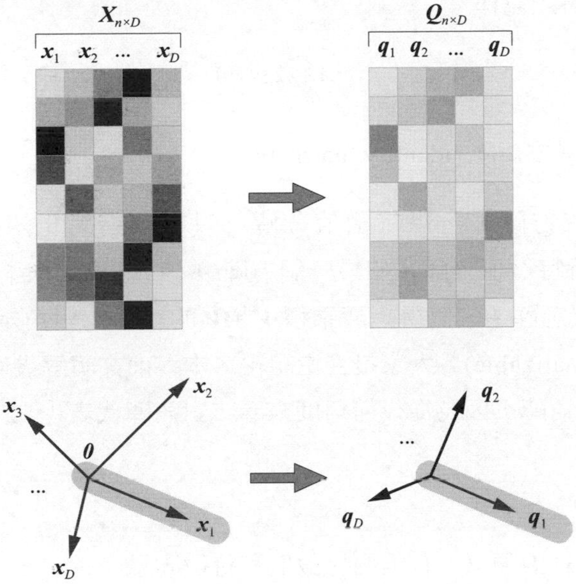

▲ 圖 11.13　QR 分解背後的幾何意義

Bk4_Ch11_02.py 繪製本節熱圖。

11.5 特徵值分解：刻畫矩陣映射的特徵

枯燥的定義

對於方陣 $\boldsymbol{A}$，如果存在**非零向量** (non-zero vector) $\boldsymbol{v}$ 使得

$$\boldsymbol{A}\boldsymbol{v} = \lambda\boldsymbol{v} \tag{11.17}$$

其中：$\boldsymbol{v}$ 為 $\boldsymbol{A}$ 的**特徵向量** (eigen vector)；純量 λ 為**特徵值** (eigen value)。特徵向量 $\boldsymbol{v}$ 代表方向，通常是列向量；特徵值 λ 是在這個方向上的比例，特徵值是純量。

式 (11.17) 可以寫作

$$(\boldsymbol{A}-\lambda\boldsymbol{I})\boldsymbol{v}=0 \tag{11.18}$$

其中：$\boldsymbol{I}$ 為**單位矩陣** (identity matrix)。

並不是所有方陣都可以特徵值分解，只有**可對角化矩陣** (diagonalizable matrix) 才能進行特徵值分解。如果一個方陣 $\boldsymbol{A}$ 相似於對角矩陣，也就是說，如果存在一個可反矩陣 $\boldsymbol{V}$，使得矩陣乘積 $\boldsymbol{V}^{1}\boldsymbol{A}\boldsymbol{V}$ 的結果為對角矩陣，則 $\boldsymbol{A}$ 就稱為**可對角化** (diagonalizable)。大家是否還記得，本書前文講解幾何變換時提到，我們更喜歡看到對角陣，因為從幾何角度來看，對角陣代表「立方體」。

二維方陣

假設某個二維方陣 $\boldsymbol{A}$，有兩個特徵值和特徵向量

$$\begin{aligned}\boldsymbol{A}\boldsymbol{v}_1&=\lambda_1\boldsymbol{v}_1\\ \boldsymbol{A}\boldsymbol{v}_2&=\lambda_2\boldsymbol{v}_2\end{aligned} \tag{11.19}$$

兩個特徵向量可以組成矩陣 $\boldsymbol{V}$，用兩個特徵值建構對角陣 Λ，式 (11.19) 可以寫成

$$\boldsymbol{A}\underbrace{\begin{bmatrix}\boldsymbol{v}_1 & \boldsymbol{v}_2\end{bmatrix}}_{\boldsymbol{V}}=\underbrace{\begin{bmatrix}\boldsymbol{v}_1 & \boldsymbol{v}_2\end{bmatrix}}_{\boldsymbol{V}}\underbrace{\begin{bmatrix}\lambda_1 & 0\\ 0 & \lambda_2\end{bmatrix}}_{\Lambda} \tag{11.20}$$

即

$$\boldsymbol{A}\boldsymbol{V}=\boldsymbol{V}\boldsymbol{\Lambda} \tag{11.21}$$

式 (11.21) 可以進一步寫成

$$\boldsymbol{A}=\boldsymbol{V}\boldsymbol{\Lambda}\boldsymbol{V}^{-1} \tag{11.22}$$

式 (11.22) 就叫做矩陣 $\boldsymbol{A}$ 的**特徵分解** (eigen-decomposition 或 eigen value decomposition)。Λ 叫做特徵值矩陣，$\boldsymbol{V}$ 叫做特徵向量矩陣。

多維方陣

對於 $D \times D$ 方陣 $\boldsymbol{A}$，如果存在以下一系列等式，即

$$\begin{cases} \boldsymbol{A}\boldsymbol{v}_1 = \lambda_1 \boldsymbol{v}_1 \\ \boldsymbol{A}\boldsymbol{v}_2 = \lambda_2 \boldsymbol{v}_2 \\ \quad \vdots \\ \boldsymbol{A}\boldsymbol{v}_D = \lambda_D \boldsymbol{v}_D \end{cases} \tag{11.23}$$

整理式 (11.23) 得到

$$\begin{bmatrix} \boldsymbol{A}\boldsymbol{v}_1 & \boldsymbol{A}\boldsymbol{v}_2 & \cdots & \boldsymbol{A}\boldsymbol{v}_D \end{bmatrix} = \begin{bmatrix} \lambda_1 \boldsymbol{v}_1 & \lambda_2 \boldsymbol{v}_2 & \cdots & \lambda_D \boldsymbol{v}_D \end{bmatrix} \tag{11.24}$$

即

$$\boldsymbol{A}\underbrace{\begin{bmatrix} \boldsymbol{v}_1 & \boldsymbol{v}_2 & \cdots & \boldsymbol{v}_D \end{bmatrix}}_{\boldsymbol{V}} = \underbrace{\begin{bmatrix} \boldsymbol{v}_1 & \boldsymbol{v}_2 & \cdots & \boldsymbol{v}_D \end{bmatrix}}_{\boldsymbol{V}} \underbrace{\begin{bmatrix} \lambda_1 & & & \\ & \lambda_2 & & \\ & & \ddots & \\ & & & \lambda_D \end{bmatrix}}_{\Lambda} \tag{11.25}$$

特徵多項式

方陣 $\boldsymbol{A}$ 的**特徵多項式** (characteristic polynomial) 可以這樣獲得，即

$$p(\lambda) = |\boldsymbol{A} - \lambda \boldsymbol{I}| \tag{11.26}$$

$\boldsymbol{A}$ 的**特徵方程式** (characteristic equation) 為

$$|\boldsymbol{A} - \lambda \boldsymbol{I}| = 0 \tag{11.27}$$

特徵方程式可以用於求解矩陣的特徵值，從而進一步求解對應的特徵向量。

手算特徵值分解

給定矩陣 $\boldsymbol{A}$ 為

$$\boldsymbol{A}=\begin{bmatrix}1.25 & -0.75\\ -0.75 & 1.25\end{bmatrix} \tag{11.28}$$

方陣 $\boldsymbol{A}$ 的特徵方程式為

$$\begin{aligned}p(\lambda)=|\boldsymbol{A}-\lambda\boldsymbol{I}|&=\begin{vmatrix}1.25-\lambda & -0.75\\ -0.75 & 1.25-\lambda\end{vmatrix}\\ &=\lambda^2-2.5\lambda+1=(\lambda-2)(\lambda-0.5)=0\end{aligned} \tag{11.29}$$

求解式 (11.29) 所示的一元二次方程，得到 $p(\lambda)$ 的兩個根分別為

$$\lambda_1=0.5,\quad \lambda_2=2 \tag{11.30}$$

對於 $\lambda_1=0.5$，有

$$(\boldsymbol{A}-\lambda_1\boldsymbol{I})\boldsymbol{v}_1=\left\{\begin{bmatrix}1.25 & -0.75\\ -0.75 & 1.25\end{bmatrix}-\begin{bmatrix}0.5 & 0\\ 0 & 0.5\end{bmatrix}\right\}\begin{bmatrix}v_{1,1}\\ v_{2,1}\end{bmatrix}=\begin{bmatrix}0\\ 0\end{bmatrix} \tag{11.31}$$

得到等式

$$v_{1,1}-v_{2,1}=0 \tag{11.32}$$

滿足式 (11.32) 的向量都是特徵向量，選擇第一象限的單位向量為特徵向量 $\boldsymbol{v}_1$，即

$$\boldsymbol{v}_1=\begin{bmatrix}\sqrt{2}/2\\ \sqrt{2}/2\end{bmatrix} \tag{11.33}$$

這一步可以看出特徵向量不唯一。

對於 $\lambda_2=2$，有

$$(\boldsymbol{A}-\lambda_2\boldsymbol{I})\boldsymbol{v}_2=\left\{\begin{bmatrix}1.25 & -0.75\\ -0.75 & 1.25\end{bmatrix}-\begin{bmatrix}2 & 0\\ 0 & 2\end{bmatrix}\right\}\begin{bmatrix}v_{1,2}\\ v_{2,2}\end{bmatrix}=\begin{bmatrix}0\\ 0\end{bmatrix} \tag{11.34}$$

注意：本書中 ，特徵向量一般都是單位向量，除非特殊說明。

得到等式

$$v_{1,2} + v_{2,2} = 0 \tag{11.35}$$

同樣，滿足式 (11.35) 的向量都是特徵向量，選擇第二象限的單位向量為特徵向量 $\boldsymbol{v}_2$，即

$$\boldsymbol{v}_2 = \begin{bmatrix} -\sqrt{2}/2 \\ \sqrt{2}/2 \end{bmatrix} \tag{11.36}$$

圖 11.14 所示為候選特徵向量之間的關係。

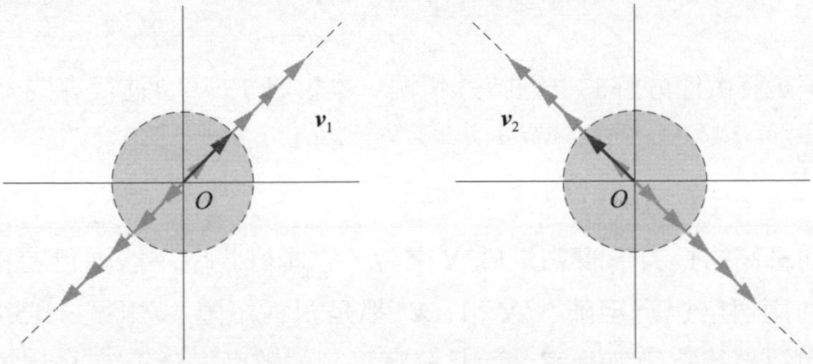

▲ 圖 11.14　候選特徵向量

這樣我們可以得到特徵向量矩陣 $\boldsymbol{V}$ 為

$$\boldsymbol{V} = \begin{bmatrix} \sqrt{2}/2 & -\sqrt{2}/2 \\ \sqrt{2}/2 & \sqrt{2}/2 \end{bmatrix} \tag{11.37}$$

$\boldsymbol{V}$ 的逆為

$$\boldsymbol{V}^{-1} = \begin{bmatrix} \sqrt{2}/2 & \sqrt{2}/2 \\ -\sqrt{2}/2 & \sqrt{2}/2 \end{bmatrix} \tag{11.38}$$

大家可能已經發現

$$\boldsymbol{V}^{\mathrm{T}} = \boldsymbol{V}^{-1} \tag{11.39}$$

這是因為式 (11.28) 中的 $\boldsymbol{A}$ 為對稱矩陣。

對稱矩陣

對稱矩陣的特徵值分解又叫**譜分解** (spectral decomposition)。如果 $\boldsymbol{A}$ 為對稱矩陣，則可以寫作

$$\boldsymbol{A} = \boldsymbol{V}\boldsymbol{\Lambda}\boldsymbol{V}^{\mathrm{T}} \tag{11.40}$$

$\boldsymbol{V}$ 為正交矩陣，即滿足

$$\boldsymbol{V}\boldsymbol{V}^{\mathrm{T}} = \boldsymbol{I} \tag{11.41}$$

譜分解是特徵值分解的一種特殊情況，本書第 13 章會進行專門介紹。

幾何角度

對一個細高的長方形實數矩陣 $\boldsymbol{X}$ 來說，它本身肯定不能進行特徵值分解。但是，它的兩個格拉姆矩陣 $\boldsymbol{X}^{\mathrm{T}}\boldsymbol{X}$ 和 $\boldsymbol{X}\boldsymbol{X}^{\mathrm{T}}$ 都是對稱矩陣。如圖 11.15 所示，$\boldsymbol{X}^{\mathrm{T}}\boldsymbol{X}$ 和 $\boldsymbol{X}\boldsymbol{X}^{\mathrm{T}}$ 都可以進行特徵值分解，而且分解得到的特徵向量矩陣 $\boldsymbol{V}$ 和 $\boldsymbol{U}$ 都是正交矩陣。

$\boldsymbol{V} = [\boldsymbol{v}_1, \boldsymbol{v}_2, \cdots, \boldsymbol{v}_D]$ 張起的向量空間為 $\mathbb{R}^D$。$\boldsymbol{U} = [\boldsymbol{u}_1, \boldsymbol{u}_2, \cdots, \boldsymbol{u}_n]$ 張起的向量空間為 $\mathbb{R}^n$。之所以用 $\boldsymbol{V}$ 和 $\boldsymbol{U}$ 分別表達特徵向量矩陣，是為了與下一節奇異值分解進行呼應。

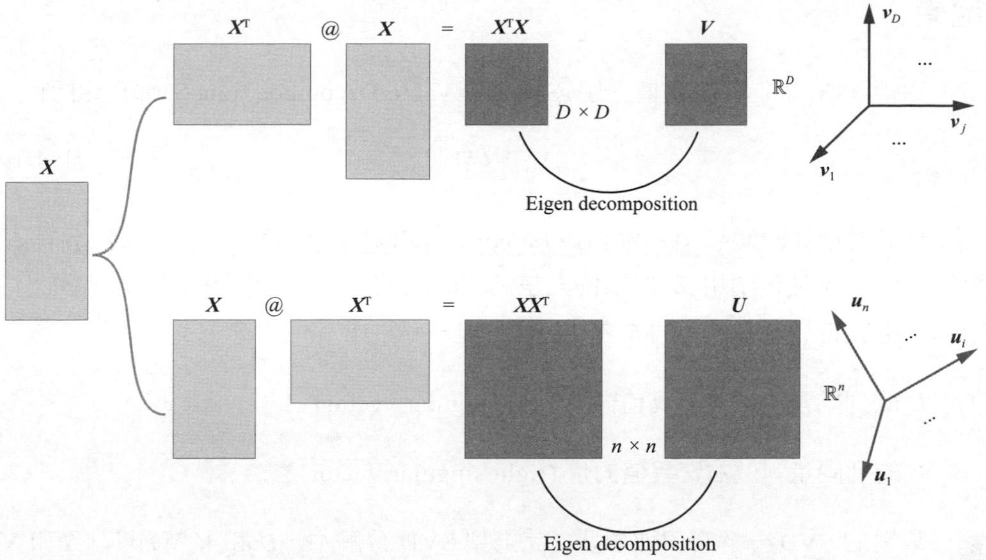

▲ 圖 11.15　對 Gram 矩陣特徵值分解

如果本書有關特徵值分解內容就此結束，相信會有讀者感到失望，說好的「圖解」呢？多角度呢？空間、幾何、資料、最佳化、統計角度又在哪？特徵值分解是矩陣分解中的一道「大菜」，它在資料科學和機器學習領域中的應用非常廣泛，本節僅介紹其皮毛。本書第 13、14 章專門講解特徵值分解及其應用。

11.6 奇異值分解：適用於任何實數矩陣

如果特徵值分解是「大菜」，則奇異值分解絕對是矩陣分解中的「頭牌」！本節將蜻蜓點水地介紹一些奇異值分解中最基本的概念，並讓大家嘗嘗手算奇異值分解的滋味！

本書第 15、16 兩章專門講解奇異值分解和應用。本書最後三章還會梳理特徵值分解和奇異值分解之間的關係，以及它們和資料、空間、統計等概念的關係，把大家對矩陣分解的認識提到一個全新的高度。

定義

對矩陣 $\boldsymbol{X}_{n\times D}$ 進行**奇異值分解** (Singular Value Decomposition, SVD)，得到

$$\boldsymbol{X}_{n\times D} = \boldsymbol{U}\boldsymbol{S}\boldsymbol{V}^{\mathrm{T}} \tag{11.42}$$

$\boldsymbol{S}$ 主對角線的元素 s_i 為**奇異值** (singular value)。一些教材用 Σ 代表奇異值矩陣，而本書系專門用 Σ 作為協方差矩陣的記號。本書也會用 $\boldsymbol{S}$ 代表「縮放」矩陣，這與奇異值分解中的 $\boldsymbol{S}$ 在功能上完全一致。

$\boldsymbol{U}$ 的列向量叫做**左奇異值向量** (left singular vector)。

$\boldsymbol{V}$ 的列向量叫做**右奇異值向量** (right singular vector)。

常用的 SVD 分解有四種類型。完全型 SVD 分解中，$\boldsymbol{U}$ 和 $\boldsymbol{V}$ 為方陣，$\boldsymbol{S}$ 和 $\boldsymbol{X}$ 的形狀相同，具體如圖 11.16 所示。本書第 15、16 章會介紹 SVD 的四種分解類型。

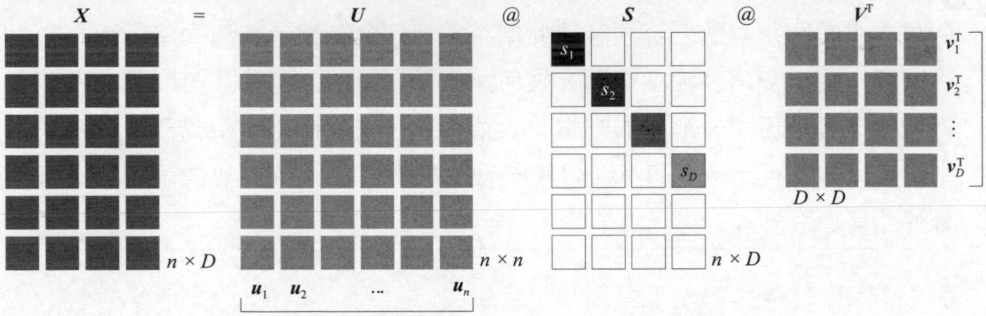

▲ 圖 11.16 SVD 分解示意圖

任何實數矩陣都可以 SVD 分解。「任何」二字奠定了奇異值分解在矩陣分解中宇宙第一的地位！不管是方陣，還是細高、寬矮矩陣，SVD 分解都能處理，可謂兵來將擋、水來土掩。

兩個規範正交基底

在完全 SVD 分解中，$\boldsymbol{U}$ 和 $\boldsymbol{V}$ 都是正交矩陣。也就是說，向量空間角度下，$\boldsymbol{U}$ 和 $\boldsymbol{V}$ 都是規範正交基底！如圖 11.17 所示，這相當於一個 SVD 完成了圖 11.15 中兩個特徵值的分解。

SVD 分解也是對原始資料矩陣進行正交化的工具，本章前文提到 QR 分解和特徵值分解都可以得到規範正交基底，這些矩陣分解之間的區別和聯繫是什麼？得到的規範正交基底有什麼不同？它們和向量空間又有怎樣關係？這是本書最後三章「資料三部曲」要回答的問題。

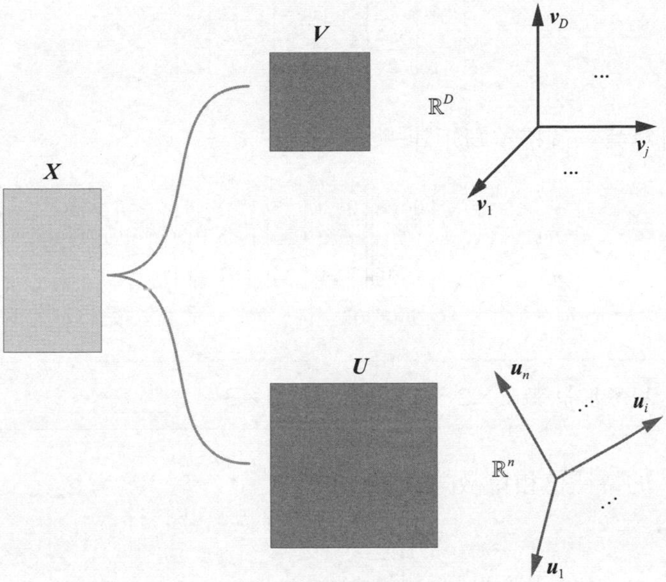

▲ 圖 11.17　對 $\boldsymbol{X}$ 矩陣完全 SVD 分解獲得兩個規範正交基底

手算奇異值分解

給定矩陣 $\boldsymbol{X}$ 為

$$\boldsymbol{X} = \begin{bmatrix} 0 & 1 \\ 1 & 1 \\ 1 & 0 \end{bmatrix} \tag{11.43}$$

前文提過，細高或寬矮的長方形矩陣在進行矩陣運算時並不友善，我們通常需要將它們「平方」，寫成格拉姆矩陣 $\boldsymbol{X}^{\mathrm{T}}\boldsymbol{X}$ 這種形式。為求解 $\boldsymbol{V}$，我們先計算第一個格拉姆矩陣—$\boldsymbol{X}^{\mathrm{T}}\boldsymbol{X}$，有

$$\boldsymbol{X}^{\mathrm{T}}\boldsymbol{X}=\begin{bmatrix}0&1\\1&1\\1&0\end{bmatrix}^{\mathrm{T}}\begin{bmatrix}0&1\\1&1\\1&0\end{bmatrix}=\begin{bmatrix}2&1\\1&2\end{bmatrix} \tag{11.44}$$

進一步計算得到 $\boldsymbol{X}^{\mathrm{T}}\boldsymbol{X}$ 的特徵值和特徵向量為

$$\begin{cases}\lambda_1=3\\ \boldsymbol{v}_1=\begin{bmatrix}\frac{\sqrt{2}}{2}\\ \frac{\sqrt{2}}{2}\end{bmatrix}\end{cases}\quad\begin{cases}\lambda_2=1\\ \boldsymbol{v}_2=\begin{bmatrix}-\frac{\sqrt{2}}{2}\\ \frac{\sqrt{2}}{2}\end{bmatrix}\end{cases} \tag{11.45}$$

然後，計算第二個格拉姆矩陣—$\boldsymbol{X}\boldsymbol{X}^{\mathrm{T}}$，有

$$\boldsymbol{X}\boldsymbol{X}^{\mathrm{T}}=\begin{bmatrix}0&1\\1&1\\1&0\end{bmatrix}\begin{bmatrix}0&1\\1&1\\1&0\end{bmatrix}^{\mathrm{T}}=\begin{bmatrix}1&1&0\\1&2&1\\0&1&1\end{bmatrix} \tag{11.46}$$

⚠ 注意區分，$\boldsymbol{X}^{\mathrm{T}}\boldsymbol{X}$ 形狀為 2×2，$\boldsymbol{X}\boldsymbol{X}^{\mathrm{T}}$ 形狀為 3×3。

計算 $\boldsymbol{X}\boldsymbol{X}^{\mathrm{T}}$ 的特徵值和特徵向量為

$$\begin{cases}\lambda_1=3\\ \boldsymbol{u}_1=\begin{bmatrix}\frac{1}{\sqrt{6}}\\ \frac{2}{\sqrt{6}}\\ \frac{1}{\sqrt{6}}\end{bmatrix}\end{cases}\quad\begin{cases}\lambda_2=1\\ \boldsymbol{u}_2=\begin{bmatrix}\frac{\sqrt{2}}{2}\\ 0\\ -\frac{\sqrt{2}}{2}\end{bmatrix}\end{cases}\quad\begin{cases}\lambda_3=0\\ \boldsymbol{u}_3=\begin{bmatrix}\frac{\sqrt{3}}{3}\\ -\frac{\sqrt{3}}{3}\\ \frac{\sqrt{3}}{3}\end{bmatrix}\end{cases} \tag{11.47}$$

奇異值矩陣 $\boldsymbol{S}$ 為

$$\boldsymbol{S}=\begin{bmatrix} s_1 & 0 \\ 0 & s_2 \\ 0 & 0 \end{bmatrix}=\begin{bmatrix} \sqrt{\lambda_1} & 0 \\ 0 & \sqrt{\lambda_2} \\ 0 & 0 \end{bmatrix}=\begin{bmatrix} \sqrt{3} & 0 \\ 0 & 1 \\ 0 & 0 \end{bmatrix} \tag{11.48}$$

式 (11.45) 和式 (11.47) 中都獲得了 λ_1 和 λ_2 這兩個特徵值。奇異值矩陣 $\boldsymbol{S}$ 對角線元素為 λ_1 與 λ_2 的平方根。這一點是特徵值分解和 SVD 分解的重要的區別，也是一個重要的聯繫。

因此，$\boldsymbol{X}$ 的完全型 SVD 分解為

$$\boldsymbol{X}=\boldsymbol{U}\boldsymbol{S}\boldsymbol{V}^{\mathrm{T}}=\begin{bmatrix} \frac{1}{\sqrt{6}} & \frac{\sqrt{2}}{2} & \frac{\sqrt{3}}{3} \\ \frac{2}{\sqrt{6}} & 0 & -\frac{\sqrt{3}}{3} \\ \frac{1}{\sqrt{6}} & -\frac{\sqrt{2}}{2} & \frac{\sqrt{3}}{3} \end{bmatrix}\begin{bmatrix} \sqrt{3} & 0 \\ 0 & 1 \\ 0 & 0 \end{bmatrix}\begin{bmatrix} \frac{\sqrt{2}}{2} & -\frac{\sqrt{2}}{2} \\ \frac{\sqrt{2}}{2} & \frac{\sqrt{2}}{2} \end{bmatrix}^{\mathrm{T}} \tag{11.49}$$

再次強調，本書絕不要求大家掌握如何徒手進行 SVD 分解。大家需要掌握的是 SVD 背後的數學思想，以及如何利用不同角度理解 SVD 分解。

➔

本章開啟了本書一個全新的板塊—矩陣分解。圖 11.18 所示的四幅圖總結出本章的主要內容。請大家將不同矩陣分解對號入座。

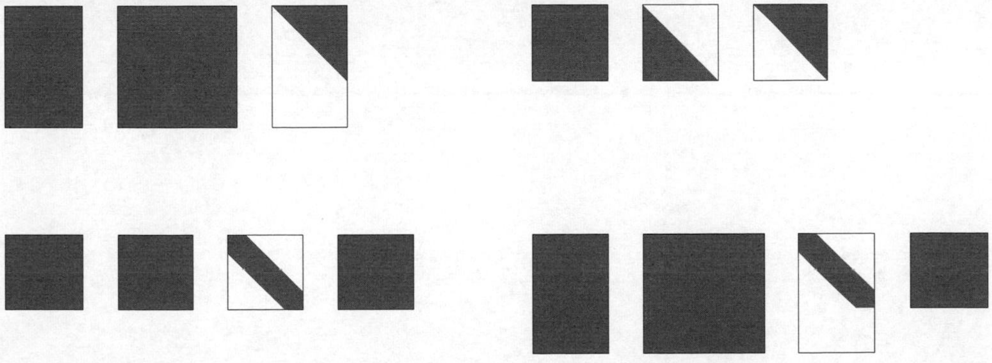

▲ 圖 11.18　總結本章重要內容的四幅圖

矩陣分解看著讓人眼花繚亂，但是萬變不離其宗—矩陣乘法！大家很快就會看到，我們會反覆使用矩陣乘法的兩個角度來進行各種矩陣分解。矩陣分解讓我們從一個全新的高度領略到了矩陣乘法的魅力。

資料角度、幾何角度，這兩點絕對是學好矩陣分解的利器，怎麼強調都不為過。有資料的地方，必有矩陣！有矩陣的地方，更有向量！有向量的地方，就有幾何！

下面五章將展開講解 Cholesky 分解、特徵值分解和奇異值分解。本書最後三章會結合幾何、資料、空間、應用等概念，再次昇華矩陣分解！

習慣透過做題學習數學的讀者，給大家強烈推薦 Nathaniel Johnston 撰寫的 *Introduction to Linear and Matrix Algebra* 和 *Advanced Linear and Matrix Algebra* 兩本線性代數教材。該書作者並非「大家」，但是依據個人觀點，這兩本書遠好於絕大多數線性代數教材。

Cholesky Decomposition

12 Cholesky 分解

適用於正定矩陣

> 每個人都是天才。但是，如果你以爬樹的能力來評判一條魚，那麼那條魚終其一生都會認為自己愚蠢無能。
>
> ***Everybody is a genius. But if you judge a fish by its ability to climb a tree, it will live its whole life believing that it is stupid.***
>
> ——阿爾伯特・愛因斯坦（*Albert Einstein*）| 理論物理學家 | *1879—1955*

- ax.contour3D() 繪製三維曲面等高線
- ax.plot_wireframe() 繪製線方塊圖
- math.radians() 將角度轉換成弧度
- matplotlib.pyplot.contour() 繪製平面等高線
- matplotlib.pyplot.contourf() 繪製平面填充等高線
- matplotlib.pyplot.plot() 繪製線圖
- matplotlib.pyplot.quiver() 繪製箭頭圖
- matplotlib.pyplot.scatter() 繪製散點圖
- numpy.arccos() 計算反餘弦
- numpy.cos() 計算餘弦值
- numpy.deg2rad() 將角度轉化為弧度
- numpy.linalg.cholesky() Cholesky 分解
- numpy.linalg.eig() 特徵值分解

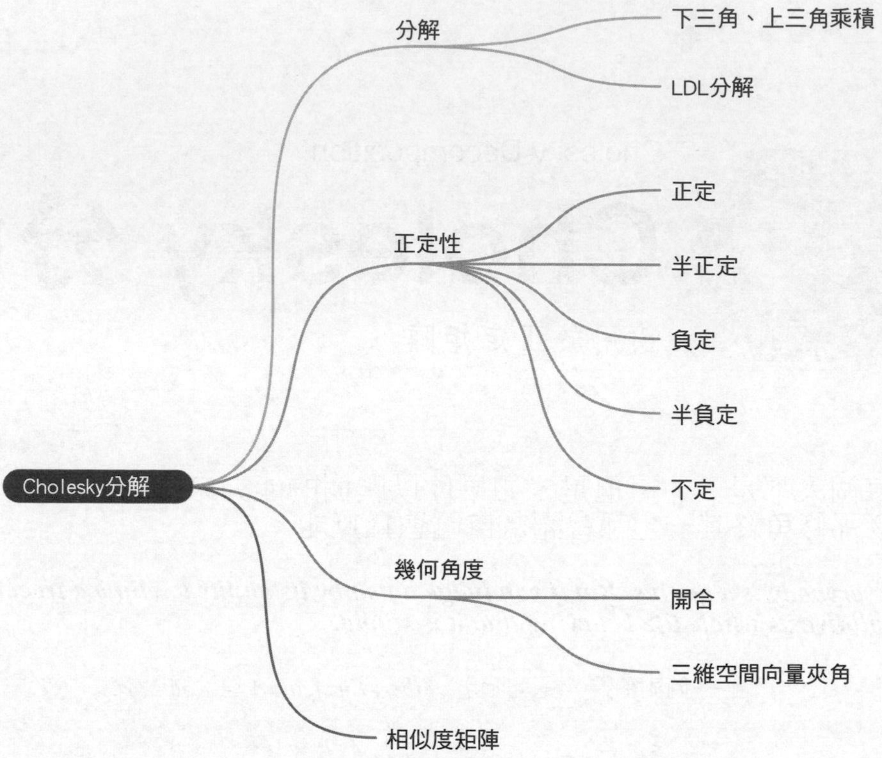

12.1 Cholesky 分解

實數矩陣的 Cholesky 分解由法國軍官、數學家**安德列·路易·科列斯基** (André - Louis Cholesky) 最先發明。科列斯基本人在一戰結束前夕戰死沙場，Cholesky 分解是由科列斯基的同事在他去世後發表的，並以科列斯基的名字命名。

透過上一章學習，大家知道 Cholesky 分解將方陣 A 分解為一個下三角矩陣 L 以及它的轉置矩陣 L^T 的乘積，即

$$A = LL^T \tag{12.1}$$

利用上三角矩陣 $\boldsymbol{R}(=\boldsymbol{L}^{\mathrm{T}})$，$\boldsymbol{A}$ 可以寫成

$$\boldsymbol{A}=\boldsymbol{R}^{\mathrm{T}}\boldsymbol{R} \tag{12.2}$$

LDL 分解

在 Cholesky 分解的基礎上，上一章又介紹了 LDL 分解。LDL 分解將上述矩陣 $\boldsymbol{A}$ 分解成下三角矩陣 $\boldsymbol{L}$、對角陣方陣 $\boldsymbol{D}$、$\boldsymbol{L}^{\mathrm{T}}$ 三者的乘積，即

$$\boldsymbol{A}=\boldsymbol{L}\boldsymbol{D}\boldsymbol{L}^{\mathrm{T}} \tag{12.3}$$

式 (12.3) 中下三角矩陣 $\boldsymbol{L}$ 的對角線元素均為 1。從幾何角度來看，$\boldsymbol{L}$ 相當於我們在本書第 8 章中提到的剪切。

假設對角方陣 $\boldsymbol{D}$ 的對角線元素非負，LDL 分解可以進一步寫成

$$\boldsymbol{A}=\boldsymbol{L}\boldsymbol{D}^{1/2}\left(\boldsymbol{D}^{1/2}\right)^{\mathrm{T}}\boldsymbol{L}^{\mathrm{T}}=\boldsymbol{L}\boldsymbol{D}^{1/2}\left(\boldsymbol{L}\boldsymbol{D}^{1/2}\right)^{\mathrm{T}} \tag{12.4}$$

其中：$\boldsymbol{D}^{1/2}$ 為對角方陣，且 $\boldsymbol{D}^{1/2}$ 對角線上的元素是 $\boldsymbol{D}$ 的對角線元素的非負平方根。

令

$$\boldsymbol{B}=\boldsymbol{D}^{1/2} \tag{12.5}$$

式 (12.4) 可以寫成

$$\boldsymbol{A}=\boldsymbol{L}\boldsymbol{B}\left(\boldsymbol{L}\boldsymbol{B}\right)^{\mathrm{T}} \tag{12.6}$$

其中：$\boldsymbol{L}\boldsymbol{B}$ 相當於 $\boldsymbol{A}$ 的平方根。

用上三角矩陣 $\boldsymbol{R}$ 替換 $\boldsymbol{L}^{\mathrm{T}}$，式 (12.6) 可以寫成

$$\boldsymbol{A}=\boldsymbol{R}^{\mathrm{T}}\boldsymbol{B}\boldsymbol{B}\boldsymbol{R}=\left(\boldsymbol{B}\boldsymbol{R}\right)^{\mathrm{T}}\boldsymbol{B}\boldsymbol{R} \tag{12.7}$$

12.2 正定矩陣才可以進行 Cholesky 分解

上一章提到，並非所有矩陣都可以進行 Cholesky 分解，只有**正定矩陣** (positive - definite matrix) 才能進行 Cholesky 分解。

在 $\boldsymbol{x}$ 為非零列向量 ($\boldsymbol{x} \neq \boldsymbol{0}$) 的條件下，如果方陣 $\boldsymbol{A}$ 滿足

$$\boldsymbol{x}^{\mathrm{T}} \boldsymbol{A} \boldsymbol{x} > 0 \tag{12.8}$$

則稱方陣 $\boldsymbol{A}$ 為**正定矩陣** (positive definite matrix)。式 (12.8) 中列向量 $\boldsymbol{x}$ 的行數與矩陣 $\boldsymbol{A}$ 的行數一致。二次型 $\boldsymbol{x}^{\mathrm{T}}\boldsymbol{A}\boldsymbol{x}$ 的結果是純量。此外，正定矩陣的特徵值均為正。

幾何角度

從幾何角度更容易理解正定矩陣，給定 2×2 矩陣 $\boldsymbol{A}$

$$\boldsymbol{A} = \begin{bmatrix} a & b \\ b & c \end{bmatrix} \tag{12.9}$$

注意：正定矩陣都是對稱方陣。

定義二元函式 $y = f(x_1, x_2)$ 為

$$y = f\left(x_1, x_2\right) = \boldsymbol{x}^{\mathrm{T}} \boldsymbol{A} \boldsymbol{x} = \begin{bmatrix} x_1 & x_2 \end{bmatrix} \begin{bmatrix} a & b \\ b & c \end{bmatrix} \begin{bmatrix} x_1 \\ x_2 \end{bmatrix} = a x_1^2 + 2b x_1 x_2 + c x_2^2 \tag{12.10}$$

函式 $y = f(x_1, x_2)$ 就是本書第 5 章提到的二次型。更重要的是，上式把正定性與本書系《AI 時代 Math 元年 - 用 Python 全睛通數學要素》一書中講過的二次曲面聯繫起來。

> 本書第 21 章將專門討 論矩陣的正定性。

除了正定矩陣，還有半正定、負定、半負定、不定這幾種正定性。表 12.1 總結幾種正定性、曲面、等高線特徵。希望讀者能夠透過表中的幾何圖形建立正定性的直觀印象。此外，請大家自行分析表中曲面的極值特徵。

➔ 表 12.1　幾種正定性

正定性	例子	三維曲面	平面等高線
正定 (positive definite)	開口向上正圓抛物面 $A = \begin{bmatrix} 1 & 0 \\ 0 & 1 \end{bmatrix}$	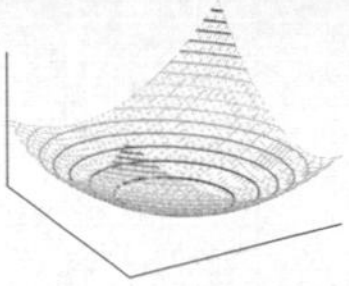	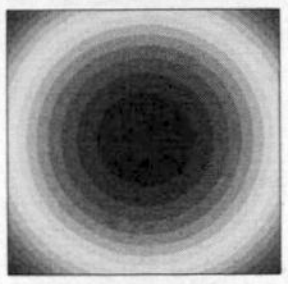
	開口向上正橢圓抛物面 $A = \begin{bmatrix} 2 & 0 \\ 0 & 0.5 \end{bmatrix}$	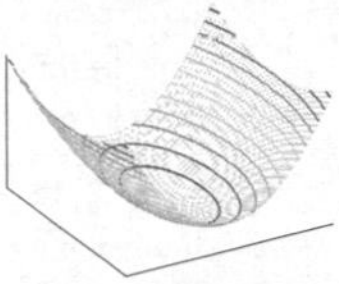	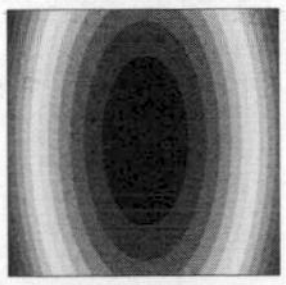
	開口向上旋轉橢圓抛物面 $A = \begin{bmatrix} 1.5 & 0.5 \\ 0.5 & 1.5 \end{bmatrix}$	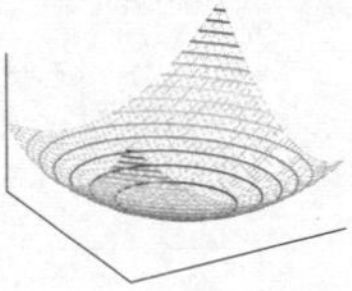	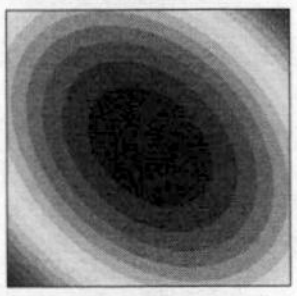
半正定 (positive semi-definite)	山谷面 $A = \begin{bmatrix} 1 & 0 \\ 0 & 0 \end{bmatrix}$	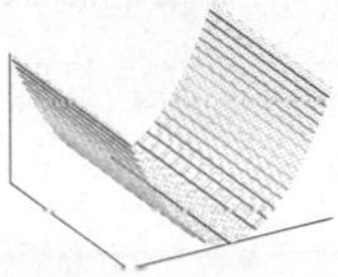	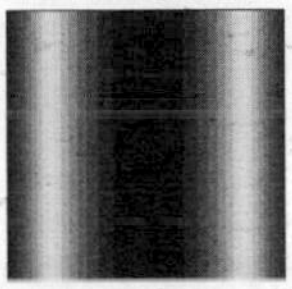
	旋轉山谷面 $A = \begin{bmatrix} 0.5 & -0.5 \\ -0.5 & 0.5 \end{bmatrix}$	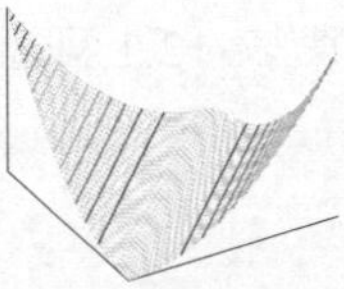	
負定 (negative definite)	開口向下正橢圓抛物面 $A = \begin{bmatrix} -0.5 & 0 \\ 0 & -2 \end{bmatrix}$	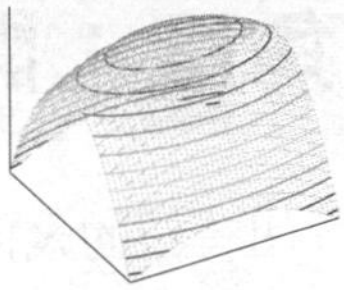	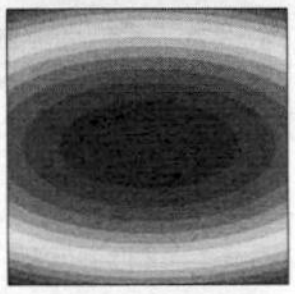
	開口向下旋轉橢圓抛物面 $A = \begin{bmatrix} -1.5 & 0.5 \\ 0.5 & -1.5 \end{bmatrix}$	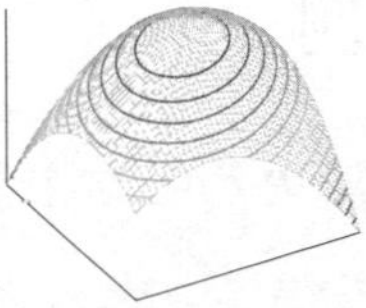	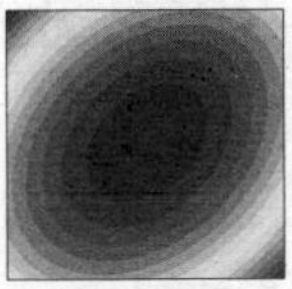

正定性	例子	三維曲面	平面等高線
半負定 (negative semi-definite)	山脊面 $A=\begin{bmatrix} 0 & 0 \\ 0 & -1 \end{bmatrix}$	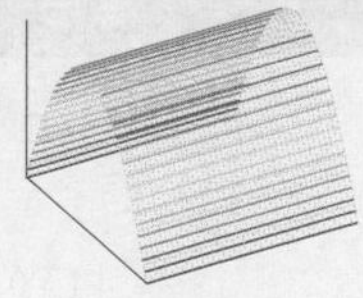	
	旋轉山脊面 $A=\begin{bmatrix} -0.5 & 0.5 \\ 0.5 & -0.5 \end{bmatrix}$	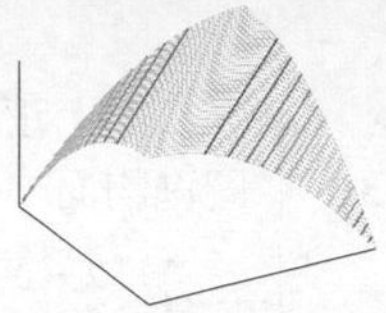	
不定 (indefinite)	馬鞍面 $A=\begin{bmatrix} 1 & 0 \\ 0 & -1 \end{bmatrix}$	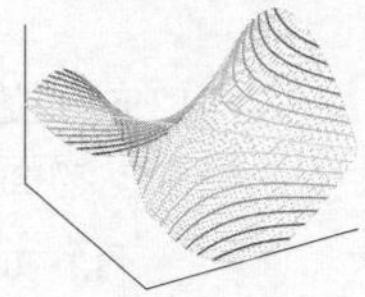	
	旋轉馬鞍面 $A=\begin{bmatrix} 0 & -1 \\ -1 & 0 \end{bmatrix}$	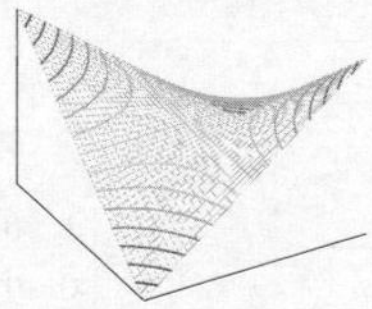	

Bk4_Ch12_01.py 繪製表 12.1 列出的三維曲面和等高線。請注意改變 a、b、c 三個係數的設定值。

12.3 幾何角度：開合

本節內容我們從一個有趣的幾何角度分析一種特殊矩陣的 Cholesky 分解。

以 2×2 矩陣為例

給定如 2×2 矩陣 $\boldsymbol{P}$，它的主對角元素為 1，非主對角線元素為餘弦值 $\cos\theta_{1,2}$，有

$$P = \begin{bmatrix} 1 & \cos\theta_{1,2} \\ \cos\theta_{1,2} & 1 \end{bmatrix} \tag{12.11}$$

對矩陣 $\boldsymbol{P}$ 進行 Cholesky 分解可以得到

$$P = LL^{\mathrm{T}} = \underbrace{\begin{bmatrix} 1 & 0 \\ \cos\theta_{1,2} & \sin\theta_{1,2} \end{bmatrix}}_{L} \underbrace{\begin{bmatrix} 1 & \cos\theta_{1,2} \\ 0 & \sin\theta_{1,2} \end{bmatrix}}_{L^{\mathrm{T}}} = \begin{bmatrix} 1 & \cos\theta_{1,2} \\ \cos\theta_{1,2} & 1 \end{bmatrix} \tag{12.12}$$

利用上三角矩陣 $\boldsymbol{R}$，矩陣 $\boldsymbol{P}$ 的 Cholesky 分解還可以寫成

$$P = R^{\mathrm{T}} R = \underbrace{\begin{bmatrix} 1 & 0 \\ \cos\theta_{1,2} & \sin\theta_{1,2} \end{bmatrix}}_{R^{\mathrm{T}}} \underbrace{\begin{bmatrix} 1 & \cos\theta_{1,2} \\ 0 & \sin\theta_{1,2} \end{bmatrix}}_{R} \tag{12.13}$$

將 $\boldsymbol{R}$ 寫成

$$R = \begin{bmatrix} 1 & \cos\theta_{1,2} \\ 0 & \sin\theta_{1,2} \end{bmatrix} = \begin{bmatrix} r_1 & r_2 \end{bmatrix} \tag{12.14}$$

在平面直角座標系中，$\boldsymbol{e}_1$ 和 $\boldsymbol{e}_2$ 分別代表水平和垂直正方向的單位向量，$[\boldsymbol{e}_1, \boldsymbol{e}_2]$ 是 $\mathbb{R}^2$ 空間的標準正交基。$\boldsymbol{R}$ 分別乘 $\boldsymbol{e}_1$ 和 $\boldsymbol{e}_2$，得到 $\boldsymbol{r}_1$ 和 $\boldsymbol{r}_2$ 分別為

$$\begin{aligned} r_1 &= Re_1 = \begin{bmatrix} 1 & \cos\theta_{1,2} \\ 0 & \sin\theta_{1,2} \end{bmatrix} \begin{bmatrix} 1 \\ 0 \end{bmatrix} = \begin{bmatrix} 1 \\ 0 \end{bmatrix} \\ r_2 &= Re_2 = \begin{bmatrix} 1 & \cos\theta_{1,2} \\ 0 & \sin\theta_{1,2} \end{bmatrix} \begin{bmatrix} 0 \\ 1 \end{bmatrix} = \begin{bmatrix} \cos\theta_{1,2} \\ \sin\theta_{1,2} \end{bmatrix} \end{aligned} \tag{12.15}$$

很容易判斷 $\boldsymbol{r}_1$ 和 $\boldsymbol{r}_2$ 均為單位向量。

而向量 $\boldsymbol{r}_1$ 和 $\boldsymbol{r}_2$ 夾角的餘弦值正是 $\cos\theta_{1,2}$，即

$$\cos\theta = \frac{r_1 \cdot r_2}{\|r_1\|\|r_2\|} = \cos\theta_{1,2} \tag{12.16}$$

幾何角度

如圖 12.1 所示，從幾何角度來講，$\boldsymbol{R}(\boldsymbol{L}^{\mathrm{T}})$ 相當於把原本正交的 $[\boldsymbol{e}_1, \boldsymbol{e}_2]$ 標準正交基底轉化成具有一定夾角的 $[\boldsymbol{r}_1, \boldsymbol{r}_2]$ 非正交基底，且 $\boldsymbol{e}_1 = \boldsymbol{r}_1$，相當於「錨定」。

如圖 12.1 所示，$[\boldsymbol{e}_1, \boldsymbol{e}_2]$ 的夾角為 90°, 經過 $\boldsymbol{R}$ 變換後，$[\boldsymbol{r}_1, \boldsymbol{r}_2]$ 的夾角變成 $\theta_{1,2}$。這種幾何變換像是「門合頁」的開合。我們給這種幾何變換取個名字，就叫做「開合」。

> ⚠ 再次強調：雖然 $[\boldsymbol{r}_1,\boldsymbol{r}_2]$ 中每個列向量為單位向量，但是並不正交，因此 $[\boldsymbol{r}_1,\boldsymbol{r}_2]$ 為非正交基底。

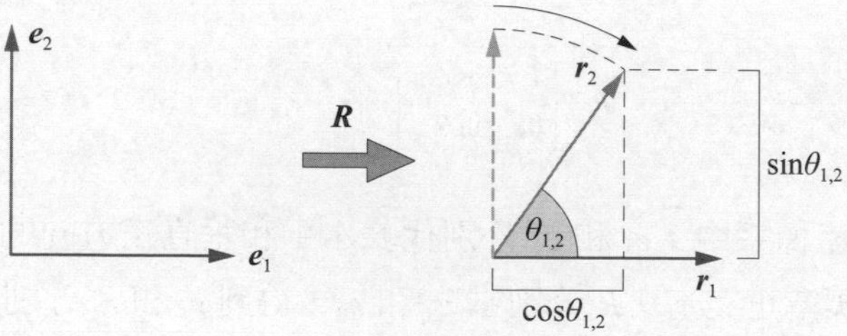

▲ 圖 12.1　開合

圖 12.2 所示為四種不同開合角度。$0 < \cos\theta_{1,2} < 1$，即 $0° < \theta_{1,2} < 90°$ 時，「門合頁」從直角 90。關閉至 $\theta_{1,2}$，具體如圖 12.2(a)、(b) 所示。

當 $-1 < \cos\theta_{1,2} < 0$，即 $90° < \theta_{1,2} < 180°$ 時，「合頁」從直角 90° 打開至 $\theta_{1,2}$，具體如圖 12.2(c)、(d) 所示。

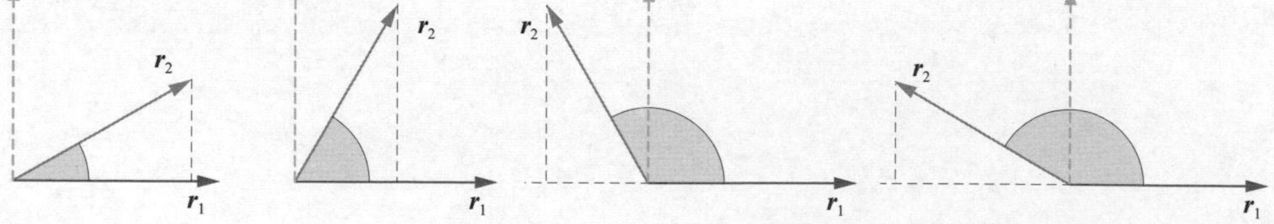

▲ 圖 12.2　不同的開合角度 $\cos\theta_{1,2}$

行列式值

計算式 (12.14) 中 $\boldsymbol{R}$ 的行列式值為

$$|\boldsymbol{R}| = \begin{vmatrix} 1 & \cos\theta_{1,2} \\ 0 & \sin\theta_{1,2} \end{vmatrix} = \sin\theta_{1,2} \tag{12.17}$$

這個行列式值結果表明“開合” 前後，圖形的面積縮放比例為 $\sin\theta_{1,2}$。這和我們在圖 12.3 中看到的一致。$[\boldsymbol{e}_1, \boldsymbol{e}_2]$ 構造正方形面積為 1，而 $[\boldsymbol{r}_1, \boldsymbol{r}_2]$ 建構的平行四邊形面積為 $\sin\theta_{1,2}$。

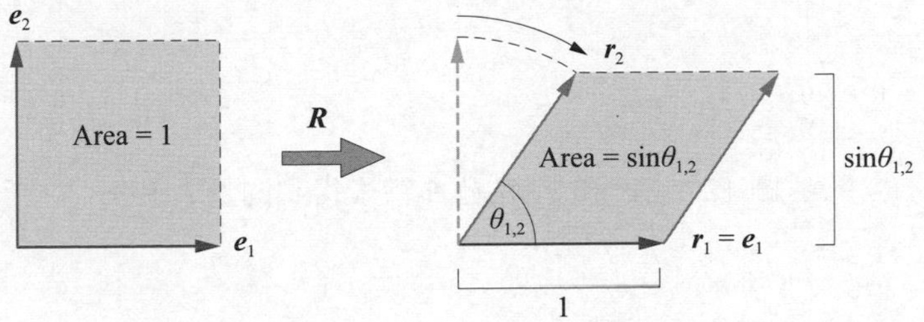

▲ 圖 12.3　開合對應的面積變化

舉個例子

給定 $\boldsymbol{P}$ 為

$$\boldsymbol{P} = \begin{bmatrix} 1 & \cos 60^\circ \\ \cos 60^\circ & 1 \end{bmatrix} = \begin{bmatrix} 1 & 0.5 \\ 0.5 & 1 \end{bmatrix} \tag{12.18}$$

對 $\boldsymbol{P}$ 進行 Cholesky 分解得到

$$\boldsymbol{P} = \boldsymbol{R}^{\mathrm{T}}\boldsymbol{R} = \underbrace{\begin{bmatrix} 1 & 0 \\ 0.5 & \sqrt{3}/2 \end{bmatrix}}_{\boldsymbol{R}^{\mathrm{T}}} \underbrace{\begin{bmatrix} 1 & 0.5 \\ 0 & \sqrt{3}/2 \end{bmatrix}}_{\boldsymbol{R}} \tag{12.19}$$

圖 12.4 所示為 $\boldsymbol{e}_1$ 和 $\boldsymbol{e}_2$ 經過式 (12.19) 中的 $\boldsymbol{R}$ 轉換得到向量 $\boldsymbol{r}_1$ 和 $\boldsymbol{r}_2$，而正圓經過 $\boldsymbol{R}$ 轉換變成旋轉橢圓。大家可能會問，這個旋轉橢圓的半長軸和半短軸長度分別為多少？這就需要借助特徵值分解來計算。

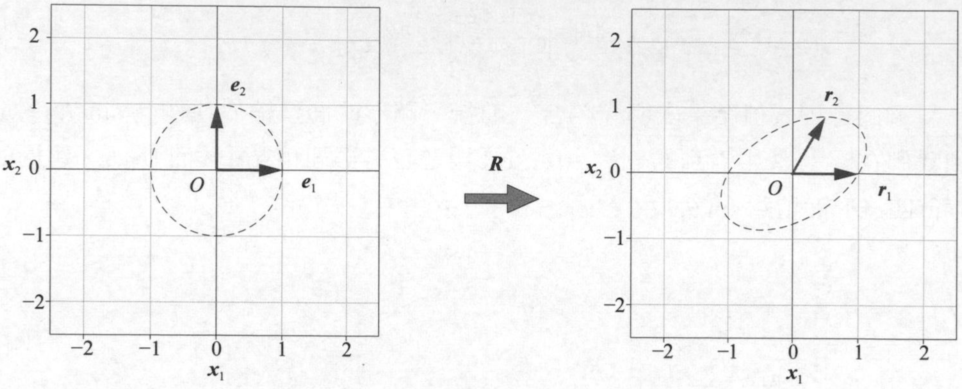

▲ 圖 12.4　$\boldsymbol{e}_1$ 和 $\boldsymbol{e}_2$ 經過 $\boldsymbol{R}$ 轉換得到向量 $\boldsymbol{r}_1$ 和 $\boldsymbol{r}_2$

12.4 幾何變換：縮放 → 開合

給定 Σ 的具體形式為

$$\boldsymbol{\Sigma} = \begin{bmatrix} a^2 & a \cdot b \cdot \cos\theta_{1,2} \\ a \cdot b \cdot \cos\theta_{1,2} & b^2 \end{bmatrix} \tag{12.20}$$

其中：a 和 b 都為正數。

先把 Σ 寫成

$$\boldsymbol{\Sigma} = \underbrace{\begin{bmatrix} a & \\ & b \end{bmatrix}}_{S} \underbrace{\begin{bmatrix} 1 & \cos\theta_{1,2} \\ \cos\theta_{1,2} & 1 \end{bmatrix}}_{P} \underbrace{\begin{bmatrix} a & \\ & b \end{bmatrix}}_{S} \tag{12.21}$$

將式 (12.13) 代入式 (12.21)，得到

$$\boldsymbol{\Sigma} = (\boldsymbol{RS})^{\mathrm{T}}(\boldsymbol{RS}) = \underbrace{\begin{bmatrix} a & 0 \\ 0 & b \end{bmatrix}}_{\boldsymbol{S}} \underbrace{\begin{bmatrix} 1 & 0 \\ \cos\theta_{1,2} & \sin\theta_{1,2} \end{bmatrix}}_{\boldsymbol{R}^{\mathrm{T}}} \underbrace{\begin{bmatrix} 1 & \cos\theta_{1,2} \\ 0 & \sin\theta_{1,2} \end{bmatrix}}_{\boldsymbol{R}} \underbrace{\begin{bmatrix} a & 0 \\ 0 & b \end{bmatrix}}_{\boldsymbol{S}} \tag{12.22}$$

式 (12.22) 相當於對 Σ 直接進行 Cholesky 分解的結果。

將 $\boldsymbol{RS}$($\boldsymbol{S}$ 先、$\boldsymbol{R}$ 後) 作用在 $\boldsymbol{e}_1$ 和 $\boldsymbol{e}_2$ 上，得到 $\boldsymbol{x}_1$ 和 $\boldsymbol{x}_2$ 分別為

$$\begin{aligned} \boldsymbol{x}_1 = \boldsymbol{RSe}_1 &= \begin{bmatrix} 1 & \cos\theta_{1,2} \\ 0 & \sin\theta_{1,2} \end{bmatrix} \begin{bmatrix} a & 0 \\ 0 & b \end{bmatrix} \begin{bmatrix} 1 \\ 0 \end{bmatrix} = a \begin{bmatrix} 1 \\ 0 \end{bmatrix} \\ \boldsymbol{x}_2 = \boldsymbol{RSe}_2 &= \begin{bmatrix} 1 & \cos\theta_{1,2} \\ 0 & \sin\theta_{1,2} \end{bmatrix} \begin{bmatrix} a & 0 \\ 0 & b \end{bmatrix} \begin{bmatrix} 0 \\ 1 \end{bmatrix} = b \begin{bmatrix} \cos\theta_{1,2} \\ \sin\theta_{1,2} \end{bmatrix} \end{aligned} \tag{12.23}$$

這相當於，對 $\boldsymbol{e}_1$ 和 $\boldsymbol{e}_2$ 先縮放 ($\boldsymbol{S}$)，再開合 ($\boldsymbol{R}$)，如圖 12.5 所示。

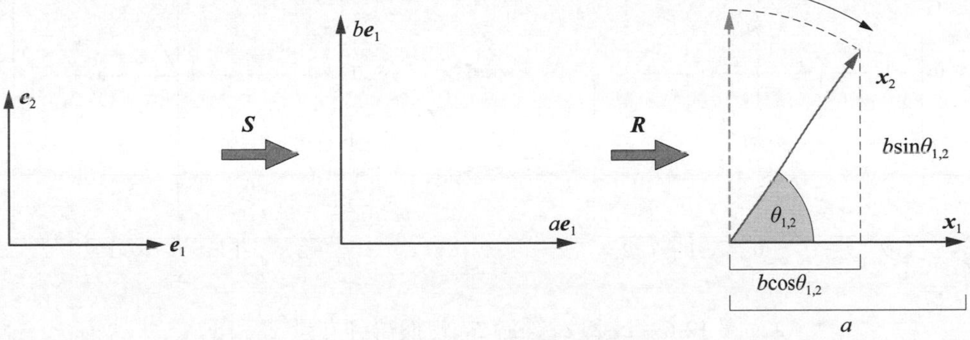

▲ 圖 12.5　先縮放再開合

計算式 (12.23) 中，向量 $\boldsymbol{x}_1$ 和 $\boldsymbol{x}_2$ 夾角餘弦值為

$$\cos\theta = \frac{\boldsymbol{x}_1 \cdot \boldsymbol{x}_2}{\|\boldsymbol{x}_1\|\|\boldsymbol{x}_2\|} = \frac{a \cdot b \cdot \cos\theta_{1,2}}{a \cdot b} = \cos\theta_{1,2} \tag{12.24}$$

容易發現，向量 $\boldsymbol{x}_1$ 和 $\boldsymbol{x}_2$ 的夾角等於向量 $\boldsymbol{r}_1$ 和 $\boldsymbol{r}_2$ 的夾角。

舉個例子

給定 Σ 具體值為

$$\Sigma = \begin{bmatrix} 1.5^2 & 1.5\times 2\times \cos 60° \\ 1.5\times 2\times \cos 60° & 2^2 \end{bmatrix} = \begin{bmatrix} 2.25 & 1.5 \\ 1.5 & 4 \end{bmatrix} \tag{12.25}$$

對 Σ 進行 Cholesky 分解得到

$$\Sigma = \left(R_\Sigma\right)^{\mathrm{T}}\left(R_\Sigma\right) = \begin{bmatrix} 1.5 & 0 \\ 1 & 1.732 \end{bmatrix}\begin{bmatrix} 1.5 & 1 \\ 0 & 1.732 \end{bmatrix} \tag{12.26}$$

圖 12.6 所示為 e_1 和 e_2 經過 $R\Sigma$ 轉換得到向量 x_1 和 x_2。

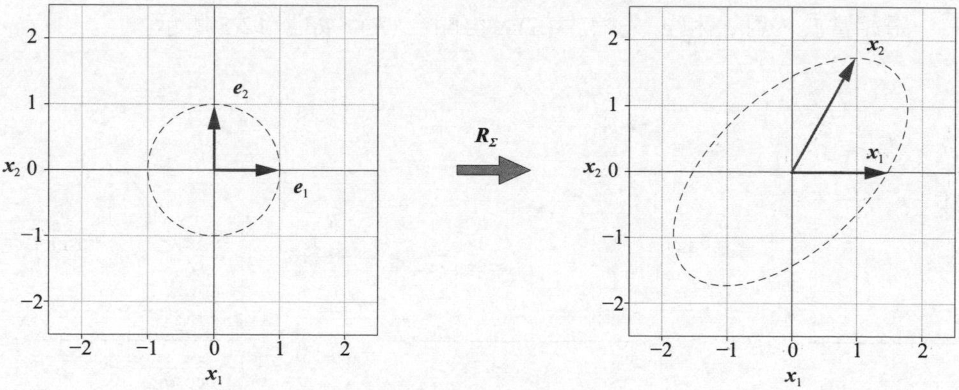

▲ 圖 12.6　e_1 和 e_2 經過 R_Σ 轉換得到向量 x_1 和 x_2

按照式 (12.22)，Σ 可以分解成

$$\Sigma = \underbrace{\begin{bmatrix} 1.5 & 0 \\ 0 & 2 \end{bmatrix}}_{S}\underbrace{\begin{bmatrix} 1 & 0 \\ 0.5 & \sqrt{3}/2 \end{bmatrix}}_{R^{\mathrm{T}}}\underbrace{\begin{bmatrix} 1 & 0.5 \\ 0 & \sqrt{3}/2 \end{bmatrix}}_{R}\underbrace{\begin{bmatrix} 1.5 & 0 \\ 0 & 2 \end{bmatrix}}_{S} \tag{12.27}$$

圖 12.7 所示為 e_1 和 e_2 分別經過 S 和 R 轉換，得到向量 x_1 和 x_2。

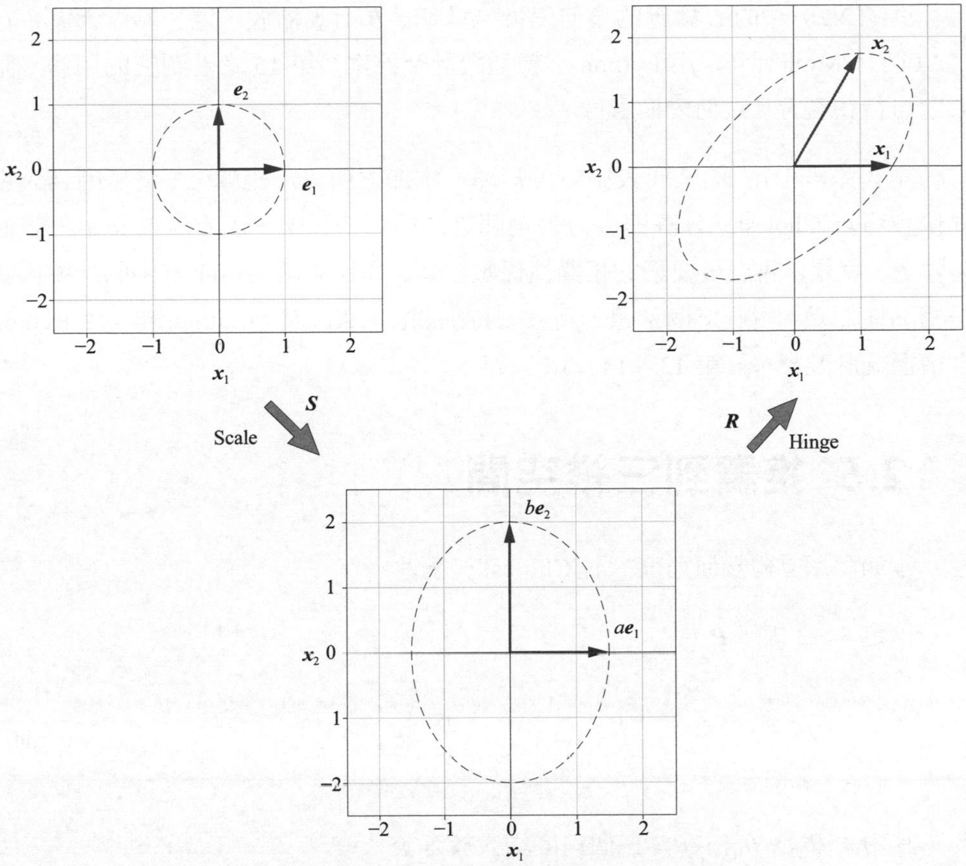

▲ 圖 12.7　$\boldsymbol{e}_1$ 和 $\boldsymbol{e}_2$ 分別經過 $\boldsymbol{S}$ 和 $\boldsymbol{R}$ 轉換

對式 (12.25) 中的 Σ 進行 LDL 分解，有

$$\boldsymbol{\Sigma} = \begin{bmatrix} 2.25 & 1.5 \\ 1.5 & 4 \end{bmatrix} = \underbrace{\begin{bmatrix} 1 & 0 \\ 2/3 & 1 \end{bmatrix}}_{L} \underbrace{\begin{bmatrix} 2.25 & 0 \\ 0 & 3 \end{bmatrix}}_{D} \underbrace{\begin{bmatrix} 1 & 2/3 \\ 0 & 1 \end{bmatrix}}_{L^{\mathrm{T}}} \tag{12.28}$$

將對角矩陣 $\boldsymbol{D}$ 寫成 $\boldsymbol{BB}$，有

$$\boldsymbol{\Sigma} = \begin{bmatrix} 2.25 & 1.5 \\ 1.5 & 4 \end{bmatrix} = \underbrace{\begin{bmatrix} 1 & 0 \\ 2/3 & 1 \end{bmatrix}}_{L} \underbrace{\begin{bmatrix} 1.5 & 0 \\ 0 & \sqrt{3} \end{bmatrix}}_{B} \underbrace{\begin{bmatrix} 1.5 & 0 \\ 0 & \sqrt{3} \end{bmatrix}}_{B} \underbrace{\begin{bmatrix} 1 & 2/3 \\ 0 & 1 \end{bmatrix}}_{L^{\mathrm{T}}} \tag{12.29}$$

式 (12.29) 中的 $\boldsymbol{L}$ 對應的幾何變換為剪切，$\boldsymbol{B}$ 對應縮放。這一點，大家會在《AI 時代 Math 元年 - 用 Python 全精通統計及機率》第 15 章看到它的用途。請大家自行繪製分步幾何變換影像。

本書系一般用 Σ 來代表協方差矩陣。本節之所以用矩陣 Σ, 這是因為大家很快會發現 Cholesky 分解與協方差矩陣之間的緊密聯繫。而本章前文中提到的矩陣 $\boldsymbol{P}$，就是本書之後要講的相關性係數矩陣。類比的話，矩陣 $\boldsymbol{P}$ 中的餘弦值就是相關性係數。對於這個話題，請大家特別關注《AI 時代 Math 元年 - 用 Python 全精通統計及機率》第 13、14、15 三章。

12.5 推廣到三維空間

本節利用立體幾何角度探討 Cholesky 分解。

給定 3×3 矩陣 $\boldsymbol{P}$ 為

$$\boldsymbol{P} = \begin{bmatrix} 1 & \cos\theta_{1,2} & \cos\theta_{1,3} \\ \cos\theta_{1,2} & 1 & \cos\theta_{2,3} \\ \cos\theta_{1,3} & \cos\theta_{2,3} & 1 \end{bmatrix} \tag{12.30}$$

其中：$\theta_{1,2}$、$\theta_{1,3}$、$\theta_{2,3}$ 三個角度均大於等於 $0°$。

對 $\boldsymbol{P}$ 進行 Cholesky 分解，有

$$\boldsymbol{P} = \boldsymbol{R}^{\mathrm{T}}\boldsymbol{R} \tag{12.31}$$

其中

$$\boldsymbol{R} = \begin{bmatrix} 1 & \cos\theta_{1,2} & \cos\theta_{1,3} \\ 0 & \sqrt{1-\cos\theta_{1,2}^2} & \dfrac{\cos\theta_{2,3} - \cos\theta_{1,3}\cos\theta_{1,2}}{\sqrt{1-\cos\theta_{1,2}^2}} \\ 0 & 0 & \sqrt{1-\cos\theta_{1,3}^2 - \dfrac{\left(\cos\theta_{2,3} - \cos\theta_{1,3}\cos\theta_{1,2}\right)^2}{1-\cos\theta_{1,2}^2}} \end{bmatrix} \tag{12.32}$$

相當於

$$
\boldsymbol{r}_1 = \begin{bmatrix} 1 \\ 0 \\ 0 \end{bmatrix}, \quad \boldsymbol{r}_2 = \begin{bmatrix} \cos\theta_{1,2} \\ \sqrt{1-\cos\theta_{1,2}^2} \\ 0 \end{bmatrix}, \quad \boldsymbol{r}_2 = \begin{bmatrix} \cos\theta_{1,3} \\ \dfrac{\cos\theta_{2,3} - \cos\theta_{1,3}\cos\theta_{1,2}}{\sqrt{1-\cos\theta_{1,2}^2}} \\ \sqrt{1-\cos\theta_{1,3}^2 - \dfrac{\left(\cos\theta_{2,3} - \cos\theta_{1,3}\cos\theta_{1,2}\right)^2}{1-\cos\theta_{1,2}^2}} \end{bmatrix} \tag{12.33}
$$

將 $\boldsymbol{R} = [\boldsymbol{r}_1, \boldsymbol{r}_2, \boldsymbol{r}_3]$ 代入式 (12.31) 得到

$$
\boldsymbol{P} = \begin{bmatrix} 1 & \cos\theta_{1,2} & \cos\theta_{1,3} \\ \cos\theta_{1,2} & 1 & \cos\theta_{2,3} \\ \cos\theta_{1,3} & \cos\theta_{2,3} & 1 \end{bmatrix} = \begin{bmatrix} \boldsymbol{r}_1^{\mathrm{T}} \\ \boldsymbol{r}_2^{\mathrm{T}} \\ \boldsymbol{r}_3^{\mathrm{T}} \end{bmatrix} \begin{bmatrix} \boldsymbol{r}_1 & \boldsymbol{r}_2 & \boldsymbol{r}_3 \end{bmatrix} = \begin{bmatrix} \boldsymbol{r}_1^{\mathrm{T}}\boldsymbol{r}_1 & \boldsymbol{r}_1^{\mathrm{T}}\boldsymbol{r}_2 & \boldsymbol{r}_1^{\mathrm{T}}\boldsymbol{r}_3 \\ \boldsymbol{r}_2^{\mathrm{T}}\boldsymbol{r}_1 & \boldsymbol{r}_2^{\mathrm{T}}\boldsymbol{r}_2 & \boldsymbol{r}_2^{\mathrm{T}}\boldsymbol{r}_3 \\ \boldsymbol{r}_3^{\mathrm{T}}\boldsymbol{r}_1 & \boldsymbol{r}_3^{\mathrm{T}}\boldsymbol{r}_2 & \boldsymbol{r}_3^{\mathrm{T}}\boldsymbol{r}_3 \end{bmatrix} = \begin{bmatrix} \boldsymbol{r}_1\cdot\boldsymbol{r}_1 & \boldsymbol{r}_1\cdot\boldsymbol{r}_2 & \boldsymbol{r}_1\cdot\boldsymbol{r}_3 \\ \boldsymbol{r}_2\cdot\boldsymbol{r}_1 & \boldsymbol{r}_2\cdot\boldsymbol{r}_2 & \boldsymbol{r}_2\cdot\boldsymbol{r}_3 \\ \boldsymbol{r}_3\cdot\boldsymbol{r}_1 & \boldsymbol{r}_3\cdot\boldsymbol{r}_2 & \boldsymbol{r}_3\cdot\boldsymbol{r}_3 \end{bmatrix} \tag{12.34}
$$

觀察式 (12.34) 的對角線，可以容易判斷出 $\boldsymbol{r}_1$、$\boldsymbol{r}_2$、$\boldsymbol{r}_3$ 均為單位向量，但是 $[\boldsymbol{r}_1, \boldsymbol{r}_2, \boldsymbol{r}_3]$ 為非正交基底。而 $\boldsymbol{P}$ 中非對角線元素 $\cos\theta_{i,j}$ 就是 $\boldsymbol{r}_i$ 與 $\boldsymbol{r}_j$ 向量夾角的餘弦值。下面我們驗證一下。

計算向量 $\boldsymbol{r}_1$ 與 $\boldsymbol{r}_2$ 夾角的餘弦值為

$$
\cos\theta_{1,2} = \frac{\boldsymbol{r}_1\cdot\boldsymbol{r}_2}{\|\boldsymbol{r}_1\|\|\boldsymbol{r}_2\|} \tag{12.35}
$$

$\boldsymbol{r}_1$ 與 $\boldsymbol{r}_3$ 夾角的餘弦值為

$$
\cos\theta_{1,3} = \frac{\boldsymbol{r}_1\cdot\boldsymbol{r}_3}{\|\boldsymbol{r}_1\|\|\boldsymbol{r}_3\|} \tag{12.36}
$$

$\boldsymbol{r}_2$ 與 $\boldsymbol{r}_3$ 夾角的餘弦值為

$$
\cos\theta_{2,3} = \frac{\boldsymbol{r}_2\cdot\boldsymbol{r}_3}{\|\boldsymbol{r}_2\|\|\boldsymbol{r}_3\|} \tag{12.37}
$$

幾何角度

如圖 12.8 所示，利用 $\boldsymbol{R}$，我們完成了標準正交基底 $[\boldsymbol{e}_1, \boldsymbol{e}_2, \boldsymbol{e}_3]$ 向非正交基底 $[\boldsymbol{r}_1, \boldsymbol{r}_2, \boldsymbol{r}_3]$ 的轉換。

換個角度，式 (12.30) 中矩陣 $\boldsymbol{P}$ 指定了目標向量兩兩「相對夾角」的餘弦值 $\cos\theta_{1,2}$、$\cos\theta_{1,3}$、$\cos\theta_{2,3}$，即 $\boldsymbol{r}_1$ 與 $\boldsymbol{r}_2$ 的相對夾角餘弦值為 $\cos\theta_{1,2}$，$\boldsymbol{r}_1$ 與 $\boldsymbol{r}_3$ 的相對夾角餘弦值為 $\cos\theta_{1,3}$，$\boldsymbol{r}_2$ 與 $\boldsymbol{r}_3$ 的相對夾角餘弦值為 $\cos\theta_{2,3}$。我們想要找到空間中滿足這個條件的三個單位向量。

對 $\boldsymbol{P}$ 進行 Cholesky 分解得到矩陣 $\boldsymbol{R}$，它的列向量 $\boldsymbol{r}_1$、$\boldsymbol{r}_2$、$\boldsymbol{r}_3$ 就是我們想要找的三個向量的空間座標點。特別地，$\boldsymbol{r}_1$ 和 $\boldsymbol{e}_1$ 相同。這就好比，在建構 $[\boldsymbol{r}_1, \boldsymbol{r}_2, \boldsymbol{r}_3]$ 這個非正交基底時，$\boldsymbol{r}_1$ 錨定在 $\boldsymbol{e}_1$。

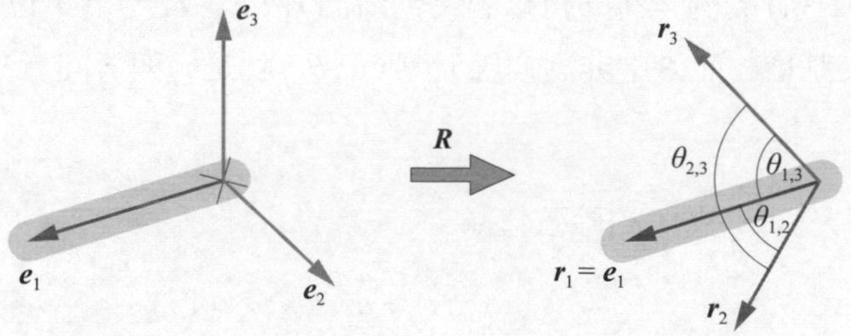

▲ 圖 12.8　三維繫轉化成滿足指定兩兩夾角的座標系

> 再次強調一下：$\cos\theta_{1,2}$、$\cos\theta_{1,3}$、$\cos\theta_{2,3}$ 確定的角度是向量之間的“相對夾角”；而 $[\boldsymbol{r}_1, \boldsymbol{r}_2, \boldsymbol{r}_3]$ 兩兩列向量確定的角度則是參考標準正交基底的“絕對夾角”，這是因為 $\boldsymbol{r}_1 = \boldsymbol{e}_1$。

兩個例子

圖 12.9 所示列出兩個例子，在替定 $\cos\theta_{1,2}$、$\cos\theta_{1,3}$、$\cos\theta_{2,3}$ 三個角度的條件下，我們可以利用 Cholesky 分解矩陣 $\boldsymbol{P}$ 計算得到滿足夾角條件的三個單位向量 $\boldsymbol{r}_1$、$\boldsymbol{r}_2$、$\boldsymbol{r}_3$。

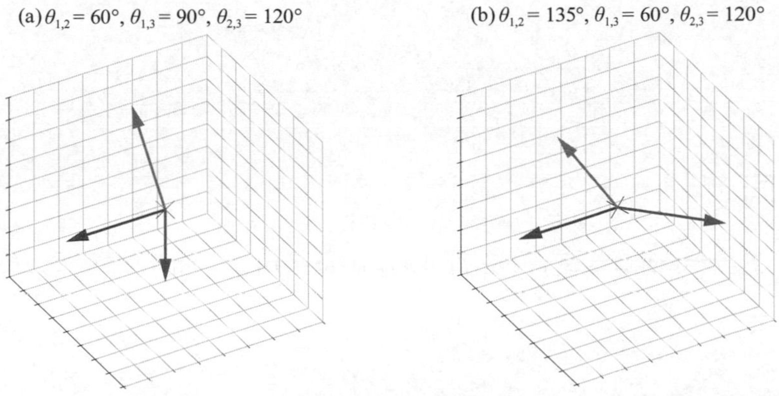

▲ 圖 12.9　給定三個夾角，確定向量三維空間位置

前提條件

在圖 12.8 中，任意兩個夾角之和必須大於等於第三個夾角，且任意角度不能為 0°，也就是必須滿足以下三個不等式，即

$$\begin{aligned} \theta_{1,2} + \theta_{1,3} \geqslant \theta_{2,3} > 0° \\ \theta_{1,2} + \theta_{2,3} \geqslant \theta_{1,3} > 0° \\ \theta_{1,3} + \theta_{2,3} \geqslant \theta_{1,2} > 0° \end{aligned} \quad (12.38)$$

另外，三個角度的夾角之和必須小於等於 360°, 即

$$\theta_{1,2} + \theta_{1,3} + \theta_{2,3} \leqslant 360° \quad (12.39)$$

試想一個有趣的現象，在圖 12.8 中，如果 $\theta_{1,2} = \theta_{1,3} + \theta_{2,3}$，這表示 $\boldsymbol{r}_1$、$\boldsymbol{r}_2$、$\boldsymbol{r}_3$ 三個向量在一個平面上，$\boldsymbol{r}_1$、$\boldsymbol{r}_2$、$\boldsymbol{r}_3$ 線性相關。這種情況下，矩陣 $\boldsymbol{R}$ 不滿秩，也就是說 $\boldsymbol{P}$ 也不滿秩，因此 $\boldsymbol{P}$ 不可以 Cholesky 分解。正定矩陣滿秩，這種情形下 $\boldsymbol{P}$ 不可以 Cholesky 分解。而三個夾角之和等於 360°, 即 $\theta_{1,2} + \theta_{1,3} + \theta_{2,3} = 360$。時，$\boldsymbol{r}_1$、$\boldsymbol{r}_2$、$\boldsymbol{r}_3$ 三個向量也在一個平面上，$\boldsymbol{P}$ 也不可以進行 Cholesky 分解。

最後，如果 $\theta_{1,2}$、$\theta_{1,3}$、$\theta_{2,3}$ 任一角度為 0°，這表示存在兩個向量共線，這種情況下 $\boldsymbol{P}$ 也不可以進行 Cholesky 分解。也就是為了保證式 (12.30) 中 $\boldsymbol{P}$ 可以進行 Cholesky 分解，即正定，需要滿足以下條件，即

$$
\begin{aligned}
&\theta_{1,2} > 0^\circ, \quad \theta_{1,3} > 0^\circ, \quad \theta_{2,3} > 0^\circ \\
&\theta_{1,2} + \theta_{1,3} > \theta_{2,3}, \quad \theta_{1,2} + \theta_{2,3} > \theta_{1,3}, \quad \theta_{1,3} + \theta_{2,3} > \theta_{1,2} \\
&\theta_{1,2} + \theta_{1,3} + \theta_{2,3} < 360^\circ
\end{aligned}
\tag{12.40}
$$

夾角相同

再看一組特殊情況，式 (12.30) 中 $\boldsymbol{P}$ 兩兩夾角相同，即

$$
\theta_{1,2} = \theta_{1,3} = \theta_{2,3} = \theta \tag{12.41}
$$

此時，$\boldsymbol{P}$ 可以寫成

$$
\boldsymbol{P} = \begin{bmatrix} 1 & \cos\theta & \cos\theta \\ \cos\theta & 1 & \cos\theta \\ \cos\theta & \cos\theta & 1 \end{bmatrix} \tag{12.42}
$$

舉例來說，這個例子像是一把雨傘的開合。假設雨傘只有三個傘骨，雨傘開合時，傘骨之間的兩兩夾角相等。雨傘合起來時，三個傘骨併攏，相當於三個向量之間夾角為 0°，即共線。三個向量必然線性相關。如果雨傘最大開度可以讓傘面為平面，這時三個傘骨之間的夾角為 120°，三個向量在一個平面上，也線性相關。

有了這兩個極限情況，我們知道向量之間夾角 θ 的設定值範圍為 [0°，120°]，而 $\cos\theta$ 的設定值範圍為 [-0.5,1](cos120° = -0.5, cos0° = 1)。這也就是說，這種情況下，$\boldsymbol{P}$ 的兩個極端設定值為

$$
\boldsymbol{P} = \begin{bmatrix} 1 & -0.5 & -0.5 \\ -0.5 & 1 & -0.5 \\ -0.5 & -0.5 & 1 \end{bmatrix}, \quad \boldsymbol{P} = \begin{bmatrix} 1 & 1 & 1 \\ 1 & 1 & 1 \\ 1 & 1 & 1 \end{bmatrix} \tag{12.43}
$$

式 (12.43) 中兩個 $\boldsymbol{P}$ 都不能進行 Cholesky 分解，因為 $\boldsymbol{P}$ 都不滿秩。

圖 12.10 所示列出四個不同開合角度。圖 12.10(d) 對應的式 (12.43) 第一個矩陣 $\boldsymbol{P}$，$\theta_{1,2}$、$\theta_{1,3}$、$\theta_{2,3}$ 三個角度都是 120°, 因此 $\boldsymbol{r}_1$、$\boldsymbol{r}_2$、$\boldsymbol{r}_3$ 在一個平面上，線性相關。

從統計角度來看，$\boldsymbol{P}$ 代表相關性係數矩陣。如果其中任意兩個隨機變數的相關性係數相等，則滿足式 (12.42) 相關性係數的設定值範圍為 [-0.5,1]。

至此，我們利用空間幾何角度，探討了 Cholesky 分解以及滿足 Cholesky 分解的條件。

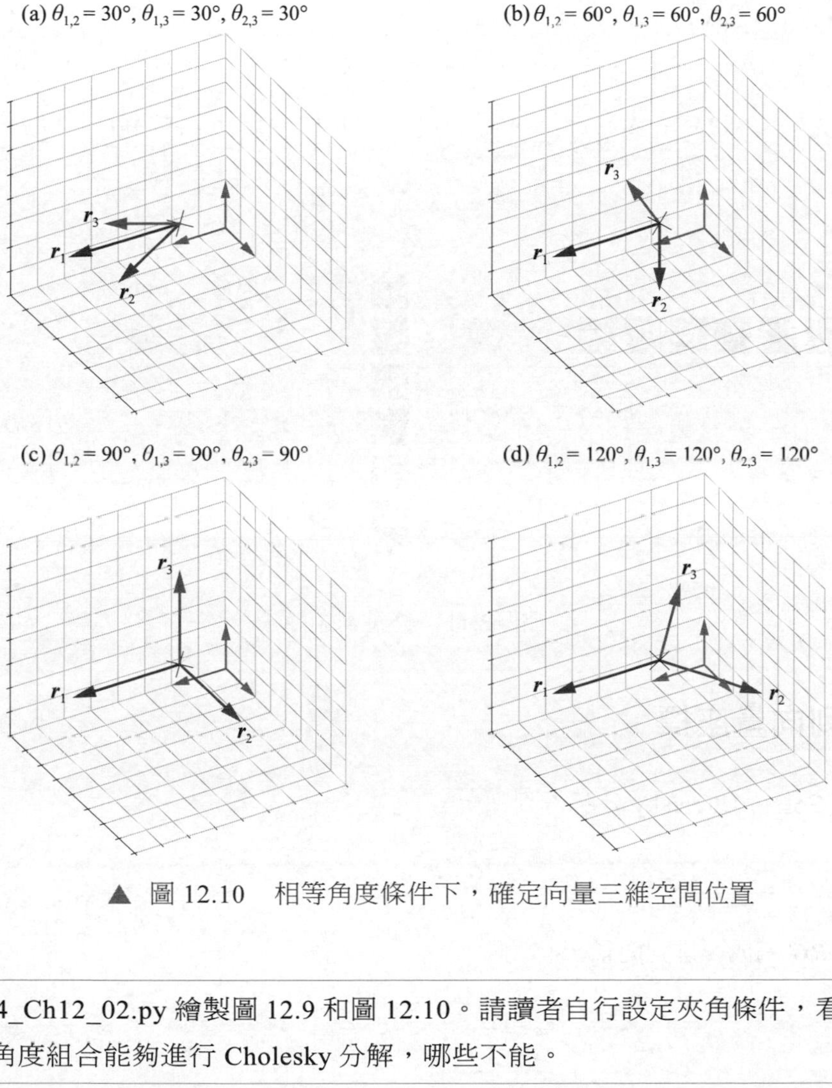

▲ 圖 12.10　相等角度條件下，確定向量三維空間位置

Bk4_Ch12_02.py 繪製圖 12.9 和圖 12.10。請讀者自行設定夾角條件，看看哪些角度組合能夠進行 Cholesky 分解，哪些不能。

12.6 從格拉姆矩陣到相似度矩陣

有了本章前文內容鋪陳，下面我們回頭來看一下格拉姆矩陣。

如圖 12.11 所示，資料矩陣 $\boldsymbol{X}$ 的格拉姆矩陣 $\boldsymbol{G}$ 可以寫成純量積形式，即

$$\boldsymbol{G}=\begin{bmatrix}\boldsymbol{x}_1\cdot\boldsymbol{x}_1 & \boldsymbol{x}_1\cdot\boldsymbol{x}_2 & \cdots & \boldsymbol{x}_1\cdot\boldsymbol{x}_D\\ \boldsymbol{x}_2\cdot\boldsymbol{x}_1 & \boldsymbol{x}_2\cdot\boldsymbol{x}_2 & \cdots & \boldsymbol{x}_2\cdot\boldsymbol{x}_D\\ \vdots & \vdots & \ddots & \vdots\\ \boldsymbol{x}_D\cdot\boldsymbol{x}_1 & \boldsymbol{x}_D\cdot\boldsymbol{x}_2 & \cdots & \boldsymbol{x}_D\cdot\boldsymbol{x}_D\end{bmatrix}=\begin{bmatrix}\langle\boldsymbol{x}_1,\boldsymbol{x}_1\rangle & \langle\boldsymbol{x}_1,\boldsymbol{x}_2\rangle & \cdots & \langle\boldsymbol{x}_1,\boldsymbol{x}_D\rangle\\ \langle\boldsymbol{x}_2,\boldsymbol{x}_1\rangle & \langle\boldsymbol{x}_2,\boldsymbol{x}_2\rangle & \cdots & \langle\boldsymbol{x}_2,\boldsymbol{x}_D\rangle\\ \vdots & \vdots & \ddots & \vdots\\ \langle\boldsymbol{x}_D,\boldsymbol{x}_1\rangle & \langle\boldsymbol{x}_D,\boldsymbol{x}_2\rangle & \cdots & \langle\boldsymbol{x}_D,\boldsymbol{x}_D\rangle\end{bmatrix} \tag{12.44}$$

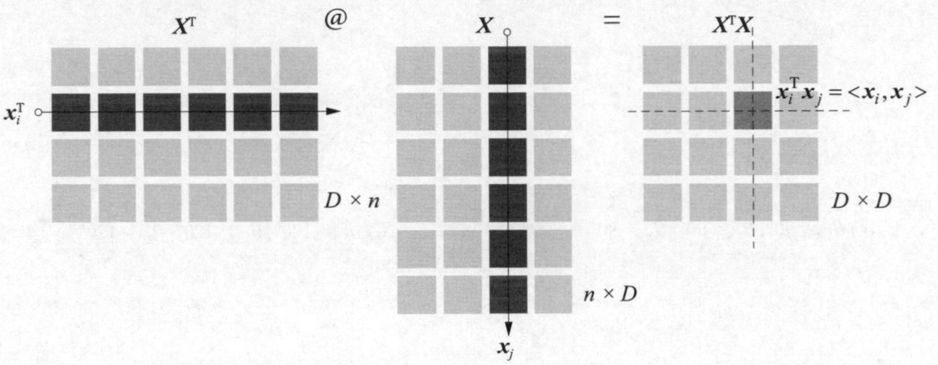

▲ 圖 12.11　格拉姆矩陣

確定列向量座標

對 $\boldsymbol{G}$ 進行 Cholesky 分解得到

$$\boldsymbol{G}=\boldsymbol{R}_G^{\mathrm{T}}\boldsymbol{R}_G \tag{12.45}$$

將 $\boldsymbol{RG}$ 寫成一排列向量，有

$$\boldsymbol{R}_G=\begin{bmatrix}\boldsymbol{r}_{G,1} & \boldsymbol{r}_{G,2} & \cdots & \boldsymbol{r}_{G,D}\end{bmatrix} \tag{12.46}$$

將式 (12.46) 代入式 (12.45) 得到

$$G = \begin{bmatrix} \boldsymbol{r}_{G,1}{}^{\mathrm{T}} \\ \boldsymbol{r}_{G,2}{}^{\mathrm{T}} \\ \vdots \\ \boldsymbol{r}_{G,D}{}^{\mathrm{T}} \end{bmatrix} \begin{bmatrix} \boldsymbol{r}_{G,1} & \boldsymbol{r}_{G,2} & \cdots & \boldsymbol{r}_{G,D} \end{bmatrix} = \begin{bmatrix} \langle \boldsymbol{r}_{G,1}, \boldsymbol{r}_{G,1} \rangle & \langle \boldsymbol{r}_{G,1}, \boldsymbol{r}_{G,2} \rangle & \cdots & \langle \boldsymbol{r}_{G,1}, \boldsymbol{r}_{G,D} \rangle \\ \langle \boldsymbol{r}_{G,2}, \boldsymbol{r}_{G,1} \rangle & \langle \boldsymbol{r}_{G,2}, \boldsymbol{r}_{G,2} \rangle & \cdots & \langle \boldsymbol{r}_{G,1}, \boldsymbol{r}_{G,D} \rangle \\ \vdots & \vdots & \ddots & \vdots \\ \langle \boldsymbol{r}_{G,D}, \boldsymbol{r}_{G,1} \rangle & \langle \boldsymbol{r}_{G,D}, \boldsymbol{r}_{G,2} \rangle & \cdots & \langle \boldsymbol{r}_{G,D}, \boldsymbol{r}_{G,D} \rangle \end{bmatrix} \tag{12.47}$$

式 (12.44) 等值於式 (12.47)，向量模和向量夾角之間完全等值。這「相當於」在 R^D 中找到了 $\boldsymbol{X}$ 每個列向量的具體座標。

以鳶尾花資料矩陣 $\boldsymbol{X}$ 為例，$\boldsymbol{X}$ 可以寫成四個列向量左右排列，即 $\boldsymbol{X} = [\boldsymbol{x}_1, \boldsymbol{x}_2, \boldsymbol{x}_3, \boldsymbol{x}_4]$。這些列向量都有 150 個元素，顯然不能直接在 $\mathbb{R}^4$ 空間中展示。

圖 12.12 所示為計算 $\boldsymbol{X}$ 的 Gram 矩陣 $\boldsymbol{G}$ 的過程熱圖。如前文所述，矩陣 $\boldsymbol{G}$ 中包含了 $[\boldsymbol{x}_1, \boldsymbol{x}_2, \boldsymbol{x}_3, \boldsymbol{x}_4]$ 各個列向量的模，以及它們之間兩兩夾角餘弦值。

一個向量只有兩個元素一大小和方向，$\boldsymbol{G}$ 相當於整合了 $[\boldsymbol{x}_1, \boldsymbol{x}_2, \boldsymbol{x}_3, \boldsymbol{x}_4]$ 每個向量的關鍵資訊。

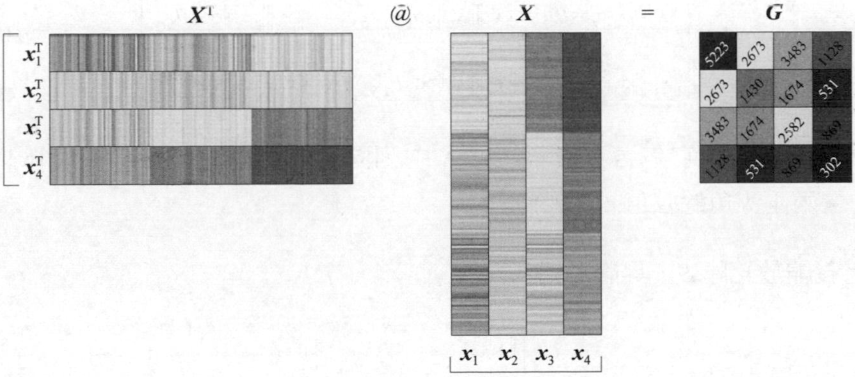

▲ 圖 12.12　鳶尾花資料矩陣 $\boldsymbol{X}$ 格拉姆矩陣 (圖片來自本書第 10 章)

如圖 12.13 所示，對 Gram 矩陣 $\boldsymbol{G}$ 進行 Cholesky 分解得到上三角矩陣 $\boldsymbol{R}_G$，$\boldsymbol{R}_G$ 的列向量長度為 4，它們在 $\mathbb{R}^4$ 空間中，「等值於」$[\boldsymbol{x}_1, \boldsymbol{x}_2, \boldsymbol{x}_3, \boldsymbol{x}_4]$。

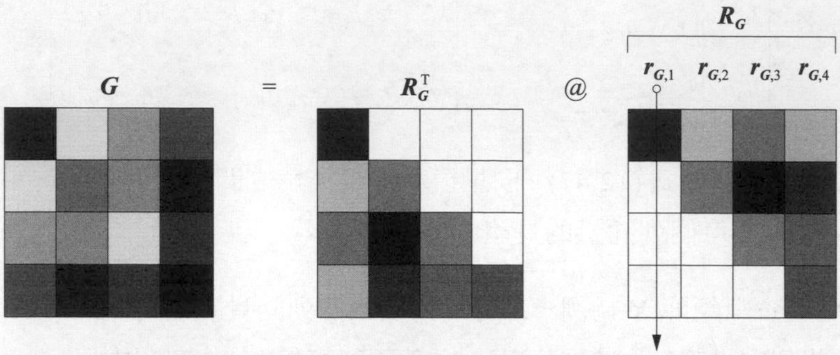

▲ 圖 12.13　對格拉姆矩陣 $\boldsymbol{G}$ 進行 Cholesky 分解

向量夾角

以向量夾角餘弦形式展開 $\boldsymbol{G}$ 中的向量積，有

$$\boldsymbol{G}=\begin{bmatrix} \|\boldsymbol{x}_1\|\|\boldsymbol{x}_1\|\cos\theta_{1,1} & \|\boldsymbol{x}_1\|\|\boldsymbol{x}_2\|\cos\theta_{2,1} & \cdots & \|\boldsymbol{x}_1\|\|\boldsymbol{x}_D\|\cos\theta_{1,D} \\ \|\boldsymbol{x}_2\|\|\boldsymbol{x}_1\|\cos\theta_{1,2} & \|\boldsymbol{x}_2\|\|\boldsymbol{x}_2\|\cos\theta_{2,2} & \cdots & \|\boldsymbol{x}_2\|\|\boldsymbol{x}_D\|\cos\theta_{2,D} \\ \vdots & \vdots & \ddots & \vdots \\ \|\boldsymbol{x}_D\|\|\boldsymbol{x}_1\|\cos\theta_{1,D} & \|\boldsymbol{x}_D\|\|\boldsymbol{x}_2\|\cos\theta_{2,D} & \cdots & \|\boldsymbol{x}_D\|\|\boldsymbol{x}_D\|\cos\theta_{D,D} \end{bmatrix} \tag{12.48}$$

觀察矩陣 $\boldsymbol{G}$，它包含了資料矩陣 $\boldsymbol{X}$ 中列向量的兩個重要資訊一模 $\|\boldsymbol{x}_i\|$、方向 (向量兩兩夾角餘弦值 $\cos\theta_{i,j}$)。

定義縮放矩陣 $\boldsymbol{S}$，具體形式為

$$\boldsymbol{S}=\begin{bmatrix} \|\boldsymbol{x}_1\| & & & \\ & \|\boldsymbol{x}_2\| & & \\ & & \ddots & \\ & & & \|\boldsymbol{x}_D\| \end{bmatrix} \tag{12.49}$$

對 $\boldsymbol{G}$ 左右分別乘上 $\boldsymbol{S}$ 的逆，得到 $\boldsymbol{C}$，有

$$
C = S^{-1} G S^{-1} = \begin{bmatrix} \frac{x_1 \cdot x_1}{\|x_1\|\|x_1\|} & \frac{x_1 \cdot x_2}{\|x_1\|\|x_2\|} & \cdots & \frac{x_1 \cdot x_D}{\|x_1\|\|x_D\|} \\ \frac{x_2 \cdot x_1}{\|x_2\|\|x_1\|} & \frac{x_2 \cdot x_2}{\|x_2\|\|x_2\|} & \cdots & \frac{x_2 \cdot x_D}{\|x_2\|\|x_D\|} \\ \vdots & \vdots & \ddots & \vdots \\ \frac{x_D \cdot x_1}{\|x_D\|\|x_1\|} & \frac{x_D \cdot x_2}{\|x_D\|\|x_2\|} & \cdots & \frac{x_D \cdot x_D}{\|x_D\|\|x_D\|} \end{bmatrix} \tag{12.50}
$$

矩陣 C 中的元素就是向量兩兩夾角的餘弦值。

餘弦相似度矩陣

矩陣 C 有自己的名字—**餘弦相似度矩陣** (cosine similarity matrix)。這是因為 C 的每個元素實際上計算的是 x_i 和 x_j 向量的相對夾角 $\theta_{i,j}$ 的餘弦值 $\cos\theta_{i,j}$，即

$$
C = \begin{bmatrix} 1 & \cos\theta_{2,1} & \cdots & \cos\theta_{1,D} \\ \cos\theta_{1,2} & 1 & \cdots & \cos\theta_{2,D} \\ \vdots & \vdots & \ddots & \vdots \\ \cos\theta_{1,D} & \cos\theta_{2,D} & \cdots & 1 \end{bmatrix} \tag{12.51}
$$

相比格拉姆矩陣 G，餘弦相似度矩陣 C 中只包含了 X 列向量兩兩夾角 $\cos\theta_{i,j}$ 這個單一資訊。對 C 進行 Cholesky 分解得到

$$
C = LL^{\mathrm{T}} = R^{\mathrm{T}} R \tag{12.52}
$$

將 R 寫成 $[r_1, r_2, \cdots, r_D]$，C 可以寫成

$$
C = R^{\mathrm{T}} R = \begin{bmatrix} r_1^{\mathrm{T}} \\ r_2^{\mathrm{T}} \\ \vdots \\ r_D^{\mathrm{T}} \end{bmatrix} \begin{bmatrix} r_1 & r_2 & \cdots & r_D \end{bmatrix} = \begin{bmatrix} r_1^{\mathrm{T}} r_1 & r_1^{\mathrm{T}} r_2 & \cdots & r_1^{\mathrm{T}} r_D \\ r_2^{\mathrm{T}} r_1 & r_2^{\mathrm{T}} r_2 & \cdots & r_2^{\mathrm{T}} r_D \\ \vdots & \vdots & \ddots & \vdots \\ r_D^{\mathrm{T}} r_1 & r_D^{\mathrm{T}} r_2 & \cdots & r_D^{\mathrm{T}} r_D \end{bmatrix} = \begin{bmatrix} 1 & \cos\theta_{2,1} & \cdots & \cos\theta_{1,D} \\ \cos\theta_{1,2} & 1 & \cdots & \cos\theta_{2,D} \\ \vdots & \vdots & \ddots & \vdots \\ \cos\theta_{1,D} & \cos\theta_{2,D} & \cdots & 1 \end{bmatrix} \tag{12.53}
$$

根據本章前文分析，我們知道 $r_1, r_2, \cdots, r_D$ 都是單位向量。

圖 12.14 所示為鳶尾花資料矩陣的格拉姆矩陣 G，先轉化成相似度矩陣 C，再轉化成角度矩陣。角度越小說明特徵越相似。

當然，我們也可以對鳶尾花資料先中心化，得到矩陣 X_c。再計算 X_c 的格拉姆矩陣，然後再計算其相似度矩陣，最後計算角度矩陣。請大家自行完成上述運算，並與圖 12.14 的結果進行比較。

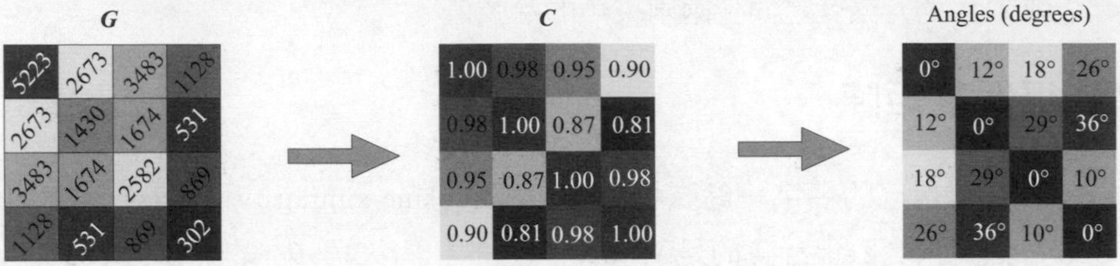

▲ 圖 12.14　格拉姆矩陣 G 轉化成相似度矩陣 C，再轉化成角度

本節介紹的內容在**蒙地卡羅模擬** (Monte Carlo simulation) 中有重要應用。如圖 12.15 所示，本章介紹的 Cholesky 分解結果可以用於產生滿足指定相關性係數的隨機數。

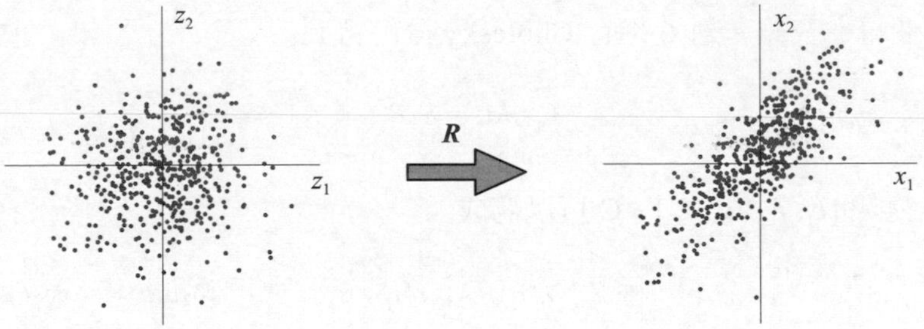

▲ 圖 12.15　產生滿足指定相關性矩陣要求的隨機數

本書系《AI 時代 Math 元年 - 用 Python 全精通統計及機率》和《AI 時代 Math 元年 - 用 Python 全精通資料處理》兩本書會從理論、應用兩個角度講解蒙地卡羅模擬。

本章從幾何角度講解了 Cholesky 分解。只有正定矩陣才可以進行 Cholesky 分解，這一點可以用於判斷矩陣是否為正定。我們創造了「開合」這個詞來描述 Cholesky 分解得到的上三角矩陣對應的幾何變換。

對 Gram 矩陣進行 Cholesky 分解可以幫我們確定原資料矩陣的列向量空間等值座標。此外，我們將在本書系《AI 時代 Math 元年 - 用 Python 全精通統計及機率》中有關協方差矩陣和蒙地卡羅模擬的相關內容中再講解 Cholesky 分解。重點四幅圖如 12.16 所示。

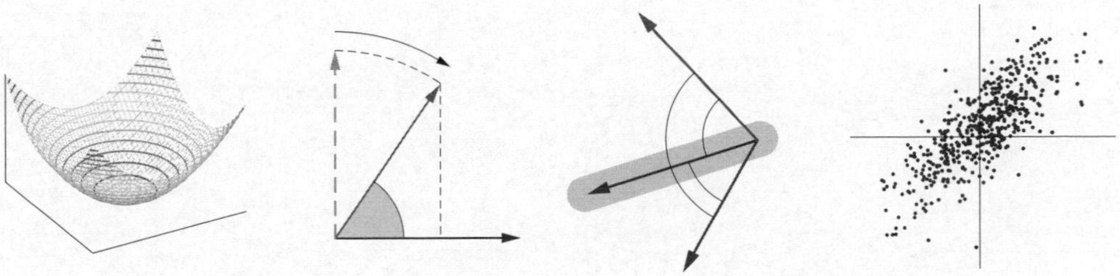

▲ 圖 12.16　總結本章重要內容的四幅圖

Eigen Decomposition

13 特徵值分解

譜分解：旋轉 → 縮放 → 旋轉

如果不能用數學表達，人類任何探索都不能被稱為真正的科學。

No human investigation can be called real science if it cannot be demonstrated mathematically.

——列奧納多．達文西（*Leonardo da Vinci*）| 文藝復興三傑之一 | *1452—1519*

- numpy.meshgrid() 產生網格化資料
- numpy.prod() 指定軸的元素乘積
- numpy.linalg.inv() 矩陣求逆
- numpy.linalg.eig() 特徵值分解
- numpy.cos() 計算餘弦值
- numpy.sin() 計算正弦值
- numpy.tan() 計算正切值
- numpy.flip() 指定軸翻轉陣列
- numpy.fliplr() 左右翻轉陣列
- numpy.flipud() 上下翻轉陣列

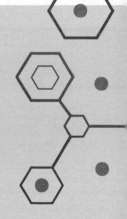

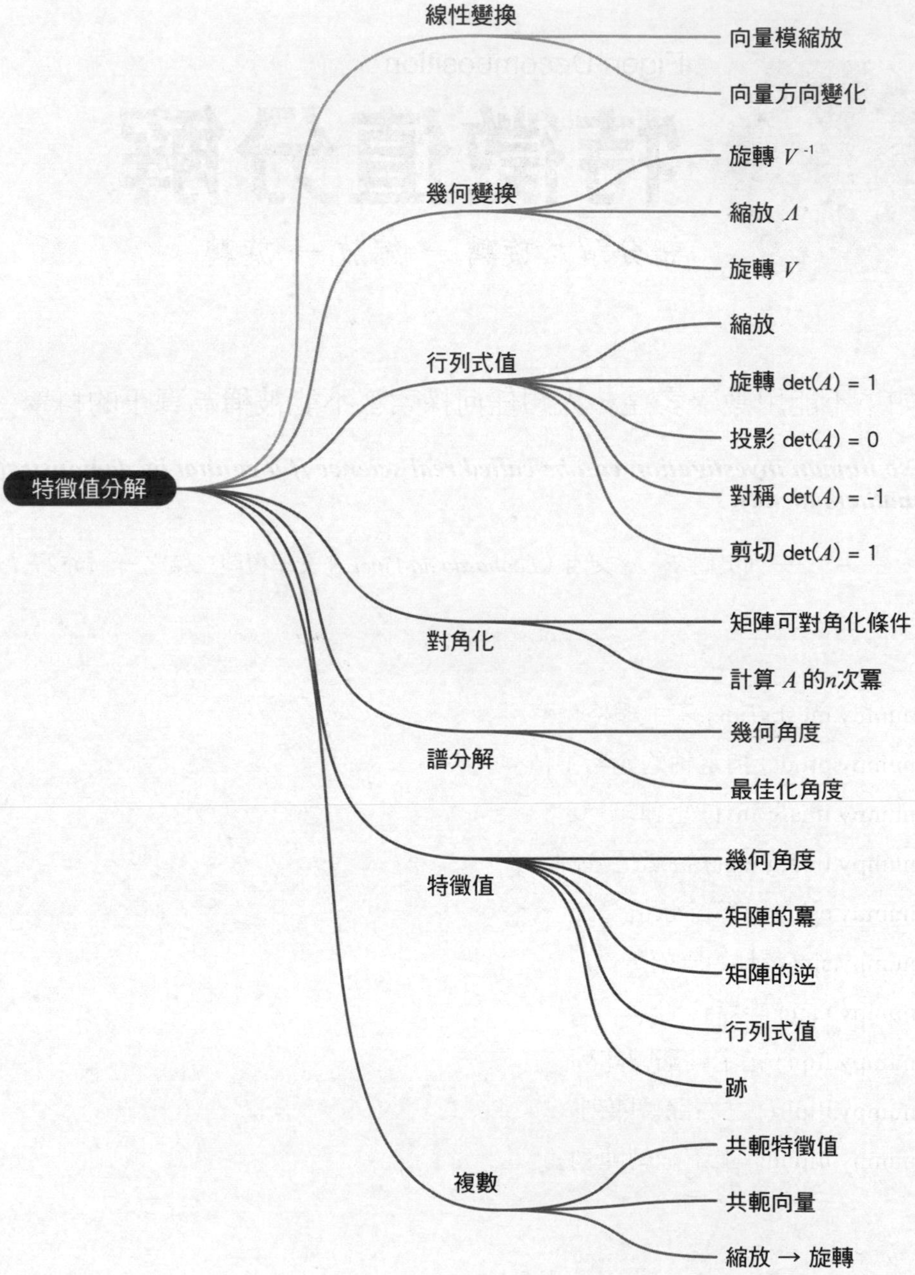
特徵值分解
線性變換
向量模縮放
向量方向變化
幾何變換
旋轉 V^{-1}
縮放 Λ
旋轉 V
行列式值
縮放
旋轉 det(A) = 1
投影 det(A) = 0
對稱 det(A) = -1
剪切 det(A) = 1
對角化
矩陣可對角化條件
計算 A 的n次冪
譜分解
幾何角度
最佳化角度
特徵值
幾何角度
矩陣的冪
矩陣的逆
行列式值
跡
複數
共軛特徵值
共軛向量
縮放 → 旋轉

13.1 幾何角度看特徵值分解

本書第 8 章在講解線性變換時提到，幾何角度下，方陣對應縮放、旋轉、投影、剪切等幾何變換中一種甚至多種的組合，而矩陣分解可以幫我們找到這些幾何變換的具體成分。本章要講的特徵值分解能幫我們找到某些特定方陣中「縮放」和「旋轉」這兩個成分。

舉個例子

給定矩陣 $\boldsymbol{A}$ 為

$$\boldsymbol{A}=\begin{bmatrix}1.25 & -0.75\\ -0.75 & 1.25\end{bmatrix} \tag{13.1}$$

矩陣 $\boldsymbol{A}$ 乘向量 $\boldsymbol{w}_1$ 得到一個新向量 $\boldsymbol{A}\boldsymbol{w}_1$，有

$$\boldsymbol{w}_1=\begin{bmatrix}1\\ 0\end{bmatrix},\quad \boldsymbol{A}\boldsymbol{w}_1=\begin{bmatrix}1.25 & -0.75\\ -0.75 & 1.25\end{bmatrix}\begin{bmatrix}1\\ 0\end{bmatrix}=\begin{bmatrix}1.25\\ -0.75\end{bmatrix} \tag{13.2}$$

如圖 13.1 所示，從幾何角度看，對比原向量 $\boldsymbol{w}_1$，經過 $\boldsymbol{A}$ 的映射，$\boldsymbol{A}\boldsymbol{w}_1$ 的方向和模都發生了變化。也就是說，$\boldsymbol{A}$ 造成了縮放、旋轉兩方面作用。

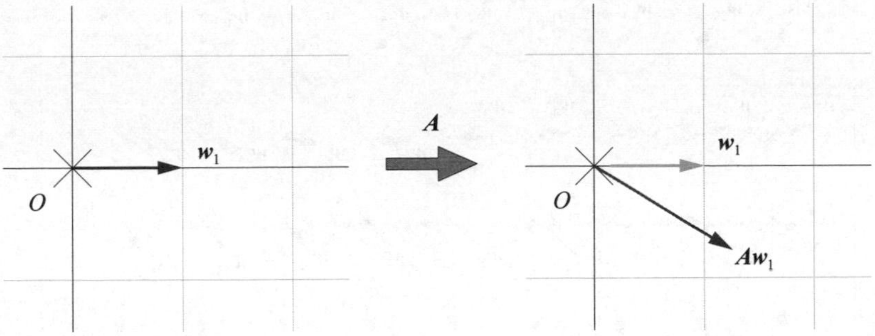

▲ 圖 13.1　我們發現相比原向量 $\boldsymbol{w}_1$，新向量 $\boldsymbol{A}\boldsymbol{w}_1$ 的方向和模都發生了變化

圖 13.2 所示列出了 81 個不同朝向的向量 $\boldsymbol{w}$，它們都是單位向量，即向量模均為 1。

經過 A 的映射得到圖 13.3 所示的 81 個不同 Aw 結果。圖 13.3 中，多數情況，w(藍色箭頭)到 Aw(紅色箭頭)同時發生旋轉、縮放。

請大家特別注意圖 13.3 中以下四個向量(背景為淺色)，即

$$w_{11} = \begin{bmatrix} \sqrt{2}/2 \\ \sqrt{2}/2 \end{bmatrix}, \quad w_{31} = \begin{bmatrix} -\sqrt{2}/2 \\ \sqrt{2}/2 \end{bmatrix}, \quad w_{51} = \begin{bmatrix} -\sqrt{2}/2 \\ -\sqrt{2}/2 \end{bmatrix}, \quad w_{71} = \begin{bmatrix} \sqrt{2}/2 \\ -\sqrt{2}/2 \end{bmatrix} \tag{13.3}$$

矩陣 A 和這四個向量相乘得到的結果與原向量相比，僅發生縮放，也就是向量模變化，但是方向沒有變化。A 對這些向量只產生縮放變換，不產生旋轉效果，那麼這些向量就稱為 A 特徵向量，伸縮的比例就是特徵值。

> 注意：準確來說，如果 w 是 A 的特徵向量，w 與 Aw 方向平行，同向或反向。

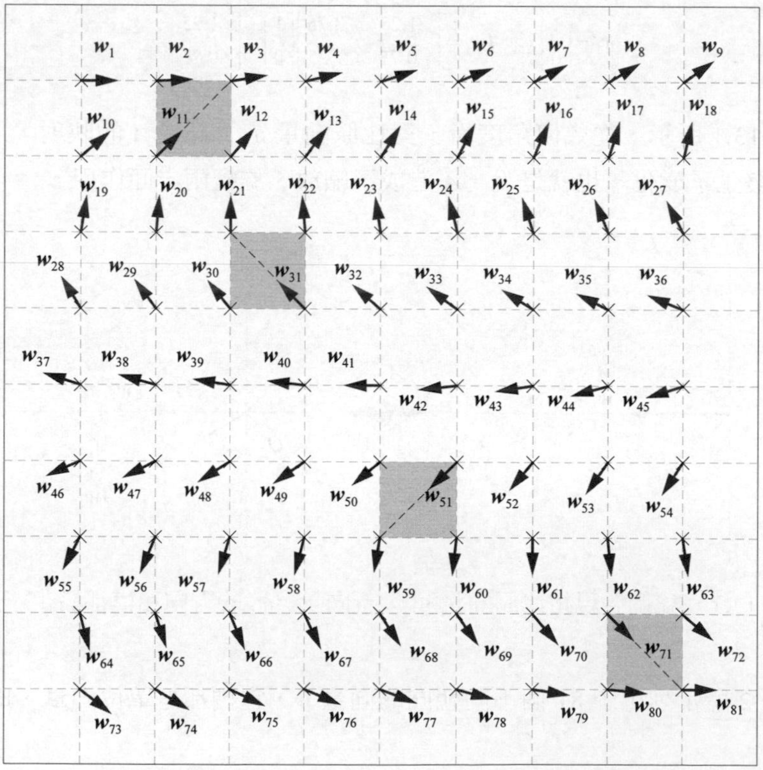

▲ 圖 13.2　81 個朝向不同方向的單位向量

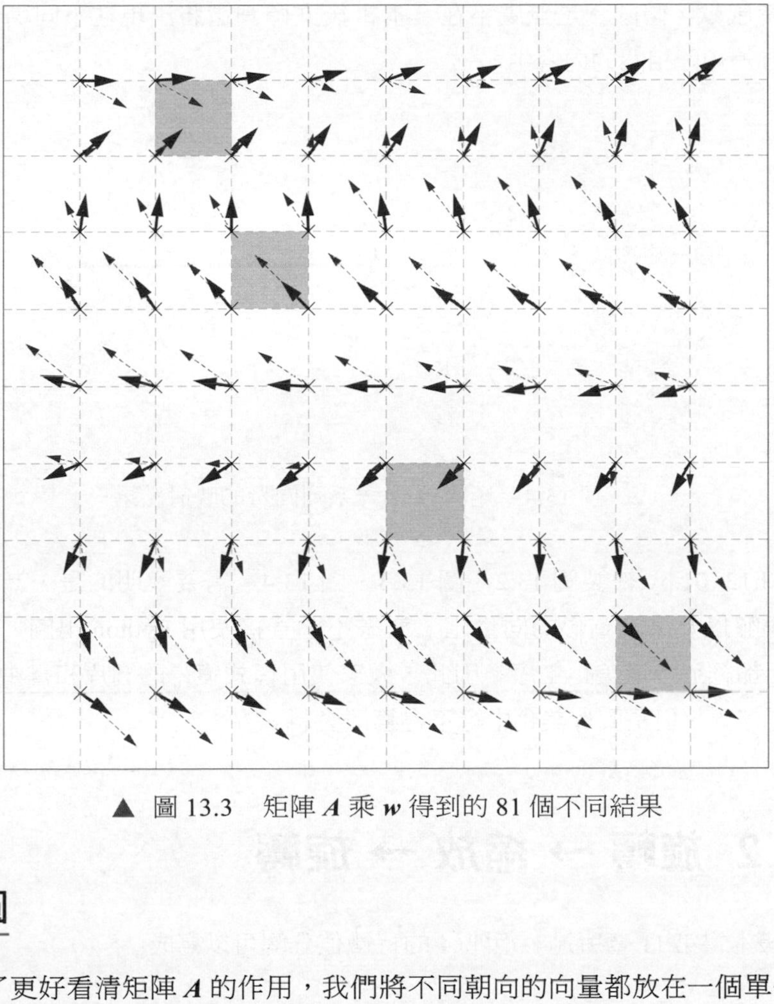

▲ 圖 13.3　矩陣 $\boldsymbol{A}$ 乘 $\boldsymbol{w}$ 得到的 81 個不同結果

單位圓

為了更好看清矩陣 $\boldsymbol{A}$ 的作用，我們將不同朝向的向量都放在一個單位圓中，如圖 13.4 左圖所示。

圖 13.4 左圖中，向量的終點落在單位圓上。為了方便視覺化，圖 13.4 左圖只展示了四個箭頭的線段，它們都是特徵向量。圖 13.4 右圖為經過 $\boldsymbol{A}$ 映射後得到的向量，終點落在旋轉橢圓上。對比圖 13.4 橢圓和正圓的縮放比例，大家可以試著估算特徵值大小。

不禁感歎，橢圓真是無處不在。本書後文橢圓還將出現在不同場合，特別是與協方差矩陣相關的內容中。

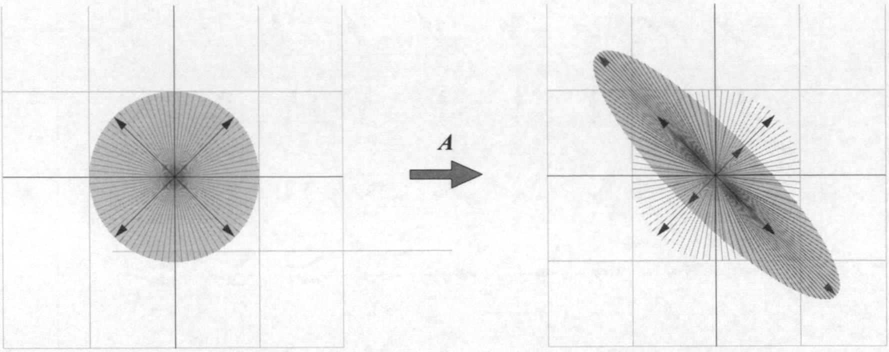

▲ 圖 13.4 矩陣 A 對一系列向量的映射結果

Bk4_Ch13_01.py 繪製圖 13.2、圖 13.3、圖 13.4。需要說明的是，為了方便大家理解以及保證圖形的向量化，叢書不會直接使用 Python 出圖。所有圖片後期都經過多道美化工序。因此，大家使用程式獲得的圖片和書中圖片存在一定差異，但是圖片美化中絕不會篡改資料。

13.2 旋轉 → 縮放 → 旋轉

根據本書第 11 章所述，矩陣 A 的特徵值分解可以寫成

$$A = \overbrace{V}^{\text{Rotate}} \overbrace{\Lambda}^{\text{Scale}} \overbrace{V^{-1}}^{\text{Rotate}} \tag{13.4}$$

幾何角度，A 乘任意向量 w 代表「旋轉 → 縮放 → 旋轉」，即

$$Aw = \overbrace{V}^{\text{Rotate}} \overbrace{\Lambda}^{\text{Scale}} \overbrace{V^{-1}}^{\text{Rotate}} w \tag{13.5}$$

注意：幾何變換順序是從右向左，即旋轉 (V^{-1}) → 縮放 (Λ) → 旋轉 (V)。準確來說，只有 V 是正交矩陣且滿足 $\det(V) = 1$ 時，V 才叫旋轉矩陣 (rotation matrix)，對應的幾何操作才是純粹的旋轉。當 $\det(V) = -1$，正交矩陣的作用除了旋轉，還有鏡像。簡而言之，所有的旋轉矩陣都是正交矩陣，但不是所有的正交矩陣都是旋轉矩陣。集合角度來看，旋轉矩陣是正交矩陣的子集。

舉個 2X2 矩陣的例子

式 (13.4) 等式右乘 $\boldsymbol{V}$ 得到

$$\boldsymbol{AV} = \boldsymbol{V\Lambda} \tag{13.6}$$

將 $\boldsymbol{V}$ 展開寫成 $[\boldsymbol{v}_1, \boldsymbol{v}_2]$ 並代入式 (13.6) 得到

$$\boldsymbol{A}\begin{bmatrix}\boldsymbol{v}_1 & \boldsymbol{v}_2\end{bmatrix} = \begin{bmatrix}\boldsymbol{v}_1 & \boldsymbol{v}_2\end{bmatrix}\begin{bmatrix}\lambda_1 & \\ & \lambda_2\end{bmatrix} \tag{13.7}$$

展開式 (13.7) 得到

$$\begin{bmatrix}\boldsymbol{Av}_1 & \boldsymbol{Av}_2\end{bmatrix} = \begin{bmatrix}\lambda_1\boldsymbol{v}_1 & \lambda_2\boldsymbol{v}_2\end{bmatrix} \tag{13.8}$$

對於上一節列出的例子，將具體數值代入式 (13.4)，得到

$$\underbrace{\begin{bmatrix}1.25 & -0.75\\ -0.75 & 1.25\end{bmatrix}}_{A} = \underbrace{\begin{bmatrix}\sqrt{2}/2 & -\sqrt{2}/2\\ \sqrt{2}/2 & \sqrt{2}/2\end{bmatrix}}_{V}\underbrace{\begin{bmatrix}0.5 & 0\\ 0 & 2\end{bmatrix}}_{\Lambda}\underbrace{\begin{bmatrix}\sqrt{2}/2 & \sqrt{2}/2\\ -\sqrt{2}/2 & \sqrt{2}/2\end{bmatrix}}_{V^{-1}} \tag{13.9}$$

下面，我們分別討論 $\boldsymbol{v}_1$ 和 $\boldsymbol{v}_2$ 的幾何特徵。

第一特徵向量

$\boldsymbol{v}_1$ 為

$$\boldsymbol{v}_1 = \begin{bmatrix}\sqrt{2}/2\\ \sqrt{2}/2\end{bmatrix} \tag{13.10}$$

$\boldsymbol{A}$ 乘 $\boldsymbol{v}_1$ 得到 $\boldsymbol{A}\boldsymbol{v}_1$，有

$$\boldsymbol{A}\boldsymbol{v}_1 = \begin{bmatrix} 1.25 & -0.75 \\ -0.75 & 1.25 \end{bmatrix} \begin{bmatrix} \sqrt{2}/2 \\ \sqrt{2}/2 \end{bmatrix} = \begin{bmatrix} \sqrt{2}/4 \\ \sqrt{2}/4 \end{bmatrix} = \underbrace{\frac{1}{2}}_{\lambda_1} \times \begin{bmatrix} \sqrt{2}/2 \\ \sqrt{2}/2 \end{bmatrix} \tag{13.11}$$

可以發現，相比 $\boldsymbol{v}_1$，$\boldsymbol{A}\boldsymbol{v}_1$ 方向沒有發生變化，$\boldsymbol{A}$ 僅產生縮放作用，縮放比例為 $\lambda_1 = 1/2$。

圖 13.5 中藍色箭頭代表 $\boldsymbol{v}_1$，將式 (13.4) 代入式 (13.11)，將 $\boldsymbol{A}$ 拆解為「旋轉 – 縮放 – 旋轉」三步幾何操作，即

$$\boldsymbol{A}\boldsymbol{v}_1 = \overbrace{\boldsymbol{V}}^{\text{Rotate}} \overbrace{\boldsymbol{\Lambda}}^{\text{Scale}} \overbrace{\boldsymbol{V}^{-1}}^{\text{Rotate}} \boldsymbol{v}_1 \tag{13.12}$$

$\boldsymbol{V}^{1}\boldsymbol{v}_1$ 相對 $\boldsymbol{v}_1$ 順時鐘旋轉 45°，有

$$\boldsymbol{V}^{-1}\boldsymbol{v}_1 = \begin{bmatrix} \sqrt{2}/2 & \sqrt{2}/2 \\ -\sqrt{2}/2 & \sqrt{2}/2 \end{bmatrix} \begin{bmatrix} \sqrt{2}/2 \\ \sqrt{2}/2 \end{bmatrix} = \begin{bmatrix} 1 \\ 0 \end{bmatrix} = \boldsymbol{e}_1 \tag{13.13}$$

然後再利用 $\boldsymbol{\Lambda}$ 完成縮放操作，得到 $\boldsymbol{\Lambda}\boldsymbol{V}^{1}\boldsymbol{v}_1$ 為

$$\boldsymbol{\Lambda}\boldsymbol{V}^{-1}\boldsymbol{v}_1 = \begin{bmatrix} 0.5 & 0 \\ 0 & 2 \end{bmatrix} \begin{bmatrix} 1 \\ 0 \end{bmatrix} = \begin{bmatrix} 0.5 \\ 0 \end{bmatrix} = \underbrace{0.5}_{\lambda_1} \boldsymbol{e}_1 \tag{13.14}$$

最後利用 $\boldsymbol{V}$ 完成逆時鐘旋轉 45°，得到 $\boldsymbol{V}\boldsymbol{\Lambda}\boldsymbol{V}^{1}\boldsymbol{v}_1$ 為

$$\begin{aligned} \underbrace{\boldsymbol{V}\boldsymbol{\Lambda}\boldsymbol{V}^{-1}}_{\boldsymbol{A}} \boldsymbol{v}_1 &= \begin{bmatrix} \sqrt{2}/2 & -\sqrt{2}/2 \\ \sqrt{2}/2 & \sqrt{2}/2 \end{bmatrix} \underbrace{0.5}_{\lambda_1} \boldsymbol{e}_1 \\ &= \begin{bmatrix} \sqrt{2}/2 & -\sqrt{2}/2 \\ \sqrt{2}/2 & \sqrt{2}/2 \end{bmatrix} \begin{bmatrix} 0.5 \\ 0 \end{bmatrix} = \begin{bmatrix} \sqrt{2}/4 \\ \sqrt{2}/4 \end{bmatrix} = \underbrace{0.5}_{\lambda_1} \begin{bmatrix} \sqrt{2}/2 \\ \sqrt{2}/2 \end{bmatrix} \\ &= \lambda_1 \boldsymbol{v}_1 \end{aligned} \tag{13.15}$$

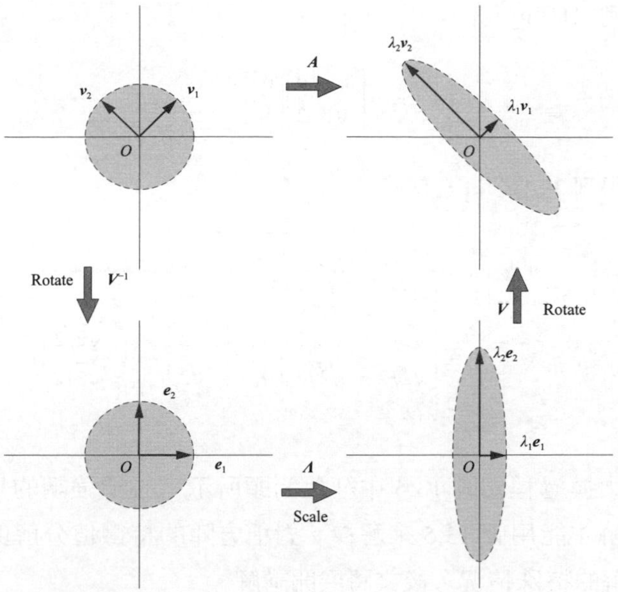

▲ 圖 13.5　「旋轉 → 縮放 → 旋轉」操作

第二特徵向量

同理，下面討論 $\boldsymbol{A}$ 乘 $\boldsymbol{v}_2$ 對應的「旋轉 → 縮放 → 旋轉」操作。

$\boldsymbol{v}_2$ 為

$$\boldsymbol{v}_2 = \begin{bmatrix} -\sqrt{2}/2 \\ \sqrt{2}/2 \end{bmatrix} \tag{13.16}$$

$\boldsymbol{A}$ 乘 $\boldsymbol{v}_2$ 得到 $\boldsymbol{A}\boldsymbol{v}_2$，有

$$\boldsymbol{A}\boldsymbol{v}_2 - \begin{bmatrix} 1.25 & -0.75 \\ -0.75 & 1.25 \end{bmatrix} \begin{bmatrix} -\sqrt{2}/2 \\ \sqrt{2}/2 \end{bmatrix} = \begin{bmatrix} -\sqrt{2} \\ \sqrt{2} \end{bmatrix} = \underbrace{2}_{\lambda_2} \times \begin{bmatrix} -\sqrt{2}/2 \\ \sqrt{2}/2 \end{bmatrix} \tag{13.17}$$

相比 $\boldsymbol{v}_2$，$\boldsymbol{A}\boldsymbol{v}_2$ 方向沒有發生變化，$\boldsymbol{A}$ 產生縮放作用，縮放比例為 $\lambda_2 = 2$。

$\boldsymbol{V}^{-1}\boldsymbol{v}_2$ 將 $\boldsymbol{v}_2$ 順時鐘旋轉 45°，有

$$\underbrace{\boldsymbol{V}^{-1}}_{\text{Rotate}} \boldsymbol{v}_2 = \begin{bmatrix} \sqrt{2}/2 & \sqrt{2}/2 \\ -\sqrt{2}/2 & \sqrt{2}/2 \end{bmatrix} \begin{bmatrix} -\sqrt{2}/2 \\ \sqrt{2}/2 \end{bmatrix} = \begin{bmatrix} 0 \\ 1 \end{bmatrix} = \boldsymbol{e}_2 \tag{13.18}$$

再縮放得到 $\boldsymbol{\Lambda V}^{-1}\boldsymbol{v}_2$，有

$$\underbrace{\boldsymbol{\Lambda}}_{\text{Scale}}\boldsymbol{V}^{-1}\boldsymbol{v}_2=\begin{bmatrix}0.5 & 0\\ 0 & 2\end{bmatrix}\begin{bmatrix}0\\ 1\end{bmatrix}=\begin{bmatrix}0\\ 2\end{bmatrix}=\underbrace{2}_{\lambda_2}\boldsymbol{e}_2 \tag{13.19}$$

最後旋轉得到 $\boldsymbol{V\Lambda V}^{-1}\boldsymbol{v}_2$，有

$$\begin{aligned}\underbrace{\boldsymbol{V}}_{\text{Rotate}}\boldsymbol{\Lambda V}^{-1}\boldsymbol{v}_2&=\begin{bmatrix}\sqrt{2}/2 & -\sqrt{2}/2\\ \sqrt{2}/2 & \sqrt{2}/2\end{bmatrix}\underbrace{2}_{\lambda_2}\boldsymbol{e}_2\\ &=\begin{bmatrix}\sqrt{2}/2 & -\sqrt{2}/2\\ \sqrt{2}/2 & \sqrt{2}/2\end{bmatrix}\begin{bmatrix}0\\ 2\end{bmatrix}=\begin{bmatrix}-\sqrt{2}\\ \sqrt{2}\end{bmatrix}=\underbrace{2}_{\lambda_2}\begin{bmatrix}-\sqrt{2}/2\\ \sqrt{2}/2\end{bmatrix}\\ &=\lambda_2\boldsymbol{v}_2\end{aligned} \tag{13.20}$$

整個幾何變換過程如圖 13.5 中紅色箭頭所示。必須強調的是，只有對稱方陣的特徵值分解才能用圖 13.5 來解釋。對稱方陣的特徵值分解叫譜分解。譜分解是特徵值分解的特殊情況，後文將展開講解。

Bk4_Ch13_02.py 繪製圖 13.5。

13.3 再談行列式值和線性變換

計算本章第一節列出矩陣 $\boldsymbol{A}$ 的行列式值 $\det(\boldsymbol{A})$，有

$$\det(\boldsymbol{A})=\det\left(\begin{bmatrix}1.25 & -0.75\\ -0.75 & 1.25\end{bmatrix}\right)=1 \tag{13.21}$$

本書第 4 章提到過，2×2 矩陣行列式值相當於幾何變換前後的「面積縮放係數」。式 (13.21) 中 $\boldsymbol{A}$ 的行列式值為 1，因此幾何變換前後面積沒有任何縮放。

這一點也可以透過 $\boldsymbol{\Lambda}$ 的行列式值加以驗證，即有

$$\begin{aligned}\det(\boldsymbol{A})&=\det\left(\boldsymbol{V\Lambda V}^{-1}\right)=\det(\boldsymbol{V})\det(\boldsymbol{\Lambda})\det\left(\boldsymbol{V}^{-1}\right)\\ &=\det(\boldsymbol{\Lambda})\det\left(\boldsymbol{VV}^{-1}\right)=\det(\boldsymbol{\Lambda})\\ &=\lambda_1\lambda_2=\frac{1}{2}\times 2=1\end{aligned} \tag{13.22}$$

式 (13.22) 說明，如果 A 可以進行特徵值分解，則矩陣 A 的行列式值等於 A 的所有特徵值之積。

圖 13.6 所示列出一個正方形，內部和邊緣整齊排列散點。在 A 的作用下，正方形完成「旋轉→縮放→旋轉」三步幾何操作。不難發現，得到的菱形與原始正方形的面積一致，這一點印證了 $|A| = 1$。

回過頭來看圖 13.4 右圖所示的旋轉橢圓，它的半長軸長度為 2，而半短軸長度為 1/2。但是，得到的橢圓面積與原來單位圓面積一樣。

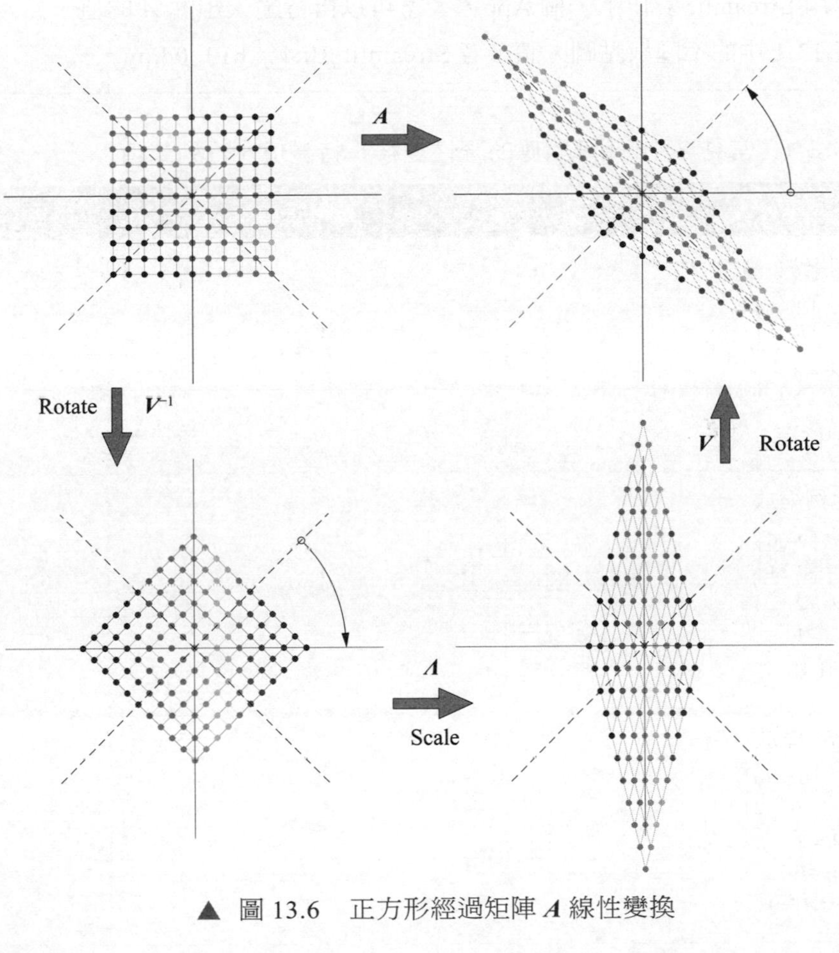

▲ 圖 13.6　正方形經過矩陣 A 線性變換

線性變換、特徵值、行列式值

表 13.1 總結了常見 2×2 矩陣對應的線性變換、特徵值、行列式值。表 13.1 告訴我們特徵值可以為正數、負數、0，甚至是複數。複數特徵值都是成對出現，且共軛。本章最後專門講解特徵值分解中出現複數的現象。

此外，請大家自行判斷表 13.1 中哪些矩陣可逆，也就是判斷表 13.1 中哪些幾何變換可逆。

> 本章用 Streamlit 製作了一個 App，大家可以自行輸入矩陣 A 的值，然後繪製表 13.1 中的不同散點圖。請參考 Streamlit_Bk4_Ch13_04.py。

➔ 表 13.1 常見 2×2 矩陣對應的線性變換、特徵值、行列式值

矩陣 A	幾何特徵
等比例縮放 $A=\begin{bmatrix}2 & 0\\0 & 2\end{bmatrix}$ $\begin{cases}\lambda_1=2\\\lambda_2=2\end{cases}$ $\det(A)=4$	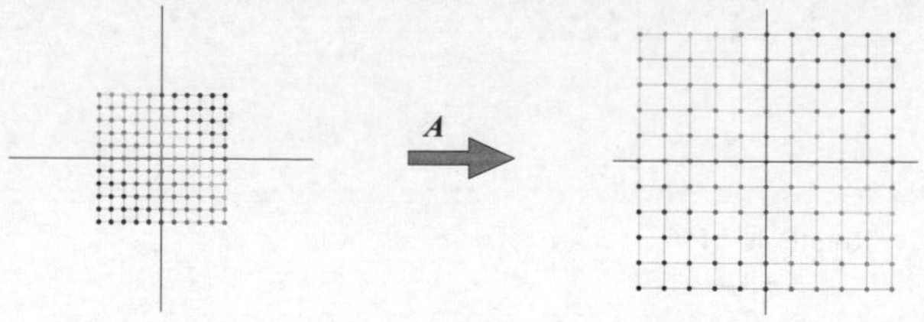
不等比例縮放 $A=\begin{bmatrix}2 & 0\\0 & 1\end{bmatrix}$ $\begin{cases}\lambda_1=2\\\lambda_2=1\end{cases}$ $\det(A)=2$	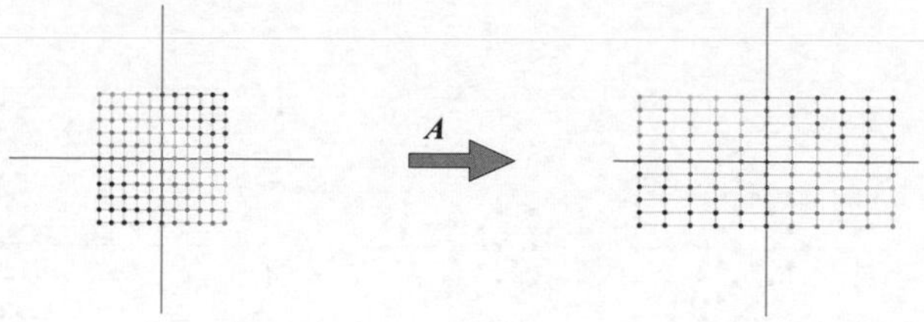
不等比例縮放 $A=\begin{bmatrix}0.5 & 0\\0 & 2\end{bmatrix}$ $\begin{cases}\lambda_1=2\\\lambda_2=0.5\end{cases}$ $\det(A)=1$	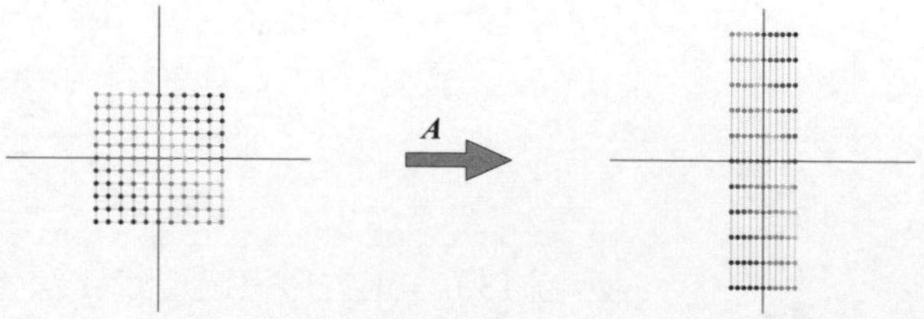

矩陣 A	幾何特徵
旋轉 $A=\begin{bmatrix}\sqrt{3}/2 & -0.5\\ 0.5 & \sqrt{3}/2\end{bmatrix}$ $\begin{cases}\lambda_1=\sqrt{3}/2+0.5i\\ \lambda_2=\sqrt{3}/2-0.5i\end{cases}$ $\det(A)=1$	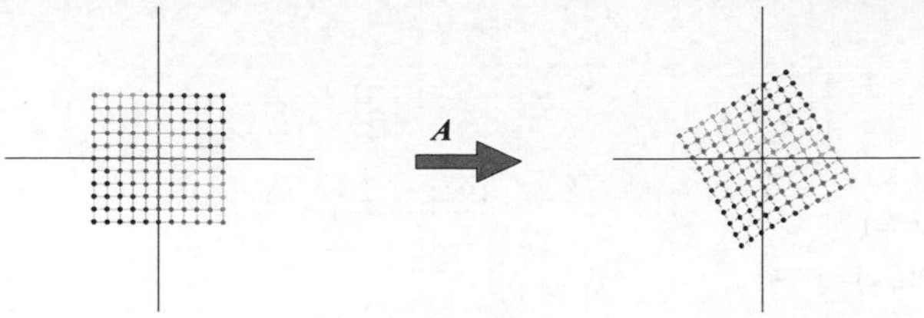
投影 $A=\begin{bmatrix}0.5 & 0.5\\ 0.5 & 0.5\end{bmatrix}$ $\begin{cases}\lambda_1=1\\ \lambda_2=0\end{cases}$ $\det(A)=0$	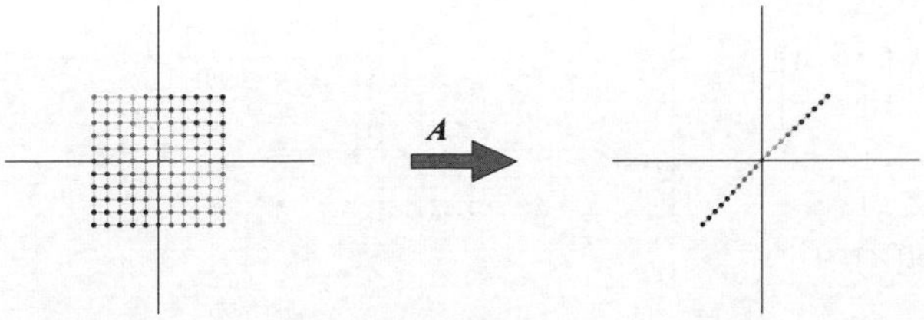
非正交映射 $A=\begin{bmatrix}1 & -1\\ -1 & 1\end{bmatrix}$ $\begin{cases}\lambda_1=2\\ \lambda_2=0\end{cases}$ $\det(A)=0$	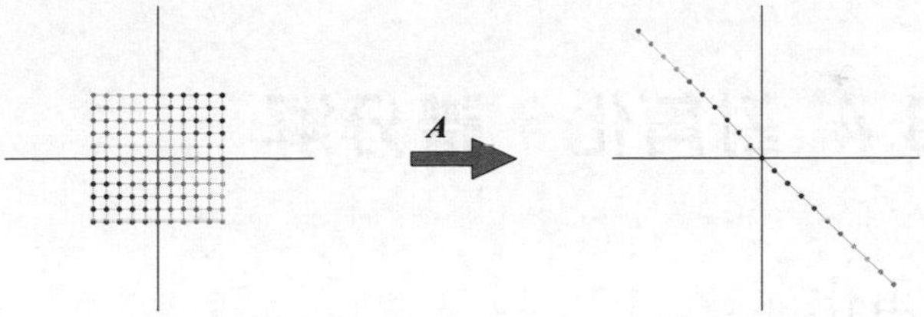
橫軸投影 $A=\begin{bmatrix}1 & 0\\ 0 & 0\end{bmatrix}$ $\begin{cases}\lambda_1=1\\ \lambda_2=0\end{cases}$ $\det(A)=0$	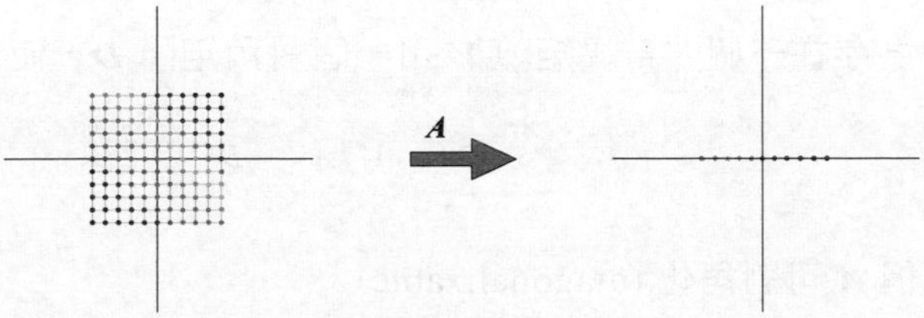
縱軸鏡像 $A=\begin{bmatrix}-1 & 0\\ 0 & 1\end{bmatrix}$ $\begin{cases}\lambda_1=1\\ \lambda_2=-1\end{cases}$ $\det(A)=-1$	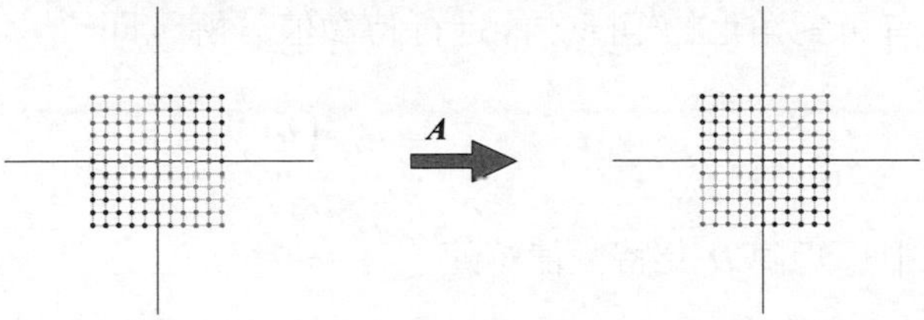

矩陣 $\boldsymbol{A}$	幾何特徵
剪切 $\boldsymbol{A}=\begin{bmatrix}1 & 1\\ 0 & 1\end{bmatrix}$ $\begin{cases}\lambda_1=1\\ \lambda_2=1\end{cases}$ $\det(\boldsymbol{A})=1$	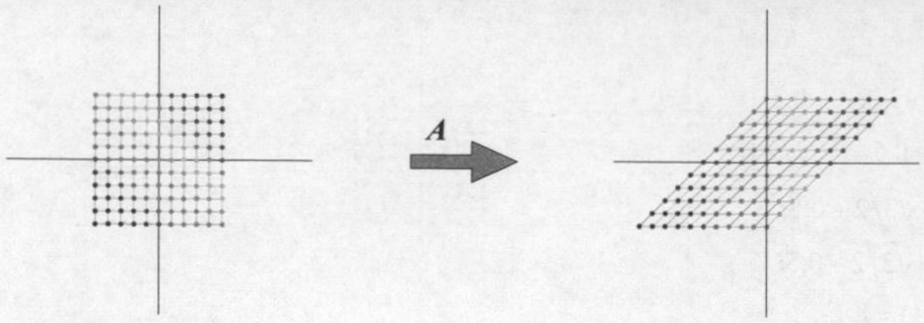
剪切 $\boldsymbol{A}=\begin{bmatrix}1 & 0\\ 0.5 & 1\end{bmatrix}$ $\begin{cases}\lambda_1=1\\ \lambda_2=1\end{cases}$ $\det(\boldsymbol{A})=1$	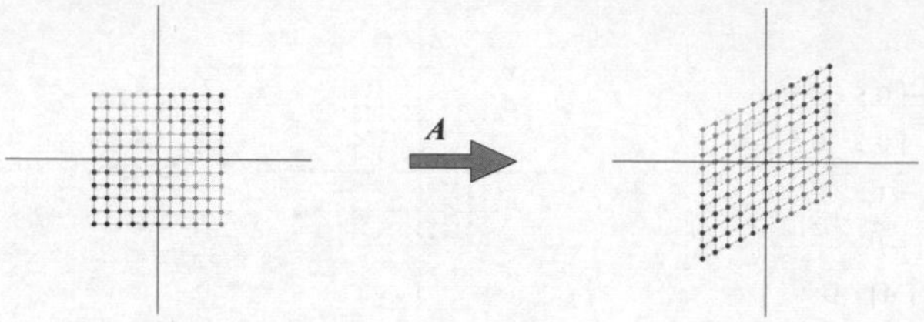

13.4 對角化、譜分解

可對角化

如果存在一個非奇異矩陣 $\boldsymbol{V}$ 和一個對角矩陣 $\boldsymbol{D}$，使得方陣 $\boldsymbol{A}$ 滿足

$$\boldsymbol{V}^{-1}\boldsymbol{A}\boldsymbol{V}=\boldsymbol{D} \tag{13.23}$$

則稱 $\boldsymbol{A}$ **可對角化** (diagonalizable)。

只有可對角化的矩陣才能進行特徵值分解，即

$$\boldsymbol{A}=\boldsymbol{V}\boldsymbol{D}\boldsymbol{V}^{-1} \tag{13.24}$$

其中：矩陣 $\boldsymbol{D}$ 為特徵值矩陣。

如果 $\boldsymbol{A}$ 可以對角化，則矩陣 $\boldsymbol{A}$ 的平方可以寫成

$$
A^2 = VDV^{-1}VDV^{-1} = VD^2V^{-1} = V\begin{bmatrix} (\lambda_1)^2 & & & \\ & (\lambda_2)^2 & & \\ & & \ddots & \\ & & & (\lambda_D)^2 \end{bmatrix}V^{-1} \tag{13.25}
$$

同理，$\boldsymbol{A}$ 的 n 次冪可以寫成

$$
A^n = VD^nV^{-1} = V\begin{bmatrix} (\lambda_1)^n & & & \\ & (\lambda_2)^n & & \\ & & \ddots & \\ & & & (\lambda_D)^n \end{bmatrix}V^{-1} \tag{13.26}
$$

譜分解

特別地，如果 $\boldsymbol{A}$ 為對稱矩陣，則 $\boldsymbol{A}$ 的特徵值分解可以寫成

$$
\begin{aligned}
A = V\Lambda V^{\mathrm{T}} &= \begin{bmatrix} v_1 & v_2 & \cdots & v_D \end{bmatrix}\begin{bmatrix} \lambda_1 & & & \\ & \lambda_2 & & \\ & & \ddots & \\ & & & \lambda_D \end{bmatrix}\begin{bmatrix} v_1^{\mathrm{T}} \\ v_2^{\mathrm{T}} \\ \vdots \\ v_D^{\mathrm{T}} \end{bmatrix} \\
&= \lambda_1 v_1 v_1^{\mathrm{T}} + \lambda_2 v_2 v_2^{\mathrm{T}} + \cdots + \lambda_D v_D v_D^{\mathrm{T}} = \sum_{j=1}^{D} \lambda_j v_j v_j^{\mathrm{T}} \\
&= \lambda_1 v_1 \otimes v_1 + \lambda_2 v_2 \otimes v_2 + \cdots + \lambda_D v_D \otimes v_D = \sum_{j=1}^{D} \lambda_j v_j \otimes v_j
\end{aligned} \tag{13.27}
$$

其中：$\boldsymbol{V}$ 為正交矩陣，滿足 $V^{\mathrm{T}}V = VV^{\mathrm{T}} = I$。

式 (13.27) 告訴我們為什麼對稱矩陣的特徵分解又叫**譜分解** (spectral decomposition)，因為特徵值分解將矩陣拆解成一系列特徵值和特徵向量張量積之和，就好比將白光分解成光譜中各色光一樣。

再進一步，將 $\boldsymbol{V}$ 整理到式 (13.27) 等式的左邊，有

$$
V^{\mathrm{T}}AV = \Lambda \tag{13.28}
$$

同樣將 $\boldsymbol{V}$ 寫成其列向量並展開式 (13.28)，有

$$\underbrace{\begin{bmatrix}\boldsymbol{v}_1^{\mathrm{T}}\\ \boldsymbol{v}_2^{\mathrm{T}}\\ \vdots\\ \boldsymbol{v}_D^{\mathrm{T}}\end{bmatrix}}_{\boldsymbol{V}^{\mathrm{T}}}\boldsymbol{A}\underbrace{\begin{bmatrix}\boldsymbol{v}_1 & \boldsymbol{v}_2 & \cdots & \boldsymbol{v}_D\end{bmatrix}}_{\boldsymbol{V}}=\underbrace{\begin{bmatrix}\boldsymbol{v}_1^{\mathrm{T}}\boldsymbol{A}\boldsymbol{v}_1 & \boldsymbol{v}_1^{\mathrm{T}}\boldsymbol{A}\boldsymbol{v}_2 & \cdots & \boldsymbol{v}_1^{\mathrm{T}}\boldsymbol{A}\boldsymbol{v}_D\\ \boldsymbol{v}_2^{\mathrm{T}}\boldsymbol{A}\boldsymbol{v}_1 & \boldsymbol{v}_2^{\mathrm{T}}\boldsymbol{A}\boldsymbol{v}_2 & \cdots & \boldsymbol{v}_2^{\mathrm{T}}\boldsymbol{A}\boldsymbol{v}_D\\ \vdots & \vdots & \ddots & \vdots\\ \boldsymbol{v}_D^{\mathrm{T}}\boldsymbol{A}\boldsymbol{v}_1 & \boldsymbol{v}_D^{\mathrm{T}}\boldsymbol{A}\boldsymbol{v}_2 & \cdots & \boldsymbol{v}_D^{\mathrm{T}}\boldsymbol{A}\boldsymbol{v}_D\end{bmatrix}}_{\boldsymbol{V}^{\mathrm{T}}\boldsymbol{A}\boldsymbol{V}}=\underbrace{\begin{bmatrix}\lambda_1 & & & \\ & \lambda_2 & & \\ & & \ddots & \\ & & & \lambda_D\end{bmatrix}}_{\boldsymbol{\Lambda}} \tag{13.29}$$

觀察式 (13.29)，我們發現，當 $i = j$ 時，方陣對角線元素滿足

$$\boldsymbol{v}_j^{\mathrm{T}}\boldsymbol{A}\boldsymbol{v}_j = \lambda_j \tag{13.30}$$

當 $i \neq j$ 時，方陣非對角線元素滿足

$$\boldsymbol{v}_i^{\mathrm{T}}\boldsymbol{A}\boldsymbol{v}_j = 0 \tag{13.31}$$

譜分解格拉姆矩陣

本書中見到的對稱矩陣多數是格拉姆矩陣。對於資料矩陣 $\boldsymbol{X}$，它的格拉姆矩陣 $\boldsymbol{G}$ 為 $\boldsymbol{G} = \boldsymbol{X}^{\mathrm{T}}\boldsymbol{X}$。$\boldsymbol{G}$ 就是式 (13.29) 中的矩陣 $\boldsymbol{A}$，代入得到

$$\underbrace{\begin{bmatrix}\boldsymbol{v}_1^{\mathrm{T}}\boldsymbol{X}^{\mathrm{T}}\boldsymbol{X}\boldsymbol{v}_1 & \boldsymbol{v}_1^{\mathrm{T}}\boldsymbol{X}^{\mathrm{T}}\boldsymbol{X}\boldsymbol{v}_2 & \cdots & \boldsymbol{v}_1^{\mathrm{T}}\boldsymbol{X}^{\mathrm{T}}\boldsymbol{X}\boldsymbol{v}_D\\ \boldsymbol{v}_2^{\mathrm{T}}\boldsymbol{X}^{\mathrm{T}}\boldsymbol{X}\boldsymbol{v}_1 & \boldsymbol{v}_2^{\mathrm{T}}\boldsymbol{X}^{\mathrm{T}}\boldsymbol{X}\boldsymbol{v}_2 & \cdots & \boldsymbol{v}_2^{\mathrm{T}}\boldsymbol{X}^{\mathrm{T}}\boldsymbol{X}\boldsymbol{v}_D\\ \vdots & \vdots & \ddots & \vdots\\ \boldsymbol{v}_D^{\mathrm{T}}\boldsymbol{X}^{\mathrm{T}}\boldsymbol{X}\boldsymbol{v}_1 & \boldsymbol{v}_D^{\mathrm{T}}\boldsymbol{X}^{\mathrm{T}}\boldsymbol{X}\boldsymbol{v}_2 & \cdots & \boldsymbol{v}_D^{\mathrm{T}}\boldsymbol{X}^{\mathrm{T}}\boldsymbol{X}\boldsymbol{v}_D\end{bmatrix}}_{\boldsymbol{V}^{\mathrm{T}}\boldsymbol{G}\boldsymbol{V}}=\underbrace{\begin{bmatrix}\lambda_1 & & & \\ & \lambda_2 & & \\ & & \ddots & \\ & & & \lambda_D\end{bmatrix}}_{\boldsymbol{\Lambda}} \tag{13.32}$$

特別地，如果 $\boldsymbol{X}$ 列滿秩，$\boldsymbol{G}$ 可逆，則 $\boldsymbol{G}$ 反矩陣的特徵值分解為

$$\boldsymbol{G}^{-1} = \boldsymbol{V}\underbrace{\begin{bmatrix}1/\lambda_1 & & & \\ & 1/\lambda_2 & & \\ & & \ddots & \\ & & & 1/\lambda_D\end{bmatrix}}_{\boldsymbol{\Lambda}^{-1}}\boldsymbol{V}^{\mathrm{T}} \tag{13.33}$$

令 $\boldsymbol{y}_j = \boldsymbol{X}\boldsymbol{v}_j$，如圖 13.7 所示，由於 $\boldsymbol{y}_j$ 是單位矩陣，矩陣乘積 $\boldsymbol{X}\boldsymbol{v}_j$ 相當於資料矩陣 $\boldsymbol{X}$ 向 $\mathrm{span}(\boldsymbol{v}_j)$ 投影的結果為 $\boldsymbol{y}_j$。

式 (13.32) 可以寫成

$$\underbrace{\begin{bmatrix} \boldsymbol{y}_1^{\mathrm{T}}\boldsymbol{y}_1 & \boldsymbol{y}_1^{\mathrm{T}}\boldsymbol{y}_2 & \cdots & \boldsymbol{y}_1^{\mathrm{T}}\boldsymbol{y}_D \\ \boldsymbol{y}_2^{\mathrm{T}}\boldsymbol{y}_1 & \boldsymbol{y}_2^{\mathrm{T}}\boldsymbol{y}_2 & \cdots & \boldsymbol{y}_2^{\mathrm{T}}\boldsymbol{y}_D \\ \vdots & \vdots & \ddots & \vdots \\ \boldsymbol{y}_D^{\mathrm{T}}\boldsymbol{y}_1 & \boldsymbol{y}_D^{\mathrm{T}}\boldsymbol{y}_2 & \cdots & \boldsymbol{y}_D^{\mathrm{T}}\boldsymbol{y}_D \end{bmatrix}}_{\boldsymbol{V}^{\mathrm{T}}\boldsymbol{G}\boldsymbol{V}} = \underbrace{\begin{bmatrix} \lambda_1 & & & \\ & \lambda_2 & & \\ & & \ddots & \\ & & & \lambda_D \end{bmatrix}}_{\boldsymbol{\Lambda}} \tag{13.34}$$

觀察式 (13.34)，我們發現當 $i \neq j$ 時，$\boldsymbol{y}_i$ 和 $\boldsymbol{y}_j$ 正交。我們在本書第 10 章介紹過這一結論，上述推導讓我們「知其所以然」。

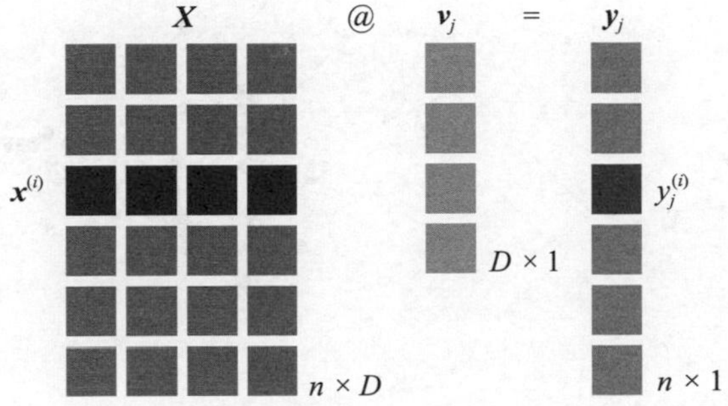

▲ 圖 13.7　資料矩陣 $\boldsymbol{X}$ 向 span($\boldsymbol{v}_j$) 投影結果為 $\boldsymbol{y}_j$

注意：式 (13.32) 中矩陣的每個元素顯然都是純量。本書之前一直強調，看到矩陣乘積結果為純量時，一定要想一想矩陣乘積能否寫成 L^2 範數。

式 (13.34) 對角線元素顯然可以寫成 L^2 範數，即

$$\|\boldsymbol{y}_j\|_2^2 = \|\boldsymbol{X}\boldsymbol{v}_j\|_2^2 = \lambda_j \tag{13.35}$$

幾何角度

該怎麼理解式 (13.35)？我們還是要拿出看家本領一幾何角度。

如圖 13.8 所示，用散點 ● 代表資料矩陣 $\boldsymbol{X}$，散點 ● 向 span($\boldsymbol{v}_j$) 投影的結果為 $\boldsymbol{y}_j$，即圖 13.8 中 ×。$\boldsymbol{y}_j$ 中的每個值就是 × 到原點的距離。

圖 13.8 中紅點 ● 代表矩陣 $\boldsymbol{X}$ 的第 i 行行向量為 $\boldsymbol{x}^{(i)}$。$\boldsymbol{x}^{(i)}$ 向 $\boldsymbol{v}_j$ 的投影結果 $y^{(i)}$ 就是 $\boldsymbol{x}^{(i)}$ 在 span($\boldsymbol{v}_j$) 的座標，即有

$$y_j^{(i)} = \boldsymbol{x}^{(i)}\boldsymbol{v}_j \tag{13.36}$$

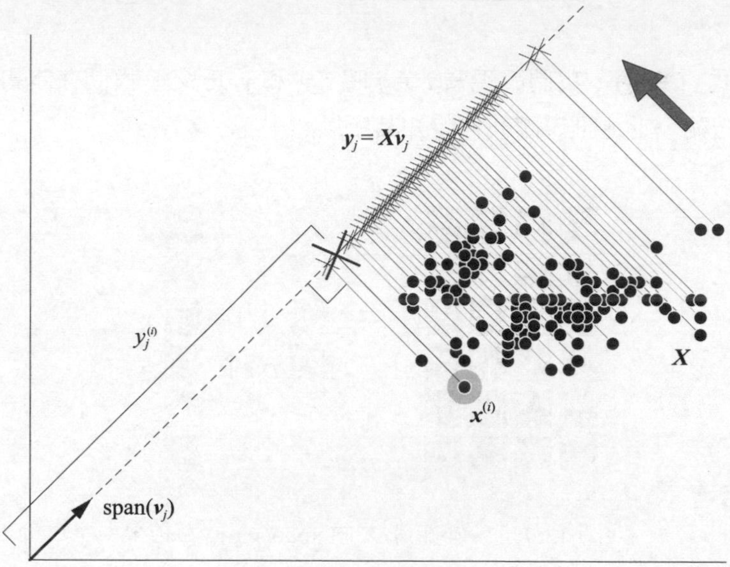

▲ 圖 13.8　資料矩陣 $\boldsymbol{X}$ 向 span($\boldsymbol{v}_j$) 投影結果為 $\boldsymbol{y}_j$，幾何角度

有了這個角度，我們知道式 (13.35) 中 $\|\boldsymbol{y}_j\|_2^2$ 代表 $y_j^{(i)}$ 到原點距離 (有正負) 的平方和，即

$$\|\boldsymbol{y}_j\|_2^2 = \left(y_j^{(1)}\right)^2 + \left(y_j^{(2)}\right)^2 + \cdots + \left(y_j^{(n)}\right)^2 = \lambda_j \tag{13.37}$$

若式 (13.34) 中特徵值 λ_j 按大小排列，即 $\lambda_1 \geq \lambda_2 \geq \cdots \geq \lambda_D$。這說明特徵向量 $\boldsymbol{v}_j$ 也有主次之分。資料矩陣 $\boldsymbol{X}$ 朝不同特徵向量 $\boldsymbol{v}$ 投影，得到的 $\|\boldsymbol{y}\|_2^2 = \|\boldsymbol{X}\boldsymbol{v}\|_2^2$ 有大有小。

⚠ 注意：這些距離的平方和 恰好等於特徵值 λ_j。

如果某個特徵值為 0，則說明在它之前的特徵向量已經「解釋了」矩陣 $\boldsymbol{X}$ 的所有成分。輪到之後的特徵向量，投影分量必然為 0。

有大小之分，就意味存在最佳化問題。我們先給結論，在 $\mathbb{R}^D$ 的無數個 $\boldsymbol{v}$ 中，$\boldsymbol{X}$ 朝第一特徵向量 $\boldsymbol{v}_1$ 投影對應的 $\|\boldsymbol{y}_1\|_2^2 = \|\boldsymbol{X}\boldsymbol{v}_1\|_2^2$ 最大，最大值為 λ_1。本書第 18 章將提供最佳化角度，告訴我們「為什麼」。

以鳶尾花為例

本書第 10 章計算了鳶尾花資料矩陣 $\boldsymbol{X}$ 的格拉姆矩陣 $\boldsymbol{G}$，如圖 13.9 所示。圖 13.9 中 $\boldsymbol{G}$ 中元素沒有保留任何小數位。

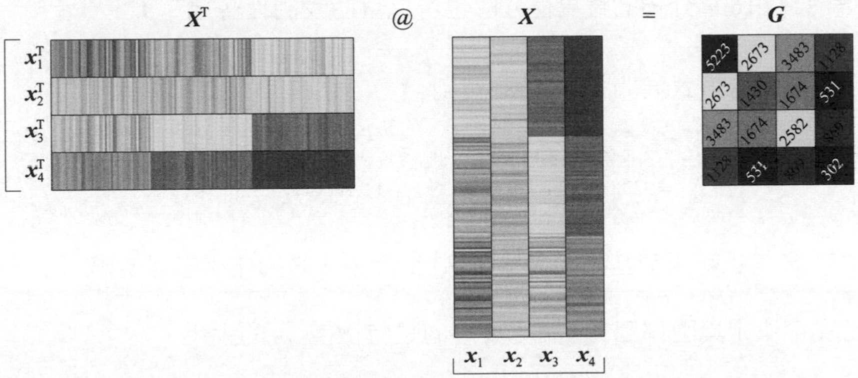

▲ 圖 13.9　矩陣 $\boldsymbol{X}$ 的格拉姆矩陣 (圖片來自本書第 10 章)

格拉姆矩陣 $\boldsymbol{G}$ 為對稱矩陣，對 $\boldsymbol{G}$ 譜分解得到

$$\boldsymbol{G} = \boldsymbol{V}\boldsymbol{\Lambda}\boldsymbol{V}^{\mathrm{T}} = \begin{bmatrix} 0.75 & 0.28 & 0.50 & 0.32 \\ 0.38 & 0.54 & -0.67 & -0.31 \\ 0.51 & -0.70 & -0.05 & -0.48 \\ 0.16 & -0.34 & -0.53 & 0.75 \end{bmatrix} \begin{bmatrix} 9208.3 & & & \\ & 315.4 & & \\ & & 11.9 & \\ & & & 3.5 \end{bmatrix} \begin{bmatrix} 0.75 & 0.28 & 0.50 & 0.32 \\ 0.38 & 0.54 & -0.67 & -0.31 \\ 0.51 & -0.70 & -0.05 & -0.48 \\ 0.16 & -0.34 & -0.53 & 0.75 \end{bmatrix}^{\mathrm{T}} \tag{13.38}$$

其中：$\boldsymbol{V}$ 僅保留兩位小數位，特徵值僅保留一位小數位。

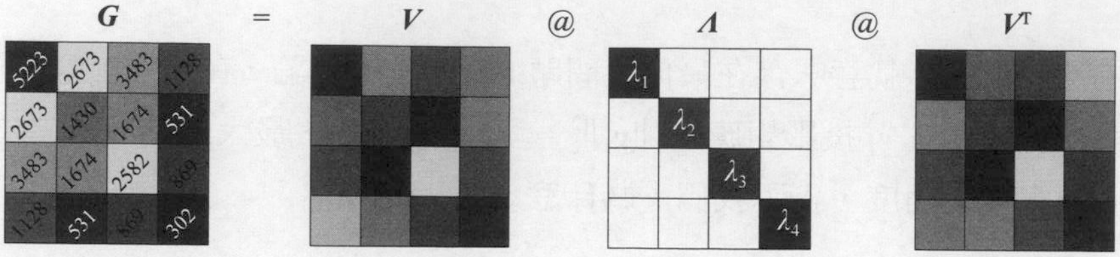

▲ 圖 13.10　矩陣 $\boldsymbol{X}$ 的格拉姆矩陣的特徵值分解

式 (13.38) 也回答了本書第 10 章矩陣 $\boldsymbol{V}$ 從哪裡來的問題。除了特徵值分解，本書第 15、16 章介紹的奇異值分解也可以幫助我們獲得矩陣 $\boldsymbol{V}$。

利用譜分解方式展開式 (13.38) 得到

$$\begin{aligned}\boldsymbol{G} &= \lambda_1\boldsymbol{v}_1 \otimes \boldsymbol{v}_1 + \lambda_2\boldsymbol{v}_2 \otimes \boldsymbol{v}_2 + \lambda_3\boldsymbol{v}_3 \otimes \boldsymbol{v}_3 + \lambda_4\boldsymbol{v}_4 \otimes \boldsymbol{v}_4 \\ &= 9208.3\boldsymbol{v}_1 \otimes \boldsymbol{v}_1 + 315.4\boldsymbol{v}_2 \otimes \boldsymbol{v}_2 + 11.9\boldsymbol{v}_3 \otimes \boldsymbol{v}_3 + 3.5\boldsymbol{v}_4 \otimes \boldsymbol{v}_4\end{aligned} \tag{13.39}$$

由於 $\boldsymbol{V}$ 是規範正交基底，因此在 $\mathbb{R}^4$ 空間中，$\boldsymbol{V}$ 的作用僅是旋轉。

而真正決定具體哪個 $\boldsymbol{v}_j$「更重要」的是特徵值 λ_j 的大小。

觀察式 (13.39) 容易發現，隨著特徵值 λ_j 不斷減小，對應 $\boldsymbol{v}_j \otimes \boldsymbol{v}_j$ 的影響力也在衰減。圖 13.11 所示的五幅熱圖採用相同色譜，$\lambda_1\boldsymbol{v}_1 \otimes \boldsymbol{v}_1$ 影響力最大，剩下三個成分的影響幾乎可以忽略不計。根據本書第 10 章程式，請大家自行撰寫程式繪製本節熱圖。

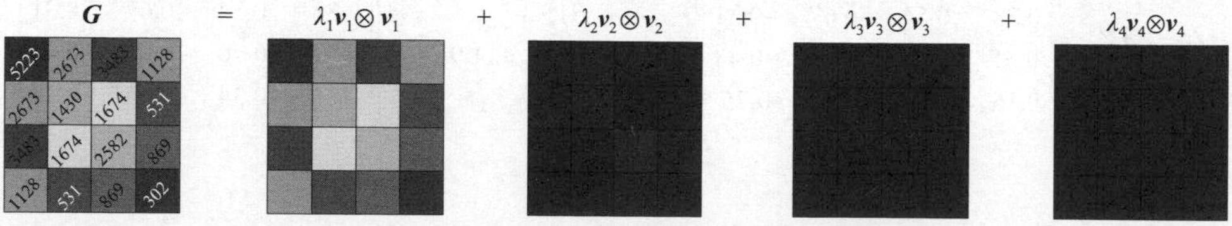

▲ 圖 13.11　矩陣 $\boldsymbol{X}$ 的格拉姆矩陣的譜分解

13.5 聊聊特徵值

幾何角度

本書第 4 章在講解行列式值時，簡單介紹過特徵值。從幾何角度來看，如圖 13.12(a) 所示，當矩陣 $\boldsymbol{A}$ 的形狀為 2×2 時，以它的兩個列向量 $\boldsymbol{a}_1$ 和 $\boldsymbol{a}_2$ 為邊的平行四邊形的面積就是 $\boldsymbol{A}$ 的行列式值。如圖 13.12(b) 所示，當 $\boldsymbol{A}$ 的形狀為 3×3 時，以 $\boldsymbol{a}_1$、$\boldsymbol{a}_2$、$\boldsymbol{a}_3$ 為邊的平行六面體體積便是 $\boldsymbol{A}$ 的行列式值。

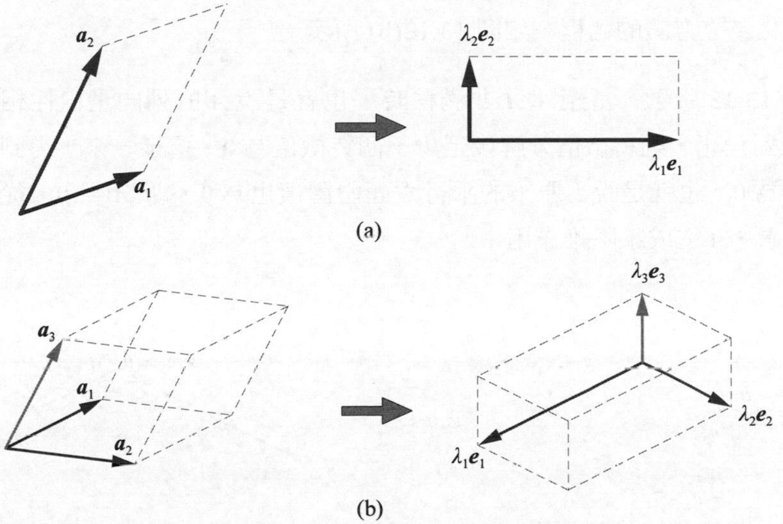

▲ 圖 13.12　特徵值的幾何性質

比如，給定矩陣 $\boldsymbol{A}$ 為

$$\boldsymbol{A}=\begin{bmatrix}3 & 2\\ 1 & 4\end{bmatrix},\quad \boldsymbol{a}_1=\begin{bmatrix}3\\ 1\end{bmatrix},\quad \boldsymbol{a}_2=\begin{bmatrix}2\\ 4\end{bmatrix} \tag{13.40}$$

$\boldsymbol{a}_1$ 和 $\boldsymbol{a}_2$ 為邊的平行四邊形面積為 10，即 $|\boldsymbol{A}| = 10$。

將矩陣 $\boldsymbol{A}$ 進行特徵值分解後得到的特徵值寫成矩陣形式，並分別作用於 $\boldsymbol{e}_1$ 和 $\boldsymbol{e}_2$，有

$$\boldsymbol{\Lambda}=\begin{bmatrix}5 & 0\\0 & 2\end{bmatrix} \Rightarrow \begin{cases}\boldsymbol{\lambda}_1=\lambda_1\boldsymbol{e}_1=5\boldsymbol{e}_1\\ \boldsymbol{\lambda}_2=\lambda_2\boldsymbol{e}_2=2\boldsymbol{e}_2\end{cases} \tag{13.41}$$

如圖 13.12(a) 所示，以 $\lambda_1\boldsymbol{e}_1$ 和 $\lambda_2\boldsymbol{e}_2$ 為邊的平行四邊形為矩形。容易計算出矩形的面積為 $\lambda_1\lambda_2=10$，即 $|\boldsymbol{\Lambda}|=\lambda_1\lambda_2$。圖 13.12(a) 左右兩個圖形的面積相同，即 $|\boldsymbol{A}|=|\boldsymbol{\Lambda}|=10$。

從幾何角度來看，對角化實際上就是，平行四邊形轉化為矩形，或，平行六面體轉化為立方體的過程，如圖 13.12(b) 所示。

如圖 13.13 所示，當矩陣 $\boldsymbol{A}$ 非滿秩時，也就是說 $\boldsymbol{A}$ 的列向量線性相關。如果 $\boldsymbol{A}$ 可以對角化，則特徵值分解後至少一個特徵值為 0。這樣一來，得到的立方體的體積為 0。也就是說，原來的平行六面體體積也為 0，即 $|\boldsymbol{A}|=0$。從線性映射角度來看，$\boldsymbol{A}$ 造成了降維作用。

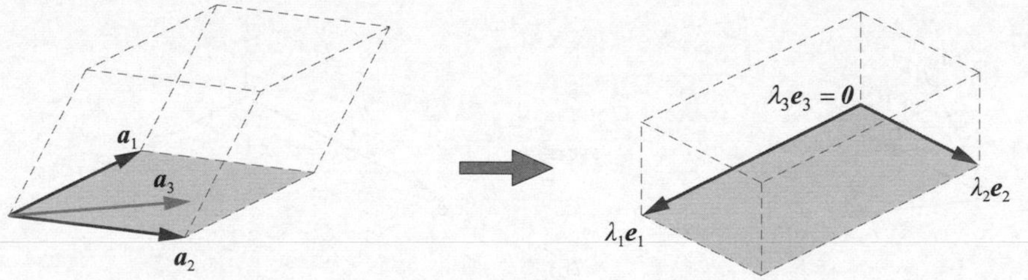

▲ 圖 13.13 特徵值的幾何性質，線性相關

重要性質

下面介紹特徵值的重要性質。建議大家試著從幾何 (面積、體積) 角度理解這些概念。前文幾次提到，給定矩陣 $\boldsymbol{A}$，其特徵值 λ 和特徵向量 $\boldsymbol{v}$ 的關係為

$$\boldsymbol{A}\boldsymbol{v}=\lambda\boldsymbol{v} \tag{13.42}$$

$\boldsymbol{A}$ 純量積 $k\boldsymbol{A}$ 對應的特徵值為 λk，即

$$(k\boldsymbol{A})\boldsymbol{v} = (k\lambda)\boldsymbol{v} \tag{13.43}$$

矩陣 $\boldsymbol{A}^2$ 的特徵向量仍然為 $\boldsymbol{v}$，特徵值為 λ^2，有

$$\boldsymbol{A}^2\boldsymbol{v} = \boldsymbol{A}(\boldsymbol{A}\boldsymbol{v}) = \boldsymbol{A}(\lambda\boldsymbol{v}) = \lambda(\boldsymbol{A}\boldsymbol{v}) = \lambda^2\boldsymbol{v} \tag{13.44}$$

推廣式 (13.44)，n 為任意整數，$\boldsymbol{A}^n$ 的特徵值為 λ^n，有

$$\boldsymbol{A}^n\boldsymbol{v} = \lambda^n\boldsymbol{v} \tag{13.45}$$

式 (13.45) 也可以推廣得到

$$\boldsymbol{A}^n\boldsymbol{V} = \boldsymbol{V}\boldsymbol{\Lambda}^n \tag{13.46}$$

如果反矩陣 $\boldsymbol{A}^{-1}$ 存在，$\boldsymbol{A}^{-1}$ 的特徵向量仍為 $\boldsymbol{v}$，特徵值為 $1/\lambda$，則有

$$\boldsymbol{A}^{-1}\boldsymbol{v} = \frac{1}{\lambda}\boldsymbol{v} \tag{13.47}$$

前文提到，矩陣 $\boldsymbol{A}$ 的行列式值為其特徵值的乘積，即

$$\det(\boldsymbol{A}) = \prod_{j=1}^{D}\lambda_j \tag{13.48}$$

$\boldsymbol{A}$ 純量積 $k\boldsymbol{A}$ 的行列式值為

$$\det(k\boldsymbol{A}) = k^D\prod_{j=1}^{D}\lambda_j \tag{13.49}$$

這相當於「平行體」和「正立方體」每個維度上邊長都等比例縮放，縮放係數為 k。而體積的縮放比例為 k^D。

如果方陣 $\boldsymbol{A}$ 的形狀為 $D \times D$，且 $\boldsymbol{A}$ 的秩 (rank) 為 r，則 $\boldsymbol{A}$ 有 $D - r$ 個特徵值為 0。

矩陣 $\boldsymbol{A}$ 的跡等於其特徵值之和，即

$$\operatorname{tr}(\boldsymbol{A}) = \sum_{i=1}^{D} \lambda_i \tag{13.50}$$

我們將在**主成分分析** (Principal Component Analysis , PCA) 中用到式 (13.50) 的結論。

13.6 特徵值分解中的複數現象

本章前文在對實數矩陣進行特徵值分解時，我們偶爾發現特徵值、特徵向量存在虛數。這一節討論這個現象。

舉個例子

給定 2×2 實數矩陣 $\boldsymbol{A}$ 為

$$\boldsymbol{A} = \begin{bmatrix} 1 & -1 \\ 1 & 1 \end{bmatrix} \tag{13.51}$$

對 $\boldsymbol{A}$ 進行特徵值分解，得到兩個特徵值分別為

$$\lambda_1 = 1 + \mathrm{i}, \quad \lambda_2 = 1 - \mathrm{i} \tag{13.52}$$

共軛特徵值、共軛特徵向量

這對共軛特徵值出現的原因是，方陣 $\boldsymbol{A}$ 的特徵方程式有一對複數解，即

$$|\boldsymbol{A} - \lambda \boldsymbol{I}| = 0 \tag{13.53}$$

求解出的非實數的特徵值會以共軛複數形式成對出現，因此它們也常被叫做**共軛特徵值** (conjugate eigenvalues)。所謂**共軛複數** (complex conjugate)，是指兩個實部相等，虛部互為相反數的複數。

式 (13.51) 中 $\boldsymbol{A}$ 的特徵值 λ_1 和 λ_2 對應的特徵向量分別為

$$v_1 = \begin{bmatrix} i \\ 1 \end{bmatrix}, \quad v_2 = \begin{bmatrix} -i \\ 1 \end{bmatrix} \tag{13.54}$$

這樣的特徵向量叫做**共軛特徵向量** (conjugate eigenvector)。

展開來說，本書前文說明的向量矩陣等概念都是建立在 $\mathbb{R}^n$ 上，我們可以把同樣的數學工具推廣到複數空間 $\mathbb{C}^n$ 上。

$\mathbb{C}^n$ 中的任意複向量 $\boldsymbol{x}$ 的共軛向量 $\bar{\boldsymbol{x}}$，也是 $\mathbb{C}^n$ 中的向量。$\bar{\boldsymbol{x}}$ 中每個元素是 $\boldsymbol{x}$ 對應元素的共軛複數。比如，給定複數向量 $\boldsymbol{x}$ 和對應的共軛向量 $\bar{\boldsymbol{x}}$ 為

$$\boldsymbol{x} = \begin{bmatrix} 1+i \\ 3-2i \end{bmatrix}, \quad \bar{\boldsymbol{x}} = \begin{bmatrix} 1-i \\ 3+2i \end{bmatrix} \tag{13.55}$$

一個特殊的 2×2 矩陣

給定矩陣 $\boldsymbol{A}$ 為

$$\boldsymbol{A} = \begin{bmatrix} a & -b \\ b & a \end{bmatrix} \tag{13.56}$$

其中：a 和 b 均為實數，且不同時等於 0。

容易求得 $\boldsymbol{A}$ 的複數特徵值為一對共軛複數

$$\lambda = a \pm b\mathrm{i} \tag{13.57}$$

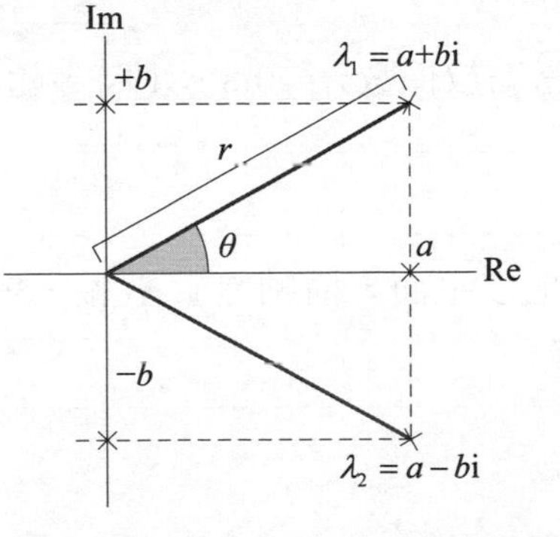

▲ 圖 13.14　一對共軛特徵值

兩者的關係如圖 13.14 所示。圖 13.14 橫軸為實部，縱軸為虛部。

圖 13.14 中，兩個共軛特徵值的模相等，令 r 為複數特徵值的模，容易發現，r 是矩陣 $\boldsymbol{A}$ 行列式值的平方根，即

$$r = |\lambda| = \sqrt{a^2 + b^2} = \sqrt{|\boldsymbol{A}|} \tag{13.58}$$

因此，$\boldsymbol{A}$ 可以寫成

$$\boldsymbol{A} = \sqrt{a^2 + b^2}\begin{bmatrix} \frac{a}{\sqrt{a^2+b^2}} & \frac{-b}{\sqrt{a^2+b^2}} \\ \frac{b}{\sqrt{a^2+b^2}} & \frac{a}{\sqrt{a^2+b^2}} \end{bmatrix} = r\begin{bmatrix} \cos\theta & -\sin\theta \\ \sin\theta & \cos\theta \end{bmatrix} = \underbrace{\begin{bmatrix} \cos\theta & -\sin\theta \\ \sin\theta & \cos\theta \end{bmatrix}}_{\boldsymbol{R}}\underbrace{\begin{bmatrix} r & 0 \\ 0 & r \end{bmatrix}}_{\boldsymbol{S}} \tag{13.59}$$

圖 13.14 所示的複平面上，θ 為 (0 , 0) 到 (a , b) 線段和水平軸正方向夾角，θ 也叫做複數 $\lambda_1 = a + b\mathrm{i}$ 的輻角。本書系《AI 時代 Math 元年 - 用 Python 全精通資料可視化》專門提供複數、複數函式的視覺化方案，請大家參考。

幾何角度

有了上述分析，矩陣 $\boldsymbol{A}$ 的幾何變換就變得很清楚，$\boldsymbol{A}$ 是縮放 ($\boldsymbol{S}$) 和旋轉 ($\boldsymbol{R}$) 的複合。列出平面上某個 $\boldsymbol{x}_0$，將矩陣 $\boldsymbol{A}$ 不斷作用在 $\boldsymbol{x}_0$ 上，有

$$\boldsymbol{x}_n = \boldsymbol{A}^n \boldsymbol{x}_0 \tag{13.60}$$

如圖 13.15(a) 所示，當縮放係數 $r = 1.2 > 1$ 時，我們可以看到，隨著 n 增大，向量 $\boldsymbol{x}_n$ 不斷旋轉向外發散。

如圖 13.15(b) 所示，當縮放係數 $r = 0.8 < 1$ 時，隨著 n 增大，向量 $\boldsymbol{x}_n$ 不斷旋轉向內收縮。

> 注意：圖 13.14 中平面是複平面，橫軸是實數軸，縱軸是虛數軸 。而圖 13.15 則是實數 x_1x_2 平面。

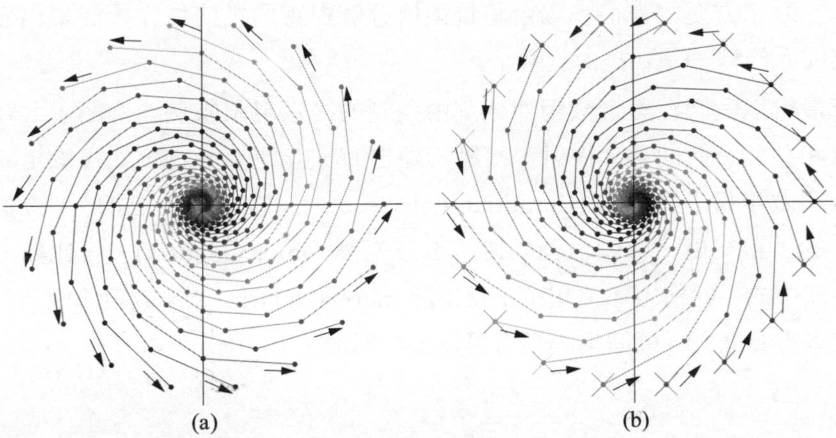

▲ 圖 13.15　在矩陣 $\boldsymbol{A}$ 幾何變換重複下，向量的 $\boldsymbol{x}$ 位置變化

Bk4_Ch13_03.py 繪製圖 13.15。

圖 13.16 所示的四幅子圖其實是一張圖，它代表著特徵值分解的幾何角度一「旋轉 → 縮放 → 旋轉」。這一點對於埋解分解尤其重要。

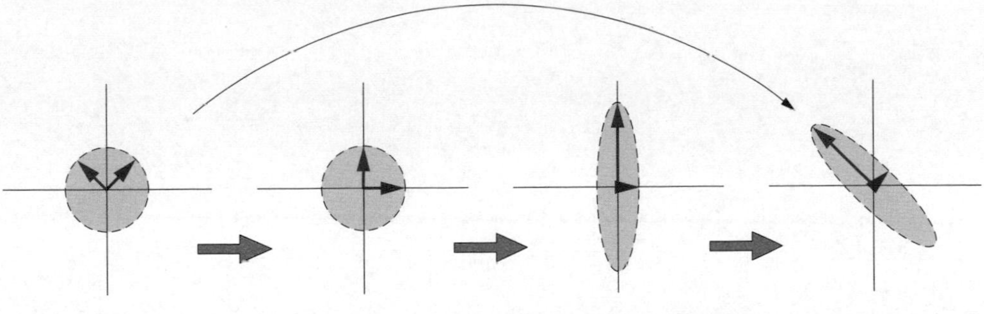

▲ 圖 13.16　總結本章重要內容的四幅圖

此外，請大家特別注意對稱矩陣的特徵值分解叫譜分解，結果中 $\boldsymbol{V}$ 為正交矩陣，即規範正交基底。再次強調，譜分解得到的正交矩陣 $\boldsymbol{V}$，只有 $\det(\boldsymbol{V}) = 1$ 時，$\boldsymbol{V}$ 才叫旋轉矩陣；當 $\det(\boldsymbol{V}) = -1$，$\boldsymbol{V}$ 對應的操作為「旋轉 + 鏡像」。

此外，為了方便本書很多場合將特徵值分解對應的幾何操作「簡單粗暴」地寫成「旋轉 → 縮放 → 旋轉」。

本章最後以我們在對實數矩陣分解中遇到的複數現象為例，介紹了共軛特徵值和共軛特徵向量。注意，複數矩陣自有一套運算系統，如複數矩陣的轉置叫做**埃爾米特轉置** (Hermitian transpose)，記號一般用上標 ^{H}。複數矩陣中的「正交矩陣」叫做**酉矩陣**、**么正矩陣** (unitary matrix)。再比如，複數矩陣中的「對稱矩陣」叫做**正規矩陣** (normal matrix)。複數矩陣相關內容不在本書範圍內，感興趣的讀者可以自行學習。

Dive into Eigen Decomposition

14 深入特徵值分解

無處不在的特徵值分解

生命之哀，並非求其上，卻得其中；而是求其下，必得其下。

The greater danger for most of us lies not in setting our aim too high and falling short; but in setting our aim too low, and achieving our mark.

——米開朗基羅（*Michelangelo*）| 文藝復興三傑之一 | *1475—1564*

- numpy.meshgrid() 產生網格化資料
- numpy.prod() 指定軸的元素乘積
- numpy.linalg.inv() 矩陣求逆
- numpy.linalg.eig() 特徵值分解
- numpy.diag() 以一維陣列的形式傳回方陣的對角線元素，或將一維陣列轉換成對角陣
- seaborn.heatmap() 繪製熱圖

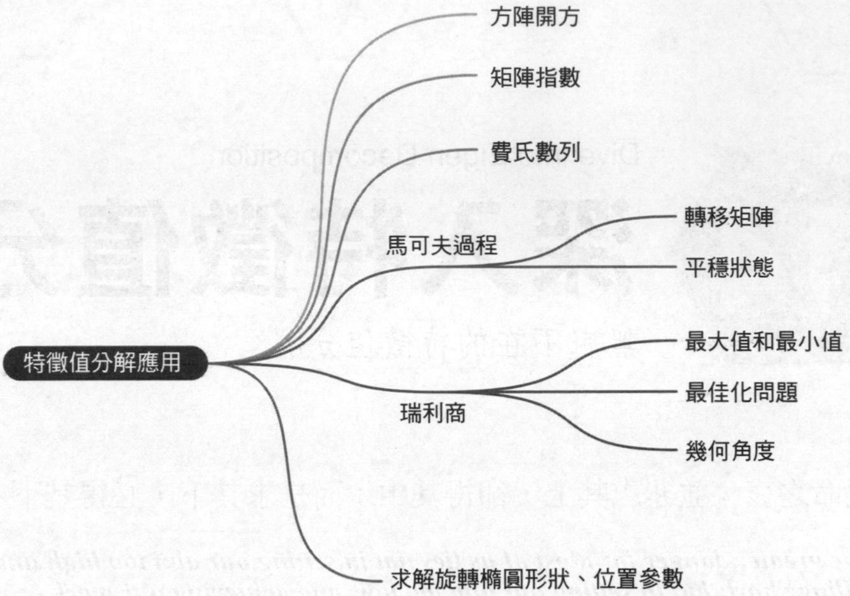

14.1 方陣開方

本章是上一章的延續，本章繼續探討特徵值分解及其應用。這一節介紹利用特徵值分解完成方陣開方。

如果方陣 $\boldsymbol{A}$ 可以寫作

$$\boldsymbol{A} = \boldsymbol{B}\boldsymbol{B} \tag{14.1}$$

其中：$\boldsymbol{B}$ 為 $\boldsymbol{A}$ 的平方根。利用特徵值分解，可以求得 $\boldsymbol{A}$ 的平方根。

首先對矩陣 $\boldsymbol{A}$ 進行特徵值分解，有

$$\boldsymbol{A} = \boldsymbol{V}\boldsymbol{\Lambda}\boldsymbol{V}^{-1} \tag{14.2}$$

令

$$\boldsymbol{B} = \boldsymbol{V}\boldsymbol{\Lambda}^{\frac{1}{2}}\boldsymbol{V}^{-1} \tag{14.3}$$

$\boldsymbol{B}^2$ 可以寫成

$$\boldsymbol{B}^2 = \left(\boldsymbol{V}\boldsymbol{\Lambda}^{\frac{1}{2}}\boldsymbol{V}^{-1}\right)^2 = \boldsymbol{V}\boldsymbol{\Lambda}^{\frac{1}{2}}\underbrace{\boldsymbol{V}^{-1}\boldsymbol{V}}_{\boldsymbol{I}}\boldsymbol{\Lambda}^{\frac{1}{2}}\boldsymbol{V}^{-1} = \boldsymbol{V}\boldsymbol{\Lambda}\boldsymbol{V}^{-1} = \boldsymbol{A} \tag{14.4}$$

即

$$\boldsymbol{A}^{\frac{1}{2}} = \boldsymbol{V}\boldsymbol{\Lambda}^{\frac{1}{2}}\boldsymbol{V}^{-1} \tag{14.5}$$

同理，方陣 $\boldsymbol{A}$ 的立方根可以寫成

$$\boldsymbol{A}^{\frac{1}{3}} = \boldsymbol{V}\boldsymbol{\Lambda}^{\frac{1}{3}}\boldsymbol{V}^{-1} \tag{14.6}$$

繼續推廣，可以得到

$$\boldsymbol{A}^{p} = \boldsymbol{V}\boldsymbol{\Lambda}^{p}\boldsymbol{V}^{-1} \tag{14.7}$$

其中：p 為任意實數。

舉個例子

求解矩陣的平方根。給定方陣 $\boldsymbol{A}$ 為

$$\boldsymbol{A} = \begin{bmatrix} 1.25 & -0.75 \\ -0.75 & 1.25 \end{bmatrix} \tag{14.8}$$

對 $\boldsymbol{A}$ 進行特徵值分解得到

$$\boldsymbol{A} = \begin{bmatrix} 1.25 & -0.75 \\ -0.75 & 1.25 \end{bmatrix} = \boldsymbol{V}\boldsymbol{\Lambda}\boldsymbol{V}^{-1} = \begin{bmatrix} \sqrt{2}/2 & \sqrt{2}/2 \\ -\sqrt{2}/2 & \sqrt{2}/2 \end{bmatrix}\begin{bmatrix} 2 & 0 \\ 0 & 1/2 \end{bmatrix}\begin{bmatrix} \sqrt{2}/2 & -\sqrt{2}/2 \\ \sqrt{2}/2 & \sqrt{2}/2 \end{bmatrix} \tag{14.9}$$

矩陣 $\boldsymbol{B}$ 為

$$\begin{aligned} \boldsymbol{B} = \boldsymbol{V}\boldsymbol{\Lambda}^{\frac{1}{2}}\boldsymbol{V}^{-1} &= \begin{bmatrix} \sqrt{2}/2 & \sqrt{2}/2 \\ -\sqrt{2}/2 & \sqrt{2}/2 \end{bmatrix}\begin{bmatrix} \sqrt{2} & 0 \\ 0 & \sqrt{2}/2 \end{bmatrix}\begin{bmatrix} \sqrt{2}/2 & -\sqrt{2}/2 \\ \sqrt{2}/2 & \sqrt{2}/2 \end{bmatrix} \\ &= \begin{bmatrix} 1 & 1/2 \\ -1 & 1/2 \end{bmatrix}\begin{bmatrix} \sqrt{2}/2 & -\sqrt{2}/2 \\ \sqrt{2}/2 & \sqrt{2}/2 \end{bmatrix} = \begin{bmatrix} 3\sqrt{2}/4 & -\sqrt{2}/4 \\ -\sqrt{2}/4 & 3\sqrt{2}/4 \end{bmatrix} \end{aligned} \tag{14.10}$$

Bk4_Ch14_01.py 求解上述例子中 $\boldsymbol{A}$ 的平方根。

14.2 矩陣指數：冪級數的推廣

給定一個純量 a，指數 e^a 可以用冪級數展開表達為

$$e^a = \exp(a) = 1 + a + \frac{1}{2!}a^2 + \frac{1}{3!}a^3 + \cdots \quad (14.11)$$

對於式 (14.11) 這個式子感到生疏的讀者，可以回顧《AI 時代 Math 元年 - 用 Python 全精通數學要素》一書第 17 章有關泰勒展開的相關內容。

同理，對於方陣 $\boldsymbol{A}$，可以定義**矩陣指數** (matrix exponential) $e^{\boldsymbol{A}}$ 為一個收斂冪級數，有

$$e^{\boldsymbol{A}} = \exp(\boldsymbol{A}) = \boldsymbol{I} + \boldsymbol{A} + \frac{1}{2!}\boldsymbol{A}^2 + \frac{1}{3!}\boldsymbol{A}^3 + \cdots \quad (14.12)$$

如果 $\boldsymbol{A}$ 可以進行特徵值分解得到以下等式，計算式 (14.12) 則會容易很多，即

$$\boldsymbol{A} = \boldsymbol{V}\boldsymbol{\Lambda}\boldsymbol{V}^{-1} \quad (14.13)$$

其中

$$\boldsymbol{\Lambda} = \begin{bmatrix} \lambda_1 & & & \\ & \lambda_2 & & \\ & & \ddots & \\ & & & \lambda_D \end{bmatrix} \quad (14.14)$$

利用特徵值分解，$\boldsymbol{A}^k$ 可以寫作

$$\boldsymbol{A}^k = \boldsymbol{V}\boldsymbol{\Lambda}^k\boldsymbol{V}^{-1} \tag{14.15}$$

其中：k 為非負整數。

將式 (14.15) 代入式 (14.12)，得到

$$e^{\boldsymbol{A}} = \exp(\boldsymbol{A}) = \boldsymbol{V}\boldsymbol{V}^{-1} + \boldsymbol{V}\boldsymbol{\Lambda}\boldsymbol{V}^{-1} + \frac{1}{2!}\boldsymbol{V}\boldsymbol{\Lambda}^2\boldsymbol{V}^{-1} + \frac{1}{3!}\boldsymbol{V}\boldsymbol{\Lambda}^3\boldsymbol{V}^{-1} + \cdots \tag{14.16}$$

特別地，對角方陣 Λ 的矩陣指數為

$$e^{\boldsymbol{\Lambda}} = \exp(\boldsymbol{\Lambda}) = \boldsymbol{I} + \boldsymbol{\Lambda} + \frac{1}{2!}\boldsymbol{\Lambda}^2 + \frac{1}{3!}\boldsymbol{\Lambda}^3 + \cdots \tag{14.17}$$

容易計算對角陣 Λ 的矩陣指數 e^{Λ} 為

$$\begin{aligned} e^{\boldsymbol{\Lambda}} &= \exp(\boldsymbol{\Lambda}) = \boldsymbol{I} + \boldsymbol{\Lambda} + \frac{1}{2!}\boldsymbol{\Lambda}^2 + \frac{1}{3!}\boldsymbol{\Lambda}^3 + \cdots \\ &= \begin{bmatrix} 1 & & & \\ & 1 & & \\ & & \ddots & \\ & & & 1 \end{bmatrix} + \begin{bmatrix} \lambda_1 & & & \\ & \lambda_2 & & \\ & & \ddots & \\ & & & \lambda_D \end{bmatrix} + \frac{1}{2!}\begin{bmatrix} \lambda_1^2 & & & \\ & \lambda_2^2 & & \\ & & \ddots & \\ & & & \lambda_D^2 \end{bmatrix} + \cdots \\ &= \lim_{n\to\infty}\begin{bmatrix} \sum_{k=0}^{n}\frac{1}{k!}\lambda_1^k & & & \\ & \sum_{k=0}^{n}\frac{1}{k!}\lambda_2^k & & \\ & & \ddots & \\ & & & \sum_{k=0}^{n}\frac{1}{k!}\lambda_D^k \end{bmatrix} = \begin{bmatrix} e^{\lambda_1} & & & \\ & e^{\lambda_2} & & \\ & & \ddots & \\ & & & e^{\lambda_D} \end{bmatrix} \end{aligned} \tag{14.18}$$

將式 (14.17) 代入式 (14.16)，得到

$$\exp(\boldsymbol{A}) = \boldsymbol{V}\exp(\boldsymbol{\Lambda})\boldsymbol{V}^{-1} \tag{14.19}$$

將式 (14.18) 代入式 (14.19)，得到

$$\exp(\boldsymbol{A}) = \boldsymbol{V}\begin{bmatrix} \mathrm{e}^{\lambda_1} & & & \\ & \mathrm{e}^{\lambda_2} & & \\ & & \ddots & \\ & & & \mathrm{e}^{\lambda_D} \end{bmatrix}\boldsymbol{V}^{-1} \tag{14.20}$$

Python 中可以用 scipy.linalg.expm() 計算矩陣指數。

14.3 費氏數列：求通項式

《AI 時代 Math 元年 - 用 Python 全精通數學要素》一書第 14 章介紹過**費氏數列** (Fibonacci number)，本節介紹如何使用特徵值分解推導得到費氏數列的通項式。

費氏數列可以透過以下**遞迴** (recursion) 方法獲得，即

$$\begin{cases} F_0 = 0 \\ F_1 = 1 \\ F_n = F_{n-1} + F_{n-2}, \quad n \geqslant 2 \end{cases} \tag{14.21}$$

包括第 0 項，費氏數列的前 11 項為

$$0, 1, 1, 2, 3, 5, 8, 13, 21, 34, 55 \tag{14.22}$$

建構列向量

將費氏數列連續每兩項寫成列向量形式，有

$$\boldsymbol{x}_0 = \begin{bmatrix} F_0 \\ F_1 \end{bmatrix} = \begin{bmatrix} 0 \\ 1 \end{bmatrix}, \ \boldsymbol{x}_1 = \begin{bmatrix} F_1 \\ F_2 \end{bmatrix} = \begin{bmatrix} 1 \\ 1 \end{bmatrix}, \ \boldsymbol{x}_2 = \begin{bmatrix} F_2 \\ F_3 \end{bmatrix} = \begin{bmatrix} 1 \\ 2 \end{bmatrix}, \ \boldsymbol{x}_3 = \begin{bmatrix} F_3 \\ F_4 \end{bmatrix} = \begin{bmatrix} 2 \\ 3 \end{bmatrix}, \ \boldsymbol{x}_4 = \begin{bmatrix} F_4 \\ F_5 \end{bmatrix} = \begin{bmatrix} 3 \\ 5 \end{bmatrix}, \cdots \tag{14.23}$$

圖 14.1 所示為列向量連續變化的過程，能夠看到它們逐漸收斂到一條直線上。這條直線通過原點，斜率實際上是**黃金分割** (golden ratio)，即

$$\varphi = \frac{\sqrt{5}+1}{2} \approx 1.61803 \tag{14.24}$$

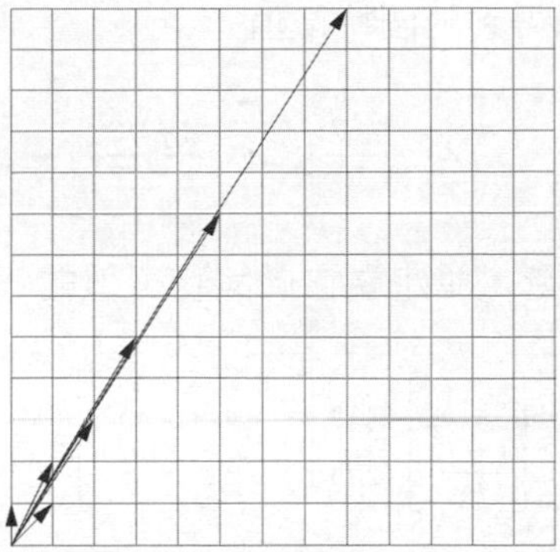

▲ 圖 14.1　費氏數列列向量連續變化過程

連續列向量間關係

數列的第 $k+1$ 項 $\boldsymbol{x}_{k+1}$ 和第 k 項 $\boldsymbol{x}_k$ 之間的關係可以寫成矩陣運算

$$\boldsymbol{x}_{k+1} = \begin{bmatrix} F_{k+1} \\ F_{k+2} \end{bmatrix} = \boldsymbol{A}\boldsymbol{x}_k = \boldsymbol{A}\begin{bmatrix} F_k \\ F_{k+1} \end{bmatrix} \tag{14.25}$$

其中

$$\boldsymbol{A} = \begin{bmatrix} 0 & 1 \\ 1 & 1 \end{bmatrix} \tag{14.26}$$

觀察式 (14.26) 中的 $\boldsymbol{A}$，發現 $\boldsymbol{A}$ 對應的幾何操作是「剪切 + 鏡像」的合成。

有了式 (14.25)，$\boldsymbol{x}_k$ 可以寫成

$$\boldsymbol{x}_k = \boldsymbol{A}\boldsymbol{x}_{k-1} = \boldsymbol{A}^2\boldsymbol{x}_{k-2} = \boldsymbol{A}^3\boldsymbol{x}_{k-3} = \cdots = \boldsymbol{A}^k\boldsymbol{x}_0 \tag{14.27}$$

特徵值分解

$\boldsymbol{A}$ 的特徵方程式為

$$\lambda^2 - \lambda - 1 = 0 \tag{14.28}$$

求解式 (14.28)，可以得到兩個特徵值

$$\lambda_1 = \frac{1-\sqrt{5}}{2},\quad \lambda_2 = \frac{1+\sqrt{5}}{2} \tag{14.29}$$

然後求得兩個特徵向量，並建立它們與特徵值的關係為

$$\boldsymbol{v}_1 = \begin{bmatrix} 1 \\ \dfrac{1-\sqrt{5}}{2} \end{bmatrix} = \begin{bmatrix} 1 \\ \lambda_1 \end{bmatrix},\quad \boldsymbol{v}_2 = \begin{bmatrix} 1 \\ \dfrac{1+\sqrt{5}}{2} \end{bmatrix} = \begin{bmatrix} 1 \\ \lambda_2 \end{bmatrix} \tag{14.30}$$

這樣，$\boldsymbol{A}$ 的特徵值分解可以寫成

$$\boldsymbol{A} = \boldsymbol{V}\boldsymbol{\Lambda}\boldsymbol{V}^{-1} \tag{14.31}$$

其中

$$\boldsymbol{\Lambda} = \begin{bmatrix} \lambda_1 & \\ & \lambda_2 \end{bmatrix},\quad \boldsymbol{V} = \begin{bmatrix} 1 & 1 \\ \lambda_1 & \lambda_2 \end{bmatrix},\quad \boldsymbol{V}^{-1} = \frac{1}{\lambda_2 - \lambda_1}\begin{bmatrix} \lambda_2 & -1 \\ -\lambda_1 & 1 \end{bmatrix} \tag{14.32}$$

$\boldsymbol{x}_k$ 可以寫成

$$\boldsymbol{x}_k = \boldsymbol{V}\boldsymbol{\Lambda}^k\boldsymbol{V}^{-1}\boldsymbol{x}_0 \tag{14.33}$$

將式 (14.32) 代入式 (14.33)，得到

$$\begin{aligned} \boldsymbol{x}_k &= \frac{1}{\lambda_2 - \lambda_1}\begin{bmatrix} 1 & 1 \\ \lambda_1 & \lambda_2 \end{bmatrix}\begin{bmatrix} \lambda_1^k & \\ & \lambda_2^k \end{bmatrix}\begin{bmatrix} \lambda_2 & -1 \\ -\lambda_1 & 1 \end{bmatrix}\begin{bmatrix} 0 \\ 1 \end{bmatrix} \\ &= \frac{1}{\lambda_2 - \lambda_1}\begin{bmatrix} \lambda_2^k - \lambda_1^k \\ \lambda_2^{k+1} - \lambda_1^{k+1} \end{bmatrix} \end{aligned} \tag{14.34}$$

即

$$\begin{bmatrix} F_k \\ F_{k+1} \end{bmatrix} = \frac{1}{\lambda_2 - \lambda_1}\begin{bmatrix} \lambda_2^k - \lambda_1^k \\ \lambda_2^{k+1} - \lambda_1^{k+1} \end{bmatrix} \tag{14.35}$$

確定通項式

F_k 可以寫成

$$F_k = \frac{\lambda_2^k - \lambda_1^k}{\lambda_2 - \lambda_1} \tag{14.36}$$

將式 (14.29) 代入式 (14.36) 得到 F_k 的解析式為

$$F_k = \frac{\left(\frac{1+\sqrt{5}}{2}\right)^k - \left(\frac{1-\sqrt{5}}{2}\right)^k}{\sqrt{5}} \tag{14.37}$$

至此，我們透過特徵值分解得到費氏數列通項式的解析式。

14.4 馬可夫過程的平穩狀態

本書系在《AI 時代 Math 元年 - 用 Python 全精通數學要素》一書雞兔同籠三部曲中虛構了「雞兔互變」的故事。本節回顧這個故事，並介紹如何用特徵值分解求解其平穩狀態。

圖 14.2 所示描述雞兔互變的比例，每晚有 30% 的小雞變成小兔，其他小雞不變；同時，每晚有 20% 小兔變成小雞，其餘小兔不變。這個轉化的過程叫做**馬可夫過程** (Markov process)。

馬可夫過程滿足下列三個性質：① 可能輸出狀態有限；② 下一步輸出的機率僅依賴於上一步的輸出狀態；③ 機率值相對於時間為常數。

「雞兔互變」這個例子中，第 k 天，雞兔的比例用列向量 $\pi(k)$ 表示；其中，$\pi(k)$ 第一行元素代表小雞的比例，第二行元素代表小兔的比例。第 $k+1$ 天，雞兔的比例用列向量 $\pi(k+1)$ 表示。

圖 14.2 中變化的比例寫成方陣 $\boldsymbol{T}$，$\boldsymbol{T}$ 通常叫做**轉移矩陣** (transition matrix)。

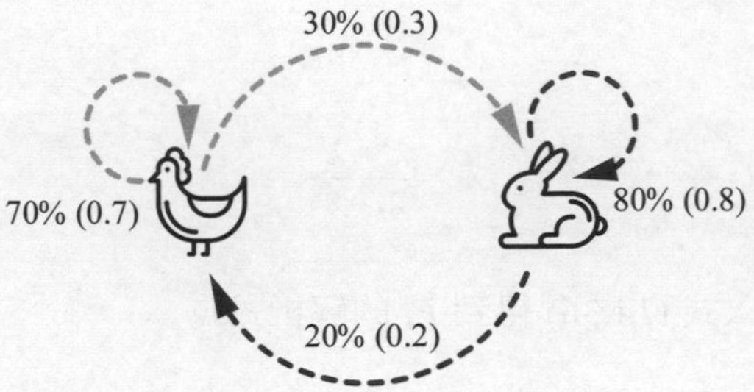

▲ 圖 14.2　雞兔互變的比例

這樣 $k \to k+1$ 變化過程可以寫成

$$k \to k+1: \quad \boldsymbol{T}\boldsymbol{\pi}(k) = \boldsymbol{\pi}(k+1) \tag{14.38}$$

對於雞兔互變，$\boldsymbol{T}$ 為

$$\boldsymbol{T} = \begin{bmatrix} 0.7 & 0.2 \\ 0.3 & 0.8 \end{bmatrix} \tag{14.39}$$

求平穩狀態

觀察圖 14.3，我們初步得出結論，不管初始狀態向量 ($k = 0$) 如何，雞兔比例最後都達到了一定的平衡，也就是

$$\boldsymbol{T}\boldsymbol{\pi} = \boldsymbol{\pi} \tag{14.40}$$

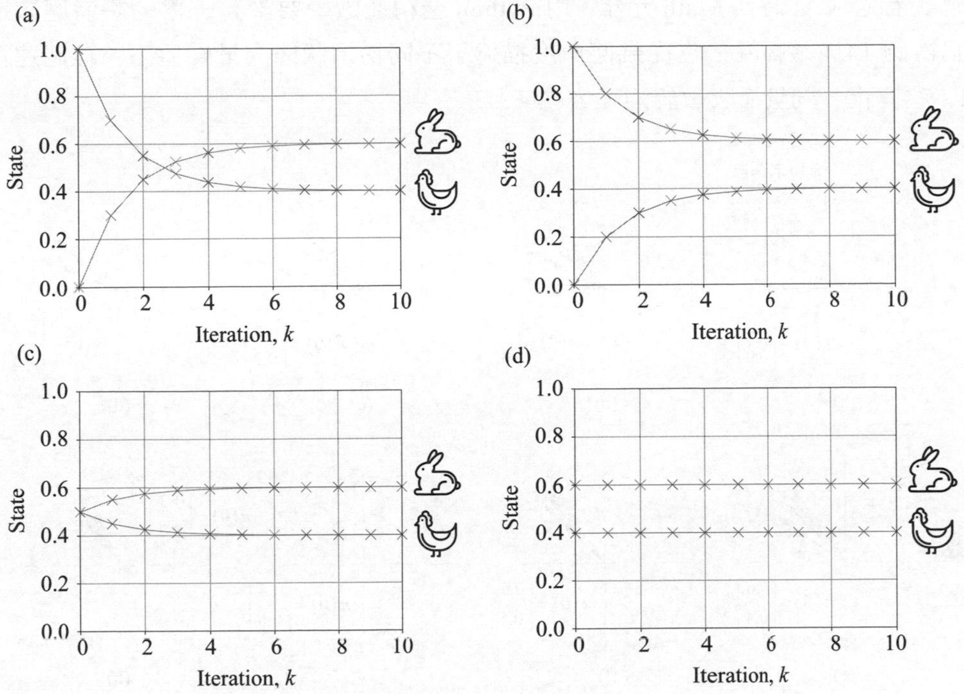

▲ 圖 14.3　不同初始狀態條件下平穩狀態

有了本書特徵值分解的相關知識，相信大家一眼就看出來，式 (14.40) 告訴我們 π 是 $\boldsymbol{T}$ 的特徵向量。對 $\boldsymbol{T}$ 進行特徵值分解得到兩個單位特徵向量為

$$\boldsymbol{v}_1 = \begin{bmatrix} -0.707 \\ 0.707 \end{bmatrix}, \quad \boldsymbol{v}_2 = \begin{bmatrix} 0.5547 \\ 0.8321 \end{bmatrix} \tag{14.41}$$

雞、兔比例非負，且兩者之和為 1。因此選擇 $\boldsymbol{v}_2$ 來計算 π，有

$$\boldsymbol{\pi} = \frac{1}{0.5547 + 0.8321} \boldsymbol{v}_2 = \frac{1}{0.5547 + 0.8321} \begin{bmatrix} 0.5547 \\ 0.8321 \end{bmatrix} = \begin{bmatrix} 0.4 \\ 0.6 \end{bmatrix} \tag{14.42}$$

這個 π 叫做**平穩狀態** (steady state)。

Bk4_Ch14_02.py 繪製圖 14.3。

看過《AI 時代 Math 元年 - 用 Python 全精通數學要素》一書的讀者應該還記得圖 14.4 這幅圖，它從幾何角度描述了不同初始狀態向量條件下，經過連續 12 次變化，向量都收斂於同一方向。

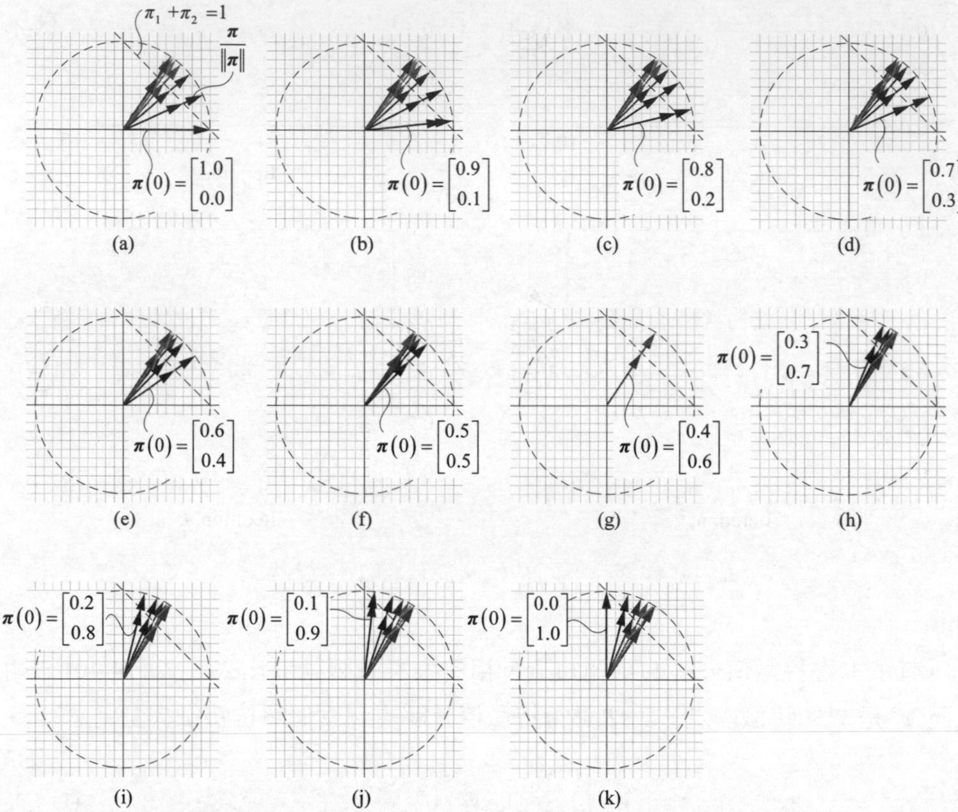

▲ 圖 14.4 連續 12 夜雞兔互變比例，幾何角度 (圖片來自《AI 時代 Math 元年 - 用 Python 全精通數學要素》)

在 Bk4_Ch14_02.py 的基礎上，我們用 Streamlit 做了一個 App，模擬不同雞兔比例條件下，達到平衡過程的動畫。大家可以輸入雞兔比例，也可以改變模擬「夜數」。請大家參考 Streamlit_Bk4_Ch14_02.py。

14.5 瑞利商

瑞利商 (Rayleigh quotient) 在很多機器學習演算法中扮演著重要角色，瑞利商和特徵值分解有著密

切關係。本節利用幾何角度視覺化瑞利商，讓大家深入理解瑞利商這個概念。

定義

給定實數對稱矩陣 $\boldsymbol{A}$，它的瑞利商定義為

$$R(\boldsymbol{x}) = \frac{\boldsymbol{x}^{\mathrm{T}} \boldsymbol{A} \boldsymbol{x}}{\boldsymbol{x}^{\mathrm{T}} \boldsymbol{x}} \tag{14.43}$$

其中：$\boldsymbol{x} = [x_1, x_2, \cdots, x_D]^{\mathrm{T}}$。式 (14.43) 中 $\boldsymbol{x}$ 不能為零向量 $\boldsymbol{0}$，也就是說，$x_1, x_2, \cdots, x_D$ 不能同時為 0。此外，請大家格外注意，式 (14.43) 的分子和分母都是純量。

先列出結論，瑞利商 $R(\boldsymbol{x})$ 的設定值範圍為

$$\lambda_{\min} \leqslant R(\boldsymbol{x}) \leqslant \lambda_{\max} \tag{14.44}$$

其中：$\lambda_{\min}$ 和 $\lambda_{\max}$ 分別為矩陣 $\boldsymbol{A}$ 的最小特徵值和最大特徵值。

最大值和最小值

求解式 (14.43) 中 $R(\boldsymbol{x})$ 的最大值、最小值，等值於 $R(\boldsymbol{x})$ 分母為定值條件下，求解分子的最大值和最小值。

令 $\boldsymbol{x}$ 為單位向量，即

$$\boldsymbol{x}^{\mathrm{T}} \boldsymbol{x} = \|\boldsymbol{x}\|_2^2 = 1 \quad \Leftrightarrow \quad \|\boldsymbol{x}\|_2 = 1 \tag{14.45}$$

A 為對稱矩陣，對其特徵值分解得到

$$A = V\Lambda V^{\mathrm{T}} \tag{14.46}$$

$R(x)$ 的分子可以寫成

$$\left(V^{\mathrm{T}}x\right)^{\mathrm{T}}\Lambda\left(V^{\mathrm{T}}x\right) = \left(V^{\mathrm{T}}x\right)^{\mathrm{T}}\begin{bmatrix}\lambda_1 & & & \\ & \lambda_2 & & \\ & & \ddots & \\ & & & \lambda_D\end{bmatrix}\left(V^{\mathrm{T}}x\right) \tag{14.47}$$

令

$$y = V^{\mathrm{T}}x \tag{14.48}$$

這樣，式 (14.48) 可以寫成

$$y^{\mathrm{T}}\begin{bmatrix}\lambda_1 & & & \\ & \lambda_2 & & \\ & & \ddots & \\ & & & \lambda_D\end{bmatrix}y = \begin{bmatrix}y_1 \\ y_2 \\ \vdots \\ y_D\end{bmatrix}^{\mathrm{T}}\begin{bmatrix}\lambda_1 & & & \\ & \lambda_2 & & \\ & & \ddots & \\ & & & \lambda_D\end{bmatrix}\begin{bmatrix}y_1 \\ y_2 \\ \vdots \\ y_D\end{bmatrix} = \lambda_1 y_1^2 + \lambda_2 y_2^2 + \cdots + \lambda_D y_D^2 \tag{14.49}$$

同理，$R(x)$ 的分母可以寫成

$$x^{\mathrm{T}}x = \left(V^{\mathrm{T}}x\right)^{\mathrm{T}}\left(V^{\mathrm{T}}x\right) = y^{\mathrm{T}}y = y_1^2 + y_2^2 + \cdots + y_D^2 = 1 \tag{14.50}$$

這樣，瑞利商就可以簡潔地寫成以 y 為引數的函式 $R(y)$，有

$$R(y) = \frac{\lambda_1 y_1^2 + \lambda_2 y_2^2 + \cdots + \lambda_D y_D^2}{y_1^2 + y_2^2 + \cdots + y_D^2} \tag{14.51}$$

舉個例子

下面，我們以 2×2 矩陣為例，講解如何求解瑞利商。給定 A 為

$$A = \begin{bmatrix}1.5 & 0.5 \\ 0.5 & 1.5\end{bmatrix} \tag{14.52}$$

$R(\boldsymbol{x})$ 為

$$R(\boldsymbol{x})=\frac{\begin{bmatrix}x_1\\x_2\end{bmatrix}^{\mathrm{T}}\begin{bmatrix}1.5 & 0.5\\0.5 & 1.5\end{bmatrix}\begin{bmatrix}x_1\\x_2\end{bmatrix}}{\begin{bmatrix}x_1\\x_2\end{bmatrix}^{\mathrm{T}}\begin{bmatrix}x_1\\x_2\end{bmatrix}}=\frac{1.5x_1^2+x_1x_2+1.5x_2^2}{x_1^2+x_2^2} \tag{14.53}$$

$\boldsymbol{A}$ 的兩個特徵值分別為 $\lambda_1=2$，$\lambda_2=1$。$R(\boldsymbol{x})$ 等值於 $R(\boldsymbol{y})$，根據式 (14.51)，$R(\boldsymbol{y})$ 可以寫成

$$R(\boldsymbol{y})=\frac{y_1^2+2y_2^2}{y_1^2+y_2^2} \tag{14.54}$$

推導最值

求解 $R(\boldsymbol{y})$ 的最大值、最小值，等值於 $R(\boldsymbol{y})$ 分母為 1 條件下，分子的最大值和最小值。

簡單推導 $R(\boldsymbol{y})$ 最大值為

$$R(\boldsymbol{y})=y_1^2+2y_2^2\leqslant 2\underbrace{\left(y_1^2+y_2^2\right)}_{1}=2 \tag{14.55}$$

$R(\boldsymbol{y})$ 的最小值為

$$R(\boldsymbol{y})=y_1^2+2y_2^2\geqslant \underbrace{\left(y_1^2+y_2^2\right)}_{1}=1 \tag{14.56}$$

幾何角度

下面我們用幾何方法來解釋瑞利商。

式 (14.53) 的分母為 1，表示分母代表的幾何圖形是個單位圓，即

$$x_1^2+x_2^2=1 \tag{14.57}$$

式 (14.53) 分子對應二次函式

$$f\left(x_1, x_2\right) = 1.5x_1^2 + x_1x_2 + 1.5x_2^2 \tag{14.58}$$

這個二次函式的等高線圖如圖 14.5(a) 所示。$f(x_1, x_2)$ 等高線與單位圓相交的交點中找到 $f(x_1, x_2)$ 在非線性等式約束條件下取得最大值和最小值點。最大特徵值 λ_1 對應的特徵向量 $\boldsymbol{v}_1$，在 $\boldsymbol{v}_1$ 這個方向上作一條直線，直線與單位圓交點 (x_1, x_2) 對應的就是瑞利商的最大值點；此時，瑞利商的最大值為 λ_1。

從最佳化角度來看，上述問題實際上是個含約束最佳化問題，本書第 18 章將介紹如何利用拉格朗日乘子法將含約束最佳化問題轉化為無約束最佳化問題。

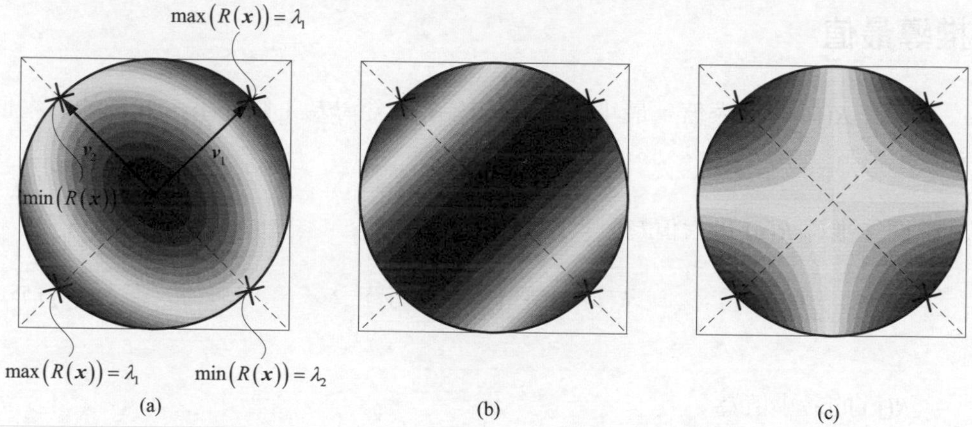

▲ 圖 14.5　平面上視覺化 $f(x_1, x_2)$ 和單位圓

圖 14.6(a) 所示為 $f(x_1, x_2)$ 曲面，以及單位圓在曲面上的映射得到的曲線。

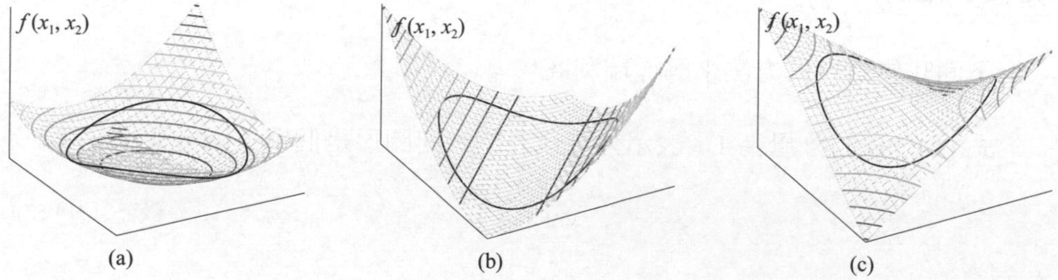

▲ 圖 14.6　三維空間中視覺化 $f(x_1, x_2)$ 和單位圓

從代數角度來看 ，上述問題實際上是個含約束最佳化問題 ，本書第 18 章將介紹如何利用拉格朗日乘子法將 含約束最佳化問題轉化為無約束最佳化問題。

Bk4_Ch14_03.py 繪製圖 14.5 和圖 14.6。

採用單位圓作為限制條件是為了簡化瑞利商對應的最佳化問題，而且單位元圓正好是單位向量終點的落點。實際上滿足瑞利商最大值的點 (x_1, x_2) 有無數個，它們都位於特徵向量 $\boldsymbol{v}_1$ 所在直線上。我們能從圖 14.7 中一睹瑞利商 $R(x_1, x_2)$ 曲面形狀的真容，以及瑞利商最大值和最小值對應的 (x_1, x_2) 座標值。

注意：瑞利商 $R(x_1, x_2)$ 在 (0, 0) 沒有定義。

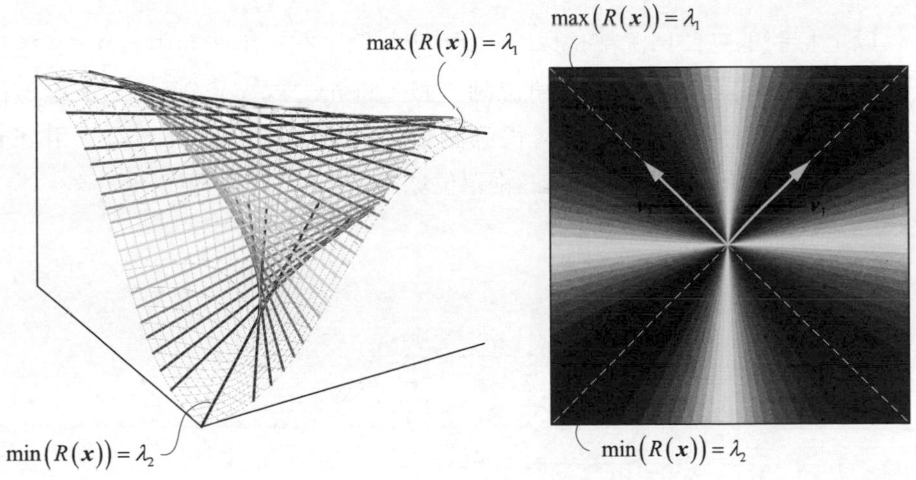

▲ 圖 14.7　三維空間中視覺化瑞利商

再舉兩個例子

給定矩陣 $\boldsymbol{A}$ 為

$$\boldsymbol{A}=\begin{bmatrix}0.5 & -0.5\\ -0.5 & 0.5\end{bmatrix} \tag{14.59}$$

它的特徵值分別為 $\lambda_1 = 1$，$\lambda_2 = 0$。$f(x_1 , x_2)$ 等高線和曲面如圖 14.5(b) 和圖 14.6(b) 所示。

圖 14.5(c) 所示等高線對應的矩陣 $\boldsymbol{A}$ 為

$$\boldsymbol{A}=\begin{bmatrix}0 & -1\\ -1 & 0\end{bmatrix} \tag{14.60}$$

它的特徵值分別為 $\lambda_1 = 1$，$\lambda_2 = -1$。圖 14.6(c) 所示為 $f(x_1 , x_2)$ 曲面的形狀。

三維空間

以上探討的三種情況都是以 2×2 矩陣為例。在三維空間中，$D = 3$ 這種情況下，式 (14.45) 對應的是一個單位圓球體，將 $f(x_1, x_2, x_3)$ 三元函式的數值以等高線的形式映射到單位圓球體，得到圖 14.8。《AI 時代 Math 元年 - 用 Python 全精通資料可視化》專門介紹過三維單位球體表面瑞利商的視覺化方案。

▲ 圖 14.8　三維單位球體表面瑞利商值等高線

14.6 再談橢圓：特徵值分解

從《AI 時代 Math 元年 - 用 Python 全精通數學要素》一書開始，本書系幾次三番談及橢圓。這是因為圓錐曲線，特別是橢圓，在機器學習中扮演著重要角色。本章最後將結合線性變換、特徵值分解、LDL 分解再聊聊橢圓。

平面上，圓心位於原點且半徑為 1 的正圓叫做單位圓 (unit circle)，解析式可以寫成

$$z^{\mathrm{T}}z - 1 = 0 \tag{14.61}$$

其中，$\boldsymbol{z}$ 為

$$z = \begin{bmatrix} z_1 \\ z_2 \end{bmatrix} \tag{14.62}$$

利用 $\boldsymbol{L}_2$ 範數，式 (14.61) 可以寫成

$$\|z\| = 1 \tag{14.63}$$

經過 $\boldsymbol{A}$ 映射，向量 $\boldsymbol{z}$ 變成 $\boldsymbol{x}$，有

$$\boldsymbol{x} = \begin{bmatrix} x_1 \\ x_2 \end{bmatrix} = \boldsymbol{A}z \tag{14.64}$$

假設 $\boldsymbol{A}$ 可逆，也就是說 $\boldsymbol{A}$ 對應的幾何操作可逆，則 $\boldsymbol{z}$ 可以寫成

$$\boldsymbol{z} = \boldsymbol{A}^{-1}\boldsymbol{x} \tag{14.65}$$

將式 (14.65) 代入式 (14.61) 得到

$$\left(\boldsymbol{A}^{-1}\boldsymbol{x}\right)^{\mathrm{T}} \boldsymbol{A}^{-1}\boldsymbol{x} - 1 = 0 \tag{14.66}$$

利用 L^2 範數，式 (14.66) 還可以寫成

$$\left\|\boldsymbol{A}^{-1}\boldsymbol{x}\right\| = 1 \tag{14.67}$$

整理式 (14.66) 得到二次型

$$\boldsymbol{x}^{\mathrm{T}}\underbrace{\left(\boldsymbol{A}\boldsymbol{A}^{\mathrm{T}}\right)^{-1}}_{\boldsymbol{Q}}\boldsymbol{x}-1=0 \tag{14.68}$$

舉個例子

以本章開頭式 (14.8) 列出的矩陣 $\boldsymbol{A}$ 為例，在 $\boldsymbol{A}$ 的映射下 $\boldsymbol{z}\to\boldsymbol{x}=\boldsymbol{A}\boldsymbol{z}$，即

$$\boldsymbol{x}=\underbrace{\begin{bmatrix}1.25 & -0.75\\ -0.75 & 1.25\end{bmatrix}}_{\boldsymbol{A}}\boldsymbol{z} \tag{14.69}$$

如圖 14.9 所示，滿足式 (14.61) 的向量 $\boldsymbol{z}$ 終點落在單位圓上。經過 $\boldsymbol{x}=\boldsymbol{A}\boldsymbol{z}$ 映射後，向量 $\boldsymbol{x}$ 的終點落在旋轉橢圓上。

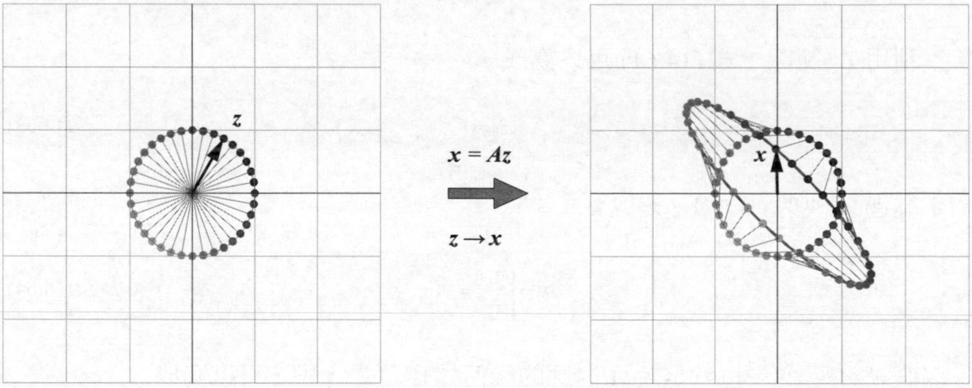

▲ 圖 14.9　單位圓到旋轉橢圓

將式 (14.8) 給定 $\boldsymbol{A}$ 代入式 (14.68)，得到圖 14.9 右側旋轉橢圓的解析式為

$$2.125x_1^2+3.75x_1x_2+2.125x_2^2-1=0 \tag{14.70}$$

如果有人問，圖 14.9 右側旋轉橢圓的半長軸、半短軸為多長？橢圓長軸旋轉角度有多大？為了解決這些問題，我們需要借助特徵值分解。

特徵值分解

令 $\boldsymbol{Q}$ 為

$$\boldsymbol{Q} = \left(\boldsymbol{A}\boldsymbol{A}^{\mathrm{T}}\right)^{-1} = \begin{bmatrix} 2.125 & 1.875 \\ 1.875 & 2.125 \end{bmatrix} \tag{14.71}$$

其中：$\boldsymbol{A}\boldsymbol{A}^{\mathrm{T}}$ 顯然是個對稱矩陣，對稱矩陣的逆還是對稱矩陣，因此 $\boldsymbol{Q}$ 是對稱矩陣。對 $\boldsymbol{Q}$ 進行特徵值分解得到

$$\boldsymbol{Q} = \left(\boldsymbol{A}\boldsymbol{A}^{\mathrm{T}}\right)^{-1} = \boldsymbol{V}\boldsymbol{\Lambda}\boldsymbol{V}^{\mathrm{T}} \tag{14.72}$$

強調一下，本節特徵值分解的物件為 $(\boldsymbol{A}\boldsymbol{A}^{\mathrm{T}})^{-1}$，而非 $\boldsymbol{A}$。

利用式 (14.8) 給定的 $\boldsymbol{A}$ 計算 $\boldsymbol{Q}$ 的具體值，並進行特徵值分解得到

$$\underbrace{\begin{bmatrix} 2.125 & 1.875 \\ 1.875 & 2.125 \end{bmatrix}}_{\boldsymbol{Q}} = \underbrace{\begin{bmatrix} \sqrt{2}/2 & -\sqrt{2}/2 \\ \sqrt{2}/2 & \sqrt{2}/2 \end{bmatrix}}_{\boldsymbol{V}} \underbrace{\begin{bmatrix} 4 & 0 \\ 0 & 0.25 \end{bmatrix}}_{\boldsymbol{\Lambda}} \underbrace{\begin{bmatrix} \sqrt{2}/2 & \sqrt{2}/2 \\ -\sqrt{2}/2 & \sqrt{2}/2 \end{bmatrix}}_{\boldsymbol{V}^{\mathrm{T}}} \tag{14.73}$$

大家已經清楚式(14.73)中的 $\boldsymbol{V}$、$\boldsymbol{\Lambda}$ 對應的幾何操作分別是「旋轉」「縮放」。請大家注意，$\boldsymbol{\Lambda}$ 並不是單位圓到橢圓的縮放比例。我們還需對 $\boldsymbol{\Lambda}$ 再多一步處理。

幾何角度：縮放 → 旋轉

整理式 (14.72) 得到 $\boldsymbol{A}\boldsymbol{A}^{\mathrm{T}}$ 對應的特徵值分解為

$$\begin{aligned} \boldsymbol{A}\boldsymbol{A}^{\mathrm{T}} &= \left(\boldsymbol{V}\boldsymbol{\Lambda}\boldsymbol{V}^{\mathrm{T}}\right)^{-1} = \left(\boldsymbol{V}^{\mathrm{T}}\right)^{-1}\boldsymbol{\Lambda}^{-1}\boldsymbol{V}^{-1} = \boldsymbol{V}\boldsymbol{\Lambda}^{-1}\boldsymbol{V}^{\mathrm{T}} \\ &= \boldsymbol{V}\boldsymbol{\Lambda}^{\frac{-1}{2}}\boldsymbol{\Lambda}^{\frac{-1}{2}}\boldsymbol{V}^{\mathrm{T}} = \boldsymbol{V}\boldsymbol{\Lambda}^{\frac{-1}{2}}\left(\boldsymbol{V}\boldsymbol{\Lambda}^{\frac{-1}{2}}\right)^{\mathrm{T}} \end{aligned} \tag{14.74}$$

由於 $\boldsymbol{Q}$ 為對稱矩陣，特徵值分解得到的 $\boldsymbol{V}$ 為正交矩陣，因此存在 $\boldsymbol{V}^{\mathrm{T}}\boldsymbol{V} = \boldsymbol{V}\boldsymbol{V}^{\mathrm{T}} = \boldsymbol{I}$。上面的推導用到了這個關係。

$\boldsymbol{z}$ 先經過縮放 ($\Lambda^{\frac{-1}{2}}$) 得到 $\boldsymbol{y}$，$\boldsymbol{y}$ 經過旋轉 ($\boldsymbol{V}$) 得到 $\boldsymbol{x}$，有

$$\begin{aligned} \boldsymbol{y} &= \Lambda^{\frac{-1}{2}}\boldsymbol{z} \\ \boldsymbol{x} &= \boldsymbol{V}\boldsymbol{y} = \boldsymbol{V}\Lambda^{\frac{-1}{2}}\boldsymbol{z} \end{aligned} \tag{14.75}$$

式 (14.75) 告訴我們 $\boldsymbol{A}$ 相當於

$$\boldsymbol{A} \sim \boldsymbol{V}\Lambda^{\frac{-1}{2}} \tag{14.76}$$

⚠

注意：$\boldsymbol{A} \neq \boldsymbol{V}\Lambda^{\frac{-1}{2}}$。這是因為，$\boldsymbol{A}\boldsymbol{A}^{\mathrm{T}} = \boldsymbol{B}\boldsymbol{B}^{\mathrm{T}}$，不能推導得到 $\boldsymbol{A} = \boldsymbol{B}$。本書第 5 章強調過這一點。

將具體值代入式 (14.74)，得到

$$\boldsymbol{A}\boldsymbol{A}^{\mathrm{T}} = \begin{bmatrix} 2.125 & -1.875 \\ -1.875 & 2.125 \end{bmatrix} = \underbrace{\begin{bmatrix} \sqrt{2}/2 & -\sqrt{2}/2 \\ \sqrt{2}/2 & \sqrt{2}/2 \end{bmatrix}\begin{bmatrix} 0.5 & 0 \\ 0 & 2 \end{bmatrix}}_{\boldsymbol{V}\Lambda^{\frac{-1}{2}}} \left\{ \underbrace{\begin{bmatrix} \sqrt{2}/2 & -\sqrt{2}/2 \\ \sqrt{2}/2 & \sqrt{2}/2 \end{bmatrix}\begin{bmatrix} 0.5 & 0 \\ 0 & 2 \end{bmatrix}}_{\boldsymbol{V}\Lambda^{\frac{-1}{2}}} \right\}^{\mathrm{T}} \tag{14.77}$$

從幾何角度來看，$\boldsymbol{A}$ 這個映射相當於被分解成「先縮放 ($\Lambda^{\frac{-1}{2}}$) + 再旋轉 ($\boldsymbol{V}$)」。將式 (14.76) 代入式 (14.64)，得到

$$\boldsymbol{x} = \boldsymbol{V}\underbrace{\Lambda^{\frac{-1}{2}}\boldsymbol{z}}_{\boldsymbol{y}} \tag{14.78}$$

總結來說，$\boldsymbol{z}$ 先經過縮放 ($\Lambda^{\frac{-1}{2}}$) 得到 $\boldsymbol{y}$，$\boldsymbol{y}$ 再經過旋轉 ($\boldsymbol{V}$) 得到 $\boldsymbol{x}$，即

$$\begin{aligned} \boldsymbol{y} &= \Lambda^{\frac{-1}{2}}\boldsymbol{z} \\ \boldsymbol{x} &= \boldsymbol{V}\boldsymbol{y} = \boldsymbol{V}\Lambda^{\frac{-1}{2}}\boldsymbol{z} \end{aligned} \tag{14.79}$$

圖 14.10 所示為上述「單位圓→正橢圓→旋轉橢圓」的幾何變換過程。比較圖 14.9 和圖 14.10，容易發現形狀上旋轉橢圓完全相同。但是大家如果仔細比較圖 14.9 和圖 14.10，可以發現「彩燈」位置並不相同。這個差異是由於 $\boldsymbol{A}\boldsymbol{A}^{\mathrm{T}} = \boldsymbol{B}\boldsymbol{B}^{\mathrm{T}}$ 不能推導得到 $\boldsymbol{A} = \boldsymbol{B}$。

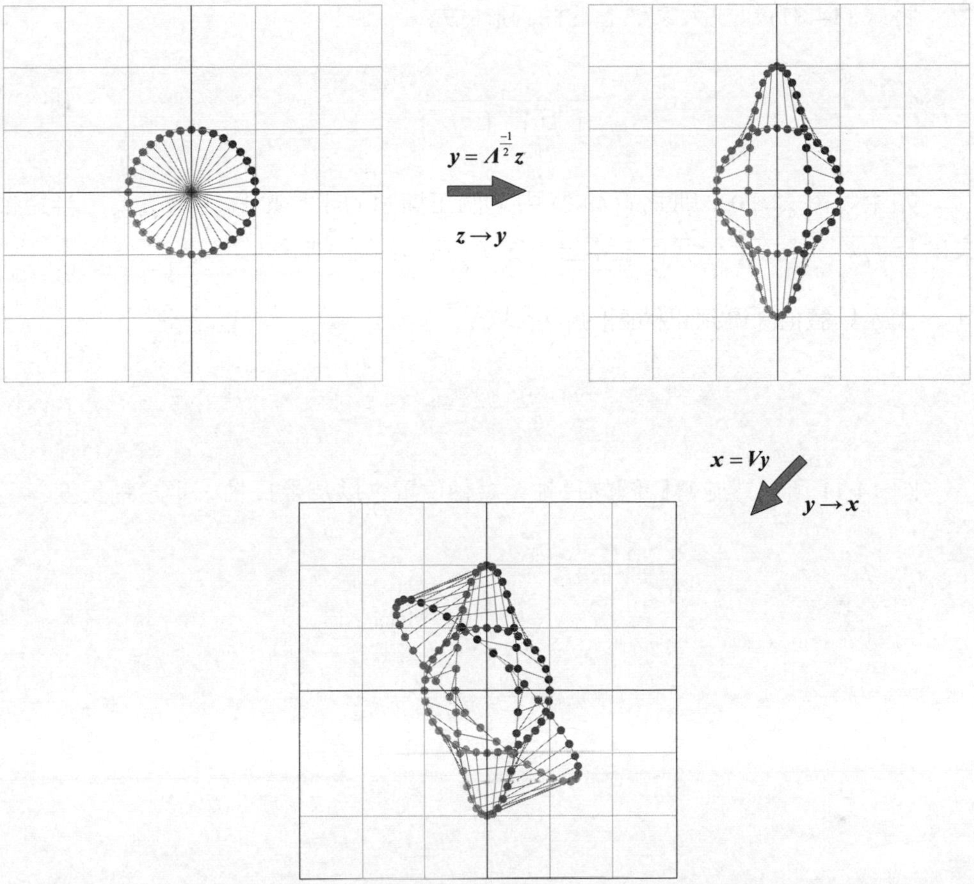

▲ 圖 14.10　單位圓 (縮放) → 正橢圓 (旋轉) → 旋轉橢圓

橢圓長、短軸

利用 $\boldsymbol{y}$ 和 $\boldsymbol{z}$ 的關係，式 (14.61) 可以寫成

$$\boldsymbol{y}^{\mathrm{T}} \boldsymbol{\Lambda}^{\frac{1}{2}} \boldsymbol{\Lambda}^{\frac{1}{2}} \boldsymbol{y} - 1 = 0 \tag{14.80}$$

即

$$\begin{bmatrix} y_1 \\ y_2 \end{bmatrix}^{\mathrm{T}} \begin{bmatrix} \lambda_1 & \\ & \lambda_2 \end{bmatrix} \begin{bmatrix} y_1 \\ y_2 \end{bmatrix} - 1 = 0 \quad \Rightarrow \quad \lambda_1 y_1^2 + \lambda_2 y_2^2 = 1 \tag{14.81}$$

將式 (14.81) 寫成大家熟悉的橢圓形式為

$$\frac{y_1^2}{\left(1/\sqrt{\lambda_1}\right)^2}+\frac{y_2^2}{\left(1/\sqrt{\lambda_2}\right)^2}=1 \tag{14.82}$$

如果 $\lambda_1>\lambda_2>0$，則式 (14.82) 中這個正橢圓的半長軸長度為 $\sqrt{1/\lambda_2}$，半短軸長度為 $\sqrt{1/\lambda_1}$。實際上，我們在本書第 5 章接觸過這個結論。

代入具體值，得到正橢圓的解析式為

$$\frac{y_1^2}{0.5^2}+\frac{y_2^2}{2^2}=1 \tag{14.83}$$

圖 14.11 所示為旋轉橢圓的長軸、短軸位置，以及半長軸、半短軸長度。

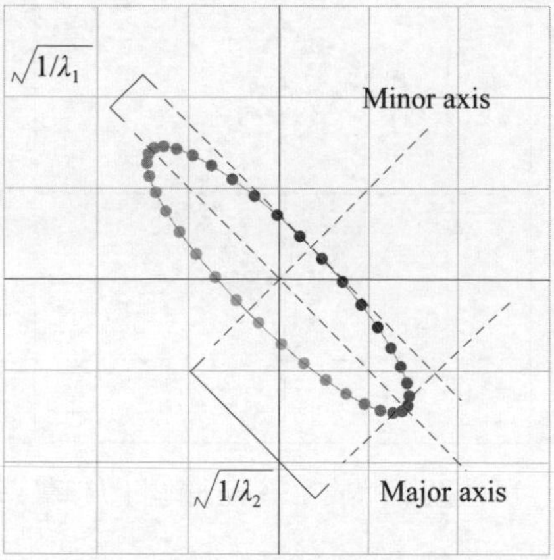

▲ 圖 14.11 旋轉橢圓長軸、短軸

本章用 Streamlit 製作了一個 App，大家可以輸入矩陣 A 的元素值，並繪製類似於圖 14.11 中的橢圓。請大家參考 Streamlit_Bk4_Ch14_04.py。

LDL 分解：縮放 → 剪切

看到式 (14.74) 這種「方陣 @ 對角方陣 @ 方陣轉置」矩陣分解形式，大家是否想到第 11、12 章介紹的 LDL 分解？

LDL 分解也是「方陣 @ 對角方陣 @ 方陣轉置」，對 $\boldsymbol{A}\boldsymbol{A}^{\mathrm{T}}$ 進行 LDL 分解得到

$$\begin{aligned}\boldsymbol{A}\boldsymbol{A}^{\mathrm{T}} = \boldsymbol{L}\boldsymbol{D}\boldsymbol{L}^{\mathrm{T}} &= \begin{bmatrix} 1 & \\ -0.882 & 1 \end{bmatrix}\begin{bmatrix} 2.125 & \\ & 0.471 \end{bmatrix}\begin{bmatrix} 1 & -0.882 \\ & 1 \end{bmatrix} \\ &= \boldsymbol{L}\boldsymbol{D}^{\frac{1}{2}}\boldsymbol{D}^{\frac{1}{2}}\boldsymbol{L}^{\mathrm{T}} = \left(\boldsymbol{L}\boldsymbol{D}^{\frac{1}{2}}\right)\left(\boldsymbol{L}\boldsymbol{D}^{\frac{1}{2}}\right)^{\mathrm{T}}\end{aligned} \tag{14.84}$$

其中：$\boldsymbol{L}$ 為下三角方陣；$\boldsymbol{D}$ 為對角方陣。

類似於式 (14.76)，$\boldsymbol{A}$ 相當於

$$\boldsymbol{A} \sim \boldsymbol{L}\boldsymbol{D}^{\frac{1}{2}} = \begin{bmatrix} 1 & \\ -0.882 & 1 \end{bmatrix}\begin{bmatrix} 1.458 & \\ & 0.686 \end{bmatrix} \tag{14.85}$$

從幾何角度來看，如圖 14.12 所示，$\boldsymbol{A}$ 這個映射相當於「先縮放 ($\boldsymbol{D}^{\frac{-1}{2}}$) + 再剪切 ($\boldsymbol{L}$)」，即

$$\boldsymbol{x} = \underbrace{\boldsymbol{L}}_{\text{Shear}}\underbrace{\boldsymbol{D}^{\frac{1}{2}}}_{\text{Scaling}}\boldsymbol{z} \tag{14.86}$$

比較圖 14.10 和圖 14.12，雖然幾何變換過程完全不同，但是最後獲得的旋轉橢圓的形狀一致。這兩條不同的幾何變換路線也是獲得具有一定相關性係數隨機數的兩種不同方法。本書系《AI 時代 Math 元年 - 用 Python 全精通統計及機率》一書會展開進行講解。

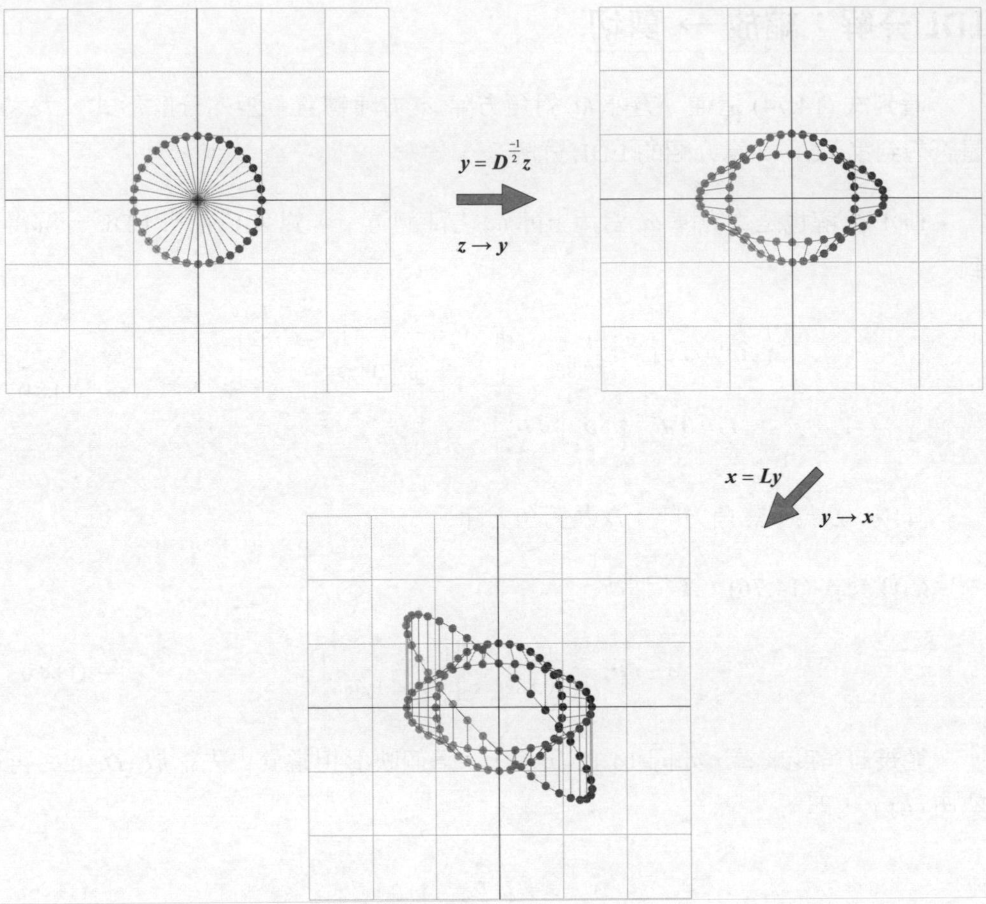

▲ 圖 14.12 單位圓 (縮放) → 正橢圓 (剪切) → 旋轉橢圓

➔

本章主要著墨在特徵值分解的應用，如方陣開方、矩陣指數、費氏數列、馬可夫過程平衡狀態等。

本章特別值得注意的基礎知識是瑞利商，資料科學和機器學習很多演算法中都離不開瑞利商。希望大家能從幾何角度理解瑞利商的最值。本書還將在拉格朗日乘子法中繼續探討瑞利商。

本章最後討論了如何用特徵值分解獲得旋轉橢圓的半長軸、半短軸長度，以及旋轉角度等位置信息。這部分內容與《AI 時代 Math 元年 - 用 Python 全精通統計及機率》一書中多元高斯分佈關係密切。照例四幅圖，如 14.13 所示。

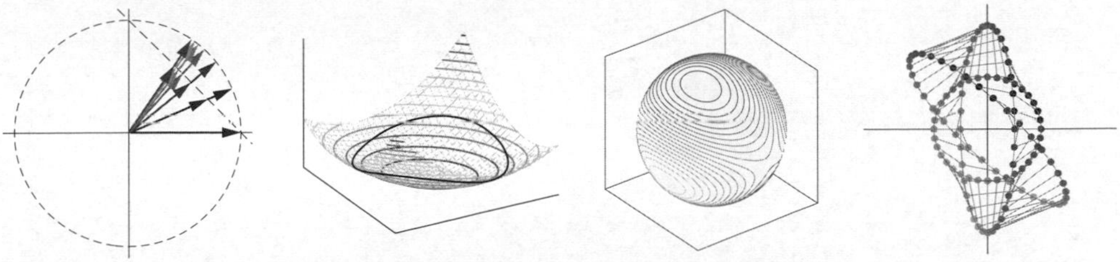

▲ 圖 14.13　總結本章重要內容的四幅圖

想系統學習線性代數的讀者，可以參考這本書—*InteractiveLinearAlgebra*。該書作者系統性地講解了線性代數的核心概念，提供了大量視覺化方案和例題。電子圖書網址如下：

https://textbooks.math.gatech.edu/ila/

本書 PDF 檔案的下載網址如下：

https://personal.math.ubc.ca/~tbjw/ila/ila.pdf

Singular Value Decomposition

15 奇異值分解

最重要的矩陣分解，沒有之一

就我而言，我一無所知，但滿眼的繁星讓我入夢。

For my part I know nothing with any certainty, but the sight of the stars makes me dream.

——文森特 · 梵谷（*Vincent van Gogh*）| 荷蘭後印象派畫家 | *1853—1890*

- matplotlib.pyplot.quiver() 繪製箭頭圖
- numpy.linspace() 在指定的間隔內， 傳回固定步進值的資料
- numpy.linalg.svd() 進行 SVD 分解
- numpy.diag() 以一維陣列的形式傳回方陣的對角線元素，或將一維陣列轉換成對角陣

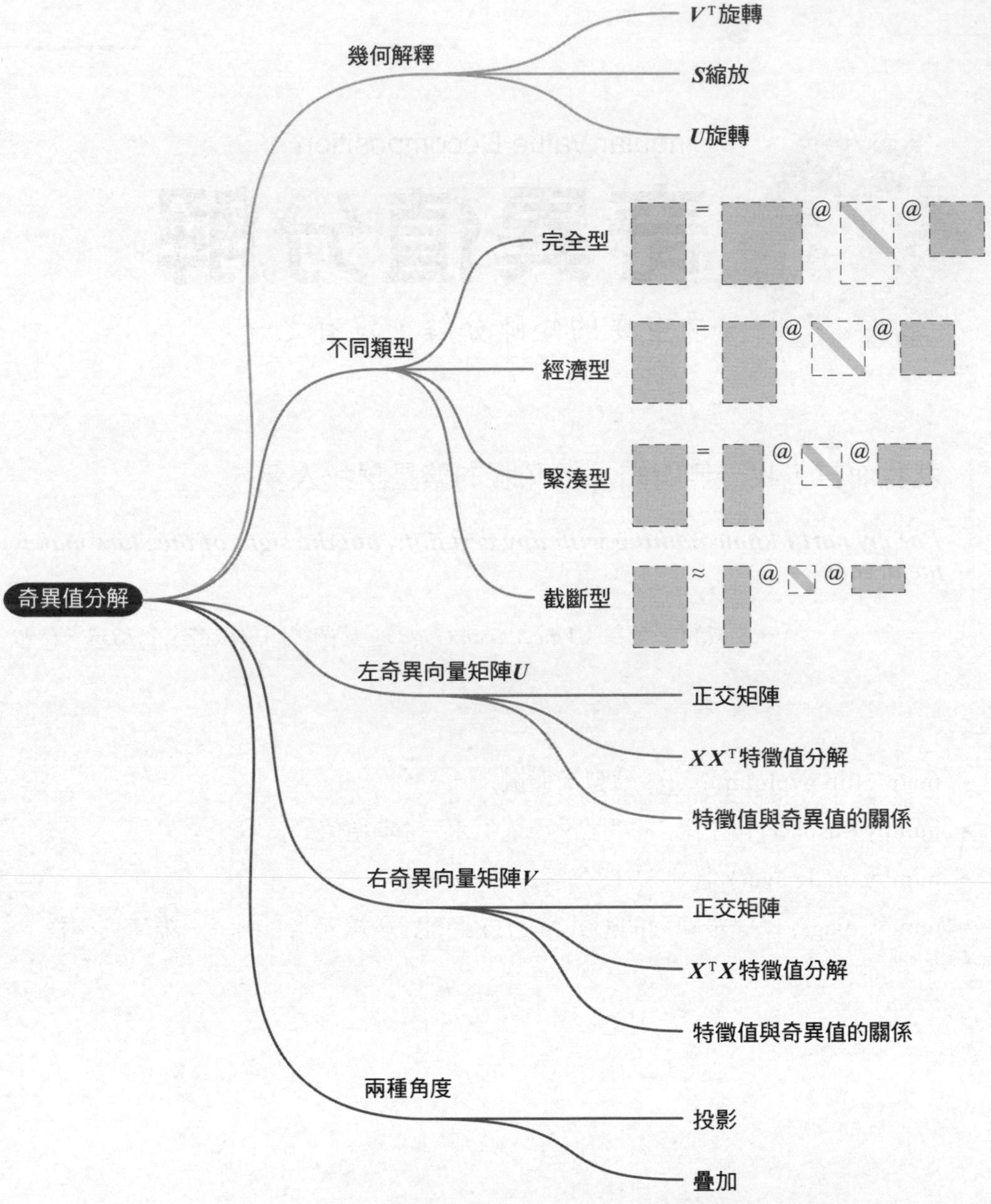
奇異值分解
幾何解釋
V^T旋轉
S縮放
U旋轉
不同類型
完全型
=
@
@
經濟型
=
@
@
緊湊型
=
@
@
截斷型
≈
@
@
左奇異向量矩陣U
正交矩陣
XX^T特徵值分解
特徵值與奇異值的關係
右奇異向量矩陣V
正交矩陣
X^TX特徵值分解
特徵值與奇異值的關係
兩種角度
投影
疊加

15.1 幾何角度：旋轉 → 縮放 → 旋轉

本書第 11 章簡介過**奇異值分解** (Singular Value Decomposition, SVD)——宇宙中最重要的矩陣分解。本節將從幾何角度解剖奇異值分解過程。

對資料矩陣 $\boldsymbol{X}_{n\times D}$ 進行奇異值分解得到

$$\boldsymbol{X}_{n\times D} = \boldsymbol{U}\boldsymbol{S}\boldsymbol{V}^{\mathrm{T}} \tag{15.1}$$

其中，$\boldsymbol{S}$ 為對角陣，其主對角線元素 s_j (j = 1 , 2 , ⋯ , D) 為**奇異值** (singular value)。

⚠ 注意：SVD 分解得到的奇異值非負，即 $s_j \geq 0$。此外注意，式 (15.1) 中為矩陣 $\boldsymbol{V}$ 的轉置運算。

$\boldsymbol{U}$ 的列向量叫做**左奇異向量** (left singular vector)。

$\boldsymbol{V}$ 的列向量叫做**右奇異向量** (right singular vector)。

SVD 分解有四種主要形式，完全型是其中一種。在完全型 SVD 分解中，$\boldsymbol{U}$ 和 $\boldsymbol{V}$ 為正交矩陣，即 $\boldsymbol{U}$ 和自己轉置 $\boldsymbol{U}^{\mathrm{T}}$ 的乘積為單位矩陣；$\boldsymbol{V}$ 和自己轉置 $\boldsymbol{V}^{\mathrm{T}}$ 的乘積也是單位矩陣。

從向量空間角度來看，$\boldsymbol{U} = [\boldsymbol{u}_1 , \boldsymbol{u}_2 , \cdots , \boldsymbol{u}_n]$ 為 $\mathbb{R}^n$ 的規範正交基底，$\boldsymbol{V} = [\boldsymbol{v}_1 , \boldsymbol{v}_2 , \cdots , \boldsymbol{v}_D]$ 為 $\mathbb{R}^D$ 的規範正交基。

根據這三個矩陣的形態，我們知道，從幾何角度來看，正交矩陣 $\boldsymbol{U}$ 和 $\boldsymbol{V}$ 的作用是旋轉，而對角矩陣 $\boldsymbol{S}$ 的作用是縮放。

大家可能會問，這與特徵值分解對應的「旋轉→縮放→旋轉」有何不同？

特徵值分解中，三步幾何變換是旋轉 ($\boldsymbol{V}^{1}$) →縮放 (Λ) →旋轉 ($\boldsymbol{V}$)。

奇異值分解中，三步幾何變換是旋轉 ($\boldsymbol{V}^{\mathrm{T}}$) →縮放 ($\boldsymbol{S}$) →旋轉 ($\boldsymbol{U}$)。一個明顯的區別是，$\boldsymbol{V}^{\mathrm{T}}$ 的旋轉發生在 $\mathbb{R}^D$ 空間，$\boldsymbol{U}$ 的旋轉則發生在 $\mathbb{R}^n$ 空間。值得強調的

是，這要求奇異分解為「完全型」。本書後續會介紹包括「完全型」在內的四種 SVD 分解。

幾何角度

為了方便解釋，我們用 2×2 矩陣 $\boldsymbol{A}$ 做例子說明。

利用矩陣 $\boldsymbol{A}$ 完成 $\boldsymbol{z} \rightarrow \boldsymbol{x}$ 的線性映射，即 $\boldsymbol{x} = \boldsymbol{A}\boldsymbol{z}$。利用 SVD 分解，將 $\boldsymbol{A} = \boldsymbol{U}\boldsymbol{S}\boldsymbol{V}^{\mathrm{T}}$ 代入映射運算得到

$$\boldsymbol{A}\boldsymbol{z} = \underbrace{\boldsymbol{U}}_{\text{Rotate}}\,\underbrace{\boldsymbol{S}}_{\text{Scale}}\,\underbrace{\boldsymbol{V}^{\mathrm{T}}}_{\text{Rotate}}\begin{bmatrix} z_1 \\ z_2 \end{bmatrix} = \boldsymbol{x} = \begin{bmatrix} x_1 \\ x_2 \end{bmatrix} \tag{15.2}$$

圖 15.1 所示為從幾何變換角度解釋奇異值分解，$\boldsymbol{A}$ 乘 $\boldsymbol{z}$，相當於先用 $\boldsymbol{V}^{\mathrm{T}}$ 旋轉，再用 $\boldsymbol{S}$ 縮放，最後用 $\boldsymbol{U}$ 旋轉。

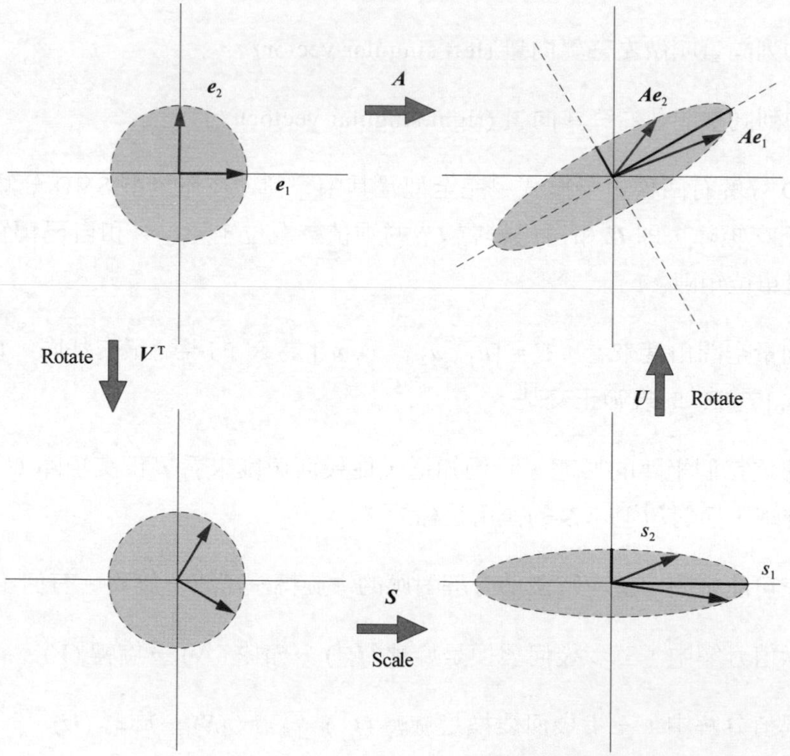

▲ 圖 15.1　幾何角度解釋奇異值分解

舉個實例

下面用具體實例解釋圖 15.1。給定 2×2 矩陣 $\boldsymbol{A}$ 為

$$\boldsymbol{A}=\begin{bmatrix}1.625 & 0.6495\\ 0.6495 & 0.875\end{bmatrix} \tag{15.3}$$

對矩陣 $\boldsymbol{A}$ 進行 SVD 分解，有

$$\boldsymbol{A}=\boldsymbol{U}\boldsymbol{S}\boldsymbol{V}^{\mathrm{T}}=\underbrace{\begin{bmatrix}0.866 & -0.5\\ 0.5 & 0.866\end{bmatrix}}_{\boldsymbol{U}}\underbrace{\begin{bmatrix}2 & 0\\ 0 & 0.5\end{bmatrix}}_{\boldsymbol{S}}\underbrace{\begin{bmatrix}0.866 & -0.5\\ 0.5 & 0.866\end{bmatrix}}_{\boldsymbol{V}^{\mathrm{T}}} \tag{15.4}$$

即

$$\boldsymbol{U}=\begin{bmatrix}0.866 & -0.5\\ 0.5 & 0.866\end{bmatrix},\quad \boldsymbol{S}=\begin{bmatrix}2 & 0\\ 0 & 0.5\end{bmatrix},\quad \boldsymbol{V}=\begin{bmatrix}0.866 & 0.5\\ -0.5 & 0.866\end{bmatrix} \tag{15.5}$$

注意：如果特徵值分解和奇異值分解的物件都是可對角化矩陣，則兩個分解得到的結果等值。但是，奇異值分解的強大之處在於，任何實數矩陣都可以進行奇異值分解。

給定 $\boldsymbol{e}_1$ 和 $\boldsymbol{e}_2$ 兩個單位向量為

$$\boldsymbol{e}_1=\begin{bmatrix}1\\ 0\end{bmatrix},\quad \boldsymbol{e}_2=\begin{bmatrix}0\\ 1\end{bmatrix} \tag{15.6}$$

$\boldsymbol{e}_1$ 和 $\boldsymbol{e}_2$ 經過 $\boldsymbol{A}$ 轉換分別得到

$$\begin{aligned}\boldsymbol{A}\boldsymbol{e}_1&=\begin{bmatrix}1.625 & 0.6495\\ 0.6495 & 0.875\end{bmatrix}\begin{bmatrix}1\\ 0\end{bmatrix}=\begin{bmatrix}1.625\\ 0.6495\end{bmatrix}\\ \boldsymbol{A}\boldsymbol{e}_2&=\begin{bmatrix}1.625 & 0.6495\\ 0.6495 & 0.875\end{bmatrix}\begin{bmatrix}0\\ 1\end{bmatrix}=\begin{bmatrix}0.6495\\ 0.875\end{bmatrix}\end{aligned} \tag{15.7}$$

圖 15.2 所示為轉換前後的結果對比。請大家注意轉換前後向量方向和長度 (模) 的變化。

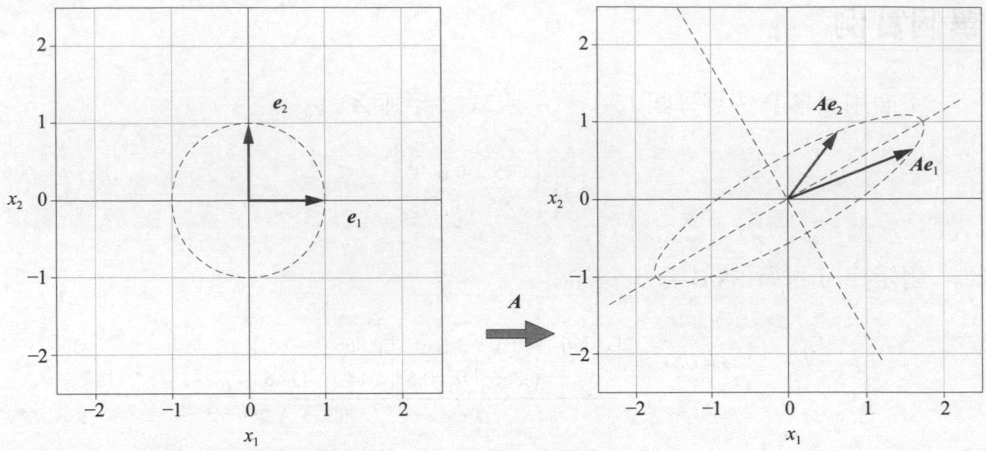

▲ 圖 15.2 e_1 和 e_2 經過 A 線性轉換

分步幾何變換

式 (15.7) 等值於「旋轉 (V^T)→縮放 (S)→旋轉 (U)」，具體如圖 15.3 所示。

e_1 和 e_2 兩個向量先透過 V^T 進行旋轉，得到

$$V^T e_1 = \begin{bmatrix} 0.866 & 0.5 \\ -0.5 & 0.866 \end{bmatrix} \begin{bmatrix} 1 \\ 0 \end{bmatrix} = \begin{bmatrix} 0.866 \\ -0.5 \end{bmatrix}$$
$$V^T e_2 = \begin{bmatrix} 0.866 & 0.5 \\ -0.5 & 0.866 \end{bmatrix} \begin{bmatrix} 0 \\ 1 \end{bmatrix} = \begin{bmatrix} 0.5 \\ 0.866 \end{bmatrix} \quad (15.8)$$

在式 (15.8) 的基礎上，再用對角矩陣 S 進行縮放，得到

$$SV^T e_1 = \begin{bmatrix} 2 & 0 \\ 0 & 0.5 \end{bmatrix} \begin{bmatrix} 0.866 \\ -0.5 \end{bmatrix} = \begin{bmatrix} 1.732 \\ -0.25 \end{bmatrix}$$
$$SV^T e_2 = \begin{bmatrix} 2 & 0 \\ 0 & 0.5 \end{bmatrix} \begin{bmatrix} 0.5 \\ 0.866 \end{bmatrix} = \begin{bmatrix} 1 \\ 0.433 \end{bmatrix} \quad (15.9)$$

在之前「旋轉 (V^T)」和「縮放 (S)」兩步的基礎上，最後再利用 U 進行旋轉，得到

$$
\begin{aligned}
\boldsymbol{U}\boldsymbol{S}\boldsymbol{V}^{\mathrm{T}}\boldsymbol{e}_1 &= \begin{bmatrix} 0.866 & -0.5 \\ 0.5 & 0.866 \end{bmatrix}\begin{bmatrix} 1.732 \\ -0.25 \end{bmatrix} = \begin{bmatrix} 1.625 \\ 0.6495 \end{bmatrix} \\
\boldsymbol{U}\boldsymbol{S}\boldsymbol{V}^{\mathrm{T}}\boldsymbol{e}_2 &= \begin{bmatrix} 0.866 & -0.5 \\ 0.5 & 0.866 \end{bmatrix}\begin{bmatrix} 1 \\ 0.433 \end{bmatrix} = \begin{bmatrix} 0.6495 \\ 0.875 \end{bmatrix}
\end{aligned} \tag{15.10}
$$

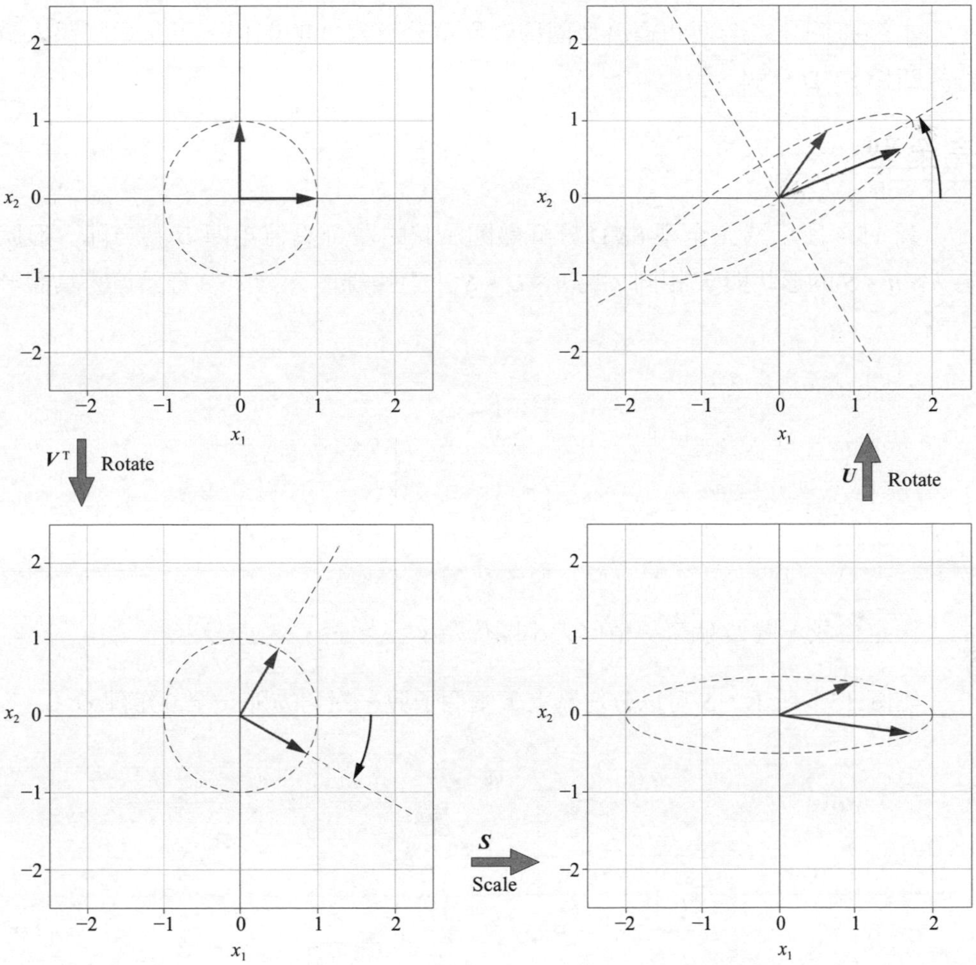

▲ 圖 15.3　$\boldsymbol{e}_1$ 和 $\boldsymbol{e}_2$ 分別經過 $\boldsymbol{V}^{\mathrm{T}}$、$\boldsymbol{S}$ 和 $\boldsymbol{U}$ 轉換

Bk4_Ch15_01.py 繪製圖 15.3 所有子圖。

15.2 不同類型 SVD 分解

SVD 分解分為**完全型** (full)、**經濟型** (economy-size, thin)、**緊湊型** (compact) 和**截斷型** (truncated) 四大類。

本節將簡介完全型和經濟型兩種奇異值分解之間的關係。下一章將深入講解這四種 SVD 分解。

完全型

圖 15.4 所示為完全型 SVD 分解熱圖。其中左奇異值矩陣 $\boldsymbol{U}$ 為方陣，形狀為 $n \times n$。$\boldsymbol{S}$ 的形狀與 $\boldsymbol{X}$ 相同，為 $n \times D$。$\boldsymbol{S}$ 主對角線的元素 s_j 為奇異值，具體形式為

$$\boldsymbol{S} = \begin{bmatrix} s_1 & & & \\ & s_2 & & \\ & & \ddots & \\ & & & s_D \\ & & & \\ & & & \end{bmatrix} \tag{15.11}$$

約定俗成，這 D 個奇異值的大小關係為 $s_1 \geq s_2 \geq \cdots \geq s_D$。

如圖 15.4 所示，$\boldsymbol{S}$ 可以分塊為上下兩個子塊—對角方陣、全 0 矩陣 $\boldsymbol{O}$。

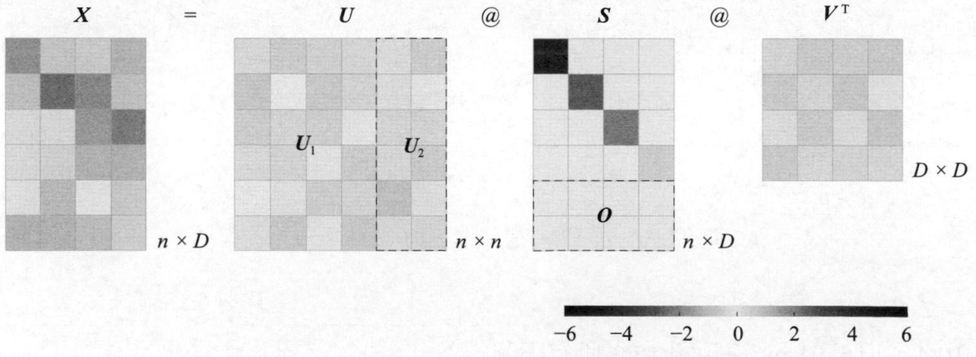

▲ 圖 15.4　矩陣 $\boldsymbol{X}$ 的完全型 SVD 分解

注意：一般情況下，資料矩陣為「細高」長方形，偶爾大家也會見到「寬矮」長方形的資料矩陣。式 (15.1) 中 $\boldsymbol{X}$ 為細高長方形，對 $\boldsymbol{X}$ 轉置便得到寬矮長方形矩陣 $\boldsymbol{X}^{\mathrm{T}}$。如圖 15.5 所示，相應地，$\boldsymbol{X}^{\mathrm{T}}$ 的 SVD 分解為

$$\boldsymbol{X}^{\mathrm{T}} = \boldsymbol{V}\boldsymbol{S}^{\mathrm{T}}\boldsymbol{U}^{\mathrm{T}} \tag{15.12}$$

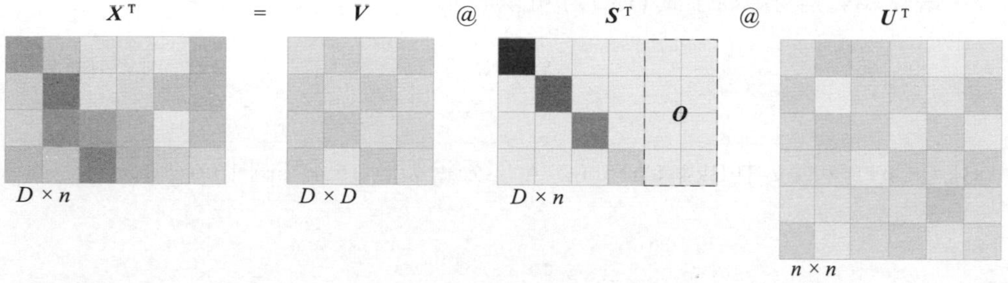

▲ 圖 15.5　矩陣 $\boldsymbol{X}^{\mathrm{T}}$ 的完全型 SVD 分解

經濟型

圖 15.6 所示為經濟型 SVD 分解結果熱圖。可以發現，左奇異值矩陣 $\boldsymbol{U}$ 形狀與 $\boldsymbol{X}$ 相同，均為 $n \times D$。而 $\boldsymbol{S}$ 為方陣，形狀為 $D \times D$。從圖 15.4 到圖 15.6，利用的是分塊矩陣乘法，這個話題留到下一章進行討論。

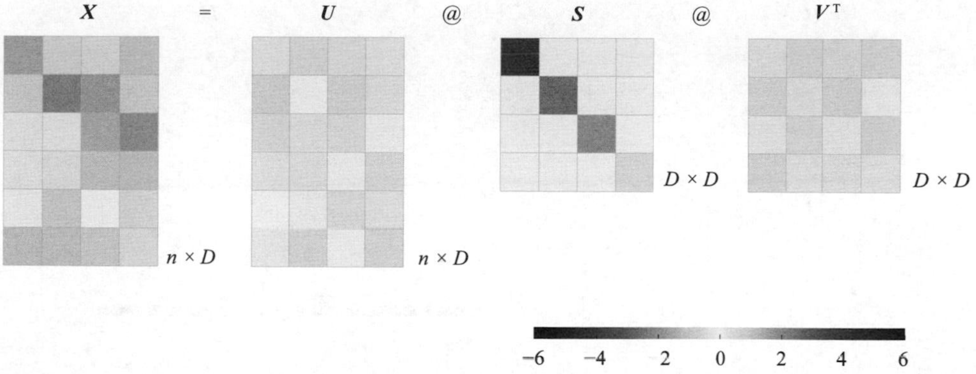

▲ 圖 15.6　經濟型 SVD 分解

在經濟型 SVD 分解中，$\boldsymbol{S}$ 為對角方陣，即

$$\boldsymbol{S} = \begin{bmatrix} s_1 & & & \\ & s_2 & & \\ & & \ddots & \\ & & & s_D \end{bmatrix} \tag{15.13}$$

當 $\boldsymbol{S}$ 為對角方陣時，式 (15.12) 可以寫成

$$\boldsymbol{X}^{\mathrm{T}} = \boldsymbol{V}\boldsymbol{S}\boldsymbol{U}^{\mathrm{T}} \tag{15.14}$$

Bk4_Ch15_02.py 中 Bk4_Ch15_02_A 部分繪製圖 15.4 和圖 15.6。

15.3 左奇異向量矩陣 U

$\boldsymbol{U}$ 的列向量叫做**左奇異向量** (left singular vector)，$\boldsymbol{U}$ 與自己轉置 $\boldsymbol{U}^{\mathrm{T}}$ 的乘積為單位矩陣，即

$$\boldsymbol{U}^{\mathrm{T}}\boldsymbol{U} = \boldsymbol{I} \tag{15.15}$$

如圖 15.7 所示，對於完全型 SVD 分解，$\boldsymbol{U}$ 為方陣。

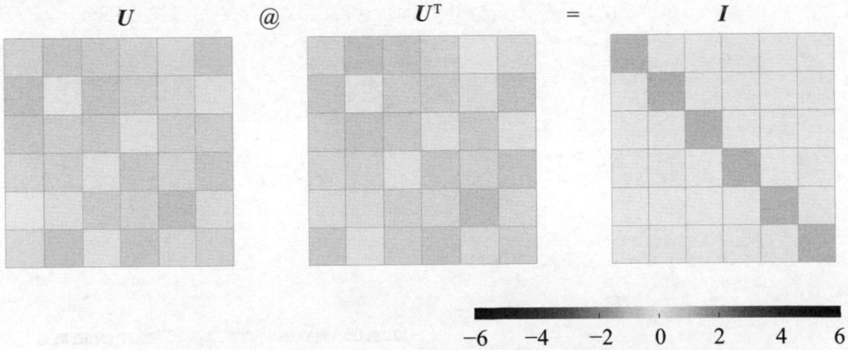

▲ 圖 15.7 $\boldsymbol{U}$ 與自己轉置 $\boldsymbol{U}^{\mathrm{T}}$ 的乘積為單位矩陣

特徵值分解

本書前文提到過兩次，細高的長方形矩陣 $\boldsymbol{X}$ 不能進行特徵值分解。但是，它的格拉姆矩陣 $\boldsymbol{X}^{\mathrm{T}}\boldsymbol{X}$ 和 $\boldsymbol{X}\boldsymbol{X}^{\mathrm{T}}$ 都是對稱矩陣，可以進行特徵值分解。下面，我們先分析 $\boldsymbol{X}\boldsymbol{X}^{\mathrm{T}}$。

圖 15.8 所示為 $\boldsymbol{X}$ 與自己轉置 $\boldsymbol{X}^{\mathrm{T}}$ 相乘得到第一個格拉姆矩陣 $\boldsymbol{X}\boldsymbol{X}^{\mathrm{T}}$ 的熱圖，$\boldsymbol{X}\boldsymbol{X}^{\mathrm{T}}$ 為 $n\times n$ 方陣。

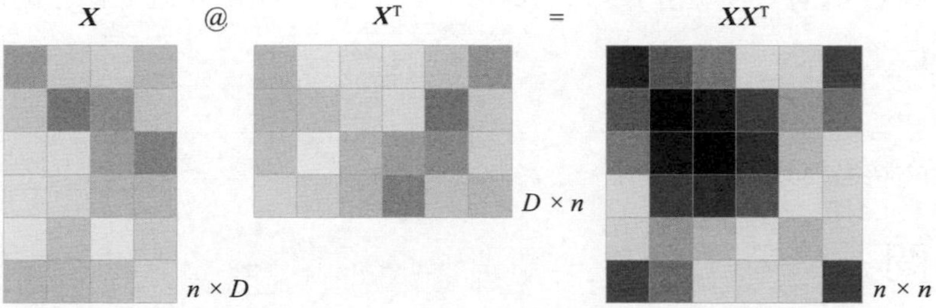

▲ 圖 15.8　$\boldsymbol{X}$ 與自己轉置 $\boldsymbol{X}^{\mathrm{T}}$ 的乘積熱圖

對方陣 $\boldsymbol{X}\boldsymbol{X}^{\mathrm{T}}$ 進行特徵值分解，可以發現 $\boldsymbol{U}$ 的列向量是特徵向量，而 $\boldsymbol{S}\boldsymbol{S}^{\mathrm{T}}$ 是 $\boldsymbol{X}\boldsymbol{X}^{\mathrm{T}}$ 的特徵值矩陣，有

$$\begin{aligned}\boldsymbol{X}\boldsymbol{X}^{\mathrm{T}} &= \left(\boldsymbol{U}\boldsymbol{S}\boldsymbol{V}^{\mathrm{T}}\right)\left(\boldsymbol{U}\boldsymbol{S}\boldsymbol{V}^{\mathrm{T}}\right)^{\mathrm{T}} \\ &= \boldsymbol{U}\boldsymbol{S}\left(\boldsymbol{V}^{\mathrm{T}}\boldsymbol{V}\right)\boldsymbol{S}^{\mathrm{T}}\boldsymbol{U}^{\mathrm{T}} \\ &= \boldsymbol{U}\boldsymbol{S}\boldsymbol{S}^{\mathrm{T}}\boldsymbol{U}^{\mathrm{T}}\end{aligned} \tag{15.16}$$

圖 15.9 所示為 $\boldsymbol{X}^{\mathrm{T}}\boldsymbol{X}$ 的特徵值分解熱圖。

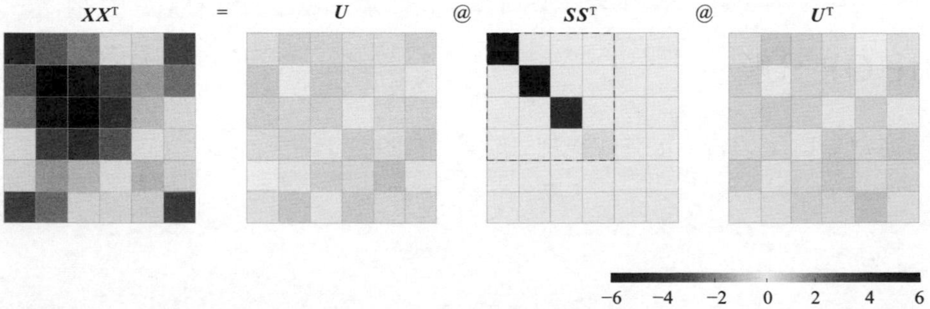

▲ 圖 15.9　對 $\boldsymbol{X}^{\mathrm{T}}\boldsymbol{X}$ 特徵值分解

$\boldsymbol{SS}^{\mathrm{T}}$ 主對角線為特徵值，對 $\boldsymbol{SS}^{\mathrm{T}}$ 展開得到

$$\boldsymbol{SS}^{\mathrm{T}}=\begin{bmatrix} s_1 & & & \\ & s_2 & & \\ & & \ddots & \\ & & & s_D \\ & & & \end{bmatrix}\begin{bmatrix} s_1 & & & & \\ & s_2 & & & \\ & & \ddots & & \\ & & & s_D & \end{bmatrix}=\begin{bmatrix} s_1^2 & & & & & \\ & s_2^2 & & & & \\ & & \ddots & & & \\ & & & s_D^2 & & \\ & & & & 0 & \\ & & & & & 0 \end{bmatrix}=\begin{bmatrix} \lambda_1 & & & & & \\ & \lambda_2 & & & & \\ & & \ddots & & & \\ & & & \lambda_D & & \\ & & & & \ddots & \\ & & & & & \lambda_n \end{bmatrix} \tag{15.17}$$

觀察式 (15.17)，發現當 $j = 1 \sim D$ 時，特徵值 λ_j 和奇異值 s_j 存在的關係為

$$\lambda_j = s_j^2 \tag{15.18}$$

剩餘的特徵值均為 0。

向量空間

如圖 15.10 所示，$\boldsymbol{XX}^{\mathrm{T}}$ 進行特徵值分解得到的正交矩陣 $\boldsymbol{U} = [\boldsymbol{u}_1 , \boldsymbol{u}_2 , \cdots , \boldsymbol{u}_n]$ 是個規範正交基底，張起的空間為 $\mathbb{R}^n$。

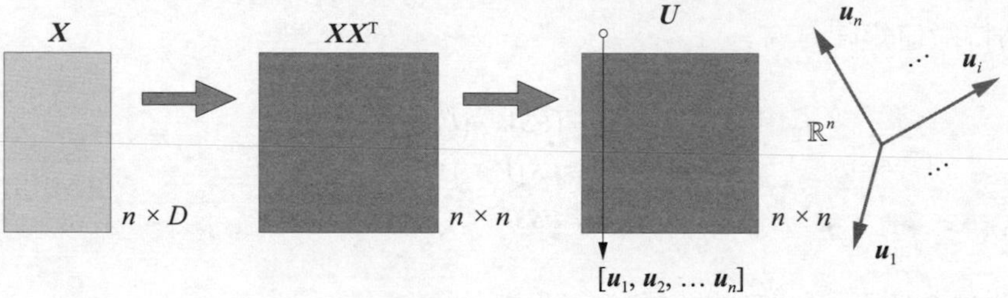

▲ 圖 15.10　對 Gram 矩陣 $\boldsymbol{XX}^{\mathrm{T}}$ 特徵值分解得到規範正交基底 $\boldsymbol{U}$

類比 QR 分解

資料矩陣 $\boldsymbol{X}$ 進行 QR 分解得到

$$\boldsymbol{X} = \boldsymbol{QR} \tag{15.19}$$

對於完全型 QR 分解，$\boldsymbol{Q}$ 為正交矩陣，也是一個規範正交基底 $[\boldsymbol{q}_1, \boldsymbol{q}_2, \cdots, \boldsymbol{q}_D]$。

對 $\boldsymbol{X}$ 進行完全型 SVD 分解，把結果寫成

$$\boldsymbol{X} = \boldsymbol{U}\left(\boldsymbol{S}\boldsymbol{V}^{\mathrm{T}}\right) \tag{15.20}$$

對比式 (15.19) 和式 (15.20)，$\boldsymbol{Q}$ 和 $\boldsymbol{U}$ 都是正交矩陣，雖然形狀相同，但是兩者顯然是不同的規範正交基底。對 QR 分解，$\boldsymbol{x}_1$ 與 $\boldsymbol{q}_1$ 平行。舉例來說，$\boldsymbol{x}_1$ 像是一個錨，確定了 $[\boldsymbol{q}_1, \boldsymbol{q}_2, \cdots, \boldsymbol{q}_D]$ 的空間位置。

而 SVD 分解則引入了一個最佳化角度——一個最大化奇異值。本書第 18 章將深入介紹這個最佳化角度。對比式 (15.19) 和式 (15.20)，$\boldsymbol{R}$ 則對應 $\boldsymbol{S}\boldsymbol{V}^{\mathrm{T}}$。特別地，$\boldsymbol{S}\boldsymbol{V}^{\mathrm{T}}$ 結果正交，即 $\boldsymbol{S}\boldsymbol{V}^{\mathrm{T}}(\boldsymbol{S}\boldsymbol{V}^{\mathrm{T}})^{\mathrm{T}} = \boldsymbol{S}\boldsymbol{V}^{\mathrm{T}}\boldsymbol{V}\boldsymbol{S}^{\mathrm{T}} = \boldsymbol{S}\boldsymbol{S}^{\mathrm{T}}$。

Bk4_Ch15_02.py 中 Bk4_Ch15_02_B 部分繪製圖 15.7。請讀者自行撰寫程式繪製圖 15.8 和圖 15.9。

15.4 右奇異向量矩陣 *V*

$\boldsymbol{V}$ 的列向量叫做**右奇異向量** (right singular vector)，$\boldsymbol{V}$ 和其轉置 $\boldsymbol{V}^{\mathrm{T}}$ 的乘積也是單位矩陣，即

$$\boldsymbol{V}^{\mathrm{T}}\boldsymbol{V} = \boldsymbol{I} \tag{15.21}$$

圖 15.11 所示為上式運算對應的熱圖。值得強調的是，凡是滿足 $\boldsymbol{V}^{\mathrm{T}}\boldsymbol{V} = \boldsymbol{V}\boldsymbol{V}^{\mathrm{T}} = \boldsymbol{I}$ 的方陣 $\boldsymbol{V}$ 都是**正交矩陣** (orthogonal matrix)，對應規範正交基底。前文提過，並不是所有正交矩陣都是**旋轉矩陣** (rotation matrix)。只有 $\det(\boldsymbol{V}) = 1$ 的正交矩陣才叫旋轉矩陣，這種矩陣也叫**特殊正交矩陣** (special orthogonal matrix)。

而一般正交矩陣的行列式值為 ±1，即 $\det(\boldsymbol{V}) = \pm 1$。當 $\det(\boldsymbol{V}) = -1$ 時，$\boldsymbol{V}$ 對應的幾何操作為「旋轉 + 鏡像」。這也告訴我們，SVD 分解中 $\boldsymbol{V}$ 和 $\boldsymbol{U}$ 並不唯一，$\boldsymbol{V}$ 和 U 的列向量都可以取負。當 $\det(\boldsymbol{V}) = \det(\boldsymbol{U}) = -1$ 時，$\boldsymbol{V}$ 和 $\boldsymbol{U}$ 都是「旋

轉 + 鏡像」。但是為了方便，完全型 SVD 結果中的 $\boldsymbol{V}$ 和 $\boldsymbol{U}$，我們還是管它們的幾何操作叫「旋轉」。

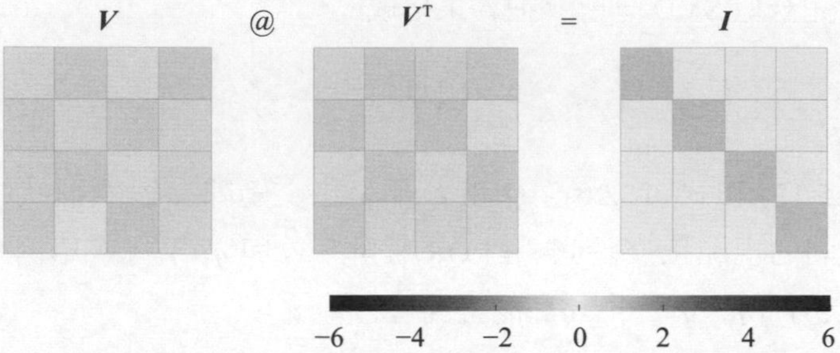

▲ 圖 15.11 $\boldsymbol{V}$ 和其轉置 $\boldsymbol{V}^{\mathrm{T}}$ 的乘積也是單位矩陣

特徵值分解

圖 15.12 所示為轉置 $\boldsymbol{X}^{\mathrm{T}}$ 與 $\boldsymbol{X}$ 相乘得到第二個格拉姆矩陣 $\boldsymbol{X}^{\mathrm{T}}\boldsymbol{X}$ 的熱圖，$\boldsymbol{X}^{\mathrm{T}}\boldsymbol{X}$ 為 $D \times D$ 方陣。

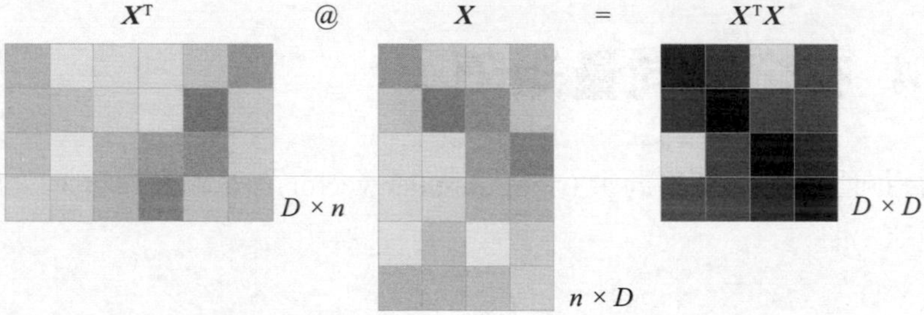

▲ 圖 15.12 轉置 $\boldsymbol{X}^{\mathrm{T}}$ 和 $\boldsymbol{X}$ 乘積熱圖

對 $\boldsymbol{X}^{\mathrm{T}}\boldsymbol{X}$ 特徵值分解得到

$$\begin{aligned}\boldsymbol{X}^{\mathrm{T}}\boldsymbol{X} &= \left(\boldsymbol{U}\boldsymbol{S}\boldsymbol{V}^{\mathrm{T}}\right)^{\mathrm{T}}\left(\boldsymbol{U}\boldsymbol{S}\boldsymbol{V}^{\mathrm{T}}\right)\\ &= \boldsymbol{V}\boldsymbol{S}^{\mathrm{T}}\left(\boldsymbol{U}^{\mathrm{T}}\boldsymbol{U}\right)\boldsymbol{S}\boldsymbol{V}^{\mathrm{T}}\\ &= \boldsymbol{V}\boldsymbol{S}^{\mathrm{T}}\boldsymbol{S}\boldsymbol{V}^{\mathrm{T}}\end{aligned} \tag{15.22}$$

其中：$\boldsymbol{V}$ 為 $\boldsymbol{X}^{\mathrm{T}}\boldsymbol{X}$ 的特徵向量矩陣；$\boldsymbol{S}^{\mathrm{T}}\boldsymbol{S}$ 為特徵值矩陣。圖 15.13 所示為對 $\boldsymbol{X}^{\mathrm{T}}\boldsymbol{X}$ 進行特徵值分解的熱圖。

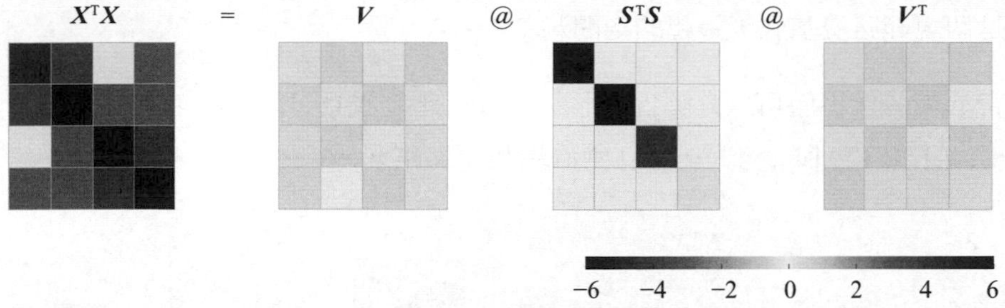

▲ 圖 15.13　對 $\boldsymbol{X}^{\mathrm{T}}\boldsymbol{X}$ 進行特徵值分解

如圖 15.14 所示，對 $\boldsymbol{X}^{\mathrm{T}}\boldsymbol{X}$ 進行特徵值分解，$\boldsymbol{S}^{\mathrm{T}}\boldsymbol{S}$ 為特徵值矩陣，奇異值和特徵值也存在以下平方關系，即

$$\boldsymbol{S}^{\mathrm{T}}\boldsymbol{S}=\begin{bmatrix} s_1^2 & & & \\ & s_2^2 & & \\ & & \ddots & \\ & & & s_D^2 \end{bmatrix}=\begin{bmatrix} \lambda_1 & & & \\ & \lambda_2 & & \\ & & \ddots & \\ & & & \lambda_D \end{bmatrix} \tag{15.23}$$

比較式 (15.17) 和式 (15.23)，我們容易發現兩個不同格拉姆矩陣特徵值之間的關係。

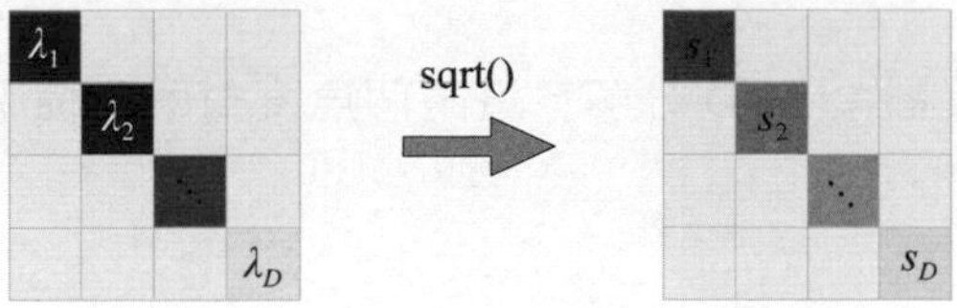

▲ 圖 15.14　奇異值和特徵值之間關係

本書第 24 章將總結分解物件不同時 ，奇異值和特徵值之間的聯繫和差異。

向量空間

如圖 15.15 所示，$\boldsymbol{X}^{\mathrm{T}}\boldsymbol{X}$ 進行特徵值分解得到正交矩陣 $\boldsymbol{V} = [\boldsymbol{v}_1 , \boldsymbol{v}_2 , \cdots , \boldsymbol{v}_D]$，它也是個規範正交基底，張起的空間為 $\mathbb{R}^D$。

奇異值分解不僅可以分解各種形狀實數矩陣，並且可以一次性獲得 $\boldsymbol{U} = [\boldsymbol{u}_1 , \boldsymbol{u}_2 , \cdots , \boldsymbol{u}_n]$ 和 $\boldsymbol{V} = [\boldsymbol{v}_1 , \boldsymbol{v}_2 , \cdots , \boldsymbol{v}_D]$ 兩個規範正交基底。

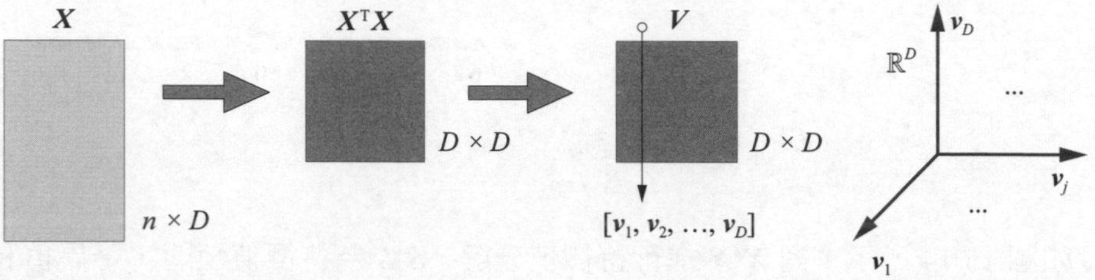

▲ 圖 15.15　對 Gram 矩陣 $\boldsymbol{X}^{\mathrm{T}}\boldsymbol{X}$ 特徵值分解得到規範正交基底 $\boldsymbol{V}$

Bk4_Ch15_02.py 中 Bk4_Ch15_02_C 部分繪製圖 15.11。請讀者自行撰寫程式繪製圖 15.12 和圖 15.13。

15.5 兩個角度：投影和資料疊加

本節用兩個角度觀察 SVD 分解。這兩個角度對應兩種不同的矩陣乘法展開方式。

投影

對於經濟型 SVD 分解，將 $\boldsymbol{X}$ 等式左右兩側右乘 $\boldsymbol{V}$，可以得到

$$\boldsymbol{X}_{n \times D}\boldsymbol{V} = \boldsymbol{U}\boldsymbol{S} \tag{15.24}$$

將 $\boldsymbol{V}$ 和 $\boldsymbol{U}$ 本身分別寫成左右排列的列向量，有

$$\boldsymbol{X}_{n\times D}\begin{bmatrix}\boldsymbol{v}_1 & \boldsymbol{v}_2 & \cdots & \boldsymbol{v}_D\end{bmatrix}=\begin{bmatrix}\boldsymbol{u}_1 & \boldsymbol{u}_2 & \cdots & \boldsymbol{u}_D\end{bmatrix}\begin{bmatrix}s_1 & & & \\ & s_2 & & \\ & & \ddots & \\ & & & s_D\end{bmatrix} \tag{15.25}$$

將式 (15.25) 進一步展開得到

$$\begin{bmatrix}\boldsymbol{X}\boldsymbol{v}_1 & \boldsymbol{X}\boldsymbol{v}_2 & \cdots & \boldsymbol{X}\boldsymbol{v}_D\end{bmatrix}=\begin{bmatrix}s_1\boldsymbol{u}_1 & s_2\boldsymbol{u}_2 & \cdots & s_D\boldsymbol{u}_D\end{bmatrix} \tag{15.26}$$

因此

$$\boldsymbol{X}\boldsymbol{v}_j = s_j\boldsymbol{u}_j \tag{15.27}$$

式 (15.27) 可以視為 $\boldsymbol{X}$ 向 $\boldsymbol{v}_j$ 投影，結果為 $s_j\boldsymbol{u}_j$。對應運算熱圖如圖 15.16 所示。注意，$\boldsymbol{v}_j$ 和 $\boldsymbol{u}_j$ 都是單位向量，即兩者的模都是 1。從另外一個角度來看，$\boldsymbol{v}_j$ 和 $\boldsymbol{u}_j$ 都不含單位，而 $\boldsymbol{X}$ 和 s_j 含有單位。

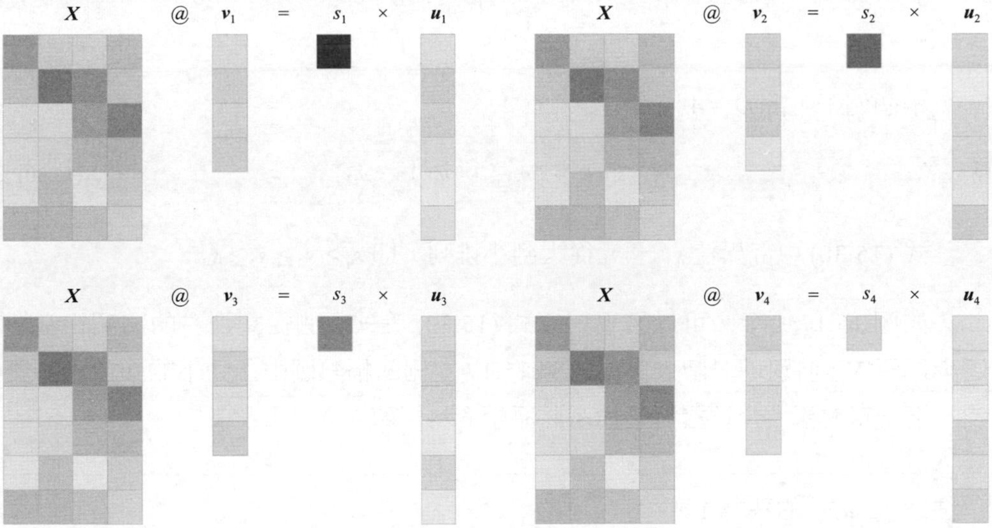

▲ 圖 15.16 $\boldsymbol{X}$ 向 $\boldsymbol{v}_j$ 映射結果為 $s_j\boldsymbol{u}_j$

式 (15.27) 左右都是向量，等式兩側分別求模，即 L^2 範數，得到

$$\|Xv_j\| = \|s_j u_j\| = s_j \underbrace{\|u_j\|}_{1} = s_j \tag{15.28}$$

也就是說 Xv_j 的模為對應奇異值 s_j。由於奇異值 $s_1 \sim s_4$ 從大到小排列，也就是說 Xv_1 的模最大。這個角度對於理解**主成分分析** (principal component analysis , PCA) 極為重要。

疊加

第二種展開方式為

$$\begin{aligned} X_{m\times D} &= \begin{bmatrix} u_1 & u_2 & \cdots & u_D \end{bmatrix} \begin{bmatrix} s_1 & & & \\ & s_2 & & \\ & & \ddots & \\ & & & s_D \end{bmatrix} \begin{bmatrix} v_1^{\mathrm{T}} \\ v_2^{\mathrm{T}} \\ \vdots \\ v_D^{\mathrm{T}} \end{bmatrix} \\ &= \begin{bmatrix} s_1 u_1 & s_2 u_2 & \cdots & s_D u_D \end{bmatrix} \begin{bmatrix} v_1^{\mathrm{T}} \\ v_2^{\mathrm{T}} \\ \vdots \\ v_D^{\mathrm{T}} \end{bmatrix} = s_1 u_1 v_1^{\mathrm{T}} + s_2 u_2 v_2^{\mathrm{T}} + \cdots + s_D u_D v_D^{\mathrm{T}} \end{aligned} \tag{15.29}$$

舉個例子，當 $D = 4$ 時，有

$$X = s_1 u_1 v_1^{\mathrm{T}} + s_2 u_2 v_2^{\mathrm{T}} + s_3 u_3 v_3^{\mathrm{T}} + s_4 u_4 v_4^{\mathrm{T}} \tag{15.30}$$

式 (15.30) 中奇異值 $s_1 \sim s_4$ 從大到小排列，即 $s_1 \geq s_2 \geq s_3 \geq s_4$。

如圖 15.17 所示，可以發現對應式 (15.30) 等式右側從左到右的四項相當於逐步還原 X。特別地，請大家注意圖 15.17 左側四幅熱圖由上到下的顏色逐漸變淺。下一章會深入介紹透過疊加還原原始資料矩陣。

注意：$s_j u_j v_j^{\mathrm{T}}$ 的秩為 1。

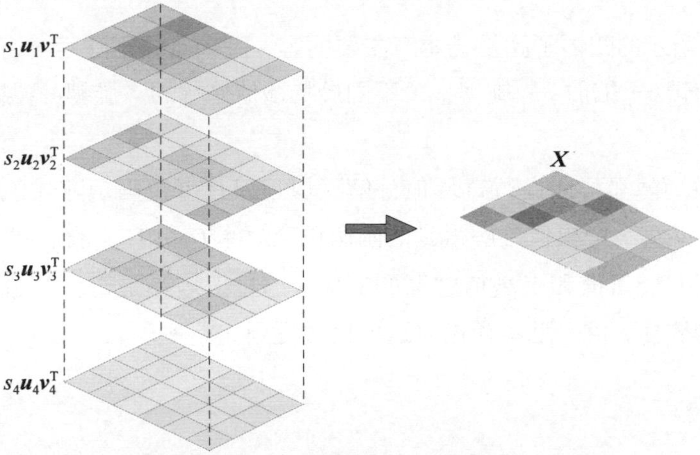

▲ 圖 15.17　四幅熱圖疊加還原原始影像

張量積

再進一步，利用式 (15.27) 列出的關係，我們將式 (15.30) 寫成張量積之和的形式，有

$$\begin{aligned} X &= s_1 u_1 v_1^T + s_2 u_2 v_2^T + s_3 u_3 v_3^T + s_4 u_4 v_4^T \\ &= X v_1 v_1^T + X v_2 v_2^T + X v_3 v_3^T + X v_4 v_4^T \\ &= X\left(v_1 v_1^T + v_2 v_2^T + v_3 v_3^T + v_4 v_4^T\right) \\ &= X\left(v_1 \otimes v_1 + v_2 \otimes v_2 + v_3 \otimes v_3 + v_4 \otimes v_4\right) \end{aligned} \tag{15.31}$$

這就是本書第 10 章講解的「二次投影」再「層層疊加」。

能完成類似式 (15.31) 投影的規範正交基底有無數組陣列，為什麼 $V = [v_1, v_2, \cdots, v_D]$ 脫穎而出？ V 的特殊性表現在哪？回答這個問題需要最佳化方面的知識，這是本書第 18 章要探討的話題。

Bk4_Ch15_02.py 中 Bk4_Ch15_02_D 部分繪製本節影像。

圖 15.18 所示的四幅子圖總結本章主要內容。請大家特別注意，奇異值分解對應「旋轉 → 縮放 → 旋轉」，不同於特徵值分解的「旋轉 → 縮放 → 旋轉」。

任何實數矩陣都可以進行奇異值分解，但是只有可對角矩陣才能進行特徵值分解。此外，奇異值分解得到的兩個正交矩陣 $\boldsymbol{U}$ 和 $\boldsymbol{V}$ 一般形狀不同。

請大家注意特徵值和奇異值之間的關係。格拉姆矩陣是奇異值分解和特徵值分解的橋樑，這一點本書後續還要反覆提到。

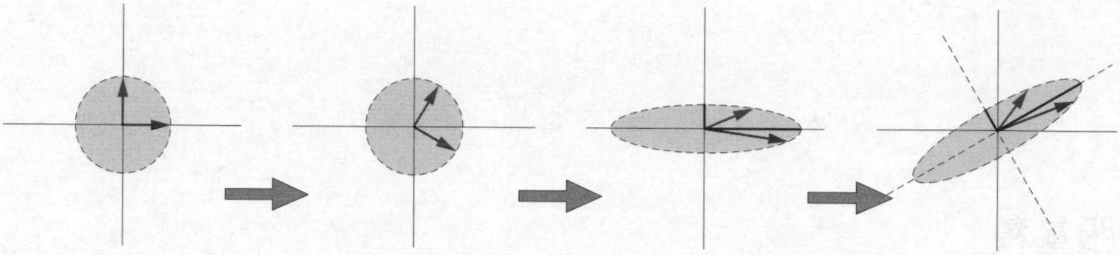

▲ 圖 15.18　總結本章重要內容的四幅圖

數值線性代數是本書完全沒有涉及的板塊。

本書有關矩陣分解這個版塊介紹了 LU 分解、Cholesky 分解、QR 分解、特徵值分解、奇異值分解 等的原理和應用，也介紹了如何利用 Python 函式完成矩陣分解。但是本書沒有提到電腦如何完成這 些矩陣分解，也就是 Python 函式庫中這些函式的底層演算法實現，這就是數值線性代數研究的問題。如果大家對這個話題感興趣的話，可以參考 Holger Wendland 的 *Numerical Linear Algebra: An Introduction* 一書。

Dive into Singular Value Decomposition

16 深入奇異值分解

四種類型、資料還原、正交化

人不過是一根蘆葦，世界最脆弱的生靈；
但是，人是會思考的蘆葦。

Man is but a reed, the most feeble thing in nature, but he is a thinking reed.

——布萊茲．帕斯卡（*Blaise Pascal*）| 法國哲學家、科學家 | *1623—1662*

- matplotlib.pyplot.quiver() 繪製箭頭圖
- numpy.linspace() 在指定的間隔內，傳回固定步進值的資料
- numpy.linalg.svd() 進行 SVD 分解
- numpy.diag() 以一維陣列的形式傳回方陣的對角線元素，或將一維陣列轉換成對角陣

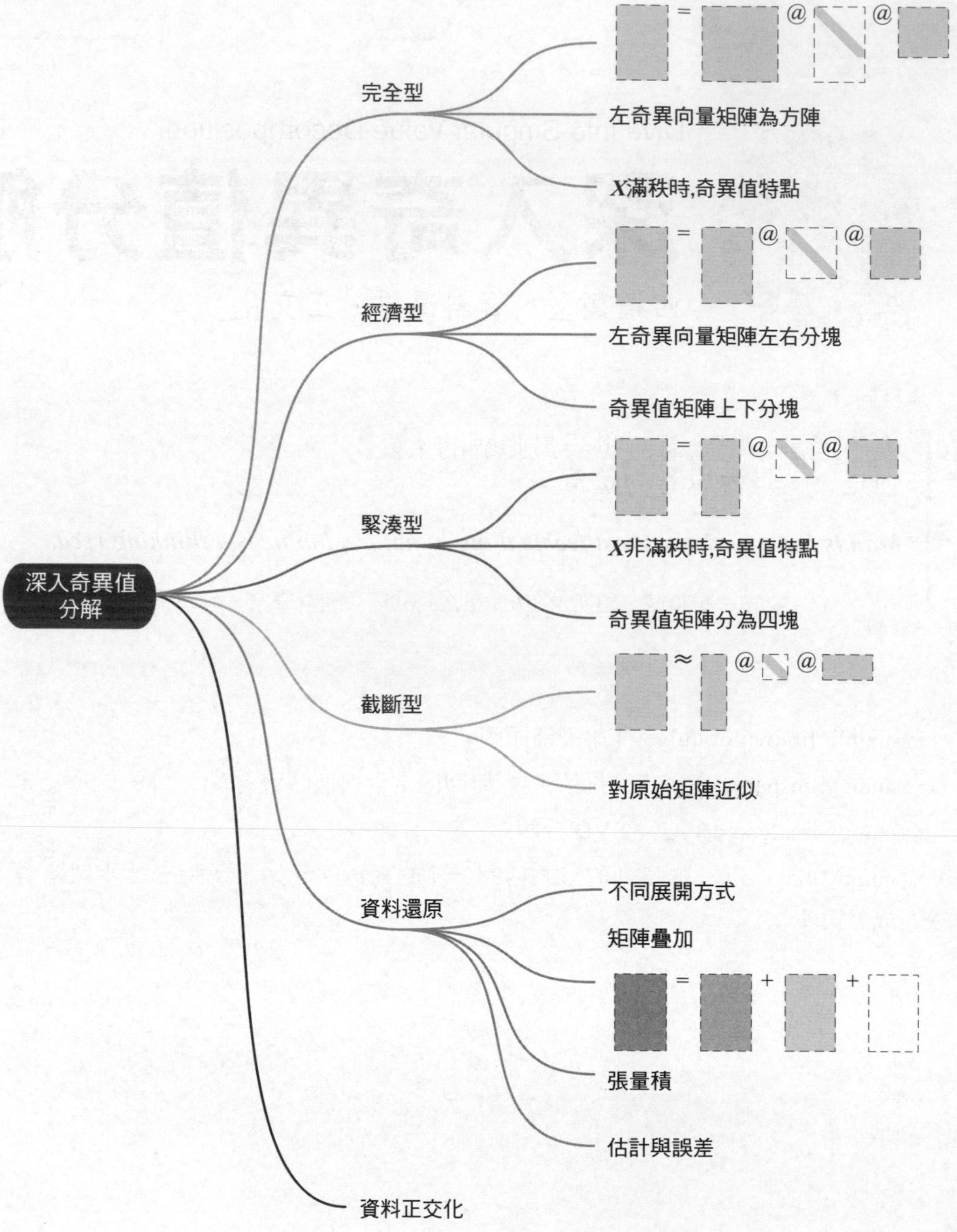
深入奇異值分解
完全型
左奇異向量矩陣為方陣
X滿秩時,奇異值特點
經濟型
左奇異向量矩陣左右分塊
奇異值矩陣上下分塊
緊湊型
X非滿秩時,奇異值特點
奇異值矩陣分為四塊
截斷型
對原始矩陣近似
資料還原
不同展開方式
矩陣疊加
張量積
估計與誤差
資料正交化

16.1 完全型：U 為方陣

上一章介紹過奇異值分解有以下四種類型。

- **完全型** (full)；
- **經濟型** (economy-size, thin)；
- **緊湊型** (compact)；
- **截斷型** (truncated)。

本章將深入介紹這四種奇異值分解。

首先回顧完全型 SVD 分解。圖 16.1 所示為矩陣 $\boldsymbol{X}_{6\times 4}$ 進行完全 SVD 分解的結果熱圖。一般情況下，叢書常見的資料矩陣 $\boldsymbol{X}$ 形狀為 $n > D$，即細高型。

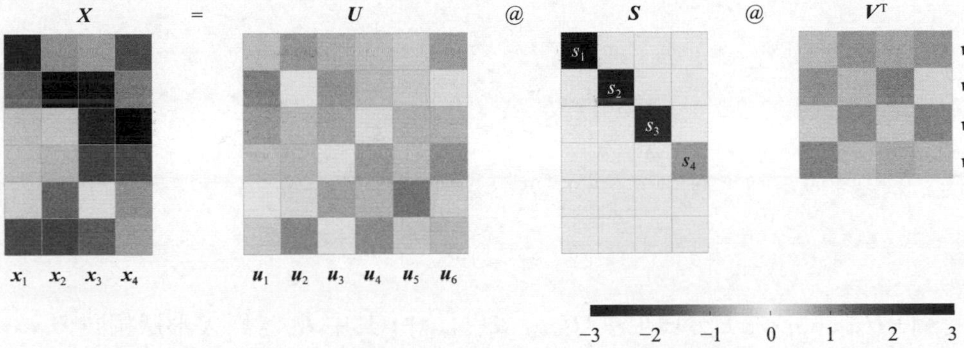

▲ 圖 16.1　資料 $\boldsymbol{X}$ 完全型 SVD 分解矩陣熱圖

完全型 SVD 分解中，左奇異向量矩陣 $\boldsymbol{U}$ 為方陣，形狀為 $n\times n$。$\boldsymbol{U} = [\boldsymbol{u}_1 , \boldsymbol{u}_2 , \cdots , \boldsymbol{u}_n]$ 是張成 $\mathbb{R}^n$ 空間的規範正交基底。

$\boldsymbol{S}_{n\times D}$ 的形狀與 $\boldsymbol{X}$ 相同，為 $n\times D$。雖然 $\boldsymbol{S}_{n\times D}$ 也是對角陣，但是它不是方陣。

如果 $\boldsymbol{X}$ 滿秩，則 $\text{rank}(\boldsymbol{X}) = D$，$\boldsymbol{S}$ 主對角線元素 (奇異值 s_j) 的一般大小關係為

$$s_1 \geqslant s_2 \geqslant \cdots \geqslant s_D > 0 \tag{16.1}$$

右奇異向量矩陣 $\boldsymbol{V}$ 的形狀為 $D\times D$。$\boldsymbol{V}=[\boldsymbol{v}_1, \boldsymbol{v}_2, \cdots, \boldsymbol{v}_D]$ 是張成 $\mathbb{R}^D$ 空間的規範正交基底。

> 本章大量使用分塊矩陣乘法法則，大家如果感到吃力，請回顧本書第 6 章相關內容。

Bk4_Ch16_01.py 中 Bk4_Ch16_01_A 部分繪製圖 16.1。

16.2 經濟型：S 去掉零矩陣，變方陣

在完全型 SVD 分解的基礎上，長方對角陣 $\boldsymbol{S}_{n\times D}$ 上下分塊為一個對角方陣和一個零矩陣 $\boldsymbol{O}$，即

$$\boldsymbol{S}_{n\times D}=\begin{bmatrix} s_1 & & & \\ & s_2 & & \\ & & \ddots & \\ & & & s_D \\ 0 & 0 & \cdots & 0 \\ \vdots & \vdots & \ddots & \vdots \\ 0 & 0 & \cdots & 0 \end{bmatrix}=\begin{bmatrix} \boldsymbol{S}_{D\times D} \\ \boldsymbol{O}_{(n-D)\times D} \end{bmatrix} \tag{16.2}$$

將 $\boldsymbol{U}_{n\times n}$ 寫成左右分塊矩陣 $[\boldsymbol{U}_{n\times D}, \boldsymbol{U}_{n\times (n\text{-}D)}]$，其中 $\boldsymbol{U}_{n\times D}$ 與 $\boldsymbol{X}$ 形狀相同。

利用分塊矩陣乘法，完全型 SVD 分解可以簡化成經濟型 SVD 分解，即

$$\begin{aligned}\boldsymbol{X}_{n\times D} &= \begin{bmatrix} \boldsymbol{U}_{n\times D} & \boldsymbol{U}_{n\times(n-D)} \end{bmatrix} \begin{bmatrix} \boldsymbol{S}_{D\times D} \\ \boldsymbol{O}_{(n-D)\times D} \end{bmatrix} \boldsymbol{V}^{\mathrm{T}} \\ &= \left(\boldsymbol{U}_{n\times D}\boldsymbol{S}_{D\times D}+\boldsymbol{U}_{n\times(n-D)}\boldsymbol{O}_{(n-D)\times D}\right)\boldsymbol{V}^{\mathrm{T}} \\ &= \boldsymbol{U}_{n\times D}\boldsymbol{S}_{D\times D}\boldsymbol{V}^{\mathrm{T}}\end{aligned} \tag{16.3}$$

圖 16.2 和圖 16.3 比較了完全型和經濟型 SVD 分解結果熱圖。圖 16.2 中陰影部分為消去的矩陣子塊。比較完全型和經濟型 SVD，分解結果中唯一不變的就是矩陣 $\boldsymbol{V}$，它一直保持方陣形態。

從向量空間角度來講，$\boldsymbol{U}_{n \times D}$ 和 $\boldsymbol{U}_{n \times (n-D)}$ 有怎樣的 差異和聯繫？這是本書第 23 章要回答的問題。

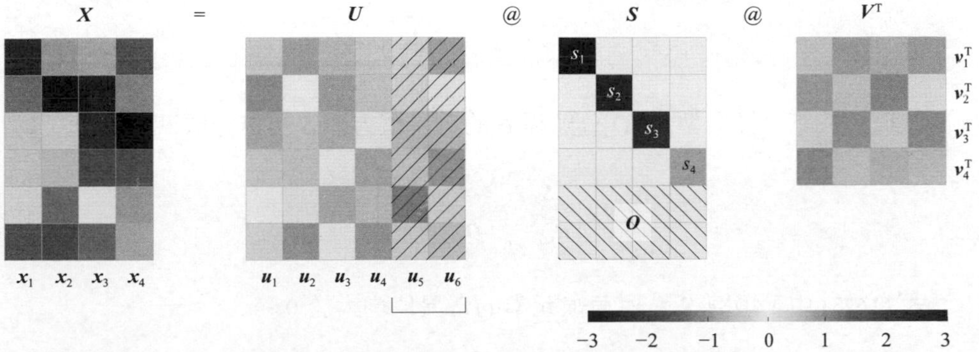

▲ 圖 16.2　資料 $\boldsymbol{X}$ 完全型 SVD 分解分塊熱圖

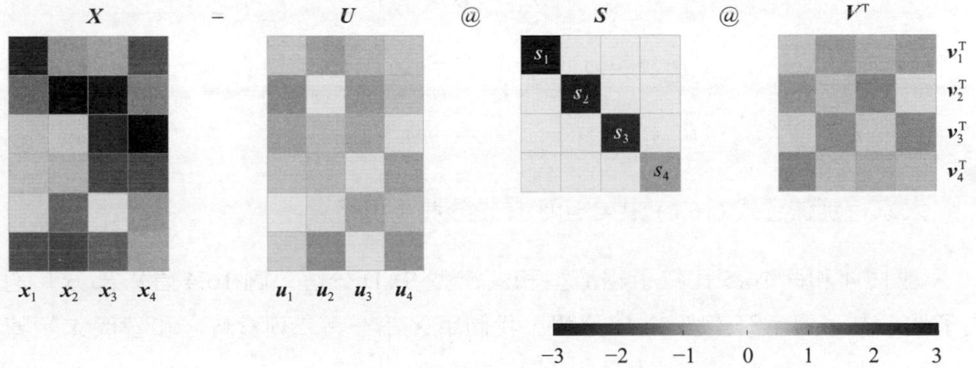

▲ 圖 16.3　資料 $\boldsymbol{X}$ 經濟型 SVD 分解熱圖

Bk4_Ch16_01.py 中 Bk4_Ch16_01_B 部分繪製圖 16.3。

16.3 緊湊型：非滿秩

本節介紹在經濟型 SVD 分解基礎上獲得的緊湊型 SVD 分解。

特別地，如果 $\text{rank}(\boldsymbol{X}) = r < D$，則奇異值 s_j 滿足

$$s_1 \geqslant s_2 \geqslant \cdots \geqslant s_r > 0,\quad s_{r+1} = s_{r+2} = \cdots = s_D = 0 \tag{16.4}$$

這種條件下，經濟型 SVD 分解得到的奇異值方陣 $\boldsymbol{S}$ 可以分成四個子塊，即

$$\boldsymbol{S} = \begin{bmatrix} \boldsymbol{S}_{r\times r} & \boldsymbol{O}_{r\times(D-r)} \\ \boldsymbol{O}_{(D-r)\times r} & \boldsymbol{O}_{(D-r)\times(D-r)} \end{bmatrix} \tag{16.5}$$

式 (16.5) 中，矩陣 $\boldsymbol{S}_{r\times r}$ 對角線元素的奇異值均大於 0。

將式 (16.5) 代入經濟型 SVD 分解式 (16.3)，整理得到

$$\begin{aligned} \boldsymbol{X}_{n\times D} &= \begin{bmatrix} \boldsymbol{U}_{n\times r} & \boldsymbol{U}_{n\times(D-r)} \end{bmatrix} \begin{bmatrix} \boldsymbol{S}_{r\times r} & \boldsymbol{O}_{r\times(D-r)} \\ \boldsymbol{O}_{(D-r)\times r} & \boldsymbol{O}_{(D-r)\times(D-r)} \end{bmatrix} \begin{bmatrix} \boldsymbol{V}_{D\times r} & \boldsymbol{V}_{D\times(D-r)} \end{bmatrix}^{\mathrm{T}} \\ &= \begin{bmatrix} \boldsymbol{U}_{n\times r}\boldsymbol{S}_{r\times r} & \boldsymbol{O}_{n\times(D-r)} \end{bmatrix} \begin{bmatrix} \left(\boldsymbol{V}_{D\times r}\right)^{\mathrm{T}} \\ \left(\boldsymbol{V}_{D\times(D-r)}\right)^{\mathrm{T}} \end{bmatrix} \\ &= \boldsymbol{U}_{n\times r}\boldsymbol{S}_{r\times r}\left(\boldsymbol{V}_{D\times r}\right)^{\mathrm{T}} \end{aligned} \tag{16.6}$$

大家特別注意式 (16.6) 中，矩陣 $\boldsymbol{V}$ 先分塊後再轉置。

圖 16.4 和圖 16.5 比較了經濟型和緊湊型 SVD 分解，圖 16.4 陰影部分為消去子塊。為了展示緊湊型 SVD 分解，我們用 $\boldsymbol{X}$ 第一、二列資料之和替代 $\boldsymbol{X}$ 矩陣第四列，即 $\boldsymbol{x}_4 = \boldsymbol{x}_1 + \boldsymbol{x}_2$。這樣 $\boldsymbol{X}$ 矩陣列向量線性相關，$\text{rank}(\boldsymbol{X}) = 3$，而 $s_4 = 0$。再次強調，只有 $\boldsymbol{X}$ 為非滿秩的情況下，才存在緊縮型 SVD 分解。緊縮型 SVD 分解中，$\boldsymbol{U}$ 和 $\boldsymbol{V}$ 都不是方陣。

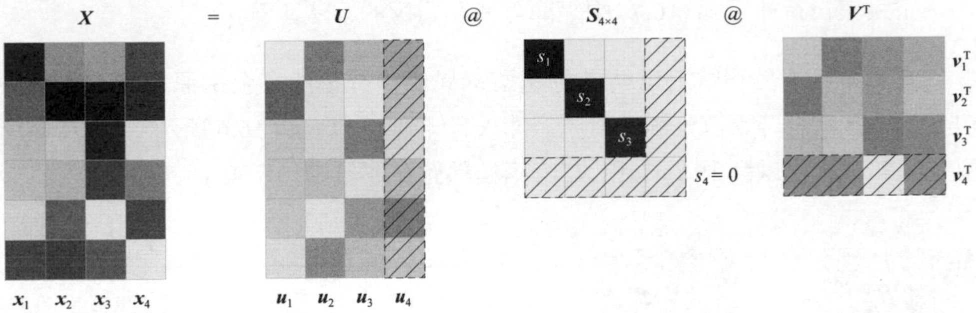

▲ 圖 16.4　資料 $\boldsymbol{X}$ 經濟型 SVD 分解熱圖

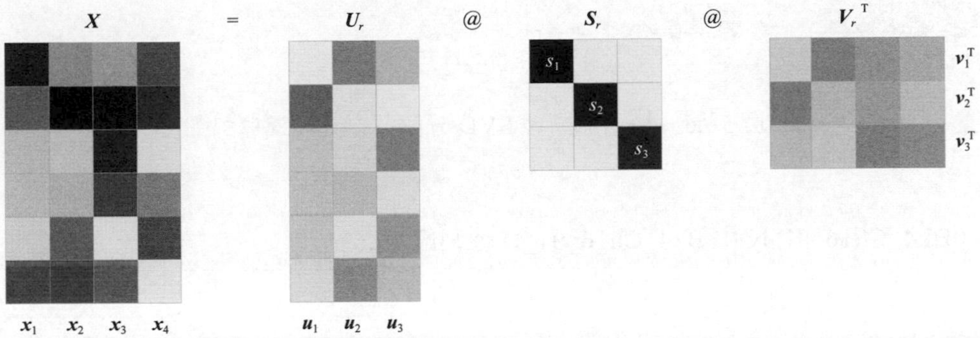

▲ 圖 16.5　資料 $\boldsymbol{X}$ 緊湊型 SVD 分解熱圖

Bk4_Ch16_01.py 中 Bk4_Ch16_01_C 部分繪製圖 16.4。

16.4 截斷型：近似

如果 $\text{rank}(\boldsymbol{X}) = r \le D$，取經濟型奇異值分解中前 p 個奇異值 $(p < r)$ 對應的 $\boldsymbol{U}$、$\boldsymbol{S}$、$\boldsymbol{V}$ 矩陣成分，用它們還原原始資料，得到就是截斷型奇異值分解，即

$$\boldsymbol{X}_{n\times D} \approx \hat{\boldsymbol{X}}_{n\times D} = \boldsymbol{U}_{n\times p}\boldsymbol{S}_{p\times p}\left(\boldsymbol{V}_{D\times p}\right)^{\mathrm{T}} \tag{16.7}$$

請大家自行補足式 (16.7) 中矩陣分塊和對應的乘法運算。

式 (16.7) 不是等號，也就是截斷型奇異值分解不能完全還原原始資料。換句話說，截斷型奇異值分解是對原矩陣 $\boldsymbol{X}$ 的一種近似。圖 16.6 所示為 SVD 截斷型分解熱圖，可以發現 $\boldsymbol{X}_{n\times D}$ 和 $\hat{\boldsymbol{X}}_{n\times D}$ 兩幅熱圖存在一定「色差」。

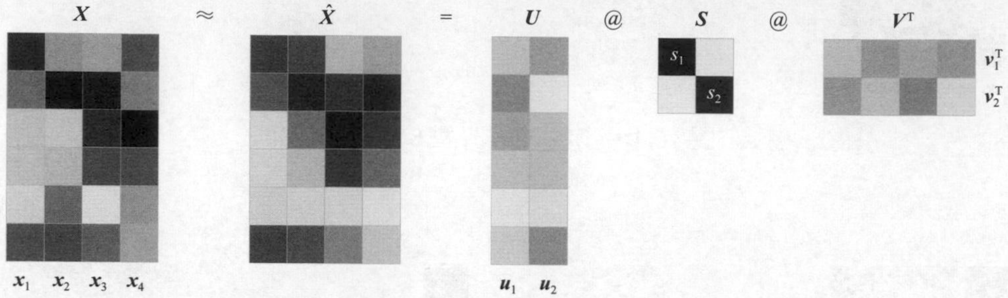

▲ 圖 16.6　採用截斷型 SVD 分解還原資料運算熱圖

0Bk4_Ch16_01.py 中 Bk4_Ch16_01_D 繪製圖 16.6。

16.5 資料還原：層層疊加

上一章介紹過，經濟型 SVD 分解可以展開寫作

$$\boldsymbol{X}_{n\times D} = \begin{bmatrix} \boldsymbol{u}_1 & \boldsymbol{u}_2 & \cdots & \boldsymbol{u}_D \end{bmatrix} \begin{bmatrix} s_1 & & & \\ & s_2 & & \\ & & \ddots & \\ & & & s_D \end{bmatrix} \begin{bmatrix} \boldsymbol{v}_1^{\mathrm{T}} \\ \boldsymbol{v}_2^{\mathrm{T}} \\ \vdots \\ \boldsymbol{v}_D^{\mathrm{T}} \end{bmatrix} = \underbrace{s_1 \boldsymbol{u}_1 \boldsymbol{v}_1^{\mathrm{T}}}_{X_1} + \underbrace{s_2 \boldsymbol{u}_2 \boldsymbol{v}_2^{\mathrm{T}}}_{X_2} + \cdots + \underbrace{s_D \boldsymbol{u}_D \boldsymbol{v}_D^{\mathrm{T}}}_{X_D} \tag{16.8}$$

上式中奇異值從大到小排列，即 $s_1 \geq s_2 \geq \cdots \geq s_D$。圖 16.7 所示為上述運算的熱圖，此處 $D = 4$。

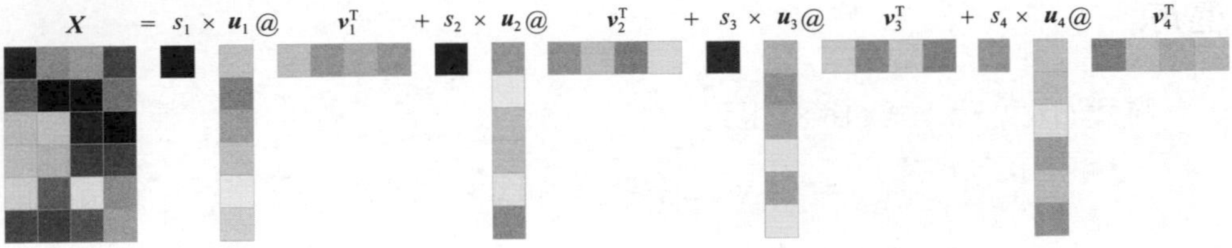

▲ 圖 16.7　SVD 分解展開計算熱圖

組成部分

定義矩陣 $\boldsymbol{X}_j$ 為

$$\boldsymbol{X}_j = s_j \boldsymbol{u}_j \boldsymbol{v}_j^{\mathrm{T}} \tag{16.9}$$

矩陣 $\boldsymbol{X}_j$ 的形狀與 $\boldsymbol{X}$ 相同。圖 16.8 所示為矩陣 $\boldsymbol{X}_j$ (j = 1 , 2 , 3 , 4) 計算過程的熱圖。

觀察圖 16.8 每幅矩陣 $\boldsymbol{X}_j$ 熱圖不難發現，矩陣 $\boldsymbol{X}_j$ 自身列向量之間存在倍數關係。也就是說，矩陣 $\boldsymbol{X}_j$ 的秩為 1，即 rank($\boldsymbol{X}_j$) = 1。

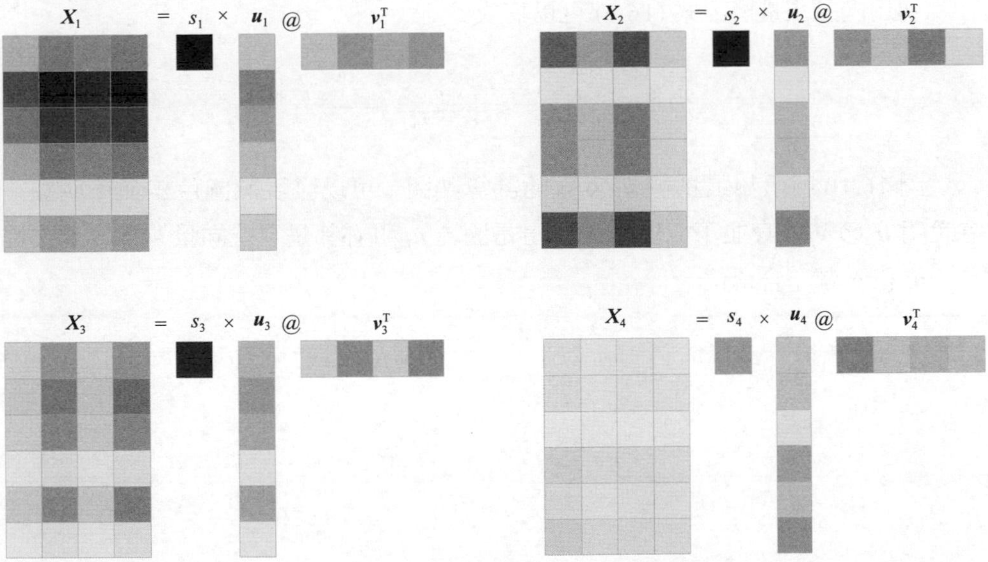

▲ 圖 16.8　還原資料的疊加成分

還原

將式 (16.9) 代入式 (16.8) 得到

$$X_{n\times D} = X_1 + X_2 + \cdots + X_D \tag{16.10}$$

當 $j = 1 \sim D$ 時，將 X_j 一層層疊加，最後還原原始資料矩陣 X，如圖 16.9 所示。

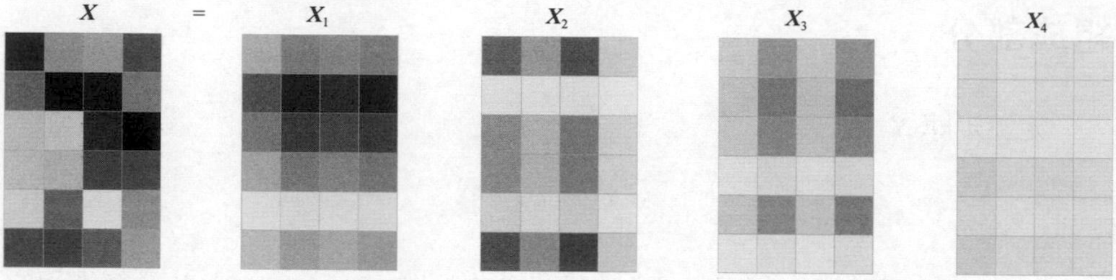

▲ 圖 16.9 還原原始資料

張量積

利用向量張量積，式 (16.8) 可以寫成

$$X = \underbrace{s_1 u_1 \otimes v_1}_{X_1} + \underbrace{s_2 u_2 \otimes v_2}_{X_2} + \cdots + \underbrace{s_D u_D \otimes v_D}_{X_D} = \sum_{j=1}^{D} s_j u_j \otimes v_j \tag{16.11}$$

圖 16.10 所示為張量積 $u_j \otimes v_j$ 的計算熱圖，可以發現熱圖色差並不明顯。這說明 $u_j \otimes v_j$ 本身並不能區分 X_j，這是因為 u_j 和 v_j 都是單位向量。本書前文提過，u_j 和 v_j 都不含單位。

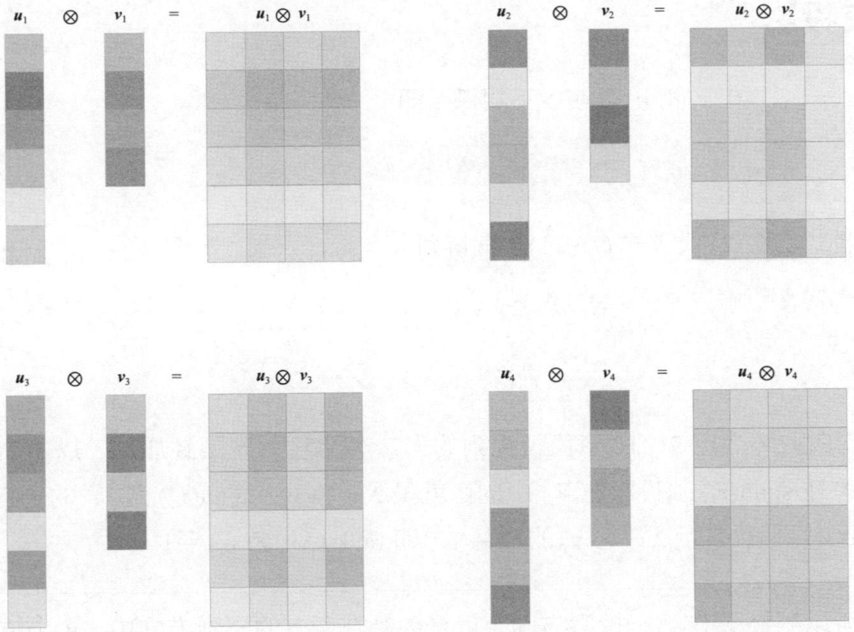

▲ 圖 16.10　向量張量熱圖

然後再用奇異值 s_j 乘以對應張量積 $\boldsymbol{u}_j \otimes \boldsymbol{v}_j$ 得到 $\boldsymbol{X}_j$，具體如圖 16.11 所示。可以發現，$\boldsymbol{X}_1$ 熱圖色差最明顯。也就是說，奇異值 s_j 的大小決定了成分的重要性，而 $\boldsymbol{u}_j$ 和 $\boldsymbol{v}_j$ 決定了投影方向。

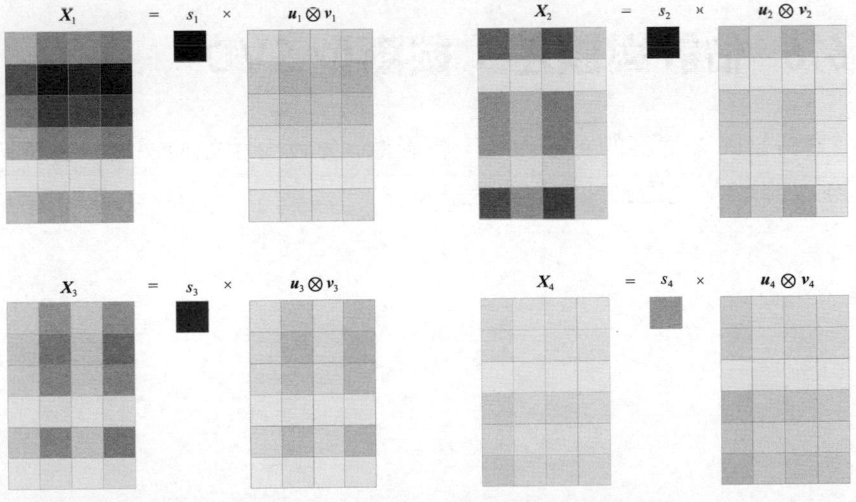

▲ 圖 16.11　奇異值純量乘張量積結果

正交投影

上一章指出 $\boldsymbol{v}_j$ 和 $\boldsymbol{u}_j$ 存在以下關係，即

$$X\boldsymbol{v}_j = s_j \boldsymbol{u}_j \tag{16.12}$$

將式 (16.12) 代入式 (16.11)，就得到

$$\begin{aligned} X &= \underbrace{X\boldsymbol{v}_1 \otimes \boldsymbol{v}_1}_{X_1} + \underbrace{X\boldsymbol{v}_2 \otimes \boldsymbol{v}_2}_{X_2} + \cdots + \underbrace{X\boldsymbol{v}_D \otimes \boldsymbol{v}_D}_{X_D} \\ &= X\left(\boldsymbol{v}_1 \otimes \boldsymbol{v}_1 + \boldsymbol{v}_2 \otimes \boldsymbol{v}_2 + \cdots + \boldsymbol{v}_D \otimes \boldsymbol{v}_D\right) \end{aligned} \tag{16.13}$$

這就是本書第 9、10 章反覆提到的「二次投影 + 層層疊加」。以 $\boldsymbol{v}_1$ 為例，資料 X 在 span($\boldsymbol{v}_1$) 中投影在 $\mathbb{R}^D$ 中的像就是 $X\boldsymbol{v}_1 \otimes \boldsymbol{v}_1$。span($\boldsymbol{v}_1$) 是 $\mathbb{R}^D$ 的子空間，維度為 1。這就表示 $X\boldsymbol{v}_1 \otimes \boldsymbol{v}_1$ 的秩為 1，即 rank $(X\boldsymbol{v}_1 \otimes \boldsymbol{v}_1) = 1$。

之所以選擇 $\boldsymbol{v}_1$ 作第一投影方向，就是因為在所有的一維方向中，$\boldsymbol{v}_1$ 方向對應的奇異值 s_1 最大。大家可能又會好奇，幾何角度下，奇異值 s_1 到底是什麼？賣個關子，這個問題將在本書第 18 章進行回答。

Bk4_Ch16_01.py 中 Bk4_Ch16_01_E 計算張量積並繪製熱圖。

16.6 估計與誤差：截斷型 SVD

把資料矩陣 X 對應的熱圖視為一幅影像，本節介紹如何採用較少資料盡可能還原原始影像，並准確地知道誤差是多少。

兩層疊加

奇異值按大小排列，選取 s_1 和 s_2 還原原始資料，其中 s_1 最大，s_2 其次。

根據上一節討論，從影像還原角度，s_1 對應 $\boldsymbol{X}_1$，$\boldsymbol{X}_1$ 還原了 $\boldsymbol{X}$ 影像的大部分特徵；s_2 對應 $\boldsymbol{X}_2$，$\boldsymbol{X}_2$ 在 $\boldsymbol{X}_1$ 的基礎上進一步還原 $\boldsymbol{X}$。

$\boldsymbol{X}_1$ 和 $\boldsymbol{X}_2$ 疊加得到 $\hat{\boldsymbol{X}}$。如圖 16.12 所示，$\boldsymbol{X}$ 和 $\hat{\boldsymbol{X}}$ 熱圖的相似度已經很高，有

$$\boldsymbol{X}_{n\times D} \approx \hat{\boldsymbol{X}}_{n\times D} = \boldsymbol{X}_1 + \boldsymbol{X}_2 \tag{16.14}$$

$\boldsymbol{X}$ 和 $\hat{\boldsymbol{X}}$ 熱圖誤差矩陣為

$$\boldsymbol{E}_\varepsilon = \boldsymbol{X}_{n\times D} - \hat{\boldsymbol{X}}_{n\times D} \tag{16.15}$$

我們給 $\boldsymbol{E}_\varepsilon$ 加了個下角標，以便與標準正交基底 $\boldsymbol{E}$ 進行區分。

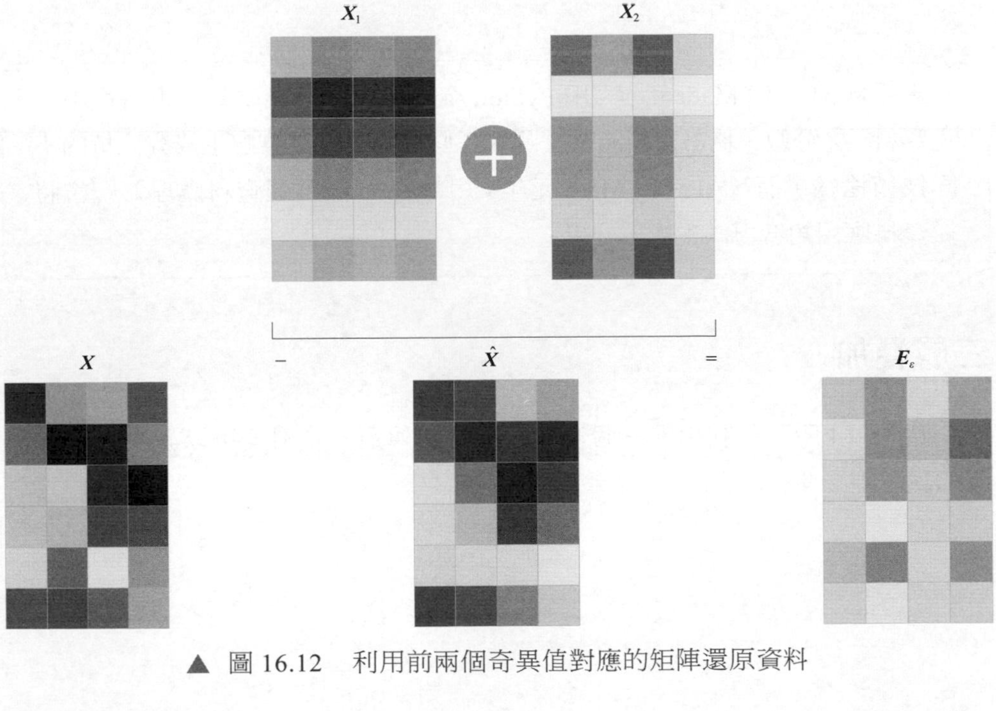

▲ 圖 16.12　利用前兩個奇異值對應的矩陣還原資料

將式 (16.14) 展開寫成

$$X \approx \hat{X} = s_1 \boldsymbol{u}_1 \boldsymbol{v}_1^{\mathrm{T}} + s_2 \boldsymbol{u}_2 \boldsymbol{v}_2^{\mathrm{T}} = \begin{bmatrix} \boldsymbol{u}_1 & \boldsymbol{u}_2 \end{bmatrix} \begin{bmatrix} s_1 & \\ & s_2 \end{bmatrix} \begin{bmatrix} \boldsymbol{v}_1^{\mathrm{T}} \\ \boldsymbol{v}_2^{\mathrm{T}} \end{bmatrix} \tag{16.16}$$

式 (16.16) 就是主成分分析中，用前兩個主元還原原始資料對應的計算，如圖 16.13 所示。

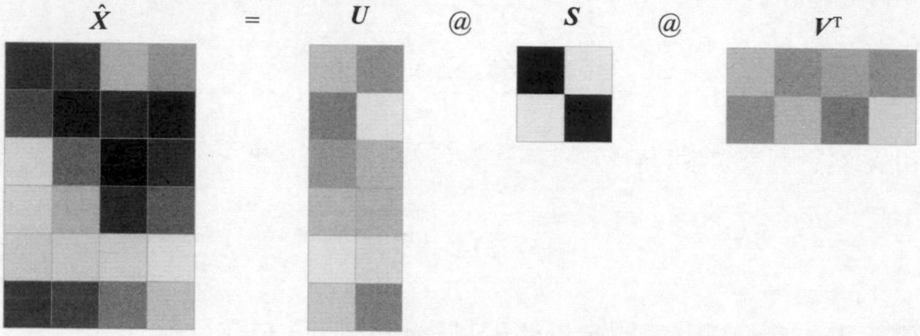

▲ 圖 16.13　用前兩個主元還原原始資料

本書系《AI 時代 Math 元年 - 用 Python 全精通統計及機率》一書將從中心化資料、Z 分數、協方差矩陣、相關性係數矩陣等角度講解主成分分析的不同技術途徑，而《AI 時代 Math 元年 - 用 Python 全精通資料處理》一書將從資料應用角度再談主成分分析。

三層疊加

圖 16.14 所示為利用前三個奇異值對應矩陣還原資料，可以發現 X 和 $\hat{X}$ 熱圖的誤差進一步縮小。

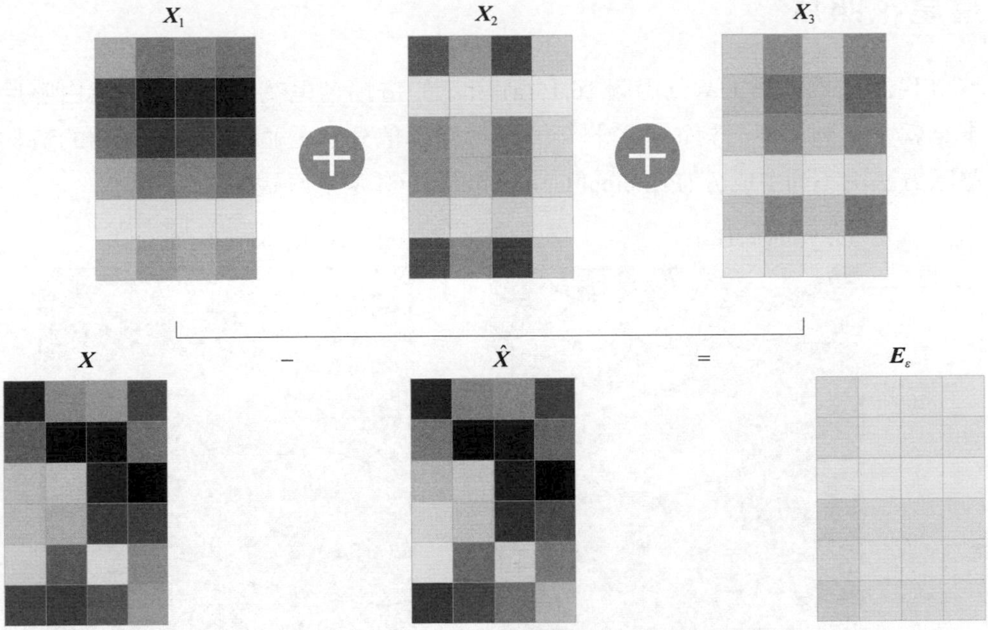

▲ 圖 16.14　利用前三個奇異值對應的矩陣還原資料

當 $D = 4$ 時，採用 s_1、s_2、s_3 還原原始資料時，誤差 $\boldsymbol{E}_\varepsilon$ 只剩一個成分，即

$$\boldsymbol{X} - \hat{\boldsymbol{X}} = s_4 \boldsymbol{u}_4 \boldsymbol{v}_4^{\mathrm{T}} = \boldsymbol{X}\boldsymbol{v}_4 \otimes \boldsymbol{v}_4 \tag{16.17}$$

如果採用全部成分還原原始資料，請大家自行計算誤差矩陣是否為 $\boldsymbol{O}$ 矩陣。

Bk4_Ch16_01.py 中 Bk4_Ch16_01_F 繪製本節資料還原和誤差熱圖。

在 Bk4_Ch16_01.py 基礎上，我們用 Streamlit 做了一個 App，用不同數量成分還原鳶尾花原始資料矩陣 X。請大家參考 Streamlit_Bk4_Ch16_01.py。

鳶尾花照片

我們在本書第 1 章見過圖 16.15(a) 所示的這幅鳶尾花照片，這張黑白照片本身就是資料矩陣。對這個資料矩陣進行奇異值分解，並依照本節介紹的資料還原方法用不同**主成分** (Principal Component, PC) 還原原始圖片。

▲ 圖 16.15　還原原始圖片

這個主成分對應的投影方向就是本節介紹的規範正交基底向量 $\boldsymbol{v}_1$、$\boldsymbol{v}_2$、$\boldsymbol{v}_3$ 等。圖 16.15(b) 和圖 16.15(c) 所示為分別採用一個和兩個主成分還原原始圖片，我們還很難從圖片中看到鳶尾花的蹤影。從向量空間角度來說，圖 16.15(b) 所示圖片的資料的秩為 1，維度也是 1；圖 16.15(c) 所示圖片的資料的秩為 2，維度也是 2。圖 16.15(d) 所示則是採用前 16 個主成分還原原始圖片，圖片中已經明顯看到了鳶尾花的樣子，而這幅圖片的資料量卻小於原影像的 1%。實踐中，人臉辨識採用的就是類似技術。

本書系《AI 時代 Math 元年 - 用 Python 全精通資料處理》還會採用圖 16.15 這個例子深入探討主成分分析。

16.7 正交投影：資料正交化

本書之前第 10 章介紹過，下式相當於資料矩陣 $\boldsymbol{X}$ 向規範正交基底 $\boldsymbol{V} = [\boldsymbol{v}_1, \boldsymbol{v}_2, \cdots, \boldsymbol{v}_D]$ 組成的 D 維空間投影，即

$$\boldsymbol{Z} = \boldsymbol{X}\boldsymbol{V} \tag{16.18}$$

如圖 16.16 所示，乘積結果 $\boldsymbol{Z}$ 代表 $\boldsymbol{X}$ 在新的規範正交基底 $[\boldsymbol{v}_1, \boldsymbol{v}_2, \cdots, \boldsymbol{v}_D]$ 下的座標。本章介紹的 SVD 分解恰好幫我們找到了一個規範正交基底 $\boldsymbol{V}$。本節聊聊投影結果 $\boldsymbol{Z}$ 的性質。

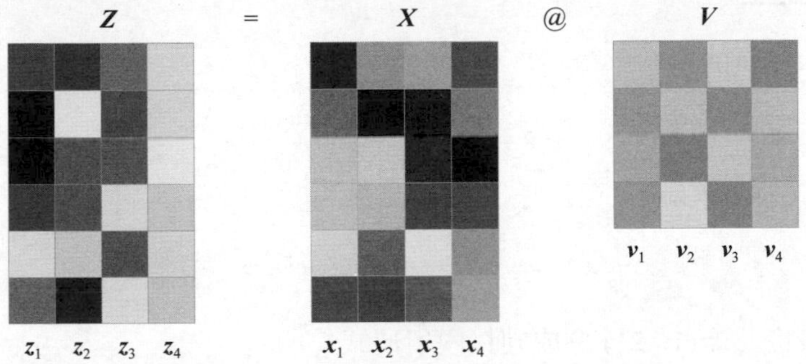

▲ 圖 16.16 $\boldsymbol{X}$ 向規範正交基底 $\boldsymbol{V}$ 投影

由於 $X = USV^{\mathrm{T}}$，代入 (16.18) 得到

$$Z = USV^{\mathrm{T}}V = US = \begin{bmatrix} u_1 & u_2 & \cdots & u_D \end{bmatrix} \begin{bmatrix} s_1 & & & \\ & s_2 & & \\ & & \ddots & \\ & & & s_D \end{bmatrix} = \begin{bmatrix} s_1 u_1 & s_2 u_2 & \cdots & s_D u_D \end{bmatrix} \tag{16.19}$$

即

$$\underbrace{\begin{bmatrix} z_1 & z_2 & \cdots & z_D \end{bmatrix}}_{Z} = \underbrace{\begin{bmatrix} s_1 u_1 & s_2 u_2 & \cdots & s_D u_D \end{bmatrix}}_{US} \tag{16.20}$$

如圖 16.17 所示，式 (16.20) 給了我們計算 Z 的第二條路徑。換句話說，u_j 實際上就是「單位化」的投影座標，s_j 是 z_j 向量的模，即 $\|Xv_j\| = \|z_j\| = \|s_j u_j\| = s_j\|u_j\| = s_j$。

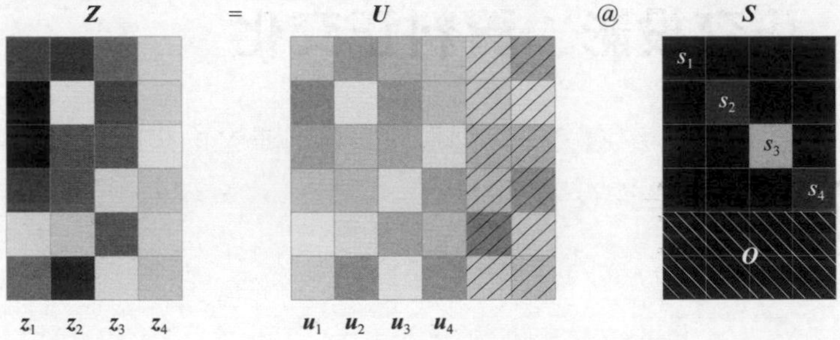

▲ 圖 16.17　第二條計算 Z 的路徑

格拉姆矩陣

對 Z 求格拉姆矩陣，有

$$Z^{\mathrm{T}}Z = \begin{bmatrix} z_1^{\mathrm{T}} \\ z_2^{\mathrm{T}} \\ \vdots \\ z_D^{\mathrm{T}} \end{bmatrix} \begin{bmatrix} z_1 & z_2 & \cdots & z_D \end{bmatrix} = \begin{bmatrix} z_1^{\mathrm{T}}z_1 & z_1^{\mathrm{T}}z_2 & \cdots & z_1^{\mathrm{T}}z_D \\ z_2^{\mathrm{T}}z_1 & z_2^{\mathrm{T}}z_2 & \cdots & z_2^{\mathrm{T}}z_D \\ \vdots & \vdots & \ddots & \vdots \\ z_D^{\mathrm{T}}z_1 & z_D^{\mathrm{T}}z_2 & \cdots & z_D^{\mathrm{T}}z_D \end{bmatrix} \tag{16.21}$$

請大家將上式 (16.21) 寫成向量內積形式。

將式 (16.19) 代入式 (16.21)，得到

$$Z^{\mathrm{T}}Z=(US)^{\mathrm{T}}US=S^{\mathrm{T}}\underbrace{U^{\mathrm{T}}U}_{I}S=\begin{bmatrix} s_1^2 & & & \\ & s_2^2 & & \\ & & \ddots & \\ & & & s_D^2 \end{bmatrix} \tag{16.22}$$

如圖 16.18 所示，發現 Z 的格拉姆矩陣為對角陣，也就是說 Z 的列向量兩兩正交，即

$$z_i^{\mathrm{T}}z_j=z_j^{\mathrm{T}}z_i=z_i\cdot z_j=z_j\cdot z_i=\langle z_i,z_j\rangle=\langle z_j,z_i\rangle=0,\quad i\neq j \tag{16.23}$$

回看圖 16.16，$X\to Z$ 的過程就是**正交化** (orthogonalization)。也請大家回顧本書第 10 章相關內容，特別是「二次投影 + 層層疊加」。

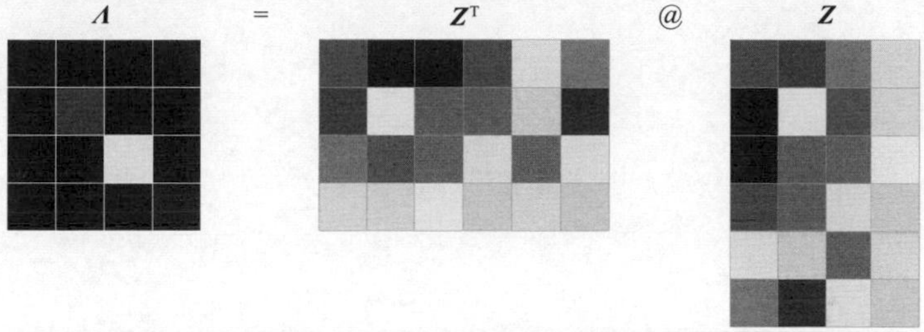

▲ 圖 16.18　Z 的格拉姆矩陣

圖 16.19 所示的四幅圖最能概括本章的核心內容。奇異值分解的四種不同類型都有特殊意義，都 有不同應用場合。

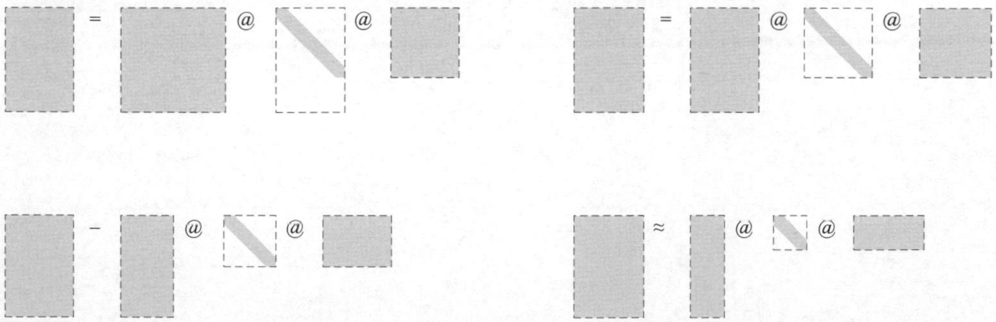

▲ 圖 16.19　總結本章重要內容的四幅圖

再次強調，矩陣分解的核心還是矩陣乘法。相信大家已經在本章奇異值分解中看到了矩陣乘法的不同角度、分塊矩陣乘法等數學工具的應用。此外，張量積和正交投影這兩個工具在解釋奇異值分解上有立竿見影的效果。

本章留了個懸念，奇異值分解中奇異值的幾何內涵到底是什麼？我們將在本書第 18 章回答這個問題。在那裡，大家會用最佳化角度一睹奇異值分解的幾何本質。

本章雖然是矩陣分解板塊的最後一章，但是本書有關矩陣分解的故事遠沒有結束。本書後續會從最佳化角度、資料角度、空間角度、應用角度一次次回顧這些線性代數的有力武器。

Section *05*

微積分

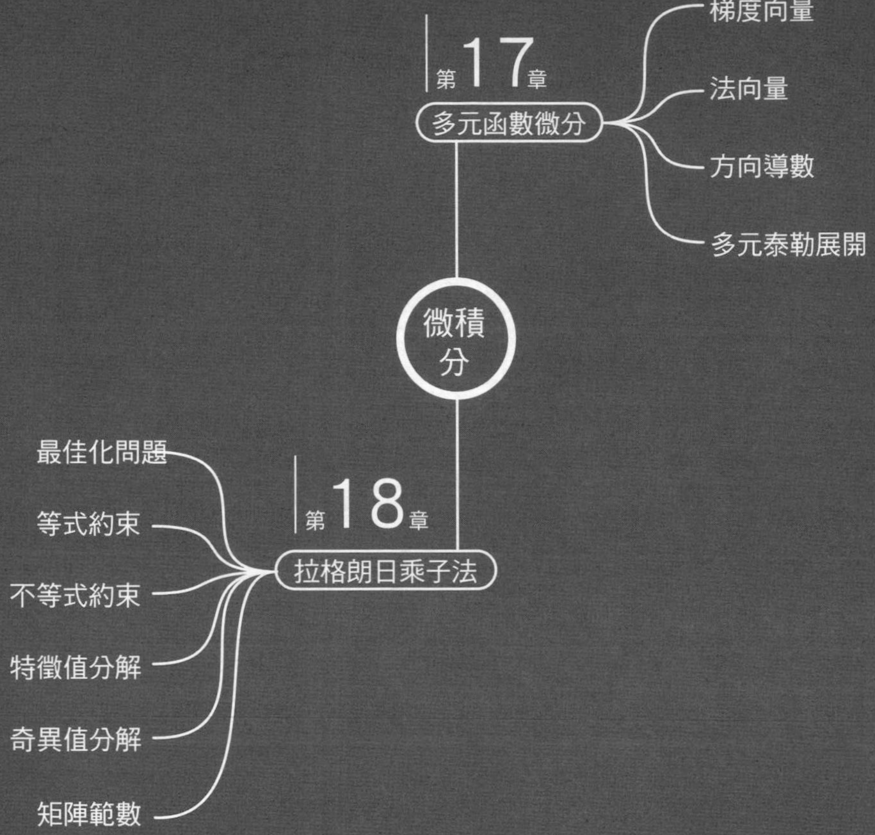
第17章
多元函數微分
梯度向量
法向量
方向導數
多元泰勒展開
微積分
第18章
拉格朗日乘子法
最佳化問題
等式約束
不等式約束
特徵值分解
奇異值分解
矩陣範數

學習地圖 | 第5版塊

Derivatives of Multivariable Functions

17 多元函式微分

將偏微分延伸到高維和任意方向

數學的終極目標是人類精神的榮譽。

The object of mathematics is the honor of the human spirit.

——卡爾・雅可比（*Carl Jacobi*）| 普魯士數學家 | *1804—1851*

- numpy.meshgrid() 獲得網格資料
- numpy.multiply() 向量或矩陣逐項乘積
- numpy.roots() 多項式求根
- numpy.sqrt() 平方根
- sympy.abc import x 定義符號變數 x
- sympy.diff() 求解符號導數和偏導解析式
- sympy.Eq() 定義符號等式
- sympy.evalf() 將符號解析式中的未知量替換為具體數值
- sympy.plot_implicit() 繪製隱函式方程式
- sympy.symbols() 定義符號變數

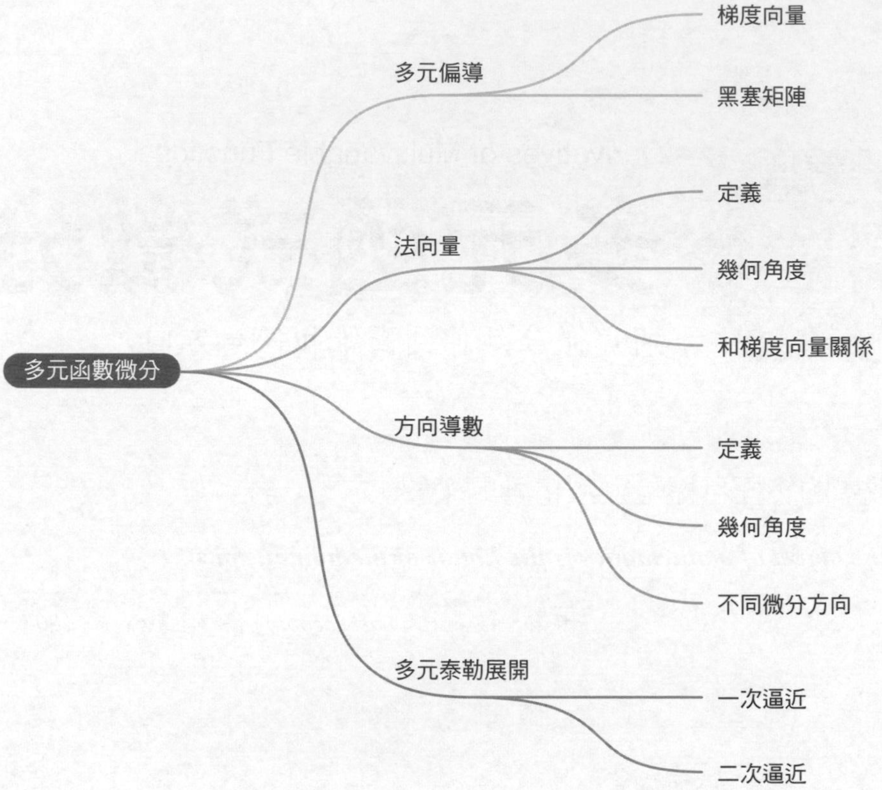

17.1 偏導：特定方向的變化率

回顧偏導

一個多變數的函式的偏導數是函式關於其中一個變數的導數，而保持其他變數恒定。通俗地說，偏導數關注曲面某個特定方向上的變化率。換個角度講，一元函式導數這個工具改造成偏導數後，可以用在多元函式上。

《AI 時代 Math 元年 - 用 Python 全精通數學要素》一書第 16 章講過偏導數 (partial derivative) 的相關內容。

下面以二元函式為例回顧偏導數定義。設 $f(x_1, x_2)$ 是定義在平面 $\mathbb{R}^2$ 上的二元函式，$f(x_1, x_2)$ 在點 (a, b) 的某一鄰域內有定義。

圖 17.1(a) 所示的網格面為 $f(x_1, x_2)$ 的函式曲面，平行於 x_1y 平面在 $x_2 = b$ 切一刀得到淺藍色剖面，偏導 $f_{x_1}(a, b)$ 就是淺藍色剖面在 (a, b) 一點的切線斜率。

同理，如圖 17.1(b) 所示，平行於 x_2y 平面在 $x_1 = a$ 切一刀，偏導 $f_{x_2}(a, b)$ 就是淺藍色剖面在 (a, b) 一點的切線斜率。

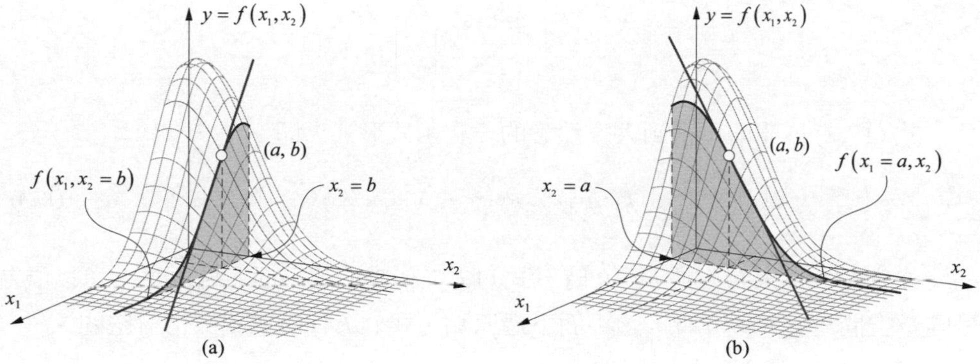

▲ 圖 17.1　$f(x_1, x_2)$ 偏導定義
(圖片來自《AI 時代 Math 元年 - 用 Python 全精通數學要素》)

向量形式

為了方便表達和運算，我們可以把上述二元函式在 x_1 和 x_2 方向上的偏導寫成列向量形式，有

$$\frac{\partial f(\boldsymbol{x})}{\partial \boldsymbol{x}} = \begin{bmatrix} \dfrac{\partial f(\boldsymbol{x})}{\partial x_1} \\ \dfrac{\partial f(\boldsymbol{x})}{\partial x_2} \end{bmatrix} \tag{17.1}$$

其中：$\boldsymbol{x}$ 為列向量，$\boldsymbol{x} = [x_1, x_2]^T$。

一次函式

給定多元一次函式 $f(\boldsymbol{x})$ 為

$$f(\boldsymbol{x}) = \boldsymbol{w}^{\mathrm{T}}\boldsymbol{x} + b = \boldsymbol{x}^{\mathrm{T}}\boldsymbol{w} + b \tag{17.2}$$

其中：$\boldsymbol{x}$ 和 $\boldsymbol{w}$ 均為列向量，有

$$\boldsymbol{w} = \begin{bmatrix} w_1 \\ w_2 \\ \vdots \\ w_D \end{bmatrix}, \quad \boldsymbol{x} = \begin{bmatrix} x_1 \\ x_2 \\ \vdots \\ x_D \end{bmatrix} \tag{17.3}$$

式 (17.2) 展開即可得到大家熟悉的一次函式形式，即

$$f(\boldsymbol{x}) = w_1 x_1 + w_2 x_2 + \cdots w_D x_D + b \tag{17.4}$$

從空間角度來看，當 $b = 0$ 時，式 (17.4) 代表的超平面通過原點，可以視為是向量空間；當 $b \neq 0$ 時，超平面不過原點，式 (17.4) 可以視為仿射空間。

式 (17.2) 的多元一次函式 $f(\boldsymbol{x})$ 對 $\boldsymbol{x}$ 求一階偏導數，並寫成列向量形式，有

$$\frac{\partial f(\boldsymbol{x})}{\partial \boldsymbol{x}} = \begin{bmatrix} \dfrac{\partial f(\boldsymbol{x})}{\partial x_1} \\ \dfrac{\partial f(\boldsymbol{x})}{\partial x_2} \\ \vdots \\ \dfrac{\partial f(\boldsymbol{x})}{\partial x_D} \end{bmatrix} = \begin{bmatrix} w_1 \\ w_2 \\ \vdots \\ w_D \end{bmatrix} = \boldsymbol{w} \tag{17.5}$$

本章後文會給式 (17.5) 起一個新的名字一**梯度向量** (gradient vector)。另外，請大家注意以下等價關係，即

$$\frac{\partial(\boldsymbol{w}^{\mathrm{T}}\boldsymbol{x})}{\partial \boldsymbol{x}} = \frac{\partial(\boldsymbol{x}^{\mathrm{T}}\boldsymbol{w})}{\partial \boldsymbol{x}} = \frac{\partial(\boldsymbol{w}\cdot\boldsymbol{x})}{\partial \boldsymbol{x}} = \frac{\partial(\boldsymbol{x}\cdot\boldsymbol{w})}{\partial \boldsymbol{x}} = \frac{\partial\langle \boldsymbol{w},\boldsymbol{x}\rangle}{\partial \boldsymbol{x}} = \boldsymbol{w} \tag{17.6}$$

二次函式

給定二次函式

$$f(\boldsymbol{x}) = \boldsymbol{x}^{\mathrm{T}}\boldsymbol{x} = x_1^2 + x_2^2 + \cdots + x_D^2 \tag{17.7}$$

從幾何角度來看，式 (17.7) 是多元空間的正圓拋物面。特別地，$f(\boldsymbol{x}) = \boldsymbol{x}^{\mathrm{T}}\boldsymbol{x} = c(c>0)$ 時，式 (17.7) 代表 D 維正球體。

式 (17.7) 對向量 $\boldsymbol{x}$ 求一階偏導，有

$$\frac{\partial f(\boldsymbol{x})}{\partial \boldsymbol{x}} = \begin{bmatrix} \frac{\partial f(\boldsymbol{x})}{\partial x_1} \\ \frac{\partial f(\boldsymbol{x})}{\partial x_2} \\ \vdots \\ \frac{\partial f(\boldsymbol{x})}{\partial x_D} \end{bmatrix} = \begin{bmatrix} 2x_1 \\ 2x_2 \\ \vdots \\ 2x_D \end{bmatrix} = 2\boldsymbol{x} \tag{17.8}$$

類比之下，$f(\boldsymbol{x}) = \boldsymbol{x}^{\mathrm{T}}\boldsymbol{x}$ 相當於 $f(x) = x^2$。而式 (17.8) 相當於 $f(x)$ 的一階導數 $f(x) = 2x$。式 (17.8) 等值於

$$\frac{\partial(\boldsymbol{x}^{\mathrm{T}}\boldsymbol{x})}{\partial \boldsymbol{x}} = \frac{\partial(\boldsymbol{x}\cdot\boldsymbol{x})}{\partial \boldsymbol{x}} = \frac{\partial\langle \boldsymbol{x},\boldsymbol{x}\rangle}{\partial \boldsymbol{x}} = \frac{\partial\left(\|\boldsymbol{x}\|_2^2\right)}{\partial \boldsymbol{x}} = 2\boldsymbol{x} \tag{17.9}$$

二次型

給定

$$f(\boldsymbol{x}) = \boldsymbol{x}^{\mathrm{T}}\boldsymbol{Q}\boldsymbol{x} \tag{17.10}$$

式 (17.10) 對 $\boldsymbol{x}$ 求一階偏導，有

$$\frac{\partial(\boldsymbol{x}^{\mathrm{T}}\boldsymbol{Q}\boldsymbol{x})}{\partial \boldsymbol{x}} = (\boldsymbol{Q} + \boldsymbol{Q}^{\mathrm{T}})\boldsymbol{x} \tag{17.11}$$

如果 $\boldsymbol{Q}$ 為對稱矩陣，則式 (17.10) 對 $\boldsymbol{x}$ 的一階偏導數可以寫成

$$\frac{\partial\left(\boldsymbol{x}^{\mathrm{T}}\boldsymbol{Q}\boldsymbol{x}\right)}{\partial\boldsymbol{x}} = 2\boldsymbol{Q}\boldsymbol{x} \tag{17.12}$$

注意：$\boldsymbol{Q}$ 為常數方陣。

假設 $\boldsymbol{Q}$ 為對稱矩陣，給定二次函式

$$f\left(\boldsymbol{x}\right) = \frac{1}{2}\boldsymbol{x}^{\mathrm{T}}\boldsymbol{Q}\boldsymbol{x} + \boldsymbol{w}^{\mathrm{T}}\boldsymbol{x} + b \tag{17.13}$$

式 (17.13) 對 $\boldsymbol{x}$ 求一階偏導，有

$$\frac{\partial f\left(\boldsymbol{x}\right)}{\partial\boldsymbol{x}} = \boldsymbol{Q}\boldsymbol{x} + \boldsymbol{w} \tag{17.14}$$

舉個形似式 (17.13) 的例子，有

$$f\left(\boldsymbol{x}\right) = \frac{1}{2}\boldsymbol{x}^{\mathrm{T}}\underbrace{\begin{bmatrix} 1 & 2 \\ 2 & 3 \end{bmatrix}}_{\boldsymbol{Q}}\boldsymbol{x} + \underbrace{\begin{bmatrix} 4 \\ 5 \end{bmatrix}}_{\boldsymbol{w}}^{\mathrm{T}}\boldsymbol{x} + 6 \tag{17.15}$$

式 (17.15) 向量 $\boldsymbol{x}$ 求一階偏導，有

$$\frac{\partial f\left(\boldsymbol{x}\right)}{\partial\boldsymbol{x}} = \begin{bmatrix} 1 & 2 \\ 2 & 3 \end{bmatrix}\boldsymbol{x} + \begin{bmatrix} 4 \\ 5 \end{bmatrix} \tag{17.16}$$

以下形式函式對向量 $\boldsymbol{x}$ 求一階偏導，有

$$\frac{\partial\left(\left(\boldsymbol{x}-\boldsymbol{c}\right)^{\mathrm{T}}\boldsymbol{Q}\left(\boldsymbol{x}-\boldsymbol{c}\right)\right)}{\partial\boldsymbol{x}} = 2\boldsymbol{Q}\left(\boldsymbol{x}-\boldsymbol{c}\right) \tag{17.17}$$

其中：$\boldsymbol{Q}$ 為對稱矩陣。

二階偏導：黑塞矩陣

黑塞矩陣 (Hessian matrix) 是一個多元函式的二階偏導陣列成的方陣，黑塞矩陣描述了函式的局部曲率。黑塞矩陣由德國數學家**奧托·黑塞** (Otto Hesse) 引入並以其名字命名。

假設有一實值函式 $f(\boldsymbol{x})$，如果它的所有二階偏導數都存在並在定義域內連續，那麼 $f(\boldsymbol{x})$ 的黑塞矩陣 $\boldsymbol{H}$ 為

$$\boldsymbol{H} = \frac{\partial^2 f}{\partial \boldsymbol{x} \partial \boldsymbol{x}^{\mathrm{T}}} = \nabla^2 f(\boldsymbol{x}) = \begin{bmatrix} \frac{\partial^2 f}{\partial x_1^2} & \frac{\partial^2 f}{\partial x_1 \partial x_2} & \cdots & \frac{\partial^2 f}{\partial x_1 \partial x_D} \\ \frac{\partial^2 f}{\partial x_2 \partial x_1} & \frac{\partial^2 f}{\partial x_2^2} & \cdots & \frac{\partial^2 f}{\partial x_2 \partial x_D} \\ \vdots & \vdots & \ddots & \vdots \\ \frac{\partial^2 f}{\partial x_D \partial x_1} & \frac{\partial^2 f}{\partial x_D \partial x_2} & \cdots & \frac{\partial^2 f}{\partial x_D^2} \end{bmatrix} \tag{17.18}$$

注意：$\underbrace{\frac{\partial^2 f}{\partial x_1 \partial x_2}}_{x_1 \to x_2} = \frac{\partial}{\partial x_2}\left(\frac{\partial f}{\partial x_1}\right)$代表先對 x_1、後對 x_2 的二階混合偏導。

式 (17.10) 中給定二次函式對向量 $\boldsymbol{x}$ 求二階偏導，獲得黑塞矩陣，即

$$\boldsymbol{H} = \frac{\partial^2 \left(\boldsymbol{x}^{\mathrm{T}} \boldsymbol{Q} \boldsymbol{x}\right)}{\partial \boldsymbol{x} \partial \boldsymbol{x}^{\mathrm{T}}} = \boldsymbol{Q} + \boldsymbol{Q}^{\mathrm{T}} \tag{17.19}$$

如果 $\boldsymbol{Q}$ 為對稱，則式 (17.19) 中的黑塞矩陣為

$$\boldsymbol{H} = \frac{\partial^2 \left(\boldsymbol{x}^{\mathrm{T}} \boldsymbol{Q} \boldsymbol{x}\right)}{\partial \boldsymbol{x} \partial \boldsymbol{x}^{\mathrm{T}}} = 2\boldsymbol{Q} \tag{17.20}$$

以式 (17.15) 為例，這個二元函式的黑塞矩陣為

$$\boldsymbol{H} = \frac{\partial^2 f}{\partial \boldsymbol{x} \partial \boldsymbol{x}^{\mathrm{T}}} = \begin{bmatrix} \frac{\partial^2 f}{\partial x_1^2} & \underbrace{\frac{\partial^2 f}{\partial x_1 \partial x_2}}_{x_1 \to x_2} \\ \underbrace{\frac{\partial^2 f}{\partial x_2 \partial x_1}}_{x_2 \to x_1} & \frac{\partial^2 f}{\partial x_2^2} \end{bmatrix} = \begin{bmatrix} 1 & 2 \\ 2 & 3 \end{bmatrix} \tag{17.21}$$

本書後續會在最佳化問題中用到黑塞矩陣判斷極值點。本節的內容可能會顯得單調。本章後續將依托幾何角度幫助大家理解本節內容。

17.2 梯度向量：上山方向

我們給上節討論的一階偏導數起個新名字——**梯度向量** (gradient vector)。函式 $f(\boldsymbol{x})$ 的梯度向量定義為

$$\operatorname{grad} f(\boldsymbol{x}) = \nabla f(\boldsymbol{x}) = \begin{bmatrix} \frac{\partial f}{\partial x_1} \\ \frac{\partial f}{\partial x_2} \\ \vdots \\ \frac{\partial f}{\partial x_D} \end{bmatrix} \tag{17.22}$$

梯度向量可以使用 grad() 作為運算元，也常使用**倒三角微分運算元** ∇，∇ 也叫 Nabla **運算元** (Nabla symbol)。

幾何角度

從幾何角度來看梯度向量，如圖 17.2 所示，在坡面 P 點處放置一個小球，輕輕鬆開手的一瞬間，小球沿著坡面最陡峭方向 (綠色箭頭) 滾下。瞬間捲動方向在平面上的投影方向便是**梯度下降方向** (direction of gradient descent)，也稱「下山」方向。

數學中，下山方向的反方向即梯度向量的方向，也叫做「上山」方向。

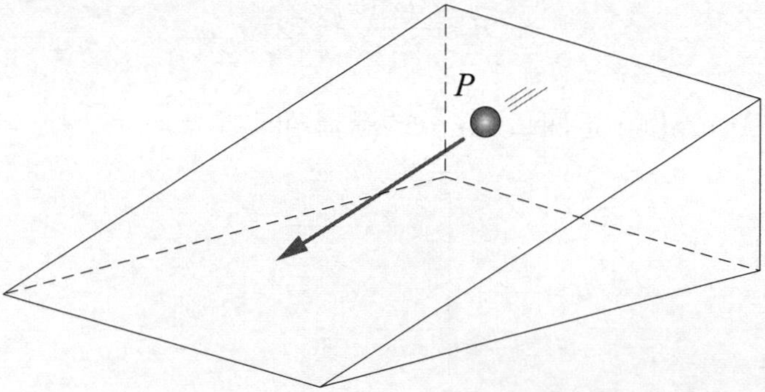

▲ 圖 17.2　梯度方向原理

二元函式

以二元函式為例，$f(x_1, x_2)$ 某一點 P 處梯度向量為

$$\nabla f(\boldsymbol{x}_P) = \text{grad } f(\boldsymbol{x}_P) = \begin{bmatrix} \dfrac{\partial f(\boldsymbol{x})}{\partial x_1} \\ \dfrac{\partial f(\boldsymbol{x})}{\partial x_2} \end{bmatrix}_{\boldsymbol{x}_P} \tag{17.23}$$

P 處於不同點時，可以得到**梯度向量場** (gradient vector field)。圖 17.3 所示為某個函式梯度向量的分佈。大家容易發現，梯度向量垂直於所在位置的等高線。某點梯度向量長度越長，即向量模越大，說明該處越陡峭。相反地，如果梯度向量模越小，說明該點越平坦。特殊情況是，梯度向量為 $\boldsymbol{0}$ 向量時，這一點便是駐點，該點的切平面平行於水平面。

通俗地講，把圖 17.3 看成一幅地圖，某點梯度向量指向的方向就是該點最陡峭的上山方向。梯度向量的垂直方向就是該點等高線切線。沿著等高線規劃的路徑運動，高度不變。

下面我們來看三個例子。

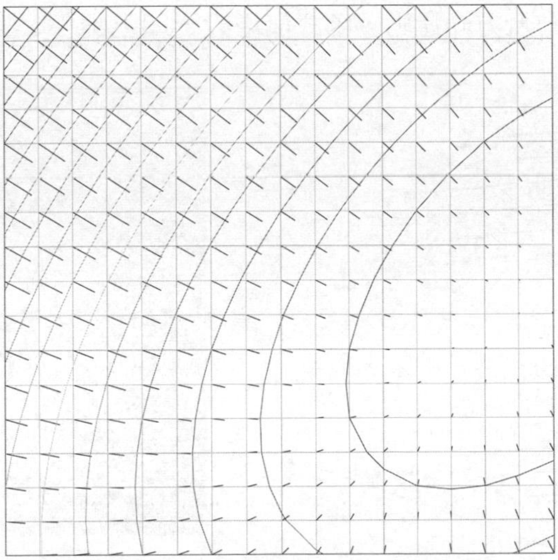

▲ 圖 17.3　梯度向量場

第一個例子：一次函式

給定二元一次函式 $f(x_1, x_2)$ 為

$$f(x_1, x_2) = x_1 + x_2 \tag{17.24}$$

如圖 17.24(a) 所示，這個函式在三維空間的形狀是個平面。這個平面通過原點，可以視為向量空間。

式 (17.24) 函式 $f(\boldsymbol{x})$ 的梯度向量為

$$\nabla f(\boldsymbol{x}) = \begin{bmatrix} \frac{\partial f}{\partial x_1} \\ \frac{\partial f}{\partial x_2} \end{bmatrix} = \begin{bmatrix} 1 \\ 1 \end{bmatrix} \tag{17.25}$$

本書第 19 章會專門講解 直線、平面和超平面。

觀察式 (17.25)，容易發現二元一次函式梯度向量的方向和大小不隨位置改變，具體如圖 17.24(b) 所示。不存在任何約束條件的話，這個平面不存在任何極值點。沿著梯度向量方向運動，函式值增大，即上山。

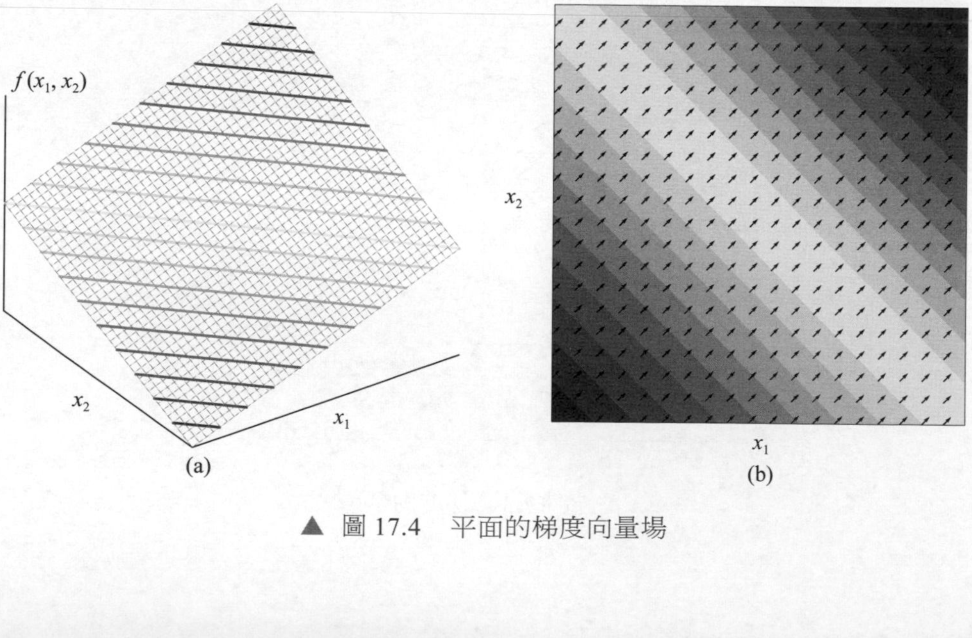

▲ 圖 17.4 平面的梯度向量場

第二個例子：二次函式

$f(x_1, x_2)$ 為二元二次函式，具體為

$$f(x_1, x_2) = x_1^2 + x_2^2 \tag{17.26}$$

圖 17.5(a) 告訴我們這個二元二次函式的影像是個開口朝上的正圓拋物面，顯然曲面存在最小值點，位於 (0, 0)。

式 (17.26) 函式 $f(\boldsymbol{x})$ 的梯度向量定義為

$$\nabla f(\boldsymbol{x}) = \begin{bmatrix} \dfrac{\partial f}{\partial x_1} \\ \dfrac{\partial f}{\partial x_2} \end{bmatrix} = \begin{bmatrix} 2x_1 \\ 2x_2 \end{bmatrix} \tag{17.27}$$

觀察圖 17.5(b)，容易發現越靠近 (0, 0)，也就是最小值點附近，曲面梯度向量的模越小。在 (0, 0) 處，梯度向量為 $\boldsymbol{0}$。也就是說，該點處 $f(x_1, x_2)$ 對 x_1 和 x_2 的偏導數都為 0。顯然 $\boldsymbol{0}$ 是函式的最小值點。圖 17.5(b) 中不同點處的梯度向量均垂直於等高線，指向背離最小值點，即上山方向。離 $\boldsymbol{0}$ 越遠，梯度向量模越大，曲面坡度越陡峭。

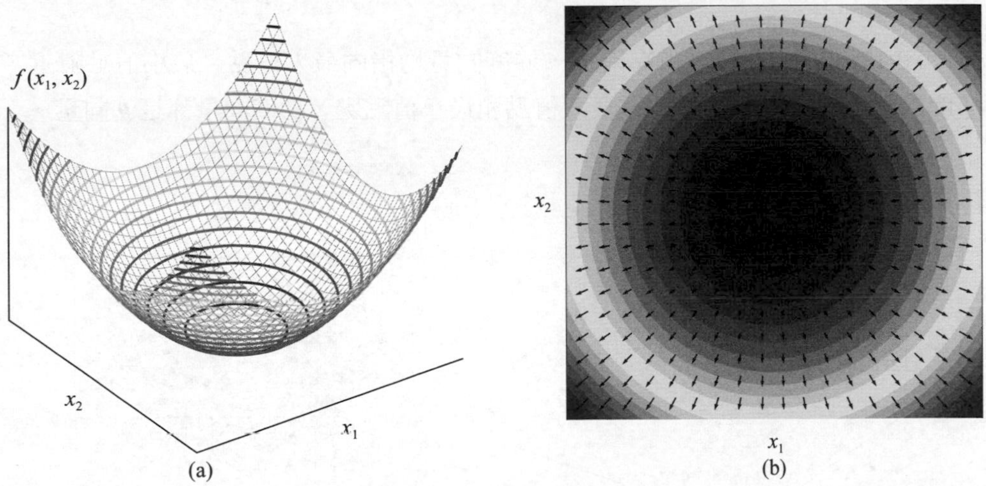

▲ 圖 17.5　正圓拋物面的向量場

如果我們現在處於曲面上某一點，沿著下山方向一步步行走，最終我們會到達最小值點處。這個想法就是基於梯度的最佳化方法。當然，我們需要制定一個下山的策略。比如，下山的步伐怎麼確定？路徑怎麼規劃？怎麼判定是否到達極值點？不同的基於梯度的最佳化方法在具體下山策略上會有差別。這些內容，我們會在本書系後續分冊中進行討論。

第三個例子：複合函式

給定 $f(x_1, x_2)$ 函式為

$$f(x_1, x_2) = x_1 \exp\left(-\left(x_1^2 + x_2^2\right)\right) \tag{17.28}$$

圖 17.6(a) 所示為函式曲面，它存在一個最大值點和一個最小值點。

函式 $f(\boldsymbol{x})$ 的梯度向量定義為

$$\nabla f(\boldsymbol{x}) = \begin{bmatrix} \dfrac{\partial f}{\partial x_1} \\ \dfrac{\partial f}{\partial x_2} \end{bmatrix} = \begin{bmatrix} -2x_1^2 \exp\left(-\left(x_1^2 + x_2^2\right)\right) + \exp\left(-\left(x_1^2 + x_2^2\right)\right) \\ -2x_1 x_2 \exp\left(-\left(x_1^2 + x_2^2\right)\right) \end{bmatrix} \tag{17.29}$$

圖 17.6(b) 中，最大值點附近，梯度向量均指向最大值點。最小值點附近，梯度向量均背離最小值點。在最大值點和最小值點處，梯度向量都是 $\boldsymbol{0}$ 向量。

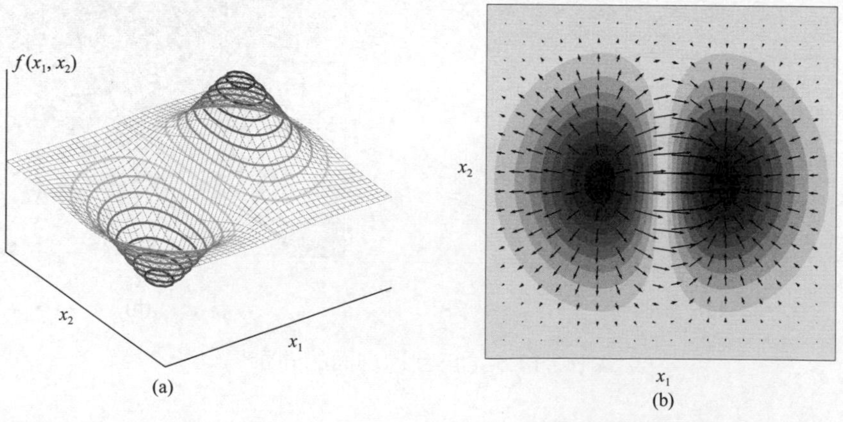

▲ 圖 17.6 $x_1 \exp(-(x_1^2 + x_2^2))$ 的梯度向量場

請大家修改 Bk4_Ch17_01.py 並繪製圖 17.4 ～圖 17.6。

在 Bk4_Ch17_01.py 的基礎上，我們用 Streamlit 和 Plotly 製作了一個 App，用來互動視覺化圖 17.6 兩幅影像。請大家參考 Streamlit_Bk4_Ch17_01.py。

17.3 法向量：垂直於切平面

對於 $y = f(\boldsymbol{x})$ 函式，我們可以把它視為是等式 $f(\boldsymbol{x}) - y = 0$。定義 $F(\boldsymbol{x}, y)$ 為

$$F(\boldsymbol{x}, y) = f(\boldsymbol{x}) - y \tag{17.30}$$

函式 $F(\boldsymbol{x}, y)$ 的梯度向量為

$$\nabla F(\boldsymbol{x}, y) = \begin{bmatrix} \nabla f(\boldsymbol{x}) \\ -1 \end{bmatrix} \tag{17.31}$$

這個梯度向量就是 $f(\boldsymbol{x})$ 在點 $\boldsymbol{x}$ 處曲面的法向量 $\boldsymbol{n}$，即有

$$\boldsymbol{n} = \begin{bmatrix} \nabla f(\boldsymbol{x}) \\ -1 \end{bmatrix} \tag{17.32}$$

如圖 17.7 所示，以二元函式 $f(\boldsymbol{x})$ 為例，$\boldsymbol{n}$ 向水平面投影得到梯度向量 $\nabla f(\boldsymbol{x})$。

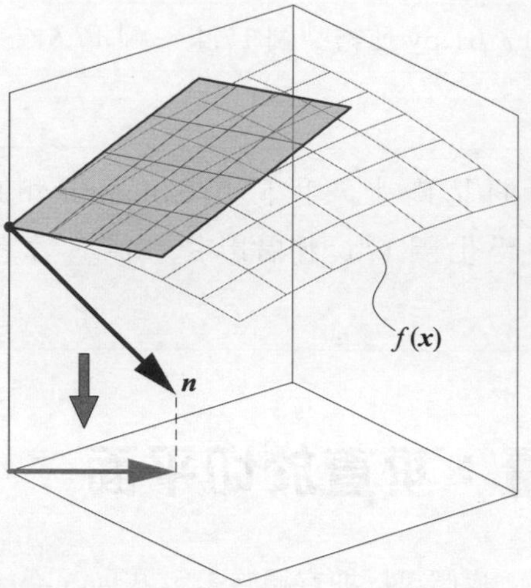

▲ 圖 17.7　$\boldsymbol{n}$ 向水平面投影得到梯度向量

圖 17.8 左圖所示為某個二元函式 $f(\boldsymbol{x})$ 曲面上不同點處的法向量，這些法向量向 x_1x_2 平面投影便可以得到 $f(\boldsymbol{x})$ 的梯度向量，具體如圖 17.8 右圖所示。這個角度非常重要，本書第 21 章還會繼續用到。

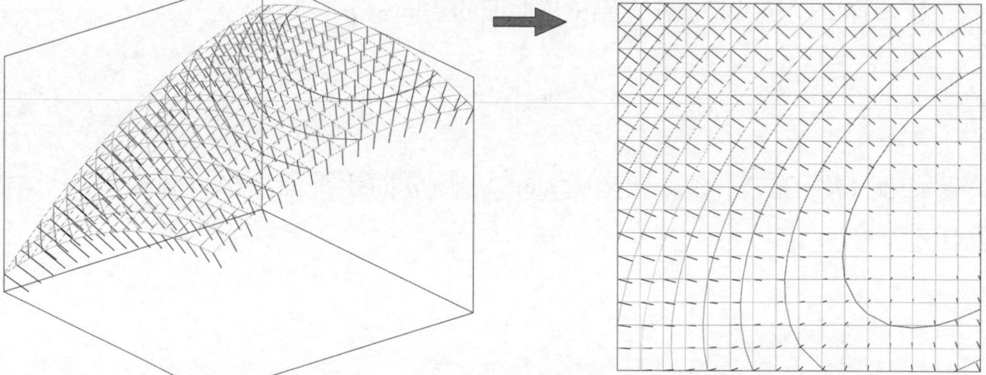

▲ 圖 17.8　曲面法向量場投影得到梯度向量場

圖 17.9 列出的是式 (17.28) 中函式在不同點處的法向量，這些向量朝水平面投影便得到圖 17.6(b) 所示影像。曲面越陡峭，法向量在水平面投影的分量就越

多。舉個極端例子，曲面某點處切面垂直於水平面，即坡度為 90°，則它的法線平行於水平面。特別地，在極值點處，曲面的法向量垂直於水平面，因此在水平面的投影為零向量 ***0***。覺得圖 17.9 不容易看的話，請大家參考圖 17.10。

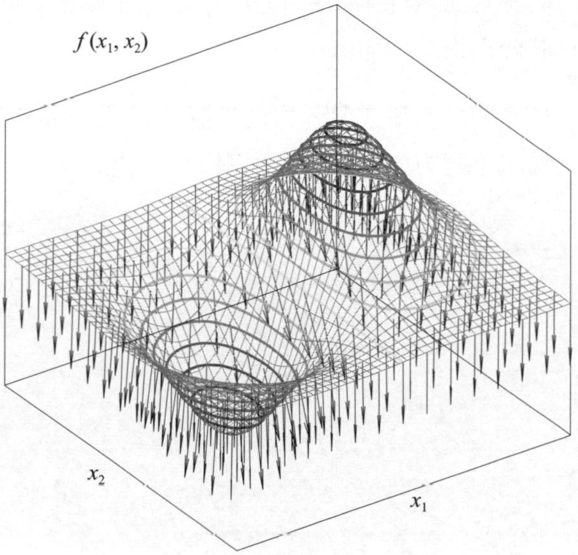

▲ 圖 17.9　$x_1\exp(-(x_1^2 + x_2^2))$ 的法向量場

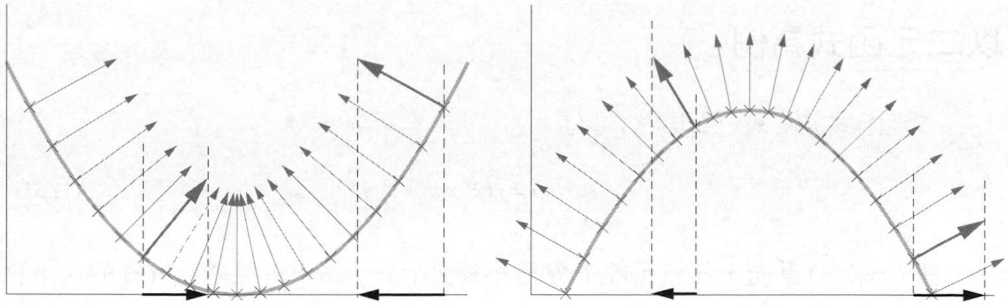

▲ 圖 17.10　曲線法向量在水平面上投影

Bk4_Ch17_02.py 繪製圖 17.9。

17.4 方向性微分：函式任意方向的變化率

《AI 時代 Math 元年 - 用 Python 全精通數學要素》一書中提到過，光滑曲面 $f(x_1, x_2)$ 某點的切線有無數條，如圖 17.11 所示。而偏導數僅分析了其中兩條切線的變化率，它們分別沿著 x_1 和 x_2 軸方向。

本節將介紹一個全新的數學工具—**方向性微分** (directional derivative)，它可以分析光滑曲面某點處不同方向切線的變化率。

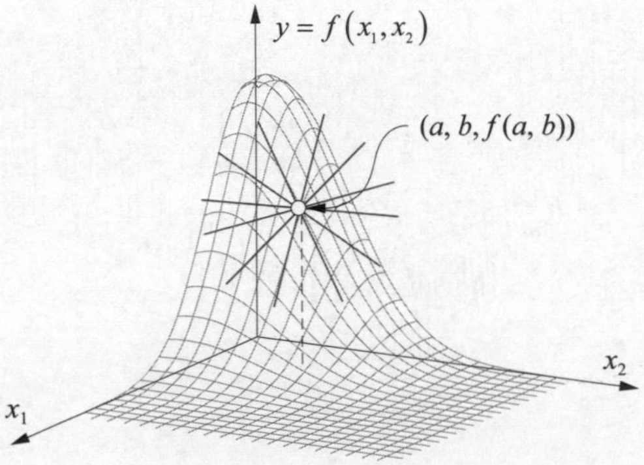

▲ 圖 17.11　光滑曲面 $f(x_1, x_2)$ 某點的切線有無數條

以二元函式為例

二元函式 $f(x_1, x_2)$ 寫作 $f(\boldsymbol{x})$，有

$$f(\boldsymbol{x}) = f(x_1, x_2) \tag{17.33}$$

在 $P(x_1, x_2)$ 點處，任意偏離 P 點微小移動 (Δx_1, Δx_2) 可能導致 $f(\boldsymbol{x})$ 的大小發生變化，函式值變化具體為

$$\Delta f = f(\boldsymbol{x} + \Delta\boldsymbol{x}) - f(\boldsymbol{x}) = f(x_1 + \Delta x_1, x_2 + \Delta x_2) - f(x_1, x_2) \tag{17.34}$$

如圖 17.12 所示，曲面從 P 點移動到 Q 點高度的變化就是式 (17.34) 中的 Δf。

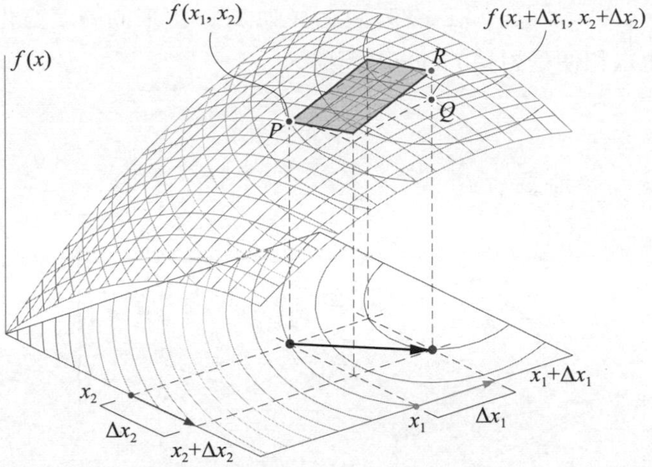

▲ 圖 17.12　曲面從 P 點移動到 Q 點對應位置變化

用一階偏微分近似求解 Δf，有

$$\begin{aligned}\Delta f &= f(\boldsymbol{x}+\Delta\boldsymbol{x}) - f(\boldsymbol{x}) \\ &= \underbrace{f(x_1+\Delta x_1, x_2+\Delta x_2)}_{Q} - \underbrace{f(x_1, x_2)}_{P} \approx \frac{\partial f(\boldsymbol{x})}{\partial x_1}\Delta x_1 + \frac{\partial f(\boldsymbol{x})}{\partial x_2}\Delta x_2\end{aligned} \tag{17.35}$$

式 (17.35) 便是《AI 時代 Math 元年 - 用 Python 全精通數學要素》一書講過的二元函式泰勒一階展開。如圖 17.12 所示，式 (17.35) 相當於用二元一次函式斜面 (淺色背景) 近似函式曲面，即

$$\underbrace{f(x_1+\Delta x_1, x_2+\Delta x_2)}_{Q} \approx \underbrace{f(x_1, x_2) + \frac{\partial f(\boldsymbol{x})}{\partial x_1}\Delta x_1 + \frac{\partial f(\boldsymbol{x})}{\partial x_2}\Delta x_2}_{R} \tag{17.36}$$

式 (17.36) 左側代表 Q 點高度，右側代表 R 點高度。兩者之差就是估算誤差。

幾何角度

圖 17.13 所示為圖 17.12 的局部放大圖，這張圖更清晰地展示估算過程。

在 $P(x_1, x_2)$ 點處，二元函式曲面的高度為 $f(x_1, x_2)$。沿著藍色斜面從 P 點運動到 R 點，我們把高度變化分成兩步階梯來看。沿著 x_1 方向上移動 Δx_1 帶來的

高度變化為 $\left.\frac{\partial f(\boldsymbol{x})}{\partial x_1}\right|_P \Delta x_1$。同理，在 $x2$ 方向上移動 Δx_2 帶來的高度變化為 $\left.\frac{\partial f(\boldsymbol{x})}{\partial x_2}\right|_P \Delta x_2$。兩個高度變化之和便是對 Δf 的一階逼近。

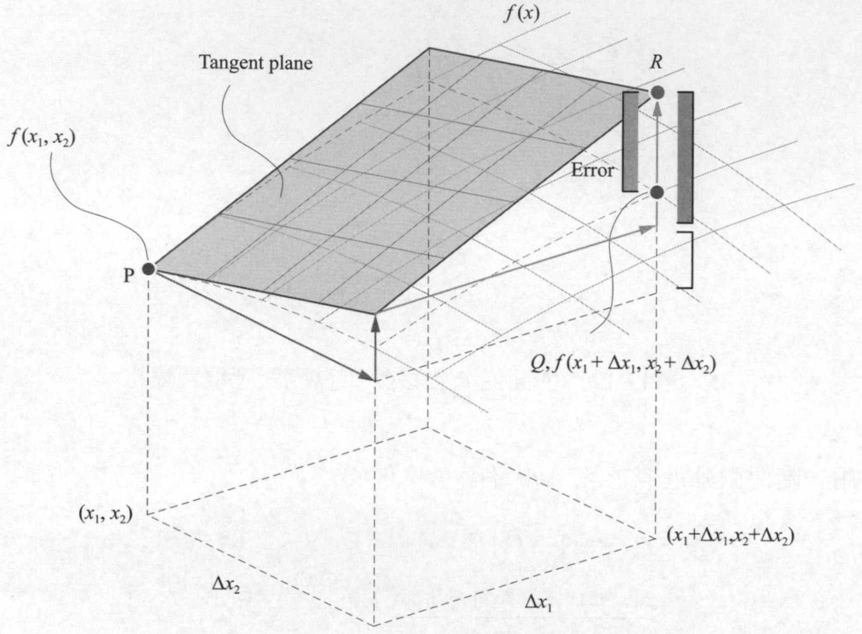

▲ 圖 17.13 二元函式一階泰勒展開估算

式 (17.35) 可以寫成兩個向量內積的關係，即

$$\Delta f \approx \begin{bmatrix} \Delta x_1 \\ \Delta x_2 \end{bmatrix} \cdot \begin{bmatrix} \frac{\partial f(\boldsymbol{x})}{\partial x_1} \\ \frac{\partial f(\boldsymbol{x})}{\partial x_2} \end{bmatrix} = \begin{bmatrix} \Delta x_1 \\ \Delta x_2 \end{bmatrix}^{\mathrm{T}} \begin{bmatrix} \frac{\partial f(\boldsymbol{x})}{\partial x_1} \\ \frac{\partial f(\boldsymbol{x})}{\partial x_2} \end{bmatrix} \tag{17.37}$$

換個角度，向量 $[\Delta x_1, \Delta x_2]^{\mathrm{T}}$ 決定了 P 點微分方向，如圖 17.14 所示。

也就是說，有了向量 $[\Delta x_1, \Delta x_2]^{\mathrm{T}}$，我們可以量化二元函式 $f(x_1, x_2)$ 在任意方向的函式變化以及變化率。

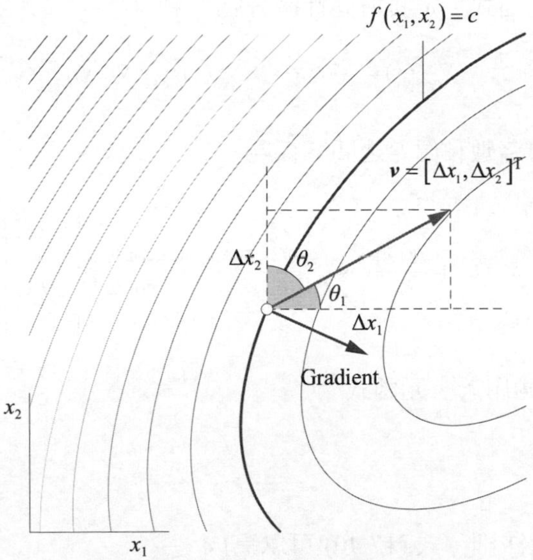

▲ 圖 17.14　x_1x_2 平面上的方向微分

單位向量

在 x_1x_2 平面上，給定一個方向，用單位向量 $\boldsymbol{v}$ 表示為

$$\boldsymbol{v} = \begin{bmatrix} v_1 \\ v_2 \end{bmatrix} \tag{17.38}$$

令單位向量 $\boldsymbol{v}$ 為

$$\boldsymbol{v} = \begin{bmatrix} \cos\theta_1 \\ \cos\theta_2 \end{bmatrix} \tag{17.39}$$

圖 17.14 所示列出了 θ_1 和 θ_2 的角度定義。我們可以這樣理解單位向量 $\boldsymbol{v}$，模為 1 代表「一步」，$\boldsymbol{v}$ 的方向代表運動方向。也就是說，單位向量 $\boldsymbol{v}$ 確定了朝哪個方向運動一步。

對於上述二元函式，定義方向性微分為

$$\nabla_v f(\boldsymbol{x}) = \boldsymbol{v} \cdot \nabla f(\boldsymbol{x}) = \boldsymbol{v}^{\mathrm{T}} \nabla f(\boldsymbol{x}) = \langle \boldsymbol{v}, \nabla f(\boldsymbol{x}) \rangle \tag{17.40}$$

展開得到方向導數和偏導之間關係為

$$\nabla_v f(\boldsymbol{x}) = \frac{\partial f(\boldsymbol{x})}{\partial x_1}\cos\theta_1 + \frac{\partial f(\boldsymbol{x})}{\partial x_2}\cos\theta_2 = \begin{bmatrix} \cos\theta_1 \\ \cos\theta_2 \end{bmatrix}^{\mathrm{T}} \begin{bmatrix} \dfrac{\partial f(\boldsymbol{x})}{\partial x_1} \\ \dfrac{\partial f(\boldsymbol{x})}{\partial x_2} \end{bmatrix} \tag{17.41}$$

式 (17.40) 也適用於多元函式。

不同方向

根據向量內積法則，式 (17.40) 可以寫成

$$\begin{aligned} \nabla_v f(\boldsymbol{x}) &= \nabla f(\boldsymbol{x}) \cdot \boldsymbol{v} \\ &= \|\nabla f(\boldsymbol{x})\| \cdot \|\boldsymbol{v}\| \cos(\theta) \\ &= \|\nabla f(\boldsymbol{x})\| \cos(\theta) \end{aligned} \tag{17.42}$$

其中：$\boldsymbol{v}$ 為單位向量；θ 為 $\nabla f(\boldsymbol{x})$ 與 $\boldsymbol{v}$ 之間的相對夾角。

圖 17.15 所示為 x_1x_2 平面上六種不同方向的導數情況。

如圖 17.15(a) 和圖 17.15(b) 所示，若 $\theta = 90°$，方向導數垂直於梯度向量，式 (17.42) 為 0。這說明沿著等高線運動，函式值不會有任何變化。

如圖 17.15(c) 所示，若 $\theta = 180°$，式 (17.42) 取得最小值。此時，$\boldsymbol{v}$ 方向為梯度向量反方向，即下山方向。沿著 $\boldsymbol{v}$ 運動瞬間，函式值減小最快。

如圖 17.15(d) 所示，$\theta = 0°$，式 (17.42) 取得最大值。方向導數和梯度向量同向，對應該點處函數值增大最快的方向，即上山方向。

當 θ 為銳角時，式 (17.42) 大於 0。沿著 $\boldsymbol{v}$ 運動瞬間，函式變化值大於 0，如圖 17.15(e) 所示。當 θ 為鈍角時，式 (17.42) 小於 0。沿著 $\boldsymbol{v}$ 運動瞬間，函式變化值小於 0，如圖 17.15(f) 所示。

特別地，$\boldsymbol{v}$ = [1 , 0]^{T} 對應 $f(x_1, x_2)$ 對 x_1 偏導。$\boldsymbol{v}$ = [0 , 1]^{T} 對應 $f(x_1, x_2)$ 對 x_2 偏導。可見，方向性微分比偏導更靈活。

方向導數可以用於研究多元函式在某一特定方向的函式變化率，機器學習和深度學習的很多演算法在求解最佳化問題時都會用到方向導數這個重要的數學工具。

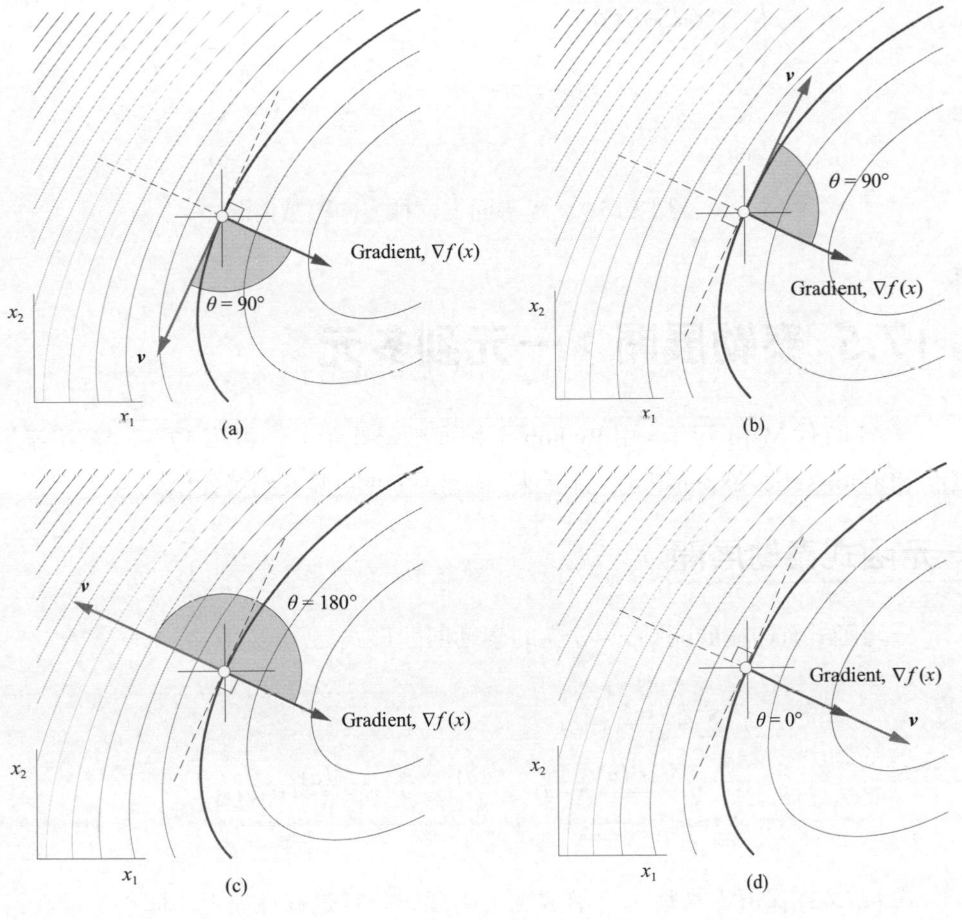

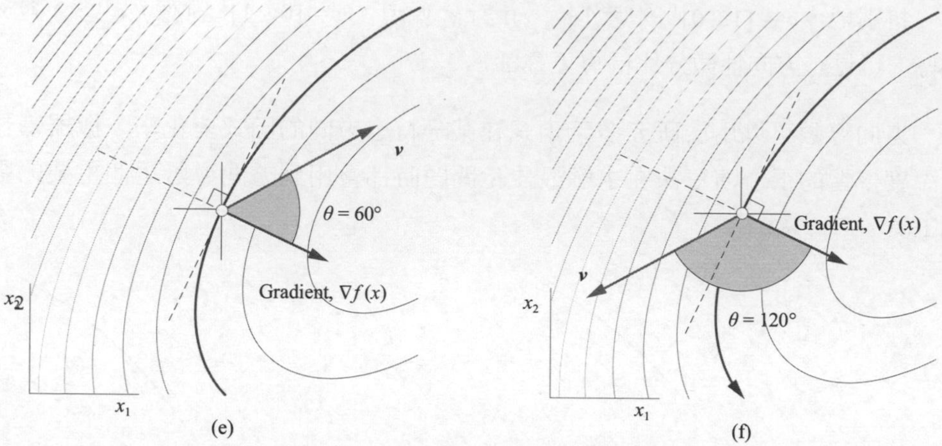

▲ 圖 17.15 x_1x_2 平面上六種方向導數情況

17.5 泰勒展開：一元到多元

《AI 時代 Math 元年 - 用 Python 全精通數學要素》一書第 17 章介紹了**泰勒展開** (Taylor series expansion)。本節將一元泰勒展開擴展到多元函式。

一元函式泰勒展開

一元函式 $f(x)$ 在展開點 $x = a$ 處的泰勒展開形式為

$$
\begin{aligned}
f(x) &= \sum_{n=0}^{\infty} \frac{f^{(n)}(a)}{n!}(x-a)^n \\
&= \underbrace{f(a)}_{\text{Constant}} + \underbrace{\frac{f'(a)}{1!}(x-a)}_{\text{Linear}} + \underbrace{\frac{f''(a)}{2!}(x-a)^2}_{\text{Quadratic}} + \underbrace{\frac{f'''(a)}{3!}(x-a)^3}_{\text{Cubic}} + \cdots
\end{aligned}
\tag{17.43}
$$

式 (17.43) 保留「常數 + 一階導數」兩個成分就是線性逼近，即

$$
f(x) \approx \underbrace{f(a)}_{\text{Constant}} + \underbrace{\frac{f'(a)}{1!}(x-a)}_{\text{Linear}}
\tag{17.44}
$$

我們在《AI 時代 Math 元年 - 用 Python 全精通數學要素》一書第 17 章中講過，如圖 17.16 所示，從幾何角度看，二元函式的泰勒展開相當於，水平面、斜面、二次曲面、三次曲面等多項式曲面疊加。

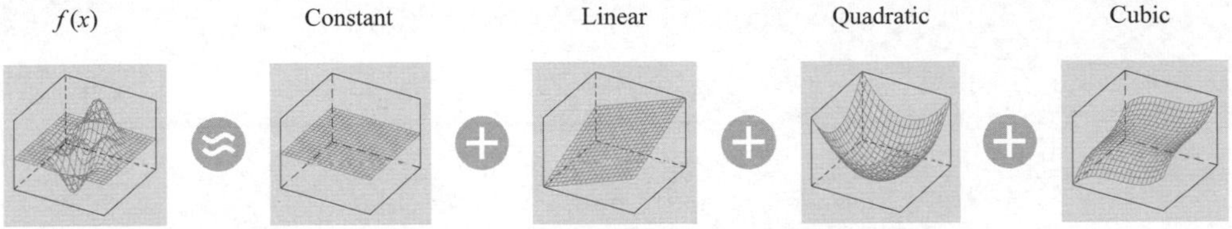

▲ 圖 17.16　二元函式泰勒展開原理
(來自《AI 時代 Math 元年 - 用 Python 全精通數學要素》一書)

線性逼近

更一般情況下，對於多元函式 $f(\boldsymbol{x})$，當 $\boldsymbol{x}$ 足夠靠近展開點 $\boldsymbol{x}_P$ 時，$f(\boldsymbol{x})$ 的函式值可以用泰勒一階展開逼近為

$$\begin{aligned} f(\boldsymbol{x}) &\approx f(\boldsymbol{x}_P) + \nabla f(\boldsymbol{x}_P)^{\mathrm{T}} (\boldsymbol{x} - \boldsymbol{x}_P) \\ &= f(\boldsymbol{x}_P) + \nabla f(\boldsymbol{x}_P)^{\mathrm{T}} \Delta \boldsymbol{x} \end{aligned} \tag{17.45}$$

其中：$\boldsymbol{x}_P$ 為**泰勒級數展開點** (expansion point of Taylor series)；$\nabla f(\boldsymbol{x}_P)$ 為多元函式 $f(\boldsymbol{x})$ 在 $\boldsymbol{x}_P$ 處梯度向量。

圖 17.17 所示比較了一元函式和二元函式線性逼近。一元線性逼近是用切線逼近曲線，二元線性逼近是用切面逼近曲面。

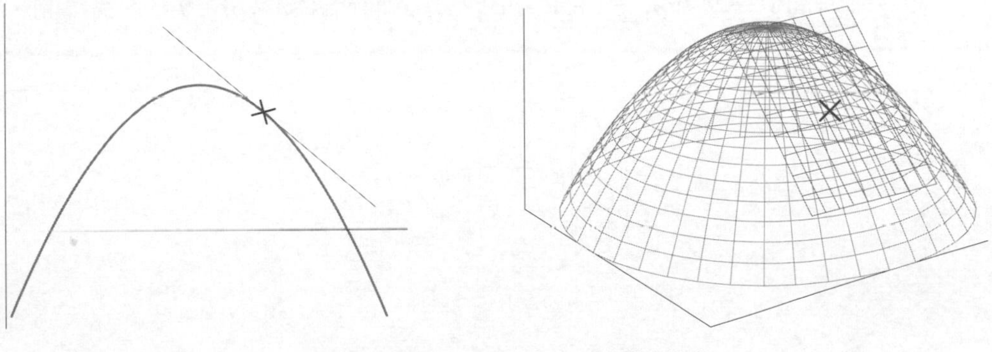

▲ 圖 17.17　一元到二元線性逼近

二次逼近

多元函式 $f(\boldsymbol{x})$ 泰勒二階級數展開式對應的矩陣運算為

$$\begin{aligned} f(\boldsymbol{x}) &\approx f(\boldsymbol{x}_P) + \nabla f(\boldsymbol{x}_P)^{\mathrm{T}}(\boldsymbol{x}-\boldsymbol{x}_P) + \frac{1}{2}(\boldsymbol{x}-\boldsymbol{x}_P)^{\mathrm{T}}\nabla^2 f(\boldsymbol{x}_P)(\boldsymbol{x}-\boldsymbol{x}_P) \\ &= f(\boldsymbol{x}_P) + \nabla f(\boldsymbol{x}_P)^{\mathrm{T}}\Delta\boldsymbol{x} + \frac{1}{2}\Delta\boldsymbol{x}^{\mathrm{T}}\nabla^2 f(\boldsymbol{x}_P)\Delta\boldsymbol{x} \\ &= f(\boldsymbol{x}_P) + \nabla f(\boldsymbol{x}_P)^{\mathrm{T}}\Delta\boldsymbol{x} + \frac{1}{2}\Delta\boldsymbol{x}^{\mathrm{T}}\boldsymbol{H}\Delta\boldsymbol{x} \end{aligned} \tag{17.46}$$

式 (17.46) 就是二次逼近。其中，$\boldsymbol{H}$ 為黑塞矩陣。

二次曲面

本章最後討論二次曲面在某點的切面，即一次逼近。採用圓錐曲線一般式，令 $y = f(x_1, x_2)$，有

$$y = f(x_1, x_2) = Ax_1^2 + Bx_1x_2 + Cx_2^2 + Dx_1 + Ex_2 + F \tag{17.47}$$

$y = f(x_1, x_2)$ 寫成矩陣運算式為

$$y = f(x_1, x_2) = \frac{1}{2}\begin{bmatrix} x_1 \\ x_2 \end{bmatrix}^{\mathrm{T}}\begin{bmatrix} 2A & B \\ B & 2C \end{bmatrix}\begin{bmatrix} x_1 \\ x_2 \end{bmatrix} + \begin{bmatrix} D \\ E \end{bmatrix}^{\mathrm{T}}\begin{bmatrix} x_1 \\ x_2 \end{bmatrix} + F \tag{17.48}$$

建構函式 $F(x_1, x_2, y)$，有

$$F(x_1, x_2, y) = Ax_1^2 + Bx_1x_2 + Cx_2^2 + Dx_1 + Ex_2 + F - y \tag{17.49}$$

在三維空間中一點 $P(p_1, p_2, p_y)$，$F(x_1, x_2, y)$ 曲面法向量 $\boldsymbol{n}_p$ 透過下式得到，即

$$\boldsymbol{n}_P = \begin{bmatrix} \dfrac{\partial F}{\partial x_1} \\ \dfrac{\partial F}{\partial x_2} \\ \dfrac{\partial F}{\partial y} \end{bmatrix}\Bigg|_{(p_1, p_2, p_y)} = \begin{bmatrix} 2Ap_1 + Bp_2 + D \\ Bp_1 + 2Cp_2 + E \\ -1 \end{bmatrix} \tag{17.50}$$

切面上任意一點 (x_1, x_2, y) 與切點 P 組成向量 $\boldsymbol{p}$，有

$$\boldsymbol{p} = \begin{bmatrix} x_1 - p_1 \\ x_2 - p_2 \\ y - p_y \end{bmatrix} \tag{17.51}$$

$\boldsymbol{p}$ 垂直於 $\boldsymbol{n}_p$，因此兩者向量內積為 0，得到

$$(2Ap_1 + Bp_2 + D)(x_1 - p_1) + (Bp_1 + 2Cp_2 + E)(x_2 - p_2) - y + p_y - 0 \tag{17.52}$$

整理得到切面解析式 $t(x_1, x_2)$，有

$$t(x_1, x_2) = (2Ap_1 + Bp_2 + D)(x_1 - p_1) + (Bp_1 + 2Cp_2 + E)(x_2 - p_2) + p_y \tag{17.53}$$

另外，以上切面解析式就是 P 點的泰勒一次逼近，即

$$t(x_1, x_2) = f(p_1, p_2) + \nabla f(p_1, p_2)^{\mathrm{T}} \begin{bmatrix} x_1 - p_1 \\ x_2 - p_2 \end{bmatrix} \tag{17.54}$$

$y = f(x_1, x_2)$ 在 P 點的梯度向量為

$$\nabla f(p_1, p_2) = \begin{bmatrix} 2A & B \\ B & 2C \end{bmatrix} \begin{bmatrix} p_1 \\ p_2 \end{bmatrix} + \begin{bmatrix} D \\ E \end{bmatrix} = \begin{bmatrix} 2Ap_1 + Bp_2 + D \\ Bp_1 + 2Cp_2 + E \end{bmatrix} \tag{17.55}$$

將式 (17.55) 代入式 (17.54)，同樣可以得到式 (17.53) 的結果。

舉個例子

給定二元函式 $y = f(x_1, x_2)$ 為

$$y = f(x_1, x_2) = -4x_1^2 - 4x_2^2 \tag{17.56}$$

將 A 點座標 $(0, -1.5, -9)$ 帶入式 (17.53)，得到曲面 A 點處切面解析式，具體為

$$t(x_1, x_2) = 12x_2 + 9 \tag{17.57}$$

圖 17.18(a) 所示為二次曲面和曲面上 A 點 (0 , −1.5 , −9) 的切面。圖 17.18(b) 所示為 B 點 (−1.5 , 0 , −9) 的曲面切面。請大家自行計算曲面 B 點處的切面解析式。

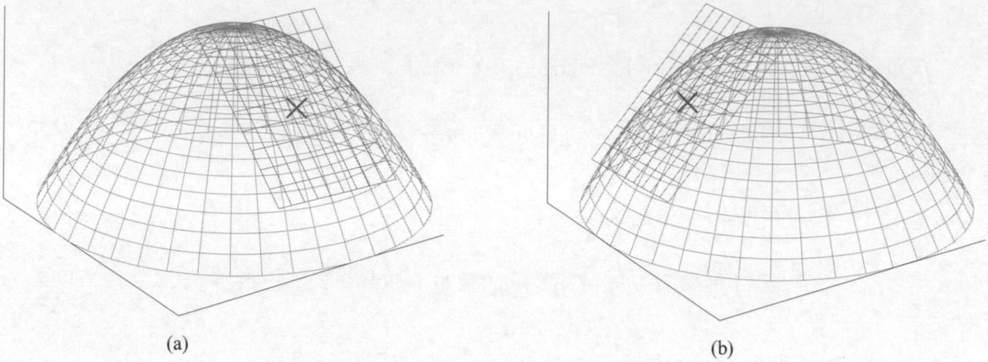

▲ 圖 17.18 二次凹曲面 A 點處切面

Bk4_Ch17_03.py 繪製圖 17.18。

➔

本章將一元函式導數和微分工具推廣到了多元函式，並介紹了幾個重要數學工具—梯度向量、黑塞矩陣、法向量、方向導數、一次泰勒逼近、二次泰勒逼近。本書後續將利用這些數學工具分析解決各種數學問題。照例四幅圖，如 17.19 所示。

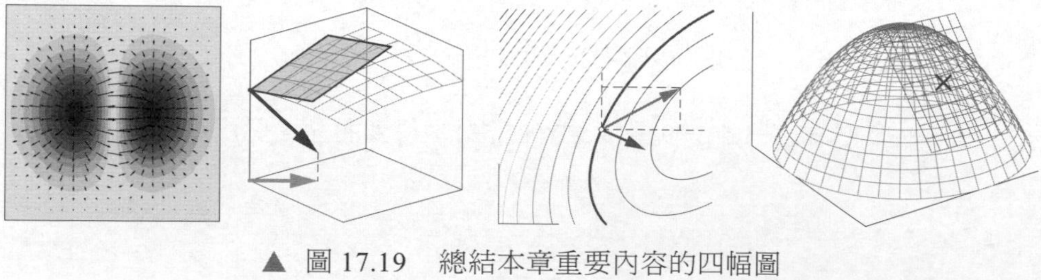

▲ 圖 17.19 總結本章重要內容的四幅圖

本章僅討論了本書後續將用到的矩陣微分法則。大家如果對這個話題感興趣的話，推薦大家參考 *TheMatrixCookbook* 一書。下載網址如下：

https://www.math.uwaterloo.ca/~hwolkowi/matrixcookbook.pdf

Lagrange Multiplier

18 拉格朗日乘子法

把有約束最佳化問題轉化為無約束最佳化

偉大的事情是由一系列小事情聚集在一起實現的。

Great things are done by a series of small things brought together.

——文森特．梵谷（*Vincent van Gogh*）| 荷蘭後印象派畫家 | *1853—1890*

- numpy.linalg.eig() 特徵值分解
- numpy.linalg.svd() 奇異值分解
- sklearn.decomposition.PCA() 主成分分析函式

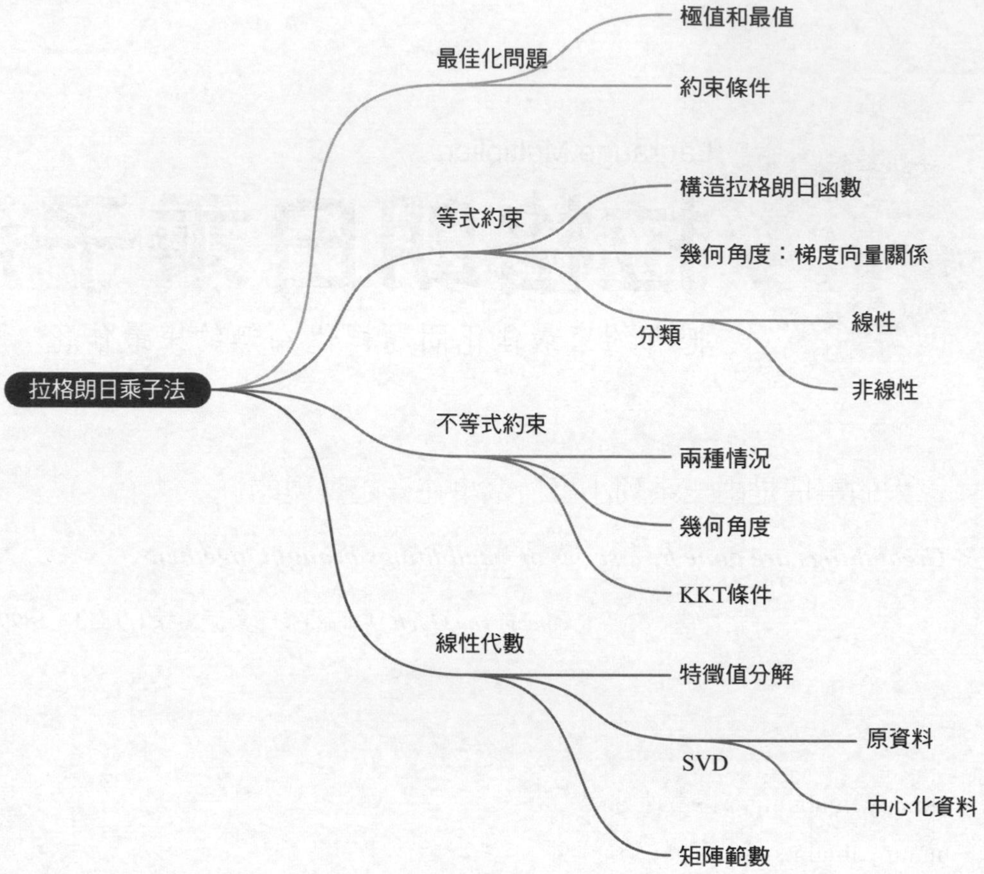

18.1 回顧最佳化問題

《AI 時代 Math 元年 - 用 Python 全精通數學要素》一書第 19 章專門講解過最佳化問題入門內容，本節稍做回顧。

極值、最值

最佳化問題好比在一定區域範圍內，徒步尋找山谷或山峰。圖 18.1 中，最佳化問題的目標函式 $f(x)$ 就是海拔，最佳化變數是水平位置 x。

極值 (extrema 或 local extrema) 是**極大值**和**極小值**的統稱。通俗地講，極值是搜尋區域內所有的山峰和山谷，即圖 18.1 中 A、B、C、D、E 和 F 這六個點水平座標 x 值對應極值點。

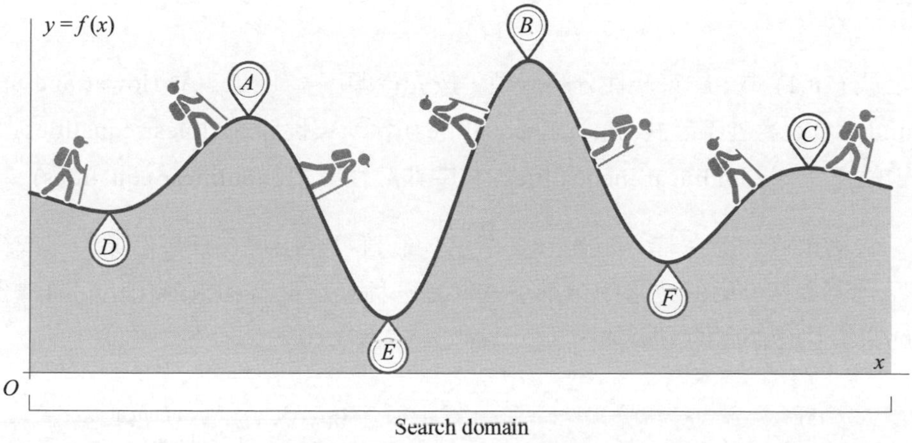

▲ 圖 18.1　爬上尋找山谷和山峰
(圖片來自《AI 時代 Math 元年 - 用 Python 全精通數學要素》)

如果某個極值是整個指定搜尋區域內的極大值或極小值，這個極值又叫做**最大值** (maximum 或 global maximum) 或**最小值** (minimum 或 global minimum)。最大值和最小值統稱**最值** (global extrema)。

圖 18.1 搜尋域內有三座山峰 (A、B 和 C)，即搜尋域極大值。而 B 是最高的山峰，因此 B 叫全域最大值，簡稱最大值，即站在 B 點一覽眾山小。E 是最深的山谷，因此 E 是全域最小值，簡稱最小值。

一般情況下，標準最佳化問題都是最小化最佳化問題。最大化最佳化問題的目標函式取個負號便可以轉化為最小化最佳化問題。

含約束最小化最佳化問題

結合約束條件，完整最小化最佳化問題形式為

$$
\begin{aligned}
&\arg\min_{x} f(\boldsymbol{x}) \\
&\text{subject to: } \boldsymbol{l} \leqslant \boldsymbol{x} \leqslant \boldsymbol{u} \\
&\qquad \boldsymbol{A}\boldsymbol{x} \leqslant \boldsymbol{b} \\
&\qquad \boldsymbol{A}_{\text{eq}}\boldsymbol{x} = \boldsymbol{b}_{\text{eq}} \\
&\qquad c(\boldsymbol{x}) \leqslant 0 \\
&\qquad c_{\text{eq}}(\boldsymbol{x}) = 0
\end{aligned}
\tag{18.1}
$$

式 (18.1) 中，約束條件分為五類，按先後順序：① **上下界** (lower and upper bounds)；② **線性不等式** (linear inequalities)；③ **線性等式** (linear equalities)；④ **非線性不等式** (nonlinear inequalities)；⑤ **非線性等式** (nonlinear equalities)。

當約束條件存在時，如圖 18.2 所示，最值可能出現在搜尋區域內部或約束邊界上。本章介紹的拉格朗日乘子法就是一種能夠把有約束最佳化問題轉化成無約束最佳化問題的方法。

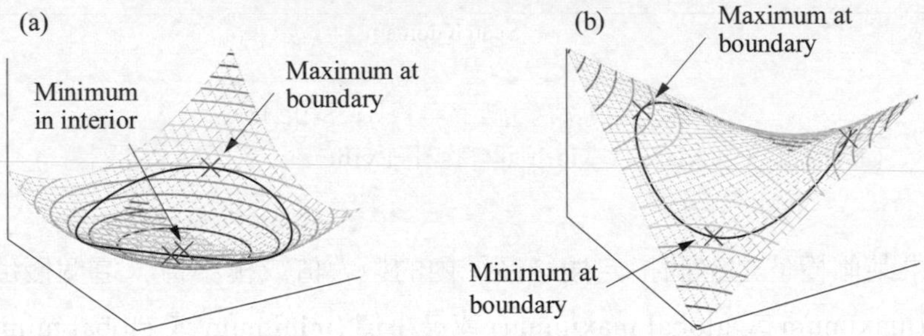

▲ 圖 18.2　最值和約束關係

《AI 時代 Math 元年 - 用 Python 全精通數學要素》一書還講了如何利用導數和偏導數等數學工具求解一元和多元函式極值，本節不再贅述。有必要的話，大家可以在學習本章之前先翻翻《AI 時代 Math 元年 - 用 Python 全精通數學要素》一書的相關內容。

18.2 等式約束條件

拉格朗日乘子法 (method of Lagrange multiplier) 把有約束的最佳化問題轉化為無約束的最佳化問題。拉格朗日乘子法是以 18 世紀法國著名數學家**約瑟夫·拉格朗日** (Joseph Lagrange) 命名的。本章後續將主要從幾何和資料角度來幫助大家理解拉格朗日乘子法。

拉格朗日函式

給定含等式約束最佳化問題

$$\begin{aligned}&\arg\min_{x} f(x)\\&\text{subject to: } h(x)=0\end{aligned} \tag{18.2}$$

其中：$f(\boldsymbol{x})$ 和 $h(\boldsymbol{x})$ 為連續函式；$h(\boldsymbol{x}) = 0$ 為等式約束條件。

建構**拉格朗日函式** (Lagrangian function) $L(\boldsymbol{x}, \lambda)$，有

$$L(\boldsymbol{x},\lambda)=f(\boldsymbol{x})+\lambda h(\boldsymbol{x}) \tag{18.3}$$

其中：λ 為**拉格朗日乘子** (Lagrange multiplier) 或拉格朗日乘數。式 (18.3) 中，λ 前的符號也可以為負號，不影響結果。本書正負號均有採用。

透過 λ，式 (18.2) 這個含等式約束最佳化問題便轉化為一個無約束最佳化問題，有

$$\begin{cases}\arg\min_{x} f(\boldsymbol{x})\\ \text{subject to: } h(\boldsymbol{x})=0\end{cases} \Rightarrow \arg\min_{x} L(\boldsymbol{x},\lambda) \tag{18.4}$$

$L(\boldsymbol{x}, \lambda)$ 對 $\boldsymbol{x}$ 和 λ 偏導都存在的情況下，最佳解的必要 (不是充分) 條件為一階偏導數都零，即

$$\begin{cases}\nabla_{x} L(\boldsymbol{x},\lambda)=\dfrac{\partial L(\boldsymbol{x},\lambda)}{\partial \boldsymbol{x}}=\nabla f(\boldsymbol{x})+\lambda\nabla h(\boldsymbol{x})=\boldsymbol{0}\\ \nabla_{\lambda} L(\boldsymbol{x},\lambda)=\dfrac{\partial L(\boldsymbol{x},\lambda)}{\partial \lambda}=h(\boldsymbol{x})=0\end{cases} \tag{18.5}$$

⚠

再次強調：式 (18.5) 存在一個重要前提，假定 $f(\boldsymbol{x})$ 和 $h(\boldsymbol{x})$ 在 $\boldsymbol{x}$ 的某一鄰域內均有連續一階偏導。

式 (18.5) 中兩式合併為

$$\nabla_{x,\lambda} L(\boldsymbol{x},\lambda)=\boldsymbol{0} \tag{18.6}$$

求解式 (18.6) 得到駐點 $\boldsymbol{x}$，然後進一步判斷駐點是極大值、極小值還是鞍點。對大部分讀者來說，理解拉格朗日乘子法最大的障礙在於

$$\nabla f(\boldsymbol{x})+\lambda\nabla h(\boldsymbol{x})=\boldsymbol{0} \tag{18.7}$$

下面結合具體圖形解釋式 (18.7) 含義。

梯度向量方向

式 (18.7) 變形得到

$$\nabla f(\boldsymbol{x})=-\lambda\nabla h(\boldsymbol{x}) \tag{18.8}$$

式 (18.8) 等式隱含著一條重要資訊，即 $f(\boldsymbol{x})$ 和 $h(\boldsymbol{x})$ 在駐點 $\boldsymbol{x}$ 處梯度同向或反向。

圖 18.3 中等高線展示了目標函式 $f(\boldsymbol{x})$ 變化趨勢，外側深色對應較大函式值，內側深色對應較小函數值。圖 18.3 中直線對應 $h(\boldsymbol{x})$，即線性約束條件。換句話說，變數 $\boldsymbol{x}$ 設定值範圍限定在圖 18.3 所示的黑色直線上。

圖 18.3 中，等高線和黑色直線可以相交，甚至相切。相交表示，交點處，沿著直線稍微移動，函式值可能增大，也可能減小。這說明，交點處既不是最大值，也不是最小值。

然而，相切說明，在切線處，沿著黑色直線稍微移動，函式值有可能只朝著一個方向變動，即要麼增大、要麼減小。也就是說切點可能對應極值點，除非切點為駐點。

如果黑色直線與等高線相切，則切點處 $f(\boldsymbol{x})$ 和 $h(\boldsymbol{x})$ 梯度向量平行 (同向或反向)。這就是梯度向量的意義。

這種幾何直覺就是理解梯度向量的「利器」。若梯度 $\nabla f(\boldsymbol{x})$ 與梯度 $\nabla h(\boldsymbol{x})$ 反向，則 λ 為正值，如圖 18.3(a) 所示。如果梯度 $\nabla f(\boldsymbol{x})$ 與梯度 $\nabla h(\boldsymbol{x})$ 正向，則 λ 為負值，如圖 18.3(b) 所示。簡單來說，$h(\boldsymbol{x}) = 0$ 約束下 $f(\boldsymbol{x})$ 取得極值時，某點處梯度 $\nabla f(\boldsymbol{x})$ 與梯度 $\nabla h(\boldsymbol{x})$ 平行。

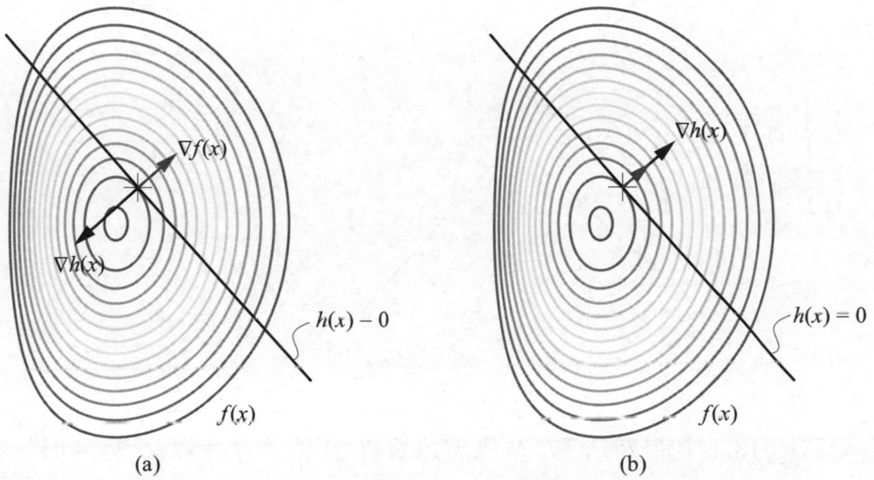

▲ 圖 18.3　線性等式約束條件拉格朗日運算元幾何意義

梯度平行

圖 18.4 所示是圖 18.3(a) 的局部視圖，我們借助它進一步展示梯度平行的幾何意義。

先看圖 18.4 中的 A 點，A 點黑色直線和某條等高線的切點。A 點處，梯度 $\nabla f(\boldsymbol{x})$ 與梯度 $\nabla h(\boldsymbol{x})$ 反向。梯度 $\nabla f(\boldsymbol{x})$ 方向為函式 $f(\boldsymbol{x})$ 的上山方向，梯度下降方向 $-\nabla f(\boldsymbol{x})$ 為函式 $f(\boldsymbol{x})$ 的下山方向。

A 點處，$f(\boldsymbol{x})$ 在 $\boldsymbol{x}$ 點處切線就是 $h(\boldsymbol{x})$，該切線垂直於 $\nabla h(\boldsymbol{x})$，也垂直於梯度 $\nabla f(\boldsymbol{x})$。顯然，A 點處，$\nabla f(\boldsymbol{x})$ 在 $h(\boldsymbol{x})$ 方向上的純量投影為 0。

如圖 18.4 所示，若沿著 $h(\boldsymbol{x}) = 0$ 黑色直線向左或向右偏離 A，$f(\boldsymbol{x})$ 都會增大 (對應等高線從內側深色系變為外側深色系)，因此 A 點在 $h(\boldsymbol{x}) = 0$ 的等式約束條件下為極小值點。根據目標函式曲面特徵，我們可以進一步確定該極小值點為最小值點。

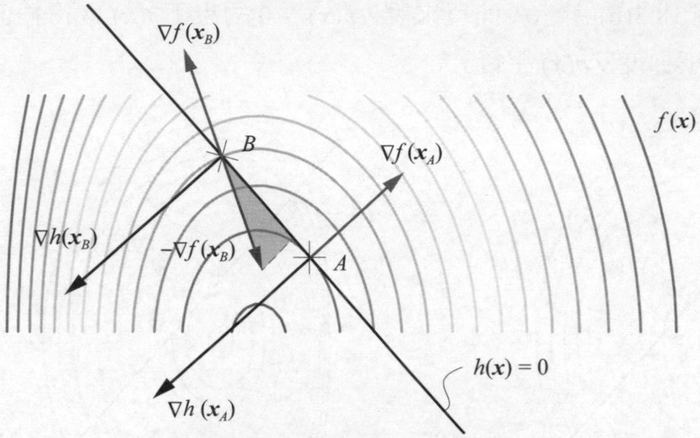

▲ 圖 18.4　梯度平行幾何意義

再來看圖 18.4 中的 B 點，B 點是黑色直線和某條等高線交點。同樣找到 $f(\boldsymbol{x})$ 梯度負方向 $-\nabla f(\boldsymbol{x})$，即 $f(\boldsymbol{x})$ 的下山方向；容易發現 $-\nabla f(\boldsymbol{x})$ 在 $h(\boldsymbol{x})$ 方向，即在 $f(\boldsymbol{x})$ 減小方向存在投影分量。這說明，在 B 點沿著 $h(\boldsymbol{x})$ 向右下方行走，$f(\boldsymbol{x})$ 進一步減小。因此，B 點不是極值點。

⚠

注意：本節沒有使用「最值」這一說法，這是因為對於多極值曲面，曲面和線性約束條件可能存在多個「切點」，可能對應若干個「極值」。

非線性等式約束條件

上述分析想法也同樣適用於非線性等式約束條件。請大家用「交點 + 切點」和「梯度向量投影」兩個角度自行分析圖 18.5 所示的兩幅子圖。

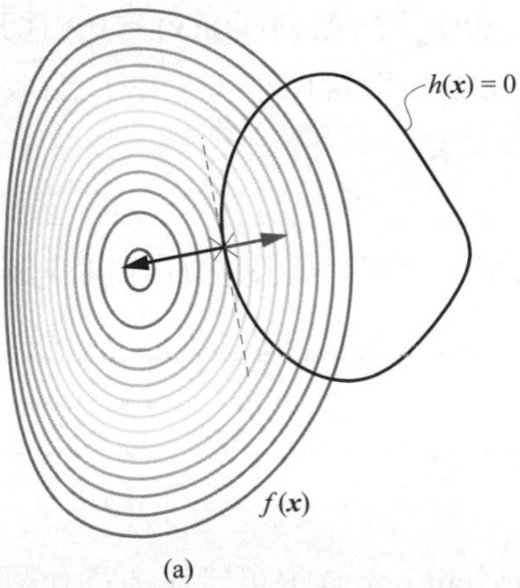

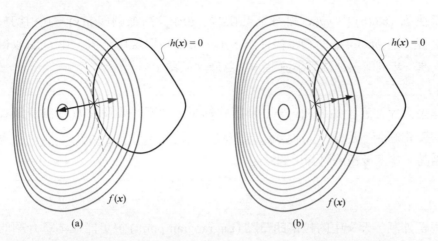

▲ 圖 18.5　非線性等式約束條件拉格朗日運算元幾何意義

進一步判斷

用拉格朗日乘子計算出來的駐點到底是極大值、極小值還是鞍點，還需要進一步判斷。

圖 18.6 所示列出了四種極值常見情況。如圖 18.6(a) 所示，$f(\boldsymbol{x})$ 自身為凹函式，$f(\boldsymbol{x})$ 等高線圖與 $h(\boldsymbol{x}) = 0$ 相切於 A 點和 B 點。在 $h(\boldsymbol{x}) = 0$ 的約束條件下，$f(\boldsymbol{x})$ 在 A 點取得極大值，在 B 點取得極小值。進一步判斷，A 為最大值點，B 為最小值點。

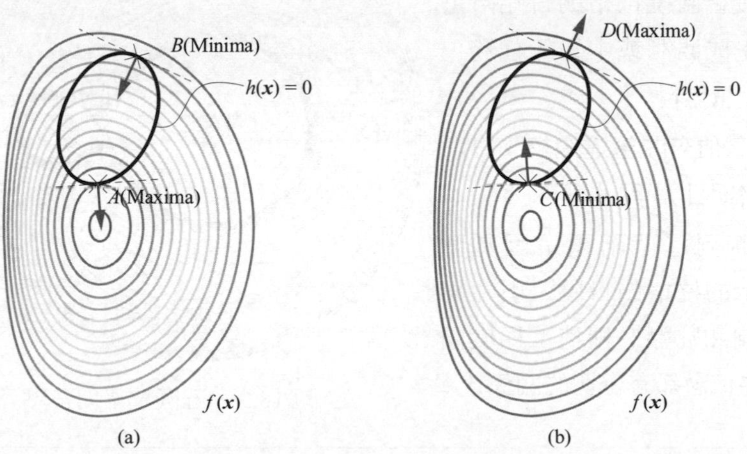

▲ 圖 18.6　四種極值情況

而在圖 18.6(b) 中，$f(\boldsymbol{x})$ 自身為凸函式，$f(\boldsymbol{x})$ 等高線圖與 $h(\boldsymbol{x}) = 0$ 相切於 C 點和 D 點；在 $h(\boldsymbol{x}) = 0$ 的約束條件下，$f(\boldsymbol{x})$ 在 C 點取得極小值，在 D 點取得極大值。進一步判斷，C 為最小值點，D 為最大值點。

這裡請大家注意：如果 $h(\boldsymbol{x}) = 0$ 為等式約束，則不需要關注 $h(\boldsymbol{x})$ 自身函式值的變化趨勢。但是，不等式約束 $g(\boldsymbol{x}) \le 0$ 就必須考慮 $g(\boldsymbol{x})$ 函式自身的變化趨勢，本章後續將討論這個話題。

說個題外話，天文中的**拉格朗日點** (Lagrangian point) 很可能比本章介紹的拉格朗日乘子法更出名。

兩個天體環繞運行，比如太陽—地球 (日—地)、地球—月亮 (地—月)，在空間中可以找到滿足兩個天體引力平衡的五個點，如圖 18.7 所示的 $L_1 \sim L_5$。這五個點叫做拉格朗日點。尤拉於 1767 年推算出前三個拉格朗日點，拉格朗日於 1772 年推導證明了剩下兩個。

在 $L_1 \sim L_5$ 這五個點任意一點放置質量可以忽略不計的第三個天體，使其和另外兩個天體以相同模式運轉，這就是所謂的**三體問題** (three-bodyproblem)。

實際情況下，第三天體不可能在拉格朗日點保持相對靜止；人造衛星一般會圍繞拉格朗日點附近運轉，完成觀測或中繼等任務，以節省大量燃料。

詹姆斯·韋伯空間望遠鏡繞「日—地」拉格朗日 L_2 點運轉。

之所以聊到這個話題是因為圖 18.7 所示的拉格朗日點、引力場等高線圖和駐點、極值、梯度向量場這些概念都有密切的關係。

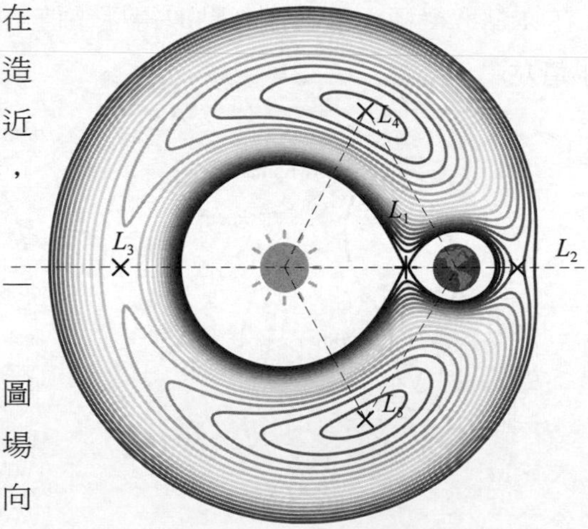

▲ 圖 18.7　五個拉格朗日點

18.3 線性等式約束

下面用一個簡單例子來解釋上一節介紹的等式約束最佳化問題。

給定一個最佳化問題為

$$\begin{aligned} &\underset{x}{\arg\min}\ f(\boldsymbol{x}) = x_1^2 + x_2^2 \\ &\text{subject to: } h(\boldsymbol{x}) = x_1 + x_2 - 1 = 0 \end{aligned} \tag{18.9}$$

這是一個二次規劃問題，含一個線性等式約束條件 $h(\boldsymbol{x}) = 0$。

利用矩陣運算，式 (18.9) 可以寫成

$$\begin{aligned} &\underset{x}{\arg\min}\ f(\boldsymbol{x}) = \boldsymbol{x}^{\mathrm{T}}\boldsymbol{x} = \|\boldsymbol{x}\|_2^2 \\ &\text{subject to: } h(\boldsymbol{x}) = \begin{bmatrix} 1 \\ 1 \end{bmatrix}^{\mathrm{T}} \boldsymbol{x} - 1 = 0 \end{aligned} \tag{18.10}$$

根據上一章內容，請大家自行計算兩個函式的梯度向量。

圖 18.8 所示為 $h(x)$ 的梯度向量場。觀察影像，我們發現 $h(x) = 0$ 對應一條直線，直線上不同點處的梯度向量均垂直於該直線。

如圖 18.9 所示，在 x_1x_2 平面上，目標函式 $f(\boldsymbol{x})$ 的等高線是一組同心圓。等式約束條件 $x_1 + x_2 - 1 = 0$ 對應圖中黑色直線。最佳化解只能在 $x_1 + x_2 - 1 = 0$ 限定的直線上選取。

圖 18.9 中，亮色箭頭代表 $h(\boldsymbol{x})$ 梯度方向，圖中的黑色箭頭是 $f(\boldsymbol{x})$ 的梯度向量場。當同心圓和等式約束相切於 A 點時，$f(\boldsymbol{x})$ 取得最小值。顯然，A 點處 $f(\boldsymbol{x})$ 與 $h(\boldsymbol{x})$ 梯度方向一致，或稱平行。

黑色直線 ($h(\boldsymbol{x}) = 0$) 上任何偏離 A 點位置的變化都會導致目標函式 $f(\boldsymbol{x})$ 增大。

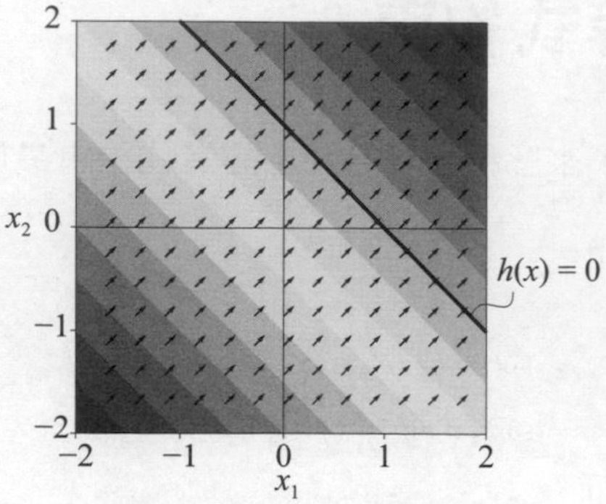

▲ 圖 18.8　$h(x)$ 梯度向量場

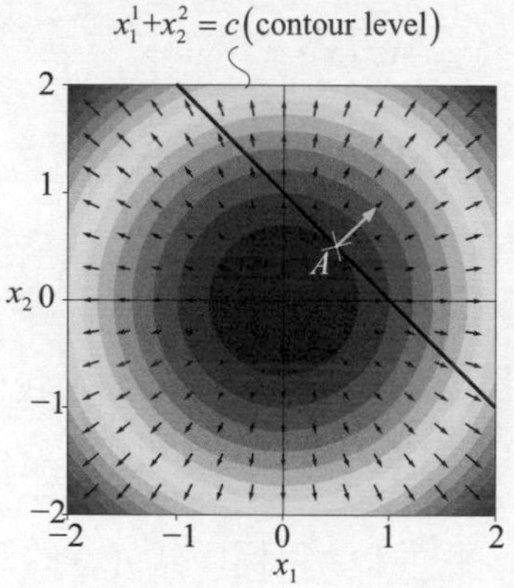

▲ 圖 18.9　拉格朗日運算元求解二次規劃，極值點 A 處 $f(x)$ 和 $h(x)$ 梯度同向，λ 小於 0

拉格朗日函式

建構拉格朗日函式 $L(\boldsymbol{x}, \lambda)$，有

$$L(\boldsymbol{x},\lambda) = x_1^2 + x_2^2 + \lambda(x_1 + x_2 - 1) \tag{18.11}$$

建構下列偏導為 0 的等式組並求解 (x_1, x_2, λ)，有

$$\begin{cases} \dfrac{\partial L(\boldsymbol{x},\lambda)}{\partial x_1} = 2x_1 + \lambda = 0 \\ \dfrac{\partial L(\boldsymbol{x},\lambda)}{\partial x_2} = 2x_2 + \lambda = 0 \\ \dfrac{\partial L(\boldsymbol{x},\lambda)}{\partial \lambda} = x_1 + x_2 - 1 = 0 \end{cases} \Rightarrow \begin{cases} x_1 = \dfrac{1}{2} \\ x_2 = \dfrac{1}{2} \\ \lambda = -1 \end{cases} \quad (18.12)$$

其中：λ 為負值。這說明在最佳化解處，梯度 $\nabla f(\boldsymbol{x})$ 與梯度 $\nabla h(\boldsymbol{x})$ 同向。

將 $\lambda = -1$ 代回式 (18.11) 得到如圖 18.10 所示的拉格朗日函式 $L(\boldsymbol{x}, \lambda = -1)$ 平面等高線。在圖 18.10 中我們發現 $L(\boldsymbol{x}, \lambda = -1)$ 最小值位置就是式 (18.12) 的最佳化解。

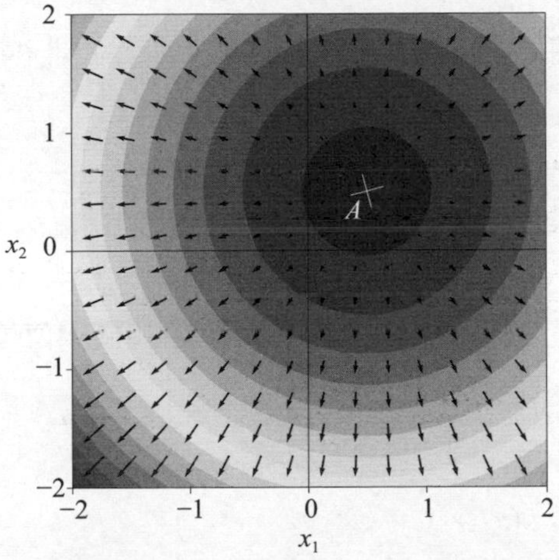

▲ 圖 18.10　拉格朗日函式平面等高線

從影像角度，我們將圖 18.9 這個含有線性等式約束的最佳化問題轉化成圖 18.10 這個無約束最佳化問題。

另外一種記法

前文提過，很多文獻 λ 前採用負號，拉格朗日函式 $L(\boldsymbol{x}, \lambda)$ 則為

$$L(\boldsymbol{x},\lambda) = f(\boldsymbol{x}) - \lambda h(\boldsymbol{x}) \quad (18.13)$$

$L(\boldsymbol{x}, \lambda)$ 對 $\boldsymbol{x}$ 和 λ 偏導為 0 對應等式組為

$$\begin{cases} \nabla_{\boldsymbol{x}} L(\boldsymbol{x},\lambda) = \dfrac{\partial L(\boldsymbol{x},\lambda)}{\partial \boldsymbol{x}} = \nabla f(\boldsymbol{x}) - \lambda \nabla h(\boldsymbol{x}) = \boldsymbol{0} \\ \nabla_{\lambda} L(\boldsymbol{x},\lambda) = \dfrac{\partial L(\boldsymbol{x},\lambda)}{\partial \lambda} = h(\boldsymbol{x}) = 0 \end{cases} \tag{18.14}$$

這種拉格朗日函式建構，若梯度 $\nabla f(\boldsymbol{x})$ 與梯度 $\nabla h(\boldsymbol{x})$ 同向，則 λ 為正值。如果梯度 $\nabla f(\boldsymbol{x})$ 與梯度 $\nabla h(\boldsymbol{x})$ 反向，則 λ 為負值。不管 λ 是正還是負，都不會影響結果。本章後續也會使用式 (18.13) 這種形式。

18.4 非線性等式約束

本節再看一個線性規劃問題實例，它的約束條件為非線性等式約束，即

$$\begin{aligned} &\underset{\boldsymbol{x}}{\arg\min}\ f(\boldsymbol{x}) = x_1 + x_2 \\ &\text{subject to: } h(\boldsymbol{x}) = x_1^2 + x_2^2 - 1 = 0 \end{aligned} \tag{18.15}$$

圖 18.11 所示為 $f(\boldsymbol{x})$ 和 $h(\boldsymbol{x}) = 0$ 的梯度向量場。請大家自己根據圖 18.11 所示梯度向量之間的關係，判斷式 (18.15) 的極大值和極小值位置。

拉格朗日函式

建構拉格朗日函式 $L(\boldsymbol{x}, \lambda)$ 為

$$L(\boldsymbol{x},\lambda) = x_1 + x_2 + \lambda\left(x_1^2 + x_2^2 - 1\right) \tag{18.16}$$

根據偏導為 0 建構等式組

$$\begin{cases} \dfrac{\partial L(\boldsymbol{x},\lambda)}{\partial x_1} = 1 + 2x_1\lambda = 0 \\ \dfrac{\partial L(\boldsymbol{x},\lambda)}{\partial x_2} = 1 + 2x_2\lambda = 0 \\ \dfrac{\partial L(\boldsymbol{x},\lambda)}{\partial \lambda} = x_1^2 + x_2^2 - 1 = 0 \end{cases} \Rightarrow \begin{cases} x_1 = -\dfrac{1}{2\lambda} \\ x_2 = -\dfrac{1}{2\lambda} \\ x_1^2 + x_2^2 - 1 = 0 \end{cases} \tag{18.17}$$

根據上述等式組建構 λ 等式，並求解 λ，有

$$\left(\frac{1}{2\lambda}\right)^2+\left(\frac{1}{2\lambda}\right)^2-1=0 \quad \Rightarrow \quad \lambda=\pm\frac{\sqrt{2}}{2} \tag{18.18}$$

λ 取正值時獲得最小值，有

$$\begin{cases} x_1=-\dfrac{\sqrt{2}}{2} \\ x_2=-\dfrac{\sqrt{2}}{2} \\ \lambda=\dfrac{\sqrt{2}}{2} \end{cases} \tag{18.19}$$

λ 取負值時獲得最大值。

圖 18.12 所示為拉格朗日函式 $L(\boldsymbol{x}, \lambda=\sqrt{2}/2)$ 對應的平面等高線圖。同樣，利用拉格朗日乘子法，我們將如圖 18.11 所示的含有非線性等式約束的最佳化問題，轉化成了如圖 18.12 所示的無約束最佳化問題。

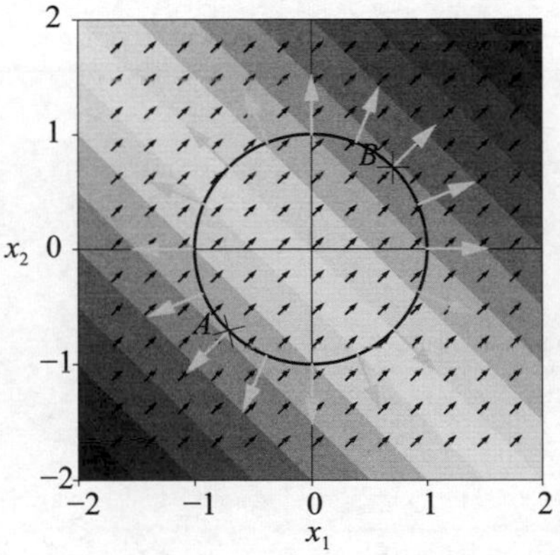

▲ 圖 18.11 $f(x)$ 和 $h(x)=0$ 梯度向量場

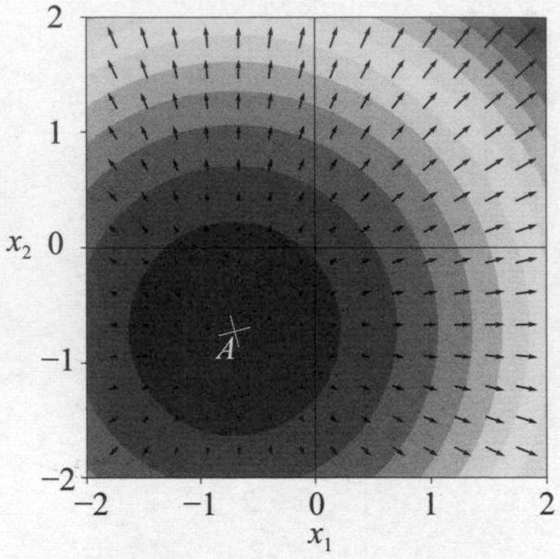

▲ 圖 18.12 拉格朗日函式等高線

18.5 不等式約束

本節介紹如何用 KKT(Karush-Kuhn-Tucker) 條件將本章前文介紹的拉格朗日乘子法推廣到不等式約束問題。

給定不等式約束最佳化問題

$$\begin{aligned}&\underset{x}{\arg\min}\ f(x)\\&\text{subject to: } g(x)\leqslant 0\end{aligned} \tag{18.20}$$

其中：$f(\boldsymbol{x})$ 和 $g(\boldsymbol{x})$ 為連續函式。

幾何角度

如圖 18.13 所示，黑色曲線和圖 18.5 一樣，代表等式情況，即 $g(\boldsymbol{x}) = 0$。圖 18.13 中標色區域代表 $g(\boldsymbol{x}) < 0$ 情況。

最佳化解 $\boldsymbol{x}$ 出現的位置有兩種情況：第一種情況，$\boldsymbol{x}$ 出現在邊界上 (黑色線)，約束條件有效，如圖 18.13(a) 所示；第二種情況，$\boldsymbol{x}^*$ 出現在不等式區域內 (標色背景)，約束條件無效，如圖 18.13(b) 所示。

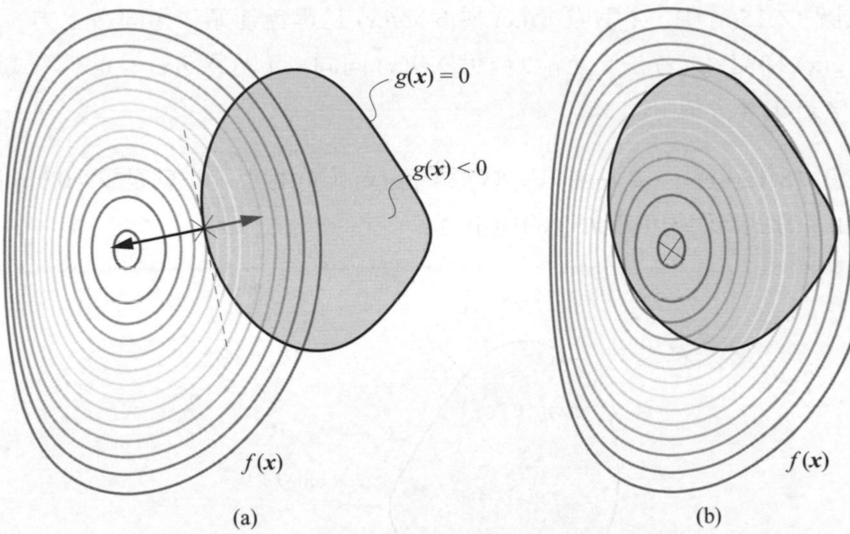

▲ 圖 18.13　不等式約束條件下拉格朗日乘子法兩種情況

在圖 18.13(a) 中，第一種情況等值於圖 18.5 討論的情況，即 $g(\boldsymbol{x}) = 0$ 成立。

在圖 18.13(b) 中，最佳化解 $\boldsymbol{x}$ 出現在 $g(\boldsymbol{x}) < 0$ 藍色區域內。對於凸函式，如果在最佳化解的鄰域內 $f(\boldsymbol{x})$ 有連續的一階偏導數，可以直接透過 $\nabla f(\boldsymbol{x}) = 0$ 獲得最佳化解，此時 λ 為 0。這種情況下，有約束最佳化問題直接變成了無約束問題。

結合上述兩種情況，$\lambda g(\boldsymbol{x}) = 0$ 恒成立。也就是說，要麼 $g(\boldsymbol{x}) = 0$(見圖 18.13(a))，要麼 $\lambda = 0$(見圖 18.13(b))。

判斷極值點性質

進一步討論圖 18.13(a) 對應的情況。如圖 18.14 所示，不等式內部區域 $g(\boldsymbol{x}) < 0$，邊界 $g(\boldsymbol{x}) = 0$。而黑色邊界外，$g(\boldsymbol{x}) > 0$。因此，在黑色邊界 $g(\boldsymbol{x}) = 0$ 上，梯度向量指向區域外部。

圖 18.15 所示為 $\nabla f(\boldsymbol{x})$ 與梯度 $\nabla g(\boldsymbol{x})$ 反向和同向兩種情況。

在圖 18.15(a) 中，A 點處，$f(\boldsymbol{x})$ 梯度 $\nabla f(\boldsymbol{x})$ 是黑色箭頭，指向右上方。而 A 點處，$g(\boldsymbol{x})$ 梯度 $\nabla g(\boldsymbol{x})$ 是亮色箭頭，與 $\nabla f(\boldsymbol{x})$ 同向。A 點為 $g(\boldsymbol{x}) \le 0$ 不等式條件約束下 $f(\boldsymbol{x})$ 的極大值。

在圖 18.15(b) 中，B 點處，$\nabla f(\boldsymbol{x})$ 與 $\nabla g(\boldsymbol{x})$ 方向相反，也就是 $\lambda > 0$。B 點是 $g(\boldsymbol{x}) \le 0$ 不等式條件約束下 $f(\boldsymbol{x})$ 的極小值。

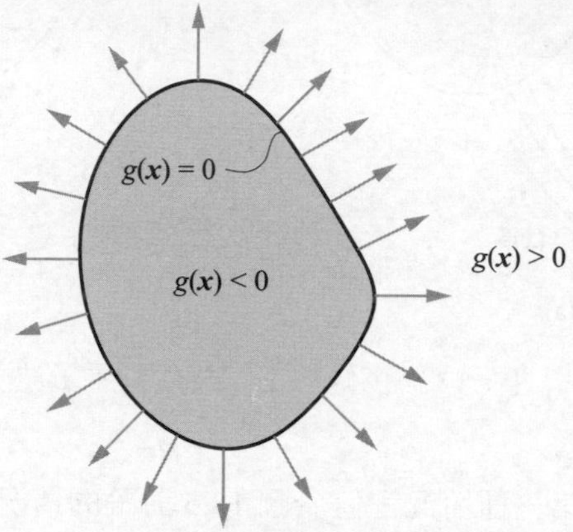

▲ 圖 18.14　不等式約束梯度方向

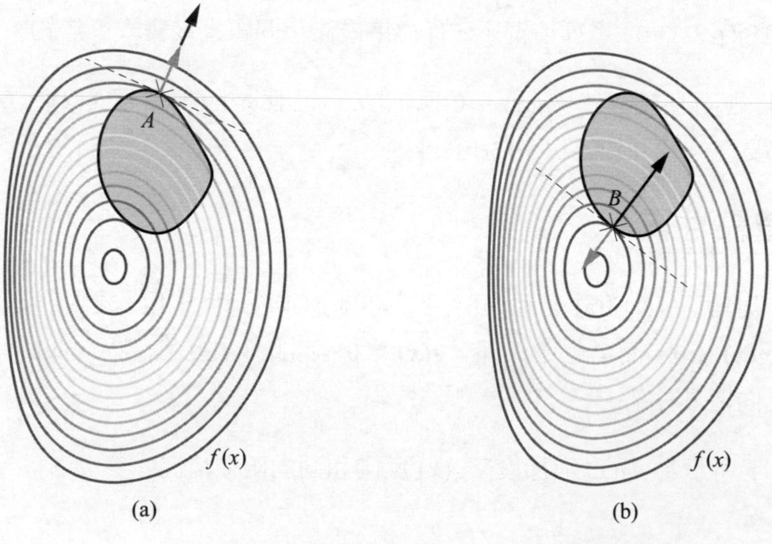

▲ 圖 18.15　梯度向量同方向和反方向

KKT 條件

結合以上討論對於 $g(\boldsymbol{x}) \le 0$ 不等式條件約束下 $f(\boldsymbol{x})$ 的最小值問題，建構以下拉格朗日函式 $L(\boldsymbol{x}, \lambda)$：

$$L(\boldsymbol{x},\lambda) = f(\boldsymbol{x}) + \lambda g(\boldsymbol{x}) \tag{18.21}$$

極小點 $\boldsymbol{x}$ 出現位置滿足以下條件，即

$$\begin{cases} \nabla f(\boldsymbol{x}) + \lambda \nabla g(\boldsymbol{x}) = 0 \\ g(\boldsymbol{x}) \leqslant 0 \\ \lambda \geqslant 0 \\ \lambda g(\boldsymbol{x}) = 0 \end{cases} \tag{18.22}$$

以上這些條件合稱 KKT 條件。

合併兩類約束條件

在不等式約束 $g(\boldsymbol{x}) \le 0$ 及等式約束 $h(\boldsymbol{x}) = 0$ 條件下，建構最小化 $f(\boldsymbol{x})$ 最佳化問題

$$\begin{aligned} &\underset{x}{\arg\min}\ f(\boldsymbol{x}) \\ &\text{subject to: } g(\boldsymbol{x}) \leqslant 0,\ h(\boldsymbol{x}) = 0 \end{aligned} \tag{18.23}$$

建構拉格朗日函式

$$L(\boldsymbol{x},\lambda) = f(\boldsymbol{x}) + \lambda_h h(\boldsymbol{x}) + \lambda_g g(\boldsymbol{x}) \tag{18.24}$$

KKT 條件為

$$\begin{cases} \nabla f(\boldsymbol{x}) + \lambda_h \nabla h(\boldsymbol{x}) + \lambda_g \nabla g(\boldsymbol{x}) = 0 \\ h(\boldsymbol{x}) = 0 \\ g(\boldsymbol{x}) \leqslant 0 \\ \lambda_g \geqslant 0 \\ \lambda_g g(\boldsymbol{x}) = 0 \end{cases} \tag{18.25}$$

多個約束條件

有以上討論，把式 (18.25) 推廣到多個等式約束和多個不等式約束的情況。

對於以下最佳化問題，即

$$\begin{aligned}&\arg\min_{x} f(\boldsymbol{x})\\&\text{subject to: } \begin{cases} h_i(\boldsymbol{x}) = 0, & i = 1,\cdots,n \\ g_j(\boldsymbol{x}) \leqslant 0, & j = 1,\cdots,m \end{cases}\end{aligned} \tag{18.26}$$

建構以下拉格朗日函式

$$L(\boldsymbol{x},\lambda) = f(\boldsymbol{x}) + \sum \lambda_{h,i} h_i(\boldsymbol{x}) + \sum \lambda_{g,j} g_j(\boldsymbol{x}) \tag{18.27}$$

式 (18.27) 對應的 KKT 條件為

$$\begin{cases} \nabla_{x,\lambda} L(\boldsymbol{x},\lambda) = 0 \\ h_i(\boldsymbol{x}) = 0 \\ g_j(\boldsymbol{x}) \leqslant 0 \\ \lambda_{g,j} \geqslant 0 \\ \lambda_{g,j} g_j(\boldsymbol{x}) = 0, \quad \forall j \end{cases} \tag{18.28}$$

18.6 再談特徵值分解：最佳化角度

這一節介紹一些線性代數中會遇到的含約束最佳化問題。利用拉格朗日乘子法，它們最終都可以用特徵值分解進行求解。

第一個最佳化問題

給定以下最佳化問題，即

$$\begin{aligned}&\arg\max_{v}\ \boldsymbol{v}^{\mathrm{T}} \boldsymbol{A} \boldsymbol{v}\\&\text{subject to: } \boldsymbol{v}^{\mathrm{T}} \boldsymbol{v} = 1\end{aligned} \tag{18.29}$$

其中：$\boldsymbol{A}$ 為對稱矩陣；列向量 $\boldsymbol{v}$ 為最佳化變數。最佳化問題的等式約束條件是 $\boldsymbol{v}$ 為單位向量。建構拉格朗日函式

$$L(\boldsymbol{v},\lambda)=\boldsymbol{v}^{\mathrm{T}}\boldsymbol{A}\boldsymbol{v}-\lambda\left(\boldsymbol{v}^{\mathrm{T}}\boldsymbol{v}-1\right) \tag{18.30}$$

注意：為了滿足特徵值分解常用記法，式 (18.30) 中 λ 前採用負號。

$L(\boldsymbol{v}, \lambda)$ 對 $\boldsymbol{v}$ 偏導為 $\boldsymbol{0}$，得到等式

$$\frac{\partial L(\boldsymbol{v},\lambda)}{\partial \boldsymbol{v}}=2\boldsymbol{A}\boldsymbol{v}-2\lambda\boldsymbol{v}=\boldsymbol{0} \tag{18.31}$$

整理得到

$$\boldsymbol{A}\boldsymbol{v}=\lambda\boldsymbol{v} \tag{18.32}$$

最大化問題中，最佳解為 $\lambda_{\max}$，特徵向量 $\boldsymbol{v}$ 對應矩陣 $\boldsymbol{A}$ 的最大特徵值 $\lambda_{\max}$。

如果是最小化問題，即

$$\begin{aligned}&\underset{\boldsymbol{v}}{\arg\min}\ \ \boldsymbol{v}^{\mathrm{T}}\boldsymbol{A}\boldsymbol{v}\\&\text{subject to: } \boldsymbol{v}^{\mathrm{T}}\boldsymbol{v}=1\end{aligned} \tag{18.33}$$

最佳解特徵向量 $\boldsymbol{v}$ 對應矩陣 $\boldsymbol{A}$ 的最小特徵值 $\lambda_{\min}$。

此外，式 (18.29) 約束條件也可以寫成

$$\|\boldsymbol{v}\|_2=1,\quad \|\boldsymbol{v}\|_2^2=1 \tag{18.34}$$

第二個最佳化問題

給定以下最佳化問題，即

$$\underset{\boldsymbol{x}\neq\boldsymbol{0}}{\arg\max}\ \ \frac{\boldsymbol{x}^{\mathrm{T}}\boldsymbol{A}\boldsymbol{x}}{\boldsymbol{x}^{\mathrm{T}}\boldsymbol{x}} \tag{18.35}$$

其中：$\boldsymbol{A}$ 為已知資料矩陣；$\boldsymbol{x}$ 為最佳化變數。注意，$\boldsymbol{x}^{\mathrm{T}}\boldsymbol{x}$ 在分母上，因此 $\boldsymbol{x}$ 不能為零向量。這就是本書第 14 章所講的瑞利商。上述最佳化問題等值於式 (18.29)。本書前文多次強調過，上式分子、分母都是純量。

類似於式 (18.35)，最小化最佳化問題為

$$\underset{\boldsymbol{x}\neq\boldsymbol{0}}{\arg\min}\ \frac{\boldsymbol{x}^{\mathrm{T}}\boldsymbol{A}\boldsymbol{x}}{\boldsymbol{x}^{\mathrm{T}}\boldsymbol{x}} \tag{18.36}$$

式 (18.36) 等值於式 (18.33)。

第三個最佳化問題

給定最佳化問題

$$\begin{aligned}&\underset{\boldsymbol{v}}{\arg\max}\ \boldsymbol{v}^{\mathrm{T}}\boldsymbol{A}\boldsymbol{v}\\&\text{subject to: } \boldsymbol{v}^{\mathrm{T}}\boldsymbol{B}\boldsymbol{v}=1\end{aligned} \tag{18.37}$$

建構拉格朗日函式

$$L(\boldsymbol{v},\lambda)=\boldsymbol{v}^{\mathrm{T}}\boldsymbol{A}\boldsymbol{v}-\lambda\left(\boldsymbol{v}^{\mathrm{T}}\boldsymbol{B}\boldsymbol{v}-1\right) \tag{18.38}$$

$L(\boldsymbol{v}, \lambda)$ 對 $\boldsymbol{v}$ 偏導為 0，得到等式

$$\frac{\partial L(\boldsymbol{v},\lambda)}{\partial \boldsymbol{v}}=2\boldsymbol{A}\boldsymbol{v}-2\lambda\boldsymbol{B}\boldsymbol{v}=0 \tag{18.39}$$

整理得到

$$\boldsymbol{A}\boldsymbol{v}=\lambda\boldsymbol{B}\boldsymbol{v} \tag{18.40}$$

如果 $\boldsymbol{B}$ 可逆，式 (18.40) 相當於對 $\boldsymbol{B}^{-1}\boldsymbol{A}$ 進行特徵值分解。特別地，當 $\boldsymbol{B}=\boldsymbol{I}$ 時對應式 (18.32)。

第四個最佳化問題

給定最佳化問題為

$$\underset{x \neq 0}{\arg\max} \ \frac{\boldsymbol{x}^{\mathrm{T}} \boldsymbol{A} \boldsymbol{x}}{\boldsymbol{x}^{\mathrm{T}} \boldsymbol{B} \boldsymbol{x}} \tag{18.41}$$

式 (18.41) 實際上是瑞利商的一般式。這個最佳化問題等值於式 (18.37)。一般情況下，矩陣 $\boldsymbol{B}$ 為正定，這樣 $\boldsymbol{x} \neq \boldsymbol{0}$ 時，$\boldsymbol{x}^{\mathrm{T}}\boldsymbol{B}\boldsymbol{x} > 0$。

令

$$\boldsymbol{x} = \boldsymbol{B}^{\frac{-1}{2}} \boldsymbol{y} \tag{18.42}$$

代入式 (18.41) 中的目標函式，得到

$$\frac{\left(\boldsymbol{B}^{\frac{-1}{2}} \boldsymbol{y}\right)^{\mathrm{T}} \boldsymbol{A} \left(\boldsymbol{B}^{\frac{-1}{2}} \boldsymbol{y}\right)}{\left(\boldsymbol{B}^{\frac{-1}{2}} \boldsymbol{y}\right)^{\mathrm{T}} \boldsymbol{B} \left(\boldsymbol{B}^{\frac{-1}{2}} \boldsymbol{y}\right)} = \frac{\boldsymbol{y}^{\mathrm{T}} \boldsymbol{B}^{\frac{-1}{2}\mathrm{T}} \boldsymbol{A} \boldsymbol{B}^{\frac{-1}{2}} \boldsymbol{y}}{\boldsymbol{y}^{\mathrm{T}} \boldsymbol{y}} \tag{18.43}$$

如果 $\boldsymbol{B}$ 為正定矩陣，則 $\boldsymbol{B}$ 的特徵值分解可以寫成

$$\boldsymbol{B} = \boldsymbol{V} \boldsymbol{\Lambda} \boldsymbol{V}^{\mathrm{T}} \tag{18.44}$$

而 $\boldsymbol{B}^{\frac{-1}{2}}$ 為

$$\boldsymbol{B}^{\frac{-1}{2}} = \boldsymbol{V} \boldsymbol{\Lambda}^{\frac{-1}{2}} \boldsymbol{V}^{\mathrm{T}} \tag{18.45}$$

請大家自己將式 (18.45) 代入式 (18.43)，並完成推導。

第五個最佳化問題

給定最佳化問題

$$\begin{aligned} &\underset{\boldsymbol{v}}{\arg\min} \ \|\boldsymbol{A}\boldsymbol{v}\| \\ &\text{subject to: } \|\boldsymbol{v}\| = 1 \end{aligned} \tag{18.46}$$

式 (18.46) 也等值於

$$\begin{aligned}&\arg\min_{v} \ \boldsymbol{v}^{\mathrm{T}}\boldsymbol{A}^{\mathrm{T}}\boldsymbol{A}\boldsymbol{v}\\&\text{subject to: } \boldsymbol{v}^{\mathrm{T}}\boldsymbol{v}=1\end{aligned} \tag{18.47}$$

式 (18.46) 還等值於

$$\arg\min_{x\neq 0}\left(\frac{\|\boldsymbol{A}\boldsymbol{x}\|}{\|\boldsymbol{x}\|}\right)^2=\frac{\boldsymbol{x}^{\mathrm{T}}\boldsymbol{A}^{\mathrm{T}}\boldsymbol{A}\boldsymbol{x}}{\boldsymbol{x}^{\mathrm{T}}\boldsymbol{x}} \tag{18.48}$$

注意：$\boldsymbol{x}$ 不能是零向量 $\boldsymbol{0}$。

式 (18.4w5) 也等值於

$$\arg\min_{x\neq 0}\frac{\|\boldsymbol{A}\boldsymbol{x}\|}{\|\boldsymbol{x}\|} \tag{18.49}$$

式 (18.49) 中，對 $\boldsymbol{A}$ 是否為對稱矩陣沒有限制，因為 $\boldsymbol{A}^{\mathrm{T}}\boldsymbol{A}$ 為對稱矩陣。對 $\boldsymbol{A}^{\mathrm{T}}\boldsymbol{A}$ 進行特徵值分解，便可以解決這個最佳化問題。這個最佳化問題實際上就是我們本章後文要討論的 SVD 分解的最佳化角度。

18.7 再談 SVD：最佳化角度

本節從最佳化角度再討論 SVD 分解。

從投影說起

如圖 18.16 所示，資料矩陣 $\boldsymbol{X}$ 中任意行向量 $\boldsymbol{x}^{(i)}$ 在 $\boldsymbol{v}$ 上投影，得到純量投影結果為 $y^{(i)}$：

$$\boldsymbol{x}^{(i)}\boldsymbol{v}=y^{(i)} \tag{18.50}$$

其中：$\boldsymbol{v}$ 為單位向量。

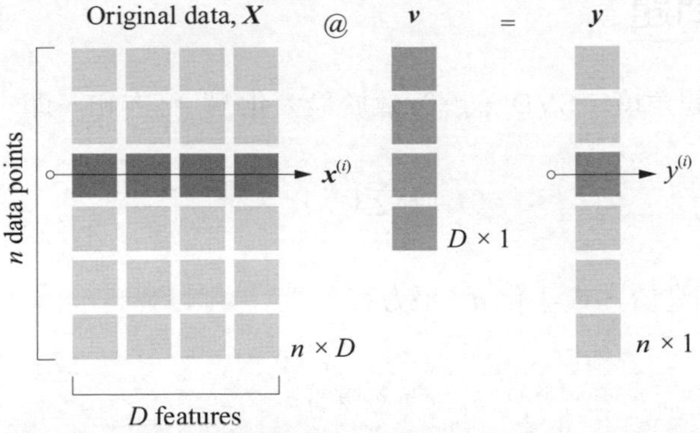

▲ 圖 18.16　資料矩陣 $\boldsymbol{X}$ 中任意行向量 $\boldsymbol{x}^{(i)}$ 在 $\boldsymbol{v}$ 上投影

如圖 18.17 所示，$y^{(i)}$ 就是 $\boldsymbol{x}^{(i)}$ 在 $\boldsymbol{v}$ 上的座標，$h^{(i)}$ 為 $\boldsymbol{x}^{(i)}$ 到 $\boldsymbol{v}$ 的距離。

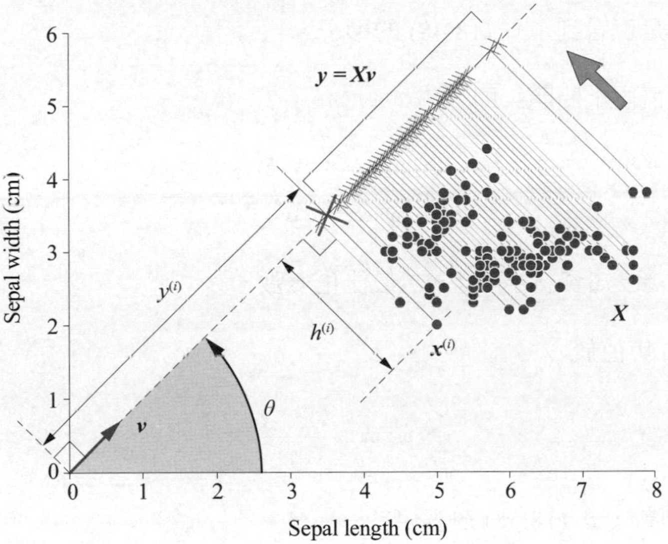

▲ 圖 18.17　$\boldsymbol{x}^{(i)}$ 在 $\boldsymbol{v}$ 上投影

整個資料矩陣 $\boldsymbol{X}$ 在 $\boldsymbol{v}$ 上投影得到向量 $\boldsymbol{y}$，有

$$\boldsymbol{X}\boldsymbol{v} = \boldsymbol{y} \tag{18.51}$$

資料矩陣 $\boldsymbol{X}$ 對應圖 18.17 中的小數點 ●，$\boldsymbol{y}$ 對應圖 18.17 中的叉 ×。

建構最佳化問題

從最佳化問題角度，SVD 分解等值於最大化 $y^{(i)}$ 平方和，即

$$\max_{v} \sum_{i=1}^{n} \left(y^{(i)}\right)^2 \tag{18.52}$$

式 (18.52) 相當於，最小化 $\boldsymbol{h}^{(i)}$ 平方和

$$\min \sum_{i=1}^{n} \left(h^{(i)}\right)^2 \tag{18.53}$$

而下面幾個式子等值，即

$$\sum_{i=1}^{n} \left(y^{(i)}\right)^2 = \|\boldsymbol{y}\|_2^2 = \boldsymbol{y}^{\mathrm{T}} \boldsymbol{y} = \left(\boldsymbol{X}\boldsymbol{v}\right)^{\mathrm{T}} \left(\boldsymbol{X}\boldsymbol{v}\right) = \boldsymbol{v}^{\mathrm{T}} \underbrace{\boldsymbol{X}^{\mathrm{T}}\boldsymbol{X}}_{\boldsymbol{G}} \boldsymbol{v} \tag{18.54}$$

這裡大家是否看到了式 (18.48) 的影子。

建構以下最佳化問題，即

$$\begin{aligned} \boldsymbol{v}_1 = \arg\max_{\boldsymbol{v}} \ & \boldsymbol{v}^{\mathrm{T}} \boldsymbol{X}^{\mathrm{T}} \boldsymbol{X} \boldsymbol{v} \\ \text{subject to: } & \boldsymbol{v}^{\mathrm{T}} \boldsymbol{v} = 1 \end{aligned} \tag{18.55}$$

其中：$\boldsymbol{X}$ 為已知資料矩陣；$\boldsymbol{v}$ 為最佳化變數。

式 (18.55) 等值於

$$\boldsymbol{v}_1 = \arg\max_{\boldsymbol{v}} \ \frac{\boldsymbol{v}^{\mathrm{T}} \boldsymbol{X}^{\mathrm{T}} \boldsymbol{X} \boldsymbol{v}}{\boldsymbol{v}^{\mathrm{T}} \boldsymbol{v}} \tag{18.56}$$

利用 L^2 範數，式 (18.55) 還等值於

$$\begin{aligned} \boldsymbol{v}_1 = \arg\max_{\boldsymbol{v}} \ & \|\boldsymbol{X}\boldsymbol{v}\| \\ \text{subject to: } & \|\boldsymbol{v}\| = 1 \end{aligned} \tag{18.57}$$

式 (18.55) 也等值於

$$\underset{x \neq \boldsymbol{0}}{\arg\max} \ \frac{\|\boldsymbol{X}\boldsymbol{x}\|}{\|\boldsymbol{x}\|} \tag{18.58}$$

其中：$\boldsymbol{x}$ 為最佳化變數。

對 $\boldsymbol{X}$ 進行奇異值分解得到的最大奇異值 s_1 滿足

$$s_1 = \|\boldsymbol{X}\boldsymbol{v}_1\| = \|\boldsymbol{y}_1\|_2 = \sqrt{\sum_{i=1}^{n}\left(y_1^{(i)}\right)^2} \tag{18.59}$$

其中：$\boldsymbol{X}\boldsymbol{v}_1 = \boldsymbol{y}_1$。也就是說，奇異值 s_1 代表 $\boldsymbol{X}$ 行向量在 $\boldsymbol{v}$ 方向上投影結果 $\boldsymbol{y}$ 的模的最大值。

格拉姆矩陣 $\boldsymbol{X}^{\mathrm{T}}\boldsymbol{X}$ 的最大特徵值 λ_1 滿足

$$\lambda_1 = s_1^2 = \|\boldsymbol{X}\boldsymbol{v}_1\|_2^2 = \|\boldsymbol{y}_1\|_2^2 = \sum_{i=1}^{n}\left(y_1^{(i)}\right)^2 \tag{18.60}$$

請大家格外注意理解這個最佳化角度，它闡釋了奇異值分解的核心內容。

順序求解其他右奇異向量

確定第一右奇異向量 $\boldsymbol{v}_1$ 之後，我們可以依次建構類似以下最佳化問題，求解其他右奇異向量，即

$$\begin{aligned} \boldsymbol{v}_2 = \underset{\boldsymbol{v}}{\arg\max} \ \|\boldsymbol{X}\boldsymbol{v}\| \\ \text{subject to: } \|\boldsymbol{v}\| = 1, \ \boldsymbol{v} \perp \boldsymbol{v}_1 \end{aligned} \tag{18.61}$$

式 (18.61) 等值於

$$\begin{aligned} \boldsymbol{v}_2 = \underset{\boldsymbol{v}}{\arg\max} \ \boldsymbol{v}^{\mathrm{T}}\boldsymbol{X}^{\mathrm{T}}\boldsymbol{X}\boldsymbol{v} \\ \text{subject to: } \|\boldsymbol{v}\| = 1, \ \boldsymbol{v} \perp \boldsymbol{v}_1 \end{aligned} \tag{18.62}$$

中心化資料

資料矩陣 $\boldsymbol{X}$ 中每一列資料 $\boldsymbol{x}_j$ 分別減去本列平均值可以得到中心化資料 $\boldsymbol{X}_c$。利用廣播原則，$\boldsymbol{X}$ 減去行向量 $\mathrm{E}(\boldsymbol{X})$ 得到 $\boldsymbol{X}_c$，有

$$\boldsymbol{X}_c = \boldsymbol{X} - \mathrm{E}(\boldsymbol{X}) \tag{18.63}$$

⚠ 特別強調：SVD 分解中心化資料 $\boldsymbol{X}_c$ 得到的結果一般不同於 SVD 分解原資料矩陣 $\boldsymbol{X}$。

如圖 18.18 所示，中心化資料 $\boldsymbol{X}_c$ 在 $\boldsymbol{v}$ 上投影得到向量 $\boldsymbol{y}_c$，有

$$\boldsymbol{X}_c \boldsymbol{v} = \boldsymbol{y}_c \tag{18.64}$$

圖 18.18 對應的最佳化問題為

$$\begin{gathered} \boldsymbol{v}_{c\_1} = \arg\max_{\boldsymbol{v}} \ \|\boldsymbol{X}_c \boldsymbol{v}\| \\ \text{subject to: } \|\boldsymbol{v}\| = 1 \end{gathered} \tag{18.65}$$

$\boldsymbol{X}_c$ 的最大奇異值 s_{c_1} 為

$$s_{c\_1} = \|\boldsymbol{X}_c \boldsymbol{v}_{c\_1}\| \tag{18.66}$$

也就是說，s_{c_1} 的平方為 $\boldsymbol{X}_c$ 所有點在 $\boldsymbol{v}_{c\_1}$ 方向上純量投影平方值之和的最大值，即

$$\begin{aligned} s_1^2 &= \|\boldsymbol{X}_c \boldsymbol{v}_{c\_1}\|_2^2 = \sum_{i=1}^{n} \left(y_c^{(i)}\right)^2 = \|\boldsymbol{y}_c\|_2^2 = \boldsymbol{y}_c^{\mathrm{T}} \boldsymbol{y}_c \\ &= \left(\boldsymbol{X}_c \boldsymbol{v}_{c\_1}\right)^{\mathrm{T}} \left(\boldsymbol{X}_c \boldsymbol{v}_{c\_1}\right) = \boldsymbol{v}_{c\_1}^{\mathrm{T}} \underbrace{\boldsymbol{X}_c^{\mathrm{T}} \boldsymbol{X}_c}_{(n-1)\boldsymbol{\Sigma}} \boldsymbol{v}_{c\_1} = (n-1) \boldsymbol{v}_{c\_1}^{\mathrm{T}} \boldsymbol{\Sigma} \boldsymbol{v}_{c\_1} \end{aligned} \tag{18.67}$$

相信大家已經注意到式 (18.67) 中的協方差矩陣。大家可能會對式 (18.67) 感到困惑，SVD 分解怎麼和協方差矩陣 $\boldsymbol{\Sigma}$ 扯到一起了呢？這是本書最後三章要回答的問題。

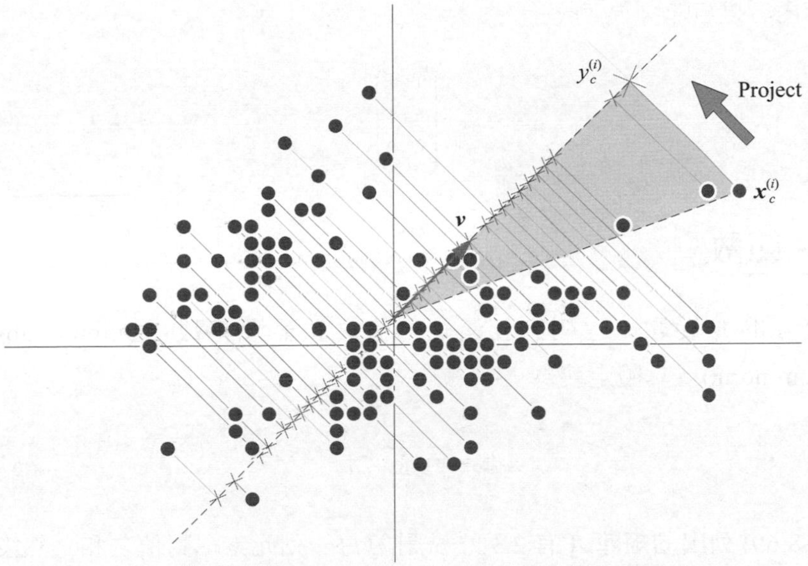

▲ 圖 18.18　中心化資料在 $\boldsymbol{v}$ 上投影

18.8 矩陣範數：矩陣→純量，矩陣「大小」

有了上一節的最佳化角度，本節要介紹幾種機器學習演算法中常用的**矩陣範數** (matrix norm)。矩陣範數相當於向量範數的推廣。本書第 3 章講過向量範數代表某種「距離」，計算向量範數是某種「向量 → 純量」的映射。

類似於向量範數，矩陣範數也是某種基於特定規則的「矩陣 → 純量」映射。矩陣範數也從不同角度度量了矩陣的「大小」。

矩陣 p- 範數

形狀為 $m \times n$ 矩陣 $\boldsymbol{A}$ 的 p- 範數定義為

$$\|\boldsymbol{A}\|_p = \max_{x \neq 0} \frac{\|\boldsymbol{Ax}\|_p}{\|\boldsymbol{x}\|_p} \tag{18.68}$$

大家是否已經看到類似於式 (18.49) 的形式。

本節內容以矩陣 $\boldsymbol{A}$ 為例，有

$$\boldsymbol{A}_{m\times n} = \begin{bmatrix} 0 & 1 \\ 1 & 1 \\ 1 & 0 \end{bmatrix}_{3\times 2} \tag{18.69}$$

矩陣 1- 範數

矩陣 $\boldsymbol{A}$ 的 1- 範數，也叫**列元素絕對值之和最大範數** (maximum absolute column sum norm)，具體定義為

$$\|\boldsymbol{A}\|_1 = \max_{1\leqslant j\leqslant n} \sum_{i=1}^{m} \left|a_{i,j}\right| \tag{18.70}$$

式 (18.69) 列出的矩陣 $\boldsymbol{A}$ 有 2 列，先計算每一列元素絕對值之和，然後再取出其中的最大值。這個最大值就是矩陣 $\boldsymbol{A}$ 的 1- 範數，即

$$\|\boldsymbol{A}\|_1 = \max(0+1+1, 1+1+0) = \max(2,2) = 2 \tag{18.71}$$

矩陣∞- 範數

矩陣 $\boldsymbol{A}$ 的∞- 範數，也叫**行元素絕對值之和最大範數** (maximum absolute row sum norm)，具體定義為

$$\|\boldsymbol{A}\|_\infty = \max_{1\leqslant i\leqslant m} \sum_{j=1}^{n} \left|a_{i,j}\right| \tag{18.72}$$

式 (18.69) 列出的矩陣 $\boldsymbol{A}$ 有 3 行，先計算每一行元素絕對值之和，然後再取出其中的最大值。這個最大值就是矩陣 $\boldsymbol{A}$ 的∞- 範數，即

$$\|\boldsymbol{A}\|_\infty = \max(0+1, 1+1, 1+0) = \max(1,2,1) = 2 \tag{18.73}$$

矩陣 2- 範數

矩陣 $\boldsymbol{A}$ 的 2- 範數就要用式 (18.49) 這個最佳化問題。矩陣 $\boldsymbol{A}$ 的 2- 範數具體定義為

$$\|A\|_2 = \max_{x \neq 0} \frac{\|Ax\|}{\|x\|} = s_1 = \sqrt{\lambda_1} \tag{18.74}$$

根據本章前文所講，$\|A\|_2$ 對應 A 奇異值分解中的最大奇異值 $s_1 = \sqrt{3}$。本書第 11 章手算過矩陣 A 的奇異值分解。

$\|A\|_2$ 也是 A 的格拉姆矩陣 ATA 特徵值分解中最大特徵值的平方根，即 $\sqrt{\lambda_1} = \sqrt{3}$。

矩陣 F- 範數

本節介紹的最後一個範數叫**弗羅貝尼烏斯範數** (Frobenius norm)，簡稱 F- 範數，對應定義為

$$\|A\|_F = \sqrt{\sum_{i=1}^{m}\sum_{j=1}^{n}\left|a_{i,j}\right|^2} \tag{18.75}$$

矩陣 A 的 F- 範數就是矩陣所有元素的平方和，再開方。

式 (18.69) 列出的矩陣 A 有 6 個元素，計算它們的平方和、再開方，就是 A 的 F- 範數，有

$$\|A\|_F = \sqrt{0^2 + 1^2 + 1^2 + 1^2 + 1^2 + 0^2} = \sqrt{4} = 2 \tag{18.76}$$

本書第 5 章介紹過矩陣 A 的所有元素平方和就是 A 的格拉姆矩陣的跡，即

$$\|A\|_F = \sqrt{\sum_{i=1}^{m}\sum_{j=1}^{n}\left|a_{i,j}\right|^2} = \sqrt{\operatorname{tr}\left(A^{\mathrm{T}}A\right)} \tag{18.77}$$

根據本書第 13 章介紹過矩陣的跡等於其特徵值之和，這樣我們又獲得了 F- 範數另一個計算方法，即

$$\|A\|_F = \sqrt{\sum_{i=1}^{m}\sum_{j=1}^{n}\left|a_{i,j}\right|^2} = \sqrt{\operatorname{tr}\left(A^{\mathrm{T}}A\right)} = \sqrt{\sum_{i=1}^{n}\lambda_i} \tag{18.78}$$

其中：$\sum_{i=1}^{n}\lambda_i$ 為 $\boldsymbol{A}^{\mathrm{T}}\boldsymbol{A}$ 的特徵值之和。$\boldsymbol{A}$ 的形狀為 $m\times n$，因此 $\boldsymbol{A}^{\mathrm{T}}\boldsymbol{A}$ 的形狀為 $n\times n$。所以，$\boldsymbol{A}^{\mathrm{T}}\boldsymbol{A}$ 有 n 個特徵值。一些教材會把 $\sum_{i=1}^{n}\lambda_i$ 求和上限寫成 min(m, n)，即

$$\|A\|_{\mathrm{F}} = \sqrt{\sum_{i=1}^{\min(m,n)} \lambda_i} \tag{18.79}$$

這是因為格拉姆矩陣 $\boldsymbol{A}^{\mathrm{T}}\boldsymbol{A}$ 的非 0 特徵值最多就有 min(m, n) 個。如果 $\boldsymbol{A}$ 非滿秩，則非 0 特徵值更少。式 (18.69) 列出矩陣 $\boldsymbol{A}$ 的格拉姆矩陣 $\boldsymbol{A}^{\mathrm{T}}\boldsymbol{A}$ 有兩個特徵值 1 和 3，由此計算 $\boldsymbol{A}$ 的 F- 範數為

$$\|A\|_{\mathrm{F}} = \sqrt{1+3} = \sqrt{4} = 2 \tag{18.80}$$

由於 $\boldsymbol{A}^{\mathrm{T}}\boldsymbol{A}$ 的特徵值和 $\boldsymbol{A}$ 的奇異值存在等式關係 $\lambda_i = s_i^2$，因此式 (18.78) 還可以寫成

$$\|A\|_{\mathrm{F}} = \sqrt{\sum_{i=1}^{m}\sum_{j=1}^{n}\left|a_{i,j}\right|^2} = \sqrt{\mathrm{tr}\left(A^{\mathrm{T}}A\right)} = \sqrt{\sum_{i=1}^{n}\lambda_i} = \sqrt{\sum_{i=1}^{n}s_i^2} \tag{18.81}$$

對比式 (18.74) 和式 (18.81)，顯然矩陣 $\boldsymbol{A}$ 的 2- 範數不大於 F- 範數，即

$$\|A\|_2 \leqslant \|A\|_{\mathrm{F}} \tag{18.82}$$

18.9 再談資料正交投影：最佳化角度

本章最後從最佳化角度再談談資料正交投影。

正交投影

鳶尾花資料集的前兩列建構了資料矩陣 $\boldsymbol{X}_{150\times 2}$。給定規範正交基底 $\boldsymbol{V} = [\boldsymbol{v}_1, \boldsymbol{v}_2]$，$\boldsymbol{v}_1$ 與橫軸正方向的夾角為 θ。

如圖 18.19 所示，$\boldsymbol{X}$ 在 $\boldsymbol{v}_1$ 方向的純量投影結果為 $\boldsymbol{y}_1 = \boldsymbol{X}\boldsymbol{v}_1$。$\boldsymbol{y}_1$ 為行數為 150 的列向量，$\boldsymbol{y}_1$ 相當於 $\boldsymbol{X}$ 在 $\boldsymbol{v}_1$ 方向的座標。

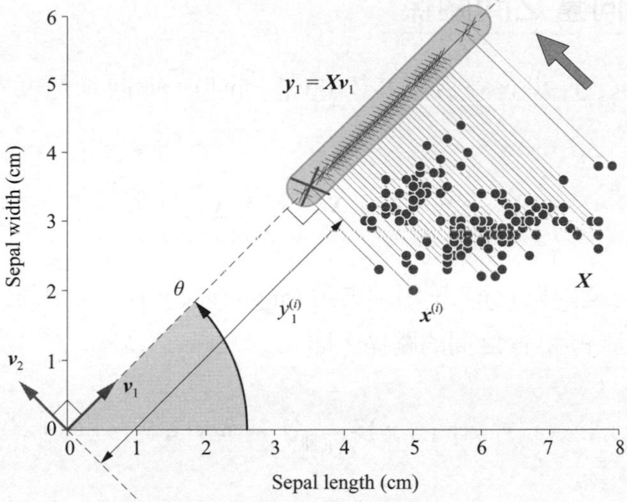

▲ 圖 18.19 X 在 v_1 上投影

如圖 18.20 所示，X 在 v_2 方向的純量投影結果為 $y_2 = Xv_2$，y_2 則是 X 在 v_2 方向的座標。

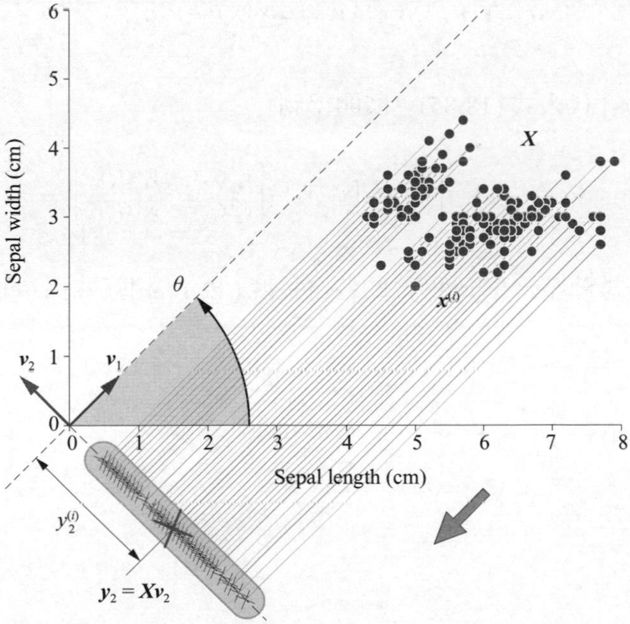

▲ 圖 18.20 X 在 v_2 上投影

向量特徵、向量之間關係

作為列向量，$\boldsymbol{y}_1$ 和 $\boldsymbol{y}_2$ 各自有其模 ($\|\boldsymbol{y}_1\|$、$\|\boldsymbol{y}_2\|$)，即向量長度。以 $\boldsymbol{y}_1$ 為例，$\|\boldsymbol{y}_1\|^2$ 寫成

$$\|\boldsymbol{y}_1\|_2^2 = \boldsymbol{y}_1^{\mathrm{T}}\boldsymbol{y}_1 = (\boldsymbol{X}\boldsymbol{v}_1)^{\mathrm{T}}\boldsymbol{X}\boldsymbol{v}_1 = \boldsymbol{v}_1^{\mathrm{T}}\underbrace{\boldsymbol{X}^{\mathrm{T}}\boldsymbol{X}}_{\boldsymbol{G}}\boldsymbol{v}_1 = \boldsymbol{v}_1^{\mathrm{T}}\boldsymbol{G}\boldsymbol{v}_1 \tag{18.83}$$

$\boldsymbol{y}_1$ 和 $\boldsymbol{y}_2$ 的向量內積 ($<\boldsymbol{y}_1, \boldsymbol{y}_2>$)、夾角 (angle($\boldsymbol{y}_1$, $\boldsymbol{y}_2$))、夾角的餘弦值 (cos($\boldsymbol{y}_1$, $\boldsymbol{y}_2$)) 可以用來度量 $\boldsymbol{y}_1$ 和 $\boldsymbol{y}_2$ 之間的關係，即

$$\langle \boldsymbol{y}_1, \boldsymbol{y}_2\rangle = \boldsymbol{y}_1\cdot\boldsymbol{y}_2 = \boldsymbol{y}_1^{\mathrm{T}}\boldsymbol{y}_2,\quad \cos(\boldsymbol{y}_1,\boldsymbol{y}_2) = \frac{\boldsymbol{y}_1\cdot\boldsymbol{y}_2}{\|\boldsymbol{y}_1\|\|\boldsymbol{y}_2\|},\quad \text{angle}(\boldsymbol{y}_1,\boldsymbol{y}_2) = \arccos\left(\frac{\boldsymbol{y}_1\cdot\boldsymbol{y}_2}{\|\boldsymbol{y}_1\|\|\boldsymbol{y}_2\|}\right) \tag{18.84}$$

觀察圖 18.19 和圖 18.20，不難發現 $\boldsymbol{y}_1$ 和 $\boldsymbol{y}_2$ 兩個列向量隨 θ 變化。也就是說，上述幾個量值都會隨著 θ 變化。有了變化，就會有最大值、最小值，這就進入了最佳化角度。

進一步，將 $\boldsymbol{y}_1$ 和 $\boldsymbol{y}_2$ 寫成 $\boldsymbol{Y} = [\boldsymbol{y}_1, \boldsymbol{y}_2] = \boldsymbol{X}\boldsymbol{V}$，$\boldsymbol{Y}$ 的格拉姆矩陣可以寫成

$$\boldsymbol{G}_Y = \boldsymbol{Y}^{\mathrm{T}}\boldsymbol{Y} = (\boldsymbol{X}\boldsymbol{V})^{\mathrm{T}}\boldsymbol{X}\boldsymbol{V} = \boldsymbol{V}^{\mathrm{T}}\underbrace{\boldsymbol{X}^{\mathrm{T}}\boldsymbol{X}}_{\boldsymbol{G}_X}\boldsymbol{V} = \boldsymbol{V}^{\mathrm{T}}\boldsymbol{G}_X\boldsymbol{V} \tag{18.85}$$

將 $\boldsymbol{V} = [\boldsymbol{v}_1, \boldsymbol{v}_2]$ 代入式 (18.85)，展開得到

$$\boldsymbol{G}_Y = \boldsymbol{V}^{\mathrm{T}}\boldsymbol{G}_X\boldsymbol{V} = \begin{bmatrix}\boldsymbol{v}_1^{\mathrm{T}}\\ \boldsymbol{v}_2^{\mathrm{T}}\end{bmatrix}\boldsymbol{G}_X\begin{bmatrix}\boldsymbol{v}_1 & \boldsymbol{v}_2\end{bmatrix} = \begin{bmatrix}\boldsymbol{v}_1^{\mathrm{T}}\boldsymbol{G}_X\boldsymbol{v}_1 & \boldsymbol{v}_1^{\mathrm{T}}\boldsymbol{G}_X\boldsymbol{v}_2\\ \boldsymbol{v}_2^{\mathrm{T}}\boldsymbol{G}_X\boldsymbol{v}_1 & \boldsymbol{v}_2^{\mathrm{T}}\boldsymbol{G}_X\boldsymbol{v}_2\end{bmatrix} \tag{18.86}$$

這個格拉姆矩陣整合了 $\boldsymbol{y}_1$ 和 $\boldsymbol{y}_2$ 的各自長度 (模)、相互關係 (向量相對夾角) 兩方面資訊。

統計角度

從統計角度來看，如圖 18.21 所示，資料矩陣 $\boldsymbol{X}$ 在規範正交基底 $[\boldsymbol{v}_1, \boldsymbol{v}_2]$ 投影的結果為 $\boldsymbol{y}_1$ 和 $\boldsymbol{y}_2$，它們無非就是兩列各自含有 150 個樣本資料的集合。

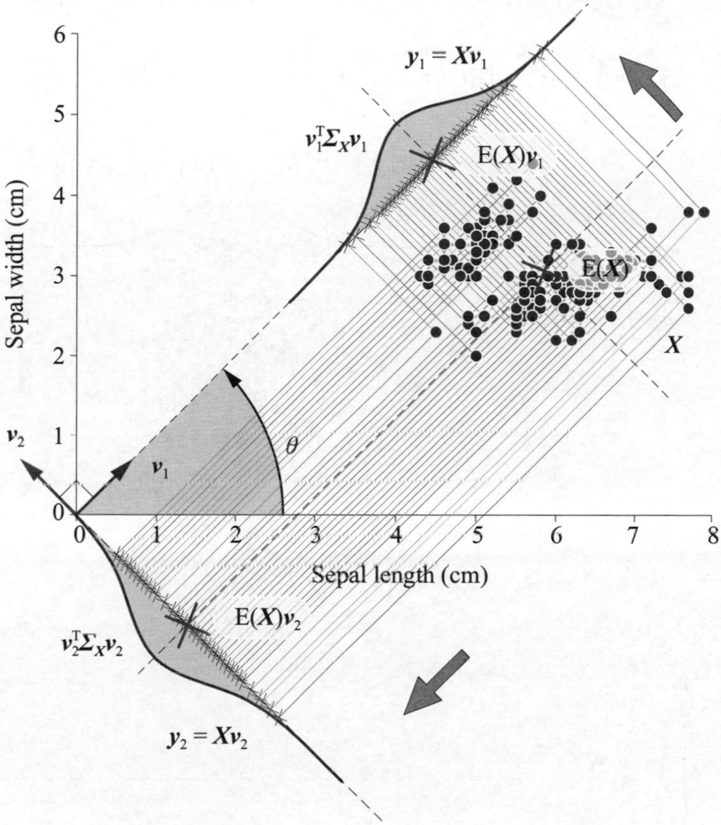

▲ 圖 18.21 $\boldsymbol{X}$ 在 $[\boldsymbol{v}_1, \boldsymbol{v}_2]$ 上投影，統計角度

$\boldsymbol{y}_1$ 和 $\boldsymbol{y}_2$ 肯定都有自己的統計量，如平均值 ($\mathrm{E}(\boldsymbol{y}_1)$、$\mathrm{E}(\boldsymbol{y}_2)$)、方差 ($\mathrm{var}(\boldsymbol{y}_1)$、$\mathrm{var}(\boldsymbol{y}_2)$)、標準差 ($\mathrm{std}(\boldsymbol{y}_1)$、$\mathrm{std}(\boldsymbol{y}_2)$)。而 $\boldsymbol{y}_1$ 和 $\boldsymbol{y}_2$ 之間也存在協方差 ($\mathrm{cov}(\boldsymbol{y}_1, \boldsymbol{y}_2)$)、相關性係數 ($\mathrm{corr}(\boldsymbol{y}_1, \boldsymbol{y}_2)$) 這兩個重要的統計量。

而上述統計度量值同樣隨著 θ 變化。圖 18.22 和圖 18.23 展示了一系列重要統計運算。

$\boldsymbol{y}_1$ 和 $\boldsymbol{y}_2$ 平均值 (期望值)E($\boldsymbol{y}_1$) 和 E($\boldsymbol{y}_2$) 為

$$\mathrm{E}(\boldsymbol{y}_1)=\mathrm{E}(\boldsymbol{X}\boldsymbol{v}_1)=\mathrm{E}(\boldsymbol{X})\boldsymbol{v}_1,\quad \mathrm{E}(\boldsymbol{y}_2)=\mathrm{E}(\boldsymbol{X}\boldsymbol{v}_2)=\mathrm{E}(\boldsymbol{X})\boldsymbol{v}_2 \tag{18.87}$$

這相當於資料質心 E($\boldsymbol{X}$) = [E($\boldsymbol{x}_1$), E($\boldsymbol{x}_2$)] 分別向 $\boldsymbol{v}_1$ 和 $\boldsymbol{v}_2$ 投影。

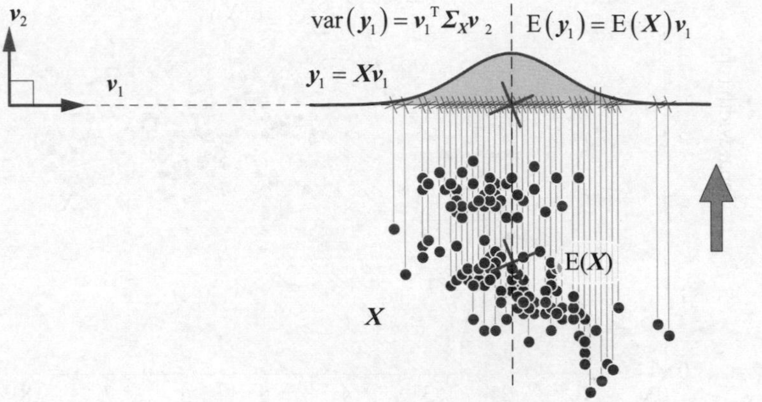

▲ 圖 18.22 $\boldsymbol{y}_1$ 的統計特徵

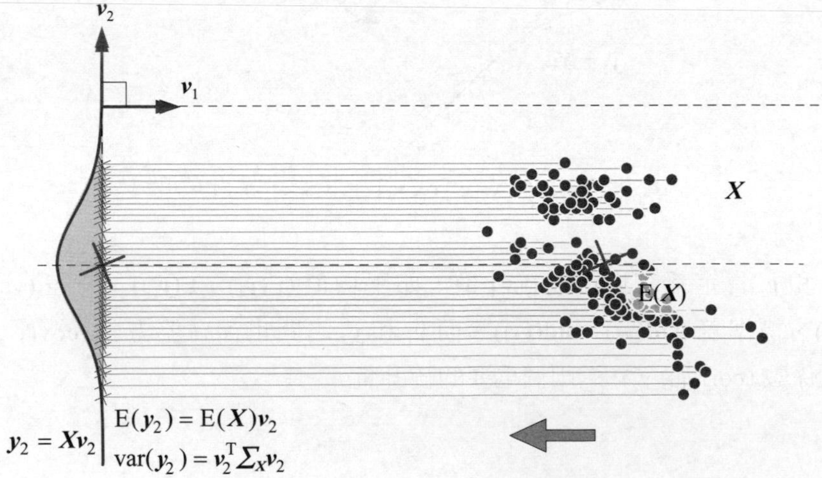

▲ 圖 18.23 $\boldsymbol{y}_2$ 的統計特徵

$\boldsymbol{y}_1$ 和 $\boldsymbol{y}_2$ 的方差 var($\boldsymbol{y}_1$) 和 var($\boldsymbol{y}_2$) 分別為

$$\operatorname{var}(\boldsymbol{y}_1) = \boldsymbol{v}_1^{\mathrm{T}} \boldsymbol{\Sigma}_X \boldsymbol{v}_1, \quad \operatorname{var}(\boldsymbol{y}_2) = \boldsymbol{v}_2^{\mathrm{T}} \boldsymbol{\Sigma}_X \boldsymbol{v}_2 \tag{18.88}$$

其中：Σ_X 為資料矩陣 $\boldsymbol{X}$ 的協方差矩陣。

$\boldsymbol{y}_1$ 和 $\boldsymbol{y}_2$ 的協方差分別為

$$\operatorname{cov}(\boldsymbol{y}_1, \boldsymbol{y}_2) = \boldsymbol{v}_1^{\mathrm{T}} \boldsymbol{\Sigma}_X \boldsymbol{v}_2 = \operatorname{cov}(\boldsymbol{y}_2, \boldsymbol{y}_1) = \boldsymbol{v}_2^{\mathrm{T}} \boldsymbol{\Sigma}_X \boldsymbol{v}_1 \tag{18.89}$$

特別地，將 $\boldsymbol{y}_1$ 和 $\boldsymbol{y}_2$ 寫成 $\boldsymbol{Y} = [\boldsymbol{y}_1, \boldsymbol{y}_2]$，$\boldsymbol{Y}$ 的協方差矩陣可以寫成

$$\boldsymbol{\Sigma}_Y = \begin{bmatrix} \operatorname{var}(\boldsymbol{y}_1) & \operatorname{cov}(\boldsymbol{y}_1, \boldsymbol{y}_2) \\ \operatorname{cov}(\boldsymbol{y}_2, \boldsymbol{y}_1) & \operatorname{var}(\boldsymbol{y}_2) \end{bmatrix} = \begin{bmatrix} \boldsymbol{v}_1^{\mathrm{T}} \boldsymbol{\Sigma}_X \boldsymbol{v}_1 & \boldsymbol{v}_1^{\mathrm{T}} \boldsymbol{\Sigma}_X \boldsymbol{v}_2 \\ \boldsymbol{v}_2^{\mathrm{T}} \boldsymbol{\Sigma}_X \boldsymbol{v}_1 & \boldsymbol{v}_2^{\mathrm{T}} \boldsymbol{\Sigma}_X \boldsymbol{v}_2 \end{bmatrix} = \begin{bmatrix} \boldsymbol{v}_1^{\mathrm{T}} \\ \boldsymbol{v}_2^{\mathrm{T}} \end{bmatrix} \boldsymbol{\Sigma}_X \begin{bmatrix} \boldsymbol{v}_1 & \boldsymbol{v}_2 \end{bmatrix} = \boldsymbol{V}^{\mathrm{T}} \boldsymbol{\Sigma}_X \boldsymbol{V} \tag{18.90}$$

比較式 (18.86) 和式 (18.90)，我們發現協方差矩陣和格拉姆矩陣存在大量相似性。本書最後三章和《AI 時代 Math 元年 - 用 Python 全精通統計及機率》一書還會繼續深入討論這一話題。

最佳化角度、連續變化

下面，我們用圖 18.24 這幅圖展示本節前文介紹的有關 $\boldsymbol{y}_1$ 和 $\boldsymbol{y}_2$ 各種量化指標隨 θ 的變化。大家可能已經發現，圖中部分曲線好像是三角函式，這難道是個巧合？《AI 時代 Math 元年 - 用 Python 全精通統計及機率》將回答這個問題。

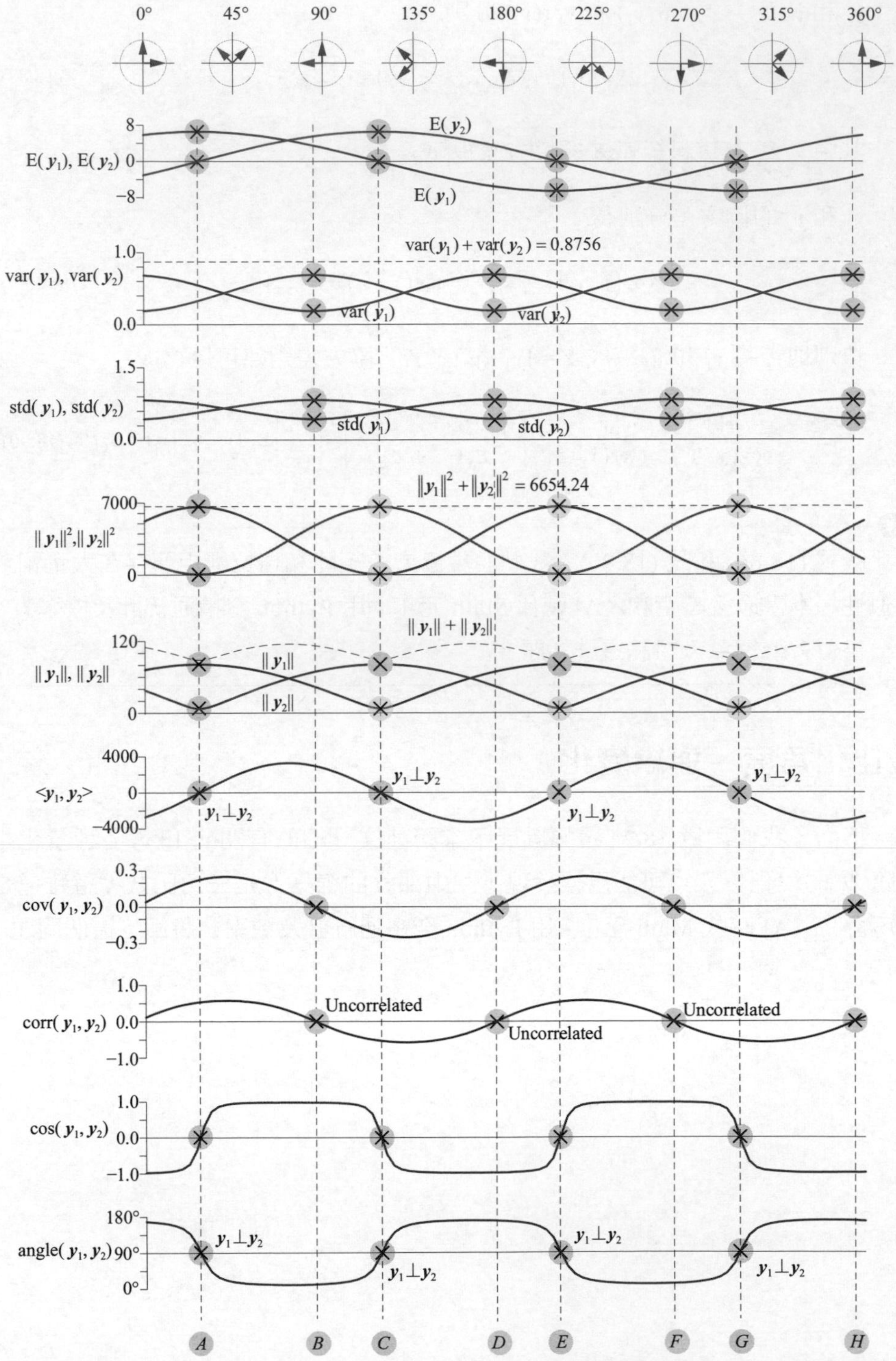

▲ 圖 18.24 $\boldsymbol{y}_1$ 和 $\boldsymbol{y}_2$ 各種量化關係隨 θ 變化

請大家注意圖 18.24 中兩組 θ 的位置 A、C、E、G 和 B、D、F、H。

當 θ 位於 A、C、E、G 時，$\|\boldsymbol{y}_1\|^2$ 和 $\|\boldsymbol{y}_2\|^2$ 取得極值，這四個位置對應 $\boldsymbol{y}_1$ 和 $\boldsymbol{y}_2$ 垂直，即 $\boldsymbol{y}_1 \perp \boldsymbol{y}_2$。特別值得注意的是，不管 θ 怎麼變，$\|\boldsymbol{y}_1\|^2$ 和 $\|\boldsymbol{y}_2\|^2$ 之和為定值，即

$$\|\boldsymbol{y}_1\|_2^2 + \|\boldsymbol{y}_2\|_2^2 = \boldsymbol{y}_1^{\mathrm{T}}\boldsymbol{y}_1 + \boldsymbol{y}_2^{\mathrm{T}}\boldsymbol{y}_2 = 6654.24 = \|\boldsymbol{x}_1\|_2^2 + \|\boldsymbol{x}_2\|_2^2 = \boldsymbol{x}_1^{\mathrm{T}}\boldsymbol{x}_1 + \boldsymbol{x}_2^{\mathrm{T}}\boldsymbol{x}_2 \tag{18.91}$$

這是因為矩陣跡的重要性質—tr($\boldsymbol{AB}$) = tr($\boldsymbol{BA}$)，即

$$\mathrm{tr}\left(\boldsymbol{G}_Y\right) = \mathrm{tr}\left(\boldsymbol{V}^{\mathrm{T}}\boldsymbol{G}_X\boldsymbol{V}\right) = \mathrm{tr}\left(\left(\boldsymbol{V}^{\mathrm{T}}\boldsymbol{G}_X\right)\boldsymbol{V}\right) = \mathrm{tr}\left(\underbrace{\boldsymbol{V}\boldsymbol{V}^{\mathrm{T}}}_{\boldsymbol{I}}\boldsymbol{G}_X\right) = \mathrm{tr}\left(\boldsymbol{G}_X\right) \tag{18.92}$$

$\boldsymbol{G}_Y$ 的跡為

$$\mathrm{tr}\left(\underbrace{\begin{bmatrix} \boldsymbol{y}_1^{\mathrm{T}}\boldsymbol{y}_1 & \boldsymbol{y}_1^{\mathrm{T}}\boldsymbol{y}_2 \\ \boldsymbol{y}_2^{\mathrm{T}}\boldsymbol{y}_1 & \boldsymbol{y}_2^{\mathrm{T}}\boldsymbol{y}_2 \end{bmatrix}}_{\boldsymbol{G}_Y}\right) = \boldsymbol{y}_1^{\mathrm{T}}\boldsymbol{y}_1 + \boldsymbol{y}_2^{\mathrm{T}}\boldsymbol{y}_2 = \|\boldsymbol{y}_1\|_2^2 + \|\boldsymbol{y}_2\|_2^2 \tag{18.93}$$

而 $\boldsymbol{G}_X$ 的跡為

$$\mathrm{tr}\left(\underbrace{\begin{bmatrix} \boldsymbol{x}_1^{\mathrm{T}}\boldsymbol{x}_1 & \boldsymbol{x}_1^{\mathrm{T}}\boldsymbol{x}_2 \\ \boldsymbol{x}_2^{\mathrm{T}}\boldsymbol{x}_1 & \boldsymbol{x}_2^{\mathrm{T}}\boldsymbol{x}_2 \end{bmatrix}}_{\boldsymbol{G}_X}\right) = \boldsymbol{x}_1^{\mathrm{T}}\boldsymbol{x}_1 + \boldsymbol{x}_2^{\mathrm{T}}\boldsymbol{x}_2 = \|\boldsymbol{x}_1\|_2^2 + \|\boldsymbol{x}_2\|_2^2 \tag{18.94}$$

特別地，如果式 (18.92) 中 $\boldsymbol{V}$ 來自特徵值分解，則式 (18.93) 等於 $\boldsymbol{G}_X$ 的兩個特徵值之和，即

$$\boldsymbol{y}_1^{\mathrm{T}}\boldsymbol{y}_1 + \boldsymbol{y}_2^{\mathrm{T}}\boldsymbol{y}_2 = \boldsymbol{x}_1^{\mathrm{T}}\boldsymbol{x}_1 + \boldsymbol{x}_2^{\mathrm{T}}\boldsymbol{x}_2 = \lambda_1 + \lambda_2 \tag{18.95}$$

當 θ 位於 B、D、F、H 時，var($\boldsymbol{y}_1$) 和 var($\boldsymbol{y}_2$) 取得極值，對應的 $\boldsymbol{y}_1$ 和 $\boldsymbol{y}_2$ 線性獨立，即相關性係數為 0，不同於 **y1** ⊥ **y2**。

同樣值得注意的是，不管 θ 怎麼變，var($\boldsymbol{y}_1$) 和 var($\boldsymbol{y}_2$) 之和為定值，即

$$\mathrm{var}\left(\boldsymbol{y}_1\right) + \mathrm{var}\left(\boldsymbol{y}_2\right) = 0.8756 \tag{18.96}$$

利用跡運算，同樣得出類似結論即

$$\operatorname{tr}(\boldsymbol{\Sigma}_Y) = \operatorname{tr}(\boldsymbol{V}^{\mathrm{T}}\boldsymbol{\Sigma}_X\boldsymbol{V}) = \operatorname{tr}((\boldsymbol{V}^{\mathrm{T}}\boldsymbol{\Sigma}_X)\boldsymbol{V}) = \operatorname{tr}(\underbrace{\boldsymbol{V}\boldsymbol{V}^{\mathrm{T}}}_{\boldsymbol{I}}\boldsymbol{\Sigma}_X) = \operatorname{tr}(\boldsymbol{\Sigma}_X) \tag{18.97}$$

Σ_Y 的跡為

$$\operatorname{tr}\left(\underbrace{\begin{bmatrix} \operatorname{var}(\boldsymbol{y}_1) & \operatorname{cov}(\boldsymbol{y}_1,\boldsymbol{y}_2) \\ \operatorname{cov}(\boldsymbol{y}_2,\boldsymbol{y}_1) & \operatorname{var}(\boldsymbol{y}_2) \end{bmatrix}}_{\boldsymbol{G}_Y}\right) = \operatorname{var}(\boldsymbol{y}_1) + \operatorname{var}(\boldsymbol{y}_2) \tag{18.98}$$

Σ_x 的跡為

$$\operatorname{tr}\left(\underbrace{\begin{bmatrix} \operatorname{var}(\boldsymbol{x}_1) & \operatorname{cov}(\boldsymbol{x}_1,\boldsymbol{x}_2) \\ \operatorname{cov}(\boldsymbol{x}_2,\boldsymbol{x}_1) & \operatorname{var}(\boldsymbol{x}_2) \end{bmatrix}}_{\boldsymbol{G}_X}\right) = \operatorname{var}(\boldsymbol{x}_1) + \operatorname{var}(\boldsymbol{x}_2) \tag{18.99}$$

也就是說

$$\operatorname{var}(\boldsymbol{y}_1) + \operatorname{var}(\boldsymbol{y}_2) = \operatorname{var}(\boldsymbol{x}_1) + \operatorname{var}(\boldsymbol{x}_2) = 0.8756 \tag{18.100}$$

這一點非常重要，大家將在主成分分析中看到它的應用。

➔

約束條件影響最佳化問題解的位置。拉格朗日乘子法可以把有約束最佳化問題轉化為無約束最佳化問題。本章分別從等式約束和不等式約束兩方面來展開。需要大家格外注意的是如何利用梯度向量理解拉格朗日乘子法；此外，對於不等式約束，KKT 條件中每個式子背後的數學思想是什麼？

本章又從最佳化角度深入討論了特徵值分解、SVD 分解。請大家特別注意，SVD 分解中，分解物件可以分別為原始資料矩陣、中心化資料矩陣，甚至是 Z 分數。它們的 SVD 分解結果有著很大差異。本書最後還會深入探討，請大家留意。

本章最後從最佳化角度回顧了資料正交投影，建立了向量和統計描述之間的關係，這是本書最後四章要涉及的話題。

四個重點，如圖 18.25 所示。

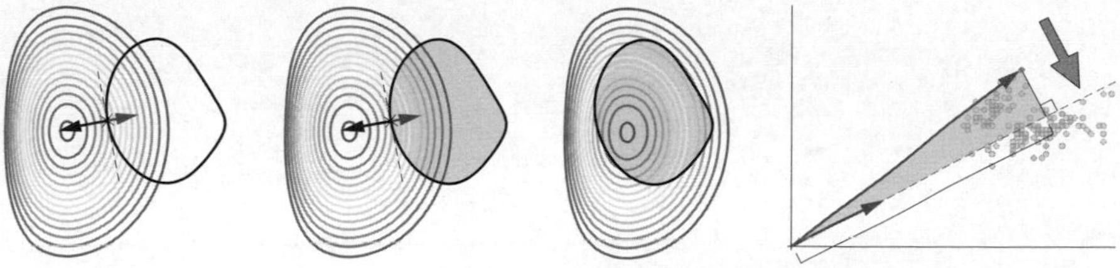

▲ 圖 18.25　總結本章重要內容的四幅圖

Section *06*

空間幾何

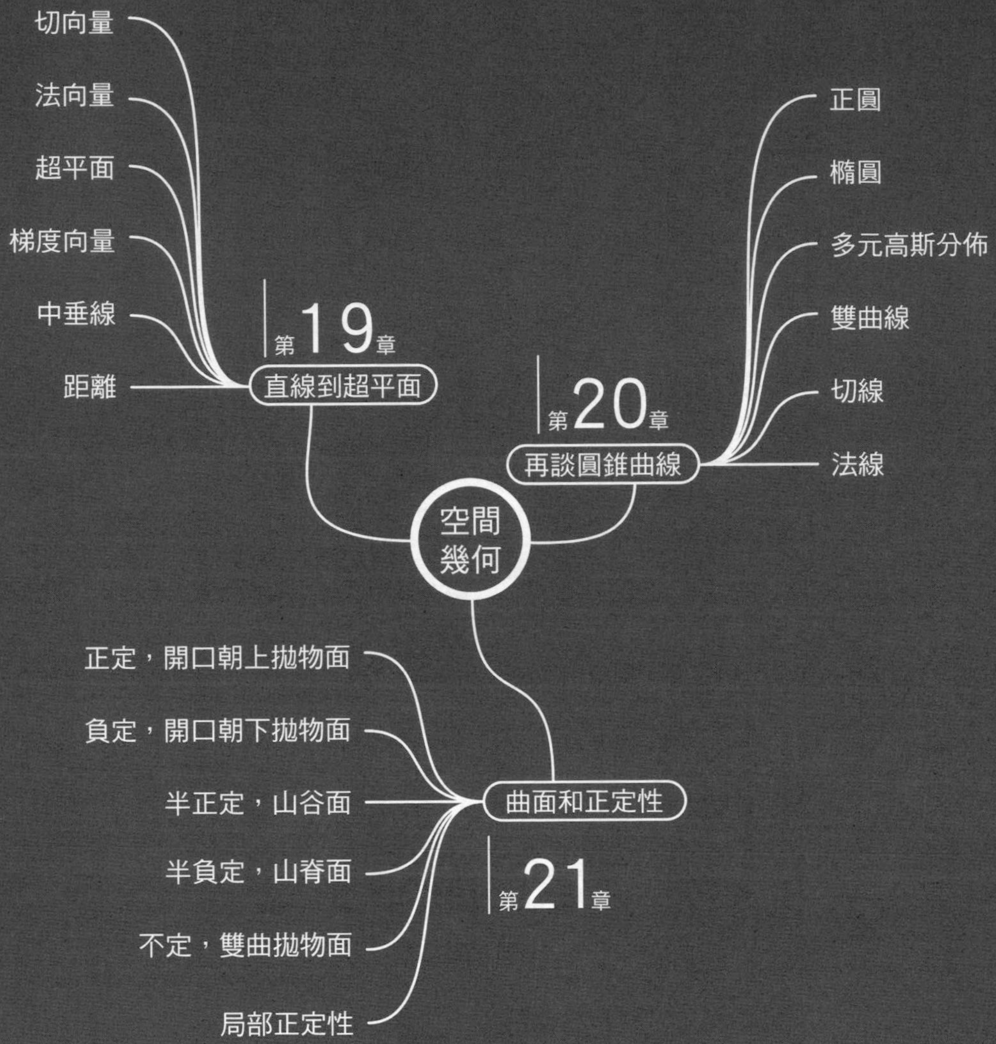
空間幾何
第19章
直線到超平面
切向量
法向量
超平面
梯度向量
中垂線
距離
第20章
再談圓錐曲線
正圓
橢圓
多元高斯分佈
雙曲線
切線
法線
第21章
曲面和正定性
正定，開口朝上拋物面
負定，開口朝下拋物面
半正定，山谷面
半負定，山脊面
不定，雙曲拋物面
局部正定性

學習地圖 | 第6版塊

From Lines to Hyperplanes

19 直線到超平面

用線性代數工具分析直線、平面和超平面

古人說，算數和幾何是數學的雙翼。而我認為，算術和幾何是任何量化科學的基礎和精髓。不僅如此，它們還是壓頂石。任何科學的結果都需要用數字或幾何圖形來表達。將結果轉化為數字，需要借助算術；將結果轉化為圖形，需要借助幾何。

An ancient writer said that arithmetic and geometry are the wings of mathematics; I believe one can say without speaking metaphorically that these two sciences are the foundation and essence of all the sciences which deal with quantity. Not only are they the foundation, they are also, as it were, the capstones; for, whenever a result has been arrived at, in order to use that result, it is necessary to translate it into numbers or into lines; to translate it into numbers requires the aid of arithmetic, to translate it into lines necessitates the use of geometry.

—— 約瑟夫・拉格朗日（*Joseph Lagrange*）法國籍義大利裔數學家和天文學家 | *1736 —1813*

- matplotlib.pyplot.contour() 繪製等高線圖
- matplotlib.pyplot.quiver() 繪製箭頭圖
- numpy.meshgrid() 產生網格化資料
- numpy.ones_like() 用來生成和輸入矩陣形狀相同的全 1 矩陣
- subs() 完成符號代數式中替換
- sympy.abc import x 定義符號變數 x
- sympy.diff() 求解符號函式導數和偏導解析式
- sympy.evalf() 將符號解析式中未知量替換為具體數值
- sympy.lambdify() 將符號運算式轉化為函式
- sympy.plot_implicit() 繪製隱函式方程式
- sympy.simplify() 簡化代數式
- sympy.symbols() 定義符號變數

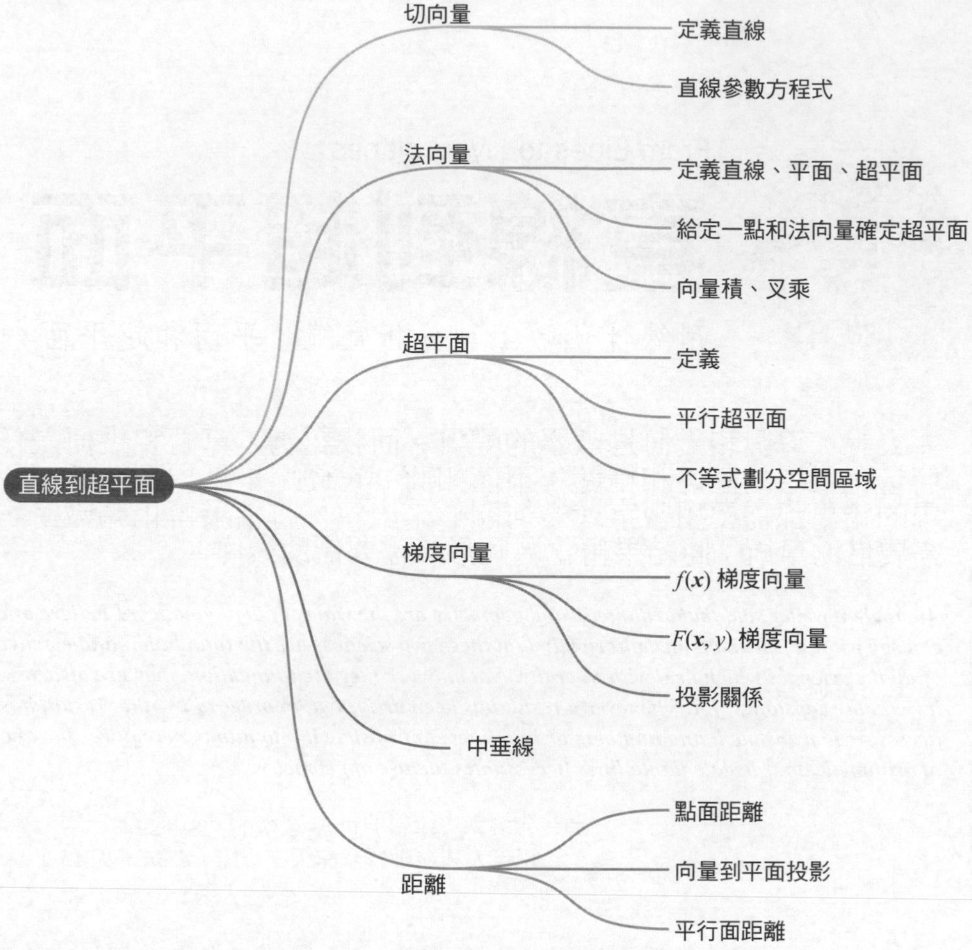

19.1 切向量：可以用來定義直線

至此，我們已經掌握大量的線性代數運算工具。向量天然具備幾何屬性，這使得線性代數與幾何之間的聯繫顯而易見。本書前文利用幾何角度幫助我們視覺化重要的線性代數工具，讓許多枯燥的概念和運算變得栩栩如生。

《AI 時代 Math 元年 - 用 Python 全精通數學要素》一書介紹了大量的平面解析幾何、立體幾何知識，而線性代數工具可以將這些知識從二維、三維延伸到更高維度，如將直線的概念延伸到超平面，再如將橢圓擴展到橢球。包括本章在內的接下來三章則利用線性代數工具講解資料科學以及機器學習中常見的幾何知識。

切向量

如圖 19.1(a) 所示，直線上任意一點的**切向量** (tangent vector) 與直線重合。

圖 19.1(b) 中，曲線上任意一點處的切向量是曲線該點處切線方向上的向量。

如圖 19.1(c) 所示，三維空間平面上某點處的切線有無數條，它們都在同一個平面內。

同樣，如圖 19.1(d) 所示，光滑曲面某點的切線有無數條，這些切線都在曲面上該點切平面內。也可以說，這些切線建構該切平面。換個角度思考，有了切平面內的任意兩個向量，若兩者不平行，就可以確定切平面。

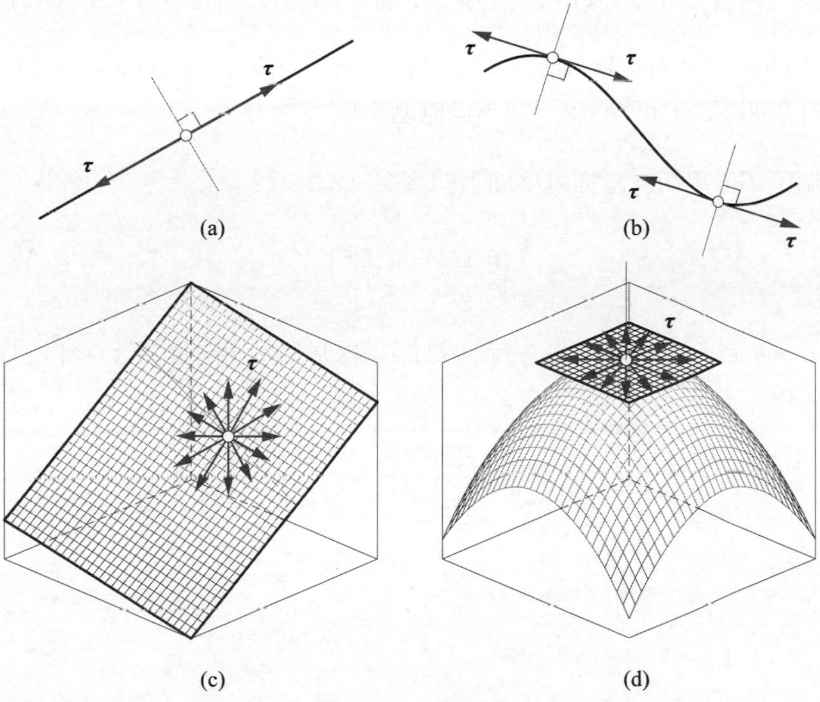

▲ 圖 19.1　直線、平面和光滑曲面切向量

本書一般用 τ 代表切向量。**單位切向量** (unit tangent vector) $\hat{\tau}$ 透過向量 τ 單位化獲得，即

$$\hat{\boldsymbol{\tau}} = \frac{\boldsymbol{\tau}}{\|\boldsymbol{\tau}\|} \tag{19.1}$$

單位切向量 $\hat{\tau}$ 的模為 1。

描述平面直線

切向量可以用於描述直線。給定空間一點 $\boldsymbol{c}$ 和直線的切向量 τ 便可以確定一條直線，即

$$\boldsymbol{x} = k\boldsymbol{\tau} + \boldsymbol{c} \tag{19.2}$$

其中：k 為任意實數，相當於縮放係數。

從幾何角度思考，式 (19.2) 實際上是前文介紹的「縮放 (k) + 平移 ($\boldsymbol{c}$)」。

從空間角度來看，$k\tau$ 通過原點，$k\tau$ 等值於向量空間 span(τ)。而 $k\tau$ $+\boldsymbol{c}$ 則是仿射空間，$\boldsymbol{c} \neq 0$ 時，$k\tau$ $+\boldsymbol{c}$ 不過原點。

舉個例子，用切向量描述平面上的直線

$$\begin{bmatrix} x_1 \\ x_2 \end{bmatrix} = k\begin{bmatrix} \tau_1 \\ \tau_2 \end{bmatrix} + \begin{bmatrix} c_1 \\ c_2 \end{bmatrix} \tag{19.3}$$

當 $\boldsymbol{c} = \boldsymbol{0}$ 時，如圖 19.2(a) 所示，這條穿越原點、切向量為 $\tau = [4, 3]^{\mathrm{T}}$ 的直線可以寫作

$$\begin{bmatrix} x_1 \\ x_2 \end{bmatrix} = k\begin{bmatrix} 4 \\ 3 \end{bmatrix} \tag{19.4}$$

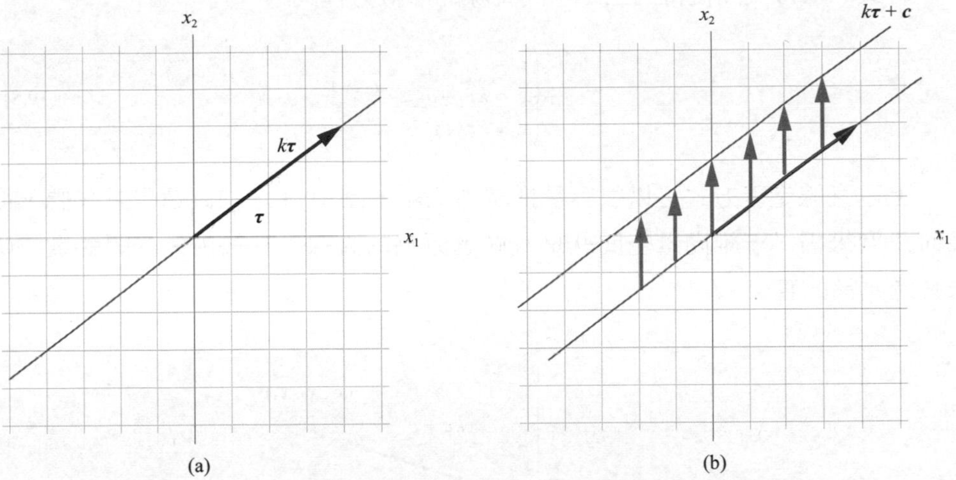

▲ 圖 19.2　用切向量定義平面直線

如圖 19.1(b) 所示，式 (19.4) 直線向上平移 $\boldsymbol{c} = [0, 2]^{\mathrm{T}}$，得到直線

$$\begin{bmatrix} x_1 \\ x_2 \end{bmatrix} = k \begin{bmatrix} 4 \\ 3 \end{bmatrix} + \begin{bmatrix} 0 \\ 2 \end{bmatrix} \tag{19.5}$$

將式 (19.5) 展開得到平面直線的參數方程式為

$$\begin{cases} x_1 = 4k \\ x_2 = 3k + 2 \end{cases} \tag{19.6}$$

用式 (19.3) 這種方式定義平面直線的好處是，切向量可以指向任意方向，如水平方向 $[2, 0]^{\mathrm{T}}$、豎直方向 $[0, -1]^{\mathrm{T}}$。

描述三維空間直線

同理，如圖 19.3 所示，給定切向量和直線透過的一點 $\boldsymbol{c}$，便可以定義一條三維空間直線，即

$$\begin{bmatrix} x_1 \\ x_2 \\ x_3 \end{bmatrix} = k \begin{bmatrix} \tau_1 \\ \tau_2 \\ \tau_3 \end{bmatrix} + \begin{bmatrix} c_1 \\ c_3 \\ c_3 \end{bmatrix} \tag{19.7}$$

將式 (19.7) 展開便得到三維空間直線的參數方程式為

$$\begin{cases} x_1 = k\tau_1 + c_1 \\ x_2 = k\tau_2 + c_2 \\ x_3 = k\tau_3 + c_3 \end{cases} \tag{19.8}$$

上述直線定義方式可以很容易推廣到高維。圖 19.3 這幅圖還告訴我們，從幾何角度來看，一維向量空間就是一條過原點的直線；一維仿射空間就是一條未必過原點的直線。

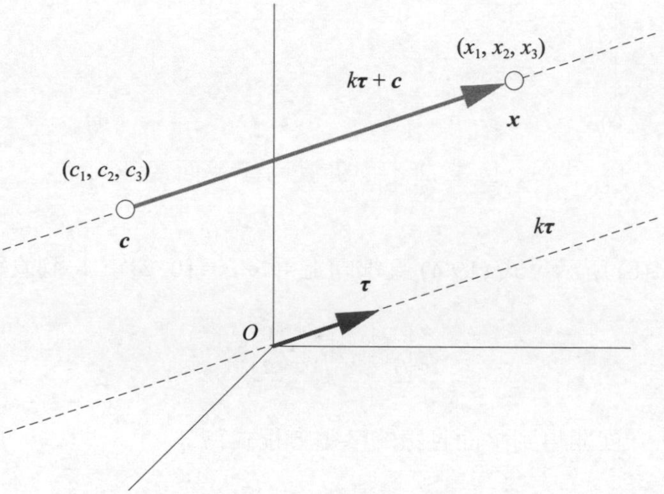

▲ 圖 19.3 空間直線定義

19.2 法向量：定義直線、平面、超平面

本書系常用法向量定義直線、平面，甚至**超平面** (hyperplane)。

直線的**法向量** (normal vector) 為垂直於直線的非零向量，如圖 19.4(a) 所示。

如圖 19.4(b) 所示，光滑曲線某點的法向量垂直於曲線該點切線。

如圖 19.4(c) 所示，**平面法向量** (a normal line to a surface) 垂直於平面內的任意直線。

光滑連續曲面某點法向量為曲面該點處**切平面** (tangent plane) 的法向量，如圖 19.4(d) 所示。

本章用 $\boldsymbol{n}$ 或 $\boldsymbol{w}$ 代表法向量。非零法向量 $\boldsymbol{n}$ 的**單位法向量** (unit normal vector) $\hat{\boldsymbol{n}}$ 透過單位化獲得，即

$$\hat{\boldsymbol{n}} = \frac{\boldsymbol{n}}{\|\boldsymbol{n}\|} \tag{19.9}$$

同樣，單位法向量 $\hat{\boldsymbol{n}}$ 的模為 1。

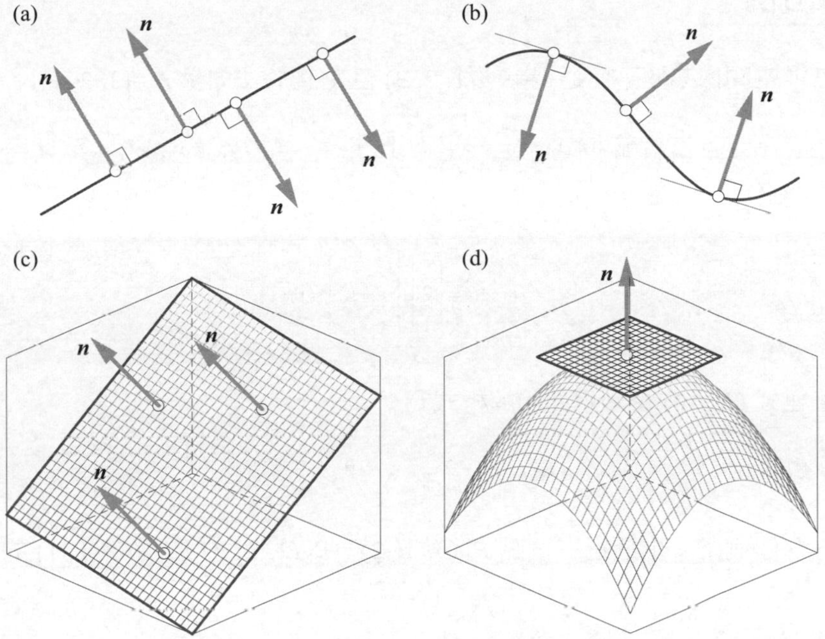

▲ 圖 19.4　直線、平面和光滑曲面法向量

描述三維空間平面

如圖 19.5 所示，過空間一點與已知直線相垂直的平面唯一。從向量角度來看，給定平面上一點和平面法向量 $\boldsymbol{n}$，可以確定一個平面。

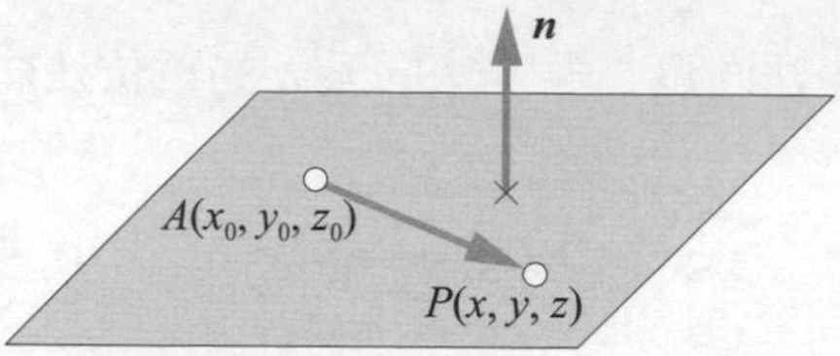

▲ 圖 19.5 空間平面定義

舉兩個例子

三維空間內某個平面通過點 $A(1, 2, 3)$ 且垂直於法向量 $\boldsymbol{n} = [3, 2, 1]^{T}$。

為了確定該直線解析式，定義平面上任意一點 $P(x_1, x_2, x_3)$，點 A 與 P 確定的向量垂直於法向量 $\boldsymbol{n}$，所以有

$$\boldsymbol{n} \cdot \overrightarrow{AP} = \begin{bmatrix} 3 \\ 2 \\ 1 \end{bmatrix} \cdot \begin{bmatrix} x_1 - 1 \\ x_2 - 2 \\ x_3 - 3 \end{bmatrix} = 0 \tag{19.10}$$

整理式 (19.10) 得到平面的解析式為

$$3x_1 + 2x_2 + x_3 - 10 = 0 \tag{19.11}$$

再舉個例子，求透過三個點 P_1 (3, 1, 2)，P_2 (1, 2, 3)，P_3 (4, -1, 1) 的平面解析式。

$\boldsymbol{a}$ 是起點為 P_1 終點為 P_2 的向量，$\boldsymbol{b}$ 是起點為 P_1 終點為 P_3 的向量。用列向量來寫，$\boldsymbol{a}$ 和 $\boldsymbol{b}$ 分別為

$$\boldsymbol{a} = \begin{bmatrix} -2 \\ 1 \\ 1 \end{bmatrix}, \quad \boldsymbol{b} = \begin{bmatrix} 1 \\ -2 \\ -1 \end{bmatrix} \tag{19.12}$$

向量 $\boldsymbol{a}$ 和 $\boldsymbol{b}$ 的向量積，即 $\boldsymbol{a}\times\boldsymbol{b}$ 的結果為

$$\boldsymbol{a}\times\boldsymbol{b}=\begin{bmatrix}1\\-1\\3\end{bmatrix} \tag{19.13}$$

如圖 19.6 所示，$\boldsymbol{a}\times\boldsymbol{b}$ 便是平面法向量 $\boldsymbol{n}$。

有了法向量 $\boldsymbol{n}$，僅需要平面任意一點便可以確定平面解析式。利用 P_1 和法向量 $\boldsymbol{n}$ 可以得到平面解析式

$$x_1 - x_2 + 3x_3 - 8 = 0 \tag{19.14}$$

$P_1(3, 1, 2)$，$P_2(1, 2, 3)$，$P_3(4, -1, 1)$ 三點都在這 個平面上，請大家自行驗證。

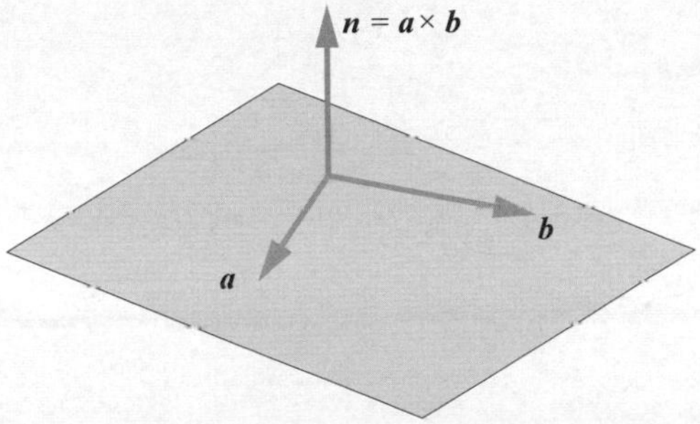

▲ 圖 19.6　向量叉乘為平面法向量

19.3 超平面：一維直線和二維平面的推廣

本節將上一節的平面擴展到多維空間中的超平面。

超平面

D 維**超平面**的定義為

$$\boldsymbol{w}^{\mathrm{T}}\boldsymbol{x}+b=0 \tag{19.15}$$

> 注意：式 (19.15) 中，列向量 $\boldsymbol{w}$ 和 $\boldsymbol{x}$ 行數均為 D。

其中

$$\boldsymbol{w} = \begin{bmatrix} w_1 \\ w_2 \\ \vdots \\ w_D \end{bmatrix}, \quad \boldsymbol{x} = \begin{bmatrix} x_1 \\ x_2 \\ \vdots \\ x_D \end{bmatrix} \tag{19.16}$$

其中：$\boldsymbol{w}$ 為超平面法向量，形式為列向量。$D > 3$ 對應超平面，超平面是直線、平面推廣到多維空間得到的數學概念。

式 (19.15) 也可以透過內積方式表達，即

$$\boldsymbol{w} \cdot \boldsymbol{x} + b = 0 \tag{19.17}$$

展開式 (19.15) 得到

$$w_1 x_1 + w_2 x_2 + \cdots + w_D x_D + b = 0 \tag{19.18}$$

D = 2

特別地，$D = 2$ 時，對應的平面直線解析式為

$$w_1 x_1 + w_2 x_2 + b = 0 \tag{19.19}$$

式 (19.19) 不止表達類似於一次函式的直線。$w_1 = 0$ 時，式 (19.19) 表達平行於橫軸的直線，類似於常數函式直線，如圖 19.7(b) 所示。$w_2 = 0$ 時，式 (19.19) 為垂直橫軸直線，這顯然不是函式影像，如圖 19.7(c) 所示。二維直角座標系中，法向量 $\boldsymbol{w}$ 垂直於直線。

D = 3

$D = 3$ 時，式 (19.17) 對應的三維空間平面為

$$w_1 x_1 + w_2 x_2 + w_3 x_3 + b = 0 \tag{19.20}$$

圖 19.7 所示為上述幾種幾何圖形。空間中，如圖 19.7(d) 所示，法向量 $\boldsymbol{w}$ 垂直於平面或超平面。

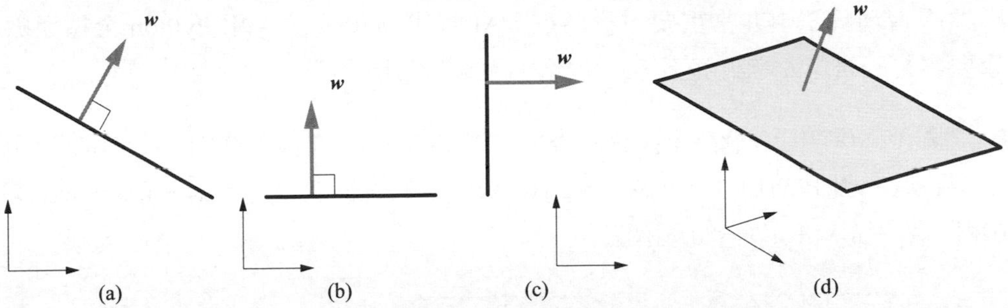

▲ 圖 19.7　幾種特殊形態的直線、平面

超平面關係

如果兩個超平面平行，則法向量平行。如果兩個超平面垂直，則法向量垂直，即內積為 0。式 (19.19) 中 b 取不同值時，代表一系列平行直線，如圖 19.8(a) 所示。

而式 (19.20) 中 b 取不同值時則獲得一系列平行平面，如圖 19.8(b) 所示。

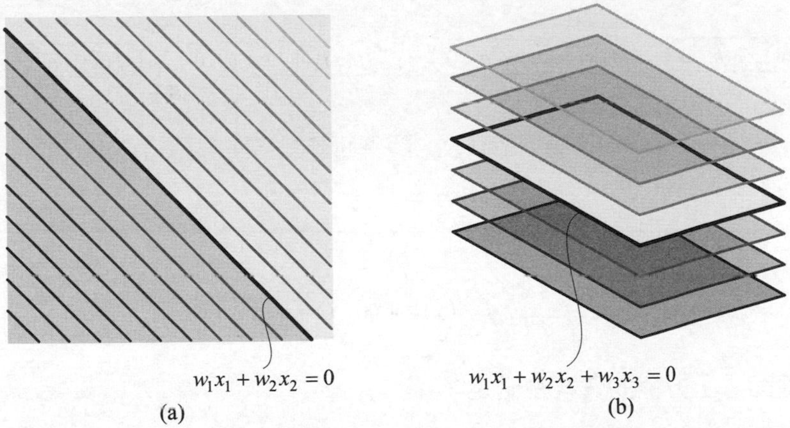

▲ 圖 19.8　平行直線和平行平面

劃定區域

此外，某個確定的超平面解析式 $\boldsymbol{w}^{\mathrm{T}}\boldsymbol{x} + b = 0$ 可以劃分空間區域。這一點在機器學習演算法中非常重要。我們在《AI 時代 Math 元年 - 用 Python 全精通數學要素》一書第 6 章講解不等式時探討過這一話題。

圖 19.9(a) 中，$w_1x_1 + w_2x_2 = 0$ 將平面劃分為 $w_1x_1 + w_2x_2 > 0$ 和 $w_1x_1 + w_2x_2 < 0$ 兩個區域。圖 19.9(b) 中，$w_1x_1 + w_2x_2 + w_3x_3 = 0$ 將空間劃分為 $w_1x_1 + w_2x_2 + w_3x_3 > 0$ 和 $w_1x_1 + w_2x_2 + w_3x_3 < 0$ 兩個區域。

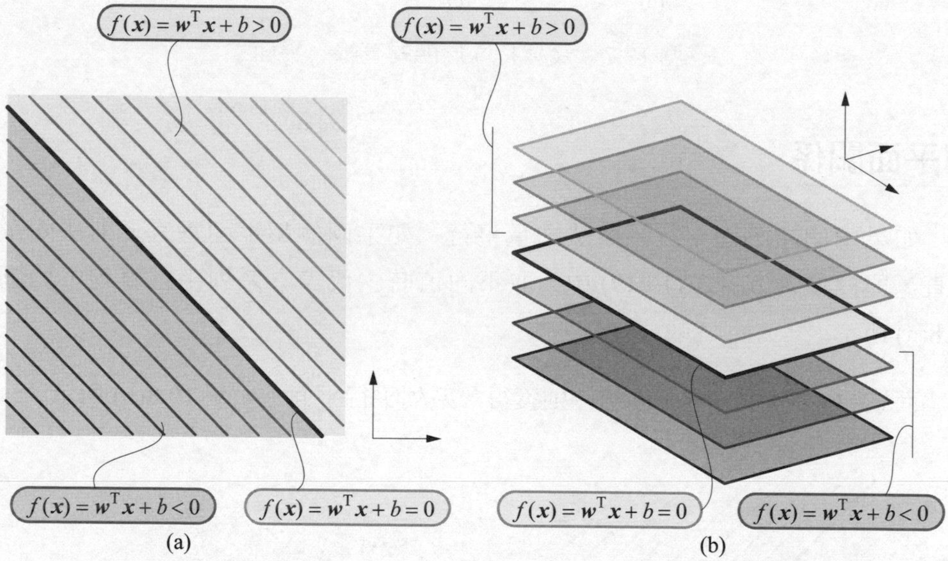

▲ 圖 19.9 超平面分割空間

定義多元一次函式

$$f(\boldsymbol{x}) = \boldsymbol{w}^{\mathrm{T}}\boldsymbol{x} + b \tag{19.21}$$

超平面「上方」的資料點滿足

$$f(\boldsymbol{x}) = \boldsymbol{w}^{\mathrm{T}}\boldsymbol{x} + b > 0 \tag{19.22}$$

展開式 (19.22) 得到

$$w_1x_1 + w_2x_2 + \cdots + w_Dx_D + b > 0 \tag{19.23}$$

超平面「下方」的資料點滿足

$$f(\boldsymbol{x}) = \boldsymbol{w}^{\mathrm{T}}\boldsymbol{x} + b < 0 \tag{19.24}$$

展開式 (19.24) 得到

$$w_1x_1 + w_2x_2 + \cdots + w_Dx_D + b < 0 \tag{19.25}$$

⚠ 注意：這裡所說的「上方」和「下方」僅是方便大家理解。更準確地說，以式 (19.15) 中以 $f(\boldsymbol{x}) = 0$ 為基准，「上方」對應 $f(\boldsymbol{x}) > 0$，「下方」對應 $f(\boldsymbol{x}) < 0$。

在機器學習中，類似圖 19.9 中造成劃分空間作用的超平面，常常被稱為**決策平面** (decision surface) 或**決策邊界** (decision boundary)。實際應用時，決策平面、決策邊界可以是線性的，也可以是非線性的。

19.4 平面與梯度向量

本節將超平面和函式聯繫在一起，並用梯度向量來進一步分析超平面。

建構多元一次函式

$$f(\boldsymbol{x}) = \boldsymbol{w}^{\mathrm{T}}\boldsymbol{x} + b \tag{19.26}$$

$f(\boldsymbol{x}) = 0$ 對應的便是式 (19.15) 所示超平面的解析式。$f(\boldsymbol{x}) = c$ 時，相當於式 (19.15) 所示超平面平行移動。

$f(\boldsymbol{x})$ 函式的梯度向量為

$$\nabla f(\boldsymbol{x}) = \begin{bmatrix} \frac{\partial f}{\partial x_1} \\ \frac{\partial f}{\partial x_2} \\ \vdots \\ \frac{\partial f}{\partial x_D} \end{bmatrix} = \boldsymbol{w} \tag{19.27}$$

相信大家已經發現 $f(\boldsymbol{x})$ 函式的梯度向量 $\boldsymbol{w}$ 便是式 (19.15) 列出的超平面的法向量。

建構新函式

令 $y = f(\boldsymbol{x})$，建構 $D + 1$ 元函式 $F(\boldsymbol{x}, y)$

$$F(\boldsymbol{x}, y) = \boldsymbol{w}^{\mathrm{T}}\boldsymbol{x} + b - y \tag{19.28}$$

$F(\boldsymbol{x}, y) = 0$ 相當於降維，得到式 (19.26)。

$F(\boldsymbol{x}, y)$ 函式的梯度向量為

$$\nabla F(\boldsymbol{x}, y) = \begin{bmatrix} \frac{\partial F}{\partial x_1} \\ \frac{\partial F}{\partial x_2} \\ \vdots \\ \frac{\partial F}{\partial x_D} \\ \frac{\partial F}{\partial y} \end{bmatrix} = \begin{bmatrix} w_1 \\ w_2 \\ \vdots \\ w_D \\ -1 \end{bmatrix} = \begin{bmatrix} \boldsymbol{w} \\ -1 \end{bmatrix}_{(D+1)\times 1} \tag{19.29}$$

容易發現，式 (19.29) 和式 (19.27) 的梯度向量之間存在投影關係，即

$$\nabla f(\boldsymbol{x}) = \begin{bmatrix} \boldsymbol{I}_{D\times D} & \boldsymbol{0}_{D\times 1} \end{bmatrix}_{D\times(D+1)} \nabla F(\boldsymbol{x}, y) \tag{19.30}$$

展開式 (19.30) 得到

$$\nabla f(\boldsymbol{x}) = \begin{bmatrix} \boldsymbol{I} & \boldsymbol{0} \end{bmatrix} \begin{bmatrix} \boldsymbol{w} \\ -1 \end{bmatrix} = \boldsymbol{w}_{D\times 1} \tag{19.31}$$

式 (19.31) 相當於從 $D + 1$ 維空間降維到 D 維空間。圖 19.10 所示為三維空間平面法向量 $\boldsymbol{n} = \nabla F(\boldsymbol{x},y)$ 和梯度向量 $\nabla f(\boldsymbol{x})$ 之間的關係。

上述投影關係對於理解很多機器學習演算法至關重要，下面我用幾個三維平面展開講解上述關係。

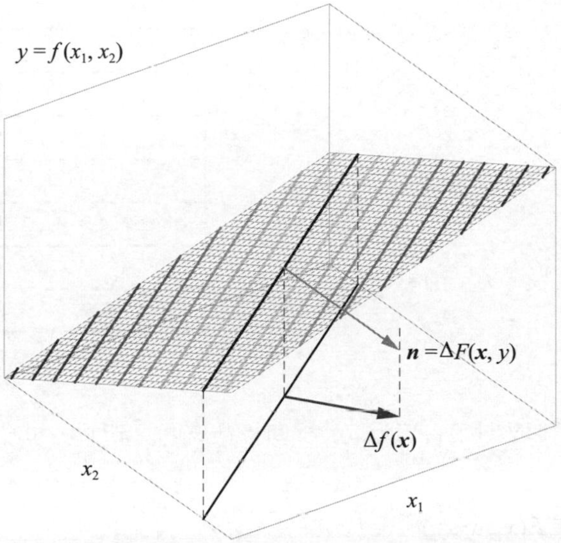

▲ 圖 19.10　平面法向量和梯度向量的關係

第一個例子

圖 19.11(a) 所示的平面垂直於 x_1y 平面，具體解析式為

$$f\left(x_1, x_2\right) = x_1 \tag{19.32}$$

二元函式 $f(x_1, x_2)$ 的梯度向量為

$$\nabla f(\boldsymbol{x}) = \begin{bmatrix} \dfrac{\partial f(\boldsymbol{x})}{\partial x_1} \\ \dfrac{\partial f(\boldsymbol{x})}{\partial x_2} \end{bmatrix} = \begin{bmatrix} 1 \\ 0 \end{bmatrix} \tag{19.33}$$

如圖 19.11(b) 所示，發現梯度向量平行於 x_1 軸，方向為 x_1 正方向，向量的方向和大小不隨位置變化。沿著梯度方向運動，$f(x_1, x_2)$ 不斷增大。$f(x_1, x_2)$ 等高線相互平行，梯度向量與函式等高線垂直。

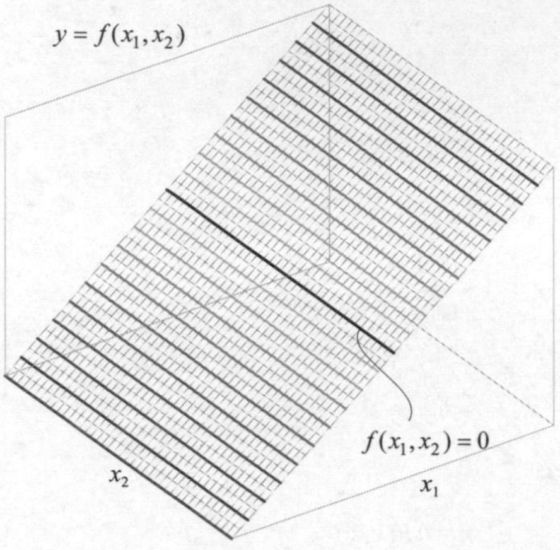

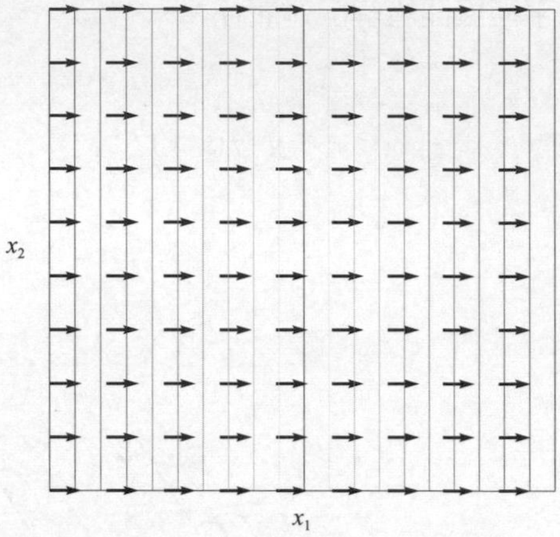

▲ 圖 19.11　垂直於 x_1y 平面，梯度向量朝向 x_1 正方向

建構三元函式 $F(x_1, x_2, y)$

$$F\left(x_1, x_2, y\right) = x_1 - y \tag{19.34}$$

$F(x_1, x_2, y)$ 的梯度向量為

$$\nabla F\left(\boldsymbol{x}, y\right) = \begin{bmatrix} \dfrac{\partial F}{\partial x_1} \\ \dfrac{\partial F}{\partial x_2} \\ \dfrac{\partial F}{\partial y} \end{bmatrix} = \begin{bmatrix} 1 \\ 0 \\ -1 \end{bmatrix} \tag{19.35}$$

$\nabla F(\boldsymbol{x}, y)$ 是圖 19.11(a) 所示三維平面的法向量。$\nabla F(\boldsymbol{x}, y)$ 向 x_1x_2 平面投影得到 $\nabla f(\boldsymbol{x})$，即

$$\nabla f(\boldsymbol{x}) = \begin{bmatrix} 1 & 0 & 0 \\ 0 & 1 & 0 \end{bmatrix} \nabla F\left(\boldsymbol{x}, y\right) = \begin{bmatrix} 1 & 0 & 0 \\ 0 & 1 & 0 \end{bmatrix} \begin{bmatrix} 1 \\ 0 \\ -1 \end{bmatrix} = \begin{bmatrix} 1 \\ 0 \end{bmatrix} \tag{19.36}$$

圖 19.11(b) 所示等高線則對應一系列垂直於橫軸的直線，它們可以寫成

$$x_1 + b = 0 \tag{19.37}$$

第二個例子

再舉個例子，圖 19.12(a) 對應二元函式 $f(x_1, x_2)$ 的解析式為

$$f(x_1, x_2) = -x_1 \tag{19.38}$$

$f(x_1, x_2)$ 的梯度向量為

$$\nabla f(\boldsymbol{x}) = \begin{bmatrix} \dfrac{\partial f(\boldsymbol{x})}{\partial x_1} \\ \dfrac{\partial f(\boldsymbol{x})}{\partial x_2} \end{bmatrix} = \begin{bmatrix} -1 \\ 0 \end{bmatrix} \tag{19.39}$$

圖 19.12(b) 告訴我們，$f(x_1, x_2)$ 的梯度向量同樣平行於 x_1 軸，方向為 x_1 負方向，向量方向和大小也不隨位置發生變化。

類似於式 (19.34)，請大家自行建構三元函式 $F(x_1, x_2, y)$，並計算它的梯度向量 $\nabla F(\boldsymbol{x}, y)$，分析 $\nabla F(\boldsymbol{x}, y)$ 與式 (19.39) 的關係。

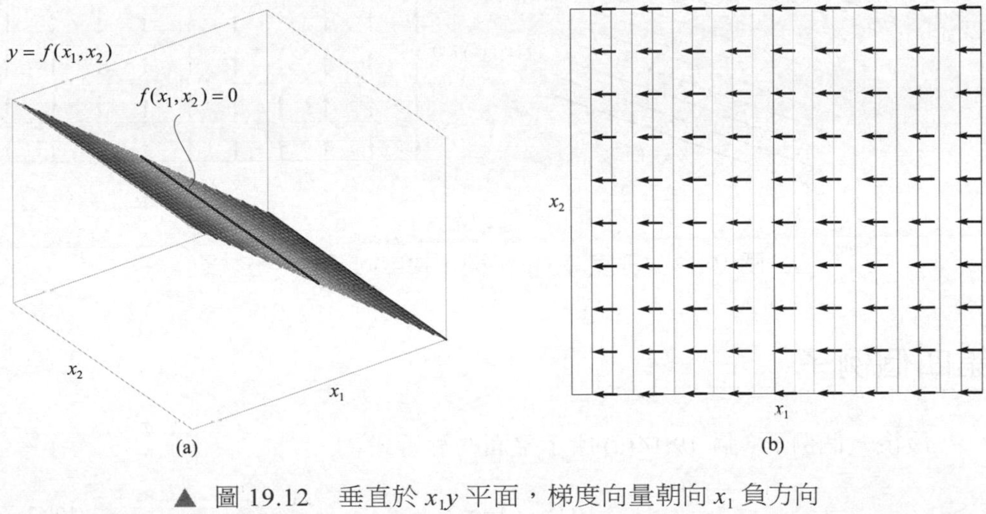

▲ 圖 19.12　垂直於 x_1y 平面，梯度向量朝向 x_1 負方向

第三個例子

圖 19.13 展示的平面解析式 $f(x_1, x_2)$ 為

$$f(x_1, x_2) = x_2 \tag{19.40}$$

$f(x_1, x_2)$ 的梯度向量為

$$\nabla f(\boldsymbol{x}) = \begin{bmatrix} \dfrac{\partial f(\boldsymbol{x})}{\partial x_1} \\ \dfrac{\partial f(\boldsymbol{x})}{\partial x_2} \end{bmatrix} = \begin{bmatrix} 0 \\ 1 \end{bmatrix} \tag{19.41}$$

如圖 19.13(b) 所示，$f(x_1, x_2)$ 的梯度向量平行於 x_2 軸，方向朝向 x_2 正方向。

也請大家建構其三元函式 $F(x_1, x_2, y)$，同時計算它的梯度向量 $\nabla F(\boldsymbol{x}, y)$。

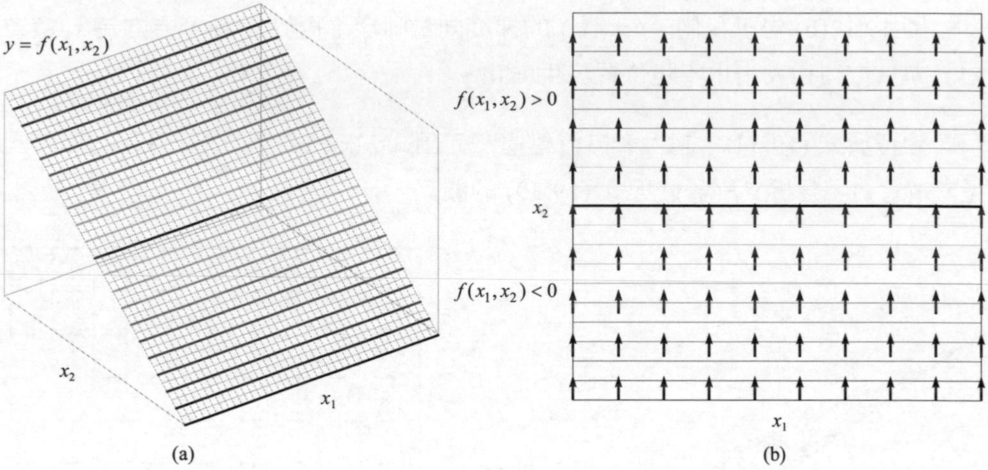

▲ 圖 19.13　垂直於 x_2y 平面，梯度向量為 x_2 正方向

第四個例子

最後一個例子，圖 19.14(a) 所示平面的解析式為

$$f(x_1, x_2) = x_1 + x_2 \tag{19.42}$$

$f(x_1, x_2)$ 的梯度也是一個固定向量，具體為

$$\nabla f(\boldsymbol{x}) = \begin{bmatrix} \dfrac{\partial f(\boldsymbol{x})}{\partial x_1} \\ \dfrac{\partial f(\boldsymbol{x})}{\partial x_2} \end{bmatrix} = \begin{bmatrix} 1 \\ 1 \end{bmatrix} \tag{19.43}$$

如圖 19.14 所示，梯度向量與 x_1 軸正方向夾角為 45°，指向右上方。沿著此梯度方向運動，$f(x_1, x_2)$ 不斷增大。請 大家按照上述想法分析圖 19.14 所示的平面。

> 本節回答了本書系《AI 時代 Math 元年 - 用 Python 全精通數學要素》一書第 13 章有關梯度向量的問題。

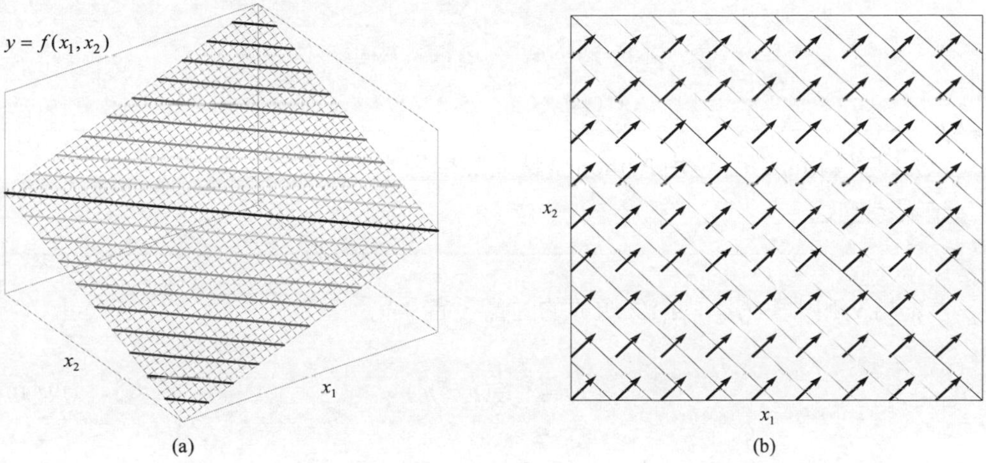

▲ 圖 19.14　$f(x_1, x_2) = x_1 + x_2$ 平面和梯度

請讀者自行修改 Bk4_Ch19_01.py，並繪製圖 19.11 ～圖 19.14 幾幅影像。

19.5 中垂線：用向量求解析式

兩點組成一條線段，**中垂線** (perpendicular bisector) 透過線段中點，且垂直該線段。本節介紹如何利用向量求解中垂線解析式。

如圖 19.15 所示，$\boldsymbol{x}$ 代表中垂線上任意一點，中垂線透過 $\boldsymbol{\mu}_1$ 和 $\boldsymbol{\mu}_2$ 中點 $(\boldsymbol{\mu}_2 + \boldsymbol{\mu}_1)/2$。

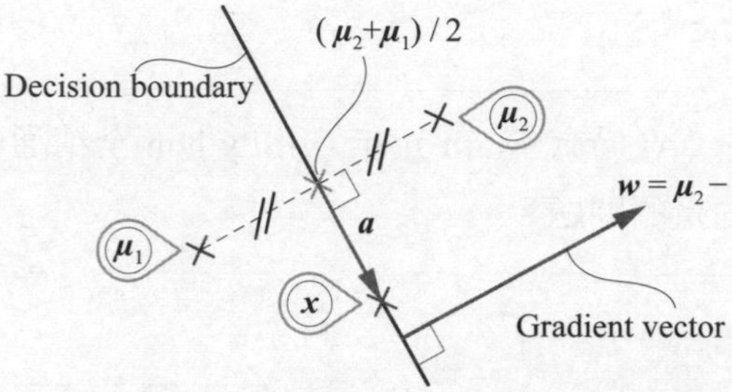

▲ 圖 19.15 $\boldsymbol{\mu}_1 \neq \boldsymbol{\mu}_2$ 時，中垂線位置

《AI時代Math元年-用Python全精通數學要素》一書第7章介紹過中垂線，請大家回顧。

$\boldsymbol{a}$ 為 $\boldsymbol{x}$ 和中點 $(\boldsymbol{\mu}_2 + \boldsymbol{\mu}_1)/2$ 組成的向量，有

$$\boldsymbol{a} = \boldsymbol{x} - \frac{1}{2}(\boldsymbol{\mu}_2 + \boldsymbol{\mu}_1) \tag{19.44}$$

$(\boldsymbol{\mu}_2 - \boldsymbol{\mu}_1)$ 為中垂線法向量，它垂直於 $\boldsymbol{a}$，所以下式成立，即

$$(\boldsymbol{\mu}_2 - \boldsymbol{\mu}_1)\cdot\boldsymbol{a} = (\boldsymbol{\mu}_2 - \boldsymbol{\mu}_1)^{\mathrm{T}}\boldsymbol{a} = 0 \tag{19.45}$$

將式 (19.44) 代入式 (19.45)，得到

$$(\boldsymbol{\mu}_2 - \boldsymbol{\mu}_1)^{\mathrm{T}}\left[\boldsymbol{x} - \frac{1}{2}(\boldsymbol{\mu}_2 + \boldsymbol{\mu}_1)\right] = 0 \tag{19.46}$$

展開得到中垂線解析式為

$$
\underbrace{(\boldsymbol{\mu}_2-\boldsymbol{\mu}_1)^{\mathrm{T}}}_{\text{Norm vector}}\boldsymbol{x}\underbrace{-\frac{1}{2}(\boldsymbol{\mu}_2-\boldsymbol{\mu}_1)^{\mathrm{T}}(\boldsymbol{\mu}_2+\boldsymbol{\mu}_1)}_{\text{Constant}}=0 \tag{19.47}
$$

注意：式 (19.47) 中 $(\mu_2-\mu_1)^{\mathrm{T}}$ 不能消去。這就是本書第 5 章介紹的矩陣乘法不滿足消去律，即 $\boldsymbol{AB}=\boldsymbol{AC}$ 或 $\boldsymbol{BA}=\boldsymbol{CA}$，即使 $\boldsymbol{A}$ 不是零矩陣 $\boldsymbol{O}$，也不能得到 $\boldsymbol{B}=\boldsymbol{C}$。$\boldsymbol{AB}=\boldsymbol{AC}$ 能得到 $\boldsymbol{A}(\boldsymbol{B}-\boldsymbol{C})=\boldsymbol{O}$；而 $\boldsymbol{BA}=\boldsymbol{CA}$ 能得到 $(\boldsymbol{B}-\boldsymbol{C})\boldsymbol{A}=\boldsymbol{O}$。對於 $\boldsymbol{AB}=\boldsymbol{AC}$，能否進一步消去 $\boldsymbol{A}$，還要看 $\boldsymbol{A}$ 是否可逆。

舉個例子

平面上一條直線為 (1, 2) 和 (3, 4) 兩點的中垂線，容易知道這條直線的法向量為

$$
\boldsymbol{w}=\begin{bmatrix}3\\4\end{bmatrix}-\begin{bmatrix}1\\2\end{bmatrix}=\begin{bmatrix}2\\2\end{bmatrix} \tag{19.48}
$$

中垂線透過 (1, 2) 和 (3, 4) 兩點的中點 (2, 3)。這樣有了法向量和直線上一點，就可以建構以下等 式，即

$$
\begin{bmatrix}2\\2\end{bmatrix}^{\mathrm{T}}\begin{bmatrix}x_1-2\\x_2-3\end{bmatrix}=0 \tag{19.49}
$$

整理得到中垂線的解析式為

$$
x_1+x_2-5=0 \tag{19.50}
$$

通俗地講，機器學習中的聚類分析 (cluster analysis) 就是「物以類聚，人以群分」，根據樣本的特徵，將其分成若干類。K 平均值聚類 (K-means clustering) 是最基本的聚類演算法之一。

K 平均值聚類的每一簇樣本資料用簇質心 (cluster centroid) 來描述。二聚類問題就是把樣本資料分成兩類。假設兩類樣本的簇質心分別為 $\boldsymbol{\mu}_1$ 和 $\boldsymbol{\mu}_2$。以歐氏距離為距離度量，距離質心 $\boldsymbol{\mu}_1$ 更近的點，被劃分為 C_1 簇；而距離質心 $\boldsymbol{\mu}_2$ 更近的點，被劃分為 C_2 簇。

將鳶尾花資料的標籤去掉，用其第一、二特徵，即花萼長度、花萼寬度作為依據，用 K 平均值聚類把樣本資料分為三類。圖 19.16 中紅色 × 代表簇質心，紅色線就是決策邊界。大家可能已經發現，每一段決策邊界都是兩個簇質心連線的中垂線。

本系列《AI 時代 Math 元年 - 用 Python 全精通機器學習》一書將展開講解 K 平均值聚類。

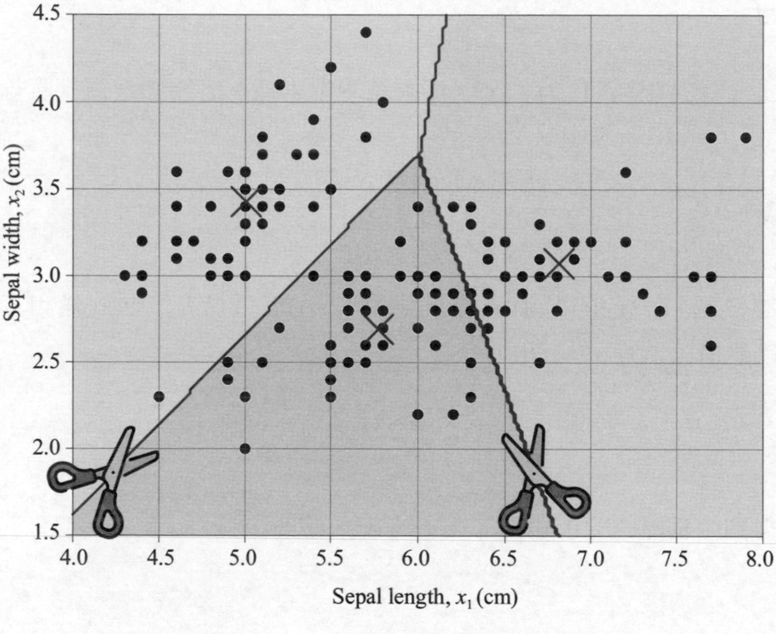

▲ 圖 19.16 K 平均值演算法聚類鳶尾花資料

19.6 用向量計算距離

本節要介紹兩個重要距離—點面距離，平行面距離。這兩個距離實際上是本書第 9 章點線距離的推廣。不同的是，第 9 章的直線、平面都過原點，而本節的直線、平面、超平面未必過原點。本節內容對於理解很多機器學習演算法特別重要，請大家務必認真對待。建議大家跟著本節想法一起推導公式。

點面距離

如圖 19.17 所示，直線、平面或超平面上任一點為 $\boldsymbol{x}$，滿足

$$\boldsymbol{w}^{\mathrm{T}}\boldsymbol{x}+b=0 \tag{19.51}$$

下面講解如何用線性代數工具計算圖 19.17 中超平面外一點 $\boldsymbol{q}$ 到式 (19.51) 的距離。

整理式 (19.51) 得到

$$\boldsymbol{w}^{\mathrm{T}}\boldsymbol{x}=-b \tag{19.52}$$

直線、平面或超平面上取任意一點 $\boldsymbol{x}$，$\boldsymbol{q}$ 和 $\boldsymbol{x}$ 建構的向量為 $\boldsymbol{a}$，有

$$\boldsymbol{a}=\boldsymbol{q}-\boldsymbol{x} \tag{19.53}$$

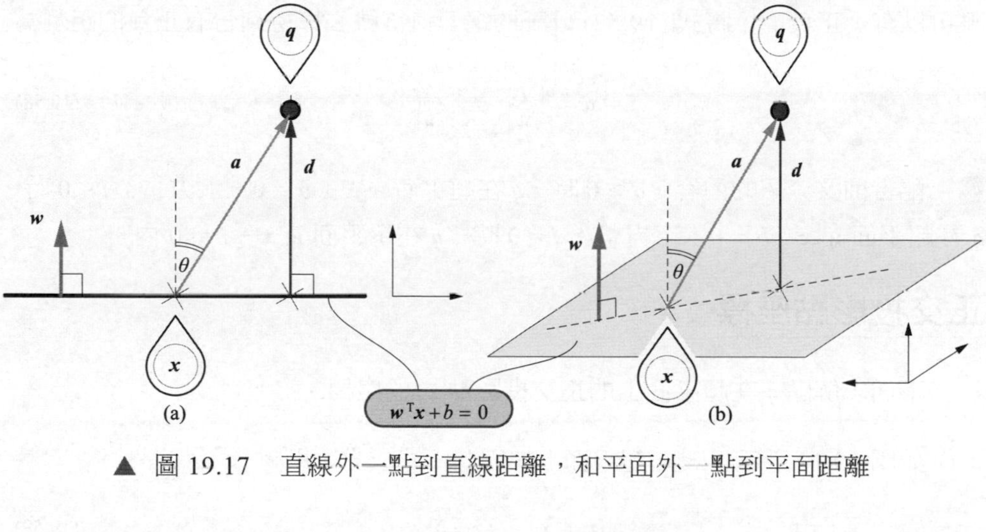

▲ 圖 19.17　直線外一點到直線距離，和平面外一點到平面距離

向量 $\boldsymbol{a}$ 向梯度向量 $\boldsymbol{w}$ 方向向量投影，可以得到向量 $\boldsymbol{d}$

$$\boldsymbol{d}=\|\boldsymbol{a}\|\cos\theta\frac{\boldsymbol{w}}{\|\boldsymbol{w}\|}=\|\boldsymbol{a}\|\frac{\boldsymbol{w}^{\mathrm{T}}\boldsymbol{a}}{\|\boldsymbol{a}\|\|\boldsymbol{w}\|}\frac{\boldsymbol{w}}{\|\boldsymbol{w}\|}=\frac{\boldsymbol{w}^{\mathrm{T}}\boldsymbol{a}}{\|\boldsymbol{w}\|^{2}}\boldsymbol{w} \tag{19.54}$$

向量 $\boldsymbol{d}$ 的模便是超平面外一點 $\boldsymbol{q}$ 到超平面的距離 d，即

$$d = \|\boldsymbol{d}\| = \frac{\|\boldsymbol{w}^{\mathrm{T}}\boldsymbol{a}\boldsymbol{w}\|}{\|\boldsymbol{w}\|^2} = \frac{\overbrace{|\boldsymbol{w}^{\mathrm{T}}\boldsymbol{a}|}^{\text{abs()}}\overbrace{\|\boldsymbol{w}\|}^{\text{norm()}}}{\|\boldsymbol{w}\|^2} = \frac{|\boldsymbol{w}^{\mathrm{T}}\boldsymbol{a}|}{\|\boldsymbol{w}\|} = \frac{|\boldsymbol{w}\cdot\boldsymbol{a}|}{\|\boldsymbol{w}\|} \tag{19.55}$$

考慮到 $\boldsymbol{w}^{\mathrm{T}}\boldsymbol{a}$ 結果為純量，因此式 (19.55) 的分子僅用絕對值。

將式 (19.53) 代入式 (19.55)，整理得到

$$d = \frac{|\boldsymbol{w}^{\mathrm{T}}(\boldsymbol{q}-\boldsymbol{x})|}{\|\boldsymbol{w}\|} = \frac{|\boldsymbol{w}^{\mathrm{T}}\boldsymbol{q}-\boldsymbol{w}^{\mathrm{T}}\boldsymbol{x}|}{\|\boldsymbol{w}\|} = \frac{|\boldsymbol{w}\cdot\boldsymbol{q}-\boldsymbol{w}\cdot\boldsymbol{x}|}{\|\boldsymbol{w}\|} \tag{19.56}$$

將式 (19.52) 代入式 (19.56) 得到

$$d = \frac{|\boldsymbol{w}^{\mathrm{T}}(\boldsymbol{q}-\boldsymbol{x})|}{\|\boldsymbol{w}\|} = \frac{|\boldsymbol{w}^{\mathrm{T}}\boldsymbol{q}+b|}{\|\boldsymbol{w}\|} = \frac{|\boldsymbol{w}\cdot\boldsymbol{q}+b|}{\|\boldsymbol{w}\|} \tag{19.57}$$

《AI 時代 Math 元年 - 用 Python 全精通數學要素》一書第 7 章介紹過，距離可以有「正負」。將式 (19.57) 分子的絕對值符號去掉得到含有正負的距離為

$$d = \frac{\boldsymbol{w}^{\mathrm{T}}\boldsymbol{q}+b}{\|\boldsymbol{w}\|} = \frac{\boldsymbol{w}\cdot\boldsymbol{q}+b}{\|\boldsymbol{w}\|} \tag{19.58}$$

配合前文介紹的內容，$d > 0$ 時，$\boldsymbol{q}$ 在超平面 $\boldsymbol{w}^{\mathrm{T}}\boldsymbol{x} + b = 0$「上方」；$d < 0$ 時，$\boldsymbol{q}$ 在超平面 $\boldsymbol{w}^{\mathrm{T}}\boldsymbol{x} + b = 0$「下方」；$d = 0$ 時，$\boldsymbol{q}$ 在超平面 $\boldsymbol{w}^{\mathrm{T}}\boldsymbol{x} + b = 0$ 內。

正交投影點座標

下面求解點 $\boldsymbol{q}$ 在超平面上的正交投影點 $\boldsymbol{x}_q$ 的座標。

如圖 19.18 所示，$\boldsymbol{x}_q$ 在超平面上，因此下式成立，即

$$\boldsymbol{w}^{\mathrm{T}}\boldsymbol{x}_q + b = 0 \tag{19.59}$$

此外，$\boldsymbol{w}$ 平行於 $\boldsymbol{x}_q - \boldsymbol{q}$，由此可以建構第二個等式，即

$$\boldsymbol{x}_q - \boldsymbol{q} = k\boldsymbol{w} \tag{19.60}$$

k 為任意非零實數。整理式 (19.60)，$\boldsymbol{x}_q$ 為

$$\boldsymbol{x}_q = k\boldsymbol{w} + \boldsymbol{q} \tag{19.61}$$

將式 (19.61) 代入式 (19.59)，得到

$$\boldsymbol{w}^{\mathrm{T}}\left(k\boldsymbol{w} + \boldsymbol{q}\right) + b = 0 \tag{19.62}$$

整理式 (19.62) 得到 k 為

$$k = -\frac{\left(\boldsymbol{w}^{\mathrm{T}}\boldsymbol{q} + b\right)}{\boldsymbol{w}^{\mathrm{T}}\boldsymbol{w}} \tag{19.63}$$

將式 (19.63) 代入式 (19.61)，得到正交投影點為 $\boldsymbol{x}_q$

$$\boldsymbol{x}_q = \boldsymbol{q} - \frac{\left(\boldsymbol{w}^{\mathrm{T}}\boldsymbol{q} + b\right)}{\boldsymbol{w}^{\mathrm{T}}\boldsymbol{w}}\boldsymbol{w} \tag{19.64}$$

> ⚠ 注意：式 (19.64) 分母為 $\boldsymbol{w}^{\mathrm{T}}\boldsymbol{w}$ 純量，不能消去其中的 $\boldsymbol{w}$。

向量在過原點平面內投影

同樣利用上述投影想法，可以計算如圖 19.19 所示的向量 $\boldsymbol{q}$ 在平面 $H(\boldsymbol{w}^{\mathrm{T}}\boldsymbol{x} = 0)$ 的投影，有

$$\mathrm{proj}_H\left(\boldsymbol{q}\right) = \boldsymbol{q} - \mathrm{proj}_{\boldsymbol{w}}\left(\boldsymbol{q}\right) = \boldsymbol{q} - \frac{\boldsymbol{w}^{\mathrm{T}}\boldsymbol{q}}{\boldsymbol{w}^{\mathrm{T}}\boldsymbol{w}}\boldsymbol{w} \tag{19.65}$$

比較式 (19.64) 和式 (19.65)，可以發現式 (19.65) 就是式 (19.64) 中 $b = 0$ 的特殊情況。$\mathrm{proj}_H(\boldsymbol{q})$ 與 $\mathrm{proj}_{\boldsymbol{w}}(\boldsymbol{q})$ 正交。這也不難理解，平面 $\boldsymbol{w}^{\mathrm{T}}\boldsymbol{x} = 0$ 通過原點 $\boldsymbol{0}$，即 $b = 0$。從向量空間角度看，$\mathrm{span}(\boldsymbol{w})$ 是一維空間，$\mathrm{span}(\boldsymbol{w})$ 和 H 互為正交補。

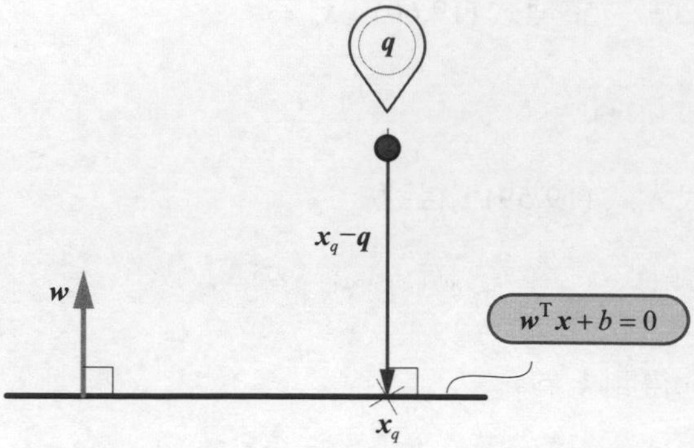

▲ 圖 19.18 直線外一點到直線的正交投影點

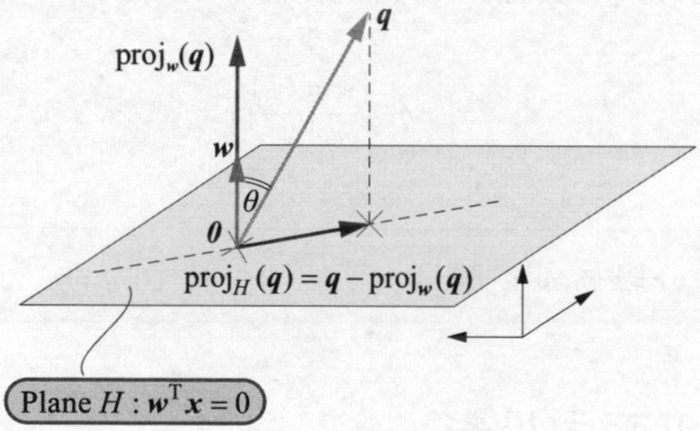

▲ 圖 19.19 向量 $\boldsymbol{q}$ 在平面 H 的投影

平行面距離

給定兩個相互平行超平面的解析式分別為

$$\begin{cases} \boldsymbol{w}^{\mathrm{T}}\boldsymbol{x}+b_1=0 \\ \boldsymbol{w}^{\mathrm{T}}\boldsymbol{x}+b_2=0 \end{cases} \tag{19.66}$$

如圖 19.20 所示，A 和 B 分別位於這兩個超平面上，A 點座標為 $\boldsymbol{x}_A$，B 點座標為 $\boldsymbol{x}_B$。建構等式

$$\begin{cases} \boldsymbol{w}^{\mathrm{T}}\boldsymbol{x}_A + b_1 = 0 \\ \boldsymbol{w}^{\mathrm{T}}\boldsymbol{x}_B + b_2 = 0 \end{cases} \Rightarrow \begin{cases} \boldsymbol{w}^{\mathrm{T}}\boldsymbol{x}_A = -b_1 \\ \boldsymbol{w}^{\mathrm{T}}\boldsymbol{x}_B = -b_2 \end{cases} \tag{19.67}$$

建構向量 $\boldsymbol{a}$ 起點為 B，終點為 A，有

$$\boldsymbol{a} = \boldsymbol{x}_A - \boldsymbol{x}_B \tag{19.68}$$

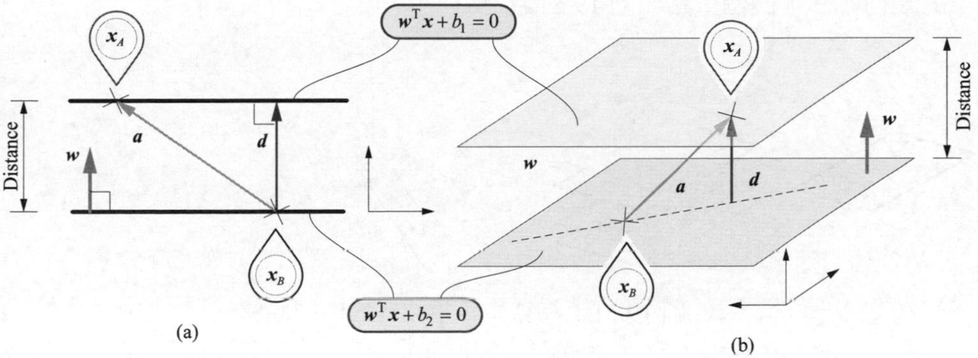

▲ 圖 19.20　利用向量投影計算間隔寬度

根據式 (19.55)，向量 $\boldsymbol{a}$ 在向量 $\boldsymbol{w}$ 上的投影就是我們要求的兩個平行面之間距離，有

$$\frac{\left|\boldsymbol{w}^{\mathrm{T}}\boldsymbol{a}\right|}{\|\boldsymbol{w}\|} = \frac{\left|\boldsymbol{w}\cdot\boldsymbol{a}\right|}{\|\boldsymbol{w}\|} = \frac{\left|\boldsymbol{w}^{\mathrm{T}}\left(\boldsymbol{x}_A - \boldsymbol{x}_B\right)\right|}{\|\boldsymbol{w}\|} = \frac{\left|-b_1 - \left(-b_2\right)\right|}{\|\boldsymbol{w}\|} = \frac{\left|b_2 - b_1\right|}{\|\boldsymbol{w}\|} \tag{19.69}$$

如果去掉式 (19.69) 分子中的絕對值，我們可以根據距離的正負，判斷兩個平面的「上下」關係。

相比本書之前的內容，本章內容很特殊。本章之前在講解線性代數工具時，我們利用幾何角度觀 察了數學工具背後的思想。而本章正好相反，本章講解的是幾何知識，採用的是線性代數工具。

有向量的地方，就有幾何！

本章內容告訴我們，這句話反過來也正確：有幾何的地方，就有向量！

本書講解的幾何知識對於很多機器學習、資料科學演算法非常重要。本書系在講到具體演算法時， 會提醒大家其中用到了本章和下兩章介紹的對應的幾何知識。四個重點如圖 19.21 所示。

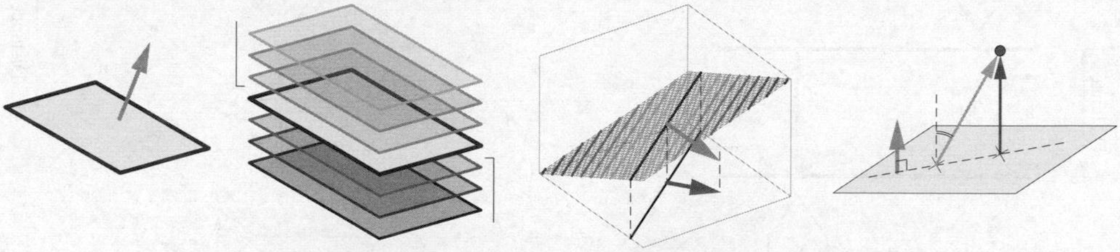

▲ 圖 19.21 總結本章重要內容的四幅圖

Revisit Conic Sections

20 再談圓錐曲線

從矩陣運算和幾何變換角度

> 滴水穿石，靠的不是力量，而是持之以恆。
>
> ***Dripping water hollows out stone, not through force but through persistence.***
>
> ——奧維德（*Ovid*）| 古羅馬詩人 | *43 B.C. — 17/18 A.D.*

- matplotlib.pyplot.contour() 繪製等高線圖
- numpy.cos() 計算餘弦值
- numpy.linalg.eig() 特徵值分解
- numpy.linalg.inv() 矩陣求逆
- numpy.sin() 計算正弦值
- numpy.tan() 計算正切值

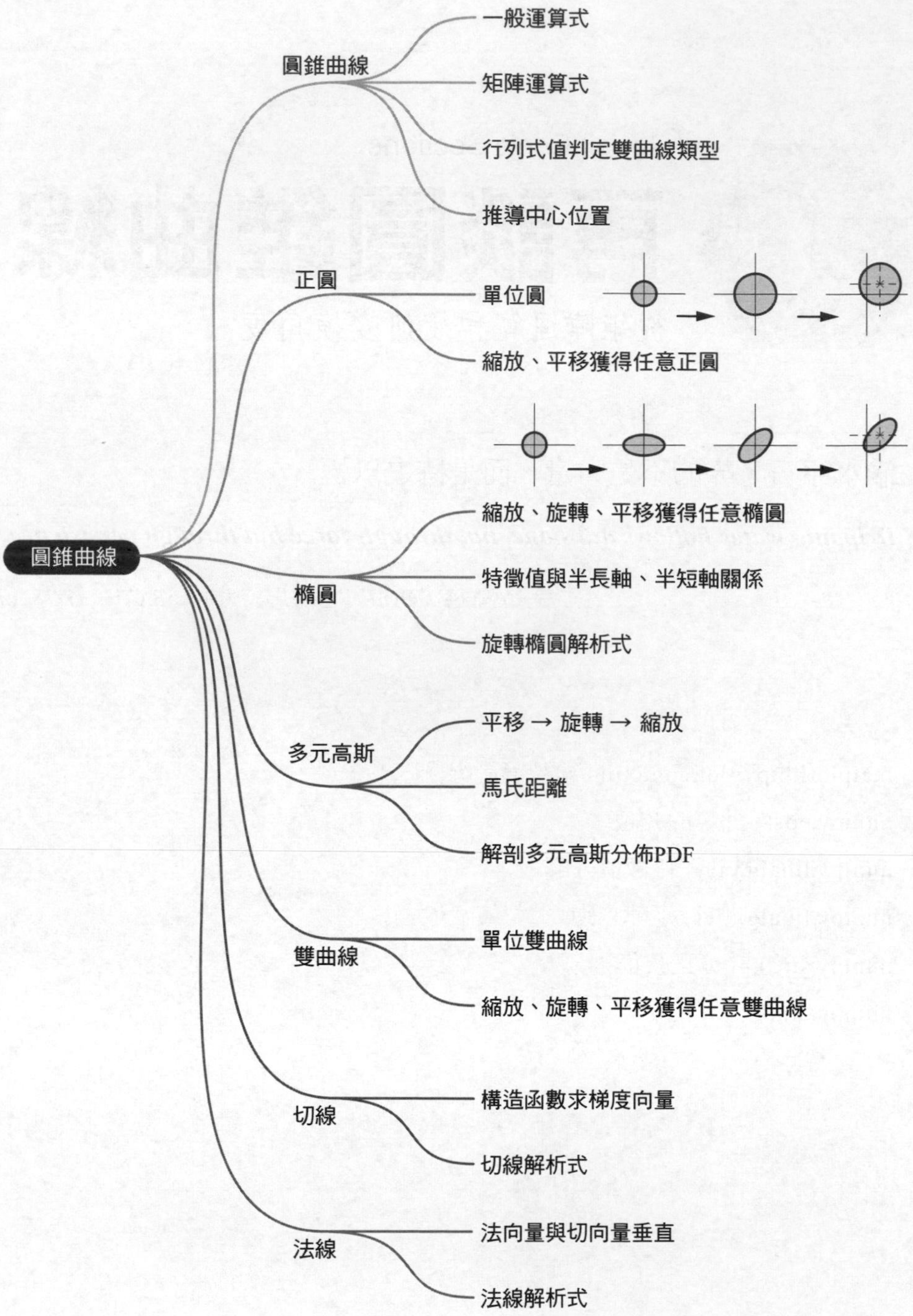

圓錐曲線
圓錐曲線
一般運算式
矩陣運算式
行列式值判定雙曲線類型
推導中心位置
正圓
單位圓
縮放、平移獲得任意正圓
橢圓
縮放、旋轉、平移獲得任意橢圓
特徵值與半長軸、半短軸關係
旋轉橢圓解析式
多元高斯
平移 → 旋轉 → 縮放
馬氏距離
解剖多元高斯分佈PDF
雙曲線
單位雙曲線
縮放、旋轉、平移獲得任意雙曲線
切線
構造函數求梯度向量
切線解析式
法線
法向量與切向量垂直
法線解析式

20.1 無處不在的圓錐曲線

本套叢書每一書幾乎都離不開圓錐曲線這個話題。

《AI 時代 Math 元年 - 用 Python 全精通數學要素》一書第 8、9 章詳細介紹過圓錐曲線的相關性質，《AI 時代 Math 元年 - 用 Python 全精通統計及機率》一書會討論圓錐曲線和高斯分佈之間千絲萬縷的聯繫。同時我們也看到條件機率、回歸分析和主成分分析中，圓錐曲線扮演著重要角色。《AI 時代 Math 元年 - 用 Python 全精通機器學習》一書介紹的很多演算法中，決策邊界就是圓錐曲線。

利用本書前文講解的線性代數工具，本章將從矩陣運算和幾何變換角度探討圓錐曲線。這個角度將幫助大家更加深刻理解圓錐曲線在機率統計、資料學科和機器學習中的重要作用。

一般運算式

圓錐曲線一般運算式為

$$Ax_1^2 + Bx_1x_2 + Cx_2^2 + Dx_1 + Ex_2 + F = 0 \tag{20.1}$$

把式 (20.1) 寫成矩陣運算式為

$$\frac{1}{2}\begin{bmatrix} x_1 \\ x_2 \end{bmatrix}^{\mathrm{T}} \begin{bmatrix} 2A & B \\ B & 2C \end{bmatrix} \begin{bmatrix} x_1 \\ x_2 \end{bmatrix} + \begin{bmatrix} D \\ E \end{bmatrix}^{\mathrm{T}} \begin{bmatrix} x_1 \\ x_2 \end{bmatrix} + F = 0 \tag{20.2}$$

式 (20.2) 進一步寫成

$$\frac{1}{2}\boldsymbol{x}^{\mathrm{T}}\boldsymbol{Q}\boldsymbol{x} + \boldsymbol{w}^{\mathrm{T}}\boldsymbol{x} + F = 0 \tag{20.3}$$

其中

$$\boldsymbol{Q} = \begin{bmatrix} 2A & B \\ B & 2C \end{bmatrix}, \quad \boldsymbol{w} = \begin{bmatrix} D \\ E \end{bmatrix} \tag{20.4}$$

矩陣 $\boldsymbol{Q}$ 的行列式值為

$$\det \boldsymbol{Q} = \det \begin{bmatrix} 2A & B \\ B & 2C \end{bmatrix} = 4AC - B^2 \tag{20.5}$$

矩陣 $\boldsymbol{Q}$ 的行列式值決定了圓錐曲線的形狀，具體如下。

- $4AC - B^2 > 0$ 時，上式為**橢圓** (ellipse)；特別地，當 $A = C$ 且 $B = 0$，解析式為**正圓** (circle)；
- $4AC - B^2 = 0$ 時，解析式為**拋物線** (parabola)；
- $4AC - B^2 < 0$ 時，解析式為**雙曲線** (hyperbola)。

這回答了《AI 時代 Math 元年 - 用 Python 全精通數學要素》一書中提出的問題—為什麼用 $4AC - B^2$ 判斷圓錐曲線的形狀。

中心

當 $4AC - B^2$ 不等於 0 時，圓錐曲線中橢圓、正圓和雙曲線這三類曲線存在中心。依照式 (20.2) 構 造二元函式 $f(x_1, x_2)$，有

$$f(x_1, x_2) = \frac{1}{2}\begin{bmatrix} x_1 \\ x_2 \end{bmatrix}^{\mathrm{T}} \begin{bmatrix} 2A & B \\ B & 2C \end{bmatrix} \begin{bmatrix} x_1 \\ x_2 \end{bmatrix} + \begin{bmatrix} D \\ E \end{bmatrix}^{\mathrm{T}} \begin{bmatrix} x_1 \\ x_2 \end{bmatrix} + F \tag{20.6}$$

下面介紹如何求解圓錐曲線中心。

$f(x_1, x_2)$ 對 $[x_1, x_2]^{\mathrm{T}}$ 的一階導數為 $[0, 0]^{\mathrm{T}}$ 時，也就是梯度向量為 $\boldsymbol{0}$ 時，(x_1, x_2) 為 $f(x_1, x_2)$ 的駐點，有

$$\frac{\partial f}{\partial \boldsymbol{x}} = \begin{bmatrix} \frac{\partial f}{\partial x_1} \\ \frac{\partial f}{\partial x_2} \end{bmatrix} = \begin{bmatrix} 0 \\ 0 \end{bmatrix} \tag{20.7}$$

這個駐點就是圓錐曲線的中心。推導圓錐曲線的中心位置為

$$\begin{bmatrix} 2A & B \\ B & 2C \end{bmatrix} \begin{bmatrix} x_1 \\ x_2 \end{bmatrix} + \begin{bmatrix} D \\ E \end{bmatrix} = \boldsymbol{0} \quad \Rightarrow \quad \begin{bmatrix} x_1 \\ x_2 \end{bmatrix} = -\begin{bmatrix} 2A & B \\ B & 2C \end{bmatrix}^{-1} \begin{bmatrix} D \\ E \end{bmatrix} \tag{20.8}$$

回憶 2×2 方陣的逆，有

$$\begin{bmatrix} 2A & B \\ B & 2C \end{bmatrix}^{-1} = \underbrace{\frac{1}{4AC - B^2}}_{\text{Determinant}} \begin{bmatrix} 2C & -B \\ -B & 2A \end{bmatrix} \tag{20.9}$$

將式 (20.9) 代入式 (20.8)，得到圓錐曲線中心 $\boldsymbol{c}$ 的座標為

$$\begin{bmatrix} c_1 \\ c_2 \end{bmatrix} = \frac{1}{B^2 - 4AC} \begin{bmatrix} 2CD - BE \\ 2AE - BD \end{bmatrix} \tag{20.10}$$

大家透過式 (20.10) 也知道了，為什麼對於橢圓、正圓和雙曲線，會要求 $4AC - B^2$ 不等於 0。

20.2 正圓：從單位圓到任意正圓

單位圓

在平面上，圓心位於原點且半徑為 1 的正圓叫做**單位圓** (unit circle)，解析式可以寫成

$$\boldsymbol{x}^{\mathrm{T}}\boldsymbol{x} - 1 = 0 \tag{20.11}$$

其中 $\boldsymbol{x}$ 為

$$\boldsymbol{x} = \begin{bmatrix} x_1 \\ x_2 \end{bmatrix} \tag{20.12}$$

展開式 (20.11) 得到

$$\begin{bmatrix} x_1 & x_2 \end{bmatrix} \begin{bmatrix} x_1 \\ x_2 \end{bmatrix} - 1 = x_1^2 + x_2^2 - 1 = 0 \tag{20.13}$$

當然，式 (20.11) 可以用 L^2 範數、向量內積等方式表達單位圓，比如

$$\begin{aligned}&\|\boldsymbol{x}\|_2 - 1 = 0\\&\|\boldsymbol{x}\|_2^2 - 1 = 0\\&\boldsymbol{x}\cdot\boldsymbol{x} - 1 = 0\\&\langle\boldsymbol{x},\boldsymbol{x}\rangle - 1 = 0\end{aligned} \tag{20.14}$$

其中：$\|\mathrm{x}\|_2 - 1 = 0$ 可以寫成 $\|\boldsymbol{x} - \boldsymbol{0}\|_2 - 1 = 0$，代表 $\boldsymbol{x}$ 距離原點 $\boldsymbol{0}$ 的 L^2 範數 (歐幾里德距離) 為 1。

縮放

圓心位於原點且半徑為 r 的正圓解析式為

$$\boldsymbol{x}^{\mathrm{T}}\boldsymbol{x} - r^2 = 0 \tag{20.15}$$

式 (20.15) 相當於

$$\boldsymbol{x}^{\mathrm{T}}\begin{bmatrix}1/r^2 & 0\\0 & 1/r^2\end{bmatrix}\boldsymbol{x} - 1 = 0 \tag{20.16}$$

將式 (20.16) 寫成

$$\boldsymbol{x}^{\mathrm{T}}\underbrace{\begin{bmatrix}1/r & 0\\0 & 1/r\end{bmatrix}}_{\boldsymbol{S}^{-1}}\underbrace{\begin{bmatrix}1/r & 0\\0 & 1/r\end{bmatrix}}_{\boldsymbol{S}^{-1}}\boldsymbol{x} - 1 = 0 \tag{20.17}$$

令矩陣 $\boldsymbol{S}$ 為

$$\boldsymbol{S} = \begin{bmatrix}r & 0\\0 & r\end{bmatrix} \tag{20.18}$$

由於 $\boldsymbol{S}$ 為對角方陣，因此式 (20.17) 可以進一步整理為

$$\boldsymbol{x}^{\mathrm{T}}\boldsymbol{S}^{-1}\boldsymbol{S}^{-1}\boldsymbol{x} - 1 = \left(\boldsymbol{S}^{-1}\boldsymbol{x}\right)^{\mathrm{T}}\boldsymbol{S}^{-1}\boldsymbol{x} - 1 = 0 \tag{20.19}$$

從幾何變換角度來觀察，相信大家已經在式 (20.19) 中看到了 $\boldsymbol{S}$ 造成的縮放作用。

縮放 + 平移

圓心位於 $\boldsymbol{c}=[c_1, c_2]^{\mathrm{T}}$ 且半徑為 r 的正圓解析式為

$$(\boldsymbol{x}-\boldsymbol{c})^{\mathrm{T}}\begin{bmatrix}1/r^2 & 0\\ 0 & 1/r^2\end{bmatrix}(\boldsymbol{x}-\boldsymbol{c})-1=0 \tag{20.20}$$

式 (20.20) 也可以寫成

$$\begin{aligned}
&(\boldsymbol{x}-\boldsymbol{c})^{\mathrm{T}}(\boldsymbol{x}-\boldsymbol{c})-r^2=0\\
&\|\boldsymbol{x}-\boldsymbol{c}\|_2-r=0\\
&\|\boldsymbol{x}-\boldsymbol{c}\|_2^2-r^2=0\\
&(\boldsymbol{x}-\boldsymbol{c})\cdot(\boldsymbol{x}-\boldsymbol{c})-r^2=0\\
&\langle(\boldsymbol{x}-\boldsymbol{c}),(\boldsymbol{x}-\boldsymbol{c})\rangle-r^2=0
\end{aligned} \tag{20.21}$$

不同參考資料中圓錐曲線的表達各有不同。本節不厭其煩地羅列圓錐曲線各種形式的解析式，目的只有一個，就是想讓大家知道這些表達的等值關係，從而對它們不再感到陌生、畏懼。

此外，本書前文一直強調，看到矩陣乘法結果為純量時，要考慮是否能將其寫成範數，並從距離角度理解。

為了讓大家看到我們熟悉的正圓解析式，進一步展開整理得到

$$\begin{aligned}
(\boldsymbol{x}-\boldsymbol{c})^{\mathrm{T}}\begin{bmatrix}1/r^2 & 0\\ 0 & 1/r^2\end{bmatrix}(\boldsymbol{x}-\boldsymbol{c}) &= \left(\begin{bmatrix}x_1\\ x_2\end{bmatrix}-\begin{bmatrix}c_1\\ c_2\end{bmatrix}\right)^{\mathrm{T}}\begin{bmatrix}1/r^2 & 0\\ 0 & 1/r^2\end{bmatrix}\left(\begin{bmatrix}x_1\\ x_2\end{bmatrix}-\begin{bmatrix}c_1\\ c_2\end{bmatrix}\right)\\
&=\begin{bmatrix}x_1-c_1 & x_2-c_2\end{bmatrix}\begin{bmatrix}1/r^2 & 0\\ 0 & 1/r^2\end{bmatrix}\begin{bmatrix}x_1-c_1\\ x_2-c_2\end{bmatrix}\\
&=\frac{(x_1-c_2)^2}{r^2}+\frac{(x_1-c_2)^2}{r^2}=1
\end{aligned} \tag{20.22}$$

從單位圓到一般正圓

在式 (20.20) 中，大家應該看到了平移。

下面探討圓心位於原點的單位圓如何一步步經過幾何變換得到式 (20.22) 中對應的圓心位於 $\boldsymbol{c} = [c_1, c_2]^{\mathrm{T}}$ 且半徑為 r 的正圓。

平面內，單位圓解析式寫成

$$\boldsymbol{z}^{\mathrm{T}}\boldsymbol{z} - 1 = 0 \tag{20.23}$$

$\boldsymbol{z}$ 透過先等比例縮放，再平移得到 $\boldsymbol{x}$，有

$$\boldsymbol{x} = \underbrace{\begin{bmatrix} r & 0 \\ 0 & r \end{bmatrix}}_{\text{Scale}} \boldsymbol{z} + \underbrace{\boldsymbol{c}}_{\text{Translate}} \tag{20.24}$$

整理式 (20.24)，$\boldsymbol{z}$ 可以寫作

$$\boldsymbol{z} = \begin{bmatrix} r & 0 \\ 0 & r \end{bmatrix}^{-1} (\boldsymbol{x} - \boldsymbol{c}) \tag{20.25}$$

將式 (20.25) 代入式 (20.23)，得到

$$\left(\begin{bmatrix} r & 0 \\ 0 & r \end{bmatrix}^{-1} (\boldsymbol{x} - \boldsymbol{c})\right)^{\mathrm{T}} \left(\begin{bmatrix} r & 0 \\ 0 & r \end{bmatrix}^{-1} (\boldsymbol{x} - \boldsymbol{c})\right) - 1 = 0 \tag{20.26}$$

整理式 (20.26)，有

$$(\boldsymbol{x} - \boldsymbol{c})^{\mathrm{T}} \begin{bmatrix} 1/r & 0 \\ 0 & 1/r \end{bmatrix} \begin{bmatrix} 1/r & 0 \\ 0 & 1/r \end{bmatrix} (\boldsymbol{x} - \boldsymbol{c}) - 1 = 0 \tag{20.27}$$

即

$$(\boldsymbol{x} - \boldsymbol{c})^{\mathrm{T}} \begin{bmatrix} 1/r^2 & 0 \\ 0 & 1/r^2 \end{bmatrix} (\boldsymbol{x} - \boldsymbol{c}) - 1 = 0 \tag{20.28}$$

可以發現式 (20.28) 和式 (20.20) 完全一致。也就是說，如圖 20.1 所示，單位圓可以透過「縮放 + 平移」，得到圓心位於 $\boldsymbol{c}$ 且半徑為 r 的圓。

沿著這一想法，下一節我們討論如何透過幾何變換一步步將單位圓轉換成任意旋轉橢圓。

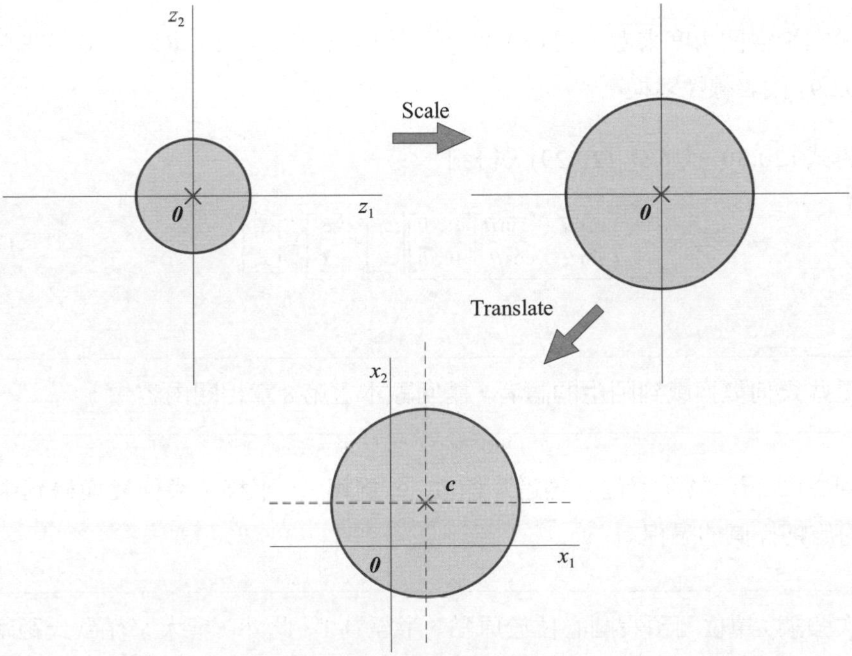

▲ 圖 20.1　單位圓變換得到圓心位於 $\boldsymbol{c}$ 半徑為 r 的正圓

20.3 單位圓到旋轉橢圓：縮放→旋轉→平移

這一節介紹如何利用「縮放 → 旋轉 → 平移」幾何變換，將單位圓變成中心位於任何位置的旋轉橢圓。

利用上一節式 (20.23) 列出單位圓解析式中的 $\boldsymbol{z}$，對 $\boldsymbol{z}$ 先用 $\boldsymbol{S}$ 縮放，再透過 $\boldsymbol{R}$ 逆時鐘旋轉 θ，最後平移 $\boldsymbol{c}$，得到 $\boldsymbol{x}$，有

$$\underbrace{\boldsymbol{R}}_{\text{Rotate}}\underbrace{\boldsymbol{S}}_{\text{Scale}}\boldsymbol{z}+\underbrace{\boldsymbol{c}}_{\text{Translate}}=\boldsymbol{x} \tag{20.29}$$

其中

$$\boldsymbol{R} = \underbrace{\begin{bmatrix} \cos\theta & -\sin\theta \\ \sin\theta & \cos\theta \end{bmatrix}}_{\text{Rotate}}, \quad \boldsymbol{S} = \underbrace{\begin{bmatrix} a & 0 \\ 0 & b \end{bmatrix}}_{\text{Scale}}, \quad \boldsymbol{c} = \underbrace{\begin{bmatrix} c_1 \\ c_2 \end{bmatrix}}_{\text{Translate}} \tag{20.30}$$

如果 $a > b > 0$，則 a、b 分別為橢圓的半長軸、半短軸長度。

從向量空間角度來看，式 (20.29) 代表仿射變換；當 $\boldsymbol{c} = \boldsymbol{0}$ 時，不存在平移，式 (20.29) 代表線性變換。

將式 (20.30) 代入式 (20.29)，得到

$$\underbrace{\begin{bmatrix} \cos\theta & -\sin\theta \\ \sin\theta & \cos\theta \end{bmatrix}}_{\text{Rotate}} \underbrace{\begin{bmatrix} a & 0 \\ 0 & b \end{bmatrix}}_{\text{Scale}} \begin{bmatrix} z_1 \\ z_2 \end{bmatrix} + \underbrace{\begin{bmatrix} c_1 \\ c_2 \end{bmatrix}}_{\text{Translate}} = \begin{bmatrix} x_1 \\ x_2 \end{bmatrix} \tag{20.31}$$

對這些幾何變換感到陌生的讀者，請回顧本書第 8 章相關內容。

圖 20.2 所示為從單位圓經過「縮放 → 旋轉 → 平移」幾何變換得到中心位於 $\boldsymbol{c}$ 的旋轉橢圓的過程。

再次強調：單位圓預設圓心位於原點，半徑為 1。此外，請大家從歐氏距離、等距線、L^2 範數等角度正確理解正圓。

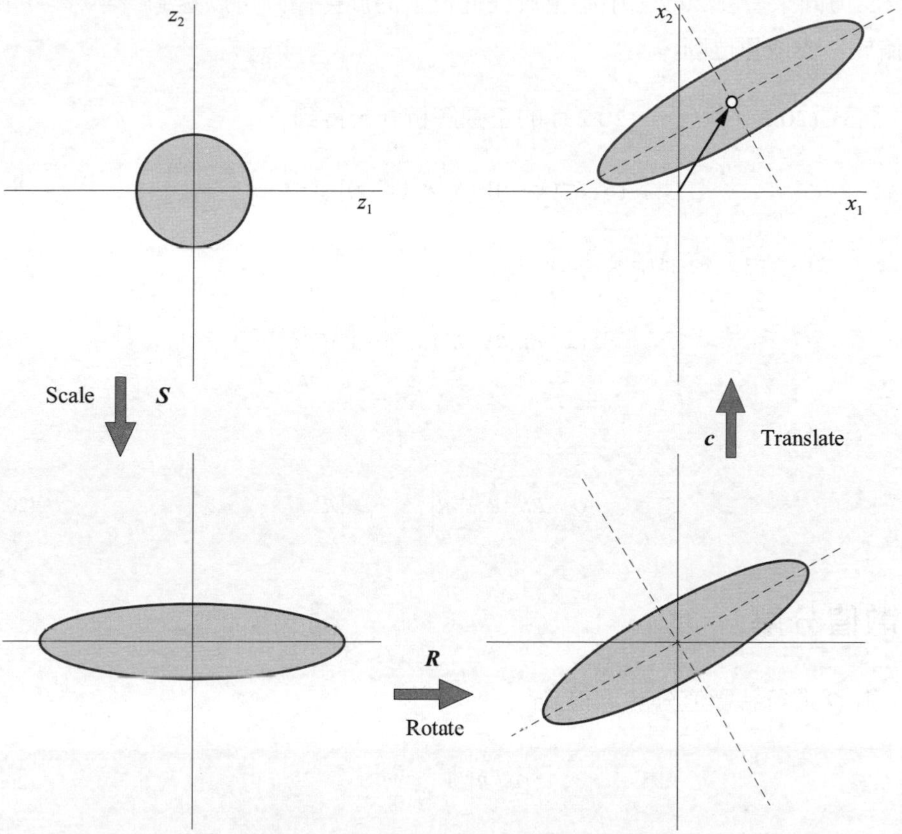

▲ 圖 20.2　從單位圓得到旋轉橢圓

整理式 (20.29)，得到 $\boldsymbol{z}$ 的解析式為

$$\boldsymbol{z} = \boldsymbol{S}^{-1}\boldsymbol{R}^{-1}\left(\boldsymbol{x} - \boldsymbol{c}\right) \tag{20.32}$$

$\boldsymbol{R}$ 為正交矩陣，所以

$$\boldsymbol{R}^{-1} = \boldsymbol{R}^{\mathrm{T}} \tag{20.33}$$

式 (20.32) 寫成

$$\boldsymbol{z} = \boldsymbol{S}^{-1}\boldsymbol{R}^{\mathrm{T}}\left(\boldsymbol{x} - \boldsymbol{c}\right) \tag{20.34}$$

反方向來看圖 20.2，中心位於任何位置的旋轉橢圓可以透過「平移 → 旋轉 → 縮放」變成單位圓。

將式 (20.34) 代入式 (20.23) 的正圓解析式，得到

$$\left(\boldsymbol{S}^{-1}\boldsymbol{R}^{\mathrm{T}}(\boldsymbol{x}-\boldsymbol{c})\right)^{\mathrm{T}}\left(\boldsymbol{S}^{-1}\boldsymbol{R}^{\mathrm{T}}(\boldsymbol{x}-\boldsymbol{c})\right)-1=0 \tag{20.35}$$

進一步整理，得到旋轉橢圓解析式為

$$(\boldsymbol{x}-\boldsymbol{c})^{\mathrm{T}}\boldsymbol{R}\boldsymbol{S}^{-2}\boldsymbol{R}^{\mathrm{T}}(\boldsymbol{x}-\boldsymbol{c})-1=0 \tag{20.36}$$

令

$$\boldsymbol{Q}=\boldsymbol{R}\boldsymbol{S}^{-2}\boldsymbol{R}^{\mathrm{T}}=\boldsymbol{R}\begin{bmatrix} a^{-2} & \\ & b^{-2} \end{bmatrix}\boldsymbol{R}^{\mathrm{T}} \tag{20.37}$$

特徵值分解

對 $\boldsymbol{Q}$ 進行特徵值分解，得到

$$\boldsymbol{Q}=\boldsymbol{R}\begin{bmatrix} \lambda_1 & \\ & \lambda_2 \end{bmatrix}\boldsymbol{R}^{\mathrm{T}} \tag{20.38}$$

比較式 (20.37) 和式 (20.38)，得出特徵值矩陣與縮放矩陣的關係為

$$\begin{bmatrix} \lambda_1 & \\ & \lambda_2 \end{bmatrix}=\begin{bmatrix} a^{-2} & \\ & b^{-2} \end{bmatrix} \tag{20.39}$$

即

$$a=\frac{1}{\sqrt{\lambda_1}},\quad b=\frac{1}{\sqrt{\lambda_2}} \tag{20.40}$$

其中：$\lambda_2>\lambda_1>0$。

這樣，便得到橢圓半長軸和半短軸長度與矩陣 $\boldsymbol{Q}$ 特徵值之間的關係。前文說過，如果 $a > b > 0$，則橢圓的半長軸長度為 a，半短軸長度為 b。而 a/b 的比值為

$$\frac{a}{b} = \frac{\sqrt{\lambda_2}}{\sqrt{\lambda_1}} \tag{20.41}$$

我們在本書第 14 章也討論過如何用解特徵值分解獲得橢圓的半長軸和半短軸。此外第 14 章還比較了「縮放 + 旋轉」和「縮放 + 剪切」這兩種幾何變換路線。

只考慮旋轉

表 20.1 中列出了一系列不同旋轉角度橢圓解析式和對應 $\boldsymbol{Q}$ 的特徵值分解。表 20.1 中不同橢圓半長軸和半短軸的長度保持一致，唯一變化的就是旋轉角度。大家如果對幾個不同 $\boldsymbol{Q}$ 進行特徵值分解，容易發現它們的特徵值完全相同，也就是橢圓的半長軸、半短軸長度一致。

表 20.1 旋轉橢圓解析式、$\boldsymbol{Q}$ 的特徵值分解

旋轉角度	橢圓解析式（最多保留小數點後 4 位）	對 Q 特徵值分解（最多保留小數點後 4 位）	影像
$\theta = 0°\ (0)$	$\boldsymbol{x}^{\mathrm{T}}\begin{bmatrix} 0.25 & 0 \\ 0 & 1 \end{bmatrix}\boldsymbol{x} - 1 = 0$	$\begin{bmatrix} 0.25 & 0 \\ 0 & 1 \end{bmatrix} = \begin{bmatrix} 1 & 0 \\ 0 & 1 \end{bmatrix}\begin{bmatrix} 0.25 & 0 \\ 0 & 1 \end{bmatrix}\begin{bmatrix} 1 & 0 \\ 0 & 1 \end{bmatrix}$	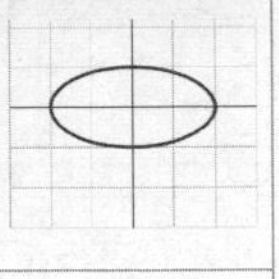
$\theta = 15°\ (\pi/12)$	$\boldsymbol{x}^{\mathrm{T}}\begin{bmatrix} 0.3002 & -0.1875 \\ -0.1875 & 0.9498 \end{bmatrix}\boldsymbol{x} - 1 = 0$	$\begin{bmatrix} 0.3002 & -0.1875 \\ -0.1875 & 0.9498 \end{bmatrix} = \begin{bmatrix} 0.9659 & -0.2588 \\ 0.2588 & 0.9659 \end{bmatrix}\begin{bmatrix} 0.25 & 0 \\ 0 & 1 \end{bmatrix}\begin{bmatrix} 0.9659 & 0.2588 \\ -0.2588 & 0.9659 \end{bmatrix}$	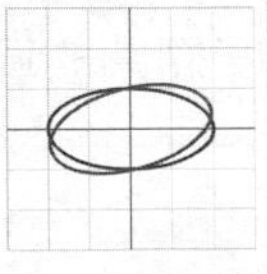
$\theta = 30°\ (\pi/6)$	$\boldsymbol{x}^{\mathrm{T}}\begin{bmatrix} 0.4375 & -0.3248 \\ -0.3248 & 0.8125 \end{bmatrix}\boldsymbol{x} - 1 = 0$	$\begin{bmatrix} 0.4375 & -0.3248 \\ -0.3248 & 0.8125 \end{bmatrix} = \begin{bmatrix} 0.8660 & -0.5000 \\ 0.5000 & 0.8660 \end{bmatrix}\begin{bmatrix} 0.25 & 0 \\ 0 & 1 \end{bmatrix}\begin{bmatrix} 0.8660 & 0.5000 \\ -0.5000 & 0.8660 \end{bmatrix}$	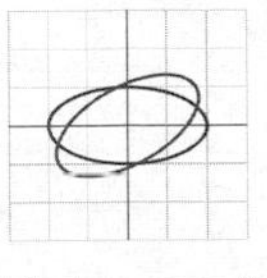

旋轉角度	橢圓解析式（最多保留小數點後 4 位）	對 Q 特徵值分解（最多保留小數點後 4 位）	影像
$\theta = 45° \ (\pi/4)$	$\boldsymbol{x}^{\mathrm{T}}\begin{bmatrix}0.6250 & -0.3750\\ -0.3750 & 0.6250\end{bmatrix}\boldsymbol{x}-1=0$	$\begin{bmatrix}0.6250 & -0.3750\\ -0.3750 & 0.6250\end{bmatrix}$ $=\begin{bmatrix}0.7071 & -0.7071\\ 0.7071 & 0.7071\end{bmatrix}\begin{bmatrix}0.25 & 0\\ 0 & 1\end{bmatrix}\begin{bmatrix}0.7071 & 0.7071\\ -0.7071 & 0.7071\end{bmatrix}$	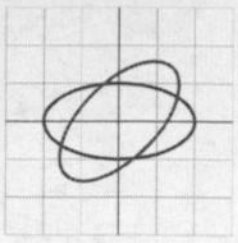
$\theta = 60° \ (\pi/3)$	$\boldsymbol{x}^{\mathrm{T}}\begin{bmatrix}0.8125 & -0.3248\\ -0.3248 & 0.4375\end{bmatrix}\boldsymbol{x}-1=0$	$\begin{bmatrix}0.8125 & -0.3248\\ -0.3248 & 0.4375\end{bmatrix}$ $=\begin{bmatrix}0.5000 & -0.8660\\ 0.8660 & 0.5000\end{bmatrix}\begin{bmatrix}0.25 & 0\\ 0 & 1\end{bmatrix}\begin{bmatrix}0.5000 & 0.8660\\ -0.8660 & 0.5000\end{bmatrix}$	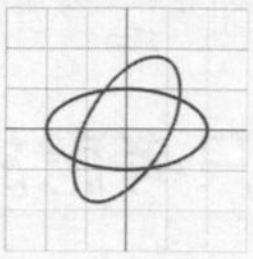
$\theta = 90° \ (\pi/2)$	$\boldsymbol{x}^{\mathrm{T}}\begin{bmatrix}1 & 0\\ 0 & 0.25\end{bmatrix}\boldsymbol{x}-1=0$	$\begin{bmatrix}1 & 0\\ 0 & 0.25\end{bmatrix}=\begin{bmatrix}0 & -1\\ 1 & 0\end{bmatrix}\begin{bmatrix}0.25 & 0\\ 0 & 1\end{bmatrix}\begin{bmatrix}0 & 1\\ -1 & 0\end{bmatrix}$	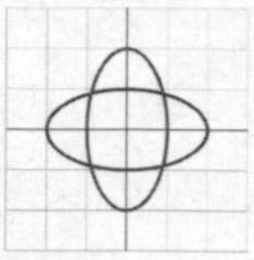
$\theta = 120° \ (2\pi/3)$	$\boldsymbol{x}^{\mathrm{T}}\begin{bmatrix}0.8125 & 0.3248\\ 0.3248 & 0.4375\end{bmatrix}\boldsymbol{x}-1=0$	$\begin{bmatrix}0.8125 & 0.3248\\ 0.3248 & 0.4375\end{bmatrix}$ $=\begin{bmatrix}-0.5000 & -0.8660\\ 0.8660 & -0.5000\end{bmatrix}\begin{bmatrix}0.25 & 0\\ 0 & 1\end{bmatrix}\begin{bmatrix}-0.5000 & 0.8660\\ -0.8660 & -0.5000\end{bmatrix}$	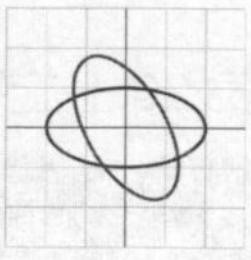
$\theta = 145° \ (3\pi/4)$	$\boldsymbol{x}^{\mathrm{T}}\begin{bmatrix}0.4967 & 0.3524\\ 0.3524 & 0.7533\end{bmatrix}\boldsymbol{x}-1=0$	$\begin{bmatrix}0.4967 & 0.3524\\ 0.3524 & 0.7533\end{bmatrix}$ $=\begin{bmatrix}-0.8192 & -0.5736\\ 0.5736 & -0.8192\end{bmatrix}\begin{bmatrix}0.25 & 0\\ 0 & 1\end{bmatrix}\begin{bmatrix}-0.8192 & 0.5736\\ -0.5736 & -0.8192\end{bmatrix}$	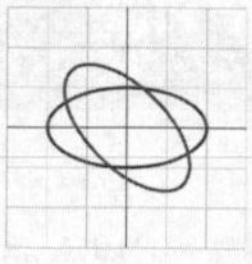

圖 20.3 所示為單位圓經過幾何變換獲得中心位於 (2, 1) 的幾個不同旋轉角度橢圓的範例。

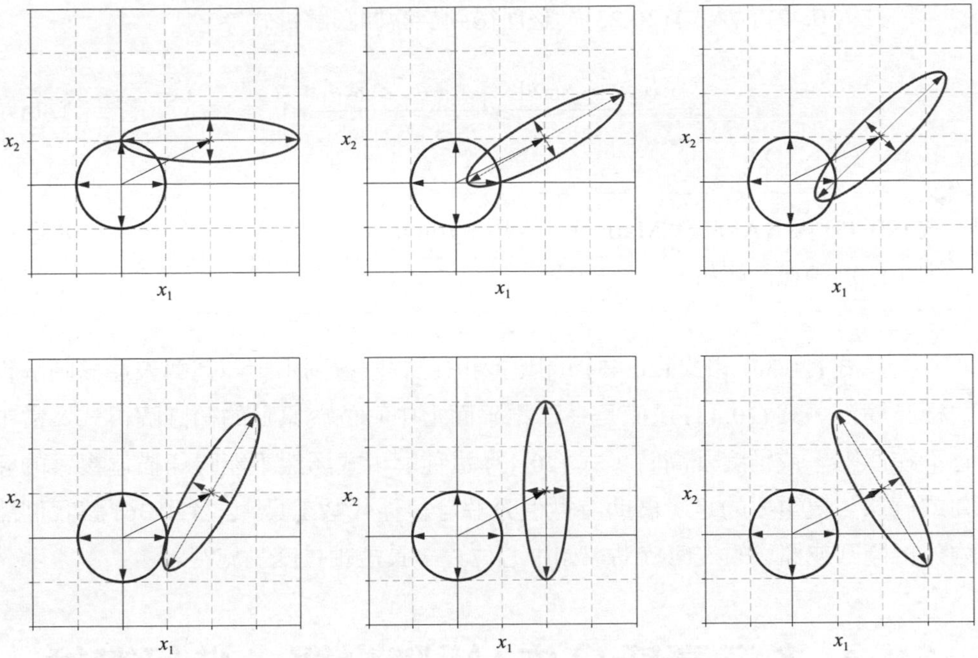

▲ 圖 20.3　透過單位圓獲得幾個不同的旋轉橢圓

Bk4_Ch20_01.py 繪製圖 20.3。

一般解析式

為了方便整理旋轉橢圓解析式，省略式 (20.34) 的平移項 $\boldsymbol{c}$，將式 (20.34) 展開得到

$$\begin{aligned}\begin{bmatrix} z_1 \\ z_2 \end{bmatrix} &= \boldsymbol{S}^{-1}\boldsymbol{R}^{\mathrm{T}}\begin{bmatrix} x_1 \\ x_2 \end{bmatrix} = \begin{bmatrix} a & 0 \\ 0 & b \end{bmatrix}^{-1}\begin{bmatrix} \cos\theta & -\sin\theta \\ \sin\theta & \cos\theta \end{bmatrix}^{\mathrm{T}}\begin{bmatrix} x_1 \\ x_2 \end{bmatrix} \\ &= \begin{bmatrix} 1/a & 0 \\ 0 & 1/b \end{bmatrix}\begin{bmatrix} \cos\theta & \sin\theta \\ -\sin\theta & \cos\theta \end{bmatrix}\begin{bmatrix} x_1 \\ x_2 \end{bmatrix} \\ &= \begin{bmatrix} \dfrac{\cos\theta}{a}x_1 + \dfrac{\sin\theta}{a}x_2 \\ -\dfrac{\sin\theta}{b}x_1 + \dfrac{\cos\theta}{b}x_2 \end{bmatrix}\end{aligned} \tag{20.42}$$

將式 (20.42) 代入式 (20.23)，整理得到旋轉橢圓解析式為

$$\frac{\left[x_1\cos\theta + x_2\sin\theta\right]^2}{a^2} + \frac{\left[x_1\sin\theta - x_2\cos\theta\right]^2}{b^2} = 1 \tag{20.43}$$

> 式 (20.43) 與《AI 時代 Math 元年 - 用 Python 全精通數學要素》一書第 8 章列出的旋轉橢圓解析式完全一致。

對比式 (20.36) 和式 (20.43)，相信大家已經體會到用矩陣運算表達橢圓解析式極為簡潔。式 (20.43) 還僅是在二維平面上中心位於原點的橢圓解析式，當中心不在原點，或維度升高時，式 (20.43) 這種解析式顯然不能勝任描述複雜的橢圓或橢球。更重要的是，借助特徵值分解等線性代數工具，式 (20.36) 讓我們能夠分析橢圓或橢球的幾何特點，如中心位置、長短軸長度、旋轉等。

20.4 多元高斯分佈：矩陣分解、幾何變換、距離

本節介紹如何用上一節介紹的「平移 → 旋轉 → 縮放」解剖多元高斯分佈。

多元高斯分佈

多元高斯分佈的**機率密度函式** (Probability Density Function, PDF) 解析式為

$$f_{\chi}(\boldsymbol{x}) = \frac{\exp\left(-\frac{1}{2}\overbrace{(\boldsymbol{x}-\boldsymbol{\mu})^{\mathrm{T}}\boldsymbol{\Sigma}^{-1}(\boldsymbol{x}-\boldsymbol{\mu})}^{\text{Ellipse}}\right)}{(2\pi)^{\frac{D}{2}}\left|\boldsymbol{\Sigma}\right|^{\frac{1}{2}}} \tag{20.44}$$

> 注意：式中希臘字母 χ 代表 D 維隨機變阵列成的列向量，$\chi=[X_1, X_2, \cdots, X_D]^{\mathrm{T}}$。

相信大家已經在式 (20.44) 的分子中看到了旋轉橢圓解析式 $(\boldsymbol{x}-\boldsymbol{\mu})^{\mathrm{T}}\boldsymbol{\Sigma}^{-1}(\boldsymbol{x}-\boldsymbol{\mu})$。這就是為什麼很多機器學習演算法能夠和以橢圓為代表的圓錐曲線扯上關係，因為這些演算法中都含有多元高斯分佈的成分。

本書系會用橢圓等高線描述式 (20.44)。式 (20.44) 中 Σ 的不同形態還會影響到橢圓的形狀，如圖 20.4 所示。實際上多元高斯分佈 PDF 等高線是多維空間層層包裹的多維橢球面，為了方便展示，我們選擇了橢圓這個視覺化方案。本書系《AI 時代 Math 元年 - 用 Python 全精通資料可視化》專門介紹過三元高斯分佈的視覺化方案，請大家參考。

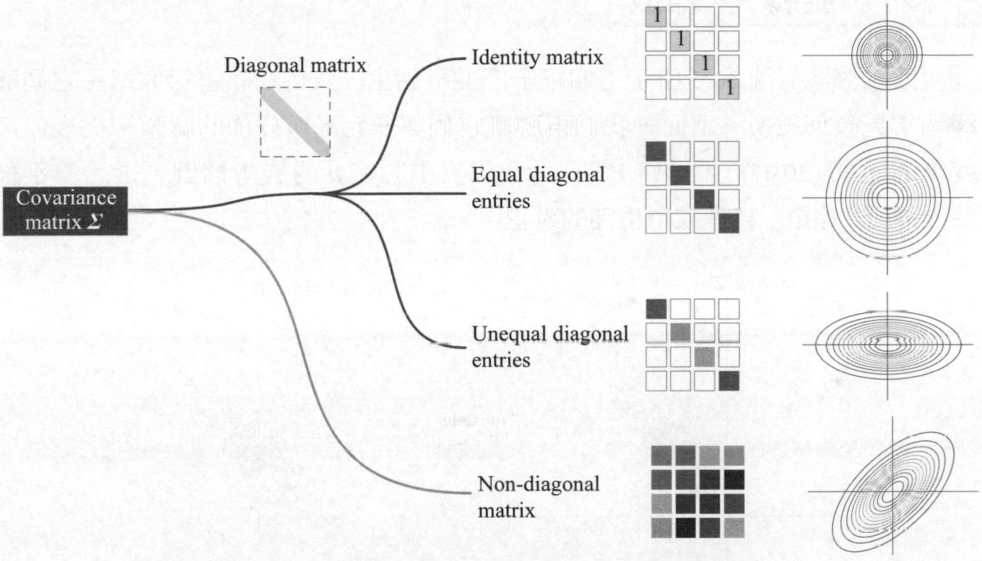

▲ 圖 20.4　協方差矩陣的形態影響高斯密度函式形狀

特徵值分解協方差矩陣

協方差矩陣 Σ 為對稱矩陣，對 Σ 進行特徵值分解得到

$$\boldsymbol{\Sigma}=\boldsymbol{V}\boldsymbol{\Lambda}\boldsymbol{V}^{\mathrm{T}} \tag{20.45}$$

其中：$\boldsymbol{V}$ 為正交矩陣。透過式 (20.45) 可以得到對協方差矩陣的逆 Σ^{-1} 的特徵值分解，即

$$\boldsymbol{\Sigma}^{-1} = \left(\boldsymbol{V\Lambda V}^{\mathrm{T}}\right)^{-1} = \left(\boldsymbol{V}^{\mathrm{T}}\right)^{-1}\boldsymbol{\Lambda}^{-1}\boldsymbol{V}^{-1} = \boldsymbol{V\Lambda}^{-1}\boldsymbol{V}^{\mathrm{T}} \tag{20.46}$$

進一步，將式 (20.46) 代入式 (20.44) 中的橢圓解析式，並整理得到

$$\begin{aligned}(\boldsymbol{x}-\boldsymbol{\mu})^{\mathrm{T}}\boldsymbol{V\Lambda}^{-1}\boldsymbol{V}^{\mathrm{T}}(\boldsymbol{x}-\boldsymbol{\mu}) &= (\boldsymbol{x}-\boldsymbol{\mu})^{\mathrm{T}}\boldsymbol{V\Lambda}^{\frac{-1}{2}}\boldsymbol{\Lambda}^{\frac{-1}{2}}\boldsymbol{V}^{\mathrm{T}}(\boldsymbol{x}-\boldsymbol{\mu}) \\ &= \left[\boldsymbol{\Lambda}^{\frac{-1}{2}}\boldsymbol{V}^{\mathrm{T}}(\boldsymbol{x}-\boldsymbol{\mu})\right]^{\mathrm{T}}\boldsymbol{\Lambda}^{\frac{-1}{2}}\boldsymbol{V}^{\mathrm{T}}(\boldsymbol{x}-\boldsymbol{\mu})\end{aligned} \tag{20.47}$$

也就是說，$(\boldsymbol{x}-\mu)^{\mathrm{T}}\Sigma^{-1}(\boldsymbol{x}-\mu)$ 可以拆成 $\Lambda^{\frac{-1}{2}}\boldsymbol{V}^{\mathrm{T}}(\boldsymbol{x}-\mu)$ 的「平方」。

平移 → 旋轉 → 縮放

大家應該對圖 20.5 所示這四幅子圖並不陌生，我們在本書第 8 章用它們解釋過常見幾何變換。下面，我們再聊聊它們與多元高斯分佈的聯繫。從幾何角度來看，式 (20.47) 中，$\Lambda^{\frac{-1}{2}}\boldsymbol{V}^{\mathrm{T}}(\boldsymbol{x}-\mu)$ 代表中心在 $\boldsymbol{\mu}$ 的旋轉橢圓，透過「平移 → 旋轉 → 縮放」轉換成單位圓的過程。

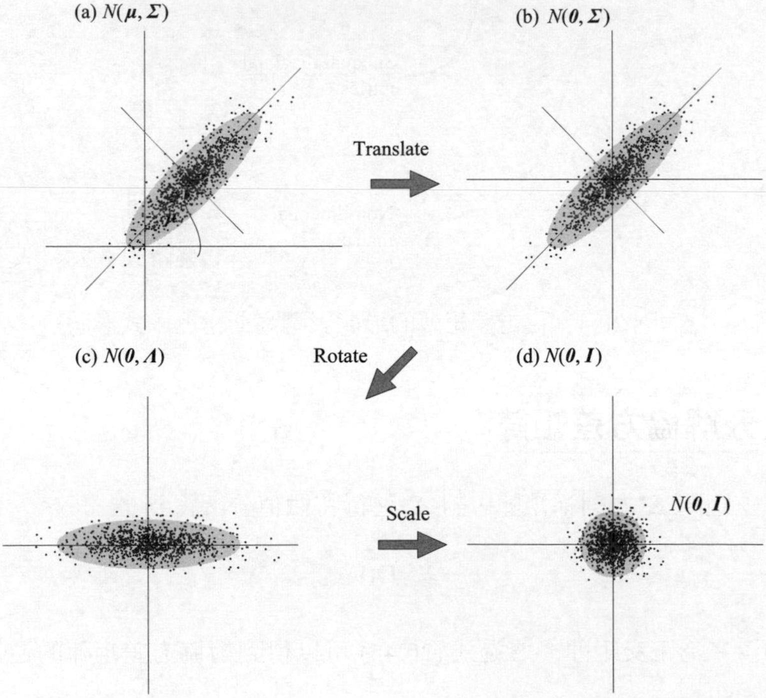

▲ 圖 20.5　平移 → 旋轉 → 縮放

從統計角度來思考，圖 20.5(a) 中旋轉橢圓代表多元高斯分佈 $N(\boldsymbol{\mu},\Sigma)$，隨機數質心位於 $\boldsymbol{\mu}$，橢圓形狀描述了協方差矩陣 Σ。圖 20.5(a) 中的散點是服從 $N(\boldsymbol{\mu},\Sigma)$ 的隨機數。

圖 20.5(a) 中散點經過平移得到 $\boldsymbol{x}_c = \boldsymbol{x} - \boldsymbol{\mu}$，這是一個去平均值過程 (中心化過程)。圖 20.5(b) 中旋轉橢圓代表多元高斯分佈 $N(\boldsymbol{0},\Sigma)$。隨機數質心平移到原點。

圖 20.5(b) 中橢圓旋轉之後得到圖 20.5(c) 中的正橢圓，對應

$$\boldsymbol{y} = \boldsymbol{V}^{\mathrm{T}}\boldsymbol{x}_c = \boldsymbol{V}^{\mathrm{T}}(\boldsymbol{x}-\boldsymbol{\mu}) \tag{20.48}$$

正橢圓的半長軸、半短軸長度蘊含在特徵值矩陣 Λ 中。圖 20.5(c) 中隨機數服從 $N(\boldsymbol{0}, \Lambda)$。最後一步是縮放，從圖 20.5(c) 到圖 20.5(d)，對應

$$\boldsymbol{z} = \boldsymbol{\Lambda}^{\frac{-1}{2}}\boldsymbol{y} = \boldsymbol{\Lambda}^{\frac{-1}{2}}\boldsymbol{V}^{\mathrm{T}}(\boldsymbol{x}-\boldsymbol{\mu}) \tag{20.49}$$

圖 20.5(d) 中的單位圓則代表多元高斯分佈 $N(\boldsymbol{0}, \boldsymbol{I})$。

利用向量 $\boldsymbol{z}$，多元高斯分佈 PDF 可以寫成

$$f_{\chi}(\boldsymbol{x}) = \frac{\exp\left(-\frac{1}{2}\boldsymbol{z}^{\mathrm{T}}\boldsymbol{z}\right)}{(2\pi)^{\frac{D}{2}}|\boldsymbol{\Sigma}|^{\frac{1}{2}}} = \frac{\exp\left(-\frac{1}{2}\|\boldsymbol{z}\|_2^2\right)}{(2\pi)^{\frac{D}{2}}|\boldsymbol{\Sigma}|^{\frac{1}{2}}} \tag{20.50}$$

$\boldsymbol{z}$ 的模 $\|\boldsymbol{z}\|$ 實際上代表「整體」Z 分數。

類比的話，一元高斯分佈的機率密度函式可以寫成

$$f(x) = \frac{\exp\left(-\frac{1}{2}\left(\frac{x-\mu}{\sigma}\right)^2\right)}{(2\pi)^{\frac{1}{2}}\sigma} = \frac{\exp\left(-\frac{1}{2}z^2\right)}{(2\pi)^{\frac{1}{2}}\left(\sigma^2\right)^{\frac{1}{2}}} \tag{20.51}$$

大家應該更容易在式 (20.51) 的分子中看到 Z 分數的平方。

反向來看，$\boldsymbol{x} = \boldsymbol{V}\Lambda^{\frac{1}{2}}\boldsymbol{z} + \mu$ 表示透過「縮放 → 旋轉 → 平移」把單位圓轉換成中心在 $\boldsymbol{\mu}$ 的旋轉橢圓，也就是把 $N(\boldsymbol{0}, \boldsymbol{I})$ 轉換成 $N(\boldsymbol{\mu},\Sigma)$。從資料角度來看，

我們可以透過「縮放 → 旋轉 → 平移」，把服從 $N(\boldsymbol{0}, \boldsymbol{I})$ 的隨機數轉化為服從 $N(\mu, \Sigma)$ 的隨機數。

歐氏距離 → 馬氏距離

本書前文反覆提到，看到 $(\boldsymbol{x} - \mu)^{\mathrm{T}} \Sigma^{-1}(\boldsymbol{x} - \mu)$ 這種二次型，就要考慮它是否代表某種距離。將 $(\boldsymbol{x} - \mu)^{\mathrm{T}} \Sigma^{-1}(\boldsymbol{x} - \mu)$ 寫成 L^2 範數平方的形式，有

$$\begin{aligned}(\boldsymbol{x}-\boldsymbol{\mu})^{\mathrm{T}} \boldsymbol{\Sigma}^{-1}(\boldsymbol{x}-\boldsymbol{\mu}) &= \left[\boldsymbol{\Lambda}^{\frac{-1}{2}} \boldsymbol{V}^{\mathrm{T}}(\boldsymbol{x}-\boldsymbol{\mu})\right]^{\mathrm{T}} \boldsymbol{\Lambda}^{\frac{-1}{2}} \boldsymbol{V}^{\mathrm{T}}(\boldsymbol{x}-\boldsymbol{\mu}) \\ &= \left\|\boldsymbol{\Lambda}^{\frac{-1}{2}} \boldsymbol{V}^{\mathrm{T}}(\boldsymbol{x}-\boldsymbol{\mu})\right\|_2^2 \\ &= \|\boldsymbol{z}\|_2^2\end{aligned} \tag{20.52}$$

也就是說，$(\boldsymbol{x} - \mu)^{\mathrm{T}} \Sigma^{-1}(\boldsymbol{x} - \mu)$ 開方得到

$$d = \sqrt{(\boldsymbol{x}-\boldsymbol{\mu})^{\mathrm{T}} \boldsymbol{\Sigma}^{-1}(\boldsymbol{x}-\boldsymbol{\mu})} = \left\|\boldsymbol{\Lambda}^{\frac{-1}{2}} \boldsymbol{V}^{\mathrm{T}}(\boldsymbol{x}-\boldsymbol{\mu})\right\| = \|\boldsymbol{z}\| \tag{20.53}$$

式 (20.53) 就是大名鼎鼎的馬氏距離。馬氏距離，也叫**馬哈距離** (Mahal distance)，全稱為**馬哈拉 諾比斯距離** (Mahalanobis distance)。

馬氏距離是機器學習中重要的距離度量。馬氏距離的獨特之處在於，它透過引入協方差矩陣在計算距離時考慮了資料的分佈。此外，馬氏距離為**無量綱量** (unitless 或 dimensionless)，它將各個特徵資料標準化。也就是說，馬氏距離可以看作是多中繼資料的 Z 分數。比如 quantity，馬氏距離為 2，quantity 表示某點距離資料質心的距離為 2 倍標準差。

比對來看，$(\boldsymbol{x} - \mu)^{\mathrm{T}}(\boldsymbol{x} - \mu)$ 代表 $\boldsymbol{x}$ 和 μ 兩點之間歐氏距離平方。$\sqrt{(\boldsymbol{x}-\boldsymbol{\mu})^{\mathrm{T}}(\boldsymbol{x}-\boldsymbol{\mu})} = \|\boldsymbol{x} - \mu\|$ 代表歐氏距離。在《AI 時代 Math 元年 - 用 Python 全精通數學要素》一書第 7 章中，我們知道，地理上的相近，不代表關係的緊密。正如，相隔萬裡的好友，近在咫尺的路人。馬氏距離就是考慮了樣本資料「親疏關係」的距離度量。

馬氏距離：以鳶尾花為例

為了讓大家更進一步地理解馬氏距離，下面我們以鳶尾花資料為例展開講解。

這裡我們使用鳶尾花花萼長度、花瓣長度兩個特徵。為了方便，令花萼長度為 x_1，花瓣長度為 x_2。二中繼資料質心所在位置為

$$\boldsymbol{\mu} = \begin{bmatrix} 5.843 \\ 3.758 \end{bmatrix} \tag{20.54}$$

圖 20.6 中的散點代表鳶尾花樣本資料。圖 20.6 對比了歐氏距離和馬氏距離。

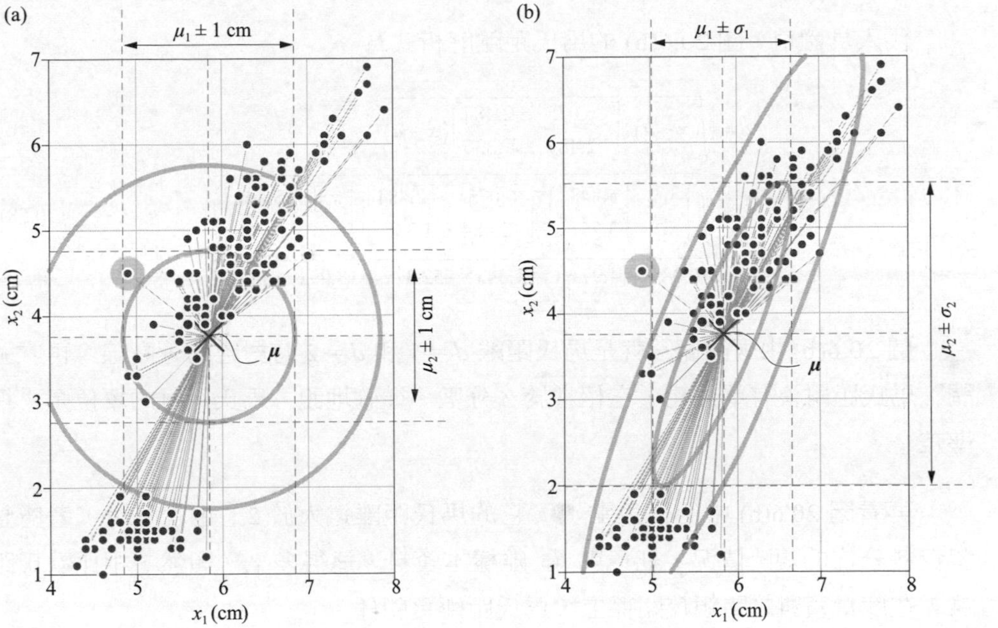

▲ 圖 20.6 歐氏距離和馬氏距離

平面上任意一個鳶尾花樣本點 $\boldsymbol{x}$ 到質心 μ 的歐氏距離為

$$\begin{aligned} d &= \sqrt{(\boldsymbol{x}-\boldsymbol{\mu})^{\mathrm{T}}(\boldsymbol{x}-\boldsymbol{\mu})} = \sqrt{\left(\begin{bmatrix} x_1 \\ x_2 \end{bmatrix} - \begin{bmatrix} 5.843 \\ 3.758 \end{bmatrix}\right)^{\mathrm{T}}\left(\begin{bmatrix} x_1 \\ x_2 \end{bmatrix} - \begin{bmatrix} 5.843 \\ 3.758 \end{bmatrix}\right)} \\ &= \sqrt{(x_1 - 5.843)^2 + (x_2 - 3.758)^2} \end{aligned} \tag{20.55}$$

圖 20.6(a) 所示的兩個同心圓距離質心 μ 為 1 cm 和 2 cm 。歐氏距離顯然沒有考慮資料之間的親疏關系。舉個例子，圖 20.6(a) 中紅色點 ● 距離質心的歐氏距離略大於 1 cm。但是對於整體樣本資料，● 顯得鶴立雞群，格格不入。

圖 20.6 中鳶尾花資料的協方差矩陣 Σ 為

$$\boldsymbol{\Sigma}=\begin{bmatrix}0.685 & 1.274\\1.274 & 3.116\end{bmatrix} \tag{20.56}$$

協方差的逆 Σ^{-1} 為

$$\boldsymbol{\Sigma}^{-1}=\begin{bmatrix}6.075 & -2.484\\-2.484 & 1.336\end{bmatrix} \tag{20.57}$$

代入具體值，圖 20.6(b) 的馬氏距離解析式為

$$\begin{aligned}d&=\sqrt{(\boldsymbol{x}-\boldsymbol{\mu})^{\mathrm{T}}\begin{bmatrix}6.075 & -2.484\\-2.484 & 1.336\end{bmatrix}(\boldsymbol{x}-\boldsymbol{\mu})}\\&=\sqrt{\left(\begin{bmatrix}x_1\\x_2\end{bmatrix}-\begin{bmatrix}5.843\\3.758\end{bmatrix}\right)^{\mathrm{T}}\begin{bmatrix}6.075 & -2.484\\-2.484 & 1.336\end{bmatrix}\left(\begin{bmatrix}x_1\\x_2\end{bmatrix}-\begin{bmatrix}5.843\\3.758\end{bmatrix}\right)}\\&=\sqrt{6.08x_1^2-4.97x_1x_2+1.34x_2^2-52.32x_1+18.99x_2+117.21}\end{aligned} \tag{20.58}$$

圖 20.6(b) 中兩個橢圓就是馬氏距離 $d=1$ 和 $d=2$ 時對應的等高線。再次強調，馬氏距離沒有單位元，它相當於 Z 分數。準確地說，馬氏距離的單位是「標準差」。

再看圖 20.6(b) 中的紅色點 ●, 它的馬氏距離遠大於 2。也就是說，考慮整體資料分佈的親疏情況，紅色點 ● 離樣本資料「遠得多」。顯然，相比歐氏距離，在度量資料之間親疏關係上，馬氏距離更勝任。

我們可以用 scipy.spatial.distance.mahalanobis() 函式計算馬氏距離，Scikit-Learn 函式庫中也有計算馬氏 距離的函式。

> 本書系會在《AI 時代 Math 元年 - 用 Python 全精通統計及機率》一書中有一章專門講解馬氏距離，我們會繼續鳶尾花這個例子。在《資料有道》一書，我們還會用馬氏距離判斷離群點。

高斯函式

將式 (20.53) 中的馬氏距離 d 代入多元高斯分佈機率密度函式，得到

$$f_{\chi}(\boldsymbol{x}) = \frac{\exp\left(-\frac{1}{2}d^2\right)}{(2\pi)^{\frac{D}{2}}|\boldsymbol{\Sigma}|^{\frac{1}{2}}} \tag{20.59}$$

式 (20.59) 中，我們看到高斯函式把「距離度量」轉化成「親近度」。如圖 20.7 所示，從幾何角度來看，這是一個二次曲面到高斯函式曲面的轉換。

從統計角度來看，距離中心 μ 越遠，對應的機率越小。機率密度值可以無限接近於 0，但是不為 0，這說明雖然是小機率事件，但是「萬事皆可能」。強調一下，機率密度不同於機率值，機率密度函式積分或多重積分之後可以得到機率值。

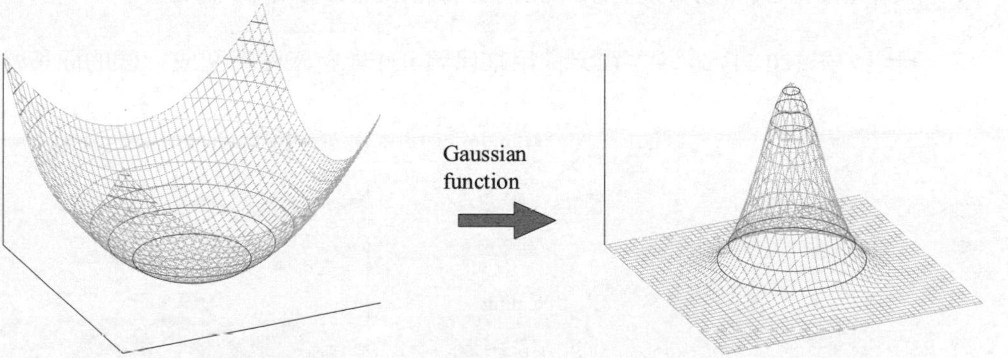

▲ 圖 20.7　「距離度量」轉化成「親近度」

分母：行列式值

從體積角度來看，「平移 → 旋轉 → 縮放」這一系列幾何變換帶來的面積 / 體積縮放係數與式 (20.59) 分母中的 $|\Sigma|^{\frac{1}{2}}$ 有直接關係。

把係數 $|\Sigma|^{\frac{1}{2}}$ 從分母移到分子可以寫成 $|\Sigma|^{\frac{-1}{2}}$。而 $\Sigma^{\frac{-1}{2}}$ 相當於

$$\boldsymbol{\Sigma}^{\frac{-1}{2}} \sim \boldsymbol{\Lambda}^{\frac{-1}{2}}\boldsymbol{V}^{\mathrm{T}}(\boldsymbol{x}-\boldsymbol{\mu}) \tag{20.60}$$

本書第 5 章和第 14 章都強調過，$\boldsymbol{A}\boldsymbol{A}^{\mathrm{T}} = \boldsymbol{B}\boldsymbol{B}^{\mathrm{T}}$ 不能推導得到 $\boldsymbol{A} = \boldsymbol{B}$。

$|\Sigma|^{\frac{-1}{2}}$ 開根號的原因很容易理解，Σ^{-1} 中有「兩份」上述「平移 → 旋轉 → 縮放」幾何變換，因此 $|\Sigma|^{-1}$ 代表縮放比例的平方。

⚠

注意：協方差矩陣 Σ 真正造成縮放的成分是特徵值矩陣 Λ, 即 $|\Sigma| = |\Lambda|$。強調一下，| ● | 這個運算元是求行列式值，不是絕對值。行列式值完成「矩陣 → 純量」的運算，這個純量結果和面積 / 體積縮放係數直接相關。

從統計角度來看，對比式 (20.44) 和式 (20.51)，$|\Sigma|$ 相當於整體方差。

分母：體積歸一化

如圖 20.8 所示，從幾何角度來看，式 (20.44) 分母中 $(2\pi)^{\frac{D}{2}}$，主要是為了保 證機率密度函式曲面和整個水平面包裹的體積為 1，即機率為 1。

同理，式 (20.51) 分母中 $(2\pi)^{\frac{1}{2}}$ 用來保證 $f(x)$ 與整條橫軸圍成影像的面積為 1。

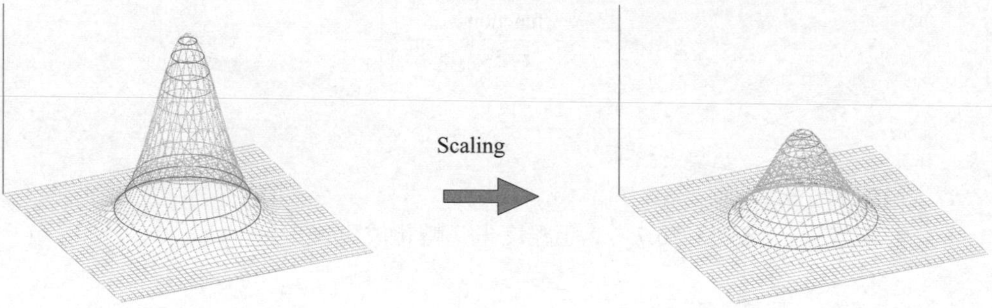

▲ 圖 20.8　體積歸一化

再次強調，機率密度經過積分或多重積分可以得到機率。《AI 時代 Math 元年 - 用 Python 全精通數學要素》一書第 18 章介紹過一元高斯函式積分、二元高斯函式「偏積分」和二重積分，建議大家適當進行回顧。

解剖多元高斯分佈 PDF

有了以上分析，理解、記憶多元高斯分佈的機率密度函式解析式，就變得容易了，可以遵照

$$
\begin{aligned}
d = \sqrt{(\boldsymbol{x}-\boldsymbol{\mu})^{\mathrm{T}} \boldsymbol{\Sigma}^{-1}(\boldsymbol{x}-\boldsymbol{\mu})} &\quad \text{| Mahal distance} \\
\|\boldsymbol{z}\| &\quad \text{| z-score} \\
\boldsymbol{z} = \boldsymbol{\Lambda}^{\frac{1}{2}} \boldsymbol{V}^{\mathrm{T}}(\boldsymbol{x}-\boldsymbol{\mu}) &\quad \text{| Translate} \rightarrow \text{rotate} \rightarrow \text{scale} \\
\left[\boldsymbol{\Lambda}^{\frac{-1}{2}} \boldsymbol{V}^{\mathrm{T}}(\boldsymbol{x}-\boldsymbol{\mu})\right]^{\mathrm{T}} \boldsymbol{\Lambda}^{\frac{-1}{2}} \boldsymbol{V}^{\mathrm{T}}(\boldsymbol{x}-\boldsymbol{\mu}) &\quad \text{| Eigen decomposition} \\
(\boldsymbol{x}-\boldsymbol{\mu})^{\mathrm{T}} \boldsymbol{\Sigma}^{-1}(\boldsymbol{x}-\boldsymbol{\mu}) &\quad \text{| Ellipse/ellipsoid} \\
&\quad \uparrow \\
f_{\chi}(\boldsymbol{x}) = \frac{\exp\left(-\frac{1}{2}(\boldsymbol{x}-\boldsymbol{\mu})^{\mathrm{T}} \boldsymbol{\Sigma}^{-1}(\boldsymbol{x}-\boldsymbol{\mu})\right)}{(2\pi)^{\frac{D}{2}} |\boldsymbol{\Sigma}|^{\frac{1}{2}}}
\end{aligned}
\tag{20.61}
$$

Distance → similarity

Normalization
Multivariable calculus

Scaling
Eigenvalues

有關多元高斯分佈的故事才剛剛開始，本書系《AI 時代 Math 元年 - 用 Python 全精通統計及機率》一書中多元高斯分佈會佔據大半江山。

> 我們用 Streamlit 和 Plotly 繪製二元高斯分佈機率密度函式曲面、平面等高線，大家可以調節均方差、相關性係數來觀察影像變化。請參考 Streamlit_Bk4_Ch20_04.py。

20.5 從單位雙曲線到旋轉雙曲線

本節講解如何把單位雙曲線變換得到任意雙曲線。平面上，**單位雙曲線** (unit hyperbola) 定義為

$$
\boldsymbol{z}^{\mathrm{T}} \begin{bmatrix} 1 & 0 \\ 0 & -1 \end{bmatrix} \boldsymbol{z} - 1 = 0 \tag{20.62}
$$

> 對單位雙曲線感到陌生的讀者請參閱《AI 時代 Math 元年 - 用 Python 全精通數學要素》一書第 9 章。同時也建議大家回顧這章中講解的雙曲函式。

展開式 (20.62) 得到

$$z_1^2 - z_2^2 = 1 \tag{20.63}$$

與前文想法完全一致，首先對 $\boldsymbol{z}$ 透過 $\boldsymbol{S}$ 縮放，再透過 $\boldsymbol{R}$ 逆時鐘旋轉 θ，最後平移 $\boldsymbol{c}$，有

$$\underbrace{\boldsymbol{R}}_{\text{Rotate}}\underbrace{\boldsymbol{S}}_{\text{Scale}}\boldsymbol{z} + \underbrace{\boldsymbol{c}}_{\text{Translate}} = \boldsymbol{x} \tag{20.64}$$

同樣展開可以得到

$$\underbrace{\begin{bmatrix} \cos\theta & -\sin\theta \\ \sin\theta & \cos\theta \end{bmatrix}}_{\text{Rotate}}\underbrace{\begin{bmatrix} a & 0 \\ 0 & b \end{bmatrix}}_{\text{Scale}}\begin{bmatrix} z_1 \\ z_2 \end{bmatrix} + \underbrace{\begin{bmatrix} c_1 \\ c_2 \end{bmatrix}}_{\text{Translate}} = \begin{bmatrix} x_1 \\ x_2 \end{bmatrix} \tag{20.65}$$

後續推導與上一節完全一致，我們可以得到任意雙曲線的解析式。鑑於我們已經放棄以代數解析式表達複雜的圓錐曲線，因此不建議大家展開推導。圖 20.9 所示為透過單位雙曲線旋轉得到的一系列雙曲線。圖 20.9 中藍色和紅色雙曲線僅存在旋轉關係，沒有經過縮放和平移操作。

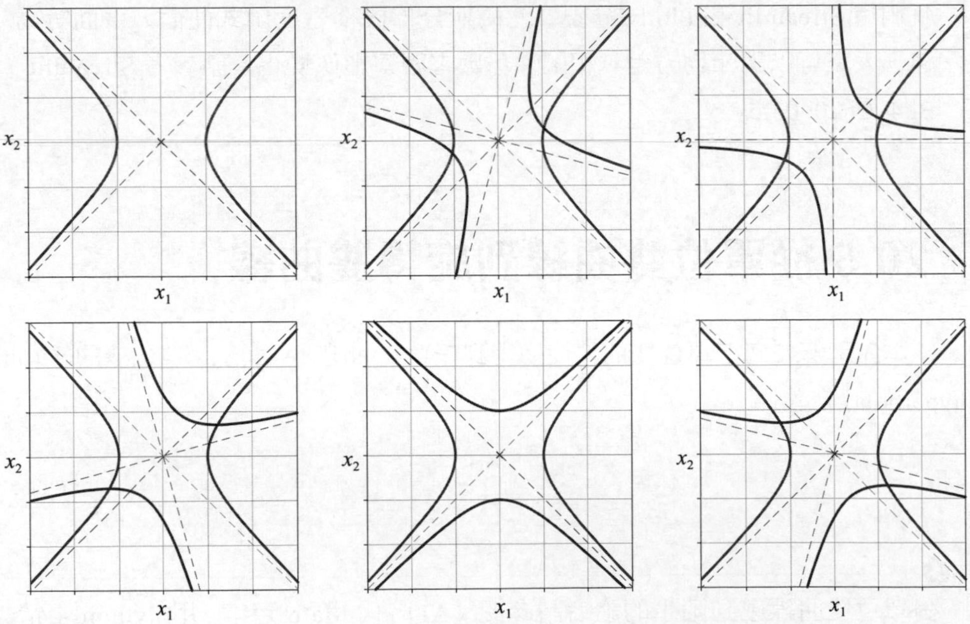

▲ 圖 20.9 透過單位雙曲線旋轉得到的一系列雙曲線

請大家自行修改 Bk4_Ch20_02.py 參數繪製不同幾何變換條件下的雙曲線。

20.6 切線：建構函式，求梯度向量

本節探討如何求解圓錐曲線切線的解析式。

橢圓

首先以橢圓為例求解其切線解析式。標準橢圓的解析式為

$$\frac{x_1^2}{a^2}+\frac{x_2^2}{b^2}=1 \tag{20.66}$$

先建構一個二元函式 $f(x_1, x_2)$ 為

$$f(x_1,x_2)=\frac{x_1^2}{a^2}+\frac{x_2^2}{b^2} \tag{20.67}$$

如圖 20.10 所示，橢圓上點 $P(p_1, p_2)$ 處 $f(x_1, x_2)$ 的梯度，即法向量 $\boldsymbol{n}$ 為

$$\boldsymbol{n}=\nabla f(\boldsymbol{x})\Big|_{(p_1,p_2)}=\begin{bmatrix}\dfrac{\partial f}{\partial x_1}\\ \dfrac{\partial f}{\partial x_2}\end{bmatrix}\Bigg|_{(p_1,p_2)}=\begin{bmatrix}\dfrac{2p_1}{a^2}\\ \dfrac{2p_2}{b^2}\end{bmatrix} \tag{20.68}$$

如圖 20.10 所示，切線上任意一點和點 P 組成的向量垂直於法向量 $\boldsymbol{n}$，因此兩者內積為 0，即

$$\begin{bmatrix}\dfrac{2p_1}{a^2}\\ \dfrac{2p_2}{b^2}\end{bmatrix}\cdot\begin{bmatrix}x_1-p_1\\ x_2-p_2\end{bmatrix}=\frac{2p_1}{a^2}(x_1-p_1)+\frac{2p_2}{b^2}(x_2-p_2)=0 \tag{20.69}$$

整理式 (20.69)，得到 $P(p_1, p_2)$ 點處橢圓切線解析式為

$$\frac{p_1}{a^2}x_1+\frac{p_2}{b^2}x_2=\frac{p_1^2}{a^2}+\frac{p_2^2}{b^2} \tag{20.70}$$

圖 20.11 所示為某個給定橢圓上不同點處的切線。

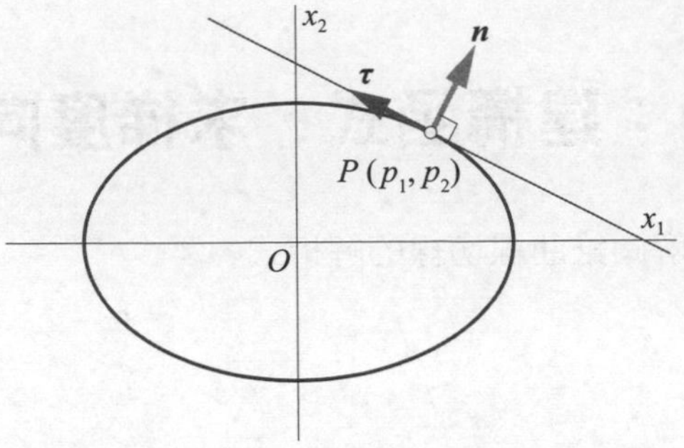

▲ 圖 20.10　橢圓上點 P 處切向量和法向量

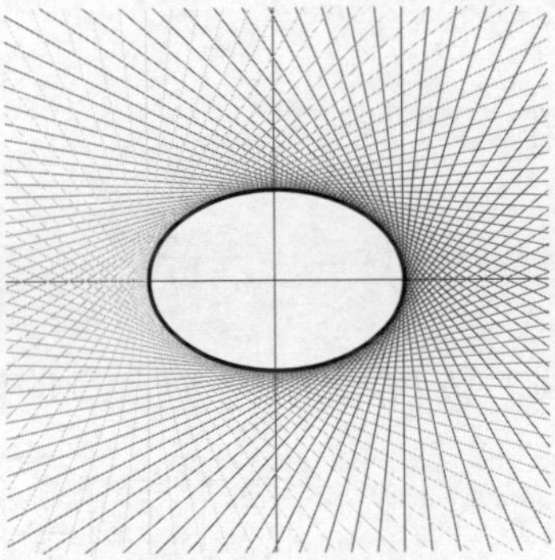

▲ 圖 20.11　橢圓切線分佈

正圓

正圓是橢圓的特殊形式，將 $a = b = r$ 代入上式，可以獲得圓心位於原點的正圓上 $P(p_1, p_2)$ 點的切線解析式為

$$p_1 x_1 + p_2 x_2 = p_1^2 + p_2^2 = r^2 \tag{20.71}$$

圖 20.12 所示為中心位於原點的單位圓不同點上的切線。

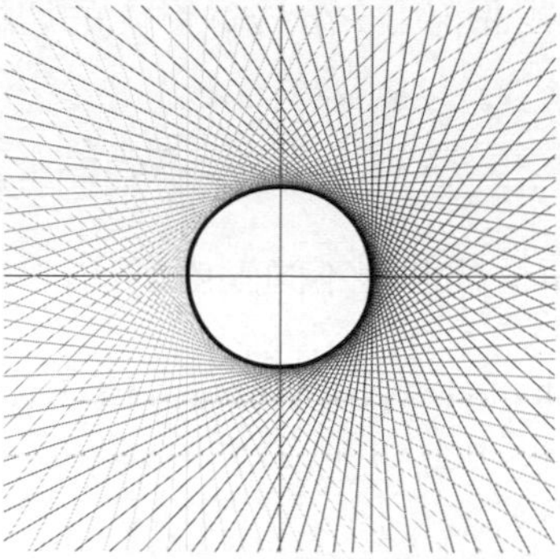

▲ 圖 20.12　單位圓切線分佈

雙曲線

用同樣的方法可以求解標準雙曲線的切線。焦點位於橫軸的標準雙曲線解析式寫作

$$\frac{x_1^2}{a^2} - \frac{x_2^2}{b^2} = 1 \tag{20.72}$$

同理，先建構一個二元函式 $f(x_1, x_2)$ 為

$$f(x_1, x_2) = \frac{x_1^2}{a^2} - \frac{x_2^2}{b^2} \tag{20.73}$$

如圖 20.13 所示，雙曲線上 $P(p_1, p_2)$ 點處函式 $f(x_1, x_2)$ 的梯度，即法向量 $\boldsymbol{n}$ 為

$$\boldsymbol{n} = \nabla f(\boldsymbol{x})\Big|_{(p_1,p_2)} = \begin{bmatrix} \dfrac{\partial f}{\partial x_1} \\ \dfrac{\partial f}{\partial x_2} \end{bmatrix}_{(p_1,p_2)} = \begin{bmatrix} \dfrac{2p_1}{a^2} \\ -\dfrac{2p_2}{b^2} \end{bmatrix} \tag{20.74}$$

如圖 20.13 所示，切線上任意一點與點 P 組成的向量垂直於法向量 $\boldsymbol{n}$，透過內積為 0 得到

$$\begin{bmatrix} \dfrac{2p_1}{a^2} \\ -\dfrac{2p_2}{b^2} \end{bmatrix} \cdot \begin{bmatrix} x_1 - p_1 \\ x_2 - p_2 \end{bmatrix} = \frac{2p_1}{a^2}(x_1 - p_1) - \frac{2p_2}{b^2}(x_2 - p_2) = 0 \tag{20.75}$$

整理式 (20.75)，得到雙曲線上 $P(p_1, p_2)$ 點處的切線解析式為

$$\frac{p_1}{a^2}x_1 - \frac{p_2}{b^2}x_2 = \frac{p_1^2}{a^2} - \frac{p_2^2}{b^2} \tag{20.76}$$

圖 20.14 所示展示了單位雙曲線不同點處的切線。

本書系《AI 時代 Math 元年 - 用 Python 全精通統計及機率》一書會用到本節數學工具，探討馬氏距離。

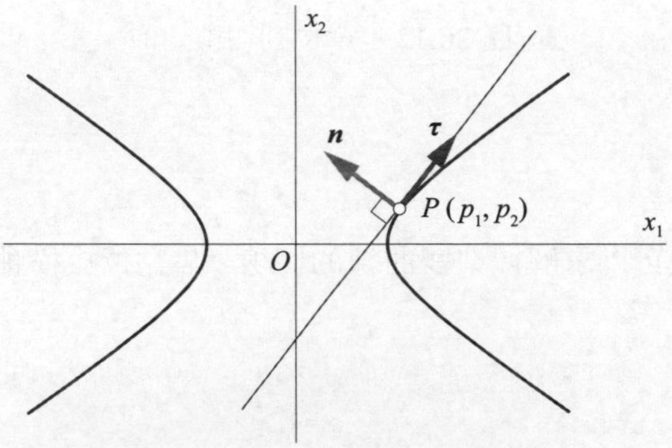

▲ 圖 20.13　雙曲線上點 P 處切向量和法向量

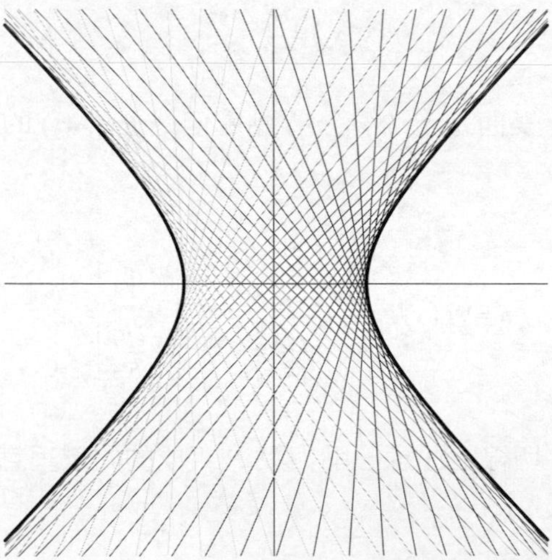

▲ 圖 20.14　雙曲線左右兩側切線分佈

圓錐曲線一般式

本章前文列出了圓錐曲線常見的一般運算式，同樣據此建構一個二元函式 $f(x_1, x_2)$，有

$$f\left(x_1, x_2\right) = Ax_1^2 + Bx_1x_2 + Cx_2^2 + Dx_1 + Ex_2 + F \tag{20.77}$$

圓錐曲線任意一點 $P(p_1, p_2)$ 處二元函式 $f(x_1, x_2)$ 的梯度，即法向量 $\boldsymbol{n}$ 為

$$\boldsymbol{n} = \nabla f\left(\boldsymbol{x}\right)\Big|_{(p_1, p_2)} = \begin{bmatrix} \dfrac{\partial f}{\partial x_1} \\ \dfrac{\partial f}{\partial x_2} \end{bmatrix}\Bigg|_{(p_1, p_2)} = \begin{bmatrix} 2Ap_1 + Bp_2 + D \\ Bp_1 + 2Cp_2 + E \end{bmatrix} \tag{20.78}$$

切線上任意一點與點 P 組成的向量垂直於法向量 $\boldsymbol{n}$，因此兩者向量內積為 0，有

$$\begin{bmatrix} 2Ap_1 + Bp_2 + D \\ Bp_1 + 2Cp_2 + E \end{bmatrix} \cdot \begin{bmatrix} x_1 - p_1 \\ x_2 - p_2 \end{bmatrix} = 0 \tag{20.79}$$

即

$$\left(2Ap_1 + Bp_2 + D\right)\left(x_1 - p_1\right) + \left(Bp_1 + 2Cp_2 + E\right)\left(x_2 - p_2\right) = 0 \tag{20.80}$$

整理得到圓錐曲線任意一點 $P(p_1, p_2)$ 處的切線解析式為

$$\left(2Ap_1 + Bp_2 + D\right)x_1 + \left(Bp_1 + 2Cp_2 + E\right)x_2 = 2Ap_1^2 + 2Bp_1p_2 + 2Cp_2^2 + Dp_1 + Ep_2 \tag{20.81}$$

Bk4_Ch20_03.py 繪製圖 20.11，請大家修改程式自行繪製本節和下一節其他影像。

20.7 法線：法向量垂直於切向量

橢圓

式 (20.67) 所示標準橢圓上點 $P(p_1, p_2)$ 處的切向量 τ 為

$$\boldsymbol{\tau} = \begin{bmatrix} \dfrac{\partial f}{\partial x_2} \\ -\dfrac{\partial f}{\partial x_1} \end{bmatrix}_{(p_1,p_2)} = \begin{bmatrix} \dfrac{2p_2}{b^2} \\ -\dfrac{2p_1}{a^2} \end{bmatrix} \tag{20.82}$$

點 $P(p_1, p_2)$ 處切向量 τ 顯然垂直於其法向量 $\boldsymbol{n}$。

橢圓上 $P(p_1, p_2)$ 點處法線解析式為

$$\begin{bmatrix} \dfrac{2p_2}{b^2} \\ -\dfrac{2p_1}{a^2} \end{bmatrix} \cdot \begin{bmatrix} x_1 - p_1 \\ x_2 - p_2 \end{bmatrix} = \frac{2p_2}{b^2}(x_1 - p_1) - \frac{2p_1}{a^2}(x_2 - p_2) = 0 \tag{20.83}$$

整理得到

$$\frac{p_2}{b^2}x_1 - \frac{p_1}{a^2}x_2 = \frac{p_1 p_2}{b^2} - \frac{p_1 p_2}{a^2} \tag{20.84}$$

圖 20.15 所示為橢圓法線的分佈情況。

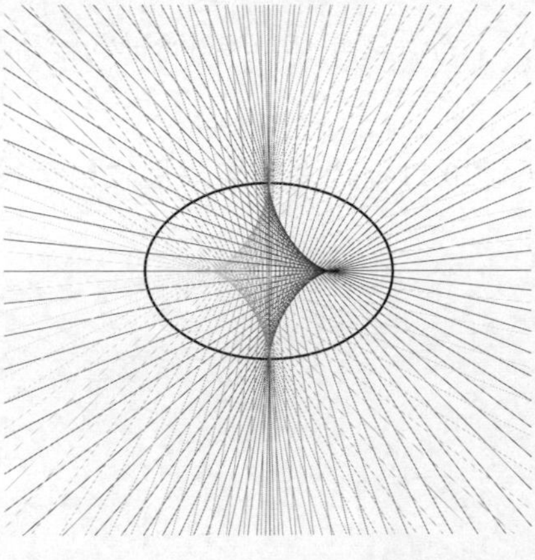

▲ 圖 20.15　橢圓法線分佈

圓錐曲線一般式

下面推導一般圓錐曲線的法線。式 (20.77) 圓錐曲線解析式上 P 點處的切向量 τ 為

$$\boldsymbol{\tau} = \begin{bmatrix} \dfrac{\partial f}{\partial x_2} \\ -\dfrac{\partial f}{\partial x_1} \end{bmatrix}_{(p_1, p_2)} = \begin{bmatrix} Bp_1 + 2Cp_2 + E \\ -(2Ap_1 + Bp_2 + D) \end{bmatrix} \tag{20.85}$$

得到過 P 點的圓錐曲線法線直線方程式為

$$\begin{bmatrix} Bp_1 + 2Cp_2 + E \\ -(2Ap_1 + Bp_2 + D) \end{bmatrix} \cdot \begin{bmatrix} x_1 - p_1 \\ x_2 - p_2 \end{bmatrix} = 0 \tag{20.86}$$

整理得到法線解析式為

$$(Bp_1 + 2Cp_2 + E)x_1 - (2Ap_1 + Bp_2 + D)x_2 = B(p_1^2 - p_2^2) + (2C - 2A)p_1 p_2 + Ep_1 - Dp_2 \tag{20.87}$$

圖 20.16 所示的這幅圖最能總結本章的核心內容。它雖然是四幅子圖，卻代表著一個連貫的幾何變換操作。不管是從旋轉橢圓到單位圓，還是從單位圓到旋轉橢圓，請大家務必記住每步幾何變換對應的線性代數運算。

理解這些幾何變換，對理解協方差矩陣、多元高斯分佈、主成分分析和很多機器學習演算法有著至關重要的作用。

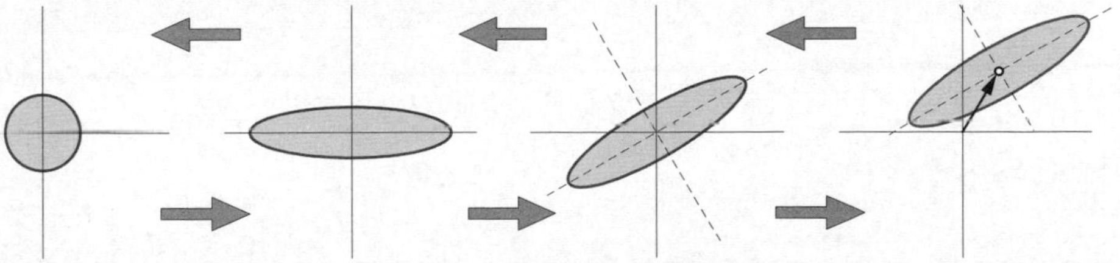

▲ 圖 20.16　總結本章重要內容的四幅圖

本章利用矩陣分解、幾何角度解剖了多元高斯分佈的機率密度函式。請大家特別注意理解「平移 → 旋轉 → 縮放」這三步幾何操作，以及馬氏距離的意義。

Surfaces and Positive Definiteness

21 曲面和正定性

代數、微積分、幾何、線性代數的結合體

神，幾何化一切。

God ever geometrizes.

——柏拉圖（*Plato*）| 古希臘哲學家 | *424/423 B.C. — 348/347 B.C.*

- matplotlib.pyplot.contour() 繪製等高線線圖
- matplotlib.pyplot.contourf() 繪製填充等高線圖
- matplotlib.pyplot.scatter() 繪製散點圖
- numpy.arange() 在指定區間內傳回均勻間隔的陣列
- numpy.array() 建立 array 資料型態
- numpy.cos() 餘弦函式
- numpy.linalg.cholesky() Cholesky 分解函式
- numpy.linspace() 產生連續均勻間隔陣列
- numpy.meshgrid() 生成網格化資料
- numpy.multiply() 向量或矩陣逐項乘積
- numpy.roots() 多項式求根
- numpy.sin() 正弦函式
- numpy.sqrt() 計算平方根
- sympy.abc import x 定義符號變數 x
- sympy.diff() 求解符號導數和偏導解析式
- sympy.Eq() 定義符號等式
- sympy.evalf() 將符號解析式中的未知量替換為具體數值
- sympy.plot_implicit() 繪製隱函式方程式
- sympy.symbols() 定義符號變數

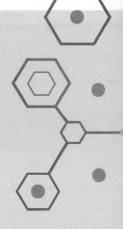

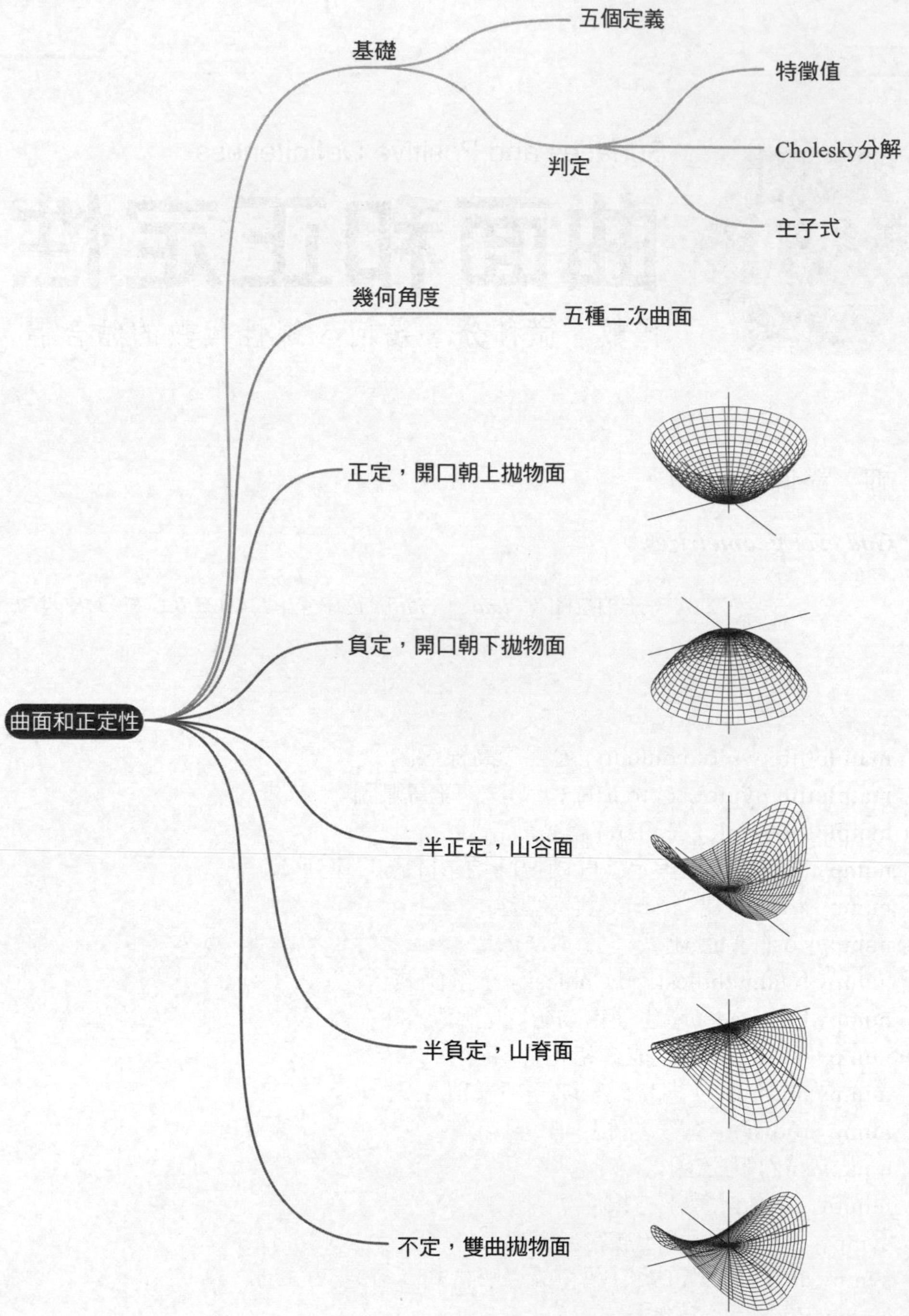
曲面和正定性
基礎
五個定義
判定
特徵值
Cholesky分解
主子式
幾何角度
五種二次曲面
正定，開口朝上拋物面
負定，開口朝下拋物面
半正定，山谷面
半負定，山脊面
不定，雙曲拋物面

21.1 正定性

正定性 (positive definiteness) 是最佳化問題中經常出現的線性代數概念。本章結合**二次曲面** (quadratic surface)，和大家聊一聊正定性及其應用。請大家回顧本書系《AI 時代 Math 元年 - 用 Python 全精通資料可視化》介紹的各種三元二次型的視覺化方案。

五個定義

矩陣正定性分為以下五種情況。

當 $\boldsymbol{x} \neq \boldsymbol{0}$($\boldsymbol{x}$ 為非零列向量) 時，如果滿足

$$\boldsymbol{x}^{\mathrm{T}} \boldsymbol{A} \boldsymbol{x} > 0 \tag{21.1}$$

則矩陣 $\boldsymbol{A}$ 為**正定矩陣** (positive definite matrix)。

當 $\boldsymbol{x} \neq \boldsymbol{0}$ 時，如果滿足

$$\boldsymbol{x}^{\mathrm{T}} \boldsymbol{A} \boldsymbol{x} \geqslant 0 \tag{21.2}$$

則矩陣 $\boldsymbol{A}$ 為**半正定矩陣** (positive semi-definite matrix)。可以這樣理解，半正定矩陣集合包含正定矩陣集合。 當 $\boldsymbol{x} \neq \boldsymbol{0}$ 時，如果滿足

$$\boldsymbol{x}^{\mathrm{T}} \boldsymbol{A} \boldsymbol{x} < 0 \tag{21.3}$$

則矩陣 $\boldsymbol{A}$ 為**負定矩陣** (negative definite matrix)。

當 $\boldsymbol{x} \neq \boldsymbol{0}$ 時，如果滿足

$$\boldsymbol{x}^{\mathrm{T}} \boldsymbol{A} \boldsymbol{x} \leqslant 0 \tag{21.4}$$

則矩陣 $\boldsymbol{A}$ 為**半負定矩陣** (negative semi-definite matrix)。

當矩陣 $\boldsymbol{A}$ 不屬於以上任何一種情況時，$\boldsymbol{A}$ 為**不定矩陣** (indefinite matrix)。

判定正定矩陣

判斷矩陣是否為正定矩陣，本書主要採用以下兩種方法。

- 若矩陣為對稱矩陣，並且所有特徵值為正，則矩陣為正定矩陣；
- 若矩陣可以進行 Cholesky 分解，則矩陣為正定矩陣。

Bk4_Ch21_01.py 介紹如何使用 Cholesky 分解判定矩陣是否為正定矩陣。

Cholesky 分解

如果矩陣 $\boldsymbol{A}$ 為正定矩陣，對 $\boldsymbol{A}$ 進行 Cholesky 分解，可以得到

$$\boldsymbol{A} = \boldsymbol{R}^{\mathrm{T}} \boldsymbol{R} \tag{21.5}$$

利用式 (21.5)，將 $\boldsymbol{x}^{\mathrm{T}} \boldsymbol{A} \boldsymbol{x}$ 寫成

$$\boldsymbol{x}^{\mathrm{T}} \boldsymbol{A} \boldsymbol{x} = \boldsymbol{x}^{\mathrm{T}} \boldsymbol{R}^{\mathrm{T}} \boldsymbol{R} \boldsymbol{x} = \left(\boldsymbol{R} \boldsymbol{x}\right)^{\mathrm{T}} \boldsymbol{R} \boldsymbol{x} = \left\| \boldsymbol{R} \boldsymbol{x} \right\|^2 \tag{21.6}$$

$\boldsymbol{R}$ 中列向量線性獨立，若 $\boldsymbol{x}$ 為非零向量，則 $\boldsymbol{R}\boldsymbol{x} \neq \boldsymbol{0}$，因此 $\boldsymbol{x}^{\mathrm{T}} \boldsymbol{A} \boldsymbol{x} > 0$。

特徵值分解

對稱矩陣 $\boldsymbol{A}$ 進行特徵值分解得到

$$\boldsymbol{A} = \boldsymbol{V} \boldsymbol{\Lambda} \boldsymbol{V}^{\mathrm{T}} \tag{21.7}$$

將式 (21.7) 代入 $\boldsymbol{x}^{\mathrm{T}} \boldsymbol{A} \boldsymbol{x}$，得到

$$\begin{aligned} \boldsymbol{x}^{\mathrm{T}} \boldsymbol{A} \boldsymbol{x} &= \boldsymbol{x}^{\mathrm{T}} \boldsymbol{V} \boldsymbol{\Lambda} \boldsymbol{V}^{\mathrm{T}} \boldsymbol{x} \\ &= \Big(\underbrace{\boldsymbol{V}^{\mathrm{T}} \boldsymbol{x}}_{z}\Big)^{\mathrm{T}} \boldsymbol{\Lambda} \Big(\underbrace{\boldsymbol{V}^{\mathrm{T}} \boldsymbol{x}}_{z}\Big) \end{aligned} \tag{21.8}$$

令

$$\boldsymbol{z} = \boldsymbol{V}^{\mathrm{T}} \boldsymbol{x} \tag{21.9}$$

式 (21.8) 可以寫成

$$\begin{aligned} \boldsymbol{x}^{\mathrm{T}} \boldsymbol{A} \boldsymbol{x} &= \boldsymbol{z}^{\mathrm{T}} \boldsymbol{\Lambda} \boldsymbol{z} \\ &= \lambda_1 z_1^2 + \lambda_2 z_2^2 + \cdots + \lambda_D z_D^2 = \sum_{j=1}^{D} \lambda_j z_j^2 \end{aligned} \tag{21.10}$$

當式(21.10)中特徵值均為正數時，除非 z_1、z_2、⋯、z_D 均為0(即 $\boldsymbol{z}$ 為零向量)，否則上式大於 0。

若 $\boldsymbol{A}$ 的特徵值均為負值，則矩陣 $\boldsymbol{A}$ 為負定矩陣。若矩陣 $\boldsymbol{A}$ 的特徵值為正值或 0，則 $\boldsymbol{A}$ 為半正定矩陣。若矩陣特徵值為負值或 0，則矩陣 $\boldsymbol{A}$ 為半負定矩陣。

格拉姆矩陣

給定資料矩陣 $\boldsymbol{X}$，它的格拉姆矩陣為 $\boldsymbol{G} = \boldsymbol{X}^{\mathrm{T}}\boldsymbol{X}$。格拉姆矩陣至少都是半正定矩陣。

將 $\boldsymbol{x}^{\mathrm{T}}\boldsymbol{G}\boldsymbol{x}$ 寫成

$$\boldsymbol{x}^{\mathrm{T}} \boldsymbol{G} \boldsymbol{x} = \boldsymbol{x}^{\mathrm{T}} \boldsymbol{X}^{\mathrm{T}} \boldsymbol{X} \boldsymbol{x} = \|\boldsymbol{X}\boldsymbol{x}\|^2 \geqslant 0 \tag{21.11}$$

特別地，當 $\boldsymbol{X}$ 滿秩時，$\boldsymbol{x}$ 為非零向量，則 $\boldsymbol{X}\boldsymbol{x} \neq \boldsymbol{0}$，因此 $\boldsymbol{x}^{\mathrm{T}}\boldsymbol{G}\boldsymbol{x} > 0$。也就是說，當 $\boldsymbol{X}$ 滿秩時，格拉姆矩陣 $\boldsymbol{G} = \boldsymbol{X}^{\mathrm{T}}\boldsymbol{X}$ 為正定矩陣。

這一節介紹了正定性的相關性質，但是想要直觀理解這個概念，還需要借助幾何角度。

21.2 幾何角度看正定性

給定 2×2 對稱矩陣 $\boldsymbol{A}$ 為

$$\boldsymbol{A} = \begin{bmatrix} a & b \\ b & c \end{bmatrix} \tag{21.12}$$

建構二元函式 $y = f(x_1, x_2)$，有

$$y = f(x_1, x_2) = x^{\mathrm{T}} A x = \begin{bmatrix} x_1 & x_2 \end{bmatrix} \begin{bmatrix} a & b \\ b & c \end{bmatrix} \begin{bmatrix} x_1 \\ x_2 \end{bmatrix} = a x_1^2 + 2b x_1 x_2 + c x_2^2 \tag{21.13}$$

在三維正交空間中，當矩陣 $A_{2\times 2}$ 正定性不同時，$y = f(x_1, x_2)$ 對應曲面展現出以下不同的形狀。

- 當 $A_{2\times 2}$ 為正定矩陣時，$y = f(x_1, x_2)$ 為開口向上拋物面；
- 當 $A_{2\times 2}$ 為半正定矩陣時，$y = f(x_1, x_2)$ 為山谷面；
- 當 $A_{2\times 2}$ 為負定矩陣時，$y = f(x_1, x_2)$ 為開口向下拋物面；
- 當 $A_{2\times 2}$ 為半負定矩陣時，$y = f(x_1, x_2)$ 為山脊面；
- 當 $A_{2\times 2}$ 不定時，$y = f(x_1, x_2)$ 為馬鞍面，也叫做雙曲拋物面。

表 21.1 總結了矩陣 A 不同正定性條件下對應的曲面形狀。本章以下六節就按表中形狀順序展開的。

表 21.1 正定性的幾何意義

$A_{D\times D}$	特徵值	形狀
$A_{D\times D}$ 為正定矩陣 $x^{\mathrm{T}}Ax > 0, x \neq 0$	D 個特徵值均為正值	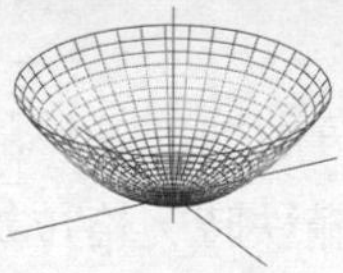
$A_{D\times D}$ 為半正定矩陣，秩為 r $x^{\mathrm{T}}Ax \geq 0, x \neq 0$	r 個正特徵值，$D - r$ 個特徵值為 0	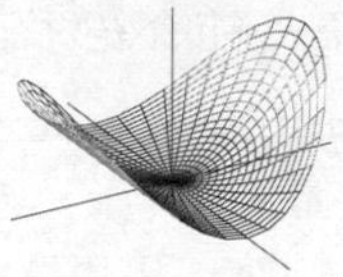
$A_{D\times D}$ 為負定矩陣 $x^{\mathrm{T}}Ax < 0$	D 個特徵值均為負值	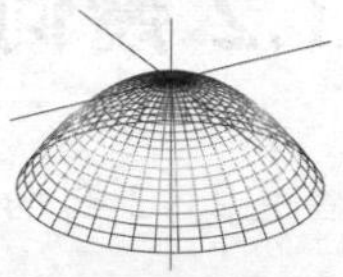
$A_{D\times D}$ 為半負定矩陣，秩為 r $x^{\mathrm{T}}Ax \leq 0$	r 個負特徵值，$D - r$ 個特徵值為 0	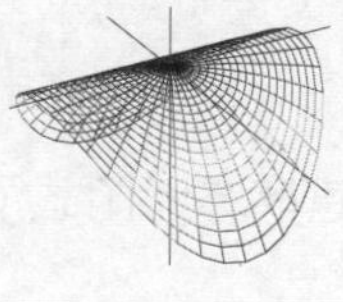

$A_{D\times D}$	特徵值	形狀
$A_{D\times D}$ 為不定矩陣	特徵值符號正負不定	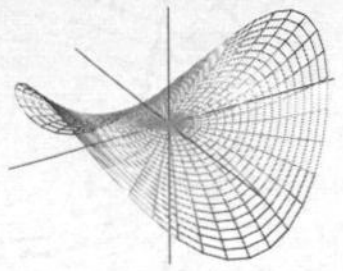

21.3 開口朝上拋物面：正定

正圓

先來看一個單位矩陣的例子。若矩陣 $\boldsymbol{A}$ 為 2×2 單位矩陣，令

$$\boldsymbol{A}=\begin{bmatrix}1 & 0\\ 0 & 1\end{bmatrix} \tag{21.14}$$

單位矩陣顯然是正定矩陣。建構二元函式 $y = f(x_1, x_2)$，有

$$y=f\left(x_1,x_2\right)=\boldsymbol{x}^{\mathrm{T}}\boldsymbol{A}\boldsymbol{x}=\begin{bmatrix}x_1 & x_2\end{bmatrix}\begin{bmatrix}1 & 0\\ 0 & 1\end{bmatrix}\begin{bmatrix}x_1\\ x_2\end{bmatrix}=x_1^2+x_2^2 \tag{21.15}$$

觀察式 (21.15)，容易發現只有當 $x_1 = 0$ 且 $x_2 = 0$ 時，即 $\boldsymbol{x} = \boldsymbol{0}$ 時，$y = f(x_1, x_2) = 0$。容易求得 $\boldsymbol{A}$ 的特徵值分別為 $\lambda_1 = 1$ 和 $\lambda_2 = 1$，對應特徵向量分別為

$$\boldsymbol{v}_1=\begin{bmatrix}1\\ 0\end{bmatrix},\quad \boldsymbol{v}_2=\begin{bmatrix}0\\ 1\end{bmatrix} \tag{21.16}$$

計算矩陣 $\boldsymbol{A}$ 的秩，rank($\boldsymbol{A}$) = 2。

圖 21.1(a) 所示為 $y = f(x_1, x_2)$ 曲面。在該曲面邊緣 A、B 和 C 放置小球，小球都會朝著曲面最低點捲動。

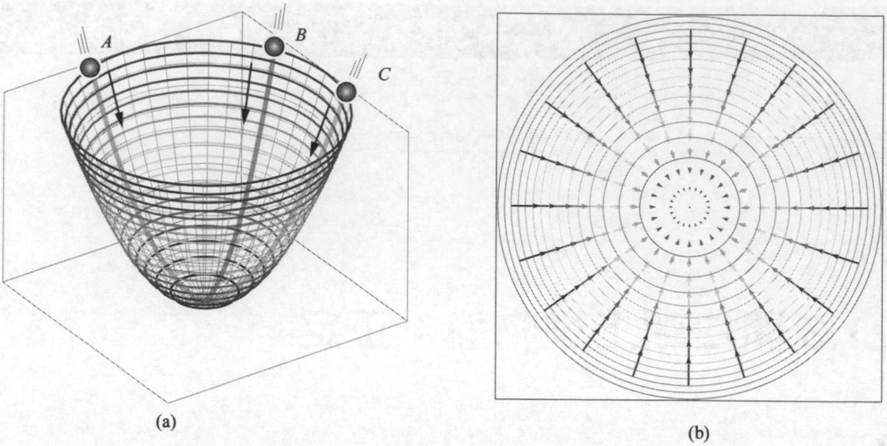

▲ 圖 21.1　正定矩陣曲面和梯度下降，正圓拋物面，箭頭指向下山方向

式 (21.15) 的梯度向量為

$$\nabla f(\boldsymbol{x}) = \begin{bmatrix} 2x_1 \\ 2x_2 \end{bmatrix} \tag{21.17}$$

而式 (21.15) 的梯度下降向量就是式 (21.17) 中的梯度向量反向，有

$$-\nabla f(\boldsymbol{x}) = \begin{bmatrix} -2x_1 \\ -2x_2 \end{bmatrix} \tag{21.18}$$

圖 21.1(b) 展示的 $f(x_1, x_2)$ 平面等高線為正圓。圖 21.1(b) 還列出不同位置的梯度下降向量，即指向下山方向，梯度向量的反方向。在本章中，除了最後一節外，平面等高線中的向量場都是梯度下降向量。

如圖 21.1(b) 所示，梯度下降向量均指向最小值點。此外，梯度下降向量方向垂直於所在等高線。梯度下降向量的長度代表坡度的陡峭程度。向量長度越大，坡度越陡，該方向上函式值變化率越大。當梯度下降向量的長度為 0 時，對應點為駐點。

梯度下降向量為零向量 $\boldsymbol{0}$ 的點，就是 $y = f(x_1, x_2)$ 兩個偏導均為 0 的點。本書系《AI 時代 Math 元年 - 用 Python 全精通數學要素》一書介紹過，(0, 0) 這個點叫做駐點。透過圖 21.1，很容易判斷 (0, 0) 就是二元函式的最小值點。

> ⚠ 再次強調：圖 21.1 列出的是梯度下降向量 (下山方向)，方向與梯度向量 (上山方向) 正好相反。沿著梯度下降向量方向移動，函式值減小；沿著梯度向量方向移動，函式值增大。

正橢圓

再看一個 2×2 正定矩陣例子。矩陣 $\boldsymbol{A}$ 的具體值為

$$\boldsymbol{A}=\begin{bmatrix}1 & 0\\ 0 & 2\end{bmatrix} \tag{21.19}$$

同樣，建構二元函式 $y = f(x_1, x_2)$，具體為

$$y=f\left(x_1,x_2\right)=\boldsymbol{x}^{\mathrm{T}}\boldsymbol{A}\boldsymbol{x}=\begin{bmatrix}x_1 & x_2\end{bmatrix}\begin{bmatrix}1 & 0\\ 0 & 2\end{bmatrix}\begin{bmatrix}x_1\\ x_2\end{bmatrix}=x_1^2+2x_2^2 \tag{21.20}$$

只有 $x_1 = 0$ 且 $x_2= 0$ 時，$y = f(x_1, x_2)= 0$。圖 21.2 所示為式 (21.20) 對應的開口向上正橢圓拋物面，函 數等高線為一系列正橢圓。

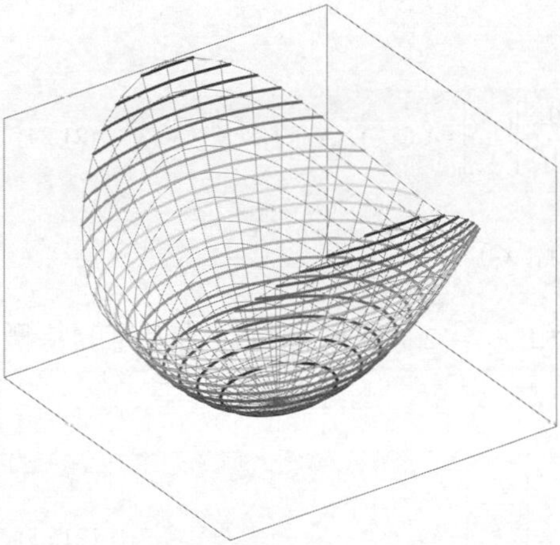

(a)

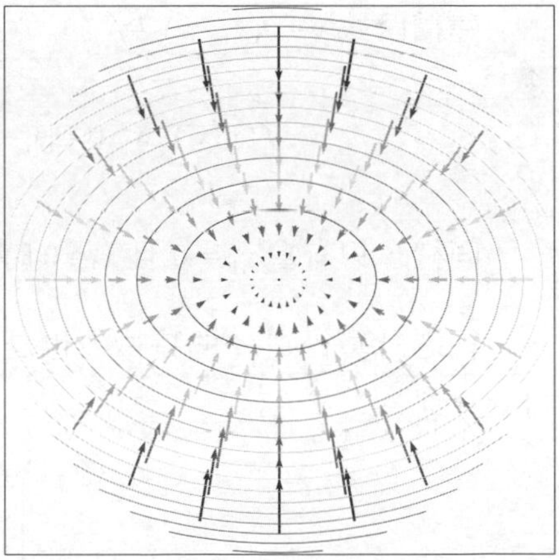

(b)

▲ 圖 21.2　正定矩陣曲面和梯度下降，正橢圓拋物面，箭頭指向下山方向

容易求得 $\boldsymbol{A}$ 的特徵值分別為 $\lambda_1 = 1$ 和 $\lambda_2 = 2$，對應特徵向量分別為

$$\boldsymbol{v}_1 = \begin{bmatrix} 1 \\ 0 \end{bmatrix}, \quad \boldsymbol{v}_2 = \begin{bmatrix} 0 \\ 1 \end{bmatrix} \tag{21.21}$$

式 (21.20) 的梯度向量為

$$\nabla f(\boldsymbol{x}) = \begin{bmatrix} \dfrac{\partial f}{\partial x_1} \\ \dfrac{\partial f}{\partial x_2} \end{bmatrix} = \begin{bmatrix} 2x_1 \\ 4x_2 \end{bmatrix} \tag{21.22}$$

梯度向量為 $\boldsymbol{0}$ 的點 (0, 0) 是式 (21.20) 函式的最小值點。

旋轉橢圓

本節前兩個例子對應曲面的等高線分別是正圓和正橢圓，下面再看一個旋轉橢圓情況。$\boldsymbol{A}$ 矩陣具體為

$$\boldsymbol{A} = \begin{bmatrix} 1.5 & 0.5 \\ 0.5 & 1.5 \end{bmatrix} \tag{21.23}$$

建構函式 $y = f(x_1, x_2)$ 為

$$y = f(x_1, x_2) = \boldsymbol{x}^{\mathrm{T}} \boldsymbol{A} \boldsymbol{x} = \begin{bmatrix} x_1 & x_2 \end{bmatrix} \begin{bmatrix} 1.5 & 0.5 \\ 0.5 & 1.5 \end{bmatrix} \begin{bmatrix} x_1 \\ x_2 \end{bmatrix} = 1.5x_1^2 + x_1 x_2 + 1.5x_2^2 \tag{21.24}$$

同樣，只有當 $x_1 = 0$ 且 $x_2 = 0$ 時，$y = f(x_1, x_2) = 0$。

經過計算得到 $\boldsymbol{A}$ 的特徵值也是 $\lambda_1 = 1$ 和 $\lambda_2 = 2$；這兩個特徵值對應的特徵向量分別為

$$\boldsymbol{v}_1 = \begin{bmatrix} -\dfrac{\sqrt{2}}{2} \\ \dfrac{\sqrt{2}}{2} \end{bmatrix}, \quad \boldsymbol{v}_2 = \begin{bmatrix} \dfrac{\sqrt{2}}{2} \\ \dfrac{\sqrt{2}}{2} \end{bmatrix} \tag{21.25}$$

式 (21.24) 的梯度向量為

$$\nabla f(\boldsymbol{x}) = \begin{bmatrix} \dfrac{\partial f}{\partial x_1} \\ \dfrac{\partial f}{\partial x_2} \end{bmatrix} = \begin{bmatrix} 3x_1 + x_2 \\ x_1 + 3x_2 \end{bmatrix} \tag{21.26}$$

$y = f(x_1, x_2)$ 曲面對應的影像如圖 21.3 所示。圖 21.2 和圖 21.3 兩個橢圓唯一的差別就是旋轉角度。根據前文所學，我們知道這兩組橢圓半長軸和半短軸的比例關係為 $\sqrt{\lambda_2}/\sqrt{\lambda_1}$ ，即 $\sqrt{2}/1$。

Bk4_Ch21_02.py 繪製圖 21.1 ～圖 21.3，此外請大家修改程式並繪製本章其他影像。

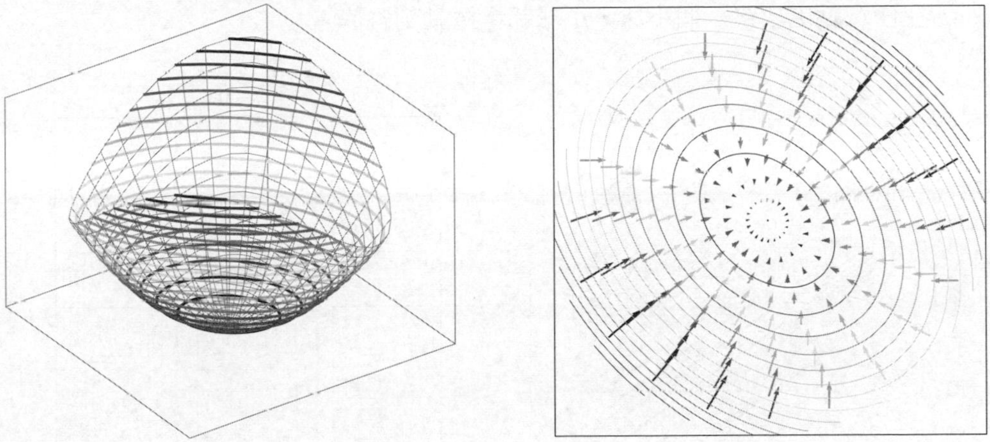

(a)　　　(b)

▲ 圖 21.3　正定矩陣曲面和梯度下降，開口向上旋轉橢圓拋物面，箭頭指向下山方向

21.4 山谷面：半正定

下面我們介紹半正定矩陣的情況。舉個例子，矩陣 $\boldsymbol{A}$ 設定值為

$$\boldsymbol{A}=\begin{bmatrix}1 & 0\\ 0 & 0\end{bmatrix} \tag{21.27}$$

容易判定 rank($\boldsymbol{A}$) = 1。建構二元函式 $y = f(x_1, x_2)$ 為

$$y=f\left(x_1,x_2\right)=\boldsymbol{x}^{\mathrm{T}}\boldsymbol{A}\boldsymbol{x}=\begin{bmatrix}x_1 & x_2\end{bmatrix}\begin{bmatrix}1 & 0\\ 0 & 0\end{bmatrix}\begin{bmatrix}x_1\\ x_2\end{bmatrix}=x_1^2 \tag{21.28}$$

當 $x_1 = 0$ 時，不管 x_2 取任何值，上式為 0。

圖 21.4 展示了 $y = f(x_1, x_2)$ 對應的曲面。觀察圖 21.4 容易發現，除了縱軸以外，在任意點處放置一個小球，小球都會捲動到谷底。

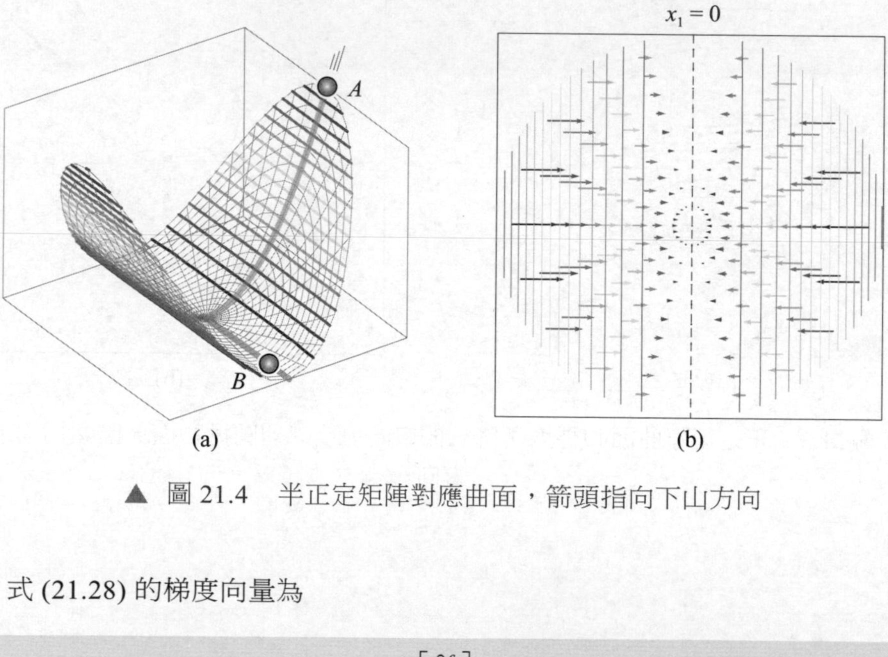

(a)　(b)

▲ 圖 21.4　半正定矩陣對應曲面，箭頭指向下山方向

式 (21.28) 的梯度向量為

$$\nabla f\left(\boldsymbol{x}\right)=\begin{bmatrix}\dfrac{\partial f}{\partial x_1}\\ \dfrac{\partial f}{\partial x_2}\end{bmatrix}=\begin{bmatrix}2x_1\\ 0\end{bmatrix} \tag{21.29}$$

谷底位置對應一條直線，這條直線上每一點處的梯度向量均為 $\boldsymbol{0}$，它們都是函式 $y = f(x_1, x_2)$ 的極小值。

旋轉山谷面

下式中矩陣 $\boldsymbol{A}$ 也是半正定矩陣，即

$$\boldsymbol{A} = \begin{bmatrix} 0.5 & -0.5 \\ -0.5 & 0.5 \end{bmatrix} \tag{21.30}$$

建構函式 $y = f(x_1, x_2)$，有

$$y = f(x_1, x_2) = \boldsymbol{x}^{\mathrm{T}} \boldsymbol{A} \boldsymbol{x} = \begin{bmatrix} x_1 & x_2 \end{bmatrix} \begin{bmatrix} 0.5 & -0.5 \\ -0.5 & 0.5 \end{bmatrix} \begin{bmatrix} x_1 \\ x_2 \end{bmatrix} = 0.5x_1^2 - x_1 x_2 + 0.5x_2^2 \tag{21.31}$$

將式 (21.31) 配方得到

$$f(x_1, x_2) = 0.5x_1^2 - x_1 x_2 + 0.5x_2^2 = \frac{1}{2}(x_1 - x_2)^2 \tag{21.32}$$

容易發現，任何滿足 $x_1 = x_2$ 的點，都會使得 $y = f(x_1, x_2)$ 為 0。

式 (21.31) 中矩陣 $\boldsymbol{A}$ 特徵值為 $\lambda_1 = 0$ 和 $\lambda_2 = 1$，對應特徵向量為

$$\boldsymbol{v}_1 = \begin{bmatrix} -\frac{\sqrt{2}}{2} \\ -\frac{\sqrt{2}}{2} \end{bmatrix}, \quad \boldsymbol{v}_2 = \begin{bmatrix} -\frac{\sqrt{2}}{2} \\ \frac{\sqrt{2}}{2} \end{bmatrix} \tag{21.33}$$

圖 21.5 所示為式 (21.31) 對應的旋轉山谷面。同樣，小球沿圖 21.5 中 $\boldsymbol{v}_1$(特徵值為 0 對應特徵向量) 方向運動，函式值沒有任何變化。這條直線上的點都是式 (21.32) 二元函式的極小值點。

式 (21.32) 梯度向量為

$$\nabla f(\boldsymbol{x}) = \begin{bmatrix} \frac{\partial f}{\partial x_1} \\ \frac{\partial f}{\partial x_2} \end{bmatrix} = \begin{bmatrix} x_1 - x_2 \\ -x_1 + x_2 \end{bmatrix} \tag{21.34}$$

觀察圖 21.5(b)，容易發現梯度下降向量的長度各有不同，但是它們相互平行，且都垂直於等高線，指向函式減小方向，即下山方向。

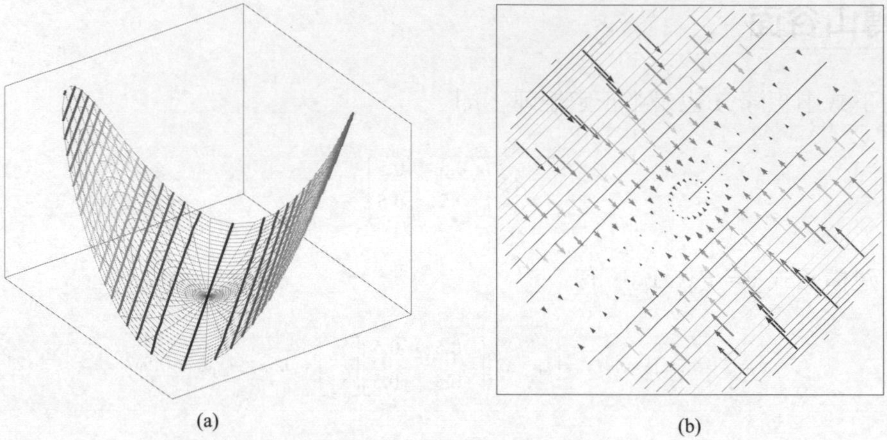

▲ 圖 21.5 旋轉山谷面，箭頭指向下山方向

21.5 開口朝下拋物面：負定

最簡單的負定矩陣是單位矩陣取負，即 $-\boldsymbol{I}$。$-\boldsymbol{I}$ 的特徵值都為 -1。

下面也用 2×2 矩陣討論負定。設 $\boldsymbol{A}$ 為負定矩陣，且

$$\boldsymbol{A}=\begin{bmatrix}-1 & 0\\ 0 & -2\end{bmatrix} \tag{21.35}$$

建構二元函式 $y = f(x_1, x_2)$，有

$$y=f\left(x_1,x_2\right)=\boldsymbol{x}^{\mathrm{T}}\boldsymbol{A}\boldsymbol{x}=\begin{bmatrix}x_1 & x_2\end{bmatrix}\begin{bmatrix}-1 & 0\\ 0 & -2\end{bmatrix}\begin{bmatrix}x_1\\ x_2\end{bmatrix}=-x_1^2-2x_2^2 \tag{21.36}$$

觀察式 (21.36)，容易發現只有當 $x_1 = 0$ 且 $x_2 = 0$ 時，$y = f(x_1, x_2) = 0$。

很容易求得 ***A*** 特徵值分別為 $\lambda_1 = -2$ 和 $\lambda_2 = -1$，對應特徵向量分別為

$$v_1 = \begin{bmatrix} 0 \\ 1 \end{bmatrix}, \quad v_2 = \begin{bmatrix} 1 \\ 0 \end{bmatrix} \tag{21.37}$$

圖 21.6 所示為負定矩陣對應曲面，容易發現 $y = f(x_1, x_2)$ 對應的曲面為凹面。在曲面最大值處放置一個小球，小球處於不穩定平衡狀態。受到輕微擾動後，小球沿著任意方向運動，都會下落。

式 (21.36) 中 $y = f(x_1, x_2)$ 的梯度向量為

$$\nabla f(\boldsymbol{x}) = \begin{bmatrix} \dfrac{\partial f}{\partial x_1} \\ \dfrac{\partial f}{\partial x_2} \end{bmatrix} = \begin{bmatrix} -2x_1 \\ -4x_2 \end{bmatrix} \tag{21.38}$$

如圖 21.6 所示，梯度下降向量的指向均背離最大值點。

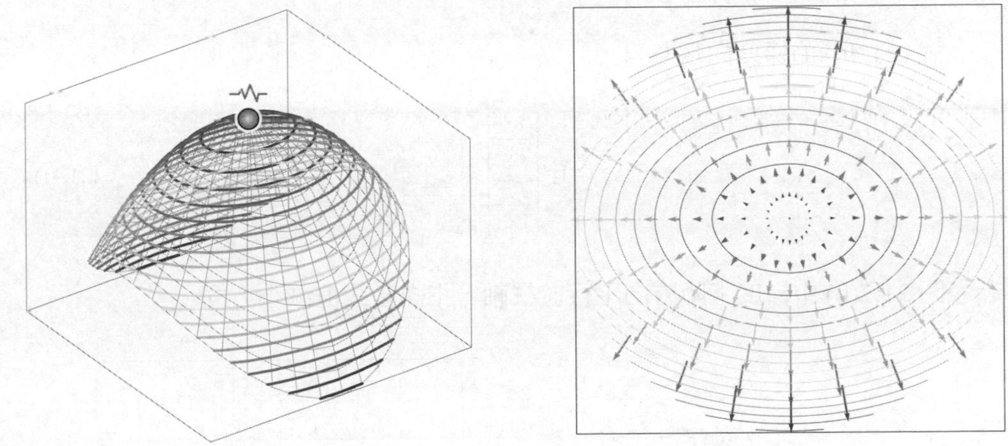

(a) (b)

▲ 圖 21.6　負定矩陣對應曲面，箭頭指向下山方向

21.6 山脊面：半負定

下面看一個半負定矩陣的例子，矩陣 $\boldsymbol{A}$ 設定值為

$$\boldsymbol{A}=\begin{bmatrix}0 & 0\\ 0 & -1\end{bmatrix} \tag{21.39}$$

建構 $y=f(x_1, x_2)$，有

$$y=f(x_1,x_2)=\boldsymbol{x}^{\mathrm{T}}\boldsymbol{A}\boldsymbol{x}=\begin{bmatrix}x_1 & x_2\end{bmatrix}\begin{bmatrix}0 & 0\\ 0 & -1\end{bmatrix}\begin{bmatrix}x_1\\ x_2\end{bmatrix}=-x_2^2 \tag{21.40}$$

當 $x2 = 0$，x_1 為任意值時，上式均為 0。矩陣 $\boldsymbol{A}$ 的秩為 1，rank($\boldsymbol{A}$) = 1。

圖 21.7 所示為半負定矩陣對應的山脊面，發現曲面有無數個極大值。在任意極大值 (山脊) 處放置一個小球，受到擾動後，小球會沿著曲面滾下。然而，沿著山脊方向運動，函式值沒有任何變化。

式 (21.40) 的梯度向量為

$$\nabla f(\boldsymbol{x})=\begin{bmatrix}\dfrac{\partial f}{\partial x_1}\\ \dfrac{\partial f}{\partial x_2}\end{bmatrix}=\begin{bmatrix}0\\ -2x_2\end{bmatrix} \tag{21.41}$$

圖 21.7(b) 中梯度下降方向平行於縱軸，指向函式值減小方向。

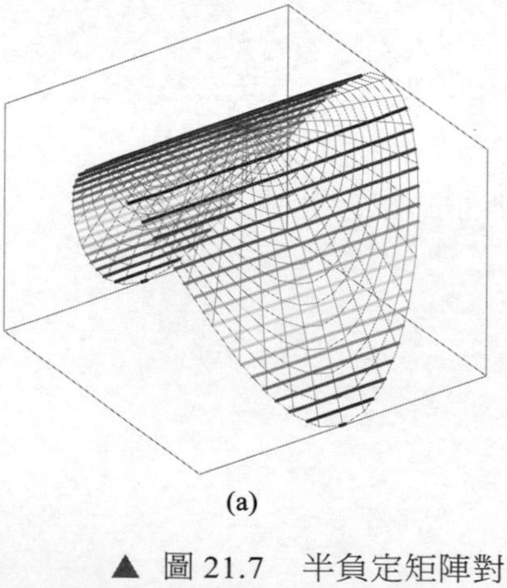

(a)

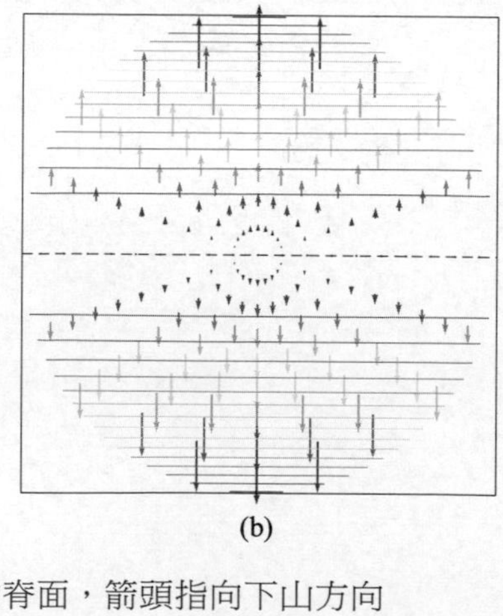

(b)

▲ 圖 21.7　半負定矩陣對應山脊面，箭頭指向下山方向

21.7 雙曲拋物面：不定

本節最後介紹不定矩陣情況。舉個例子，$\boldsymbol{A}$ 為

$$\boldsymbol{A} = \begin{bmatrix} 1 & 0 \\ 0 & -1 \end{bmatrix} \tag{21.42}$$

建構函式 $y = f(x_1, x_2)$，有

$$y = f(x_1, x_2) = \boldsymbol{x}^{\mathrm{T}} \boldsymbol{A} \boldsymbol{x} = \begin{bmatrix} x_1 & x_2 \end{bmatrix} \begin{bmatrix} 1 & 0 \\ 0 & -1 \end{bmatrix} \begin{bmatrix} x_1 \\ x_2 \end{bmatrix} = x_1^2 - x_2^2 \tag{21.43}$$

求得矩陣 $\boldsymbol{A}$ 對應的特徵值為 $\lambda_1 = -1$ 和 $\lambda_2 = 1$，對應特徵向量為

$$\boldsymbol{v}_1 = \begin{bmatrix} 0 \\ 1 \end{bmatrix}, \quad \boldsymbol{v}_2 = \begin{bmatrix} 1 \\ 0 \end{bmatrix} \tag{21.44}$$

圖 21.8 所示為 $y = f(x_1, x_2)$ 對應曲面。

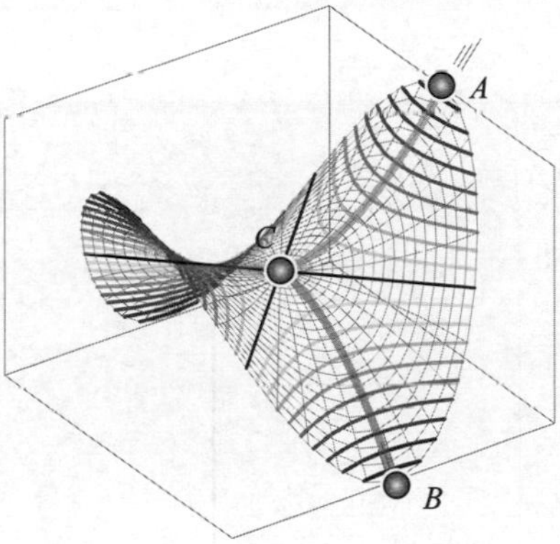

(a)

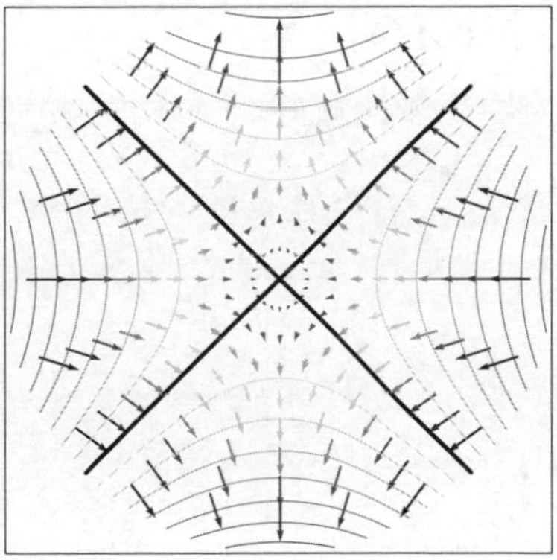

(b)

▲ 圖 21.8　不定矩陣對應曲面，馬鞍面，箭頭指向下山方向

當 $y \neq 0$ 時，曲面對應等高線為雙曲線。當 $y = 0$ 時，曲面對應等高線是兩條在 x_1x_2 平面內直線 (見 圖 21.8(a) 中的黑色直線)，它們是雙曲線漸近線。

圖 21.8 告訴我們，在曲面邊緣不同位置放置小球會有完全不同的運動方向。在 A 點處鬆手，小球會向著中心方向滾動，B 點處鬆手小球會朝遠離中心方向滾動。

$y = f(x_1, x_2)$ 的梯度向量為

$$\nabla f(\boldsymbol{x}) = \begin{bmatrix} \dfrac{\partial f}{\partial x_1} \\ \dfrac{\partial f}{\partial x_2} \end{bmatrix} = \begin{bmatrix} 2x_1 \\ -2x_2 \end{bmatrix} \tag{21.45}$$

圖 21.8 所示馬鞍面的中心 C 既不是極小值點，也不是極大值點；圖 21.8 中馬鞍面的中心點叫做**鞍點** (saddle point)。另外，沿著圖 21.8 中的黑色軌道運動，小球的高度沒有任何變化。

旋轉雙曲拋物面

圖 21.8 中馬鞍面順時鐘旋轉 45° 得到圖 21.9 所示的曲面。圖 21.9 所示曲面對應的矩陣 $\boldsymbol{A}$ 為

$$\boldsymbol{A} = \begin{bmatrix} 0 & -1 \\ -1 & 0 \end{bmatrix} \tag{21.46}$$

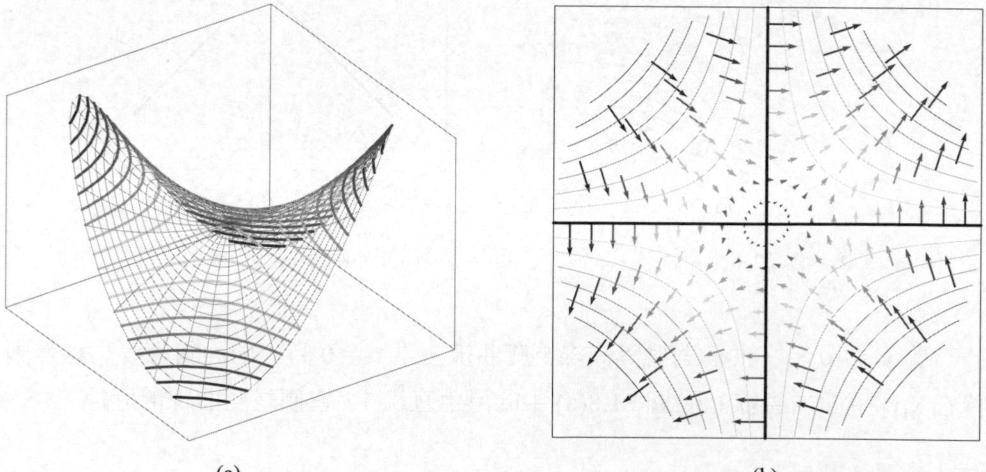

(a)　　(b)

▲ 圖 21.9　不定矩陣對應曲面，旋轉馬鞍面，箭頭指向下山方向

建構二元函式 $y = f(x_1, x_2)$，有

$$y = f(x_1, x_2) = \boldsymbol{x}^{\mathrm{T}} \boldsymbol{A} \boldsymbol{x} = \begin{bmatrix} x_1 & x_2 \end{bmatrix} \begin{bmatrix} 0 & -1 \\ -1 & 0 \end{bmatrix} \begin{bmatrix} x_1 \\ x_2 \end{bmatrix} = -2x_1x_2 \tag{21.47}$$

在 $y = f(x_1, x_2)$ 為非零定值時，式 (21.47) 相當於反比例函式。

式 (21.47) 的梯度向量為

$$\nabla f(\boldsymbol{x}) = \begin{bmatrix} \dfrac{\partial f}{\partial x_1} \\ \dfrac{\partial f}{\partial x_2} \end{bmatrix} = \begin{bmatrix} -2x_2 \\ -2x_1 \end{bmatrix} \tag{21.48}$$

請大家自行分析圖 21.8 所示的兩幅圖。

在 Bk4_Ch21_02.py 的基礎上，我們用 Streamlit 和 Plotly 製作了一個 App，可以調節參數 a、b、c 觀察影像變化。App 還顯示了矩陣的特徵值分解結果。請參考 Streamlit_Bk4_Ch21_02.py。

21.8 多極值曲面：局部正定性

判定二元函式極值點

本書系在《AI 時代 Math 元年 - 用 Python 全精通數學要素》一書中介紹過如何判定二元函式 $y = f(x_1, x_2)$ 的極值。對於 $y = f(x_1, x_2)$，一階偏導數 $f_{x_1}(x_1, x_2) = 0$ 和 $f_{x_2}(x_1, x_2) = 0$ 同時成立的點 (x_1, x_2) 為二元函式 $f(x_1, x_2)$ 的駐點。如圖 21.10 所示，駐點可以是極大值、極小值或鞍點。

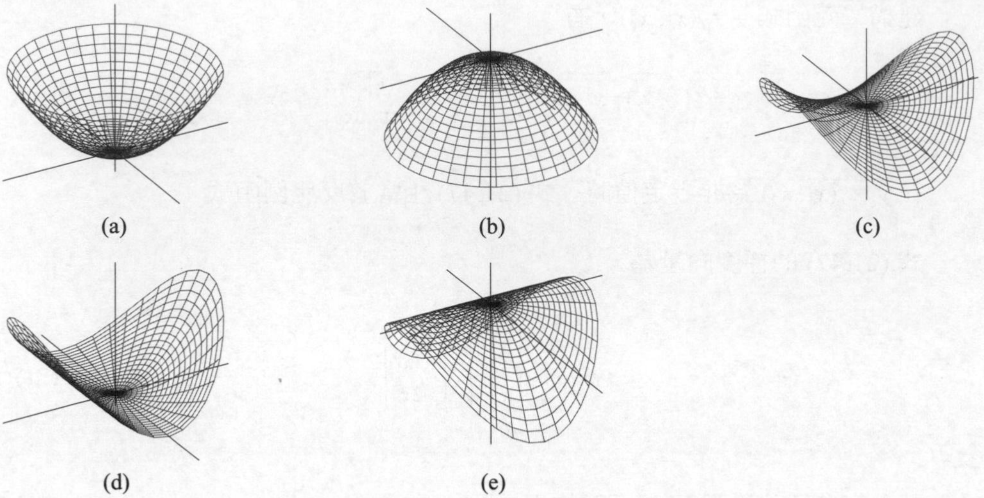

▲ 圖 21.10 二元函式駐點的三種情況

當時，我們介紹過為了進一步判定駐點到底是極大值、極小值或是鞍點，需要知道二元函式 $f(x_1, x_2)$ 的二階偏導。如果 $f(x_1, x_2)$ 在 (a, b) 鄰域內連續，且 $f(x_1, x_2)$ 二階偏導連續。令

$$A = f_{x_1 x_1},\quad B = f_{x_1 x_2},\quad C = f_{x_2 x_2} \tag{21.49}$$

$f(a, b)$ 是否為極值點可以透過以下條件判斷。

- a) $AC - B^2 > 0$ 存在極值，且當 $A < 0$ 時有極大值，$A > 0$ 時有極小值；
- b) $AC - B^2 < 0$ 沒有極值；
- c) $AC - B^2 = 0$ ，可能有極值，也可能沒有極值，需要進一步討論。

當時我們留了一個問題，$AC - B^2$ 這個表達值的含義到底是什麼？本節就來回答這個問題。式 (21.13) 中函式的**黑塞矩陣** (Hessian matrix) 為

$$\boldsymbol{H} = \frac{\partial^2 \left(\boldsymbol{x}^{\mathrm{T}} \boldsymbol{A} \boldsymbol{x} \right)}{\partial \boldsymbol{x} \partial \boldsymbol{x}^{\mathrm{T}}} = 2\boldsymbol{A} = 2\begin{bmatrix} a & b \\ b & c \end{bmatrix} \tag{21.50}$$

> 注意：式 (21.50) 中 $\boldsymbol{A}$ 為對稱矩陣。

$\boldsymbol{A}$ 的行列式值為

$$|\boldsymbol{A}| = ac - b^2 \tag{21.51}$$

相信大家已經在上式中看到了和 $AC - B^2$ 一樣的形式。

對於二元函式，$\boldsymbol{A}$ 的形狀為 2×2。$\boldsymbol{A}$ 為正定或負定時，$\boldsymbol{A}$ 的兩個特徵值同號，因此 $\boldsymbol{A}$ 的行列式值都大於 0。而 a 的正負則決定了開口方向，也就是決定了 $\boldsymbol{A}$ 是正定還是負定，因此決定了極大值或極小值。

再進一步，a 實際上是 $\boldsymbol{A}$ 的一階主子式，即矩陣 $\boldsymbol{A}$ 的第一行、第一列元素組成矩陣的行列式值。這實際上引出了判斷正定的第三個方法──$\boldsymbol{A}$ 正定的充分必要條件為 $\boldsymbol{A}$ 的順序主子式全大於零。

舉個例子

繼續採用《AI 時代 Math 元年 - 用 Python 全精通數學要素》一書中反覆出現的多極值曲面的例子。

圖 21.11 所示為曲面平面等高線。圖 21.11 中，深綠色線代表 $f_{x_1}(x_1, x_2) = 0$，深藍色線代表 $f_{x_2}(x_1, x_2) = 0$。兩個顏色線交點標記為 ×。也就是說，圖中 × 對應的位置為梯度向量為 $\boldsymbol{0}$。

觀察圖 21.11 中的等高線不難發現，I、II、III 點為極大值點，其中 I 為最大值點；IV、V、VI 為極小值點，其中 IV 為最小值點；VII、VIII、IX 是鞍點。

圖 21.12 列出的是二元函式的梯度向量圖 (與梯度下降向量方向相反)。極大值點處，梯度向量 (上山方向) 匯聚；極小值點處，梯度向量發散。這一點很好理解，在極大值點附近，朝著極大值走就是上山；相反，在極小值點附近，背離極小值走則對應上山，朝著極小值走則是下山。

而鞍點處，有些梯度向量指向鞍點，有些梯度向量背離鞍點。也就是說，鞍點處，既可以下山，也可以上山。

圖 21.13 所示為二次函式黑塞矩陣行列式值對應的等高線圖，陰影圈出來的六個點對應行列式值為正，因此它們是要考慮的極值點。圖 21.13 中虛線為行列式值為 0 對應的位置。

根據圖 21.14 所示一階主子式對應的等高線，透過一階主子式值的正負，即 f_{x1x1} 的正負，可以進一步判定極值點為極大值或極小值點，最終得出的結論與圖 21.11 一致。

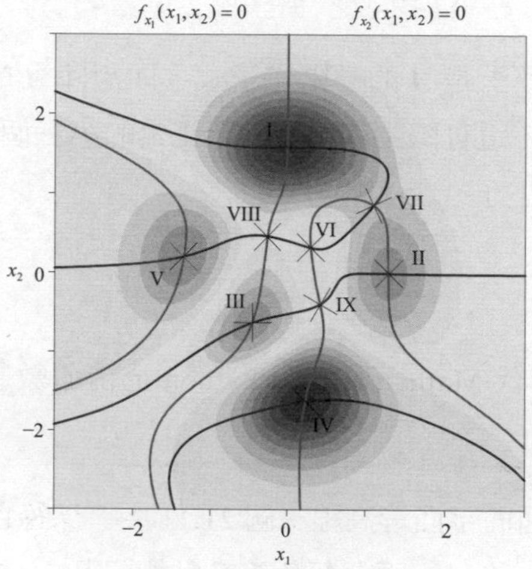

▲ 圖 21.11 $f_{x1}(x_1, x_2) = 0$ 和 $f_{x2}(x_1, x_2) = 0$ 同時投影在 $f(x_1, x_2)$ 曲面填充等高線（來自《AI 時代 Math 元年 - 用 Python 全精通數學要素》一書）

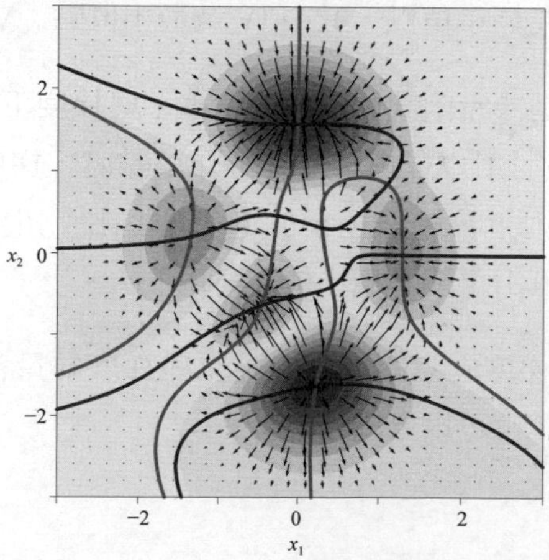

▲ 圖 21.12 $f(x_1, x_2)$ 梯度向量圖，箭頭指向上山方向，即梯度向量方向

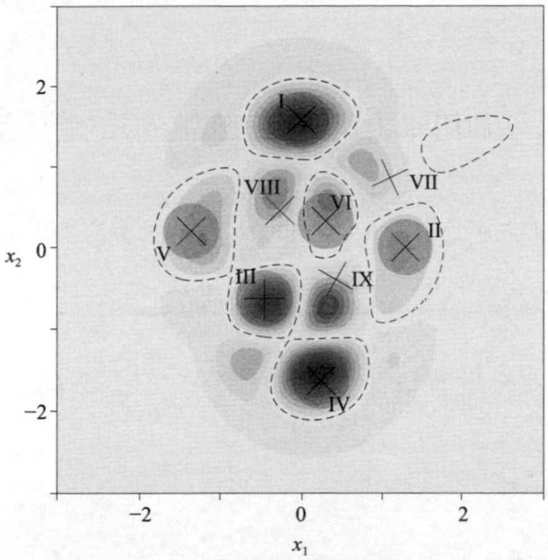

▲ 圖 21.13　黑塞矩陣行列式值

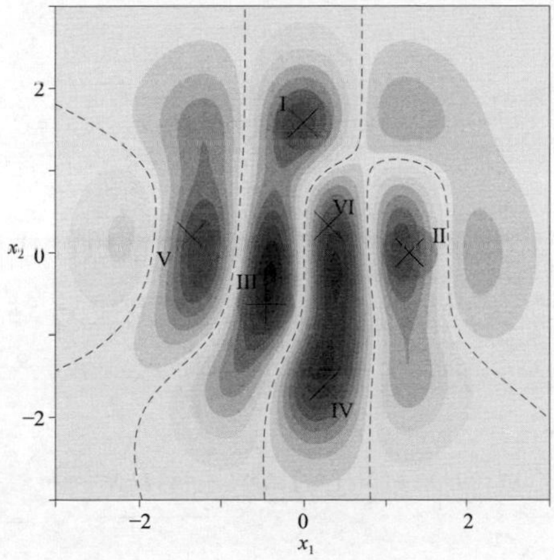

▲ 圖 21.14　一階主子式正負

更一般情況

對於多元函式 $f(\boldsymbol{x})$，利用本書第 17 章介紹的二次逼近 $f(\boldsymbol{x})$ 可以寫成

$$\begin{aligned}f(\boldsymbol{x}) &\approx f(\boldsymbol{x}_P)+\nabla f(\boldsymbol{x}_P)^{\mathrm{T}}(\boldsymbol{x}-\boldsymbol{x}_P)+\frac{1}{2}(\boldsymbol{x}-\boldsymbol{x}_P)^{\mathrm{T}}\nabla^2 f(\boldsymbol{x}_P)(\boldsymbol{x}-\boldsymbol{x}_P)\\ &= f(\boldsymbol{x}_P)+\nabla f(\boldsymbol{x}_P)^{\mathrm{T}}\Delta\boldsymbol{x}+\frac{1}{2}\Delta\boldsymbol{x}^{\mathrm{T}}\nabla^2 f(\boldsymbol{x}_P)\Delta\boldsymbol{x}\\ &= f(\boldsymbol{x}_P)+\nabla f(\boldsymbol{x}_P)^{\mathrm{T}}\Delta\boldsymbol{x}+\frac{1}{2}\Delta\boldsymbol{x}^{\mathrm{T}}\boldsymbol{H}\Delta\boldsymbol{x}\end{aligned} \tag{21.52}$$

其中：$\boldsymbol{x}_P$ 為展開點。

假設 $\boldsymbol{x}_P$ 處存在梯度向量，且梯度向量為 $\boldsymbol{0}$。

當 $\boldsymbol{x} \to \boldsymbol{x}_P$ 時，$\nabla f(\boldsymbol{x}_P)^{\mathrm{T}}\ \Delta\boldsymbol{x} \to 0$。但是如果在 $\boldsymbol{x}_P$ 點處黑塞矩陣 $\boldsymbol{H}$ 為正定，則 $\frac{1}{2}\Delta\boldsymbol{x}^{\mathrm{T}}\boldsymbol{H}\Delta\boldsymbol{x}$ 為正。這表示

$$f(\boldsymbol{x}_P)+\underbrace{\nabla f(\boldsymbol{x}_P)^{\mathrm{T}}\Delta\boldsymbol{x}}_{\to 0}+\underbrace{\frac{1}{2}\Delta\boldsymbol{x}^{\mathrm{T}}\boldsymbol{H}\Delta\boldsymbol{x}}_{+} > f(\boldsymbol{x}_P) \tag{21.53}$$

這種情況稱 $\boldsymbol{x}_P$ 局部正定，對應的 $\boldsymbol{x}_P$ 為極小值點。這個判斷也適用於半正定情況，不過注意要將上式的 > 改為 ≥。同理，如果在 $\boldsymbol{x}_P$ 點處黑塞矩陣 $\boldsymbol{H}$ 為負定，則 $\frac{1}{2}\Delta\boldsymbol{x}^{\mathrm{T}}\boldsymbol{H}\Delta\boldsymbol{x}$ 為負，因此

$$f(\boldsymbol{x}) = f(\boldsymbol{x}_P)+\underbrace{\nabla f(\boldsymbol{x}_P)^{\mathrm{T}}\Delta\boldsymbol{x}}_{\to 0}+\underbrace{\frac{1}{2}\Delta\boldsymbol{x}^{\mathrm{T}}\boldsymbol{H}\Delta\boldsymbol{x}}_{-} < f(\boldsymbol{x}_P) \tag{21.54}$$

我們稱 $\boldsymbol{x}_P$ 局部負定，對應的 $\boldsymbol{x}_P$ 為極大值點。這個判斷也適用於半負定情況，同樣要將上式的 < 改為 ≤。

我們用 Streamlit 和 Plotly 製作了一個 App 視覺化本節多極值曲面。這個 App 採用三種視覺化方案：① 3D 曲面；② 平面等高線 + 箭頭圖；③ 平面等高線 + 水流圖。水流圖相當於將梯度向量連起來，形似水流。注意，水流圖中，水流匯聚點為極大值。大家思考應該如何修改程式，讓水流匯聚點為極小值點。請參考 Streamlit_Bk4_Ch21_03.py。

本章把曲面、梯度向量、正定性、極值這幾個重要的概念有機地聯繫起來。本章列出的各種例子告訴我們幾何角度是學習線性代數的捷徑。

請大家再次回顧圖 21.15 列出的五種情況，並將正定性、極值 (最值) 對號入座。相信大家學完本章之後，會覺得正定性變得極其容易理解。

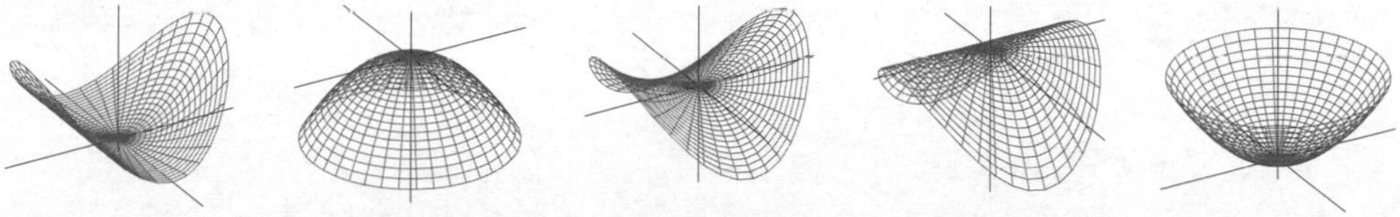

▲ 圖 21.15　總結本章重要內容的五幅圖

Section 07
資料

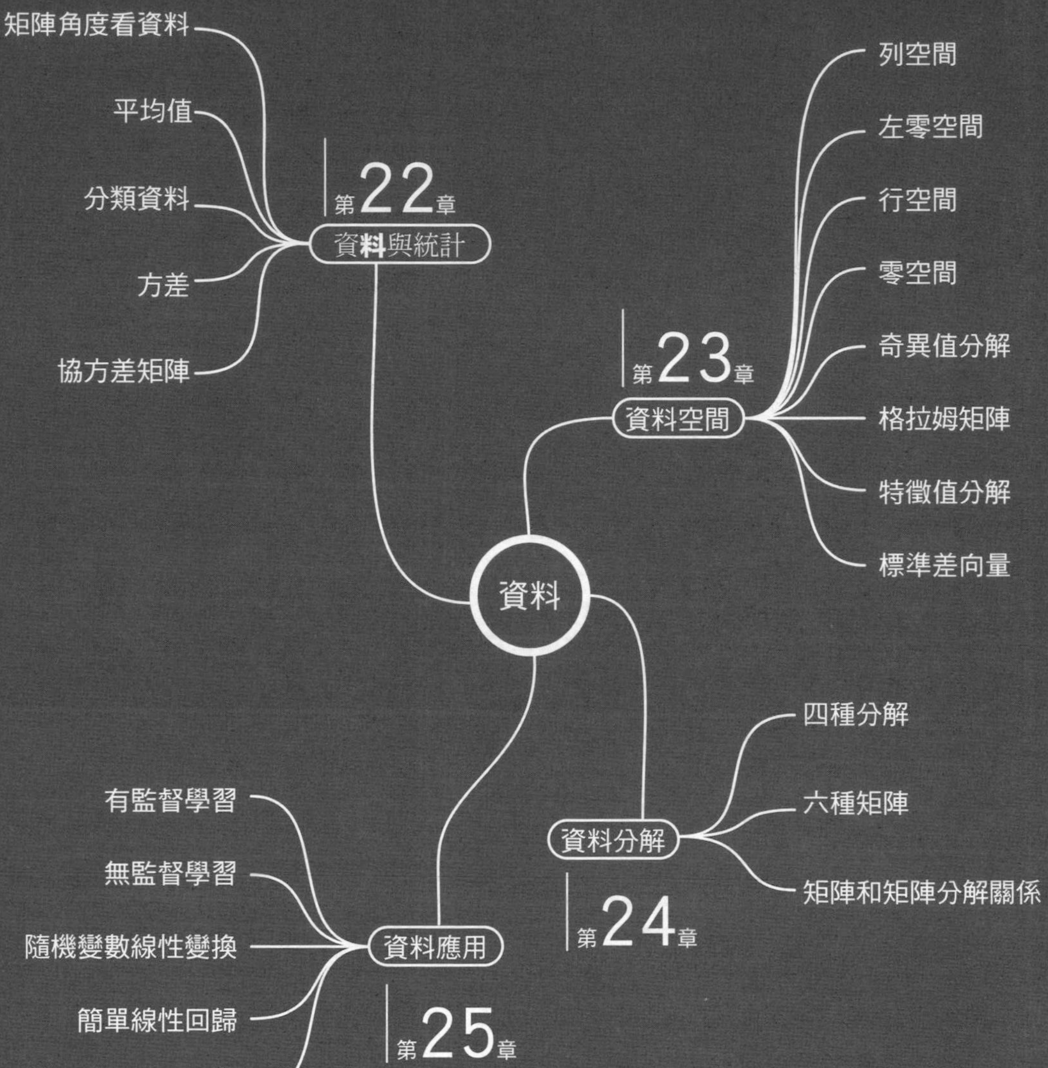

資料
第22章
資料與統計
矩陣角度看資料
平均值
分類資料
方差
協方差矩陣
第23章
資料空間
列空間
左零空間
行空間
零空間
奇異值分解
格拉姆矩陣
特徵值分解
標準差向量
第24章
資料分解
四種分解
六種矩陣
矩陣和矩陣分解關係
第25章
資料應用
有監督學習
無監督學習
隨機變數線性變換
簡單線性回歸
主成分分析

學習地圖 | 第7版塊

Statistics Meets Linear Algebra

22 資料與統計

有資料的地方，必有矩陣，亦必有統計

> 毫無爭議的是，人類無法準確地判斷事物的真偽，我們能做就是遵循更大的可能性。
>
> ***It is truth very certain that, when it is not in one's power to determine what is true, we ought to follow what is more probable.***
>
> ——勒內・笛卡兒（*René Descartes*）| 法國哲學家、數學家、物理學家 | *1596 — 1650*

- numpy.linalg.norm() 計算範數
- numpy.ones() 建立全 1 向量或全 1 矩陣
- seaborn.heatmap() 繪製熱圖
- seaborn.kdeplot() 繪製核心密度估計曲線

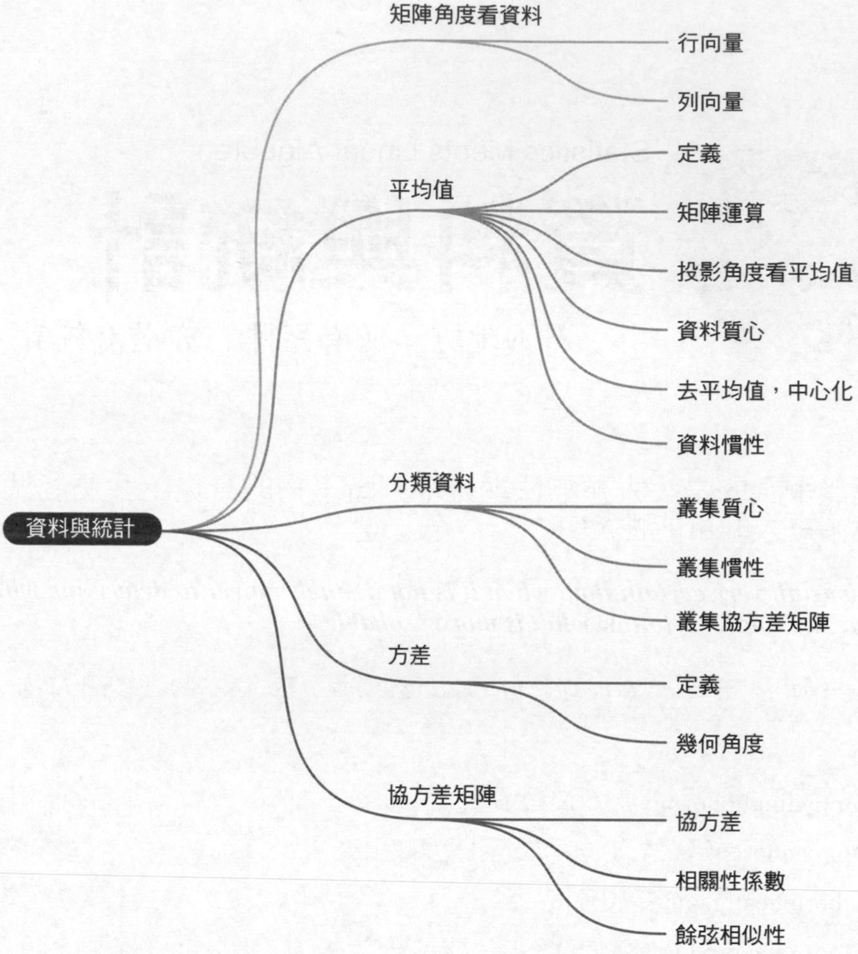

22.1 統計 + 線性代數：以鳶尾花資料為例

本章大部分內容以鳶尾花資料為例，從線性代數運算角度講解平均值、方差、協方差、相關性系數、協方差矩陣、相關性係數矩陣等統計相關基礎知識。

鳶尾花資料集

回顧鳶尾花資料集，不考慮鳶尾花品種，資料矩陣 $\boldsymbol{X}$ 的形狀為 150×4，即 150 行、4 列。

鳶尾花資料集共有四個特徵—花萼長度、花萼寬度、花瓣長度和花瓣寬度。這些特徵依次對應 $\boldsymbol{X}$ 的四列。圖 22.1 所示為用熱圖型視覺化鳶尾花資料集。資料的每一行代表一朵花，每一列代表一個特徵上的所有資料。

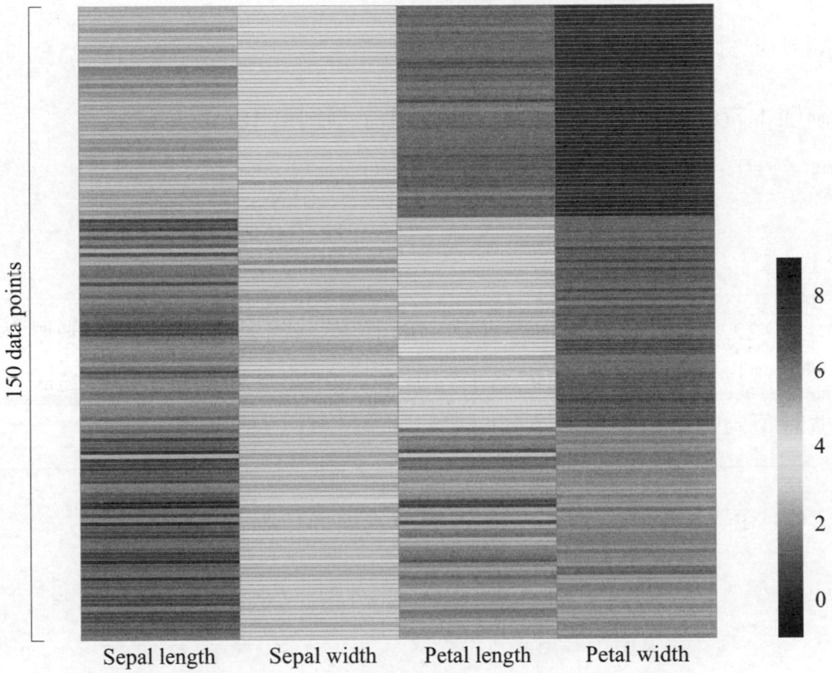

▲ 圖 22.1　鳶尾花資料，原始資料矩陣 $\boldsymbol{X}$ (單位：cm)

Bk4_Ch22_01.py 中 Bk4_Ch22_01_A 部分繪製圖 22.1。

22.2 平均值：線性代數角度

從樣本資料矩陣 $\boldsymbol{X}$ 中，取出任意一列列向量 $\boldsymbol{x}_j$。$\boldsymbol{x}_j$ 代表著第 j 特徵的所有樣本資料組成的列向量，即

$$\boldsymbol{x}_j = \begin{bmatrix} x_{1,j} \\ x_{2,j} \\ \vdots \\ x_{n,j} \end{bmatrix} \tag{22.1}$$

列向量 $\boldsymbol{x}_j$ 對應隨機變數 X_j。

透過樣本資料估算隨機變數 X_j 的期望值 (平均值)E(X_j)，有

$$\mathrm{E}\left(X_j\right) = \mu_j = \frac{x_{1,j} + x_{2,j} + \cdots + x_{n,j}}{n} = \frac{1}{n}\sum_{i=1}^{n} x_{i,j} \tag{22.2}$$

注意：式 (22.2) 中 $1/n$ 為權重。計算平均值時，式 (22.2) 中每個資料點為等機率。我們以後還會遇到加權平平均值 (weighted average)，也就是說計算平均值時不同的資料點權重不同的情況。

本書中，E(X_j) 等值於 E($\boldsymbol{x}_j$)。E($\boldsymbol{x}_j$) 對應的線性代數運算為

$$\mathrm{E}\left(\boldsymbol{x}_j\right) = \mathrm{E}\left(X_j\right) = \mu_j = \frac{\boldsymbol{x}_j^{\mathrm{T}}\boldsymbol{1}}{n} = \frac{\boldsymbol{1}^{\mathrm{T}}\boldsymbol{x}_j}{n} = \frac{\boldsymbol{x}_j \cdot \boldsymbol{1}}{n} = \frac{\boldsymbol{1} \cdot \boldsymbol{x}_j}{n} = \frac{1}{n}\sum_{i=1}^{n} x_{i,j} \tag{22.3}$$

其中：$\boldsymbol{1}$ 為全 1 列向量，行數與 x_j 一致。

式 (22.3) 左乘 n 可以得到等式

$$n\mu_j = n\mathrm{E}\left(\boldsymbol{x}_j\right) = \boldsymbol{x}_j^{\mathrm{T}}\boldsymbol{1} = \boldsymbol{1}^{\mathrm{T}}\boldsymbol{x}_j = \boldsymbol{x}_j \cdot \boldsymbol{1} = \boldsymbol{1} \cdot \boldsymbol{x}_j \tag{22.4}$$

圖 22.2 所示為計算 $E(\boldsymbol{x}_j)$ 對應的矩陣運算示意圖。

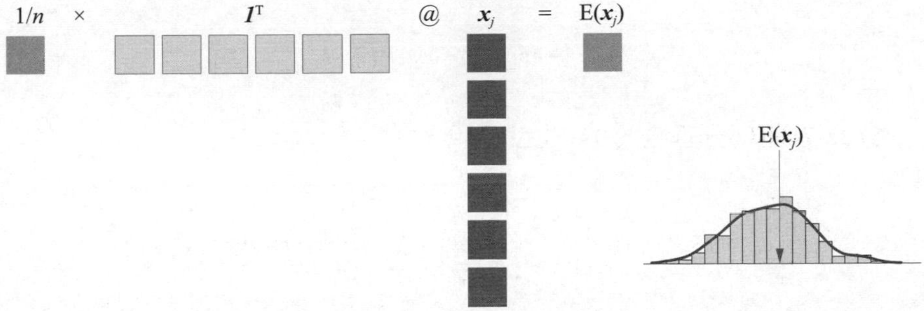

▲ 圖 22.2　計算 $\boldsymbol{x}_j$ 期望值 / 平均值

利用矩陣運算分別得到鳶尾花的四個特徵的期望值為

$$\begin{cases} \mathrm{E}\left(\boldsymbol{x}_1\right) = \mu_1 = \underbrace{5.843}_{\text{Sepal length}} \\ \mathrm{E}\left(\boldsymbol{x}_2\right) = \mu_2 = \underbrace{3.057}_{\text{Sepal width}} \\ \mathrm{E}\left(\boldsymbol{x}_3\right) = \mu_3 = \underbrace{3.758}_{\text{Petal length}} \\ \mathrm{E}\left(\boldsymbol{x}_4\right) = \mu_4 = \underbrace{1.199}_{\text{Petal width}} \end{cases} \tag{22.5}$$

向量角度

下面我們聊一聊解釋 $E(\boldsymbol{x}_j)$ 的有趣角度—投影。

如圖 22.3 所示，$E(\boldsymbol{x}_j)$ 是一個純量，而向量 $E(\boldsymbol{x}_j)\boldsymbol{1}$ 相當於向量 $\boldsymbol{x}_j$ 在 $\boldsymbol{1}$ 方向上投影的向量投影結果，即

$$\mathrm{E}\left(\boldsymbol{x}_j\right)\boldsymbol{1} = \mathrm{proj}_{\boldsymbol{1}}\left(\boldsymbol{x}_j\right) = \frac{\boldsymbol{x}_j^{\mathrm{T}}\boldsymbol{1}}{\boldsymbol{1}^{\mathrm{T}}\boldsymbol{1}}\boldsymbol{1} = \frac{\boldsymbol{x}_j^{\mathrm{T}}\boldsymbol{1}}{n}\boldsymbol{1} \tag{22.6}$$

⚠ 再次注意：$E(\boldsymbol{x}_j)$ 為純量；$E(\boldsymbol{x}_j)\boldsymbol{1}$ 為向量，與 $\boldsymbol{1}$ 平行。

圖 22.3 中，$\boldsymbol{1}$ 方向上解釋了 $\boldsymbol{x}_j$ 中 $\mathrm{E}(\boldsymbol{x}_j)\boldsymbol{1}$ 這部分分量，沒有被解釋的向量分量為

$$\boldsymbol{x}_j - \mathrm{proj}_{\boldsymbol{1}}\left(\boldsymbol{x}_j\right) = \boldsymbol{x}_j - \mathrm{E}\left(\boldsymbol{x}_j\right)\boldsymbol{1} \tag{22.7}$$

式 (22.7) 這部分垂直於 $\boldsymbol{1}$，也就是說

$$\boldsymbol{1}^{\mathrm{T}}\left(\boldsymbol{x}_j - \mathrm{proj}_{\boldsymbol{1}}\left(\boldsymbol{x}_j\right)\right) = \boldsymbol{1}^{\mathrm{T}}\left(\boldsymbol{x}_j - \frac{\overbrace{\boldsymbol{x}_j^{\mathrm{T}}\boldsymbol{1}}^{\text{Scalar}}}{n}\boldsymbol{1}\right) = \boldsymbol{1}^{\mathrm{T}}\boldsymbol{x}_j - \frac{\boldsymbol{x}_j^{\mathrm{T}}\boldsymbol{1}}{n}\underbrace{\boldsymbol{1}^{\mathrm{T}}\boldsymbol{1}}_{n} = \boldsymbol{1}^{\mathrm{T}}\boldsymbol{x}_j - \boldsymbol{x}_j^{\mathrm{T}}\boldsymbol{1} = 0 \tag{22.8}$$

注意：式 (22.8) 中 $\boldsymbol{x}_j^{\mathrm{T}}\boldsymbol{1}$ 為純量，因此 $\boldsymbol{1}^{\mathrm{T}}(\boldsymbol{x}_j^{\mathrm{T}}\boldsymbol{1})\boldsymbol{1} = (\boldsymbol{x}_j^{\mathrm{T}}\boldsymbol{1})\boldsymbol{1}^{\mathrm{T}}\boldsymbol{1}$。平均值作為一個統計量，它能解釋列向量 $\boldsymbol{x}_j$ 的一部分特徵。$\boldsymbol{x}_j - \mathrm{E}(\boldsymbol{x}_j)\boldsymbol{1}$ 將在標準差 (方差平方根) 中加以解釋。

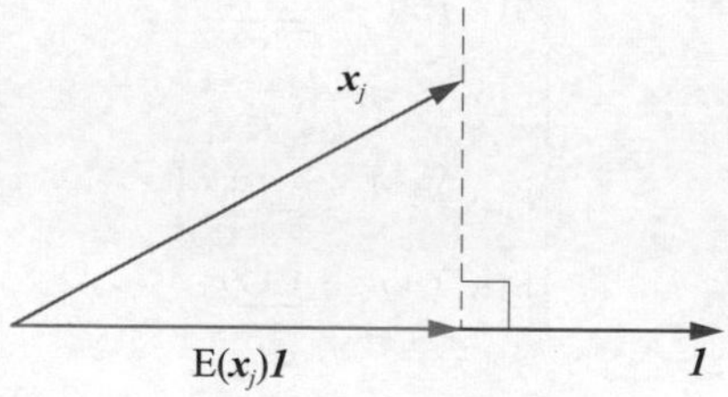

▲ 圖 22.3　投影角度看期望值

兩個極端例子

如果 $\boldsymbol{x}_j$ 所有元素均相同，如全部為 k，那麼 $\boldsymbol{x}_j$ 可以寫成

$$\boldsymbol{x}_j = \begin{bmatrix} k \\ k \\ \vdots \\ k \end{bmatrix} = k\begin{bmatrix} 1 \\ 1 \\ \vdots \\ 1 \end{bmatrix} = k\boldsymbol{1} \tag{22.9}$$

這種情況下，$\boldsymbol{x}_j$ 與 $\boldsymbol{1}$ 共線。

再舉個相反的例子，如果 $\boldsymbol{x}_j$ 與 $\boldsymbol{1}$ 垂直，即有

$$\boldsymbol{1}^{\mathrm{T}}\boldsymbol{x}_j = 0 \tag{22.10}$$

也就是表示 $E(\boldsymbol{x}_j) = 0$。也就是說，$\boldsymbol{x}_j$ 在 $\boldsymbol{1}$ 方向的純量投影為 0。

對於最小平方法線性回歸，$\boldsymbol{x}_j - E(\boldsymbol{x}_j)\boldsymbol{1}$ 垂直於 $\boldsymbol{1}$ 這一結論格外重要。本書系《AI 時代 Math 元年 - 用 Python 全精通資料處理》一書將深入討論如何用向量角度解釋最小平方法線性回歸。

22.3 質心：平均值排列成向量

上一節，我們探討了一個特徵的平均值，本節將要介紹資料矩陣 $\boldsymbol{X}$ 的每列特徵平均值組成的向量，我們稱這個向量叫做資料的**質心** (centroid)。圖 22.4 所示為平面上資料 $\boldsymbol{X}$ 的質心位置。

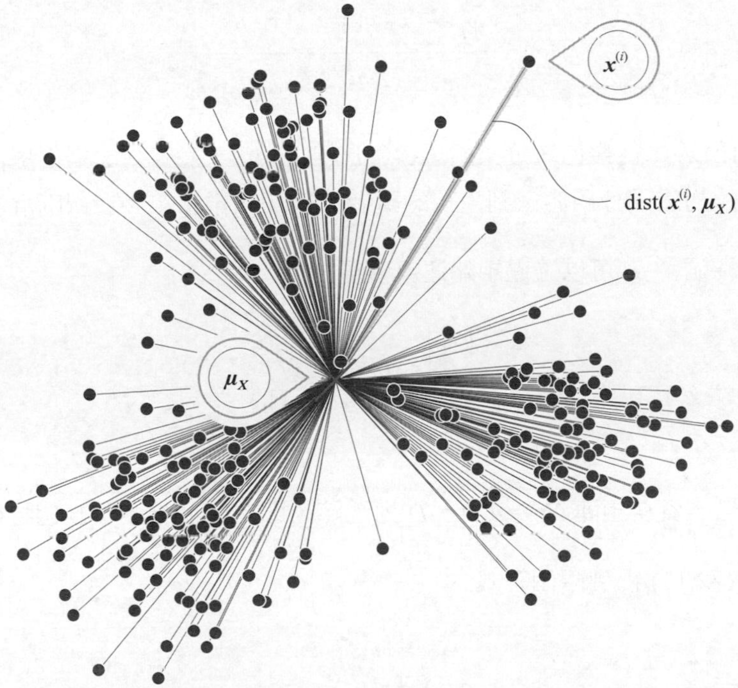

▲ 圖 22.4　平面上資料矩陣 $\boldsymbol{X}$ 質心位置

列向量

$\boldsymbol{X}$ 樣本資料的質心 μ_X 定義為

$$\boldsymbol{\mu}_X = \begin{bmatrix} \mu_1 \\ \mu_2 \\ \vdots \\ \mu_D \end{bmatrix} = \begin{bmatrix} \mathrm{E}(\boldsymbol{x}_1) \\ \mathrm{E}(\boldsymbol{x}_2) \\ \vdots \\ \mathrm{E}(\boldsymbol{x}_D) \end{bmatrix} \tag{22.11}$$

注意：為了方便運算，μ_X 被定義為列向量

比如，在多元高斯分佈中，我們會用到列向量 μ_X。比如，多元高斯分佈的機率密度函式為

$$f_X(\boldsymbol{x}) = \frac{\exp\left(-\frac{1}{2}(\boldsymbol{x}-\boldsymbol{\mu}_X)^{\mathrm{T}} \boldsymbol{\Sigma}^{-1} (\boldsymbol{x}-\boldsymbol{\mu}_X)\right)}{(2\pi)^{\frac{D}{2}} |\boldsymbol{\Sigma}|^{\frac{1}{2}}} \tag{22.12}$$

式 (22.12) 中，從幾何角度來看，$\boldsymbol{x} - \mu_X$ 相當於「平移」，Σ^{-1} 則提供了「縮放 + 旋轉」。對這部分內容感到生疏的讀者，請回顧本書第 20 章相關內容。

前文介紹過，μ_X 可以透過矩陣運算獲得，即

$$\boldsymbol{\mu}_X = \begin{bmatrix} \mu_1 \\ \mu_2 \\ \vdots \\ \mu_D \end{bmatrix} = \frac{(\boldsymbol{1}^{\mathrm{T}} \boldsymbol{X})^{\mathrm{T}}}{n} = \frac{\boldsymbol{X}^{\mathrm{T}} \boldsymbol{1}}{n} \tag{22.13}$$

其中：樣本資料矩陣 $\boldsymbol{X}$ 為 n 行、D 列矩陣，即有 n 個樣本，D 個特徵。

整理式 (22.13) 得到兩個等式

$$\begin{cases} \boldsymbol{X}^{\mathrm{T}} \boldsymbol{1} = n\boldsymbol{\mu}_X \\ \boldsymbol{1}^{\mathrm{T}} \boldsymbol{X} = n(\boldsymbol{\mu}_X)^{\mathrm{T}} \end{cases} \tag{22.14}$$

舉個例子，鳶尾花資料質心位置為

$$\boldsymbol{\mu}_X = \begin{bmatrix} 5.843 \\ 3.057 \\ 3.758 \\ 1.199 \end{bmatrix} \tag{22.15}$$

本書第 5 章介紹過上述內容。

行向量

為了區分，叢書特別定義 E($\boldsymbol{X}$) 為行向量，即

$$\begin{aligned} \mathrm{E}(\boldsymbol{X}) &= \begin{bmatrix} \mathrm{E}(\boldsymbol{x}_1) & \mathrm{E}(\boldsymbol{x}_2) & \cdots & \mathrm{E}(\boldsymbol{x}_D) \end{bmatrix} \\ &= \begin{bmatrix} \mu_1 & \mu_2 & \cdots & \mu_D \end{bmatrix} \\ &= (\boldsymbol{\mu}_X)^{\mathrm{T}} = \frac{\boldsymbol{I}^{\mathrm{T}}\boldsymbol{X}}{n} \end{aligned} \tag{22.16}$$

整理式 (22.16)，可以得到

$$\boldsymbol{I}^{\mathrm{T}}\boldsymbol{X} = n\mathrm{E}(\boldsymbol{X}) \tag{22.17}$$

圖 22.5 所示為計算質心的示意圖，以及 E($\boldsymbol{X}$) 和 μ_X 之間的關係。

E($\boldsymbol{X}$) 一般用在與資料矩陣 $\boldsymbol{X}$ 相關的計算中，如中心化 (去平均值) $\boldsymbol{X}$ - E($\boldsymbol{X}$)。$\boldsymbol{X}$ - E($\boldsymbol{X}$) 用到了本書第 4 章介紹的「廣播原則」。

⚠

注意：本書系中，E(χ) 仍然為列向量。χ 代表 X_1、X_2、⋯等隨機變陣列成的列向量。E(●) 為求期望值運算元，作用於列向量 χ，結果還是列向量。而 $\boldsymbol{X}$ 的每一列代表一個隨機變數，E(●) 作用於資料矩陣 $\boldsymbol{X}$ 時，E($\boldsymbol{X}$) 為行向量。

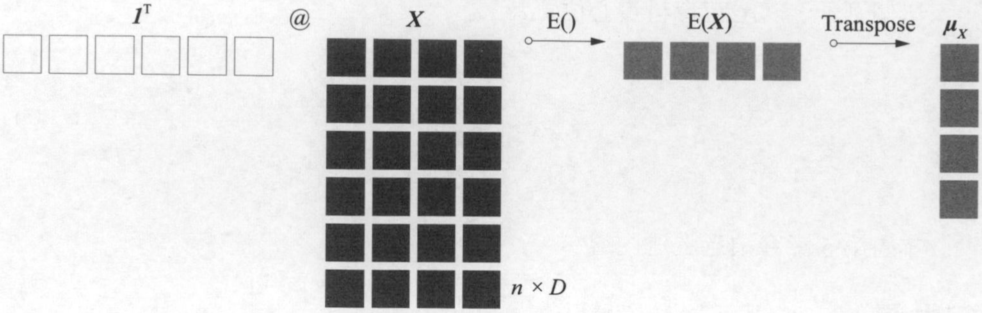

▲ 圖 22.5 計算 X 樣本資料的質心 μ_X

22.4 中心化：平移

中心化、去平均值

資料矩陣 X 中第 j 列特徵資料 x_j 減去其平均值 μ_j，對應的矩陣運算為

$$x_j - 1\mu_j = x_j - \frac{1}{n}11^T x_j = \underbrace{\left(I - \frac{1}{n}11^T\right)}_{M} x_j \quad (22.18)$$

上式沒有使用「廣播原則」。其中：11^T 為全 1 列向量與其轉置的乘積，結果為方陣。而資料矩陣 X 中每一列資料 x_j 分別減去對應本列平均值 μ_j 得到 X_c，對應矩陣運算為

$$X_c = X - 1\left(\frac{X^T 1}{n}\right)^T = X - \frac{1}{n}11^T X = \underbrace{\left(I - \frac{1}{n}11^T\right)}_{M} X \quad (22.19)$$

我們管這個運算叫做資料**中心化** (centralize)，也叫**去平均值** (demean)。

令

$$M = I - \frac{1}{n}11^T \quad (22.20)$$

本章後文稱 M 為中心化矩陣，或去平均值矩陣。

為了方便，我們一般利用廣播原則來中心化 $\boldsymbol{X}$，即 $\boldsymbol{X}$ 減去行向量 $\mathrm{E}(\boldsymbol{X})$ 得到 $\boldsymbol{X}_c$，有

$$\boldsymbol{X}_c = \boldsymbol{X} - \mathrm{E}(\boldsymbol{X}) \tag{22.21}$$

中心化後，資料 $\boldsymbol{X}_c$ 的質心位於原點 $\boldsymbol{0}$。

中心化矩陣

我們在式 (22.18) 和式 (22.19) 都看到了中心化矩陣 $\boldsymbol{M}$，下面我們簡單分析一下這個特殊矩陣。將 $\boldsymbol{M}$ 展開得到

$$\boldsymbol{M} = \boldsymbol{I} - \frac{1}{n}\boldsymbol{1}\boldsymbol{1}^{\mathrm{T}} = \begin{bmatrix} 1 & & & \\ & 1 & & \\ & & \ddots & \\ & & & 1 \end{bmatrix} - \begin{bmatrix} 1/n & 1/n & \cdots & 1/n \\ 1/n & 1/n & \cdots & 1/n \\ \vdots & \vdots & \ddots & \vdots \\ 1/n & 1/n & \cdots & 1/n \end{bmatrix} = \begin{bmatrix} 1-1/n & -1/n & \cdots & -1/n \\ -1/n & 1-1/n & \cdots & -1/n \\ \vdots & \vdots & \ddots & \vdots \\ -1/n & -1/n & \cdots & 1-1/n \end{bmatrix} \tag{22.22}$$

矩陣 $\boldsymbol{M}$ 為對稱矩陣，$\boldsymbol{M}$ 的主對角線元素為 $1 - 1/n$，剩餘元素為 $-1/n$。

矩陣 $\boldsymbol{M}$ 為冪等矩陣，即滿足

$$\boldsymbol{M}\boldsymbol{M} = \boldsymbol{M} \tag{22.23}$$

將式 (22.20) 代入式 (22.23)，展開整理得

$$\begin{aligned} \boldsymbol{M}\boldsymbol{M} &= \left(\boldsymbol{I} - \frac{1}{n}\boldsymbol{1}\boldsymbol{1}^{\mathrm{T}}\right)\left(\boldsymbol{I} - \frac{1}{n}\boldsymbol{1}\boldsymbol{1}^{\mathrm{T}}\right) = \boldsymbol{I}\boldsymbol{I} - \frac{1}{n}\boldsymbol{1}\boldsymbol{1}^{\mathrm{T}}\boldsymbol{I} - \boldsymbol{I}\frac{1}{n}\boldsymbol{1}\boldsymbol{1}^{\mathrm{T}} + \frac{1}{n}\boldsymbol{1}\boldsymbol{1}^{\mathrm{T}}\frac{1}{n}\boldsymbol{1}\boldsymbol{1}^{\mathrm{T}} \\ &= \boldsymbol{I} - \frac{2}{n}\boldsymbol{1}\boldsymbol{1}^{\mathrm{T}} + \frac{1}{n}\boldsymbol{1}\boldsymbol{1}^{\mathrm{T}} = \boldsymbol{I} - \frac{1}{n}\boldsymbol{1}\boldsymbol{1}^{\mathrm{T}} = \boldsymbol{M} \end{aligned} \tag{22.24}$$

我們在後文還會用到 $\boldsymbol{M}$ 這個中心化矩陣。

式 (22.24) 中所有全 1 列向量 $\boldsymbol{1}$ 等長，形狀均為 $n \times 1$。因此 $\boldsymbol{1}\boldsymbol{1}^{\mathrm{T}}$ 的結果為 $n \times n$ 方陣，矩陣中每個元素都是 1。而 $\boldsymbol{1}^{\mathrm{T}}\boldsymbol{1}$ 結果為純量 n。我們也會在很多運算中看到 $\boldsymbol{1}\boldsymbol{1}^{\mathrm{T}}$ 中兩個 $\boldsymbol{1}$ 長度不同。此時，$\boldsymbol{1}\boldsymbol{1}^{\mathrm{T}}$ 的結果為長方陣。此外，式 (22.24) 中兩個單位矩陣 $\boldsymbol{I}$ 也都是 $n \times n$ 方陣。大家遇到單位矩陣時要注意其形狀，如 $\boldsymbol{I}\boldsymbol{A}_{m \times n}\boldsymbol{I} = \boldsymbol{A}_{m \times n}$ 這個等式左右的單位矩陣形狀明顯不同，左邊 $\boldsymbol{I}$ 形狀為 $m \times m$，右邊 $\boldsymbol{I}$ 形狀為 $n \times n$。

標準化：平移 + 縮放

在中心化的基礎上，我們可以進一步對 X_c 進行**標準化** (standardization 或 z-score normalization)。計算過程為：對原始資料先去平均值，然後每一列再除以對應標準差。對應的矩陣運算為

$$Z_X = X_c S^{-1} = \left(X - \mathrm{E}(X)\right) S^{-1} \tag{22.25}$$

其中，縮放矩陣 S 為

$$S = \mathrm{diag}\left(\mathrm{diag}(\Sigma)\right)^{\frac{1}{2}} = \begin{bmatrix} \sigma_1 & 0 & \cdots & 0 \\ 0 & \sigma_2 & \cdots & 0 \\ \vdots & \vdots & \ddots & \vdots \\ 0 & 0 & \cdots & \sigma_D \end{bmatrix} \tag{22.26}$$

其中：裡層 diag() 提取對角線元素，結果為向量；外層 diag() 將向量擴展成對角方陣。

式 (22.25) 處理得到的數值實際上是原始資料的 *Z* **分數** (z-score)，含義是距離平均值若干倍的標準差偏移。比如說，標準化得到的數值為 3，也就是說這個資料距離平均值 3 倍標準差偏移。數值的正負表達偏移的方向。

⚠ 注意：資料標準化過程也是一個「去單位化」過程。去單位數值有利於聯繫、比較單位不同、設定值範圍差異較大的樣本資料。此外，本章不會區分整體標準差和樣本標準差記號。

慣性

資料**慣性** (inertia) 可以用於描述樣本資料的緊密程度，慣性實際上就是**總離差平方和** (Sum of Squares for Deviations, SSD)，定義為

$$\mathrm{SSD}(X) = \sum_{i=1}^{n} \mathrm{dist}\left(x^{(i)}, \mathrm{E}(X)\right)^2 = \sum_{i=1}^{n} \left\| x^{(i)} - \mathrm{E}(X) \right\|_2^2 = \sum_{i=1}^{n} \left\| x^{(i)\mathrm{T}} - \mu_X \right\|_2^2 \tag{22.27}$$

如圖 22.4 所示，SSD 相當於樣本點和質心 E(X) 歐氏距離的平方和。

式 (22.27) 相當於中心化資料 X_c 每個行向量和自身求內積後，再求和。用跡 trace() 可以方便得到 SSD 的結果，有

$$\text{SSD}(\boldsymbol{X}) = \text{trace}\left(\boldsymbol{X}_c^{\text{T}}\boldsymbol{X}_c\right) = \text{trace}\left(\left(\boldsymbol{X} - \text{E}(\boldsymbol{X})\right)^{\text{T}}\left(\boldsymbol{X} - \text{E}(\boldsymbol{X})\right)\right) \tag{22.28}$$

Bk4_Ch22_01.py 中 Bk4_Ch22_01_B 部分繪製圖 22.6 並計算 SSD。請大家根據本節程式自行計算並繪製標準化鳶尾花資料熱圖。

22.5 分類資料：加標籤

大家都清楚鳶尾花樣本資料有三類標籤，定義為 C_1、C_2、C_3，具體如圖 22.6 所示。

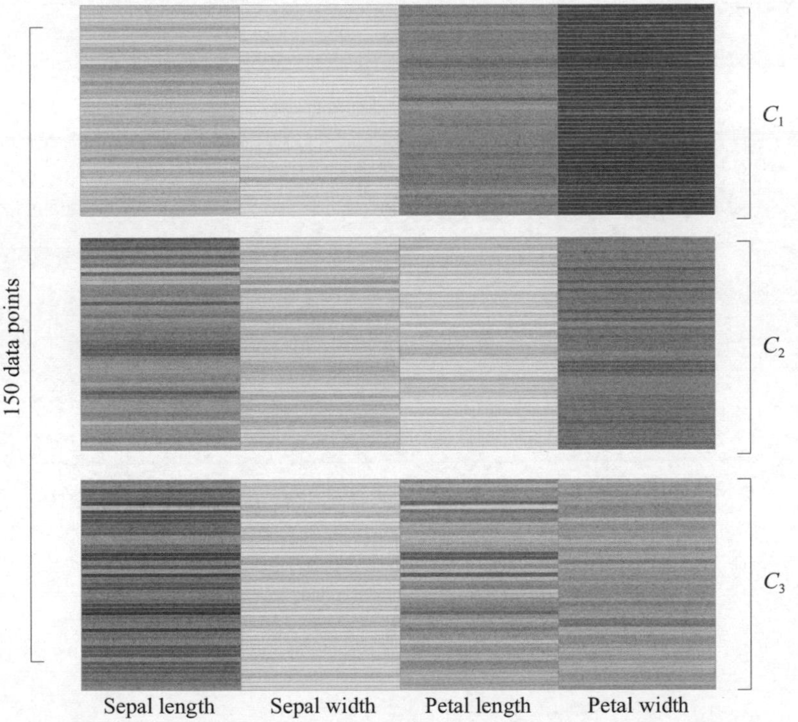

▲ 圖 22.6　鳶尾花資料分為三類

叢集質心

類似於 $\boldsymbol{\mu}_X$，任意一類標籤為 C_k 樣本資料的叢集質心 μ_k 定義為

$$\boldsymbol{\mu}_k = \frac{1}{\operatorname{count}(C_k)} \sum_{i \in C_k} \boldsymbol{x}^{(i)\mathrm{T}} \tag{22.29}$$

式 (22.29) 看上去複雜，道理其實很簡單。

翻譯一下，對於屬於某個標籤 C_k 的所有樣本資料 $\boldsymbol{x}^{(i)}(i \in C_k)$，求其各個特徵平均值，建構成一個新的列向量 μ_k。圖 22.7 所示為樣本資料質心 μ_X 與三個不同標籤資料各自的叢集質心 μ_1、μ_2 和 μ_3 之間的關係。

注意：$\boldsymbol{x}^{(i)}$ 為行向量，而 μ_k 為列向量。這就是為什麼式 (22.29) 存在轉置運算。

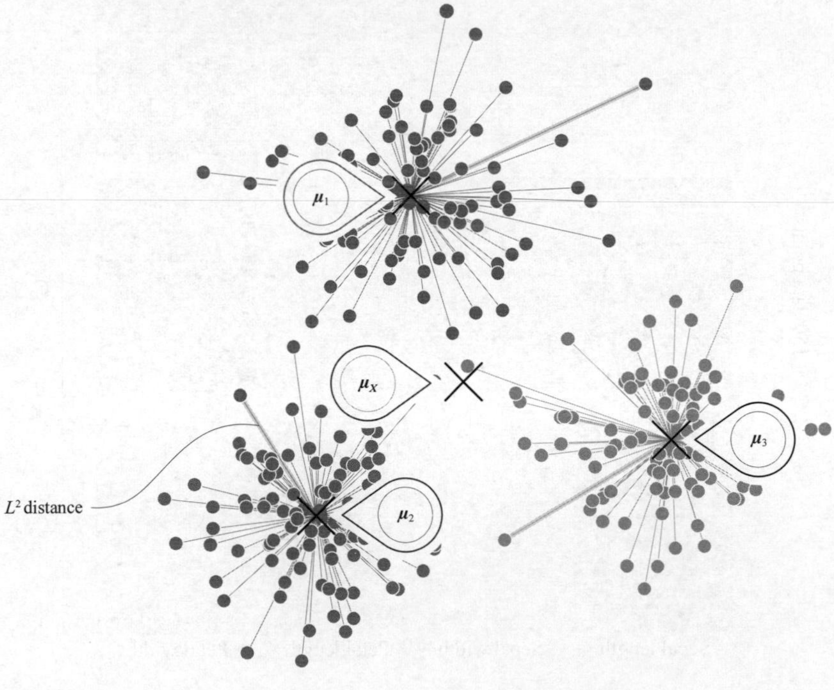

▲ 圖 22.7　樣本資料質心 μ_X 與三類資料各自的質心 μ_1、μ_2 和 μ_3

舉個例子

假設樣本資料中只有第 2、5、6 和 9 四個資料點標籤為 C_1，它們組成了原始資料的子集：$\{(\boldsymbol{x}^{(2)},y^{(2)}=C_1),(\boldsymbol{x}^{(5)},y^{(5)}=C_1),(\boldsymbol{x}^{(6)},y^{(6)}=C_1),(\boldsymbol{x}^{(9)},y^{(9)}=C_1)\}$。

資料點有兩個特徵值，具體座標值為

$$\boldsymbol{x}^{(2)}=[2\quad 3],\quad \boldsymbol{x}^{(5)}=[3\quad 1],\quad \boldsymbol{x}^{(6)}=[-2\quad 2],\quad \boldsymbol{x}^{(9)}=[1\quad 6] \tag{22.30}$$

則標籤為 C_1 叢集質心位置為 $[1,3]^{\mathrm{T}}$，具體運算過程為

$$\begin{aligned}\boldsymbol{\mu}_{C1}&=\frac{1}{\operatorname{count}(C_1)}\sum_{i\in C_1}\boldsymbol{x}^{(i)\mathrm{T}}=\frac{1}{\operatorname{count}(C_1)}\left(\boldsymbol{x}^{(2)\mathrm{T}}t+\boldsymbol{x}^{(5)\mathrm{T}}+\boldsymbol{x}^{(6)\mathrm{T}}+\boldsymbol{x}^{(9)\mathrm{T}}\right)\\&=\frac{1}{4}\left([2\quad 3]^{\mathrm{T}}+[3\quad 1]^{\mathrm{T}}+[-2\quad 2]^{\mathrm{T}}+[1\quad 6]^{\mathrm{T}}\right)=\begin{bmatrix}1\\3\end{bmatrix}\end{aligned} \tag{22.31}$$

以鳶尾花資料為例，計算簇質心就是對圖 22.6 所示三組標籤不同樣本資料分別計算質心。圖 22.8 所示不同顏色的 × 代表不同標籤鳶尾花的叢集質心位置。

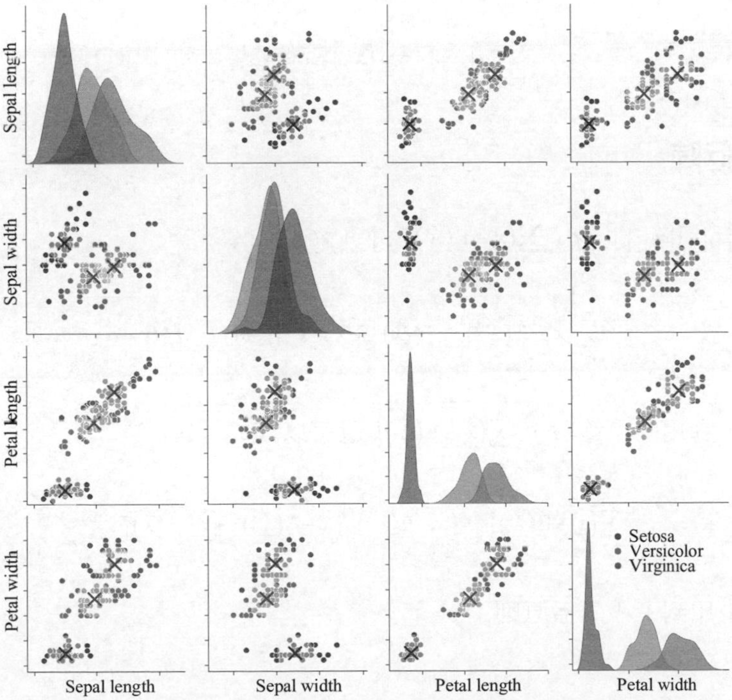

▲ 圖 22.8 鳶尾花資料簇質心位置

22.6 方差：平均值向量沒有解釋的部分

對整體來說，隨機變數 X 方差的計算式為

$$\operatorname{var}(X)=\frac{1}{n}\sum_{i=1}^{n}\left(x_i-\mathrm{E}(X)\right)^2 \tag{22.32}$$

⚠

注意：式 (22.32) 有一個假設前提—X 為有 n 個等機率值 $1/n$ 的平均分佈。否則，我們要把 $1/n$ 替換成具體的機率值 p_i。不做特殊說明時，本書預設整體或樣本設定值都為等機率。

對樣本來說，隨機變數 X 的方差可以用連續分佈的樣本來估計，即

$$\operatorname{var}(X)=\frac{1}{n-1}\sum_{i=1}^{n}\left(x_i-\mathrm{E}(X)\right)^2 \tag{22.33}$$

對於資料矩陣 $\boldsymbol{X}$ 而言，第 j 列資料 $\boldsymbol{x}_j$ 的方差有幾種不同的表達方式，即

$$\operatorname{var}(X_j)=\operatorname{var}(\boldsymbol{x}_j)=\sigma_j^2=\sigma_{j,j} \tag{22.34}$$

中心化矩陣

利用中心化矩陣 $\boldsymbol{M}$，$\sum_{i=1}^{n}\left(x_i-\mathrm{E}(X)\right)^2$ 可以寫成

$$\sum_{i=1}^{n}\left(x_i-\mathrm{E}(X)\right)^2=(\boldsymbol{Mx})^{\mathrm{T}}\boldsymbol{Mx}=\boldsymbol{x}^{\mathrm{T}}\boldsymbol{M}^{\mathrm{T}}\boldsymbol{Mx}=\boldsymbol{x}^{\mathrm{T}}\boldsymbol{Mx} \tag{22.35}$$

此外，利用向量範數，$\sum_{i=1}^{n}\left(x_i-\mathrm{E}(X)\right)^2$ 還可以寫成

$$\sum_{i=1}^{n}\left(x_i-\mathrm{E}(X)\right)^2=\left(\boldsymbol{x}-\mathrm{E}(\boldsymbol{x})\right)^{\mathrm{T}}\left(\boldsymbol{x}-\mathrm{E}(\boldsymbol{x})\right)=\left\|\boldsymbol{x}-\mathrm{E}(\boldsymbol{x})\right\|_2^2 \tag{22.36}$$

上式也用到了「廣播原則」。

向量角度

圖 22.9 中，$\boldsymbol{x}$ 在 $\boldsymbol{1}$ 方向上向量投影為 $\mathrm{E}(\boldsymbol{x})\boldsymbol{1}$。相當於 $\boldsymbol{x}$ 被分解成 $\mathrm{E}(\boldsymbol{x})\boldsymbol{1}$ 和 $\boldsymbol{x}-\mathrm{E}(\boldsymbol{x})\boldsymbol{1}$ 兩個向量分量。$\mathrm{E}(\boldsymbol{x})\boldsymbol{1}$ 與 $\boldsymbol{1}$ 平行，而 $\boldsymbol{x}-\mathrm{E}(\boldsymbol{x})\boldsymbol{1}$ 與 $\boldsymbol{1}$ 垂直。而向量 $\boldsymbol{x}-\mathrm{E}(\boldsymbol{x})\boldsymbol{1}$ 的模的平方就是式 (22.36)，即

$$\left\|\boldsymbol{x}-\mathrm{E}(\boldsymbol{x})\boldsymbol{1}\right\|_2^2=\sum_{i=1}^{n}\left(x_i-\mathrm{E}(X)\right)^2 \tag{22.37}$$

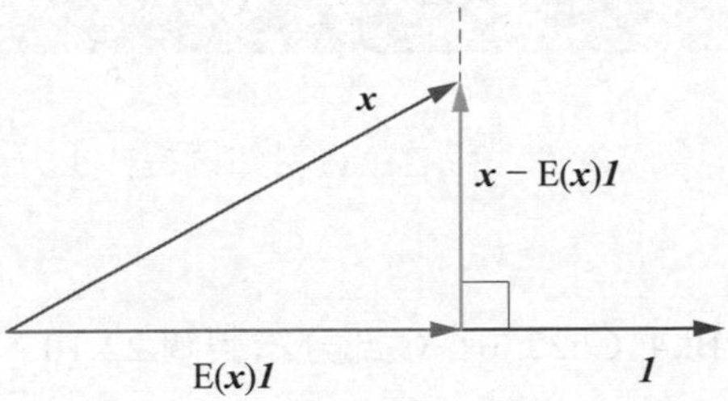

▲ 圖 22.9　投影角度看方差和標準差

鳶尾花資料

計算鳶尾花資料 $\boldsymbol{X}$ 每一列的標準差，以向量方式表達為

$$\boldsymbol{\sigma}_X=\begin{bmatrix}\underbrace{0.825}_{\text{Sepal length}} & \underbrace{0.434}_{\text{Sepal width}} & \underbrace{1.759}_{\text{Petal length}} & \underbrace{0.759}_{\text{Petal width}}\end{bmatrix}^{\mathrm{T}} \tag{22.38}$$

顯而易見，$\boldsymbol{X}$ 的第三個特徵，也就是花瓣長度 X_3 對應的標準差最大。圖 22.10 所示為 KDE 估計得到 的鳶尾花四個特徵的分佈圖。

> KDE 是核心密度估計 (Kernel Density Estimation,KDE)，採用核心函式擬合樣本資料點，用於模擬樣本資料在某一個特徵上的分佈情況。這是本書系《AI 時代 Math 元年 - 用 Python 全精通統計及機率》一書要講解的話題。

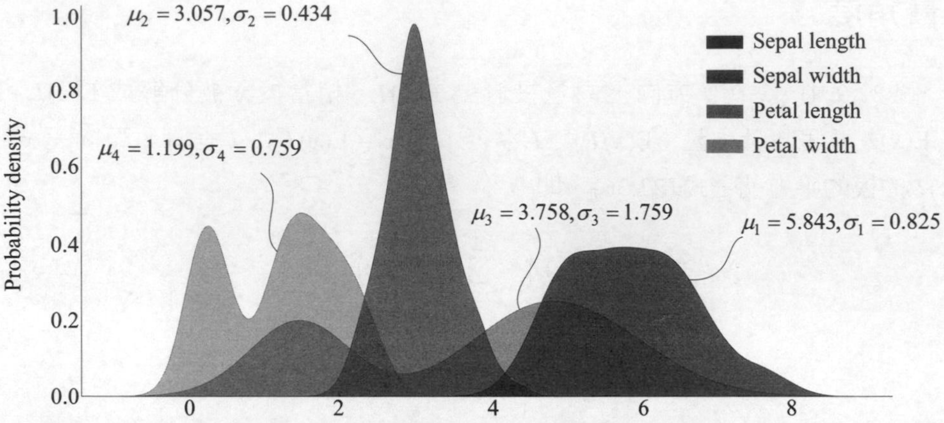

▲ 圖 22.10 鳶尾花資料四個特徵上分佈

Bk4_Ch22_01.py 中 Bk4_Ch22_01_C 部分繪製圖 22.10。

22.7 協方差和相關性係數

協方差

不考慮樣本和整體的區別，列向量資料 $\boldsymbol{x}$ 和 $\boldsymbol{y}$ 的協方差 cov($\boldsymbol{x}$, $\boldsymbol{y}$) 可以透過下式獲得，即

$$
\begin{aligned}
\operatorname{cov}(\boldsymbol{x},\boldsymbol{y}) &= \frac{\left(\boldsymbol{x}-\mathrm{E}(\boldsymbol{x})\boldsymbol{1}\right)^{\mathrm{T}}\left(\boldsymbol{y}-\mathrm{E}(\boldsymbol{y})\boldsymbol{1}\right)}{n} = \frac{n\boldsymbol{x}^{\mathrm{T}}\boldsymbol{y}-\boldsymbol{x}^{\mathrm{T}}\boldsymbol{1}\boldsymbol{y}^{\mathrm{T}}\boldsymbol{1}}{n^2} \\
&= \frac{\sum_{i=1}^{n}\left(x_i-\mathrm{E}(X)\right)\left(y_i-\mathrm{E}(Y)\right)}{n} = \frac{n\left(\sum_{i=1}^{n}x_i y_i\right)-\left(\sum_{i=1}^{n}x_i\right)\left(\sum_{i=1}^{n}y_i\right)}{n^2}
\end{aligned}
\tag{22.39}
$$

注意：式 (22.39) 同樣有假設前提，即隨機變數 (X, Y) 取到 (x_i, y_i) 的機率均為 $1/n$。

對於資料矩陣 $\boldsymbol{X}$，列向量 $\boldsymbol{x}_i$ 和 $\boldsymbol{x}_j$ 的協方差有幾種不同表達方式，即

$$\operatorname{cov}\left(X_i, X_j\right)=\operatorname{cov}\left(\boldsymbol{x}_i, \boldsymbol{x}_j\right)=\rho_{i,j}\sigma_i\sigma_j=\sigma_{i,j} \tag{22.40}$$

中心化矩陣

利用中心化矩陣 $\boldsymbol{M}$，$\sum_{i=1}^{n}\left(x_i-\mathrm{E}(X)\right)\left(y_i-\mathrm{E}(Y)\right)$ 可以寫成

$$\sum_{i=1}^{n}\left(x_i-\mathrm{E}(X)\right)\left(y_i-\mathrm{E}(Y)\right)=(\boldsymbol{M}\boldsymbol{x})^{\mathrm{T}}\boldsymbol{M}\boldsymbol{y}=\boldsymbol{x}^{\mathrm{T}}\boldsymbol{M}^{\mathrm{T}}\boldsymbol{M}\boldsymbol{y}=\boldsymbol{x}^{\mathrm{T}}\boldsymbol{M}\boldsymbol{y} \tag{22.41}$$

聯合式 (22.35) 和式 (22.41)，下式成立，即

$$\begin{bmatrix} \sum_{i=1}^{n}\left(x_i-\mathrm{E}(X)\right)^2 & \sum_{i=1}^{n}\left(x_i-\mathrm{E}(X)\right)\left(y_i-\mathrm{E}(Y)\right) \\ \sum_{i=1}^{n}\left(y_i-\mathrm{E}(Y)\right)\left(x_i-\mathrm{E}(X)\right) & \sum_{i-1}^{n}\left(y_i-\mathrm{E}(Y)\right)^2 \end{bmatrix}=\begin{bmatrix} \boldsymbol{x}^{\mathrm{T}}\boldsymbol{M}\boldsymbol{x} & \boldsymbol{x}^{\mathrm{T}}\boldsymbol{M}\boldsymbol{y} \\ \boldsymbol{y}^{\mathrm{T}}\boldsymbol{M}\boldsymbol{x} & \boldsymbol{y}^{\mathrm{T}}\boldsymbol{M}\boldsymbol{y} \end{bmatrix}=\begin{bmatrix} \boldsymbol{x}^{\mathrm{T}} \\ \boldsymbol{y}^{\mathrm{T}} \end{bmatrix}\boldsymbol{M}\begin{bmatrix} \boldsymbol{x} & \boldsymbol{y} \end{bmatrix} \tag{22.42}$$

式 (22.42) 中，協方差矩陣已經呼之欲出。

相關性係數

隨機變數 X 和 Y 相關性係數的定義為

$$\rho_{X,Y}=\operatorname{corr}(X,Y)=\frac{\operatorname{cov}(X,Y)}{\sqrt{\operatorname{var}(X)\operatorname{var}(Y)}}=\frac{\operatorname{cov}(X,Y)}{\sigma_X\sigma_Y} \tag{22.43}$$

相關性係數可以看作是隨機變數 Z 分數的協方差。

用向量內積形式來寫，列向量資料 $\boldsymbol{x}$ 和 $\boldsymbol{y}$ 相關性係數 $\operatorname{corr}(\boldsymbol{x}, \boldsymbol{y})$ 計算式為

$$\operatorname{corr}(\boldsymbol{x},\boldsymbol{y})=\frac{\left(\boldsymbol{x}-\mathrm{E}(\boldsymbol{x})\right)\cdot\left(\boldsymbol{y}-\mathrm{E}(\boldsymbol{y})\right)}{\left\|\boldsymbol{x}-\mathrm{E}(\boldsymbol{x})\right\|\left\|\boldsymbol{y}-\mathrm{E}(\boldsymbol{y})\right\|}=\left(\frac{\boldsymbol{x}-\mathrm{E}(\boldsymbol{x})}{\left\|\boldsymbol{x}-\mathrm{E}(\boldsymbol{x})\right\|}\right)\cdot\left(\frac{\boldsymbol{y}-\mathrm{E}(\boldsymbol{y})}{\left\|\boldsymbol{y}-\mathrm{E}(\boldsymbol{y})\right\|}\right) \tag{22.44}$$

相信大家已經在式 (22.44) 中看到「平移」和「縮放」兩步幾何操作。式 (22.44) 把線性相關係數和向量內積聯繫起來。本書第 2 章介紹的**餘弦相似度** (cosine similarity) 也是透過兩個向量的夾角餘弦值來度量它們之間的相似性，即

$$\text{cosine similarity} = \cos\theta = \frac{\boldsymbol{x}\cdot\boldsymbol{y}}{\|\boldsymbol{x}\|\|\boldsymbol{y}\|} \tag{22.45}$$

大家已經發現上兩式在形式上高度相似。

向量內積、協方差

實際上，向量內積和協方差的相似之處有更多。比如，向量內積和協方差都滿足交換律

$$\begin{gathered}\boldsymbol{x}\cdot\boldsymbol{y} = \boldsymbol{y}\cdot\boldsymbol{x} \\ \operatorname{cov}(X,Y) = \operatorname{cov}(Y,X)\end{gathered} \tag{22.46}$$

向量的模類似於標準差，有

$$\begin{gathered}\|\boldsymbol{x}\| = \sqrt{\boldsymbol{x}\cdot\boldsymbol{x}} \\ \sigma_X = \sqrt{\operatorname{var}(X)} = \sqrt{\operatorname{cov}(X,X)}\end{gathered} \tag{22.47}$$

向量之間夾角的餘弦值類似於線性相關性係數，即

$$\begin{aligned}&\cos\theta = \frac{\boldsymbol{x}\cdot\boldsymbol{y}}{\|\boldsymbol{x}\|\|\boldsymbol{y}\|} \\ &\rho_{X,Y} = \operatorname{corr}(X,Y) = \frac{\operatorname{cov}(X,Y)}{\sigma_X\sigma_Y} = \frac{\mathrm{E}\left((X-\mu_X)(Y-\mu_Y)\right)}{\sigma_X\sigma_Y}\end{aligned} \tag{22.48}$$

式 (22.48) 可以分別整理成

$$\begin{gathered}\boldsymbol{x}\cdot\boldsymbol{y} = \cos\theta\|\boldsymbol{x}\|\|\boldsymbol{y}\| \\ \operatorname{cov}(X,Y) = \rho_{X,Y}\sigma_X\sigma_Y\end{gathered} \tag{22.49}$$

此外，餘弦定理可以用在向量內積和協方差上，即有

$$
\begin{aligned}
&\|\boldsymbol{x}+\boldsymbol{y}\|^2=\|\boldsymbol{x}\|^2+\|\boldsymbol{y}\|^2+2\|\boldsymbol{x}\|\|\boldsymbol{y}\|\cos\theta \\
&\operatorname{var}(X+Y)=\operatorname{var}(X)+\operatorname{var}(Y)+2\operatorname{cov}(X,Y) \\
&\sigma_{X+Y}^2=\sigma_X^2+\sigma_Y^2+2\rho_{X,Y}\sigma_X\sigma_Y \\
&\operatorname{var}(aX+bY)=a^2\operatorname{var}(X)+b^2\operatorname{var}(Y)+2ab\operatorname{cov}(X,Y)
\end{aligned}
\tag{22.50}
$$

⚠

值得注意的是：統計中的方差和協方差運算都存在「中心化」，即去均值。也就是說，從幾何角度來看，方差和協方差運算中都預設將「向量」起點移動到質心。

餘弦的取值範圍為 [-1,1]，線性相關係數的取值範圍也是 [-1,1]。圖 22.11 所示為餘弦相似度與夾角 θ 的關係。

有了這種類比，下一章，我們將創造「標準差向量」，用向量角度解釋質心、標準差、方差、協方差、協方差矩陣等統計描述。

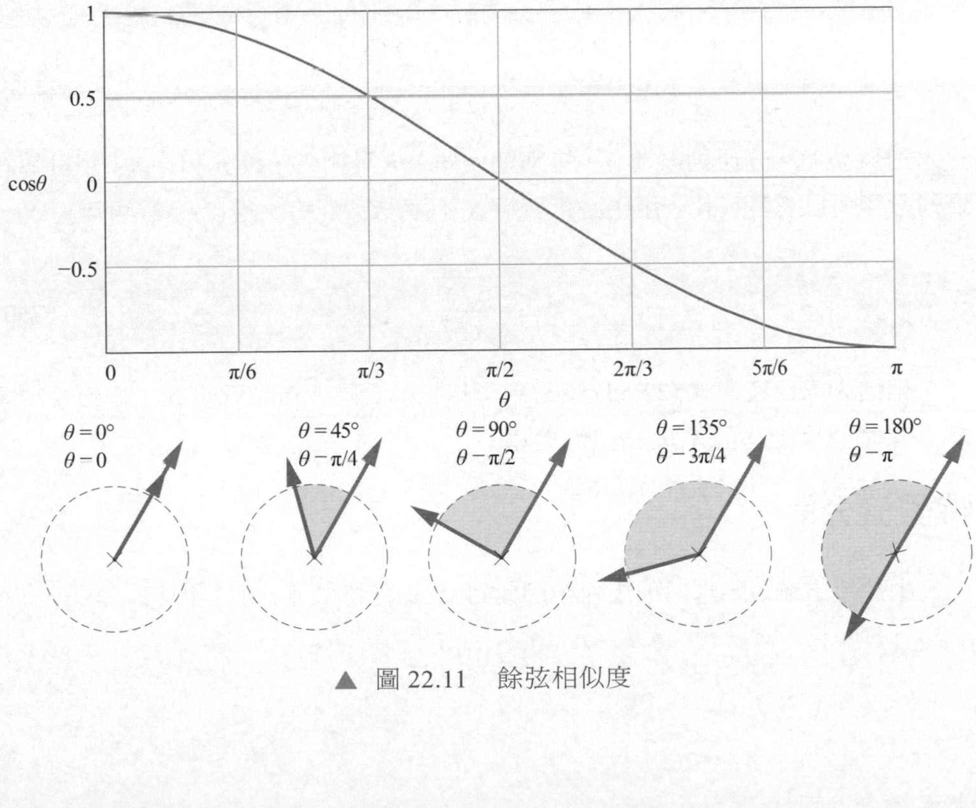

▲ 圖 22.11　餘弦相似度

22.8 協方差矩陣和相關性係數矩陣

協方差矩陣

對於矩陣 $\boldsymbol{X}=[\boldsymbol{x}_1, \boldsymbol{x}_2, \cdots, \boldsymbol{x}_D]$ 每兩個列向量資料之間的協方差，可以建構得到**協方差矩陣** (covariance matrix)，有

$$\boldsymbol{\Sigma}=\begin{bmatrix} \operatorname{cov}(\boldsymbol{x}_1,\boldsymbol{x}_1) & \operatorname{cov}(\boldsymbol{x}_1,\boldsymbol{x}_2) & \cdots & \operatorname{cov}(\boldsymbol{x}_1,\boldsymbol{x}_D) \\ \operatorname{cov}(\boldsymbol{x}_2,\boldsymbol{x}_1) & \operatorname{cov}(\boldsymbol{x}_2,\boldsymbol{x}_2) & \cdots & \operatorname{cov}(\boldsymbol{x}_2,\boldsymbol{x}_D) \\ \vdots & \vdots & \ddots & \vdots \\ \operatorname{cov}(\boldsymbol{x}_D,\boldsymbol{x}_1) & \operatorname{cov}(\boldsymbol{x}_D,\boldsymbol{x}_2) & \cdots & \operatorname{cov}(\boldsymbol{x}_D,\boldsymbol{x}_D) \end{bmatrix}=\begin{bmatrix} \sigma_{1,1} & \sigma_{1,2} & \cdots & \sigma_{1,D} \\ \sigma_{2,1} & \sigma_{2,2} & \cdots & \sigma_{2,D} \\ \vdots & \vdots & \ddots & \vdots \\ \sigma_{D,1} & \sigma_{D,2} & \cdots & \sigma_{D,D} \end{bmatrix} \tag{22.51}$$

很明顯，協方差矩陣是對稱矩陣。協方差矩陣又叫方差 - 協方差矩陣，這是因為 Σ 的對角線元素均為方差，其餘元素為協方差。

樣本協方差矩陣 Σ 可以用資料矩陣 $\boldsymbol{X}$ 計算得到，即

$$\boldsymbol{\Sigma}=\frac{\left(\underbrace{\boldsymbol{X}-\mathrm{E}(\boldsymbol{X})}_{\text{Centered}}\right)^{\mathrm{T}}\left(\underbrace{\boldsymbol{X}-\mathrm{E}(\boldsymbol{X})}_{\text{Centered}}\right)}{n-1} \tag{22.52}$$

對於整體，分母則改為 n。特別地，如果 n 足夠大，則 n 和 $n-1$ 對計算結果的影響可以忽略不計。用中心化資料 $\boldsymbol{X}_c$ 代替 $\boldsymbol{X}$ - E($\boldsymbol{X}$)，式 (22.52) 可以寫成

$$\boldsymbol{\Sigma}=\frac{\overbrace{\boldsymbol{X}_c^{\mathrm{T}}\boldsymbol{X}_c}^{\text{Gram matrix}}}{n-1} \tag{22.53}$$

相信大家已經在式 (22.53) 中看到了格拉姆矩陣。這也就是說，協方差矩陣 Σ 在某種程度上就是 $\boldsymbol{X}_c$ 的格拉姆矩陣。

特徵值分解

由於協方差矩陣為對稱矩陣，因此對 Σ 進行特徵值分解，得到

$$\boldsymbol{\Sigma}=\boldsymbol{V}\boldsymbol{\Lambda}\boldsymbol{V}^{\mathrm{T}} \tag{22.54}$$

由此可知協方差矩陣為對稱矩陣，不知道大家是否立刻想到本書第 20 章介紹的二次型，將 Σ 寫成二次型 $\boldsymbol{x}^{\mathrm{T}}\Sigma\boldsymbol{x}$。將式 (22.54) 代入 $\boldsymbol{x}^{\mathrm{T}}\Sigma\boldsymbol{x}$，得到

$$\begin{aligned}\boldsymbol{x}^{\mathrm{T}}\Sigma\boldsymbol{x} &= \boldsymbol{x}^{\mathrm{T}}\boldsymbol{V}\Lambda\boldsymbol{V}^{\mathrm{T}}\boldsymbol{x} = \Big(\underbrace{\boldsymbol{V}^{\mathrm{T}}\boldsymbol{x}}_{\boldsymbol{y}}\Big)^{\mathrm{T}}\Lambda\Big(\underbrace{\boldsymbol{V}^{\mathrm{T}}\boldsymbol{x}}_{\boldsymbol{y}}\Big) = \boldsymbol{y}^{\mathrm{T}}\Lambda\boldsymbol{y} \\ &= \lambda_1 y_1^2 + \lambda_2 y_2^2 + \cdots + \lambda_D y_D^2 = \sum_{j=1}^{D}\lambda_j y_j^2\end{aligned} \tag{22.55}$$

從幾何角度來看，$\boldsymbol{y}\mathrm{T}\Lambda\boldsymbol{y}$ 就是正橢球，這表示 $\boldsymbol{x}\mathrm{T}\Sigma\boldsymbol{x}$ 為旋轉橢球。

特別地，當 $D = 2$ 時，$\boldsymbol{x}^{\mathrm{T}}\Sigma\boldsymbol{x}$ 代表旋轉橢圓，即

$$\boldsymbol{x}^{\mathrm{T}}\Sigma\boldsymbol{x} = \begin{bmatrix} x_1 & x_2 \end{bmatrix}\begin{bmatrix} \sigma_{1,1} & \sigma_{1,2} \\ \sigma_{2,1} & \sigma_{2,2} \end{bmatrix}\begin{bmatrix} x_1 \\ x_2 \end{bmatrix} = \sigma_{1,1}x_1^2 + \left(\sigma_{1,2} + \sigma_{2,1}\right)x_1 x_2 + \sigma_{2,2}x_2^2 \tag{22.56}$$

$\boldsymbol{y}^{\mathrm{T}}\Lambda\boldsymbol{y}$ 為正橢圓，有

$$\boldsymbol{y}^{\mathrm{T}}\Lambda\boldsymbol{y} - \begin{bmatrix} y_1 & y_2 \end{bmatrix}\begin{bmatrix} \lambda_1 & 0 \\ 0 & \lambda_2 \end{bmatrix}\begin{bmatrix} y_1 \\ y_2 \end{bmatrix} = \lambda_1 y_1^2 + \lambda_2 y_2^2 \tag{22.57}$$

如圖 22.12 所示正是式 (22.54) 中的 $\boldsymbol{V}$ 完成正橢圓到旋轉橢圓的「旋轉」。如果大家對於幾何變換細節感到陌生的話，請回顧本書第 14 章、20 章相關內容。

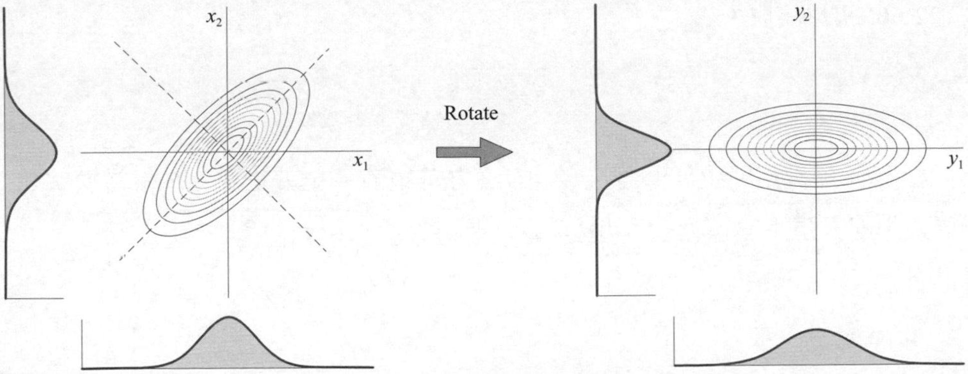

▲ 圖 22.12　旋轉橢圓到正橢圓

相關性係數矩陣

相關性係數矩陣 (correlation matrix) $\boldsymbol{P}$ 定義為

$$\boldsymbol{P} = \begin{bmatrix} 1 & \rho_{1,2} & \cdots & \rho_{1,D} \\ \rho_{1,2} & 1 & \cdots & \rho_{2,D} \\ \vdots & \vdots & \ddots & \vdots \\ \rho_{1,D} & \rho_{2,D} & \cdots & 1 \end{bmatrix} \tag{22.58}$$

$\boldsymbol{P}$ 和 Σ 的關係為

$$\boldsymbol{\Sigma} = \boldsymbol{SPS} \tag{22.59}$$

$\boldsymbol{S}$ 就是式 (22.26) 定義的縮放矩陣，且 $\boldsymbol{S}$ 是個對角方陣。

再進一步，式 (22.58) 可以寫成

$$\boldsymbol{P} = \frac{\left(\underbrace{\left(\boldsymbol{X} - \mathrm{E}\left(\boldsymbol{X}\right)\right)\boldsymbol{S}^{-1}}_{\text{Translate + Scale}}\right)^{\mathrm{T}}\left(\underbrace{\left(\boldsymbol{X} - \mathrm{E}\left(\boldsymbol{X}\right)\right)\boldsymbol{S}^{-1}}_{\text{Translate + Scale}}\right)}{n-1} \tag{22.60}$$

我們可以在式 (22.60) 中看到「平移」「縮放」兩步操作。

同時，我們在式 (22.60) 中看到了式 (22.25) 定義的 Z 分數矩陣 $\boldsymbol{Z}_X$。因此，式 (22.60) 可以寫成

$$\boldsymbol{P} = \frac{\boldsymbol{Z}_X^{\mathrm{T}}\boldsymbol{Z}_X}{n-1} \tag{22.61}$$

相關性係數矩陣 $\boldsymbol{P}$ 可以視為 $\boldsymbol{Z}_X$ 的協方差矩陣。也就是說，$\boldsymbol{P}$ 相當於 $\boldsymbol{Z}_X$ 的格拉姆矩陣。準確地說，$\boldsymbol{Z}_X$ 的格拉姆矩陣為 $\boldsymbol{Z}_X^{\mathrm{T}}\boldsymbol{Z}_X = (n-1)\boldsymbol{P}$。

鳶尾花資料集

對於鳶尾花資料，它的協方差矩陣 Σ 為

$$\boldsymbol{\Sigma}=\begin{bmatrix} 0.686 & -0.042 & 1.274 & 0.516 \\ -0.042 & 0.190 & -0.330 & -0.122 \\ 1.274 & -0.330 & 3.116 & 1.296 \\ \underbrace{0.516}_{\text{Sepal length}} & \underbrace{-0.122}_{\text{Sepal width}} & \underbrace{1.296}_{\text{Petal length}} & \underbrace{0.581}_{\text{Petal width}} \end{bmatrix} \begin{matrix} \leftarrow \text{Sepal length} \\ \leftarrow \text{Sepal width} \\ \leftarrow \text{Petal length} \\ \leftarrow \text{Petal width} \end{matrix} \tag{22.62}$$

鳶尾花資料的相關性係數矩陣 $\boldsymbol{P}$ 為

$$\boldsymbol{P}=\begin{bmatrix} 1.000 & -0.118 & 0.872 & 0.818 \\ -0.118 & 1.000 & -0.428 & -0.366 \\ 0.872 & -0.428 & 1.000 & 0.963 \\ \underbrace{0.818}_{\text{Sepal length}} & \underbrace{-0.366}_{\text{Sepal width}} & \underbrace{0.963}_{\text{Petal length}} & \underbrace{1.000}_{\text{Petal width}} \end{bmatrix} \begin{matrix} \leftarrow \text{Sepal length} \\ \leftarrow \text{Sepal width} \\ \leftarrow \text{Petal length} \\ \leftarrow \text{Petal width} \end{matrix} \tag{22.63}$$

圖 22.13 所示為 Σ 和 $\boldsymbol{P}$ 的熱圖。觀察相關性係數矩陣 $\boldsymbol{P}$，可以發現花萼長度與花萼寬度線性負相關，花瓣長度與花萼寬度線性負相關，花瓣寬度與花萼寬度線性負相關。當然，鳶尾花資料集樣本數量有限，透過樣本資料得出的結論還不足以推而廣之。

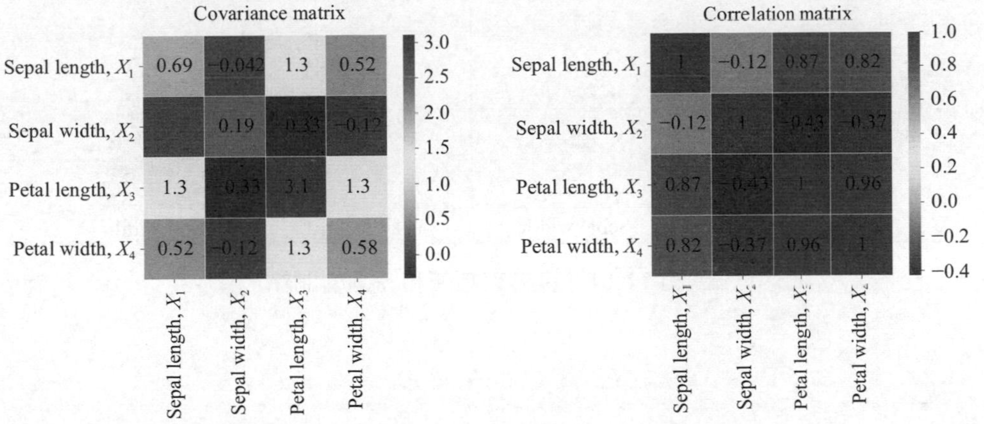

▲ 圖 22.13　協方差矩陣和相關性係數矩陣熱圖

本書系《AI 時代 Math 元年 - 用 Python 全精通統計及機率》一書會建立協方差矩陣與橢圓的密切關係。圖 22.14 便來自《AI 時代 Math 元年 - 用 Python 全精通統計及機率》一書，圖中我們可以透過橢圓的大小和旋轉角度了解不同特徵標準差，以及不同特徵之間的相關性等重要資訊。

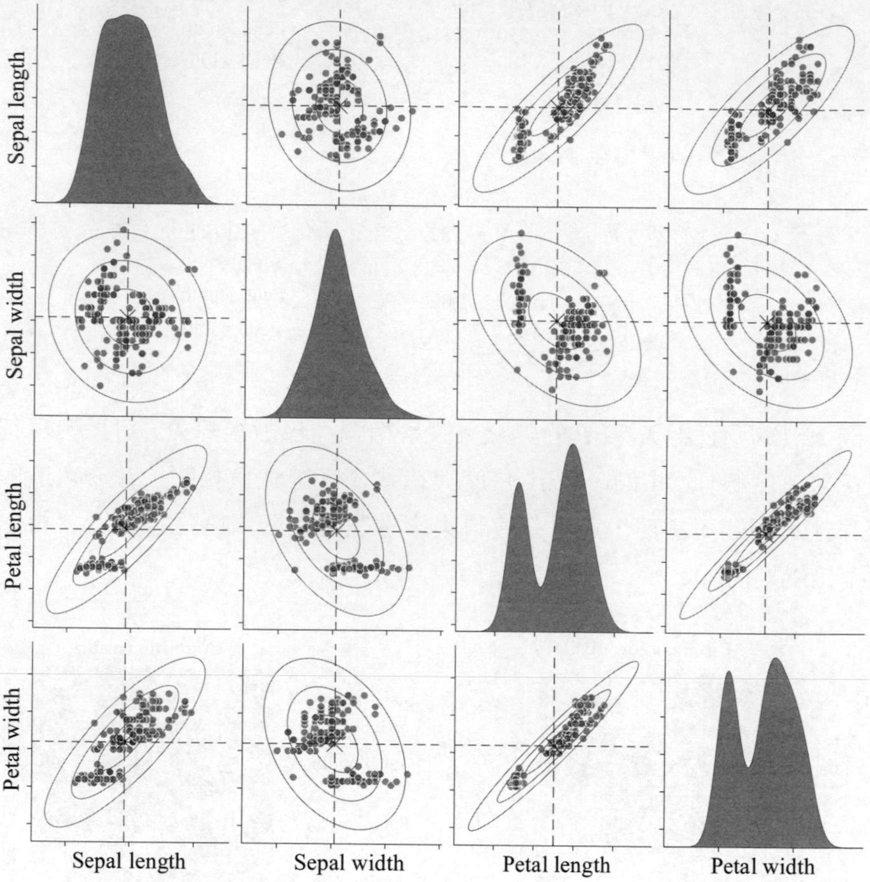

▲ 圖 22.14　協方差矩陣和橢圓的關係

如前文所述，鳶尾花資料分為三類。標籤為 C_k 的樣本資料也對應自身的協方差矩陣 Σ_k (見圖 22.15) 和相關性係數矩陣 $\boldsymbol{r}_k$ (見圖 22.16)。圖 22.17 也是來自本書系《AI 時代 Math 元年 - 用 Python 全精通統計及機率》一書，圖 22.17 中繪製橢圓時考慮了鳶尾花分類。這些旋轉橢圓的中心就是叢集質心，橢圓本身代表簇協方差矩陣。

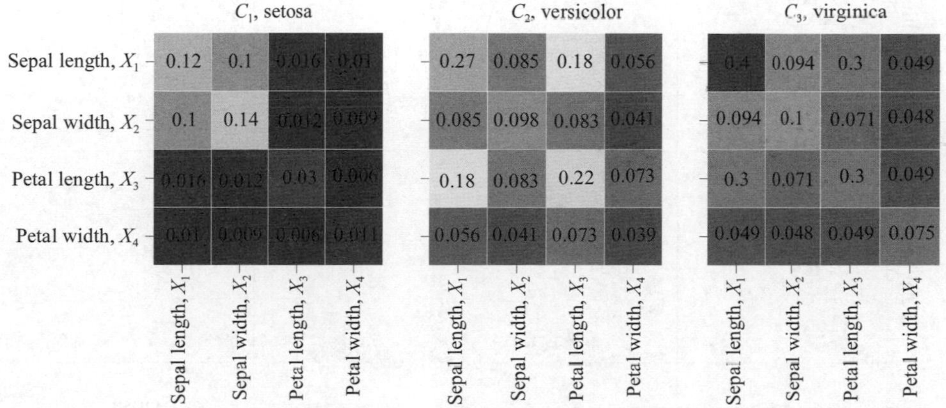

▲ 圖 22.15　協方差矩陣熱圖 (考慮分類)

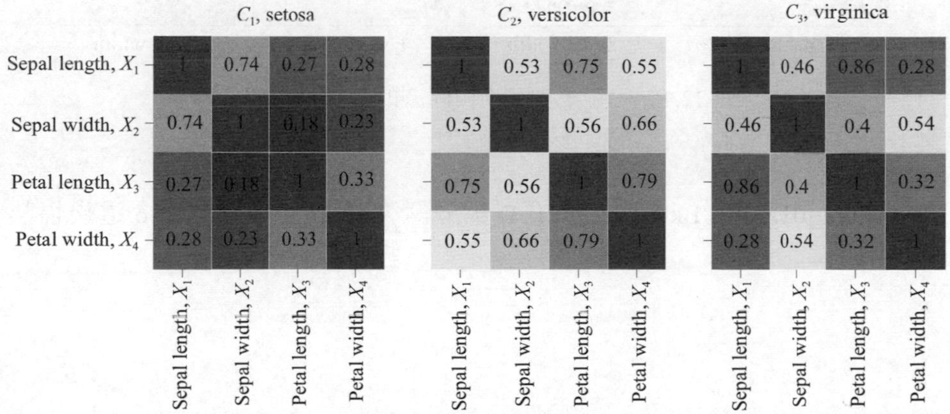

▲ 圖 22.16　相關性係數矩陣熱圖 (考慮分類)

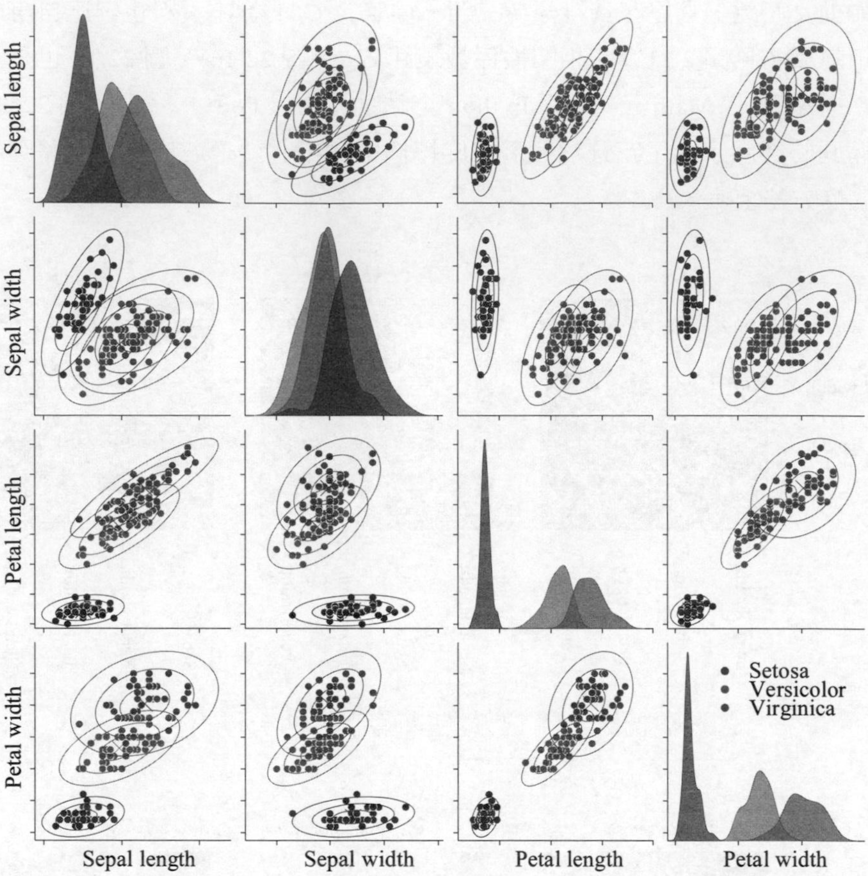

▲ 圖 22.17　協方差矩陣和橢圓的關係 (考慮分類)

Bk4_Ch22_01.py 中 Bk4_Ch22_01_D 部分繪製圖 22.13 ～圖 22.16 這幾幅熱圖。

➔

本章從線性代數運算角度回顧、梳理了統計學中的一些重要的概念。希望大家學完本章後，能夠 輕鬆建立資料、矩陣、向量、統計之間的聯繫。重點四圖如 22.18 所示。

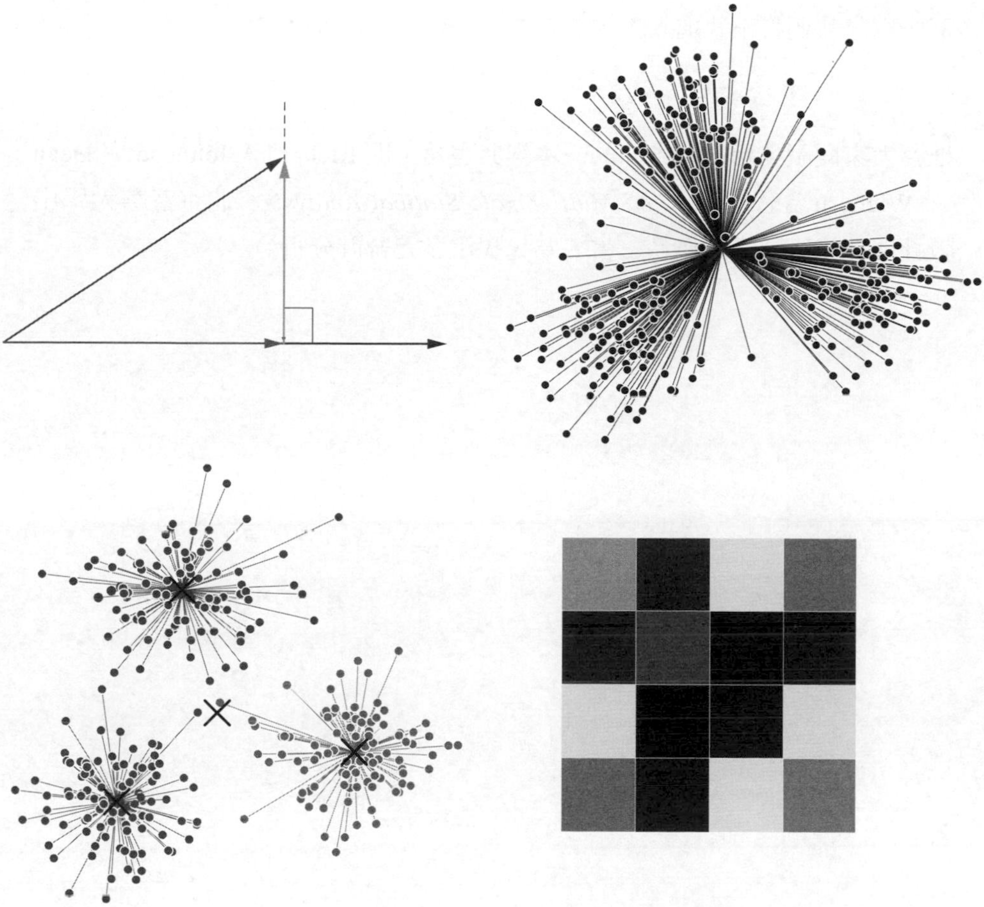

▲ 圖 22.18　總結本章重要內容的四幅圖

本章介紹了兩種和原始資料 $\boldsymbol{X}$ 形狀相同的資料矩陣—中心化資料矩陣 $\boldsymbol{X}_c$、標準化資料矩陣 $\boldsymbol{Z}_X$。請大家注意它們三者區分和聯繫，並且能從幾何變換角度理解運算過程。

質心和協方差矩陣在後續許多資料科學、機器；學習演算法中扮演著重要角色。此外，請大家務必注意協方差矩陣與橢圓之間的千絲萬縷的聯繫。本書系《AI 時代 Math 元年 - 用 Python 全精通統計及機率》一書將從不同角度講解如何利用橢圓更進一步地理解高斯分佈、條件機率、線性回歸、主成分分析等數學工具。

下一章起我們將正式進入本書收官之旅一資料三部曲。

推薦大家閱讀多元統計方面的一本經典書籍，即 Richard A.Johnson 與 Dean W. Wichern 合著的 *Applied Multivariate Statical Analysis*。北京清華大學出版社翻譯出版了這部作品，書名為《實用多元統計分析》。

Four Vector Spaces

23 資料空間

用 SVD 分解尋找資料矩陣的四個空間

> 智慧的真正標識不是知識，而是想像力。
>
> ***The true sign of intelligence is not knowledge but imagination.***
>
> ——阿爾伯特・愛因斯坦（*Albert Einstein*）| 理論物理學家 | *1879 — 1955*

- numpy.cov() 計算協方差矩陣
- numpy.corr() 計算相關性係數矩陣
- numpy.diag() 如果 A 為方陣，numpy.diag(A) 函式提取對角線元素，以向量形式輸入結果；如果 a 為向量，則 numpy.diag(a) 函式將向量展開成方陣，方陣對角線元素為 a 向量元素
- numpy.linalg.eig() 特徵值分解
- numpy.linalg.inv() 計算反矩陣
- numpy.linalg.norm() 計算範數
- seaborn.heatmap() 繪製熱圖

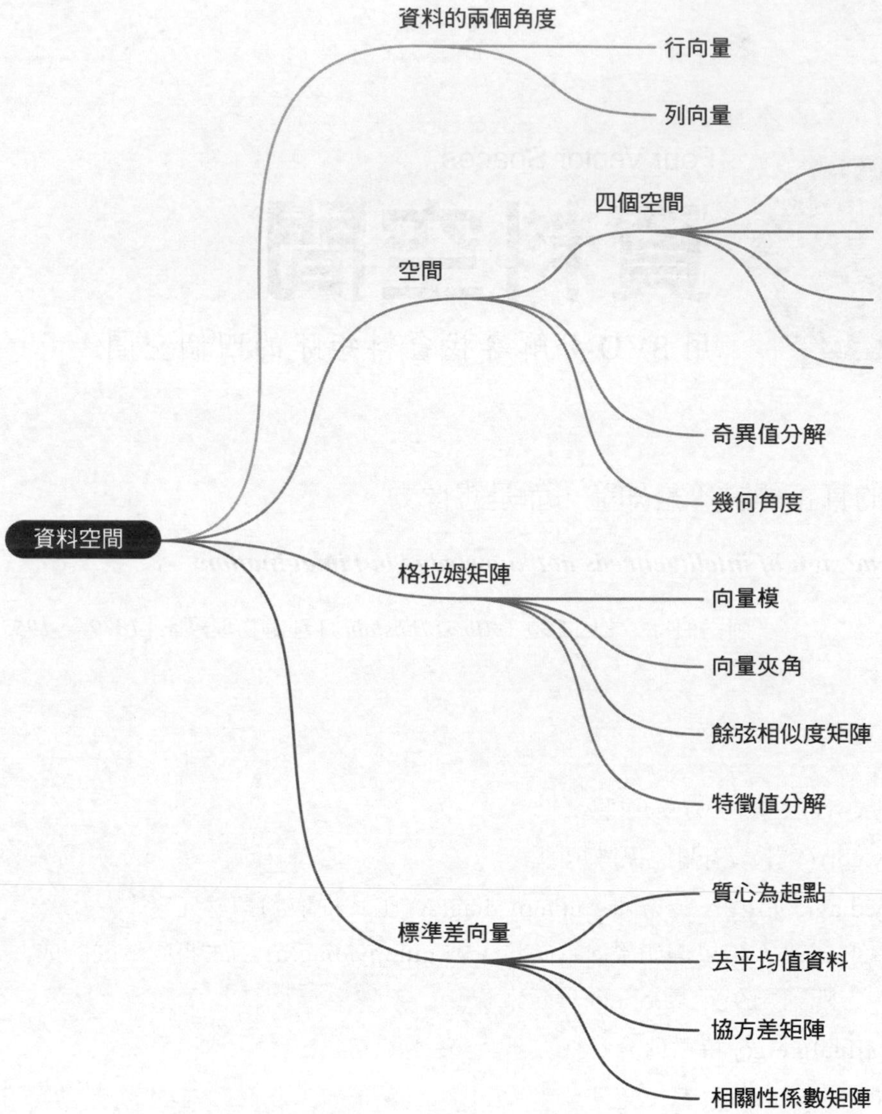

23.1 從資料矩陣 X 說起

本書最後三章叫「資料三部曲」，一方面，這三章從資料、空間、幾何角度總結了全書前文的核心心內容，另外一方面，這三章介紹了這些數學工具在資料科學和機器學習領域的應用。

毫不誇張地說，沒有線性代數就沒有現代計算，大家將在本書系《AI 時代 Math 元年 - 用 Python 全精通資料處理》和《AI 時代 Math 元年 - 用 Python 全精通機器學習》兩本書的每個角落看到矩陣運算。

「多重角度」仍然是這三章的特色。線性代數中向量、空間、投影、矩陣、矩陣分解等數學工具天然地彌合了代數、幾何、資料之間的鴻溝。

本章是「資料三部曲」的第一章，將以資料矩陣為切入點，主要透過奇異值分解與大家探討四個重要的空間定義和用途。

資料矩陣

資料矩陣 (data matrix) 不過就是以表格形式儲存的資料。

除了表格功能，矩陣更重要的功能是一**線性映射** (linear mapping)。而矩陣乘法是線性映射的核心心。矩陣分解不過是矩陣連乘，將一個複雜的幾何變換拆解成容易理解的成分，比如縮放、旋轉、投影、剪切等。

本書最開始便介紹過，資料矩陣可以從兩個角度觀察。資料矩陣 $\boldsymbol{X}$ 的每一行是一個行向量，代表一個樣本觀察值；$\boldsymbol{X}$ 的每一列為一個列向量，代表某個特徵上的樣本資料。

行向量

回顧前文，為了區分資料矩陣中的行向量和列向量，本書中資料矩陣的行向量序號採用上標加括號的記法，比如

$$\boldsymbol{X}_{n\times D} = \begin{bmatrix} \boldsymbol{x}^{(1)} \\ \boldsymbol{x}^{(2)} \\ \vdots \\ \boldsymbol{x}^{(n)} \end{bmatrix} \tag{23.1}$$

其中，第 i 行行向量的 D 個元素為

$$\boldsymbol{x}^{(i)} = \begin{bmatrix} x_{i,1} & x_{i,2} & \cdots & x_{i,D} \end{bmatrix} \tag{23.2}$$

圖 23.1 所示為從行向量角度觀察資料矩陣，每一個行向量 $\boldsymbol{x}^{(i)}$ 代表座標系中的點。所有資料散點組成座標系中的「雲」。

實際上，行向量也是具有方向和大小的向量，也可以看成是箭頭，因此也有自己的空間。這是本 書馬上要探討的內容。

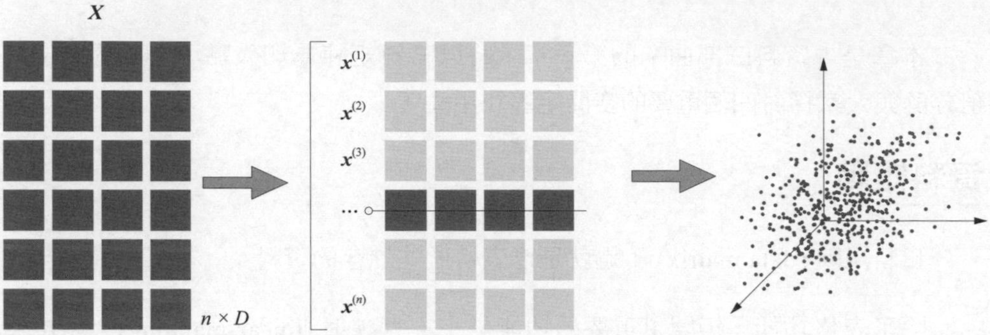

▲ 圖 23.1　從行向量角度觀察資料矩陣

列向量

資料矩陣的列向量序號採用下標記法，比如

$$\boldsymbol{X}_{n\times D} = \begin{bmatrix} \boldsymbol{x}_1 & \boldsymbol{x}_2 & \cdots & \boldsymbol{x}_D \end{bmatrix} \tag{23.3}$$

其中，第 j 列列向量的 n 個元素為

$$\boldsymbol{x}_j = \begin{bmatrix} x_{1,j} \\ x_{2,j} \\ \vdots \\ x_{n,j} \end{bmatrix} \tag{23.4}$$

如圖 23.2 所示，從幾何角度，資料矩陣 $\boldsymbol{X}$ 的所有列向量 (藍色箭頭) 的起始點均在原點 $\boldsymbol{0}$。$[\boldsymbol{x}_1, \boldsymbol{x}_1, \cdots, \boldsymbol{x}_D]$ 這些向量的長度和方向資訊均包含在格拉姆矩陣 $\boldsymbol{G} = \boldsymbol{X}^{\mathrm{T}}\boldsymbol{X}$ 之中。

向量長度的表現形式為向量的模，即 L^2 範數。

向量方向是兩兩向量之間的相對夾角。更具體地說，是兩兩向量夾角的餘弦值。

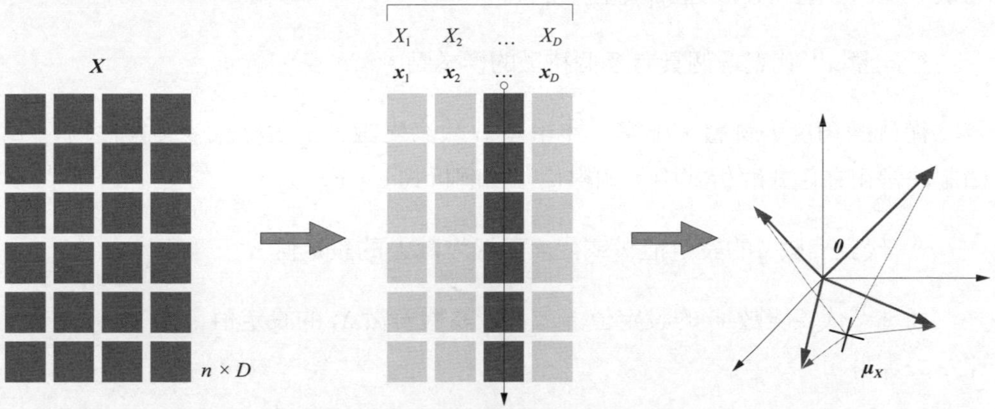

▲ 圖 23.2　從列向量角度觀察資料矩陣

如果將圖 23.2 所示的向量起點移動到資料質心 $\boldsymbol{\mu}_X$ (即 E($\boldsymbol{X}$) 的轉置)，這時向量 (紅色箭頭) 的長度可以看作是標準差 (的若干倍)，而向量之間夾角為隨機變數之間的線性相關係數。

從統計角度來看，將向量起點移動到 $\boldsymbol{\mu}_X$ 實際上就是資料矩陣 $\boldsymbol{X}$ 去平均值，即中心化，對應運算為 $\boldsymbol{X}_c = \boldsymbol{X} - \mathrm{E}(\boldsymbol{X})$。本章後文還將深入介紹這一重要角度。

協方差矩陣 Σ 相當於是 $\boldsymbol{X}_c$ 的格拉姆矩陣。準確來說，對於樣本資料，$\boldsymbol{X}_c^{\mathrm{T}}\boldsymbol{X}_c = (n-1)\Sigma$。協方差矩陣 Σ 包含了樣本標準差和線性相關係數等資訊。

區分符號

現在有必要再次強調本書系的容易混淆的代數、線性代數和機率統計符號。

粗體、斜體、小寫 $\boldsymbol{x}$ 為列向量。從機率統計的角度，$\boldsymbol{x}$ 可以代表隨機變數 X 採樣得到的樣本資料，偶爾也代表 X 整體資料。隨機變數 X 樣本資料集合為 $X=\{x^{(1)}, x^{(2)}, \cdots, x^{(n)}\}$。

粗體、斜體、小寫、加下標序號的 $\boldsymbol{x}_1$ 為列向量，下角標僅是序號，以便於與 $\boldsymbol{x}_1$、$\boldsymbol{x}_2$、$\boldsymbol{x}_j$、$\boldsymbol{x}_D$ 等進行區分。從機率統計的角度，$\boldsymbol{x}_1$ 可以代表隨機變數 X_1 中的樣本資料，也可以表達 X_1 整體資料。

行向量 $\boldsymbol{x}^{(1)}$ 代表一個具有多個特徵的樣本點。

從代數角度，斜體、小寫、非粗體 x_1 代表變數，下角標代表變數序號。這種記法常用在函式解析式中，如線性回歸解析式 $y = x_1 + x_2$。

$x^{(1)}$ 代表變數 x 的設定值，或代表隨機變數 X 的設定值。

而 $x_1^{(1)}$ 代表變數 x_1 的設定值，或代表隨機變數 X_1 的設定值，如 $X_1 = \{x_1^{(1)}, x_1^{(2)},\ldots, x_1^{(n)}\}$。

粗體、斜體、大寫 $\boldsymbol{X}$ 則專門用於表達多行、多列的資料矩陣，$\boldsymbol{X} = [\boldsymbol{x}_1, \boldsymbol{x}_2, \cdots, \boldsymbol{x}_D]$。資料矩陣 $\boldsymbol{X}$ 中第 i 行、第 j 列元素則記作 $x_{i,j}$。多元線性回歸中，$\boldsymbol{X}$ 也叫**設計矩陣** (design matrix)。

我們還會用粗體、斜體、小寫希臘字母 $\boldsymbol{\chi}$ (chi，讀作 /ˈkaɪ/) 代表 D 維隨機變陣列成的列向量，$\boldsymbol{\chi} = [X_1, X_2, \cdots, X_D]^{\mathrm{T}}$。希臘字母 $\boldsymbol{\chi}$ 主要用在多元機率統計中。

23.2 向量空間：從 SVD 分解角度理解

這一節介紹 $\boldsymbol{X}$ 的列向量和行向量張成的四個空間以及它們之間關係。

列向量：列空間、左零空間

由 $\boldsymbol{X}$ 的**列向量** $\boldsymbol{x}_1, \boldsymbol{x}_2, \cdots, \boldsymbol{x}_j, \cdots, \boldsymbol{x}_D$ 張成的子空間 $\mathrm{span}(\boldsymbol{x}_1, \boldsymbol{x}_2,\cdots, \boldsymbol{x}_D)$ 為 $\boldsymbol{X}$ 的**列空間** (column space)，記作 $C(\boldsymbol{X})$。很多書上也將**列空間**記作 $\mathrm{Col}(\boldsymbol{X})$，或 $\mathrm{Col}\boldsymbol{X}$。

與 $C(\boldsymbol{X})$ 相對應的是**左零空間** (left null space)，記作 $\mathrm{Null}(\boldsymbol{X}^{\mathrm{T}})$。$C(\boldsymbol{X})$ 和 $\mathrm{Null}(\boldsymbol{X}^{\mathrm{T}})$ 組成了 $\mathbb{R}^n$。$\boldsymbol{X}$ 的**列向量**元素個數為 n，因此需要匹配空間 $\mathbb{R}^n$，才能「裝下」$\boldsymbol{X}$ 的**列向量**。

而 $C(\boldsymbol{X})$ 和 $\text{Null}(\boldsymbol{X}^{\text{T}})$ 分別都是 $\mathbb{R}^n$ 的子空間，兩者的維度之和為 n，即 $\dim(C(\boldsymbol{X})) + \dim(\text{Null}(\boldsymbol{X}^{\text{T}})) = n$。

$C(\boldsymbol{X})$ 與 $\text{Null}(\boldsymbol{X}^{\text{T}})$ 互為**正交補** (orthogonal complement)，即

$$C(\boldsymbol{X})^{\perp} = \text{Null}(\boldsymbol{X}^{\text{T}}) \tag{23.5}$$

行向量：行空間、零空間

由 $\boldsymbol{X}$ 的**行向量** $\boldsymbol{x}^{(1)}, \boldsymbol{x}^{(2)}, \cdots, \boldsymbol{x}^{(j)}, \cdots, \boldsymbol{x}^{(n)}$ 張成的子空間 $\text{span}(\boldsymbol{x}^{(1)}, \boldsymbol{x}^{(2)}, \cdots, \boldsymbol{x}^{(n)})$ 為 $\boldsymbol{X}$ 的**行空間** (row space)，記作 $R(\boldsymbol{X})$。很多書上也將行空間記作 $\text{Row}(\boldsymbol{X})$ 或 $\text{Row}\boldsymbol{X}$。

與 $R(\boldsymbol{X})$ 相對應的是**零空間** (null space)，也叫**右零空間** (right null space)，記作 $\text{Null}(\boldsymbol{X})$。

$\boldsymbol{X}$ 的**行向量**元素數量為 D，空間 $\mathbb{R}^D$ 才能「裝下」$\boldsymbol{X}$ 的**行向量**。$R(\boldsymbol{X})$ 與 $\text{Null}(\boldsymbol{X})$ 組成了 $\mathbb{R}^D$。$R(\boldsymbol{X})$ 與 $\text{Null}(\boldsymbol{X})$ 分別都是 $\mathbb{R}^D$ 的子空間。

$R(\boldsymbol{X})$ 與 $\text{Null}(\boldsymbol{X})$ 互為正交補，即

$$R(\boldsymbol{X})^{\perp} = \text{Null}(\boldsymbol{X}) \tag{23.6}$$

$R(\boldsymbol{X})$ 的維度為 $\dim(R(\boldsymbol{X})) = \text{rank}(\boldsymbol{X})$。$R(\boldsymbol{X})$ 與 $\text{Null}(\boldsymbol{X})$ 的維度之和為 D，即 $\dim(R(\boldsymbol{X})) + \dim(\text{Null}(\boldsymbol{X})) = D$。也就是說，只有 $\boldsymbol{X}$ 非滿秩時，$\text{Null}(\boldsymbol{X})$ 維數才不為 0。

怎麼理解這四個空間？

相信大家讀完本節前文這四個空間定義已經暈頭轉向，雲裡霧裡不知所云。

的確，這四個空間的定義讓很多人望而卻步。很多線性代數教材多是從線性方程式組 $\boldsymbol{Ax} = \boldsymbol{b}$ 角度講解這四個空間，而作者認為這個角度並沒有降低理解這四個空間的難度。

下面，我們從資料和幾何兩個角度來理解這四個空間，並且介紹如何將它們與本書前文介紹的向量內積、格拉姆矩陣、向量空間、子空間、秩、特徵值分解、SVD 分解、資料質心、協方差矩陣等線性代數概念聯繫起來。

從完全型 SVD 分解說起

對「細長」矩陣 $\boldsymbol{X}$ 進行完全型 SVD 分解，得到等式

$$\boldsymbol{X} = \boldsymbol{U}\boldsymbol{S}\boldsymbol{V}^{\mathrm{T}} \tag{23.7}$$

圖 23.3 所示為 $\boldsymbol{X}$ 完全型 SVD 分解示意圖。

⚠ 請大家注意幾個矩陣形狀。完全型 SVD 分解中，$\boldsymbol{X}$ 和 $\boldsymbol{S}$ 為一般為細高型，$\boldsymbol{U}$ 和 $\boldsymbol{V}$ 為方陣。

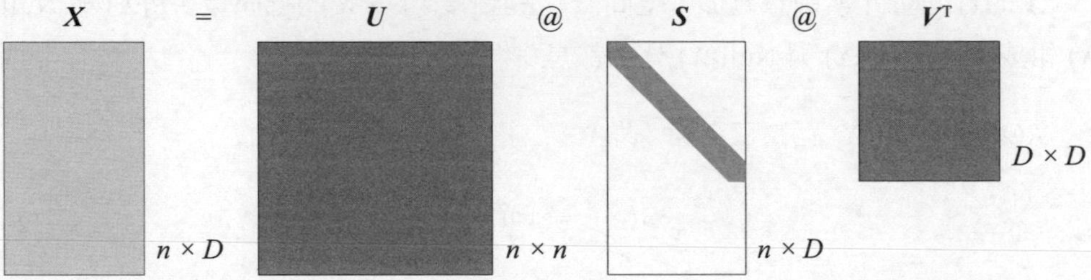

▲ 圖 23.3　$\boldsymbol{X}$ 進行完全型 SVD 分解

根據前文所學，大家應該很清楚 $\boldsymbol{U}$ 為 $n \times n$ 正交矩陣，也就是說 $\boldsymbol{U}$ 的列向量 $[\boldsymbol{u}_1, \boldsymbol{u}_2, \cdots, \boldsymbol{u}_n]$ 的特點是 兩兩正交 (向量內積為 0)，且向量模均為 1。

$[\boldsymbol{u}_1, \boldsymbol{u}_2, \cdots, \boldsymbol{u}_n]$ 為張成 $\mathbb{R}^n$ 空間的一組規範正交基底。

同理，$\boldsymbol{V}$ 為 $D \times D$ 正交矩陣，因此 $\boldsymbol{V}=[\boldsymbol{v}_1, \boldsymbol{v}_2, \cdots, \boldsymbol{v}_D]$ 是張成 $\mathbb{R}^D$ 空間的一組規範正交基底。如圖 23.4 所示，$\boldsymbol{U}$ 和 $\boldsymbol{V}$ 之間的聯繫為 $\boldsymbol{US} = \boldsymbol{XV}$。

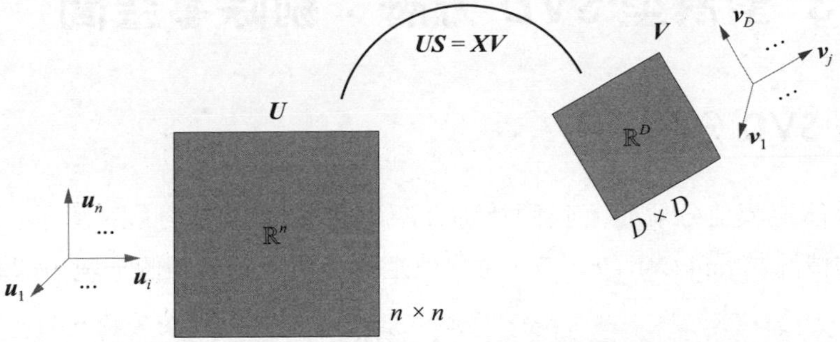

▲ 圖 23.4　對矩陣 $\boldsymbol{X}$ 來說，$\mathbb{R}^n$ 空間和 $\mathbb{R}^D$ 空間關係

另外，對「粗短」$\boldsymbol{X}^{\mathrm{T}}$ 矩陣進行完全型 SVD 分解，就是對式 (23.7) 轉置，有

$$\boldsymbol{X}^{\mathrm{T}} = \left(\boldsymbol{U}\boldsymbol{S}\boldsymbol{V}^{\mathrm{T}}\right)^{\mathrm{T}} = \boldsymbol{V}\boldsymbol{S}^{\mathrm{T}}\boldsymbol{U}^{\mathrm{T}} \tag{23.8}$$

圖 23.5 所示為 $\boldsymbol{X}^{\mathrm{T}}$ 進行完全型 SVD 分解的示意圖。後面，我們會用到這一分解。

注意：對於完全型 SVD 分解，奇異值矩陣 $\boldsymbol{S}$ 雖然是對角陣，但不是方陣，因此 $\boldsymbol{S}^{\mathrm{T}} \neq \boldsymbol{S}$。

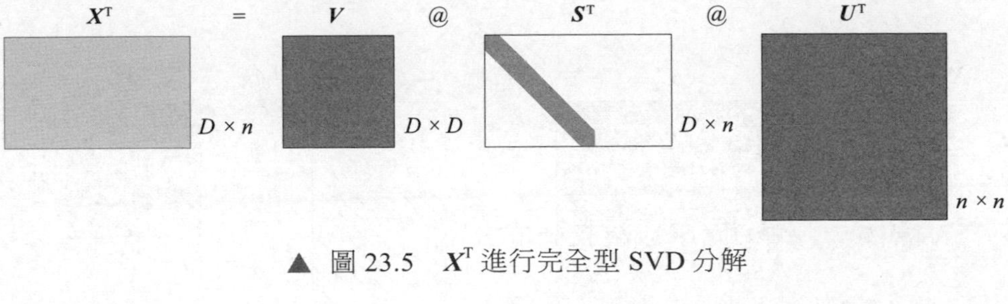

▲ 圖 23.5　$\boldsymbol{X}^{\mathrm{T}}$ 進行完全型 SVD 分解

23.3 緊湊型 SVD 分解：剔除零空間

緊湊型 SVD 分解

在講解奇異值分解時，我們特別介紹了緊湊型 SVD 分解。緊湊型 SVD 分解對應的情況為 rank(X) = $r < D$。奇異值矩陣 S 可以分成四個子塊，即

$$S = \begin{bmatrix} S_{r\times r} & O \\ O & O \end{bmatrix} \tag{23.9}$$

其中：矩陣 $S_{r\times r}$ 的對角線元素為非 0 奇異值。

圖 23.6 所示為 X 進行緊湊型 SVD 分解的示意圖。本書第 16 章介紹過，分塊矩陣乘法中，圖 23.6 中陰影部分對應的分塊矩陣可以全部消去。

正交矩陣 U 保留 $[u_1, \cdots, u_r]$ 子塊，消去 $[u_{r+1}, \cdots, u_n]$。

正交矩陣 V 保留 $[v_1, \cdots, v_r]$ 子塊，消去 $[v_{r+1}, \cdots, v_D]$。

$[u_1, \cdots, u_r]$ 是 X 的**列空間** $C(X)$ 基底，而 $[v_1, \cdots, v_r]$ 是 X 的**行空間** $R(X)$ 基底。

注意：圖 23.6 中 V 存在轉置運算。

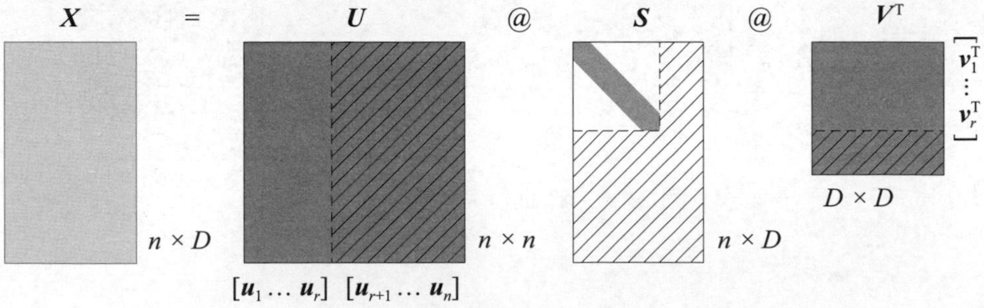

▲ 圖 23.6 X 進行緊湊型 SVD 分解

實際上，$\boldsymbol{U}$ 和 $\boldsymbol{V}$ 矩陣中消去的子塊和上一節說到的**零空間**有直接聯繫。我們先列出圖 23.7 這幅圖，稍後展開講解。

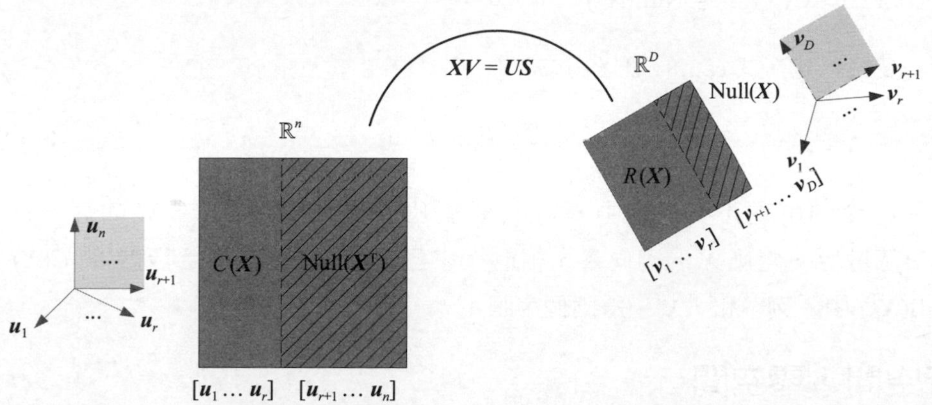

▲ 圖 23.7 $\mathbb{R}^n$ 空間和 $\mathbb{R}^D$ 空間關係 (考慮列空間、左零空間、行空間、零空間)

列空間，左零空間

$[\boldsymbol{u}_1,\cdots,\boldsymbol{u}_r]$ 是 $\boldsymbol{X}$ 的**列空間** $C(\boldsymbol{X})$ 基底，而 $[\boldsymbol{u}_{r+1},\cdots,\boldsymbol{u}_n]$ 是**左零空間** $\text{Null}(\boldsymbol{X}^\text{T})$ 基底。

如圖 23.8 所示，將 $\boldsymbol{S}^\text{T}$ 左右分塊，右側分塊矩陣為 $\boldsymbol{O}$ 矩陣。$\boldsymbol{X}^\text{T}$ 向左零空間 $\text{Null}(\boldsymbol{X}^\text{T})[\boldsymbol{u}_{r+1}, \cdots, \boldsymbol{u}_n]$ 投影的結果為全 0 矩陣 $\boldsymbol{O}$。

通俗地說，$\mathbb{R}^n$ 用於裝 $\boldsymbol{X}$ 的**列向量**，絕對「殺雞用牛刀」。$[\boldsymbol{u}_1, \cdots, \boldsymbol{u}_r]$ 張起的子空間就「剛剛好」夠裝下 $\boldsymbol{X}$ 的**列向量**，而 $\mathbb{R}^n$ 中沒有被用到的部分就是 $[\boldsymbol{u}_{r+1}, \cdots, \boldsymbol{u}_n]$ 張起的**左零空間** $\text{Null}(\boldsymbol{X}^\text{T})$。

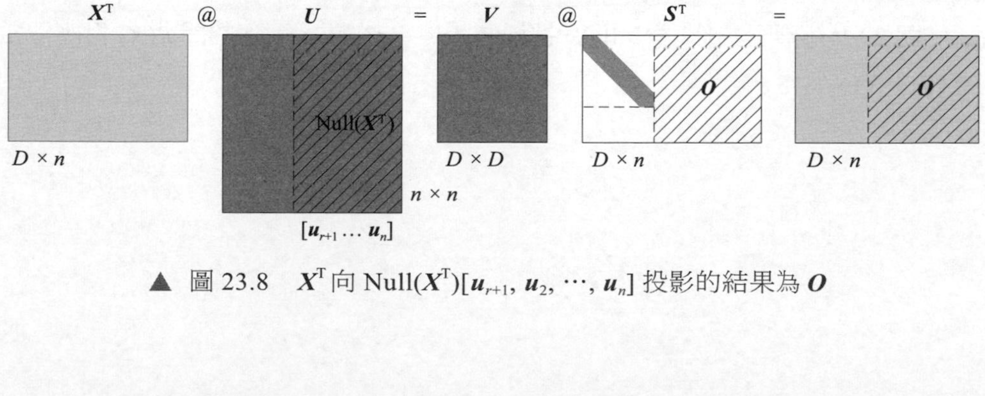

▲ 圖 23.8 $\boldsymbol{X}^\text{T}$ 向 $\text{Null}(\boldsymbol{X}^\text{T})[\boldsymbol{u}_{r+1}, \boldsymbol{u}_2, \cdots, \boldsymbol{u}_n]$ 投影的結果為 $\boldsymbol{O}$

這就是為什麼 Null($\boldsymbol{X}^{\mathrm{T}}$) 被稱為**左「零」空間**的原因，因為投影結果為零矩陣。而且，我們也同時 在圖 23.8 投影運算中的 $\boldsymbol{X}^{\mathrm{T}}$ 看到了「轉置」，這就解釋了為什麼**列空間** $C(\boldsymbol{X})$ 對應 Null($\boldsymbol{X}^{\mathrm{T}}$)。

多說一句，式 (23.8) 可以寫成

$$\boldsymbol{X}^{\mathrm{T}}\boldsymbol{U} = \boldsymbol{V}\boldsymbol{S}^{\mathrm{T}} \tag{23.10}$$

式 (23.10) 的正交投影中，矩陣 $\boldsymbol{X}^{\mathrm{T}}$ 對應的投影矩陣是 $\boldsymbol{U}$，$\boldsymbol{X}^{\mathrm{T}}$ 的每一行代表一個散點，對應 $\boldsymbol{X}$ 的**列向量**。相信大家已經在這句話中看到**列空間** $C(\boldsymbol{X})$ 和 Null($\boldsymbol{X}^{\mathrm{T}}$) 中「**列**」和「$\boldsymbol{X}^{\mathrm{T}}$」這兩個字眼！

行空間，零空間

而 $[\boldsymbol{v}_1, \cdots, \boldsymbol{v}_r]$ 是 $\boldsymbol{X}$ 的**行空間** $R(\boldsymbol{X})$ 基底，$[\boldsymbol{v}_{r+1}, \cdots, \boldsymbol{v}_D]$ 是**零空間** Null($\boldsymbol{X}$) 的基底。

通俗地說，$\mathbb{R}^D$ 用於裝 $\boldsymbol{X}$ 的**行向量**，可能大材小用，也可能大小合適。$[\boldsymbol{v}_1, \cdots, \boldsymbol{v}_r]$ 張起的子空間就剛剛好夠裝下 $\boldsymbol{X}$ 的**行向量**。剩餘的部分就是 $[\boldsymbol{v}_{r+1}, \cdots, \boldsymbol{v}_D]$ 張起的**零空間** Null($\boldsymbol{X}$)。rank($\boldsymbol{X}$) = $r = D$ 時，$\mathbb{R}^D$ 裝 $\boldsymbol{X}$ 的**行向量**後沒有任何餘量。

我們也用正交投影角度來看，將式 (23.8) 寫成

$$\boldsymbol{X}\boldsymbol{V} = \boldsymbol{U}\boldsymbol{S} \tag{23.11}$$

矩陣 $\boldsymbol{X}$ 對應的投影矩陣是 $\boldsymbol{V}$，$\boldsymbol{X}$ 的每一行代表一個散點，對應 $\boldsymbol{X}$ 的**行向量**。如圖 23.9 所示，將 $\boldsymbol{S}$ 左右分塊，右側分塊矩陣為 $\boldsymbol{O}$ 矩陣。$\boldsymbol{X}$ 向 Null($\boldsymbol{X}$) 投影的結果為 $\boldsymbol{Z}$ 的右側零矩陣 $\boldsymbol{O}$。

圖 23.9 解釋了為什麼 Null($\boldsymbol{X}$) 被稱為「零 」空間，而**行空間** $R(\boldsymbol{X})$ 對應**零空間** Null($\boldsymbol{X}$)。

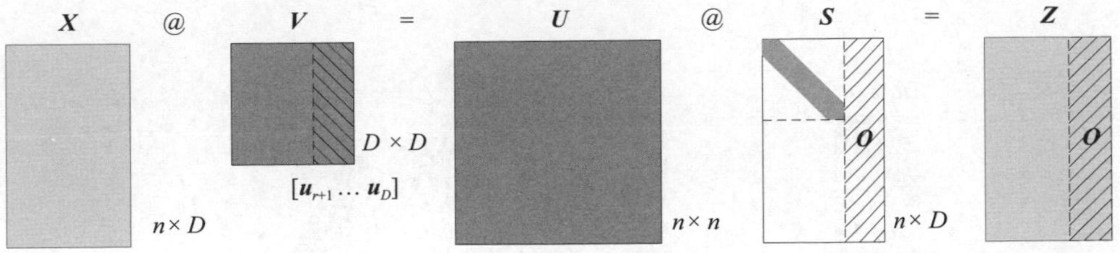

▲ 圖 23.9　$\boldsymbol{X}$ 向 Null($\boldsymbol{X}$) 投影的結果為 $\boldsymbol{O}$

複盤一下

$\boldsymbol{U}$ 是正交矩陣，即 $[\boldsymbol{u}_1, \boldsymbol{u}_2, \cdots, \boldsymbol{u}_n]$ 中列向量兩兩垂直。基底 $[\boldsymbol{u}_1, \boldsymbol{u}_2, \cdots, \boldsymbol{u}_n]$ 張起了 $\mathbb{R}^n$。

將 $[\boldsymbol{u}_1, \boldsymbol{u}_2, \cdots, \boldsymbol{u}_n]$ 劃分成兩塊—$C(\boldsymbol{X}) = [\boldsymbol{u}_1, \cdots, \boldsymbol{u}_r]$ 和 $\text{Null}(\boldsymbol{X}^{\text{T}}) = [\boldsymbol{u}_{r+1}, \cdots, \boldsymbol{u}_n]$。列空間 $C(\boldsymbol{X})$ 與左零空間 $\text{Null}(\boldsymbol{X}^{\text{T}})$ 互為正交補。

「正交」兩字，來自 $[\boldsymbol{u}_1, \boldsymbol{u}_2, \cdots, \boldsymbol{u}_n]$ 中列向量兩兩垂直。「補」字，可以視為「補齊」，也就是說 $C(\boldsymbol{X})$ 和 $\text{Null}(\boldsymbol{X}^{\text{T}})$ 補齊了 $\mathbb{R}^n$。

同理，將 $\boldsymbol{V} = [\boldsymbol{v}_1, \boldsymbol{v}_2, \cdots, \boldsymbol{v}_D]$ 劃分成兩塊——$R(\boldsymbol{X}) = [\boldsymbol{v}_1, \cdots, \boldsymbol{v}_r]$ 和 $\text{Null}(\boldsymbol{X}) = [\boldsymbol{v}_{r+1}, \cdots, \boldsymbol{v}_D]$；而**行空間** $R(\boldsymbol{X})$ 和**零空間** $\text{Null}(\boldsymbol{X})$ 互為正交補，兩者「補齊」得到 $\mathbb{R}^D$。

在圖 23.7 的基礎上，考慮這兩對正交關係，加上 $\mathbb{R}^n$ 空間和 $\mathbb{R}^D$ 空間，我們用圖 23.10 所示的空間關係視覺化這六個空間。圖中加陰影的部分對應左零空間和零空間。

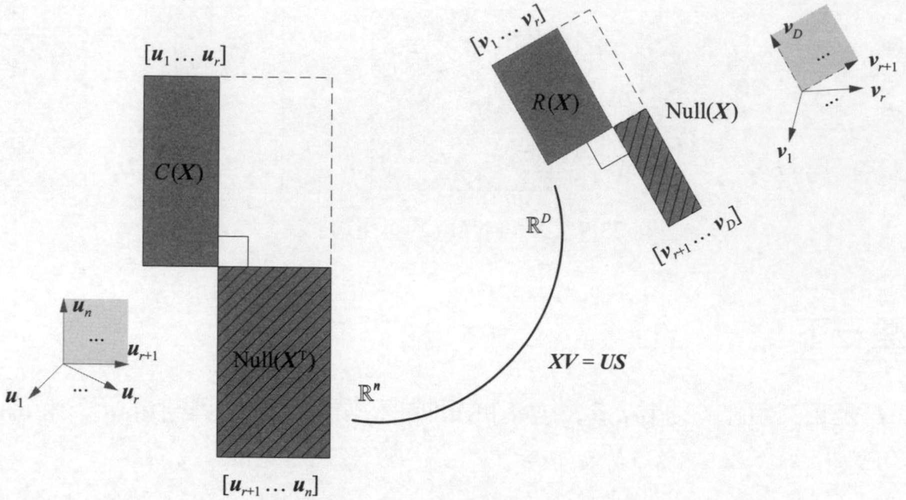

▲ 圖 23.10 $\mathbb{R}^n$ 空間和 $\mathbb{R}^D$ 空間關係
(考慮列空間、左零空間、行空間、零空間的正交關係)

四個空間：因 X 而生

特別強調，$\mathbb{R}^n$ 空間和 $\mathbb{R}^D$ 空間是「永恆」存在的，是「鐵打的廟」。但是，能張成這兩個空間的規範正交基底有無數組陣列，都是「流水的和尚」。

$[u_1, \cdots, u_n]$，即 $C(X) + \mathrm{Null}(X^T)$，是張成 $\mathbb{R}^n$ 空間無數組陣列規範正交基底中的一組。

$[v_1, \cdots, v_D]$，即 $R(X) + \mathrm{Null}(X)$，是張成 $\mathbb{R}^D$ 空間無數組陣列規範正交基底中的一組。

值得強調的是，在矩陣 X 眼中，$C(X)$、$\mathrm{Null}(X^T)$、$R(X)$ 和 $\mathrm{Null}(X)$ 這四個空間是獨一無二的存在，因為它們都是為矩陣 X 而生的！

也就是說，資料矩陣 X 稍有變化，不管是元素，還是形狀變化，這四個空間就會隨之變化。

而獲得這四個空間最便捷的方法就是堪稱宇宙第一矩陣分解的奇異值分解。

怎麼記憶？

如果大家還是分不清這四個空間，我還有一個小技巧！

大家只需要記住 $\boldsymbol{XV} = \boldsymbol{US}$ 這個式子。

$\boldsymbol{U}$ 和 $\boldsymbol{X}$ 等長，即**列向量**行數相等，因此 $\boldsymbol{U}$ 一定包含**列空間**。

$\boldsymbol{U}$ 在矩陣乘積 $\boldsymbol{US}$ 左邊，因此包含**「左」零空間**。

$\boldsymbol{V}$ 和 $\boldsymbol{X}$ 等寬，即**行向量**列數相等，且 $\boldsymbol{XV}$ 中的 $\boldsymbol{V}$ 是 $\boldsymbol{X}$ **行向量**的投影方向，因此 $\boldsymbol{V}$ 包含**行空間**。

$\boldsymbol{V}$ 在矩陣乘積 $\boldsymbol{XV}$ 右邊，因此包含**「右」零空間**。而**右零空間**，就簡稱**零空間**。因為**右零空間**最常用，所以獨佔了「**零空間**」這個更簡潔的頭銜。

問題來了，要是記不住 $\boldsymbol{XV} = \boldsymbol{US}$，怎麼辦？

就一句話—「我們永遠 15 歲」！

$\boldsymbol{US}$ 代表「我們」，$\boldsymbol{XV}$ 是羅馬數字的 15。

23.4 幾何角度說空間

下面我們用具體數值從幾何角度再強化理解上節介紹的幾個空間。

舉個例子

給定矩陣 $\boldsymbol{X}$ 為

$$\boldsymbol{X} = \begin{bmatrix} 1 & -1 \\ -\sqrt{3} & \sqrt{3} \\ 2 & -2 \end{bmatrix} \tag{23.12}$$

一眼就能看出來，$\boldsymbol{X}$ 的兩個**列向量**線性相關，因為

$$\boldsymbol{x}_1 = -\boldsymbol{x}_2 \tag{23.13}$$

也就是說 $\boldsymbol{X}$ 的秩為 1，即 $\text{rank}(\boldsymbol{X}) = r = 1$。

列向量

為了視覺化 $\boldsymbol{x}_1$ 和 $\boldsymbol{x}_2$ 這兩個列向量，我們需要三維直角座標系 $\mathbb{R}^3$，如圖 23.11(a) 所示。通俗地說，$\mathbb{R}^3$ 才能裝下長度為 3 的列向量 $\boldsymbol{x}_1$ 和 $\boldsymbol{x}_2$。

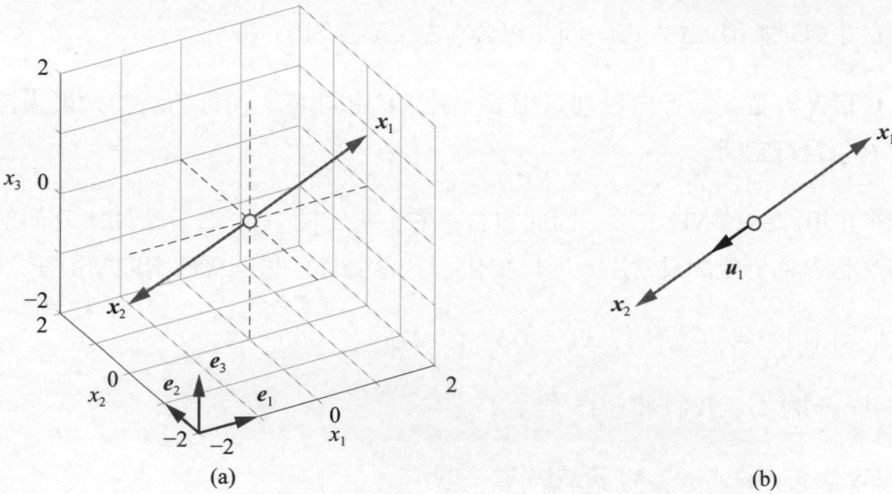

▲ 圖 23.11　從三維空間到一維空間

但是我們發現，實際上，圖 23.11(b) 告訴我們有了 $\boldsymbol{u}_1$ 這個單位向量，我們就可以把 $\boldsymbol{x}_1$ 和 $\boldsymbol{x}_2$ 寫成

$$\boldsymbol{x}_1 = a\boldsymbol{u}_1, \quad \boldsymbol{x}_2 = b\boldsymbol{u}_1 \tag{23.14}$$

也就是說，$\mathbb{R}^3$ 中的一維子空間 $\text{span}(\boldsymbol{u}_1)$ 就足夠裝下 $\boldsymbol{x}_1$ 和 $\boldsymbol{x}_2$，這就是為什麼 $\text{rank}(\boldsymbol{X}) = 1$。那麼問題來了，我們如何找到 $\boldsymbol{u}_1$ 這個單位向量呢？

根據前文所學，我們知道有至少有兩種辦法：① SVD 分解；② 特徵值分解。

SVD 分解

對 $\boldsymbol{X}$ 進行 SVD 分解得到

$$\boldsymbol{X}=\begin{bmatrix}1 & -1\\ -\sqrt{3} & \sqrt{3}\\ 2 & -2\end{bmatrix}=\underbrace{\begin{bmatrix}-0.3536 & -0.9297 & 0.1034\\ 0.6124 & -0.1465 & 0.7769\\ -0.7071 & 0.3380 & 0.6211\end{bmatrix}}_{U}\underbrace{\begin{bmatrix}4 & 0\\ 0 & 0\\ 0 & 0\end{bmatrix}}_{S}\left(\underbrace{\begin{bmatrix}-0.7071 & -0.7071\\ 0.7071 & -0.7071\end{bmatrix}}_{V}\right)^{\mathrm{T}} \tag{23.15}$$

其中：矩陣 $\boldsymbol{U}$ 的第一列向量就是我們要找的 $\boldsymbol{u}_1$，而這個 $\boldsymbol{u}_1$ 便獨立張成列空間 $C(\boldsymbol{X})$。

也就是說，$C(\boldsymbol{X})$ 對應 $\boldsymbol{X}=[\boldsymbol{x}_1, \boldsymbol{x}_2, \boldsymbol{x}_3]$ 線性獨立的成分。

循序漸進，有意思的是完全型 SVD 分解中，我們順路還獲得了 $\boldsymbol{u}_2$ 和 $\boldsymbol{u}_3$，基底 $[\boldsymbol{u}_2, \boldsymbol{u}_3]$ 張起了左零空間 $\mathrm{Null}(\boldsymbol{X}^{\mathrm{T}})$。

而規範正交基底 $[\boldsymbol{u}_1, \boldsymbol{u}_2, \boldsymbol{u}_3]$ 則是張成 $\mathbb{R}^3$ 無數規範正交基底中的。$[\boldsymbol{u}_1, \boldsymbol{u}_2, \boldsymbol{u}_3]$ 這個獨特存在全依靠矩陣 $\boldsymbol{X}$。

而 $[\boldsymbol{u}_1]$ 和 $[\boldsymbol{u}_2, \boldsymbol{u}_3]$ 補齊得到 $\mathbb{R}^3$。顯然，$\boldsymbol{u}_1$ 垂直於 $\boldsymbol{u}_2$ 和 $\boldsymbol{u}_3$ 張成的平面 span $(\boldsymbol{u}_2, \boldsymbol{u}_3)$。如圖 23.12 所示，$[\boldsymbol{u}_1]$ 和 $[\boldsymbol{u}_2, \boldsymbol{u}_3]$ 互為正交補。

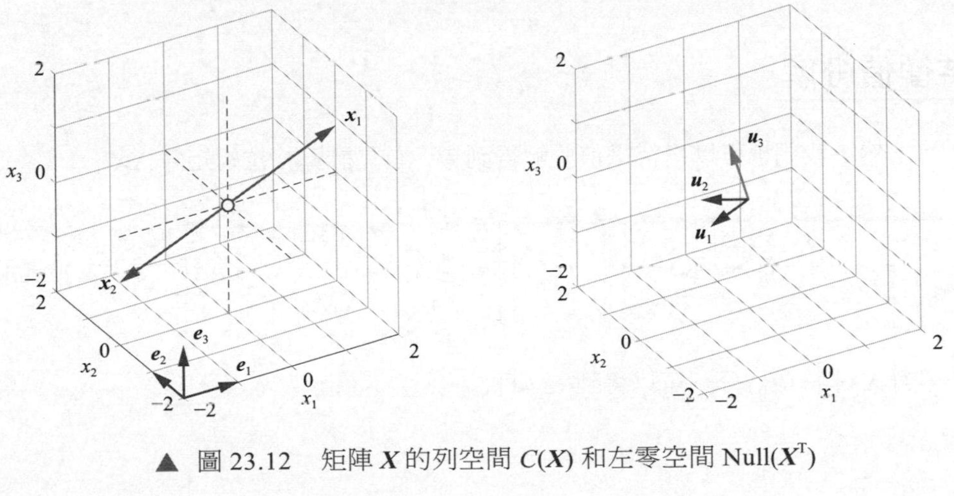

▲ 圖 23.12 矩陣 $\boldsymbol{X}$ 的列空間 $C(\boldsymbol{X})$ 和左零空間 $\mathrm{Null}(\boldsymbol{X}^{\mathrm{T}})$

投影

把列向量 $\boldsymbol{x}_1$ 投影到 $\boldsymbol{U}=[\boldsymbol{u}_1, \boldsymbol{u}_2, \boldsymbol{u}_3]$ 中得到

$$\boldsymbol{x}_1^{\mathrm{T}}\boldsymbol{U} = \begin{bmatrix} 1 & -\sqrt{3} & 2 \end{bmatrix} \left[\underbrace{\begin{bmatrix} -0.3536 \\ 0.6124 \\ -0.7071 \end{bmatrix}}_{\boldsymbol{u}_1} \underbrace{\begin{bmatrix} -0.9297 \\ -0.1465 \\ 0.3380 \end{bmatrix}}_{\boldsymbol{u}_2} \underbrace{\begin{bmatrix} 0.1034 \\ 0.7769 \\ 0.6211 \end{bmatrix}}_{\boldsymbol{u}_3} \right] = \begin{bmatrix} -2.8284 & 0 & 0 \end{bmatrix} \tag{23.16}$$

也就是說，$\boldsymbol{x}_1$ 在 $[\boldsymbol{u}_1, \boldsymbol{u}_2, \boldsymbol{u}_3]$ 這個標準正交基底中的座標為 (-2.8282, 0, 0)。

大家可以看到 $\boldsymbol{x}_1$ 在 $\boldsymbol{u}_2$ 和 $\boldsymbol{u}_3$ 上的投影結果均為 0，這就是 $\boldsymbol{u}_2$ 和 $\boldsymbol{u}_3$ 上組成**左零空間** Null($\boldsymbol{X}^{\mathrm{T}}$) 的原因。式 (23.16) 中的 $\boldsymbol{x}_1$ 轉置運算也解釋了 Null($\boldsymbol{X}^{\mathrm{T}}$) 括號裡面為什麼是 $\boldsymbol{X}^{\mathrm{T}}$。

同理，把 $\boldsymbol{x}_2$ 投影到 $\{\boldsymbol{u}_1, \boldsymbol{u}_2, \boldsymbol{u}_3\}$ 中得到 $\boldsymbol{x}_1$ 在 $\{\boldsymbol{u}_1, \boldsymbol{u}_2, \boldsymbol{u}_3\}$ 的座標為 (2.8282, 0, 0)，對應矩陣運算具體為

$$\boldsymbol{x}_2^{\mathrm{T}}\boldsymbol{U} = \begin{bmatrix} -1 & \sqrt{3} & -2 \end{bmatrix} \left[\underbrace{\begin{bmatrix} -0.3536 \\ 0.6124 \\ -0.7071 \end{bmatrix}}_{\boldsymbol{u}_1} \underbrace{\begin{bmatrix} -0.9297 \\ -0.1465 \\ 0.3380 \end{bmatrix}}_{\boldsymbol{u}_2} \underbrace{\begin{bmatrix} 0.1034 \\ 0.7769 \\ 0.6211 \end{bmatrix}}_{\boldsymbol{u}_3} \right] = \begin{bmatrix} 2.8284 & 0 & 0 \end{bmatrix} \tag{23.17}$$

特徵值分解

當然，我們也可以用特徵值分解得到 $\boldsymbol{U}$。首先計算格拉姆矩陣 $\boldsymbol{X}\boldsymbol{X}^{\mathrm{T}}$

$$\boldsymbol{X}\boldsymbol{X}^{\mathrm{T}} = \begin{bmatrix} 1 & -1 \\ -\sqrt{3} & \sqrt{3} \\ 2 & -2 \end{bmatrix} \begin{bmatrix} 1 & -1 \\ -\sqrt{3} & \sqrt{3} \\ 2 & -2 \end{bmatrix}^{\mathrm{T}} = \begin{bmatrix} 2 & -3.4641 & 4 \\ -3.4641 & 6 & -6.9282 \\ 4 & -6.9282 & 8 \end{bmatrix} \tag{23.18}$$

對 $\boldsymbol{X}\boldsymbol{X}^{\mathrm{T}}$ 特徵值分解可以得到 $\boldsymbol{U}$，即

$$
\boldsymbol{X}\boldsymbol{X}^{\mathrm{T}} = \begin{bmatrix} 2 & -3.4641 & 4 \\ -3.4641 & 6 & -6.9282 \\ 4 & -6.9282 & 8 \end{bmatrix}
= \underbrace{\begin{bmatrix} -0.3536 & -0.9297 & 0.1034 \\ 0.6124 & -0.1465 & 0.7769 \\ -0.7071 & 0.3380 & 0.6211 \end{bmatrix}}_{\boldsymbol{U}} \begin{bmatrix} 16 & 0 & 0 \\ 0 & 0 & 0 \\ 0 & 0 & 0 \end{bmatrix} \underbrace{\begin{bmatrix} -0.3536 & 0.6124 & -0.7071 \\ -0.9297 & -0.1465 & 0.3380 \\ 0.1034 & 0.7769 & 0.6211 \end{bmatrix}}_{\boldsymbol{U}^{\mathrm{T}}} \tag{23.19}
$$

圖 23.13 所示為矩陣 $\boldsymbol{X}$ 的列空間 $C(\boldsymbol{X})$ 和左零空間 $\text{Null}(\boldsymbol{X}^{\mathrm{T}})$ 之間的關係。

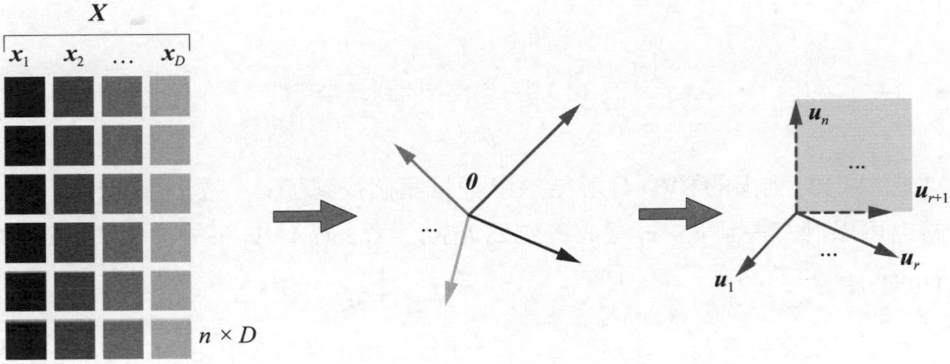

▲ 圖 23.13　矩陣 $\boldsymbol{X}$ 的列空間 $C(\boldsymbol{X})$ 和左零空間 $\text{Null}(\boldsymbol{X}^{\mathrm{T}})$

行向量

下面，我們介紹一下 $\boldsymbol{X}$ 矩陣的**行向量**。

很明顯 $\boldsymbol{X}$ 的三個**行向量**也是線性相關，有

$$
\boldsymbol{x}^{(1)} = \begin{bmatrix} 1 & -1 \end{bmatrix}, \quad \boldsymbol{x}^{(2)} = \begin{bmatrix} -\sqrt{3} & \sqrt{3} \end{bmatrix}, \quad \boldsymbol{x}^{(3)} = \begin{bmatrix} 2 & -2 \end{bmatrix} \tag{23.20}
$$

如圖 23.14(a) 所示，為了裝下**行向量** $\boldsymbol{x}^{(1)}$、$\boldsymbol{x}^{(2)}$ 和 $\boldsymbol{x}^{(3)}$，我們需要二維直角座標系 $\mathbb{R}^2$。而圖 23.14(b) 告訴我們，用 $\boldsymbol{v}_1$ 這個單位向量就足以描述 $\boldsymbol{x}^{(1)}$、$\boldsymbol{x}^{(2)}$ 和 $\boldsymbol{x}^{(3)}$，因為 $\boldsymbol{x}^{(1)}$、$\boldsymbol{x}^{(2)}$ 和 $\boldsymbol{x}^{(3)}$ 可以寫成

$$
\boldsymbol{x}^{(1)} = a\boldsymbol{v}_1^{\mathrm{T}}, \quad \boldsymbol{x}^{(2)} = b\boldsymbol{v}_1^{\mathrm{T}}, \quad \boldsymbol{x}^{(3)} = c\boldsymbol{v}_1^{\mathrm{T}} \tag{23.21}
$$

通俗地說，$\mathbb{R}^2$ 中的一維子空間 span($\boldsymbol{v}_1$) 就足夠裝下 $\boldsymbol{X}$ 的三個**行向量**。

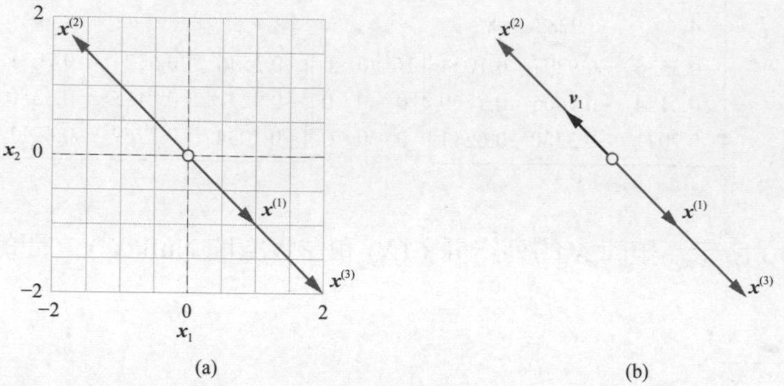

▲ 圖 23.14　從二維空間到一維空間

式 (23.15) 列出的 SVD 分解結果已經幫我們找到了 $\boldsymbol{v}_1$。拔出蘿蔔帶出泥，我們也可以計算得到 $\boldsymbol{v}_2$。$\boldsymbol{v}_1$ 張成**行空間** $R(\boldsymbol{X})$ = span($\boldsymbol{v}_1$)，$\boldsymbol{v}_2$ 張成**零空間** Null($\boldsymbol{X}$) = span($\boldsymbol{v}_2$)。

而規範正交基底 [$\boldsymbol{v}_1$, $\boldsymbol{v}_2$] 則是張成 $\mathbb{R}^2$ 無數規範正交基底中的。[$\boldsymbol{v}_1$, $\boldsymbol{v}_2$] 是因 $\boldsymbol{X}$ 而來。如圖 23.15(b) 所示，顯然 $R(\boldsymbol{X})$ = span($\boldsymbol{v}_1$) 垂直於 Null($\boldsymbol{X}$) = span($\boldsymbol{v}_2$)，即互為正交補。

⚠ 特別注意：大家不要留下錯誤印象，認為 $\boldsymbol{x}_1$ 或 $\boldsymbol{x}^{(1)}$ 就是 $\boldsymbol{u}_1$ 或 $\boldsymbol{v}_1$ 的方向重合。一般情況這種重合關係不存在，本例中產生重合的原因是 rank($\boldsymbol{X}$) = 1。

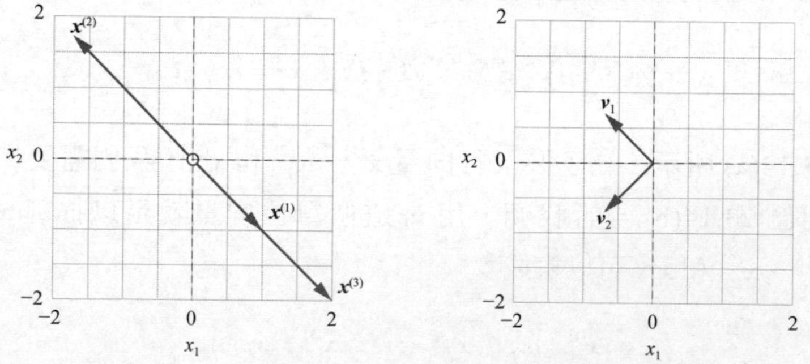

▲ 圖 23.15　矩陣 $\boldsymbol{X}$ 的**行空間** $R(\boldsymbol{X})$ 和**零空間** Null($\boldsymbol{X}$)

把行向量 $x^{(1)}$ 投影到 $[v_1, v_2]$ 中得到

$$x^{(1)}V = \begin{bmatrix} 1 & -1 \end{bmatrix} \Bigg[\underbrace{\begin{bmatrix} -0.7071 \\ 0.7071 \end{bmatrix}}_{v_1} \underbrace{\begin{bmatrix} -0.7071 \\ -0.7071 \end{bmatrix}}_{v_2} \Bigg] = \begin{bmatrix} -1.4142 & 0 \end{bmatrix} \tag{23.22}$$

也就是說，$x^{(1)}$ 在 $[v_1, v_2]$ 這個規範正交基底中的座標為 (-1.4142,0)。請大家自己計算 $x^{(2)}$ 和 $x^{(3)}$ 投影到 $[v_1, v_2]$ 的結果。

總結來說，Null(X) 為 X 的**零空間**是因為 X 投影到這個空間的結果都是 0。而 Null(X^T) 為 X 的左零空 間是因為 X^T 投影到這個空間的結果都是 0。

特徵值分解

下面，我們再用特徵值分解求解 V。也是先計算格拉姆矩陣 X^TX

$$X^TX = \begin{bmatrix} 1 & -1 \\ -\sqrt{3} & \sqrt{3} \\ 2 & -2 \end{bmatrix}^T \begin{bmatrix} 1 & -1 \\ -\sqrt{3} & \sqrt{3} \\ 2 & -2 \end{bmatrix} = \begin{bmatrix} 8 & -8 \\ -8 & 8 \end{bmatrix} \tag{23.23}$$

對 X^TX 進行特徵值分解，便得到 V，即

$$X^TX = \begin{bmatrix} 8 & -8 \\ -8 & 8 \end{bmatrix} = \underbrace{\begin{bmatrix} -0.7071 & -0.7071 \\ 0.7071 & -0.7071 \end{bmatrix}}_{V} \begin{bmatrix} 16 & 0 \\ 0 & 0 \end{bmatrix} \underbrace{\begin{bmatrix} -0.7071 & 0.7071 \\ -0.7071 & -0.7071 \end{bmatrix}}_{V^T} \tag{23.24}$$

圖 23.16 所示為矩陣 X 的**行空間** $R(X)$ 與**零空間** Null(X) 之間的關係。

此外，值得大家注意的是，比較式 (23.19) 和式 (23.24)，大家容易發現，兩個特徵值分解都得到了 16 這個特徵值。為什麼會出現這種情況？下一節內容將列出答案。

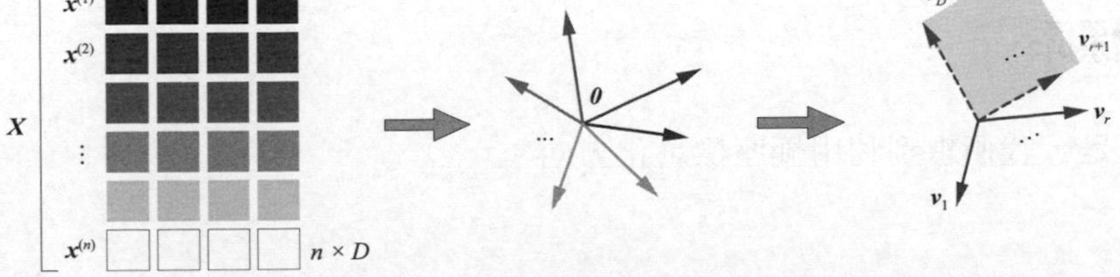

▲ 圖 23.16　矩陣 X 的行空間 $R(X)$ 和零空間 Null(X)

透過以上分析，希望大家能從幾何角度理解六個空間之間的關係。此外，大家也看到奇異值分解的強大之處——任何實數矩陣都可以進行奇異值分解。

23.5 格拉姆矩陣：向量模、夾角餘弦值的集合體

我們可以把矩陣 $\boldsymbol{X}$ 的每一行或每一列分別視為向量。而對於一個向量而言，最能概括它的性質的基本資訊莫過於——長度和方向。

向量長度不難確定，向量的模 (L^2 範數) 就是向量長度。

然而，向量的方向該怎麼量化？我們目前接觸到幾何形體定位最常用的手段是平面或三維直角坐標系，直角座標系在量化位置、長度、方向上具有天然優勢。

但是對於圖 23.17 所示的向量，隨著維度不斷升高，直角座標系顯得有點力有不逮。

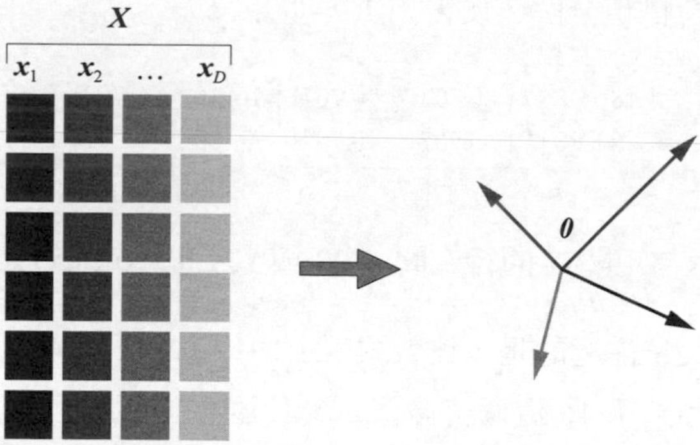

▲ 圖 23.17 矩陣 $\boldsymbol{X}$ 列向量幾何化為空間向量

極座標系

於是，我們想到利用極座標量化方向。

如圖 23.18 所示，極座標中定位需要長度和角度，恰巧對應向量的兩個重要的元素。唯一的問題是，極座標系中量化向量和極軸的夾角，即絕對角度。我們接觸最多的是向量兩兩夾角，即相對角度值。

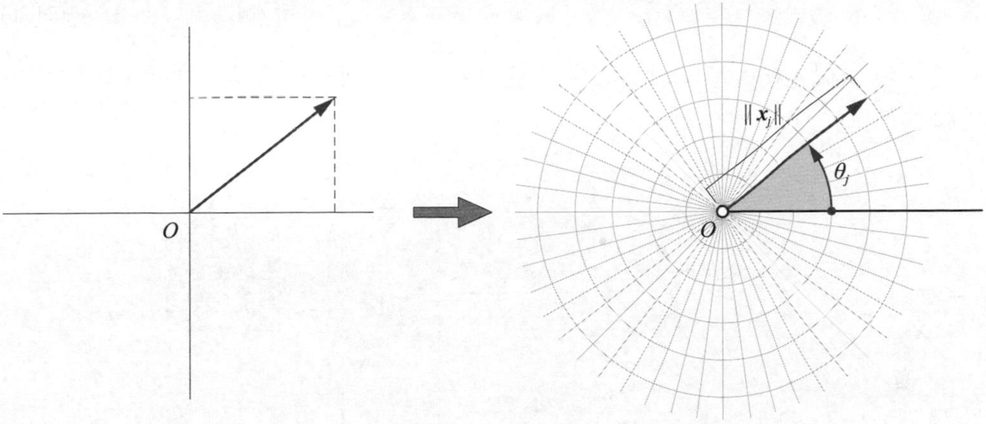

▲ 圖 23.18　從平面直角座標系到極座標系
(圖片參考《AI 時代 Math 元年 - 用 Python 全精通數學要素》)

此外，向量兩兩夾角數量也是個問題。資料矩陣 $\boldsymbol{X}$ 有 D 個列向量，這表示我們可以得到 D 個向量模，以及 $D(D-1)/2(\mathrm{C}_D^2)$ 個向量兩兩夾角餘弦值。按照怎樣規則儲存這些結果？我們反覆提到的格拉姆矩陣就是解決方案。而且，本書第 12 章介紹的 Cholesky 分解則可以幫我們找到這些向量的「絕對位置」。

長度、相對夾角

給定一個 $n\times D$ 資料矩陣 $\boldsymbol{X}$，形狀細高，也就是 $n > D$，它的格拉姆矩陣 $\boldsymbol{G}$ 為

$$\boldsymbol{G} = \boldsymbol{X}^{\mathrm{T}}\boldsymbol{X} \tag{23.25}$$

如圖 23.19 所示，$\boldsymbol{G}$ 為對稱方陣，形狀為 $D\times D$。

用向量內積來表達 $\boldsymbol{G}$，有

$$G=\begin{bmatrix}\langle x_1,x_1\rangle & \langle x_1,x_2\rangle & \cdots & \langle x_1,x_D\rangle \\ \langle x_2,x_1\rangle & \langle x_2,x_2\rangle & \cdots & \langle x_2,x_D\rangle \\ \vdots & \vdots & \ddots & \vdots \\ \langle x_D,x_1\rangle & \langle x_D,x_2\rangle & \cdots & \langle x_D,x_D\rangle\end{bmatrix}=\begin{bmatrix}\|x_1\|\|x_1\|\cos\theta_{1,1} & \|x_1\|\|x_2\|\cos\theta_{2,1} & \cdots & \|x_1\|\|x_D\|\cos\theta_{1,D} \\ \|x_2\|\|x_1\|\cos\theta_{1,2} & \|x_2\|\|x_2\|\cos\theta_{2,2} & \cdots & \|x_2\|\|x_D\|\cos\theta_{2,D} \\ \vdots & \vdots & \ddots & \vdots \\ \|x_D\|\|x_1\|\cos\theta_{1,D} & \|x_D\|\|x_2\|\cos\theta_{2,D} & \cdots & \|x_D\|\|x_D\|\cos\theta_{D,D}\end{bmatrix} \tag{23.26}$$

可以發現，$G = X^{\mathrm{T}}X$ 包含的資訊有兩方面：X 列向量的模、列向量兩兩夾角的餘弦值。

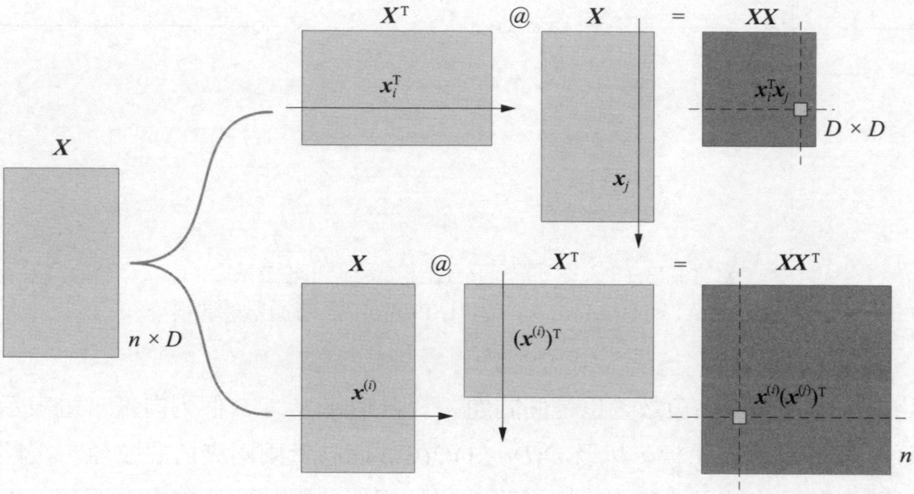

▲ 圖 23.19 兩個格拉姆矩陣

而餘弦相似度矩陣 C 則進一步減小了資訊量，只關注列向量夾角的餘弦值，即

$$C=\begin{bmatrix}\frac{x_1\cdot x_1}{\|x_1\|\|x_1\|} & \frac{x_1\cdot x_2}{\|x_1\|\|x_2\|} & \cdots & \frac{x_1\cdot x_D}{\|x_1\|\|x_D\|} \\ \frac{x_2\cdot x_1}{\|x_2\|\|x_1\|} & \frac{x_2\cdot x_2}{\|x_2\|\|x_2\|} & \cdots & \frac{x_2\cdot x_D}{\|x_2\|\|x_D\|} \\ \vdots & \vdots & \ddots & \vdots \\ \frac{x_D\cdot x_1}{\|x_D\|\|x_1\|} & \frac{x_D\cdot x_2}{\|x_D\|\|x_2\|} & \cdots & \frac{x_D\cdot x_D}{\|x_D\|\|x_D\|}\end{bmatrix}=\begin{bmatrix}1 & \cos\theta_{2,1} & \cdots & \cos\theta_{1,D} \\ \cos\theta_{1,2} & 1 & \cdots & \cos\theta_{2,D} \\ \vdots & \vdots & \ddots & \vdots \\ \cos\theta_{1,D} & \cos\theta_{2,D} & \cdots & 1\end{bmatrix} \tag{23.27}$$

計算 $\boldsymbol{X}^{\mathrm{T}}$ 的格拉姆矩陣，並定義其為 $\boldsymbol{H}$，有

$$\boldsymbol{H} = \boldsymbol{X}\boldsymbol{X}^{\mathrm{T}} \tag{23.28}$$

如圖 23.19 所示，$\boldsymbol{H}$ 為對稱方陣，形狀為 $n\times n$。

用向量內積來表達 $\boldsymbol{H}$，有

$$\boldsymbol{H} = \begin{bmatrix} \left\langle \boldsymbol{x}^{(1)}, \boldsymbol{x}^{(1)} \right\rangle & \left\langle \boldsymbol{x}^{(1)}, \boldsymbol{x}^{(2)} \right\rangle & \cdots & \left\langle \boldsymbol{x}^{(1)}, \boldsymbol{x}^{(n)} \right\rangle \\ \left\langle \boldsymbol{x}^{(2)}, \boldsymbol{x}^{(1)} \right\rangle & \left\langle \boldsymbol{x}^{(2)}, \boldsymbol{x}^{(2)} \right\rangle & \cdots & \left\langle \boldsymbol{x}^{(2)}, \boldsymbol{x}^{(n)} \right\rangle \\ \vdots & \vdots & \ddots & \vdots \\ \left\langle \boldsymbol{x}^{(n)}, \boldsymbol{x}^{(1)} \right\rangle & \left\langle \boldsymbol{x}^{(n)}, \boldsymbol{x}^{(2)} \right\rangle & \cdots & \left\langle \boldsymbol{x}^{(n)}, \boldsymbol{x}^{(n)} \right\rangle \end{bmatrix} \tag{23.29}$$

$\boldsymbol{H} = \boldsymbol{X}\boldsymbol{X}^{\mathrm{T}}$ 也包含兩方面的資訊：$\boldsymbol{X}$ 行向量的模、行向量之間兩兩夾角的餘弦值。

特徵值分解

下面用特徵值分解找到 $\boldsymbol{X}^{\mathrm{T}}\boldsymbol{X}$ 和 $\boldsymbol{X}\boldsymbol{X}^{\mathrm{T}}$ 之間的聯繫。

先對 $\boldsymbol{G} = \boldsymbol{X}^{\mathrm{T}}\boldsymbol{X}$ 進行特徵值分解，得到

$$\boldsymbol{G} = \boldsymbol{V}\boldsymbol{\Lambda}\boldsymbol{V}^{\mathrm{T}} \tag{23.30}$$

假設 $\lambda\boldsymbol{G}$ 為 $\boldsymbol{G}$ 的特徵值，對應的特徵向量為 $\boldsymbol{v}$，由此可以得到等式

$$\boldsymbol{G}\boldsymbol{v} = \lambda_{G}\boldsymbol{v} \tag{23.31}$$

即

$$\boldsymbol{X}^{\mathrm{T}}\boldsymbol{X}\boldsymbol{v} = \lambda_{G}\boldsymbol{v} \tag{23.32}$$

然後對 $\boldsymbol{H}$ 特徵值分解，有

$$\boldsymbol{H} = \boldsymbol{U}\boldsymbol{D}\boldsymbol{U}^{\mathrm{T}} \tag{23.33}$$

其中：$\boldsymbol{U}$ 為特徵向量矩陣；$\boldsymbol{D}$ 為特徵值對角陣。

假設 $\lambda\boldsymbol{H}$ 為 $\boldsymbol{H}$ 的特徵值，對應特徵向量為 $\boldsymbol{u}$，建構等式

$$\boldsymbol{H}\boldsymbol{u} = \lambda_H \boldsymbol{u} \tag{23.34}$$

即

$$\boldsymbol{X}\boldsymbol{X}^{\mathrm{T}}\boldsymbol{u} = \lambda_H \boldsymbol{u} \tag{23.35}$$

式 (23.32) 左右乘以 $\boldsymbol{X}$，得到

$$\boldsymbol{X}\boldsymbol{X}^{\mathrm{T}} \underbrace{\boldsymbol{X}\boldsymbol{v}}_{\boldsymbol{u}} = \lambda_G \underbrace{\boldsymbol{X}\boldsymbol{v}}_{\boldsymbol{u}} \tag{23.36}$$

比較式 (23.35) 和式 (23.36)，可以發現 $\boldsymbol{X}^T\boldsymbol{X}$ 和 $\boldsymbol{X}\boldsymbol{X}^T$ 特徵值分解得到的非零特徵值存在等值關係。這就回 答了為什麼式 (23.19) 和式 (23.24) 都有 16 這個特徵值這個問題。其實，我們在本書第 16 章也談過這一現象。注意，如果 $n > D$，則 $\boldsymbol{H}$ 比 $\boldsymbol{G}$ 的特徵值多，$\boldsymbol{H}$ 有大量的特徵值為 0。

23.6 標準差向量：以資料質心為起點

協方差矩陣可以看成是特殊的格拉姆矩陣，協方差矩陣也是一個「向量模」「向量間夾角」資訊的集合體。

對於形狀為 $n \times D$ 的樣本資料矩陣 $\boldsymbol{X}$，它的協方差矩陣 Σ 可以透過下式計算得到，即

$$\boldsymbol{\Sigma} = \frac{\left(\underbrace{\boldsymbol{X} - \mathrm{E}(\boldsymbol{X})}_{\text{Centered}}\right)^{\mathrm{T}} \left(\underbrace{\boldsymbol{X} - \mathrm{E}(\boldsymbol{X})}_{\text{Centered}}\right)}{n-1} = \frac{\boldsymbol{X}_c^{\mathrm{T}}\boldsymbol{X}_c}{n-1} \tag{23.37}$$

其中：分母上，$n-1$ 僅造成取平均作用。$\boldsymbol{X}_c$ 的格拉姆矩陣為

$$\boldsymbol{X}_c^{\mathrm{T}}\boldsymbol{X}_c = (n-1)\boldsymbol{\Sigma} \tag{23.38}$$

如圖 23.20 所示，$\boldsymbol{X}$ 列向量的向量起點為 $\boldsymbol{0}$。而去平均值獲得 $\boldsymbol{X}_c$ 過程，相當於把列向量起點移動到質心 E($\boldsymbol{X}$)，有

$$\boldsymbol{X}_c = \boldsymbol{X} - \mathrm{E}(\boldsymbol{X}) \tag{23.39}$$

將 $\boldsymbol{X}_c$ 列向量的起點也平移到 $\boldsymbol{0}$，和 $\boldsymbol{X}$ 列向量起點對齊。圖 23.21 所示比較了 $\boldsymbol{X}$ 和 $\boldsymbol{X}_c$ 列向量，顯然去平均值之後，向量的長度和向量之間的夾角都發生了變化。有一種特例是，當質心 E($\boldsymbol{X}$) 本身就在 $\boldsymbol{0}$ 時，這樣 $\boldsymbol{X} = \boldsymbol{X}_c$。

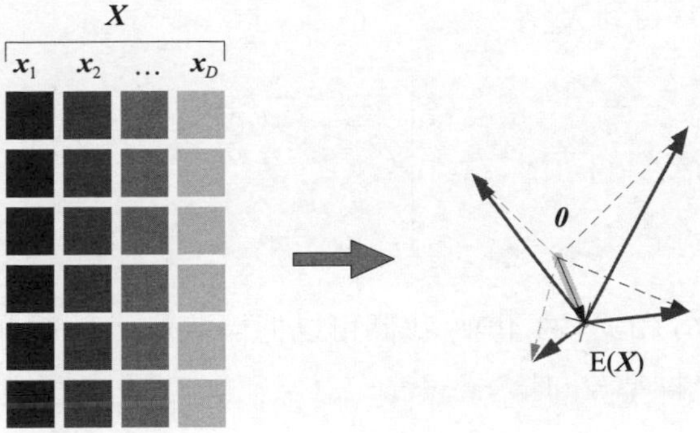

▲ 圖 23.20　資料質心為 $\boldsymbol{X}c$ 列向量的起點

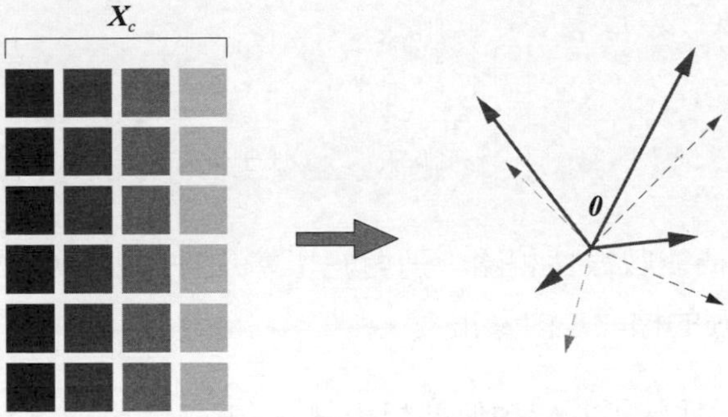

▲ 圖 23.21　比較 $\boldsymbol{X}$ 和 $\boldsymbol{X}c$ 列向量

在資料科學和機器學習應用中，最常見的三大類資料矩陣是：① 原始資料矩陣 $\boldsymbol{X}$；② 中心化資 料矩陣 $\boldsymbol{X}_c$；③ 標準化資料矩陣 $\boldsymbol{Z}_X$(Z 分數)。

根據本章前文介紹，資料矩陣 $\boldsymbol{X}$ 有四個空間；顯然，中心化資料矩陣 $\boldsymbol{X}_c$ 也有自己的四個空間。那麼大家立刻會想到，標準化資料矩陣 $\boldsymbol{Z}_X$，肯定也有對應的四個空間。

也就是說，如果用 SVD 分解 $\boldsymbol{X}$、$\boldsymbol{X}_c$、$\boldsymbol{Z}_X$ 這三個資料矩陣，會得到不同的結果。下一章則透過各種 矩陣分解幫我們分析這三大類資料特點和區別。

標準差向量

整理式 (23.37) 得到 $\boldsymbol{X}_c^{\mathrm{T}}\boldsymbol{X}_c$

$$\boldsymbol{X}_c^{\mathrm{T}}\boldsymbol{X}_c = (n-1)\boldsymbol{\Sigma} = (n-1)\begin{bmatrix} \sigma_1^2 & \rho_{1,2}\sigma_1\sigma_2 & \cdots & \rho_{1,D}\sigma_1\sigma_D \\ \rho_{1,2}\sigma_1\sigma_2 & \sigma_2^2 & \cdots & \rho_{2,D}\sigma_2\sigma_D \\ \vdots & \vdots & \ddots & \vdots \\ \rho_{1,D}\sigma_1\sigma_D & \rho_{2,D}\sigma_2\sigma_D & \cdots & \sigma_D^2 \end{bmatrix} \quad (23.40)$$

對比式 (23.26) 和式 (23.40)，我們可以把標準差 σ_j 也看作是向量 σ_j，我們給它起個名字叫「標準差向量」。

標準差向量 σ_j 之間的夾角的餘弦值便是相關性係數。這樣式 (23.40) 可以寫成

$$\boldsymbol{\Sigma} = \begin{bmatrix} \langle\boldsymbol{\sigma}_1,\boldsymbol{\sigma}_1\rangle & \langle\boldsymbol{\sigma}_1,\boldsymbol{\sigma}_2\rangle & \cdots & \langle\boldsymbol{\sigma}_1,\boldsymbol{\sigma}_D\rangle \\ \langle\boldsymbol{\sigma}_2,\boldsymbol{\sigma}_1\rangle & \langle\boldsymbol{\sigma}_2,\boldsymbol{\sigma}_2\rangle & \cdots & \langle\boldsymbol{\sigma}_2,\boldsymbol{\sigma}_D\rangle \\ \vdots & \vdots & \ddots & \vdots \\ \langle\boldsymbol{\sigma}_D,\boldsymbol{\sigma}_1\rangle & \langle\boldsymbol{\sigma}_D,\boldsymbol{\sigma}_2\rangle & \cdots & \langle\boldsymbol{\sigma}_D,\boldsymbol{\sigma}_D\rangle \end{bmatrix} = \begin{bmatrix} \|\boldsymbol{\sigma}_1\|\|\boldsymbol{\sigma}_1\|\cos\phi_{1,1} & \|\boldsymbol{\sigma}_1\|\|\boldsymbol{\sigma}_2\|\cos\phi_{2,1} & \cdots & \|\boldsymbol{\sigma}_1\|\|\boldsymbol{\sigma}_D\|\cos\phi_{1,D} \\ \|\boldsymbol{\sigma}_2\|\|\boldsymbol{\sigma}_1\|\cos\phi_{1,2} & \|\boldsymbol{\sigma}_2\|\|\boldsymbol{\sigma}_2\|\cos\phi_{2,2} & \cdots & \|\boldsymbol{\sigma}_2\|\|\boldsymbol{\sigma}_D\|\cos\phi_{2,D} \\ \vdots & \vdots & \ddots & \vdots \\ \|\boldsymbol{\sigma}_D\|\|\boldsymbol{\sigma}_1\|\cos\phi_{1,D} & \|\boldsymbol{\sigma}_D\|\|\boldsymbol{\sigma}_2\|\cos\phi_{2,D} & \cdots & \|\boldsymbol{\sigma}_D\|\|\boldsymbol{\sigma}_D\|\cos\phi_{D,D} \end{bmatrix} \quad (23.41)$$

如果兩個隨機變數線性相關，則對應標準差向量平行；如果兩個隨機變數線性獨立，則對應的標准差向量正交。

圖 23.22 所示比較了餘弦相似度和相關性係數。

相關性係數和餘弦相似性都描述了兩個「相似程度」，也就是靠近的程度；兩者設定值範圍都是 [–1,1]。越靠近 1，說明越相似，向量越貼近；越靠近 –1，說明越不同，向量越背離。

不同的是，相關性係數量化「標準差向量」σ_j 之間的相似，餘弦相似性量化資料矩陣 $\boldsymbol{X}$ 列向量 $\boldsymbol{x}_j$ 之間的相似。$\boldsymbol{x}_j$ 向量的起點為原點 $\boldsymbol{0}$，σ_j 向量起點為資料質心。

注意：圖 23.22 忽略了 n-1 對縮放的影響。

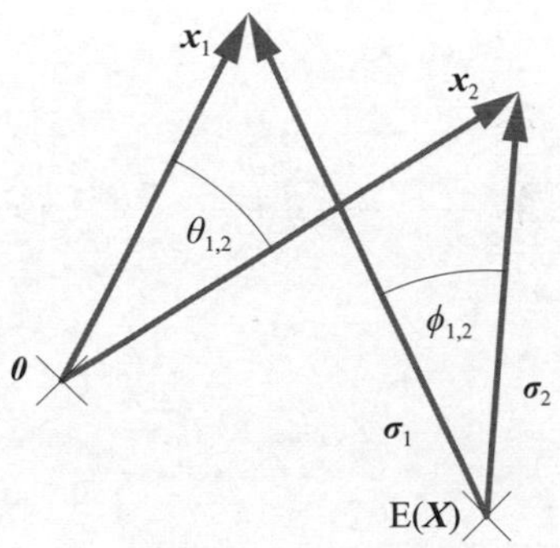

▲ 圖 23.22　餘弦相似度和相關性係數的關係
（圖中忽略了標準差向量的縮放係數）

大家可能想要知道 $\boldsymbol{x}_j$ 向量和 σ_j 向量到底是什麼？它們的具體座標值又如何？我們下一章再回答這個問題。

相關性係數

類似於餘弦相似度矩陣 $\boldsymbol{C}$，相關性係數矩陣 $\boldsymbol{P}$ 僅含有標準差向量夾角 (即相關性係數) 這一層信息，即

$$\boldsymbol{P}=\begin{bmatrix} \frac{\boldsymbol{\sigma}_1\cdot\boldsymbol{\sigma}_1}{\|\boldsymbol{\sigma}_1\|\|\boldsymbol{\sigma}_1\|} & \frac{\boldsymbol{\sigma}_1\cdot\boldsymbol{\sigma}_2}{\|\boldsymbol{\sigma}_1\|\|\boldsymbol{\sigma}_2\|} & \cdots & \frac{\boldsymbol{\sigma}_1\cdot\boldsymbol{\sigma}_D}{\|\boldsymbol{\sigma}_1\|\|\boldsymbol{\sigma}_D\|} \\ \frac{\boldsymbol{\sigma}_2\cdot\boldsymbol{\sigma}_1}{\|\boldsymbol{\sigma}_2\|\|\boldsymbol{\sigma}_1\|} & \frac{\boldsymbol{\sigma}_2\cdot\boldsymbol{\sigma}_2}{\|\boldsymbol{\sigma}_2\|\|\boldsymbol{\sigma}_2\|} & \cdots & \frac{\boldsymbol{\sigma}_2\cdot\boldsymbol{\sigma}_D}{\|\boldsymbol{\sigma}_2\|\|\boldsymbol{\sigma}_D\|} \\ \vdots & \vdots & \ddots & \vdots \\ \frac{\boldsymbol{\sigma}_D\cdot\boldsymbol{\sigma}_1}{\|\boldsymbol{\sigma}_D\|\|\boldsymbol{\sigma}_1\|} & \frac{\boldsymbol{\sigma}_D\cdot\boldsymbol{\sigma}_2}{\|\boldsymbol{\sigma}_D\|\|\boldsymbol{\sigma}_2\|} & \cdots & \frac{\boldsymbol{\sigma}_D\cdot\boldsymbol{\sigma}_D}{\|\boldsymbol{\sigma}_D\|\|\boldsymbol{\sigma}_D\|} \end{bmatrix}=\begin{bmatrix} 1 & \cos\phi_{2,1} & \cdots & \cos\phi_{1,D} \\ \cos\phi_{1,2} & 1 & \cdots & \cos\phi_{2,D} \\ \vdots & \vdots & \ddots & \vdots \\ \cos\phi_{1,D} & \cos\phi_{2,D} & \cdots & 1 \end{bmatrix} \tag{23.42}$$

如圖 23.23 所示，以二元隨機數為例，相關性係數可以透過散點、二元高斯分佈 PDF 曲面、PDF 等高線、橢圓等表達。有了本節內容，在許多視覺化方案基礎上，相關性係數又多了一層幾何表達。本書系《AI 時代 Math 元年 - 用 Python 全精通統計及機率》一書將講解隨機數、二元高斯分佈、機率密度函式 PDF 等概念。此外，在《AI 時代 Math 元年 - 用 Python 全精通統計及機率》一書中大家會看到無處不在的橢圓。

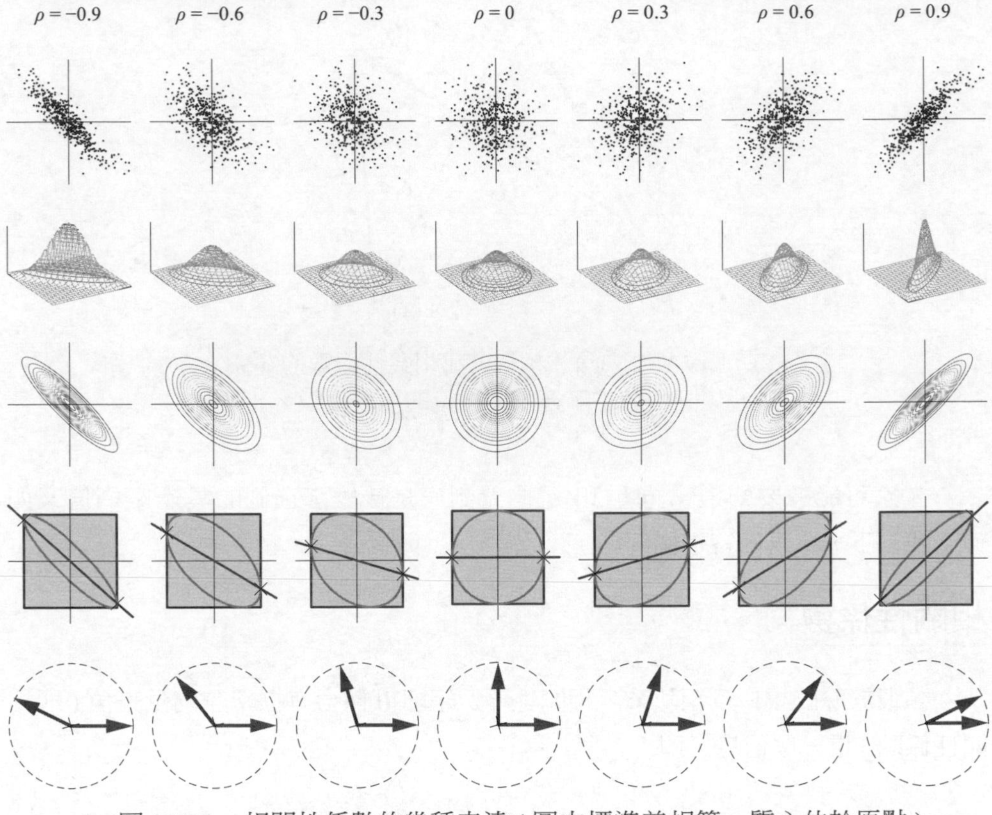

▲ 圖 23.23 相關性係數的幾種表達 (圖中標準差相等，質心位於原點)

23.7 白話說空間：以鳶尾花資料為例

本章最後一節，我們嘗試儘量用簡單的語言把本章之前講解的四個空間說清楚。本節用的資料是鳶尾花資料的前兩列，即 $\boldsymbol{X}_{150\times 2} = [\boldsymbol{x}_1, \boldsymbol{x}_2]$。

標準正交基底

矩陣 $\boldsymbol{X}$ 有 150 行、2 列，有 150 個行向量，它們就是圖 23.24 中灰色帶箭頭的線段。為了裝下這 150 個行向量，我們自然而然地想到了 $[\boldsymbol{e}_1, \boldsymbol{e}_2]$——平面 $\mathbb{R}^2$ 的標準正交基底。

圖 23.24 中散點水平座標就對應 $\boldsymbol{X}$ 的第一列向量 $\boldsymbol{x}_1$，垂直座標對應 $\boldsymbol{X}$ 的第二列向量 $\boldsymbol{x}_2$。

本書第 7 章講過，$[\boldsymbol{e}_1, \boldsymbol{e}_2]$ 表示平面 $\mathbb{R}^2$ 最為自然，因此它叫做標準正交基底。

大家知道，一維空間是相當於一條過原點的直線，顯然圖 23.24 的散點不在一條過原點的直線上。也就是說，要想裝下 $\boldsymbol{X}$ 的行向量至少需要一個二維空間。因此 $[\boldsymbol{e}_1, \boldsymbol{e}_2]$ 對於圖 23.24 所示的向量來說，大小正好，沒有任何多餘。

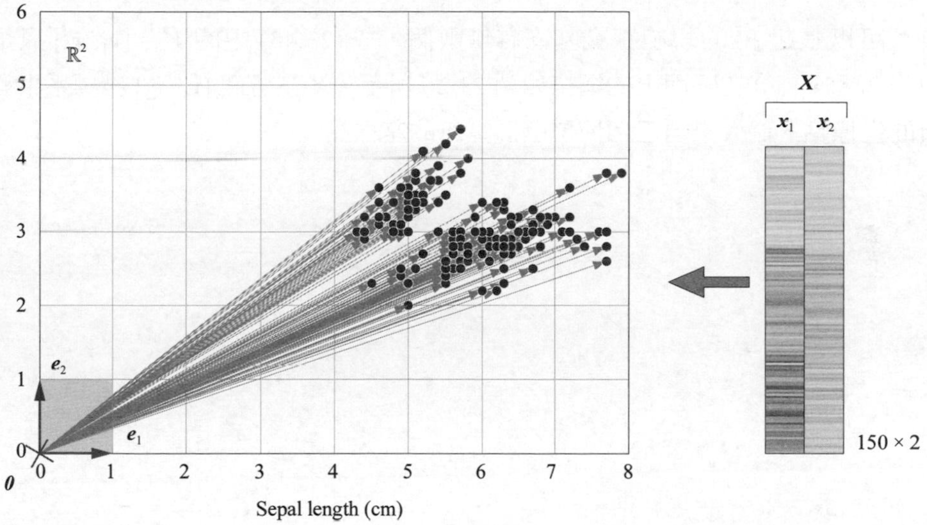

▲ 圖 23.24　找一個能夠裝下 $\boldsymbol{X}$ 行向量的空間

行空間、零空間

根據本章前文所學，為了計算 $\boldsymbol{X}$ 的**行空間**、**零空間**，我們可以首先計算格拉姆矩陣 (見圖 23.25)，然後對 $\boldsymbol{X}^{\mathrm{T}}\boldsymbol{X}$ 特徵值分解，即

$$G = X^{\mathrm{T}} X = \begin{bmatrix} 5223.85 & 2673.43 \\ 2673.43 & 1430.40 \end{bmatrix} = \underbrace{\begin{bmatrix} 0.888 & -0.459 \\ 0.459 & 0.888 \end{bmatrix}}_{V} \underbrace{\begin{bmatrix} 6605.05 & \\ & 49.20 \end{bmatrix}}_{\Lambda} \underbrace{\begin{bmatrix} 0.888 & 0.459 \\ -0.459 & 0.888 \end{bmatrix}}_{V^{\mathrm{T}}} \quad (23.43)$$

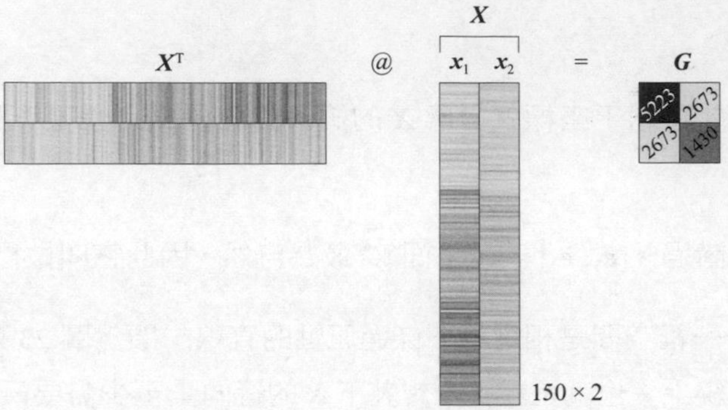

▲ 圖 23.25 計算格拉姆矩陣 $X^{\mathrm{T}}X$

可以張起 $\mathbb{R}^2$ 的規範正交基底有無數個，式 (23.43) 中的 $V = [v_1, v_2]$ 只是其中一個。$[v_1, v_2]$ 在平面上的網格如圖 23.26 所示。X 在這個 $[v_1, v_2]$ 座標系中有全新的座標點。請大家自己回憶怎麼計算新的座標點。

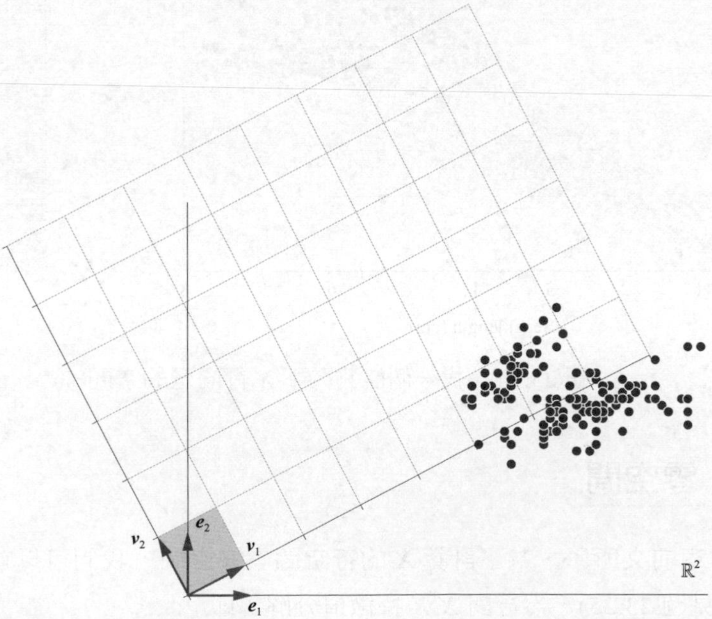

▲ 圖 23.26 規範正交基底 $[v_1, v_2]$

大家可能會問，之前我們已經在 $[\boldsymbol{e}_1, \boldsymbol{e}_2]$ 這個座標系中「自然地」描繪了資料矩陣 $\boldsymbol{X}$，為何還要勞神費力地尋找 $[\boldsymbol{v}_1, \boldsymbol{v}_2]$ 呢？

這是因為對 $\boldsymbol{X}$ 來說，$[\boldsymbol{v}_1, \boldsymbol{v}_2]$ 可謂是「量身打造」的！下面，我們看看 $[\boldsymbol{v}_1, \boldsymbol{v}_2]$ 有何特殊之處。

如圖 23.27 所示，$\boldsymbol{X}$ 向 $\boldsymbol{v}_1$ 投影的結果為 $\boldsymbol{y}_1 = \boldsymbol{X}\boldsymbol{v}_1$。$\boldsymbol{X}$ 是圖中的點 ●，$\boldsymbol{y}_1$ 為圖中的 × 在 span($\boldsymbol{v}_1$) 上的座標值。× 距離原點歐氏距離的平方對應式 (23.43) 中的特徵值 $\lambda_1 = 6605.05$。

利用本書第 18 章介紹的最佳化角度來觀察，給定平面內任意單位向量 $\boldsymbol{v}$，$\|\boldsymbol{X}\boldsymbol{v}\|_2^2$ 的最大值就是 λ_1，而 $\|\boldsymbol{X}\boldsymbol{v}\|_2$能取得的最大值就是$\sqrt{\lambda_1}$，對應 $\boldsymbol{X}$ 的最大奇異值，即 $s_1 = \sqrt{\lambda_1}$。

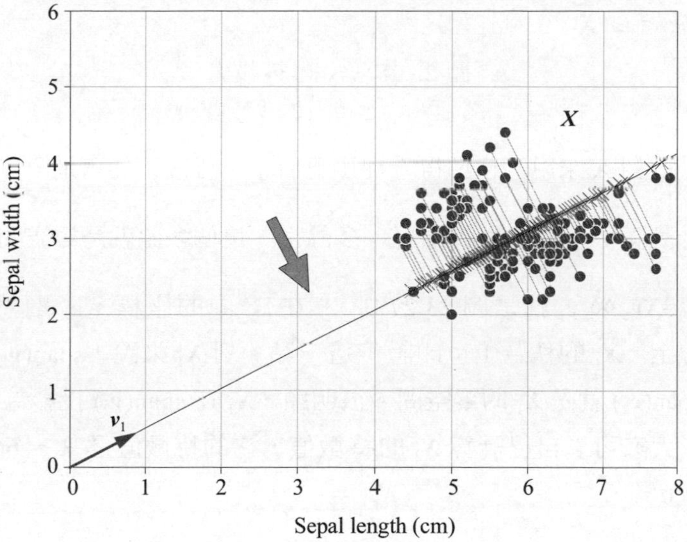

▲ 圖 23.27　$\boldsymbol{X}$ 向 $\boldsymbol{v}_1$ 投影

反之，如圖 23.28 所示，$\boldsymbol{X}$ 向 $\boldsymbol{v}_2$ 投影的結果為 $\boldsymbol{y}_2 = \boldsymbol{X}\boldsymbol{v}_2$。給定平面內任意單位向量 $\boldsymbol{v}$，$\|\boldsymbol{X}\boldsymbol{v}\|_2^2$ 的最 小值就是 λ_2。

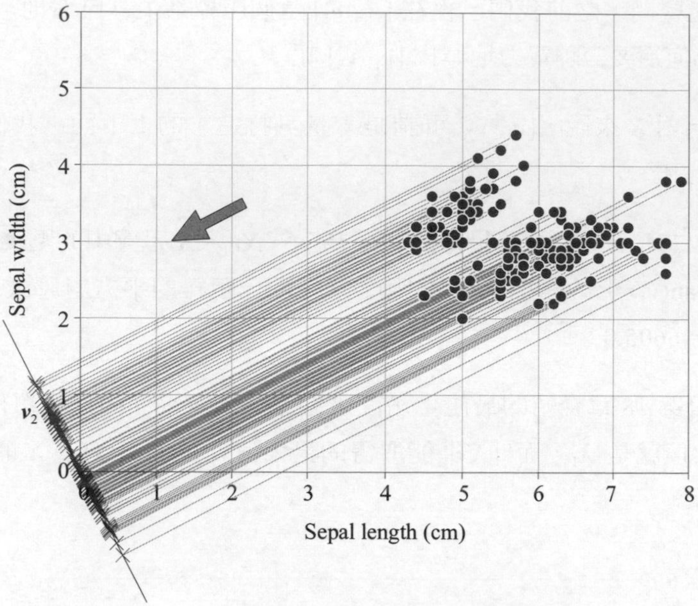

▲ 圖 23.28　$\boldsymbol{X}$ 向 $\boldsymbol{v}_2$ 投影

基底 $[\boldsymbol{v}_1, \boldsymbol{v}_2]$ 對 $\boldsymbol{X}$ 來說，也顯得「捉襟見肘」，維度不能再進一步減小。

如果 $\boldsymbol{X}$ 非列滿秩，則 $\boldsymbol{V}$ 就會出現「多餘」，這個多餘就是零空間。

比如，$\boldsymbol{X}_1=\boldsymbol{X}\boldsymbol{v}_1 \otimes \boldsymbol{v}_1$ 就是圖 23.27 中 × 在 $\mathbb{R}^2$ 中的座標。× 顯然都在一條過原點的直線上。$\boldsymbol{X}_1$ 的秩為 1 也印證了這一點。對 $\boldsymbol{X}_1$ 來說，$\text{span}(\boldsymbol{v}_1)$ 足夠裝下 $\boldsymbol{X}_1$，多餘的 $\text{span}(\boldsymbol{v}_2)$ 就是 $\boldsymbol{X}_1$ 的零空間。很明顯，$\boldsymbol{X}_1$ 在 $\text{span}(\boldsymbol{v}_2)$ 投影為零向量 $\boldsymbol{0}$。感興趣的話，大家可以自己計算 $\boldsymbol{X}_1$ 的特徵值，它的特徵值是 $\lambda_1 = 6605.05$，另一個特徵值為 0。

列空間、左零空間

矩陣 $\boldsymbol{X}$ 有兩個列向量 $\boldsymbol{x}_1$ 和 $\boldsymbol{x}_2$，$\boldsymbol{x}_1$ 和 $\boldsymbol{x}_2$ 的行數都是 150。為了裝下 $\boldsymbol{x}_1$ 和 $\boldsymbol{x}_2$，我們自然想到 $\mathbb{R}^{150}$。但是 $\mathbb{R}^{150}$ 對於矩陣 $\boldsymbol{X}$ 來說簡直就是「高射炮打蚊子」，小題大做！

下面解釋原因。

為了計算矩陣 $\boldsymbol{X}$ 的**列空間、左零空間**，我們首先計算格拉姆矩陣 $\boldsymbol{X}\boldsymbol{X}^{\mathrm{T}}$，計算過程如圖 23.29 所示。格拉姆矩陣 $\boldsymbol{X}\boldsymbol{X}^{\mathrm{T}}$ 形狀為 150×150。格拉姆矩陣 $\boldsymbol{X}\boldsymbol{X}^{\mathrm{T}}$ 看著很大，實際上它的秩只有 2。也就是說，$\boldsymbol{X}\boldsymbol{X}^{\mathrm{T}}$ 所有 150 個列向量都可以用兩個列向量的線性組合來表達。

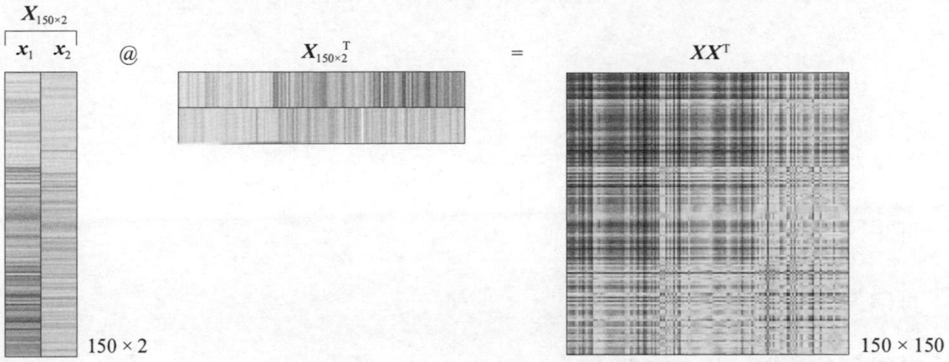

▲ 圖 23.29　計算格拉姆矩陣 $\boldsymbol{X}\boldsymbol{X}^{\mathrm{T}}$

對 $\boldsymbol{X}\boldsymbol{X}^{\mathrm{T}}$ 進行特徵值分解得到的特徵向量組成的矩陣 $\boldsymbol{U}$ 如圖 23.30 所示。$\boldsymbol{U}$ 的形狀也是 150×150。$\boldsymbol{U}$

是 $\mathbb{R}^{150}$ 中無數個規範正交陣中的一個。

$\boldsymbol{X}\boldsymbol{X}^{\mathrm{T}}$ 的非零特徵值就是式 (23.43) 中的兩個特徵值，剩餘的特徵值都為 0。也就是說，$\boldsymbol{U}$ 的前兩列 $[\boldsymbol{u}_1, \boldsymbol{u}_2]$ 就是我們要找的列空間，$[\boldsymbol{u}_1, \boldsymbol{u}_2]$ 正好可以裝下 $\boldsymbol{X}$。剩餘的 148 列組成左零空間 $\mathrm{Null}(\boldsymbol{X}^{\mathrm{T}})$。也就是說，想要裝下 $\boldsymbol{X}$ 的列向量，$\mathbb{R}^{150}$ 綽綽有餘。

請大家用同樣的思路分析 $\boldsymbol{X}_c$、$\boldsymbol{Z}_X$。

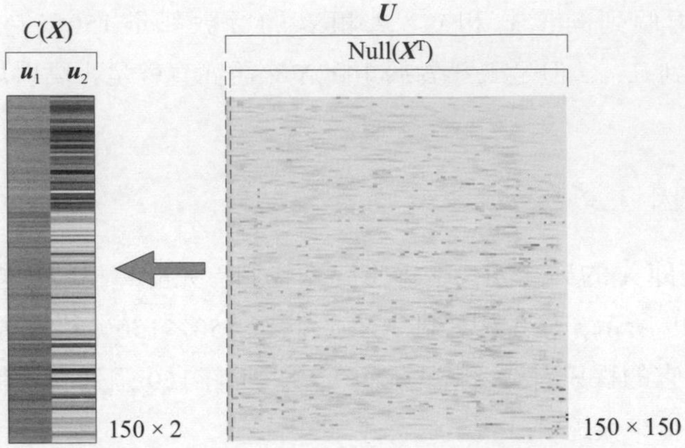

▲ 圖 23.30 格拉姆矩陣 $\boldsymbol{X}\boldsymbol{X}^{\mathrm{T}}$ 的特徵向量矩陣 $\boldsymbol{U}$

➔

有資料的地方，必有矩陣！

有矩陣的地方，更有向量！

有向量的地方，就有幾何！

有幾何的地方，皆有空間！

本書最後三章開啟了一場特殊的旅行——「資料三部曲」。這三章梳理總結本書前文的核心內容，同時展望這些數學工具的應用。本章作為「資料三部曲」的第一部，主要透過資料矩陣奇異值分解介紹了四個空間。

圖 23.31 所示雖然是一幅圖，但是其中有四幅子圖，它們最能總結本章的核心內容一四個空間。強烈建議大家自行腦補圖中缺失的各種符號，以及它們的意義。

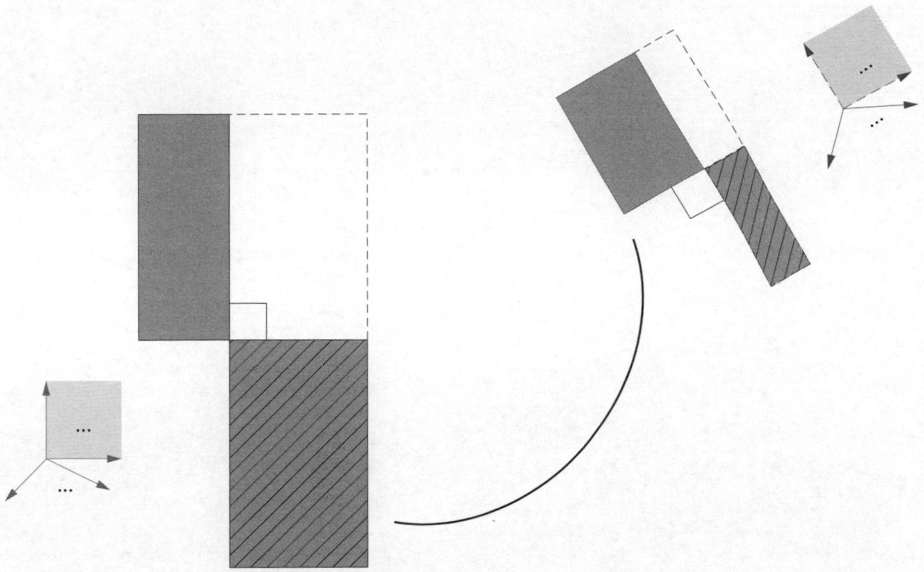

▲ 圖 23.31　總結本章重要內容的四幅圖

此外，本書還引出了中心化資料、標準化資料，並創造了「標準差向量」這個概念。格拉姆矩陣是原始資料矩陣列向量長度和兩兩角度資訊的集合體，協方差矩陣則是標準差向量長度和兩兩角度的結合體。這種類比有助我們理解線性代數工具在多元統計領域中的應用。

推薦大家閱讀 MIT 數學教授 Gilbert Strang 的 *Linear Algebra and Learning from Data* 一書。這本書可謂線性代數工具的彈藥庫，從知識系統上給了作者很多啟發。圖書目前沒有免費電子版圖書，該書的專屬網站提供樣章和勘誤等資源：

https://math.mit.edu/~gs/learningfromdata/

Data Matrix Decomposition

24 資料分解

從幾何、空間、最佳化、統計角度解

> 你不能教任何人任何東西，你只能幫助他在自己身上發現它。
>
> ***You cannot teach a man anything; you can only help him discover it in himself.***
>
> ——伽利略 · 伽利萊（*Galilei Galileo*）| 義大利物理學家、數學家及哲學家 | *1564 — 1642*

- numpy.average() 計算平均值
- numpy.corrcoef() 計算資料的相關性係數
- numpy.cov() 計算協方差矩陣
- numpy.diag() 如果 A 為方陣，numpy.diag(A) 函式提取對角線元素，以向量形式輸入結果；如果 a 為向量，則 numpy.diag(a) 函式將向量展開成方陣，方陣對角線元素為 a 向量元素
- numpy.linalg.cholesky() Cholesky 分解
- numpy.linalg.eig() 特徵值分解
- numpy.linalg.inv() 矩陣求逆
- numpy.linalg.norm() 計算範數
- numpy.linalg.svd() 奇異值分解
- numpy.ones() 建立全 1 向量或矩陣
- numpy.sqrt() 計算平方根

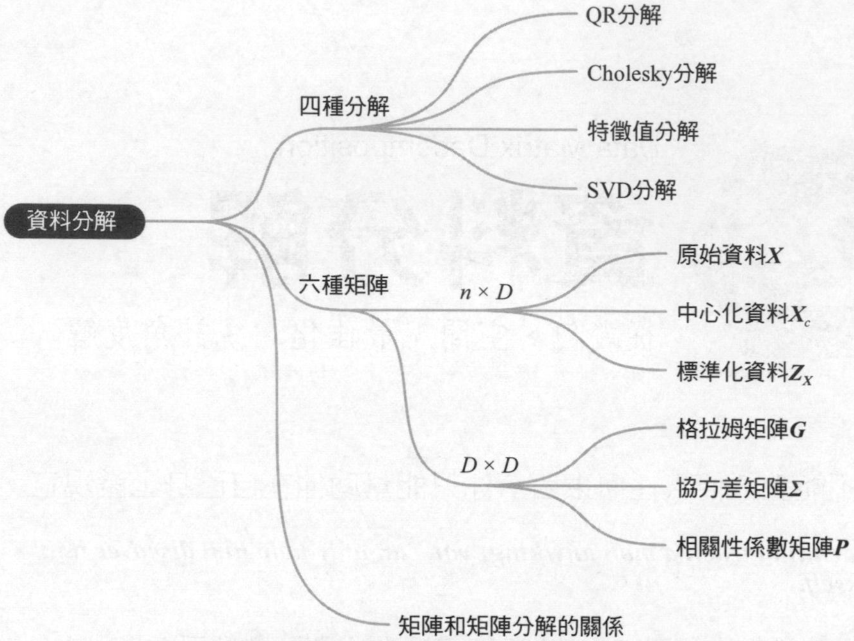

24.1 為什麼要分解矩陣？

QR 分解、Cholesky 分解、特徵值分解、SVD 分解，這四種常用的分解的目的是什麼？

它們分解的物件是什麼？有何限制？

分解結果是什麼？有何特殊性質？

矩陣分解之間有哪些區別和聯繫？

靈魂拷問來了—我們到底為什麼要分解矩陣？

大家可能會反問，前文學都學完了，現在才問是不是太晚了？

一點也不晚！矩陣分解是線性代數的核心中的核心，現在正是結合資料、幾何、空間、最佳化、統 計等角度總結這四種矩陣分解的最佳時機。

總結和比較

表 24.1 比較四種常用矩陣分解，請大家快速瀏覽這個表格，然後開始本章的學習。也請大家在完成本章內容學習後，回頭仔細再看一遍表格內容。如果對任何矩陣分解細節感到生疏的話，請翻看本書前文對應內容。

再次強調，準確來說，表 24.1 中 $\boldsymbol{V}$ 和 $\boldsymbol{U}$ 是正交矩陣且行列式為 1 時，$\boldsymbol{V}$ 和 $\boldsymbol{U}$ 才是旋轉矩陣，對應的幾何操作才是純粹的旋轉。

表 24.1 四種常用矩陣分解

矩陣分解	QR 分解	Cholesky 分解	特徵值分解	SVD 分解
前提	任何實數矩陣都可以 QR 分解	正定矩陣才能 Cholesky 分解	可對角化矩陣才能進行特徵值分解	任何實數矩陣都可以 SVD 分解
示意圖	$\boldsymbol{A} = \boldsymbol{Q} @ \boldsymbol{R}$ 	$\boldsymbol{A} = \boldsymbol{R}^{\mathrm{T}} @ \boldsymbol{R}$ 	$\boldsymbol{A} = \boldsymbol{V} @ \boldsymbol{\Lambda} @ \boldsymbol{V}^{-1}$ 	$\boldsymbol{A} = \boldsymbol{U} @ \boldsymbol{S} @ \boldsymbol{V}^{\mathrm{T}}$ 
公式	$\boldsymbol{A}=\boldsymbol{QR}$	$\boldsymbol{A}=\boldsymbol{R}^{\mathrm{T}}\boldsymbol{R}$ $\boldsymbol{A}=\boldsymbol{L}\boldsymbol{L}^{\mathrm{T}}$	$\boldsymbol{A}=\boldsymbol{V}\boldsymbol{\Lambda}\boldsymbol{V}^{-1}$ $\boldsymbol{A}=\boldsymbol{V}\boldsymbol{\Lambda}\boldsymbol{V}^{\mathrm{T}}$ ($\boldsymbol{A}$ 為對稱方陣時，其特徵值分解又叫譜分解)	$\boldsymbol{A}=\boldsymbol{USV}^{\mathrm{T}}$ (注意 $\boldsymbol{V}$ 的轉置運算)
結果	$\boldsymbol{Q}$ 是正交矩陣 (完全型分解)，表示 $\boldsymbol{Q}$ 是規範正交基底 $\boldsymbol{R}$ 是上三角矩陣	$\boldsymbol{L}$ 為下三角方陣 $\boldsymbol{R}$ 為上三角方陣	$\boldsymbol{\Lambda}$ 為對角方陣，對角線元素為特徵值 $\boldsymbol{V}$ 列向量為特徵向量 如果 $\boldsymbol{A}$ 為對稱方陣，$\boldsymbol{V}$ 為正交矩陣，即滿足 $\boldsymbol{V}^{\mathrm{T}}\boldsymbol{V} = \boldsymbol{V}\boldsymbol{V}^{\mathrm{T}} = \boldsymbol{I}$	$\boldsymbol{U}$ 為正交矩陣 (完全型分解)，它的列向量為左奇異向量 $\boldsymbol{S}$ 主對角線元素為奇異值 $\boldsymbol{V}$ 為正交矩陣 (完全型分解)，它的列向量為右奇異向量 $\boldsymbol{U}$ 和 $\boldsymbol{V}$ 都是規範正交基底

矩陣分解	QR 分解	Cholesky 分解	特徵值分解	SVD 分解
幾何角度	$\boldsymbol{Q}$ 代表旋轉	寫成 $\boldsymbol{LDL}^{\mathrm{T}}$ 形式 ($\boldsymbol{L}$ 主對角線元素為 1) $\boldsymbol{L}$ 代表剪切 $\boldsymbol{D}$ 代表縮放	$\boldsymbol{V}$ 代表旋轉 $\boldsymbol{\Lambda}$ 代表縮放	$\boldsymbol{U}$ 代表旋轉 $\boldsymbol{S}$ 代表縮放 $\boldsymbol{V}$ 代表旋轉
結果唯一	$\boldsymbol{A}$ 列滿秩，且 $\boldsymbol{R}$ 的對角元素為正實數的情況下結果唯一	當限定 $\boldsymbol{R}$ 的對角元素為正時，分解結果唯一	矩陣 $\boldsymbol{V}$ 不唯一 本書的特徵向量都是單位元向量，特徵向量一般差在正負符號上	矩陣 $\boldsymbol{U}$ 和 $\boldsymbol{V}$ 不唯一 本書左奇異向量、右奇異向量都是列向量
特殊類型	完全型 ($\boldsymbol{Q}$ 是正交矩陣) 經濟型 ($\boldsymbol{Q}$ 是規範正交基，但不是正交矩陣)	正定矩陣 埃爾米特矩陣 (不在本書討論範圍)	對稱矩陣 正規矩陣 (不在本書討論範圍之內)	完全型 經濟型 縮略型 截斷型
向量空間	$\boldsymbol{Q}$ 的列向量為規範正交基，$\boldsymbol{Q}$ 的第一列向量 $\boldsymbol{q}_1$ 是 $\boldsymbol{A}$ 的第一列向量 $\boldsymbol{a}_1$ 的單位化 $\boldsymbol{R}$ 的列向量相當於座標值	如果 $\boldsymbol{A}=\boldsymbol{X}^{\mathrm{T}}\boldsymbol{X}$ (即 Gram 矩陣) 正定，對 $\boldsymbol{A}$ 進行 Cholesky 分解得到上三角矩陣 $\boldsymbol{R}$，$\boldsymbol{R}$ 的列向量可以代表 $\boldsymbol{X}$ 列向量	如果 $\boldsymbol{A}$ 為對稱方陣，$\boldsymbol{V}$ 為規範正交基底 如果 $\boldsymbol{A}=\boldsymbol{X}^{\mathrm{T}}\boldsymbol{X}$ 且 $\boldsymbol{X}$ 列滿秩，$\boldsymbol{V}$ 是 $\boldsymbol{X}$ 的行空間 $R(\boldsymbol{X})$	完全型 SVD 分解獲得四個空間：列空間 $C(\boldsymbol{X})$ 和左零空間 Null($\boldsymbol{X}^{\mathrm{T}}$)，行空間 $R(\boldsymbol{X})$ 和零空間 Null($\boldsymbol{X}$) 完全型 SVD 分解相當於一次性完成兩個特徵值分解
最佳化角度			$\underset{\boldsymbol{v}}{\arg\max}\ \boldsymbol{v}^{\mathrm{T}}\boldsymbol{A}\boldsymbol{v}$ subject to: $\boldsymbol{v}^{\mathrm{T}}\boldsymbol{v}=1$ 或 $\underset{\boldsymbol{x}\neq\boldsymbol{0}}{\arg\max}\ \frac{\boldsymbol{x}^{\mathrm{T}}\boldsymbol{A}\boldsymbol{x}}{\boldsymbol{x}^{\mathrm{T}}\boldsymbol{x}}$	$\underset{\boldsymbol{v}}{\arg\min}\ \lVert\boldsymbol{A}\boldsymbol{v}\rVert$ subject to: $\lVert\boldsymbol{v}\rVert=1$ 或 $\underset{\boldsymbol{x}\neq\boldsymbol{0}}{\arg\min}\ \frac{\lVert\boldsymbol{A}\boldsymbol{x}\rVert}{\lVert\boldsymbol{x}\rVert}$

矩陣分解	QR 分解	Cholesky 分解	特徵值分解	SVD 分解
Numpy 函式	numpy.linalg.qr()	numpy.linalg.cholesky()	numpy.linalg.eig()	numpy.linalg.svd()
本章分解物件	原始資料矩陣 $\boldsymbol{X}$	格拉姆矩陣 $\boldsymbol{G}(\boldsymbol{X}^{\mathrm{T}}\boldsymbol{X})$ 協方差矩陣 Σ 相關性係數矩陣 $\boldsymbol{P}$	格拉姆矩陣 $\boldsymbol{G}(\boldsymbol{X}^{\mathrm{T}}\boldsymbol{X})$ 協方差矩陣 Σ 相關性係數矩陣 $\boldsymbol{P}$	原始資料矩陣 $\boldsymbol{X}$ 中心化資料矩陣 $\boldsymbol{X}_c$ 標準化資料矩陣 $\boldsymbol{Z}_X$
本書系主要應用	解線性方程式組 最小平方回歸 施密特正交化	蒙地卡羅模擬，產生滿足特定協方差矩陣 要求的隨機數 判斷正定性	馬可夫過程 主成分分析 瑞利商 矩陣範數	求解假反矩陣 矩陣範數 最小平方回歸 主成分分析 影像壓縮

譜分解 ⊂ 特徵值分解 ⊂ 奇異值分解

圖 24.1 所示的文氏圖為奇異值分解、特徵值分解、譜分解之間的集合關係。

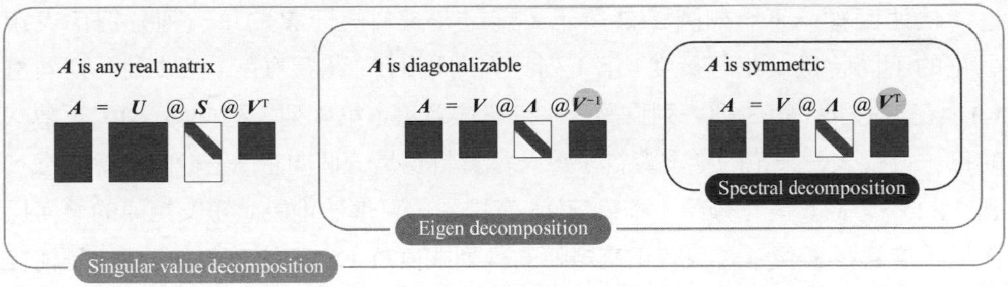

▲ 圖 24.1　特徵值分解、奇異值分解之間的從屬關係

SVD 分解的物件是一切實數矩陣。特徵值分解可以看作是特殊的 SVD 分解。特徵值分解的物件是可對角化矩陣。如果 SVD 分解的物件也是可對角化矩陣，則其結果等值於特徵值分解。注意，可對角化矩陣是特殊的方陣。

特別地，對稱矩陣的特徵值分解叫譜分解。格拉姆矩陣都是對稱矩陣，因此格拉姆矩陣的特徵值分解都是譜分解。譜分解得到的 $\boldsymbol{V}$ 是正交矩陣，正交矩陣是「天然」的規範正交基底。從幾何角度來看，正交矩陣的作用是「旋轉」。本書第 15 章提過，更準確地說，正交矩陣的幾何操作是「旋轉 + 鏡像」。只有正交矩陣的行列式值為 1，正交矩陣的作用才是純粹「旋轉」。

對於 $\boldsymbol{Ax} = \boldsymbol{b}$，對 $\boldsymbol{A}$ 奇異值分解得到 $\boldsymbol{A} = \boldsymbol{USV}^{\mathrm{T}}$，$\boldsymbol{x} = \boldsymbol{VS}^{-1}\boldsymbol{U}^{\mathrm{T}}\boldsymbol{b}$。$\boldsymbol{VS}^{-1}\boldsymbol{U}^{\mathrm{T}}$ 就是 $\boldsymbol{A}$ 的莫爾 - 彭羅斯廣義逆 (Moore-Penrose inverse)。注意，$\boldsymbol{S}^{-1}$ 的主對角線非零元素為 $\boldsymbol{S}$ 的非零奇異值倒數，$\boldsymbol{S}^{-1}$ 其餘對角線元素均為 0。本書第 5 章提到過，numpy.linalg.pinv() 計算莫爾 - 彭羅斯廣義逆時，便使用奇異值分解。這還告訴我們，SVD 分解可以用來求解最小平方回歸問題。

分解物件：資料矩陣，衍生矩陣

本章用的資料還是大家再熟悉不過的鳶尾花資料集。

快速回顧一下，如圖 24.2 所示，鳶尾花資料矩陣 $\boldsymbol{X}$ 的每一列分別代表鳶尾花的不同特徵—花萼長度 (第 1 列，列向量 $\boldsymbol{x}_1$)、花萼寬度 (第 2 列，列向量 $\boldsymbol{x}_2$)、花瓣長度 (第 3 列，列向量 $\boldsymbol{x}_3$) 和花瓣寬度 (第 4 列，列向量 $\boldsymbol{x}_4$)。矩陣 $\boldsymbol{X}$ 的每一行代表一朵花的樣本資料，每一行資料也是一個向量——行向量。注意，圖 24.2 不考慮鳶尾花分類。本書第 15 章提過，更準確地說，正交矩陣的幾何操作是「旋轉 + 鏡像」。只有正交矩陣的行列式值為 1，正交矩陣的作用才是純粹「旋轉」。

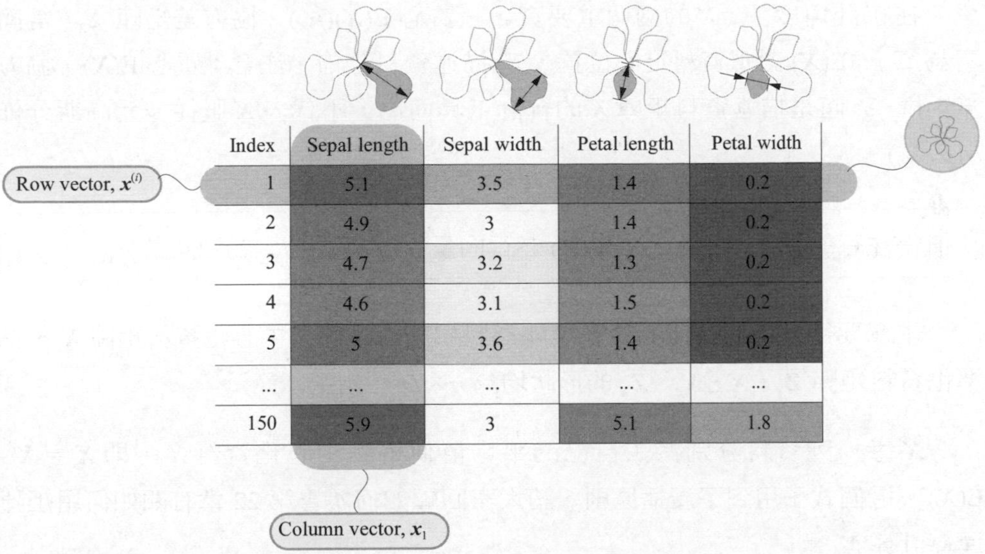

Index	Sepal length	Sepal width	Petal length	Petal width
1	5.1	3.5	1.4	0.2
2	4.9	3	1.4	0.2
3	4.7	3.2	1.3	0.2
4	4.6	3.1	1.5	0.2
5	5	3.6	1.4	0.2
...	...	...	...	...
150	5.9	3	5.1	1.8

▲ 圖 24.2　鳶尾花資料集行、列含義

圖 24.3 所示為本章矩陣的分解物件，它們都衍生自鳶尾花資料矩陣 $\boldsymbol{X}$。$\boldsymbol{X}$ 為細高長方形矩陣，形狀為 $n \times D$。與本書第 10 章鳶尾花資料矩陣熱圖相比，圖 24.3 中 $\boldsymbol{X}$ 的熱圖採用不同範圍色譜。

格拉姆矩陣 $\boldsymbol{G}$ 來自資料矩陣 $\boldsymbol{X}$，兩者關係為 $\boldsymbol{G} = \boldsymbol{X}^{\mathrm{T}}\boldsymbol{X}$。格拉姆矩陣 $\boldsymbol{G}$ 為對稱矩陣。一般 $\boldsymbol{G}$ 為半正定，只有 $\boldsymbol{X}$ 滿秩時，$\boldsymbol{G}$ 才正定。

上一章提到，格拉姆矩陣 $\boldsymbol{G}$ 含有 $\boldsymbol{X}$ 列向量模、向量夾角兩類重要資訊。對於細高的長方形矩陣 $\boldsymbol{X}$，第二個格拉姆矩陣 $\boldsymbol{X}\boldsymbol{X}^{\mathrm{T}}$ 不常用。

而餘弦相似度矩陣 $\boldsymbol{C}$ 僅有 $\boldsymbol{X}$ 列向量兩兩夾角資訊。餘弦相似度矩陣 $\boldsymbol{C}$ 也是對稱矩陣。餘弦相似度的設定值為 [-1, 1]，因此不同餘弦相似度具有可比性。這一點類似於統計中的相關性係數。對 $\boldsymbol{X}$ 列向量先進行單位化，再求其格拉姆矩陣，得到的就是 $\boldsymbol{C}$。

在統計角度下，$\boldsymbol{X}$ 的兩個重要資訊一質心 $\mathrm{E}(\boldsymbol{X})(\boldsymbol{\mu}_X)$、協方差矩陣 Σ_X (常簡寫為 Σ)。$\mathrm{E}(\boldsymbol{X})$ 對應資料質心位置，Σ_X 描述資料分佈。注意：質心 $\mathrm{E}(\boldsymbol{X})$、協方差矩陣 Σ_X 僅是描述資料矩陣 $\boldsymbol{X}$ 的統計工具而已，不代表 $\boldsymbol{X}$ 服從多元高斯分佈 $N(\boldsymbol{\mu}, \Sigma_X)$。

> ⚠ 值得注意的是：本書系定義 $\mathrm{E}(\boldsymbol{X})$ 為行向量，$\mathrm{E}(\boldsymbol{X})$ 的轉置為列向量 $\boldsymbol{\mu}_X$。

本章要用到兩個與原始資料矩陣形狀相同的矩陣一中心化資料矩陣 $\boldsymbol{X}_c$、標準化資料矩陣 $\boldsymbol{Z}_X$。$\boldsymbol{X}$、$\boldsymbol{X}_c$、$\boldsymbol{Z}_X$ 的形狀均為 $n \times D$。

$\boldsymbol{X}$ 每一列資料分別減去自己的平均值便得到中心化資料 $\boldsymbol{X}_c$，即 $\boldsymbol{X}_c = \boldsymbol{X} - \mathrm{E}(\boldsymbol{X})$。這個式子用到了廣播原則。請大家回顧如何本書第 22 章有關如何用矩陣運算計算 $\boldsymbol{X}_c$。

從幾何角度，對 $\boldsymbol{X}$ 來說，它的資料質心位於 $\boldsymbol{\mu}_X$；而 $\boldsymbol{X}_c$ 的質心位於 $\boldsymbol{0}$。換個角度來看，$\boldsymbol{X}$ 的列向量起點位於原點；而 $\boldsymbol{X}$ 列向量的起點相當於移動到了質心，向量終點不動。

標準化資料 $\boldsymbol{Z}_X$ 實際上就是 $\boldsymbol{X}$ 的 Z 分數。幾何角度，從 $\boldsymbol{X}$ 到 $\boldsymbol{Z}_X$ 經過了平移、縮放兩步操作。

> ⚠ 注意：上一章創造了一個概念一標準差向量。標準差向量的模對應標準差大小，兩個標準差向量的夾角餘弦值對應相關性係數。

協方差矩陣 Σ_X 可以視為 $\boldsymbol{X}_c$ 的格拉姆矩陣。值得注意的是，計算 Σ_X 時使用了縮放係數 $1/n$(整體) 或 $1/(n-1)$(樣本)。

協方差矩陣 Σ 包含兩類資訊一標準差向量的模 (標準差)、標準差向量兩兩夾角 (相關性係數)。

相關性係數矩陣 $\boldsymbol{P}$ 僅含有標準差向量夾角 (相關性係數) 資訊。相關性係數矩陣 $\boldsymbol{P}$ 類似於餘弦相似度矩陣 $\boldsymbol{C}$。

類似協方差矩陣 Σ，計算相關性係數矩陣 $\boldsymbol{P}$ 也使用了縮放係數 $1/n$(整體)或 $1/(n-1)$(樣本)。相關性係數矩陣 $\boldsymbol{P}$ 就是標準化資料 $\boldsymbol{Z}_X$ 的協方差矩陣。

$\boldsymbol{G}$、$\boldsymbol{C}$、Σ、$\boldsymbol{P}$ 的形狀均為 $D \times D$。

> 如果大家對這部分內容感到陌生，請回顧本書第 22 章對應內容。大家必須對矩陣分解的物件有充分的認識，才能開始本章後續內容學習。

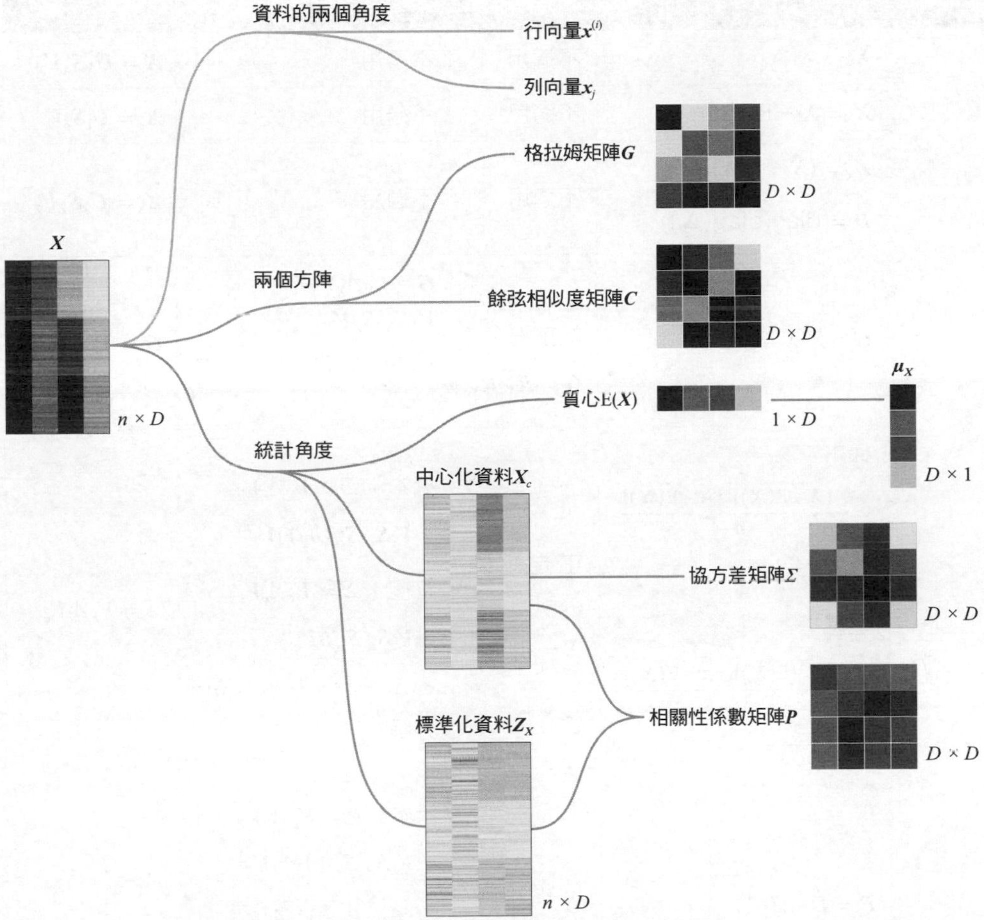

▲ 圖 24.3　$\boldsymbol{X}$ 衍生得到的幾個矩陣

矩陣 + 矩陣分解

搭配六種不同矩陣 ($\boldsymbol{X}$、$\boldsymbol{X}_c$、$\boldsymbol{Z}_X$、$\boldsymbol{G}$、Σ、$\boldsymbol{P}$) 和三種矩陣分解 (Cholesky 分解、特徵值分解、SVD 分解)，會碰撞出什麼？

表 24.2 列出了答案。本章後續內容將主要以表格中的內容展開。

表 24.2 矩陣和矩陣分解之間的關係

	物件	Cholesky 分解	特徵值分解	SVD 分解
$n \times D$	$\boldsymbol{X}$	不適用	不適用	$\boldsymbol{X} = \boldsymbol{U}_X \boldsymbol{S}_X \boldsymbol{V}_X^{\mathrm{T}}$
	$\boldsymbol{X}_c = \boldsymbol{X} - \mathrm{E}(\boldsymbol{X})$	不適用	不適用	$\boldsymbol{X}_c = \boldsymbol{U}_c \boldsymbol{S}_c \boldsymbol{V}_c^{\mathrm{T}}$
	$\boldsymbol{Z}_X = (\boldsymbol{X} - \mathrm{E}(\boldsymbol{X}))\boldsymbol{D}^{-1}$ $\boldsymbol{D} = \mathrm{diag}(\mathrm{diag}(\Sigma))^{\frac{1}{2}}$	不適用	不適用	$\boldsymbol{Z}_X = \boldsymbol{U}_Z \boldsymbol{S}_Z \boldsymbol{V}_Z^{\mathrm{T}}$
$D \times D$	$\boldsymbol{G} = \boldsymbol{X}^{\mathrm{T}}\boldsymbol{X}$	正定矩陣為前提 $\boldsymbol{G} = \boldsymbol{R}_X^{\mathrm{T}} \boldsymbol{R}_X$	$\boldsymbol{G} = \boldsymbol{V}_X \boldsymbol{\Lambda}_X \boldsymbol{V}_X \boldsymbol{T} =$ $\boldsymbol{V}_X \boldsymbol{S}_X^{T} \boldsymbol{S}_X \boldsymbol{V}_X^{T}$ $\boldsymbol{S}_X$ 來 自 於 $\boldsymbol{X}$ 的 SVD 分解	$\boldsymbol{G} = \boldsymbol{V}_X \boldsymbol{\Lambda}_X \boldsymbol{V}_X^{\mathrm{T}}$
	樣本： $\boldsymbol{\Sigma} = \frac{(\boldsymbol{X} - \mathrm{E}(\boldsymbol{X}))^{\mathrm{T}}(\boldsymbol{X} - \mathrm{E}(\boldsymbol{X}))}{n-1} = \frac{\boldsymbol{X}_c^{\mathrm{T}}\boldsymbol{X}_c}{n-1}$ 整體： $\boldsymbol{\Sigma} = \frac{(\boldsymbol{X} - \mathrm{E}(\boldsymbol{X}))^{\mathrm{T}}(\boldsymbol{X} - \mathrm{E}(\boldsymbol{X}))}{n} = \frac{\boldsymbol{X}_c^{\mathrm{T}}\boldsymbol{X}_c}{n}$	正定矩陣為前提 $\Sigma = \boldsymbol{R}_c^{\mathrm{T}} \boldsymbol{R}_c$	樣本：$\Sigma = \boldsymbol{V}_c \boldsymbol{\Lambda}_c \boldsymbol{V}_c^{\mathrm{T}}$ $= \boldsymbol{V}_c \boldsymbol{S}_c^{\mathrm{T}} \boldsymbol{S}_c/(n-1) \boldsymbol{V}_c^{\mathrm{T}}$ 整體：$\Sigma = \boldsymbol{V}_c \boldsymbol{\Lambda}_c \boldsymbol{V}_c^{\mathrm{T}}$ $= \boldsymbol{V}_c \boldsymbol{S}_c^{\mathrm{T}} \boldsymbol{S}_c/n \boldsymbol{V}_c^{\mathrm{T}}$ $\boldsymbol{S}_c$ 來 自 於 $\boldsymbol{X}_c$ 的 SVD 分解	$\Sigma = \boldsymbol{V}_c \boldsymbol{\Lambda}_c \boldsymbol{V}_c^{\mathrm{T}}$
	$\boldsymbol{P} = \boldsymbol{D}^{-1} \Sigma \boldsymbol{D}^{-1}$ $\boldsymbol{D} = \mathrm{diag}(\mathrm{diag}(\Sigma))^{\frac{1}{2}}$	正定矩陣為前提 $\Sigma = \boldsymbol{R}_Z^{\mathrm{T}} \boldsymbol{R}_Z$	樣本：$\boldsymbol{P} = \boldsymbol{V}_Z \boldsymbol{\Lambda}_Z \boldsymbol{V}_Z^{\mathrm{T}}$ $= \boldsymbol{V}_Z \boldsymbol{S}_Z^{\mathrm{T}} \boldsymbol{S}_Z/(n-1) \boldsymbol{V}_Z^{\mathrm{T}}$ 整體：$\boldsymbol{P} = \boldsymbol{V}_Z \boldsymbol{\Lambda}_Z \boldsymbol{V}_Z^{\mathrm{T}}$ $= \boldsymbol{V}_Z \boldsymbol{S}_Z^{\mathrm{T}} \boldsymbol{S}_Z/n \boldsymbol{V}_Z^{\mathrm{T}}$ $\boldsymbol{S}_Z$ 來 自 於 $\boldsymbol{Z}_X$ 的 SVD 分解	$\boldsymbol{P} = \boldsymbol{V}_Z \boldsymbol{\Lambda}_Z \boldsymbol{V}_Z^{\mathrm{T}}$

Bk4_Ch24_01.py 中 Bk4_Ch24_01_A 部分計算得到圖 24.3 所有矩陣，請讀者根據前文所學自行繪製本章所有熱圖。

24.2 QR 分解：獲得正交系

QR 分解不是本章的重點，我們僅蜻蜓點水回顧一下。

如圖 24.4 所示，對矩陣 $\boldsymbol{X}$ 進行縮略型 QR 分解，得到 $\boldsymbol{Q}$ 和 $\boldsymbol{R}$。$\boldsymbol{Q}$ 和 $\boldsymbol{X}$ 形狀相同，是正交矩陣的一部分，也就是說 $\boldsymbol{Q}$ 的列向量 $[\boldsymbol{q}_1, \boldsymbol{q}_2, \boldsymbol{q}_3, \boldsymbol{q}_4]$ 是規範正交基底。$[\boldsymbol{q}_1, \boldsymbol{q}_2, \boldsymbol{q}_3, \boldsymbol{q}_4]$ 相當於 $[\boldsymbol{x}_1, \boldsymbol{x}_2, \boldsymbol{x}_3, \boldsymbol{x}_4]$ 正交化的結果。

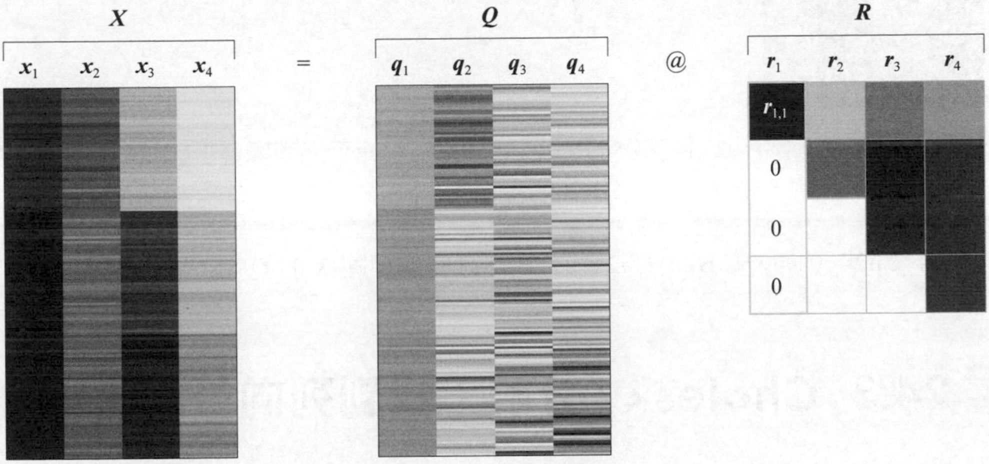

▲ 圖 24.4　QR 分解熱圖

如圖 24.5 所示，從空間角度來講，如果 $\boldsymbol{x}_1$、$\boldsymbol{x}_2$、$\boldsymbol{x}_3$、$\boldsymbol{x}_4$ 線性獨立，則 $\text{span}(\boldsymbol{x}_1, \boldsymbol{x}_2, \boldsymbol{x}_3, \boldsymbol{x}_4) = \text{span}(\boldsymbol{q}_1, \boldsymbol{q}_2, \boldsymbol{q}_3, \boldsymbol{q}_4)$。

請大家特別關注以下關係，即

$$\boldsymbol{x}_1 = r_{1,1}\boldsymbol{q}_1 \tag{24.1}$$

也就是說 $\boldsymbol{x}_1$ 和 $\boldsymbol{q}_1$ 平行。$r_{1,1}$ 的正負決定了 $\boldsymbol{x}_1$ 和 $\boldsymbol{q}_1$ 可以同向或反向。透過 QR 分解完成正交化相當於「順藤」($\boldsymbol{x}_1 \to \boldsymbol{x}_2 \to \boldsymbol{x}_3 \to \boldsymbol{x}_4$)「摸瓜」($\boldsymbol{q}_1 \to \boldsymbol{q}_2 \to \boldsymbol{q}_3 \to \boldsymbol{q}_4$)。($r_{1,1}$，0,0,0) 是 $\boldsymbol{x}_1$ 在基底 $[\boldsymbol{q}_1, \boldsymbol{q}_2, \boldsymbol{q}_3, \boldsymbol{q}_4]$ 的坐標。此外請大家注意，QR 分解與**格拉姆 - 施密特正交化** (Gram–Schmidt process) 之間的聯繫。

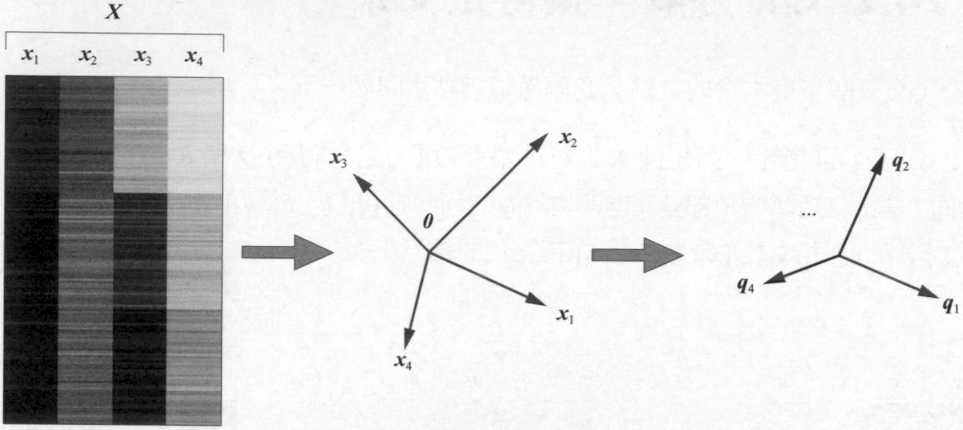

▲ 圖 24.5　$[\boldsymbol{q}_1, \boldsymbol{q}_2, \boldsymbol{q}_3, \boldsymbol{q}_4]$ 是規範正交基底

Bk4_Ch24_01.py 中 Bk4_Ch24_01_B 部分完成矩陣 $\boldsymbol{X}$ 的 QR 分解。

24.3 Cholesky 分解：找到列向量的座標

格拉姆矩陣

資料矩陣 $\boldsymbol{X}$ 的每一列可以看作是一個向量，而 Cholesky 分解能夠找到它們的座標。

注意：這裡存在一個前提─$\boldsymbol{X}$ 列滿秩。只有這樣 $\boldsymbol{X}$ 的格拉姆矩陣 $\boldsymbol{G}$ 才正定，才能進行 Cholesky 分解。

假設 $\boldsymbol{G}$ 正定，對 $\boldsymbol{G}$ 進行 Cholesky 分解，有

$$\boldsymbol{G} = \boldsymbol{R}^{\mathrm{T}}\boldsymbol{R} \tag{24.2}$$

其中：$\boldsymbol{R}$ 為上三角矩陣。式 (24.2) 中的 $\boldsymbol{R}$ 不同於上一節 QR 分解的 $\boldsymbol{R}$。

如圖 24.6 所示，將 $\boldsymbol{R}$ 寫成 $[\boldsymbol{r}_1, \boldsymbol{r}_2, \cdots, \boldsymbol{r}_D]$，式 (24.2) 可以寫成向量純量積形式，並建立它們與 $[\boldsymbol{x}_1, \boldsymbol{x}_2, \cdots, \boldsymbol{x}_D]$ 的聯繫，即有

$$\begin{aligned}
\boldsymbol{G} = \boldsymbol{R}^{\mathrm{T}}\boldsymbol{R} &= \begin{bmatrix} \langle \boldsymbol{r}_1,\boldsymbol{r}_1\rangle & \langle \boldsymbol{r}_1,\boldsymbol{r}_2\rangle & \cdots & \langle \boldsymbol{r}_1,\boldsymbol{r}_D\rangle \\ \langle \boldsymbol{r}_2,\boldsymbol{r}_1\rangle & \langle \boldsymbol{r}_2,\boldsymbol{r}_2\rangle & \cdots & \langle \boldsymbol{r}_2,\boldsymbol{r}_D\rangle \\ \vdots & \vdots & \ddots & \vdots \\ \langle \boldsymbol{r}_D,\boldsymbol{r}_1\rangle & \langle \boldsymbol{r}_D,\boldsymbol{r}_2\rangle & \cdots & \langle \boldsymbol{r}_D,\boldsymbol{r}_D\rangle \end{bmatrix} = \begin{bmatrix} \langle \boldsymbol{x}_1,\boldsymbol{x}_1\rangle & \langle \boldsymbol{x}_1,\boldsymbol{x}_2\rangle & \cdots & \langle \boldsymbol{x}_1,\boldsymbol{x}_D\rangle \\ \langle \boldsymbol{x}_2,\boldsymbol{x}_1\rangle & \langle \boldsymbol{x}_2,\boldsymbol{x}_2\rangle & \cdots & \langle \boldsymbol{x}_2,\boldsymbol{x}_D\rangle \\ \vdots & \vdots & \ddots & \vdots \\ \langle \boldsymbol{x}_D,\boldsymbol{x}_1\rangle & \langle \boldsymbol{x}_D,\boldsymbol{x}_2\rangle & \cdots & \langle \boldsymbol{x}_D,\boldsymbol{x}_D\rangle \end{bmatrix} \\
&= \begin{bmatrix} \|\boldsymbol{r}_1\|\|\boldsymbol{r}_1\|\cos\theta_{1,1} & \|\boldsymbol{r}_1\|\|\boldsymbol{r}_2\|\cos\theta_{2,1} & \cdots & \|\boldsymbol{r}_1\|\|\boldsymbol{r}_D\|\cos\theta_{1,D} \\ \|\boldsymbol{r}_2\|\|\boldsymbol{r}_1\|\cos\theta_{1,2} & \|\boldsymbol{r}_2\|\|\boldsymbol{r}_2\|\cos\theta_{2,2} & \cdots & \|\boldsymbol{r}_2\|\|\boldsymbol{r}_D\|\cos\theta_{2,D} \\ \vdots & \vdots & \ddots & \vdots \\ \|\boldsymbol{r}_D\|\|\boldsymbol{r}_1\|\cos\theta_{1,D} & \|\boldsymbol{r}_D\|\|\boldsymbol{r}_2\|\cos\theta_{2,D} & \cdots & \|\boldsymbol{r}_D\|\|\boldsymbol{r}_D\|\cos\theta_{D,D} \end{bmatrix} \\
&= \begin{bmatrix} \|\boldsymbol{x}_1\|\|\boldsymbol{x}_1\|\cos\theta_{1,1} & \|\boldsymbol{x}_1\|\|\boldsymbol{x}_2\|\cos\theta_{2,1} & \cdots & \|\boldsymbol{x}_1\|\|\boldsymbol{x}_D\|\cos\theta_{1,D} \\ \|\boldsymbol{x}_2\|\|\boldsymbol{x}_1\|\cos\theta_{1,2} & \|\boldsymbol{x}_2\|\|\boldsymbol{x}_2\|\cos\theta_{2,2} & \cdots & \|\boldsymbol{x}_2\|\|\boldsymbol{x}_D\|\cos\theta_{2,D} \\ \vdots & \vdots & \ddots & \vdots \\ \|\boldsymbol{x}_D\|\|\boldsymbol{x}_1\|\cos\theta_{1,D} & \|\boldsymbol{x}_D\|\|\boldsymbol{x}_2\|\cos\theta_{2,D} & \cdots & \|\boldsymbol{x}_D\|\|\boldsymbol{x}_D\|\cos\theta_{D,D} \end{bmatrix}
\end{aligned} \tag{24.3}$$

$[\boldsymbol{r}_1, \boldsymbol{r}_2, \cdots, \boldsymbol{r}_D]$ 每個列向量的模分別等於 $[\boldsymbol{x}_1, \boldsymbol{x}_2, \cdots, \boldsymbol{x}_D]$ 列向量的模；$[\boldsymbol{r}_1, \boldsymbol{r}_2, \cdots, \boldsymbol{r}_D]$ 中兩兩向量夾角等於 $[\boldsymbol{x}_1, \boldsymbol{x}_2, \cdots, \boldsymbol{x}_D]$ 中對應的列向量夾角。注意，$\cos\theta_{i,j} = \cos\theta_{j,i}$。

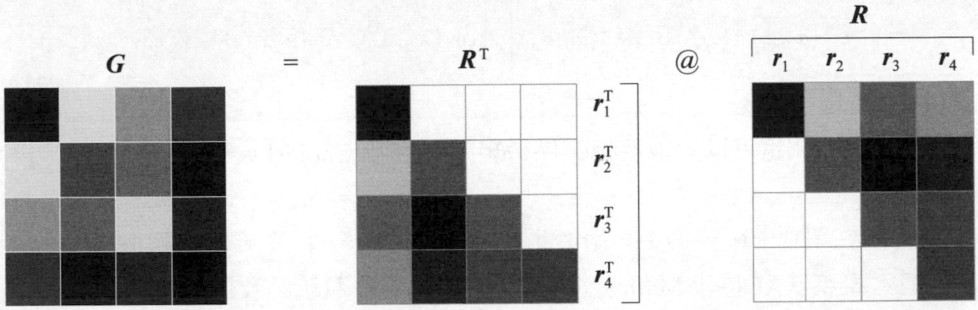

▲ 圖 24.6　對格拉姆矩陣 $\boldsymbol{G}$ 進行 Cholesky 分解矩陣運算熱圖

換個角度來看，X的形狀為$n \times D$，如 150×4。X的 4 個列向量為 150 維，「裝下」這些列向量我們自然先考慮 $\mathbb{R}^{150}$ 空間。而 R 的形狀為 4×4，用 $\mathbb{R}^4$ 空間裝下 R 列向量剛剛好。「剛剛好」是因為 R 滿秩。也就是說，我們用 $\mathbb{R}^4$ 空間中的 $[r_1, r_2, r_3, r_4]$ 來「代表」$\mathbb{R}^{150}$ 空間中的 $[x_1, x_2, x_3, x_4]$。顯然，R 遠比 X「小巧」得多，如圖 24.7 所示。

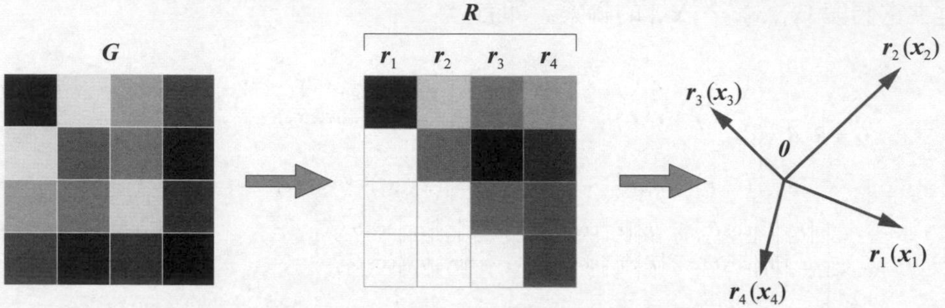

▲ 圖 24.7 $[x_1, x_2, x_3, x_4]$ 和 $[r_1, r_2, r_3, r_4]$「等值」

協方差矩陣

同理，對協方差矩陣 Σ 進行 Cholesky 分解，具體如圖 24.8 所示。將 R_Σ 寫成「標準差向量」$[\sigma_1, \sigma_2, \cdots, \sigma_D]$，整理得到

$$\Sigma = R_\Sigma{}^{\mathrm{T}} R_\Sigma = \begin{bmatrix} \langle\sigma_1,\sigma_1\rangle & \langle\sigma_1,\sigma_2\rangle & \cdots & \langle\sigma_1,\sigma_D\rangle \\ \langle\sigma_2,\sigma_1\rangle & \langle\sigma_2,\sigma_2\rangle & \cdots & \langle\sigma_2,\sigma_D\rangle \\ \vdots & \vdots & \ddots & \vdots \\ \langle\sigma_D,\sigma_1\rangle & \langle\sigma_D,\sigma_2\rangle & \cdots & \langle\sigma_D,\sigma_D\rangle \end{bmatrix} = \begin{bmatrix} \mathrm{cov}(X_1,X_1) & \mathrm{cov}(X_1,X_2) & \cdots & \mathrm{cov}(X_1,X_D) \\ \mathrm{cov}(X_2,X_1) & \mathrm{cov}(X_2,X_2) & \cdots & \mathrm{cov}(X_2,X_D) \\ \vdots & \vdots & \ddots & \vdots \\ \mathrm{cov}(X_D,X_1) & \mathrm{cov}(X_D,X_2) & \cdots & \mathrm{cov}(X_D,X_D) \end{bmatrix} \tag{24.4}$$

當然，我們也可以對線性相關係數矩陣 P 進行 Cholesky 分解。

R_Σ 將用在蒙地卡羅模擬中，用於生成滿足協方差矩陣 Σ 要求的隨機陣列，這是本書系《AI 時代 Math 元年 - 用 Python 全精通統計及機率》一書要討論的內容。

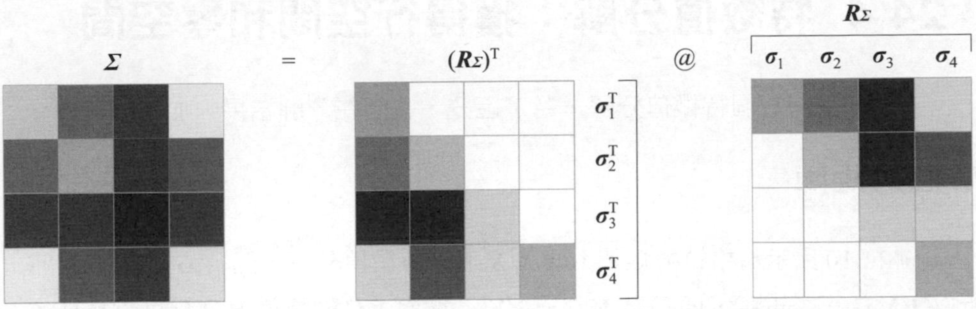

▲ 圖 24.8　對協方差矩陣 Σ 進行 Cholesky 分解矩陣運算熱圖

向量 $\sigma_1, \sigma_2, \cdots, \sigma_D$ 的模分別對應 $\boldsymbol{x}_1\,(X_1), \boldsymbol{x}_2\,(X_2), \cdots, \boldsymbol{x}_D\,(X_D)$ 的標準差，向量 $\sigma_1, \sigma_2, \cdots, \sigma_D$ 兩兩夾角的餘弦值對應 $\boldsymbol{x}_1\,(X_1), \boldsymbol{x}_2\,(X_2), \cdots, \boldsymbol{x}_D\,(X_D)$ 的兩兩線性相關係數。也就是說，協方差矩陣 Σ 整合了標準差和線性相關係數這兩類資訊。

如圖 24.9 所示，$[\sigma_1, \sigma_2, \cdots, \sigma_D]$ 相當於以資料 $\boldsymbol{X}$ 質心為中心的一組非正交基底。資料 $\boldsymbol{X}$ 的很多統計學運算和分析都是依託這個空間完成的。

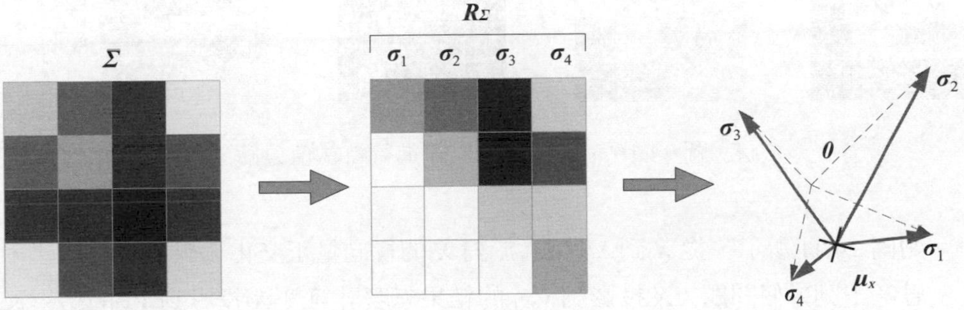

▲ 圖 24.9　$[\sigma_1, \sigma_2, \cdots, \sigma_D]$ 相當於以 $\boldsymbol{X}$ 質心為中心張成一個空間

Bk4_Ch24_01.py 中 Bk4_Ch24_01_C 部分完成對格拉姆矩陣 $\boldsymbol{G}$ 和協方差矩陣 Σ 的 Cholesky 分解。

24.4 特徵值分解：獲得行空間和零空間

本節要進行三個特徵值分解，為了區分，我們在分解結果中加了下角標。

格拉姆矩陣

圖 24.10 所示為格拉姆矩陣 $\boldsymbol{G} = \boldsymbol{X}^{\mathrm{T}}\boldsymbol{X}$ 進行特徵值分解。因為 $\boldsymbol{G}$ 為對稱矩陣，所以 $\boldsymbol{VX}$ 為正交矩陣，即滿足 $\boldsymbol{VX}^{1} = \boldsymbol{VX}^{\mathrm{T}}$。從而，$\boldsymbol{G}$ 的特徵值分解可以寫成 $\boldsymbol{G} = \boldsymbol{V}_{\boldsymbol{X}}\boldsymbol{\Lambda}_{\boldsymbol{X}}\boldsymbol{V}_{\boldsymbol{X}}^{\mathrm{T}}$。

根據上一章內容，$\boldsymbol{V}_{\boldsymbol{X}}$ 的列向量 $[\boldsymbol{v}_{X\_1}, \boldsymbol{v}_{X\_2}, \cdots, \boldsymbol{v}_{X\_D}]$ 是一組規範正交基底。$[\boldsymbol{v}_{X\_1}, \boldsymbol{v}_{X\_2}, \cdots, \boldsymbol{v}_{X\_D}]$ 張成 $\mathbb{R}^D$ 空間，它是矩陣 $\boldsymbol{X}$ 的行空間和零空間的合體。零空間的維數取決於 $\boldsymbol{G}$ 的秩。

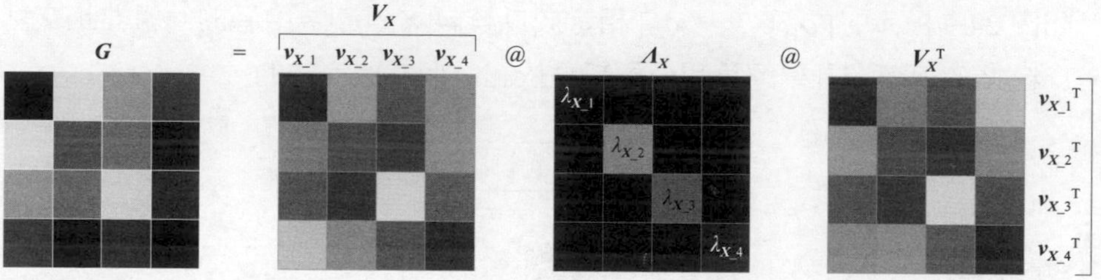

▲ 圖 24.10　對格拉姆矩陣進行特徵值分解

如圖 24.11 所示，從 $\boldsymbol{X}$ 到 $\boldsymbol{V}_X$ 相當於對 $\boldsymbol{X}$ 的行向量正交化。根據前文所學，大家思考下列幾個問題：$\boldsymbol{X}$ 投影到 $\boldsymbol{v}_{X\_1}$ 的結果怎麼計算？$\boldsymbol{X}$ 投影到 $\boldsymbol{V}_X$ 的結果又怎麼計算？投影結果有怎樣性質？

值得注意的是，本章矩陣 $\boldsymbol{X}$ 為鳶尾花資料，每一列資料單位都是公分 (cm)。格拉姆矩陣 $\boldsymbol{G}$ 中數值的單位為平方公分 (cm^2)。$\boldsymbol{V}_X$ 中每一列都是單位向量，僅表達方向，不含有單位。而特徵值 λ_X 的單位為平方公分 (cm^2)。從幾何角度來看，特徵值含有橢圓 (橢球) 的大小形狀資訊，而 $\boldsymbol{V}$ 僅提供空間旋轉操作。

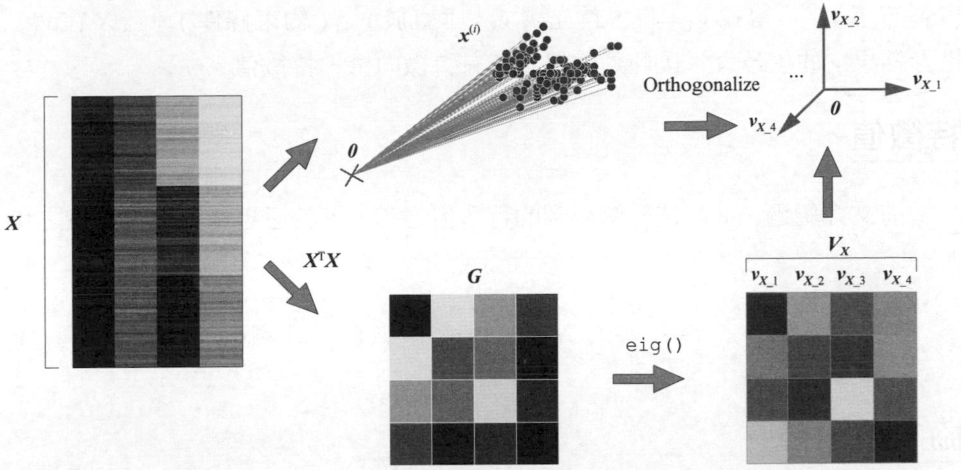

▲ 圖 24.11　特徵值分解 G 獲得規範正交基底

最佳化角度

本書第 18 章講過，獲得規範正交基底 $[v_{X\_1}, v_{X\_2}, \cdots, v_{X\_D}]$ 有著特定的最佳化目標。下面，我們簡要回顧一下。

矩陣 X 在 v 方向投影得到 y，有

$$Xv = y \tag{24.5}$$

而 $v^T G v$ 可以寫成

$$v^T G v = v^T X^T X v = (Xv)^T Xv = y^T y = \|y\|_2^2 \tag{24.6}$$

這就是特徵值分解格拉姆矩陣對應的最佳化問題—找到一個單位向量 v，使得 X 在 v 上投影結果 y 的模最大。這個 v 就是 v_{X_1}，對應 y 的模的最大值為 $\sqrt{\lambda_{X\_1}}$。

而 y 的模的平方 $\|y\|_2^2$ 就是 y 中所有座標點距離原點的歐氏距離平方。

解決這個最佳化問題採用的方法可以是本書第 14 章講的瑞利商，也可以是第 18 章講的拉格朗日乘子法。兩者在本質上是一致的。

有了 $\boldsymbol{v}_{X\_1}$，尋找 $\boldsymbol{v}_{X\_2}$ 時，首先讓 $\boldsymbol{v}_{X\_2}$ 垂直於 $\boldsymbol{v}_{X\_1}$ (約束條件)，且 $\boldsymbol{X}$ 在 $\boldsymbol{v}_{X\_2}$ 上投影結果 $\boldsymbol{y}$ 的模最大。以此類推得到所有特徵向量、特徵值。

特徵值

前文介紹過，特徵值分解得到的特徵值之和，等於原矩陣對角線元素之和，即

$$\lambda_{X\_1} + \lambda_{X\_2} + \lambda_{X\_3} + \lambda_{X\_4} = \text{sum}\left(\text{diag}\left(\boldsymbol{G}\right)\right) = \|\boldsymbol{x}_1\|_2^2 + \|\boldsymbol{x}_2\|_2^2 + \|\boldsymbol{x}_3\|_2^2 + \|\boldsymbol{x}_4\|_2^2 \tag{24.7}$$

協方差矩陣

第二個例子是對協方差矩陣 Σ 進行特徵值分解。圖 24.12 所示為對應熱圖。下角標用「c」的原因是對協方差矩陣特徵值的分解結果與中心化 (去平均值) 矩陣 $\boldsymbol{X}_c$ 直接相關。

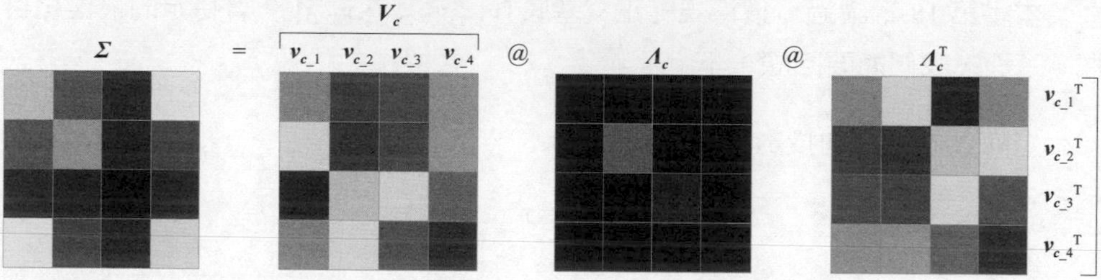

▲ 圖 24.12　對協方差矩陣進行特徵值分解

前文提到過，Σ 囊括標準差向量 $[\sigma_1, \sigma_2, \sigma_3, \sigma_4]$ 所有資訊一模 (標準差) 和夾角餘弦值 (線性相關係數)。對 Σ 特徵值分解得到的特徵向量矩陣 $[\boldsymbol{v}_{c\_1}, \boldsymbol{v}_{c\_2}, \boldsymbol{v}_{c\_3}, \boldsymbol{v}_{c\_4}]$ 也是一組規範正交基底，它顯然不同於 $[\boldsymbol{v}_{X\_1}, \boldsymbol{v}_{X\_2}, \cdots, \boldsymbol{v}_{X\_D}]$。

請大家思考一個問題，$\boldsymbol{X}$ 和 $\boldsymbol{X}_c$ 分別向 $[\boldsymbol{v}_{c\_1}, \boldsymbol{v}_{c\_2}, \boldsymbol{v}_{c\_3}, \boldsymbol{v}_{c\_4}]$ 和 $[\boldsymbol{v}_{X\_1}, \boldsymbol{v}_{X\_2}, \cdots, \boldsymbol{v}_{X\_D}]$ 投影產生的四種結果有怎樣的差別？

最佳化角度

採用和本節前文一樣的最佳化角度分析協方差矩陣的特徵值分解。

中心化資料矩陣 $\boldsymbol{X}_c$ 向 $\boldsymbol{v}$ 投影得到 $\boldsymbol{y}_c$，有

$$\boldsymbol{X}_c\boldsymbol{v} = \boldsymbol{y}_c \tag{24.8}$$

而 $\boldsymbol{v}^{\mathrm{T}}\boldsymbol{\Sigma}\boldsymbol{v}$ 可以寫成

$$\boldsymbol{v}^{\mathrm{T}}(n-1)\boldsymbol{\Sigma}\boldsymbol{v} = \boldsymbol{v}^{\mathrm{T}}\boldsymbol{X}_c^{\mathrm{T}}\boldsymbol{X}_c\boldsymbol{v} = (\boldsymbol{X}_c\boldsymbol{v})^{\mathrm{T}}\boldsymbol{X}_c\boldsymbol{v} = \boldsymbol{y}_c^{\mathrm{T}}\boldsymbol{y}_c = \|\boldsymbol{y}_c\|_2^2 = (n-1)\operatorname{var}(\boldsymbol{y}_c) \tag{24.9}$$

式 (24.9) 告訴我們，對協方差矩陣特徵值分解，就是要找到一個單位向量 $\boldsymbol{v}$，使得中心化資料 $\boldsymbol{X}_c$ 在 $\boldsymbol{v}$ 上投影結果 $\boldsymbol{y}_c$ 的方差最大。我們要找的這個 $\boldsymbol{v}$ 就是圖 24.12 中的 $\boldsymbol{v}_{c\_1}$，對應的特徵值為 λ_{c_1}。

再次注意單位問題，對於鳶尾花資料，協方差矩陣中的數值單位都是平方公分 (cm^2)。其特徵值 λ_c 的單位也是平方公分 (cm^2)，而 $\boldsymbol{v}_c$ 是無單位的。

> 大家可能會問，式 (24.9) 是如何把協方差矩陣與 $\boldsymbol{y}$ 的方差聯繫起來的？這是我們下一章要探討的內容。

Σ 的特徵值之和，等於 $\boldsymbol{X}$ 的每列資料方差之和，即

$$\lambda_{\Sigma\_1} + \lambda_{\Sigma\_2} + \lambda_{\Sigma\_3} + \lambda_{\Sigma\_4} = \operatorname{diag}(\boldsymbol{\Sigma}) = \sigma_1^2 + \sigma_2^2 + \sigma_3^2 + \sigma_4^2 \tag{24.10}$$

顯然 λ_{Σ_1} 在式 (24.10) 中佔比最大。也就是說，對 Σ 特徵值分解得到第一特徵向量 $\boldsymbol{v}_{c\_1}$，相較其他所有可能的單位向量，解釋了 Σ 中最多的方差成分。

> 每個特徵值佔特徵值總和的比例是主成分分析中重要的一項分析指標，這是本書系《AI 時代 Math 元年 - 用 Python 全精通資料處理》一書要介紹的內容。

相關性係數矩陣

本節的第三個例子是對相關性係數矩陣 $\boldsymbol{P}$ 進行特徵值分解，圖 24.13 所示為對應熱圖。相關性係數矩陣 $\boldsymbol{P}$ 可以視為 $\boldsymbol{Z}_X$($\boldsymbol{X}$ 的 Z 分數矩陣) 的協方差矩陣。

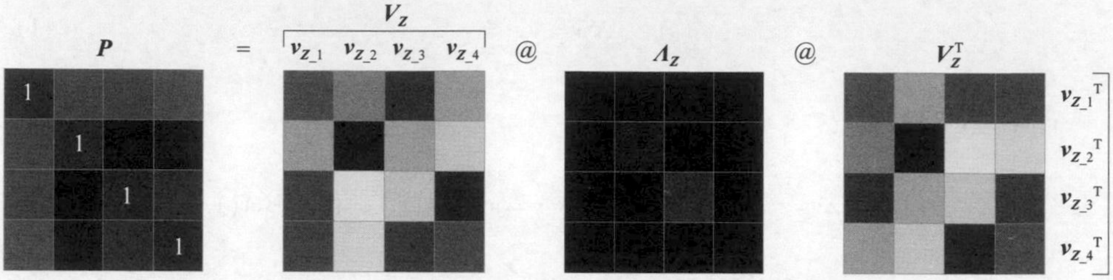

▲ 圖 24.13　對相關性係數矩陣進行特徵值分解

矩陣 $\boldsymbol{Z}_X$ 的特點是，每列平均值都是 0。由於 $\boldsymbol{Z}_X$ 已經標準化，因此每列的均方差為 1。矩陣 $\boldsymbol{Z}_X$ 的列向量可以看成是一排單位向量 $\left[\frac{\sigma_1}{\|\sigma_1\|}, \frac{\sigma_2}{\|\sigma_2\|}, \frac{\sigma_3}{\|\sigma_3\|}, \frac{\sigma_4}{\|\sigma_4\|}\right]$。

從相關性係數矩陣 $\boldsymbol{P}$ 的對角線元素也可以看出來，$\boldsymbol{Z}_X$ 每個特徵貢獻的方差均為 1。

> 注意：資料矩陣 $\boldsymbol{Z}_X$ 和相關性係數矩陣 $\boldsymbol{P}$ 都已經「去單位化」。比如，$\boldsymbol{P}$ 中對角線上的 1 沒有單位；因為資料標準化的過程中，單位已經消去。

對 $\boldsymbol{P}$ 的特徵向量矩陣 $[\boldsymbol{v}_{Z\_1},\boldsymbol{v}_{Z\_2},\boldsymbol{v}_{Z\_3},\boldsymbol{v}_{Z\_4}]$ 也是一組規範正交基底。一般情況，$[\boldsymbol{v}_{Z\_1},\boldsymbol{v}_{Z\_2},\boldsymbol{v}_{Z\_3},\boldsymbol{v}_{Z\_4}]$ 不同於 $[\boldsymbol{v}_{c\_1},\boldsymbol{v}_{c\_2},\boldsymbol{v}_{c\_3},\boldsymbol{v}_{c\_4}]$。

利用對相關性係數矩陣特徵值分解進行主成分分析也是常見的技術路線。這種技術路線可以解決 $\boldsymbol{X}$ 中某些特徵的方差異常 (過大或過小) 的問題。

Bk4_Ch24_01.py 中 Bk4_Ch24_01_D 部分完成本節介紹的三個特徵值分解。

24.5 SVD 分解：獲得四個空間

SVD 分解可謂矩陣分解之集大成者，本書前文花了很多筆墨從各個角度探討 SVD 分解。本節對比鳶尾花原始資料矩陣 $\boldsymbol{X}$、中心化矩陣 $\boldsymbol{X}_c$、標準化矩陣 $\boldsymbol{Z}_X$ 等三個矩陣的 SVD 分解。

原始資料矩陣

圖 24.14 所示為矩陣 $\boldsymbol{X}$ 進行 SVD 分解的矩陣運算熱圖。圖 24.14 中的正交矩陣 $\boldsymbol{V}_X$ 實際上與圖 24.10 中的 $\boldsymbol{V}_X$ 等值，某些向量的正負號可能存在反號的情況。圖 24.14 中矩陣 $\boldsymbol{U}_X$ 也可以透過對 $\boldsymbol{X}\boldsymbol{X}^{\mathrm{T}}$ 特徵值的分解得到。

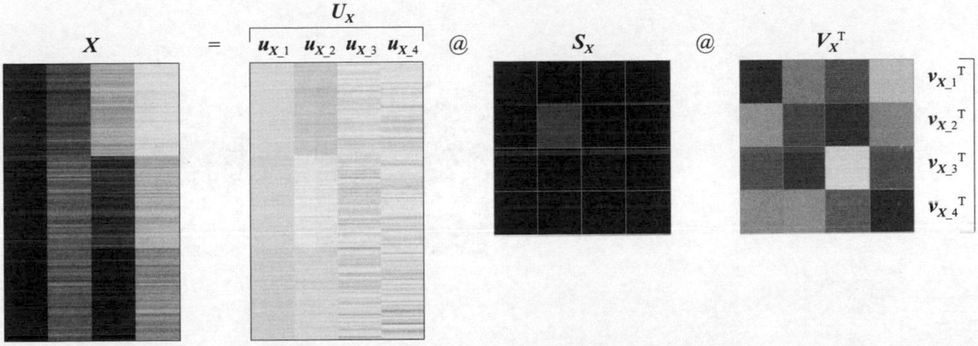

▲ 圖 24.14　對矩陣 $\boldsymbol{X}$ 進行 SVD 分解

前文提到多次，SVD 分解的結果包含了兩個特徵值分解結果。此外，SVD 分解不遺失原始資料 $\boldsymbol{X}$ 的任何資訊，截斷型除外。從某種程度上說，SVD 分解壓縮含了特徵值分解，比特徵值分解更「高階」。

另外，請大家注意圖 24.14 中的奇異值和圖 24.10 中的特徵值之間的關係，即

$$\boldsymbol{S}_X^{\ 2} = \boldsymbol{\Lambda}_X \tag{24.11}$$

中心化資料

圖 24.15 所示為中心化資料矩陣 $\boldsymbol{X}_c$ 進行 SVD 分解的矩陣運算熱圖。圖 24.15 中的正交矩陣 $\boldsymbol{V}_c$ 與圖 24.12 中的 $\boldsymbol{V}_c$ 等值，兩者若干位置列向量也可能存在符號相反的情況。

> 有些讀者可能會問，既然 $\boldsymbol{V}_c$ 也是規範正交基底，那麼將原始資料 $\boldsymbol{X}$ 在 $\boldsymbol{V}_c$ 上投影結果的質心在哪裡？投影結果的協方差矩陣又如何？下一章會給大家一些理論基礎，本書系《AI時代Math元年 - 用Python全精通統計及機率》一書會專門回答這個問題。

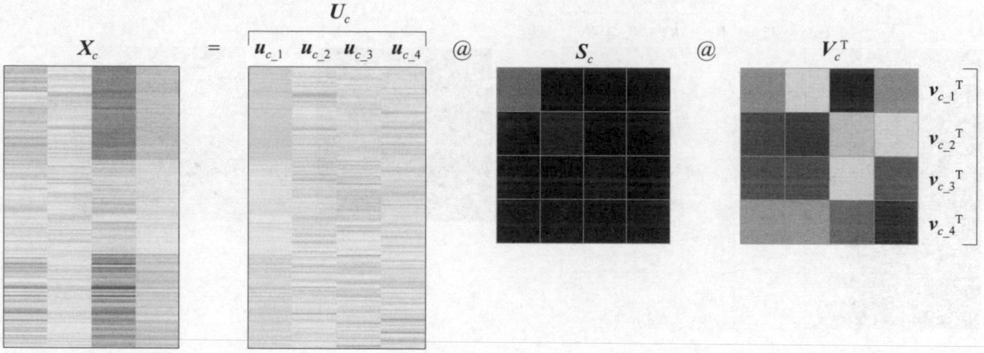

▲ 圖 24.15 對矩陣 $\boldsymbol{X}_c$ 進行 SVD 分解

標準化資料

圖 24.16 所示為標準化資料矩陣 $\boldsymbol{Z}_X$ 進行 SVD 分解矩陣運算熱圖。圖 24.16 中的 $\boldsymbol{V}_Z$ 與圖 24.13 中的 $\boldsymbol{V}_Z$ 等值，兩者某些列向量也可能存在符號相反的情況。也請大家思考，原始資料 $\boldsymbol{X}$ 在 $\boldsymbol{V}_Z$ 上投影會有怎樣的結果？

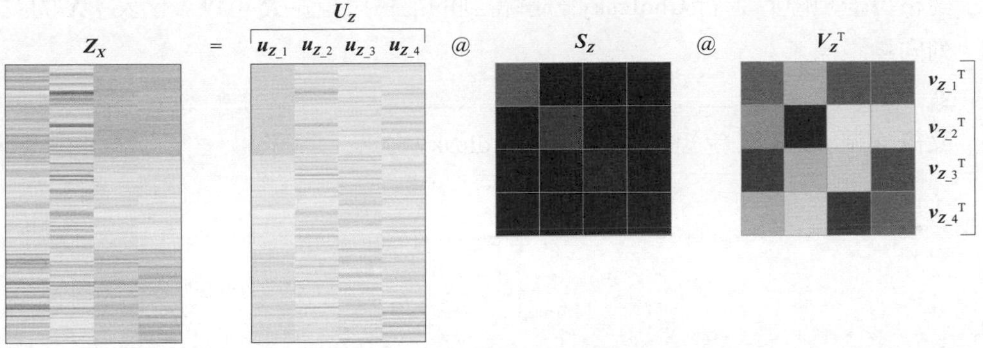

▲ 圖 24.16　對矩陣 $\boldsymbol{Z}_X$ 進行 SVD 分解

Bk4_Ch24_01.py 中 Bk4_Ch24_01_E 部分完成本節三個 SVD 分解運算。

➔

本章最後用一幅圖總結本章和上一章內容。

圖 24.17 所示的這幅圖是本書中非常重要的幾幅圖之一，這幅圖總結了整本書中與資料矩陣 $\boldsymbol{X}$ 有關的向量、矩陣、矩陣分解、空間等概念。

這幅圖的資料分為兩個部分：第一部分以 $\boldsymbol{X}$ 為核心，向量以 $\boldsymbol{0}$ 為起點；第二部分是統計角度，以去平均值資料 $\boldsymbol{X}_c$ 為核心，向量以質心為起點。

下面，我們介紹一下圖 24.17 中的關鍵細節。

$\boldsymbol{X}$ 為細高型矩陣，形狀為 $n \times D$，樣本數 n 一般遠大於特徵數 D。對 $\boldsymbol{X}$ 進行 SVD 分解可以得到四個空間。

行空間 $R(\boldsymbol{X})$「剛剛好」裝下 $\boldsymbol{X}$ 的行向量。而 $\mathbb{R}^D$ 裝下 $\boldsymbol{X}$ 行向量後則可能略有多餘，多餘的部分就是零空間 Null($\boldsymbol{X}$)。零空間維數大於 0 的前提是 $\boldsymbol{X}$ 非滿秩。

同理，列空間 $C(\boldsymbol{X})$ 正好裝下 $\boldsymbol{X}$ 的列向量，沒有多餘。而 $\mathbb{R}^n$ 裝 $\boldsymbol{X}$ 的列向量則「綽綽有餘」，「有餘」的部分就是左零空間 Null($\boldsymbol{X}^{\mathrm{T}}$)。

格拉姆矩陣 $\boldsymbol{G}$ 含有 $\boldsymbol{X}$ 列向量模、向量夾角兩類重要資訊。

餘弦相似度矩陣 $\boldsymbol{C}$ 僅含有向量夾角資訊。對格拉姆矩陣 $\boldsymbol{G}$ 進行特徵值分解只能獲得兩個空間。

對格拉姆矩陣 $\boldsymbol{G}$ 進行 Cholesky 分解得到的上三角矩陣 $\boldsymbol{R}$ 可以「代表」$\boldsymbol{X}$ 的列向量座標。

> ⚠ 反覆強調：只有正定矩陣才能進行 Cholesky 分解。

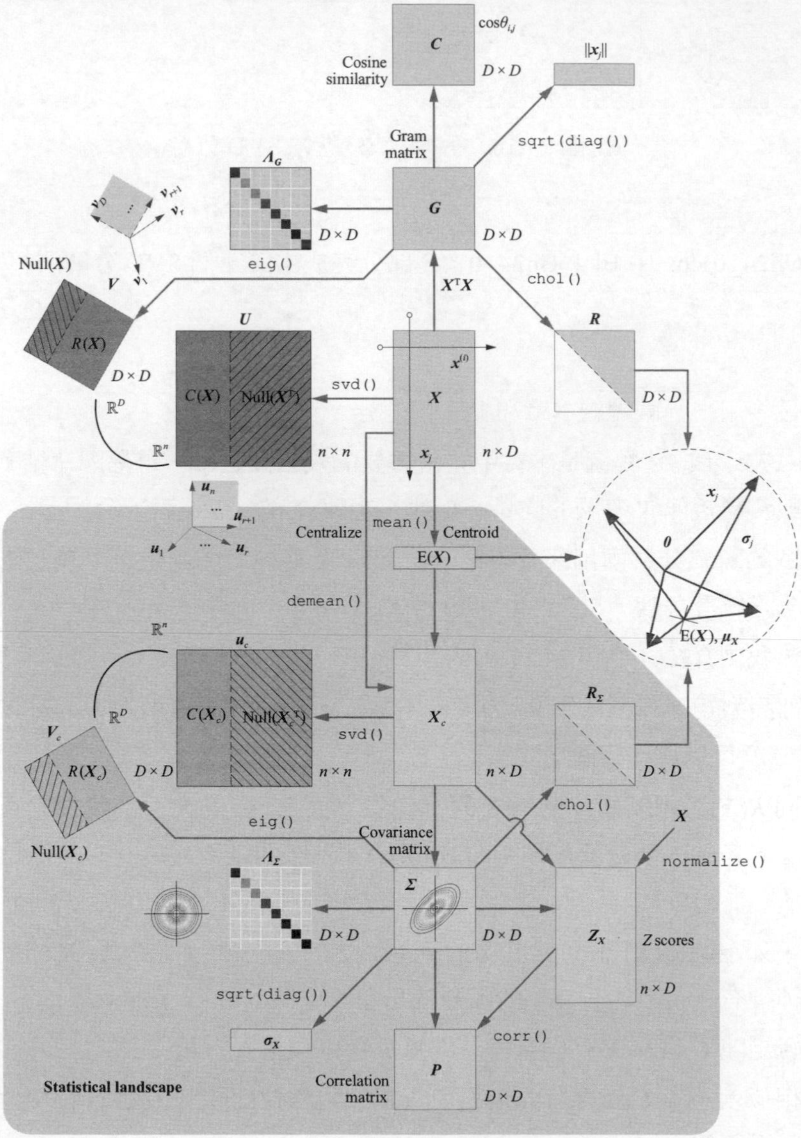

▲ 圖 24.17 總結本章內容的一幅圖

在統計角度下，$\boldsymbol{X}$ 有兩個重要資訊—質心、協方差矩陣。質心確定資料的中心位置，協方差矩陣描述資料分佈。協方差矩陣 Σ 同樣含有「標準差向量」的模 (標準差大小)、向量夾角 (餘弦值為相關性係數) 兩類重要資訊。相關性係數矩陣 $\boldsymbol{P}$ 僅含有向量夾角 (相關性係數) 資訊。

⚠

值得格外注意的是：質心和協方差是多元高斯分佈的兩個參數，因此需要大家注意協方差矩陣與橢圓的聯繫。對這部分內容生疏的讀者，請參考本書第 14 章相關內容。

$\boldsymbol{X}_c$ 是中心化資料矩陣，即每一列資料都去平均值。$\boldsymbol{Z}_X$ 是標準化資料矩陣，即 $\boldsymbol{X}$ 的 Z 分數。在幾何視角下，$\boldsymbol{X}$ 到 $\boldsymbol{X}_c$ 相當於質心「平移」，$\boldsymbol{X}$ 到標準化資料 $\boldsymbol{Z}_X$ 相當於「平移 + 縮放」。

協方差矩陣 Σ 相當於 $\boldsymbol{X}_c$ 的格拉姆矩陣。相關性係數矩陣 $\boldsymbol{P}$ 相當於 $\boldsymbol{Z}_X$ 的格拉姆矩陣。此外，注意樣本資料縮放係數 $(n-1)$。

$\boldsymbol{X}_c$ 進行 SVD 分解也得到四個空間。這四個空間因 $\boldsymbol{X}_c$ 而生，一般情況不同於 $\boldsymbol{X}$ 的四個空間。

此外，請大家格外注意不同矩陣的單位！以鳶尾花資料為例，$\boldsymbol{X}$ 每一列資料的單位恰好都是 cm，$\boldsymbol{X}_c$ 的單位也都是 cm，而 $\boldsymbol{Z}_X$ 沒有單位 (或說，單位是標準差)；$\boldsymbol{G}$ 的單位是 cm^2，Σ 的單位也是 cm^2，$\boldsymbol{P}$ 和 $\boldsymbol{C}$ 沒有單位。

但是多數時候資料矩陣列向量的特徵比較豐富，如高度、質量、時間、溫度、密度、百分比、股價、收益率、GDP 等。它們的數值單位不同、設定值範圍不同、均方差不同，為了保證可比性，我們需要標準化處理原始資料。

Selected Use Cases of Data

25 資料應用

將線性代數工具用於資料科學和機器學習實踐

> 琴弦的低吟淺唱中易聞幾何；天體的星羅棋佈上足見音律。
>
> ***There is geometry in the humming of the strings. There is music in the spacing of the spheres.***
>
> ——畢達哥拉斯（*Pythagoras*）| 古希臘哲學家、數學家和音樂理論家 | *570 B.C. — 495 B.C.*

- statsmodels.api.add_constant() 線性回歸增加一列常數 1
- statsmodels.api.OLS() 最小平方法函式
- numpy.linalg.eig() 特徵值分解
- numpy.linalg.svd() 奇異值分解
- sklearn.decomposition.PCA() 主成分分析函式

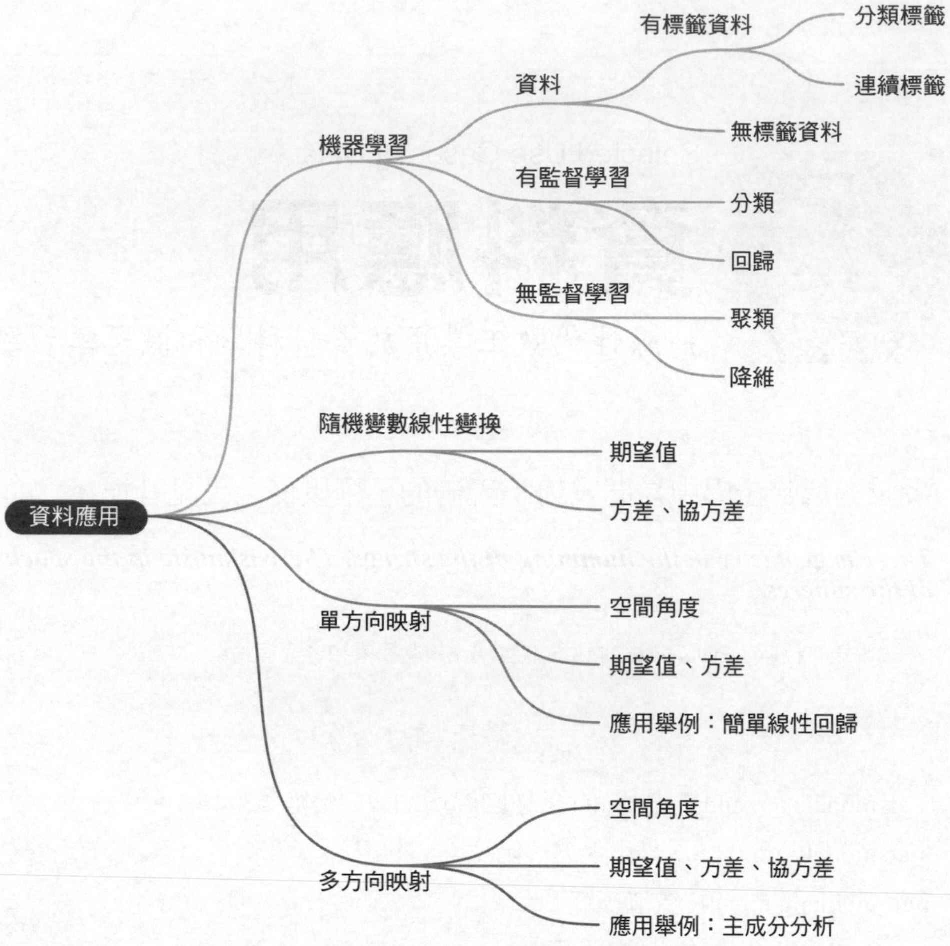

25.1 從線性代數到機器學習

本書第 23 章和 24 章，即「資料三部曲」前兩章，分別從空間、矩陣分解兩個角度總結了本書之前介紹的重要線性代數工具。我們尋找向量空間、完成矩陣分解，並不僅是因為它們有趣。實際上，本書中介紹的線性代數工具有助我們用樣本資料架設資料科學、機器學習模型。

在前兩章的基礎上，本章一方面引出與《AI 時代 Math 元年 - 用 Python 全精通統計及機率》有關的多元統計內容，另一方面預告本書線性代數工具在《AI 時代 Math 元年 - 用 Python 全精通資料處理》和《AI 時代 Math 元年 - 用 Python 全精通機器學習》中的幾個應用場景。

機器學習

本章首先聊一聊，什麼是機器學習？

根據維基百科的定義，機器學習演算法是一類從資料中自動分析獲得規律，並利用規律對未知資料進行預測的演算法。

機器學習處理的問題有下列特徵：① 基於資料，模型需要透過樣本資料訓練；② 黑箱或複雜系統，難以找到**控制方程式** (governing equations)。控制方程式指的是能夠比較準確、完整描述某一現象或規律的數學方程式，如用 $y = ax^2 + bx + c$ 描述拋物線軌跡。

而機器學習處理的資料通常為多特徵資料，這就是任何機器學習演算法都離不開線性代數工具的原因。

有標籤資料、無標籤資料

根據輸出值有無標籤，如圖 25.1 所示，資料可以分為**有標籤資料** (labelled data) 和**無標籤資料**

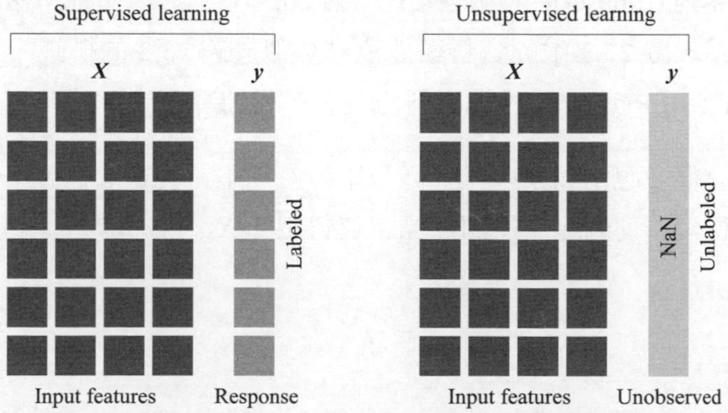

▲ 圖 25.1　根據有無標籤分類資料

顯然，鳶尾花資料集是有標籤資料，因為資料的每一行代表一朵花，而每一朵花都對應一個特定的鳶尾花類別 (圖 25.2 最後一列)，這個類別就是標籤。

Index	Sepal length X_1	Sepal width X_2	Petal length X_3	Petal width X_4	Species C
1	5.1	3.5	1.4	0.2	Setosa C_1
2	4.9	3	1.4	0.2	
3	4.7	3.2	1.3	0.2	
...	...	...	...	...	
49	5.3	3.7	1.5	0.2	
50	5	3.3	1.4	0.2	
51	7	3.2	4.7	1.4	Versicolor C_2
52	6.4	3.2	4.5	1.5	
53	6.9	3.1	4.9	1.5	
...	...	...	...	...	
99	5.1	2.5	3	1.1	
100	5.7	2.8	4.1	1.3	
101	6.3	3.3	6	2.5	Virginica C_3
102	5.8	2.7	5.1	1.9	
103	7.1	3	5.9	2.1	
...	...	...	...	...	
149	6.2	3.4	5.4	2.3	
150	5.9	3	5.1	1.8	

▲ 圖 25.2　鳶尾花資料表格 (單位：cm)

很多場景下，樣本資料並沒有標籤。舉個例子，圖 25.3 所示為 2020 年度中 9 隻股票的每個營業日股價資料。圖 25.3 中資料共有 253 行，每行代表一個日期幾檔股票的股價水平。

列方向來看，表格共有 10 列，第 1 列為營業日日期，其餘 9 列每列為股價資料。從**時間序列** (timeseries) 角度來看，圖 25.3 中從第一列時間點造成一個時間先後排序作用。圖 25.3 中的資料顯然沒有類似於圖 25.2 的標籤。本書系《AI 時代 Math 元年 - 用 Python 全精通資料處理》一書將專門講解時間序列。

此外，本書很多應用場景中，我們並不考慮鳶尾花資料的標籤；也就是說，我們將鳶尾花標籤一列刪除，得到無標籤資料矩陣 $\boldsymbol{X}_{150\times 4}$。

Date	TSLA	TSM	COST	NVDA	FB	AMZN	AAPL	NFLX	GOOGL
2-Jan-2020	86.05	58.26	281.10	239.51	209.78	1898.01	74.33	329.81	1368.68
3-Jan-2020	88.60	56.34	281.33	235.68	208.67	1874.97	73.61	325.90	1361.52
6-Jan-2020	90.31	55.69	281.41	236.67	212.60	1902.88	74.20	335.83	1397.81
7-Jan-2020	93.81	56.60	280.97	239.53	213.06	1906.86	73.85	330.75	1395.11
8-Jan-2020	**98.43**	**57.01**	**284.19**	**239.98**	**215.22**	**1891.97**	**75.04**	**339.26**	**1405.04**
9-Jan-2020	96.27	57.48	288.75	242.62	218.30	1901.05	76.63	335.66	1419.79
...	...	...	...	...	...	...	...	...	...
30-Dec-2020	694.78	108.49	373.71	525.83	271.87	3285.85	133.52	524.59	1736.25
31-Dec-2020	705.67	108.63	376.04	522.20	273.16	3256.93	132.49	540.73	1752.64

▲ 圖 25.3　股票收盤股價資料

有標籤資料：分類、連續

有標籤資料中，標籤數值可以是**分類** (categorical)，也可以是**連續** (continuous)。

分類標籤很好理解，如鳶尾花資料的標籤有三類 setosa、virginica、versicolor。它們可以用數位 0、1、2 來表示。

而有些資料的標籤是連續的。《AI 時代 Math 元年 - 用 Python 全精通數學要素》一書中雞兔同籠的回歸問題中，雞兔數量就是個好例子。橫軸雞的數量是回歸問題的引數；縱軸的兔子數量是因變數，就是連續標籤。

再舉個例子，用圖 25.3 中 9 隻股價來建構一個投資組合，目標是追蹤標普 500 漲跌；這時，標普 500 同時期的資料就是連續標籤，顯然這個標籤對應的資料為連續數值。

有監督學習、無監督學習

根據資料是否有標籤，機器學習可以分為以下兩大類

- 有監督學習 (supervised learning) 訓練有標籤值樣本資料並得到模型，透過模型對新樣本資料標籤進行標籤推斷。

- 無監督學習 (unsupervised learning) 訓練沒有標籤值的資料，並發現樣本資料的結構。

四大類

如圖 25.4 所示，根據標籤類型，機器學習還可進一步細分成四大類問題。

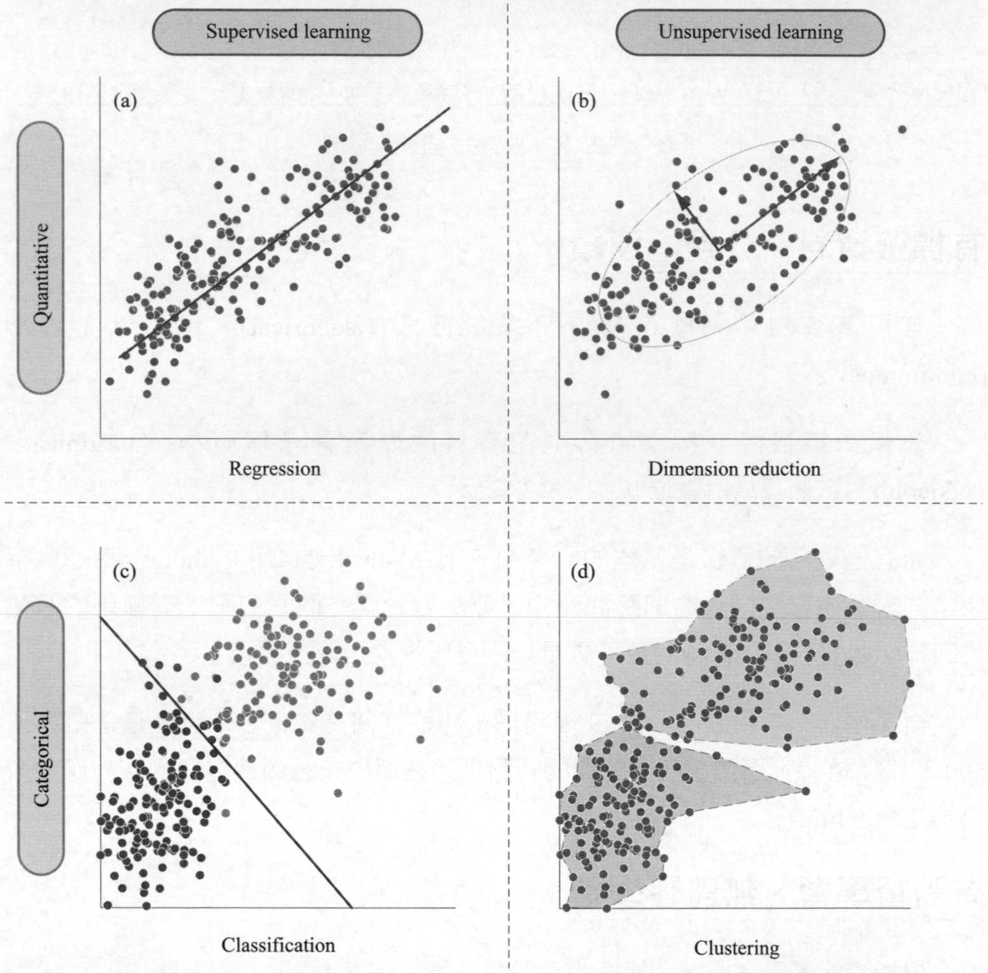

▲ 圖 25.4　根據資料是否有標籤、標籤類型細分機器學習演算法

有監督學習中，如果標籤為連續資料，則對應的問題為**回歸** (regression)，如圖 25.4(a) 所示。如果標籤為分類資料，對應的問題則是**分類** (classification)，如圖 25.4(c) 所示。

無監督學習中，樣本資料沒有標籤。如果目標是尋找規律、簡化資料，則這類問題叫做**降維** (dimension reduction)，比如主成分分析目的之一就是找到資料中佔據主導地位的成分，如圖 25.4(b) 所示。如果模型的目標是根據資料特徵將樣本資料分成不同的組別，這種問題叫做**聚類** (clustering)，如圖 25.4(b) 所示。

實際上，資料科學和機器學習本來不分家，但是為了方便大家學習，作者根據圖 25.4 所示的規律將內容分成《AI 時代 Math 元年 - 用 Python 全精通資料處理》和《AI 時代 Math 元年 - 用 Python 全精通機器學習》兩本書重點介紹。

《AI 時代 Math 元年 - 用 Python 全精通資料處理》主要解決圖 25.4(a) 和圖 25.4(b) 兩圖對應的回歸以及降維問題。

《AI 時代 Math 元年 - 用 Python 全精通機器學習》則關注圖 25.4(c) 和圖 25.4(d) 所示的分類和聚類問題，難度有所提高。

《AI 時代 Math 元年 - 用 Python 全精通數學要素》《AI 時代 Math 元年 - 用 Python 全精通矩陣及線性代數》《AI 時代 Math 元年 - 用 Python 全精通統計及機率》這三冊為《AI 時代 Math 元年 - 用 Python 全精通資料處理》和《AI 時代 Math 元年 - 用 Python 全精通機器學習》提供了數學工具。特別地，本書《AI 時代 Math 元年 - 用 Python 全精通矩陣及線性代數》提供的線性代數工具，是所有數學工具從一元到多元的推手，如多元微積分、多元機率統計、多元最佳化等。

本章下文就試圖把幾何、線性代數、機率統計、機器學習應用這幾個元素串起來，讓大家領略線性代數工具無處不在的力量。

25.2 從隨機變數的線性變換說起

本節將隨機變數的線性變換與向量的仿射變換聯繫起來。這一節內容相對來說有一定難度，但是極其重要。本節是多元統計的理論基礎。

> 本書系《AI 時代 Math 元年 - 用 Python 全精通統計及機率》一書還會深入探討本節內容。

線性變換

如果 X 為一個隨機變數，對 X 進行函式變換，可以得到其他的隨機變數 Y 為

$$Y = h(X) \tag{25.1}$$

特別地，如果 $h()$ 為線性函式，則 X 到 Y 進行的就是線性變換，比如

$$Y = h(X) = aX + b \tag{25.2}$$

其中：a 和 b 為常數。這相當於幾何中的縮放、平移兩步操作。在線性代數中，上式相當於仿射變換。式 (25.2) 中，Y 的期望和 X 的期望之間的關係為

$$\mathrm{E}(Y) = a\mathrm{E}(X) + b \tag{25.3}$$

式 (25.2) 中，Y 和 X 方差之間關係為

$$\mathrm{var}(Y) = \mathrm{var}(aX + b) = a^2\,\mathrm{var}(X) \tag{25.4}$$

二元隨機變數

如果 Y 和二元隨機變數 (X_1, X_2) 存在關係

$$Y = aX_1 + bX_2 \tag{25.5}$$

則式 (25.5) 可以寫成

$$Y = \begin{bmatrix} a & b \end{bmatrix} \begin{bmatrix} X_1 \\ X_2 \end{bmatrix} \tag{25.6}$$

相信大家已經在式 (25.6) 中看到了本書反覆討論的線性映射關係。

Y 和二元隨機變數 (X_1, X_2) 期望值之間存在關係

$$\mathrm{E}(Y) = \mathrm{E}(aX_1 + bX_2) = a\mathrm{E}(X_1) + b\mathrm{E}(X_2) \tag{25.7}$$

式 (25.7) 可以寫成矩陣運算形式，有

$$\mathrm{E}(Y) = \begin{bmatrix} a & b \end{bmatrix} \begin{bmatrix} \mathrm{E}(X_1) \\ \mathrm{E}(X_2) \end{bmatrix} \tag{25.8}$$

Y 和二元隨機變數 (X_1, X_2) 的方差、協方差存在關係

$$\mathrm{var}(Y) = \mathrm{var}(aX_1 + bX_2) = a^2\,\mathrm{var}(X_1) + b^2\,\mathrm{var}(X_2) + 2ab\,\mathrm{cov}(X_1, X_2) \tag{25.9}$$

式 (25.9) 可以寫成

$$\mathrm{var}(Y) = \begin{bmatrix} a & b \end{bmatrix} \underbrace{\begin{bmatrix} \mathrm{var}(X_1) & \mathrm{cov}(X_1, X_2) \\ \mathrm{cov}(X_1, X_2) & \mathrm{var}(X_2) \end{bmatrix}}_{\boldsymbol{\Sigma}} \begin{bmatrix} a \\ b \end{bmatrix} \tag{25.10}$$

相信大家已經在式 (25.10) 中看到了協方差矩陣

$$\boldsymbol{\Sigma} = \begin{bmatrix} \mathrm{var}(X_1) & \mathrm{cov}(X_1, X_2) \\ \mathrm{cov}(X_1, X_2) & \mathrm{var}(X_2) \end{bmatrix} \tag{25.11}$$

也就是說，式 (25.10) 可以寫成

$$\mathrm{var}(Y) = \begin{bmatrix} a & b \end{bmatrix} \boldsymbol{\Sigma} \begin{bmatrix} a \\ b \end{bmatrix} \tag{25.12}$$

D 維隨機變數

如果 D 維隨機變數 $\zeta = [Z_1, Z_2, \cdots, Z_D]^T$ 服從多元高斯分佈 $N(\boldsymbol{0}, \boldsymbol{I})$，即平均值為 $\boldsymbol{0}$，協方差矩陣為單位矩陣，即

$$\boldsymbol{\zeta} = \begin{bmatrix} Z_1 \\ Z_2 \\ \vdots \\ Z_D \end{bmatrix}, \quad \boldsymbol{\mu}_\zeta = \mathrm{E}(\boldsymbol{\zeta}) = \boldsymbol{0} = \begin{bmatrix} 0 \\ 0 \\ \vdots \\ 0 \end{bmatrix}, \quad \mathrm{var}(\boldsymbol{\zeta}) = \boldsymbol{I}_{D\times D} = \begin{bmatrix} 1 & & & \\ & 1 & & \\ & & \ddots & \\ & & & 1 \end{bmatrix} \tag{25.13}$$

希臘字母 ζ 讀作 zeta。

而 D 維隨機變數 $\chi = [X_1, X_2, \cdots, X_D]^T$ 和 ζ 存在線性關係

$$\boldsymbol{\chi} = \begin{bmatrix} X_1 \\ X_2 \\ \vdots \\ X_D \end{bmatrix} = \boldsymbol{V}^T\boldsymbol{\zeta} + \boldsymbol{\mu} = \boldsymbol{V}^T \begin{bmatrix} Z_1 \\ Z_2 \\ \vdots \\ Z_D \end{bmatrix} + \begin{bmatrix} \mu_1 \\ \mu_2 \\ \vdots \\ \mu_D \end{bmatrix} \tag{25.14}$$

注意：χ 為列向量，列向量元素個數為 D，即 D 行。

χ 的期望值 (即質心) 為

$$\boldsymbol{\mu}_\chi = \mathrm{E}(\boldsymbol{\chi}) = \boldsymbol{\mu} \tag{25.15}$$

注意：我們在此約定 E(χ) 為列向量。求期望值運算元 E(●) 作用於隨機變數列向量 χ, 結果還是列向量。而 E($\boldsymbol{X}$) 代表 E(●) 作用於資料矩陣 $\boldsymbol{X}$。$\boldsymbol{X}$ 的每一列代表一個隨機變數，因此 E($\boldsymbol{X}$) 為行向量。

χ 的協方差為

$$\begin{aligned} \mathrm{var}(\boldsymbol{\chi}) &= \boldsymbol{\Sigma}_\chi = \mathrm{cov}(\boldsymbol{\chi}, \boldsymbol{\chi}) \\ &= \mathrm{E}\left(\left(\boldsymbol{\chi} - \mathrm{E}(\boldsymbol{\chi})\right)\left(\boldsymbol{\chi} - \mathrm{E}(\boldsymbol{\chi})\right)^T\right) \\ &= \frac{(\boldsymbol{\chi} - \boldsymbol{\mu}_\chi)(\boldsymbol{\chi} - \boldsymbol{\mu}_\chi)^T}{n} = \boldsymbol{V}^T \frac{\boldsymbol{\zeta}\boldsymbol{\zeta}^T}{n} \boldsymbol{V} = \boldsymbol{V}^T \boldsymbol{I}_{D\times D} \boldsymbol{V} = \boldsymbol{V}^T\boldsymbol{V} \end{aligned} \tag{25.16}$$

也就是說 χ 服從 $N(\boldsymbol{\mu}, \boldsymbol{VV})$。

⚠

注意，式 (25.16) 計算整體方差，因此分母為 $\boldsymbol{n}$。此外注意 $\zeta\zeta^{\mathrm{T}}$ 轉置 T 所在位置，有別於本書前文計算資料矩陣 $\boldsymbol{X}$ 的協方差矩陣時遇到的 $\boldsymbol{X}^{\mathrm{T}}\boldsymbol{X}$。

如果 χ 和 $\gamma=[Y_1, Y_2, \cdots, Y_D]^{\mathrm{T}}$ 滿足線性映射關係

$$\boldsymbol{\gamma} = \boldsymbol{A}\boldsymbol{\chi} \tag{25.17}$$

則 γ 的期望值 (即質心) 為

$$\boldsymbol{\mu}_{\gamma} = \mathrm{E}(\boldsymbol{\gamma}) = \boldsymbol{A\mu} \tag{25.18}$$

γ 的協方差為

$$\mathrm{var}(\boldsymbol{\gamma}) = \boldsymbol{\Sigma}_{\gamma} = \boldsymbol{A\Sigma}_{\chi}\boldsymbol{A}^{\mathrm{T}} \tag{25.19}$$

也就是說 γ 服從 $N(\boldsymbol{A\mu}, \boldsymbol{A}\,\Sigma_{\chi}\boldsymbol{A})$。

相信很多讀者對本節內容已經感到雲裡霧裡，下面幾節我們展開講解本節內容。

25.3 單方向映射

隨機變數角度

D 個隨機變數 X_1、$X_2 \cdots X_D$ 透過以下組合建構隨機變數 Y，即

$$Y = v_1 X_1 + v_2 X_2 + \cdots + v_D X_D \tag{25.20}$$

還是用本書前文的例子，製作八寶粥時，用到以下八種穀物— 大米 (X_1)、小米 (X_2)、糯米 (X_3)、紫米 (X_4)、綠豆 (X_5)、紅棗 (X_6)、花生 (X_7)、蓮子 (X_8)。v_1、v_2、$\cdots$、v_D 相當於八種穀物的配比。

向量角度

從向量角度看式 (25.20)，有

$$\hat{\boldsymbol{y}} = v_1\boldsymbol{x}_1 + v_2\boldsymbol{x}_2 + \cdots + v_D\boldsymbol{x}_D \tag{25.21}$$

式 (25.21) 中 $\hat{y}$ 頭上「戴帽子」是為了呼應下一節的線性回歸，避免混淆。如圖 25.5 所示，式 (25.21) 就是線性組合。

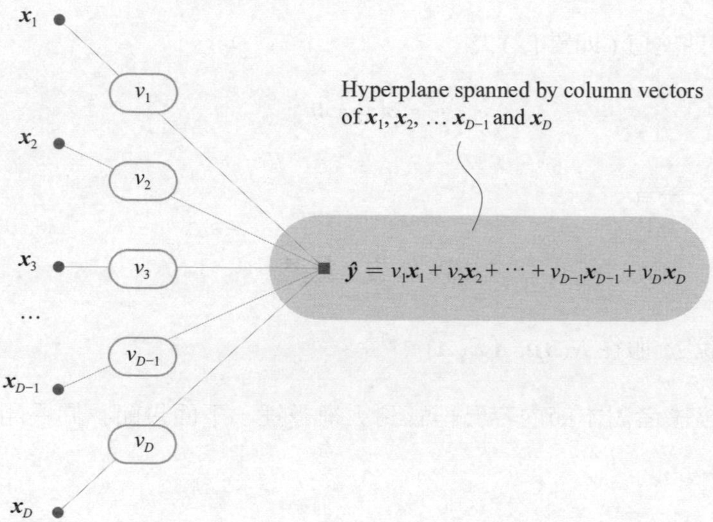

▲ 圖 25.5 $\boldsymbol{x}_1$、$\boldsymbol{x}_2$、⋯、$\boldsymbol{x}_D$ 線性組合

令 $\boldsymbol{X}=[\boldsymbol{x}_1, \boldsymbol{x}_2, \cdots, \boldsymbol{x}_D]$，相當於 $\boldsymbol{X}$ 向 $\boldsymbol{v}$ 進行向量映射，得到列向量 $\hat{y}$ 為

$$\hat{\boldsymbol{y}} = \begin{bmatrix} \boldsymbol{x}_1 & \boldsymbol{x}_2 & \cdots & \boldsymbol{x}_D \end{bmatrix} \begin{bmatrix} v_1 \\ v_2 \\ \vdots \\ v_D \end{bmatrix} = \begin{bmatrix} \boldsymbol{x}_1 & \boldsymbol{x}_2 & \cdots & \boldsymbol{x}_D \end{bmatrix} \boldsymbol{v} = \boldsymbol{X}\boldsymbol{v} \tag{25.22}$$

特別地，如果 $\boldsymbol{v}$ 為單位向量，則式 (25.22) 代表正交投影。

空間角度

如圖 25.6 所示，從空間角度，span($\boldsymbol{x}_1, \boldsymbol{x}_2, \cdots, \boldsymbol{x}_D$) 張成超平面 H，而 $\hat{y}$ 在超平面 H 中。$\hat{y}$ 的座標就是 $(v_1, v_2, \cdots, v_D)$。

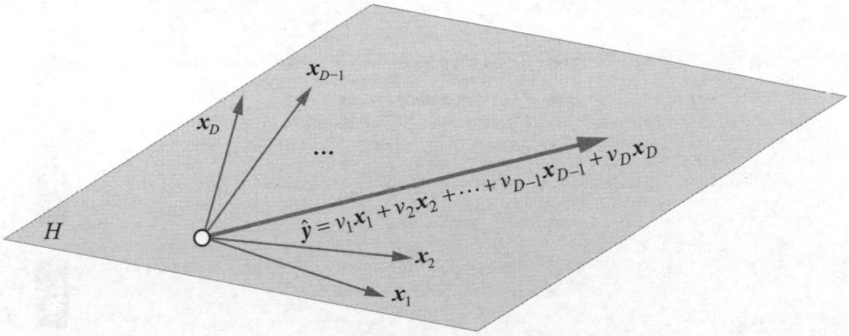

▲ 圖 25.6　$\hat{y}$ 在超平面 H 中

行向量角度

本章前文說的是列向量角度，我們下面再看看行向量角度。資料矩陣 $\boldsymbol{X}$ 中的每一行對應行向量 $\boldsymbol{x}^{(i)}$，$\boldsymbol{x}^{(i)}\boldsymbol{v} = \hat{y}^{(i)}$ 相當於 D 維座標映射到 span($\boldsymbol{v}$) 得到一個點。

> 請大家回憶本書第 10 章講過的用張量積完成「二次投影」。

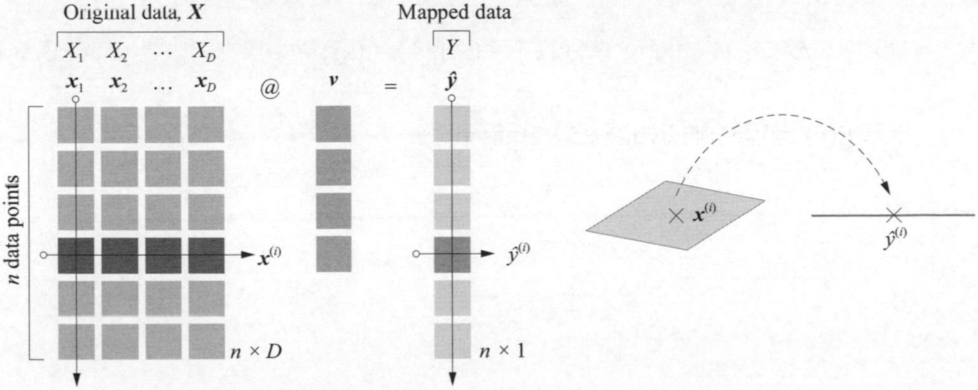

▲ 圖 25.7　資料矩陣 $\boldsymbol{X}$ 向 $\boldsymbol{v}$ 映射的行向量角度

期望值

下面用具體資料舉例說明如何計算 $\hat{y}$ 的期望值。圖 25.8 所示熱圖對應資料矩陣 $\boldsymbol{X}$ 向 $\boldsymbol{v}$ 映射的運算過程。

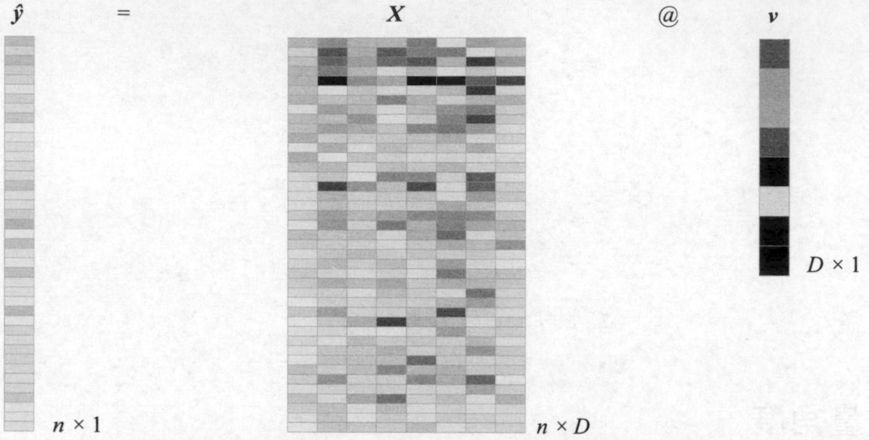

▲ 圖 25.8　矩陣 $\boldsymbol{X}$ 向 $\boldsymbol{v}$ 映射熱圖

根據上一節內容，列向量 $\hat{y}$ 期望值 E($\boldsymbol{y}$) 和矩陣 $\boldsymbol{X}$ 期望值 E($\boldsymbol{X}$) 的關係為

$$\mathrm{E}(\hat{\boldsymbol{y}}) = \mathrm{E}(\boldsymbol{X}\boldsymbol{v}) = \mathrm{E}(\boldsymbol{X})\boldsymbol{v} \tag{25.23}$$

其中：E($\boldsymbol{X}$) 為行向量。有

$$\mathrm{E}(\boldsymbol{X}) = \begin{bmatrix}\mathrm{E}(\boldsymbol{x}_1) & \mathrm{E}(\boldsymbol{x}_2) & \cdots & \mathrm{E}(\boldsymbol{x}_D)\end{bmatrix} \tag{25.24}$$

計算 E($\hat{\boldsymbol{y}}$) 過程的熱圖如圖 25.9 所示。

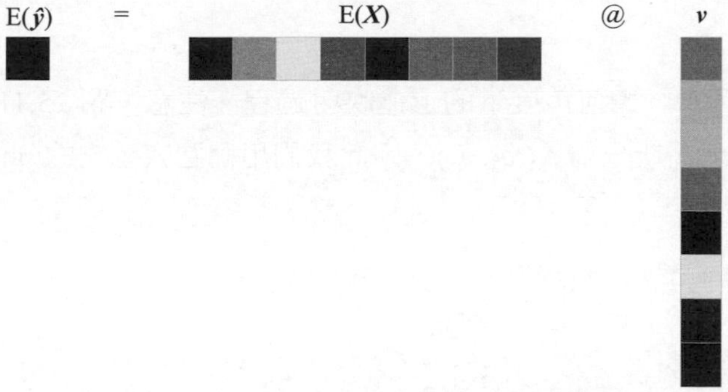

▲ 圖 25.9　計算 E($\hat{y}$) 矩陣運算熱圖

方差

方差 var($\hat{\boldsymbol{y}}$) 和資料矩陣 $\boldsymbol{X}$ 協方差矩陣 Σ_X 的關係為

$$
\begin{aligned}
\operatorname{var}(\hat{\boldsymbol{y}}) &= \frac{\left(\hat{\boldsymbol{y}}-\mathrm{E}(\hat{\boldsymbol{y}})\right)^{\mathrm{T}}\left(\hat{\boldsymbol{y}}-\mathrm{E}(\hat{\boldsymbol{y}})\right)}{n-1} \\
&= \frac{\left(\boldsymbol{X}\boldsymbol{v}-\mathrm{E}(\boldsymbol{X})\boldsymbol{v}\right)^{\mathrm{T}}\left(\boldsymbol{X}\boldsymbol{v}-\mathrm{E}(\boldsymbol{X})\boldsymbol{v}\right)}{n-1} \\
&= \boldsymbol{v}^{\mathrm{T}} \underbrace{\frac{\left(\boldsymbol{X}-\mathrm{E}(\boldsymbol{X})\right)^{\mathrm{T}}\left(\boldsymbol{X}-\mathrm{E}(\boldsymbol{X})\right)}{n-1}}_{\Sigma_X} \boldsymbol{v} \\
&= \boldsymbol{v}^{\mathrm{T}} \boldsymbol{\Sigma}_X \boldsymbol{v}
\end{aligned}
\tag{25.25}
$$

圖 25.10 所示為計算 var($\hat{y}$) 矩陣對應的熱圖。

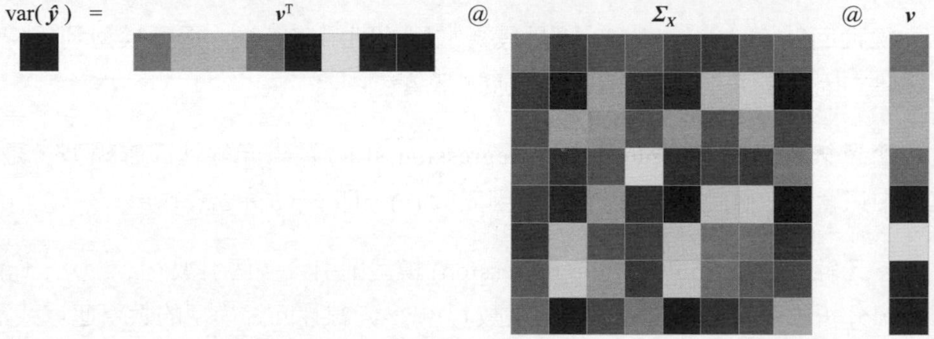

▲ 圖 25.10　計算 var($\hat{y}$) 矩陣運算熱圖

幾何角度

圖 25.11 所示為幾何角度下的上述映射過程。注意，圖 25.11 假設樣本資料矩陣 $\boldsymbol{X}$ 服從二元高斯分佈 $N(\mu_X, \Sigma)$，因此我們用橢圓表示它的分佈。

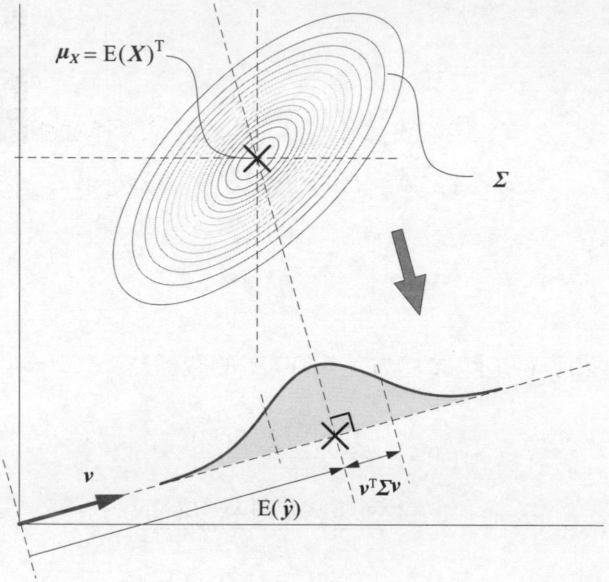

▲ 圖 25.11 服從二元高斯分佈的資料矩陣 $\boldsymbol{X}$ 向 $\boldsymbol{v}$ 映射得到 $\hat{y}$

25.4 線性回歸

線性回歸 (linear regression) 是最為常用的回歸演算法。這種模型利用線性關係建立因變數與一個或多個引數之間的聯繫。

簡單線性回歸 (Simple Linear Regression,SLR) 為一元線性回歸模型，是指模型中只含有一個自變量 (x) 和一個因變數 (y)，即 $y = b_0 + b_1x_1 + \varepsilon$。

多元線性回歸 (multivariate regression) 模型則引入多個引數 $(x_1, x_2, \cdots, x_D)$，即回歸分析中引入多個因數解釋因變數 (y)。多元線性回歸模型的數學運算式為

$$y = b_0 + b_1 x_1 + b_2 x_2 + \cdots + b_D x_D + \varepsilon \tag{25.26}$$

其中：b_0 為截距項；$b_1, b_2, \cdots, b_D$ 為引數係數；ε 為殘差項；D 為引數個數。

用向量代表具體值，式 (25.26) 可以寫成：

$$\boldsymbol{y} = \underbrace{b_0 \boldsymbol{1} + b_1 \boldsymbol{x}_1 + b_2 \boldsymbol{x}_2 + \cdots + b_D \boldsymbol{x}_D}_{\hat{y}} + \boldsymbol{\varepsilon} \tag{25.27}$$

換一種方式運算式 (25.27)，有

注意：全 $\boldsymbol{1}$ 列向量也代表一個方向。而 $\boldsymbol{y}$ 代 表監督學習中的連續標籤。

$$\boldsymbol{y} = \underbrace{\boldsymbol{X}\boldsymbol{b}}_{\hat{y}} + \boldsymbol{\varepsilon} \tag{25.28}$$

其中

$$\boldsymbol{X}_{n\times(D+1)} = \begin{bmatrix} \boldsymbol{1} & \boldsymbol{x}_1 & \boldsymbol{x}_2 & \cdots & \boldsymbol{x}_D \end{bmatrix} = \begin{bmatrix} 1 & x_{1,1} & \cdots & x_{1,D} \\ 1 & x_{2,1} & \cdots & x_{2,D} \\ \vdots & \vdots & \ddots & \vdots \\ 1 & x_{n,1} & \cdots & x_{n,D} \end{bmatrix}_{n\times(D+1)}, \quad \boldsymbol{y} = \begin{bmatrix} y_1 \\ y_2 \\ \vdots \\ y_n \end{bmatrix}, \quad \boldsymbol{b} = \begin{bmatrix} b_0 \\ b_1 \\ \vdots \\ b_D \end{bmatrix}, \quad \boldsymbol{\varepsilon} = \begin{bmatrix} \varepsilon^{(1)} \\ \varepsilon^{(2)} \\ \vdots \\ \varepsilon^{(n)} \end{bmatrix} \tag{25.29}$$

注意：式 (25.29) 中設計矩陣 $\boldsymbol{X}$ 包含全 $\boldsymbol{1}$ 列向量，也就是說這個 $\boldsymbol{X}$ 有 $D + 1$ 列。

線性組合

圖 25.12 所示為多元 OLS 線性回歸資料關係，圖中 $\boldsymbol{y}$ 就是連續標籤組成的列向量。

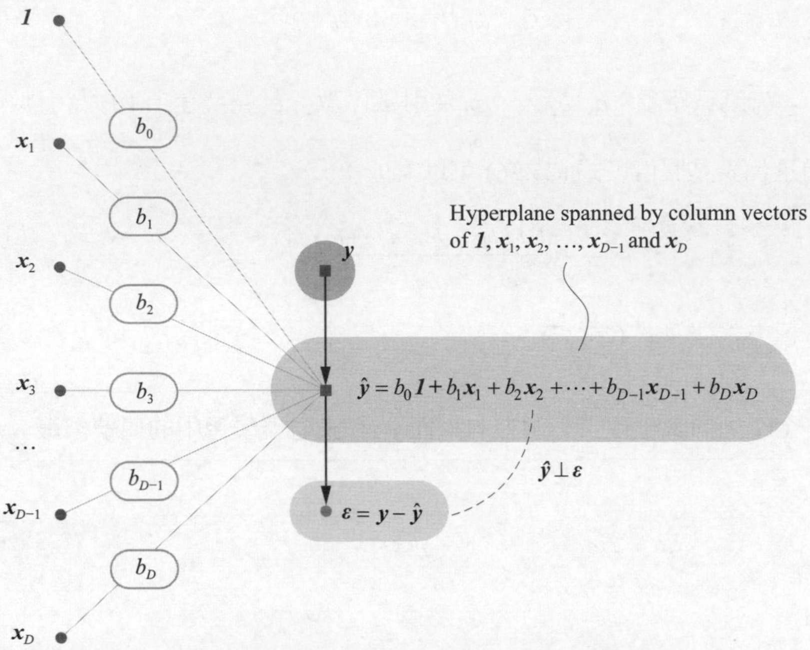

▲ 圖 25.12　多元 OLS 線性回歸資料關係

投影角度

預測值組成的列向量 $\hat{\boldsymbol{y}}$，透過下式計算得到，即

$$\hat{\boldsymbol{y}} = \boldsymbol{X}\boldsymbol{b} \tag{25.30}$$

⚠ 注意：這裡我們用了「戴帽子」的 $\hat{y}$，它代表對 $\boldsymbol{y}$ 的估計。$\boldsymbol{y}$ 和 $\hat{y}$ 形狀相同，兩者之差為殘差。

預測值向量 $\hat{\boldsymbol{y}}$ 是引數向量 $\boldsymbol{1}, \boldsymbol{x}_1, \boldsymbol{x}_2, \cdots, \boldsymbol{x}_D$ 的線性組合。從空間角度來看，$[\boldsymbol{1}, \boldsymbol{x}_1, \boldsymbol{x}_2, \cdots, \boldsymbol{x}_D]$ 組成一個超平面 $H = \text{span}(\boldsymbol{1}, \boldsymbol{x}_1, \boldsymbol{x}_2, \cdots, \boldsymbol{x}_D)$。$\hat{\boldsymbol{y}}$ 是 $\boldsymbol{y}$ 在超平面 H 上的投影。

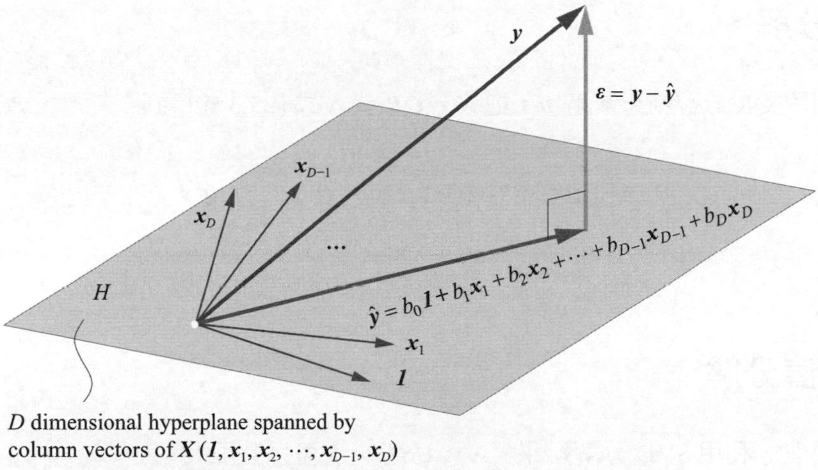

▲ 圖 25.13　幾何角度解釋多元 OLS 線性回歸

而 $\boldsymbol{y}$ 和 $\hat{\boldsymbol{y}}$ 的差對應殘差項 ε 為

$$\boldsymbol{\varepsilon} = \boldsymbol{y} - \hat{\boldsymbol{y}} = \boldsymbol{y} - \boldsymbol{X}\boldsymbol{b} \tag{25.31}$$

如圖 25.13 所示，殘差向量 ε 垂直於 span$(\boldsymbol{1}, \boldsymbol{x}_1, \boldsymbol{x}_2, \cdots, \boldsymbol{x}_D)$，即有

$$\boldsymbol{\varepsilon} \perp \boldsymbol{X} \quad \Rightarrow \quad \boldsymbol{X}^{\mathrm{T}}\boldsymbol{\varepsilon} = \boldsymbol{0} \tag{25.32}$$

將式 (25.31) 代入式 (25.32) 得到

$$\boldsymbol{X}^{\mathrm{T}}\left(\boldsymbol{y} - \boldsymbol{X}\boldsymbol{b}\right) = \boldsymbol{0} \quad \Rightarrow \quad \boldsymbol{X}^{\mathrm{T}}\boldsymbol{X}\boldsymbol{b} = \boldsymbol{X}^{\mathrm{T}}\boldsymbol{y} \tag{25.33}$$

求解得到 $\boldsymbol{b}$ 為

$$\boldsymbol{b} = \left(\boldsymbol{X}^{\mathrm{T}}\boldsymbol{X}\right)^{-1}\boldsymbol{X}^{\mathrm{T}}\boldsymbol{y} \tag{25.34}$$

本書中，我們已經不止一起提到式 (25.34)。請大家注意從資料、向量、幾何、空間、最佳化等視角理解式 (25.34)。還請大家注意，只有 $\boldsymbol{X}$ 為列滿秩時，$\boldsymbol{X}^{\mathrm{T}}\boldsymbol{X}$ 才存在逆。

QR 分解

利用 QR 分解結果求解 $\boldsymbol{b}$。把 $\boldsymbol{X} = \boldsymbol{QR}$ 代入式 (25.34) 得到

$$\begin{aligned} \boldsymbol{b} &= \left((\boldsymbol{QR})^{\mathrm{T}} \boldsymbol{QR} \right)^{-1} (\boldsymbol{QR})^{\mathrm{T}} \boldsymbol{y} = \Bigg(\boldsymbol{R}^{\mathrm{T}} \underbrace{\boldsymbol{Q}^{\mathrm{T}} \boldsymbol{Q}}_{\boldsymbol{I}} \boldsymbol{R} \Bigg)^{-1} \boldsymbol{R}^{\mathrm{T}} \boldsymbol{Q}^{\mathrm{T}} \boldsymbol{y} \\ &= \boldsymbol{R}^{-1} \underbrace{\left(\boldsymbol{R}^{\mathrm{T}} \right)^{-1} \boldsymbol{R}^{\mathrm{T}}}_{\boldsymbol{I}} \boldsymbol{Q}^{\mathrm{T}} \boldsymbol{y} = \boldsymbol{R}^{-1} \boldsymbol{Q}^{\mathrm{T}} \boldsymbol{y} \end{aligned} \tag{25.35}$$

奇異值分解

同理，利用 SVD 分解結果，$\boldsymbol{X} = \boldsymbol{USV}^{\mathrm{T}}$，$\boldsymbol{b}$ 可以整理為

$$\begin{aligned} \boldsymbol{b} &= \left(\left(\boldsymbol{USV}^{\mathrm{T}} \right)^{\mathrm{T}} \boldsymbol{USV}^{\mathrm{T}} \right)^{-1} \left(\boldsymbol{USV}^{\mathrm{T}} \right)^{\mathrm{T}} \boldsymbol{y} = \Bigg(\left(\boldsymbol{SV}^{\mathrm{T}} \right)^{\mathrm{T}} \underbrace{\boldsymbol{U}^{\mathrm{T}} \boldsymbol{U}}_{\boldsymbol{I}} \boldsymbol{SV}^{\mathrm{T}} \Bigg)^{-1} \left(\boldsymbol{SV}^{\mathrm{T}} \right)^{\mathrm{T}} \boldsymbol{U}^{\mathrm{T}} \boldsymbol{y} \\ &= \left(\left(\boldsymbol{SV}^{\mathrm{T}} \right)^{\mathrm{T}} \boldsymbol{SV}^{\mathrm{T}} \right)^{-1} \left(\boldsymbol{SV}^{\mathrm{T}} \right)^{\mathrm{T}} \boldsymbol{U}^{\mathrm{T}} \boldsymbol{y} \\ &= \left(\boldsymbol{SV}^{\mathrm{T}} \right)^{-1} \underbrace{\left(\left(\boldsymbol{SV}^{\mathrm{T}} \right)^{\mathrm{T}} \right)^{-1} \left(\boldsymbol{SV}^{\mathrm{T}} \right)^{\mathrm{T}}}_{\boldsymbol{I}} \boldsymbol{U}^{\mathrm{T}} \boldsymbol{y} = \left(\boldsymbol{SV}^{\mathrm{T}} \right)^{-1} \boldsymbol{U}^{\mathrm{T}} \boldsymbol{y} \end{aligned} \tag{25.36}$$

也就是說，對比 SVD 分解 ($\boldsymbol{X} = \boldsymbol{USV}^{\mathrm{T}}$) 和 QR 分解 ($\boldsymbol{X} = \boldsymbol{QR}$)，$\boldsymbol{U}$ 可以視為 $\boldsymbol{Q}$，因為兩者都是正交矩陣；而 $\boldsymbol{SV}^{\mathrm{T}}$ 可以視為 $\boldsymbol{R}$。實際上，我們不需要大費周章，直接將 QR 完全分解或 SVD 完全分解結果代入 $\boldsymbol{y} = \boldsymbol{Xb}$ 等式，整理之後便可以求得 $\boldsymbol{b}$。

雖然 $\boldsymbol{U}$ 和 $\boldsymbol{Q}$ 都是正交矩陣，兩者從本質上是不同的。請大家自行回憶上一章內容，對比兩種分解。

最佳化角度

下面以本節多元線性回歸為例，介紹如何利用**最小平方法** (Ordinary Least Squares, OLS)，即最小化誤差的平方和，尋找最佳參數 $\boldsymbol{b}$。

殘差項平方和可以寫成

$$\sum_{i=1}^{n} \varepsilon_i^2 = \boldsymbol{\varepsilon}^{\mathrm{T}} \boldsymbol{\varepsilon} \tag{25.37}$$

將式 (25.31) 代入式 (25.37)，展開得到

$$\sum_{i=1}^{n}\varepsilon_i^2 = \left(\boldsymbol{y}-\boldsymbol{X}\boldsymbol{b}\right)^{\mathrm{T}}\left(\boldsymbol{y}-\boldsymbol{X}\boldsymbol{b}\right) = \left(\boldsymbol{y}^{\mathrm{T}}-\boldsymbol{b}^{\mathrm{T}}\boldsymbol{X}^{\mathrm{T}}\right)\left(\boldsymbol{y}-\boldsymbol{X}\boldsymbol{b}\right) = \boldsymbol{y}^{\mathrm{T}}\boldsymbol{y}-\boldsymbol{y}^{\mathrm{T}}\boldsymbol{X}\boldsymbol{b}-\boldsymbol{b}^{\mathrm{T}}\boldsymbol{X}^{\mathrm{T}}\boldsymbol{y}+\boldsymbol{b}^{\mathrm{T}}\boldsymbol{X}^{\mathrm{T}}\boldsymbol{X}\boldsymbol{b} \tag{25.38}$$

式 (25.38) 中，$\boldsymbol{y}^{\mathrm{T}}\boldsymbol{X}\boldsymbol{b}$ 和 $\boldsymbol{b}^{\mathrm{T}}\boldsymbol{X}^{\mathrm{T}}\boldsymbol{y}$ 都是純量，轉置不影響結果，即

$$\boldsymbol{b}^{\mathrm{T}}\boldsymbol{X}^{\mathrm{T}}\boldsymbol{y} = \left(\boldsymbol{b}^{\mathrm{T}}\boldsymbol{X}^{\mathrm{T}}\boldsymbol{y}\right)^{\mathrm{T}} = \boldsymbol{y}^{\mathrm{T}}\boldsymbol{X}\boldsymbol{b} \tag{25.39}$$

因此式 (25.38) 可以寫成

$$\sum_{i=1}^{n}\varepsilon_i^2 = \boldsymbol{y}^{\mathrm{T}}\boldsymbol{y}-2\boldsymbol{y}^{\mathrm{T}}\boldsymbol{X}\boldsymbol{b}+\boldsymbol{b}^{\mathrm{T}}\boldsymbol{X}^{\mathrm{T}}\boldsymbol{X}\boldsymbol{b} \tag{25.40}$$

建構最小化問題，令目標函式 $f(\boldsymbol{b})$ 為

$$f\left(\boldsymbol{b}\right) = \boldsymbol{y}^{\mathrm{T}}\boldsymbol{y}-2\boldsymbol{y}^{\mathrm{T}}\boldsymbol{X}\boldsymbol{b}+\boldsymbol{b}^{\mathrm{T}}\boldsymbol{X}^{\mathrm{T}}\boldsymbol{X}\boldsymbol{b} \tag{25.41}$$

$f(\boldsymbol{b})$ 對向量 $\boldsymbol{b}$ 求一階偏導為 $\boldsymbol{0}$ 得到

$$\frac{\partial f\left(\boldsymbol{b}\right)}{\partial \boldsymbol{b}} = -2\boldsymbol{X}^{\mathrm{T}}\boldsymbol{y}+2\boldsymbol{X}^{\mathrm{T}}\boldsymbol{X}\boldsymbol{b} = \boldsymbol{0} \tag{25.42}$$

整理式 (25.42)，得到

$$\boldsymbol{X}^{\mathrm{T}}\boldsymbol{X}\boldsymbol{b} = \boldsymbol{X}^{\mathrm{T}}\boldsymbol{y} \tag{25.43}$$

透過最佳化角度，我們也獲得了式 (25.33)。

此外，$f(\boldsymbol{b})$ 對向量 $\boldsymbol{b}$ 求二階偏導得到黑塞矩陣，有

$$\frac{\partial^2 f\left(\boldsymbol{b}\right)}{\partial \boldsymbol{b}\partial \boldsymbol{b}^{\mathrm{T}}} = 2\boldsymbol{X}^{\mathrm{T}}\boldsymbol{X} \tag{25.44}$$

如果 $\boldsymbol{X}$ 列滿秩，它的格拉姆矩陣 $\boldsymbol{X}^{\mathrm{T}}\boldsymbol{X}$ 正定。因此，滿足式 (25.43) 的鞍點 $\boldsymbol{b}$ 為極小值點。進一步，$f(\boldsymbol{b})$ 為二次型，可以判定 $\boldsymbol{b}$ 為最小值點。

本書系《AI 時代 Math 元年 - 用 Python 全精通統計及機率》一書將介紹多元線性回歸和條件機率之間關係。

25.5 多方向映射

矩陣 $\boldsymbol{X}$ 向 $\boldsymbol{v}_1$ 和 $\boldsymbol{v}_2$ 兩個不同方向的投影分別為

$$\boldsymbol{y}_1 = \begin{bmatrix} \boldsymbol{x}_1 & \boldsymbol{x}_2 & \cdots & \boldsymbol{x}_D \end{bmatrix} \begin{bmatrix} v_{1,1} \\ v_{2,1} \\ \vdots \\ v_{D,1} \end{bmatrix} = \boldsymbol{X}\boldsymbol{v}_1, \quad \boldsymbol{y}_2 = \begin{bmatrix} \boldsymbol{x}_1 & \boldsymbol{x}_2 & \cdots & \boldsymbol{x}_D \end{bmatrix} \begin{bmatrix} v_{1,2} \\ v_{2,2} \\ \vdots \\ v_{D,2} \end{bmatrix} = \boldsymbol{X}\boldsymbol{v}_2 \tag{25.45}$$

還是引用八寶粥的例子，式 (25.45) 相當於兩個不同配方的八寶粥。

合併式 (25.45) 兩個等式，得到

$$\begin{aligned} \boldsymbol{Y}_{n\times 2} &= \begin{bmatrix} \boldsymbol{y}_1 & \boldsymbol{y}_2 \end{bmatrix} = \begin{bmatrix} \boldsymbol{x}_1 & \boldsymbol{x}_2 & \cdots & \boldsymbol{x}_D \end{bmatrix} \begin{bmatrix} \boldsymbol{v}_1 & \boldsymbol{v}_2 \end{bmatrix} \\ &= \boldsymbol{X}_{n\times D} \boldsymbol{V}_{D\times 2} \end{aligned} \tag{25.46}$$

圖 25.14 所示為上述矩陣運算示意圖。請大家自行從向量空間角度分析式 (25.46)。

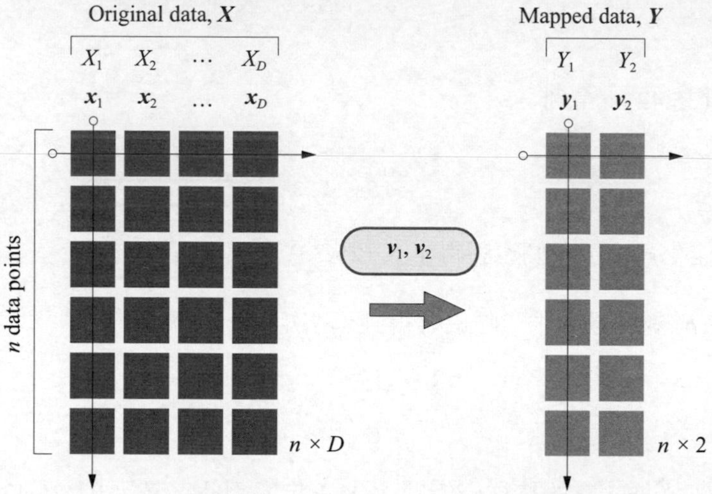

▲ 圖 25.14 資料朝兩個方向映射

圖 25.15 所示為資料 $\boldsymbol{X}$ 朝兩個方向映射對應的運算熱圖。

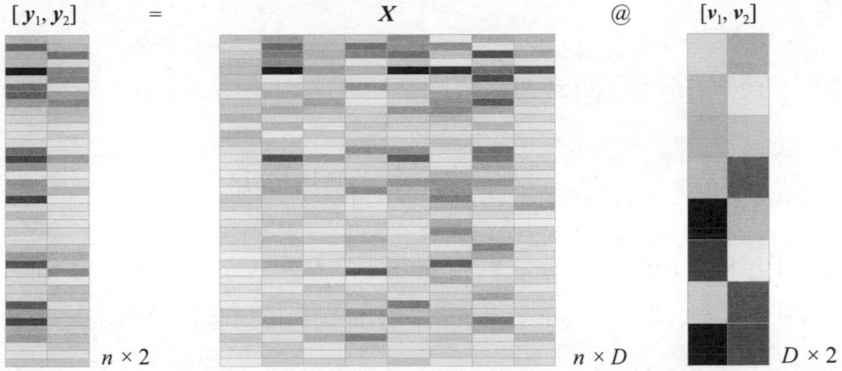

▲ 圖 25.15　資料 X 朝兩個方向映射對應的運算熱圖

期望值

期望值 [E(y_1), E(y_2)] 和期望值向量 E(X) 的關係為

$$\left[\mathrm{E}(y_1) \quad \mathrm{E}(y_2)\right] = \left[\mathrm{E}(X)v_1 \quad \mathrm{E}(X)v_2\right] = \mathrm{E}(X)V \tag{25.47}$$

比較式 (25.18) 和式 (25.47)，兩個等式不同點在於轉置。式 (25.18) 中隨機變數向量為列向量，而式 (25.47) 中 E(X) 為行向量。

圖 25.16 所示為計算期望值向量 [E(y_1), E(y_2)] 的熱圖。

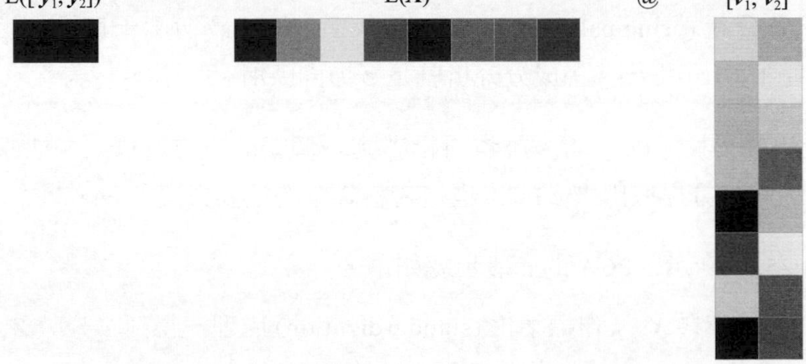

▲ 圖 25.16　計算期望值 [E(y_1), E(y_2)] 矩陣運算熱圖

協方差

如圖 25.17 所示，$[y_1, y_2]$ 的協方差為

$$\Sigma_Y = \begin{bmatrix} \sigma_{Y1}^2 & \rho_{Y1,Y2}\sigma_{Y1}\sigma_{Y2} \\ \rho_{Y1,Y2}\sigma_{Y1}\sigma_{Y2} & \sigma_{Y2}^2 \end{bmatrix} = \begin{bmatrix} v_1^{\mathrm{T}} \\ v_2^{\mathrm{T}} \end{bmatrix} \Sigma_X \begin{bmatrix} v_1 & v_2 \end{bmatrix} = V^{\mathrm{T}} \Sigma_X V \tag{25.48}$$

式 (25.19) 和式 (25.48) 也差在轉置運算。注意，式 (25.48) 中 V 並非方陣。這部分內容將是《AI 時代 Math 元年 - 用 Python 全精通統計及機率》的重要話題之一。

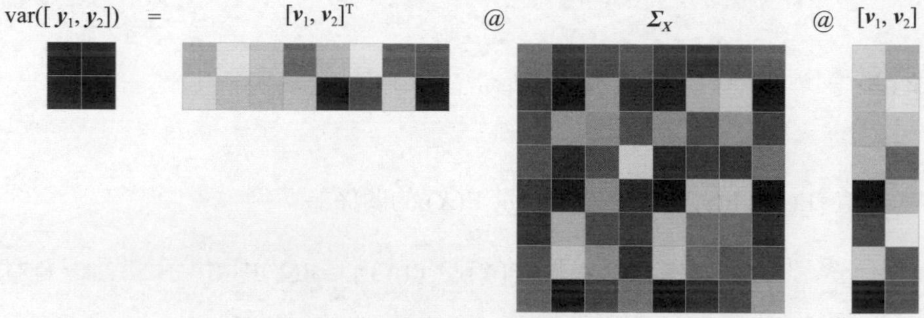

▲ 圖 25.17　計算 $[y_1, y_2]$ 協方差矩陣運算熱圖

25.6 主成分分析

主成分分析 (principal component analysis, PCA) 最初由**卡爾·皮爾遜** (Karl Pearson) 在 1901 年提出。主成分分析就是多方向映射。

透過線性變換，PCA 將多維資料投影到一個新的正交座標系，把原始資料中的最大方差成分提取出來。PCA 也是資料降維的重要方法之一。

如圖 25.18 所示，PCA 的一般步驟如下。

- 對原始資料 $X_{n \times D}$ 作標準化 (standardization) 處理，得到 Z 分數 Z_X；
- 計算 Z 分數 X_z 協方差矩陣，即原始資料 X 的相關性係數矩陣 P；
- 計算 P 特徵值 λ_i 與特徵向量矩陣 $V_{D \times D}$；

- 對特徵值 λ_i 從大到小排序，選擇其中特徵值最大的 p 個特徵向量作為主成分方向；
- 將標準化資料投影到規範正交基底 $[\boldsymbol{v}_1, \boldsymbol{v}_2, \cdots, \boldsymbol{v}_p]$ 建構的新空間中，得到 $\boldsymbol{Y}_{n\times p}$。

上述 PCA 流程僅是幾種技術路線之一，本節最後會列出六種常用的 PCA 技術路線。

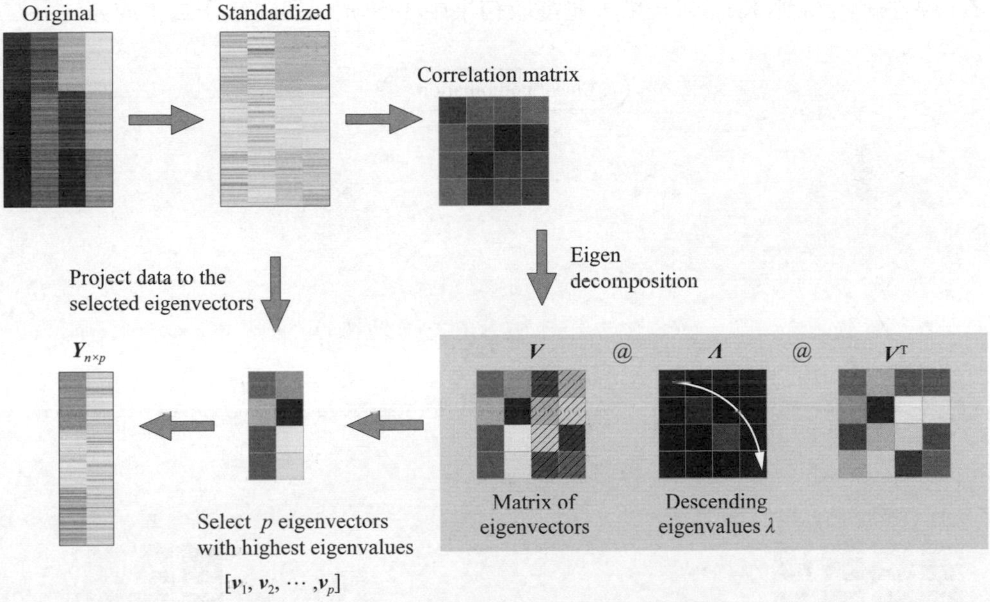

▲ 圖 25.18　主成分分析過程，基於特徵值分解

資料標準化中包括去平均值，這樣新資料中每個特徵的平均值為 0，這相當於把資料的質心移到原點。而標準化還包括用均方差完成「縮放」，以防止不同特徵上的方差差異過大。

原始資料各個特徵方差差別不大時，不需要對 $\boldsymbol{X}$ 標準化，只需要中心化獲得 $\boldsymbol{X}_c$ 即可。

作為重要的降維工具，PCA 可以顯著減少資料的維數，同時保留資料中對方差貢獻最大的成分。另外對於多維資料，PCA 可以身為資料視覺化的工具。PCA 結果還可以用於建構回歸模型。本書系《AI 時代 Math 元年 - 用 Python 全精通資料處理》一書將深入介紹這些話題。

線性組合

如圖 25.19 所示，主成分分析過程本質上上也是線性組合，即 $X_{n\times D}$ (X_c 或 Z_X) 線性組合得到 $Y_{n\times D}$ 列向量，並選取結果中 1 ~ p 列列向量作為主成分。

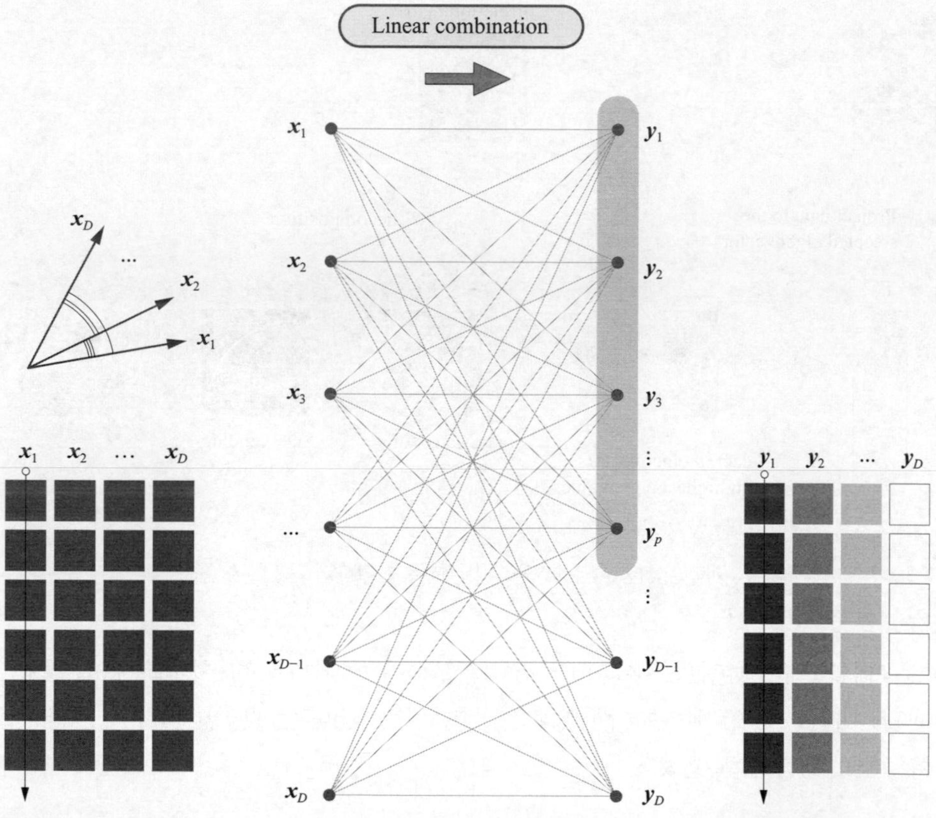

▲ 圖 25.19 線性組合

六條技術路線

表 25.1 總結了 PCA 六條主要技術路線，其中用到了奇異值分解、特徵值分解兩種矩陣分解工具。矩陣分解的物件對應六種不同矩陣，這六種矩陣都衍生自原始資料矩陣 $\boldsymbol{X}$。

表 25.1 還透過顏色告訴我們，這六條技術路線本質上就是三種路線。比如，對原始資料 $\boldsymbol{X}$ 進行奇異值分解，等值於對其格拉姆矩陣 $\boldsymbol{G}$ 的特徵值分解。

我們將在《AI 時代 Math 元年 - 用 Python 全精通資料處理》一書探討這六條技術路線的區別和聯繫。

表 25.1 六條 PCA 技術路線

物件	方法	結果
原始資料矩陣 $\boldsymbol{X}$	奇異值分解	$\boldsymbol{X} = \boldsymbol{U}_X\boldsymbol{S}_X\boldsymbol{V}_X^{\mathrm{T}}$
格拉姆矩陣 $\boldsymbol{G} = \boldsymbol{X}^{\mathrm{T}}\boldsymbol{X}$	特徵值分解	$\boldsymbol{G} = \boldsymbol{V}_X\boldsymbol{\Lambda}_X\boldsymbol{V}_X^{\mathrm{T}}$
中心化資料矩陣 $\boldsymbol{X}_c = \boldsymbol{X} - \mathrm{E}(\boldsymbol{X})$	奇異值分解	$\boldsymbol{X}_c = \boldsymbol{U}_c\boldsymbol{S}_c\boldsymbol{V}_c^{\mathrm{T}}$
協方差矩陣 $\boldsymbol{\Sigma} = \frac{(\boldsymbol{X}-\mathrm{E}(\boldsymbol{X}))^{\mathrm{T}}(\boldsymbol{X}-\mathrm{E}(\boldsymbol{X}))}{n-1}$	特徵值分解	$\boldsymbol{\Sigma} = \boldsymbol{V}_c\boldsymbol{\Lambda}_c\boldsymbol{V}_c^{\mathrm{T}}$
標準化資料 (Z 分數) $\boldsymbol{Z}_X = (\boldsymbol{X}-\mathrm{E}(\boldsymbol{X}))\boldsymbol{D}^{-1}$, $\boldsymbol{D} = \mathrm{diag}(\mathrm{diag}(\boldsymbol{\Sigma}))^{\frac{1}{2}}$	奇異值分解	$\boldsymbol{Z}_X = \boldsymbol{U}_Z\boldsymbol{S}_Z\boldsymbol{V}_Z^{\mathrm{T}}$
相關性係數矩陣 $\boldsymbol{P} = \boldsymbol{D}^{-1}\boldsymbol{\Sigma}\boldsymbol{D}^{-1}$, $\boldsymbol{D} = \mathrm{diag}(\mathrm{diag}(\boldsymbol{\Sigma}))^{\frac{1}{2}}$	特徵值分解	$\boldsymbol{P} = \boldsymbol{V}_Z\boldsymbol{\Lambda}_Z\boldsymbol{V}_Z^{\mathrm{T}}$

本章是「資料三部曲」的最後一章，也是本書的最後一章。

透過這一章內容，作者希望能給大家提供一個更廣的角度，讓大家看到代數、線性代數、幾何、機率統計、微積分、最佳化問題之間的聯繫，同時展望線性代數工具在資料科學、機器學習領域的應用。

作者希望大家讀完本書後，能對線性代數的印象有徹底的改觀。

向量、矩陣、矩陣乘法、矩陣分解、向量空間等不再是不知所云的線性代數概念，它們是解決實際問題無堅不摧的刀槍劍戟。

總有一天，我們會忘記線性代數的細枝末節；但是，那一天到來時，希望我們還能記得這幾句話：

有資料的地方，必有矩陣！

有矩陣的地方，更有向量！

有向量的地方，就有幾何！

有幾何的地方，皆有空間！

有資料的地方，定有統計！

讓我們在《AI 時代 Math 元年 - 用 Python 全精通統計及機率》一書不見不散！